工业自动化 技术丛书

# SOFTWARE PRINCIPLE OF MOTION
CONTROL SYSTEM AND ITS STANDARD FUNCTION BLOCK APPLICATION

# 运动控制系统软件原理及其标准功能块应用

彭瑜 何衍庆◎编著

本书针对智能制造对运动控制软件功能的基本要求，全面论述其基础技术和知识，重点讲述 PLCopen 国际组织制定的运动控制软件功能规范的概念、原理和功能块。

全书共 8 章。第 1 章是运动控制系统的组成和 PLC 在智能制造中的定位。第 2 章是运动控制的理论基础。第 3 章论述 PLCopen 运动控制规范。第 4 章介绍运动控制规范规定的运动控制功能块。第 5 章描述运动控制的数据通信。第 6 章讨论运动控制应用问题。第 7 章是 PLCopen 运动控制规范的系统实现。第 8 章介绍西门子的 Simotion 系统。

本书可作为机械自动化、机电一体化等相关专业本科的教材，也是关注运动控制的工程技术人员的重要参考资料。

**图书在版编目（CIP）数据**

运动控制系统软件原理及其标准功能块应用/彭瑜，何衍庆编著．—北京：机械工业出版社，2019.4（2024.8 重印）
（工业自动化技术丛书）
ISBN 978-7-111-63762-2

Ⅰ.①运…　Ⅱ.①彭…②何…　Ⅲ.①运动控制-系统软件-教材　Ⅳ.①TP24

中国版本图书馆 CIP 数据核字（2019）第 206938 号

机械工业出版社（北京市百万庄大街 22 号　邮政编码 100037）
策划编辑：时　静　李馨馨　　责任编辑：李馨馨
责任校对：张艳霞　　责任印制：单爱军
北京虎彩文化传播有限公司印刷

2024 年 8 月第 1 版·第 5 次印刷
184mm×260mm·27.75 印张·686 千字
标准书号：ISBN 978-7-111-63762-2
定价：139.00 元

电话服务
客服电话：010-88361066
010-88379833
010-68326294

网络服务
机　工　官　网：www.cmpbook.com
机　工　官　博：weibo.com/cmp1952
金　书　网：www.golden-book.com
机工教育服务网：www.cmpedu.com

# 前　　言

《中国制造2025》由国务院于2015年12月公布，提出了中国制造强国建设三个十年的“三步走”战略，是我国推动制造业转型升级的第一个十年的行动纲领。其基本方针是创新驱动、质量为先、绿色发展、结构优化、人才为本。其基本原则是市场主导、政府引导、立足当前、着眼长远、整体推进、重点突破、自主发展、开放合作。战略目标是立足国情、立足现实，力争通过“三步走”实现制造强国的战略目标。其重点之一是，加快推动新一代信息技术与制造技术融合发展，把智能制造作为两化深度融合的主攻方向；着力发展智能装备和智能产品，推进生产过程智能化，培育新型生产方式，全面提升企业研发、生产、管理和服务的智能化水平，推进信息化与工业化深度融合。

众所周知，机械装备的制造加工功能一般是通过其相关部件的运动来实现的。尽管制造加工的原理常常有很大差异（如冷加工的金属切削，热加工的焊接、锻造，增材制造3D打印等），但是都离不开机械部件的运动。从这个意义上说，运动是机械装备的本质特征。不过，不同的工艺对运动控制的关注点有很大差异，例如机器人和数控机床关注的是路径规划、运动参数的混成缓冲等，而印刷机械、包装机械等关注的是主轴和从轴之间的同步和工艺节拍。尽管机器人和数控机床的基础都是多轴运动的协调控制，但从实际应用和控制技术的视角来分析，它们还是存在质的区别。机器人的控制主要是定位，而且是面向时间的定位；数控机床的控制是面向型面和型体轮廓的，其运动控制优先关注的是加工刀具的运动路径。由此可见，运动控制系统是确保数控机床、机器人及各种先进装备高效运行的关键环节。运动控制技术是装备制造领域的核心技术。机器人和数控机床的运动控制要求更高，这是因为其运动轨迹和运动形态远较若干专用的机械装置（如包装机械、印刷机械、纺织机械、装配线以及半导体生产设备等）复杂，而且其机械运动学和动力学的问题也显著复杂。

运动控制泛指通过某种驱动部件（诸如液压泵、直线驱动器或电动机，通常是伺服电动机）针对机械设备（或其部件）或者加工刀具，在运动过程中按照加工功能要求对其运动的基本要素如位置、速度、加速度（减速度）、加速度变化率以及转矩进行控制。

显然，运动控制技术已经在国民经济的各行各业和诸多领域发挥着重要作用，并产生了巨大的经济效益。它是控制理论在机械工程和电力工程的完美应用，它将微电子技术、电子电力技术、计算机和信息技术、传感检测技术、电机学等技术灵活结合，是一门综合性的学科。

发展先进运动控制技术具有极其重要的现实意义。我国《中国制造2025》发布实施以来，五大工程实施效果初显；重大标志性项目取得阶段性成效；开展试点示范、落地生根效应凸显；制定分地区指南、各地差异化发展格局加快形成；制造业与互联网融合效应明显；实施专项行动、质量品牌建设取得初步成效。相信运动控制技术在不久的将来会成为中国制造的重要手段和支柱。

PLC作为设备和装置的控制器，除了传统的逻辑控制、顺序控制、运动控制及安全控制功能之外，还承担着工业4.0和智能制造赋予的下列任务：

① 越来越多的传感器被用来监控环境、设备的健康状态和生产过程的各类参数，这些工业大数据的有效采集，迫使PLC的I/O必须由集中安装在机架的方式转型为分布式I/O方式。

② 各类智能部件普遍采用嵌入式PLC，或者微小型PLC，尽可能地在现场就完成越来越

复杂的包括运动控制在内的控制任务。

③ 应用软件编程的平台化，进一步发展工程设计的自动化和智能化。

④ 大幅提升无缝连通能力，发挥边缘计算的强大作用，使相关的控制参数和设备的状态在需要时可直接传输至上位的各个系统和应用软件，甚至送往云端。

⑤ 在实现实体资产（包括硬件和软件）数字化的过程中提供足够的支持，便于将资产转化为数据、信息和知识。

事实上，PLC 的软件技术以 PLCopen 国际组织为先导，一直在为满足工业 4.0 和智能制造日益清晰的要求做足了准备。

IEC 61131-3 标准的制定旨在推动 PLC 在软件方面的进步，具体体现在如下几个方面：

① 编程的标准化促进了工控编程从语言到工具性平台的开放；同时为工控程序在不同硬件平台间的移植创造了前提条件。

② 为控制系统创立统一的工程应用软环境打下了坚实基础。从应用工程程序设计的管理，到提供逻辑和顺序控制、过程控制、批量控制、运动控制、传动以及人机界面等统一的设计平台，以至于将调试、投运和投产后的维护等纳入统一的工程平台。

③ 发展依托第三方仿真工具开发机电设备的控制行为，并进一步成为应用程序的自动生成工具。

④ 为适应工业 4.0 和智能制造的软件需求，IEC 61131-3 的第 3 版将面向对象的编程（OOP）纳入标准。

为此，PLCopen 国际组织注重与许多国际标准化组织和基金会（譬如 ISA、OPC 基金会等）的合作，开发了有关标准和规范，为智能制造和工业 4.0 的应用和发展打下了坚实基础。

PLCopen 国际组织考虑到用户存在运动控制软件标准化的需求，从 1996 年起就建立了运动控制规范工作组，历时十多年完成了这一具有挑战性的工作。PLCopen 开发运动控制规范的目的在于：在以 IEC 61131-3 为基础的编程环境下，在开发、安装和维护运动控制软件等各个阶段，协调不同的编程开发平台，使其能满足运动控制功能块的标准化要求。

IEC 61131-3 为机械部件的运动控制提供一种良好的架构，PLCopen 选择以此为基础，为运动控制提供功能块库，最显著的特点如下：

① 极大增强了运动控制应用软件的可复用性，从而减少了开发、培训和技术支持的成本。

② 只要采用不同的控制解决方案，就可按照实际要求实现运动控制应用的可扩可缩。

③ 功能块库的方式保证了数据的封装和隐藏，进而使之能适应不同的控制系统架构，譬如，集中的运动控制架构、分布式的运动控制架构，或者既有集中又有分散的集成运动控制架构。

④ 它不但服务于当前的运动控制技术，还能适应今后的或正在开发的运动控制技术。

可以说，IEC 61131-3 与 PLCopen 的运动控制规范的紧密结合提供了理想的机电一体化的解决方案。并由此奠定了 PLC 技术、机器人技术和数控机床技术的融合发展的基础，形成了当前智能制造装置最前沿的一个值得关注的动向。

为适应我国智能制造的发展，根据 IEC 61131-3 第三版和 PLCopen 的运动控制规范，以及 PLCopen 国际组织 2017 年公布的有关技术文件的有关内容，我们编写了本书。

本书共 8 章。第 1 章介绍运动控制系统的组成、PLC 在智能制造中的定位，并介绍运动控制技术基础。第 2 章是运动控制的理论基础，包括运动控制问题、运动控制系统的基本原理等。第 3 章介绍 PLCopen 运动控制规范，包括规范的概述、状态图、功能块接口、中止模式和混成模式等内容，是运动控制规范的基础。第 4 章介绍运动控制规范规定的运动控制功能块，包括单轴运动控制的管理类和运动类功能块、多轴运动控制功能块、协调类运动控制功能块和同步类运动控制功能块，也介绍了回原点运动控制功能块，并讨论了安全运动的相关概念。第5章介绍了运动控制的数据通信，不仅介绍运动控制实时数据通信的基本概念，也讨论了PLC的通信，包括OPC UA实现数据通信等。第6章讨论运动控制应用问题，包括贴标机的应用、仓储系统的应用以及点位运动控制，还讨论了飞剪过程的控制和包装机械的控制等。第7章是PLCopen运动控制规范的系统实现，介绍德国ISG研究所的运动控制平台ISG Kernel、施耐德SoMachine系统和欧姆龙Sysmac Studio系统。第8章介绍西门子的Simotion系统。

本书由彭瑜、何衍庆编著。本书的编写得到PLCopen中国组织PC5的积极支持和帮助，得到上海工业自动化仪表研究院、华东理工大学等单位的关心和支持，PLCopen、西门子、施耐德及OMRON等组织和公司的有关技术人员为本书的编写提供了大量的资料和技术支持，为本书提供技术支持和帮助的还有杨静梅、张贵年、陈朕、张胜利和沈美娟等，机械工业出版社的时静编辑和李馨馨编辑也对本书的出版提供了很多帮助，谨在此一并表示诚挚的谢意。本书编写过程中，参考了相关专业书籍和产品说明书，在此向有关作者和单位表示衷心感谢。

由于编者水平所限，错漏在所难免，敬请读者不吝指正。

编　者

# 目　录

前言
第1章　概述 …… 1
1.1　运动控制系统的组成 …… 1
1.1.1　运动控制和过程控制 …… 1
1.1.2　运动控制系统的分类 …… 2
1.1.3　运动控制系统的组成 …… 4
1.1.4　运动控制技术的发展 …… 4
1.1.5　运动控制技术的应用领域 …… 8
1.2　PLC在智能制造中的定位 …… 9
1.2.1　《国家智能制造标准体系建设指南（2015年版）》的智能制造标准体系参考模型 …… 9
1.2.2　德国工业4.0参考模型RAMI 4.0 …… 11
1.2.3　美国国家标准化技术研究院的智能制造生态系统模型 …… 15
1.2.4　日本工业价值链参考模型IVI …… 18
1.2.5　PLC在智能制造系统中的定位 …… 21
1.2.6　标准化在智能制造中的重要作用 …… 26
1.2.7　智能制造对运动控制的要求和运动控制的发展趋势 …… 28
1.3　运动控制技术基础 …… 31
1.3.1　机械系统 …… 31
1.3.2　电气控制系统 …… 38
1.3.3　控制基础 …… 50
1.3.4　计算机编程基础 …… 56
第2章　运动控制的理论基础 …… 61
2.1　运动控制问题 …… 61
2.1.1　第一类运动控制问题 …… 61
2.1.2　第二类运动控制问题 …… 62
2.2　运动控制系统的基本原理 …… 62
2.2.1　坐标系和坐标变换 …… 62
2.2.2　插补技术 …… 66
2.2.3　S轮廓曲线和配置文件 …… 69
2.2.4　位置运动学和动力学方程 …… 75
2.2.5　电机控制技术 …… 78
2.2.6　传动和控制技术 …… 89
2.2.7　检测技术 …… 93
第3章　PLCopen运动控制规范 …… 115
3.1　PLCopen规范概述 …… 115
3.1.1　PLCopen运动控制规范的特点 …… 116

3.1.2 PLCopen 运动控制功能块的概念和模型 …… 117
3.1.3 管理类运动控制功能块和运动类运动控制功能块 …… 120
3.1.4 边沿触发功能块和电平控制功能块 …… 124
3.2 状态图 …… 126
3.2.1 单轴运动控制的状态图 …… 127
3.2.2 轴组运动控制的状态图 …… 130
3.2.3 单轴和轴组状态图的关系 …… 131
3.2.4 运动控制功能块的状态图及其实现示例 …… 132
3.3 功能块接口 …… 138
3.3.1 标准规范定义的数据类型 …… 138
3.3.2 功能块接口的一般规则 …… 147
3.3.3 出错处理 …… 151
3.4 中止模式和混成模式 …… 152
3.4.1 单轴的缓冲模式 …… 152
3.4.2 轴组的缓冲模式 …… 159
3.4.3 轴组的过渡模式和协调运动 …… 163
3.4.4 电子凸轮和电子齿轮 …… 166
**第4章 运动控制功能块** …… 169
4.1 单轴运动控制的管理类功能块 …… 169
4.1.1 MC_Power …… 170
4.1.2 MC_ReadStatus 和 MC_ReadMotionState …… 171
4.1.3 MC_ReadAxisError 和 MC_ReadAxisInfo …… 172
4.1.4 MC_ReadParameter 和 MC_ReadBoolParameter …… 172
4.1.5 MC_WriteParameter 和 MC_WriteBoolParameter …… 174
4.1.6 MC_ReadDigitalInput …… 174
4.1.7 MC_ReadDigitalOutput 和 MC_WriteDigitalOutput …… 175
4.1.8 MC_ReadActualPosition、MC_ReadActualVelocity 和 MC_ReadActualTorque …… 175
4.1.9 MC_SetPosition 和 MC_SetOverride …… 176
4.1.10 MC_TouchProbe 和 MC_AbortTrigger …… 177
4.1.11 MC_DigitalCamSwitch …… 178
4.1.12 MC_Reset …… 179
4.1.13 MC_HaltSuperimposed …… 179
4.1.14 MC_LimitLoad 和 MC_LimitMotion …… 179
4.2 单轴运动控制的运动类功能块 …… 180
4.2.1 MC_Home …… 181
4.2.2 MC_Stop 和 MC_Halt …… 181
4.2.3 MC_MoveAbsolute、MC_MoveRelative、MC_MoveAdditive 和 MC_MoveSupperimposed …… 182
4.2.4 MC_MoveContiAbsolute 和 MC_MoveContiRelative …… 187
4.2.5 MC_MoveVelocity …… 190
4.2.6 MC_TorqueControl 和 MC_LoadControl …… 191
4.2.7 MC_PositionProfile、MC_VelocityProfile、MC_AccelerationProfile 和MC_LoadProfile …… 193

4.2.8 MC_LoadSuperImposed ........ 195
4.3 多轴运动控制功能块 ........ 196
4.3.1 多轴运动控制的管理类功能块 MC_CamTableSelect ........ 196
4.3.2 多轴运动控制的运动类功能块 ........ 197
4.4 协调运动控制功能块 ........ 202
4.4.1 协调管理类运动控制功能块 ........ 203
4.4.2 协调运动类运动控制功能块 ........ 212
4.5 同步运动控制功能块 ........ 219
4.5.1 MC_SyncAxisToGroup ........ 219
4.5.2 MC_SyncGroupToAxis ........ 219
4.5.3 MC_TrackConveyorBelt ........ 221
4.5.4 MC_TrackRotaryTable ........ 223
4.6 原点定位运动控制功能块 ........ 223
4.6.1 MC_StepAbsoluteSwitch ........ 225
4.6.2 MC_StepLimitSwitch ........ 227
4.6.3 MC_StepBlock ........ 229
4.6.4 MC_StepReferencePulse ........ 229
4.6.5 MC_StepDistanceCoded ........ 230
4.6.6 MC_HomeDirect ........ 231
4.6.7 MC_HomeAbsolute ........ 231
4.6.8 MC_FinishHoming ........ 231
4.6.9 MC_StepRefFlySwitch ........ 232
4.6.10 MC_StepRefFlyRefPulse ........ 233
4.6.11 MC_AbortPsHoming ........ 233
4.6.12 实际应用的原点定位模式 ........ 234
4.7 安全运动 ........ 236
4.7.1 安全运动监视功能概述 ........ 237
4.7.2 安全运动监控功能的示例 ........ 246
**第5章 运动控制的数据通信** ........ 249
5.1 运动控制实时数据通信的基本概念 ........ 249
5.1.1 确定性联网的基本概念 ........ 251
5.1.2 运动控制对实时通信的要求 ........ 251
5.1.3 现场总线和工业以太网实时性问题 ........ 253
5.1.4 与运动控制相关的工业以太网性能比较 ........ 254
5.2 PLC 的通信 ........ 257
5.2.1 网络拓扑结构 ........ 257
5.2.2 典型可编程逻辑控制器网络系统 ........ 259
5.2.3 OPC UA 实现数据通信 ........ 265
**第6章 运动控制应用** ........ 272
6.1 贴标机的应用 ........ 272
6.1.1 平面贴标机 ........ 272

6.1.2 卧式贴标机 …… 274
6.2 仓储系统的应用 …… 276
6.2.1 控制要求 …… 277
6.2.2 简单方法的实现 …… 277
6.2.3 协调运动方法的实现 …… 279
6.3 点位运动控制 …… 280
6.3.1 控制要求 …… 280
6.3.2 点位控制功能块的编程 …… 281
6.4 飞剪过程的控制 …… 283
6.4.1 控制要求 …… 283
6.4.2 控制程序 …… 284
6.5 包装机械的控制 …… 287
6.5.1 PackML …… 288
6.5.2 收卷过程的功能块 …… 289
**第7章 PLCopen运动控制规范的系统实现** …… 298
7.1 ISG的运动控制平台ISG Kernel …… 298
7.1.1 运动控制平台ISG-MCP …… 300
7.1.2 PLCopen运动控制功能块库McpPLCopenBase …… 305
7.1.3 运动控制系统的实现示例 …… 307
7.2 施耐德SoMachine系统 …… 310
7.2.1 系统简介 …… 310
7.2.2 应用示例 …… 319
7.3 欧姆龙Sysmac Studio系统 …… 322
7.3.1 系统简介 …… 322
7.3.2 应用示例 …… 334
**第8章 西门子运动控制系统** …… 338
8.1 系统简介 …… 338
8.1.1 概述 …… 338
8.1.2 硬件简介 …… 339
8.1.3 软件简介 …… 350
8.2 工艺包和工艺对象 …… 354
8.2.1 工艺包和工艺对象 …… 354
8.2.2 运动控制功能块 …… 378
8.3 位置控制和伺服驱动 …… 400
8.3.1 位置控制 …… 400
8.3.2 伺服控制 …… 405
**参考文献** …… 433

# 第1章 概 述

## 1.1 运动控制系统的组成

### 1.1.1 运动控制和过程控制

**1. 过程控制**

过程控制指工业生产过程的自动化。它以生产过程为研究对象，以所需的工艺参数为目标，通过一定的控制算法和操作，使被控的工艺参数达到或接近被设置的参数。过程控制中，被控变量是工艺参数，例如，流体流量、压力、物位、温度和流体组分或浓度等。控制手段是调节操纵变量，使被控变量达到或接近被设定的值。操纵变量可以是流体流量，也可以是电动机的转速等。这类控制系统通常要求被控变量保持恒定，因此，常被称为定值控制系统。

在石油化工、电力、冶金、纺织、建材、轻工、核能等工业生产过程中要求被控变量达到和保持在工艺操作所需的设定值，为此，需要检测和变送这些被控变量，并按一定的控制规律输出信号到执行器，调整操纵变量。

过程控制需要达到一定的目标。例如，在一定操作条件下（物料和能量平衡）确保安全、稳定和长期运行；经济效益最大化；环境污染最小化等。

与其他自动控制系统比较，过程控制具有下列特点：

① 过程控制系统由过程检测、变送和控制仪表、执行装置等组成。过程控制是通过各种类型的仪表完成对过程变量的检测、变送和控制，并经执行装置作用于生产过程。这些仪表可以是气动仪表、电动仪表；可以是模拟仪表、计算机装置或者智能仪表；也可以是现场总线仪表或无线仪表。不管采用什么仪表或计算机装置，从过程控制的基本组成来看，过程控制系统总是包括对过程变量的检测变送、对信号的控制运算和输出到执行装置，完成所需操纵变量的改变，从而达到所需控制目标（或指标）。

② 过程控制的被控过程具有非线性、时变、时滞及不确定性等特点。由于过程控制的被控过程具有非线性、时变、时滞及不确定性等特点，难以获得精确的过程数学模型，使得在其他领域（例如，航空航天）应用成功的控制策略不能移植或增加了移植的难度，因此，给控制带来困难。

③ 过程控制的被控过程多属于慢过程。与航天、运动过程的控制不同，过程控制所研究的被控过程通常具有一定时间常数和时滞，过程控制并不需要在极短时间完成。

④ 过程控制方案的多样性。由于工业生产过程的多样性，为适应被控过程特点，控制方案具有多样性。表现为：同一被控过程，因受到的扰动不同，需采用不同的控制方案，常用的控制方案有简单控制系统、串级控制系统、比值控制系统、均匀控制系统、前馈控制系统、分程控制系统、选择性控制系统以及双重控制系统等；控制方案适应性强，同一控制方案可适用于不同的生产过程控制。随着过程控制研究的深入，大量先进控制系统和控制方案得到开发和应用，例如，预测控制、解耦控制、时滞补偿控制、专家系统和模糊控制等智能控制。

⑤ 过程控制系统分为随动控制和定值控制，常用的过程控制系统是定值控制系统。它们都采用一些过程变量如温度、压力、流量、物位和成分等作为被控变量，过程控制的目的是保持这些过程变量能够稳定在所需的设定值，能够克服扰动和负荷变化对被控变量造成的影响。

⑥ 过程控制实施手段的多样性。除了过程控制方案的多样性外，实施过程控制的手段也具有多样性，尤其在开放系统互操作性和互联性等问题得到解决后，实现过程控制目标的手段更丰富。例如，用计算机控制装置实现所需控制功能；方便地更换损坏的仪表而不必考虑是否与原产品一致；方便地在控制室或现场获得仪表的信息如量程、校验日期及误差等；还可以直接进行仪表校验和调整。

**2. 运动控制**

运动控制系统是一类电气传动控制系统，通常以运行相关的运动控制软件的控制器为核心，以电力电子功率变换模块为执行机构，控制电动机的运动状态，完成特定的运动过程，达到控制机械装置的目的。有时也用液压控制系统完成运动控制的任务。这类控制系统的被控变量是电动机的转矩（扭矩）、转速和转角，实现对被控机械的精确位置、速度、加速度、转矩和力的控制及这些被控变量的综合控制。运动控制的执行器是被称为伺服机构的电动机，包括直流和交流伺服电动机，步进电动机等。简言之，运动控制是对机械传动装置的计算机控制，即对机械运动部件的位置、速度等进行实时控制和管理，使其按预先规定的运动参数和规定的轨迹完成相应的动作。

在机床、包装、印刷、纺织、汽车制造、仓储和装配等工业中，通常采用运动控制。

运动控制具有下列特点：

① 被控变量的过渡过程时间短，一般为秒及毫秒级。

② 传动功率范围宽，从几毫瓦到几百兆瓦，即用小功率指令信号控制大功率负载。

③ 调速范围大，可达 1:10000。无变速装置时，转速从几转/时到几十万转/分。

④ 可获得良好动态性能和较高稳速和定位精度。定位精度可达 0.1 mm～1 μm，过渡时间小于 200 ms。

⑤ 电动机空载损耗小，效率高，短时过载能力强。

⑥ 可以四象限运行，制动时能量回馈电网。

⑦ 可控制单台电动机运转，也可多台协调运行，只需要调整控制方法。

⑧ 采用合理控制方案，可适用于任何传动应用场合。

### 1.1.2 运动控制系统的分类

**1. 按执行电动机分类**

运动控制系统按执行电动机分类可分为下列类型：

① 旋转式。其执行电动机可以是步进电动机、直流电动机、无刷直流电动机、交流异步电动机、交流永磁同步电动机、开关磁阻电动机等。

② 直线式。其执行电动机可以是永磁同步直线电动机、异步直线电动机等。

**2. 按运动轨迹分类**

运动控制系统按运动轨迹分类可分为下列类型：

① 点位运动控制。只对终点位置有要求，与运动的中间过程即运动轨迹无关。控制要求是对运动控制器的快速定位速度，不同的加、减速度控制等。加速时能快速到达设定速度，为此要提高系统增益和增大加速度。而在减速末端，采用 S 形曲线减速，防止系统到位时的振动。因此，在终点前应减小系统增益。这表明点位运动控制器具有能够在线可变控制参数和可变加减速曲线的能力。

② 连续轨迹运动控制。例如数控机床的运动轮廓线控制。它要求在高速运动下保证系统加工的轮廓精度，保证刀具沿轮廓运动时的切向速度恒定和具有多段程序预处理能力。

③ 同步运动控制。是多轴运动的协调控制。主要是电子凸轮和电子齿轮的系统控制。控制算法常用自适应前馈控制算法，通过自动调节控制量的幅值和相位，保证在输入端加一个前馈控制作用，以抑制周期干扰，保证系统同步控制。常用于印染、印刷、造纸、轧钢及同步剪切等行业。

**3. 按伺服控制是否有反馈信号分类**

运动控制按是否有反馈信号分类可分为以下类型：

① 开环控制。无检测反馈装置，执行电动机常为步进电动机。开环控制结构简单，价格低，控制指令单向，但机械传动误差没有反馈校正，位置控制精度低。

② 半闭环控制。采用安装在伺服电动机或丝杠端部的转角检测元件检测位置，虽没有组成闭环控制，但采用软件定值补偿方式，因此，可适当提高控制精度。

③ 全闭环控制。采用光栅等检测元件直接对被控机械位置检测，消除整个传动过程的传动误差，可获得很高的静态定位精度。但稳定性不高，系统设计和调整复杂。

**4. 按控制方式分类**

运动控制按控制方式分类可分为以下类型：

① 点位控制数控系统。对运动轨迹无特殊要求，运动时不加工，控制电路只需要具有记忆和比较功能，不需要插补运算功能。

② 直线控制数控系统。需要进行直线加工，控制电路较复杂。

③ 轮廓控制数控系统。要求控制刀具完成复杂的轮廓曲线运动，并进行加工，因此要求有插补运算和判别功能。

**5. 按动力源分类**

运动控制按动力源分类可分为以下类型：

① 以电动机作为动力源的电气运动控制。这是运动控制最主要的形式，约占90%以上。

② 以气体和液体作为动力源的气液控制。对需要大功率的运动控制应用场合，也常采用气液控制形式。它以流体压力和流体动能作为动力源，包括液压泵、液压马达和气缸等执行机构，完成机械装置的位置、速度等的运动控制。

③ 以燃料（煤、油等）作为动力源的热机运动控制。

**6. 按协调控制的结构分类**

运动控制按协调控制的结构分类可分为以下类型：

① 主轴/从轴运动控制结构。主轴的运动控制命令生成一个或多个从轴的运动控制命令。在这类系统中，主轴可以是实轴，也可以定义为虚轴。

② 多维的运动控制协调结构。它不区分主轴和从轴，是多个轴的集合，称为轴组。以轴组的运动实现所需的运动轨迹和路径控制。常用于解决数控机床、机器人等复杂运动控制问题。

**7. 按运动控制的应用分类**

运动控制按其应用分类可分为以下类型：

① 通用运动控制。基本属于主轴/从轴运动控制范畴。例如，用于印刷、包装、纺织和日用品制造（如纸质成形尿布、妇女卫生纸巾）等行业的运动控制。使用的运动控制功能基本属于 PLCopen 运动控制规范的第 1 和第 2 部分的功能块。

② 复杂运动控制。主要用于机器人、数控机床等多轴协调运动控制。使用的运动控制功能基本属于 PLCopen 运动控制规范的第 4 部分的功能块。

此外，按运动轨迹的特性分为平移、旋转和混合运动。按运动环境分为地面运动、水下运动和空中运动等。按运动件的特性分为刚体运动、柔性体运动和刚柔体运动等。

### 1.1.3 运动控制系统的组成

运动控制系统是控制某些机器的位置、速度、力或力矩的随动控制系统。图1-1显示运动控制系统的组成。运动控制系统由下列部分组成：

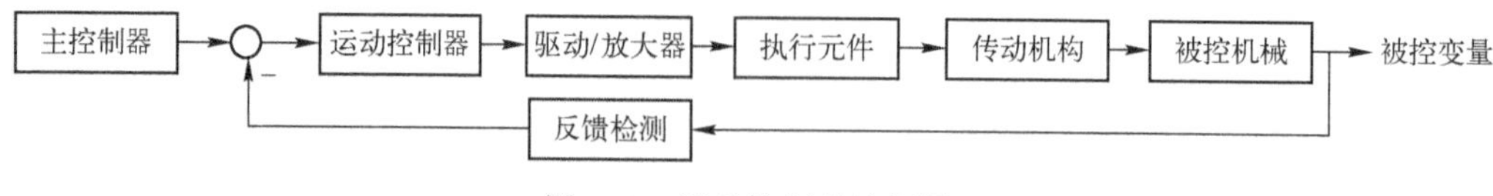


图1-1 运动控制系统框图

① 被控机械。它是运动控制系统的最终控制对象。例如，一维或多维机械平台、机械臂或机器人等。

② 传动机构。用于实现增减速、输出力矩放大或缩小、旋转运动和直线运动转换等的装置。例如减速箱、丝杠及皮带轮等。

③ 执行元件。将电能转换为机械能的各种元件。如液压油缸、液压马达、气缸、各种电动机以及伺服电动机等。

④ 驱动/放大器。实现弱电信号放大和输出强电驱动信号的装置。例如，电力电子器件及控制电路、保护电路组成的伺服驱动器等。有时，将驱动/放大器和执行元件一起称为执行器。

⑤ 运动控制器。实现各种插补运算、运动轨迹规划及复杂控制策略等运算功能的控制装置。

⑥ 反馈检测。将被控机械的运动状态反馈给运动控制器，实现闭环控制的检测装置。例如，位置、速度、加速度检测传感器、力和力矩检测传感器等。没有反馈检测装置的系统是开环系统，具有反馈检测的系统是闭环系统。

⑦ 主控制器。用于实现人与机器信息交互的装置。主要负责运动控制的调度、运动状态显示、数据存储、数据通信和协调等功能。

运动控制系统的任务是保证坐标轴实际运动与插补产生的命令值的一致。

### 1.1.4 运动控制技术的发展

#### 1. 运动控制技术的发展

运动控制系统的发展经历了从直流到交流、从开环到闭环、从模拟到数字、直到基于PC的伺服控制网络系统和基于网络的运动控制的过程。从运动控制器件的发展看，大致经历了下列阶段。

① 模拟电路。早期的运动控制系统一般采用运算放大器等分立元件，以模拟电路硬件连线方式构成。这类控制系统具有响应速度快、精度较高以及有较大带宽等优点。但与数字系统相比较，存在老化和环境温度的变化对构成系统的元器件参数影响很大；元器件较多，系统复杂，使系统可靠性下降；采用硬接线，修改困难；受系统规模限制，难以实现高精度、大运算量的复杂控制算法等缺点。

② 微处理器。微处理器集成了CPU、RAM及ROM等，具有运算速度快、功率消耗低、集成度高和抗扰性强等优点。但总体集成度仍较低，不具备运动控制所需的控制算法、处理速度和能力有限等缺点。

③ 通用计算机。它采用高级编程语言和相应的控制软件，配合计算机通信接口和驱动电动机的电路板，可独立组成运动控制系统。可以实现高性能、高精度的复杂控制算法，程序修

改方便。但受到通用计算机的限制，其实时性较差，体积大，难于在工业现场应用。

④ 专用运动控制芯片。专用的运动控制芯片将实现运动控制所需的各种逻辑功能和运动控制功能集成在一块专用集成电路板内，提供了一些专用控制指令，并具有一些辅助功能，使用户软件设计工作量减到最小。但由于软件算法固化，所以复杂控制算法实现困难，程序扩展性和灵活性较差。

⑤ 数字信号处理器。数字信号处理器（Digital Signal Processer，DSP）是集成极强数字信号处理能力和电动机控制系统所必需的输入、输出、模数变换和事件捕捉等外围设备能力的专用芯片，是一个实时处理信号的微处理器。具有体积小、功耗低及运算速度快等特点。近年推出的超长指令字（VLIW）结构、超标量体系结构和 DSP/MCU 混合处理器是 DSP 结构发展的新潮流。

⑥ 可编程控制器。早期可编程控制器以逻辑运算为主，不具有运动控制算法。近年来，PLCopen 组织颁布了运动控制规范，将运动控制、逻辑控制和安全结合在一个平台，实现运动控制。

表 1-1 是运动控制系统发展历史。

**表 1-1　运动控制系统发展历史**

| 阶　段 | 分　类 | 主要技术特征 |
|---|---|---|
| 早期 | 模拟 | 步进控制器+步进电动机+电液脉冲马达 |
| 20 世纪 70 年代 | 直流模拟 | 基于微处理器技术的控制器+大惯量直流电动机 |
| 20 世纪 80 年代 | 交流模拟 | 基于微处理器技术的控制器+模拟式交流伺服系统 |
| 20 世纪 90 年代 | 数字化初级 | 数字/模拟/脉冲混合控制，通用计算机控制器+脉冲控制式数字交流伺服系统 |
| 21 世纪至今 | 全数字化 | 基于 PC 的控制器+网络数字通信+数字伺服系统 |

我国运动控制技术的发展相对落后。20 世纪 80 年代开始采用通用运动控制器产品。应用规模小，应用范围窄。此外，运动控制器的运动速度较慢，精度也不高。随着对外开放政策的落实，一些国外运动控制产品进入国内，一些外商和合资企业建立，促进了运动控制技术的发展。

**2. 运动控制系统的关键技术**

运动控制技术是包含机械工程、电子工程、控制工程、计算机科学及传感检测技术的相互交叉和融合的综合性技术。

① 精密机械技术。机械技术是运动控制的技术基础。在运动控制中，要求机械结构更简单，功能更强，一些新机构、新原理、新材料和新工艺的应用能够满足对各种应用的需要，既提高精度和刚度，又改善性能，例如，体积缩小、重量降低以及性价比提高等。

② 传感检测技术。运动控制技术需要对位置、速度和加速度等进行检测，组成反馈回路，实现伺服控制系统，为此，对传感检测技术提出更高要求，例如，高精度检测、快速检测和苛刻环境条件检测等。

③ 计算机与信息处理技术。运动控制中涉及大量运动信息，因此，除了这些信息的检测传送外，还涉及计算机与信息处理的大量工作。例如，信息的交互、运算、判断和决策等。与过程控制中采用集散控制系统不同，运动控制对信息处理时间要求更高，对信息实时性和交互要求更高。

④ 自动控制技术。在过程控制中，控制理论是基础。同样，在运动控制中，控制理论也是基础。由于被控对象不同，并且大量伺服系统的电动机是非线性被控对象。因此，高精度位置控制、轨迹控制、同步控制等都需要控制理论用于指导。

⑤ 伺服驱动技术。伺服驱动技术是在控制器输出指令下，控制驱动元件使其按照指令要

求运动，因此，需要满足运动过程动态响应等性能指标。由于不同的伺服驱动方式有不同的动态性能，因此，对DC伺服、AC伺服、步进等电动机和变频技术等有更高要求。而伺服技术则从DC伺服转向AC伺服。全闭环交流伺服驱动技术、直线电机驱动技术等已经显现其优势。

⑥ 系统总体技术。运动控制技术是对整个运动系统的控制，因此，既要将运动控制系统分解为各自自治又相互交互的单元，又要在总体性能要求下兼顾各个个体性能。只有这样，才能使设计的运动控制系统具有良好的性价比，满足应用要求。

**3. 智能制造市场对运动控制产品和系统的要求**

智能制造市场对运动控制产品和系统的要求如下：

① 性能更好。表现为能效高、改善能效算法、驱动功耗低、编码器分辨率高、运动控制通信总线速率高以及抖动小等。

② 更安全。表现为推行国际机械安全标准（UL-ISO-IEC），提供运动控制和安全控制一体化系统，采用高绝缘材料等。

③ 更智能。伺服驱动器智能算法和运动控制软件平台对不同行业和装备的针对性更强，以低制造成本为前提向绝对型定位驱动反馈发展，优化节能且降低能源损耗。

④ 更快速。提高伺服电动机轴速，高电压驱动要求采用高性能IGBT和FET器件才能满足高转速输出、低谐波，提高器件反馈带宽至400kHz以上。

⑤ 噪声更小。采用新的电机设计降低振动和减少电机固有谐波，控制电机功率输入的谐波，控制电机输入电压和电流的波形以降低谐波。

⑥ 运转更平滑。利用DSP和FPGA的性能计算和存储电压电流波形，消除谐波和畸变，使运动速度和加速度更为平滑，高分辨的反馈信号和更好的运动控制总线性能也有利于运动平滑平稳。

⑦ 体积更小。运动控制产品安装的空间减小，使整体产品体积缩小。

⑧ 价格更便宜。中国制造的伺服系统比美国至少便宜20%，运动控制系统中软件比硬件的比例更高意味着整体价格趋向于不断下降；数字驱动比模拟驱动价格便宜，性能更强；随着运动控制产品越来越广泛地运用于各行各业，生产批量越来越大，成本可迅速下降；此外，随着机械系统变得简约，整体成本也显著降低。

**4. 运动控制系统存在的问题**

① 长期以来，用户能够在很大范围内选择实现运动控制的硬件。不过，每种硬件都要求独自而无法兼容的开发软件。即使所要求的功能完全相同，在更换另一种硬件时，也需要重新编写软件。这一困扰运动控制用户的问题，其实质就是如何实现运动控制软件的标准化。

② 为适应应用需要，开发一体化的逻辑控制、运动控制及视觉控制开发平台是高效、快速开发智能制造生产线和智能制造装备的必然趋势。传统运动控制器虽然集成PLC功能，但PLC和运动控制是相对独立的两套软件，常需要I/O接口交换数据实现同步等，造成成本高、系统复杂以及维护困难。

③ 运动控制的要求不同。例如，机器人和数控机床关注的是路径规划、运动参数的混成缓冲等。机器人的路径规划还要考虑面向时间的定位（即其空间位置随时间定位），但过渡的路径受到空间位置的约束，速度要快，操作位置的定位要准确，停留时间则根据工艺加工要求确定。而数控机床的路径规划实际上要满足型面（二维）或形体（多维）切削加工的要求，追求速度与精度的平衡。印刷机械、包装机械等关注的是主轴和从轴之间的同步和工艺节拍，主要解决型面和轮廓的加工，即关注加工刀具的运动路径控制。

④ 由于运动部件有一定的质量，为保证它能准确地停在目标位置，需要按照原来已经定

义的减速值计算驱动器的速度，所计算的速度值用于生成一个优化的位置参考值，在该位置开始减速，就能让驱动器准确停在目标位置。

⑤ CNC 和机器人这些制造单元的开放架构问题。MES、ERP、CAM 等都要求制造设备层能提供基于 IT 技术的软硬件接口。而智能制造技术的实现也要求 CNC、机器人和其他制造单元和设备之间建立开放性的网络和软件接口。此外，传统 CNC 采用 G 代码编程，PLC 采用 IEC 61131-3 编程语言编程。

⑥ 运动控制系统中为了保证返回原点的准确性，常常在靠近原点的某个位置设置一个位置开关强制减速。但在需要进行许多点定位时，就很难设置多个位置开关。计算优化开始减速的位置，必须有基准位置。

PLCopen 组织开发运动控制规范的目的是解决上述存在的问题。基于 IEC 61131-3 的编程环境，将开发、设计、安装和维护运动控制软件和逻辑控制、安全控制和视觉控制等结合在一个操作平台，能够协调不同编程开发平台，满足运动控制、逻辑和安全控制以及视觉控制等应用要求。

经多年的应用，PLCopen 的运动控制规范已经成为独立于运动控制硬件的开发平台，它具有良好的可复用性，大大降低开发、应用和维护成本。它能够与 IEC 61131-3 友好地结合在同一开发环境下协调工作，也能够在安装和维护等各阶段满足应用的要求。该规范的第 4 部分规定了各种协调运动的功能块，既集合机器人、CNC 和通用运动控制的工程软件平台，也将硬件和软件一体化，成为实际应用运动控制规范的智能装备。

**5. 运动控制系统的发展趋势**

运动控制技术是推动工业 4.0 发展的关键技术。其发展趋势如下：

① 智能化。智能控制已经深入到运动控制系统的各个层面，智能化已经成为一切工业控制设备的流行趋势。智能化主要表现在下列方面：

- 具有参数记忆功能。系统中所有参数可通过人机界面由软件设置，并保存在运动控制系统的伺服单元内部，这些参数能够方便地在运动过程中被修改和观测。
- 具有参数自整定功能。闭环控制系统的参数整定，可通过自整定的控制算法实现，从而使控制系统运行更稳定，控制准确度更高，动态响应更快。
- 具有故障自诊断和分析功能。当系统发生故障时，系统可自动提供有用的故障信息，例如故障类型、可能引起故障的原因，同时还给出建议的检查方法和消除故障的步骤等。在很大程度上可快速寻找到故障点、缩短调试和维护时间，降低维修成本。
- 具有预定义的行业应用的宏功能，可通过简单的行业专用宏命令实现复杂的功能。

② 统一的操作平台。为了在不同应用中使用，软件平台的统一是极其重要的。为此，PLCopen 组织专家制定和完善了运动控制的标准规范。一些制造商也根据该规范开发了相应的操作平台。在该平台环境，可运行编程程序，对不同被控对象，例如，CNC、数控机床、数据加工中心及各种类型的机器人进行编程。也可通过该平台，实现人机交互，完成对伺服控制系统的控制。这些操作平台将逻辑运算、运动控制和安全集成在一起，方便了用户的应用。PLC 技术、机器人技术和 CNC 技术正在呈现融合发展的趋势。

③ 数字化。采用新型高速微处理器和专用信号处理器（DSP）代替原来的模拟电子器件，实现全数字化的伺服控制。将原来用硬件实现的伺服控制变成以软件实现的伺服控制，使控制性能得到改善，更便于控制功能的实现。例如，采用 NURBS 样条函数、多阶多项式的插补技术，采用前馈控制算法、模糊控制算法以及神经网络控制算法等。观测器和各种辨识技术被应用于运动控制系统中，极大地改善了控制系统的控制性能，为复杂的多层网络控制提供了基

础。数字化主要表现如下：

- 精确定位控制的同时，还可满足速度控制和转矩控制的要求。
- 通过工业以太网可方便实现多轴同步控制。
- 起动力矩大，加减速控制功能强，可方便地实现快速运动。
- 便于用软件来实现各类机械装置运动过程中负载控制的要求。
- 节能潜力大。

数字化在降低了硬件接线成本的同时也降低了故障的发生率。离线调试和离线编程不仅缩短了工期而且有利于操作人员的培训。

④ 交流化。从目前市场分析看，新的伺服控制系统已经呈现全 AC 伺服控制的情况，说明越来越多的制造商已经看到交流伺服控制系统的优点。变频调速技术的发展已使交流伺服电动机成为主流产品，主要表现如下：

- 提供很宽的转矩范围的专用伺服电动机。例如，峰值转矩范围从 95 mN · m（毫牛米）到 1650 N · m（牛米）。
- 提供紧凑尺寸的直接驱动的专用伺服电动机。例如，专门为食品行业提供专用的不锈钢电机、为液体和高洁净度应用的伺服电动机等。
- 提供集成驱动器的专用伺服电机。例如，安装在电机上的模块化的高度集成的伺服电动机，它将电机壳体作为散热片，缩小体积。
- 提供简化安装的直接驱动的伺服电动机。例如，采用全新的 DDR 直接驱动技术的，结合无机架直接驱动电机的性能优点和完整机架的电机安装便利性生产的伺服电动机。

⑤ 模块化和网络化。模块化是网络化的前提。为实现网络化，将不同制造商的产品集成在同一平台，各产品必须模块化，它们有标准的接口用于互联和互操作。网络化是指利用通信技术和计算机技术将不同地点的计算机和各类电子终端设备互连，按一定网络协议相互通信，达到用户资源（硬件、软件和数据）共享的目的。目前的运动控制系统产品都具有标准的通信接口和现场总线接口，可实现与其他控制设备的互联，这也为整个车间或企业的生产管理提供了坚实基础。

⑥ 功能专用化。根据特殊市场的需求，一些其他用途的专用运动控制系统也越来越多地被开发和应用。例如，图形伺服控制的专用运动控制器、力伺服的专用运动控制器以及电机专用运动控制器等。为此，一些制造商根据应用需要设计出个性化的运动控制器。

### 1.1.5 运动控制技术的应用领域

运动控制技术已经在各行各业迅速发展并获得应用。例如在汽车、机床、仪表、各种机械工程、工业机器人和民用工业都得到广泛应用。

① 各种机床。主要是金属加工数控机床，包括数控车床、数控磨床、数控铣床等，以及数控加工中心；还包括激光切割、木材加工、石材加工、玻璃加工、陶瓷加工等各种数控机械加工设备。

② 机器人。主要是各种类型的机器人，例如，焊接、装配、搬运、喷涂及建筑等行业的机器人、机器臂，消防、医疗、抢险、辅助机器人等，以及各种无人装置，例如，无人机、无人驾驶汽车等。

③ 生产流水线。主要是各种无人或少人的生产流水线，例如，面包生产线、纺织生产线、啤酒生产线等，以及各种物体、材料等输送的生产流水线。

④ 测量测试。例如，坐标检测、齿轮检测、进给检测、定位检测、电子线路板测试及超

声波扫描等。

⑤ 军事航空航天。例如，自行火炮、坦克等武器的火控系统、车（船）载卫星移动通信、飞机机载雷达、天线定位器、激光跟踪装置、天文望远镜及空间摄影控制等。

⑥ 医疗设备。例如，血压分析、CAT 扫描、DNA 测试、测步、尿样测试、医疗图像声呐、人造心脏和人造肺等。

⑦ 纺织机械。例如，自动织带机、地毯纺织机、被褥缝制机、绕线机和编织机等。

⑧ 半导体制造和测试。例如，晶体自动输送、电路板连接器、IC 插装机、晶片探针器、抛光机、晶片切割机以及清洗设备等。

运动控制技术已经在国民经济和社会发展的各行各业发挥其作用，并产生了巨大经济效益。它是控制理论在机械工程和电力工程的完美应用，它将微电子技术、电子电力技术、计算机和信息技术、传感检测技术及电机学等技术灵活结合，是一门综合性的学科。

发展先进运动控制技术具有极其重要的现实意义。我国《中国制造 2025》发布实施以来，五大工程实施效果初显；重大标志性项目取得阶段性成效；开展试点示范，落地生根效应凸显；制定分地区指南，各地差异化发展格局加快形成；制造业与互联网融合效应明显；实施专项行动，质量品牌建设取得初步成效。相信运动控制技术在不久的将来将成为中国制造的重要手段和支柱。

## 1.2 PLC 在智能制造中的定位

智能制造系统或智慧制造系统的系统架构/参考模型，属于开发智能制造系统/智慧制造系统的顶层设计的范畴。对此感兴趣的利益攸关者有：工业政策制定者、制造业从业人员、制造业设备制造商、制造业服务商、上游供应商、下游销售服务商、为制造业提供技术的高等院校科研院所、产品设计及制造工艺设计单位与个人，以及标准化组织等。这些利益攸关者都应该能在这个参考架构中找到自己的定位及与自己关系的其他利益攸关者。

所谓系统架构/参考模型，是为所研究处理的问题空间提供一种可视化的抽象结构，提供描述和讨论解决方案的语言，定义术语，并提供其他类似的帮助，以获得所要解决的问题的充分理解和信息交流。一般而言，系统架构/参考模型是一种用独立于实现的方式而规定的系统要求的标准模型。

智能制造系统或智慧制造系统的系统架构/参考模型的形式大致有以下两种：

① 三维立体架构。如中国的智能制造标准体系参考模型、德国 RAMI 4.0 及日本工业价值链参考模型 IVI。三维架构可视化效果好，根据各国工业智能制造的发展基础、发展目标等因素可直观地进行维度选择（维度设计），以及每个维度的层级设计。不过，如何表达不同维度的各个层级之间的关系需要花费许多功夫，难以一目了然。

② 按不同制造技术范畴的阶段的三维表达，能清晰表达不同维度的各个层级之间的关系。如美国国家标准化技术研究院 NIST 的三维表达。

### 1.2.1 《国家智能制造标准体系建设指南(2015 年版)》的智能制造标准体系参考模型

由中国国家智能制造标准化总体组起草，以工信部名义于 2015 年 12 月发布的《国家智能制造标准体系建设指南（2015 年版)》，其应用领域是智能制造，重点是十大领域。在该文件中重点给出了智能制造标准体系参考模型 IMSA。参考模型的主要特征如下：模型由三个维度组成，即生命周期维度、系统层级维度和智能特征维度，如图 1-2 所示。

生命周期是指包含一系列相互连接的价值创造活动的集成，不同行业有不同的生命周期；系统层级指与企业生产活动相关的组织结构的层级划分。从下到上由设备层、单元层、车间层、企业层和协同层组成，协同表示了整个价值链上的协同活动。智能特征指基于新一代信息通信技术使制造活动具有自感知、自学习、自决策、自执行及自适用等一个或多个功能的层级划分。包括 5 个方面：资源要素、互联互通、融合共享、系统集成和新兴业态（2018 版对分层进行了上述修改）。这一维度参考了 RAMI4.0 和 IEC 相关工作。

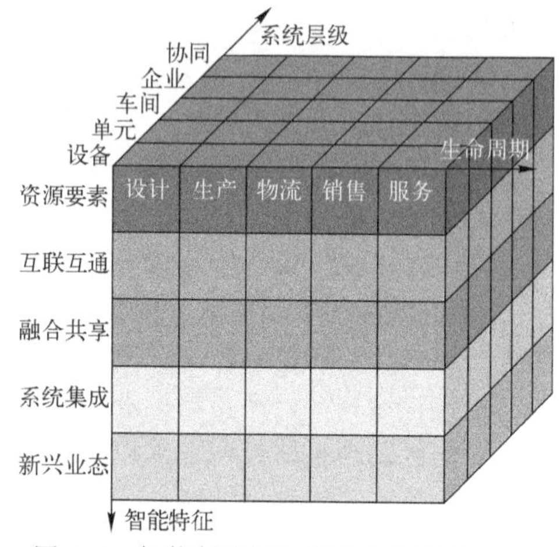


图 1-2　智能制造标准体系参考模型 IMSA

模型用于理解智能制造概念，分析现有标准现状和标准化需求。

相对于 RAMI4.0，系统层级维度做了简化，将产品和设备并为设备层级。生命周期维度细化为设计、生产、物流、销售和服务，但忽略了样品研制和产品生产的区别。智能特征维度突出了各个层级的系统集成、数据集成和信息集成。重点解决当前推进智能制造工作中遇到的数据集成、互联互通等基础瓶颈问题。

建设指南强调五种核心技术装备：高档数控机床与工业机器人、增材制造装备、智能传感与控制装备、智能检测与装配装备以及智能物流与仓储装备；突出五种新模式：离散制造、流程制造、网络协同制造、大规模个性化定制和远程运维服务；目标是两提高三降低，即生产效率提高 20%、运营成本降低 20%、产品研制周期缩短 30%、产品不良品率降低 20%以及单位产值能耗降低 10%。

与国际组织智能制造参考模型面向多个应用领域不同的是，我国发布的智能制造参考模型主要面向制造业（见图 1-3），而且，该模型唯一地提出了智能制造的标准体系架构。

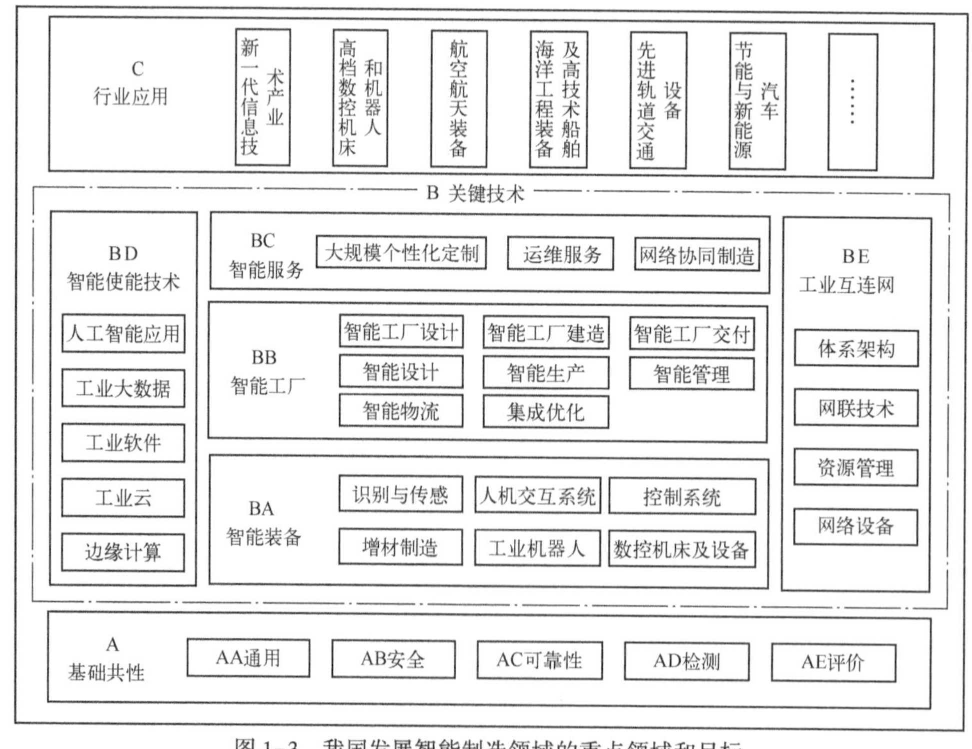


图 1-3　我国发展智能制造领域的重点领域和目标

### 1.2.2　德国工业 4.0 参考模型 RAMI 4.0

工业 4.0 是一个为价值链组织使用的技术和概念的集合名词。在工业 4.0 的智慧工厂的模块化架构中，信息物理系统（Cyber-Physical System，CPS）用于监控物理过程，建立物理世界的一种虚拟拷贝，并实施分布式决策。通过物联网，CPS 之间、CPS 与人之间进行实时通信和协调；通过服务互联网，提供内部的和跨组织的服务，同时被价值链的参与者所利用。

鉴于系统架构是标准化的基础，必须首先开发整个架构的参考模型。迄今为止的有关工业系统结构的标准，如企业信息集成的标准 IEC 62264（ISA S95）和批量控制标准 IEC 61512（ISA S88）基本上只是系统功能分层的架构，可以说仅仅是由技术驱动的。按照工业 4.0 和智能制造所着重要求的面向服务、自主自治、灵活的适应以及协同，其系统架构尚需要在概念上加以扩展。

构建工业 4.0 参考架构模型的原则如下：

- 作为参考的架构模型应简单而且便于管理。
- 借助此架构模型，可对现有标准进行识别。
- 借助此架构模型，可对标准的缺口和不足进行识别和弥补。
- 借助此架构模型，可对标准的重叠进行识别，并选择适宜的解决方案。
- 使涵盖的标准数目尽可能少。
- 为使中小型企业也能迅速实现工业 4.0，参考模型应允许对标准的部分实现，即模型应便于识别标准的分子标准。
- 便于识别各部分和各层级的相互关系。
- 便于定义高层级的规则。

按照以上的原则，工业 4.0 参考架构模型 RAMI 4.0（Reference Architecture Model Industrie 4.0）的基本特性设计，参照的是欧洲智能电网协调组织在 2014 年定义的智能电网架构模型 SGAM（Smart Grid Architecture Model）。这一架构在全世界已获得广泛认可。

为利于参考架构模型表达工业 4.0 的空间，采用三维模型（见图 1-4）。纵轴分成多个层级，便于以不同的视角表达诸如数据映射、功能描述、通信行为、硬件/资产或业务流程。这

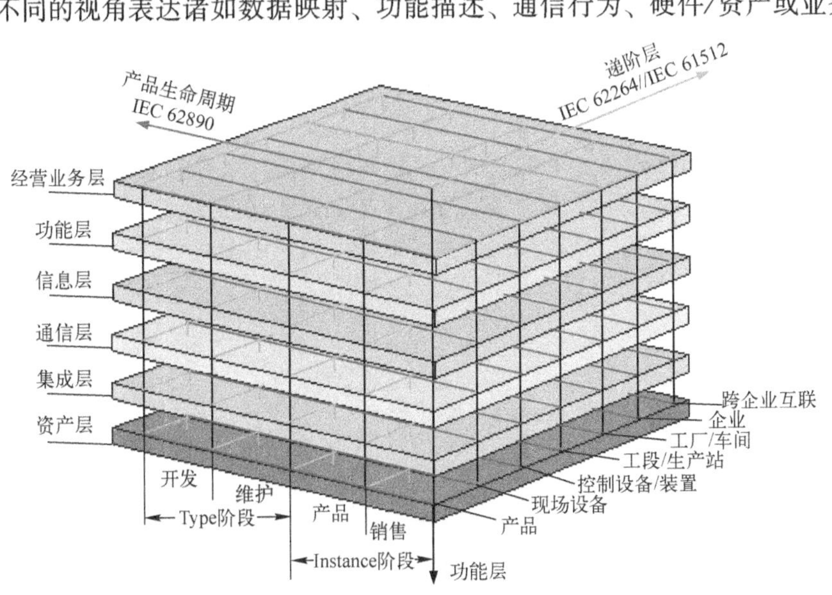


图 1-4　德国工业 4.0 参考架构 RAMI 4.0

里借用了 IT 行业将复杂项目划分为若干个可以管理的部分的思维。左面的横轴表达产品生命周期及其所包含的价值链，这样便可在参考架构模型中表示整个生命周期内的相关性（例如持续的数据采集之间的相关性）。右面的横轴表达工厂的功能性和响应性，即工厂功能的分层结构。

**1. 物理系统按类别的虚拟映射**

为便于将物理系统按其功能特性分层进行虚拟映射，按照 IT 和通信技术常用的方法，将纵轴自上而下划分为 6 个层级：经营业务层、功能层、信息层、通信层、集成层和资产层。

① 资产层。资产层处于最底层，连同其上层集成层一起被用来对各种资产进行数字化的虚拟表达。资产层用来表达物理部件、硬件、软件、文件等实体。物理部件包括直线运动的轴、金属部件、电路图、技术文件以及历史记录等。人也作为资产层的一部分，通过集成层与虚拟世界相链接。资产层与集成层的链接是无源（Passive）链接。

② 集成层。集成层用来以计算机能够处理的方式提供资产的信息、对技术过程进行计算机辅助的控制，在集成层生成来自资产的事件。集成层包含与 IT 系统相链接的元件，如 RFID 读入设备、HMI 及传感器等。与人的互动也发生在集成层，例如通过 HMI 进行信息交互。

③ 通信层。通信层用来处理通信协议以及数据和文件的传输。在指向信息层的方向上采用统一的数据格式，使通信实现标准化，并为集成层的控制提供服务。

④ 信息层。信息层容纳相关的数据，为事件的处理形成处理的环境，执行与事件相关的规则，并对这些规则进行正式的描述。在信息层中必须将表达模型的数据持续保持，确保数据的完整性，进行不同数据的一致性的集成，并得到高一层的数据，即由数据得到信息，由信息上升为知识。信息层还要通过服务接口提供结构化的数据接收事件，然后把它们转换为将在功能层使用的相匹配的数据。

⑤ 功能层。功能层用于处理各种所需的功能，并负责进行功能的正式描述；它是各种横向集成的平台，承担为支持业务过程的运行期和建模环境的服务，以及提供各种应用和技术功能性的运行期环境。在功能层内生成规则和决策逻辑。而规则和决策逻辑的执行则在较低的层（信息层或集成层）执行，这取决于应用案例。远程存取和横向集成仅仅在功能层进行，这是为了保证在处理过程中信息和条件的完整性。

⑥ 经营业务层。经营业务层保证价值链中功能的完整性，并映射业务模型及其产生的全部流程。由于业务层并不指具体的系统，例如，像 ERP 这样的系统，其位置仍应该在功能层。业务层要对系统模型建立必须遵守的规则，协调功能层的各种服务语义；链接不同的业务过程；以及接收需要业务过程进行的事件。

图 1-5 清晰表达了 RAMI 4.0 和物理-数字化架构及递阶关系。把物理实体（包括硬件、软件、工程文件等）通过数字化演化为能在虚拟世界完整表达、通信、推理、判断及决策加工等，让控制信息和业务信息都能实时传递交换和处理，从而使企业中的各类资产都能互联、互

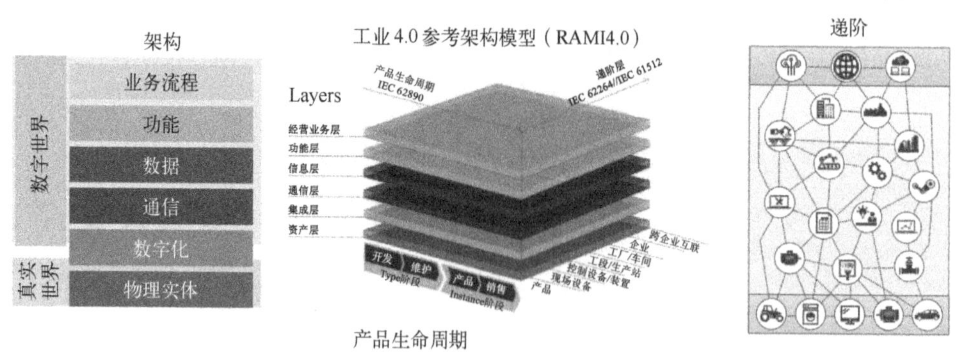


图 1-5 工业 4.0 参考架构模型 RAMI 4.0 和物理-数字化架构及递阶关系

操作。根据不同资产的作用，应该按控制要求和业务要求，在它们数字化后构建它们之间的扁平化的通信递阶关系。

**2. RAMI 4.0 的生命周期和价值链横轴**

工业 4.0 为整个产品、机械装备和工厂的生命周期的改善提供了巨大的潜力。为了使这些关系可视化和标准化，参考模型的第二个轴需要表达生命周期及其相关的价值链。基本参照 IEC 62890（即 ISA 105）工业过程测量控制和自动化系统和产品生命周期管理国际标准。不过将它划分为两个阶段：设计开发与样机研发阶段（Type）和实际实现阶段（Instance）。

① Type 阶段。在 Type 阶段，从初始的设想到初样的开发，再到样机的试制、测试和验证以至试用，最后该型号产品得以定型，可以转至批量工业生产。

② Instance 阶段。在 Instance 阶段，产品以工业生产的方式和规模进行制造。每一个制造出来的产品代表了这种型号产品的一种实现，具有其唯一的生产编号，向用户提供的是该型号产品的实现。从销售阶段起，对产品改善的要求将返回制造厂，可对该产品的技术文件予以修正。由此导致产生新型号的产品，用于制造厂制造出新的实现。

在工业 4.0 中，价值链的数字化和链接蕴含改善潜力。在此链接中，各种功能的链接跨度具有决定性的意义。物流数据可用于装配过程，企业内或工厂内的物流则依据未交货订单对物流进行调度。采购部门可实时查看库存，同时可在任意时间点了解那些零部件的供货商，及时获得情况。而客户可以知道订购确定的产品在生产过程中完成的进度。把采购、订货计划、装配、物流、维护、供货商和客户等各个方面都链接在一起，会产生巨大的改善潜力。由此生命周期必须与其所包括的增值过程紧密结合在一起，而不再以相互隔离的方式只看到一个工厂生产的情况，而是把所有相关的工厂和合作伙伴，从制造工程到零部件供应商一直到客户全部紧密链接在一起。

**3. 制造环境的功能层级**

参考架构模型的第三个轴描述了在工业 4.0 的各种制造环境下功能分类的多层级。在功能层级划分时，基本参照 IEC 62264（即 ISA S95）和 IEC 61512（即 ISA S88）企业信息集成国际标准的功能层级划分。不过，根据工业 4.0 的概念，在最底层增加了“产品”层，在最顶层增加了“跨企业互联”层。

工业 4.0 的功能层级划分为：跨企业互联、企业、工厂/车间、工段/生产站、控制设备/装置、现场设备及产品。在工业 4.0 的架构范畴中不但重视控制装备，而且还设置机械装备或机械系统。因此考虑在控制设备层级之下设置现场设备层级，用于表述智能现场设备（如智能传感器）的功能水平。更有甚者，不但认为成套装置和机械装置对于产品装置是重要的，而且认为被制造的产品本身也应纳入工业 4.0 的视野。为此，在最底层加入了产品这一层级。这样的设计使参考架构模型能够协调统筹地考虑待加工的产品和生产的装置设备，以及这二者之间的相互依存关系。另外考虑到设计功能层级所依据的 IEC 标准（IEC 62264 和 IEC 61512）仅表达工厂内的层级，而工业 4.0 考虑的范围更大更多，要描述工厂集群、与外部工程单位的协同、零部件供应商和用户等，这些都超出并高于企业级别，为此特地在最高层级设置了“跨企业互联”。

**4. 工业 4.0 基本单元模型**

工业 4.0 基本单元是一个描述信息物理系统（CPS）详细特性的模型。CPS 是一种在生产环境中的真实物理对象，通过与其虚拟对象和过程进行联网通信的系统。在生产环境中，从生产系统和机械装备到装备中的各类模块，只要满足上述这些特性，不管是硬件基本单元还是软件基本单元，都具备和符合了工业 4.0 要求的能力。

图 1-6 列举了 4 个工业 4.0 基本单元的例子。分别是：①一整套机械装备作为工业 4.0 基本单元，这类工业 4.0 的基本单元是由机械制造厂商来实现的。②由专门供应厂商提供的关键部件也可看成是一类工业 4.0 的基本单元，由部件制造厂商实现。它们往往可以分开登录，譬如可分别在资产管理系统和维护管理系统中登录。③还可以把一些构成零部件看成是工业 4.0 的基本单元，例如一个端子排，不但是连通信号的接线，而且在整个机械装备的生命周期中还起着传输数据的作用。这种工业 4.0 基本单元的实现者往往是电气工程师或技术员。④软件也是生产系统中的重要资产，它们也是工业 4.0 的基本单元。例如一个独立的规划或者工具性工程软件，甚至一个功能块库。其实现者可以是软件供应商，也可以是控制器应用程序的编程工程师等。

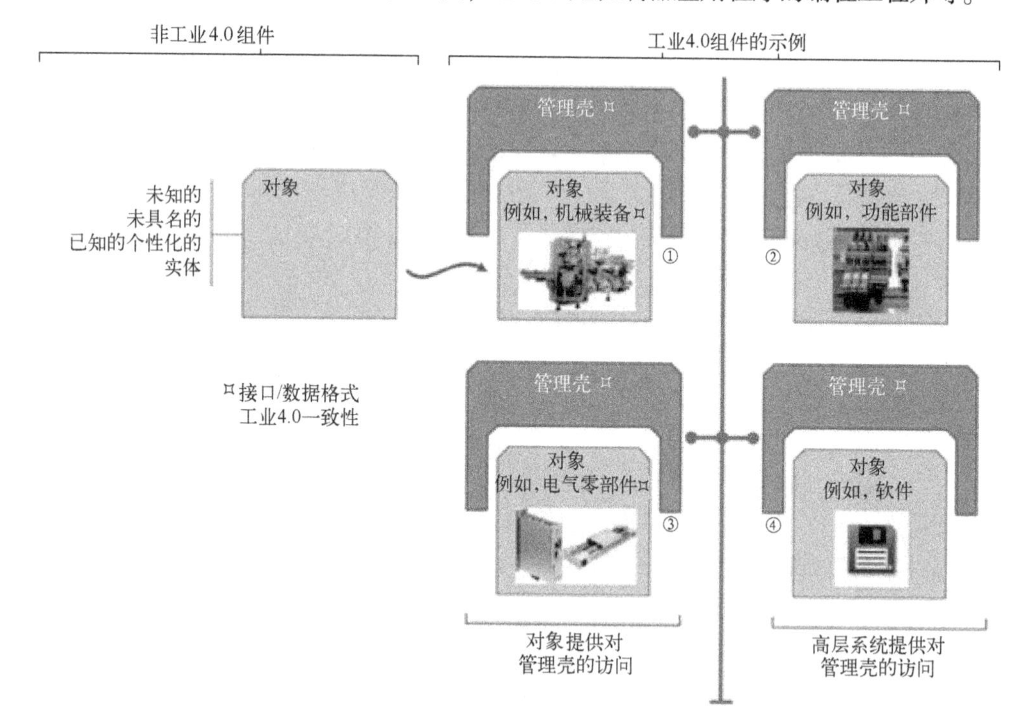


图 1-6　工业 4.0 基本单元模型

由上可知，工业 4.0 的基本单元可以是硬件单元，也可以是软件单元。成为工业 4.0 基本单元的一个先决条件是：它必须在整个生命周期内采集所有相关数据，存放在有该基本单元所承载的具有信息安全的电子容器内，并由它把这些数据提供给企业参与价值链的过程。在工业 4.0 的基本单元模型中，这个电子容器被称为“管理壳”（Adminstration Shell）。另外一个先决条件是：基本单元的真实对象必须具有通信能力以及相应的数据和功能。这样，在生产环境中的硬件单元和软件单元之间都能进行符合工业 4.0 要求的通信。

由图 1-7 可知，资产构成了工业 4.0 基本元件（物理的/非物理的）的实体部分，管理壳构成了工业 4.0 基本元件的虚拟部分，工业 4.0 的通信将各种基本元件加以连接。

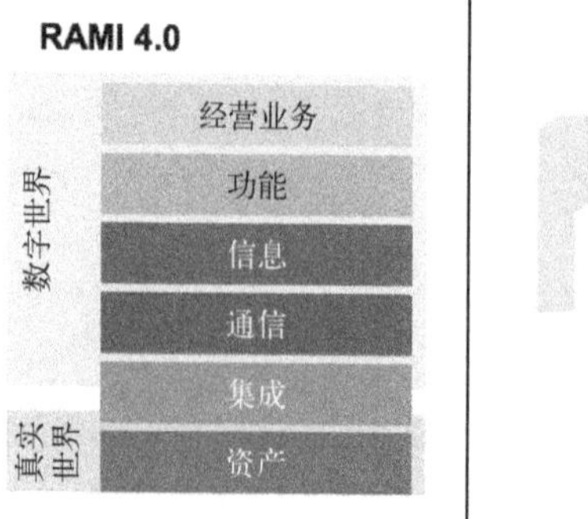


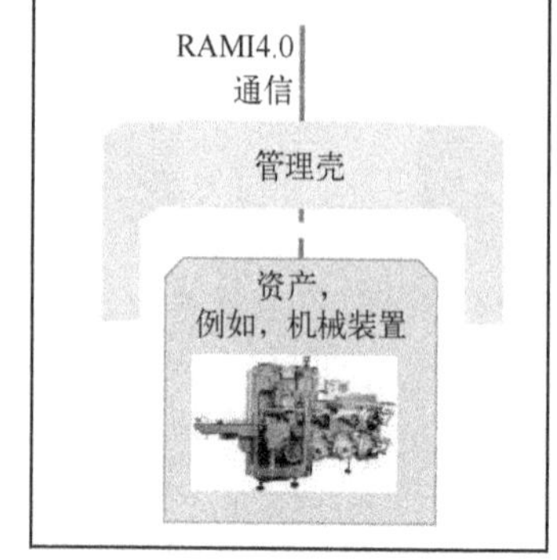


图 1-7　参照 RAMI 4.0 看工业 4.0 基本元件的特性

任何一种机械装备其重要的部分原则上都由各类工业 4.0 基本元件组成。譬如图 1-8 中由端子排、伺服轴、机械装置和由这台机械装置加工出来的产品运动鞋。这些资产通过工业 4.0 的通信连接起来。机械装置则由在生产网络中的 PLC 进行控制。由此可以得出以下结论：工业 4.0 基本元件是网络化的基础元件，生产制造出来的产品的服务策略也因此建立了相互连接，因而即使没有实际的电子接口的元件，也具有同等的权利，为建立业务价值的深度表达提供了可行的技术路径。

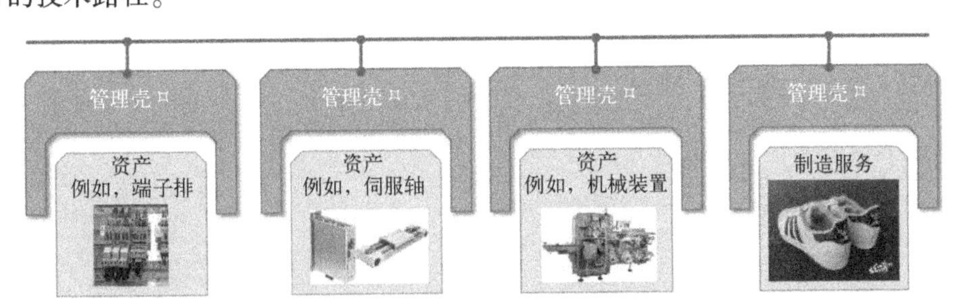


图 1-8　机械装置由各类工业 4.0 基本元件组成

### 1.2.3　美国国家标准化技术研究院的智能制造生态系统模型

智能制造的生态系统由产品、生产制造和经营业务三个维度构成，分别形成各自的生命周期，如图 1-9 所示。

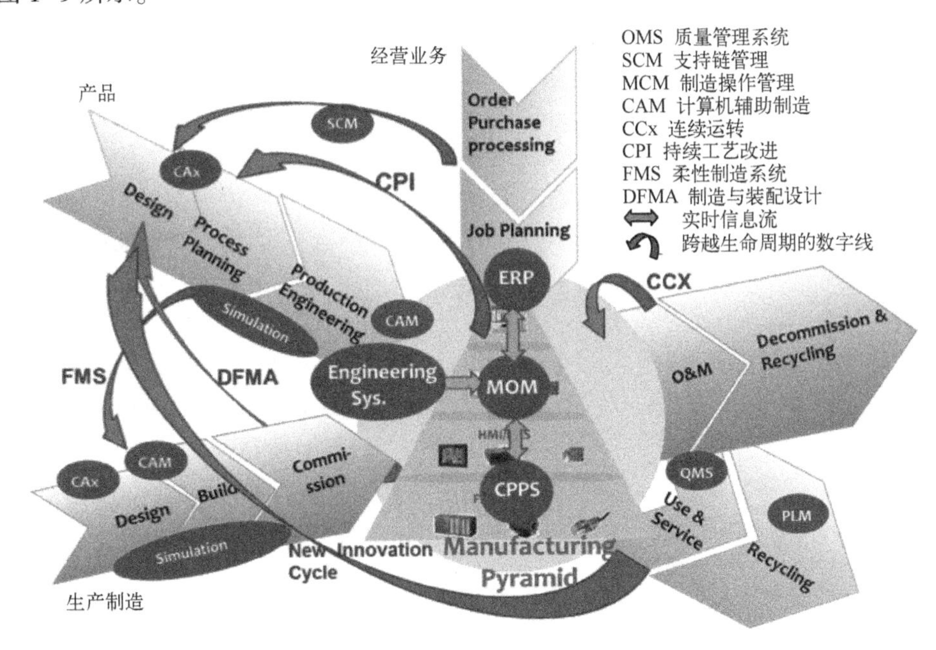


图 1-9　NIST 智能制造的生态系统模型

产品维度（有时又称产品为工程技术维度）始于产品设计阶段，终于产品的生命周期终止，这是产品的生命周期维度；生产制造系统维度聚焦于制造系统的设计、使用、运行操作和去投运（Decommissioning），这是生产制造系统的生命周期维度；经营业务维度着重于供应链功能和客户关系及与客户互动。

这三个维度围绕着通常被称为“制造金字塔”的机械装备和生产线、工厂和企业的垂直集成，通过在其维度中的应用功能软件的集成，执行各自的功能，发挥各自的作用，从而完成工厂层的先进控制以及工厂层和企业层的优化决策。这些系统的组合和协同支撑着制造软件系统形成相互作用和依存的生态系统。在这三个维度中的每一个维度内的紧密集成，以及这三个维度之间的紧密集成，将会形成快速的产品创新周期、更有效的供应链以及制造系统的灵活性的崭新局面，从而使自动化的优化控制、生产高质量产品所需要的决策和按照市场要求提供客制化产品等目标有可能得以同步实现。

为此需要建立以下各个系统之间的无缝连接和双向信息流动：

- 在产品生命周期和制造系统生命周期之间。
- 在供应链管理商与制造厂、客户和分销商之间。
- 在供应链管理活动和设计管理活动之间。
- 在生产工程活动与生产运营活动之间。
- 在 ERP、MES/MOM 活动与控制系统之间。

还要建立以下系统的无缝连接和信息流动：

- 由制造运营系统到工艺流程设计活动。
- 由生产工程、运营活动到产品设计活动。
- 由产品工程活动到生产工程活动。
- 由产品使用到产品设计。

一个企业的可持续竞争力取决于它在以下四方面的能力：成本、交付期、灵活性和产品质量。智慧制造系统/智慧工厂就是力图运用先进的技术，推动制造系统内和制造系统之间数字化信息的快速流动和广泛应用，以期使上述四方面的能力最大化。在德国工业 4.0 长期规划的同时，美国正在不遗余力地为在其制造业谋求长期竞争力的改善，通过构建智慧制造系统/智慧工厂，在推行生产的灵活性和敏捷性、生产的质量和生产的效率诸方面，获取前所未有的效益和提升企业的长期竞争力。特别是智慧制造系统/智慧工厂充分发挥应用信息技术和通信技术的作用，通过智能软件的运用在优化人力资源、优化材料利用和优化能源效率的基础上，按市场和客户所要求的时间，生产出他们所需要的或定制的高质量产品，以便能够快速地响应市场需求的变化和供应链的变化。

不同于其他基于制造技术的各类范式，智慧制造系统/智慧工厂定义了一种下一代生产制造全景式的愿景，其各方面能力的增强，建立在正在涌现和发展中的信息技术和通信技术之上，在此基础上，使它能将以前已经有了很好应用的制造范式进一步综合集成，全面满足提质增效、优化运行、加快交货期、改善环境保护的要求。

智慧制造系统/智慧工厂综合集成了以下 8 种制造范式：精益制造、柔性制造、可持续制造（绿色制造）、数字化制造、云制造、智能制造（Intelligent Manufacturing）、全能制造（Holonic Manufacturing）和敏捷制造。

① 精益制造。精益制造着重于利用一套精益分析工具识别和消除制造系统中各种类型的浪费。所依赖的技术是：工作流程的优化技术、实时监控和可视化技术及流程的杠杆提升技术（Process Leveling）。

② 柔性制造。柔性制造利用将机械装备和工具以及材料处理装备集成整合的系统，在计算机的控制下，其产品生产的数量、生产流程以及产品型号均可以按需求加以变化。所依赖的技术是：模块化技术、可操作性技术和面向服务的架构。

③ 可持续制造。创建可持续制造重点考虑：对环境的负面影响最小，节能，将自然资源的消耗降至最低的水平，并充分提升产品质量、保证人身安全。所依赖的技术是：先进的材料技术、可持续发展流程的度量和测量技术、监测与控制技术。

④ 数字化制造。数字化制造是在整个产品的生命周期内运用数字化技术来改善产品、生产流程和企业效益，以削减制造的时间和成本。所依赖的技术是：3D 建模技术、基于模型的工程技术和产品生命周期管理。

⑤ 云制造。云制造是一种基于云计算和面向服务架构（Service－Oriented Architecture, SoA）的分布式、网络化制造范式。所依赖的技术是：云计算、物联网（Internet of Things, IoT）、虚拟化技术、面向服务技术和高级数据分析。

⑥ 智能制造。智能制造是基于人工智能的智能化生产制造，可在人工干预最小的情况下自动适应环境的变化以及流程要求的变化。所依赖的技术是：人工智能、先进的传感和控制、优化技术和知识管理。

⑦ 全能制造。全能制造将智能体（agent）应用于动态的且为分布式制造的流程，以确保其进行动态而连续的变化。所依赖的技术是：多智能体系统、分布式控制和基于模型的推理和规划。

⑧ 敏捷制造。敏捷制造利用有效的流程、装备和工具以及培训，使制造系统能快速地响应客户的需求和市场的变化，而仍能控制成本和质量。所依赖的技术是：协同制造技术、供应链管理和产品生命周期管理。

智慧制造系统/智慧工厂的特征是：制造企业的每一个组成部分都实现了可互操作特性的数字化，从而提升了产率；设备的连接和分散的智能，保证了小批量产品制造的实时控制和灵活性；协同的供应链管理，确保对市场的变化和供应链的突然失效具有快速响应的能力；综合优化的决策，确保了能效和资源利用的效率；先进的传感器数据采集和大数据分析贯穿整个产品生命周期，以实现快速的创新周期。

制造策略和综合竞争策略之间存在着正面的紧密关系。为了达到综合竞争目标，制造系统应该根据严格的竞争策略（包括成本控制和质量、交货期、创新、服务的差异化以及环境友好型可持续生产等策略）发展一系列的能力。这就是智慧工厂和智慧制造系统的关键能力。

智慧工厂和智慧制造系统的关键能力包括：敏捷性能力（Agility）、质量能力（Quality）、生产率能力（Productivity）和可持续性能力（Sustainability）。

① 敏捷性能力。在由客户设计或设想的产品和服务推动的市场变化的情况下，形成持续且不可预测的竞争环境。将工厂应对这种竞争环境的生存和发展能力，定义为敏捷性能力。

智慧工厂和智慧制造系统的敏捷性主要建立在：基于模型的工程能力、供应链集成以及具有分散智能的柔性制造系统的基础之上。而传统的衡量敏捷性的尺度是：及时交货、由一种产品转产另一种产品的切换时间、订货周期变更的工程时间以及新产品导入率。现在又增加了一个新的尺度：由于供应链变化而产生的延迟。

② 质量能力。传统的质量尺度是用最终产品如何满足设计规范来反映的，包括：产出、客户拒收/产品召回和材料核准/召回。而对于智慧工厂/智慧制造系统，质量还包括产品的创新性和客制化的内容。客制化/个性化的指标是：产品系列/变型产品、每种产品的可选项以及个性化选项。

③ 生产率能力。制造系统的生产率被定义为生产输出与被用于制造过程的输入之比。生产率可以进一步再拆分为劳动生产率、材料利用率和能效。一般来说。随着生产规模的增加，生产率也随之增加。但是，对于智慧工厂/智慧制造系统来说，客户定制的个性化（或者说客制化）是一个重要指标。因此衡量生产率还需要增加对客户需求的响应能力的尺度。

④ 可持续性能力。随着成本和交货期、响应时间已经成为制造业生产率的推动因素，可持续发展能力就显得日益重要了。不过什么是可持续发展能力尚未形成定论，远非如成本和交货期、响应时间那么成熟，只能说到目前为止这是一个相当活跃的研究领域。与制造的可持续

发展能力密切相关的因素有：对环境的影响（如对能源和自然资源的影响）、安全、职工的福利健康和经济的耐久生存能力。

### 1.2.4 日本工业价值链参考模型 IVI

继 2015 年德国工业 4.0 参考架构模型 RAMI 4.0 和美国工业互联网参考架构 IIRA（Industrial Internet Reference Architecture）推出之后，2016 年汉诺威展会上，日本 IVI 理事长西冈靖之先生代表日本工业界宣告其工业价值链计划（Industrial Value chain Initiative，IVI）是日本对世界智能制造的贡献。日本人的意图很明显，企图将工业价值链与德国工业 4.0、美国工业互联网直接对标。

在这场全球工业互联网的热潮中，一些国家的工业行业协会和企业致力于企业内部的互联互通问题，提出了种种相关理念、方法和参考架构。日本产业界却从产业整体出发，希望通过工业价值链计划建立一种实现企业之间互联互通的生态系统，从而使大中小各类企业都能从中受益。这种智能制造转型升级的整体观，直白地宣示不仅要为每个企业的智能制造或转型升级提供引导，更重要的是在企业间、行业间乃至整个产业界构建智能制造生态环境或生态系统。先不论他们能否在这条路上获得成功，光是其顶层设计的出发点就足够吸引行家和众人的眼球。

目前这一最早由日本机械工程学会启动的计划，已经获得日本经产省的支持，成为经产省和学会联合促进的计划。

**1. 工业价值链参考架构 IVRA 的日本特色**

与 RAMI 4.0 一样，IVRA（Industrial Value Chain Reference Architecture）采用三维模型，但是维度设计完全不同。图 1-10 所示 IVRA 有三个维度：资产、管理和活动，都是反映物理世界的，没有涉及数字世界对物理世界的映射；IVRA 的每个维度都划分为 4 个层级，例如资产分为设备、产品、流程和人员，管理分为质量、成本、交付和环境，活动分为计划、执行、检查和实施（即 PDCA，这里明显体现了丰田精益制造模式）。RAMI 4.0 的三个维度则分别是企业功能的分层结构、虚拟世界对物理世界的映射和表达、产品生命周期及其包含的价值链。RAMI 4.0 每个维度划分的层级不等，分别是 7 层、6 层和 4 层，不细述。

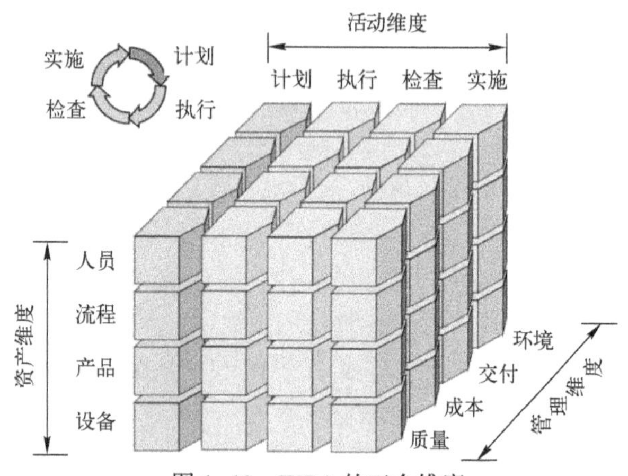

图 1-10 IVRA 的三个维度

进一步可以看出 IVRA 参考架构是由 64 类所谓的智能制造单元（Smart Manufacturing Unit，SMU）构成。若干个不同类别的自主自治的 SMU，又通过通信和连接组成智能制造通用功能模块（GFB）如图 1-11 所示。

按照日本人的设想，可以把智能制造这一复杂的系统（或者称为系统之系统 SoS）用不同数量或规模的 GFB 来表达，以满足产业的多样性和个性化需求，达到大幅提升生产率和整体效率的效果。大企业可以采用很多个 GFB 构成其复杂的智能制造系统，中小型企业则可按照自身的情况用一个或多个 GFB 构成适应其自身特点的相对简单的智能制造系统。这些企业级的智能制造系统则为整个行业、甚至整个产业的智能制造生态系统打好基础。

为了在不同的 SMU 之间高效地互动，还专门设计了轻量化加载单元（Portable Loading Unit，PLU），其中包含数据、信息、实体和价值（见图 1-12）。

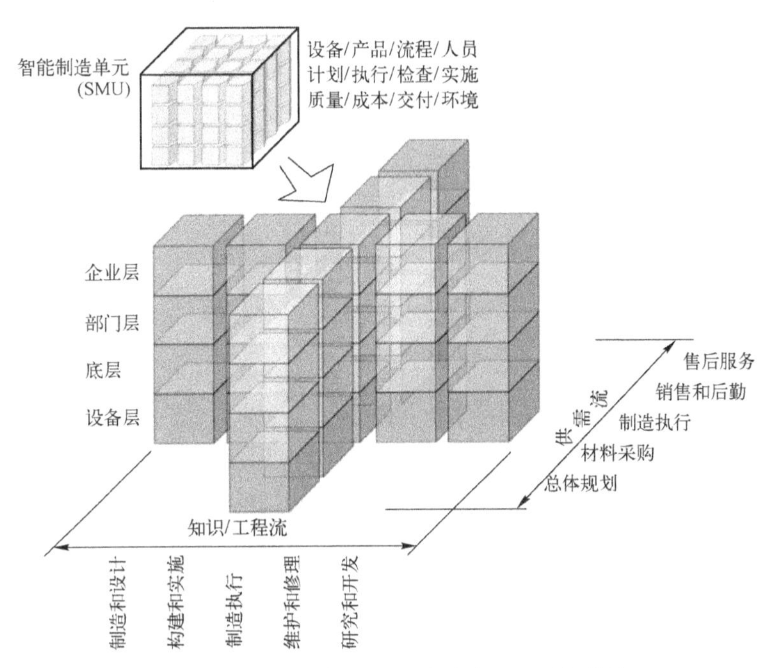


图 1-11　用智能制造单元 SMU 来构建通用功能模块 GFB

IVRA 所显现出来的日本特色，首先是凸显物理实体，把对物理实体的虚拟映射用另外的方法处理；其次是充分体现了日本工业界重视现场的执行力，在计划、执行、检查和实施的所有阶段都要对预想的目标进行实时检查和即时反馈；最后是十分强调人员在智能制造全过程中的作用，将所有分布在不同部门、不同阶段的人员尽可能融入整体架构中，成为实现智能制造的关键角色，而不是隐藏于幕后。

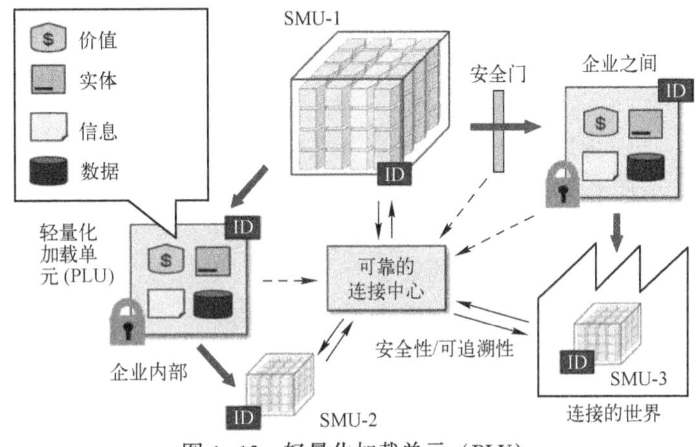


图 1-12　轻量化加载单元（PLU）

**2. IVRA 的赛博物理平台**

既然 IVRA 都是由物理世界有形资产的不同维度构成的，那么日本工业价值链计划 IVI 如何解决数字虚拟世界（或赛博世界）对物理世界的映射呢？

IVI 选择用场景描述将物理世界的内容完整地映射到数字虚拟世界中。场景里面不仅包括物理世界中的人员、实体、信息和活动流，还包括时间和地理位置。通过场景描述图（见图 1-13）把某个场景中各种活动的关系展现出来，例如，在 SMU 中“计划”“执行”“检查”和“实施”的场景都要按照其地理位置和时

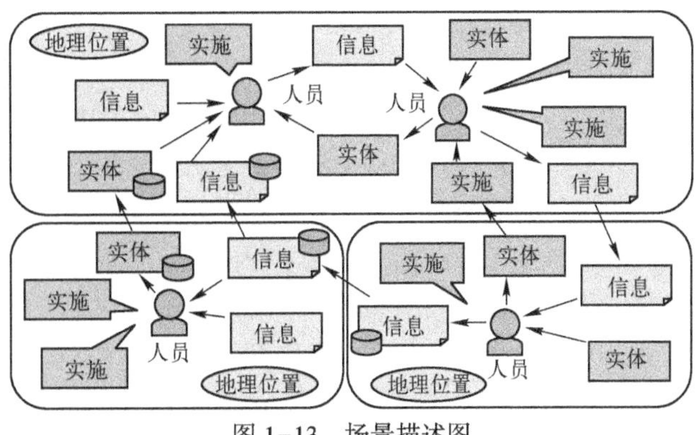


图 1-13　场景描述图

刻加以细化，还要从不同部门的视角由多个不同的人员角色执行其管辖的工作及其活动。

在物理世界中，通过 IoT 技术采集实体的每一刻状态，即可形成数据进入赛博世界；同时数据经过功能转换之后变成新的数据，并经提炼之后形成信息进入物理世界，从而指导活动。图 1-14 展示了物理世界和赛博世界的关联关系。类似地，在 SMU 中，设备、产品、工艺流程和人员作为制造资产的要素都要通过 IoT 技术实现数字化，这些物理世界的资产转化成数据后进入赛博世界形成另一种类型的资产。

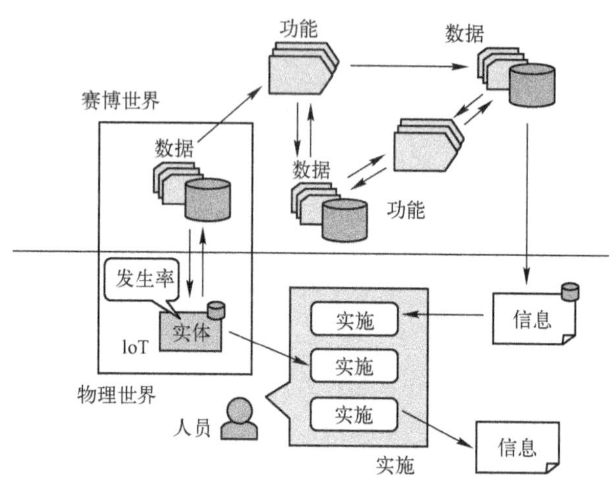


图 1-14　赛博世界和物理世界的关联

给人印象深刻的是对人员的突出，特别是现场的工人和技术人员，他们也是资产的一部分，并同样经数字化后进入赛博世界。另外，通常我们认为信息作为数据的抽象属于赛博的层次，但在这里却被归入物理世界的范畴，耐人寻味。

在智能制造中，应在正确的时间、正确的地点、以适当方式对适当的对象提供所需信息，这样 SMU 内部若干活动才能有效连接。为此，数据应通过所谓的功能在赛博世界相互关联，使数字化内容能在需要的时间和地点进行传输。这个系统就是 IVI 计划中的智能制造平台。

**3. 生态系统框架和宽松定义标准**

在未来的制造环境中，互联制造将起着关键的作用。一方面制造厂越发集中关注其核心的生产流程，并予以投资；另一方面又要与其他企业在赛博世界和物理世界进行动态的供应链互联。这些互联企业还要参与工程链，这是因为它们的生产线要在整个生命周期用自身的工程参数与其他互联企业的生产线协同运营，在互联的平台环境中得到共享数据的支撑。从现实的角度分析，很难直截了当地创建如此复杂的制造环境。日本工业价值链计划设想建立一种更加务实的方法，以现实可行的步伐改造现有的先进制造系统，而不是首先精心构建非常复杂的目标模型。这个方法就是用所谓的“宽松定义标准”（loosely defined standard），为互联企业的制造运营设计一个生态协同平台。其基本出发点是：为了与其他互联企业协同，需要预先定义若干通信平台、知识共享标准和数据模型；与此同时又应避免拥有更加先进技术的企业，为了适应通用的技术和工艺而不得不调整其高技术特性，从而面临失去其竞争力的风险。

以上描述的智能制造系统中，每个 SMU 不断重复循环“计划”“执行”“检查”和“实施”活动，利用人员、流程、产品和设备等资产，改进质量、成本、交付和环境等评估指标。为改善总体结果，具有自主特性的 SMU 需要通过智能制造平台，在赛博世界实现彼此连接。构建如此复杂系统的最大挑战之一，也许是在异构环境中如何建立一套通用的可行性决策规则，使组件互联，使若干 SMU 的内部/外部活动相连。然而，在产品个性化和多样性时代，很难事先制定完整的通用规则，何况太多通用规则可能会限制单体的质量和生产率；此外，通用规则也有可能影响新兴产业市场的发展。为此 IVI 计划为了允许 SMU 自主进化，引入了“宽松定义标准”的方法论，借此构建智能制造的生态系统。

所谓宽松定义标准就是，要为制造活动、信息、“物”（thing）和数据实体提供一种参考模型的集合。生态系统平台允许每个制造现场在就地环境下定义自己的运营操作模型。举例说，这一运营操作模型一定是该制造现场当前正在使用的模型。作为重要的补充，平台将监控每个制造现场定义的模型与参考模型的差异。详见图 1-15。

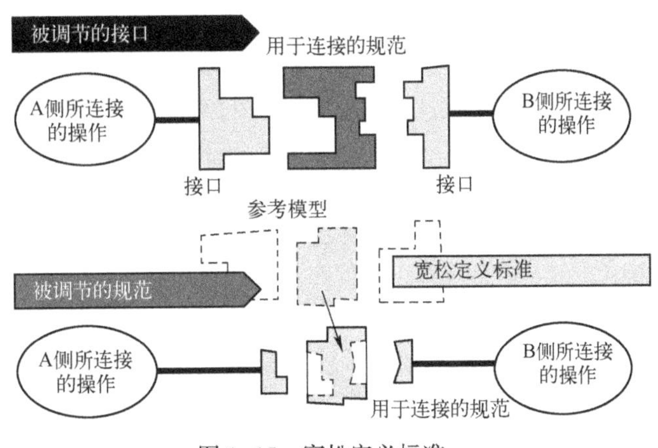


图 1-15　宽松定义标准

如果存在多种连接标准，组件需要具备相同数量的界面。当一个互联系统自下而上来构建时，可能会有无数相似的通用规范出现。为避免这种情况，工业价值链参考体系中的生态始终通过在更高级别定义参考模型的差异来确定连接规范。如果更高一层的参考模型有对应项，需要应用这个对应项。大部分的组件数据模型是基础级的，参照上一层的平台实现的通用数据模型。由此可见，组件数据模型构成了某一特定平台的实现，而这一平台的实现应根据事先发布的通用平台模型确定。同时，不允许不同的平台设计各自呈现唯一的但整体上却冗余的通用数据模型。域数据模型就是平台参照的数据模型。每个域模型都必须参照统一参考架构的统一数据模型，包括构成所有域内的通用要素也必须参照统一数据模型的规定。由此可见，当从一个高层向低层观察时，宽松定义标准的通用连接规范是个性化的，反过来从低层到高层观察时又能实现通用化。

日本工业价值链计划旨在推进整个产业实现互联制造，这与在一个企业集团内实现互联制造目标的最大区别，就是必须构造一种适应整个产业的生态系统，来解决大中小各色企业的互联协同问题。他们所设计的宽松定义标准的方法，企图在现有的先进联网系统的基础上务实地创建可以连接协同的数据模型。很明显这一技术要取得成功还有一段很长的路要走。

## 1.2.5　PLC 在智能制造系统中的定位

### 1. 智能制造对 PLC 功能的新要求

PLC 作为设备和装置的控制器，除了传统的逻辑控制、顺序控制、运动控制及安全控制功能之外，还承担着工业 4.0 和智能制造赋予的下列任务：

① 越来越多的传感器被用来监控环境、设备的健康状态和生产过程的各类参数，这些工业大数据的有效采集，迫使 PLC 的 I/O 必须由集中安装在机架的方式转型为分布式 I/O 方式。

② 各类智能部件普遍采用嵌入式 PLC，或者微小型 PLC，尽可能地在现场就完成越来越复杂的控制任务。

③ 应用软件编程的平台化，进一步发展工程设计的自动化和智能化。

④ 大幅提升无缝连通能力，相关的控制参数和设备的状态可直接传输至上位的各个系统和应用软件，甚至送往云端。

⑤ 在实现实体资产（包括硬件和软件）数字化的过程中提供足够的支持，便于将资产转化为信息和数据。

PLC 系统作为工业控制主力军的地位不会因为智能制造/智慧工厂的兴起而被逐步替代。同时，这也加速了 PLC 软硬件技术进行适应性的转型和升级。事实上，PLC 的软件技术以 PLCopen国际组织为先导，一直在为满足工业 4.0 和智能制造日益清晰的要求做足了准备。

图 1-16 显示 PLCopen 历年来所开发的各种规范（运动控制、安全控制、OPC UA 通信及 XML 等）在工业 4.0 参考架构模型（RAMI 4.0）相应的制造环境的功能层级维度及其层级中的位置，可以明显看到，PLCopen 国际组织长期以来执着地为提高自动化效率所做的卓有成效的工作，使得今天就可应用未来的科学技术。

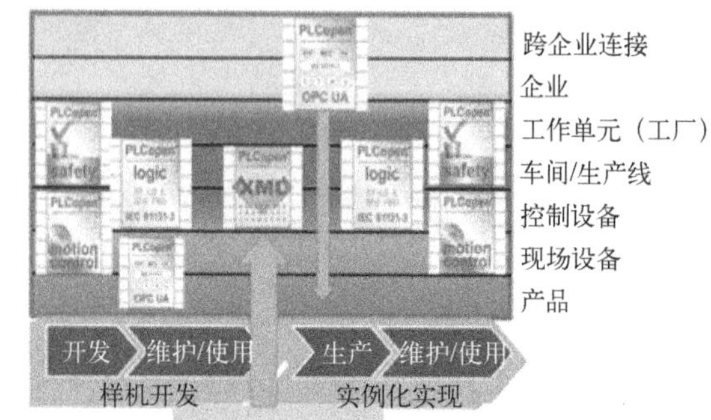


图 1-16　PLCopen 各规范在 RAMI4.0 中的位置

总之，PLC 可谓是工业自动化控制的常青树，即使是在工业转型升级的智能制造年代或者是工业 4.0 的时代，它仍然能胜任各种控制要求和通信要求。但它早已不再是三四十年前的只能完成逻辑控制、顺序控制的继电逻辑系统的替代物，它已完成了由经典 PLC 向现代 PLC 的蜕变。继承了高性价比、高可靠性及高易用性的特点，具有了分布式 I/O、嵌入式智能和无缝链接的性能，尤其是在强有力的 PLC 软件平台的支持下，完全可以相信 PLC 将持久不衰地活跃在工业自动化的世界中。

**2. PLC 硬件如何适应智能制造的要求**

人们较普遍的认识是尽管 PLC 硬件技术进步是渐进的，但也不能否认，PLC 的硬件技术一直在为满足工业 4.0 和智能制造日益清晰的要求积累经验。

特别是微电子技术的飞跃进展，使得 SoC 芯片在主钟频率越来越高的同时功耗却显著减小；多核的 SoC 的发展，又促进了在 PLC 的逻辑和顺序控制处理的同时，可以进行高速的运动控制处理、视觉算法的处理等；而通信技术的进展使得分布式 I/O 运用越来越多、泛在的 I/O 运用也有了起步。

面对工业 4.0 的挑战，PLC 硬件设计还可以进行以下几方面的创新和完善：

① 极大改善能耗和减小空间。PCB 板 85%的空间被模拟芯片和离散元器件所占，需要采取将离散元器件的功能集中于单个芯片中、采用新型的流线模拟电路等措施。

② 增加 I/O 模块的密度。

③ 进行良好的散热设计，降低热耗散。

④ 突破信息安全的瓶颈（如何防范黑客攻击、恶意软件和病毒）。

概括起来说，PLC 的硬件必须具备综合的性能，即更小的体积、更高的 I/O 密度以及更多的功能。

举例来说，选用新型的器件收效显著：为了减小 I/O 模块的体积，减少元器件的数量，采用多通道的并行/串行信号转换芯片（serializer），可以对传感器 24 V 的输出信号进行转换、调理和滤波，并以 5 V 的 CMOS 兼容电平输入 PLC 的 MCU。这样可把必要的光电隔离器件减少至 3 个，来自多通道的并行/串行信号转换芯片的信号，可共享相同的光电隔离资源。

Maxim 公司的模拟器件集成设计，简化了信号链，使±10 V 的双极性输入可以多通道采样、放大、滤波和模/数变换，而且只需单路的 5 V 电源。这种设计取消了±15 V 的电源，减少了元器件的数量和系统成本，降低了功耗，缩小了元器件所占用的面积。

**3. PLC 软件如何适应智能制造的要求**

可编程控制器作为一类重要的工业控制器装置，之所以能够在长达数十年的工控市场上长盛不衰，本质上的原因必须从其内部去发掘。其中，软件与硬件发展的相辅相成、相得益彰，应该是重要原因。

IEC 61131-3 推动 PLC 在软件方面的进步，体现在以下几方面：

① 编程的标准化，促进了工控编程从语言到工具性平台的开放；同时为工控程序在不同硬件平台间的移植创造了前提条件。

② 为控制系统创立统一的工程应用软环境打下坚实基础。从应用工程程序设计的管理，到提供逻辑和顺序控制、过程控制、批量控制、运动控制、传动以及人机界面等统一的设计平台，甚至于将调试、投运和投产后的维护等纳入统一的工程平台。

③ 应用程序的自动生成工具和仿真工具。

④ 为适应工业 4.0 和智能制造的软件需求，IEC 61131-3 的第 3 版将面向对象的编程 OOP 纳入标准。

不少厂商之前已开发了许多为 PLC 控制系统工程设计、编程和运行以及管理的工具性软件。其中包括控制电路设计软件包、接线设计软件、PLC 编程软件包、人机界面和 SCADA 软件包、程序调试仿真软件以及自动化维护软件等。尽管这些软件都是为具体的工程服务的，但是，即使在对同一对象进行控制设计和监控，它们却都互不关联。不同的控制需求（如逻辑和顺序控制、运动控制、过程控制等）要用不同的开发软件；在不同的工作阶段（如编程组态、仿真调试、维护管理等）又要用不同的软件。而且往往在使用不同的软件时必须自行定义标签变量（tags），而定义变量的规则又往往各取其便，导致对同一物理对象的相同控制变量不能做到统一的、一致的命名。

缺乏公用的数据库和统一的变量命名规则，造成在使用不同软件时不得不进行烦琐的变量转换，重复劳动导致人力资源成本高，效率低下。

工控编程语言是一类专用的计算机语言，建立在对控制功能和要求的描述及表达的基础上。作为实现控制功能的语言工具，工控编程语言不可能是一成不变的。其进步和发展受到两方面的影响：计算机软件技术和编程语言的发展；它所服务的控制工程在描述和表达控制要求及功能的方法的影响。

但是不论其如何发展和变化，这些年来的事实表明，它总是在 IEC 61131-3 标准的基础和框架上展开的。这就告诉我们，IEC 61131-3 不仅仅是工控编程语言的规范，也是编程系统实现架构的基础和参照。

长期以来 PLCopen 国际组织注重与许多国际标准化组织和基金会（譬如 ISA、OPC 基金会等）的合作，开发了基础性的规范。例如与 OPC 基金会合作开发的 IEC 61131-3 的信息模型（2010.5 发布）、IEC 61131-3 的 OPC UA Client FB 客户端功能块（2015.3 发布）以及 IEC 61131-3 的 OPC UA Server FB 服务端功能块（2015.3 发布）。这些工作都为智能制造和工业 4.0 的应用和发展做了许多先导性的探索和准备，从而打下了坚实的基础。再如，与 ISA 合作，将这些开放标准成功地应用于包装行业，建立了 PackML 系列规范，大大简化了包装机械与上位生产管理系统的通信。

这些标准扩展了当前广泛运用于计算技术行业的面向服务的架构（SOA）应用范围，也推进了一度落后于计算技术和软件的自动化系统技术，使之快速跟上 IT 技术的进展。

**4. PLC 是发展智能制造和工业物联网的先行官**

中国制造 2025 和工业 4.0 大环境下的智能制造的实现，必须建立在一类包括实时控制和及时监控在内的、强有力的联网技术和规范的基础上。这类联网技术和规范可以在一定程度上继承原有的联网技术和规范，但更重要的是一定要突破原有技术和规范的局限，以及明显不能满足实现工业 4.0、智慧工厂和智能制造的多层递阶的架构和按功能分层进行通信的思维。这就是说，除了对时间有严格要求的实时控制和对安全有严格要求的功能安全仍然保留在工厂层，所有的制造功能都将按产品、生产制造和经营管理这三个维度做到通信扁平化，实现信息虚拟化，从而构成全链接和全集成的智能制造生态系统（见图1-17）。

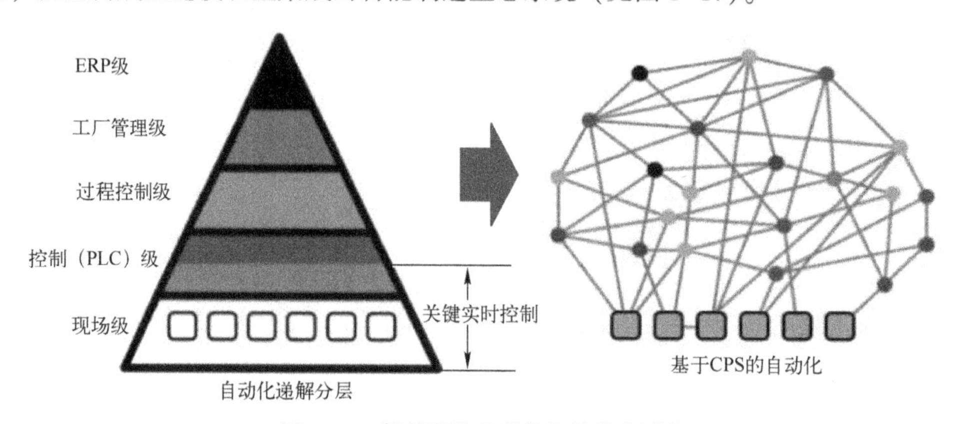


图1-17 智能制造的通信架构的扁平化

目前，在MES级与PLC之间的数据交换通常是通过一个耗时的握手过程。例如MES系统发出一个信号要向PLC传送一个配方数据，等待PLC确认信号返回；接着MES系统向PLC传送该配方数据，当PLC接收到这一组数据后向MES发出接收确认信号。如果PLC同时具有OPC UA的服务端功能和客户端的功能，这种PLC就是一种面向服务架构的PLC（也可简称为SOA-PLC）。这时MES系统向PLC传送一个配方数据就是执行一次通信服务，这次服务的输入参数是配方，输出数据是PLC的确认信号，再也不需要MES系统和PLC之间的多次握手过程。实际上就是OPC UA远程调用了PLC的功能块，大大地缩短了MES与PLC之间通信往来过程，提高了生产调度安排的效率，同时显著减少了工程成本，极大地加强了工厂层与上位执行调度和管理层的数据通信能力。

一台SOA-PLC实际上是把支持确保信息安全的虚拟专用网络（VPN）的Web服务权植入PLC。这种服务权执行面向对象的数据通信，包括实时数据和历史数据、报警数据和其他服务。PLC通过这类服务把对应的大量数据连接至上级的服务和数据层，供信息模型的建模能力使用和处理。

让一台PLC集成了OPC UA的服务端功能和OPC UA的客户端功能，就能保证这台PLC通过VPN进行有安全保证的数据通信。正如前面所述，PLCopen和OPC基金会合作制定了IEC 61131-3的OPC UA信息模型，使PLC的相关信息都可以运用OPC UA的通信机制进行传输。而PLCopen组织所发布的OPC UA的服务端功能块的规范和客户端的功能块规范，为实现这类通信的模块化和便利化奠定了标准基础。从图1-18可以看出不同厂商的PLC可以实现OPC的通信、PLC与MES/ERP之间可以实现OPC的通信，PLC还可以通过OPC实现与微软的Azure公共云和亚马逊的AWS公共云的直接通信。

现在已经有一些公司能够提供在PLC上完整实现OPC UA通信的软件平台支持。德国菲尼克斯软件公司开发的PC WORX UA软件平台支持200台PLC之间进行PLCopen所规范的OPC UA的通信，选用不同的版本，通信变量可以是10万个、1万个和5千个。

顺便指出，至少到目前为止OPC UA并不适合于硬实时的M2M的通信，而非常适合于监控级或生产管理执行级的软实时B2M的通信以及软实时的B2B的通信。

**5. RAMI 4.0的物理实体虚拟映射维度中PLCopen的功能性**

在工业4.0参考架构模型RAMI 4.0中有一个维度专门用于将物理实体资产经过数字化的途径映射为相关资产的产品描述（数据性能），如何使这一过程标准化呢？显然，PLCopen国

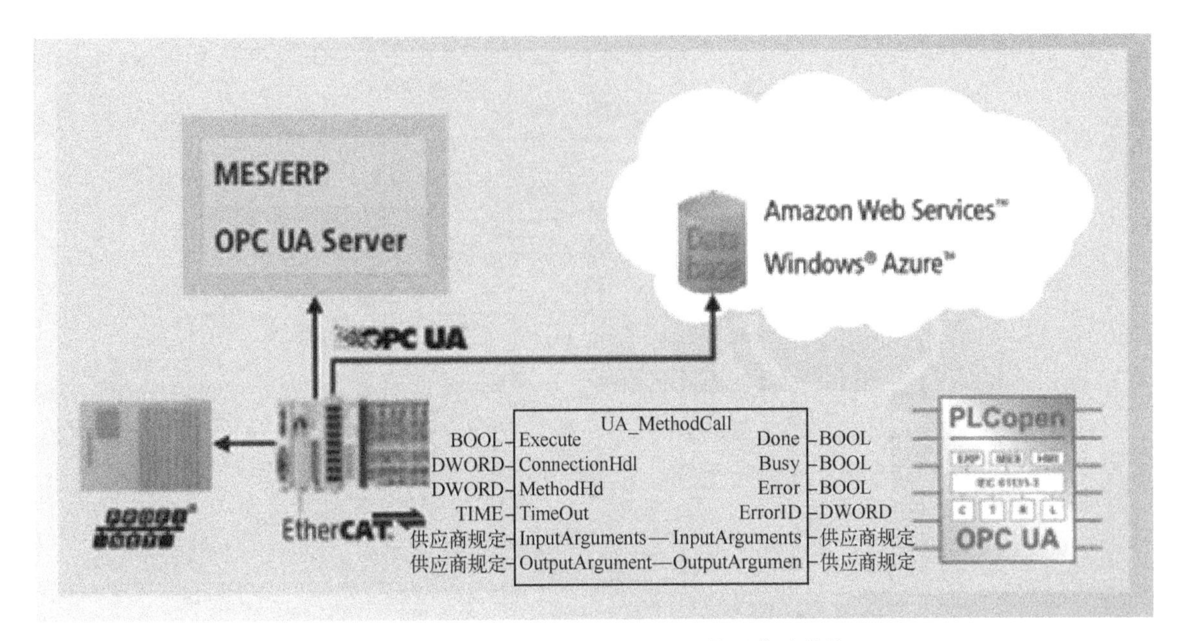


图 1-18 执行 PLCopen 的 OPC UA 的通信功能块

际组织在 PLC 这一大类产品的产品描述方向上具有不可推卸的责任和义务。目前他们正在酝酿技术路线和可行性。

一种可行的方法是按照国际标准化组织制定的国际标准 ISO 29002-5—2009，即《工业自动化系统和集成．特征数据交换》的第五部分：标识方法，利用分类的产品描述 eCl@ ss Version9. 1，用 URI 和 URL 进行唯一资源标识和唯一资源定位。

ISO 29002-5—2009 规定了唯一标识管理项的数据元素和语法。管理项可以是概念词典中的一个概念或概念信息元素。概念信息元素包括如下的术语内容（名称、缩略词、定义、图片和符号等），将一个概念归类于某个相同概念类（概念类型），以及参照于源文件。

图 1-19 给出用 URL 唯一标识定位一个工业 4.0 的基本单元的管理壳，而管理壳的产品描述则依据 eCl@ ss Version9. 1。

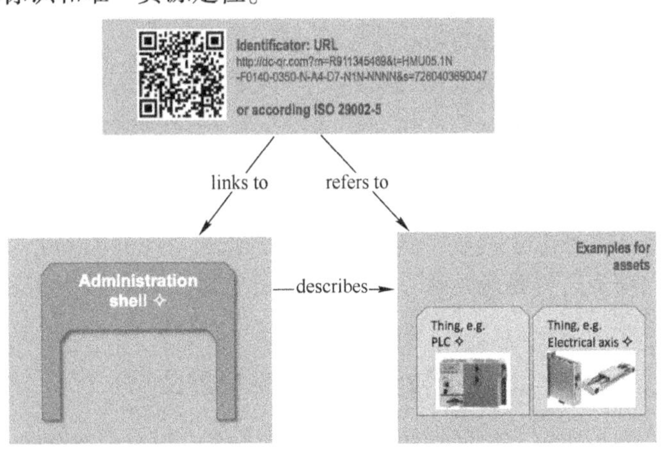


图 1-19 利用 URL 唯一标识工业 4.0 基本单元

将 PLCopen 多年所积累的软件技术迅速地融入工业 4.0 的一个可行的途径是——参与产品的描述。工业 4.0 需要组织数量极大的不同类型的标准化数据元件，而 PLCopen 能够为描述与 PLC 技术相关的类型提供规范和发展新的方法。事实上，PLCopen 已经定义了许多不同的功能块集合，利用这些功能块集合，可以进行以工业 4.0 基本元件为目标的扩展，定义有关的功能性或软件，建立潜在功能性的抽象层。并通过工业 4.0 的 AAS（资产管理壳），从资产层（或集成层）映射至功能层。为了实现上述功能，PLCopen 的一项新工作就是定义了一类 AAS 功能块，这些 AAS 功能块可以被嵌入在 PLC 的程序中，从而使 PLC 程序能够提供工业 4.0 基本元件的管理壳的有关信息。详见图 1-20。

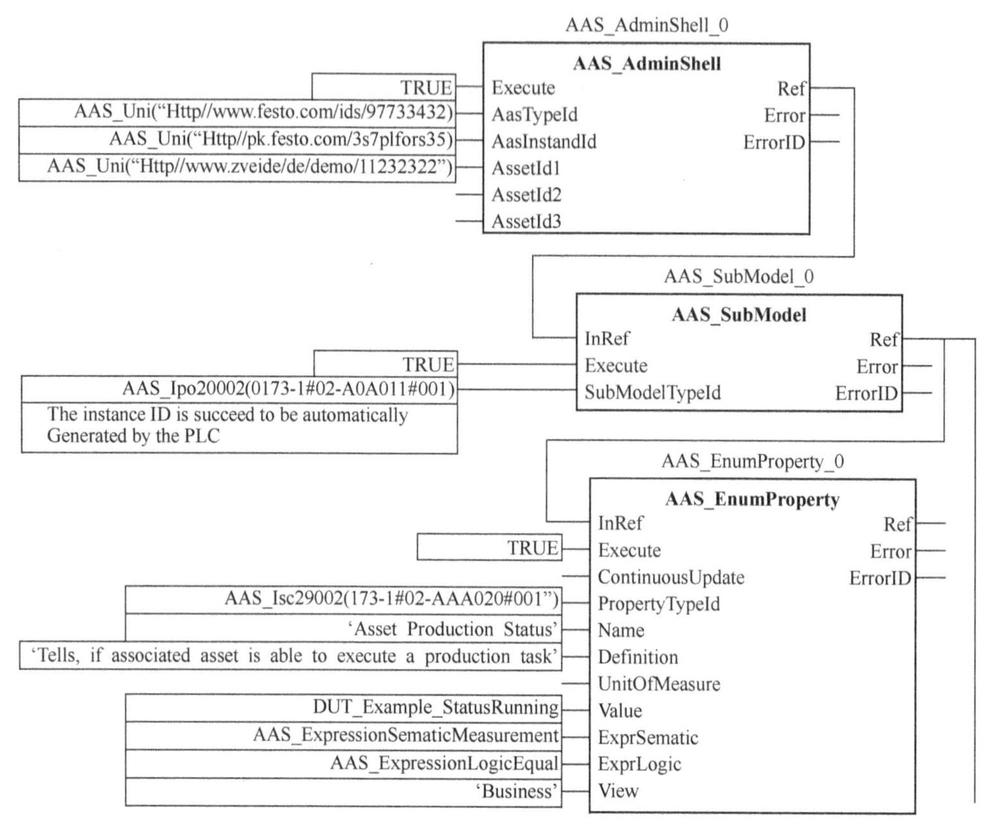


图 1-20　定义资产管理壳功能块

以伺服驱动的功能性为例（见图 1-21），可在 eCl@ ss 中规定伺服驱动的物理特性，并使之可供应用。而其功能性则在 PLCopen 的运动控制规范中的功能块予以表达，当然这也包括驱动的动态过程。所有有关的功能性都可以在由资产层到信息层和功能层中被上传、表达和使用。只要用一个标准化的接口经过工业 4.0 基本元件的管理壳，将物理资产转换为性能，再转换为功能性，就可被上传、表达和使用。

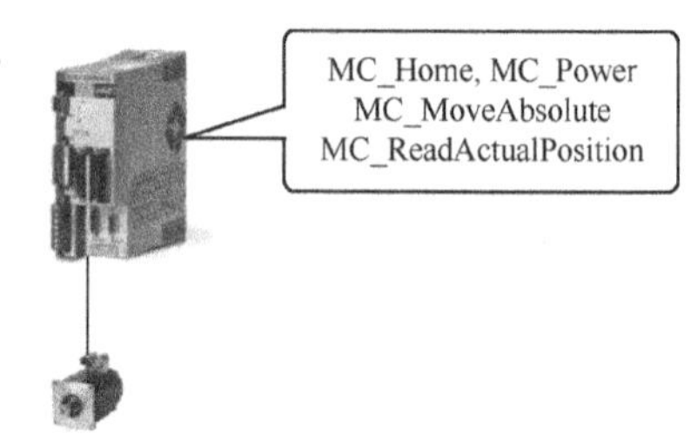


图 1-21　伺服驱动系统功能性的表达

## 1.2.6　标准化在智能制造中的重要作用

在我国工信部发布的《智能制造综合标准化体系建设指南（2015 年）》中，开宗明义地指出智能制造标准化的必要性："标准是国家利益在技术经济领域中的体现，是国家实施技术和产业政策的重要手段，面对智能制造发展的新形势、新机遇和新挑战，有必要在系统梳理现有相关标准、明确智能制造标准化需求和重点领域的基础上，建立智能制造标准体系并成套成体系的开展智能制造标准化工作来引领智能制造产业健康有序发展。"。建设指南还明确：标准化是智能制造创新的驱动力，标准化是智能制造系统互联互通的必要条件，智能制造对标准化提出了新的要求，标准化是抢占产业竞争制高点的重要手段。

德国实施工业 4.0 规划的一个重要目标是要解决工业生产制造中的成本和速度问题。成本包括人力资源成本、能源成本、开发成本和制造成本等。由此，他们规划了采取或逐步采取哪些技术手段来实现生产制造模式的转变。由于这一系列的技术手段涉及许多技术标准，于是实施这一转变的过程首先面临了一系列极具挑战的标准化问题。

中国实施《中国制造 2025》是要解决工业生产制造中的质量和效率问题。效率包括劳动生产效率、能源利用效率和资源利用效率等。中国实施《中国制造 2025》选择了数字化、网络化和智能化作为突破口。这同样面临了一系列极具挑战的标准化问题。

**1. 极具挑战的智能制造标准化问题**

任正非在论及互联网的作用时有句名言，也是大实话："我们认为互联网并没有改变事物的本质。现在汽车首先必须是汽车，豆腐必须是豆腐。"。把这句话推广到智能制造领域，可以得出以下结论：在实现工业 4.0 和智能制造中，机械工程、工业工程和自动化工程的变革是其必要条件，信息工程技术和数字化技术在生产制造模式中的应用则是其充分条件，网络化技术是实现工业 4.0 和智能制造的唯一途径。信息技术为智能制造提供了充分的手段和实现的方法，但智能的内涵（包括智能赖以实现的架构、智能功能、智能算法等）还是要从制造过程和工艺中去提炼和开发。因此在构建智能制造综合标准化体系框架时，应充分考虑上述工程学科的相互关系，防止头重脚轻、以偏概全或重点倒置。

智能制造对跨不同领域的集成、跨多级分层结构边界的集成，以及对生命周期不同阶段的集成的要求，达到了空前的程度。因此，智能制造综合标准化体系的重点之一应该是建立上述方面无缝集成的标准。无缝集成涉及的基础标准有：通信接口标准、制定不同领域和不同行业的语义标准的指导规范、实现横向集成和垂直集成的指导标准等。这些方面国际标准和国外标准大都还处于开发或试验推广阶段，缺乏成熟的定论。

在传统上，制定工业标准常常是主要开发产品标准，而且国际工业标准化组织 IEC 在制定标准时，以安全性和兼容性为导向。但现在智能制造必须在系统的方法和面向应用的全球解决方案的基础上加以理解，并在此基础上开展标准化活动。为此，IEC 作为制定国际工业标准的领头羊进行了深入的反思。IEC 传达的信息在于，必须从系统入手，深入到部件，而不是像目前这样从独立的产品入手再逐渐进入系统。在有必要时，即在为新的系统标准做准备时，必须重新探讨和评估既有的产品标准体系是否需要修订或重新制定。解决方案要根据市场需求来确定，标准化的首要工作就是留意并提出市场相关的问题，以期理解并描绘系统所要求的解决方案，同时确定这些解决方案的哪些方面属于 IEC 的范畴，然后再邀请所有相关组织，共同制定出解决方案，并最终规定 IEC 范畴中对于这些解决方案所需的服务和产品的标准化要求。我国智能制造综合标准体系应学习这种思路和方法。

**2. 在应用案例基础上制定智能制造的应用标准**

为了说明特定领域或特定行业开发和标准化的需要，可在现有系统范围的基础上通过"应用案例"来辨认其中具有在工业 4.0 发展阶段或智能制造对该行业或领域的特征要求。对所辨认的应用案例的实质性和代表性取得一致意见，具有决定性的重要意义。基于这个理由，在达到协商一致的标准化过程中应该开发、发掘和公布"应用案例"。

应用案例（Use Case）这个专有名词最早出现于软件工程学科，在通用建模语言 UML 中将其译为"用例"或"用况"。在软件工程中，用例是一种在开发新系统或者软件改造时捕获潜在需求的技术。每个用例提供了一个或多个场景，该场景揭示了系统是如何同最终用户或其他系统交互的，从而获得一个明确的业务目标。在制定智能制造标准化体系时，借鉴这一概念是十分有益的。

工业自动化一个重要的特征就是，通过努力使自动化的部件达到商业意义上的质量，以便尽可能多地覆盖和满足各类工业的要求。要达到这一点，一方面要求平衡不同工业门类对自动化部件要求的差异性，另一方面又必须通过调整或改变参数等措施满足客户的差异性要求。在硬件上，客户既希望这些自动化部件尽量具备军工产品质量的鲁棒性，又希望价格尽量便宜到消费品的水平。显然，在开发阶段要使这两者统一起来，通常是困难的。

在智能制造、智慧工厂和工业4.0中，集成是一大关键。在其发展探索的过程中，先在实践中采用合理综合、集成应用现有标准等方法，事实证明是可行、可信的途径。

在制定标准时，重视应用案例的目的就是要从应用案例的个案中发掘出共性的核心标准内容，同时又不失于可满足个性需求的适应性方法。借鉴工业自动化在长期实践中运用的开发硬件的思路和路径，在选择应用案例的时候，应该尽量考虑选择具有典型的通用意义，同时又能作为实现特定技术和特定产品的基础的案例。

图1-22给出了如何通过案例提升为标准的流程。首先需要收集相关案例，这些案例是一定数量的企业在探索智能制造的实践中已经有了实用的基础上加以筛选。然后对多个应用案例进行分析，根据其应用特征、应用行业及应用领域等进行分组构成集群，接着定义要求形成案例。从应用和技术细节的观点借助于案例、角色和数据进行抽象，抽象的过程必须依照参考架构模型。最后才有可能依据许多经过抽象的内容制定完整的标准。

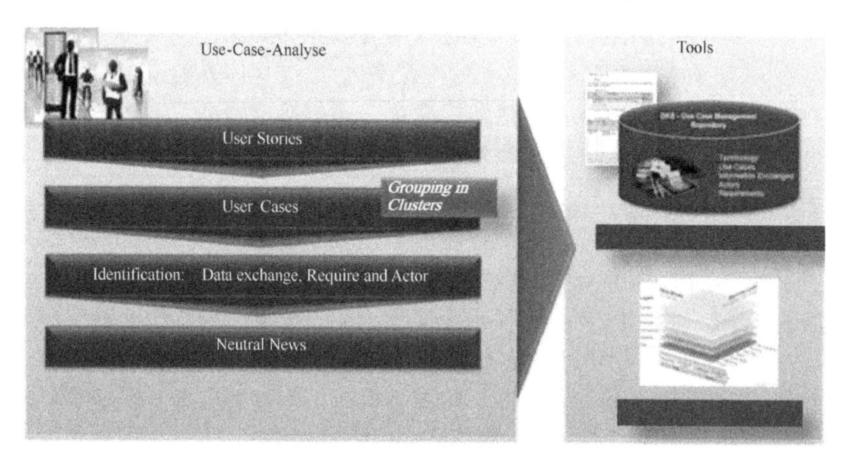


图1-22 通过案例提升为标准的流程

### 1.2.7 智能制造对运动控制的要求和运动控制的发展趋势

智能制造市场对运动控制产品和系统的要求可归结为8点：更好，更安全，更智能，更快，噪声更小，运转更平滑，价格更便宜，体积更小。以上8项能同时满足4项，就足以在商场竞争中成为胜者。

“更好”主要是指能效高，改善能效算法，驱动功耗低，编码器分辨率高，运动控制通信总线速率高、抖动小。“更安全”包括推行国际机械安全标准（UL-ISO-IEC），提供运动控制和安全控制一体化系统，采用高绝缘材料等。“更智能”应该涵盖伺服驱动器智能算法，运动控制软件平台对不同行业和装备的针对性更强，以低制造成本为前提向绝对型定位驱动反馈发展，优化节能和降低能源损耗。“更快速”是要提高伺服电动机轴速，高电压驱动要求采用高性能IGBT和FET器件才能满足高转速输出，低谐波，提高器件反馈带宽至400 kHz以上。“噪声更小”要求采用新的电机设计降低振动和减少电动机固有谐波，控制电动机功率输入的谐波，控制电机输入电压和电流的波形以降低谐波。“运转更平滑”是指利用DSP和FPGA的性能计算和存储电压电流波形，消除谐波和畸变，使运动速度和加速度更为平滑，高分辨的反馈信号和更好的运动控制总线性能也有利于运动平滑平稳。“体积更小”不言而喻。“价格更便宜”，如中国制造的伺服系统比美国至少便宜20%，运动控制系统中软件比硬件的比例更高，意味着整体价格趋向于不断下降，数字驱动比模拟驱动价格便宜，性能更强。

**1. 智能制造推动运动控制技术巨大进步**

从传统制造发展到智能制造，运动控制技术获得了巨大的进步，主要表现如下：

- 适应高速精准的制造加工，驱动器必然大量采用伺服驱动。
- 随着 PLCopen 的运动控制规范成为事实上的工业标准，软件在运动控制中的作用和比重日趋增强，运动控制软件平台化必然建立在模块化的架构之上。
- 一体化的逻辑控制、运动控制及视觉控制开发平台，可提升高效且快速开发智能制造生产线和智能制造装备的能力，逐步实现知识的自动化。
- 适用于运动控制应用的现场总线和工业以太网的发展，致使分布式运动控制进展迅速。
- 运动控制系统负载端的反馈信息采集呈多元化，视觉系统大量应用。
- 智能制造的重要环节之一是如何把以伺服驱动为核心的运动控制与逻辑控制和顺序控制完美地结合起来，形成快速、精准、节能且高效的智能化控制。

以成形加工（包括塑料成形、冲压成形和压铸成形等）的装备为代表，呈现用伺服驱动系统替代液压驱动或机械驱动系统的发展趋向。通用伺服运动控制促使智能制造装备发展全电动注塑机采用伺服系统驱动注塑泵，大大减少了压力波动，提高了产品质量，节能效果显著。伺服冲床或锻压机械采用伺服系统直接带动偏心轮实现滑块的运动轨迹控制（行程、速度曲线等），不但大大简化了机械设计（去掉蓄能的飞轮机构），而且大大提高了生产率和成形质量，降低能耗，满足多种工艺要求。这种趋向是多年来在包装机械及其生产线、印刷机械及其生产线、纺织机械、塑料及橡胶加工机械等广泛采用伺服系统实现数字化和智能化的成功实践中，全方位地向各类机械装备推广运用的体现。

数字化伺服系统具有足够的优越性，体现了智能控制技术的优越性：

- 在进行精确定位控制的同时，还可满足速度控制和转矩控制的要求。
- 通过工业以太网可方便实现多轴同步控制。
- 快速运动，启动力矩大，加减速控制功能强。
- 节能潜力巨大。
- 便于用软件来实现各类机械装置运动过程中负载控制的要求。

值得注意的是，过去由于伺服系统技术复杂，价格较贵，应用面很有限。而随着越来越广泛的运用，生产批量越大，它的成本迅速下降。进而随着机械系统变得简约，整体的成本也会显著降低。

**2. 市场需求推动运动控制软件的标准化进程**

长期以来，用户可在很大范围内选择实现运动控制的硬件。不过，每种硬件都要求独自而无法兼容的开发软件。即使所要求的功能完全相同，在更换另一种硬件时，也需要重新编写软件。这一困扰运动控制用户的问题，其实质就是如何实现运动控制软件的标准化。这实际上是一种市场推动。PLCopen 国际组织考虑到用户存在运动控制软件标准化的需求，从 1996 年就建立了运动控制规范工作组，历时十多年完成了这一具有挑战性的工作。PLCopen 开发运动控制规范的目的在于：在 IEC 61131-3 为基础的编程环境下，在开发、安装和维护运动控制软件等各个阶段，协调不同的编程开发平台都能满足运动控制功能块的标准化要求。

由此可以清晰地看出，制定 PLCopen 运动控制规范是为了构建满足各类运动控制要求的模块化的软件系统。PLCopen 开发运动控制标准化的技术路线是：在以 IEC 61131-3 为基础的编程环境下，建立标准的运动控制应用功能块库。这样做的原委是：让运动控制软件的开发平台独立于运动控制的硬件；让运动控制的软件具有良好的可复用性；让运动控制软件在开发、安装和维护等各个阶段，都能满足运动控制功能块的标准化要求。

特别是该规范的第四部分，创造性地规范了多轴协调运动控制的理论基础和功能性，并详尽规定了各种相关的功能块。经过多年的努力，现在已经有了很好的实现，既有集合机器人、CNC（数控机床）和通用运动控制的工程软件平台，也有硬软件一体化的 PLC 系列产品，还有许多实际应用运动控制规范的智能装备。

IEC 61131-3 为机械部件的运动控制提供一种良好的架构，PLCopen 选择以此为基础，为运动控制提供功能块库，最显著的特点是：极大增强了运动控制应用软件的可复用性，从而减少了开发、培训和技术支持的成本；只要采用不同的控制解决方案，就可按照实际要求实现运动控制应用的可扩可缩；功能块库的方式保证了数据的封装和隐藏，进而使之能适应不同的控制系统架构，譬如说集中的运动控制架构、分布式的运动控制架构，或者既有集中又有分散的集成运动控制架构；它不但服务于当前的运动控制技术，而且也能适应今后的或正在开发的运动控制技术。所以，IEC 61131-3 与 PLCopen 运动控制规范的紧密结合提供了理想的机电一体化的解决方案。

**3. PLC、机器人和 CNC 技术融合发展的趋势**

运用 PLCopen 运动控制规范的第四部分，可以运用简明直观的功能块方式来控制包括机器人、CNC 在内的加工机械。当前，智能制造和数字化工厂正在全球蓬勃发展。一个首当其冲的关键就是 CNC 和机器人这些制造单元的开放架构问题。MES、ERP、CAM……，都要求制造设备层能提供基于 IT 技术的软硬件接口。而且智能制造技术的实现也要求 CNC、机器人和其他制造单元和设备之间建立开放性的网络和软件接口。与此同时，由于驱动技术和机器人技术的发展，使得用机器人来控制 CNC 加工单元成为可能。

以上这些技术的进展，表明了当前智能制造装置最前沿的一个值得关注的动向，就是 PLC 技术、机器人技术和 CNC 技术正在呈现融合发展的趋势。不过，对于传统的 CNC 和机器人厂商来说，要迅速适应变化也非易事，因为这首先需要开放的软件架构。传统厂商的硬件绝大多数是基于 RISC 的芯片，升级转型并没有非常方便和高效率的方案。显而易见，采用更为开放的 IT 集成 Intel 的 CISC 芯片，会容易得多。

平台的改变意味着工作量很大。PLCopen 运动控制规范及其软件实现（例如，德国斯图加特大学的机床控制工厂研究所开发的 ISG Kernel 平台）给出了快速实现的可能。

KUKA 和 ISG 合作开发的机器人 CNC 目前已经取得了一定的成功。对于材质为铸钢、铝、塑料和木材的工件，机器人的加工质量符合要求。它在节省操作空间和价格上的潜力，令人鼓舞并感兴趣。

对数字化机加工工厂，CNC 已能够满足 CAD-CAM 链的要求，而传统的机器人则不能满足；此外，在使用 CNC 时，机器人与机器人运动学也难以满足两者之间的优化配合。只有将传统机器人升级，使之具备 CNC 的功能，构成一体化的 CNC 机器人，才能解决上述两个问题。

要求传统的 CNC 具备机器人的运动学的功能花费太高，这是因为只有在控制软件中运用非常复杂的高速切割算法 HSC，才能够掌控机器人的运动学。进一步的潜力在于扩展这一功能性，尤其是在路径规划的场合。

KUKA 早在 2008 年就开始用 Automation Framework 作为其 KRC4 controller 的软件平台。这一系统在 2010 年就投放市场。所有的专用控制器（机器人控制器 RC、PLC、运动控制器 MC、PC 以及顺序控制器等）全部被多功能的机器人控制器的软件任务（机器人运动、生产顺序控制、定位、生产流程和操作者安全等）所取代。

#### 4. 嵌入式的视觉处理系统

视觉技术使机械装备和机器人更能适应智能制造的环境，特别是在智能制造的生产线中，让它们与加工工件之间的相互作用显得快速、准确且灵敏。例如，在装配线上、在制造环境下，使得它们能安全而灵巧地运动，能相互看得见，而且能了解、预知下一步它们应该如何配合。

智能制造生产线应该比人工更不知疲倦、更快速、更精确，这只有利用视觉系统才可能做到。智能制造需要实时的数字式视觉处理系统，而以往的视觉系统复杂昂贵，即使能满足装备或工件运动的要求，也只能限定在固定的方向和一定的位置。现在人们需要的是有足够实时要求的数字式视觉处理系统。这类系统由性价比高的视觉处理器器件、能分辨景深且分辨力高的传感器、处理能力强的低功耗 CPU 以及运行适应性强的软件算法等组成。

在智能制造控制系统中集成嵌入式视觉系统可以用于自动装配线、工件/成品的检查、成品入库跟踪以及工作场所的安全监控。

实际上，在追求能实现高性能、低功耗、低价格和可编程等综合要求的同时，也能实现图像处理的方案，是具有挑战性的。目前基本上倾向使用多核的器件：一个通用的 CPU 进行启发式的复杂决策、网络存取、用户接口、存储管理和整体控制，一个高性能的数字信号处理器进行实时的筛选处理（用复杂筛选算法），一个或数个高度并行的引擎进行像素处理（用简单算法）。实际上使用的器件包含高性能的 CPU、带 CPU 的图像处理器、带加速器和 CPU 的数字信号处理器以及带 CPU 的 FPGA。

为了实现运动控制和视觉系统一体化，近些年来运动控制系统负载端的反馈信息采集呈现多元化，特别是视觉系统大量应用，使机器人控制的精准程度和动作速度都有了很大提高。如果这两个系统是相互独立的，那么集成的成本高，信息的反馈也受到制约，总的效果是要大打折扣的。将两个系统合为一体，一种方案是采用多核的 SoC 芯片，譬如集成了有 ARM 核（常规控制）、DSP 核（运动控制）和视觉处理核的芯片。这种芯片的 RAM 具有多个端口，多个核交换信息，相当于对存储器的存取，快速而方便。近些年出现了将视觉处理功能和工业通信功能也纳入的解决方案，在操作系统实时核的统一调度下，统一管理硬件存取、自动化的有关功能（PLC、CANopen 和 EtherCAT 网络）以及图像处理。详见图 1-23 所示德国 Kithara 公司的嵌入式实时操作系统的功能图。

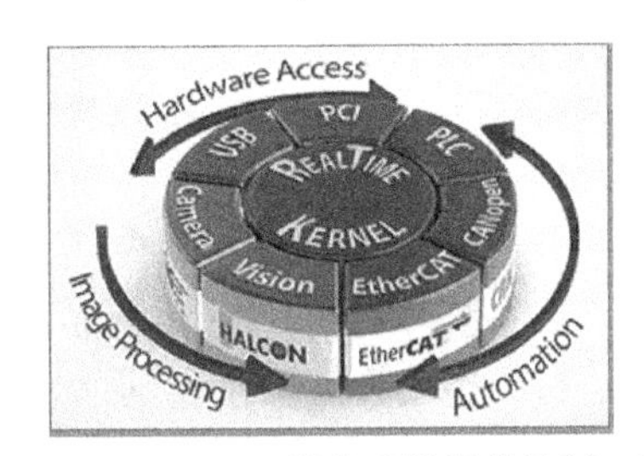


图 1-23 Kithara 操作系统提供控制、通信、图处理的一体化实时功能

## 1.3 运动控制技术基础

运动控制是对机械运动部件的位置、速度等被控变量进行实时控制和管理，使其按照预期轨迹或规定的运动参数完成相应的动作。因此，机械系统是运动控制系统的最基本要素。

### 1.3.1 机械系统

#### 1. 机械系统概述

（1）机械系统的组成

机械系统由动力系统、传动系统、执行系统、支承系统和操纵控制系统组成，如图 1-24 所示。

- 动力系统。指动力机（或原动机）及其配套装置。它为机械系统提供动力、实现能量转换。动力机有电动机、液压马达、气动马达和内燃机等。

- 传动系统。将动力机的动力和运动传递给执行系统的中间装置。
- 执行系统。利用机械能改变被控对象性质、状态、姿态、形状或位置，或对被控对象进行检测、度量等以进行生产或达到其他预定要求的装置。
- 支承系统。由基础件（如机床床身、底座、立柱等）和支承构件（如轴、轴承、支架、箱体等）组成。用于安装和支承动力系统、传动系统、操纵控制系统等。

操纵控制系统
动力系统
传动系统
执行系统
支承系统

图 1-24　机械系统组成

- 操纵控制系统。协调动力系统、传动系统和执行系统，准确可靠地完成整个机械系统所需功能的装置。

(2) 运动控制系统对机械系统的基本要求

主要性能指标是稳定性、准确性和快速性。

- 稳定性。它是运动控制系统的最基本要求。即要求运动控制系统能够稳定运动。理论上表现为组成运动控制的闭环系统，其闭环极点应位于 $s$ 左半平面。
- 准确性。即要求运动控制系统的被控变量与设定值之间的偏差，即静态偏差应尽可能小。或表示为高精度地定位或跟踪预定轨迹的运动。
- 快速性。即要求运动控制系统在外部干扰影响下能够尽快响应，改变执行系统的操纵变量，使偏差存在的时间或某些积分指标尽可能小。
- 其他性能指标。包括机械系统在外界环境条件下具有无间隙、低摩擦、高刚度、高谐振频率、适当阻尼比、体积小、质量轻、可靠性高和使用寿命长等。

➢ 变速要求。运动控制系统中，伺服变速功能很大程度替代了传统机械传动变速机构，当伺服系统转速范围不能满足运动控制系统要求时，才采用机械传动的变速装置。

➢ 快速响应要求。运动控制系统对快速响应指标要求较高，因此，机械传动系统要解决伺服系统与负荷间的力矩匹配，还要提高伺服系统性能，以缩短系统响应时间。为此，对机械传动系统要求转动惯量小、摩擦小、阻尼合理、刚度大、抗振性好以及间隙小等。

**2. 机械传动系统**

机械传动系统由减速或变速装置、起停换向装置、制动装置和安全保护装置等组成。具体功能包括减速或增速、变速、增大转矩、改变运动形式、分配运动或动力、实现一些操纵和控制功能。

(1) 传动类型

机械传动系统用于传递动力和运动。传动动力的称为动力传动，传动运动的称为运动传动。常用机械传动有啮合传递、摩擦传动和推压传动。啮合传动有齿轮传动、蜗轮蜗杆传动、同步带传动、链传动和轮系等。摩擦传动有摩擦轮传动、带传动等。推压传动有凸轮机构、棘轮机构、槽轮机构和带中间刚性件的连杆机构等。图 1-25 是部分机械传动的类型示例。

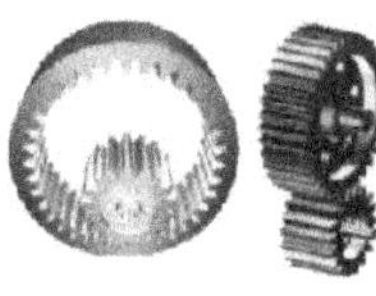

齿轮传动

蜗轮蜗杆传动

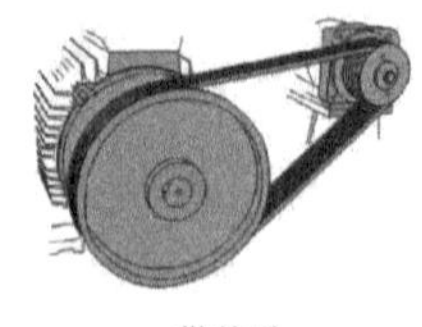

带传动

链传动

图 1-25　机械传动类型

- 齿轮传动。齿轮传动是依靠主动齿轮依次拨动从动齿轮来实现的，基本要求之一是其瞬时角速度之比必须保持不变。齿轮传动的类型较多，按照两齿轮传动时的相对运动为平面运动或空间运动，可将其分为平面齿轮传动和空间齿轮传动两大类。运动控制系统中，用齿轮速度比描述齿轮传动关系。
- 蜗轮蜗杆传动。蜗轮蜗杆传动是用于传递空间互相垂直而不相交的两轴间的运动和动力。运动控制系统中只需要设置有关轴空间位置即可实现。
- 带传动。带传动是通过中间挠性件（带）传递运动和动力。
- 链传动。链传动由装在平行轴上的主、从动链轮和绕在链轮上的环形链条组成，以链条作中间挠性件，靠链条与链轮轮齿的啮合来传递运动和动力。
- 螺旋传动。螺旋传动是靠螺旋与螺纹牙面旋合实现回转运动与直线运动转换的机械传动。分为滑动螺旋传动、静压螺旋传动和滚动螺旋传动（也称为滚珠丝杆副）等类型。

表 1-2 显示了常用机械传动的特点。

**表 1-2　常用机械传动的特点**

| 传动类型 | 主要优点 | 主要缺点 |
| --- | --- | --- |
| 齿轮传动 | 外廓尺寸小，效率高，传动比恒定，圆周速度、功率范围广，应用最广 | 制造安装精度要求较高，不能缓冲，无过载保护，有噪声 |
| 蜗轮蜗杆传动 | 结构紧凑，外廓尺寸小，传动比大和恒定，传动平稳，无噪声，可自锁 | 效率低，传递功率不大，中高速需用价贵的青铜，制造精度要求高，刀具费用贵 |
| 带传动 | 中心距变化范围大，用于远距离传动，传动平稳，噪声小，能缓冲吸振，摩擦带传动有过载保护，结构简单，成本低，安装要求不高 | 有弹性滑动，传动比不能保持恒定，外廓尺寸大，带寿命较短，带摩擦起电，因此，不宜用于易燃易爆场所，轴承和轴上的作用力大 |
| 链传动 | 中心距变化范围大，用于远距离传动，能可靠应用在有油、酸和高温的苛刻环境，轴承和轴上的作用力小，结构紧凑，安装和制造精度要求较低 | 运转时瞬时速度不均匀，有冲击、振动和噪声，寿命较短 |
| 螺旋传动 | 将旋转运动变位直线运动，能用较小转矩获得很大轴向力，传动平稳，无噪声，运动精度高，传动比大，可自锁。滚动螺旋也可将直线运动变为旋转运动 | 工作速度较低，滑动螺旋效率低，磨损较大 |

- 摩擦传动。有普通带传动、摩擦轮传动和绳传动。
- 推压传动。有凸轮机构、棘轮机构、槽轮机构和连杆机构等，如图 1-26 所示。

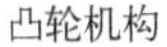
凸轮机构

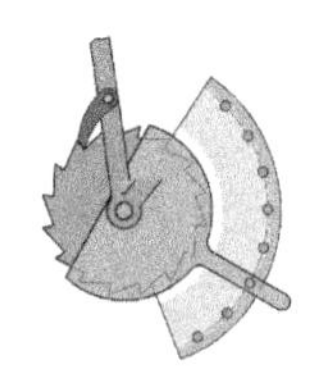
棘轮机构

棘轮机构

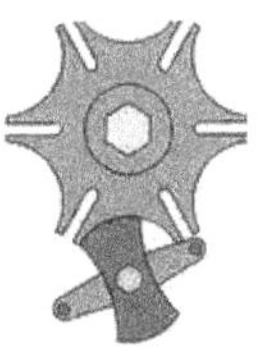
槽轮机构

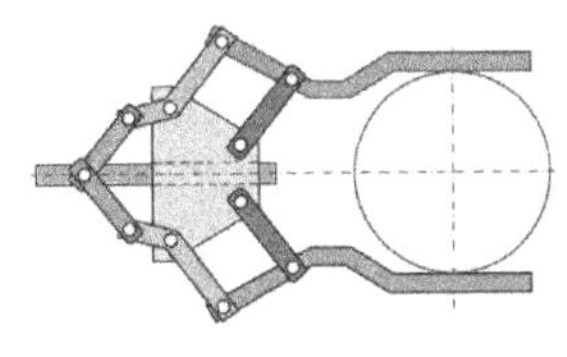
连杆机构

图 1-26　推压机构类型

（2）传动比

表 1-3 是常见传动系统的传动比及其特点。

**表 1-3　传动系统的传动比及其特点**

| 减速器类型 | | 较佳传动比 | 特点及其应用 |
| --- | --- | --- | --- |
| 圆柱 | 单级 | ≤5.6 | 应用广泛，结构简单，有直齿、斜齿或人字齿。可低速轻载或高速重载 |
| | 两级 | 7.1～20 | 应用广泛，结构简单，有展开式、同轴式、分流式等。分流式结构复杂，但承受载荷均匀，用于大功率变载荷场合 |
| 锥齿轮 | | 直齿≤5；斜齿≤8 | 输入和输出轴垂直，齿轮精加工难，应用于需要相交布置场合 |

（续）

| 减速器类型 | 较佳传动比 | 特点及其应用 |
|---|---|---|
| 圆锥圆柱齿轮 | 直齿 6.3~31.5；斜齿 8~40 | 锥齿轮高速级，可减小其尺寸，小锥齿轮高速级可减小其受力 |
| 蜗杆 | 8~80 | 大传动比时结构紧凑，尺寸小，但效率较低，一般下置蜗杆结构可改善润滑，但高速时油耗大。 |
| 蜗杆齿轮 | 15~480 | 高速级用蜗杆效率高，高速级用齿轮的应用较少 |
| 行星齿轮 | 2.8~12.5 | 体积小，重量轻，承载能力大，效率高，工作平稳，但制造要求高，结构复杂 |
| 摆线针轮行星 | 11~87 | 传动比大，效率较高，运转平稳，噪声低，体积小，过载和抗冲击能力强，寿命长，加工难，工艺复杂 |
| 谐波齿轮 | 60~500 | 传动比大，同时参与啮合齿数多，承载能力强，体积小，效率高，噪声小，制造工艺复杂 |

(3) 机械传动系统特性

包括运动特性和动力特性。运动特性如转速、传动比和变速范围等；动力特性如功率、转矩、机械效率及变矩系数等。

- 传动比。串联式单流传动系统如图 1-27 所示。

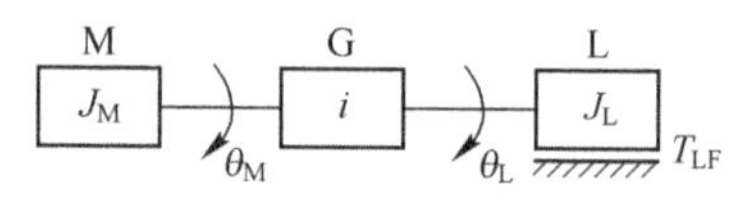


图 1-27　传动系统的传动模型

图中，$J_M$是电动机 M 转子转动惯量；$J_L$是负载 L 的转动惯量；$i$ 是齿轮系 G 的总传动比；$J_{LF}$是摩擦阻转矩；$\theta_M$是电动机 M 的角位移；$\theta_L$是负载角位移。

根据传动关系，有：

$$i=\frac{\vartheta_M}{\vartheta_L}=\frac{\dot{\vartheta}_M}{\dot{\vartheta}_L}=\frac{\ddot{\vartheta}_M}{\ddot{\vartheta}_L} \tag{1-1}$$

式中，$\theta_M$、$\dot{\vartheta}_M$和$\ddot{\vartheta}_M$分别是电动机的角位移、角速度和角加速度。$\theta_L$、$\dot{\vartheta}_L$ 和 $\ddot{\vartheta}_L$ 分别是负载的角位移、角速度和角加速度。摩擦阻转矩 $J_{LF}$换算到电动机轴上的阻抗转矩是 $J_{LF}/i$；负载 $L$ 的转动惯量 $J_L$换算到电动机轴上的转动惯量是 $J_L/i^2$；$T_M$是电动机驱动转矩，忽略传动装置惯量，则电动机轴上的合转矩 $T_a$为

$$T_a=T_M-\frac{T_{LF}}{i}=\left(J_M+\frac{J_L}{i^2}\right)*\ddot{\vartheta}_M=\left(J_M+\frac{J_L}{i^2}\right)*i*\ddot{\vartheta}_L \tag{1-2}$$

根据负载角加速度最大原则，简化得

$$i=\frac{T_{LF}}{T_M}+\sqrt{\left(\frac{T_{LF}}{T_M}\right)^2+\frac{J_L}{J_M}} \tag{1-3}$$

不计摩擦时，有 $T_{LF}=0$，因此，总传动比简化为

$$i=\sqrt{\frac{J_L}{J_M}} \tag{1-4}$$

上式表明，传动装置总传动比是负载 L 的转动惯量 $J_L$与电动机 M 转子转动惯量 $J_M$之比的开方。

对小惯量直流伺服电动机，$J_M$可低达 $5\times10^{-3}$ kg·m²，$J_L/J_M$在 1~3 之间。对大惯量直流伺服电动机，$J_M$可达 0.1~0.6 kg·m²，$J_L/J_M$在 0.25~1 之间。

- 总传动比分配。需要使驱动部件和负载之间转矩、转速合理匹配。各级间传动比分配原则如下：

➢ 等效转动惯量最小原则。对传动装置，都遵循前级传动比小，后级传动比大的原则。

➢ 输出轴转角误差最小原则。从输入端到输出端各级传动比按前小后大原则，则总转角误差较

小。为提高传动精度，应减少传动级数，对最后级传动比尽可能大，且制造精度尽量高。

➢ 重量最轻原则。对大功率传动装置，采用前小后大原则分配传动比；对小功率传动装置，可选择相等的各级传动比，以降低传动装置重量。

- 转速和变速范围。输入轴转速为 $n_r$，则传动系统中任一个传动轴的转速 $n_i$ 是

$$n_i = \frac{n_r}{i_1 i_2 \cdots} \tag{1-5}$$

式中，$i_1 i_2 \cdots$是从输入轴到该轴的各级传动比的连乘积。输出轴如果有 $z$ 种转速，则从小到大依次为 $n_1$、$n_2$、⋯、$n_z$。$z$ 称为变速级数。传动系统的变速范围 $R_n$ 是最高转速和最低转速之比。即

$$R_n = \frac{n_z}{n_1} = \frac{i_{\max}}{i_{\min}} \tag{1-6}$$

输出转速常用等比数列分布，即任意两相邻转速之比为一个常数，称为转速公比 $\Phi$。

$$\Phi = \frac{n_2}{n_1} = \frac{n_3}{n_2} = \cdots = \frac{n_z}{n_{z-1}} \tag{1-7}$$

常用转速公比的标准值是 1. 06、1. 12、1. 36、1. 41、1. 58、1. 78 及 2. 00。

变速范围 $R_n$、变速级数 $z$ 和转速公比 $\Phi$ 之间的关系如下：

$$R_n = \frac{n_z}{n_1} = \Phi^{z-1} \tag{1-8}$$

变速级数越大，变速装置的功能越强，结构也越复杂。常用齿轮变速器中，变速级数取 2 或 3 的倍数。

- 机械效率。各种机械传动及传动部件的效率可查表。串联单流传动系统的总机械效率是组成的各部分机械效率之积。即

$$\eta = \eta_1 \eta_2 \cdots \eta_n \tag{1-9}$$

式中，各传动及传动部件的效率分别为 $\eta_1$、$\eta_2$、⋯、$\eta_n$。

- 功率。机器执行机构输出功率 $P_\omega$可由负载参数（力或力矩）及运动参数（线速度或转速）求出，设执行机构效率为 $\eta_\omega$，则传动系统输入功率或原动机所需功率 $P_r$为

$$P_r = \frac{P_\omega}{\eta \eta_\omega} \tag{1-10}$$

原动机额定功率 $P_e$应大于等于原动机所需功率 $P_r$，$\eta$ 是机械效率。

- 转矩和变矩系数。传动系统任一传动轴 $i$ 的输入转矩 $T_i$为

$$T_i = 9.55 \times 10^3 \frac{P_i}{n_i} \tag{1-11}$$

式中，$P_i$是轴输入功率（kW）；$n_i$是轴的转速（rpm）；$T_i$是输入转矩（N · m）。

变矩系数 $K$ 是传动系统输出转矩 $T_c$与输入转矩 $T_r$之比。即

$$K = \frac{T_c}{T_r} = \frac{P_c n_r}{P_r n_c} = \eta i \tag{1-12}$$

式中，$P_c$是传动系统输出功率（kW）。

（4）滚珠丝杠传动

滚珠丝杠由螺杆、螺母、钢球、预压片、反向器和防尘器组成。其功能是将回转运动转化成直线运动，或将直线运动转化为回转运动。它是螺旋传动的一类，见上述。

滚珠丝杠传动是工具机械和精密机械上最常使用的传动元件，广泛应用于各种工业设备和

精密仪器。其特点如下：

- 摩擦损失小，传动效率高。采用滚动摩擦代替滑动摩擦，传动效率高，可达 0.92~0.98。比常规丝杠螺母副提高 3~4 倍。功率消耗是常规丝杠螺母副的 1/3~1/4，具有节能效果。
- 精度高。滚珠丝杠副常采用世界最高水平的机械设备连贯生产，特别是在研削、组装、检查各工序的工厂环境方面，对温度、湿度进行严格控制，由于完善的品质管理体制使传动精度得以充分保证。
- 高速进给和微进给可能。由于是滚珠运动，起动力矩小，不会出现滑动等爬行现象，能保证实现微进给和高速进给。
- 消除空行程死区。可适当预紧，消除丝杠和螺母间隙，反向时可消除空行程死区，定位精度高，刚度好。
- 制造工艺复杂。滚珠丝杠和螺母加工精度要求高，表面粗糙度要求高，制造成本高。
- 不能自锁，具有传动的可逆性。尤其对垂直丝杠，下降时传动切断后不能立刻停止运动。

图 1-28 是滚珠丝杠副结构图。

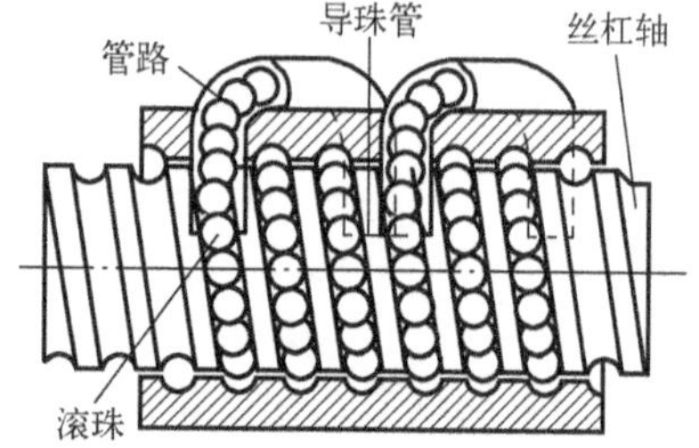

图 1-28　滚珠丝杠副结构

丝杠和螺母之间有半圆弧形螺旋槽，套装在一起，形成滚珠的螺母滚道。螺母上的导珠管将螺母滚道连接组成封闭的循环滚道，滚道内装满滚珠。丝杠旋转时，滚珠在滚道内既有自转，又能沿滚道循环滚动，使螺母移动。

滚珠丝杠副有轴向间隙或在负载作用下弹性变形，螺杆反向转动时，造成空回误差。常用的消除方法是调整预紧法。

- 双螺母垫片调隙。它用两个螺母间加垫片，根据用户要求预先调整预紧力，使两个螺母分别与丝杆的两侧面贴合，消除侧隙。
- 双螺母螺纹调隙。它利用一个螺母上的外螺纹，经圆螺母调整两个螺母的相对轴向位置实现预紧，调整好后用另一圆螺母锁紧，使用中随时调整，但预紧力不能准确控制。
- 齿差调隙。两个螺母凸缘各制有圆柱外齿轮，分别与固紧在套筒两侧的内齿圈啮合，齿数相差一个齿，调整时先取下内齿圈，调整两个螺母相对套筒同方向都转动一个齿，再插入内齿圈，则两个螺母产生相对角位移，使滚珠螺母对滚珠丝杠的螺纹滚道相对移动，达到消除间隙并施加预紧力的目的。

(5) 同步带传动

如图 1-29 所示，它是一种新型带传动，由主动轮、从动轮和紧套在两轮上的传动带组成。传动带横截面为矩形，带面是具有等距横向的齿形，同步带轮轮面也制成相应的齿形。利用中间挠性件（带），靠齿轮啮合在主、从动轴间传递旋转运动和动力。

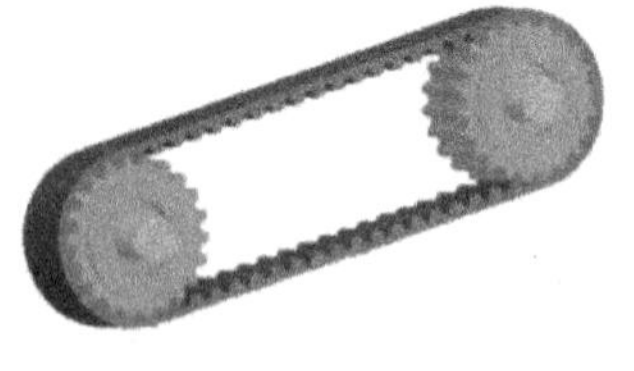
图 1-29　同步带传动

同步带传动具有传动比恒定、结构紧凑、带速高（达 40 m/s）、传动比大（达 10）、传递功率大（达 200 kW）、效率高（0.98）、工作时无滑动、节能效果好、维护保养方便以及能在恶劣环境条件下正常工作等特点，在机器人、矿山机械、农业机械、石油机械和机床等领域得到了广泛应用。

**3. 支承系统**

(1) 导轨副

导轨副用于支承和限制运动部件，使其按预定的运动要求和运动方向运动。由承导件和运动件组成。简称导轨。

按结构特点，导轨分为开式导轨和闭式导轨。按接触面的摩擦性质，导轨分为滑动导轨、滚动导轨、流体介质摩擦导轨和弹性摩擦导轨等。表 1-4 是常用导轨的性能比较。

**表 1-4　常用导轨性能比较**

| 类　型 | 开式圆柱导轨 | 闭式圆柱导轨 | 燕尾导轨 | 开式滚珠导轨 | 开式 V 形导轨 | 滚动轴承导轨 | 液体静压导轨 |
|---|---|---|---|---|---|---|---|
| 结构工艺性 | 好 | 好 | 较差 | 较差 | 较差 | 较差 | 差 |
| 方向精度 | 高 | 较高 | 高 | 高 | 较高 | 较高 | 高 |
| 摩擦力 | 较大 | 较大 | 大 | 小 | 较大 | 小 | 很小 |
| 温度敏感性 | 不敏感 | 较敏感 | 敏感 | 不敏感 | 不敏感 | 不敏感 | 不敏感 |
| 承载能力 | 小 | 较小 | 大 | 较小 | 大 | 较大 | 大 |
| 耐磨性 | 较差 | 较差 | 好 | 较好 | 好 | 好 | 很好 |
| 成本 | 低 | 低 | 较高 | 较高 | 较高 | 较高 | 很高 |

(2) 对导轨副的基本要求

对导轨副的基本要求如下：

- 导向精度高。导向精度是指动导轨按给定方向做直线运动的准确程度。导向精度取决于导轨的结构类型、导轨的几何精度和接触精度、导轨的配合间隙、油膜厚度和油膜刚度、导轨和基础件的刚度和热变形等。
- 刚度。抵抗恒定载荷的能力称为静刚度。抵抗交变载荷的能力称为动刚度。静刚度常采用增大尺寸和合理布置肋和肋板等办法解决。导轨的接触精度用导轨表面的实际接触面积占理论接触面积的百分比表示。一般根据精刨、磨削、刮研等加工方法的标准来规定。
- 耐磨性。耐磨性取决于导轨的结构、材料、摩擦性质、表面粗糙度、表面硬度、表面润滑及受力情况等。采用独立润滑系统的自动润滑已被普遍采用。防护方法有很多，目前多采用多层金属薄板伸缩式防护罩进行防护。
- 运动的灵活性和低速运动的平稳性。运动开始的低速阶段，动摩擦因数随导轨副相对滑动速度的增大而降低，直到相对速度增大到某一临界值，动摩擦因数才随相对速度的减小而增加。因此，要求工作时应轻便省力、速度均匀，低速运动或微量位移时不出现爬行现象；高速运动时应无振动现象。为防止爬行现象，可采用滚动导轨、静压导轨、卸荷导轨及贴塑料层导轨等；普通滑动导轨上使用含有极性添加剂的导轨油；采用减小结合面、增大结构尺寸、缩短传动链以及减少传动副等方法来提高传动系统的刚度。
- 温度的敏感性和结构的工艺性。温度的敏感性指在环境温度条件下，应能正常工作。这主要取决于导轨材料和导轨配合间隙的选择。结构的工艺性是系统在正常工作条件下，力求结构简单，制造容易，装拆、调整、维修及检测方便，从而最大限度地降低生产成本。

(3) 支承件

支承件是运动控制设备中的基础部件。设备的零部件安装在支承件和其导轨面上运动。因此，支承件既起支承作用，承受零部件的重量及在其上的切削力、摩擦力及夹紧力等载荷，又起基准定位作用，确保零部件之间的相对位置和相对运动关系；有时还需要容纳变速机构、电动机、电气箱、切削液及润滑油等。

根据支承件的形状，可分为梁类（如床身、立柱、横梁、摇臂和滑枕等）、板类（如底座、工作台和刀架等）及箱形类（如箱体、升降台等）等。

提高支承件自身刚度的措施如下：

- 正确选择支承件形状和尺寸。支承件的变形与支承件截面惯性矩有关。表 1-5 是支承件截面和惯性矩的关系。

表 1-5　支承件截面和惯性矩的关系

| 类型 | | 实心圆柱 | 空心圆柱 | 空心圆柱 | 开口空心圆柱 | 实心矩形 | 空心矩形 | 空心矩形 | 空心长方形 |
|---|---|---|---|---|---|---|---|---|---|
| 截面形状 | | Φ113 | Φ160　Φ113 | Φ196　Φ160 | Φ196　Φ160 | 100×100 | 141×141<br>100×100 | 173×173<br>141×141 | 250×95<br>218×63 |
| 抗弯<br>惯性矩 | $cm^4$ | 800 | 2416 | 4027 | - | 833 | 2460 | 4170 | 6930 |
| | % | 100 | 302 | 503 | - | 104 | 308 | 521 | 866 |
| 抗扭<br>惯性矩 | $cm^4$ | 1600 | 4832 | 8054 | 108 | 1406 | 4151 | 7037 | 5590 |
| | % | 100 | 302 | 503 | 7 | 88 | 259 | 440 | 350 |

从表 1-5 可见，空心截面的刚度比实心截面的刚度大，例如，可将机床床身截面做成中空。在横截面不变时，加大外廓尺寸，减小壁厚，可提高截面抗弯和抗扭刚度。不封闭截面的刚度显著下降。圆截面抗扭刚度好，但抗弯刚度较差；方截面正好相反；矩形截面抗弯刚度大于方形截面，因此，承受弯矩为主的支承件截面应采用矩形。

- 合理布置隔板。隔板是支承件两外壁之间起连接作用的内壁。支承件不能形成封闭截面形状时，其内部设置隔板，以提高自身刚度。
- 合理开窗和加盖。应避免在主承受扭矩的支承件上开孔。弯曲平面垂直的壁上开孔对抗弯刚度影响大。较窄壁上的孔比宽壁上的孔的抗扭刚度影响大。窗孔应靠近支承件几何中心线附近，孔宽或孔径不超过支承件宽度的 0.25 倍。孔边缘翻边，工作时加盖，并用螺钉上紧，可补偿部分刚度损失。

提高局部刚度的措施包括：合理选择连接部位结构；注意局部过渡；合理配置加强筋，其高度是壁厚的 4~5 倍，厚度与壁厚之比为 0.8~1。

提高接触刚度的措施有：提高结合面质量；合理选择螺钉尺寸、数量和布置等。

## 1.3.2　电气控制系统

运动控制系统中电气控制系统包括动力系统、执行系统中的各类电机和有关设备，它们具有安全保护、操作和状态显示、信号采集和执行操作等功能。

**1. 电气控制系统**

电气控制系统是由若干电气元件组成，用于实现对某个或某些对象的控制，从而最大限度地实现生产机械和工艺对电气控制线路的要求，保证被控设备安全、可靠运行的系统。

为保证一次设备运行的可靠与安全，电气控制系统需要许多辅助电气设备为其服务。能够实现某项控制功能的若干个电器组件的组合，称为控制回路或二次回路。常用的控制回路组成如下：

- 电源供电回路。用于电气控制系统的供电，有 AC 380 V、AC 220 V 和 DC 24 V 等。
- 保护回路。用于保护电气设备和线路，使其能够可靠、安全和稳定运行的回路。常用保护环节有：短路保护、过电流保护、过载保护、失电压保护、欠电压保护、过电压保护、直流电机的弱磁保护、超速保护、行程保护以及油压（水压）保护等。
- 信号回路。反映和显示电气设备和线路工作状态的回路。例如，信号灯、声响设备等。
- 自动和手动回路。实现手动自动切换，提高工作效率的回路。
- 制动停车回路。使电动机迅速停车的回路，包括能耗制动、电源反接制动、倒拉反接制动和再生发电制动等。
- 自锁及闭锁回路。起动按钮按下后松开时，能够保持电气线路接通的电气环节称为自锁环节。两台或多台电气装置和组件，为保证安全和可靠运行，只能允许其中一台设备通电运行，其他设备不能通电起动的保护环节称为闭锁或互锁。

**2. 低压电器**

运动控制系统中采用低压电器组件用于完成对运动控制系统的电源分配、系统操作、状态显示、信号采集、驱动输出和安全保护等。

低压电器是一种能根据外界信号和要求，手动或自动地接通、断开电路，以实现对电路或非电对象的切换、控制、保护、检测、变换和调节的元件或设备。低压指额定电压，交流 1200 V 或直流 1500 V 以下，工作频率 50 Hz 或 60 Hz 的电器设备。

低压电器分感测部分和执行部分。感测部分用于感测外部信号，常由电磁机构组成。执行部分用于根据感测信号进行电路的接通和断开。低压电器的主要作用如下：

- 控制作用。用于控制有关设备的运行状态，例如，控制电梯的上下移动、快速和慢速自动切换和自动停层等。
- 调节作用。为满足应用要求，对电量和非电量进行调整。例如，调节室内温度、亮度，调整电机转速，调整管路的阻力等。
- 保护作用。对设备、环境和人员进行自动保护。例如，电机过热保护、电网短路保护、漏电保护、电机的过载保护等。
- 指示作用。用于检测电器设备的运行状态，并提供有关状态信息。例如，掉牌指示、绝缘监测等。

根据电磁原理构成的低压电器称为电磁式低压电器。利用集成电路或电子元件构成的低压电器称为电子式低压电器。利用现代控制原理构成的低压电器称为自动化低压电器、智能化低压电器。

低压电器按操作方式可分为手动电器和自动电器。按用途可分为低压配电电器（如刀开关、低压断路器、转换开关及熔断器等）和低压控制电器（如接触器、继电器、控制器、主令控制器及控制按钮等）。

（1）电磁机构

电磁机构是通过电磁感应原理将电能转化为机械能的机构。输入信号是电压或电流。

电磁机构一般由铁心、衔铁及线圈等组成，如图 1-30 所示。

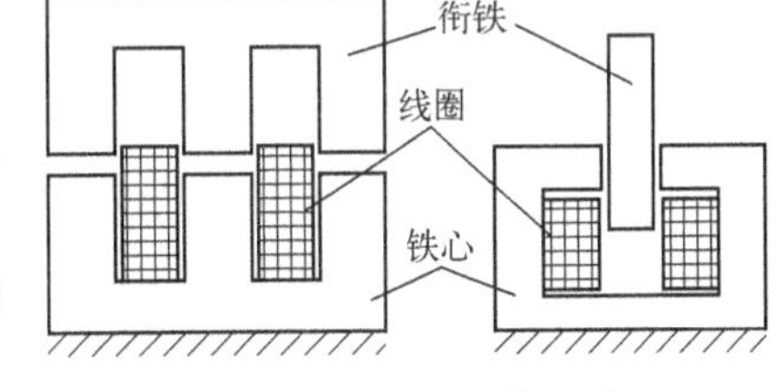

图 1-30　电磁机构组成

直流电磁机构的铁心为整体结构，以增加磁导率和增强散热。交流电磁机构的铁心采用硅钢片叠制而成，以减少在铁心中产生的涡流，还有短路环以防止电流过零时电磁吸力不足造成的衔铁振动。

当线圈中有电流通过时，产生磁场，电磁力克服弹簧的反作用力使衔铁与铁心闭合，带动连接机构上的触头动作，完成电路的接通或断开。

电磁吸力 $F$ 的近似计算公式如下：

$$F=\frac{B^2S}{2\mu_0}=\frac{1}{2\mu_0}\cdot\frac{\Phi^2}{S} \tag{1-13}$$

式中，$F$ 是电磁吸力（N）；$B$ 是气隙磁感应强度（T）；$S$ 是磁极截面积（$m^2$）；$\mu_0$是真空导磁率；$\Phi$ 是通过铁心极化面的磁通量（Wb）。

- 直流电压线圈的吸力特性。直流电压线圈的电流为常数，磁通量 $\Phi$ 与线圈电阻 $R_m$成反比，即

$$\Phi \propto \frac{1}{R_m} \tag{1-14}$$

因此，直流电压线圈吸力 $F$ 与气隙 $\delta$ 的平方成反比，其吸力特性曲线是图 1-31 所示的二次曲线形状。

● 交流电压线圈的吸力特性。交流电压线圈阻抗主要取决于线圈的电抗，即磁通量为

$$\Phi = \frac{U}{4.44fN} \tag{1-15}$$

式中，$U$ 是电压，$f$ 是频率，$N$ 是线圈匝数。当频率、线圈匝数和电压都为常数时，磁通量 $\Phi$ 为常数，因此，其吸力如图 1-31 所示，是常数。

结论：

➢ 直流电压线圈在衔铁闭合前后的吸力变化很大。

➢ 直流电压线圈中的电流在衔铁闭合前后不变化。

➢ 交流电压线圈在衔铁闭合前后的吸力几乎不变化，若考虑漏磁通，则随气隙减小，吸力略有增加。

➢ 交流电压线圈中的电流在衔铁闭合前后随气隙的减小而减小。

➢ 衔铁动作与否取决于线圈两端电压。

➢ 直流电磁机构衔铁动作不改变线圈电流，交流电磁机构衔铁动作改变线圈电流。

电磁机构转动部分的静阻力与气隙的关系称为电磁机构的反力特性。反力特性如图 1-31 所示。

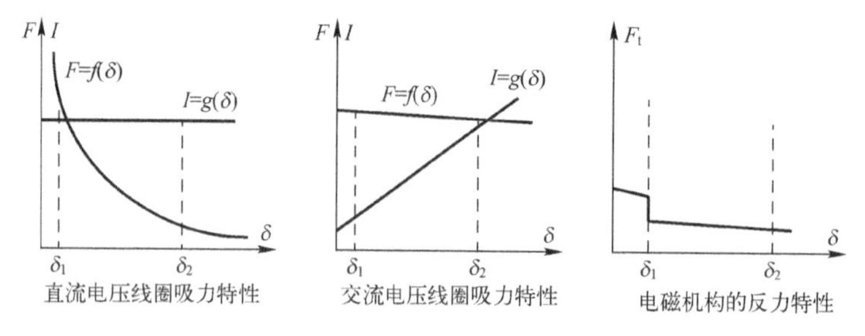


图 1-31　电磁机构的吸力特性和反力特性

为使电磁机构正常工作，其吸力特性应适配其反力特性。在衔铁吸合过程中，吸力特性必须在反力特性上面，即吸力必须大于反力。反之，衔铁释放时，吸力（由剩磁产生）必须小于反力。此外，吸合过程中，吸力特性位于反力特性上面不能过高，否则影响电磁机构寿命。

由于交流电压线圈的吸力是电源频率的周期变量的 2 倍，电源电压变化一个周期，衔铁吸合两次，释放两次，使衔铁产生振动和噪声，为此，对交流电磁机构增加短路环，即在铁心端面上开一小槽，嵌入铜质无焊缝和无断点的分磁环。这样，线圈通电后的磁通分为不穿过短路环的主磁通 $\Phi_1$ 和穿过短路环的磁通 $\Phi_2$。它们大小接近，相位差约 90°，使两相磁通不会同时过零。因电磁吸力与磁通量的平方成正比，因此，两相合成的电磁吸力始终大于反力，使衔铁能够与铁心牢牢吸合，消除了振动和噪声。

（2）接触器

电磁式接触器是利用电磁吸力使主触点闭合或断开电机电路或负载电路的控制电器，它是最常用的控制电器。按主触点控制电路中电流分类，接触器分直流接触器和交流接触器。

1）工作原理

图 1-32 是电磁式接触器工作原理图。电磁式接触器由电磁机构、主触点及灭弧系统、辅

助触点、弹簧机构、支架及底座等组成。

电磁机构是接触器的主要组成部分，它由线圈和磁路组成。当线圈通电后，在电磁铁中产生磁场，使衔铁转动，带动主触点和辅助触点动作。线圈内电流类型可以是直流或交流，主触点的电流也可以是直流或交流。直流线圈采用直流电源供电，适用于频繁起动和重要应用场合。交流线圈采用交流电源供电，由于存在电流过零，使衔铁产生振动和噪声，为此，用铜质短路环嵌在电磁机构铁心端面的槽内，消除交流接触器的振动和噪声。

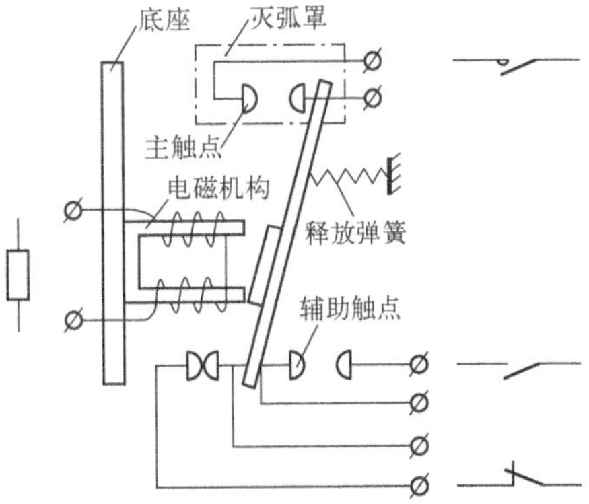

图 1-32　电磁式接触器工作原理图

主触点用于被控电路或负载电路的接通和断开。触点由静触点和动触点组成，结构形式有桥式和指形触点。为使动、静触点能够紧密接触，降低接触电阻，通常在触点上安装压紧弹簧用于增加触点压紧力。主触点分合电流较大，桥式触点有两个断口，用于增大断弧距离，使电弧易于熄灭。指形动、静触点接触过程中有滚动过程，使触点表面氧化层脱落，降低接触电阻。辅助触点用于控制电路，通断电流较小，不设置灭弧装置。

触点分常开和常闭两类。常开触点又称为动合触点。常闭触点又称为动断触点。

当接触器触点电路中的电压大于 10～12 V，电流大于 100 mA 时，触点间在切换过程中产生火花，造成气体放电现象，称为电弧的电子流。电弧造成触点表面灼伤，甚至发生触点熔焊，为此，接触器内要设置灭弧装置。通常，直流接触器主触点电路串接吹弧线圈，形成磁吹式灭弧装置。交流接触器采用灭弧罩、灭弧栅或多点灭弧等措施灭弧。

释放弹簧用于当线圈不通电时，使触点返回到不带电的状态。

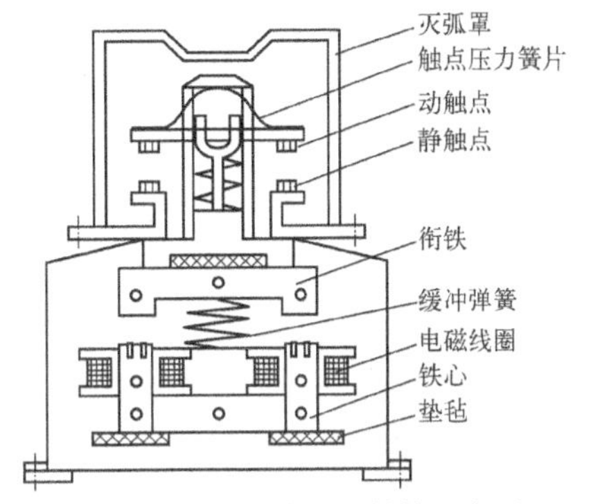

图 1-33　交流接触器结构示意图

图 1-33 是交流接触器的结构示意图。

当电磁吸力大于弹簧的反力时，电磁机构吸合，反之，电磁机构释放。电磁机构灵敏度常用返回系数 $\beta$ 表示。它是释放电压与吸合电压之比。返回系数越大，灵敏度越高。

接触器主要参数包括额定电压、额定电流、寿命和操作频率等。

2）交流接触器选用原则

交流接触器有 CJ10、CJ12、CJ10X、CJ20、CJX2、CJX1、3TB、3TD、LC1-D 及 LC2-D 等系列。CJ10X 系列是消弧接触器，适用于条件差、频繁起停的反接制动的应用场合。CJ20 系列是统一设计的新产品，它具有直动式、双断点/立体布置，结构简单紧凑，外形安装尺寸较小等特点，得到广泛应用。图 1-34 是 CJ20 交流接触器外形图。

图 1-34　CJ20 接触器外形图

交流接触器选用原则如下：

- 根据交流接触器实际使用类别选用。表 1-6 是交流接触器使用类别表。
- 根据被控对象参数（工作电压和电流、控制功率、操作频率及工作制等）确定接触器容量等级。

表 1-6　交流接触器使用类别

| 使用类别 | 接通条件 | | 分断条件 | | | 典型应用 |
|---|---|---|---|---|---|---|
| | 电流 $I_N$ | 电压 $U_N$ | 电流 $I_N$ | 电压 $U_N$ | 功率因数 | |
| A1 | 1 | 1 | 1 | 1 | 0.9 | 控制非电感或稍带电感性的电阻炉负载 |
| A2 | 2.5 | 1 | 2.5 | 1 | 0.7 | 控制绕组型电动机直接起动、反接制动及反转 |
| A3 | 6 | 1 | 6 | 1 | 0.4 | 控制笼型电动机直接起动、运转和断开 |
| A4 | 6 | 1 | 6 | 1 | 0.4 | 控制笼型电动机直接起动、反接制动及反转<br>控制通断大电流负载 |

- 根据控制电路要求确定接触器线圈参数。
- 特殊应用环境条件应选用派生型产品，例如，防爆型、防尘型及湿热带型等。

交流接触器的负载分为电动机和非电动机两类。对电动机负载，根据使用类别，可分为一般任务、重任务和特重任务三类。

- 一般任务的接触器占接触器总需求量的 80%，主要运行于 AC-3，操作频率不高，含少量点动操作。这类运转设备包括压缩机、泵、通风机、电动闸门、传送带、搅拌机、离心机和冲床等。选用交流接触器时，接触器额定电压和电流等于或稍大于电动机额定电压和电流即可。例如，选 CJ20 系列的接触器。
- 重任务的接触器占总需求量的 15%。其中，90%运行于 AC-3，10%用于 AC-4，也可 50%运行于 AC-1，50%运行于 AC-2。平均操作频率在 100 次/h 以上，不断有点动或反接制动、反向和从低速时断开的操作。这类运转设备包括工作母机（车、钻、磨、铣）、升降设备、卷扬机和绞盘机等。电动机功率在 20kW 以下容量时，可选 CJ10Z 系列重任务交流接触器。大于 20 kW 时，宜选 CJ20 系列接触器。
- 特重任务的接触器占总需求量的 5%。操作频率可达 600~1200 次/h。用于频繁点动、反接制动和可逆运转。这类运转设备包括拉丝机、镗床、港口起重设备、热剪机等轧钢辅助传动设备。可选用 CJ10Z 系列接触器或晶闸管交流接触器。
- 对非电动机负载，例如，电热器、电阻炉、照明设备和电焊机等，选用接触器时，除考虑接通容量外，还需考虑使用中可能的过电流。对电热设备，按设备额定电流的 1.2 倍选用接触器。也可将三极接触器各极并联来扩大使用电流，通常可扩大为单极的 2~2.5 倍，两极并联时扩大约 1.8 倍。
- 用非专用切换电容器的交流接触器控制电容器时，须考虑电容器接通时的涌流，因此，可选用 CJ16、CJ19 系列切换电容器接触器。此外，应在接触器进线端串接限流电抗器或电阻器。

3）直流接触器选用原则

直流接触器有 CZ0、CZ18、CZ21 及 CZ22 系列等。CZ18 系列是取代 CZ0 的产品。直流接触器主要用于控制直流电动机和电磁铁。直流接触器选用原则如下：

- 根据被控对象特性（包括控制功率、工作电压、工作电流、操作频率、工作制、控制电路参数及环境条件等）确定合适的直流接触器类型。例如，电磁操作机构是高电感性负载，时间常数大，需在电磁铁线圈两端并联电阻，其阻值不大于线圈阻值的 6 倍。
- 直流电动机负载的正反转控制电路与交流电动机负载的正反转控制电路不同，因此，应确定接触器额定电压和电流都不得低于电动机的相应电压和电流值。当用于短时工作制时，接触器发热电流应低于电动机实际运行的等效有效电流。接触器额定操作频率低于电动机实际运行的操作频率。
- 当使用类别改变时，应根据所用的使用类别确定降容。表 1-7 是直流接触器使用类别表。

表 1-7 直流接触器使用类别

| 使用类别 | 接通条件 | | 分断条件 | | | 典型应用 |
|---|---|---|---|---|---|---|
| | 电流 $I_N$ | 电压 $U_N$ | 电流 $I_N$ | 电压 $U_N$ | 时间常数 | |
| D1 | 1 | 1 | 1 | 1 | 0.001 s | 控制非电感或稍带电感性的电阻负载 |
| D2 | 2.5 | 1 | 1 | 0.1 | 0.015 s | 控制直流电动机起动、运转和断开 |
| D3 | 2.5 | 1 | 2.5 | 1 | 0.015 s | 控制直流电动机起动、短时反复接通和断开 |

- 直流接触器存在临界电流。降容时注意不应要求接触器来分断低于额定电流 20%的电流。
- 直流接触器控制牵引电动机时，应选带灭弧室的直流接触器或高一个等级的直流接触器。
- 控制电磁铁时，应考虑通电持续率和时间常数等技术参数。选用与该类电磁操作机构配套的直流接触器。
- 吸合线圈额定电压和频率与所控制电路的选用电压和频率应一致。

电力电子技术、计算机技术、电器技术相结合形成新型的智能型直流接触器。其接通与分断过程由电力电子器件工作，正常运行由有触点直流接触器工作。因此，克服由于直流电流没有过零、直流接触器开断电路特别是开断感性电路时将产生强烈电弧的缺点，实现了直流电路的无弧接通与分断。此外，可大幅度提高接触器电寿命与操作频率；提高直流接触器的性能指标；解决临界电流难分断的问题。它可与主控计算机双向通信，简化了有触点直流接触器结构，大幅度节银节材，因此，得到用户好评。此外，国外引进的接触器也在工业生产过程中得到广泛应用。

4）接触器型号表示

交流接触器和直流接触器型号表示如图 1-35 所示。图形符号如图 1-36 所示。设计图样中的文字符号是 KM。

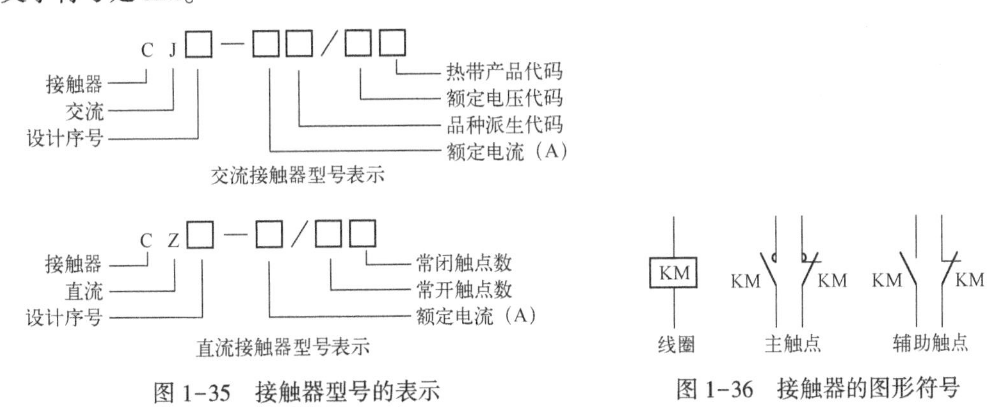


图 1-35 接触器型号的表示

图 1-36 接触器的图形符号

（3）继电器

继电器是根据电气量（电压或电流等）或非电气量（温度、压力、转速或时间等）的变化接通或断开控制电路的自动切换电器。它是当输入量（电、磁、声、光或热）达到一定值时，输出量发生跳跃式变化的一种自动控制器件。在电路中起自动调节、安全保护和转换信号等作用。

1）分类和继电特性

按输入信号分类，继电器可分为电压继电器、电流继电器、时间继电器、温度继电器、转速继电器及压力继电器等。

按工作原理分类，继电器可分为电磁继电器、固态继电器、感应式继电器、电动式继电器、热继电器、电子式继电器、真空继电器、同轴继电器以及光电继电器等。

按用途分类，继电器可分为控制继电器、保护继电器、机床继电器、通信继电器和汽车继电器等。

按动作时间分类，继电器可分为瞬时继电器、延时继电器等。

按触点负荷分类，继电器可分为微功率继电器、弱功率继电器、中功率继电器、大功率继电器及节能功率继电器等。

按继电器外形分类，继电器可分为微型继电器、超小型继电器、小型继电器、中型和大型继电器等。

按继电器外部保护特性分类，继电器可分为密封继电器、封闭式（塑封和防尘罩）继电器以及敞开式继电器等。

继电器输入信号 $x$ 从零连续增加达到衔铁开始吸合时的动作值 $x_x$，继电器的输出信号立刻从 $y=0$ 跳跃到 $y=y_m$，即常开触点从断到通。一旦触点闭合，输入量 $x$ 继续增大，输出信号 $y$ 将不再起变化。当输入量 $x$ 从某一大于 $x_x$ 的值下降到 $x_F$，继电器开始释放，常开触点断开（见图 1-37）。继电器的这种特性称为继电特性，或继电器的输入-输出特性。

继电器释放值 $x_F$ 与动作值 $x_x$ 之比称为返回系数 $K_F$，即

$$K_F=\frac{x_F}{x_x} \tag{1-16}$$

继电器触点输出控制功率 $P_c$ 与线圈吸合的最小功率 $P_0$ 之比称为继电器控制系数 $K_c$，即

$$K_c=\frac{P_c}{P_0} \tag{1-17}$$

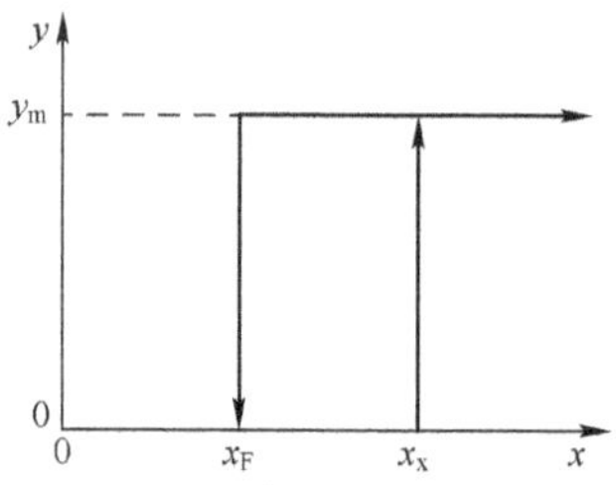

图 1-37　继电器的继电特性

2）工作原理和特性参数

电磁继电器结构与接触器类似，其工作原理与接触器也类似。与接触器的主要区别是继电器能灵敏地对电压和电流的变化有响应，触点数量较多，但容量较小，应用场合主要是小电流电路和作为信号的中间转换。当继电器的电磁线圈通电后，铁心被磁化产生足够大电磁力，吸动衔铁并带动簧片，使动触点和静触点闭合或分断。当电磁线圈断电后，电磁吸力消失，衔铁返回原来位置，动触点和静触点又恢复到原来闭合或分断的状态。

电磁继电器主要特性参数有额定工作电压或额定工作电流、直流电阻、吸合电流、释放电流、触点负荷等。

3）继电器型号和图形符号表示

图 1-38 是继电器型号和图形符号表示。

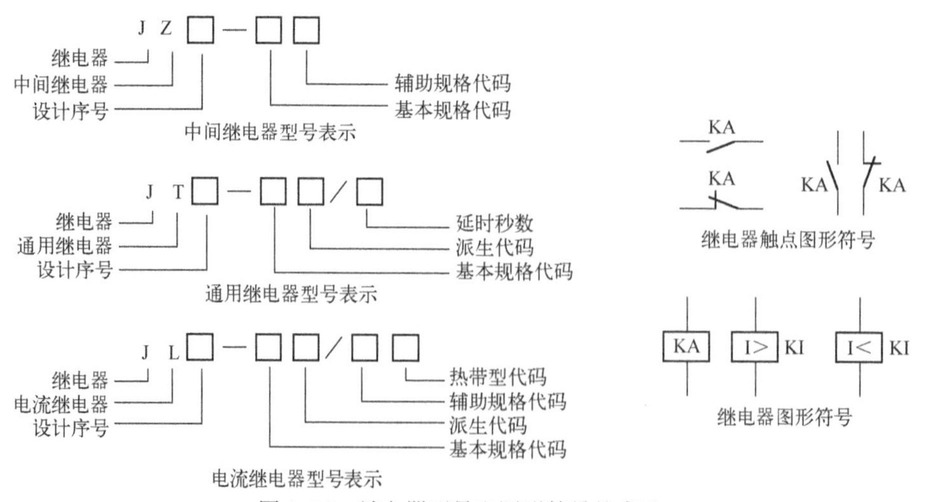


图 1-38　继电器型号和图形符号的表示

中间继电器和通用继电器的基本规格代码由两个数字组成，第一个数字是常开触点数量，第二个数字是常闭触点数量。中间继电器的辅助规格代码 J 表示交流操作，Z 表示直流操作。通用继电器的派生代码 L 表示欠电流继电器，没有标志表示电压继电器。通用继电器的延时秒数是通用继电器作为时间继电器使用时的延时秒数。

电流继电器基本规格代码用额定电流表示。电流继电器的派生代码 J 表示交流，Z 表示直流，S 表示手动复位。电流继电器的辅助规格代码的第一个数字是常开触点数量，第二个数字是常闭触点数量。其他类型继电器的型号和参数参见有关资料。

继电器触点的直接表示法是将触点直接画在长方框一侧。间接表示法则是将各触点分别画到各自的控制电路中，同一继电器的触点与线圈旁分别标注相同文字符号，并对触点组编号。

4）继电器选用原则

继电器选用原则如下：

- 根据被控或被保护对象的工作要求确定继电器类型。根据灵敏度或精度要求选择合适的系列，同时注意继电器与系统的匹配。
- 根据继电器安装环境确定继电器结构类型和防护等级。根据使用类别选用继电器负载性质、通断条件。
- 确定继电器的额定工作电压和电流。使继电器最高工作电压小于等于该继电器额定绝缘电压，继电器最高工作电流小于该继电器额定发热电流，并与系统要求保持一致。
- 继电器的工作制选择应根据其工作是短期还是长期，还要考虑实际操作频率应小于额定操作频率。
- 约有 70%的继电器故障发生在触点上，因此，正确选择和使用继电器触点非常重要。应根据被控回路实际情况确定触点组合形式和触点组数。动合触点组和转换触点组中的动合触点对，因接通时触点回跳次数少和触点烧蚀后补偿量大，其负载能力和接触可靠性较动断触点组和转换触点组中的动断触点对要高，设计时应尽量多用动合触点。
- 应根据负载容量大小和负载性质（阻性、感性、容性、灯载及马达负载）确定参数。通常，继电器切换负荷在额定电压下，电流大于 100 mA、小于额定电流的 75%最好。电流过小，触点积碳增加，可靠性下降。

继电器触点的额定负载与寿命是指在额定电压和电流下阻性负载的动作次数，当负载性质改变时，其触点负载能力将发生变化。可按表 1-8 所示确定额定电流。

**表 1-8　变换触点的额定电流**

| 电阻性电流 | 电感性电流 | 电机电流 | 灯电流 | 最小电流 |
|---|---|---|---|---|
| 100% | 30% | 20% | 15% | 100mA |

切换不同步的单相交流负载时，存在相位差，因此，触点额定电流值应为负载电流的 4 倍，额定电压为负载电压的 2 倍。

为保护继电器，改变继电器工作特性，可添加如图 1-39 所示的附加电路。

5）热继电器

热继电器是用于电动机或其他电气设备、电气线路的过载保护的保护电器。

- 工作原理

流入热元件的电流产生热量，使有不同膨胀系数的双金属片发生形变，当形变达到一定距离时，就推动连杆动作，使控制电路断开，从而使接触器失电，主电路断开，实现电动机或其他电气设备、电气线路的过载保护。

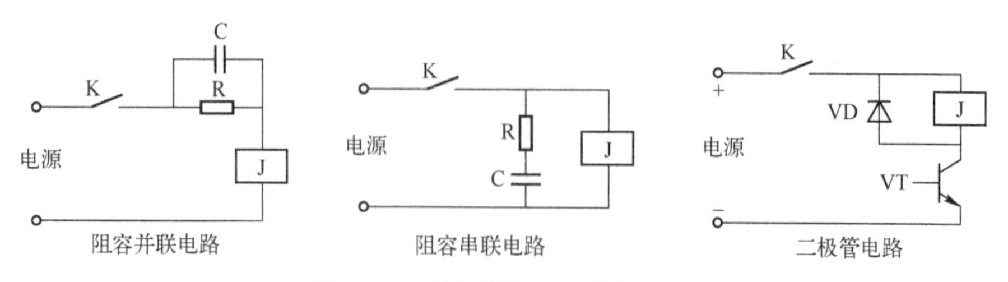


图 1-39　继电器的三种附加电路

按动作方式，热继电器可分为双金属片式、易熔合金式和利用材料磁导率或电阻值随温度变化而变化的特性制成的热继电器。按结构分为两极式和三极式，三极式还分为带断相保护和不带断相保护的。

● 选用原则

热继电器是电机或其他电气设备、电气线路的过载保护电器。当用于断相保护时，对星形接法，应使用不带断相保护装置的两极或三极热继电器，对三角形接法，应使用带断相保护的继电器；用于长期工作保护或间断长期保护时，根据电机起动时间，选 6 倍额定电流以下具有可返回的热继电器，其额定电流或热元件整定电流应等于或大于电机或被保护电路的额定电流，继电器热元件的整定值一般是电机或被保护电路额定电流的 1～1.15 倍；起动时间超长的应用场合，宜选用电子过电流继电器产品；热继电器不能作为短路保护，应考虑与断路器或熔断器的短路保护配合应用。

● 安装注意事项

由于热继电器通过电流使热元件动作，因此，安装位置的环境条件、安装方位等对热量传递有影响。通常，热继电器安装场所的环境温度应和电机等被保护电路的温度相同。对温度差较大的场合，可选用带温度补偿的热继电器。热继电器安装方位应在其他电器下方，远离其他电器 50 mm 以上，并按产品说明书规定安装。此外，应按产品说明书规定选用连接线线径：连接线过细，电流流过产生的热量会传到双金属片，缩短继电器的脱扣动作时间；反之，连接线过粗，会延长继电器的脱扣动作时间。

● 型号和图形符号

图 1-40 所示为热继电器的型号和图形符号。

图 1-40　热继电器型号和图形符号的表示

（4）断路器

断路器是能够关合、承载和开断正常回路条件下的电流，并能关合、在规定的时间内承载和开断异常回路条件下电流的开关装置。按其使用范围，断路器分为高压断路器与低压断路器，关合 3 kV 以上电路的断路器称为高压断路器。断路器可用来分配电能，不频繁地起动异步电动机，对电源线路及电动机等实行保护，当它们发生严重的过载或者短路及欠电压等故障时能自动切断电路，其功能相当于熔断器式开关与过欠热继电器等的组合。

断路器由触头系统、灭弧系统、操作机构、脱扣器及外壳等构成。

断路器用于切断和接通负荷电路，切断故障电路，以防止事故扩大，保证安全运行。断路器具有过载、短路以及欠电压保护功能，有保护线路和电源的能力。

低压断路器可用来接通和分断负载电路，也可用来控制不频繁起动的电动机。其功能相当于刀开关、过电流继电器、失压继电器、热继电器及漏电保护器等电器的部分或全部功能的总和。低压断路器具有多种保护功能（过载、短路以及欠电压保护等）、动作值可调、分断能力高、操作方便且安全等优点，因此被广泛应用。

图1-41是低压断路器工作原理和图形符号。主触点由操作机构手动或电动合闸，由锁键保持在合闸状态。自由脱扣器保持锁键位置，并可绕支点旋转。杠杆顶开自由脱扣器，则主触点被复位弹簧拉开，电路断开。

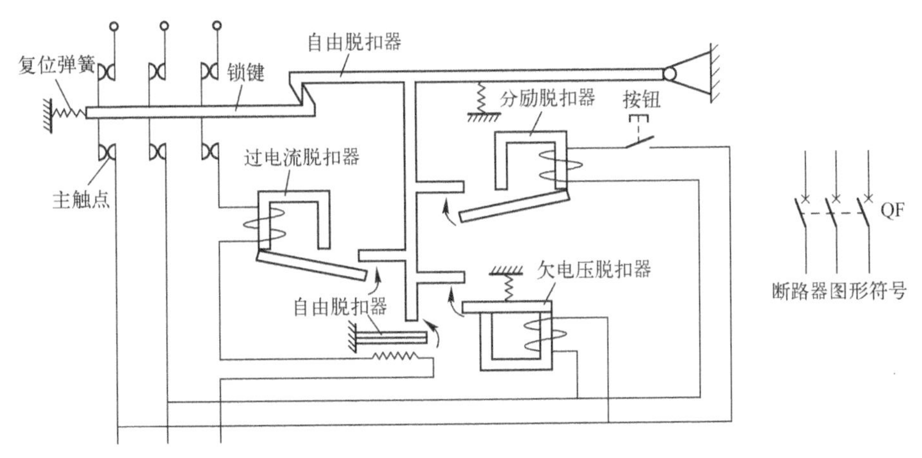


图1-41　低压断路器工作原理和图形符号

发生过电流时，过电流脱扣器线圈吸力增加，撞击顶杆，使自由脱扣器机构动作，断开主电路。同样，热元件过热时，热脱扣器动作，使自由脱扣器动作，断开主电路。

由于过电流脱扣器动作特性具有反时限特性，过电流后需要等待2~3 min才能重新合闸，因此，低压断路器不能用于连续频繁进行通断的场合。

欠电压脱扣器在电路电压不足时使自由脱扣器动作。分励脱扣器用于远程控制，当远程按钮按下时，使自由脱扣器动作。

低压断路器选用原则如下：

- 额定电流和额定电压应大于或等于线路、设备的正常工作电流和电压。
- 热脱扣器整定电流应与所控制负载（如电动机）的额定电流一致。
- 欠电压脱扣器额定电压等于线路额定电压。
- 过电流脱扣其额定电流大于或等于线路最大负载电流。对单台电动机，可取1.5~1.7倍电机起动电流。

（5）按钮和开关

按钮和开关是用于接通和分断控制电路以发号施令的主令电器。主令电器用于控制电路，不能直接分合主电路。开关有可控和不可控型两类，可控型开关由操作员控制扳动，使被连接的电路接通或断开，只有当操作员再次扳动开关，才能改变电路的通断状态。不可控型开关不能由操作员控制，它由运动部件控制，当运动部件在某位置时，被连接的电路接通或断开，离开该位置时，电路的通断状态才改变。这类开关有位置开关、接近开关和光电开关等。

1）按钮

按钮提供一个短暂的接通或断开的信号，它是一种手动并能自动复位的主令电器。按钮由按钮帽、复位弹簧、桥式触点和外壳组成，如图1-42所示，图1-43是按钮型号的表示。

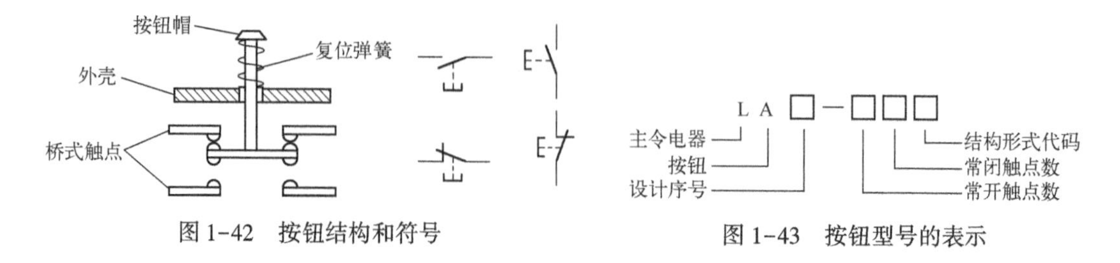


图 1-42　按钮结构和符号　　图 1-43　按钮型号的表示

结构形式代码含义：K—开启式；S—防水式；J—紧急式（红色大蘑菇帽突出）；X—旋钮式；H—保护式；F—防腐式；Y—钥匙式；D—带灯式。

根据国家机械安全机械电气设备的标准，按钮帽的颜色中，红色用于停止，绿色用于起动，起动和停止交替动作的按钮帽用黑白、白或灰色，点动按钮帽用黑色，复位按钮帽用蓝色等。选择按钮的原则如下：

- 根据应用要求，选择控制按钮类型，例如，防水式、防腐式和紧急式等。
- 根据用途要求，选择合适的按钮形式，例如，钥匙式、带灯式等。
- 根据控制回路要求，确定按钮所带触点数，例如，二常开、二常闭等。
- 根据控制要求确定按钮帽颜色、是否带信号灯或钥匙等。

2）位置开关

运动控制系统中，位置的定位采用位置开关。位置开关也称行程开关。位置开关是利用生产机械某些运动部件的撞击发出控制信号的小电流主令电器。按检测原理位置开关分为直动式、滚轮式及微动式等类型。按触点特性分为触点式和无触点式。例如，运动控制系统中的限位开关等。图 1-44 是行程开关结构示意图。图中行程开关的型号中，外壳型号有防护型（Q）、防水型（S）。操作机构形式有直杆（1）、直杆滚轮（2）、单臂滚轮（3）及卷簧（4）等。

行程开关除机械式外，还有无触点电子式行程开关。它由半导体元件和磁性元件组成，有高频振荡型、感应电桥型、光电型和霍尔效应型等。这类行程开关也称为接近开关。例如，运动控制系统中的绝对位置开关等。图 1-45 是接近开关外形图。接近开关的基本规格根据作用距离分类，代码 2 表示 2 mm，4 表示 4 mm 等。辅助规格表示连接螺纹的直径（mm），例如，18 表示直径为 18 mm。

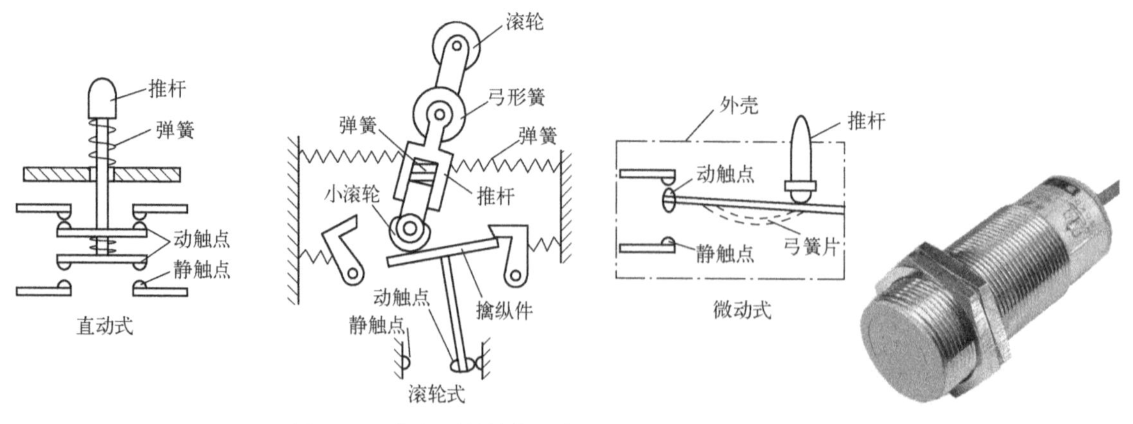


图 1-44　行程开关结构示意图　　图 1-45　接近开关外形图

运动控制系统中大量采用行程开关和接近开关，用于位置检测。按检测原理分类，它们可分为涡流式接近开关（也称为电感式）、电容式接近开关、霍尔接近开关、光电接近开关以及热释电式接近开关等。

涡流式接近开关利用导电物体在接近能产生电磁场的接近开关时，在导电物体内部产生涡流。这个涡流反作用到接近开关，使开关内部电路参数变化，进而控制开关的通或断。

电容式接近开关将被检测物体作为电容器的一个极板，而另一个极板是开关的外壳。当被检测物体移向接近开关时，不论它是否为导体，总使电容的介电常数变化，从而使电容量变化，与测量头相连的电路状态随之变化，并控制开关的接通或断开。

霍尔接近开关是一种磁敏元件。当磁性物体移近霍尔开关时，检测面的霍尔元件产生霍尔效应使开关内部电路状态变化，从而识别附近存在磁性物体，并控制开关的通或断。

光电接近开关是利用光电效应做成的开关。按检测方式，光电接近开关分反射式、对射式及镜面反射式等类型。

热释电式接近开关是一种利用热释电材料极化原理，以非接触方式检测接近的红外热源，例如人体发出的红外辐射，从而使开关通断的新型接近开关。

当观察者或系统与波源的距离发生改变时，接收到的波频率发生偏移，这种现象称为多普勒效应。利用多普勒效应可制成超声波接近开关、微波接近开关等。

图 1-46 是行程开关和接近开关的型号表示和图形符号。

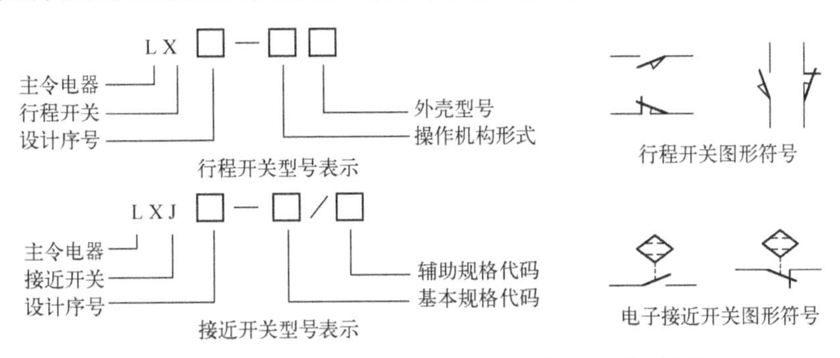


图 1-46　行程开关和接近开关的型号表示和图形符号

随位置改变，从输出信号看，行程开关的输出信号是阶跃信号。而接近开关则是方波，方波宽度与接近开关的作用距离有关。因此，运动控制系统中，除了上升沿边沿触发或下降沿边沿触发外，还有阶跃信号的 On 和 Off 等改变，应用时需注意。

行程开关选择原则如下：

- 根据应用要求和被控对象特性选择。
- 根据安装环境选择防护形式，例如，防水式、开启式等。
- 根据控制回路的电压、电流确定行程开关系列。
- 根据机械和行程开关的传递力与位移关系选择合适的头部形式。

接近开关选择原则如下：

- 一般工业应用场合，选用涡流式接近开关和电容式接近开关，当被测对象是导电物体或是可固定在一块金属物上物体时，一般选用涡流式接近开关。当被测对象是非金属（或金属）、液位高度、粉状物高度、塑料或烟草等场合，应选用电容式接近开关。
- 如果被测物是导磁材料或为区别和它在一同运动的物体而把磁钢埋在被测物体内部时，应选用霍尔接近开关，它的价格最低。
- 在环境条件较好、无粉尘污染的场合，可采用光电接近开关。光电接近开关工作时，对被测对象几乎无任何影响。

- 自动门禁系统通常使用热释电接近开关、超声波接近开关及微波接近开关。
- 磁性开关利用电磁场或永久磁铁的磁场使接点闭合或断开。例如，干簧管、霍尔元件或磁阻元件、电磁线圈等。

（6）信号灯和声响设备

信号灯和声响设备用于显示运行状态或提供故障信息。

信号灯有白炽灯、氖泡指示灯和 LED 灯（发光二极管灯）等。由于 LED 灯体积小、功耗小、寿命长且工作可靠，现在被广泛应用于信号显示。

表 1-9 是信号灯颜色含义和典型应用。

**表 1-9　信号灯颜色含义和典型应用**

| 颜色 | 含　义 | 注　释 | 典型应用 |
|---|---|---|---|
| 红 | 异常或报警 | 对可能出现的危险或需要立刻处理的情况进行报警 | 行程超规定或安全限，设备重要部分已经被保护电器切断 |
| 黄 | 警告 | 状态改变或变量接近极限值 | 温度偏离正常，出现允许存在一定时间的过载 |
| 绿 | 准备和安全 | 安全运行指示或设备准备起动 | 系统运转正常 |
| 兰 | 特殊指示 | 红、黄和绿色未包括的任一种功能 | 选择开关处于指定位置 |
| 白 | 一般信号 | 红、黄、绿和蓝色未包括的功能 | 某种指定动作正常 |

声光报警设备是发送报警声响和/或光警报信号的设备。常用的声响设备有蜂鸣器、风笛及电铃等。

蜂鸣器分为压电陶瓷蜂鸣器和电磁蜂鸣器。压电陶瓷蜂鸣器用压电陶瓷片作为电子发音元件，当陶瓷片的两面电极上接通交流音频信号时，压电片可根据信号的频率高低发生振动，产生相应的声音。压电式蜂鸣器具有体积小、灵敏度高、耗电省、可靠性好及造价低廉的特点和良好的频率特性。被广泛应用于各种电器产品的报警。电磁蜂鸣器由振荡器、电磁线圈、磁铁、振动膜片及外壳等组成。接通电源后，振荡器产生的音频信号电流通过电磁线圈，使电磁线圈产生磁场，振动膜片在电磁线圈和磁铁的相互作用下，周期性地振动发声。

压电式蜂鸣器以方波驱动，电磁式以 1/2 方波驱动，因此，压电式蜂鸣器需要比较高的电压才能有足够的音压，一般建议为 9V 以上。电磁式蜂鸣器只用 1.5V 就可以发出 85dB 以上的音压。但消耗电流大大高于压电式蜂鸣器。

风笛常用于机车和动车。其音压有 107 dB 和 94~98 dB 两挡。风笛是压缩空气气流振动簧片发声的。

电铃利用电磁铁特性，用电源开关的反复闭合装置来控制缠绕在主磁心线圈中的电流的通断，形成主磁路对弹性悬浮磁心的磁路吸合和分离的交替改变，造成连接在弹性悬浮磁心上的电锤在铃体表面产生振动发出铃声。

## 1.3.3　控制基础

### 1. 拉普拉斯变换和 $z$ 变换

（1）拉普拉斯变换

拉普拉斯变换是工程数学中常用的一种积分变换，它将一个有参数实数 $t$（$t\geqslant 0$）的函数转换为一个参数为复数 $s$ 的函数。线性微分方程求解时，采用拉普拉斯变换可将微分方程的求解转换为线性方程的求解。

**拉普拉斯变换定义**　设定义在实轴上的函数 $f(t)$，满足下列狄利赫利条件：

- 当 $t<0$ 时，$f(t)=0$。
- 当 $t\geqslant 0$ 时，$f(t)$ 在任何有界区间上至多只有有限个间断点，即 $f(t)$ 在任何有界区间上可积。
- 当 $t\to+\infty$ 时，$f(t)$ 具有有限增长性，即存在实常数 $M>0$ 及 $\alpha\geqslant 0$，使 $|f(t)|\leqslant Me^{\alpha t}$，$0\leqslant t<\infty$。

则满足狄利赫利条件的函数 $f(t)$，它的拉普拉斯变换定义为

$$F(s)=L[f(t)]=\int_0^{\infty}f(t)\mathrm{e}^{-st}\mathrm{d}t \tag{1-18}$$

式中，复数 $s=\sigma+\mathrm{j}\omega$。$F(s)$ 称为 $f(t)$ 的象函数，$f(t)$ 称为 $F(s)$ 的原函数。

一个实变量函数在实数域中进行一些运算不方便，将其用拉普拉斯变换转换到复数域中，则运算会简单，然后，将运算结果再进行拉普拉斯反变换，就可获得其在实数域的相应结果。

引入拉普拉斯变换的目的是可采用传递函数代替常系数微分方程来描述系统的特性，并进而对系统进行分析。在经典控制理论中，拉普拉斯变换十分有用。

根据拉普拉斯变换的定义，对不同的原函数 $f(t)$，可根据其积分直接获得对应的象函数 $F(s)$。从而建立原函数 $f(t)$ 和象函数 $F(s)$ 间的变换对，以及 $f(t)$ 在实数域内的运算与 $F(s)$ 在复数域内的运算之间的对应关系。

拉普拉斯变换的基本性质如下：

- 线性定理。若 $\alpha$、$\beta$ 是任意两个复常数，并有 $L[f_1(t)]=F_1(s)$，$L[f_2(t)]=F_2(s)$，则

$$f(t)=L[\alpha f_1(t)+\beta f_2(t)]=\alpha F_1(s)+\beta F_2(s) \tag{1-19}$$

- 平移定理。若 $L[f(t)]=F(s)$，则

$$L[\mathrm{e}^{-\alpha t}f(t)]=F(s+\alpha) \tag{1-20}$$

- 微分定理。若 $L[f(t)]=F(s)$，则

$$L\left[\frac{\mathrm{d}f(t)}{\mathrm{d}t}\right]=sF(s)-f(0) \tag{1-21}$$

$$L\left[\frac{\mathrm{d}^2f(t)}{\mathrm{d}t^2}\right]=s^2F(s)-sf(0)-\frac{\mathrm{d}f(0)}{\mathrm{d}t} \tag{1-22}$$

式中，$f(0)$ 是 $f(t)$ 在 $t=0$ 的值。对 $n$ 阶导数的拉普拉斯变换可用类似的公式推导。

- 积分定理。若 $L[f(t)]=F(s)$，则

$$L\left[\int f(t)\mathrm{d}t\right]=\frac{1}{s}F(s)+\frac{1}{s}\int f(0)\mathrm{d}t \tag{1-23}$$

式中，$\int f(0)\mathrm{d}t$ 是 $f(t)$ 积分的初始值。

- 终值定理。若 $L[f(t)]=F(s)$，则

$$\lim_{t\to\infty}f(t)=\lim_{s\to 0}\frac{1}{s}F(s) \tag{1-24}$$

- 初值定理。若 $L[f(t)]=F(s)$，则

$$\lim_{t\to 0}f(t)=\lim_{s\to\infty}sF(s) \tag{1-25}$$

拉普拉斯反变换定义：

$$f(t)=L^{-1}[F(s)]=\frac{1}{2\pi\mathrm{j}}\int_{\alpha-\mathrm{j}\omega}^{\alpha+\mathrm{j}\omega}F(s)\mathrm{e}^{st}\mathrm{d}s \tag{1-26}$$

(2) $z$ 变换

对差分方程，可用 $z$ 变换将离散的时间信号转换为代数方程，求解后的结果再经逆 $z$ 变换

获得差分方程的解。

$z$ 变换定义：对离散时间序列 $x[n]$，其 $z$ 变换定义为

$$X[z]=z\{x[n]\}=\sum_{n=-\infty}^{+\infty}x[n]z^{-n} \tag{1-27}$$

逆 $z$ 变换定义：已知 $z$ 变换 $X[z]$，其逆 $z$ 变换定义为

$$x[n]=\frac{1}{2\pi j}\int_C X(z)z^{n-1}\mathrm{d}z \tag{1-28}$$

积分路径 $C$ 是 $X[z]$ 收敛环域（$R_{X-}$，$R_{X+}$）内逆时针方向绕原点一周的单围线。

**2. 传递函数**

(1) 传递函数的定义

系统的数学模型可以用微分方程、差分方程、状态空间或传递函数等描述。

线性定常系统的传递函数 $G(s)$ 是零初始条件下，系统输出量 $Y$ 的拉普拉斯变换 $Y(s)$ 与其输入量 $X$ 的拉普拉斯变换 $X(s)$ 之比，也称为转移函数，即

$$G(s)=\frac{Y(s)}{X(s)} \tag{1-29}$$

零初始条件指输入信号在 $t=0$ 以后才加入，即输入量及其各阶导数在 $t=0$ 时均为 0。系统在输入作用加入前是相对静止的。这表明在 $t=0$ 时系统的输出量及其各阶导数也全为 0。

离散系统的传递函数可表示为

$$H(z)=\frac{Y(z)}{X(z)} \tag{1-30}$$

传递函数具有如下特性：

- 传递函数是描述线性定常系统动态特性的数学模型，是反映系统在零初始条件下的运动规律。它不能反映非零初始条件下系统的特性。传递函数常用于研究系统结构和参数改变对系统性能的影响。
- 传递函数取决于静态结构参数，与外部信号大小和形式无关。
- 传递函数只表示一个输入和一个输出之间的动态关系，对多输入多输出系统，用传递函数矩阵表示它们之间的动态关系。
- 通常，传递函数的分子项次数 $m$ 小于等于分母项次数 $n$。
- 传递函数可用多种形式描述，例如，可用零极点增益形式描述为

$$G(s)=\frac{Y(s)}{X(s)}=K\frac{(s-z_1)(s-z_2)\cdots(s-z_m)}{(s-p_1)(s-p_2)\cdots(s-p_n)} \tag{1-31}$$

式中，$z_1$、$z_2$、…、$z_m$ 称为零点，$p_1$、$p_2$、…、$p_n$ 称为极点，$K$ 称为增益。数学模型称为 zpk 模型。

- 两个线性系统模型串联，如图 1-47 所示，组成系统的传递函数等于串联系统中各自传递函数的乘积。即 $G(s)=G_2(s)G_1(s)$。
- 两个线性系统模型并联，如图 1-47 所示，组成系统的传递函数等于并联系统中各自传递函数的和。即 $G(s)=G_2(s)+G_1(s)$。
- 两个线性系统组成负反馈回路，如图 1-47 所示，其闭环传递函数为

$$G(s)=\frac{Y(s)}{X(s)}=\frac{G_1(s)}{1+G_1(s)G_2(s)} \tag{1-32}$$

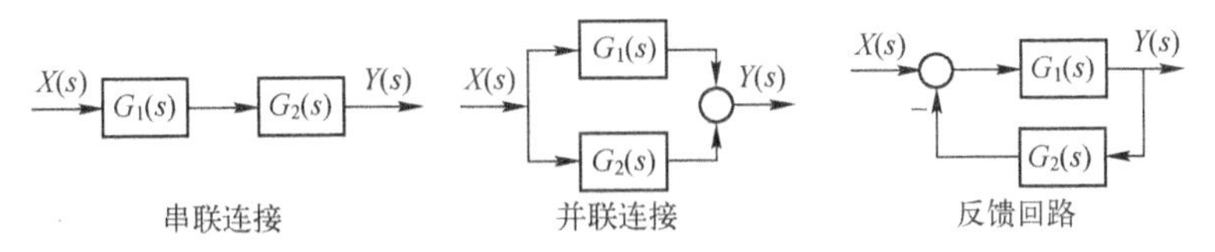

图 1-47　线性系统的串联、并联和反馈

（2）示例

1）他励直流电动机传递函数

如图 1-48 所示，他励直流电动机动态电路可用下列方程描述：

$$U_a = I_a R_a + L\frac{\mathrm{d}I_a}{\mathrm{d}t} + C_e \Phi n \tag{1-33}$$

式中，$I_a$是电枢电流（A）；$U_a$是电枢电压（V）；$R_a$是电枢回路总电阻（Ω）；$L$是电枢回路电感（H）；$C_e$是电动机结构决定的电动势常数；$\Phi$是励磁磁通（Wb）；$n$是转速（r/m）。

根据他励直流电动机机械特性，可得图 1-49 所示的他励直流电动机传递函数

$$G_1(s)=\frac{I_a(s)}{U_a(s)-E(s)}=\frac{1/R_a}{T_1 s+1},\ G_2(s)=\frac{E(s)}{I_a(s)-I_L(s)}=\frac{R_a}{T_m s},\ G_3(s)=\frac{n(s)}{E(s)}=\frac{1}{C_e\Phi} \tag{1-34}$$

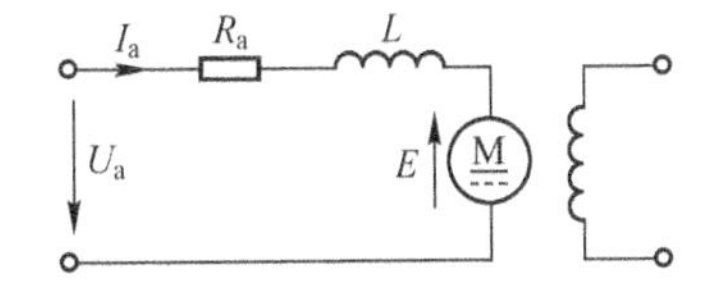

图 1-48　他励电动机动态电路图

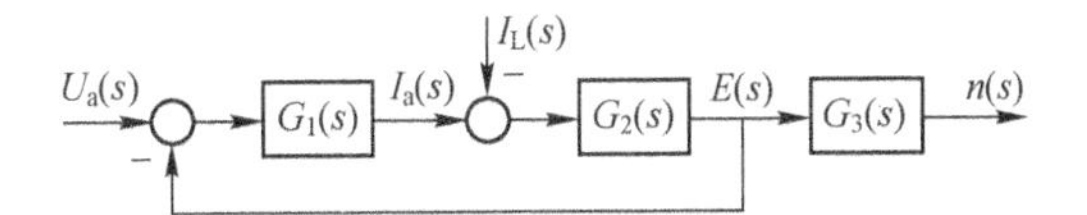

图 1-49　他励直流电动机动态框图

上式显示电枢电流与电枢电压的传递函数 $G_1(s)$，电动机电动势与电流的传递函数 $G_2(s)$，及电动机转速与电动机电动势之间的传递函数 $G_3(s)$。

当外界负载转矩 $T_L$为零时，可得他励直流电动机的传递函数为

$$G(s)=\frac{n(s)}{U_a(s)}=\frac{\frac{1}{C_e\Phi}}{T_1 T_m s^2+T_m s+1} \tag{1-35}$$

2）交流感应电动机传递函数

三相交流感应电动机经线性化后可用一阶惯性环节描述。即

$$G_{AM}(s)=\frac{K_m}{T_s s+1} \tag{1-36}$$

式中，$K_m$是电动机前向通道增益，$T_s$是电动机惯性时间常数。

电动机驱动部分采用晶闸管控制电压调节驱动装置，也可近似用一阶惯性环节描述。即

$$G_{DR}(s)=\frac{K}{Ts+1} \tag{1-37}$$

反馈环节也可用一阶惯性环节描述描述，即

$$G_F(s)=\frac{K_F}{T_F s+1} \tag{1-38}$$

为使感应电动机控制系统实现无静差，应选用具有积分控制作用的调节器，因此，速度调节器为

$$G_{ASR}(s)=K_c\left(1+\frac{1}{T_I s}\right) \tag{1-39}$$

图 1-50 是交流感应电动机单闭环反馈控制系统框图。

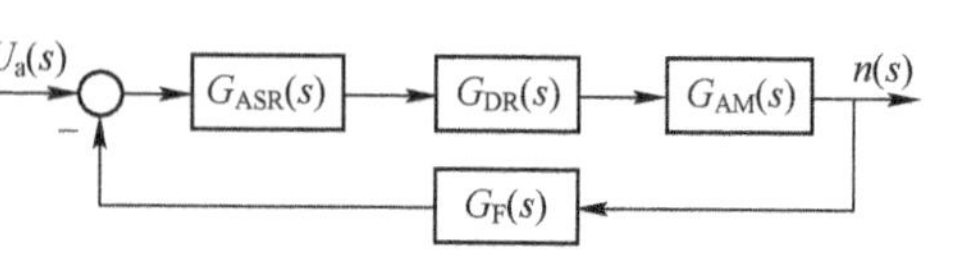


图 1-50　交流感应电机单闭环控制系统框图

上述结果是在对电机许多参数做近似和忽略后获得的，因此，只能用于电动机机械特性的线性工作区域。

经化简得单闭环控制系统传递函数为

$$G(s)=\frac{n(s)}{U_a(s)}=\frac{K_c K K_m(T_I s+1)(T_F s+1)}{T_I s(Ts+1)(T_s s+1)(T_F s+1)+K_c K K_m K_F(T_I s+1)} \tag{1-40}$$

**3. PID 控制算法**

常规模拟仪表用硬件实现模拟 PID 控制算法，计算机控制装置用软件实现数字 PID 控制算法。

(1) 模拟 PID 控制算法

理想的模拟 PID 控制算法为

$$u(t)=K_c\left[e(t)+\frac{1}{T_i}\int_0^t e(t)\mathrm{d}t+T_d\frac{\mathrm{d}e(t)}{\mathrm{d}t}\right]+u_0 \tag{1-41}$$

用传递函数表示为

$$G_c(s)=\frac{U(s)}{E(s)}=K_c\left[1+\frac{1}{T_i s}+T_d s\right] \tag{1-42}$$

式中，$K_c$是比例增益；$T_i$是积分时间；$T_d$是微分时间；$e(t)$是偏差；$e(t)=r(t)-c(t)$；$r(t)$是控制系统设定；$c(t)$是控制系统的闭环输出。

由于理想的微分无法实现，因此，实际应用时的模拟 PID 调节器的传递函数是

$$G_c(s)=\frac{U(s)}{E(s)}=K_c\left[1+\frac{1}{T_i s}+\frac{T_d s+1}{\frac{T_d}{K_d}s+1}\right] \tag{1-43}$$

式中，$K_d$是微分增益。

- 比例控制作用。比例（P）控制的输出与输入的偏差成比例。$K_c$称为比例增益。$u_p(t)=K_c\,e(t)$。偏差越大，比例控制作用的输出 $u_p(t)$ 也越大。比例控制作用能够减小偏差。
- 积分控制作用。积分控制作用的输出与偏差随时间的累积量成正比。$u_I(t)=\frac{K_c}{T_i}\int_0^t e(t)\mathrm{d}t$。只要存在偏差，积分控制作用输出就会不断累积，使偏差减小到等于零，或者使控制器输出达到输出上限或下限。积分控制作用用于消除余差。积分控制输出等于比例控制输出时所需的时间是积分时间 $T_i$。积分时间 $T_i$越小，比例积分控制输出曲线的斜率越大，控制作用越强。
- 微分控制作用。引入微分控制的目的是改善高阶系统的控制品质。微分控制作用是按偏差变化率的控制。因此，引入微分控制作用可改善系统的稳定性。而相同稳定性需要下引入微分，可提高比例增益，减小最大偏差或超调量，缩短过渡过程的回复时间，改善系统控制品质。

(2) 数字 PID 控制算法

随着计算机技术的应用，在运动控制系统中常采用数字 PID 控制算法。

模拟 PID 控制算法采用下列转换公式近似得到离散控制算法：

$$\int_0^t e(t)\mathrm{d}t = T_s \sum_{i=0}^{k} e(i) \qquad \frac{\mathrm{d}e(t)}{\mathrm{d}t} = \frac{e(k) - e(k-1)}{T_s} \tag{1-44}$$

数字 PID 控制算法有三种：

- 位置算法。根据式（1-42）和式（1-44），得

$$u(k) = K_c e(k) + K_I \sum_{i=0}^{k} e(i) + K_D[e(k) - e(k-1)] + u_0 \tag{1-45}$$

与模拟算法比较可知，$K_I = K_c \dfrac{T_s}{T_i}$， $K_D = \dfrac{K_c T_d}{T_s}$

- 增量算法。$\Delta u(k) = u(k) - u(k-1)$，根据式（1-45），即有

$$\Delta u(k) = K_c \Delta e(k) + K_I e(k) + K_D[e(k) - 2e(k-1) + e(k-2)] \tag{1-46}$$

- 速度算法。它是增量输出与采样周期之比，即

$$v(k) = \frac{\Delta u(k)}{T_s} = \frac{K_c}{T_s}\Delta e(k) + \frac{K_c}{T_i} e(k) + \frac{K_c T_d}{T_s^2}[e(k) - 2e(k-1) + e(k-2)] \tag{1-47}$$

增量算法的输出可通过步进电动机等具有零阶保持特性的累积机构，转化为模拟量，在运动控制系统中应用广泛；速度算法的输出须采用积分式伺服机构。位置算法的输出不能直接连接，一般须经保持电路，使输出信号保持到下一采样周期输出信号到来时为止。

（3）数字 PID 算法的特点

数字 PID 算法具有下列特点：

- P、I、D 三种控制作用独立，没有控制器参数之间的关联。数字控制器直接采用数字化参数，不存在控制器参数之间的相互影响。
- 由于不受硬件制约，数字控制器参数可以在更大范围内设置，例如，模拟控制器积分时间最大为 1200 s，而数字控制器不受此限制。
- 数字控制器采用采样控制，引入采样周期 $T_s$，即引入纯时滞为 $T_s/2$ 的滞后环节，使控制品质变差。根据香农采样定理，为使采样信号能够不失真复现，采样频率应不小于信号中最高频率的两倍。即采样周期应小于工作周期的一半，这是采样周期的选择上限。此外，为解决圆整误差问题，采样周期也不能太小，它们决定了采样周期的下限。

实际应用中，采样周期的选择原则是使控制度不高于 1.2，最大不超过 1.5。经验选择方法是根据系统的工作周期 $T_p$，选择采样周期 $T_s = (1/6 \sim 1/15)T_p$，通常取 $T_s = 0.1T_p$。

要求控制的回路越多，相应的采样周期设置应越长，以保证有足够时间完成控制算法。

为改善数字控制系统的控制品质，可对数字 PID 算法进行改进，见表 1-10。

**表 1-10 数字控制算法的改进**

| 方法 | | 改进算式 | 特点 |
|---|---|---|---|
| 积分分离 | 偏差分离 | $\Delta u(k) = \Delta u_P(k) + \Delta u_I(k)[\lvert e(k)\rvert < \varepsilon]$ | $\lvert e(k)\rvert < \varepsilon$ 时，引入积分作用，反之，只有比例作用 |
| | 开关和 PID 分离 | $u(k) = \left\{K_c e(k) + K_I \sum_{i=0}^{k} e(i) + K_D[e(k) - e(k-1)] + u_0\right\} \cdot [\lvert e(k)\rvert < \varepsilon] - u_M \cdot [e(k) > \varepsilon] + u_M \cdot [e(k) < \varepsilon]$ | $u_M$是开关控制的限值。$\lvert e(k)\rvert < \varepsilon$ 时，采用 PID 控制，超出范围时用开关控制 |
| | 相位分离 | $u(k) = \begin{cases} u_P + u_I, & \text{当 } u_P \text{ 与 } u_I \text{ 同相时} \\ u_P, & \text{当 } u_P \text{ 与 } u_I \text{ 不同相时} \end{cases}$ | 比例输出与偏差项同相，积分输出与偏差项有 90°的相位滞后，同相时有积分输出 |

（续）

| 方　法 | | 改进算式 | 特　点 |
|---|---|---|---|
| 削弱积分 | 梯形积分 | $\Delta u_I(k)=K_I\frac{e(k)+e(k-1)}{2}$ | 矩形积分改进为梯形积分削弱噪声对积分增量输出的影响 |
| | 遇限削弱 | $\Delta u_I(k)=K_I[(u(k-1)\leqslant u_{max})(e(k)>0)+(u(k-1)>u_{max})\cdot(e(k)<0)]e(k)$ | 控制输出进入饱和区时停止积分项 |
| 微分先行 | | $\Delta u_D(k)=K_D[y(k)-2y(k-1)+y(k-2)]$ | 只对测量信号 $y(k)$ 进行微分，也称为测量微分 |
| 不完全微分 | | 微分环节串联连接一个惯性环节$\frac{1}{\frac{T_d}{K_d}s+1}$ | 一阶惯性环节可串联在输入或输出端，一般串联连接在输入端 |
| 输入滤波 | | 位置算法：$\frac{\Delta\bar{e}(k)}{T_s}=\frac{1}{6T_s}[e(k)+3e(k-1)-3e(k-2)-e(k-3)]$<br>增量算法：$\frac{\Delta\bar{e}(k)}{T_s}=\frac{1}{6T_s}[e(k)+2e(k-1)-6e(k-2)+2e(k-3)+e(k-4)]$ | 微分滤波的一种。抑制噪声影响，提高信噪比 |

## 1.3.4 计算机编程基础

### 1. 计算机

1946 年第一台电子计算机 ENIAC（Electronic Numerical Integrator And Calculator）诞生，计算机的理论构架主要由三部分组成。

（1）计算机硬件

包括运算器、存储器、控制器、输入和输出设备等，如图 1-51 所示。

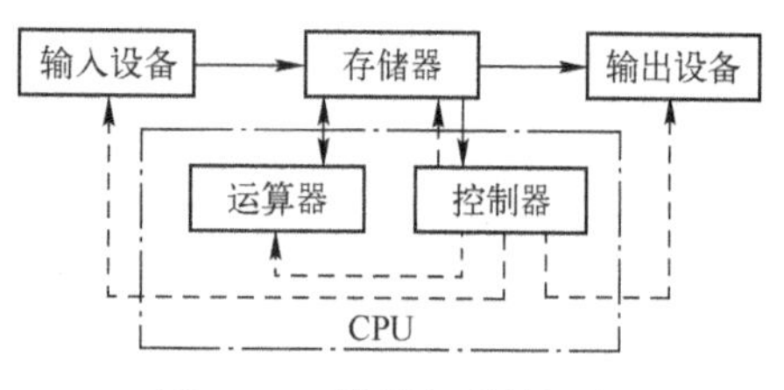

图 1-51　计算机硬件组成

- 运算器。进行算术和逻辑运算的部件。
- 控制器。控制和协调各部件自动、连续和协调工作。
- 存储器。保存程序和数据信息。
- 输入设备。从外界将数据、命令输入到存储器。如鼠标、键盘、移动硬盘及光盘等。
- 输出设备。将计算机处理结果显示或打印。如显示器、打印机、声卡和网络接口装置等。
- 计算机内部数据。采用二进制描述。
- 程序和数据。存放在计算机的存储器中。

（2）计算机软件

包括系统软件和应用软件。计算机指令是可被计算机识别和执行的二进制代码，它包括操作码和操作数，操作码指明要计算机完成的操作，操作数是被操作对象的地址或内容。

计算机工作过程是执行程序的过程。即将程序和数据存入存储器，启动程序后，计算机自动根据编写的程序次序，取出指令、分析指令及执行指令，并重复上述过程，控制机器各部件协同工作，完成程序规定的任务。

### 2. 可编程序控制器

（1）概述

可编程序控制器（Programmable Logic Controller，PLC）是一种专门为在工业环境下应用而设计的数字运算操作的电子装置。它采用可以编制程序的存储器，用来在其内部存储执行逻辑运算、顺序运算、计时、计数和算术运算等操作的指令，并能通过数字式或模拟式的输入和输出，控制各种类型的机械或生产过程。PLC 及其有关的外围设备都应按照易于与工业控制系统形成一个整体，易于扩展其功能的原则而设计。

PLC 是专用于工业生产过程的计算机。因此，具有更高可靠性和安全性，易于操作和实现复杂的工业控制。

1993 年 3 月由国际电工委员会（International Electro-technical Commission，IEC）正式颁布 PLC 的国际标准 IEC 1131（前面添加 6 后作为国际标准的编号，即成为 IEC 61131）第一版。IEC 61131 标准将信息技术领域的先进思想和技术（例如，软件工程、结构化编程、模块化编程、面向对象的思想及网络通信技术等）引入工业控制领域，弥补或克服了传统 PLC、DCS 等控制系统的弱点（例如，开放性差、兼容性差、应用软件可维护性差以及可再用性差等）。它的影响已经超越可编程控制器的界限，并成为 DCS、PLC 控制、运动控制及 SCADA 等编程系统的事实标准。

成立于 1992 年的 PLCopen 是一个致力于编程语言标准化的非营利性国际化组织，其总部设在荷兰。PLCopen 组织下设 6 个技术委员会（Technical Committee，TC）。

TC1：致力于标准的制订。主要工作包括对 IEC 61131-3 标准的勘误和修改、与 IEC 的合作和开发以及对标准版本的修订等。IEC 61131-3 第三版已于 2013 年颁布。

TC2：致力于功能块库的定义和协调功能块的调用。已经完成运动控制规范的第一部分到第六部分的规范制订工作。

TC3：致力于认证工作。该委员会制订一致性测试的定义和进行测试。编程系统一致性测试包括对不同编程语言的三种不同等级的测试。它们是基本级（Base Level，BL）、符合级（Conformity Level，CL）及可重复使用级（Reusability Level，RL）。

TC4：致力于通信。包括通信界面、与附加软件的接口、应用交换格式以及与 Profibus 和 CAN 等现场总线的映象等。

TC5：致力于安全的研究。它支持安全编程技术，集中于安全相关系统的功能安全性研究，包括 IEC 标准的使用指南、安全运行的基础以及与功能块的结合等。

TC6：致力于 XML（Extended Markup Language）语言的研究。它规定 IEC 61131-3 各种编程语言的 XML 格式，包括对图形信息的表示、与其他开发工具的界面及功能块库分布等，它使编程环境成为开放系统环境。

IEC 61131-3 标准第 3 版还完善了功能和结构等概念。主要性能改善有：显式数据类型；命名值的类型；基本数据类型；引用，带引用的函数和操作；验证；ANY_ BIT 的部分存取；可变长度的数组；初始值赋值；隐式和显式数据类型的转换规则；没有函数返回值的函数调用；数值、按位数据等的类型转换函数；持续时间函数及日期和时刻函数的析解函数；类，包括方法、接口等；面向对象的功能块，包括方法、接口等；命名空间；结构文本编程语言中的 CONTINUE 等；梯形图编程语言中的比较触点（类型和过载），及附录 A 语言元素格式规范等。

（2）编程语言

根据 IEC 61131-3 的规定，PLC 编程语言分为文本类编程语言和图形类编程语言。公用语言是顺序功能表图编程语言。

标准编程语言具有下列特点：

- 编程语言的多样性。标准编程语言具有易操作、编程灵活、多种编程语言的融合等特点，可实现程序优化。

- 编程语言的兼容性。标准编程语言能够适用于可编程控制器，分散控制系统、现场总线控制系统、数据采集和监视系统以及运动控制系统等。软件模型适应各种不同行业、不同规模及不同结构的工业应用。
- 编程语言的标准化和开放性。编程语言的标准化使 PLC 系统成为开放系统。任何一个制造商的产品，如果符合标准编程语言，就能够使用该编程语言进行编程，并能够获得同样的执行结果。编程语言的标准化切断了软件与硬件的依赖关系。
- 编程语言的可读性。编程语言定义变量的数据类型，采用数据结构的机制，不同的数据类型可在程序的不同部分传送，类似于在同一实体内的传送。不同程序组织单元之间传送的复杂信息，也可像传送单一变量一样。这样使程序的可读性提高，易操作性增强。
- 编程语言的易操作性和安全性。它保留了传统的电气逻辑图、成熟工控软件及软逻辑 PLC 等计算机编程语言的优点，使程序出错控制在最小，并提供出错代码，提高其安全性。采用封装技术，使用户只需要连接有关接口，极大方便了用户的应用。
- 编程语言对硬件的非依赖性。编程语言对实际编程系统硬件的依赖性是程序能否移植的关键。标准提供了有效机制，使程序移植对系统硬件最大限度地实现非依赖。

（3）文本类编程语言

文本类编程语言有指令表编程语言（Instruction List，IL）和结构化文本编程语言（Structured Text，ST）。指令表编程语言是类似于汇编语言的一种编程语言。与传统 PLC 的指令表编程语言比较，IEC 61131-3 标准的指令表编程语言更为简单，其原因是采用了修正符、函数和功能块，一些原来用指令执行实现的操作可通过修正符、函数和功能块的调用方便地实现。

IEC 61131-3 标准的指令表编程语言对传统指令表编程语言进行了总结，取长补短，采用函数和功能块，使用数据类型的超载属性等，使编程语言更简单灵活，指令更精简。其指令表编程语言特点如下：

- 采用函数和功能块调用，使原有指令集简化。例如，移位指令、算术运算指令和位串类指令等都可以用标准提供的函数直接实现。定时器和计数器指令也可用标准提供的定时器和计数器功能块的调用实现。
- 数据类型的过载属性使运算变得方便。传统 PLC 指令对不同数据类型的运算要用不同的指令，IEC 61131-3 标准采用相同指令实现。此外，数据类型的过载属性简化了数据类型转换指令等。
- 采用圆括号、边沿检测属性等方法，简化指令集。例如，标准提供圆括号，使程序块可以在圆括号内部先执行，从而简化指令。标准用边沿检测属性实现微分指令等，从而简化指令。
- 采用按数据类型分类方法存储数据，使数据存储不会出现错误。增设时间类型文字和数据类型，使定时器定时设定信号的输入变得简单。
- 标准第三版增加方法的调用，扩展了面向对象的应用领域。

结构化文本编程语言是高层编程语言。它用高度压缩的方式提供大量抽象语句来描述复杂控制系统的功能。具有下列特点：

- 编程语言采用高度压缩化的表达形式，因此，程序紧凑，结构清楚。
- 强有力的控制命令流的结构。例如，选择语句、迭代循环语句等控制命令的执行。
- 程序结构清晰，便于编程人员和操作人员的思想沟通。
- 采用高级程序设计语言，可完成较复杂的控制运算，例如，递推运算等。

• 执行效率较低。源程序要编译为机器语言才能执行，因此编译时间长，执行速度慢。

• 对编程人员的技能要求较高，需要有一定的高级编程语言知识和编程技巧。

结构化文本编程语言中的语句主要有4种类型，即赋值语句、函数和功能块控制语句、选择语句和循环语句。

（4）图形类编程语言

标准规定两种图形类编程语言。梯形图（Ladder Diagram，LD）编程语言用一系列梯级组成梯形图，表示工业控制逻辑系统中各变量之间的关系。功能块图（Function Block Diagram，FBD）编程语言用一系列功能块的连接表示程序组织单元的本体部分。

梯形图编程语言使用标准化图形符号表示程序执行时各元素状态的传递过程。这些图形符号类似于继电器梯形逻辑图的梯级表示的形式描述各组成元素。梯形图编程语言是历史最久远的一种编程语言。梯形图采用的图形元素有电源轨线、连接元素、触点、线圈、函数和功能块等。

标准规定梯形图编程语言支持函数、方法和功能块的调用，用函数、方法和功能块的实例名作为其在项目中的唯一识别。

梯形图程序采用网络结构。梯级是梯形图网络结构的最小单位。一个梯级包含输入指令和输出指令。梯形图程序执行时，从最上层梯级开始执行，从左到右确定各图形元素的状态，并确定其右侧连接元素的状态，逐个向右执行，操作执行的结果由执行控制元素输出，直到右电源轨线。然后，进行下一个梯级的执行过程。

当梯级中有分支出现时，同样依据从上到下、从左到右的执行顺序分析各图形元素的状态，对垂直连接元素根据上述有关规则确定其右侧连接元素的状态，从而逐个从左向右、从上向下执行求值过程。

为了使控制梯形图的执行按非常规的执行过程进行，可采用执行控制的有关图形元素。例如，用跳转和跳转返回等图形符号表示跳转的目标、跳转的返回及跳转的条件等。调用函数和功能块时，如果上游函数或功能块输入是其下游函数或功能块的输出，则可采用反馈变量和反馈路径实现。

功能块图编程语言源于信号处理领域。功能块图编程语言的基本图形元素是函数、方法和功能块。

功能块图编程语言中，函数、方法、功能块、执行控制元素、连接元素和连接线组成网络。其中，函数、方法和功能块用矩形框图形符号表示。连接元素的图形符号是水平或垂直的连接线。连接线用于将函数、方法或功能块的输入和输出连接起来，也用于将变量与函数、方法或功能块的输入、输出连接起来。

（5）顺序功能表图

标准中的顺序功能表图（Sequence Function Chart，SFC）是作为编程语言的公用元素定义的。它是采用文字叙述和图形符号相结合的方法描述顺序控制系统的过程、功能和特性的一种编程方法。它既可作为文本类编程语言，也可作为图形类编程语言，但通常将它归为图形类编程语言。因此，通常认为IEC 61131-3有三种图形类编程语言。

顺序功能表图编程语言的三要素是步、转换和有向连线。

一个过程循环分解成若干个清晰的连续的阶段，称为步（Step）。一个步可以是动作的开始、持续或结束。一个过程循环分解的步越多，过程的描述也越精确。步与步之间由转换（Transition）分隔。当两步之间的转换条件得到满足时，转换得以实现，即上一步的活动结束而下一步的活动开始，因此，不会出现步的重叠。

当步处于活动状态时，该步称为活动步。与活动步相连接的命令或动作被执行。当步处于非活动状态时，该步称为非活动步。从网络角度看，活动步是取得令牌（Token）的步，它可以执行相应的命令或动作。非活动步是未取得令牌的步，它不能执行相应的命令或动作。用一个带步名的矩形框表示步。

控制过程开始阶段的活动步与初始状态相对应，称为“初始步”，它表征施控系统的初始动作。每个SFC网络都有一个初始步，整个网络从初始步开始进行演变，用带步编号的双线矩形框表示初始步。

转换表示从一个或多个前级步沿有向连线变换到后级步所依据的控制条件。通过有向连线，转换与有关步的图形符号相连。每个转换有一个相对应的转换条件。转换的图形符号是垂直于有向连线的水平线。

如果通过有向连线连接到转换符号的所有前级步都是活动步，该转换称为“使能转换”，否则该转换称为“非使能转换”。

如果转换是使能转换，同时该转换相对应的转换条件满足，则该转换称为“实现转换”或“触发”（Firing）。因此，实现转换需要两个条件：①该转换是使能转换；②相对应的转换条件满足，即转换条件为真。

实现转换产生两个结果：①与该转换相连的所有前级步成为非活动步，即转换的清除；②与该转换相连的所有后级步成为活动步。转换的实现使过程得以进展。

步之间的进展按有向连线（Arc）规定的路线进行。有向连线应仅将步连接到转换或将转换连接到步。有向连线图形符号是水平或垂直的直线。通常，连接到步的有向连线表示为连接到步顶部的垂直线。从步引出的有向连线表示为连接到步底部的垂直线。

步、转换和有向连线之间的关系描述：步经有向连线连接到转换，转换经有向连线连接到步。

命令或动作用动作控制功能块描述，它与步关联，可以是一个布尔变量、IL语言的一个指令集、ST语言的一个语句集、LD语言中的一个梯级集、FBD语言的一个网络集或SFC。

动作的控制用动作限定符来表示，动作限定符定义不同输入和输出之间的关系。动作控制功能块不仅包括一个动作名还包括动作执行条件等。

步的演变（进展）从初始步开始。与步连接的动作控制功能块只有在步是活动步时才被执行，动作的执行根据动作控制功能块的输出Q确定，当Q为1时，这些动作被执行；为0时，这些动作不被执行。

在动作的执行过程中，对后续转换进行求值，当转换条件满足时，发生转换的实现，并实现步的进展，从而使步根据SFC图的程序不断演变（进展）。当该转换的所有前级步都是活动步时该转换是使能转换。当使能转换的转换条件为真时，发生转换的实现，从而实现步的进展。实现转换使连接到该转换的前级步成为非活动步，并使所有连接该转换的后续步成为活动步。

# 第 2 章　运动控制的理论基础

## 2.1　运动控制问题

### 2.1.1　第一类运动控制问题

第一类运动控制问题是指被控制对象的空间位置或轨迹随运动发生改变的运动控制系统的控制问题。

这类运动控制问题在理论上完全遵循牛顿力学定律和运动学原则，因此，可将第一类运动控制问题转化为物理学的牛顿运动学问题。即将被控对象的研究转化为被控对象在笛卡儿坐标系中的位移、速度及加速度与运动时间的关系。

这类运动控制的核心是研究被控对象的运动轨迹，分析运动路径、运动速度、加速度（力或力矩）与时间的关系，用牛顿定律建立运动方程，研究的目标是如何优化运动参数，使其快速、平稳、精确地达到所需位置。因此，这类运动控制问题是分析各种运动轨迹的特征点，寻找其规律性。

第一类运动控制问题的特点是被控对象的空间位置发生变化，位置变化过程中被控对象的速度或加速度发生变化。

典型的第一类运动控制问题如下：

（1）一维运动

一维运动是最简单的运动形式。其基本运动分为直线运动、旋转运动及它们的复合。

例如，一维带电动机驱动的单轴平台或直线滑轨，其运动是在电动机驱动下沿滑轨的左右运动。运动要素是起始位置、终止位置和两点之间的距离。

电动机轴带动叶片的运动是旋转运动的示例，其运动要素是起始角度位、终止角度位和旋转角度。

（2）二维运动

两个一维运动平台垂直地搭接在一起，组成二维运动平台。二维运动平台由两个一维平台构成，每个一维平台是一个坐标轴。通常，与坐标系 $x$ 轴重合的一维平台称为 $x$ 轴，与 $y$ 轴重合的平台称为 $y$ 轴。二维运动轨迹是平面曲线，因此，可将二维运动轨迹转化为平台上的几何曲线进行分析。

二维运动在生产过程中大量存在，例如，物品取放、物品载送和探针定位等运动。

复合运动是两个运动单元运动的复合。实现复合运动时，必须指明两个运动矢量的运动方向和复合因数，并说明复合因数的比例大小。复合运动的缺点是无法完全按照规定的轨迹运行。

当严格按照规定路径运动时，必须采用轮廓线运动控制模式。轮廓线运动控制模式中的轮廓线是规定的运动轨线，也称为样条曲线，它由一系列特征点组成。运动的特点是要求运动时确保经过每个特征点。

除了把平面运动看作一个质点的平面运动外，也可将被控对象看作为一个由一系列质点组成的刚体，整个刚体可以沿某一坐标轴平移，或以某端点为原点做旋转运动。

(3）三维运动

与二维运动类似，可将三维运动作为三维质点运动或三维刚体运动。三维运动是三个一维运动的合成，其运动轨迹是空间曲线。

- 三维质点运动。三维质点运动可分为三类：第一类是空间点对点的移动，例如，直线运动或旋转运动；第二类是复合运动，即在三个坐标轴按一定复合比例进行的复合运动；第三类是空间质点的矢量移动，包括三维质点的复合移动和三维轮廓线的移动。
- 三维刚体运动。被控对象是三维空间的一个刚体，它既可沿各坐标轴移动，也可以各坐标轴为轴心进行旋转运动，因此，空间刚体运动具有6个自由度。通常将6个自由度的状态称为物体的位姿。

一般姿态的描述可用横滚（Roll）、俯仰（Pitch）和侧摆（Yaw）三轴的转角实现。如果$H$表示手坐标系，用以描述手的姿态，则加上手的位置就构成手的位姿。

### 2.1.2 第二类运动控制问题

第二类运动控制问题是由具体的实际生产过程派生而来。这类运动的被控对象是某些特定的物理量，例如，温度、压力及流量等，其控制目标是保持被控的物理量恒定或按规定的规律变化，并将这些要求与电动机的转速建立函数关系。因此，第二类运动控制问题可转化为对电动机驱动速度的实时控制问题。

实际过程中的这类控制问题主要包括对风机、水泵及压缩机等负载的控制问题，由于这些控制具有单向、周期的特点，因此，第二类运动控制问题常转化为单轴运动控制的周期式旋转控制问题。

单轴周期式旋转控制问题的三要素是：开始速度、目标速度和结束速度。例如，梯形速度轮廓线表示速度和时间的关系由三段组成：

1）加速段。从开始速度到恒定速度期间，被控对象按规定的加速度加速。

2）恒速段。被控对象在该段的速度是规定的目标速度。

3）减速段。从恒速开始，以规定的减速度降低被控对象的速度，直到达到结束速度。

可以看到，这类运动控制问题的操纵变量是被控对象的速度、加速度或减速度等，被控变量不是位置，而是过程参数，例如，温度、压力或转矩等。

## 2.2 运动控制系统的基本原理

### 2.2.1 坐标系和坐标变换

#### 1. 坐标系

运动控制系统有三个坐标系统或坐标系。根据PLCopen运动控制规范，可表示为MCS、PCS和ACS。

(1）MCS（Machine Coordinate System，机械坐标系）

它是相对于机械装置的坐标系统。通常是笛卡儿直角坐标系，其原点在固定的机械位置(原点在机械安装时定义)。因此，也称为基准坐标系或基本坐标系。

图2-1是机器人机械坐标系，机器人底座有图示标志。对数控机床或数字加工中心，则以机床原点为坐标系原点，并遵循右手法则建立直角坐标系。图2-2是数控铣床的机械坐标系。

对笛卡儿坐标系的机械装置，MCS 是直角坐标系。右手法则如图 2-3 所示。右手法则是伸出右手的大拇指、食指和中指，组成相互垂直的坐标形状，则大拇指方向对应 $x$ 轴正方向，食指方向对应 $y$ 轴正方向，中指方向对应 $z$ 轴正方向。建立的坐标系也称为右手直角坐标系。

下面以数控机床为例，说明其坐标系。

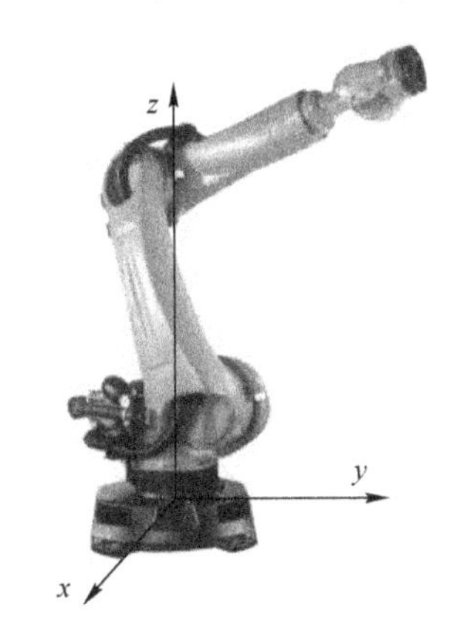


图 2-1　机器人的机械坐标系

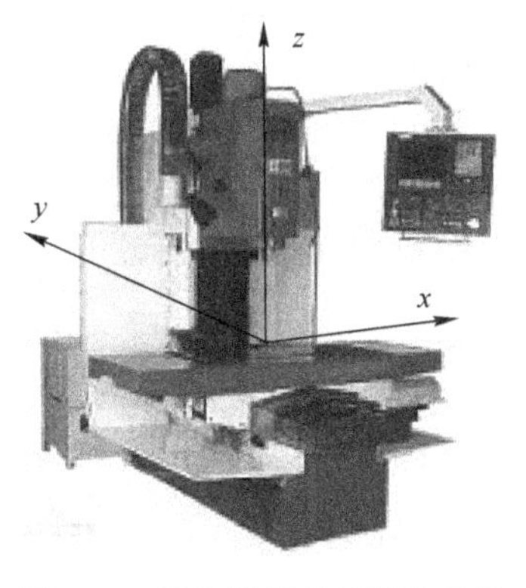


图 2-2　数控铣床的机械坐标系

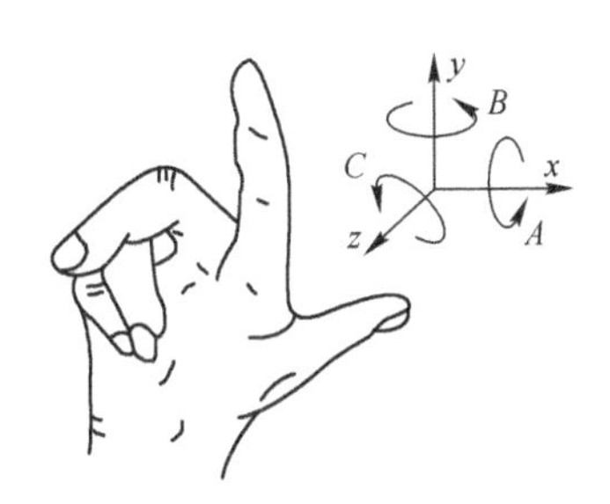


图 2-3　右手法则

机床原点是机床上的固定点，或称为机床零点（原点），它是机床制造商设置的固定物理位置，用于机床与系统的同步，建立测量机床运动坐标的起始点，因此，该点是确定机床参考点的基准。

机床还设置一个机床参考点，它与机床原点之间的相对位置固定，是机床出厂前经精密测量确定的。一般设置在刀具运动的 $x$、$z$ 正向最大极限位置，每次机床通电后，机床进行回零点操作，使刀具运动到机床参考点。因此，通过回零确定机床的零点。

机床 $z$ 坐标通常规定是与主轴轴线平行的标准坐标轴。当有多个主轴或无主轴时，选垂直于装夹面的轴作为主轴，并确定作为坐标系的 $z$ 轴。$z$ 轴正方向是增加刀具与工件直接距离的方向。

对没有回转刀具或工件的机床，机床 $x$ 坐标平行于主切削方向，垂直于 $z$ 轴，并以该方向作为其正方向，通常取水平方向为 $x$ 轴。例如，数控铣床，$z$ 轴为立式，人面向主轴，向右是 $x$ 轴正方向；$z$ 轴为卧式，人面向主轴，向左为 $x$ 轴正方向。对回转工件的机床，机床 $x$ 坐标是径向的，平行于横向滑座，其正方向是刀具离开工件回转中心的方向。

机床 $y$ 坐标的方向根据右手直角坐标系，用右手法则确定。

（2）PCS（Product Coordinate System，产品坐标系）

PCS 也称程序坐标系（Program Coordinate System）或工件坐标系。它是基于 MCS 的系统，通常可通过移位或旋转实现。PCS 的零点是相对于产品的，它在程序运行期间可改变。实际工件必须相对 MCS 有一个旋转或移位，或者甚至可相对移动到 MCS 的坐标系。

PCS（Part program coordinate system，部件程序坐标系）用于德国工业标准 DIN66025 编程语言的几何描述中，在部件程序中的数据组成程序坐标，其例外是直接轴坐标的 G 函数。

WCS（Workpiece coordinate system，工件坐标系）是以工件原点确定的坐标系，它与工件的固定点绑定，通过坐标信息的工件描述与该系统关联。

工件坐标系是为确定工件几何形体上各要素位置设置的坐标系。工件原点位置人为设置，通常是编程时根据工件特别确定，因此，也称为编程原点。

数控机床加工工件的原点一般选在工件右端面、左端面或卡爪的前端与 $z$ 轴的交点，同一工件如果工件原点改变，程序中的坐标尺寸也需随之改变。因此，编程时应先确定编程原点，确定工件坐标系。

在 PCS，通过规定的轨迹，就可独立地描述机械姿态的轨迹。为了在这两个坐标之间（由 MCS 到 PCS，或由 PCS 到 MCS）进行映射，通常可采用直角坐标变换或柱坐标变换。

（3）ACS（Axes Coordinate System，轴坐标系）

它是固定于物理轴（如伺服电动机、液压缸等）上的坐标系，是构成单一驱动器的物理电动机或单轴运动相关的坐标系。它可以是笛卡儿坐标系，也可以是极坐标系或其他坐标系。

每个轴有自己的坐标系。每个轴既可安装在机器机座上，也可安装在另一个轴上。这意味着机器基座或相应的轴组成基础，一个轴的 ACS 是固定在该轴的安装点的。

数控机床中，工具坐标系（Tool Coordinate System，TCS）以工具夹紧点为原点，工具的几何信息与该坐标系有关联，因此，在工具坐标系中规定长度补偿，在笛卡儿坐标系的机器中，$z$ 轴可用于长度补偿。

寻找机床参考点就是使工具中心点（Tool Center Point，TCP）与机床参考点重合，获得工具中心点在机床坐标系中的坐标位置。工具的长度补偿即刀尖相对于该点的长度尺寸，即刀长。实际应用时，用刀库中某把刀作为基准刀具，其他刀具的长度补偿就是相对该基准刀具刀长的长度尺寸。

**2. 坐标变换**

特定空间中的一个点或方位的位置必须相对于坐标系。通过坐标变换，可将该位置变换到另一个坐标系。为便于编程人员的日常使用，这些变换通过功能块内部的程序实现。

坐标变换是指一个坐标系的坐标变换到另一个坐标系的坐标的法则。数控系统中坐标变换的目的是用机床运动轴位置表示工具中心点位置及工具姿态。这样，数控系统可通过控制机床各轴的合成运动完成对工具中心点的位置控制。对机器人系统，则可完成工具中心点的轨迹控制等。通过坐标变换，可将实际运动控制转化为对工具中心点的位置控制。

图 2-4 表示一个二维工件如何在 PCS、MCS 和 ACS 之间进行坐标变换。

图中，动点 $P$ 的位置在 PCS 坐标系统中表示为 $P_{PCS}=(x_{PCS},y_{PCS})$。相对于 MCS 坐标系，它可等效地表示为 $P_{MCS}=(x_{MCS},y_{MCS})$。作为 SCARA 机器人的两个旋转轴，$P$ 点可用轴的转角表示为 $P_{ACS}=(\varphi_1,\varphi_2)$。

$$\begin{pmatrix}\varphi_1\\ \varphi_2\end{pmatrix}\underset{\text{向后运动变换}}{\overset{\text{向前运动变换}}{\substack{\longrightarrow\\ \longleftarrow}}}\begin{pmatrix}x_{MCS}\\ y_{MCS}\end{pmatrix}\underset{\Leftrightarrow}{\text{直角/柱变换}}\begin{pmatrix}x_{PCS}\\ y_{PCS}\end{pmatrix}$$

（1）平移的坐标变换

如图 2-5 所示，手坐标系的坐标下标用 $H$ 表示，基坐标系的坐标下标用 $B$ 表示。设手坐标系 $H$ 与基坐标系 $B$ 具有相同姿态（方位），但两者坐标原点 $O_H$ 和 $O_B$ 不重合。

图中，矢量 $\boldsymbol{r}_0$ 描述 $H$ 坐标系相对基坐标系 $B$ 的位置，称为 $H$ 系相对 $B$ 系的平移矢量。点 $P$ 在 $H$ 系中的位置为 $\boldsymbol{r}$，它相对于 $B$ 系的矢量为 $\boldsymbol{r}_P$，根据矢量相加求得坐标平移变换方程为

$$\boldsymbol{r}_P=\boldsymbol{r}_0+\boldsymbol{r} \tag{2-1}$$

（2）旋转的坐标变换

如图 2-6 所示，设 $H$ 坐标系是从 $B$ 坐标系相重合位置绕 $B$ 坐标系的坐标轴 $z$ 旋转 $\theta_z$ 角，则 $H$ 坐标系的三个单位矢量在 $B$ 坐标系中表示为

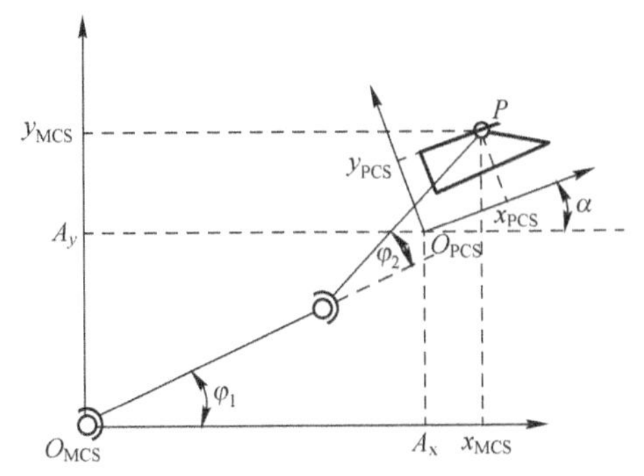

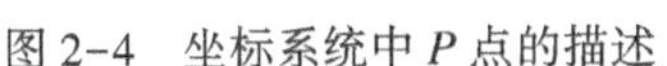

图 2-4　坐标系统中 $P$ 点的描述

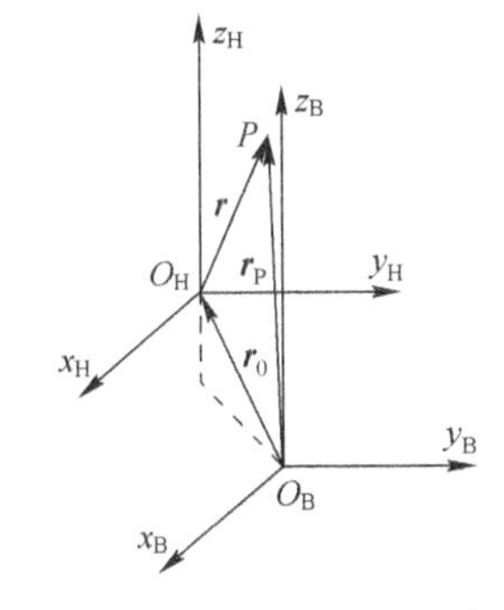


图 2-5　平移的坐标变换

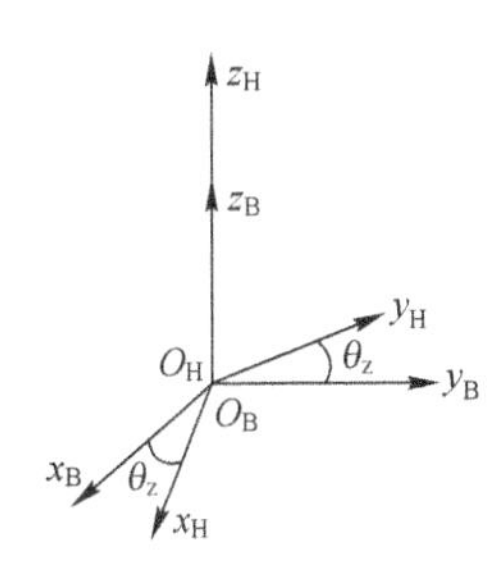


图 2-6　旋转的坐标变换

$$\boldsymbol{H}_x=\begin{pmatrix}\cos\theta_z\\ \sin\theta_z\\ 0\end{pmatrix}\quad \boldsymbol{H}_y=\begin{pmatrix}-\sin\theta_z\\ \cos\theta_z\\ 0\end{pmatrix}\quad \boldsymbol{H}_z=\begin{pmatrix}0\\ 0\\ 1\end{pmatrix} \tag{2-2}$$

用转动矩阵 $\boldsymbol{R}_z$ 表示为实现两个坐标系之间转动关系的矩阵，则 $\boldsymbol{R}_z$ 表示为

$$\boldsymbol{R}_z=\begin{pmatrix}\cos\theta_z & -\sin\theta_z & 0\\ \sin\theta_z & \cos\theta_z & 0\\ 0 & 0 & 1\end{pmatrix} \tag{2-3}$$

同理，对于绕 $x$ 轴旋转 $\theta_x$ 角的转动矩阵 $\boldsymbol{R}_x$ 和绕 $y$ 轴旋转 $\theta_y$ 角的转动矩阵 $\boldsymbol{R}_y$ 分别是

$$\boldsymbol{R}_x=\begin{pmatrix}1 & 0 & 0\\ 0 & \cos\theta_x & \sin\theta_x\\ 0 & -\sin\theta_x & \cos\theta_x\end{pmatrix}\quad \boldsymbol{R}_y=\begin{pmatrix}\cos\theta_y & 0 & -\sin\theta_y\\ 0 & 1 & 0\\ \sin\theta_y & 0 & \cos\theta_y\end{pmatrix} \tag{2-4}$$

（3）复合运动的坐标变换

对任意点 $P$ 在 $B$ 坐标系和 $H$ 坐标系的描述可表示为

$$\begin{pmatrix}\boldsymbol{r}_\mathrm{P}\\ 1\end{pmatrix}=\begin{pmatrix}R & \boldsymbol{r}_0\\ 0 & 1\end{pmatrix}\begin{pmatrix}\boldsymbol{r}\\ 1\end{pmatrix} \tag{2-5}$$

用 $x$、$y$ 和 $z$ 表示 $B$ 坐标系的三个坐标，用 $u$、$v$ 和 $w$ 表示 $H$ 坐标系的三个坐标。上式可表示为

$$\begin{pmatrix}x\\ y\\ z\\ 1\end{pmatrix}=\begin{pmatrix} & \boldsymbol{R} & & a\\ & & & b\\ & & & c\\ 0 & 0 & 0 & 1\end{pmatrix}\begin{pmatrix}u\\ v\\ w\\ 1\end{pmatrix}=\boldsymbol{A}\begin{pmatrix}u\\ v\\ w\\ 1\end{pmatrix} \tag{2-6}$$

式中，$\boldsymbol{A}$ 矩阵称为齐次矩阵；$a$、$b$ 和 $c$ 是 $H$ 坐标系在 $B$ 坐标系三坐标的平移量。

（4）坐标变换的规则

齐次坐标变换的过程可分为两种情况：

- 用描述平移和/或旋转的变换 $\boldsymbol{C}$，左乘一个坐标系的变换 $\boldsymbol{T}$，则产生的平移和/或旋转是相对于静止坐标系进行的。
- 用描述平移和/或旋转的变换 $\boldsymbol{C}$，右乘一个坐标系的变换 $\boldsymbol{T}$，则产生的平移和/或旋转是相对于运动坐标系进行的。

因此，坐标变换的顺序与左乘或右乘齐次变换矩阵有关。

- 如果相对于基坐标系 $B$ 的运动，其相应的齐次变换矩阵 $\boldsymbol{A}$ 左乘原齐次变换矩阵 $\boldsymbol{T}$。
- 如果相对于手坐标系 $H$ 的运动，其相应的齐次变换矩阵 $\boldsymbol{A}$ 右乘原齐次变换矩阵 $\boldsymbol{T}$。

【**例 2-1**】手转动的齐次矩阵 $\boldsymbol{A}$。

手转动可表示为在 $x$ 轴的侧摆转动（$\theta_x$），在 $y$ 轴的俯仰转动（$\theta_y$）和在 $z$ 轴的横滚转动（$\theta_z$），即

$$\boldsymbol{A}=\begin{pmatrix}\cos\theta_z & -\sin\theta_z & 0 & 0\\ \sin\theta_z & \cos\theta_z & 0 & 0\\ 0 & 0 & 1 & 0\\ 0 & 0 & 0 & 1\end{pmatrix}\begin{pmatrix}\cos\theta_y & 0 & \sin\theta_y & 0\\ 0 & 1 & 0 & 0\\ -\sin\theta_y & 0 & \cos\theta_y & 0\\ 0 & 0 & 0 & 1\end{pmatrix}\begin{pmatrix}1 & 0 & 0 & 0\\ 0 & \cos\theta_x & -\sin\theta_x & 0\\ 0 & \sin\theta_x & \cos\theta_x & 0\\ 0 & 0 & 0 & 1\end{pmatrix} \tag{2-7}$$

【**例 2-2**】平面坐标变换的示例。

设 $P$ 点在 MCS 坐标系中的坐标为 $P_{\mathrm{MCS}}=(x_{\mathrm{MCS}},y_{\mathrm{MCS}})$。当坐标系转换至 PCS 坐标系时，坐标为 $P_{\mathrm{PCS}}=(x_{\mathrm{PCS}},y_{\mathrm{PCS}})$。两者之间的关系可表示为

$$x_{\mathrm{MCS}}=x_{\mathrm{PCS}}\cos\alpha-y_{\mathrm{PCS}}\sin\alpha+A_x;\quad y_{\mathrm{MCS}}=x_{\mathrm{PCS}}\sin\alpha+y_{\mathrm{PCS}}\cos\alpha+A_y \tag{2-8}$$

用矩阵形式表示为

$$\begin{pmatrix}x_{\mathrm{MCS}}\\ y_{\mathrm{MCS}}\\ 1\end{pmatrix}=\begin{pmatrix}\cos\alpha & -\sin\alpha & A_x\\ \sin\alpha & \cos\alpha & A_y\\ 0 & 0 & 1\end{pmatrix}\begin{pmatrix}x_{\mathrm{PCS}}\\ y_{\mathrm{PCS}}\\ 1\end{pmatrix} \tag{2-9}$$

式中，$\alpha$ 是坐标系的旋转角；$A_x$、$A_y$是 $x$ 和 $y$ 坐标的平移量。

PLCopen 运动控制规范提供了 ACS、MCS 和 PCS 之间坐标变换的功能块，例如，MC_SetKinTransForm、MC_SetCartesianTransForms 和 MC_SetCoodinateTransForm 等。

### 2.2.2 插补技术

运动系统的轮廓控制是根据已知运动轨迹的起点坐标、终点坐标、曲线类型和走向，由运动控制系统实时计算各中间点的坐标。这个中间点坐标的插入和补充的技术称为插补技术。

插补技术是运动控制器中的一种算法。它是在一条已知起点和终点的曲线之间进行数据密集化的算法。按数学模型，可分为一次（直线）插补、二次（圆弧、抛物线、椭圆、双曲线、二次样条）插补和高次（样条）插补等。按插补方法，可分为脉冲增量插补和数字增量插补。

脉冲增量插补是控制单个脉冲输出规律的插补方法。每输出一个脉冲，移动部件相应移动一定距离（称为脉冲当量）。因此，它也称为行程标量插补。常用的有逐点比较法、数字积分法等。

数字增量插补是在规定时间（称为插补时间）内，计算各坐标方向的增量等数据，伺服系统在下一插补时间内走完插补计算给出的行程。它也称为时间标量插补。

直线插补的原理简单，控制误差容易，通常用曲率圆弧近似估计误差，以计算符合精度要求的插补直线段参数变量。但直线插补生成的逼近曲线不是一阶连续的，在期望精度高的场合生成的插补点数过多，造成数据存储和传输的困难。

圆弧插补可在一定程度上弥补直线插补的不足，可生成一阶几何连续的逼近曲线，生成的插补圆弧段数量较少。但插补圆弧控制误差的计算复杂，难以解析求解出目标曲线与逼近曲线之间距离，需用数值分析方法求解出满足精度要求的插补圆弧参数。

目前，插补一般用软件实现。常用的插补是直线插补和圆弧插补。直线插补算法简单，误差容易控制，通常采用曲率圆弧近似估计误差的方法计算符合精度要求的插补直线段参数变量。但直线插补生成的逼近曲线不连续，精度要求高时插补点数多，因此，数据存储和传输负担大。圆弧插补可生成一阶几何连续的逼近曲线，生成的插补圆弧段数少，但计算圆弧插补的

误差计算较复杂，难以解析求解出目标曲线和逼近曲线之间的距离。

**1. 直线插补**

图 2-7 所示方法是逐点比较的直线插补法。

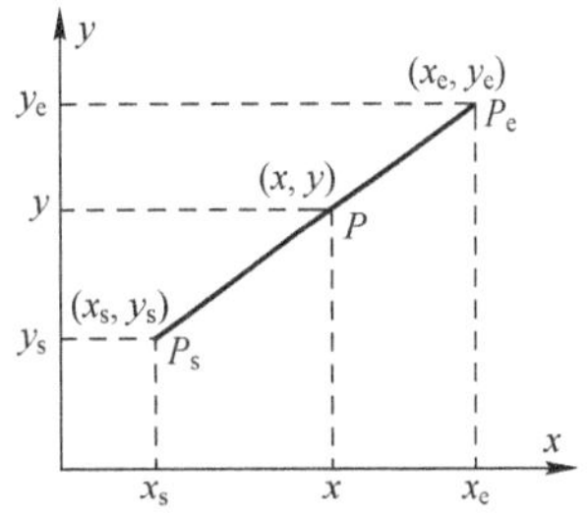

在起点 $P_s(x_s, y_s)$ 和终点 $P_e(x_e, y_e)$ 之间连接直线 $P_sP_e$，确定直线上某插补点 $P$ 的坐标 $(x, y)$。其中，$x \in (x_0, x_1)$。直线插补计算公式如下：

$$y = y_s + \frac{(x-x_s)}{(x_e-x_s)}(y_e-y_s) \tag{2-10}$$

图 2-7　直线插补原理

通常，直线插补步骤分为三步。

(1) 偏差函数构造

一般采用相对位置表示偏差函数。根据相似关系，有

$$\frac{(y-y_s)}{(x-x_s)} = \frac{(y_e-y_s)}{(x_e-x_s)} \tag{2-11}$$

用相对坐标表示，对起点有 $P_s(x_s, y_s) = (0, 0)$，终点有 $P_e(x_e, y_e)$。则某点的斜率等于终点处的斜率，表示该点在直线插补的直线上。如果某点 $(x_i, y_i)$ 的斜率大于终点处的斜率，表示该点在插补直线的上面，反之，如果某点的斜率小于终点处的斜率，表示该点在插补直线的下面。因此，构造偏差函数 $F_i$ 如下：

$$F_i = y_i x_e - y_e x_i \tag{2-12}$$

- 如果 $F_i = 0$ 表示插补点在插补的直线上。
- 如果 $F_i > 0$ 表示插补点在插补直线上面。
- 如果 $F_i < 0$ 表示插补点在插补直线下面。

(2) 偏差函数递推计算

它是从当前点向下一点运动时，如何计算下一点位置的算法。

- 如果 $F_i \geqslant 0$，规定向 $x$+方向前进一步。计算公式如下：

$$x_{i+1} = x_i + 1 \quad y_{i+1} = y_i \quad F_{i+1} = x_e y_i - y_e(x_i+1) = F_i - y_e \tag{2-13}$$

- 如果 $F_i < 0$，规定向 $y$+方向前进一步。计算公式如下：

$$x_{i+1} = x_i \quad y_{i+1} = y_i + 1 \quad F_{i+1} = x_e(y_i+1) - y_e x_i = F_i + x_e \tag{2-14}$$

(3) 终点判别

有三种方法进行终点判别：插补总步数；分别判别各子坐标插补步数；仅判别插补步数多的那一个坐标轴。

**2. 圆弧插补**

图 2-8 所示的方法是逐点比较的圆弧插补法。圆弧插补针对多轴运动，其实质是用弦进给代替弧进给。它分为顺（时针）圆弧插补和逆（时针）圆弧插补。

以第一象限逆时针圆弧 $\widehat{AB}$ 为例，圆弧的圆心在原点，圆弧半径 $R$，起点 $P_s(x_s, y_s)$，对圆弧上任一加工点 $P(x_i, y_i)$，它与圆心的距离 $R_P$ 满足

$$R_P^2 = x_i^2 + y_i^2 \tag{2-15}$$

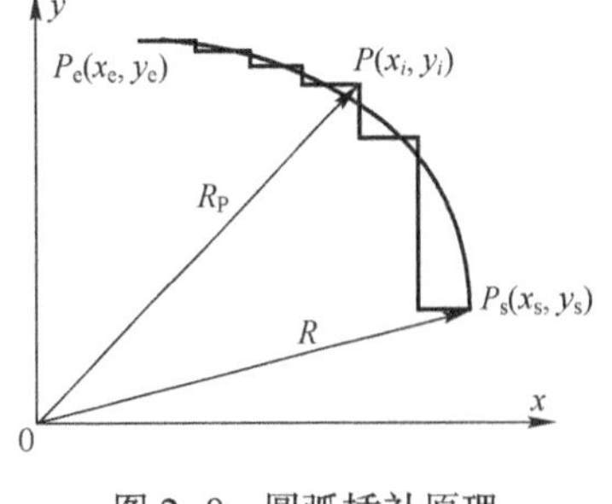


图 2-8　圆弧插补原理

如果插补点 $P$ 正好在圆弧上，则有

$$R_P^2 = x_i^2 + y_i^2 = x_s^2 + y_s^2 = R^2 \tag{2-16}$$

与直线插补类似，圆弧插补步骤也分为三步。

（1）偏差函数构造

构造偏差函数 $F_i$ 如下：

$$F_i=(x_i^2-x_s^2)+(y_i^2-y_s^2) \tag{2-17}$$

（2）偏差函数递推计算

对逆圆弧插补，偏差函数递推计算如下：

- 如果 $F_i\geqslant 0$，规定向 $x$-方向前进一步。计算公式为

$$x_{i+1}=x_i-1 \quad y_{i+1}=y_i \quad F_{i+1}=(x_i-1)^2+y_i^2-R^2=F_i-2x_i+1 \tag{2-18}$$

- 如果 $F_i<0$，规定向 $y$+方向前进一步。即计算公式如下：

$$x_{i+1}=x_i \quad y_{i+1}=y_i+1 \quad F_{i+1}=x_i^2+(y_i+1)^2-R^2=F_i+2y_i+1 \tag{2-19}$$

对顺圆弧插补，偏差函数递推计算如下：

- 如果 $F_i\geqslant 0$，规定向 $y$-方向前进一步。计算公式为

$$x_{i+1}=x_i \quad y_{i+1}=y_i-1 \quad F_{i+1}=x_i^2+(y_i-1)^2-R^2=F_i-2y_i+1 \tag{2-20}$$

- 如果 $F_i<0$，规定向 $x$+方向前进一步。计算公式为

$$x_{i+1}=x_i+1 \quad y_{i+1}=y_i \quad F_{i+1}=(x_i+1)^2+y_i^2-R^2=F_i+2x_i+1 \tag{2-21}$$

（3）终点判别

圆弧插补的终点判别有两种方法：

- 判别插补总步数。插补总步数计算公式为

$$\sum=|x_e-x_s|+|y_e-y_s| \tag{2-22}$$

- 分别判别各坐标轴的插补步数，计算公式为

$$\begin{aligned}\sum\nolimits_x&=|x_e-x_s|\\ \sum\nolimits_y&=|y_e-y_s|\end{aligned} \tag{2-23}$$

**3. 样条插补**

常用的样条曲线是三次 B 样条曲线和三次非均匀有理 B 样条曲线（NURBS 曲线）。

样条曲线是用多项式曲线段连接而成的曲线。每段曲线边界处满足特定的连续条件，其形状由一组控制点决定。

样条曲线可精确地表示解析曲线和自由曲线，数控技术中，为加工复杂的流线型覆盖件，例如，飞机机翼和成形模具等需要高精度的数控加工。采用传统曲面数控加工技术不仅处理数据量大，而且加工效率不高。因此，1991 年国际标准化组织规定数控系统数据标准作为工业产品模型数据交换标准，成为定义工业产品几何形状的唯一数学方法。按数控系统数据标准 ISO 14649，样条曲线插补是将符合三维几何模型加工信息直接作为数控系统输入，即直接对参数曲线进行插补。

（1）B 样条函数

B 样条即基本样条（Basic spline）。1946 年由舍恩贝格（Schoenberg）提出，并在 1972 年由德布尔和考克斯（deBoor-Cox）分别独立给出 B 样条计算的标准算法。理论上常采用截尾幂函数的差商定义 B 样条曲线，实际应用则常采用 B 样条的递推定义。

B 样条曲线采用控制顶点来定义曲线。曲线方程可描述为

$$P(u)=\sum_{i=0}^{n}P_iN_{i,k}(u) \tag{2-24}$$

$$N_{i,k}(u)=\frac{1}{n!}\sum_{j=0}^{k-i}(-1)^jC_{k+1}^j(u+k-i-j)^k \tag{2-25}$$

式中，$P_i(i=0,1,\cdots,n)$ 是控制多边形的顶点；$N_{i,k(u)}(i=0,1,\cdots,n)$ 是 $k$ 阶（$k$-1 次）B 样条基

函数。其中，每一个 $k$ 次规范 B 样条基函数称为规范 B 样条，或简称 B 样条。由于它由非递减节点矢量 $\boldsymbol{u}$ 的序列 $T$：$u_0 \leqslant u_1 \leqslant \cdots \leqslant u_{n+k}$ 所决定的 $k$ 阶分段多项式，因此，称为 $k-1$ 次多项式样条。

根据德布尔-考克斯的递推公式，曲线方程可写为

$$N_{i,1}(i)=\begin{cases}1, & u_i \leqslant u \leqslant u_{i+1} \\ 0, & u<u_i \text{ 或 } u>u_{i+1}\end{cases} \tag{2-26}$$

$$N_{i,K}(u)=\frac{u-u_i}{u_{i+k-1}-u_i}N_{i,K-1}(u)+\frac{u_{i+k}-u}{u_{i+k}-u_{i+1}}N_{i+1,K-1}(u), k \geqslant 2 \tag{2-27}$$

式中，规定$\frac{0}{0}=0$。$N_{i,k}(u)$的下标 $i$ 表示序号，$k$ 表示次数。

（2）三次非均匀有理 B 样条函数

三次非均匀有理 B 样条（Non-Uniform Rational B-Spline，NURBS）函数描述为

$$P(\boldsymbol{u})=\frac{\sum_{i=0}^{3} w_i d_i N_{i,3}(\boldsymbol{u})}{\sum_{i=0}^{3} w_i N_{i,3}(\boldsymbol{u})}=\frac{\boldsymbol{P}_1\boldsymbol{u}^3+\boldsymbol{P}_2\boldsymbol{u}^2+\boldsymbol{P}_3\boldsymbol{u}+\boldsymbol{P}_4}{\boldsymbol{Q}_0 u^3+\boldsymbol{Q}_1\boldsymbol{u}^2+\boldsymbol{Q}_2\boldsymbol{u}+\boldsymbol{Q}_3} \tag{2-28}$$

式中，$w_i(i=0,1,\cdots,n)$是权因子，分别与控制顶点 $d_i(i=0,1,\cdots,n)$相联系，$N_{i,k}(t)$是节点矢量 $\boldsymbol{u}=[u_0,u_1,\cdots,u_{n+k+1}]$按递推公式确定的 $k$ 次规范 B 样条基函数。$P_3$、$P_2$、$P_1$和 $P_0$是分子系数矢量；$Q_3$、$Q_2$、$Q_1$和 $Q_0$是分母系数。B 样条基函数的递推公式见式（2-26）和式（2-27）。

上述计算公式中各项系数矢量和系数随插补点位置的改变而不同，因此，样条曲线插补是变系数三次曲线插补。

PLCopen 运动控制规范提供了直线插补和圆弧插补功能块。例如，MC_MoveLinearAbsolute、MC_MoveCircularAbsolute 等。一些制造商还可提供规定的多项式插补功能块。

### 2.2.3 S 轮廓曲线和配置文件

在运动控制中，由于高速运动，进给速度很快，微小线性运动容易在运动路径产生过冲，导致运动误差。为此，要限制加速度减少轨迹误差。为避免对各坐标轴产生冲击、失步、超程和振荡，使运动部件平稳和准确定位，要进行加减速控制，使进给速度平滑过渡。

在运动控制系统中，常用加减速控制算法有直线、三角函数、指数、抛物线以及 S 曲线加减速等算法。

**1. 直线加减速控制算法**

（1）三角形速度轮廓曲线控制算法

三角形速度轮廓曲线控制算法也称为无速度限制的直线加减速控制算法。如图 2-9 所示，在 $0\sim t_1$时间段，运动部件以固定的加速度 $a$ 加速，然后，以固定的减速度 $d$ 减速直到达到规定的位置 $s_f$。

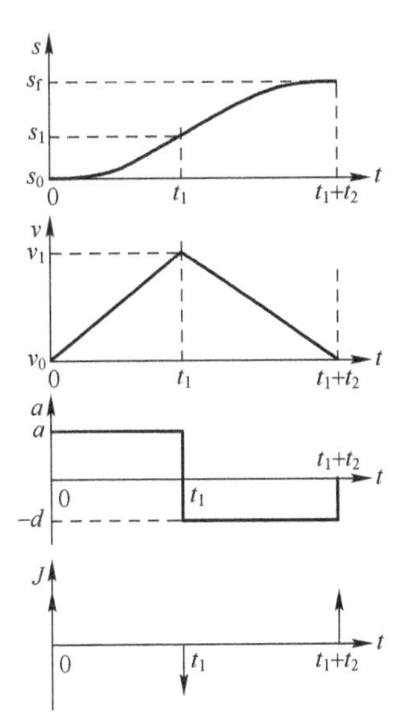

图 2-9　三角形速度轮廓线

图中，自上到下的纵坐标分别是位置 $s$、速度 $v$、加速度 $a$ 和加速度变化率 $J$。

表 2-1 列出了运动学基本公式。

表 2-1 运动学基本公式

| 匀速度 | 匀加速度 |
|---|---|
| $v=\frac{\Delta s}{\Delta t}$ | $a=\frac{\Delta v}{\Delta t}$ |
| — | $v_t=v_0+at$ |
| — | $\Delta s=s-s_0=\frac{1}{2}(v_0+v_t)t=v_0t+\frac{1}{2}at^2$ |
| — | $v_t^2=v_0^2+2a\Delta s$ |

对匀加速度变化率，有

$$J=\frac{\Delta a}{\Delta t} \tag{2-29}$$

$J$（Jerk）也称为加加速度，它是加速度的变化率。

根据表 2-1，由于 $v_0=0$，$s_0=0$，因此可得

$$v_1=v_0+at_1=at_1 \quad 0=v_1-dt_2$$

$$s_1=s_0+v_0t_1+\frac{1}{2}at_1^2 \quad s_f=s_1+v_1t_2-\frac{1}{2}dt_2^2$$

或

$$t_2=\frac{a}{d}t_1 \quad s_f=\frac{1}{2}at_1^2\left(1+\frac{a}{d}\right)$$

因此，根据所需的距离 $s_f$、$a$ 和 $d$，求出时间：

$$t_1=\sqrt{\frac{2s_f}{a\left(1+\frac{a}{d}\right)}} \quad t_2=\frac{a}{d}\sqrt{\frac{2s_f}{a\left(1+\frac{a}{d}\right)}} \tag{2-30}$$

（2）梯形速度轮廓曲线的控制算法

上述加减速控制算法中，对速度没有限制，因此，当所需移动的距离较大时，速度可能超过允许的速度限，为此，设置最大速度 $v_{max}$，即当速度加速到等于该限值时，以该限制速度进行匀速运动。图 2-10 是其速度轮廓曲线。图中，$v_1=v_{max}$。由于运动部件达到最大允许速度后，不能再以规定的加速度加速，而是匀速移动，因此，运动的时间要增加。图中，运动的时间段分为加速段、匀速段和减速段，运动的时间分别是 $t_1$、$t_2$ 和 $t_3$。

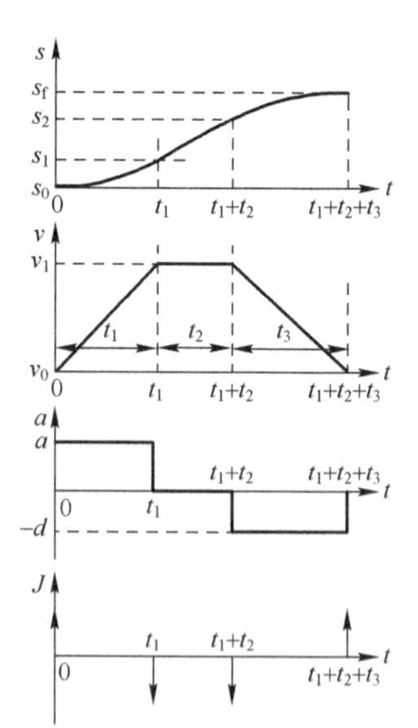

图 2-10 梯形速度轮廓曲线

根据已知的最大速度 $v_{max}$，确定加速段时间 $t_1$：

$$t_1=\frac{v_1}{a} \tag{2-31}$$

由于减速段初始速度等于最大速度，确定减速段时间 $t_3$：

$$t_3=\frac{v_1}{d} \tag{2-32}$$

加速段和减速段移动的距离分别是

$$s_1-s_0=\frac{1}{2}at_1^2=\frac{1}{2}\frac{v_1^2}{a} \quad s_f-s_2=\frac{1}{2}dt_3^2=\frac{1}{2}\frac{v_1^2}{d} \tag{2-33}$$

因此，匀速段移动的距离是 $s_2-s_1=s_f-\frac{1}{2}\frac{v_1^2}{a}-\frac{1}{2}\frac{v_1^2}{d}$

匀速段时间 $t_2$：

$$t_2=\frac{s_f}{v_1}-\frac{1}{2}\frac{v_1}{a}-\frac{1}{2}\frac{v_1}{d} \tag{2-34}$$

**【例 2-3】** 根据所需移动距离 $s_f=1000\text{u}$，$v_1=100\ \text{u/s}$，$a=100\ \text{u/s}^2$，$d=100\ \text{u/s}^2$。确定移动的总时间。

根据式（2-31）~式（2-34），得 $t_1=1\ \text{s}$，$t_3=1\ \text{s}$，$t_2=9\ \text{s}$，因此，移动总时间 $t=t_1+t_3+t_2=11\ \text{s}$。

计算过程需有工程单位，根据运动控制规范，不同制造商可规定其长度和时间的单位。

这类梯形速度轮廓曲线在实际应用中较多见。它的速度限值保证了运动系统的安全性。

（3）梯形加速度轮廓线控制算法

由于梯形速度轮廓线控制算法存在加速度和减速度的跳变，造成运动控制系统的不平稳，为此，可设置加速度和减速度限值，即加速度和减速度轮廓曲线是梯形曲线。

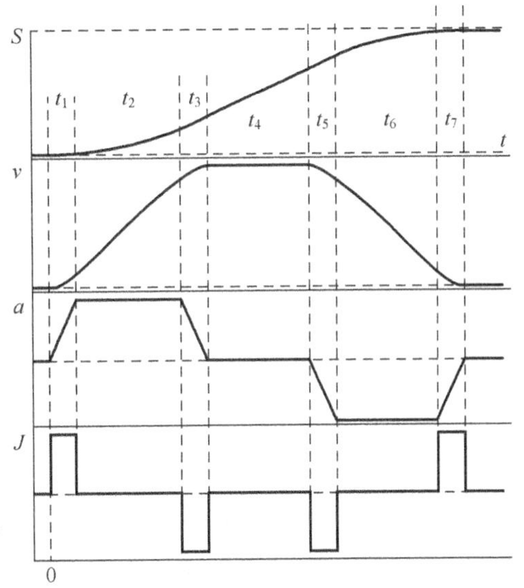

图 2-11　梯形加速度轮廓线

图 2-11 显示了梯形加速度轮廓线。如图示，速度轮廓线分为 7 段，分别是加加速段Ⅰ、匀加速段Ⅱ、减加速段Ⅲ、匀速段Ⅳ、加减速段Ⅴ、匀减速段Ⅵ和减减速段Ⅶ，各段运动所需时间分别是 $t_1\sim t_7$。

假设，加速度 $a$ 与减速度 $d$ 有相同数值，电动机从 0 加速到最大值 $a_{max}$ 所需时间与从最大值 $a_{max}$ 减到 0 的时间相同，这个值称为电动机的特征时间常数 $t_m$。一般情况取值为

$$t_m=\frac{v_{max}}{2a_{max}} \tag{2-35}$$

$t_m$ 的值大，表示电动机的柔性大，加减速时间长；$t_m$ 的值小，则冲击大，加减速时间短；$t_m=0$，S 曲线退化为直线；$t_m=\frac{v_{max}}{a_{max}}$，S 曲线中间的匀加速段和匀减速段消失。在设置 $J$ 时需考虑与 $t_m$ 的关系。

根据假设条件，有 $t_1=t_3=t_5=t_7=t_m=\frac{v_{max}}{2a_{max}}$

加加速度变化率的数值在加加速和加减速、减加速、减减速段的值是相同的，仅符号不同。因此，用表 2-2 表示不同速度段的加速度和减速度等数值。

**表 2-2　梯形加速度轮廓线的各段数值**

| 段名 | 加加速段Ⅰ | 匀加速段Ⅱ | 减加速段Ⅲ | 匀速段Ⅳ |
|---|---|---|---|---|
| 时间 | $t_1$ | $t_2$ | $t_3$ | $t_4$ |
| $J$ | $J_1$ | 0 | $-J_1$ | 0 |
| $a$ | $J_1t$ | $J_1t_1$ | $J_1(t_1-t)$ | 0 |

（续）

| 段名 | 加加速段Ⅰ | 匀加速段Ⅱ | 减加速段Ⅲ | 匀速段Ⅳ |
|---|---|---|---|---|
| 时间 | $t_1$ | $t_2$ | $t_3$ | $t_4$ |
| $v$ | $v_0+0.5J_1t^2$ | $v_1+J_1t_1t$ | $v_2+J_1t_1t-0.5Jt^2$ | $v_3$ |
| $s$ | $v_0t+\frac{1}{6}J_1t^3$ | $s_1+v_1t_2+\frac{1}{2}J_1t_1t^2$ | $s_2+v_2t+\frac{1}{2}J_1t_1t^2-\frac{1}{6}J_1t^3$ | $s_3+v_3t$ |
| $s_\text{i}$ | $s_1=v_0t_1+\frac{1}{6}J_1t_1^3$ | $s_2=s_1+v_1t_2+\frac{1}{2}J_1t_1t_2^2$ | $s_3=s_2+v_2t_1+\frac{1}{3}J_1t_1^3$ | $s_4=s_3+v_3t_4$ |
| $v_\text{i}$ | $v_1=v_0+\frac{1}{2}J_1t_1^2$ | $v_2=v_1+J_1t_1t_2$ | $v_3=v_2+\frac{1}{2}J_1t_1^2$ | $v_4=v_3$ |
| 段名 | 加减速段Ⅴ | 匀减速段Ⅵ | 减减速段Ⅶ | |
| 时间 | $t_5$ | $t_6$ | $t_7$ | |
| $J$ | $-J_1$ | 0 | $J_1$ | |
| $a$ | $-J_1t$ | $-J_1t_5$ | $J_1(t_5-t)$ | |
| $v$ | $v_4-0.5Jt^2$ | $v_5-J_1t_5t$ | $v_6-J_1t_5t-0.5Jt^2$ | |
| $s$ | $s_4+v_4t-\frac{1}{6}J_1t^3$ | $s_5+v_5t-\frac{1}{2}J_1t_5t^2$ | $s_6+v_6t-\frac{1}{2}J_1t_5t^2+\frac{1}{6}J_1t^3$ | |
| $s_\text{i}$ | $s_5=s_4+v_4t_5-\frac{1}{6}J_1t_5^3$ | $s_6=s_5+v_5t_6-\frac{1}{2}J_1t_5t_6^2$ | $s_7=s_6+v_6t_5-\frac{1}{3}J_1t_5^3$ | |
| $v_\text{i}$ | $v_5=v_4-\frac{1}{2}J_1t_5^2$ | $v_6=v_5-J_1t_5t_6$ | $v_7=v_6-\frac{1}{2}J_1t_5^2$ | |

注：1. 公式中的 $t$ 是该时间段的相对时间，它是该时间绝对值减该时间段初始处的时间，例如，第三段的时间 $t$ 表示实际绝对时间减$(t_1+t_2)$。

2. 速度初始值为 $v_0$，表示运动部件的初始速度。

3. $s_i$和 $v_i$分别是该时间段 $i$ 在该时间段终点处的距离和速度。

4. $t_1$～ $t_7$分别是各时间段的持续时间，某时间段的 $t$ 的服务是 0 至该时间段的持续时间。例如，第三段的时间 $t$ 从 0 改变到 $t_3$。

根据表 2-2，可确定各段的时间：

$$t_1=t_3=t_5=t_7=\frac{a_{\max}}{J_1} \tag{2-36}$$

$$t_2=\frac{v_{\max}-v_0}{a_{\max}}-t_1 \quad t_6=\frac{v_{\max}-v_e}{a_{\max}}-t_5 \tag{2-37}$$

$$t_4=\frac{1}{v_{\max}}\{s_\text{f}-v_0(2t_1+t_2)-\frac{1}{2}J_1t_1(2t_1^2+3t_1t_2+t_2^2)-v_3(2t_5+t_6)+\frac{1}{2}J_1t_5(2t_5^2+3t_5t_6+t_6^2)\} \tag{2-38}$$

满足式（2-36）条件且初始速度 $v_0$和终止速度 $v_e$为 0 时，式（2-38）可简化为

$$t_4=\frac{s_\text{f}}{v_{\max}}-\frac{v_{\max}}{a_{\max}}-t_1 \tag{2-39}$$

在运动控制功能块中，如果已知所需移动的距离 $s_\text{f}$、速度 $v$（作为最大速度 $v_{\max}$）、加速度 $a$（作为最大加速度 $a_{\max}$）和加加速度 $J$（作为上面公式中的加加速度 $J_1$），则该运动控制轮廓线各时间段的时间和轮廓线的形状都可根据上述各式和表 2-2 的计算公式确定。

这种轮廓线由两段 S 形状速度曲线与中间的匀速直线组成，被称为部分 S 曲线（Partial S Curve）。如果 $t_4=0$，表示整个运动轨迹没有匀速段。这种轮廓线称为全 S 曲线（Full S Curve）。

**2. 配置文件**

为了使运动速度、加速度和加加速度都是连续的，可采用一些三角函数。例如，$v(t)=1-\cos(\pi t)$，则 $a=\pi\sin(\pi t)$，$J=\pi^2\sin(\pi t)$ $(0\leqslant t\leqslant 1)$。这表明，其速度、加速度和加加速度都是连续的。此外，也可用高阶多项式插值方法获得连续的速度、加速度和加加速度。当知道点到点运动的起点、终点位置和运动时间，并有起点处的加速度和加加速度为零，就可唯一确定一个 5 次多项式。

例如，运动时间为 1，起点位置为 0，终点位置为 1，则因起点和终点的速度和加速度都为 0，可用下列多项式确定其位置 $s$、速度 $v$、加速度 $a$ 和加加速度 $J$：

$$s(t)=6t^5-15t^4+10t^3$$
$$v(t)=30t^4-60t^3+30t^2$$
$$a(t)=120t^3-180t^2+60t$$
$$J(t)=360t^2-360t+60$$
$$(0\leqslant t\leqslant 1)$$

其位置 $s$、速度 $v$、加速度 $a$ 和加加速度 $J$ 的轮廓曲线如图 2-12 所示。

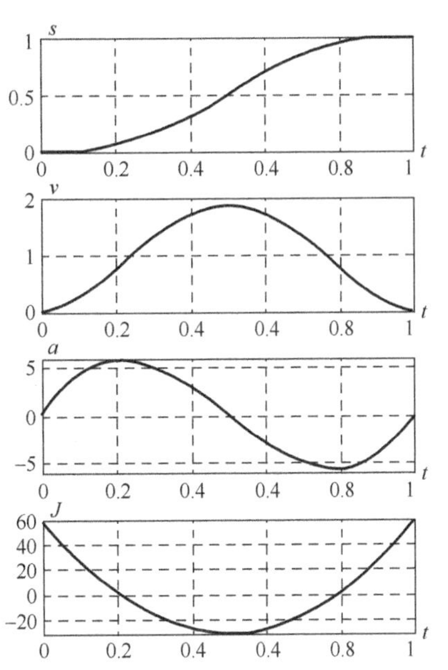

图 2-12　位置、速度、加速度和加加速度曲线

PLCopen 运动控制规范的第一部分提供配置文件的功能块，用于对位置、速度和加速度的轮廓线进行配置。它也提供了负载的轮廓线配置文件。

配置文件用于描述它们与时间的关系。例如，位置配置文件功能块 MC_PositionProfile 由下列两部分组成。数据类型声明 MC_TP 和配置数据声明 MC_TP_REF。

（1）数据类型声明

MC_PositionProfile 配置文件的数据类型的类型化声明如下：

```
TYPE   MC_TP
     STRUCT
          Delta_time   :TIME;   Position   :REAL;
     END_STRUCT
END_TYPE
```

类型化声明规定 Delta_time 是时间数据类型，用于表示时间间隔；Position 是实数数据类型，用于表示对应的位置。如图 2-13 所示和表 2-3 所示。

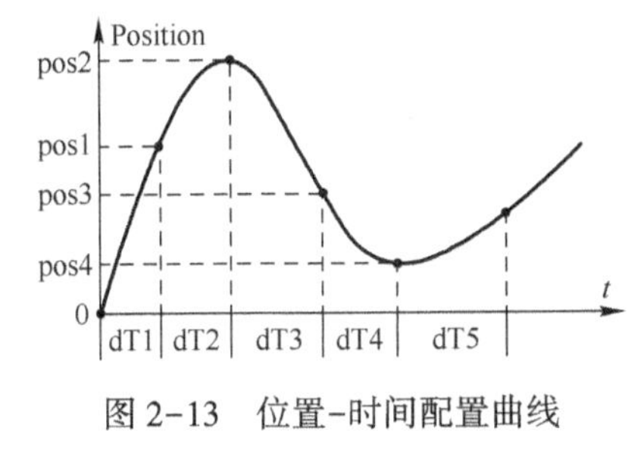

图 2-13　位置-时间配置曲线

**表 2-3　时间-位置配置表**

| Delta_Time | Position |
|---|---|
| dT1 | Pos1 |
| dT2 | Pos2 |
| dT3 | Pos3 |
| dT4 | Pos4 |
| dT5 | Pos5 |

（2）配置数据声明

MC_PositionProfile 配置文件 MC_TP_REF 的配置数据可声明如下：

```
TYPE   MC_TP_REF
    STRUCT
        Numberofpairs       :WORD;
        IsAbsolute   :BOOL;
        MC_TP_Array      :ARRAY[ 1..Numberofpairs]   of   MC_TP;   // MC_TP 组成的数组
                                                                    // 数据
    END_STRUCT
END_TYPE
```

声明中的 Numberofpairs 是数据对的对数，用 WORD 数据类型；IsAbsolute 是声明位置数据是绝对位置还是相对位置，1 表示绝对位置，0 表示相对位置；MC_TP_Array 是用 MC_TP 表示的数组数据。

图 2-13 表示位置配置文件中的数据与位置直接的对应关系。

需注意，时间是每个配置点之间的时间间隔，位置则根据是绝对位置还是相对位置确定。图中采用的位置是绝对位置。

类似地，对速度、加速度和负载（力矩），也有相应的配置文件功能块及对应的数据类型。

例如，MC_VelocityProfile 速度配置文件的数据类型用 MC_TV，其声明如下：

```
TYPE   MC_TV
    STRUCT
        Delta_time   :TIME      ;Velocity   :REAL;
    END_STRUCT
END_TYPE
```

MC_VelocityProfile 速度配置文件的配置数据声明如下：

```
TYPE   MC_TV_REF
    STRUCT
        Numberofpairs            :WORD;
        IsAbsolute   :BOOL;
        MC_TV_Array              :ARRAY[ 1..Numberofpairs]   of   MC_TV;
    END_STRUCT
END_TYPE
```

**3. 速度前瞻控制算法**

高速运动控制中，为避免运动过程出现停顿，必须监视待运动轨迹，提前对各联动轴进行加速度分析和减速区域判别，实现程序转折或减速点处的平滑过渡，避免冲击。

为此，通常在控制器设置缓冲区域，在程序执行时，先对后续程序进行运算处理，运算结果存缓冲区，一旦本次程序完成，可立刻执行后续程序，使程序等待时间减至最小。

速度前瞻控制（预控制）是在高速运动控制时，预先计算后续程序中的进给率和加、减速度，确定其运动的几何轨线，减小运动轨线误差的控制算法。它是通过提前检查运动过程中某一特定时间段的数据，验证运动轨线是否有偏离，从而及时进行修正的算法，修正是通过改变进给率等参数实现的。

（1）速度和加速度限制

限制各运动轴在其坐标轴的最大加速度 $a_{max}$ 和最大进给速度 $v_{max}$，确定其稳定运动的速度 $v$。当某轴的速度分量超过其允许的速度，则该轴速度分量将限制在其允许的速度，使稳定的允许速度由新合成的速度代替，而其他轴的速度分量也需相应改变。

加加速度（也称为冲击）$J$ 描述设备相应速度与运行平稳性的关系，如果各轴最大速度的最小值是最大合成速度，则联动各轴不能发挥最大能力。通常，最大合成速度和最大合成加速度可如下选择：

$$v_{max}=\min\left(\frac{v_{i,max}}{k_i}\right),\qquad a_{max}=\min\left(\frac{a_{i,max}}{k_i}\right) \tag{2-40}$$

式中，$v_{i,max}$是各轴的最大速度；$a_{i,max}$是各轴的最大加速度；$k_i$是各轴的比例系数。

（2）速度优化

相邻程序段之间的过渡速度应该连续变化，但相邻两线性程序段的合成速度在方向上和大小上都有改变，因此，需要对相邻程序段的转接处进行速度平滑处理，以满足准确度需求。

PLCopen 运动控制规范提供了各程序段之间的不同混成模式，可供用户选择。对不同的混成模式，规范还规定了过渡模式。例如，mcTMNone、mcTMMaxVelocity、mcTMdefineVelocity、mcTMCornerDistance 和 mcTMMaxCornerDiviation 等。

## 2.2.4 位置运动学和动力学方程

### 1. 位置运动学

机械运动是广义运动，它是一种最简单的基本运动。机械运动指物体位置的改变，它与物体本身的物理性质和加在物体上的力无关。

位置运动学研究运动的几何学，不考虑运动的时间。速度运动学则研究运动几何学和运动时间的关系。

位置运动学分为运动学正问题和运动学逆问题。

（1）运动学正问题

实现从机器人的 $H$ 系到固定 $B$ 系的坐标变换称为机器人运动学的正问题。对机器人，运动学正问题描述为已知机器人杆件的几何参数和关节变量，求末端执行器相对机械坐标系的位置和姿态。

1）杆件几何参数。图 2-14 是相邻关节坐标系间关系的描述。

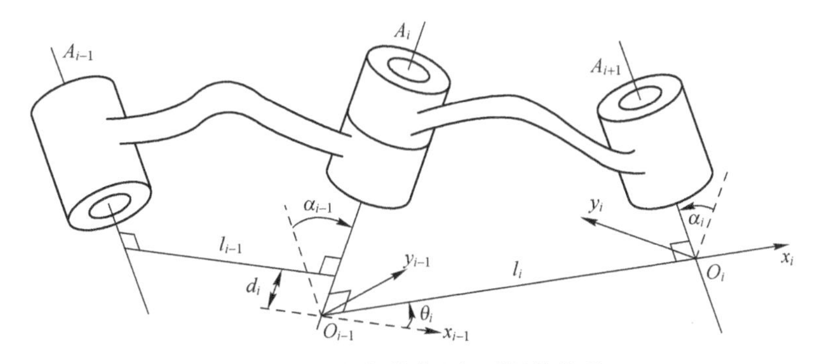


图 2-14　相邻关节坐标系间的关系

图中，$l_{i-1}$是关节 $A_{i-1}$与相邻关节 $A_i$之间的杆长，它与两个轴线相互垂直。同样，$l_i$是关节 $A_i$与相邻关节 $A_{i+1}$之间的杆长。各轴的 $z$ 坐标与轴线一致，按右手法则旋转方向，转角 $\theta_i$为关节变量。通常，它的 $x$ 坐标方向与杆长方向一致，$y$ 坐标的方向根据右手法则确定。

$z$ 轴坐标的确定。对旋转轴，$z$ 坐标与轴线一致，按右手法则旋转方向。对直线移动情况，$z$ 轴沿直线移动的方向作为该轴的方向。

$x$ 轴坐标的确定。分三种情况：

- 如果前后两个关节的 $z$ 轴既不平行也不相交的情况，取两个 $z$ 轴的公垂线方向作为 $x$ 轴的方向，根据右手法则确定其正方向。
- 当两个 $z$ 轴平行时，由于有无穷多条公垂线，因此，可选用与上一关节的公垂线共线的

一条公垂线作为 $x$ 轴的方向。

- 当两个 $z$ 轴相交时，可取两个 $z$ 轴的叉积方向作为 $x$ 轴的方向。

$y$ 轴坐标的确定。$y$ 坐标的方向根据右手法则确定。即 $x$ 和 $z$ 轴的叉积方向作为 $y$ 轴的方向。

2）相邻坐标系之间关系如下：

- 将 $x_{i-1}$ 轴绕 $z_{i-1}$ 轴转 $\theta_{i-1}$ 角度（称为旋转角，作为关节变量），将其与下一个轴的 $x_i$ 轴平行。
- 沿 $z_{i-1}$ 轴平移 $d_i$ 距离（称为关节偏移），使与下一个轴的 $x_i$ 轴重合。
- 沿 $x_i$ 轴平移距离 $l_i$（称为连杆长度），使两个坐标系原点重合，使 $x$ 轴重合。
- 绕 $x_i$ 轴转 $\alpha_i$ 角度（称为关节扭转，作为关节变量），则两个坐标系完全重合。

3）建立 D-H 方程。根据迪纳维特（Denavit）和哈坦伯格（Hartenberg）方程确定相邻关节的变换矩阵。

根据关节 $A_{i-1}$ 和 $A_i$ 之间的相邻参数，可确定 D-H 矩阵如下：

$$^{i-1}\boldsymbol{A}_i=\begin{pmatrix}\cos\theta_i & -\sin\theta_i & 0 & 0\\ \sin\theta_i & \cos\theta_i & 0 & 0\\ 0 & 0 & 1 & 0\\ 0 & 0 & 0 & 1\end{pmatrix}\begin{pmatrix}1 & 0 & 0 & 0\\ 0 & 1 & 0 & 0\\ 0 & 0 & 1 & d_i\\ 0 & 0 & 0 & 1\end{pmatrix}\begin{pmatrix}1 & 0 & 0 & l_i\\ 0 & 1 & 0 & 0\\ 0 & 0 & 1 & 0\\ 0 & 0 & 0 & 1\end{pmatrix}\begin{pmatrix}1 & 0 & 0 & 0\\ 0 & \cos\alpha_i & -\sin\alpha_i & 0\\ 0 & \sin\alpha_i & \cos\alpha_i & 0\\ 0 & 0 & 0 & 1\end{pmatrix}$$

因此，求得从第 $i-1$ 关节到第 $i$ 关节的变换矩阵为

$$^{i-1}\boldsymbol{A}_i=\begin{pmatrix}\cos\theta_i & -\cos\alpha_i\sin\theta_i & \sin\alpha_i\sin\theta_i & l_i\cos\theta_i\\ \sin\theta_i & \cos\alpha_i\cos\theta_i & -\sin\alpha_i\sin\theta_i & l_i\sin\theta_i\\ 0 & \sin\alpha_i & \cos\alpha_i & d_i\\ 0 & 0 & 0 & 1\end{pmatrix} \tag{2-41}$$

4）确定正问题的解。从机械坐标系开始，根据各关节变量参数，依次分别计算相邻关节的 D-H 变换矩阵，则整体系统姿态可以将各相邻矩阵相乘确定，对六自由度机器人，有

$$\boldsymbol{T}={}^0\boldsymbol{A}_1\cdot{}^1\boldsymbol{A}_2\cdot{}^2\boldsymbol{A}_3\cdot{}^3\boldsymbol{A}_4\cdot{}^4\boldsymbol{A}_5\cdot{}^5\boldsymbol{A}_6 \tag{2-42}$$

（2）运动学逆问题

运动学逆问题是正问题的反向运算。即已知末端执行器相对机械坐标系的位置和姿态，求解机器人杆件的几何参数和关节变量。与正问题比较，可以发现逆问题存在多解或无解，因此，需要多次求解非线性超越方程。运动学逆问题是实现从固定 B 系到机器人的 H 系的坐标变换。

运动学逆问题可用解析法、几何法和迭代法等求解。

**2. 动力学方程**

动力学研究物体的力与物体运动之间的关系。它以牛顿运动定律为基础，包括动量定理、动量矩定理和动能定理及根据三个基本定理导出的其他定理。

（1）牛顿-欧拉方程

牛顿-欧拉方程用于研究一定空间各个参数的变化，可分为平移和旋转两类。

- 平移。设运动物体质量 $m$（kg）；运动物体线加速度 $a$（$m/s^2$）。则根据牛顿-欧拉方程，运动力 $f$（N）为

$$f=ma \tag{2-43}$$

- 旋转。设运动物体转动惯量 $J_c$（$kg\cdot m^2$）；运动物体角速度为 $\omega$（$rad/s^2$），则根据牛顿-欧拉方程，运动力矩 $\tau$（N·m）为

$$\tau = J_c \dot{a} + \omega(J_c\omega) \tag{2-44}$$

(2) 拉格朗日力学方程

用于通过形位空间描述力学系统的运动。适用于研究受约束质点系的运动。

为用 $s$ 个独立变量描述完整系统的动力学关系，可用下列微分方程形式：

$$\frac{\mathrm{d}}{\mathrm{d}t}\left(\frac{\partial T}{\partial \dot{q}_i}\right) - \frac{\partial T}{\partial q_i} = F_i (i=1,2,\cdots,n) \tag{2-45}$$

式中，$q_i(i=1,2,\cdots,n)$ 是力学系统体系的广义坐标，例如，运动的线位移或角位移变量；$\dot{q}_i$ 是广义速度；$F_i(i=1,2,\cdots,n)$ 是对应广义坐标的广义力；$n$ 是完整系统约束方程个数；$T$ 是用广义坐标和广义速度表示的总动能，即 $T = \sum_{i=1}^{n} T_i$。

对非保守系统，它同时受到保守力和耗散力作用，由 $n$ 个关节部件组成的机械系统可描述为

$$\frac{\mathrm{d}}{\mathrm{d}t}\left(\frac{\partial T}{\partial \dot{q}_i}\right) - \frac{\partial T}{\partial q_i} + \frac{\partial V}{\partial q_i} + \frac{\partial D}{\partial \dot{q}_i} = F_i \tag{2-46}$$

式中，$V$ 和 $D$ 分别是系统的总势能和总耗散能，$V = \sum_{i=1}^{n} V_i$，$D = \sum_{i=1}^{n} D_i$。

拉格朗日函数 $L$ 表示为

$$L = T - V \tag{2-47}$$

当操作机构的执行元件控制某平移的变量 $r$ 时，施加在运动方向 $r$ 的力表示为

$$F_r = \frac{\mathrm{d}}{\mathrm{d}t}\left(\frac{\partial L}{\partial \dot{r}}\right) - \frac{\partial L}{\partial r} \tag{2-48}$$

当操作机构的执行元件控制某转动的变量 $\theta$ 时，执行元件的总力矩表示为

$$\tau_\theta = \frac{\mathrm{d}}{\mathrm{d}t}\left(\frac{\partial L}{\partial \dot{\theta}}\right) - \frac{\partial L}{\partial \theta} \tag{2-49}$$

(3) 两种方法的比较

表 2-4 是两种动力学方法的比较。

**表 2-4　牛顿-欧拉方程和拉格朗日力学方程的比较**

| 性能 | 牛顿-欧拉方程 | 拉格朗日力学方程 |
| --- | --- | --- |
| 方程 | 较复杂，不紧凑 | 较简单，结构紧凑 |
| 加速度 | 需求解 | 只需速度，不需要求解加速度 |
| 内作用力 | 需求解 | 不需要 |
| 摩擦损耗 | 可考虑摩擦损耗 | 不考虑内作用力，因此也不需要考虑摩擦损耗 |
| 自由度 | 随自由度增加，方程复杂性增加不大，只增加方程中矩阵行数，每个关节驱动力（矩）计算量不随自由度增加而增加 | 由于关节间耦合，随自由度增加使求解关节驱动力（矩）复杂，自由度越大，复杂度越高，计算量急增 |
| 所得结果 | 可得关节驱动力（矩），也可得相互作用的作用力（矩） | 仅获得关节的驱动力（矩） |
| 适用性 | 自由度较多场合 | 自由度较少场合 |
| 编程 | 容易编程实现 | 不容易编程实现 |

注：因摩擦损耗影响计算结果，因此，两种方程的计算结果不完全相同

## 2.2.5 电机控制技术

电机控制技术包括直流电动机控制技术、交流电动机控制技术和伺服电动机控制技术。

**1. 直流电机控制技术**

(1) 直流电机调速原理

根据电机学原理，直流电动机的转速 $n$ 可表示为

$$n=\frac{U-I_{\mathrm{d}}R}{K_{\mathrm{e}}\Phi}=\frac{U}{K_{\mathrm{e}}\Phi}-\frac{R}{K_{\mathrm{e}}\Phi}I_{\mathrm{d}}=n_{\mathrm{o}}-\Delta n \tag{2-50}$$

式中，$n$ 是电动机转速（r/min）；$U$ 是电枢电压（V）；$I_d$是电枢电流（A）；$R$ 是电枢回路总电阻（Ω）；$\Phi$ 是励磁磁通（Wb）；$K_e$是电动势常数；$n_0$称为理想空载转速；$\Delta n$ 称为转速降落。表 2-5 是直流电动机调速的方法和特点。

**表 2-5 直流电动机调速的方法和特点**

| 调速方法 | 改变电枢回路电阻 $R$ | 改变励磁磁通 $\Phi$ | 改变电枢电压 $U$ |
| --- | --- | --- | --- |
| 公式 | $n=\frac{U}{K_{\mathrm{e}}\Phi}-\frac{R}{K_{\mathrm{e}}\Phi}I_{\mathrm{d}}=n_{\mathrm{o}}-\Delta n$ | $n=\frac{U}{K_{\mathrm{e}}\Phi}-\frac{R}{K_{\mathrm{e}}K_{\mathrm{M}}\Phi^2}T_{\mathrm{e}}=n_0-\Delta n$ | $n=\frac{U}{K_{\mathrm{e}}\Phi}-\frac{R}{K_{\mathrm{e}}\Phi}I_{\mathrm{d}}=n_{\mathrm{o}}-\Delta n$ |
| 特点 | • 理想空载转速 $n_0$不变<br>• 转速降落 $\Delta n$ 随 $R$ 增大而增大<br>• 保持 $U$ 和 $\Phi$ 在额定值<br>• $R$ 越大，机械特性的斜率越大 | • $U$ 和 $R$ 保持在额定值<br>• 减小励磁电流可降低励磁磁通 $\Phi$<br>• 转速降落与励磁磁通的平方成反比<br>• $K_m$是转矩常数，$T_e$是电磁转矩（N·m） | • $\Phi$ 和 $R$ 保持在额定值<br>• 理想空载转速 $n_0$随 $U$ 减小而成比例降低<br>• 转速降落与电压 $U$ 的降低无关 |
| 机械特性曲线 | $n$, $n_0$, $R$, $R+\Delta R$, $I_d$, $O$ | $n$, $n_1$, $n_0$, $\Phi_N+\Delta\Phi$, $\Phi_N$, $T_e$, $O$ | $n$, $n_0$, $n_1$, $n_2$, $U_N$, $U_1$, $U_2$, $I_d$, $O$ |

根据表 2-4，直流电动机调速方法比较结果如下：

- 改变电枢回路电阻的调速方法只能对电动机转速进行有级调节，转速稳定性差，调速系统效率低。
- 减弱励磁磁通的调速方法可以实现平稳调速，但只能在额定转速 $n_0$以上的范围内调节转速。
- 改变电枢电压的调速方法得到的电动机机械特性与电动机固有机械特性平行，转速稳定性好，能够在额定转速以下实现平稳调速。

因此，实际应用时，以改变电枢电压的调速方法为主，当转速达到额定转速以上时才采用减弱励磁磁通的调速方法。

(2) 直流 PWM 调速

脉宽调制（Pulse Width Modulation，PWM）是利用微处理器的数字输出来对模拟电路进行控制的一种很有效的技术。脉宽调制是通过改变脉冲的占空比，控制电力电子器件的导通和断开时间的长短，使输出端获得一系列根据所需要求的脉冲宽度不等的脉冲信号。经逆变电路，使电路输出电压和频率改变，从而实现调速的技术。占空比是脉冲导通的时间与脉冲总周期时间（导通与断开时间之和）之比。

1）不可逆 PWM 变换器

PWM 变换器是用脉冲宽度调制的方法，将恒定的直流电源电压调制成频率一定，宽度可变的脉冲电压序列，从而改变平均输出电压的大小，调节电动机转速的设备。

表 2-6 是不可逆 PWM 变换器的电路原理图和说明。

**表 2-6　不可逆 PWM 变换器的电路原理图和说明**

| 类型 | 简单不可逆 PWM 变换器 | 带制动的不可逆 PWM 变换器 |
| --- | --- | --- |
| 工作原理 | 不可控整流电路提供供电电源 $U_s$，大容量电容 C 滤波，二极管 VD 在晶体管 VT 关断时释放电感储能用于电枢回路续流<br>一个开关周期 $T$ 内的导通时间段 $t_{on}$，$U_g$ 为正，VT 饱和导通，$U_s$ 经 VT 加到直流电枢两端<br>一个开关周期 $T$ 内的断开时间段 $t_{off}$，$U_g$ 为负，VT 关断，电枢回路的电流经 VD 续流，直流电枢电压为零 | 一个开关周期 $T$ 内的导通时间段 $t_{on}$，$U_{g1}$ 正脉冲比负脉冲宽，$VT_1$ 导通，$VT_2$ 截止。$U_s$ 经 $VT_1$ 加到直流电枢两端<br>一个开关周期 $T$ 内的断开时间段，$VD_1$ 截止，$VD_2$ 续流，$VT_1$ 和 $VD_2$ 交替导通，$VT_2$ 和 $VD_1$ 始终截止<br>制动状态，$U_{g1}$ 正脉冲比负脉冲窄，$E>U_d$，$i_d$ 始终为负。$t_{on} \sim T$ 时间内，$U_{g2}$ 为正，$VT_2$ 导通，反向电流能耗制动。$T \sim T+t_{on}$ 时间内，$U_{g2}$ 为负，$VT_2$ 截止，反向电流经 $VD_1$ 回馈制动。$VT_2$ 和 $VD_1$ 交替导通，$VT_1$ 和 $VD_2$ 始终截止 |
| 特点 | • 电枢电流 $i_d$ 不能反向流动，故称为不可逆变换器<br>• VT 关断时不能产生电磁制动，必须为其提供反向电流通道，来实现电动机的制动 | 平均电压 $U_d$ 始终大于零，不改变极性<br>• 电流能够反向，但电压和转速不能反向<br>• 电动机运行在正向发电制动，电流反向，对 C 充电，泵升电压高可能造成电力电子器件损坏 |
| 电路图 | 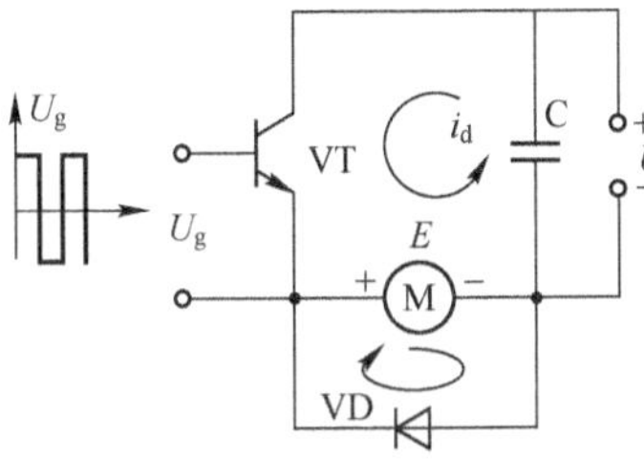 | 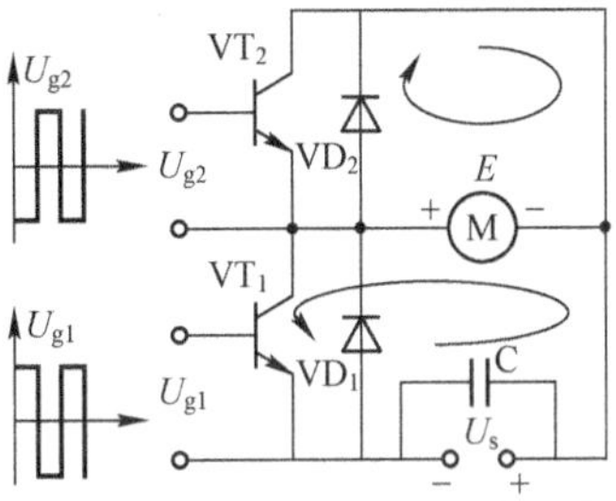 |
| 平均电压 | $U_d=\frac{t_{on}}{T}U_s=\rho U_s$；$\rho$ 称为占空比<br>$\gamma=U_d/U_s$，称为 PWM 电压系数，$\gamma=\rho$ | $0\leqslant t<t_{on}$：$U_s=Ri_d+L\frac{di_d}{dt}+E$<br>$t_{on}\leqslant t<T$：$0=Ri_d+L\frac{di_d}{dt}+E$ |

2）H 型可逆 PWM 变换器

它是最常用的可逆 PWM 变换器，如图 2-15 所示。分三种情况讨论如下：

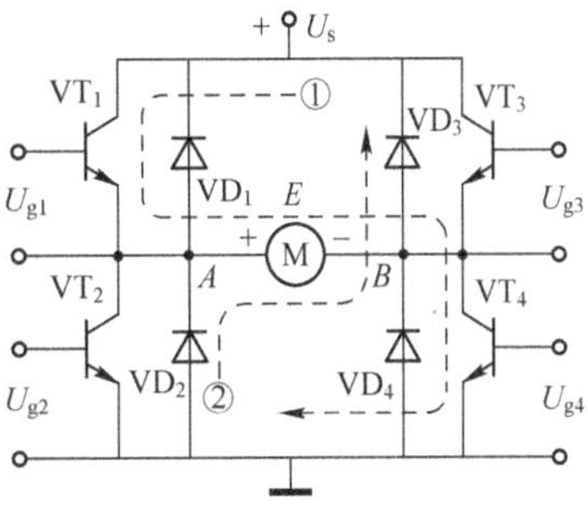

① 正向运行：正脉冲电压宽度大于负脉冲宽度。

当 $0\leqslant t<t_{on}$，$U_{g1}=U_{g4}$ 为正，$VT_1$ 和 $VT_4$ 导通，$U_{g2}=U_{g3}$ 为负，$VT_2$ 和 $VT_3$ 截止，$U_{AB}=+U_S$，电枢电流沿①回路流动。当 $t_{on}\leqslant t<T$，$U_{g1}=U_{g4}$ 为负，$VT_1$ 和 $VT_4$ 截止，$U_{g2}=U_{g3}$ 为正，$VT_2$ 和 $VT_3$ 被钳位，保持截止。$U_{AB}=-U_S$，电枢电流沿②回路经 $VD_2$ 和 $VD_3$ 续流。

图 2-15　H 型可逆 PWM 变换器

② 反向运行：正脉冲电压宽度小于负脉冲宽度。

当 $0\leqslant t<t_{on}$，$U_{g2}=U_{g3}$ 为负，$VT_2$ 和 $VT_3$ 截止，$U_{g1}=U_{g4}$ 为正，$VT_1$ 和 $VT_4$ 被钳位，保持截止。$U_{AB}=+U_S$，电枢电流经 $VD_4$、电动机电枢绕组、$VD_1$ 续流流动。当 $t_{on}\leqslant t<T$，$U_{g2}=U_{g3}$ 为正，$VT_2$ 和 $VT_3$ 导通，$U_{g1}=U_{g4}$ 为负，$VT_1$ 和 $VT_4$ 保持截止。$U_{AB}=-U_S$，电枢电流经 $VT_2$、电动机电枢

绕组和 $VT_3$ 流动。

③ 停止：正脉冲电压宽度等于负脉冲宽度。

$t_{on}$ 是 $T$ 的一半，$U_{AB}=0$，电动机停转。

H 型可逆 PWM 变换器输出平均电压 $U_d$ 为

$$U_d=\frac{t_{on}}{T}U_S-\frac{T-t_{on}}{T}U_S=(2\rho-1)U_S=\gamma U_S \tag{2-51}$$

（3）直流 PWM 调速系统的数学模型和机械特性

可用一阶时滞环节描述直流 PWM 调速系统。即

$$W(s)=\frac{U_d(s)}{U_c(s)}=K_S e^{-\tau s} \tag{2-52}$$

式中，$K_s$ 是 PWM 装置的放大系数；$\tau$ 是 PWM 装置的时滞时间，$\tau \leqslant T$；$T$ 是开关周期。

直流 PWM 调速系统的机械特性表示为

$$n=\frac{\gamma U_S}{C_e}-\frac{R}{C_e}I_d=n_0-\frac{R}{C_e}I_d \tag{2-53}$$

或表示为转矩 $T_e$ 的方程

$$n=\frac{\gamma U_S}{C_e}-\frac{R}{C_e C_m}T_e=n_0-\frac{R}{C_e C_m}T_e \tag{2-54}$$

式中，$C_e$ 是电动机电磁系数；$C_m$ 是电动机在额定磁通下的转矩系数。

（4）调速系统性能指标

调速系统性能指标如下：

1）稳态性能指标。稳态性能指标主要包括调速（要求调速系统在规定转速范围内可靠运行）和稳速（要求调速系统的调速重复性和精确度好，不允许有过大的转速波动）。

- 调速范围。调速范围 $D$ 是额定负载下所需最高转速 $n_{max}$ 和最低转速 $n_{min}$ 之比。对少数负载很轻的机械，例如，精密磨床，也可用实际负载时最高转速和最低转速替代。
- 转差率。转差率 $s$ 是系统在某一转速下运行，负载由理想负载增加到额定值时对应的转速降落 $\Delta n$ 与理想空载转速 $n_0$ 之比。它用于衡量调速系统在负载变化时转速的稳定度。

机械特性越硬，转差率越小，转速的稳定度越高。对同样硬度的机械特性，理想空载转速越低，转差率越大，转速的相对稳定度越差。

调速系统在不同电压下的理想空载转速不同，理想空载转速越低，其转差率越大。

可用下式表示调速范围和转差率的关系：

$$D=\frac{n_N s}{\Delta n_N(1-s)} \tag{2-55}$$

式中，下标 N 表示额定条件。对系统调速精度的要求越高，即要求 $s$ 越小，则可达到的 $D$ 越小。如果要求的 $D$ 越大，则能达到的调速精度就越低。因此，要兼顾两者的要求。

2）动态性能指标。调速系统动态性能指标包括对给定信号的随动性能指标和对扰动的抗扰性能指标。

- 随动性能指标。当设定值阶跃改变时，调速系统动态响应指标有上升时间、超调量和调节时间等。
- 抗扰性能指标。扰动作用下，调速系统的动态性能指标有动态降落、恢复时间等。

（5）闭环调速系统

为解决调速范围与转差率的矛盾，常采用闭环调速系统。根据闭环个数，可分为单闭环、

双闭环和三闭环调速系统。闭环调速系统的被控变量可选用位置、速度、电压、电流、电压变化率和电流变化率等。

1）单闭环调速系统。将闭环调速系统的被控变量与设定值比较，控制器根据其差值按一定的控制规律运算，其输出对被控对象进行控制，使被控变量与设定值一致。常用单闭环调速系统的被控变量是转速。

图 2-16 是转速负反馈单闭环调速系统原理图。图 2-17 是单闭环控制系统框图。

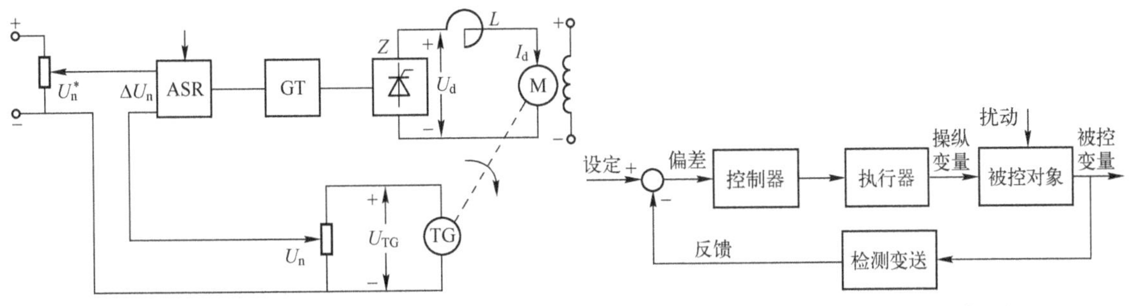


图 2-16　转速负反馈单闭环调速系统

图 2-17　单闭环控制系统框图

图中，$U_n^*$是转速设定电压，$U_n$是转速检测变送环节 TG 电压 $U_{TG}$的分压，用于作为反馈信号。速度控制器 ASR 的输入信号是两者之差。速度控制器按一定的控制规律计算其控制输出，作为执行器的输入，执行器包括 GT 触发电路和 Z 可控整流单元，使输出电压 $U_d$改变，最终调节电动机转速，使实际转速与设定转速一致。

2）双闭环调速系统。常用速度、电流双闭环调速控制系统。图 2-18 是速度、电流双闭环调速控制系统的传递函数描述的框图。

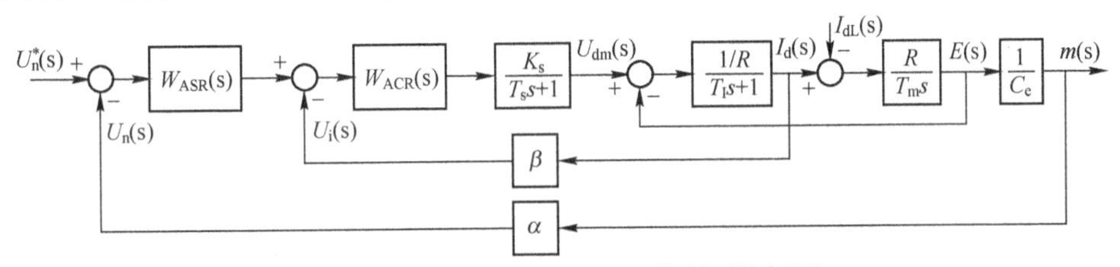


图 2-18　速度、电流双闭环控制系统框图

- 电流上升段。$t=0$，设定值加入阶跃电压 $U_n^*$，在 ASR 和 ACR 两个控制器调节下，$I_d$很快上升，电流达到 $I_{dL}$以前，电动机转矩小于负载转矩，转速为 0。$I_d \geqslant I_{dL}$后，起动电动机，因机电惯性，转速开始上升，ASR 输入的偏差仍较大，ASR 进入饱和，ACR 一般不饱和，直到 $I_d$等于电动机堵转电流 $I_{dm}$，时序节点为 $t_1$。
- 恒流升速段。ASR 仍在饱和状态，饱和值为 $U_{im}^*$，$I_d$等于电动机堵转电流 $I_{dm}$，速度环仍开环，系统是电流闭环控制。转速快速升高，当达到设定转速 $n^*$时，电枢电流下降，时序节点为 $t_2$。
- 调速段。当时序节点为 $t_3$时，转速达最大值，电枢电流降到实际负载电流值，然后，转速开始下降到接近设定值 $n^*$，完成电动机起动过程。当转速超调，ASR 退出饱和，$U_i$和 $I_d$很快下降，转速仍上升，使转速达到峰值，达到时序节点 $t_4$。该时段内，$I_d<I_{dL}$，转速从加速转为减速，直到转速稳定。

3）三闭环调速系统。常见的三闭环调速系统是速度、电流和电压三闭环调速系统。增加电压控制器 AVR，将 ACR 输出与电压反馈单元 TVD 输出之差作为该控制器的偏差输入。电压环的目的是限制可变整流电路输出的上限，保证电流在最大电压情况下变化。

**2. 交流电动机控制技术**

交流电动机分异步交流电动机和同步交流电动机两大类。异步交流电动机有鼠笼式和绕线式；同步交流电动机有自控式、他控式和永磁式。

随着电力电子技术的发展，采用电力电子变换器的交流调速系统得以发展。

（1）三相异步交流电动机的旋转磁场

三相异步电动机由定子、转子和机座等组成，异步电动机的转子绕组分为笼型和绕线型，随着变频调速技术的普及，异步电动机起动和调速问题获得了很好的解决，因此，笼型异步电动机变频调速系统应用更广泛。

表 2-7 是三相异步电动机定子中旋转磁场的形成。

**表 2-7 三相异步电动机定子旋转磁场的形成**

| | $t=0$ | $t=T/6$ | $t=T/3$ | $t=T/2$ |
|---|---|---|---|---|
| 定子旋转磁场 | 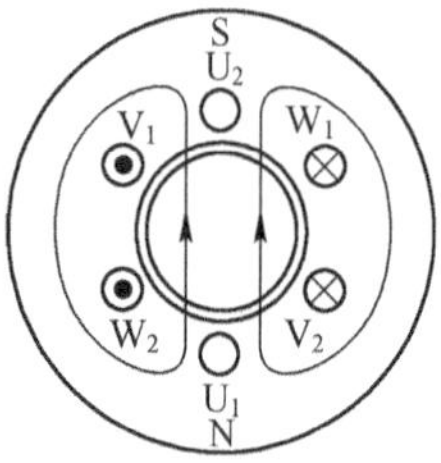 | 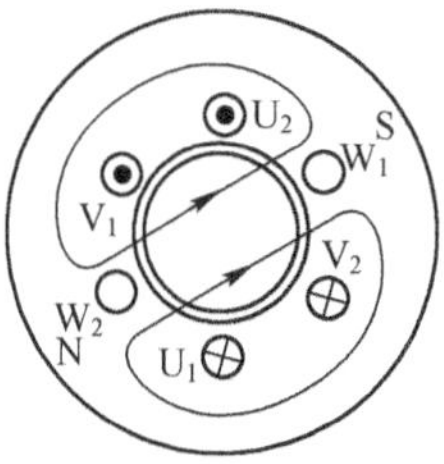 | 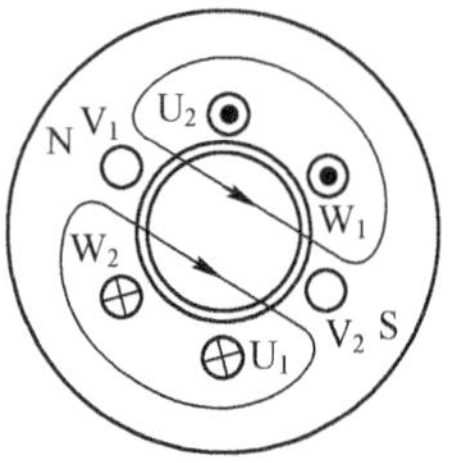 | 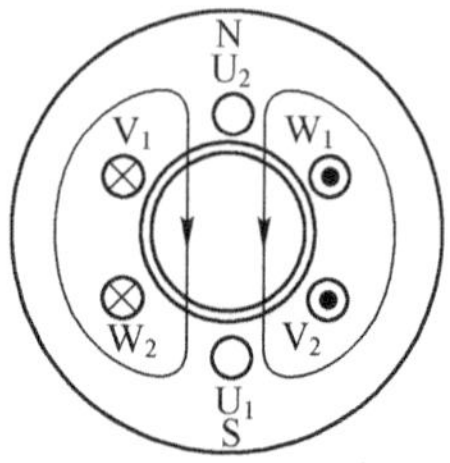 |
| 定子电流 | 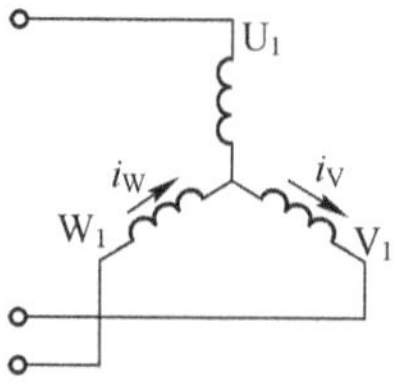 | 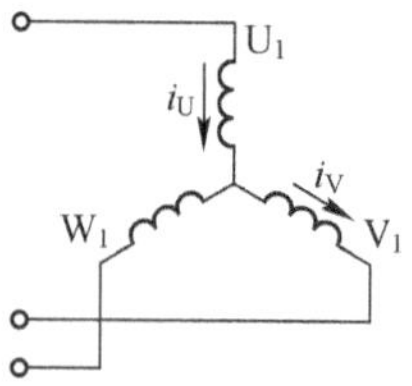 | 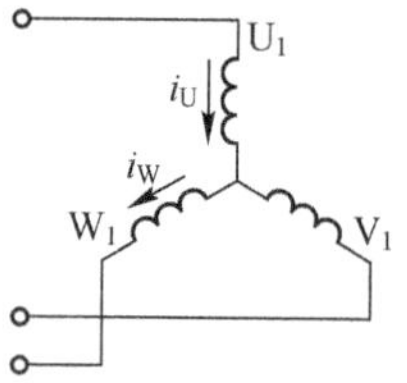 | 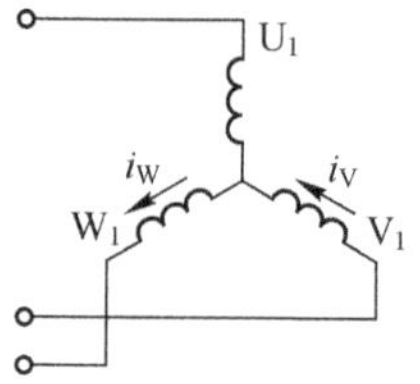 |
| 说明 | $i_u=0$，U 相（$U_1$，$U_2$）绕组内没有电流；V 相（$V_1$，$V_2$）绕组内电流为负，表示电流从 $V_2$ 流向 $V_1$；W 相（$W_1$，$W_2$）绕组内电流为正，表示电流从 $W_1$ 流向 $W_2$；根据右手螺旋定则，合成的磁场如上 | $i_W=0$，W 相绕组内没有电流；V 相（$V_1$，$V_2$）绕组内电流仍为负，表示电流从 $V_2$ 流向 $V_1$；U 相（$U_1$，$U_2$）绕组内电流为正，表示电流从 $U_1$ 流向 $U_2$；同样，根据右手螺旋定则，合成的磁场如上 | $i_V=0$，V 相绕组内没有电流；W 相绕组内电流为负；U 相绕组内电流仍为正，根据右手螺旋定则，合成的磁场如上 | $i_u=0$，U 相绕组内没有电流；V 相绕组内电流为正；W 相绕组内电流为负，根据右手螺旋定则，合成的磁场如上。与 $t=0$ 时刻比较，磁场旋转 180° |

由上可知，电动机中磁场的旋转方向与绕组的电流顺序一致，即从 $U_1$ 相→$V_1$ 相→$W_1$ 相。因此，如果将任意两根相线对换连接，就可以实现旋转磁场转向，使电动机反转。

旋转磁场的转速与磁极对数、定子电流的频率有关。一对磁极的旋转磁场，电流变化一周时，磁场在空间转过 360°（一转）；两对磁极的旋转磁场，电流变化一周时，磁场在空间转过 180°（1/2 转）。

磁极对数 $p$ 大于 1 的电动机中，电流变化一个周期，磁场沿空间转过 $p$ 个极矩，即 $1/p$ 转。

用下列公式描述旋转磁场转速与磁极对数、定子电流频率之间的关系：

$$n_0=\frac{60f_1}{p} \tag{2-56}$$

式中，$n_0$是同步转速（r/m）；$f_1$是定子电流的供电频率（Hz）；$p$ 是电动机磁极对数。上式是变频调速控制的重要公式。

根据式（2-56），异步电动机有下列调速方案。

- 调频调速：改变三相交流电的频率，可调节同步转速，实现异步电动机的调速。如果能够平滑改变频率，就可实现异步电动机的无级调速。这是变频调速的理论依据。
- 改变磁极对数。
- 改变转差率。转差率 $s$ 是同步转速 $n_0$与电动机实际转速 $n$ 的差值与同步转速 $n_0$之比的百分数，可表示为

$$s=\frac{n_0-n}{n_0}\times 100\% \tag{2-57}$$

（2）三相异步电动机的机械特性

三相异步电动机的机械特性指异步电动机电磁转矩 $T_e$与转速 $n$ 的关系。由于转差率与转速有固定关系，因此，也有将异步电动机的电磁转矩 $T_e$与转差率 $s$ 的关系称为机械特性。异步电动机的不同调速方式，其实质是改变异步电动机的机械特性。

异步电动机在额定电压、额定频率下，定子按规定接线方式联结，转子回路不串接电阻、电容和电抗，而是自己短路，这种条件下异步电动机的机械特性称为固有机械特性。

人为机械特性是通过改变定子电压、定子回路串电抗或电阻或转子回路串电阻等方法，获得的异步电动机的机械特性。表 2-8 是异步交流电动机的机械特性。

**表 2-8　异步交流电动机的机械特性**

| 异步电动机机械特性 | | 图形描述 | 特点 |
|---|---|---|---|
| 固有机械特性 | 自然机械特性 | 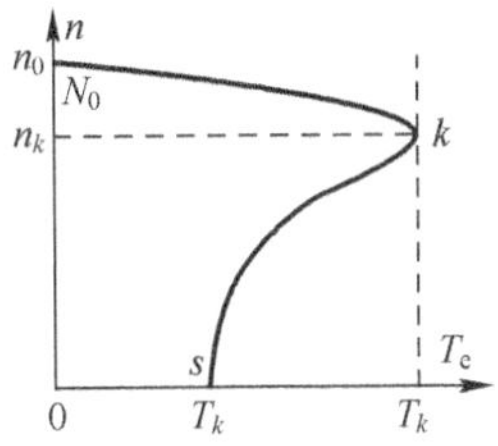 | ① 理想空载点 $N_0$：该点的负载转矩为 0，异步电动机达到最大转速（同步转速）$n_0$<br>② 起动点 $s$：接通电源瞬间，异步电动机转速为 0，转矩为起动转矩 $T_S$，或称为堵转转矩<br>③ 临界点 $k$：异步电动机机械特性的拐点 $k$，该点转矩 $T_L$最大，称为临界转矩 $T_k$。对应的转速称为临界转速 $n_k$，对应的转差率称为临界转差率 $s_k$<br>④ 理想空载点 $N_0$处的转差率为 0 |
| 人为机械特性 | 减压的机械特性 | 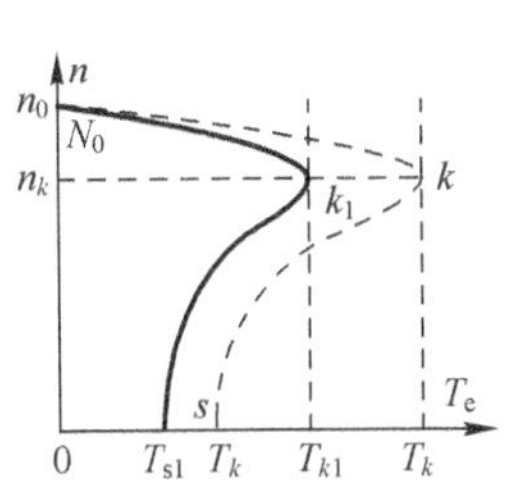 | ① 减压起动时异步电动机的机械特性。同步转速 $n_0$不变<br>② 起动转矩 $T_{s1}$较自然机械特性时的起动转矩 $T_s$减小<br>③ 临界转矩 $T_{k1}$较自然机械特性时的临界转矩 $T_k$减小<br>④ 临界转速 $n_k$和临界转差率 $s_k$不变 |
| | 改变转差率（转子串联电阻）的机械特性 | 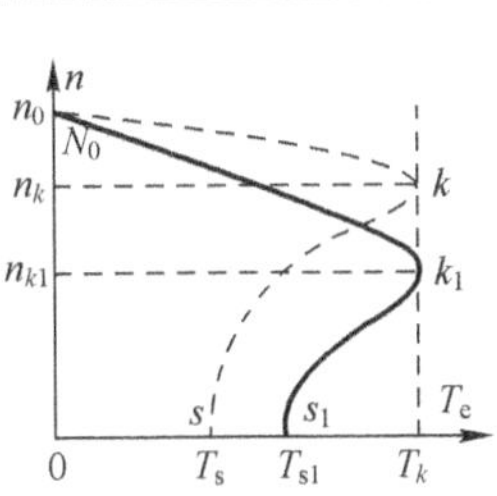 | ① 改变转差率的机械特性变软，同步转速 $n_0$不变<br>② 临界转矩 $T_k$不变<br>③ 临界转速 $n_{k1}$较自然机械特性时的临界转速 $n_k$减小<br>④ 临界转差率 $s_{k1}$较自然机械特性时的临界转差率 $s_k$增大<br>⑤ 起动转矩 $T_{s1}$较自然机械特性时的起动转矩 $T_s$增大 |

（续）

| 异步电动机机械特性 | | 图形描述 | 特点 |
|---|---|---|---|
| 人为机械特性 | 调频的机械特性 | 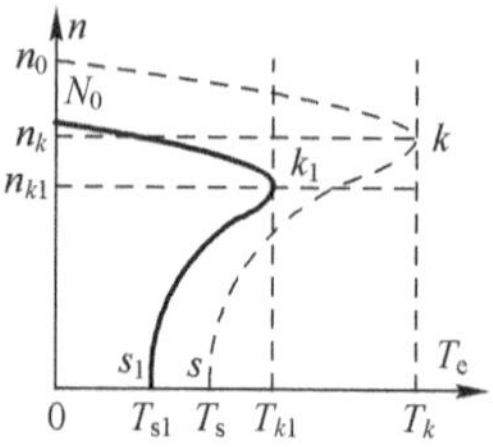 | ① 调频的机械特性变软，同步转速 $n_0$ 下降。<br>② 临界转矩 $T_{k1}$ 较自然机械特性时的临界转矩 $T_k$ 减小<br>③ 临界转速 $n_{k1}$ 较自然机械特性时的临界转速 $n_k$ 减小<br>④ 临界转差率 $s_k$ 保持不变<br>⑤ 起动转矩 $T_{s1}$ 较自然机械特性时的起动转矩 $T_s$ 减小 |
| | 定子串联电抗或电阻的机械特性 | 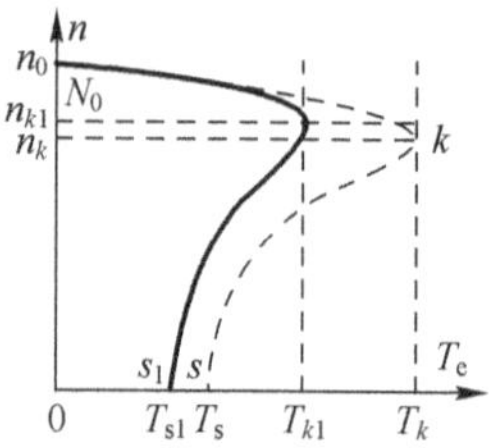 | ① 定子回路电抗或电阻增加，同步转速 $n_0$ 不变。<br>② 转差率 $s_{k1}$ 较自然机械特性时的临界转差率 $s_k$ 减小<br>③ 起动转矩 $T_{k1}$ 较自然机械特性时的临界转矩 $T_k$ 减小<br>④ 临界转速 $n_{k1}$ 较自然机械特性时的临界转速 $n_k$ 增大<br>⑤ 适用于功率较小的笼型异步电动机轻载或空载时限制电流 |

（3）变频调速系统的控制方式

异步电动机的转速有下列三种控制方式：

- 调频调速。改变三相交流电的频率 $f$，可调节异步电动机的同步转速，从而调节异步电动机的转子转速。平滑改变三相交流电的频率，可实现异步电动机的无级调速。
- 改变磁极对数 $p$。增加磁极对数，使同步转速降低。与调频调速不同，这种调速方式会成倍改变转速。
- 改变转差率 $s$。减小转差率 $s$，使同步转速增加。

（4）标量控制

只控制磁通的幅值，不控制磁通的相位，称为异步交流电动机的标量控制。

- 恒压频比调速系统。这类调速系统的特点是调节电动机转速的同时需调节电动机定子供电电源的电压和频率，因此，该调速系统的机械特性可平滑地上下移动，转差功率不变，调速时不增加转差功率消耗，有很高的运行效率。异步电动机调速分为基频下调和基频上调两种。基频下调通常采用恒转矩调速方式，基频上调通常采用恒功率调速方式。在基频以下为恒转矩调速区，在该区，磁通和转矩保持不变，功率与频率（转速）成正比。在基频以上为恒功率调速区，在该区，功率保持不变，磁通和转矩与频率（转速）成反比。
- 可控转差率调速系统。该控制方式是对恒压频比控制方式的改进，它有利于改善异步电动机变频调速的静态和动态性能。当磁通 $\Phi_m$ 固定时，电磁转矩 $T_e$ 与转差角频率 $\Delta\omega$ 成正比，因此，在转差角频率 $\Delta\omega$ 小于最大转差角频率 $\Delta\omega_{max}$ 时，可通过调节转差率实现改变电动机的电磁转矩。因此，转差角频率 $\Delta\omega$ 小于最大转差角频率 $\Delta\omega_{max}$ 时，可通过调节转差率实现改变电动机的电磁转矩。

（5）矢量控制

将异步交流电动机经矢量变换等效成直流电动机，然后仿照直流电动机的控制方法，求得直流电动机的控制，并经相应的反变换，就可控制异步交流电动机。图 2-19 是矢量变换控制过程示意图。从图可见，将直流标量作为电动机外部控制量，并将它变换为交流量，用于控制交流电动机运行的整个过程是通过矢量变换实现的，因此，这种控制系统称为矢量变换控制系统，或矢量控制系统。

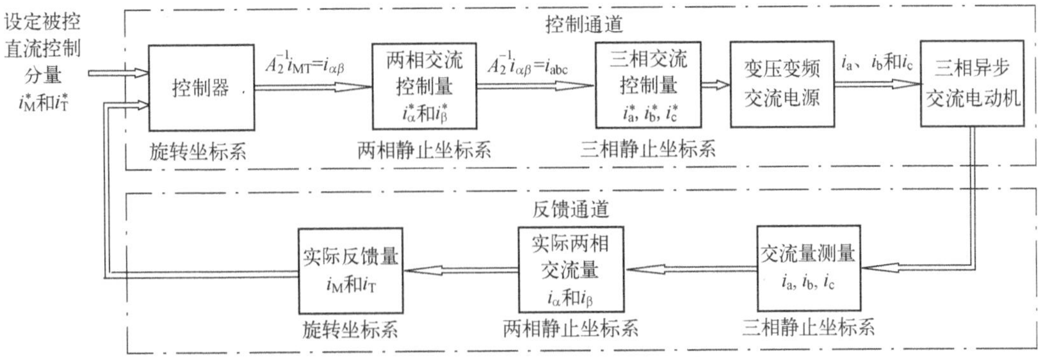


图 2-19　矢量变换控制过程示意图

（6）直接转矩控制

电动机控制的根本是控制电磁转矩，因此，直接转矩控制的核心是建立磁链模型，并进行磁链控制。转矩控制是用开关式（Bang-Bang）调节器实现直接转矩控制。在调节转矩的同时，转矩控制用正转、反转控制信号来控制定子磁链的旋转方向。

直接转矩控制将对电动机定子电流的控制变换为对定子磁链圆与定子电压矢量的控制。

**3. 伺服电动机控制技术**

广义伺服控制系统是指精确地跟踪或复现某个过程的反馈控制系统，也称为随动控制系统。狭义伺服控制系统是指位置的给定改变时，该控制系统能够快速准确地复现设定变化，也称为位置随动控制系统。

与调速控制系统一样，伺服控制系统也是反馈控制系统。因此，二者的控制原理相同。其区别是调速控制系统的控制目标是保证在扰动下能够稳定其转速，即强调其抗扰性能；而伺服控制系统更突出对给定值变化的跟踪性和快速响应性，即强调其随动性能。

伺服电动机也称为执行电动机，它在控制系统中作为执行元件，将电信号转换为轴的转角或转速，带动被控对象运动。有控制信号输入，伺服电动机就转动；没有控制信号，伺服电动机就停转。改变伺服电动机控制电压的大小和相位（或极性）就可改变伺服电动机转速和转向。

与普通电动机比较，伺服电动机具有下列特点：

- 调速范围广。伺服电动机转速随控制电压改变，能够在宽广范围内连续调节。
- 转子惯性小，可实现迅速起动和停转。起动转矩大，灵敏度高。
- 控制功率小，过载能力强，可靠性高。

图 2-20 是伺服电动机的外形和内部结构。

（1）交流伺服电动机

为适应数字控制的发展趋势，运动控制系统中大多采用步进电动机或全数字式交流伺服电动机作为执行电动机。

图 2-20　伺服电动机外形和内部结构

永磁转子的同步伺服电动机由于永磁材料性能不断提高，价格不断下降，控制又比异步电动机简单，容易实现高性能的缘故，所以永磁同步电动机的 AC 伺服系统应用更为广泛。

1）交流永磁同步伺服电动机

交流同步伺服驱动系统中，普通应用的交流永磁同步伺服电动机有两大类。

一类称为无刷直流电动机（Brushless Direct Current Motor，BLDCM），它要求将方波电流输入定子绕组。另一类称为三相永磁同步电动机（Permanent Magnet Synchronous Motor，PMSM），

它要求输入定子绕组的电源仍然是三相正弦波形。

① 无刷直流电动机（BLDCM）。用装有永磁体的转子取代有刷直流电动机的定子磁极，将原直流电动机的电枢变为定子。有刷直流电动机是依靠机械换向器将直流电流转换为近似梯形波的交流电流供给电枢绕组，而无刷直流电动机（BLDCM）是将方波电流（实际上也是梯形波）直接输入定子。将有刷直流电动机的定子和转子颠倒一下，并采用永磁转子，就可以省去机械换向器和电刷，由此得名无刷直流电动机。BLDCM 定子每相感应电动势为梯形波，为了产生恒定的电磁转矩，要求功率逆变器向 BLDCM 定子输入三相对称方波电流，而 SPWM、PM、SM 定子每相感应电动势为近似正弦波，需要向 SPWM、PM、SM 定子输入三相对称正弦波电流。两种永磁无刷电动机中，方波无刷直流电动机具有控制简单、成本低、检测装置简单以及系统实现起来相对容易等优点。但是方波无刷直流电动机原理上存在固有缺陷，因电枢中电流和电枢磁势移动的不连续性而存在电磁脉动，而这种脉动在高速运转时产生噪声。在中低速，它是平稳的力矩驱动的主要障碍。转矩脉动又使得电动机速度控制特性恶化，从而限制了由其构成的方波无刷直流电动机伺服系统在高精度、高性能要求的伺服驱动场合下的应用（尤其是在低速直接驱动场合）。因此，对于一般性能的电伺服驱动控制系统，通常选用方波无刷直流电动机及相应的控制方式。而 PM、SM 伺服系统要求定子输入三相正弦波电流，可以获得更好的平稳性，具有更优越的低速伺服性能。因而广泛用于数控机床，工业机器人等高性能高精度的伺服驱动系统中。

② 三相永磁同步电动机。永磁同步电动机的磁场来自电动机的转子上的永久磁铁，永久磁铁特性很大程度上决定电动机的特性。在转子上安装永久磁铁的方式有两种。一种是将形成永久磁铁装在转子表面，即所谓外装式；另一种是将成形永久磁铁埋入转子里面，即所谓内装式。永久磁铁的形状可分为扇形和矩形两种。根据确定的转子结构所对应的每相励磁磁动势的分布不同，三相永磁同步电动机可分为两种类型：正弦波型和方波型永磁同步电动机，前者每相励磁磁动势分布是正弦波状，后者每相励磁磁动势分布呈方波状，根据磁路结构和永磁体形状的不同而不同。对于径向励磁结构，永磁体直接面向均匀气隙，如果采用系统永磁材料，由于稀土永磁的取向性好，可以方便地获得具有较好方波形状的气隙磁场。对于采用非均匀气隙或非均匀磁化方向长度的永磁体的径向励磁结构，气隙磁场波形可以实现正弦分布。

2）交流异步伺服电动机

交流异步伺服电动机实际是小型两相交流异步电动机。其转子结构分笼型、非磁性空心杯和铁磁性空心杯等。交流异步伺服电动机在旋转磁场作用下运转。可采用幅值控制、相位控制、幅相控制和双相控制等。表 2-9 是部分交流伺服电动机技术数据。

**表 2-9　部分交流异步伺服电动机技术数据**

| SL 系列 | 励磁电压/V | 控制电压/V | 频率/Hz | 额定转速/(r/min) | 额定转矩/(N·cm) |
|---|---|---|---|---|---|
| 24SL003 | 36 | 36 | 400 | 3.5 | 90 |
| 36SL010（4c8） | 115 | 36/18 | 400 | 11.76 | 47 |
| 36SL012（4B8） | 36 | 36 | 400 | 11.76 | 47 |
| 45SL009（4A8） | 115 | 115/57.5 | 400 | 24.7 | 46 |
| 45SL010（4i8） | 115 | 36/18 | 400 | 24.7 | 46 |

- 幅值控制。励磁电压相位和幅值不变，改变控制电压幅值来控制转速，用控制电压相位超前或滞后励磁电压的方法控制电动机旋转方向。
- 相位控制。控制电压幅值不变，改变控制电压和励磁电压的相位差实现转速和转向控

制，一般不采用此方法。

- 幅相控制。也称为电容控制。它保持励磁电压相位和幅值不变，通过电容分相改变控制电压幅值和相位实现转速和转向控制。
- 双相控制。始终保持励磁电压和控制电压的相位差为 π/2，励磁电压和控制电压幅值随控制信号改变而同步改变，保证在圆形旋转磁场下改变其幅值实现转速控制，改变其超前和滞后关系来改变其转向。

表 2-10 是交流伺服电动机和直流伺服电动机的比较。

**表 2-10　交流伺服电动机和直流伺服电动机的比较**

| 分　类 | | 结构特点 | 性能特点 | 应用范围 |
|---|---|---|---|---|
| 交流异步伺服 | 笼型 | 与一般笼型转子的异步电动机转子结构相似，但转子细而长，笼型可用铝、紫铜、黄铜制成 | 励磁电流较小，体积较小，机械强度较高，低速运转不够平滑，有抖动现象 | 小功率自动控制系统 |
| | 非磁性杯形 | 非磁性金属铝、紫铜等制成杯形转子，杯内外由内外定子构成磁路 | 转子惯量小，运转平滑，无抖动，励磁电流和体积较大 | 要求运行平滑的系统，如积分电路等 |
| 直流伺服 | 有槽电枢 | 与一般直流电动机结构相似，但电枢铁心对直径之比较大，气隙较小 | 具有下降的机械特性和线性的调节特性，对控制信号响应快速 | 一般直流伺服系统 |
| 直流伺服 | 无槽电枢 | 电枢铁心为光滑圆柱体，电枢绕组用耐热环氧树脂固定中圆柱体铁心表面，气隙大 | 具有一般直流伺服电动机特性外，其转动惯量小，机电时间常数小，换向良好 | 需快速动作、功率较大的伺服系统 |
| | 空心杯电枢 | 电枢绕组用环氧树脂浇注成杯形，空心杯形电枢内外两侧均由铁心构成磁路 | 时间常数小，换向好，低速运转平滑 | 需快速动作的伺服系统 |
| | 印制绕组电枢 | 磁极轴向安装，具有扇形面的极靴，电枢为圆盘绝缘薄板，上面印制裸露的绕组 | 机电时间常数小，低速运转性能好 | 低速和起动、正反转频繁的系统 |
| | 无刷电枢 | 定子为多相绕组，转子用永久磁钢，没有电刷和换向器 | 噪声低，寿命长，被产生无线电干扰 | 低噪声、高真空对无线电波产生干扰的系统 |

3）步进电动机

它是用脉冲信号控制的电动机，也称为脉冲电动机。它将电脉冲信号转换为相应的角位移或直线位移。步进电动机特别适合在数字控制的开环系统中作为驱动电动机。

图 2-21 是步进电动机工作原理示意图。当 A 相控制绕组通电，因磁通总是沿磁阻最小路径闭合，因此，将转子的齿 1、3 和定子极 A、A′对齐，如左图所示。当 B 相绕组通电，转子转过 $\theta_s=30°$，使转子的齿 2、4 和定子极 B、B′对齐，如中图所示。如果 C 相绕组通电，转子将再转过 30°，使转子的齿 1、3 和定子极 C、C′对齐，如右图所示。

如果三相的电流如此循环，按 A-B-C-A 顺序通电，则电动机就按如图所示的方向转动。电动机的转速与控制绕组和电源接通或断开的变化频率有关。如果按 A-C-B-A 顺序通电，则电动机反向转动。

定子控制绕组每改变一次通电方式，称为一拍。电动机转子转过的空间角度称为步距角 $\theta_s$。上述通电方式称为三相单三拍。“单”指每次通电时，只有一相控制绕组通电。“三拍”指经三次切换控制绕组的通电状态为一个循环，第四拍通电时重复第一拍通电的情况。

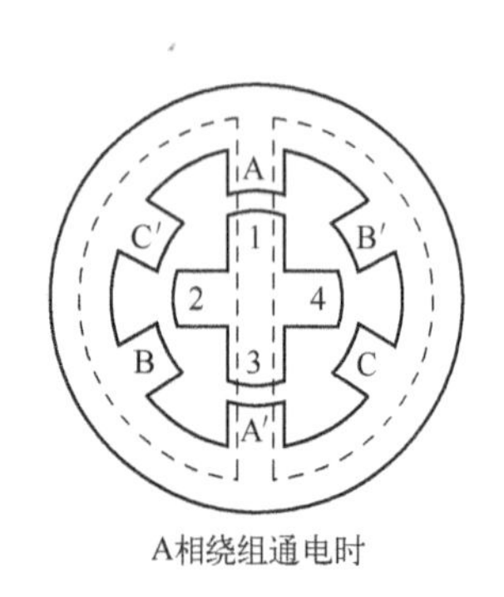


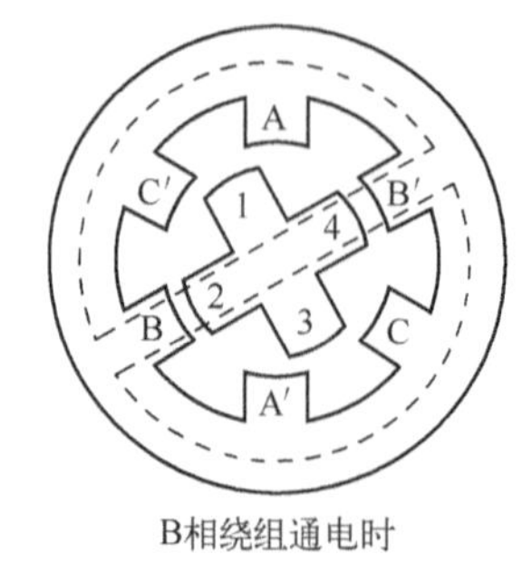


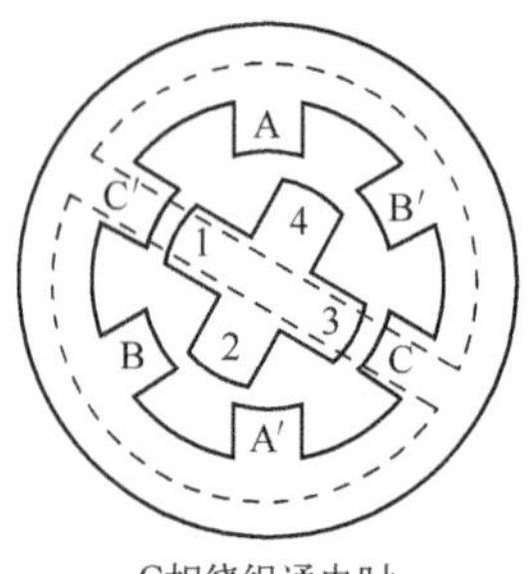


图 2-21　步进电动机工作原理

由于单三拍通电方式在切换时一相控制绕组断电而另一相控制绕组通电间隙容易造成失步，单一控制绕组通电吸引转子，易使转子在平衡位置附近产生振荡，使运行不稳定，因此，这种单三拍通电方式很少采用。通常，采用双三拍通电方式，即 AB-BC-CA-AB 方式，或 AC-CB-BA-AC 通电方式。

此外，三相步进电动机还常采用三相单、双六拍通电方式，即 A-AB-B-BC-C-CA-A 或 A-AC-C-CB-B-BA-A 通电方式。

（2）直流伺服电动机

直流伺服电动机分传统结构和低惯量两类。传统伺服电动机的结构与直流电动机基本相同。低惯量直流伺服电动机分盘形电枢、空心杯电枢永磁和无槽电枢等三类。

他励式直流电动机的励磁电压恒定，负载转矩一定时，升高电枢电压可增高电动机转速，电枢电压极性改变，电动机旋转方向改变。因此，可用电枢电压作为控制信号，实现对电动机的转速控制。

电磁式直流电动机采用电枢控制时，励磁电压由外施直流电源励磁，永磁式直流电动机由电磁绕组励磁。表 2-11 是部分直流伺服电动机技术数据。

**表 2-11　部分直流伺服电动机技术数据**

| SY、SYK 系列 | 额定电压/V | 额定电流/A | 额定转速/(r/min) | 额定转矩/(N·cm) |
|---|---|---|---|---|
| 36SY003 | 28 | 0.95 | 5500 | 2 |
| 45SY003 | 27 | 1.6 | 6000 | 4 |
| 45SY001 | 24 | 1.0 | 3000 | 4 |
| 63SY001 | 30 | 1.4 | 2700 | 10 |
| 20SYK001 | 12 | 0.4 | 5400 | 0.35 |
| 24SYK001 | 12 | 0.4 | 3000 | 0.60 |
| 28SYK001 | 24 | 0.6 | 9000 | 0.70 |
| 36SYK003 | 12 | 2 | 6000 | 2.5 |

直流无刷伺服电动机将电枢放在定子，转子是永磁体，因此，电动机转动必须使定子电枢各相绕组不断换相通电，使定子和转子磁场直接保持 90°左右的空间角，形成最大转矩，产生转矩推动转子旋转。

直流有刷伺服电动机和直流无刷伺服电动机的比较如下：

- 直流有刷伺服电动机成本高，结构复杂，启动转矩大，调速范围宽，容易控制，维护不方便，会造成电磁干扰，对环境有影响。

- 直流无刷伺服电动机体积小，重量轻，出力大，响应快，速度高，惯量小，转动平滑，力矩稳定，容易实现智能化，其电子换相方式灵活，可以方波换相或正弦波换相。电动机免维护，不存在碳刷损耗的情况，效率很高，运行温度低，噪声小，电磁辐射很小，寿命长。

### 2.2.6 传动和控制技术

按动力源分类，传动系统除了机械传动系统外，还有液压传动、气动传动、电动传动、混合传动和新型传动系统等。表 2-12 是三种基本传动系统的比较。这里仅简单介绍液压和气动传动及有关的控制技术。

**表 2-12 基本传动系统的比较**

| 性能 | 液压传动 | 气动传动 | 电动传动 |
| --- | --- | --- | --- |
| 输出功率 | 很大 | 大 | 较大 |
| 压力范围 | 50 ~ 1400 N/cm²；液体具有不可压缩性 | 40 ~ 60 N/cm²；最大 100 N/cm² | |
| 控制精度 | 较高 | 较低 | 高，可精确定位 |
| 调速性能 | 可无级调速 | 低速性能差，不易控制 | 可连续调速 |
| 控制性能 | 反应灵敏，可连续轨迹控制 | 气体可压缩性，难以实现伺服控制 | 可连续轨迹控制，伺服特性好，控制系统复杂 |
| 响应速度 | 很高 | 较高 | 很高 |
| 结构性能 | 可标准化、模块化，易实现直接驱动 | 可标准化，模块化，易实现直接驱动 | 易实现标准化和模块化，但难实现直接起动 |
| 体积 | 功率/质量比大，体积小，结构紧凑 | 功率/质量比较大，体积小，结构紧凑 | 需配置减速装置 |
| 密封性 | 密封问题较大 | 密封问题较小 | 无密封问题 |
| 安全性 | 防爆性较好，液压油为传动介质，一定条件下有火灾危险 | 防爆性能好，1000 kPa 以上需注意抗压性 | 设备本身无爆炸和火灾危险，有换向时产生火花，对环境防爆性较差 |
| 环境污染 | 液压油泄漏造成环境污染 | 排气造成环境噪声 | 很小 |
| 效率 | 效率中等（0.3~0.6） | 效率低（0.15~0.2） | 效率约 0.5 |
| 成本 | 较高 | 气源方便，结构简单，成本低 | 成本高 |
| 维护和使用 | 方便，但油液对环境温度有一定要求 | 方便 | 较复杂 |
| 应用场合 | 重载、低速驱动，电液伺服系统，如喷涂机器人、重载点焊机器人，搬运机器人等 | 中小负载，快速驱动，精度要求低，如冲压机器人、装配机器人的气动夹具 | 中小负载，要求有较高定位精度要求，高速驱动，如 AC 伺服喷涂、点焊机器人等 |

#### 1. 液压传动和控制

液压传动利用液体的不可压缩性，将液压传递给执行机构实现控制的目的。它以液压油为工作介质，利用其静压力进行能量传递，具有结构简单、成本低且容易实现无级调速等特点，被广泛应用于各类大型传动系统。液压传动装置通常包括能源转换和存储装置、控制调节装置、执行装置和辅助装置等 4 部分。

液压系统中，用于控制和调节工作液体的压力高低、流量大小及改变流动方向的元件统称为液压控制元件或液压控制阀。液压控制阀通过对工作液体的压力、流量和液流方向的控制和调节，实现控制液压执行元件的开停和换向，调节其运动速度和输出转矩（或力），并对液压系统或液压元件进行安全保护等。

控制调节装置采用液压控制元件实现相应的控制功能。控制调节装置按其功能分为压力控制阀、流量控制阀和方向控制阀等。按控制方式分为开关阀、普通液压控制阀和电液压控制阀等。按安装方式分为管式、板式和插装式等类型。

能源转换装置用于提供液压油压力和流量。例如，液压泵、变排量液压泵和液压马达等。能量存储装置有各种蓄能器等。执行装置包括各种液压缸，例如，双作用单杆缸、单作用单杆缸、单作用伸缩缸及双作用磁性无杆缸等。

液压传动基本回路有压力控制回路、速度控制回路、方向控制回路以及其他液压控制回路等。

（1）压力控制回路

压力控制回路控制用于回路压力，使其适应负载要求，既能满足控制要求，又能降低动力消耗。

- 调压回路。用于控制整个液压系统或系统局部的油压，使之保持恒定或限制其最高值。
- 减压回路。用于使系统部分油路压力稳定地低于油源供压压力。
- 增压回路。用于使系统液压增高，满足高压回路的压力要求。
- 保压回路。用于保证液压恒定的控制回路。
- 卸荷回路。当执行元件不工作时，需要自动将泵源排出的液压油直通油箱，组成卸荷回路，使液压泵处于无载荷运转状态，达到减少动力消耗和降低系统发热的目的。
- 平衡回路。用于防止垂直或倾斜放置的液压缸和与之相连工作部件因自重而自行下落。
- 制动回路。液压马达带动部件运动的系统中，部件惯性只靠液压泵卸荷和停止供油是不够的。为此应设计制动控制回路。制动控制通常采用溢流阀等液压元件在液压马达回油路上产生背压，使液压马达受阻而被制动；也可用液压制动器产生摩擦力矩实现制动。

（2）速度控制回路

为解决不同执行元件不同的速度要求，要设置速度控制回路。

- 调速回路。调速控制回路在液压系统中占重要地位。用于调节液压执行机构的速度。常见速度控制回路有节流调速、容积调速和容积节流调速等。
- 增速回路。用于在不增加液压泵流量的条件下，使执行元件运行速度增加的控制回路。
- 减速回路。用于使执行元件由泵供给全流量的速度平稳降低，达到实际运行的速度要求。
- 同步回路。两个或两个以上液压执行元件需以相同位移或相同速度（或相同速比）同步运行时，采用同步回路。

（3）方向控制回路

为使执行元件起动、停止和改变运动方向，需要设置方向控制回路。方向控制回路用于控制进入执行元件的液流通断或流向。方向控制分阀控、泵控和执行元件控制三类。

（4）其他液压控制回路

除了压力控制回路、速度控制回路和方向控制回路外，液压系统中还有顺序动作回路、缓冲回路等。

- 顺序动作回路。用于实现多个执行元件的依次顺序动作，分为行程控制顺序动作、压力控制顺序动作和时间控制顺序动作等类型。
- 缓冲回路。为减少或消除执行元件在高速或大惯性运行状态突然停止或换向造成很大冲击和振动，需设置缓冲回路。
- 锁紧回路。用于执行元件停止工作时，将其锁紧在要求的位置。
- 油源回路。用于为液压系统提供有一定压力和流量传动介质的动力源回路。对其要求是能够提供压力稳定、流量均匀、系统可靠、传动介质温度稳定、节能和污染小的动力源。

（5）示例

组合机床的动力滑台是实现进给运动的一种通用部件。其运动靠液压缸驱动，滑台上安放各种专用切削头，根据需要还可安放动力箱、多轴箱、滑台和床身等通用部件。它可组合完成各种工件的钻、扩、铰、镗、铣、车、刮、攻螺纹等加工。

图 2-22 是某组合机床动力滑台液压传动系统的原理图。系统采用限压式变量叶片泵供油，液压缸差动连接以实现快速运动。

1）电液换向阀换向：行程阀、液控顺序阀实现快进与工进的顺序切换；二位二通电磁阀实现一工进和二工进之间的速度换接；为保证进给尺寸准确度，用死挡铁停留限位。

2）组合机床典型工作循环：快进→一工进→二工进→死挡铁停留→快退→停止。

3）快进（差动连接）：按起动按钮，三位五通电液动换向阀 5 的先导电磁换向阀 1YA 得电，阀芯右移，工作在左位，油路连接如下：

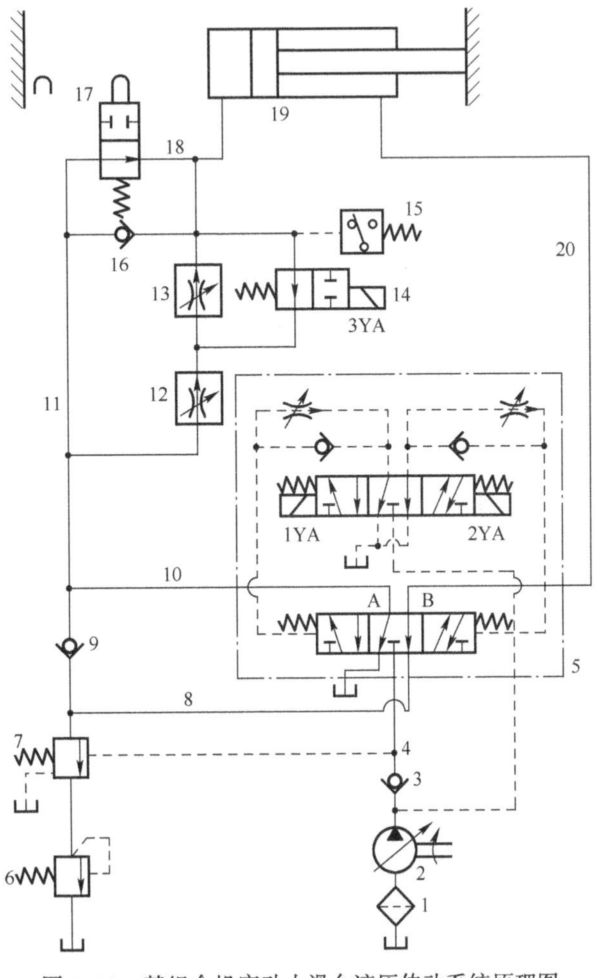

图 2-22　某组合机床动力滑台液压传动系统原理图

- 进油路。滤油器 1→变量泵 2→单向阀 3→管路 4→电液换向阀 5 的 P 口到 A 口→管路 10、11→行程阀 17→管路 18→液压缸 19 左腔。
- 回油路。液压缸 19 右腔→管路 20→电液换向阀 5 的 B 口到 T 口→管路 8→单向阀 9→管路 11→行程阀 17→管路 18→缸 19 左腔。
- 形成差动连接回路。因快进时，滑台载荷较小，同时进油可经阀 17 直通油缸左腔，系统压力较低，因此，变量泵 2 输出流量大，使滑台快速前进。

4）第一次工进：快进行程结束，滑台上挡铁压下行程阀 17，行程阀在上位工作，油路 11 和 18 断开。电磁铁 1YA 继续通电，电液动换向阀 5 仍在左位，电磁换向阀 14 的电磁铁 3YA 失励。进油路必须经调速阀 12 进入液压缸 19 左腔。同时，系统压力升高，将液控顺序阀 7 打开，并关闭单向阀 9，因此，实现液压缸差动连接油路的切换。油路连接如下：

- 进油路：滤油器 1→变量泵 2→单向阀 3→管路 4→电液换向阀 5 的 P 口到 A 口→管路 10→调速阀 12→二位二通电磁换向阀 14→油路 18→液压缸 19 左腔。
- 回油路：液压缸 19 右腔→管路 20→电液换向阀 5 的 B 口到 T 口→管路 8→顺序阀 7→背压阀 6→油箱。

由于工作进给时，油压升高，变量泵 2 的流量自动减小，动力滑台进行第一次工作进给，进给量由调速阀 12 调节。

5）第二次工进：第一次工进结束，滑台上挡铁压下行程开关，使电磁换向阀 14 的电磁铁 3YA 励磁，阀 14 右位接入工作，切断该阀所在油路，经调速阀 12 的油液须经调速阀 13 才能进入液压缸 19 右腔，其他油路不变。由于调速阀 13 开口量小于阀 12，因此，进给速度降低，第二次进给的速度由调速阀 13 调节。

6）死挡铁停留：动力滑台第二次工进结束时，碰上死挡铁，液压缸停止运动。系统压力进一步升高，达到压力继电器 15 的调定值，经延时后发送电信号，使动力滑台退回。退回前，滑台停留在死挡铁的限定位置。

7）快退：时间继电器延时时间到，发出电信号，使电液动换向阀 5 的电磁铁 2YA 励磁，1YA 失电，同时，电磁换向阀 14 的 3YA 也失电。油路连接如下：

- 进油路。滤油器 1→变量泵 2→单向阀 3→管路 4→电液换向阀 5 的 P 口到 B 口→油路 20→液压缸 19 右腔。
- 回油路。液压缸 19 右腔→管路 18→单向阀 16→油路 11→电液动换向阀 5 的 A 口到 T 口→油箱。

8）原位停止：动力滑台退回到原始位置，挡铁压下行程开关，电磁铁 1YA、2YA、3YA 都失电，电液动换向阀 5 处于中位，动力滑台停止运动。变量泵输出油压升高，使泵流量自动减到最小。

表 2-13 是组合机床动力滑台液压传动系统中电磁铁和行程阀的关系。

**表 2-13　组合机床动力滑台液压传动系统中电磁铁和行程阀的关系**

| 工序 | 快进 | 第一次工进 | 第二次工进 | 死挡铁停留 | 快退 | 原位停止 |
|---|---|---|---|---|---|---|
| 1YA | 通电励磁 | 通电励磁 | 通电励磁 | 通电励磁 | 失电 | 失电 |
| 2YA | 失电 | 失电 | 失电 | 失电 | 通电励磁 | 失电 |
| 3YA | 失电 | 失电 | 通电励磁 | 通电励磁 | 失电 | 失电 |
| 行程阀 17 | 不动作 | 动作 | 动作 | 动作 | 不动作 | 不动作 |

基本控制回路分析：该组合机床动力滑台采用如下基本控制回路。

- 容积节流调速回路。采用限压式变量泵和调速阀组成容积节流调速回路。它能满足系统调速范围大、低速稳定性好的要求，也能提高系统效率。系统在回油路增加一个背压阀 6 起到缓冲作用，改善速度稳定性，提高传动刚度，同时可使滑台承受与运动方向一致的一定的切削力。
- 快速回路。采用限压式变量泵和差动连接实现快进，不仅可获得较高运行速度，而且不致使系统效率过低。通常，动力滑台的快进和快退的速度可达最大速度的 10 倍。变量泵的流量自动变化，使在工进时只输出与液压缸所需相适应的流量，在快速行程输出最大流量，在死挡铁停留时只输出补偿系统泄漏所需的流量，因此，系统无溢流损失，效率高。

- 换向回路。采用电液动换向阀 5 实现换向，工作稳定可靠，用压力继电器和时间继电器发出的电信号作为换向切换的控制信号。
- 快速运动和工作进给的换接回路。采用行程换向阀实现速度换接，利用换向后系统的压力升高使远控顺序阀接通，使系统快速运动的差动连接转换到使回油排回油箱的连接。
- 两种工作进给的换接回路。采用两个调速阀串联回路实现两个工作进给的换接。

**2. 气动传动和控制**

在我国，气动传动是在机械传动、电动传动和液压传动以后，才发展应用的传动方式。它以压缩空气为工作介质进行能量和信号灯传递，实现生产过程的自动化。气动传动和液压传动都属于流体传动。因此，它们性能类似。气动传动系统由气源装置、执行元件、控制元件和辅助元件组成。

① 气源装置。获得压缩空气的设备，空气净化设备。如空压机，空气干燥机等。

② 执行元件。将气体的压力能转换成机械能的装置，也是系统能量输出的装置。如气缸，气马达等。

③ 控制元件。控制压缩空气的压力、流量、流动方向以及系统执行元件工作程序的元件。如压力阀、流量阀、方向阀和逻辑元件等。

④ 辅助元件。起辅助作用，如过滤器、油雾器、消声器、散热器、冷却器、放大器及管件等。

气动驱动系统常用于两位式或有限点位控制的机器人，例如，冲压机器人、装配机器人的气动夹具等。

## 2.2.7 检测技术

**1. 检测量和传感器的分类和选择原则**

(1) 分类

检测量分为物理量、化学量和生物量三类。检测物理量的检测装置称为物理量传感器，例如，检测机械量或电量的传感器。检测化学量的检测装置称为化学量传感器，例如，检测 pH 值、气体成分等传感器。检测生物量的检测装置称为生物量传感器，例如，检测微生物、酶的传感器。表 2-14 是检测量和被检测对象的分类表。

**表 2-14 检测量和被检测对象的分类**

| 类别 | | | 检测量和被检测对象 |
|---|---|---|---|
| 物理量 | 机械量 | 几何量 | 长度、位移、应变、厚度、角度、角位移、深度、面积、体积 |
| | | 运动学量 | 速度、角速度、加速度、角加速度、振动、频率、时间、动量、角动量 |
| | | 力学量 | 力、力矩、应力、质量、荷重、密度、推力 |
| | 音响 | | 声压、声波、噪声 |
| | 频率 | | 频率、周期、波长、相位 |
| | 流体量 | | 压力、真空度、液位、黏度、流速、流量 |

（续）

| 类别 | | 检测量和被检测对象 |
|---|---|---|
| 物理量 | 热力学量 | 温度、热量、比热、热焓 |
| | 电量 | 电流、电压、电场、电荷、电功率、电阻、电感、电容、电磁波 |
| | 磁学量 | 磁通、磁场强度、磁感应强度 |
| | 光学量 | 光度、照度、色度、红外光、紫外光、可见光、光位移 |
| | 湿度 | 湿度、露点、含水量 |
| | 放射线 | X 射线、α 射线、β 射线、γ 射线 |
| 化学量 | | 气体、液体、固体的成分分析、pH 值、浓度 |
| 生物量 | | 酶、微生物、免疫抗原、抗体 |

对于非电量的检测，通常将非电量转换为电量，然后进行检测。因此，传感器是能够感受或响应规定的被测量，并按照一定规律转换成可用信号输出的器件或装置。

检测元件或敏感元件是直接感受被测物理量并对其进行转换的元件或单元。传感器是检测元件及其相关辅助元件和电路组成的整个装置。通常，传感器泛指一个被测物理量按一定物理规律转换为另一物理量的装置。

（2）选择原则

传感器选择原则如下：

- 技术要求。传感器应满足一定的静态和动态特性的要求，主要有线性度、测量范围、灵敏度、分辨率、重复性等静态性能要求和响应速度、稳定性以及可靠性等动态性能要求。
- 使用环境要求。使用环境包括环境温度、湿度、振动、磁场/电场及周围气体环境等，它们对传感器的使用精度、寿命等有影响，应予考虑。
- 电源要求。包括电源电压等级、形式和纹波系数等，一些应用场合还需考虑频率的影响。
- 安全要求。包括安装场所的安全性、是否需要采用本安设备、隔爆或采取其他安全措施，此外，也需要考虑操作人员的安全，例如，对传感器外壳防护等级的考虑等。
- 维护和管理的要求。包括维护的方便性、备品备件的可获得性、是否有自诊断功能、是否采用模块结构以及是否有设备管理软件支持等。
- 性能价格比的要求。在满足检测要求的前提下，应具有较高的性能价格比、较长的平均无故障时间及较短的平均维修时间等。
- 与交货期有关的要求。包括购买产品的交货期、保修期和备件的交货期等。

因此，传感器具有下列特性：

- 足够高的准确度、精密度、灵敏度和分辨率。
- 响应速度快，信噪比大，稳定性高，特性漂移小。
- 可靠性高。能适应恶劣环境，不受其他变量的变化影响。
- 不影响被测对象的工作，不给被检测对象增加负担。
- 操作简单，安装方便，价廉，性能价格比高，节能。

对检测装置和传感器的性能要求如下：

- 准确度。被测量的测量结果与约定真值间的一致程度。
- 分辨率。规定范围内所能检测的被测量值的最小变化量。

- 线性度。实际输入输出特性曲线与拟合直线的不吻合程度。分理论线性度、端基线性度、独立线性度和最小二乘线性度等。
- 灵敏度。输出量增量与相应输入量增量之比。
- 测量范围和量程。测量范围是允许误差限内被测量值的范围。量程是该检测装置或传感器测量范围的最大值和最小值的代数差。
- 零漂和温漂。零漂是规定时间间隔和室内条件下，零位输出时的变化。温漂是周围环境温度变化引起的零位漂移。
- 迟滞。对某一输入量，传感器正行程的输出量和反行程的输出之间的不一致。
- 死区。被测量变化不引起输出响应的区域。例如，对应输出位零的输入信号范围。
- 其他性能。例如，快速响应性、稳定性等。

**2. 基础效应**

检测元件按一定物理规律将一个物理量转换为另一个物理量。该转换过程所采用的效应有光效应、磁效应、力效应、化学效应及生物效应等。

（1）光效应

利用光将一个物理量转换为另一个物理量的效应。常用的光效应有：

1）光电发射效应。物体受光照后向外发射电子的效应称为光电发射效应。光电发射第一定律描述为：入射光线频谱成分不变时，光电阴极的饱和光电发射电流 $I_K$ 与被阴极所吸收的光通量 $\Phi_K$ 成正比。即

$$I_K = S_K \Phi_K \tag{2-58}$$

式中，$S_K$ 是光电发射灵敏度系数。

发射光电子的最大动能随入射光的频率而线性增大，而与入射光的光强无关。光电发射第二定律用爱因斯坦方程描述为

$$hv = \frac{1}{2} m_e v_{max}^2 + \varphi_0 \tag{2-59}$$

式中，$h$ 是普朗克常数；$v$ 是入射光频率；$m_e$ 是光电子质量；$v_{max}$ 是出射光电子最大速率；$\varphi_0$ 是光电阴极逸出功。

光电发射第三定律是光照射某一金属或物质时，如果入射光的频率小于该金属或物质的红限 $v_0$，不管光的强度如何，都不会产生光电子发射，即红限处光电子的初速为零，红限 $v_0$ 可表示为

$$v_0 = \frac{\varphi_0}{h} \tag{2-60}$$

2）光电导效应。光辐射作用下，材料的导电性变化与光辐射强度呈稳定对应关系，这种光效应称为光电导效应。电导率正比于载流子浓度及迁移率的乘积。典型的光电导效应器件是光敏电阻。

3）光伏效应。光伏效应是光照射引起电动势改变的现象。PN 结上的光电压 $V$ 与流经负载的光电流 $I$ 的关系表示为

$$I = I_{sc} - I_s \left[ \exp\left( \frac{qV}{kT} \right) - 1 \right] \tag{2-61}$$

式中，$I_{sc}$ 是短路电流。

4）科顿效应。线偏振光入射并透过旋光性物质时，产生光线的偏转。旋光性物质是光学活性物质。当左、右旋圆偏振光合成的直线偏振光进入旋光性物质（如芳香族化合物等）时，由于旋光性物质使左旋和右旋圆偏振光的传输速度改变，形成不同折射率，透过厚度 $d$ 的旋光

性物质后形成的偏转角 $\alpha$ 可表示为

$$\alpha=(\varphi_l-\varphi_r)/2 \tag{2-62}$$

式中，$\varphi_l$和 $\varphi_r$分别是左、右旋偏振光透过旋光性物质时的旋转角度。

5）泡克耳斯效应和克尔效应。在外加电场作用下，介质折射率 $n$ 与外加电场 $E$ 之间的关系表示为

$$n=n_0+aE+bE^2+\cdots \tag{2-63}$$

式中，$a$、$b$ 是系数；$n_0$是寻常光折射率。

由上式的一次项 $aE$ 引起的介质折射率 $n$ 的改变，称为泡克耳斯效应；由上式的二次项 $aE^2$引起的介质折射率 $n$ 的改变，称为克尔效应。

6）光弹效应。在垂直于光波传播方向上施加应力，被施加应力的材料会使光产生双折射现象，其折射率改变与应力有关。出射光强可表示为

$$I=I_0\sin^2\left(\frac{\pi KPL}{\lambda}\right) \tag{2-64}$$

式中，$K$ 是材料光弹性常数；$P$ 是施加的压强；$L$ 是光波通过材料的长度；$\lambda$ 是光波波长。

7）多普勒效应。具有一定频率的信号源（可以是光或声等）与传感器之间以某一速度相对运动，传感器接收的信号频率不等于信号源的自身频率，它还与运动方向有关，这称为多普勒效应。

（2）磁效应

磁效应提供物质结构、物质内部各种相互作用及由此引起的各种物理性能相互联系的丰富信息。

1）法拉第效应。它是磁和光共同作用的结果，也称为磁致旋光效应。一束平面偏振光通过置于磁场中的磁光介质时，平面偏振光的偏振面就会随着平行于光线方向的磁场发生旋转。旋转的这个角度称为法拉第旋转角 $\psi$。可表示为

$$\psi=VBd \tag{2-65}$$

式中，$V$ 是费尔德常数；$B$ 是磁感应强度；$d$ 是光在物质中经过的路径长度。

2）霍尔效应。电流通过一个位于磁场中的导体的时候，磁场会对导体中的电子产生一个垂直于电子运动方向上的作用力，它在垂直于导体与磁感应线的两个方向上产生电势差，称为霍尔电势差。表示为

$$U_H=R_H\frac{I_SB}{d} \tag{2-66}$$

式中，$U_H$是霍尔电势差；$R_H$是材料的霍尔系数；$I_S$是电流；$d$ 是材料厚度；$B$ 是磁感应强度。

3）磁阻效应。一定条件下，导电材料的电阻值 $R$ 随磁感应强度 $B$ 的变化规律称为磁阻效应。分为常磁阻、巨磁阻、超巨磁阻、异向磁阻以及穿隧磁阻效应等，表示为

$$\frac{R_B}{R_0}=\frac{\rho_B}{\rho_0}(1+g\mu^nB^n) \tag{2-67}$$

式中，下标 $B$ 表示有磁场，0 表示没有磁场；$R$ 是磁阻；$\rho$ 是电阻率；$g$ 是形状系数，与半导体材料片的长、宽和霍尔角有关；$\mu$ 是载流子迁移率；$B$ 是磁感应强度；$n$ 根据磁场强度确定，其值在 1~2 之间，弱磁场取 2，强磁场取 1，中等磁场取 1~2 之间的值。

4）磁热效应。绝热过程中铁磁体或顺磁体的温度随磁场强度的改变而变化的现象。

5）磁致伸缩效应。铁磁物质（磁性材料）由于磁化状态的改变而引起其尺寸在各方向发生伸长（或缩短）的现象。磁致伸缩系数 $\gamma$ 可表示为

$$\gamma = \frac{L_H - L_0}{L_0} \tag{2-68}$$

式中，$L_0$是材料的原始长度；$L_H$是在外磁场作用下的长度。

6）压磁效应。铁磁材料在机械力作用下产生应力导致材料磁导率改变的现象。铁磁材料相对磁导率变化与应力的关系可表示为

$$\frac{\Delta\mu}{\mu} = \frac{2\lambda_m}{B_m^2}\sigma\mu \tag{2-69}$$

式中，$B_m$是饱和磁感应强度；$\sigma$ 是应力；$\mu$ 是磁导率；$\Delta\mu$ 是磁导率改变；$\lambda_m$是磁致伸缩系数。

（3）力效应

1）压电效应。压电体受到外机械力作用而发生电极化，并导致压电体两端表面内出现符号相反的束缚电荷，其电荷密度与外机械力成正比，这种现象称为正压电效应；压电体受到外电场作用而发生形变，其形变量与外电场强度成正比，这种现象称为逆压电效应。

2）电致伸缩效应。外电场作用下，非压电材料产生的应变与电场强度的平方成正比，称为电致伸缩效应。

3）压阻效应。固体在机械力作用下发生电阻改变的现象。半导体受压导致电阻变化可忽略，主要是压阻效应。金属的压阻效应可忽略，主要是应变效应。

（4）化学效应

1）表面吸附效应。吸附是固体表面最重要特征之一。被吸附分子称为吸附物，固体是吸附剂。吸附分物理吸附和化学吸附。物理吸附时，吸附物电子结构几乎不改变，本质是吸附物的电荷涨落。化学吸附时发生吸附物与吸附剂之间的化学反应，形成化学键，吸附物电子结构有明显改变，存在电荷转移，吸附物可能发生结构变化。因此，有表面电位、功函数及电导率等变化。

2）半导体表面场效应。利用电压产生的电场控制半导体表面电流的效应。控制作用随环境气体、溶液离子浓度等化学物质改变，可构成气敏、离子敏及生物敏等半导体场效应化学传感器。

3）中性盐效应。中性盐（其水溶液既非酸也非碱）加入化学反应系统中，使系统反应速度发生变化的现象。一次中性盐效应是指中性盐加入后改变离子浓度而使反应离子的活化系数改变的现象。二次中性盐效应是指活化系数的变化影响系统反应的离子离解平衡，从而引起反应离子浓度改变，使中性盐本身反应速度改变的现象。

4）电泳效应。电泳是溶液中带电粒子（离子）在电场中移动的现象。因溶液流动阻碍离子移动而减少其迁移率的现象称为电泳效应。离子迁移率的改变与溶液中电解质浓度、种类、颗粒形状和大小等有关。

（5）热效应

热效应是指物体温度改变所引起物体的性能改变。

1）热电效应。不同导体材料构成闭合回路，如果结合部分出现温度差，则闭合回路将有电流或产生热电势，这是热电效应。

2）热电导效应。温度改变造成材料电导率改变的现象。

（6）生物效应

生物效应是某种外界因素（例如生物物质、化学药品、物理因素等）对生物体产生的影响。

1）微波生物效应。生物体受到微波照射后，在生物化学、生物物理、组织形态、生理功能和行为等方面发生的变化。

2）微量元素的生物效应。一些微量元素对生物体的生命活动产生的影响。

**3. 运动控制传感器**

运动控制中需要一些传感器来检测运动过程中的位置、位移、速度、加速度、转矩、负荷以及压力分布等控制系统内部的参数，也需要检测与运动控制系统有关的外界环境，例如，空间、表面形态、光亮度、物体颜色，接近程度、接近距离、倾斜度、声音、超声、味道、环境气体成分和浓度等参数。

（1）位置检测传感器

位置检测传感器用于检测运动过程中的位置、位移的传感器。

表 2-15 是常用位置检测传感器分类。

**表 2-15　常用位置检测传感器分类**

| 类型 | 数字式 | | 模拟式 | |
|---|---|---|---|---|
| | 增量式 | 绝对式 | 增量式 | 绝对式 |
| 回转式 | 脉冲编码器<br>圆光栅<br>圆磁栅 | 绝对式脉冲编码器 | 旋转变压器<br>圆感应同步器<br>圆磁尺 | 多速旋转变压器<br>三速圆感应同步器 |
| 直线式 | 直线光栅<br>激光干涉仪 | 多通道透射光栅 | 直线感应同步器<br>磁尺 | 三速感应同步器<br>绝对磁尺 |

1）旋转变压器

旋转变压器是用于检测精密角度、位置、速度的模拟式传感器，也称为同步分解器。它是小型交流电动机，由定子和转子组成。其中定子绕组作为变压器的一次侧，接受励磁电压，励磁频率通常用 400 Hz、500 Hz、1000 Hz、3000 Hz 及 5000 Hz 等。转子绕组作为变压器的二次侧，通过电磁耦合得到感应电压。

旋转变压器工作原理与普通变压器相似，其区别是普通变压器的一次、二次绕组相对固定，因此，其输出电压和输入电压之比是常数，而旋转变压器的一次、二次绕组随转子的角位移发生相对位置的改变，因此，其输出电压大小随转子角位移而发生变化，输出绕组的电压幅值与转子转角成正弦、余弦函数关系，或保持某一比例关系，或在一定转角范围内与转角成线性关系。

旋转变压器在同步随动系统及数字随动系统中可用于传递转角或电信号，根据输出电压与转子转角的函数关系，可分为三类。

- 正-余弦旋转变压器。其输出电压与转子转角的函数关系成正弦或余弦函数关系。
- 线性旋转变压器。其输出电压与转子转角成线性函数关系。
- 比例式旋转变压器。其输出电压与转角成比例关系。

图 2-23 是其工作原理图。定子绕组 $S_1$ 和 $S_2$ 由两个幅值相等、相位差 90°的正弦交流电压 $u_1$ 和 $u_2$ 励磁。励磁电流严格平衡，在气隙产生圆形旋转磁场，并在转子绕组 $R_1$ 产生感应电压 $u_{br}$。

$$u_{br}(t)=mU_m\sin(\omega_0 t+\theta) \tag{2-70}$$

可见，转子绕组输出电压 $u_{br}$ 幅值不随转角 $\theta$ 改变，其相位与转角相等。因此，常用旋转变压器作为角度-相位变换器。用该调相电压作为反馈信号，可组成相位随动控制系统。

图 2-24 是用两个旋转变压器组成的角度差检测装置。图中，旋转变压发生器 BRT 与给定轴连接，旋转变压接收器 BRR 与执行轴连接。发送器侧施加交流励磁电压 $u_f$，另一转子绕组短接或串接电阻用于补偿。励磁磁通 $\Phi_t$ 沿发送器定子绕组 $S_{1t}$ 和 $S_{2t}$ 方向的分量 $\Phi_{t1}$ 和 $\Phi_{t2}$ 在绕组

中的感应电动势产生感应电流，流经 $S_{1t}$和 $S_{2t}$。它们在接收器产生相应的磁通 $\boldsymbol{\Phi}_{r1}$和 $\boldsymbol{\Phi}_{r2}$合成磁通 $\boldsymbol{\Phi}_{r}$。

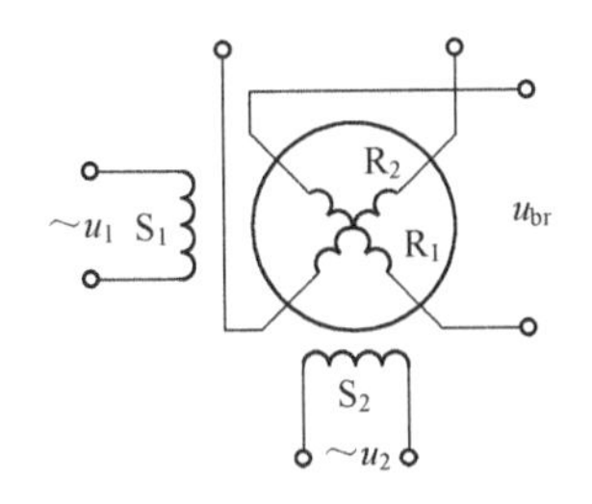


图 2-23　旋转变压器工作原理

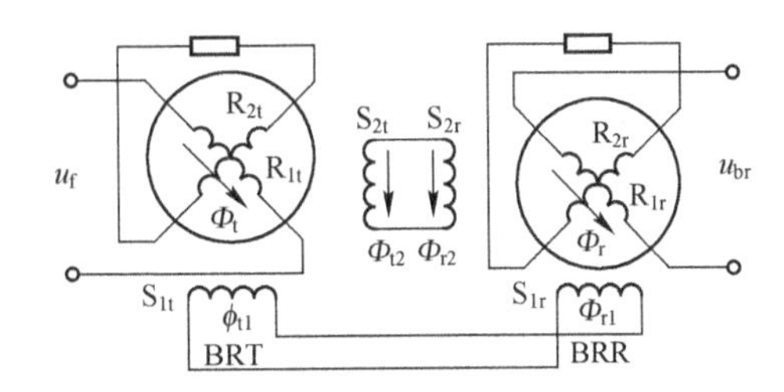


图 2-24　角度差检测原理

两个转子位置一致，则接收器获得最大感应电压。如果存在转角差 $\Delta\theta$，则输出电压表示为余弦函数关系，即

$$u_{br}(t)=kU_m\cos(\Delta\theta) \tag{2-71}$$

式中，$k$ 是旋转变压器接收器和发送器之间的电压比。实际应用时，由于接收器转子和发送器转子之间有 90°转角差，因此，接收器输出电压可表示为正弦函数关系，即

$$u_{br}(t)=kU_m\sin(\Delta\theta) \tag{2-72}$$

采用不同接线方式或不同的绕组结构，可获得与转角差 $\Delta\theta$ 成不同函数关系的输出电压。例如，弹道函数、圆函数或锯齿波函数等。

为提高系统对检测准确度的要求，可采用两极和多极旋转变压器组成双通道伺服系统。准确度可从角分级提高到角秒级，一般可达 3″~7″。

2）感应同步器

它是将直线位移或转角位移转化成交流电压的位移传感器。感应同步器工作原理与旋转变压器的工作原理相同。有圆盘式和直线式两种。在高准确度数字显示系统或数控闭环系统中，圆盘式感应同步器用于检测角位移信号，直线式用于检测线位移。感应同步器广泛应用于高准确度伺服转台、雷达天线、火炮和无线电望远镜的定位跟踪、精密数控机床以及高准确度位置检测系统中。

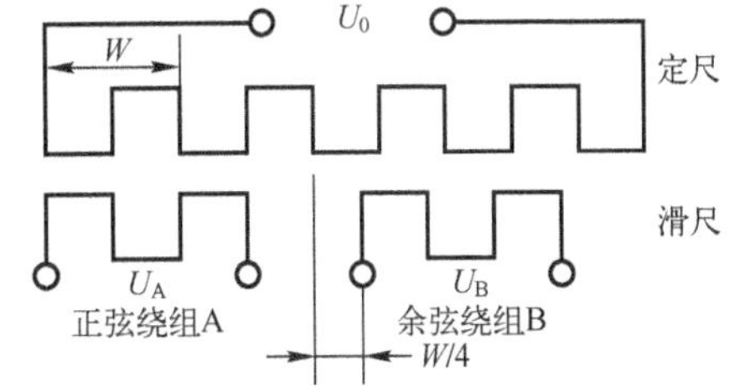


图 2-25　感应同步器工作原理

图 2-25 是感应同步器工作原理图。感应同步器由定尺和滑尺两部分组成，其结构相当于一个展开的多极旋转变压器。旋转变压器用于检测定子、转子间的旋转位移，而感应同步器用于检测滑尺和定尺间的直线位移。定尺安装在机床固定的导轨上，其长度应大于被检测件的长度，滑尺较短，安装在运动部件上，随工作台一起移动。两者平行放置，保持 0.2~0.3 mm 的间隙。定尺上是一个连续不断的矩形绕组，滑尺上分布两个长度方向相差 π/2 的正弦绕组和余弦绕组。绕组由铜箔组成，用绝缘黏合剂贴在基板上。

滑尺上的分段绕组和定尺的连续绕组相当于变压器的一次和二次绕组。矩形绕组的节距 $W$。分段绕组相对定尺绕组在空间错开 $W/4$ 节距。滑尺上施加励磁交流电压 $U_A$和 $U_B$，在定尺绕组产生相同频率感应电动势，其幅值随滑尺移动呈余弦规律变化。滑尺移动一个节距，感应电动势 $E$ 变化一个周期。

$$E=KU_m\omega\cos(\omega t) \tag{2-73}$$

式中，$K$ 是与两绕组相对位置有关的系数；$U_m$是励磁电压幅值；$\omega$ 是励磁信号频率。

设感应线圈 A 的中心从励磁线圈中心右移距离为 $x$，则两个滑尺绕组产生的感应电动势分别为

$$E_A=E_m\sin\frac{2\pi x}{W}\cos(\omega t)\quad E_B=E_m\cos\frac{2\pi x}{W}\cos(\omega t) \tag{2-74}$$

数控机床采用鉴相式或鉴幅式方式将感应电压鉴出。

鉴相式方式如下。$U_A$和 $U_B$施加同频同幅，但相位差 π/2 的交流励磁电压，即

$$U_A=U_m\sin(\omega t)\quad U_B=U_m\sin(\omega t+\pi/2)=U_m\cos(\omega t)。$$

因此，感应电动势叠加后，得

$$E_d=kU_m\sin\left(\omega t-\frac{2\pi x}{W}\right) \tag{2-75}$$

式中，$k$ 是电磁耦合系数；$U_m$是励磁电压幅值；$\omega$ 是励磁信号频率；$x$ 是滑尺和定尺的相对位移。

由于感应同步器极对数多，定尺上感应电压信号是多周期平均效应，可降低制造绕组局部误差的影响，直线感应同步器的测量精度可达±0.001 mm，重复精度 0.0002 mm，灵敏度 0.00005 mm。对直径 302 mm 的圆形感应同步器，其精度可达 0.5″，重复精度 0.1″，灵敏度 0.05″。

3）脉冲编码器

按工作原理，光电脉冲编码器分为光学型、磁型、感应型和电容型等。按输出形式分为增量型和绝对型等。

① 增量型光电编码器。图 2-26 是增量型光电编码器工作原理。增量式光电脉冲编码器由光源、码盘、检测光栅、光电检测器件和转换电路组成。

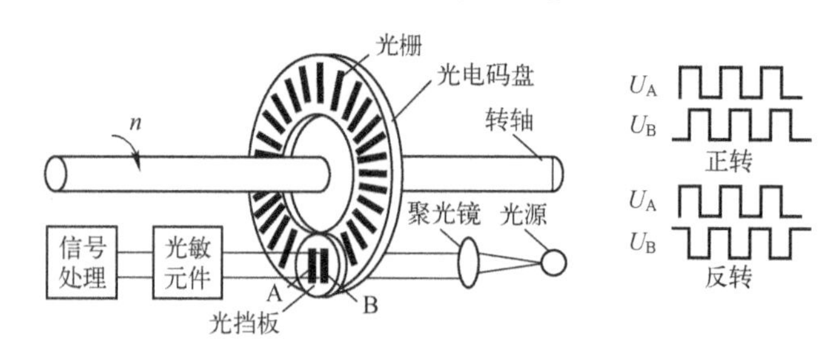


图 2-26　增量式光电编码器工作原理

光电码盘随工作轴转动，光源经聚光镜聚光后，透过光电码盘和光挡板，形成忽明忽暗的光信号，光敏元件接收光信号，并转换为脉冲信号后，送信号处理电路，经整形、放大、分频、计数和译码后输出或显示。电脉冲信号的频率$f_c$与光电码盘光栅狭缝数 $N$、电动机转速 $n$ 的关系如下：

$$f_c=\frac{Nn}{60} \tag{2-76}$$

由于 $N$ 固定，因此，输出频率$f_c$与电动机转速 $n$ 成正比。即编码器也可检测转速。

光挡板上有两个狭缝 A 和 B，它们之间的距离为 $m\pm\tau/4$（$\tau$ 是码盘上两个狭缝之间的距离，$m$ 是任意整数），这样设置可使两个光敏元件接收到的信号相差 π/2 相位。正转时，$U_A$超前 $U_B$；反转时，$U_B$超前 $U_A$。因此，将输出信号送鉴相电路，可判别码盘或电动机的旋转方向。

增量式光电脉冲编码器的测量准确度与光电码盘光栅狭缝数 $N$ 有关，$N$ 越大，分辨率越

高，测速准确度也越高。$N$越大，增加制作成本和难度越高，为此，常用倍频电路来提高转速分辨率。一般可采用4倍频电路来提高转速分辨率。

增量式光电脉冲编码器的测量准确度可达0.02%，工作范围0～7800 r/min，分辨率0.1 rad/s。其特点是比一般测速发电机准确度高几个数量级、非接触测量、机械寿命达几万小时、抗干扰能力强、适合长距离信号传输、可靠性高和数字输出等，因此，得到广泛应用。

② 绝对值旋转编码器。为消除粗大误差，工业上常采用表2-16所示的循环码码盘，也称为格雷码码盘。其特点是相邻两个码道间只有一个码发生变化，表2-16也显示绝对值编码的轴位置和数码的对应关系。

**表2-16　绝对值编码轴位置和数码的对应关系**

| 轴位置（十进制码） | 0 | 1 | 2 | 3 | 4 | 5 | 6 | 7 | 码道分布 |
|---|---|---|---|---|---|---|---|---|---|
| 循环码 | 0000 | 0001 | 0011 | 0010 | 0110 | 0111 | 0101 | 0100 | |
| 轴位置（十进制码） | 8 | 9 | 10 | 11 | 12 | 13 | 14 | 15 | |
| 循环码 | 1100 | 1101 | 1111 | 1110 | 1010 | 1011 | 1001 | 1000 | |

注：图中共4个码道，从里向外表示，深色表示1，白色表示0。轴位置0表示码道全白，轴位置10表示码道全黑。

表中，白色表示透明，深色表示不透明，码盘的一侧安装光源，另一侧对应码道有径向排列的光电管接收光信号。码盘与被测工作轴联动。不同轴位置对应的光电管接收到的信号不同，从而可确定轴的绝对位置。因此，这种编码器称为绝对值编码器。从表可见，相邻的轴位置之间循环码最多相差一个二进制数，因此，对码盘的制作和安装要求可降低，产生的误差最多是最低位的一位数。

表2-16所示的码盘是4码道，其分辨率为$360°/2^4=22.5°$。增加码道数，可提高分辨率。例如，绝对值旋转编码器有13个码道时，分辨率达0.044°。多圈绝对值编码器不仅在一圈内测量角位移，还用多步齿轮测量圈数，因此，分辨率可显著提高。

绝对值旋转编码器具有可获得角位移的绝对值、没有累积误差、电源掉电后位置信息不会丢失等特点。

③ 磁型编码器。在数字式传感器中，磁型编码器是近年发展起来的一种新型电磁敏感元件，可分为磁鼓式、磁敏电阻式、励磁磁环式和霍尔元件式等多种类型。它是将位移转换为电脉冲信号的一类编码器。

磁型编码器具有不易受尘埃、结露影响，对潮湿气体和污染不敏感，结构简单紧凑，可高速运转，响应速度快（纳秒级），体积小，成本低以及易精确集成等特点。与光增量编码器的工作原理类似，当工作轴转动时，磁型编码器的磁性元件检测并输出电脉冲信号，经转换后作为转速信号。

4）光栅

光栅是数控机床和数显系统常用的检测元件。具有准确度高、响应快等特点。光栅是由大量等宽等间距的平行狭缝构成的光学器件。它是在玻璃片上刻出大量平行刻痕制成，刻痕为不透光部分，两刻痕之间的光滑部分可以透光，相当于一狭缝。精制的光栅，在1 cm宽度内刻有几千条乃至上万条刻痕。透射光栅是利用透射光衍射的光栅。反射光栅是利用两刻痕间的反射光衍射的光栅，如在镀有金属层的表面刻出许多平行刻痕，两刻痕间的光滑金属面可以反射光的光栅。安装在机床移动部件的标尺光栅是长光栅（或主光栅），安装在机床固定部件的指示光栅是短光栅。两个光栅相互平行并保持一定间隙（0.05～0.1 mm等），刻线密度相同，栅线直接缝宽为$b$，栅线宽度为$a$，则光栅节距（也称为栅距）$W=a+b$。指示光栅在其自身平面转一个很小角度$\theta$，使两个光栅刻线相交，相交处出现黑色条纹，称为莫尔条纹。如图2-27所示。

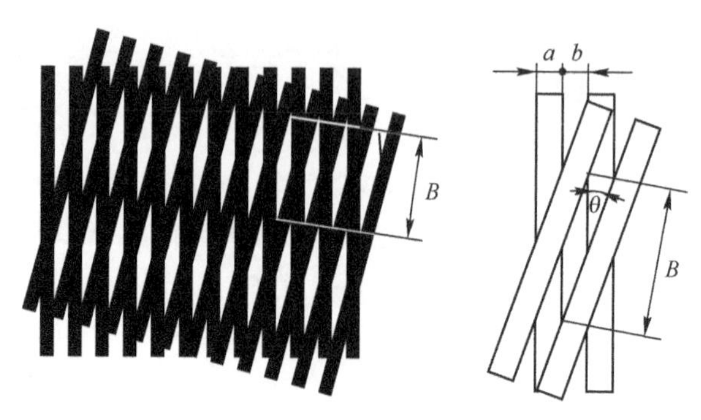


图 2-27　莫尔条纹的形成

通常，$a=b=W/2$；当 $\theta$ 很小时，有

$$B\approx\frac{W}{\theta} \tag{2-77}$$

莫尔条纹具有下列特点：

- 莫尔条纹移动方向与光栅夹角有对应关系。长光栅沿栅线垂直方向移动时，莫尔条纹沿夹角平分线方向移动。其关系见表 2-17。

**表 2-17　莫尔条纹与光栅移动方向与夹角转向之间的关系**

| 长光栅相对短光栅的转角方向 | 顺时针方向 | | 逆时针方向 | |
|---|---|---|---|---|
| 主光栅移动方向 | 向左 | 向右 | 向左 | 向右 |
| 莫尔条纹移动方向 | 向上 | 向下 | 向下 | 向上 |

- 光学放大作用。从式（2-77）可见，由于 $\theta$ 很小，因此，$B\gg W$，起到光学放大作用。例如，长光栅在 1 mm 内刻 100 条线，当 $\theta=10'=0.00029$ rad，则 $B=0.01/0.00029\approx 3.44$ mm，放大 344 倍。其放大倍数可通过改变夹角 $\theta$ 连续调节，从而实现连续改变倍数的功能。
- 均化误差作用。莫尔条纹由光栅的大量刻线共同形成，可起均化光栅刻线误差作用。例如，光电元件接收长度 10 mm，1 mm 内刻 100 条线，则接收信号由 1000 条刻线组成，如有刻线误差，例如少一根刻线，只影响千分之一的光电效果，即其准确度比单纯栅距的准确度有很大提高，也明显提高重复准确度。

实际装置将光源、计量光栅、光电转换和前置放大组合在一起构成传感器（光栅读数头），将细分辨向的差补器、计数器和受控装置（由步进电动机、打印机或绘图机组成）组成数字显示器，如图 2-28 所示。

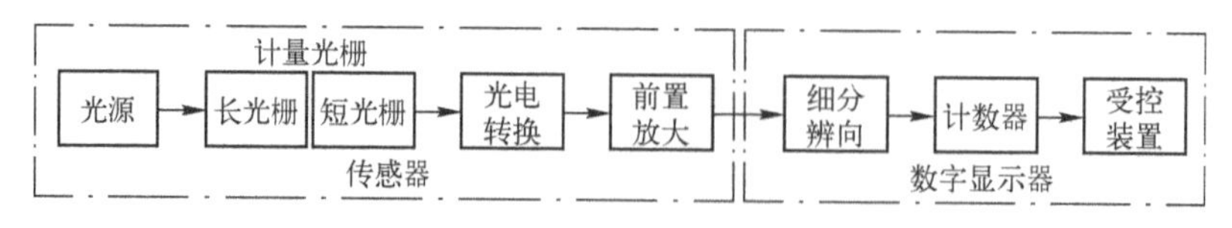


图 2-28　光栅检测装置框图

细分技术是用于提高测量准确度、提高分辨率的技术。测量位移时，最小分辨率是一个栅距，增加刻线密度可提高分辨率，另一方法是在双光电元件基础上经信号调节对信号细分。即在莫尔条纹变化一周期时，不单输出一个脉冲，而是输出 $n$ 个脉冲，通常 $n=4$，从而减小脉冲当量，提高分辨率。例如，$W=0.01$ mm，$n=4$，则分辨率可从 0.01 mm 提高到 0.0025 mm。实

现方法是用4个依次相距的光电元件，在一个莫尔条纹周期内产生4个计数脉冲，实现4细分。这种细分方法对莫尔条纹信号波形要求不严格，电路简单，可应用于静态和动态测量系统。缺点是光电元件安装困难，因此，细分数 $n$ 不能太高。

由于只安装一套光电元件，光栅正向和反向移动时，光电元件都产生相同正弦信号。为此，可将得到的脉冲数累加，物体反向移动时，累加的脉冲数减反向移动的脉冲数，从而获得正确测量结果，这种技术称为辨向技术。

5）磁栅。磁栅传感器由磁栅（磁尺）、磁头和检测电路组成。磁尺是非导磁性材料做尺基，在其上镀一层均匀磁性薄膜，并录上一定波长磁信号制成。磁信号的波长（周期）称为节距 $W$。磁信号极性首尾相接，在N、N重叠处正的最强，在S、S重叠处负的最强。图2-29是磁栅传感器示意图。

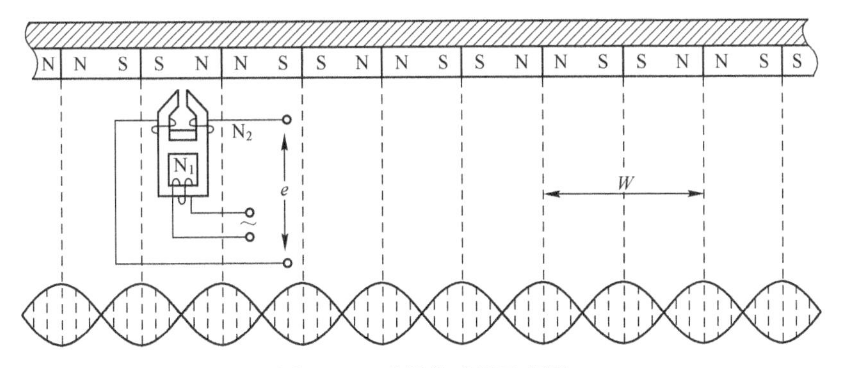


图2-29　磁栅传感器示意图

磁头分动态磁头（速度响应式磁头）和静态磁头（磁通响应式磁头）两大类。动态磁头与磁尺间有相对运动时有信号输出，只能在恒速下检测。静态磁头输出与速度无关，应用广泛。

磁栅分长磁栅和圆磁栅。长磁栅有尺型、带型和同轴型三种，主要用于直线位移的测量。圆磁栅主要用于角位移的测量。

静态磁头有 $N_1$（励磁绕组）和 $N_2$（感应输出绕组）两组绕组。$N_1$绕组通交流励磁电流，使磁心可饱和部分（截面很小）在每周内发生两次磁饱和。磁饱和时磁心的磁阻很大，磁栅的漏磁通不能通过磁心，感应输出绕组 $N_2$不能产生感应电动势。只有在励磁电流每周两次过零时，磁心才能导磁。磁栅上漏磁通使输出绕组产生感应电动势 $e$，即感应电动势的频率是励磁电流频率的2倍。感应电动势的包络线反映磁头与磁尺的位置关系，其幅值与磁栅进入磁心漏磁通的大小成正比，即

$$U=k\Phi_m\sin\frac{2\pi x}{\lambda}\sin\omega t \tag{2-78}$$

式中，$\lambda$ 是磁尺磁化信号的节距；$x$ 是磁头相对磁尺的位移；$\Phi_m$是励磁磁通的幅值；$\omega$ 是励磁电流频率；$k$ 是电磁转换系数。为识别磁栅的移动方向，可采用双磁头结构。两磁头按（$m\pm 1/4$）$\lambda$ 间距配置（$m$ 是正整数），则两个磁头的输出分别是 $U_1=k\Phi_m\sin\frac{2\pi x}{\lambda}\sin\omega t$，$U_2=k\Phi_m\cos\frac{2\pi x}{\lambda}\sin\omega t$。

因单磁头读取磁性标尺上的磁化信号输出电压很小，并且对磁尺上的磁化信号的节距和波形要求高，因此，可将多磁头以一定方式串联组成多间隙磁头，增大其输出电压，同时，因读

取信号是其平均值，有平均效应作用，可提高测量准确度。

6）电容传感器。理想情况下，平板电容器的电容可根据下式计算：

$$C=\frac{\varepsilon_r\varepsilon_0 A}{d} \tag{2-79}$$

式中，$\varepsilon_0$是空气介电常数；$\varepsilon_r$是介质相对介电常数；$A$是极板面积；$d$是极板间距。变间隙电容式传感器常用于检测微小位移，变面积电容式传感器常用于检测角位移和较大的线位移。

电容式传感器具有以下优点：灵敏度高，分辨率高；测量范围宽；功率小，阻抗高；良好的动态响应特性，工作频率高；结构简单，体积小，自身发热小，适应环境性好；稳定性好。但寄生电容会影响测量精度和灵敏度。

7）电感式传感器。电感式传感器利用电磁感应原理将位移转换为自感系数或互感系数的变化，从而改变电感量，并根据被测量的电感量来确定位移量。

电感线圈的电感量$L$与线圈匝数$N$、磁路总磁阻$R_m$之间的关系可表示为

$$L=\frac{N}{R_m} \tag{2-80}$$

小气隙时，忽略磁路铁损，可近似得到电感量$L$与气隙$\delta$成反比，即

$$L\approx\frac{N^2\mu_0 A}{2\delta} \tag{2-81}$$

式中，$\mu_0$是空气磁导率；$A$是导磁体横截面积；$\delta$是气隙厚度。因此，根据检测的电感量可计算出位移量。

差动式电感式传感器采用差动式结构。当衔铁位置偏离两个线圈中心时，一个线圈的电感量增加，另一个线圈的电感量减小，由于两个线圈连接到电桥的相邻两臂，因此，电桥输出产生线性变化。

对单线圈式螺管的传感器，假设单位长度线圈的匝数为$N$，线圈螺管总长度为$l$，衔铁插入螺管的长度为$l_a$，螺管平均半径为$r$，并有$l\gg r$，则有

$$L\approx\frac{\mu_0\mu_r N^2 A_a}{l_a} \tag{2-82}$$

式中，$\mu_0$和$\mu_r$分别是空气和衔铁的导磁率；$A_a$是导磁体横截面积。

电感式传感器具有灵敏度高、准确度高、非线性失真小、无活动触点、机械寿命长、分辨率高且量程范围较宽等特点，但存在交流零位信号，不适合高频动态检测。

（2）速度检测传感器

增量式速度检测传感器有交/直流测速发电机、数字脉冲编码式速度传感器及霍尔速度传感器等。绝对式速度检测传感器有速度-角度传感器、数字电磁式传感器及磁敏式速度传感器等。

由于速度是位置的微分，因此，位置传感器也可获得速度信息。例如，位置信息用脉冲数表示时，一定时间内的脉冲个数就反映其速度（称为M法测速）。也可在两个相邻脉冲间隔内，用一个计数器对已知频率的高频时针脉冲进行计数，并计算其速度（称为T法测速）。也可将两者结合，确定其速度（称为M/T法测速）。

1）交流异步测速发电机

交流测速发电机分为异步测速发电机和同步测速发电机两类。常用的是异步测速发电机，它是一类微型发电机，用于将检测转速并将其转换为标准电压信号。

理想状态下，异步测速发电机输出电压 $U_0$与转速 $n$ 的关系如下：

$$U_0 = Kn = KK'\frac{\mathrm{d}\theta}{\mathrm{d}t} \tag{2-83}$$

式中，$KK'$是比例常数，它是输出特性曲线的斜率；$n$ 是测速发电机转子的旋转速度；$\theta$ 是测速发电机转子的旋转角度。交流异步测速发电机结构如图 2-30 所示，其结构与空心杯形转子伺服电动机相似。

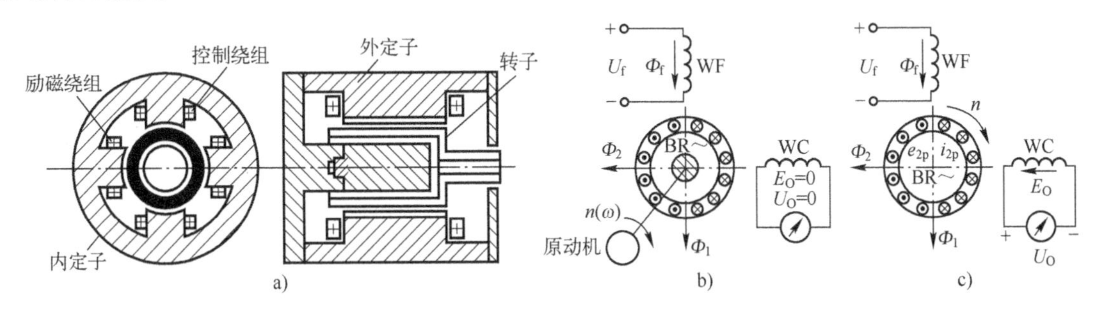


图 2-30 异步测速发电机结构和工作原理

定子上设置两个相差 90°角的绕组，WF 是励磁绕组，连接单相额定交流电源；WC 是工作绕组，连接测量仪表作为负载。交流电源以旋转的杯形转子为媒介，工作绕组感应出与转速成正比的电动势，其频率与电网频率相同。

- 转子静止。当频率为 $f_1$的励磁电压 $U_f$加在 WF 后，测速发电机内、外定子间气隙中产生一个与 WF 轴线一致、频率为 $f_1$的脉动磁通 $\Phi_f$，如果转子静止，则因磁通 $\Phi_f$在转子中的感应变压器电动势和涡流，涡流产生磁通阻止磁通 $\Phi_f$的变化，合成的磁通 $\Phi_1$的轴线仍与励磁绕组轴线重合，它与 WC 产生的磁通轴线垂直，因此，在输出绕组（工作绕组）不会感应出电动势，输出电压 $U_0 = 0$。
- 转子转动。假设转子以转速 $n$ 沿顺时针旋转，则转子切割磁通 $\Phi_1$产生电动势 $e_{2p}$和电流 $i_{2p}$。因 $e = Blv$，因此，$e_{2p}$的有效值与 $\Phi_{1m}$和 $n$ 成正比。如果励磁电压 $U_f$固定，则 $\Phi_{1m} = U_f/(4.44f_1N_1)$ 不变，即 $e_{2p}$与转速 $n$ 成正比。电流 $i_{2p}$产生的脉动磁通 $\Phi_2$，其方向与 WC 轴线重合，在输出绕组感应的变压器电动势 $E_0$与磁通 $\Phi_2$成正比。因磁通 $\Phi_2$与 $e_{2p}$成正比，因此，输出电动势 $E_0$与转速 $n$ 成正比。转子转动方向改变时，输出电压相位也改变 180°。

异步交流测速发电机的优点是不需要电刷和换向器，构造简单，维护方便，运行可靠，输出特性稳定，准确度高，摩擦力矩小，惯性小，正、反转时输出电压对称，不产生无线电干扰等。缺点是存在相位误差和剩余电压，输出斜率小，随负载特性不同输出特性变化。应根据变频调速控制系统的频率、电压、工作速度范围和精度要求及测速发电机在系统中的作用合理选择。例如，应防止测速段进入非线性区，并应选择合适的励磁电压。选用温度变化引起的变温误差小、剩余电压小、漏磁通小、输出斜率大的产品。

2）直流测速发电机

有他励式和永磁式两类。常用的是他励式直流测速发电机。

他励式直流测速发电机结构与直流伺服电动机的结构相同，其工作原理如图 2-31 所示。励磁绕组流过电流 $I_f$时，产生沿空间分布的恒定磁场，电枢由被测机械拖动旋转，以恒定速度切割磁场，在电枢绕组产生感应电动势。

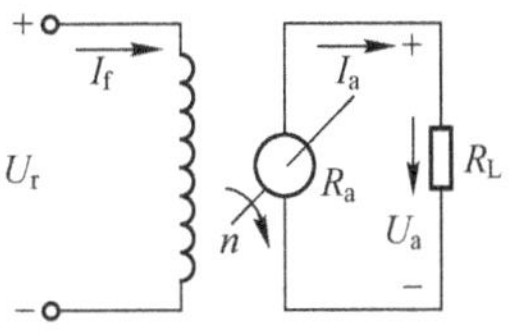

图 2-31 直流测速发电机工作原理

空载时，电枢两端电压为 $U_{ao}=E=C_e n$，即测速发电机的输出电压与转速成正比。有负载时，输出电压为 $U_a=E-I_a R_a$。式中，$R_a$是包括电枢电阻和电刷接触电阻的电阻，而电枢电流 $I_a=U_a/R_L$。有负载时，输出电压为

$$U_a=\frac{C_e n}{1+\frac{R_a}{R_L}} \tag{2-84}$$

如果 $C_e$、$R_a$和 $R_L$不变，则直流测速发电机的输出电压与转速成正比。由于温度变化引起电阻变化，因此，负载电阻越小，转速越高，输出特性的非线性越严重。

直流测速发电机的优点是没有相位波动，没有剩余电压，输出特性斜率比异步交流测速发电机的输出特性斜率大。缺点是有电刷和换向器，结构复杂，维护不便，摩擦转矩大，有换向火花，产生无线电干扰，输出特性不稳定，正、反转时输出特性不对称等。

(3) 转矩检测传感器

用于检测电动机旋转时的最初起动转矩、电动机稳态运行时轴的输出转矩和电动机从起动到空载运行整个起动过程的转矩等三类。电动机转矩检测有测功机法、校正过的直流电机法和转矩仪法等。

1) 涡流测功机

工作原理和结构如图 2-32 所示，被测电动机与转轴连接，带动钢盘旋转，励磁绕组中通直流电流产生一恒定磁场，经钢盘和相邻磁极构成闭合磁回路。旋转的钢盘切割磁场，感应涡流并产生制动转矩。同时，磁极因受反作用力矩使顺电动机转动方向偏转一个角度，最终与平衡锤的力矩平衡，指针与磁极一起偏转，并指示转矩值。改变励磁电流可平滑地调节制动转矩。

2) 磁粉测功机

图 2-33 所示磁粉测功机在定转子间的气隙中添加高磁导率的磁粉，励磁绕组中无励磁电流时磁粉无序分布，不产生制动力矩；励磁绕组通励磁电流后产生气隙磁场，磁粉被气隙磁场磁化，使测功机产生制动力矩，并使定子偏转一个角度后与重锤力矩平衡。磁粉测功机运行时，将轴上输入的机械能转换为热能，为限制测功机温升，采用强制冷却方式或空气自冷结构。

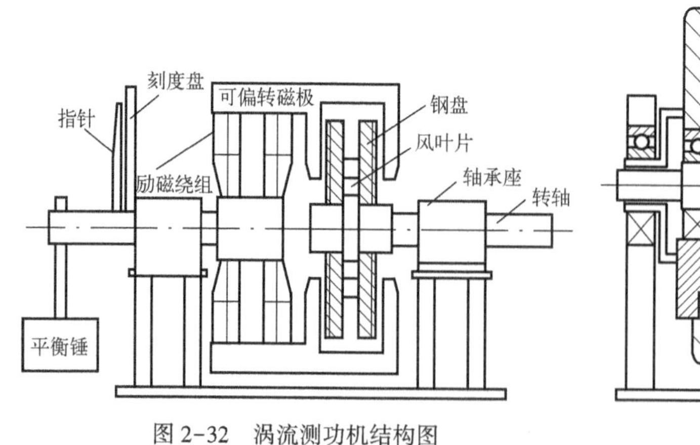


图 2-32　涡流测功机结构图

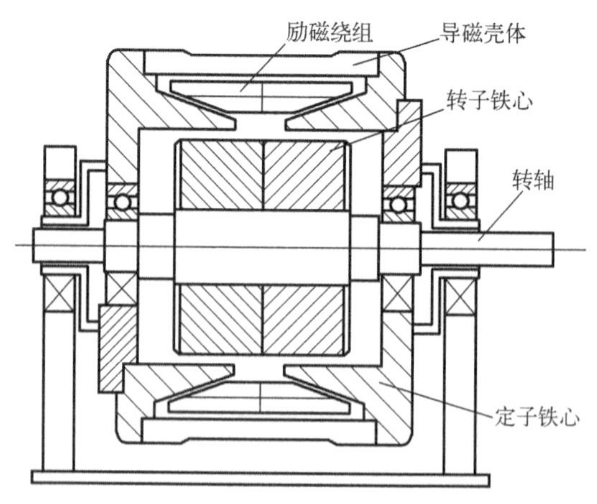


图 2-33　磁粉测功机结构图

(4) 力和加速度检测传感器

加速度传感器用于测量加速度，通常由质量块、阻尼器、弹性元件、敏感元件和适调电路等组成。加速时，传感器通过对质量块所受惯性力的测量，根据牛顿第二定律获得加速度值。根据传感器敏感元件的不同，常见加速度传感器有电容式、电感式、应变式、伺服式和压电式等。

1) 压电式加速度检测传感器。压电式加速度检测传感器利用压电材料的压电效应检测力。压电效应是某些晶体或电介质在沿一定方向受外力作用时，内部正负电荷中心相对位移，产生极化，导致材料两端表面内出现符号相反的束缚电荷，电荷密度与外力成正比，外力去掉，恢复不带电状态的现象。

石英晶体是正六面体，其纵轴（$z$ 轴）称为光轴，垂直 $z$ 轴并通过棱线的 $x$ 轴称为电轴，与 $x$、$z$ 轴垂直的 $y$ 轴称为机械轴。沿 $x$ 轴向施加作用力，在 $x$ 轴向面产生电荷的压电效应称为纵向压电效应。沿 $y$ 轴向施加作用力，在 $y$ 轴向面产生电荷的压电效应称为横向压电效应。沿光轴施加作用力不产生压电效应。

在 $x$ 轴施加的作用力 $F_x$ 与产生的极化电荷量 $q_{xx}$ 成正比，电荷量 $q_{xx}$ 与晶体尺寸无关。在 $y$ 轴施加的作用力 $F_y$ 产生的极化电荷极性是与 $x$ 轴作用的力 $F_x$ 产生的极化电荷极性相反的，并且与晶体尺寸有关。检测极化电荷量可计算出所施加的作用力。

压电式传感器具有体积小、重量轻、结构简单、灵敏度与传感器固有频率的平方成正比、压电系数越大、压电效应越强、但易受环境噪声影响、操作较麻烦等特点。

2) 电容式加速度检测传感器。它是基于电容原理的极距变化型的电容传感器。采用微机电系统（MEMS）工艺，从而保证有较低成本和较高测量准确度。

3) 伺服式加速度传感器。与一般加速度计相同，该传感器的振动系统由“$m$-$k$”系统组成，但质量 $m$ 上还接一个电磁线圈。当基座上有加速度输入时，质量块偏离平衡位置，该位移大小由位移传感器检测并经伺服放大器放大后转换为电流输出。该电流流经电磁线圈，在永久磁铁的磁场中产生电磁恢复力，由于有该反馈作用，增强了抗干扰的能力，提高了测量准确度，扩大了测量范围。伺服加速度测量技术广泛应用于惯性导航和惯性制导系统，在高准确度的振动测量和标定中也有应用。

4) 力传感器。力是引起物质运动变化的直接原因。力传感器能检测张力、拉力、压力、重量、转矩、内应力和应变等力学量。具体的器件有金属应变片、压力传感器等。

力传感器的测量过程如下：

- 被测力使弹性体（如弹簧、梁、波纹管、膜片等）产生相应位移，通过测量位移获得力的信号。
- 弹性构件和应变片共同构成传感器，应变片牢固粘贴在构件表面上。弹性构件受力时产生形变，使应变片电阻值变化（发生应变时，应变片几何形状和电阻率发生改变，导致电阻值变化），通过电阻测量获得力的信号。应变片可由金属箔制成，也可由半导体材料制成。
- 利用压电效应测力。通过压电晶体把力直接转换为置于晶体两面电极上的电位差。
- 力引起机械谐振系统固有频率变化，通过频率测量获取力的相关信息。
- 通过电磁力与待测力的平衡，由平衡时相关的电磁参数获得力的信息。

**4. 机器人专用传感器**

这里专指用于检测机器人外部环境及状况的传感器。包括物体识别传感器、接近觉传感器、距离传感器、力觉传感器及听觉传感器等。表 2-18 是机器人传感器分类和应用。

表 2-18 机器人传感器分类和应用

| 传感器 | 检测对象 | 传感器装置 | 应用 |
|---|---|---|---|
| 视觉 | 空间形状<br>距离<br>物体位置<br>表面形态<br>光亮度<br>物体颜色 | 面阵电荷耦合器件、自扫描光电二极管<br>线阵图像传感器、TV 摄像机<br>激光、超声测距<br>光电位置传感器、线阵电荷耦合器件<br>面阵电荷耦合器件<br>光电管、光敏电阻<br>色敏传感器、彩色 TV 摄像机 | 物体识别、判断<br>移动控制<br>位置确定和控制<br>检查和异常检测<br>判断对象有无<br>物料识别、颜色选择 |
| 触觉 | 接触<br>握力<br>负荷<br>压力大小<br>压力分布<br>力矩<br>滑动 | 微型开关，光电传感器<br>应变片，半导体压力元件<br>应变片，负载单元<br>导电橡胶，感应高分子元件<br>应变片，半导体感压元件<br>压阻元件，转矩传感器<br>光电编码器，光导纤维 | 控制速度、位置、姿态确定<br>控制握力、识别握持物体<br>张力控制、指压控制<br>姿态、形状判别<br>装配力控制<br>控制手腕、伺服控制双向力<br>修正握力、测量重量或表特征 |
| 接近觉 | 接近程度<br>接近距离<br>倾斜度 | 光敏元件、激光<br>光敏元件<br>超声换能器、电感式传感器 | 作业程序控制<br>路径搜索、控制、避障<br>平衡、位置控制 |
| 听觉 | 声音<br>超声 | 话筒<br>超声波换能器 | 语音识别、人机对话<br>移动控制 |
| 嗅觉 | 气体成分<br>气体浓度 | 气体传感器，射线传感器 | 化学成分分析 |
| 味觉 | 味道 | 离子敏传感器、pH 计 | 化学成分分析 |

(1) 视觉传感器

视觉传感器用于获取足够的机器视觉系统要处理的最原始图像。它利用光学元件和成像装置获取外部环境图像信息。它可应用于包装标签的正确粘贴；检测包装中是否存在破损情况；物体尺寸是否正确等。

(2) 触觉传感器

触觉传感器是用于机器人中模仿触觉功能的传感器。按功能可分为接触觉传感器、力-力矩觉传感器、压觉传感器和滑觉传感器等。

1) 接触觉传感器。接触觉传感器检测机器人是否接触目标或环境，用于寻找物体或感知碰撞。

- 机械式传感器。利用触点接触的断开获取信息，例如，微动开关识别物体。
- 弹性式传感器。由弹性元件、导电触点和绝缘体组成，导电材料受压后使导电触点接触，开关导通。导电材料有石墨化碳纤维、氨基甲酸乙酯泡沫等。
- 光纤传感器。光通过光纤射到可变形材料上，反射光按相反方向经光纤返回，如果材料表面受力变形，则反射光强度改变，从而确定受力情况。

2) 滑觉传感器。当抓取不知属性物体时，可根据握紧力，即检测被握物体的滑动来增加或减少握紧力，有滚动式和球式两种。滚轮滚动说明握紧力不够。也可根据振动检测滑觉，物体滚动时，触针与物体接触产生振动，经压点传感器或磁场线圈检测其微小位移。

3) 压觉传感器。检测被测物所受的力。通常用分布式压敏元件组成阵列。常用导电橡胶、感应高分子材料、光电器件和霍尔元件作为压敏元件。

（3）接近觉传感器

接近觉是接触对象前获取信息，一般用非接触的测量元件，例如，霍尔效应传感器、气压式传感器、电磁式接近开关和光学接近传感器等实现。

（4）力觉传感器

力觉传感器是机器人的指、肢和关节在运动过程中受力的传感器，可分为测力传感器、力矩表、手指传感器和六轴力觉传感器等，通常有应变式、光电式、压电式和电磁式等几类。

（5）嗅觉传感器

嗅觉传感器由交叉敏感的气敏传感器阵列组成。用于检测、分析和鉴别各种气味。常见的有金属氧化物半导体传感器、导电聚合物传感器、质量传感器和光纤气体传感器等。

（6）听觉传感器

它是与人耳相似的具有频率反应的电麦克风或光纤麦克风。此外，有声控开关等用于根据声频输出开关信号。听觉传感器可分为两类，一类是根据接收的声音进行识别，鉴别声音的内容等；另一类发送声音，并接收反射声，进行判别和处理。

**5. 新型传感器**

（1）智能传感器

智能传感器是传感器与微处理器的结合，是兼有信息检测与信息处理功能的传感器。智能传感器必须带有微处理器，并具有采集、学习、推理、感知、处理和交换信息等能力，它是传感器集成化与微处理器相结合的产物。智能传感器具有以下三个基本特点：通过软件技术可实现高准确度的信息采集、成本低；具有一定的编程自动化能力；功能多样化。

智能传感器的主要功能如下：

- 具有自校零、自标定和自校正功能。
- 具有自动补偿功能。
- 能够自动进行检验、自选量程以及自寻故障。
- 能够自动采集数据，并对数据进行预处理。
- 具有数据存储、记忆与信息处理功能。
- 具有双向通信、标准化数字输出或者符号输出功能。
- 具有学习、推理、判断及决策处理功能。

智能传感器向微型化、集成化、智能化、柔性化和无线化的方向发展，并与 MEMS 传感器结合，应用的领域遍及工业和民用的各行各业。自 2015 年起智能传感器已取代传统传感器成为市场主流（占 70%）。

智能传感器分为非集成式智能传感器、混合式智能传感器和集成化智能传感器等三类。其中，集成化智能传感器即 MEMS 传感器。

（2）MEMS 传感器

MEMS 即微机电系统（Microelectronic Mechanical Systems）。它是采用微电子和微机械加工技术制造的新型传感器。与传统传感器相比，MEMS 具有体积小（最大不超过 1 cm）、重量轻、成本低、功耗低、可靠性高、适于批量生产、易于集成和实现智能化等特点。此外，在微米量级的特征尺寸使得它可以完成某些传统机械传感器所不能实现的功能。

MEMS 传感器是将微型机构、微型传感器、微型执行器以及信号处理和控制电路，直至接口、通信和电源等集成于一块或多块芯片上的微型器件或系统。由于是芯片制造，因此，其一致性好，功耗低，便于批量生产。MEMS 传感器的分类见表 2-19。

表 2-19 MEMS 传感器的分类

| 类型 | 工作原理 | 应用 |
| --- | --- | --- |
| 物理传感器 | 力学传感器 | 加速度传感器；角速度传感器；惯性测量组合；压力传感器；流量传感器；位移传感器；气囊碰撞传感器 |
| | 电学传感器 | 电场传感器；电场强度传感器；电流传感器 |
| | 磁学传感器 | 磁通传感器；磁场强度传感器 |
| | 热学传感器 | 温度传感器；热流传感器；热导率传感器 |
| | 光学传感器 | 红外传感器；可见光传感器；激光传感器；色彩传感器 |
| | 声学传感器 | 噪声传感器；声表面波传感器；超声传感器 |
| 化学传感器 | 气体传感器 | 可燃性气体传感器；毒性气体传感器；大气污染气体传感器；汽车用传感器 |
| | 湿度传感器 | 湿度传感器 |
| | 离子传感器 | pH 传感器；离子浓度传感器 |
| 生物传感器 | 生理量传感器 | 生物浓度传感器；触觉传感器；血气分析传感器；活动量检测传感器 |
| | 生化量传感器 | 生化量传感器 |

1）MEMS 加速度传感器。基于牛顿经典力学定律，由悬挂系统和检测质量组成，通过微硅质量块的偏移实现对加速度的检测，例如，用于汽车导航系统、防盗系统及汽车安全气囊系统等。表 2-20 是三类加速度传感器的比较。

表 2-20 MEMS 加速度传感器的比较

| 类型 | 压电式 | 压阻式 | 电容式 |
| --- | --- | --- | --- |
| 工作原理 | 利用压电效应，运动时内置的质量块产生压力，使支撑的刚体发生应变，检测该应变，并计算出加速度 | 通过压敏电阻阻值改变实现加速度测量 | 利用惯性质量块在加速度作用下引起悬臂梁变形，检测其电容变化确定加速度 |
| 特点 | 体积较小，重量轻，结构简单，准确度高，稳定性好 | 结构、制作工艺和检测电路简单，高性能、低功耗，抗振动，耐冲击 | 高灵敏度，低噪声，良好的热稳定性和可靠性，漂移小 |
| 尺寸 | 小 | 大 | 大 |
| 温度范围 | 宽 | 中等 | 非常宽 |
| 灵敏度 | 中等 | 中等 | 高 |
| 线性度 | 中等 | 低 | 高 |
| 冲击造成的零漂 | 有 | 无 | 无 |
| 直流响应 | 无 | 有 | 有 |
| 电路复杂程度 | 稍复杂 | 简单 | 复杂 |
| 成本 | 高 | 低 | 高 |

2）MEMS 角速度传感器。微陀螺仪是角速度传感器。利用单晶体或多晶体的振动质量块在被基座带动旋转时产生的科里奥利力来感测角速度。表 2-21 是各应用级别微陀螺仪的性能要求。

**表 2-21　各应用级别微陀螺仪的性能要求**

| 性能参数 | 量程 /(°·$s^{-1}$) | 角度随机游走 /(°·$h^{0.5}$) | 零偏稳定性 /(°·$h^{-1}$) | 标度因子重复性 /(%) | 带宽 /Hz | 抗震性 /(g·$ms^{-1}$) |
|---|---|---|---|---|---|---|
| 低准确度 | 50~1000 | >0.5 | 10~1000 | 0.1~1 | >70 | 1000 |
| 中准确度 | >500 | 0.5~0.05 | 0.1~10 | 0.01~0.1 | 约 100 | 1000~10000 |
| 高准确度 | >400 | <0.001 | <0.01 | <0.001 | 约 100 | 1000 |

3）MEMS 惯性测量组合。将微加速度计和微陀螺组合可构成 MEMS 微惯性测量组合。陀螺仪可保持对加速度对准的方向进行跟踪，在惯性坐标系中分辨指示的加速度。对加速度进行两次积分可获得物体的位置信息。

目前，低准确度惯性传感器主要用于手机、GPS 导航、游戏机、数码相机、音乐播放器、无线鼠标、PD、硬盘保护器、智能玩具、计步器和防盗系统等。中准确度 MEMS 惯性传感器主要用于汽车电子稳定系统（ESP 或 ESC）GPS 辅助导航系统、汽车安全气囊、车辆姿态测量、精密农业、工业自动化、大型医疗设备、机器人、仪器仪表及工程机械等。高准确度的 MEMS 惯性传感器用于通信卫星、导弹导引头、光学瞄准系统等稳定性应用、飞机/导弹飞行控制、姿态控制、偏航阻尼等控制应用，以及中程导弹制导、惯性 GP 战场机器人等。

（3）仿生传感器

仿生传感器是采用固定化的细胞、酶或其他生物活性物质与换能器相配合组成的新型传感器。它能够模拟某些生物体的功能，发出信息，产生响应。根据仿生传感器使用的介质可分为酶传感器、微生物传感器、细胞传感器和组织传感器等。机器人是典型的仿生装置。表 2-22 是仿生传感器类型。

**表 2-22　仿生传感器类型**

| 名　称 | 说　明 |
|---|---|
| 视觉传感器 | 检测被敏感对象的明暗度、位置、运动方向及形状特征等 |
| 明暗觉传感器 | 检测对象物体的有无，并检测其轮廓 |
| 形状觉传感器 | 检测物体的面、棱、顶点及二维或三维形状。达到提取物体轮廓，识别物体及提取物体固有特征的目的 |
| 位置觉传感器 | 检测物体的平面位置、角度、到达物体的距离、达到确定物体空间位置、识别物体运动方向和移动范围等目的 |
| 色觉传感器 | 检测物体的色彩，达到根据颜色选择物体进行正常工作的目的 |
| 听觉传感器 | 具有语音识别功能，包括声音检测转换和语音信息处理两部分，实现语音识别 |
| 触觉传感器 | 检测被接触对象的接触面上的力觉、压觉、滑动觉及冷热觉等 |
| 嗅觉和味觉传感器 | 感受不同气味和味道，例如，健康细胞和癌细胞的味道等 |

**6. 现代检测技术**

（1）软测量技术

软测量的基本思想是基于一些过程变量与过程中其他变量之间的关联性，采用计算机技术，根据一些容易测量的过程变量（称为辅助变量），推算出一些难以测量或暂时还无法测量的过程变量（称为主导变量）。推算是根据辅助变量与主导变量之间的数学模型进行的。

软测量技术的提出是基于下列原因。

- 为了实现良好质量控制，必须对产品质量或与产品质量密切相关的过程变量进行控制，而这些质量分析仪表或传感器的价格昂贵，维护复杂，加上分析仪表滞后大，造成控制质量下降。

- 一些产品质量指标或与产品质量密切相关的过程变量目前尚无法测量。像精馏塔的产品成分、塔板效率、干点、闪点、反应转化率以及生物发酵过程的菌体浓度等。

图 2-34 是实际工业过程输入输出变量和软测量仪的结构。

实际工业过程的输入变量分为可测可控的控制变量 $u(t)$、可测不可控的扰动变量 $d(t)$ 和不可测不可控的扰动变量 $w(t)$。输出变量分为待估计系统输出变量 $y(t)$ 和可测的辅助输出变量 $z(t)$。

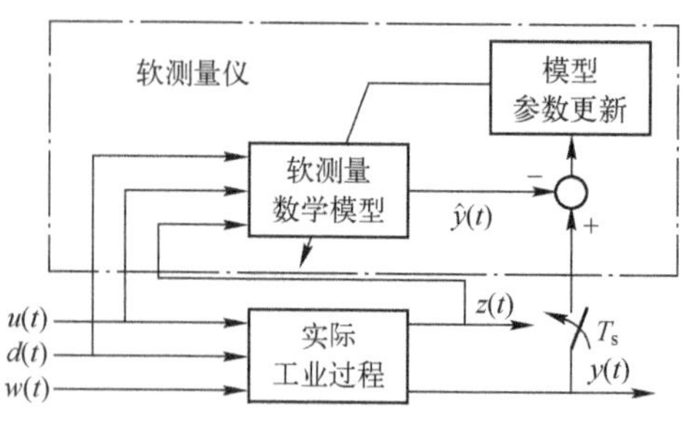

图 2-34　软测量仪的一般结构

软测量仪由软测量数学模型建立（辅助变量选择、数据采集和处理）和在线校正等部分组成。

1）辅助变量选择。软测量仪根据辅助变量与主导变量之间的数学模型进行推算，因此，辅助变量的选择是关系到软测量仪精确度的重要内容。辅助变量选择原则如下：

- 关联性。辅助变量应与主导变量有关联，最好能够直接影响主导变量。
- 特异性。辅助变量应具有特异性，用于区别其他过程变量。
- 工程适用性。应容易在工程应用中获得，能够反映生产过程的变化。
- 精确性。辅助变量本身有一定的测量精确度，同时，模型应具有足够的精确度。
- 鲁棒性。对模型误差不敏感。

为使模型方程有唯一解，辅助变量数至少应等于主导变量数，通常应与工艺技术人员一起确定。同时，应根据辅助变量与主导变量的相关分析进行取舍，不宜过多，因当某一辅助变量与主导变量关联性不强时，反而会影响模型精确度。

2）数据采集和处理。需要采集的数据是软测量仪主导变量对应时间的辅助变量数据。要求采集数据的覆盖面要宽，以便使软测量技术建立的模型有更宽的适用范围。采集的过程数据应具代表性。

离线数据处理的内容包括对数据的归一化处理、不良数据的剔除等。数据的归一化处理包括对数据的标度换算、数据转换和设置权函数。不良数据的剔除包括分析采集数据、数据的检验和不良数据的剔除。

- 建立软测量数学模型。建立软测量数学模型的方法与建立过程数学模型的方法类似。
- 数学模型在线校正。对模型进行校正的主要原因是：由于模型是根据一定操作条件下的数据建立的，操作条件变化会造成模型的误差；在建立模型时，一些过程变量没有发生变化，因此，未考虑在模型中，但在应用过程中这些变量发生变化，引起模型结构或参数的变化；过程本身的时变性，例如，催化剂的老化使模型参数变化。模型校正的目的是提高软测量模型的泛化能力，使所建立的软测量模型能够适应不同应用条件变化、操作工况等操作环境的变化。

在线校正方法有短期校正和长期校正两种。短期校正是以某时刻软测量模型的输出与实际输出之差进行校正的。可以修正模型的常数项，修正模型中的权函数或偏置函数值。长期校正是将一段时间内的过程数据采集后重新离线建模，也可定期根据采集的过程数据自动进行在线修正。

（2）图像检测和成像

随着计算机技术、数字技术、激光技术、精密计量光栅制造技术和光电技术的发展，利用图像处理技术实现测量的方法得到发展。与传统测量方式不同，基于图像处理技术的测量方式将图像作为检测和传递信息的手段或载体，从图像中提取有用信息实现特征几何量的测量与评定。例如，人脸识别、指纹识别等。

图像检测技术是以现代光学为基础，融光电子学、计算机图形学、信息处理及计算机视觉等现代科学技术为一体的综合测量技术。图像检测技术把图像作为信息传递的载体，依据视觉的原理和数字图像处理技术对物体的成像图像进行分析研究，得到需要测量的信息，目前已经成功应用于几乎所有领域。

图像检测和成像主要研究图像编码与压缩、图像预处理、图像增强、图像变换、图像恢复以及图像分割与分析等。

图像检测方法分为单帧图像检测和多帧图像检测。单帧图像检测是利用图像的灰度信息对目标进行分割，包括基于灰度阈值的目标检测方法和基于边缘信息的目标检测方法。多帧图像检测通过序列图像的变化特征实现对目标的提取，主要用于运动目标的检测，包括基于像素分析的方法、特征检测的方法和基于变换的方法等。图像检测技术的特点如下：

- 无接触、无损伤。该检测方法与被检测对象无接触，不会对被检测对象和检测人员造成损伤。因此，十分安全和可靠，是其他检测方法无法比拟的。
- 测量准确度高。利用各种图像目标模式定位方法，特别是亚像素定位技术，可以明显地提高图像目标的定位准确度。测量准确度已进入纳米级；测量的量级已从点向面过渡。
- 可测量传统方法不易测量的物理量。例如，与待测相位有关的干涉条纹的亮度变化量、异形区域的面积、连续变化的亮度场、色彩场及条纹方位场等都可以利用图像测量技术来实现。此外，通过采集图像的检测方法也可用于某些恶劣环境下短期观察应用和长时间的跟踪观察应用。
- 成像系统的高准确度标定和修正。用数字图像处理技术可实现对摄像系统高准确度的标定和误差修正。
- 处理算法的自动化程度高，减少了图像处理的工作量和时间，提高了效率。

图 2-35 是图像检测和成像系统的结构框图。

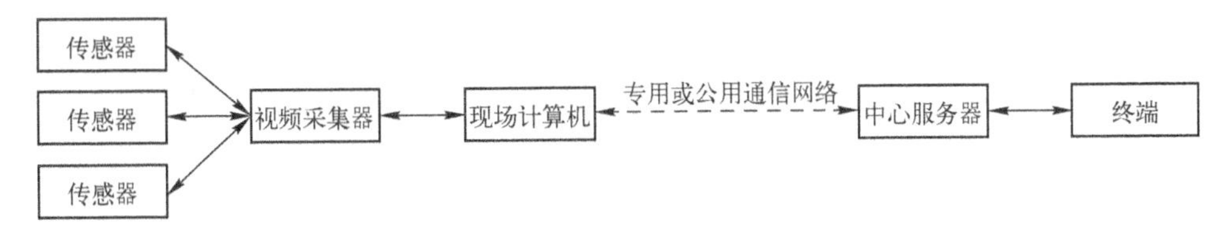


图 2-35　图像检测和成像系统结构框图

图像检测和成像系统由硬件和软件两部分组成。硬件系统包括传感器、图像采集卡（视频采集器）和计算机，软件系统主要包括控制图像卡、采集图像和处理计算图像三大部分。

采用的图像检测技术主要有以下几种。

1）基于灰度阈值的目标检测

根据目标灰度与背景灰度的不同，通过选取合适的阈值将图像二值化，使得目标从背景中分离出来。阈值的选取是目标检测的关键，也是目标检测的难点。

- 单阈值目标检测。最常用方法有直方图分析法、迭代分割法、最大类间方差法、最大熵分割法和贝叶斯分割法。
- 多阈值目标检测。将图像分为多个具有不同区域特征的分块，在这些分块中分别采用不同的阈值对图像进行分割。与单阈值分割比较，它能兼顾图像各处的情况，在有突发噪声、照度不均或各处对比度不同时能有效对图像进行分割，在目标和背景的灰度有梯度变化时效果最为明显。

2）基于边缘信息的目标检测

图像的边缘往往包含图像中最重要的信息，例如，边缘附近灰度值会发生剧烈变化。基于边缘信息的目标检测就是根据这一特征对目标的边缘进行检测，进而实现目标的定位。

最通用的基于边缘信息的目标检测方法是检测亮度的不连续性，这种不连续主要通过求一阶导数和二阶导数得到检测，若找到亮度的一阶导数在幅值上比指定的阈值大或二阶导数有零交叉的位置，可将其识别为边缘。基于边缘信息的目标检测方法包括梯度算子检测、最优算子检测、多尺度信号处理方法、自适应平滑滤波法以及利用其他数学工具的边缘检测方法。

图像成像方法有 CCD（电荷耦合器件）成像、红外成像、激光成像、声呐成像以及 X 射线成像等。

（3）数据融合技术

近年发展起来的数据融合技术是充分利用不同时间与空间的多传感器数据资源，采用计算机技术按时间序列获得多传感器观测数据，在一定准则下进行自动分析、综合、支配和使用这些数据，获得对被测对象的一致性解释和描述，并实现相应决策和估计的技术。

随着系统的复杂性日益提高，依靠单个传感器对物理量进行监测不能满足应用要求。因此，在故障诊断系统中可使用多传感器技术，对多种特征量进行监测（如振动、位置、电流、电压、速度、温度、压力和流量等），并对这些传感器的信息进行融合，以提高故障定位的准确性和可靠性。

复杂工业过程控制也是数据融合应用的一个重要领域。通过时间序列分析、频率分析及小波分析，从传感器获取的信号中提取特征数据，同时，将这些特征数据输入神经网络模式识别器进行特征级数据融合，识别出系统的特征数据，再输入模糊专家系统进行决策级融合。专家系统推理时，从知识库和数据库中取出领域规则和参数，与特征数据进行匹配（融合）。最后，决策出被测系统的运行状态、设备工作状况和故障等。

根据数据处理的层次，数据融合可分为检测级融合、位置级融合、目标识别级融合、态势估计与威胁估计等五层。根据信息抽象层次，数据融合可分为像素级数据融合、特征级数据融合和决策级数据融合等。

多传感器数据融合的算法如图 2-36 所示。图中的 D-S 推理是 Dempster-Shafer 提出的根据高低概率区间度量理论发展而来的不确定性推理。

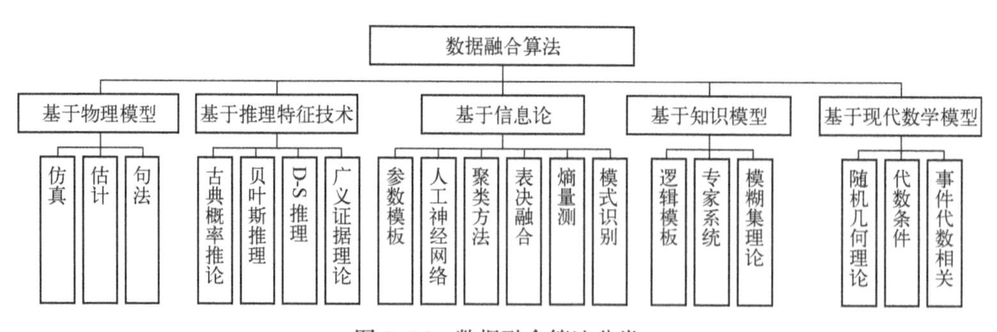


图 2-36　数据融合算法分类

# 第 3 章　PLCopen 运动控制规范

## 3.1　PLCopen 规范概述

长期以来，用户可在很大范围内选择实现运动控制的硬件。不过，每种硬件都要求独自而无法兼容的开发软件。即使所要求的功能完全相同，在更换另一种硬件时，也需要重新编写软件。这一困扰运动控制用户的问题，其实质就是如何实现运动控制软件的标准化问题。

PLCopen 组织考虑到用户在运动控制软件标准化的强烈需求，1996 年就建立了运动控制规范工作组，历时十多年完成了这一具有挑战性的工作。

PLCopen 开发运动控制规范的目的非常明确：在 IEC 61131-3 为基础的编程环境下，在开发、安装和维护运动控制软件等各个阶段，协调不同的编程开发平台，使它们都能满足运动控制功能块的标准化要求。或者说，PLCopen 在运动控制标准化方面所采取的技术路线是在以 IEC 61131-3 为基础的编程环境下建立标准的运动控制应用功能块库。这样容易做到：让运动控制软件的开发平台独立于运动控制的硬件；让运动控制的软件具有良好的可复用性；让运动控制软件在开发、安装和维护等各个阶段，都能满足运动控制功能块的标准化要求。总而言之，IEC 61131-3 为机械部件的运动控制提供一种良好的架构。

概括起来，PLCopen 运动控制规范的核心理念主要体现在以下方面：

- IEC 61131-3 的软件模型架构。
- 将运动控制的物理问题进行分解，并进行合理的科学抽象，在此基础上模块化。
- 开发独立于硬件的软件功能模块。

结构化编程技术为软件的可靠性、可维护性和广泛的适用性提供了本质的保证。IEC 61131-3 的结构化表现在三个方面：软件模型、创建了结构化的文本化语言 ST、顺序功能图语言 SFC 为编程结构化奠定基础。

IEC 61131-3 的软件模型由分层结构的组态元素：配置、资源和任务以及程序和功能块构成；其全局变量表现在存取路径和实例特定的初始化。其结构的分解从理论上描述了将一个复杂的应用程序如何分解为若干个较小，且不同的可管理部分，并提供了在各分解部分之间构建清晰和规范的接口方法。而且，描述一个 PLC 系统如何实现多个独立程序的同时装载和运行，如何实现对程序执行的完全控制。

PLCopen 运动控制规范实际上是规范各类运动控制所需要的功能块（包括管理功能块和运动功能块），即定义单轴和多轴协调运动控制的功能块的基本集合、在运动控制过程中的状态变化（状态机）以及规定符合规则和语句。表 3-1 给出的是这些规范的各个部分。

**表 3-1　PLCopen 运动控制规范一览表**

| 运动控制库 | 名　称 | 发布时间 |
|---|---|---|
| 第 1 部分 | 运动控制库 | 2001 年 11 月 |
| 第 2 部分 | 扩展 | 2004 年 4 月 |
| 第 3 部分 | 用户导则 | 2004 年 4 月 |
| 第 4 部分 | 运动控制的协调 | 2008 年 12 月 |

（续）

| 运动控制库 | 名　　称 | 发布时间 |
| --- | --- | --- |
| 第 5 部分 | 回原点功能 | 2006 年 4 月 |
| 第 6 部分 | 液压驱动扩展 | 2011 年 11 月 |

### 3.1.1 PLCopen 运动控制规范的特点

PLCopen 国际组织制定的运动控制库，十分适合应用于智能制造。现已成为国际公认的事实上的运动控制标准。

PLCopen 为运动控制提供功能块库，其特点可以概括如下：

- 极大增强了运动控制应用软件的可复用性，从而减少了开发、培训和技术支持的成本。
- 只要采用不同的控制解决方案，就可按照实际要求实现运动控制应用的可扩可缩。
- 功能块库的方式保证了数据的封装和隐藏，进而使之能适应不同的控制系统架构，譬如说，集中的运动控制架构、分布式的运动控制架构，或者既有集中又有分散的集成运动控制架构。
- 它不但服务于当前的运动控制技术，而且也能适应今后的或正在开发的运动控制技术。

所以说，IEC 61131-3 与 PLCopen 的运动控制规范的紧密结合，提供了理想的机电一体化的解决方案。

值得注意的是，近些年来运动控制功能与 PLC 功能融合日趋明显，产品推出可谓层出不穷。过去许多运动控制器中（包括 CNC 控制器）都集成有 PLC 功能，用户利用该功能可以实现一些简单的逻辑控制。但对于许多大型机械，其 PLC 控制逻辑本身就相当复杂，扫描周期时间短，实时性要求高，运动控制器中包含的简单 PLC 功能一般无法满足要求，何况还需要许多 I/O，如传感器、按钮及执行器件等。在这些应用中，往往不得不采用两套相对独立的 PLC 和运动控制系统，两者之间又往往需要通过 I/O 接口交换数据，实现同步等。这样就使得系统设计相当复杂，成本高，维护较难。随着硬件的发展，处理器速度大大提高，内核数量增加，内存容量越来越大，完全有可能将运动控制内核和 PLC 内核在一套硬件上实现，甚至将伺服单元和 I/O 模块挂载到同一套现场总线或工业以太网上。这样的系统设计非常紧凑，处理速度快，成本相对较低，同时拥有良好的可维护性。融合的结果是出现了一类多功能的机器人控制器，用多功能的机器人控制器的软件任务替代原来用的许多专用控制器（机器人运动控制器 RC、PLC、定位系统控制器 MC、生产顺序控制器 PC、安全控制器 SC）。这一类综合控制器的重点是机器人控制器，它同时具备强大的 PLC 的复合功能。图 3-1 显示这一融合产生的变化。

还有一类机械装置的综合控制器适合中小型生产流水线的控制。在具备强大的 PLC 功能的同时，也配备了一定的机器人控制和 CNC 的功能，这样用一套系统就可完成生产线中所有的逻辑控制、顺序控制、运动定位控制、机器人控制和机械数控，乃至安全控制的功能。与前面所述的那一类系统不同的是其机器人控制和数控功能相对适当，并不需完成复杂的多轴协调控制。

从软件的角度看，以往传统运动控制多采用 G 代码编程，而 PLC 控制器则采用 IEC 61131-3 的编程语言。促成运动控制和 PLC 功能的软件融合的技术基础首先是 PLCopen 国际组织成功地向世界推广了标准化的 PLC 编程语言，获得了自动控制业界的普遍采纳和应用。其次，是 PLCopen 国际组织的 TC2 任务工作组开发制定了 PLCopen 运动控制规范，排除了运动控制软件和 PLC 软件之间无缝集成的障碍。

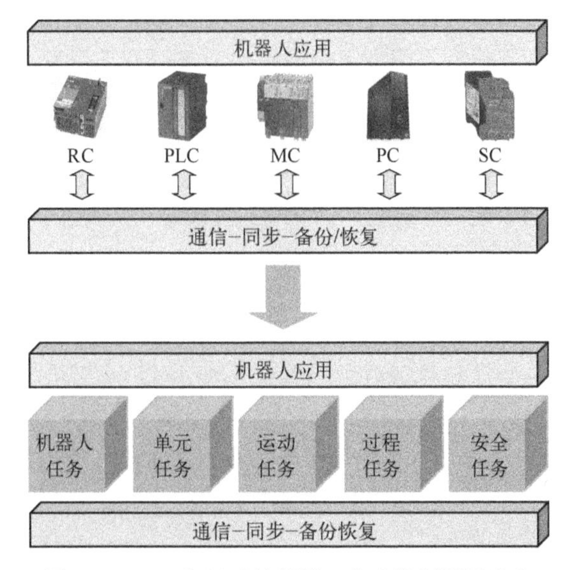


图 3-1　PLC 与运动控制器、安全控制器的融合

PLCopen 运动控制规范主要关注不同供应商提供的不同系统间的软件可复用性，同时还具备以下特性：

- 易用性。编写应用程序方便，安装和维护容易。
- 效率性。编程效率高，表现为具有足够数量且经验证的功能块，很大程度上提高了编程的效率。
- 一致性。符合 IEC 61131-3 标准的结构化和模块化。
- 通用性。软件独立于硬件。
- 完全性。非强制性，但很充分。

PLCopen 运动功能块仅仅定义到接口和数据结构的层面，功能块的具体实现则由各个厂商自行定义。因而标准化的 PLCopen 运动控制功能块给广大的机械制造厂商带来了一个变革的机会，用户可以在 PLCopen 运动控制规范规定的基本功能块组合的基础上，以任务为导向建立具有知识产权的独特功能块库，可极大地提高软件的可复用性，尤其能体现自身的特色和竞争差异性。采用不同功能块库的组合，可以快速地形成差异化的产品序列，满足众多应用场合的需求，同时这些软件还独立于硬件系统。在更换硬件系统的时候，可以将软件部分的移植成本压缩到最小。毫无疑问，以这样标准化的方式发布的运动控制解决方案，还可减少针对最终用户的维护和培训成本。

目前 PLCopen 运动规范定义的功能块主要可分为用于单轴或多轴简单协同运动控制的第一/第二部分，以及多轴协调运动控制的第四部分。

### 3.1.2　PLCopen 运动控制功能块的概念和模型

**1. 功能块模型**

在 PLCopen 制定的运动控制规范、安全控制规范和 OPC UA 通信规范中，都是用相应的功能块来表达其功能的。这些功能块用最少的输入和输出予以表达，图 3-2 给出两种功能块模型：①Execute（输入）和 Done（输出）对；②Enable（输入）和 Valid（输出）对。

编程时则用详细的变量来表达，如图 3-3 所示。

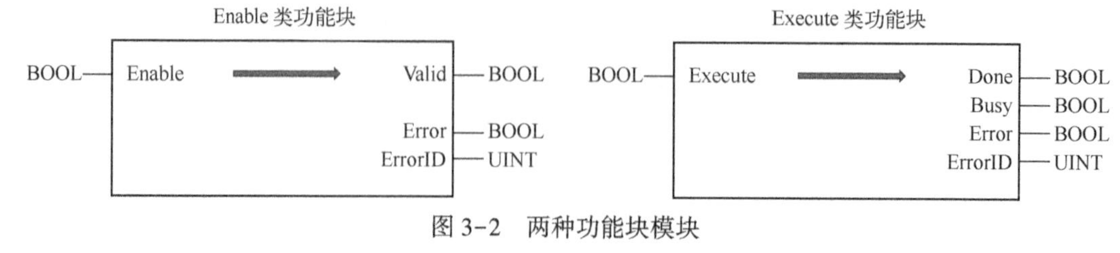


图 3-2　两种功能块模块

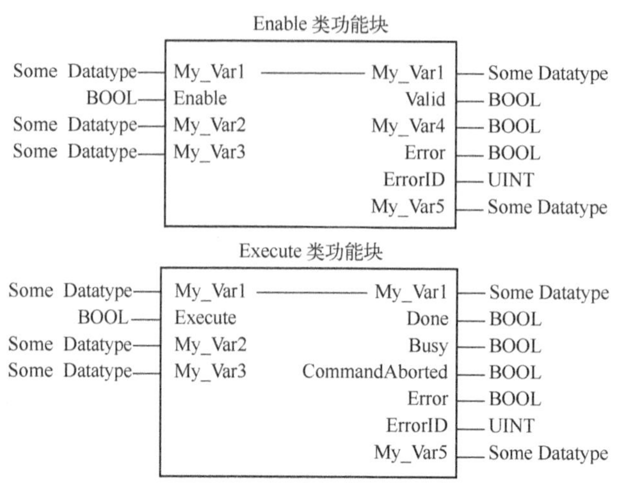


图 3-3　两种功能块模块的详细表达

**2. 运动控制规范中的功能块**

PLCopen 运动控制功能块的定义包括两个部分：激活部分和状态相关部分。激活功能块又有两个选项：Execute/Done 和 Enable/Valid。

1）Execute/Done：执行一个输入，触发功能块的执行；用相关的输出 Done（或 InVelocity、InGear、InTorque 或 InSync）表示功能块执行完成。

2）Enable/Valid：赋予一个对电平敏感的输入有效，同时 Valid 作为相关输出。

若使用 Execute/Done 对，在输入“Execute”的下降沿将复位输出“Done”“Error”“ErrorID”和“CommandAborted”。但“Execute”的下降沿并不会停止或影响已经激活的功能块的执行。即使在功能块完成其功能之前复位已经发生，也必须保证对应的输出能够至少一个周期内保持其设置的状态。如果某个功能块的实例在它完成之前又收到一个新的执行命令（例如，对同一个实例加上一串命令），功能块不必进行任何反馈。

若使用 Enable/Valid 对，在输入“Enable”的下降沿，输出“Valid”、“Enabled”、“Busy”、“Error”和“ErrorID”，会尽可能快地复位。

在运动控制规范的第一部分的 V2.0 中，增加了一个输入“ContinuousUpdate”。当功能块被触发（“Execute”上升沿）时，如果“ContinuousUpdate”为 TRUE，而且只要它一直保持 TRUE，则功能块使用输入变量的当前值作为正在进行的运动的参数。如果“ContinuousUpdate”为 FALSE，且“Execute”输入处于上升沿，在整个运动中输入参数的改变被忽略，使用前一个周期的行为。

下面给出功能块有关输出的定义：

- Busy。功能块尚未执行完，新的输出值尚在形成中。在 Execute 输入的上升沿，Busy 置 1，而输出 Done、Aborted 和 Error 中的某一个置位可使 Busy 复位。
- Active。表示功能块已经控制该轴。

- Done。表示功能块已经成功地执行完了命令动作。
- CommandAborted。当前命令 Command 已不执行，被另一命令 Command 所替代。
- Error。功能块内已出错。
- ErrorID。出错标识。

为了说明运动控制功能块使用 Execute/Done 对的不同的行为时序图，以功能块 MC_MoveAbsolute 为例。在图 3-4 左侧示出 MC_MoveAbsolute 的一个实例，右侧是该实例的行为时序。在第一个周期（示例 1），输入 Execute 触发功能块，输出 Busy 立即响应，稍有延迟后输出 Active 表示功能块已控制了轴 Axis。在第一周期的后面时刻发生了输出 CommandAborted，表示原来的命令已被另一个命令所替代。但功能块在第二个周期（示例 2）仍然保持 Busy 和 Active 的状态，只是在第二周期结束前产生一个 Error 输出，Error 使 Busy 复位。到第三周期（示例 3），只要输入 Execute 上升沿触发，功能块的功能仍然在执行，Busy 置 1，由于没有出错和中止，因此，直至成功完成命令的动作，就产生输出 Done。

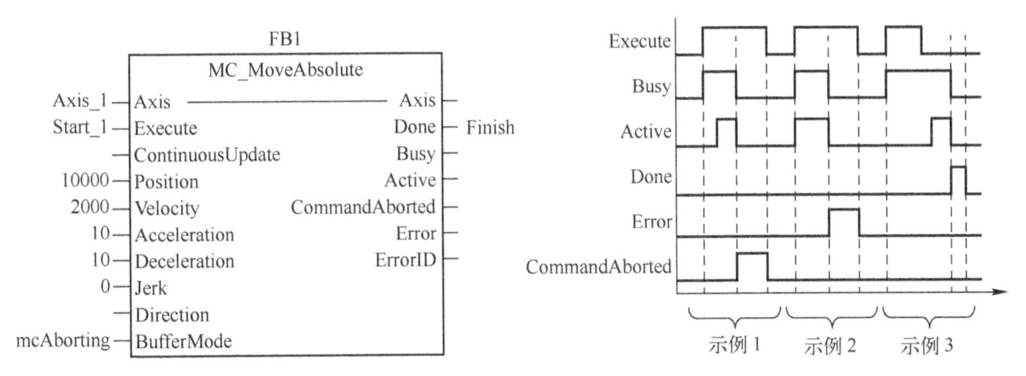


图 3-4　MC_MoveAbsolute 执行的行为时序

**3. 安全规范中的功能块**

PLCopen 开发了安全的规范套件，努力保持与运动控制规范在功能块格式和安排上的一致性。

安全规范精简了数据类型和功能性，导入了安全数据类型 SAFEBOOL。这意味着在功能块的输出方面，安全控制用的功能块与运动控制用的功能块的重叠更少。而且，由于二者的功能行为稍有不同，因此用 Activate/Ready 组合代替 Execute/Done 组合。图 3-5 为安全功能块的示例。

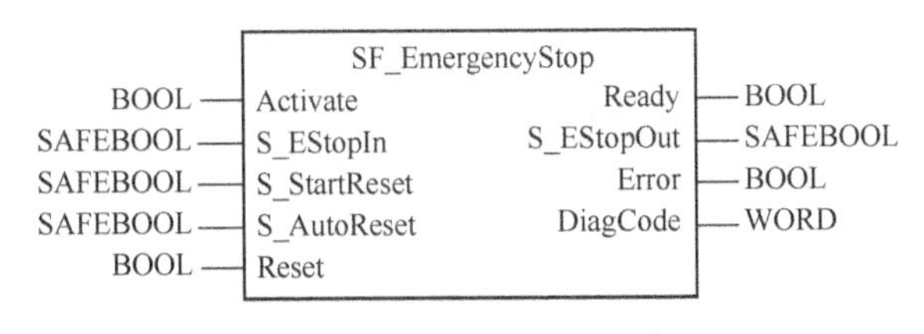


图 3-5　安全功能块的示例

**4. 运用 OPC UA 通信的功能块**

PLCopen 开发的运用 OPC UA 进行通信的功能块，与运动控制规范对功能模块的规定一样，采用 Execute/Done 组合，并且在功能性上采用 Busy、Error 和 ErrorID。如图 3-6 所示。

**5. 功能块模型小结**

PLCopen 开发的各种规范中，其功能块的共性可分为两级（见图 3-7）。

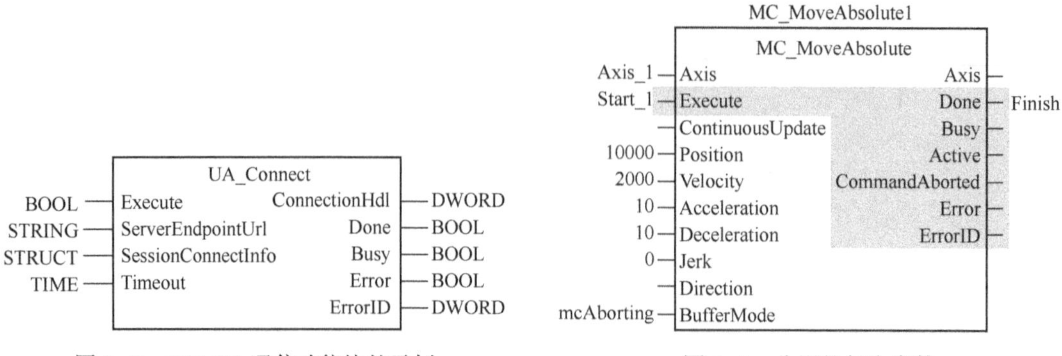


图 3-6　OPC UA 通信功能块的示例

图 3-7　公用的行为参数

- 功能块基本级。采用 Execute/Done（或 Activate/Ready），以及 Busy、Error 和 ErrorID。ErrorID 可以是整型数，也可以是字或双字。
- 扩展级。在基本级的基础上增加 Active 和 CommandAborted。

表 3-2 是运动控制、安全控制和 OPC UA 通信规范所用参数的一览表。

**表 3-2　运动控制、安全控制和 OPC UA 通信规范所用参数的一览表**

| | MC V1.0 | | MC V2.0 | Safety | Communication |
|---|---|---|---|---|---|
| | Enable | Execute | Enable/Execute | | |
| Execute | | ● | ● | | ● |
| ContinuousUpdate | | | ● | | |
| Enable | ● | | ● | | |
| Activate | | | | ● | |
| Ready | | | | ● | |
| Valid | ● | | ● | | |
| Enabled | ● | | | | |
| Done | | ● | ● | | ● |
| Busy | ● | ● | ● | | ● |
| Active | ● | ● | ● | | |
| CommandAborted | | ● | ● | | |
| Error | ● | ● | ● | ● | ● |
| ErrorID | ● | ● | ● | | ● |
| DiagCode | | | | ● | |

表中显示，在安全规范中采用 DiagCode 参数作为故障诊断的代码；Done 输出参数在第 1 版中，不作为 Enable 类型功能块的输出，而在第 2 版中被规定作为其功能块的输出。Valid 输出参数在第 2 版作为 Execute 类型功能块的输出参数等。

图 3-7 作为举例表示功能块所使用的输入和输出参数变量。

### 3.1.3　管理类运动控制功能块和运动类运动控制功能块

PLCopen 运动控制规范所定义的运动控制功能块是标准的基本运动控制功能块。供应商在规范的基础上可以提供自行开发的扩展功能块，但必须在声明文件中说明其扩展的运动功能块是否符合规范的定义和规则，特别要说明有哪些内容超出了规范。

根据运动控制功能块的功能，可把功能块分为管理组和运动组两类。根据功能块所控制的运动轴对象的数量，即是单轴还是由多个轴组成的轴组，可分为单轴和多轴运动控制功能块。根据轴和轴组的协调状态，可分为协调和同步、跟踪运动控制功能块。

管理组的功能块是指那些不直接控制和驱动轴运动的功能块。而运动组的功能块显然是直接控制和驱动的功能块。表 3-3 是 PLCopen 运动控制规范的第一和第二部分所规范和定义的管理组和运动组的功能块一览表。

**表 3-3　PLCopen 运动控制规范的第一和第二部分功能块一览表**

| Administrative（管理组） | | | Motion（运动组） | | |
|---|---|---|---|---|---|
| Single Axis | | Multiple Axis | Single Axis | | Multiple Axis |
| MC_Power | MC_ReadActualVelocity | MC_CamTableSelect | MC_Home | MC_PositionProfile | MC_CamIn |
| MC_ReadStatus | MC_ReadActualTorque | | MC_Stop | MC_VelocityProfile | MC_CamOut |
| MC_ReadAxisError | MC_ReadAxisInfo | | MC_Halt | MC_AccelerationProfile | MC_GearIn |
| MC_ReadParameter | MC_ReadMotionState | | MC_MoveAbsolute | | MC_GearOut |
| MC_ReadBoolParameter | MC_SetPosition | | MC_MoveRelative | | MC_GearInPos |
| MC_WriteParameter | MC_SetOverride | | MC_MoveAdditive | | MC_PhasingAbsolute |
| MC_WriteBoolParameter | MC_TouchProbe | | MC_MoveSupperimposed | | MC_PhasingRelative |
| MC_ReadDigitalInput | MC_DigitalCamSwitch | | MC_MoveVelocity | | MC_CombineAxes |
| MC_ReadDigitalOutput | MC_Reset | | MC_MoveContiAbsolute | | |
| MC_WriteDigitalOutput | MC_AbortTrigger | | MC_MoveContiRelative | | |
| MC_ReadActualPosition | MC_HaltSuperimposed | | MC_TorqueControl | | |

**1. 单轴运动控制功能块**

(1) 管理组功能块

管理组可以分为如下功能块：

- 管理电源状态（开/关）：MC_Power。
- 采集相关运动参数：MC_ReadStatus，MC_AxisError，MC_ReadParameter，MC_ReadBoolParameter，MC_ReadDigitalInput，MC_ReadDigitalOutput，MC_ReadActualPosition，MC_ReadActualVelocity，MC_ReadActualTorque，MC_ReadAxisInfo，MC_ReadMotionState。
- 修改相关参数：MC_WriteParameter，MC_WriteBoolParameter。
- 移动运动坐标系：MC_SetPosition。
- 覆写运动参数：MC_SetOverride。
- 记录触发时间轴的位置：MC_TouchProbe。
- 数字凸轮开关：MC_DigitalCamSwitch。
- 复位：MC_Reset。
- 中止功能块：MC_AbortTrigger。
- 停止所有叠加运动：MC_HaltSuperimposed。

以上均为单轴用的管理类功能块。多轴用的管理类功能块只有一个，即选择电子凸轮表：MC_CamTableSelect。

(2) 运动组功能块

运动组功能块可以分为单轴运动的功能块和多轴运动的功能块。

1）单轴运动的功能块

- 控制运动回原点、停止和暂停：MC_Home，MC_Stop，MC_Halt。
- 控制绝对运动、相对运动、附加运动和叠加运动：MC_MoveAbsolute，MC_MoveRelative，MC_MoveAdditive，MC_MoveSupperimposed。
- 控制匀速运动、持续的绝对运动和持续的相对运动：MC_MoveVelocity，MC_MoveContinuousAbsolute，MC_MoveContinuousRelative。
- 控制转矩：MC_TorqueControl。
- 配置文件：锁定时间-位置运动曲线、锁定时间-速度运动变化、锁定时间-加速度运动变化：MC_PositionProfile，MC_VelocityProfile，MC_AccelerationProfile。

2）多轴运动的功能块

- 控制凸轮啮合、控制凸轮脱离运动：MC_CamIn，MC_CamOut。
- 控制齿轮啮合、控制齿轮脱离运动：MC_GearIn，MC_GearOut。
- 控制主轴/从轴从同步点开始的齿轮比：MC_GearInPos。
- 控制绝对相位偏离运动、控制相对相位偏离运动：MC_PhasingAbsolute，MC_PhasingRelative。
- 将第三个轴用可选择的方法组合到两个轴的运动：MC_CombineAxes。

**2. 多轴协调运动控制功能块**

PLCopen 运动控制规范第四部分专门定义和规范复杂的多轴协调运动控制，表 3-4 给出了 PLCopen 运动控制规范第四部分的功能块一览表。同样也分为两组：管理组和运动组。

**表 3-4　PLCopen 运动控制规范第四部分的功能块一览表**

| Administrative（管理组） | | Motion（运动组） | |
|---|---|---|---|
| Coordinated（协调） | | Coordinated（协调） | Synchronized（同步） |
| MC_AddAxisToGroup | MC_GroupSetPosition | MC_GroupHome | MC_SyncAxisToGroup |
| MC_RemoveAxisFromGroup | MC_GroupReadActualPosition | MC_GroupStop | MC_SyncGroupToAxis |
| MC_UngroupAllAxes | MC_GroupReadActualVelocity | MC_GroupHalt | MC_TrackConveyorBelt |
| MC_GroupReadConfiguration | MC_GroupReadActualAcceleration | MC_GroupInterrupt | MC_TrackRotaryTable |
| MC_GroupEnable | MC_GroupReadStatus | MC_GroupContinue | |
| MC_GroupDisable | MC_GroupReadError | MC_MoveLinearAbsolute | |
| MC_SetKinTransform | MC_GroupReset | MC_MoveLinearRelative | |
| MC_SetCartesianTransform | MC_PathSelect | MC_MoveCircularAbsolute | |
| MC_SetCoordinateTransform | MC_GroupSetOverride | MC_MoveCircularRelative | |
| MC_ReadKinTransform | MC_SetDynCoordTransform | MC_MoveDirectAbsolute | |
| MC_ReadCartesianTransform | | MC_MoveDirectRelative | |
| MC_ReadCoordinateTransform | | MC_MovePath | |

（1）轴组管理组功能块

轴组管理组功能块有以下几种。

- 将轴加入轴组，将轴从轴组中减除，将所有的轴从轴组中减除：MC_AddAxisToGroup，MC_RemoveAxisFromGroup，MC_UngroupAllAxes。
- 按给定的识别读取轴组的当前配置：MC_GroupReadConfiguration。
- 将轴组状态由禁用转为待机，将轴组状态由待机转为禁用：MC_GroupEnable，MC_GroupDisable。

- 轴组执行回原点的顺序：MC_GroupHome。
- 变换功能块：由轴坐标系 ACS 变换为机械坐标系 MCS 的 MC_SetKinTransform，由机械坐标系 MCS 进行笛卡儿坐标变换为工件坐标系 PCS 的 MC_SetCartesianTransform，由机械坐标系 MCS 进行坐标变换为工件坐标系 PCS 的 MC_SetCoordinateTransform，读取由机械坐标系 MCS 进行笛卡儿变换为工件坐标系 PCS 参数的 MC_ReadCartesianTransform，读取由机械坐标系 MCS 到工件坐标系 PCS 的坐标变换的 MC_ReadCoordinateTransform。
- 在不运动的情况下设置轴组所有轴的位置：MC_GroupSetPosition。
- 按所选择的坐标系读取轴组当前的位置、速度、加速度：MC_GroupReadActualPosition，MC_GroupReadActualVelocity，MC_GroupReadActualAcceleration。
- 读取轴组的状态：MC_GroupReadStatus。
- 读取轴组的出错：MC_GroupReadError。
- 轴组复位：MC_GroupReset。
- 轴组路径选择：MC_PathSelect。
- 设置轴组若干轴运动覆写值：MC_GroupSetOverride。
- 设置轴组进行动态坐标变换：MC_SetDynCoordTransform。

(2) 轴组协调运动控制功能块

轴组协调运动控制功能块有以下几种。

- 轴组停止（转入停止状态）、轴组暂停、轴组中断及轴组由中断转为继续运动：MC_GroupStop，MC_GroupHalt，MC_GroupInterrupt，MC_GroupContinue。
- 轴组插补线性绝对运动、轴组插补线性相对运动、轴组插补圆弧绝对运动、轴组插补圆弧相对运动、轴组直接绝对运动、轴组直接相对运动：MC_MoveLinearAbsolute，MC_MoveLinearRelative，MC_MoveCircularAbsolute，MC_MoveCircularRelative；MC_MoveDirectAbsolute，MC_MoveDirectRelative。
- 轴组按所选择路径运动：MC_MovePath。

(3) 轴组同步运动控制功能块

轴组同步运动控制包括下列功能块。

- 单轴对轴组的同步：MC_SyncAxisToGroup。
- 轴组对单轴的同步：MC_SyncGroupToAxis。
- 跟踪传送皮带：MC_TrackConveyorBelt。
- 跟踪回转台：MC_TrackRotaryTable。

由于同步涉及运动控制规范的第一部分和第四部分，特给出图 3-8 表示其相互关系。

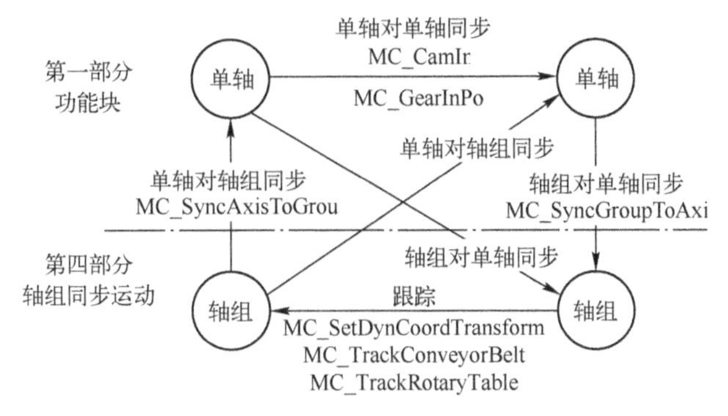


图 3-8 轴组和单轴同步和跟踪功能块的关系

本节最后要指出上列各种功能块都是 PLCopen 运动控制规范中定义的基本功能块的集合。每个供货商或用户也可以根据自己的需要进行功能块的扩展定义。为加以明显的区别，其所扩展的功能块可采用如下格式，例如，贝加莱公司所扩展定义的功能块名可以是 MC_BR_MoveProgram，MC_BR_TrackObject 等。其中 BR 表示贝加莱公司所扩展的功能块。

### 3.1.4 边沿触发功能块和电平控制功能块

**1. PLCopen 规范中功能块的概念**

PLCopen 的功能块的概念又称公共行为模型（Common Behavior Model），分为两组：边沿触发（Edge Triggered）和电平控制（Level Controlled）。边沿触发功能块是指与 Execute 输入相配合的功能块；电平控制功能块是指与 Enable 输入相配合的功能块。需要指出的是，上升沿触发的功能块需要两个 PLC 的扫描周期处理执行；如果要求在一个扫描周期都用新值处理执行功能块，应该选择电平控制功能块。

**2. 边沿触发功能块**

图 3-9 给出了 ETrigA（由边沿触发的、具有中止功能的功能块，Edge Triggered with Abort functionality）的图形描述和状态图。

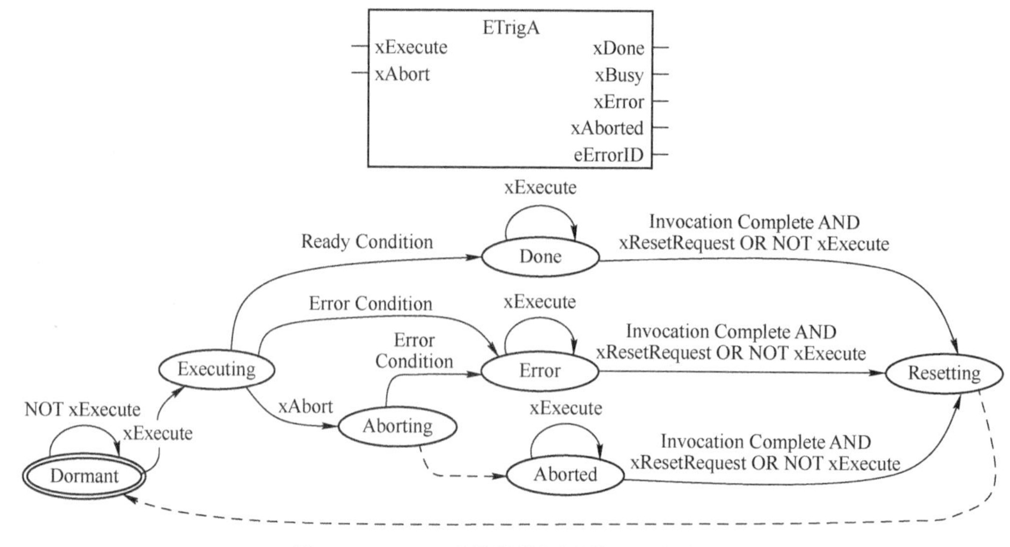


图 3-9 EtrigA 功能块的图形描述和状态图

有关边沿触发功能块的规则定义如下：

- 输入变量 xExecute 定义这种功能块特征。
- 在输入变量 xExecute 上升沿被检测时刻（这是起动条件），开始这一特定边沿触发功能块的执行操作。
- 除了 xExecute 和 xAbort 的所有输入都在该边沿触发时刻被采样，这两个输入都是就地存储的。这表示这些输入以后的变化不会影响在其运行期间所定义的操作执行。
- 在输入变量 xExecute 的状态为 TRUE，并已在输出变量 xBusy 表现出来后，它可以设置为 FALSE。
- 检测到输入变量 xExecute 的下降沿，不会使所定义的操作执行失效。所定义的操作执行正常运行到其准备状态、中止状态或出错状态。
- 只有检测到输入变量 xAbort 的状态为 TRUE（最终表达），所定义的操作执行才取消

（中止条件）。

- 如果输入变量 xAbort 存在，同时输入变量 xExecute 具有同样的值 TRUE，立即进入中止状态。
- 在同一时刻所有的输出变量 xDone、xBusy、xError 或 xAborted（如果有的话）中，只能有一个输出为 TRUE。
- 在设置输出变量 xBusy 为 FALSE 后，如果检测到中止状态，输出变量 xAborted 置为 TRUE。
- 在 xBusy 处于下降沿，而输入变量 xExecute 被采样，且其取反值被存贮，作为功能块内部的请求复位。
- 对于一次调用的最小值，尽管输入变量 xExecute 已经被设置为 FALSE，输出变量的状态将是有效的。在此情况（复位请求）下，功能块的内部状态自动再初始化。在另外一种情况（xExecute 仍为 TRUE）时，在功能块再初始化（标准握手）之前，功能块等待输入变量 xExecute 的下降沿。
- 仅在 xDone 的状态为 TRUE 期间，其他输出变量 xBusy、xError、xAborted 的状态或 eErrorID 的值仍有效。
- 有一个主动的复位请求，且输出变量 xDone、xError 或 xAborted 中有任一个其状态为 TRUE 之后，输入变量再次设置为 TRUE，功能块将再次启动其定义的操作执行（快速握手）。

在图 3-9 中其状态图的状态有：休眠、执行中、执行完、中止中、中止、出错和复位中。各个状态的转移及转移条件在图 3-9 的状态图中都有详细标出。

**3. 电平控制功能块**

如图 3-10 所示给出了电平控制功能块 LCon 的图形描述和状态图。

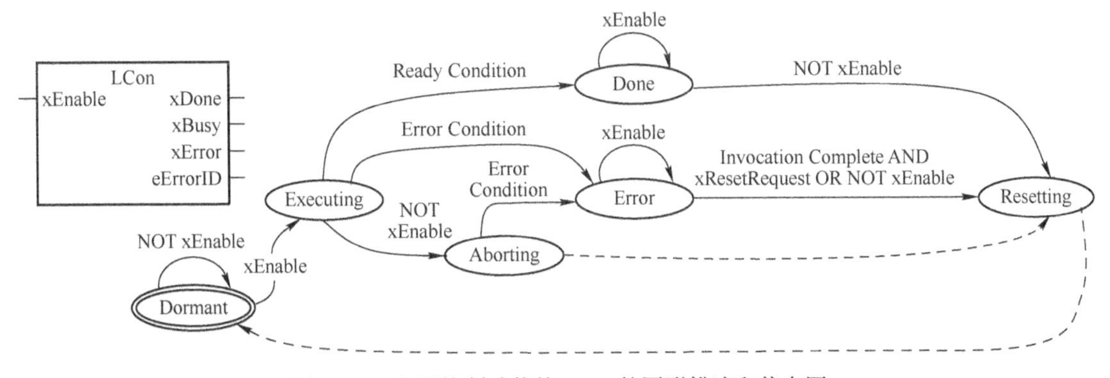


图 3-10　电平控制功能块 LCon 的图形描述和状态图

以下定义有关电平控制功能块的规则：

- 输入变量 xEnable 定义这种功能块的特征。
- 检测输入变量 xEnable 的状态为 TRUE（起动条件），起动了由此特定电平功能块所定义的操作执行。在输入变量 xEnable 为 TRUE 期间，所定义的操作执行运行到其准备状态，或发生出错状态。检测到输入变量 xEnable 为 FALSE 被解释为一次中止（中止条件），这意味着功能块的内部状态和所有的输出将被重新初始化，做好新的起动准备（标准的握手信号）。
- 输入变量将不会在就地存储，因而会影响所定义操作执行的工作流。

- 输出变量 xDone、xBusy 或 xError 中，在同一时间仅有一个输出状态可为 TRUE。
- 只要输出变量 xBusy 或 xDone 为 TRUE，所有输出变量的状态均有效。
- 在 xBusy 的下降沿，输入变量 xEnable 被采样，同时其取反值被存储作为复位请求。
- 对于一次调用的最小量，即使输入变量 xEnable 已经设置为 FALSE，输出变量的状态也将有效。在此情形下（复位请求为 TRUE）功能块的内部状态自动再初始化。在出现一次出错条件后所定义的操作被中止期间，这尤其会发生；
- 仅在 xDone 的状态为 TRUE 期间，除 xDone 以外的输出 xBusy、xError 或 eErrorID 均有效；
- 在一次有效的复位请求和输出变量 xDone 或 xError 其中有一个状态为 TRUE，输入变量 xEnable 可被再次设置为 TRUE，且功能块会再次起动其所定义的操作（快速握手）。

在图 3-10 中其状态图的状态有：休眠、执行中、执行完、中止中、出错以及复位中。各个状态的转移及转移条件在图 3-10 中都有详细标出。

**4. 边沿触发功能块和电平控制功能块的共同特性和时间约束**

(1) 共性。这些功能块有以下共同特性：

- 若功能块的一次调用检测到一次起动条件，输出变量 xBusy 立即设置为 TRUE。
- 只要功能块所定义的操作仍在运行，输出变量 xBusy 便有 TRUE 值。
- 若到达执行完状态，输出变量 xDone 设置为 TRUE，同时输出变量 xBusy 设置为 FALSE。
- 若出错条件成立，输出变量 xError 设置为 TRUE，输出变量 xBusy 设置为 FALSE。另外输出变量 eErrorID 设置为出错代码，而不是 ERROR 或 NO_ERROR。这里 eErrorID 定义为一个枚举数据类型 ENUM，虽然用户也可定义它为整数 INT、字 WORD、双字 DWORD 或其他数据类型。

若所定义的操作可以在一次调用中全部处理，则准备条件或出错条件立即成立，且输出变量 xBusy 的 TRUE 状态不再显示出来。

- 在 xDone 的上升沿所有输出变量的状态将被冻结。
- 只要输出变量 xDone、xBusy 或 xError 中的任一个为 TRUE，而所定义的功能块操作还未完成，有必要进行进一步的调用。

(2) 时间约束。这些功能块的时间约束是如下。

- udiTimeLimit（单位[μs]，0 表示无操作时间限制）：例如，一个功能块在一个回路中完成一个复杂任务，任务越大，在当前调用中消耗的时间就越多。参数 udiTimeLimit 定义为在各自功能块中每次调用所允许的消耗时间。有 udiTimeLimit 输入变量的功能块以下述方式实现：当任务完成（准备条件）时，当前的调用结束；或者当此次调用所消耗的时间已经超过 udiTimeLimit 所设置的值。
- udiTimeOut（单位[μs]，0 表示无操作时间限制）：例如，在处理所定义的操作时，可将一个功能块强制等待一个外部事件，这可以在一个内部回路（Busy 等待），或者在每次调用时检查任务是否完全完成。参数 udiTimeOut 定义为允许所定义的操作消耗多少时间。有输入变量 udiTimeOut 的功能块以下述方式实现：当时间间隔已经超出 udiTimeOut 所规定的时间，则当前的调用结束，并输出出错条件（xError⇒TRUE，且 eErrorID⇒ERROR. TIME_OUT）。

## 3.2 状态图

状态用于描述实体基于事件反应的动态行为。显示该实体如何根据当前所处的状态对不同事件的所经历的状态序列和伴随的动作。状态图用于描述实体在不同事件条件下其状态的改变，它反映实体所有的动态行为。与活动图用于对多个对象建模不同，状态图只用于对特定对象进行建模。在状态图中，有实体的状态、状态之间的转换和不同状态下的事件和动作。

状态机是一种记录给定时刻状态的设备，可根据各种不同输入对每个给定的变化而改变其状态或引发一个动作。因此，状态机由各种状态和连接各状态的转换组成，它是展示状态和状态转换的图。

状态的描述包括状态名、入口、出口动作、内部转换和嵌套状态。一个状态可以没有入口和出口动作。内部转换是被导致状态改变的转换。嵌套状态是指出现在另一状态里的状态。例如，单轴状态是轴组状态里的一个状态。

状态常用带圆角的矩形框表示，转换用带箭头的线表示，初始状态用带双线的圆角矩形框表示。当转换指向其本身时，该转换是内部转换。在转换线上或附近表示的命令称为转换条件。当转换条件的表达式的计算结果为 TRUE，则对应的状态发生转移，从源状态转移到目标状态。

一个状态图只有一个初始状态，嵌套状态中可以使用新的初始状态。状态图的终止状态根据应用情况确定。每个中间的状态都有其入口和出口，一些状态可以有内部转换和子状态。

### 3.2.1 单轴运动控制的状态图

PLCopen 运动控制规范定义了主轴/从轴和多轴协调运动控制的功能块。状态图是专门为运动控制中控制轴的目的而设计。为此，需要采用一组面向命令的功能块，它有一个参考轴，常用抽象数据类型“AXIS_REF”描述。

图 3-11 的单轴运动控制状态图用于定义多个运动控制功能块同时激活时的高等级轴的行为。

虽然，PLC 具有真正的并行处理能力，但基本规则仍是按顺序执行运动命令，因此，这些命令被用于轴的状态图。将轴转换至相应运动状态的运动命令在状态图中列出。当轴已经在相应的运动状态时，这些运动命令也可执行。

单轴的状态图由 8 个状态组成，分别是同步运动（Synchronized Motion）、连续运动（Continuous Motion）、断续运动（Discrete Motion）、减速停止（Stopping）、故障停止（Errorstop）、回原点（Homing）、保持静止（Standstill）和关闭（Disabled）。

单轴状态图专注于单轴。但从状态图角度看，组成多轴功能块，MC_CamIn、MC_GearIn 和 MC_Phasing 的单轴都处于其特定的状态。例如，CAM 主轴可在“连续运动”状态，对应的从轴在“同步运动”状态，从轴连接到主轴不影响主轴的状态。

没有列入状态图的功能块不影响轴的状态，即它们的调用不改变其状态。这些功能块见表 3-5。

**表 3-5　未列入状态图的运动控制功能块**

| | | | | |
|---|---|---|---|---|
| MC_AbortTrigger | MC_PhasingRelative | MC_ReadAxisInfo | MC_ReadParameter | MC_WriteBoolParameter |
| MC_CamTableSelect | MC_ReadActualPosition | MC_ReadBoolParameter | MC_ReadStatus | MC_WriteDigitalOutput |
| MC_DigitalCamSwitch | MC_ReadActualVelocity | MC_ReadDigitalInput | MC_SetPosition | MC_WriteParameter |
| MC_HaltSuperimposed | MC_ReadActualTorque | MC_ReadDigitalOutput | MC_SetOverride | |
| MC_PhasingAbsolute | MC_ReadAxisError | MC_ReadMotionState | MC_TouchProbe | |

单轴状态图中部分状态的说明见表 3-6。

**表 3-6　单轴状态图中的部分状态**

| 状 态 名 称 | 说　　明 |
| --- | --- |
| 关闭（Disabled） | 轴的初始状态，用双线框表示。当 MC_Power 的输入 Enable=TRUE，则轴从“关闭”状态转换至“保持静止”状态。在该状态，轴的运动不受运动控制功能块的影响，电源关闭不会使轴出错。<br>当 MC_Power 功能块被调用时，MC_Power 的输入 Enable =TRUE，如果轴状态在“关闭”，则状态将转换至“保持静止”。在进入“保持静止”状态前轴的反馈被使用。<br>当 MC_Power 功能块被调用时，MC_Power 的输入 Enable =FALSE，除了在“故障停止”状态外的其余状态，都将轴的状态转换至“关闭”，不管是直接或经任何其他状态。在轴上的任何正在运行的运动命令被中止 |
| 故障停止（ErrorStop） | “故障停止”状态是在发生一个故障时具有最高优先级的有效状态。轴既可以是在其上电后处于使能，也可以是被关闭。并可经 MC_Power 改变。然而，只要该故障存在，其状态就保持在“故障停止”状态。<br>“故障停止”状态的意图是如果可能，轴进入保持静止状态。除了来自“故障停止”的“复位”命令外，不会执行任何进一步的运动命令。<br>转换至“故障停止”是因为来自轴和轴控制的故障，而不是来自功能块实例。这些轴的故障也可在功能块实例出错“FB instances error”的输出时予以表现 |
| 保持静止（StandStill） | 供电电源切断，轴没有出错，则状态是“保持静止”，这时在轴上没有任何激活的运动命令 |

有关命令的说明见表 3-7。

**表 3-7　有关命令的说明**

| 命　　令 | 说　　明 |
| --- | --- |
| MC_Stop | 调用在“保持静止”状态下的功能块 MC_Stop 命令，将改变其状态到“减速停止”状态，当功能块的输入 Execute=FALSE 时，其状态返回到“保持静止”状态。<br>在功能块的输入 Execute=TRUE 之前，将保持在“减速停止”状态。当停止减速斜坡完成时，功能块的 Done 输出被置位（TRUE） |
| MC_MoveSuperImposed | 在“保持静止”状态下执行 MC_MoveSuperImposed，使轴进入“断续运动”状态。在任何其他状态下发布该命令，不会改变轴的状态 |
| MC_GearOut，<br>MC_CamOut | 轴的状态由“同步运动”转换至“连续运动”。在任何其他状态下发布这些功能块命令中的任一个，都将发生出错 |

单轴运动控制状态图中，初始状态是关闭（Disabled）状态，用带圆角的双线矩形框表示。单轴在该状态时，轴的运动不受到功能块的影响。轴在任何状态时，虽然轴没有故障，但如果 MC_Power. Enable=FALSE，则该轴进入“关闭”状态。

轴在“关闭”状态时，如果 MC_Power. Enable=TRUE，及 MC_Power. Status=TRUE，则该轴从“关闭”状态转换到“保持静止（Standstill）”状态（见图 3-11 注⑤）。

轴在任何状态下，一旦检测到轴有一个故障发生，则轴的状态直接进入“故障停止（Errorstop）”状态。这时，功能块只能接收复位（Reset）命令，当 MC_Reset=TRUE 和 MC_Power. Status=TRUE 和 MC_Power. Enable=TRUE 转换条件都满足时，轴状态才进入“保持静止（Standstill）”状态。

“保持静止（Standstill）”状态是进入连续运动（Continuous Motion）、断续运动（Discrete Motion）状态的源状态。当轴在“保持静止（Standstill）”状态时，如果执行 MC_MoveVelocity、MC_VelocityProfile、MC_AccelerationProfile、MC_TorqueControl、MC_MoveContinuous 功能块，则轴进入“连续运动（Continuous Motion）”状态。如果执行 MC_MoveAbsolute、MC_MoveRelative、MC_MoveSuperImposed、MC_MoveAdditive、MC_PositionProfile 功能块，则轴进入“断续运动（Discrete Motion）”状态。

在轴运动前，通常会执行回原点的操作，以核对机械位置的正确性。因此，在“保持静止

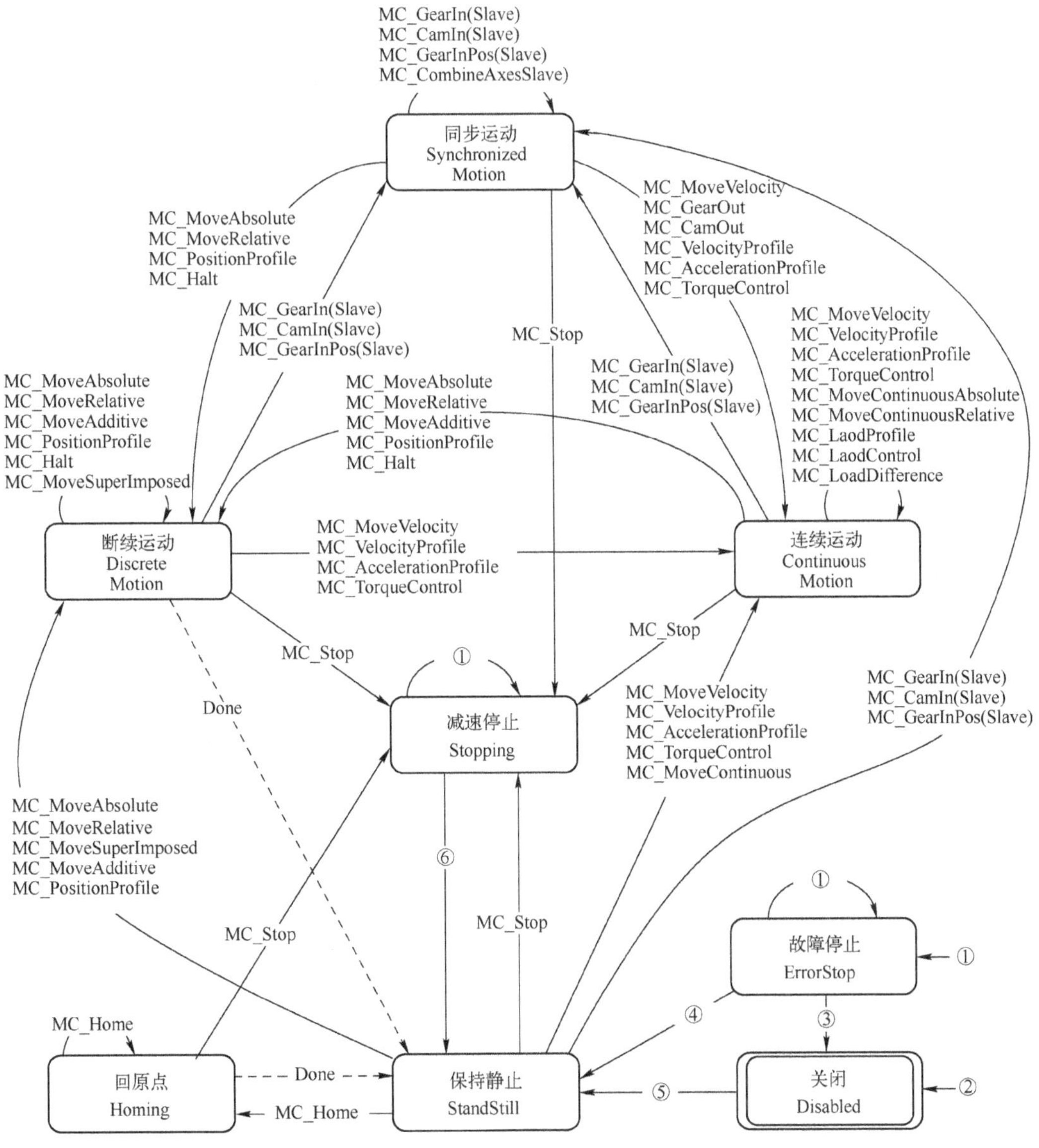


图 3-11　单轴运动控制状态图

注：连续线箭头表示通过命令的转换。虚线箭头表示自动的转换，它表示当一个轴的命令结束或一个相关系统发生转换（例如，发生相关的出错）时发生状态的转换。

① 任何状态转至故障停止状态或减速停止的转换条件是：轴上有一个故障发生。

② 任何状态转至关闭状态的转换条件是：MC_Power. Enable=FALSE 和轴上没有故障。

③ MC_Reset=FALSE 和 MC_Power. Status=FALSE。

④ MC_Reset=TRUE 和 MC_Power. Status=TRUE 和 MC_Power. Enable=TRUE。

⑤ MC_Power. Enable=TRUE 和 MC_Power. Status=TRUE。

⑥ MC_Stop. Done=TRUE 和 MC_Stop. Execute=FALSE。

(Standstill)”状态，如果执行回原点 MC_Home 功能块，可完成转换“回原点（Homing）”状态的操作。并且，它在功能块完成回原点操作后，通过其输出的 Done 自动转换到“保持静止(Standstill)”状态。

执行 MC_Stop 功能块，在 MC_Stop. Execute 输入信号的上升沿时，可使轴的状态从“保持静止（Standstill)”、“回原点（Homing)”、“连续运动（Continuous Motion)”、“断续运动（Discrete

Motion)”和“同步运动（Synchronized Motion)”状态转换到“减速停止（Stopping)”状态。这时，轴将减速并停止。一旦轴停止，则功能块输出 MC_Stop. Done=TRUE，当该功能块的 MC_Stop. Execute=FALSE，即执行输入不在上升沿，轴的状态就转换到“保持静止（Standstill)”状态。

执行表 3-5 所列出的功能块，不会影响轴的状态。例如，MC_ReadStatus 功能块读取状态信息，MC_ReadParameter 读取轴参数等。

主轴和从轴的同步运动，涉及从轴的协调。因此，从轴可从“连续运动（Continuous Motion)”、“断续运动（Discrete Motion)”和“保持静止（Standstill)”状态，通过执行 MC_GearIn、MC_CamIn 或 MC_GearInPos 功能块实现转换。

图中也列出了其他状态之间的转换和转换条件。

## 3.2.2 轴组运动控制的状态图

轴组的状态图用于描述轴组命令的状态。轴组的状态有：轴组关闭（GroupDisabled)、轴组回原点（GroupHoming)、轴组在运动（GroupMoving)、轴组停止中（GroupStopping)、轴组故障停止（GroupErrorStop）和轴组待机（GroupStandby）等 6 种。

图 3-12 是轴组的状态图。图中，连续线表示通过执行功能块的转换，虚线表示自动转换。

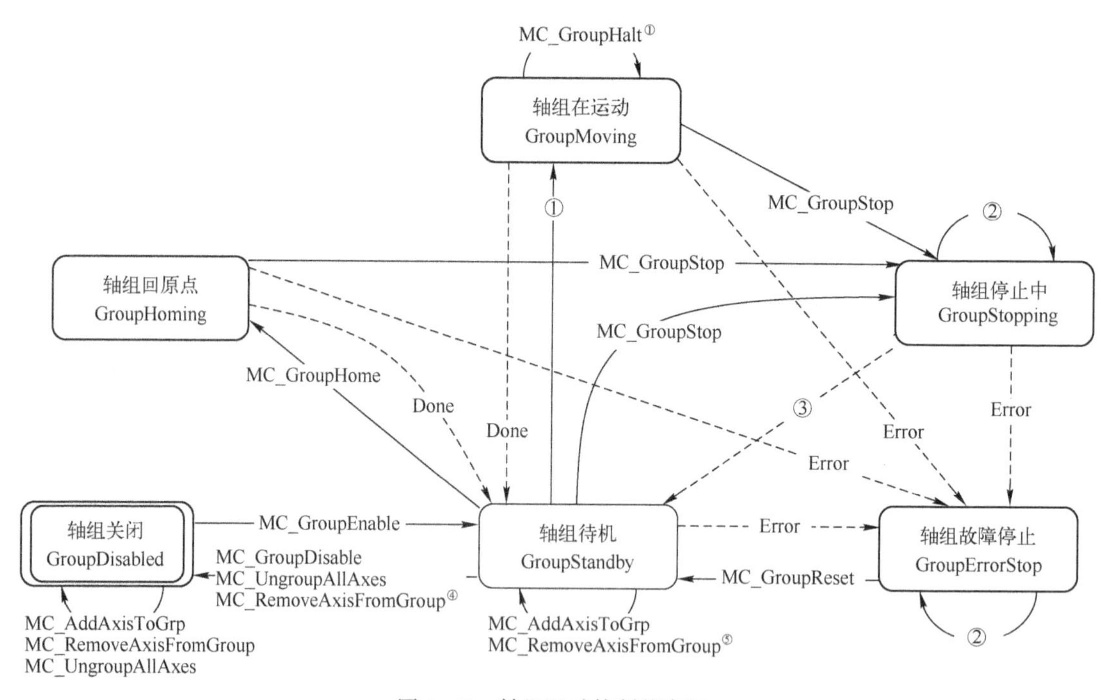


图 3-12 轴组运动控制状态图

注：对图中所有状态，都可发出 MC_GroupDisable 和 MC_UngroupAllAxes，它将转换其状态至 GroupDisabled 状态。

① 适用于所有非管理类（即运动控制类）的功能块。

② 在 GroupErrorStop 或 GroupStopping 状态，所有功能块均可被调用，虽然它们不被执行（除了在 GroupErrorStop 状态会执行 MC_GroupReset 和产生任何其他错误）。例外情况下，GroupErrorStop 或 GroupStopping 将相应地转换至 GroupStandby 或 GroupErrorStop 状态。

③ MC_GroupStop. Done=TRUE 和 MC_GroupStop. Execute=FALSE。

④ 如果最后的一个轴从轴组中被删除，状态转换可用。

⑤ 当轴组非空时，转换是可用的。

图中，“轴组关闭”是上电时的初始状态，因此，用双线框表示。执行 MC_GroupEnable 功能块，使轴组从“轴组关闭”状态转换到“轴组待机”状态。如果在“轴组待机”状态，执行 MC_GroupDisable、MC_RemoveAxisFromGroup 或 MC_UngroupAllAxes 功能块，轴组状态从“轴组待机”状态转换到“轴组关闭”状态。

如果轴组处于“轴组待机”状态，则轴组中的各轴要执行 MC_GroupHome 功能块，才能实现组成轴组的各轴回原点操作。完成回原点操作后，运动控制系统因功能块的 Done 被置 TRUE，而将轴组的状态自动转换到“轴组待机”状态。

“轴组故障停止”状态不会使组成轴组中的每个单轴进入“故障停止（Errorstop）”状态。单轴的“故障停止（Errorstop）”状态，只有当该单轴的故障影响到轴组时，才会使轴组进入“轴组故障停止”状态。通过执行 MC_GroupReset 功能块，可使轴组从“轴组故障停止”状态转换到“轴组待机”状态。

轴组执行 MC_GroupStop 功能块，将使轴组转换到“轴组停止中”状态。如果轴组在“轴组故障停止”或“轴组停止中”状态，则所有运动控制功能块可以被调用，但除了“轴组故障停止”状态，可执行 MC_GroupReset 功能块外，其他功能块都不能被执行。

“轴组停止中”状态是特定的状态。执行 MC_GroupStop 功能块，一旦执行完成，则 MC_GroupStop. Done = TRUE 及 MC_GroupStop. Execute = FALSE 时，运动控制系统自动转换轴组状态到“轴组待机”状态。轴组运动命令将导致组成轴组的各个单组进入其“同步运动”状态。

### 3.2.3 单轴和轴组状态图的关系

当多个轴组成轴组时，单轴的命令，例如，MC_MoveAbsolute 被在该轴组的一个轴执行，则基本上有三种选项。

1）不允许。一个单轴命令不被接受和不被执行。这表示可通过设置单轴功能块的出错输出，而不改变轴组，因此，轴组继续运动。

2）中止当前的轴组命令及随后的轴组命令，但继续执行单轴的命令。这时，轴组的其他轴转换到各轴的“保持静止（Standstill）”状态，这些轴经隐式的 MC_Halt 进入中止，原定的运动轨迹未完成。

3）叠加单轴的命令到轴组命令。

PLCopen 运动规范没有限制上述选项，这表示根据供应商的规定，对单轴命令在轴组的行为可以有不同的结果。

图 3-13 显示三个单轴状态与轴组状态图结合的关系。

单轴对它的轴组的相互影响的通用规则如下：

① 如果轴组中至少有一个轴通过命令运动，则轴组的状态是“轴组在运动（GroupMoving）”状态。

② 如果轴组中所有轴都在保持静止（Standstill）状态，则轴组可在“轴组待机（GroupStandby）”、”轴组关闭（GroupDisabled）”或“轴组故障停止（GroupErrorStop）”状态。

③ 如果轴组中有一个轴在“故障停止（Errorstop）”状态，则整个轴组在“轴组故障停止（GroupErrorStop）”状态。

④ 如果单轴执行回原点 MC_Home 功能块或执行 MC_Stop 功能块，则整个轴组的状态是“轴组在运动（GroupMoving）”状态。

⑤ 如果系统支持，允许关闭轴组的一个单轴，而不影响轴组的状态。这有助于节能或用于对单轴的机械制动而不影响正进行的运动。

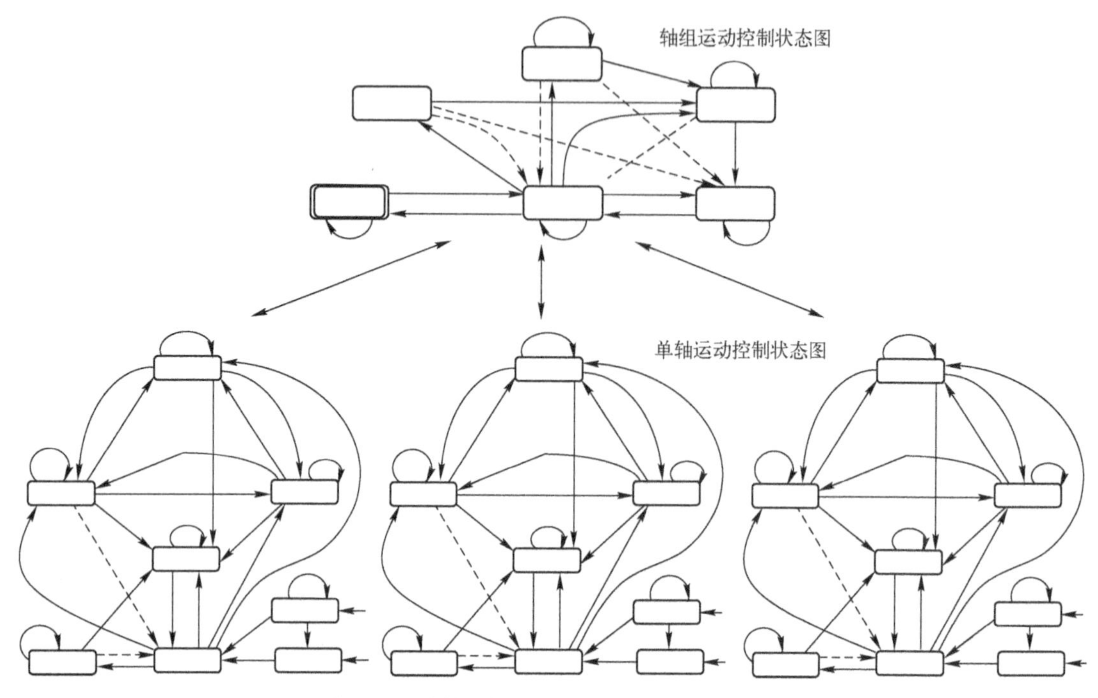


图 3-13　单轴和轴组运动控制状态图之间关系

轴组对单轴的相互影响（包括对上述的三种选项）的通用规则如下：

1）如果轴组是由轴组的运动命令来执行时，其所含的单轴都在同步运动（Synchronized Motion）状态。

2）如果轴组在轴组待机（GroupStandby）状态，则单轴状态不必都在保持静止（Standstill）状态。

3）如果轴组在轴组故障停止（GroupErrorStop）状态，则单轴的状态不受其影响。

表 3-8 显示轴组运动命令对单轴状态的影响。

**表 3-8　轴组的运动命令对单轴状态的影响**

| 命　　令 | 轴 组 状 态 | 单 轴 状 态 |
|---|---|---|
| MC_MoveLinearXxx；MC_MoveCircularXxx；MC_MoveDirectXxx；MC_MovePath；<br>MC_GroupHalt；MC_TrackConveyorBelt；MC_TrackRotaryTable | GroupMoving | SynchronizedMotion |
| MC_GroupStop | GroupStopping /GroupStandby | SynchronizedMotion/StandStill |
| MC_GroupReset | GroupErrorStop/GroupStandby | 与轴无关 |
| MC_GroupHome | GroupHoming | SynchronizedMotion |

注：表中 Xxx 可表示为 Relative，Absolute

## 3.2.4　运动控制功能块的状态图及其实现示例

运动控制功能块分为边沿触发功能块和电平控制功能块两类。每类功能块还可添加操作时间限制的参数，这里介绍基本功能的两类功能块的状态图。

### 1. 边沿触发功能块

边沿触发功能块是带有 Execute 输入信号的功能块。

为描述边沿触发功能块的状态，只描述公用参数组成的功能块如图 3-14 所示，取功能块名 ETrig。

为统一起见，各变量前加字母 x 和 e，用于区别实际的运动控制功能块参数。

基本边沿触发功能块的状态有休眠（Dormant）、执行（Executing）、出错（Error）、完成（Done）和复位（Resetting）等，如图 3-15 所示。

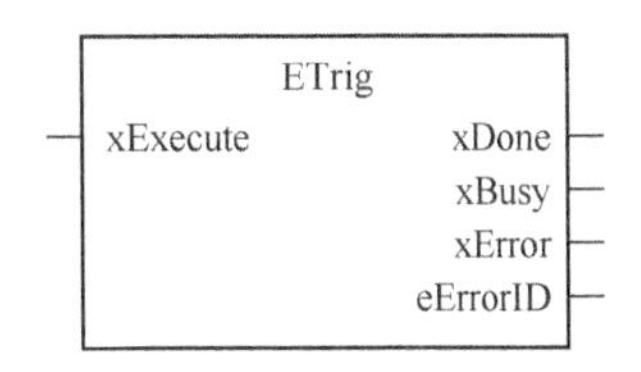


图 3-14　基本边沿触发功能块

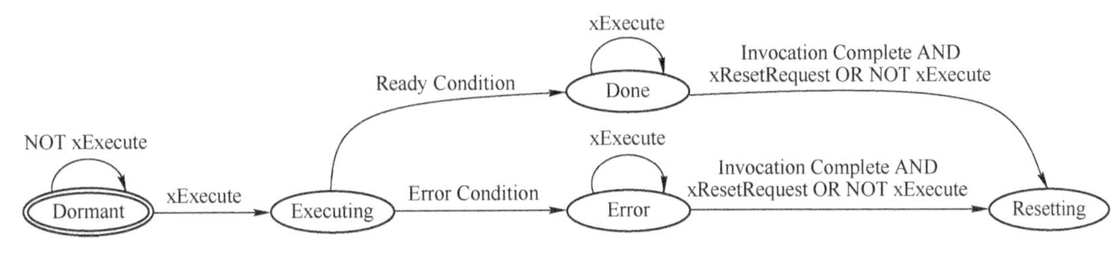


图 3-15　边沿触发功能块的状态图

（1）数据类型

以下编写状态 STATE 枚举数据类型，用于描述该功能块的状态。

```
TYPE STATE:
(
    DORMANT,            //等待起动条件
    EXECUTING,          //循环操作正运行
    DONE,               //准备条件达到
    ERROR,              //出错条件达到
    RESETTING,          //复位激活正进行
)
END_TYPE;
```

以下编写出错的枚举数据类型，用于描述出错的信息。

```
TYP EERROR :
(
    NO_ERROR :=0,          // 出错计数
    TIME_OUT := 1          // 当有时间限制时,才使用
);
END_TYPE
```

（2）程序

用结构化文本编程语言列出其变量声明。

```
FUNCTION_BLOCK   ETrig
    VAR_INPUT
        xExecute   :BOOL;       //上升沿边沿触发的执行输入信号
    END_VAR
    VAR_OUTPUT
        xDone: BOOL;            //准备条件已经达到
        xBusy: BOOL;            //操作正在执行
        xError: BOOL;           //出错条件达到
        eErrorID :INT;          //出错代码
    END_VAR
    VAR
```

```
        eState : STATE;
        xfIRSTiNVOCATION : BOOL := TRUE;
        xResetRequest : BOOL;
    END_VAR
        ...
    VAR_TEMP
        xAgain : BOOL;
    END_VAR
        ...
    REPEAT
        xAgain := FALSE;
        CASE eState OF
            STATE.DORMANT:          HandleDormantState(xAgain=>xAgain);
            STATE.EXECUTING:        HandleExecutingState(xAgain=>xAgain);
            STATE.DONE:             HandleDoneState(xAgain=>xAgain);
            STATE.ERROR:            HandleErrorState(xAgain=>xAgain);
            STATE.RESETTING:        HandleResettingState(xAgain=>xAgain);
        END_CASE

    UNTIL NOT xAgain
END_REPEAT;

END_FUNCTION_BLOCK
```

(3) 状态

各有关状态可用下述方法编写。例如，休眠状态的处理 HandleDormantState 编写如下：

```
METHOD PRIVATE FINAL HandleDormantState // Dormant 状态的处理
    VAR_OUTPUT
        xAgain : BOOL;
    END_VAR

    IF xExecute THEN
        xBusy := TRUE;
        eState := STATE.EXECUTING;
        xAgain := TRUE;
    END_IF
END_METHOD
```

其他状态的处理方法编写如下（其内容应是该状态下所执行的动作命令）：

```
METHOD PRIVATE FINAL HandleExecutingState   //Executing 状态的处理
    VAR_OUTPUT
        xAgain : BOOL;
    END_VAR
    VAR
        xComplete : BOOL;
    END_VAR

    CyclicAction(
    xComplete=>xComplete,
    eErrorID=>eErrorID
    );

    IF eErrorID <> ERROR.NO_ERROR THEN
        eState := STATE.ERROR;
        xAgain := TRUE;
```

```
        ELSIF xComplete THEN
            eState := STATE.DONE;
            xAgain := TRUE;
        END_IF
    END_METHOD
    METHOD PRIVATE FINAL HandleDoneState //Done 状态的处理
        VAR_OUTPUT
            xAgain : BOOL;
        END_VAR
        IF xDone AND (xResetRequest OR NOT xExecute) THEN
            eState := STATE.RESETTING;
            xAgain := TRUE;
        ELSE
            xBusy := FALSE;
            xDone := TRUE;
            xResetRequest := NOT xExecute;
            xAgain := FALSE; (* !!! *)
        END_IF
    END_METHOD
    METHOD PRIVATE FINAL HandleErrorState   // Error 状态的处理
        VAR_OUTPUT
            xAgain : BOOL;
        END_VAR
        IF xError AND (xResetRequest OR NOT xEnable) THEN
            eState := STATE.RESETTING;
            xAgain := TRUE;
        ELSE
            xBusy := FALSE;
            xError := TRUE;
            xResetRequest := NOT xEnable;
            xAgain := FALSE; (* !!! *)
        END_IF
    END_ METHOD
    METHOD PRIVATE FINAL HandleResettingState // Resetting 状态的处理
        VAR_OUTPUT
            xAgain : BOOL;
        END_VAR
        VAR
            xComplete : BOOL;
        END_VAR

        ResetAction(xComplete=>xComplete);
        IF xComplete THEN
            xBusy := FALSE;
            xDone := FALSE;
            xError := FALSE;
            eErrorID := ERROR.NO_ERROR;
            eState := STATE.DORMANT;
            xFirstInvocation := TRUE;
            xAgain := xResetRequest;        (* !!! *)
            xResetRequest := FALSE;
        END_IF
    END_METHOD
```

图 3-16 显示了各状态和输入输出信号的关系。

对边沿触发功能块，在输入信号 xExecute 的上升沿触发该功能块，其内部状态从休眠

（Dormant）转换到忙（Busy，即图 3-15 中的执行 Executing），所有输入被采样并存储。功能块输出 xBusy 被置位，表示功能块定义的操作将开始。

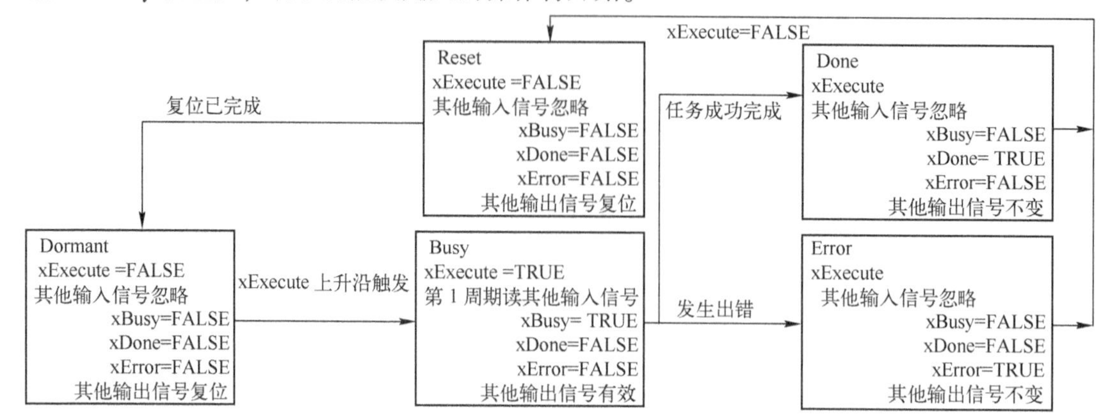


图 3-16 边沿触发功能块的基本状态图

在定义的操作期间，设置一些条件可使操作退出忙（Busy）状态，这表示 xBusy 输出被复位到 FALSE。例如，没有发生出错，则操作被执行，直到任务完成，这时，进入 Done 状态。例如，操作期间发生出错，则从 Busy 状态转换到 Error 状态。上述的转换是排它性的，即输出 xDone 和 xError 只能有一个被置位。

- Ready Condition：如果操作达到其准备条件，而且没有出错发生和操作时间没有超过规定等，则输出 xDone 置位（TRUE），即 Busy 状态转换到 Done 状态。
- Error Condition：如果操作过程中检测到一个出错，则输出 xError 被置位（TRUE），即 Busy 状态转换到 Error 状态。此外，被定义的出错代码（本地枚举数据类型 ERROR 的一个输出值）被送达输出变量 eErrorID。

至少在一个周期内输出变量 xDone 或 xError 之一的值是稳定的 TRUE 值。

当检测到输入信号 xExecute 为 FALSE 时，表示该功能块失活，因此，其内部状态转换到 Reset 状态。所有输出都将被复位，所有被占用的资源都释放。

重新初始化后，该功能块的状态从 Reset 转换到 Dormant。

在基本状态的基础上，可添加其他状态，例如中止状态。也可增加输入和输出参数，例如，增加操作超时间的输入参数等。图 3-17 是增加中止状态的基本边沿触发功能块的 SFC 图。

在 xExecute 上升沿，除了 xExecute 外的所有输入被采样并就地存储。这样，这些输入变量的改变不能影响它正在运行时所定义的操作。

在输出变量 xBusy 状态变为 TRUE 时，输入变量 xExecute 可以设置到 FALSE。

输入变量 xExecute 检测到下降沿不会中断已经定义的操作。被定义的操作正常地运行到它的准备条件、中止条件或出错条件。

在 xBusy 输出变量的下降沿，输入变量 xExecute 被采样，其反相值被作为复位请求存储在功能块内。即使 xExecute 输入变量的状态已经被设置到 FALSE，输出变量的状态至少在一个调用周期是有效的。这种情况下（复位请求），功能块的内部状态会自动重新初始化。在其他情况（xExecute 仍在 TRUE）时，在重新初始化功能块前（即标准握手），功能块将等待输入变量 xExecute 的下一个下降沿。

只有当 xDone 的状态为 TRUE 时，xDone、xBusy、xError、xAborted 或 eErrorID 以外的其他输出变量的状态才有效。有时，当 xDone 未置位在 TRUE 时，有必要设置带有效状态的附加输

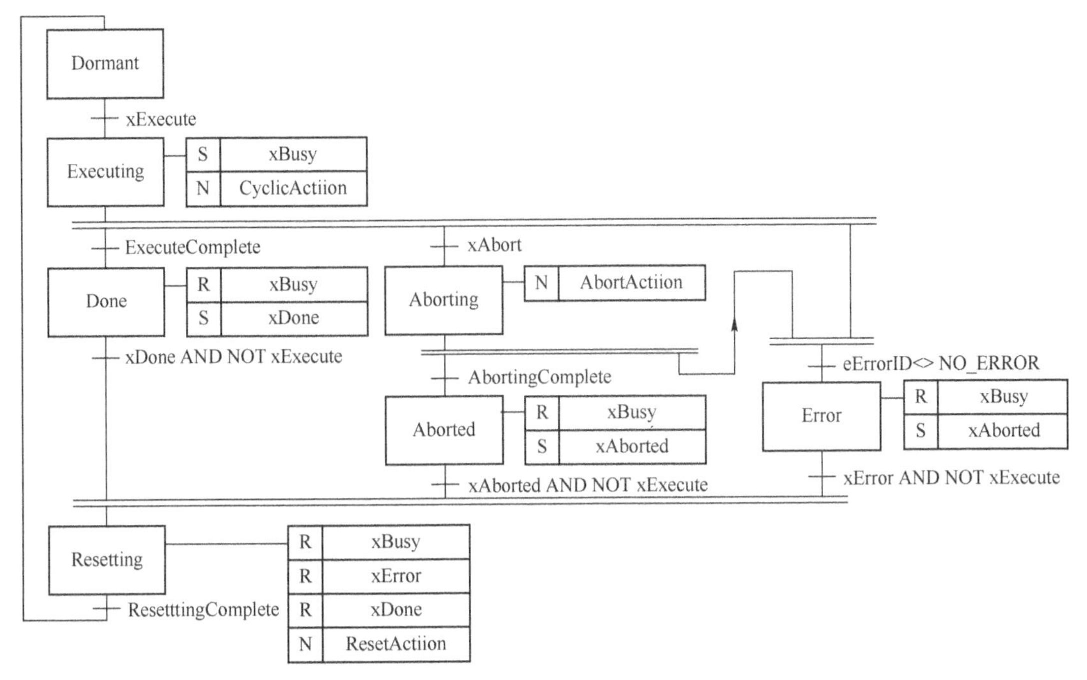


图 3-17　带中止功能的边沿触发功能块的 SFC 图

出变量，这种情况下，这些变量的特定行为需用文件明确说明。有时，需要设置附加的输出变量，它仅在结合其他输出变量的状态时有效。这种情况下，这些变量的特定行为和变量之间的关系也需用文件明确说明。

当 Reset request 激活，且输出变量 xDone、xError 中有一个的状态已经为 TRUE 后，输入变量 xExecute 可再次被设置为 TRUE，并且，功能块将重新起动它的已经定义的操作（快速握手）。

**2. 电平控制功能块**

电平控制功能块是带有 Enable 输入信号的功能块。这类功能块都有输入信号 Enable。即它是在 Enable 高电平时激活该功能块的动作。

图 3-18 是 PLCopen 运动控制规范第一部分第 2 版规定的 MC_WriteParameter 功能块图像描述，它带 Enable 输入，是电平控制功能块。为研究其状态，将它们的公用参数用阴影列出。

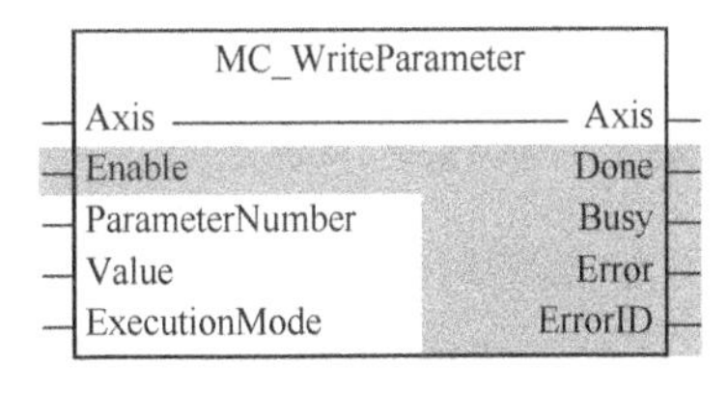


图 3-18　电平控制功能块的公用参数

整体而言，有两个不同层面的 PLCopen 规范的公用规定：

- 基本层面。用 Enable/Done（或 Activate/Ready）和 Busy，Error 和 ErrorID。虽然，ErrorID 可以是一个整数、一个字或一个双字（供应商规定）。
- 扩展层面。用添加的 Active 和 CommandAborted。

与边沿触发功能块的状态类似，电平控制功能块的状态有休眠（Dormant）、执行（Executing）、出错（Error）、完成（Done）和复位（Resetting）等。如图 3-10 所示。

对于电平控制功能块，如果输入信号 xEnable 被检测到 TRUE，即高电平，则该功能块起动其所定义的操作。功能块的内部状态转换到 Executing。它将运行其准备条件（Ready Condition）或出错条件（Error Condition）。与边沿触发功能块不同的是电平控制功能块的输入变量不被存储，因此，它将影响所定义操作的当前工作流。

有时，需要一个从未达到它的准备条件的行为模型。例如，MC_Power 运动控制功能块。它也是电平控制功能块，但它没有输出变量 xDone 和没有完成的状态。

与边沿触发功能块类似，可在基本型的电平控制功能块上添加中止功能，也可添加操作超时功能等。

图 3-19 是添加中止和带时间限功能的电平控制功能块的 SFC 图。

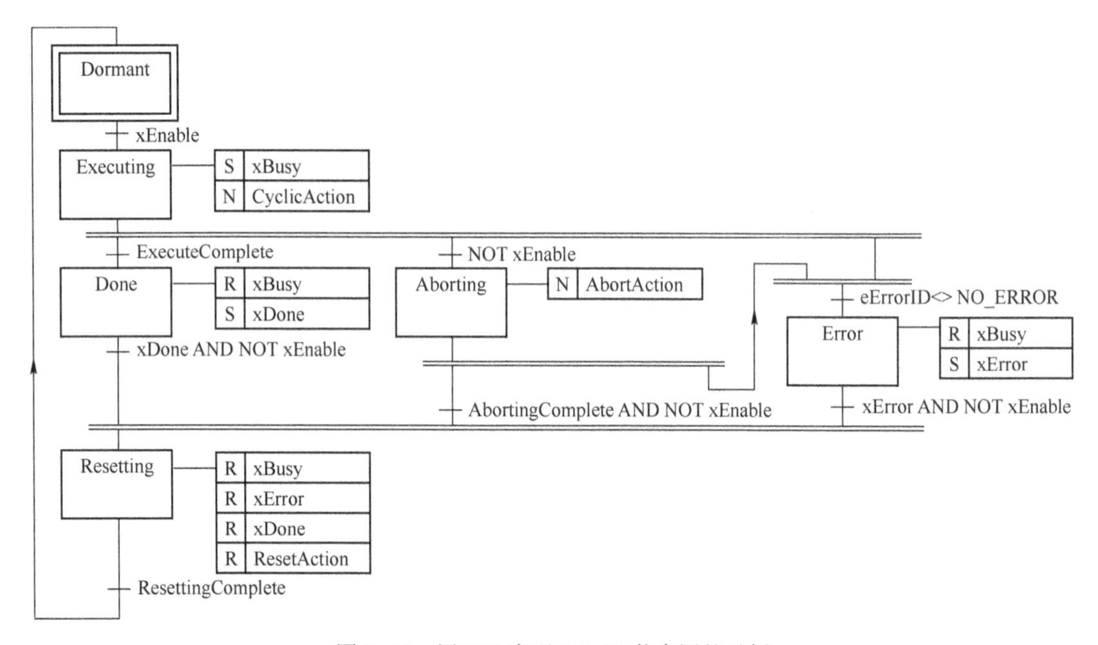


图 3-19　用 SFC 实现 LConTl 状态图的示例

## 3.3　功能块接口

运动控制功能块是 PLCopen 为运动控制定义的标准功能块，它以“MC_”作为运动控制功能块的标志，例如，MC_Power、MC_Home、MC_MoveAbsolute 等。

### 3.3.1　标准规范定义的数据类型

#### 1. 运动控制规范定义的数据类型

PLCopen 为运动控制功能块扩展了适用于运动控制的数据类型。表 3-9 和表 3-10 是运动控制功能块定义的结构数据类型和枚举数据类型的示例。

表 3-9　运动控制功能块定义的结构数据类型

| 定义的数据类型 | 数据类型说明 | 适用的运动控制功能块 |
| --- | --- | --- |
| AXIS_REF | 定义轴的有关信息的结构数据类型 | 所有运动控制功能块 |
| AXES_GROUP_REF | 定义轴组的结构数据类型 | 几乎所有轴组运动控制功能块 |
| MC_TP_REF | 用于时间和位置配置文件的数据对 | MC_PositionProfile |
| MC_TV_REF | 用于时间和速度配置文件的数据对 | MC_VelocityProfile |
| MC_TA_REF | 用于时间和加速度配置文件的数据对 | MC_AccelerationProfile |

（续）

| 定义的数据类型 | 数据类型说明 | 适用的运动控制功能块 |
|---|---|---|
| MC_TL_REF | 用于时间和负载配置文件的数据对 | MC_LoadProfile |
| MC_TRIGGER_REF | 包含触发翻转的有关信息，例如，触发源的位置，附加的检测模式信息（正、反、正与反、边沿、水平以及模式识别等） | MC_TouchProbe<br>MC_AbortTrigger |
| MC_INPUT_REF | 包括一个对特定输入集合的引用，它可以是虚拟的，即意味其在声明部分之外 | MC_ReadDigitalInput |
| MC_OUTPUT_REF | 特定结构的数据类型。表示连接到物理输出 | MC_DigitalCamSwitch<br>MC_ReadDigitalOutput<br>MC_WriteDigitalOutput |
| MC_CAM_REF | 用于 CAM 描述的引用 | MC_CamTableSelect |
| MC_CAMSWITCH_REF | 模式数据的特定引用。如引用到一个轴的电子凸轮控制的开关等，包括跟踪号、开关 On 时的上限和下限位置、轴方向、电子凸轮开关模式（基于位置或时间）和时间偏差 | MC_DigitalCamSwitch |
| MC_TRACK_REF | 结构数据类型，包括跟踪信息，跟踪是一组与一个输出有关的开关。包括每次跟踪时 ON 和 OFF 的补偿时间，死区距离等 | MC_DigitalCamSwitch |
| IDENT_IN_GROUP_REF | 经引用，为轴组添加轴的顺序，可耦合到运动模型名称，例如，足、肩等。是轴组中轴的标识 | MC_AddAxisToGroup<br>MC_RemoveAxisFromGroup<br>MC_GroupReadConfiguration |
| MC_KIN_REF | 用于引用包含参数的运动模型 | MC_SetKinTransform<br>MC_ReadKinTransform |
| MC_COORD_REF | 用于引用包含参数的从 MCS 到 PCS 的坐标变换 | MC_SetCoordinateTransform |
| MC_PATH_DATA_REF | 用于作为结果路径数据描述的引用 | MC_PathSelect<br>MC_MovePath |
| MC_PATH_REF | 用于引用路径的描述 | |
| MC_REF_SIGNAL_REF | 包含相关数据的引用开关的引用 | MC_StepAbsoluteSwitch<br>MC_StepReferencePulse<br>MC_StepReferenceFlyingSwitch<br>MC_StepReferenceFlyingRefPulse |

**表 3-10　运动控制功能块定义的枚举数据类型**

| 定义的数据类型 | 数据类型说明 | 运动控制功能块 |
|---|---|---|
| MC_BUFFER_MODE | 运动控制的缓冲模式数据类型。用于定义轴的行为。有 6 种可选的模式：中止（mcAborting）、已缓冲（mcBuffered）、混成至最低速（mcBlendingLow）、混成至前接功能块的速度（mcBlendingPrevious）、混成至后接功能块的速度（mcBlendingNext）以及混成至最高速（mcBlendingHigh） | 所有有缓冲的运动控制功能块 |
| MC_DIRECTION | 用于声明轴的运动方向的数据类型。有 4 种可选模式：正方向（mcPositive_direction）、最短（快）路径（mc-Shortest_way）、反方向（mcNegative_direction）和当前方向（mcCurrent_direction） | MC_MoveAbsolute<br>MC_MoveVelocity<br>MC_LoadControl<br>MC_LimitLoad<br>MC_LimitMotion<br>MC_TorqueControl |
| MC_HOMINGMODE | 回原点模式，有 MC_AbsSwitch、MC_LimitSwitch、MC_RefPulse、MC_Direct、MC_Absolute、MC_Block 等选项。见 MC_HOME_DIRECTION | MC_Home |

（续）

| 定义的数据类型 | 数据类型说明 | 运动控制功能块 |
| --- | --- | --- |
| MC_START_MODE | 用于 MC_CAMIn 功能块的开始模式。有三种模式可选：绝对（mcAbsolute）、相对（mcRelative）和斜坡（mcRamp-in）。主轴和从轴之间的关系可以是绝对位置或相对位置。斜坡输入是供应商规定的开始模式，表示以斜坡输入跟踪 CAM 轮廓曲线 | MC_CAMIn<br>MC_CamTableSelect |
| MC_EXECUTION_MODE | 提供管理功能块行为的信息。有三种模式可选：立刻（mcImmediately）、延迟（mcDelayed）和排队（mcQueued） | MC_SetKinTransform<br>MC_SetCartesianTransform<br>MC_SetCoordinateTransform<br>MC_SetPosition<br>MC_WriteParameter<br>MC_WriteBoolParameter<br>MC_WriteDigitalOutput<br>MC_CamTableSelect |
| MC_TRANSITION_MODE | 供应商提供的过渡模式。有：不过渡（mcTMNone）、以起动的速度过渡（mcTMStartVelocity）、用给定的恒速过渡（mcTMConstantVelocity）、用给定的转角距离过渡（mcTMCornerDistance）、用给定最大转角偏差过渡（mcTMMaxCornerDiviation）5个模式可选，以及 PLCopen 保留的5个模式和供应商特定模式1个，共11个选项 | MC_MoveLinearAbsolute<br>MC_MoveLinearRelative<br>MC_MoveCircularAbsolute<br>MC_MoveCircularRelative<br>MC_MoveDirectAbsolute<br>MC_MoveDirectRelative<br>MC_MovePtah |
| MC_SOURCE | 轴值的资源选项：<br>mcCommandedValue：已经命令的值。<br>mcSetValue：主轴的设定值。<br>mcActualValue：主轴的实际值 | MC_ReadMotionState<br>MC_CamIn<br>MC_GearIn<br>MC_GearInPos<br>MC_CombineAxes<br>MC_DigitalCamSwitch |
| MC_SYNC_MODE | 同步方式选项：有最快（mcShortest）、追赶（mcCatchUp）和减速（mcSlowDown）三种选项，区别是依次为同步的能量从大到小 | MC_GearInPos |
| MC_COMBINE_MODE | 适用于 AxisOut 的组合类型选项。<br>mcAddAxes：2个输入轴位置的相加<br>mcSubAxes：2个输入轴位置的相减 | MC_CombineAxes |
| MC_GROUP_BUFFER_MODE | 与 MC_BufferMode 类似，是用于轴组的缓冲模式。定义相对前接功能块的本功能块的时间顺序，也有六种模式：中止（mcAborting）、已缓冲（mcBuffered）、混成至最低速（mcBlendingLow）、混成至前接功能块的速度（mcBlendingPrevious）、混成至后接功能块的速度（mcBlendingNext）、混成至最高速（mcBlendingHigh）等 | MC_MoveLinearAbsolute<br>MC_MoveCircularAbsolute<br>MC_MoveCircularRelative<br>MC_SetDynCoodTransform<br>MC_TrackConveyorBelt<br>MC_TrackRotaryTable |
| MC_CIRC_PATHCHOICE | 转角轨迹的路径选项。有顺时针（mcClockwise）和逆时针（mcCounterclockwise）两种选项 | MC_MoveCircularAbsolute<br>MC_MoveCircularRelative |
| MC_HOME_DIRECTION | 规定回原点运动的运动方向和对应的需搜索的限位开关，有正方向（mcPositionDirection）、反方向（mcNegativeDirection）、开关 off 时正方向（mcSwitchPositive）和开关 off 时反方向（mcSwitchNegative）等4种选项。部分功能块只有前两个选项 | MC_StepAbsoluteSwitch<br>MC_StepLimitSwitch<br>MC_StepBlock<br>MC_StepReferencePulse<br>MC_StepDistanceCoded |
| MC_SWITCH_MODE | 功能块传感器条件。有传感器 On（mcOn）、传感器 Off（mcOff）、传感器上升沿触发（mcRisingEdge）、传感器下降沿触发（mcFallingEdge）、正方向搜索（mcEdgeSwitchPositive）和反方向搜索（mcEdgeSwitchNegative）等6个选项 | MC_StepAbsoluteSwitch<br>MC_StepLimitSwitch<br>MC_StepReferenceFlyingSwitch |
| MC_CAM_ID | 供应商规定的数据类型。用 CAM 表格形式声明主轴和从轴的数据。供应商规定其结构和内容 | MC_CamTableSelect<br>MC_CamIn |

### 2. 功能块名称的长度和缩写名称的方法

采用缩写名称有利于支持采用规定有限数量字符的 PLC 制造商。表 3-11 是缩写名称的列表。

**表 3-11 运动控制功能块的缩写名称列表**

| 名　称 | 缩写名称 | 名　称 | 缩写名称 | 名　称 | 缩写名称 | 名　称 | 缩写名称 |
|---|---|---|---|---|---|---|---|
| Absolute | Abs | Conveyor | Conv | Group | Grp | Reference | Ref |
| Acceleration | Acc | Coordinate | Coord | Kinematic | Kin | Relative | Rel |
| Actual | Act | Deceleration | Decel | Limit | Lim | Remove | Rem |
| Additive | Add | Direct | Dir | Linear | Lin | Superimposed | SupImp |
| Cartesian | Cart | Distance | Dist | Negative | Neg | Synchronized | Sync |
| Circular | Circ | Dynamic | Dyn | Parameter | Par | Transformation | Trans |
| Command | Cmd | Flying | Fly | Passive | Ps | Velocity | Vel |
| Configuration | Cfg | GearRatio DenominatorM1 | RatioDen M1 | Position | Pos | | |
| Continuous | Cont | GearRatio NumeratorM1 | RatioNum M1 | Positive | Pos | | |

表 3-12 是采用缩写表示的标准运动控制功能块和名称示例。

**表 3-12 采用缩写表示的标准运动控制功能块和名称示例**

| | | | | |
|---|---|---|---|---|
| MC_AbortPsHoming | MC_GrpReadActAcc | MC_MoveCircRel | MC_ReadKinTrans | MC_StepBlock |
| MC_AddAxisToGrp | MC_GrpReadActPos | MC_MoveContRel | MC_ReadPar | MC_StepDistCoded |
| MC_HomeAbs | MC_GrpReadActVel | MC_MoveDirAbs | MC_RefFlyPluse | MC_StepLimSwitch |
| MC_HomeDir | MC_GrpReadCfg | MC_MoveDirRel | MC_RefFlySwitch | MC_StepRefPluse |
| MC_GrpContinue | MC_GrpReadError | MC_MoveLinAbs | MC_RemAxisFromGrp | MC_SyncAxisToGrp |
| MC_GrpDisable | MC_GrpReadStatus | MC_MoveLinRel | MC_SetCartTrans | MC_SyncGrpToAxis |
| MC_GrpEnable | MC_GrpReset | MC_MovePath | MC_SetCoordTrans | MC_TrackConvBelt |
| MC_GrpHalt | MC_GrpSetOverride | MC_PathSelect | MC_SetDynCoordTrans | MC_TrackRotaryTable |
| MC_GrpHome | MC_GrpStop | MC_ReadCartTrans | MC_SetKinTrans | MC_UngroupAllAxes |
| MC_GrpInterrupt | MC_MoveCircAbs | MC_ReadCoordTrans | MC_StepAbsSwitch | CmdAborted |

### 3. 结构数据类型简介

这里介绍运动控制功能块中最常用的结构数据类型，由制造商规定。这些数据类型都有 _REF 后缀。

（1）AXIS_REF

几乎所有运动控制功能块都使用 AXIS_REF 数据类型。这是一个输入输出数据，用于描述运动控制中的被控对象，即轴的所有属性。

不同制造商对该数据类型规定不同的属性，其包含的变量可多达数百个，主要参数如下：

- 基本信息。包括轴名、轴描述、轴功能、轴类型和轴驱动类型等。例如，定位轴、同步轴、路径轴等轴功能；线性轴、旋转轴等轴类型；电气轴、液压或气动轴、虚拟轴等驱动轴。
- 管理信息。包括轴状态、运动状态、轴的设定参数值、工程单位和分辨率以及原点位置状态等。例如，静止、连续运动、同步等轴状态；恒速、加速、减速等运动状态；设定的位置、轴速度、加速度和加加速度等设定参数值；工程单位包括位置、增量、速度、加速度、加加速度、比值、时间、转角、角速度、角加速度、频率、转矩、力、电压等工程单位；回原点开关、正、负方向硬件开关、绝对原点开关等状态。

- 运动参数信息。包括当前轴的运动参数，例如，实际速度、实际加速度、实际转矩、实际运动方向及运行模式等数值。
- 出错信息。包括出错信号、出错代码、出错时的时间或位置等。
- 其他信息。用于插补的有关信息、补偿表、电子凸轮表、位置配置表及速度配置表等。

AXIS_REF 是输入输出数据，因此，在执行运动控制功能块时，其信息会及时改变。例如，轴的状态信息、轴运动参数信息等。结构数据也可嵌套结构数据等。AXIS_REF 结构数据类型常见结构如下：

```
TYPE
    AXIS_REF : STRUCT
        AxisNo : UINT;
        AxisName : STRING(255) ;
    …
END_STRUCT;
END_TYPE
```

（2）配置文件的结构数据

这是输入数据类型。规范规定了位置 MC_TP_REF、速度 MC_TV_REF、加速度 MC_TA_REF 和转矩 MC_TL_REF 的配置文件。它们有类似的数据结构形式。2.2.3 节介绍了位置和速度配置文件的结构。加速度和转矩的配置文件可类似地编写。具有这类数据类型结构的还有用于电子凸轮的配置文件 MC_CAM_REF 和用于插补的数据文件 MC_PATH_DATA_REF。

- MC_TA_REF 结构数据类型编写如下：

```
TYPE
    MC_TA : STRUCT                              //定义时间和加速度数据对的结构
        DeltaTime : TIME;
        Acceleration : REAL;
    END_STRUCT;
END_TYPE
TYPE
    MC_TA_REF : STRUCT
        NumberOfPairs : WORD;                   // 数据对的个数
        MC_TA_Array : ARRAY [1..N] OF MC_TA;    // 结构数据的嵌套使用
    END_STRUCT;
END_TYPE
```

- MC_CAM_REF 结构数据类型编写如下：

```
TYPE
    CAM_TABLE : STRUCT                          //定义主轴和从轴位置数据对
        MasterPosition: REAL;
        SlavePosition: REAL;
    END_STRUCT;
END_TYPE
TYPE
    MC_CAM_REF : STRUCT
        NumberOfPairs : WORD;                   // 数据对的个数
        MC_CAM_Array : ARRAY [1..N] OF CAM_TABLE;       // 结构数据的嵌套使用
    END_STRUCT;
```

```
END_TYPE
```

(3) 信号源引用的数据。有 MC_INPUT_REF、MC_OUTPUT_REF 和 MC_REF_SIGNAL_REF。这是输入输出数据类型。用于建立引用的输入、输出和引用开关的数字信号源。编写如下：

- MC_INPUT_REF 结构数据类型编写如下：

```
TYPE
    MC_INPUT_REF : STRUCT
        InputNumber : INT;
        InputSignal: REAL;
        …
    END_STRUCT;
END_TYPE
```

- MC_OUTPUT_REF 结构数据类型编写如下：

```
TYPE
    MC_OUTPUT_REF : STRUCT
        OutputNumber : INT;
        OutputSignal: REAL;
        …
    END_STRUCT;
END_TYPE
```

- MC_REF_SIGNAL_REF 结构数据类型编写如下：

```
TYPE
    MC_REF_SIGNAL_REF : STRUCT
        RefSignal: BOOL;
        TimeStamp: BOOL ;
        Position: REAL;
        …
    END_STRUCT;
END_TYPE
```

类似的输入输出数据结构有 MC_CAMSWITCH_REF、MC_TRACK_REF、MC_TRIGGER_REF 等。

(4) AXES_GROUP_REF。对轴组数据的描述与轴数据类似，包括轴组的各轴信息、各轴的状态以及时间标记等信息。各供应商规定其数据元素。结构数据类型编写如下：

```
TYPE
    AXES_GROUP_REF : STRUCT
        Signal: BOOL;
        TimeStamp: BOOL ;
        …
    END_STRUCT;
END_TYPE
```

(5) 插补数据和坐标转换的数据类型。有 MC_KIN_REF、MC_COORD_REF 等，它们是输入数据类型。

- MC_KIN_REF 结构数据类型编写如下：

```
TYPE
    MC_KIN_REF : STRUCT
        XPosition: REAL;
        YPosition: REAL ;
```

```
            ZPosition: REAL;
            …
        END_STRUCT;
END_TYPE
```

- MC_COORD_REF 结构数据类型编写如下：

```
TYPE
        MC_COORD_REF : STRUCT
            RotAngle1: REAL;
            RotAngle2: REAL ;
            RotAngle3: REAL;
            TransX: REAL;
            TransY: REAL;
            TransZ: REAL;
        END_STRUCT;
END_TYPE
```

(6) 电子凸轮 MC_CAMSWITCH_REF、MC_TRACK_REF 等。

- MC_CAMSWITCH_REF 结构数据类型编写如下：

```
TYPE
        MC_ CAMSWITCH_REF : STRUCT
            TrackNumber: INT;
            FirstOnPosition: REAL ;
            LastOnPosition: REAL;
            AxisDirection: INT;
            CamSwitchMode: INT;
            Duration: TIME;
        END_STRUCT;
END_TYPE
```

- MC_TRACK_REF 结构数据类型编写如下：

```
TYPE
        MC_ TRACK_REF : STRUCT
            OnCompensation: TIME;
            OffCompensation: TIME ;
            Hysteresis: REAL;
        END_STRUCT;
END_TYPE
```

**4. 枚举数据类型简介**

这类数据类型都有所供的多个选项，都是输入数据类型。多数这种数据类型有_MODE 的后缀。不同功能块应用时，其可选项可以不同，应根据制造商规定确定其可选项。下面是常用的枚举数据类型。

1）缓冲模式数据类型 MC_BUFFER_MODE。根据两个功能块的混成要求，确定其混成模式。约定模式是中止。MC_BUFFER_MODE 数据类型编写如下：

```
TYPE
    MC_BUFFER_MODE (mcAborting, mcBuffered, mcBlendingLow, mcBlendingPrevious, mcBlendingNext, mcBlendingHigh)  //中止、已缓冲、混成低速、混成前块、混成后块及混成高速等 6 个选项
END_TYPE
```

2）运动方向模式选择 MC_DIRECTION。数据类型编写如下：

```
TYPE
    MC_DIRECTION(mcPositive_direction, mcShortestWay, mcNegativeDirection, mcCurrentDirection)
END_TYPE                //正方向、最短路径、负方向和当前方向等4个选项
```

3）源信号选择 MC_SOURCE。数据类型编写如下：

```
TYPE
  MC_SOURCE(mcCommandedValue, mcSetValue, mcActualValue)
                                                //命令值、设定值和实际值等3个选项
END_TYPE
```

4）起动模式选择 MC_START_MODE。数据类型编写如下：

```
TYPE
    MC_START_MODE(mcAbsolute, mcRelative, mcRampIn)  //绝对、相对和斜坡输入等3个选项
END_TYPE
```

5）同步模式选择 MC_SYNC_MODE。数据类型编写如下：

```
TYPE
    MC_SYNC_MODE(mcShortest, mcCatchUp, mcSlowDown)  //最短、过调和阻尼等3个选项
END_TYPE
```

6）过渡模式选择 MC_TRANSITION_MODE。数据类型编写如下：

```
TYPE
    MC_TRANSITION_MODE (TMnone, TMStartVelocity, TMConstantVelocity, TMCornerDistance, TM-
MaxCornerDeviation)  //见表3-10,下同
END_TYPE
```

7）圆弧插补路径选择 MC_CIRC_PATHCHOICE。数据类型编写如下：

```
TYPE
    MC_CIRC_PATHCHOICE(mcClockwise, mcCounterClockwise)
END_TYPE
```

其中，圆弧模式的数据类型如下：

```
TYPE
    CIRCMODE (Border, Center, Radius)
END_TYPE
```

8）路径执行模式选择 MC_PATHMODE。数据类型编写如下：

```
TYPE
    MC_PATHMODE(non_periodic, periodic)
END_TYPE
```

9）回原点方向选择 MC_HOME_DIRECTION。数据类型编写如下：

```
TYPE
    MC_HOME_DIRECTION(mcPositiveDirection, mcNegativeDirection, mcSwitchPositive, mcSwitchNeg-
ative)
END_TYPE
```

10）结合模式选择 MC_COMBINE_MODE。数据类型编写如下：

```
TYPE
    MC_COMBINE_MODE(mcAddAxes, mcSubAxes)
END_TYPE
```

### 5. 运动控制功能块术语

表 3-13 是运动控制功能块的有关术语。

表 3-13　运动控制功能块的有关术语

| 名称/缩写 | 英 文 名 | 解　释 |
|---|---|---|
| ACS 轴坐标系 | Axes Coordinate System | 轴坐标系。固定于物理轴（如伺服电动机、液压缸等）上的坐标系，是构成单一驱动器的物理电动机或单轴运动相关的坐标系 |
| 混成 | Blending | 一种连贯功能块的方法，使得从第一功能块能协调地转换至下一个功能块 |
| 轮廓曲线 | Contour Curve | 修改原始路径的插入曲线，它是混成后获得的曲线 |
| 坐标系 | Coordinate System | 描述坐标或路径的参考系 |
| 拐角偏差 | Corner Deviation | 编程的角点与轮廓曲线之间的最短距离 |
| 拐角距离 | Corner Distance | 轮廓曲线开始点到编程目标点的距离 |
| 方向 | Direction | 空间矢量的方向分量（注：这与运动控制规范第一部分中的 MC_Direction 输入不同） |
| 驱动 | Drive | 通过对其线圈流过的电流和时序控制电动机的单元 |
| 功能块组 | Group-FB | 工作于轴组的功能块组合 |
| MCS<br>机械坐标系 | Machine Coordinate System | 相对于机械装置的坐标系。对于机械装置来讲，这是一个原点为固定位置的直角坐标系，而原点则在机械装置安装时予以定义。通过正向和反向的运动学变换，可将多个单轴的坐标系 ACS 与 MCS 链接起来<br>对采用笛卡儿坐标系的机械装置，MCS 是直角坐标系，它可与 ACS 等同，或经简单的坐标变换或映射获得<br>MCS 可表示多达 6 维的抽象空间 |
| 电动机 | Motor | 将电能转换为力或力矩的专用于运动的执行器 |
| 方位，定向 | Orientation | 空间矢量的旋转分量 |
| 路径，轨迹 | Path | 在多维空间中设置的连续位置和定向的信息。轴组的刀具中心点（TCP）沿着其运动的空间曲线的几何描述 |
| 路径数据 | PathData | 包括附加的（诸如速度和加速度）信息的路径描述 |
| PCS<br>产品坐标系 | Product Coordinate System<br>Program Coordinate System<br>Programmers Coordinate System | 产品的坐标系。在 CNC 中常称为程序坐标系（或程序员坐标系）。通常情况下，PCS 建立在 MCS 的基础上，即通过 MCS 平移或旋转来建立 PCS。PCS 的零点是相对于产品的，在运行期间可用程序来改变零点。通过在 PCS 指定一个轨迹就能描述该轨迹，而与机械装置无关。通常进行直角或柱面变换，就可以将 PCS 映射为 MCS，或者将 MCS 映射为 PCS |
| 位置 | Position | 位置指用不同坐标描述的空间的点。根据用户的系统和转换，它可以由高达 6 维（坐标）组成，表示空间的三个直角坐标和三个方位坐标<br>在 ACS，甚至可超过 6 维坐标。如果同一位置在不同坐标系统描述，则在坐标中的值不同 |
| 定位精度 | Position Accuracy | 位置量相对于参考系的绝对度量。TCP 实际运动到达位置与理想位置之间的差距 |
| 重复精度 | Repeatability | 相同运动命令下，运动机构连续重复运动，其运动结束位置之间的误差度量 |
| 分辨率 | Resolution | 运动机构可运动的最小步距 |
| 水平关节机器人 | Scara | 一种特定运动的机器人或处理应用程序 |
| 速度 | Speed | 速度 Speed 是指没有方向的速度的绝对值 |
| 同步 | Synchronization | 为了执行从轴或从轴组对其主轴路径进给的同步，将一个从轴或一个从轴组与主轴组合。这表示主轴和从轴（或从轴组）链接到一个一维的同步源 |

（续）

| 名称/缩写 | 英 文 名 | 解 释 |
| --- | --- | --- |
| 刀具中心点（或称刀尖）TCP | Tool Centre Point | TCP 是机械装置上执行运动命令的那一点，典型的就是位于刀具的头部或中心点，即刀尖。在不同的坐标系中都可以对其进行描述 |
| 跟踪 | Tracking | 一组轴组跟随另一个轴组运动而运动的特性 |
| 轨迹 | Trajectory | 一个轴组沿着其 TCP（刀具中心点）路径移动的与时间有关的描述。除了空间曲线几何描述外，还要附加制定随时间变化的状态变量，例如，速度、加速度、加速度变化率以及力等的规定 |
| 速度 | Velocity | 对于轴组，在 ACS 中速度 Velocity 表示不同轴的速度；在 MCS 和 PCS 中，速度 Velocity 表示刀工具中心点 TCP 的速度 |

## 3.3.2 功能块接口的一般规则

### 1. Execute 功能块的行为

（1）Execute/Done 类型功能块的行为

如图 3-20 所示是边沿触发功能块的输入 Execute（执行）和输出 Done、Busy、Error 和 CommandAborted 之间的时序图。

对边沿触发功能块，Execute 上升沿才能触发功能块执行操作，此时，输出 Busy 被置位。但不同情况下其复位的原因可以不同。下面示例说明其不同的复位原因。

示例 1 中，功能块未完成其任务，而被另一个功能块的中止命令所中断，即 CommandAborted 被置位，因此，Busy 复位。

示例 2 中，功能块执行过程中出错，因此，Error 信号的上升沿触发，使 Busy 输出信号复位。

示例 3 显示当 Execute 上升沿触发使功能块执行操作后，虽然 Execute 信号已经复位，但功能块没有出错，因此，当其执行的操作完成后，Done 信号置位，同时使 Busy 复位。

（2）Execute/InXxx 类型功能块的行为

输出信号 InVelocity、InGear、InTorque 和 InSync 用统一符号表示为 InXxx。它与 Execute/Done 类型功能块的行为不同。图 3-21 是边沿触发功能块的输入 Execute（执行）和输出 Busy、InXxx、Error 和 CommandAborted 之间的时序图。InXxx 输出信号只有当功能块的 Active 激活后，InXxx 的设定值与命令值相等时才能被置位。

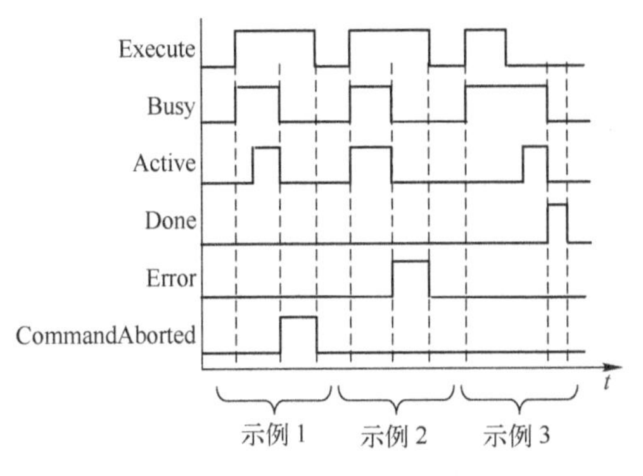

图 3-20 带 Execute 和 Done 功能块的行为

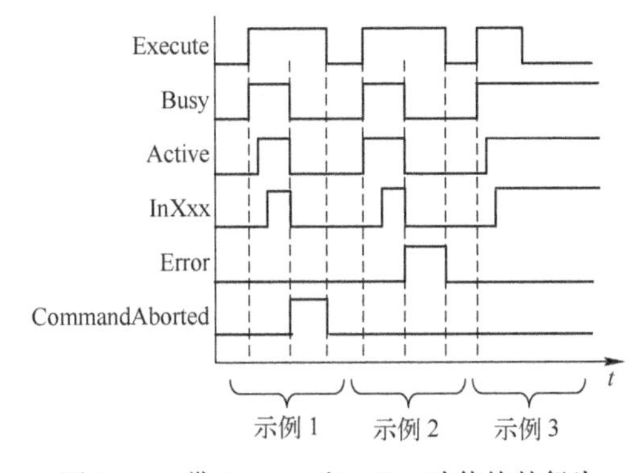

图 3-21 带 Execute 和 InXxx 功能块的行为

示例 1 中，当 InXxx 满足置位后，由于另一功能块的中止命令使该功能块中止其操作，因此，InXxx 被复位。

示例 2 同样是 InXxx 置位后，由于功能块出错，出错输出 Error 被置位，同时使输出 InXxx 被复位。

示例 3 显示当 Execute 上升沿触发使功能块执行操作后，虽然 Execute 信号已经复位，但功能块没有出错。因此，由于功能块运行正常，InXxx 被激活后，可保持其在置位状态。

**2. Enable 功能块的行为**

Enable（使能）输入的功能块是电平控制功能块。当电平控制功能块的 Enable 输入信号置位时，该功能块执行其操作。图 3-22 显示电平控制功能块输入信号 Enable 被置位后的行为。

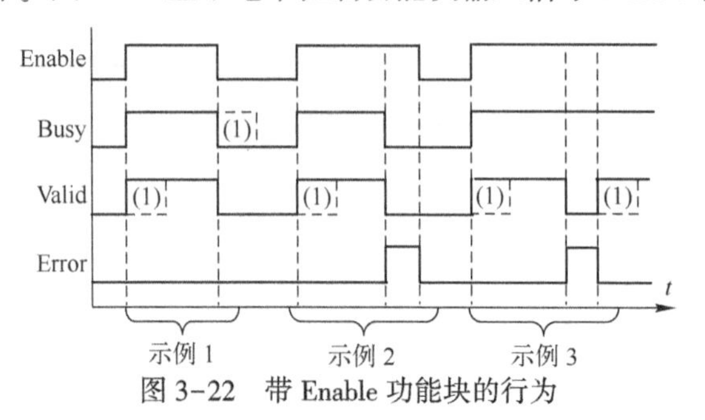


图 3-22　带 Enable 功能块的行为

示例 1 显示当 Enable 输入信号被置位时，输出信号 Busy 同时被置位。Valid 输出经一定的延时才置位。当 Enable 复位时，Valid 信号也复位，相应地，Busy 信号需延时一定时间复位。

示例 2 显示由于功能块出错，因此，Error 被置位，同时，它强制 Valid 信号复位。由于出错信号能自动清除，因此，Busy 也被强制复位。这时，需要重新使输入 Enable 置位到高电平才能使功能块继续执行操作。

示例 3 与示例 2 的区别是示例 3 中出错信号不能自动清除，因此，当出错发生时，它使 Valid 强制复位，但 Busy 仍在高电平（TRUE）。当出错信号被清除后，Valid 信号会延时一定时间后置位。

图 3-22 中的（1）表示需要一定等待时间（用虚线表示）后，Valid 信号才能置位；以及需要一定时间后，Busy 信号才能复位。等待时间与操作程序的重新存储过程的时间有关。

**3. 功能块接口的一般规则**

（1）输入参数

1）输入参数概述

- 用 Execute 不用 ContinuousUpdate。在 Execute 输入上升沿，该功能块的输入参数被采样和存储。要想修改功能块的任何参数，必须先改变输入参数，并再次触发 Execute 输入。由于没有 ContinuousUpdate，因此不能连续更新输入参数。
- 组合用 Execute 和 ContinuousUpdate。在 Execute 输入上升沿，该功能块的输入参数被采样和存储。由于输入信号 ContinuousUpdate 在置位状态，因此输入参数就可连续地被采样和修改。
- 用 Enable。Enable 输入置位时，该功能块的参数被使用，并能连续地修改该参数。

2）输入参数超过应用程序的限制

如果命令功能块以超过该参数绝对上下限的参数值执行，则输入被系统所限制，或由功能块实例生成一个出错。对于该轴，由应用规定其出错后果，因此，由应用程序进行出错的处理（例如，警告和报警）。

3）输入参数丢失

根据 IEC 61131-3 规定，如果功能块的任何输入参数丢失（断开），则采用该实例中该输入参数上次调用的值。第一次调用时则采用该参数的初始值。

4）加速度、减速度和加速度变化率（加加速度）输入参数

如果加速度、减速度或加速度变化率被设置为0，其结果与具体实现有关。有下列几种可能实现的方式：

- 进入出错状态。
- 标志为警告（通过供应商规定的输出）。
- 在编辑器被禁止。
- 按 AXIS_REF 设定取值或按驱动器自身的设定取值，或取最大值。

即使系统能够接受0输入，考虑到兼容性目标时，尤其需要谨慎使用。

加速度、减速度和加速度变化率通常是正值，速度、位置和距离可以是正值或负值。但速度有时只为正值。

5）输入参数 ContinuousUpdate

第2版引入该输入参数。如果它的值是 TRUE，当功能块被触发时（Execute 上升沿），一旦它保持在 TRUE，则功能块使用输入参数当前的值，即输入参数不断被更新，并被用于正在进行的运动。它不影响功能块的一般行为，也不影响状态图。换言之，它仅影响正进行的运动。一旦功能块不在 Busy 或 ContinuousUpdate 被置为 FALSE，它的影响就被终止。

如果 Execute 上升沿时，ContinuousUpdate 是 FALSE，在整个运动期间，输入参数的改变不影响正在进行的运动。

**【例 3-1】** ContinuousUpdate 的影响。

- MC_MoveRelative 起动时的 Position 是 0，Distance = 100 u，Velocity = 10 u/s，ContinuousUpdate = TRUE，Execute = TRUE，因此，运动开始时的位置在 Position = 100 u。
- 运动已经执行（假设驱动在 Position = 50 u），则手动改变 Distance 到 130 u，Velocity = 20 u/s。
- 轴将加速（到新的速度 = 20 u/s）并停止在 Position = 130 u，如果没有中止，它将运动直到 Done 置位。

（2）输出参数

1）输出参数的排他性

- 用 Execute。输出参数 Busy、Done、Error 和 CommandAborted 是相互排斥的。在一个功能块中这些输出参数同时只能有一个为 TRUE。如果 Execute 为 TRUE，则这些输出参数中的一个也必须为 TRUE。

除了功能块 MC_Stop，Active 和 Done 可同时被置位外，其他边沿触发功能块的输出 Active、Error、Done 和 CommandAborted 都不允许同时置位。

- 用 Enable。输出 Valid 和 Error 是相互排斥的，在一个功能块中，它们同时只能有一个是 TRUE。

2）功能块状态输出

- 用 Execute。在 Execute 的下降沿，输出 Done、InGear、InSync、InVelocity、Error、ErrorID 和 CommandAborted 被复位，而 Execute 的下降沿不会停止功能块的执行，或影响实际功能块的执行。如果发生功能块执行的停止或影响了功能块的执行，即使在功能块完成前 Execute 已经复位，也必须保证相应的输出至少在一个周期内是置位的。如果功能块实例在它完成操作前，接收到一个新的执行（由于对同一实例有一系列指令），功能块不会为前一个动作输出任何反馈信息，如 Done 或 CommandAborted。

- 用 Enable。在 Enable 的下降沿，功能块会尽可能快地对输出 Valid、Enabled、Busy、Error 和 ErrorID 复位。

3）输出行为

- Done（执行完成）输出的行为。在功能块已经成功完成操作时，Done 输出被置位。例如，当功能块 InGear、InSync 成功执行，其 Done 输出被置位。

当多个功能块在同一轴上顺序工作时，使用下列规则：当轴的一个运动功能块被同一轴的另一个运动功能块所中断，而未达到最终目标时，则第一个功能块的 Done 输出不会被置位。

- Busy（忙碌）输出的行为。每个边沿触发功能块都有一个 Busy 输出，它反映该功能块执行还未完成，预期会有一个新的输出。在 Execute 的上升沿，Busy 被置位，在 Done、Aborted 或 Error 中的任一个被置位时，Busy 被复位。

每个电平控制功能块都有一个 Busy 输出，它反映该功能块正在工作，预期会有一个新的输出。在 Enable 的上升沿，Busy 被置位并保持，直到该功能块执行完成有关动作。考虑到输出仍有可能改变，推荐在应用程序的动作回路中，该功能块至少应保持 Busy 在置位。

- InXxx（InVelocity、InGear、InTorque 和 InSync）输出的行为。只要功能块 Active（激活）置位，及 InXxx 设定值等于命令值时，InXxx 被置位；稍后，如果设定值与命令值不等，则 InXxx 被复位。例如，当设定速度等于命令速度值时，InVelocity 被置位。类似地，在可应用的功能块中，InGear、InTorque 和 InSync 的设定值与命令值相等，则对应的 InGear、InTorque 和 InSync 被置位。

即使输入信号 Execute 已经是 FALSE，只要功能块已对轴进行控制（即 Active 和 Busy 被置位），则 InXxx 就被刷新。

在 Execute 再次被置位后，而 InXxx 的条件已经满足，则 InXxx 的行为取决于供应商的规定。

InXxx 定义并非参照轴的实际值，但必须参照内部的瞬时设定值。

- Active（激活）输出的行为。对缓冲类功能块，要求有 Active 输出。在功能块对相应轴的运动采取控制的时刻该输出被置位。对无缓冲模式的功能块，输出 Active 和 Busy 有相同的值。

对于一个轴来说，几个功能块可以同时 Busy，但是同时只能有一个功能块的 Active（激活）是 TRUE。例外情况是这些功能块在并行工作，例如，MC_MoveSuperimposed、MC_PhasingAbsolute 和 MC_PhasingRelative，它们有与轴相关的多于一个功能块的 Active（激活）是 TRUE。

- CommandAborted（命令中止）输出的行为。当正在进行的运动被另一个运动命令中断时，CommandAborted 被置位。

CommandAborted 的复位行为与 Done 类似，即当发生 CommandAborted 时，其他输出信号，例如，InVelocity 被复位。

- Valid 输出的行为。Enable 输入对应于输出 Valid。Enable 是电平控制的标志，Valid 显示功能块中一组有效的输出是可用的。

如果一个有效输出值可用，且 Enable 输入为 TRUE，则 Valid 输出为 TRUE。只要 Enable 输入为 TRUE，相应的输入参数的值就被刷新。如果一个功能块出错，其输出就无效（Valid 被设置为 FALSE）。当出错条件消除，其值就重新显示，Valid 输出被再次置位。

（3）出错处理行为

1）出错定义。所有功能块有两个输出用于描述执行功能块时发生的错误，这些输出定义如下：

- 出错（Error）。Error 输出信号上升沿表示执行功能块时发生出错。

● 出错标识号（ErrorID）。出错代码。

2）出错类型。出错类型有下列三类：功能块出错（参数超出范围、企图违反状态机、顺序控制故障等）、通信出错和驱动出错。

实例出错并不总会导致轴的出错（使轴进入 ErrorStop 状态）。在功能块的 Execute 和 Enable 信号的下降沿，相应功能块的出错输出 Error 也被复位。此外，带 Enable 的功能块的 Error 输出在运行期间能够被复位（即不需要在 Enable 复位时，也能使 Error 输出复位）。

（4）命名

1）功能块命名。当一个系统内有多个库的情况下（即支持多个驱动器/运动控制系统），对功能块的命名可改为 MC_功能块名_供应商标志（MC_FBname_SupplierID）。

2）约定的枚举数据的命名。由于 IEC 标准对变量名唯一性的命名限制，PLCopen 运动控制命名空间引用“mc”用于枚举数据类型，见运动控制扩展的枚举数据。例如，把 Positive 和 Negative 分别命名为 mcPositive 和 mcNegative，就可避免与整个项目的其他部分使用这些枚举数据变量的实例发生冲突。

3）位置和距离的定义。Position 用于表示在直角坐标系中定义的一个值，Distance 是有工程单位的相对度量。它用于表示两个位置之间的差。

4）命令值、设定值和实际值的定义。命令值（Command Value）是基于功能块输入的值，并能被用于作为配置文件发生器输入（之一）的值；设定值（Set Value）也称为设置值，是底层的值，接近于执行器，也是最新的值（由配置文件发生器产生），是被送到伺服回路（例如执行机构）的值，例如，是执行器将使用的下一个值；实际值（Actual Value）是来自反馈系统的系统可用的最新值。

5）技术单位。常用 u 表示长度单位，线性轴用 mm、μm、m 和 inch 等，旋转轴的转角用°或 0.1°等；时间单位常用 s 表示，通常表示 sec；频率单位用 Hz。例如，速度用 u/s 或°/s；加速度用 $u/s^2$ 或 $°/s^2$ 等。u 的单位，对于电压，常用 V 表示；转矩用 N · m；力用 N、kN 等。由供应商规定技术单位。

## 3.3.3 出错处理

对驱动器/运动控制的所有访问都是通过功能块完成的。在功能块内部，功能块提供对输入数据的基本出错检测。具体的实现与所用系统有关。例如，如果 MaxVelocity 被设置为 6000，而输入到功能块的速度被设置到 10000，则产生一个基本的出错报告。采用经网络耦合到系统的一种智能驱动器情况下，MaxVelocity 参数可能存储在驱动器内。功能块必须注意处理由驱动器内部产生的出错，即驱动出错。对另一种实现，MaxVelocity 值可就地存储。这时，功能块生成就地的出错，即功能块出错。

**1. 集中式处理**

集中出错处理方法用于简化功能块的编程，其出错的响应是同样独立于出错功能块实例的。

图 3-23 显示集中出错处理的功能块。

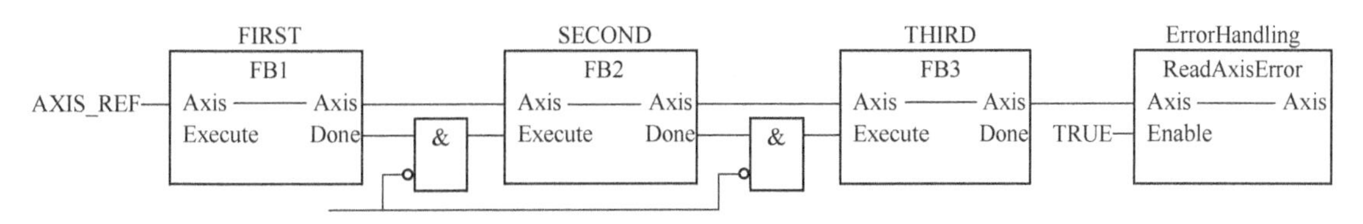


图 3-23 功能块出错的集中处理

集中式出错处理在出错发生后停止后续功能块的操作，同时根据轴引用的数据对出错进行处理。

**2. 分散式处理**

分散出错处理时根据发生出错的功能块进行不同的出错处理，它可加速出错处理的响应。图 3-24 是分散出错处理的示例。

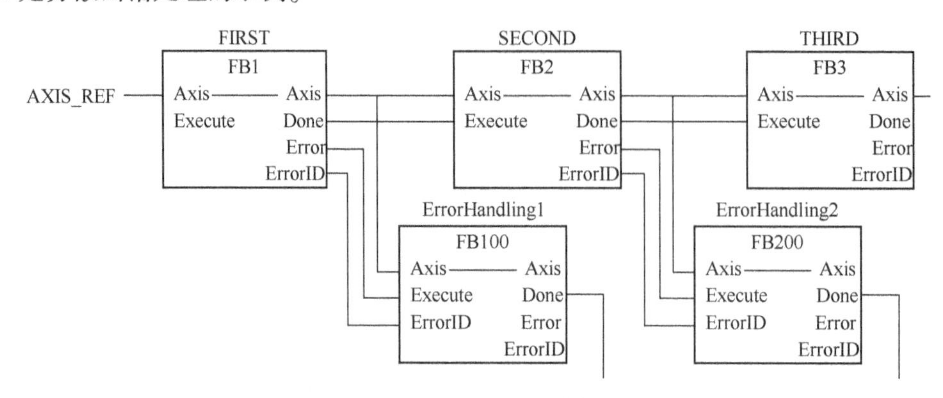


图 3-24　功能块出错的分散处理

分散式出错处理对不同功能块的出错分别进行处理，因此对出错的处理更及时。

## 3.4　中止模式和混成模式

### 3.4.1　单轴的缓冲模式

对有缓冲模式输入的功能块，它可以在非缓冲和缓冲模式运行。当功能块被激活时，非缓冲模式表示命令立刻被执行，即使它正被另一个运动功能块所中断。缓冲模式下，命令需要等待，直到当前功能块的 Done（或 InPosition 或 InVelocity 等）输出被置位才被执行。

用 MC_BUFFER_MODE 枚举数据类型的输入信号来确定功能块的缓冲模式选项。

**1. 已缓冲的命令**

一个轴的运动由多个运动控制功能块进行控制。因此，前一功能块实例 FB1 和后一功能块 FB2 实例之间有操作的衔接。例如，当发生中断命令时，前一功能块实例 FB1 执行完成再执行后一功能块实例 FB2，或是当发生中断命令时，前一功能块实例 FB1 直接中止当前的运动，执行后一功能块实例 FB2 的操作；此外，存在后一功能块实例 FB2 的速度如何混成等问题。这些选项都在功能块实例的输入信号 MC_BUFFER_MODE 枚举数据类型确定。

① 被执行的轴状态进入 ErrorStop 状态，则功能块实例的输出 Error 被置位，表示功能块有出错。所有已经缓冲的命令被中止，后续的命令不被执行。

② 如果由于功能块出错（例如，实例设置了错误的参数），则功能块实例的输出 Error 被置位，其行为取决于应用程序。例如，前一功能块实例 FB1 执行轴的操作，而被设置为已缓冲模式的后一功能块实例 FB2 接到新的命令，要对同一个轴进行操作，则该新的命令将被存到缓冲区等待，直到 FB1 对该轴的操作完成后才能执行。在前一功能块实例 FB1 完成该功能块规定的操作前，可能发生下列情况之一：

- 轴进入 ErrorStop 状态（例如，由于一个随机出错或过热）。FB1 的 Error 被置位，FB2（像其他功能块实例一样，它正等待去执行该轴的已缓冲命令）的 Error 被置位，并显示其输出代码 ErrorID，因为轴在出错停止 ErrorStop 状态，不允许它执行其任务，所有已缓冲命令被清除。当轴的出错由 MC_Reset 复位后，才能再执行命令。

- FB1 的 Error 输出被置位（例如，无效的参数），FB2 被激活，随即执行给出的命令，应用程序将处理该出错情况。

**2. 中止和缓冲模式**

一些运动控制功能块有 BufferMode 的输入，这表明该功能块既可运行在非缓冲模式，也可运行在缓冲模式。它们的区别如下：

- 即使非缓冲模式的功能块正被另一个运动中断，其指令仍立刻被执行，缓冲区被清除。
- 缓冲模式的命令需要等待，直到当前运行功能块的 Done（或 InPosition 或 InVelocity 等）输出被置位，缓冲的命令才被执行。

缓冲模式的输入由枚举数据类型 MC_BUFFER_MODE 规定。表 3-14 是该数据类型的选项。

**表 3-14　MC_BUFFER_MODE 枚举数据类型**

| 序　号 | MC_BUFFER_MODE | 描　述 |
|---|---|---|
| 0 | mcAborting | 约定模式，立刻起动后一功能块的运行 |
| 1 | mcBuffered | 在当前功能块的运动完成后起动后一功能块 |
| 2 | mcBlendingLow | 后一功能块的速度根据前后两个功能块的低速混成 |
| 3 | mcBlendingPrevious | 后一功能块的速度根据前后两个功能块的前一功能快的速度混成 |
| 4 | mcBlendingNext | 后一功能块的速度根据前后两个功能块的后一功能快的速度混成 |
| 5 | mcBlendingHigh | 后一功能块的速度根据前后两个功能块的高速混成 |

表 3-15 是相关功能块已缓冲命令的概述。

**表 3-15　相关功能块已缓冲命令的概述**

| 功　能　块 | 能否规定作为已缓冲命令？ | 能否跟随一个已缓冲命令？ | 激活下一已缓冲功能块的有关信号 |
|---|---|---|---|
| MC_Power | 否 | 是 | Status |
| MC_Home | 是 | 是 | Done |
| MC_Stop | 否 | 是 | Done 与 NOT Execute |
| MC_Halt① | 是 | 是 | Done |
| MC_MoveAbsolute | 是 | 是 | Done |
| MC_MoveRelative | 是 | 是 | Done |
| MC_MoveAdditive | 是 | 是 | Done |
| MC_MoveSuperimposed | 否 | 否 | — |
| MC_HaltSuperimposed① | 否 | 否 | — |
| MC_MoveVelocity | 是 | 是 | InVelocity |
| MC_MoveContinuousAbsolute① | 是 | 是 | InEndVelocity |
| MC_MoveContinuousRelative① | 是 | 是 | InEndVelocity |
| MC_TorqueControl① | 是 | 是 | InTorque |
| MC_PositionProfile | 是 | 是 | Done |
| MC_VelocityProfile | 是 | 是 | Done |
| MC_AccelerationProfile | 是 | 是 | Done |

（续）

| 功　能　块 | 能否规定作为已缓冲命令？ | 能否跟随一个已缓冲命令？ | 激活下一已缓冲功能块的有关信号 |
| --- | --- | --- | --- |
| MC_CamIn | 是 | 是（在单轴模式） | EndOfProfile |
| MC_CamOut | 否 | 是 | Done |
| MC_GearIn | 是 | 是 | InGear |
| MC_GearOut | 否 | 是 | Done |
| MC_GearInPos① | 是 | 是 | InSync |
| MC_PhasingRelative① | 是 | 否 | — |
| MC_PhasingAbsolute① | 是 | 否 | — |
| MC_CombineAxes① | 是 | 是 | InSync |

注：管理类功能块未列出，基本上它们是没有缓冲模式的，也不能跟随一个已缓冲命令的功能块，然而，供应商可选择支持各种缓冲/混成模式。

① 在第 2 版增补了这些功能块。

需注意，如果正在运动的功能块被另一个功能块中断，会发生由于减速度的限制使制动距离不够的错误。

对于旋转轴，可添加模轴（Modulo axis），模轴是可返回到最早指定的绝对位置，这种情况下，旋转轴不改变其运动方向和反向，达到被命令的位置。

对于线性轴，可通过反向运动来解决过冲，因为，每个位置是唯一的，因此，没有必要添加模轴来达到正确位置。见回原点的有关说明。

（1）中止模式（mcAborting）

它是没有缓冲的约定模式。当应用轴的状态转换到“ErrorStop”时，所有有缓冲模式的运动控制功能块会进入“中止”模式。这时，在中止模式的功能块的输出“Error”被置位。其后续的命令被拒绝，因输出 Error 被置位，因此，Active 被复位。

图 3-25 说明前后两个功能块实例在中止模式的功能块连接。

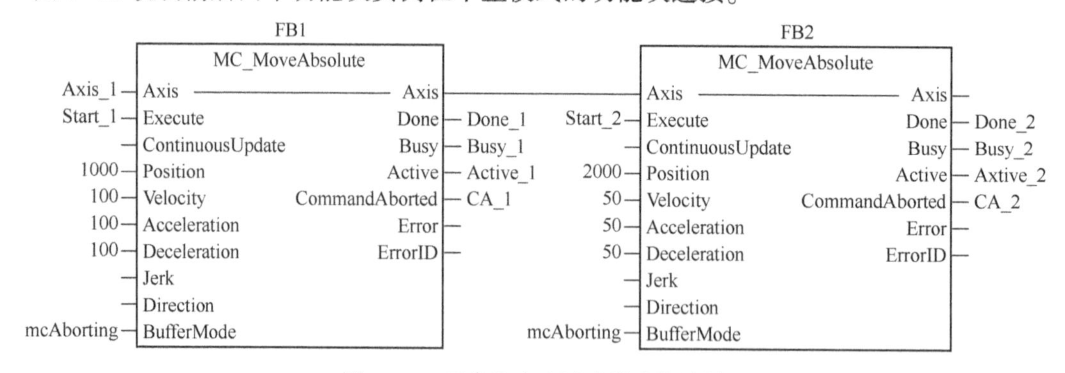


图 3-25　正常和中止运动模式的示例

图中，前后两个运动控制功能块都是 MC_MoveAbsolute，且都用中止模式 mcAborting。

图 3-26 显示功能块实例 FB1 和 FB2 的时序图。图 3-26a 是两个绝对位置运动功能块在正常工况下的时序图，即 FB1 控制的运动完成后进行 FB2 控制的运动。

Start_1＝TRUE 上升沿时，功能块实例 FB1 激活，同时，输出 Busy_1 和 Active_1 被置位，轴的运动过程是：先根据加速度 100 u/s$^2$，使其速度增加，达到 100 u/s，经恒速后，再以减速度 100 u/s$^2$减速到 0，并使其位置达到 1000 u。这时，输出 Done_1 被置位，而 Busy_1 和 Active_1 复位。轴位置在 1000 u。

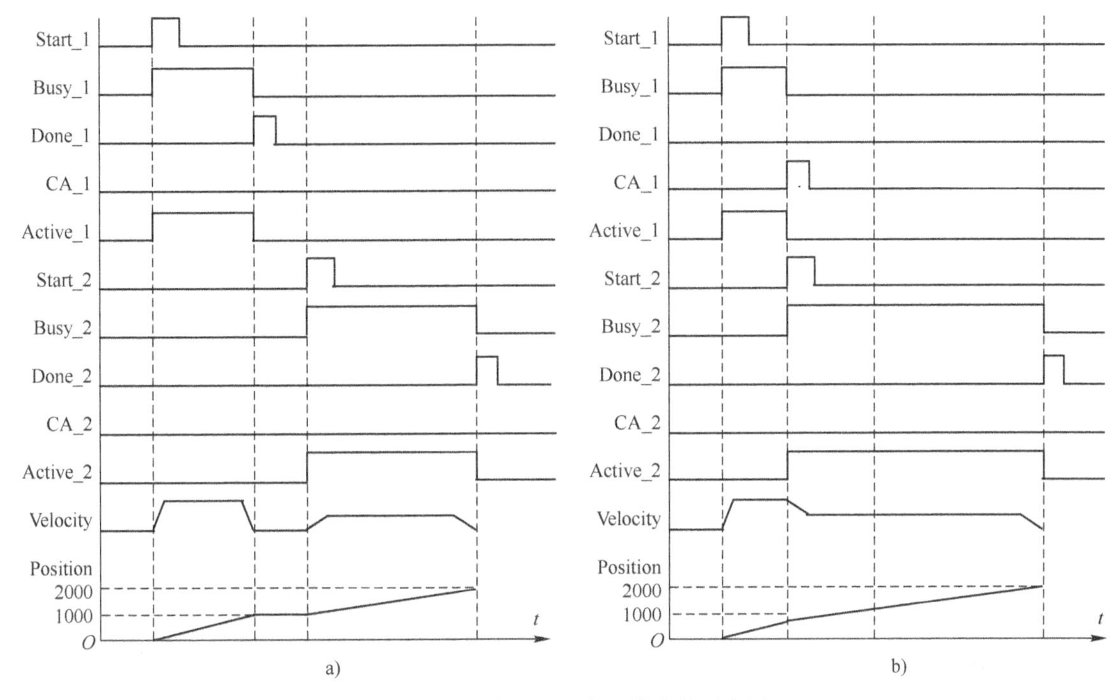

图 3-26 正常工况和中止模式的时序图

等到第二个功能块实例 FB2 在 Start_2=TRUE 上升沿时，该功能块实例 FB2 被激活，输出 Busy_2、Active_2 置位，轴根据加速度 50 u/s$^2$，使其速度增加，达到 50 u/s，恒速后，再以减速度 50 u/s$^2$减速到 0，并使其位置从 1000 u 运动到 2000 u。由于绝对位置已经达到，因此，输出 Done_2 被置位，而 Busy_2 和 Active_2 复位。轴位置在 2000 u。

图 3-26b 是两个绝对位置运动功能块在中止模式时的时序图。在 Start_1=TRUE 上升沿时，功能块实例 FB1 激活，同时，输出 Busy_1 和 Active_1 被置位，轴的运动先根据加速度 100 u/s$^2$，使其速度升高，但因在该过程中，功能块实例 FB2 的输入 Start_2 被置位，它使前一功能块实例 FB1 中止其运动，这时，轴还没有达到所需位置 1000 u 而被中断停止。

由于功能块实例 FB2 的激活，其 Busy_2 和 Active_2 被置位，轴根据功能块实例 FB2 的要求，先根据其减速度 50 u/s$^2$，将速度降低到输入数值 50 u/s，然后，恒速在 50 u/s，最后达到位置 2000 u。可见，后一功能块的激活使前一功能块中止其运动，中止命令立刻影响轴的运动。这种缓冲模式称为中止模式。

(2) 已缓冲模式 (mcBuffered)

后一功能块的命令被存储在缓冲区域，只有前一功能块的运动完成后，缓冲区的命令才被执行。因此，这种模式称为已缓冲模式。

后一功能块的 BufferMode 输入设置为 mcBuffered 已缓冲模式。图 3-27 是两个功能块连接的设置。

已缓冲模式的时序图如图 3-28 所示。图中，当前一功能块实例 FB1 的输入 Start_1=TRUE 上升沿时，激活 FB1。该功能块实例 FB1 控制轴移动时，后一功能块实例 FB2 的 Start_2 被置位，由于 FB2 的缓冲模式被设置为已缓冲模式，因此，FB2 的激活并不中断 FB1 对轴的控制，虽然，FB2 的输出 Busy_2 被置位，但功能块并没有被激活，即输出 Active_2 仍为 FALSE。因此，FB1 仍继续控制该轴的运动，直到轴到达设定的位置 1000 u。然后立刻激活 FB2 工作，而轴的速度没有延迟，直接按加速度 50 u/s$^2$，使速度增加，达到 50 u/s，然后恒速在 50 u/s，最

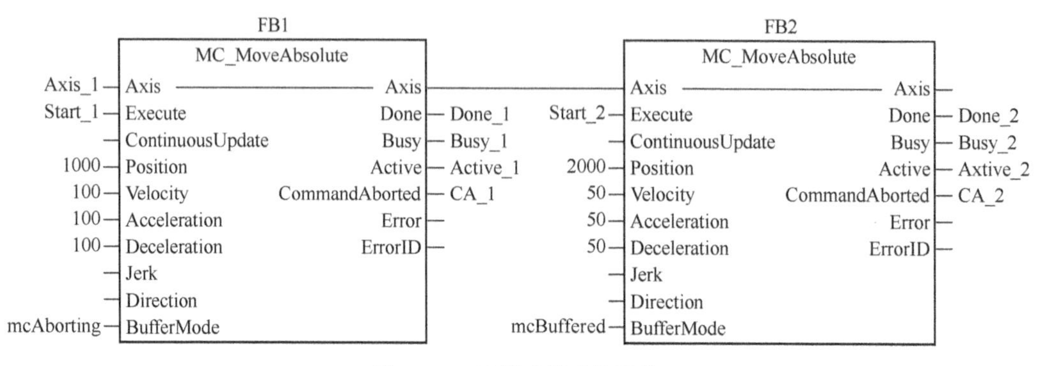


图 3-27　已缓冲模式的连接

后达到位置 2000 u。

从图可见，后一功能块的缓冲模式被设置为已缓冲模式，这表示后一功能块不能中断前一功能块的运动，只有当前一功能块完成其任务，Done_1 被置位后，立刻进入后一功能块的工作。

已缓冲模式表示后一功能块的运动命令已经被缓冲区存储，它不会影响前一运动控制功能块对轴的控制和操作。它将等待被执行的功能块输出 Done 或 InXxx 为 TRUE 时，才执行后续命令。

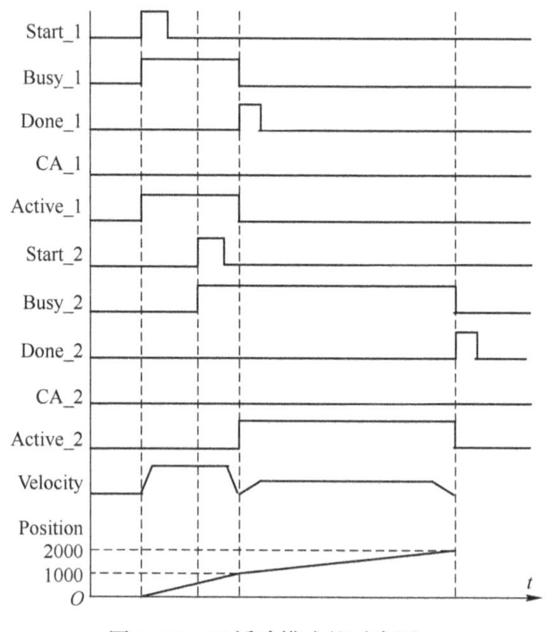


图 3-28　已缓冲模式的时序图

（3）混成模式

前后两个功能块的混成模式有 4 种选项。混成模式表示前后功能块速度的搅和。这种情况下，前一功能块中断其运动，后续的运动由后一功能块控制，但其初始的速度称为混成速度或搅和速度。

搅和速度既可根据前后两个功能块速度的低者，也可根据两者的高者，或者直接规定采用前一功能块的速度或后一功能块的速度。由此，混成模式分为 4 种。

1）混成低速模式（mcBlendingLow）。即混成速度是前后两个功能块设定速度的低者。这种混成模式有随机性，前一功能块设定速度低于后一功能块的设定速度，则混成速度选用前一功能块的速度。反之，前一功能块设定速度高于后一功能块的设定速度，则混成速度选用后一功能块的设定低速。

当后一个功能块的缓冲模式设置为混成低速模式时，表示在前一功能块还未完成时后一功能块不会中断前一功能块的工作；当前一功能块速度降到前后两个功能块的低速时，后一功能块才能继续控制轴的运动。

图 3-29 是三个运动功能块的连接图，后两个功能块都被设置为 mcBlendingLow。

图 3-30 是混成低速模式的时序图，为说明混成低速，图中采用两个后续的功能块实例 FB2 和 FB3。图中，FB1 在 Strat_1 上升沿置位后，被激活，其 Busy_1 置位，在 FB1 控制轴运动时，FB2 实例的 Start_2 也在上升沿被置位，由于 FB1 还未完成轴的运动，而 FB2 的 Buffer-Mode 被设置为 mcBlendingLow。因此，FB1 按 FB1 和 FB2 混成的最低速，即采用 FB2 的设置速

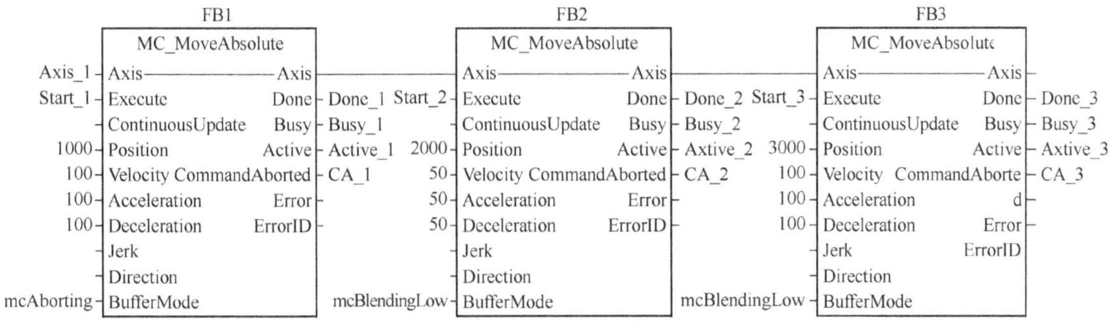


图 3-29 混成低速模式的连接

度50 u/s。这表示在 FB1 后续运动中，按 FB2 的减速度将轴的速度降低到 50 u/s。当轴速度降低到混成的低速后，FB1 控制轴运动到设置位置 1000 u，FB1 的输出 Done_1 置位，表示其控制的运动结束。FB2 立刻控制轴以 50 u/s 的恒速运动，轴位置向规定的 2000 u 前进。这时，如果功能块实例 FB3 的 Start_3 被置位，由于 FB2 还未到达其位置 2000 u，而 FB3 的 BufferMode 被设置为 mcBlendingLow，因此，在 FB3 的 Start_3 被置位时，该运动轴将根据 FB2 和 FB3 设置的速度，选用两者的低速对轴进行控制，直到轴的位置到达设置位置 2000 u，这时，FB2 的激活输出 Active_2 被复位。之后，轴在 FB3 功能块实例的控制下，将速度升高到 100 u/s，然后恒速，最后降低速度到 0 u/s，这时，轴的位置达到设置位置 3000 u。

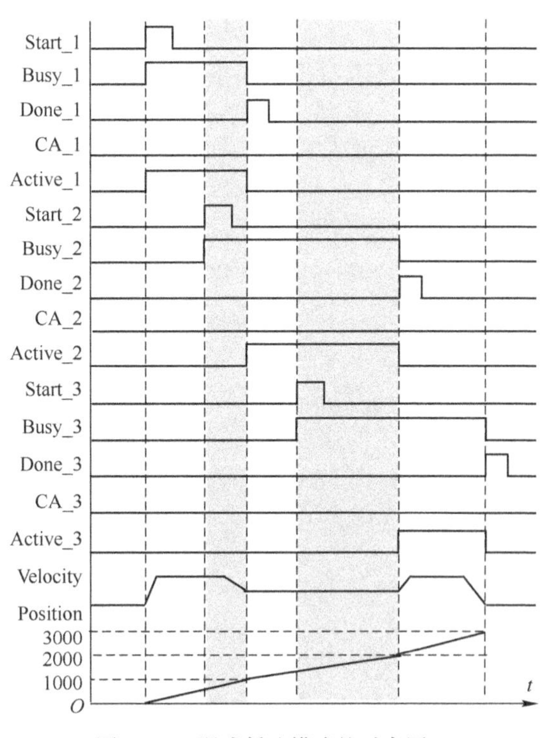


图 3-30 混成低速模式的时序图

混成模式表示由于前后功能块设置的速度不同，当后一功能块的 Execute 上升沿输入时被置位，系统将根据后一功能块设置的 BufferMode 参数，确定这时应采用什么速度对轴进行控制。上述的混成低速模式是根据两者设置速度的低者。前一功能块将在混成速度的控制下完成后续运动，直到达到设置的位置，并由后续功能块继续控制该轴。混成前模块的速度模式是混成速度选用前一功能块设置的速度。

- 混成前模块的速度模式（mcBlendingPrevious）。如图 3-29 所示，如果 FB2 和 FB3 的 BufferMode 参数设置为 mcBlendingPrevious，则混成速度直接采用前一功能块的速度。图 3-31 是混成前模块的速度模式的时序图。
- 混成后模块的速度模式（mcBlendingNext）。如图 3-29 所示，如果 FB2 和 FB3 的 BufferMode 参数设置为 mcBlendingNext，则混成速度直接采用后一功能块的速度。图 3-32 是混成后模块的速度模式的时序图。

分析时序图时，需注意混成速度的改变。图 3-31 所示混成前模块速度模式时序图中，FB1 在缓冲模式时，根据前模块，即 FB1 的速度 100 u/s 运动，直到达到设定位置 1000 u。而 FB2 在缓冲模式时，根据前模块 FB2 的速度 50 u/s 运动，直到达到设定位置 2000 u。因此，FB1 输出 Active 复位时的轴速度是 100 u/s，FB2 输出 Active 复位时的轴速度是 50 u/s。

图 3-32 所示混成后模块速度模式的时序图中，FB1 在缓冲模式时，根据后模块，即 FB2 的速度 50 u/s 运动，直到达到设定位置 1000 u。而 FB2 在缓冲模式时，根据后模块 FB3 的速度 100 u/s 运动，直到设定位置 2000 u 达到。因此，FB1 输出 Active 复位时的轴速度是 50 u/s，FB2 输出 Active 复位时的轴速度是 100 u/s。

而在图 3-30 所示混成低速模式的时序图中，FB1 在缓冲模式时，根据混成低速缓冲，即用 FB2 的速度 50 u/s 运动，直到达到设定位置 1000 u。而 FB2 在缓冲模式时，根据混成低速缓冲，用 FB2 的速度 50 u/s 运动，直到设定位置 2000 u 达到。因此，FB1 输出 Active 复位时的轴速度是 50 u/s，FB2 输出 Active 复位时的轴速度 50 u/s。

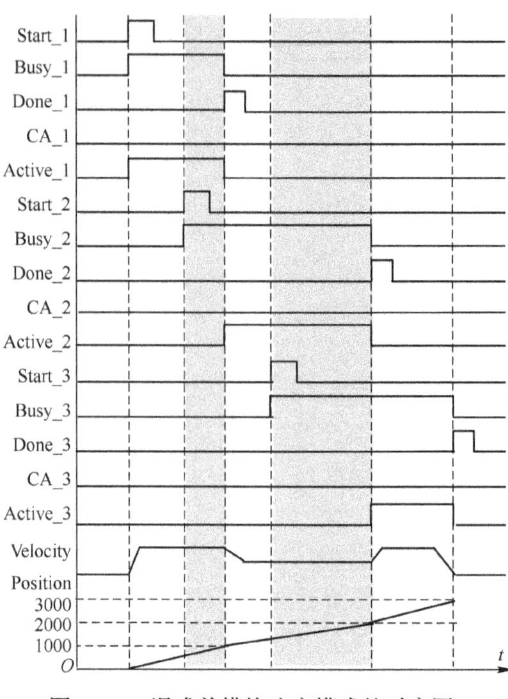

图 3-31　混成前模块速度模式的时序图

2）混成高速模式（mcBlendingHigh）。图 3-29 中，如果 FB2 和 FB3 的 BufferMode 参数设置为 mcBlendingHigh，则混成速度直接采用前后两个功能块设定速度的高者。

图 3-33 的混成高速模式时序图中，前一功能块实例 FB1 在缓冲模式时，根据混成高速缓冲，即用 FB1 的速度 100 u/s 运动，直到设定位置 1000 u 达到。而 FB2 在缓冲模式时，根据混成高速缓冲，用 FB3 的速度 100 u/s 运动，直到设定位置 2000 u 达到。因此，FB1 输出 Active 复位时的轴速度是 100 u/s，然后再减速到 50 u/s。FB2 输出 Active 复位时的轴速度 100 u/s。

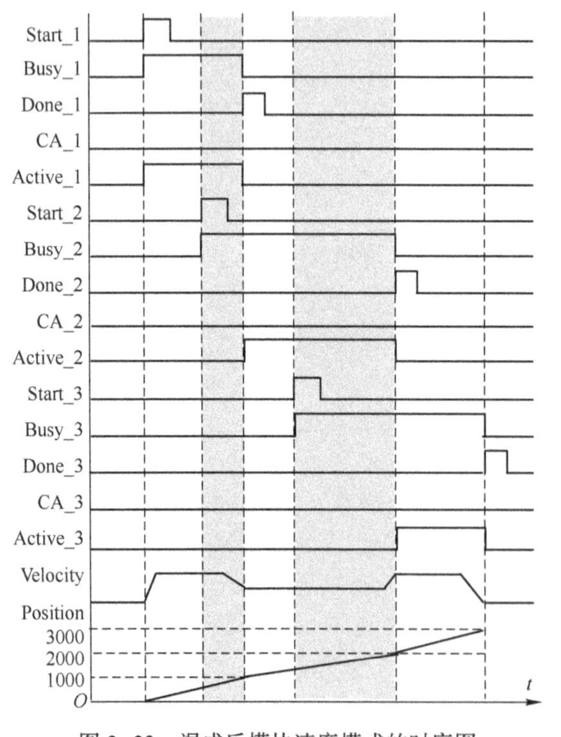

图 3-32　混成后模块速度模式的时序图

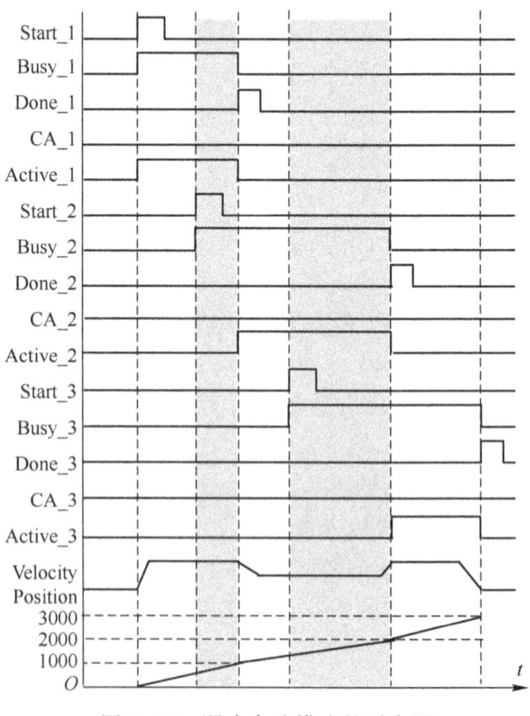

图 3-33　混成高速模式的时序图

### 3.4.2 轴组的缓冲模式

与单轴缓冲模式类似，轴组运动控制功能块缓冲模式的枚举数据类型仍是 MC_BUFFER_MODE。但由于是轴组运动，因此，还需要与过渡模式结合，才能表示多轴的协调运动。

轴组缓冲模式的选项与单轴的缓冲模式选项相同。轴组缓冲模式用于轴组的缓冲运动。需注意，规范第 4 版在缓冲模式的选项名称前未添加前缀 mc，例如，用 aborting 表示中止。

**1. 运动**

用运动控制功能块对机械实施运动可导致工具中心点 TCP 运动到新的命令位置。由功能块的应用规定达到新的目标位置所用的特定路径，指定的新命令位置不对坐标系统的路径造成影响。

需要区分两类运动。

（1）点到点的运动（Point-to-point movement，PTP）。

PTP 也称为联合插补运动。这类运动的本质是尽可能快地达到新的命令位置。这可通过从初始点到终点位置，用最短路径移动每个轴来实现。这类运动是达到新的命令位置的最快方式。它们由轴的位置和机器的运动变换过程确定。这类运动中，工具中心点 TCP 的运动路径和速度并不重要，重要的是同一时间点所有轴能够达到新的命令位置，即同步运动。这类运动控制功能块有：MC_MoveDirectAbsolute、MC_MoveDirectRelative。

（2）连续路径运动（Continuous Path movement，CP）

CP 也称为直角坐标轨迹运动（Cartesian Path movement）。这类运动是使工具中心点 TCP 沿着直角坐标系规定的轨迹运动。移动的路径可以是直线，圆弧或者样条函数。这类运动中，达到新命令位置的路径是重要的。TCP 的路径速度可被直接控制。与联合插补运动相反，每个轴的位置的处理过程是由所期望的路径和逆运动变换确定。这类运动控制功能块有：MC_MoveLinearAbsolute、MC_MoveLinearRelative、MC_MoveCircularAbsolute、MC_MoveCircularRelative、MC_MovePath。

图 3-34 显示选用不同功能块类型的运动轨迹。左图中，S 是起始点位置，E 是终点位置。直线表示用 MC_MoveLinearAbsolute 或 MC_MoveLinearRelative 实现；圆弧线表示用 MC_MoveCircularAbsolute 或 MC_MoveCircularRelative 实现；S 形线表示用 MC_MoveDirectAbsolute 或 MC_MoveDirectRelative 实现。右图是轴位置与时间的关系曲线，是运动中的机器轴的典型位置描述。

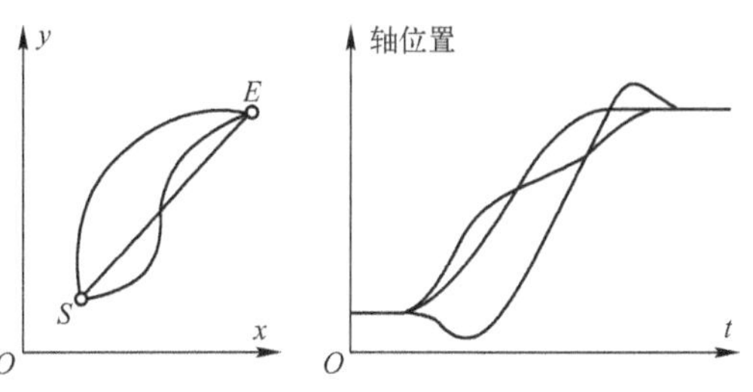


图 3-34 不同运动类型和运动轨迹

**2. 混成和运动的缓冲**

插补运动控制的基本内容是在一个轴组中一个轴的连续（已经缓冲的）运动命令的混成。如果不采用混成模式，则轴组的工具中心点 TCP 的运动会减速，到达命令位置时会完全停止，随后，缓冲的命令直到这时才被激活。显然，轴组必须重新加速。在许多应用中，期望 TCP 的行为是连续运动而不停顿，理由如下：

1）希望缩短过程的周期时间（例如，抓取物件和放置物件的过程）。

2）生成更平滑的运动以减少机械应力。

3）一些应用程序希望恒定的 TCP 速度（例如，施胶、喷涂或焊接等）。

多轴插补运动的运动命令的混成与单轴的前后运动控制功能块的混成不同。对单轴的混成，命令的位置通常是可以达到的，只是根据输入的缓冲模式参数，达到命令位置时的速度可能发生改变。而对插补运动控制的混成，几种混成类型取决于应用和处理，因此，在插补运动控制中必须引入新的混成类型。

用于混成的输入参数可能会由于不同的插补类型而变化，因此，这些输入参数是供应商规定的。修改原始轨迹（速度轮廓曲线）插补曲线的类型不属于 PLCopen 运动控制规范本身的内容，它是供应商规定的用于混成的输入参数。表 3-16 显示三种模式下两个连续运动命令的轨迹和速度的处理。

**表 3-16　三种模式下两个连续运动命令的轨迹和速度的处理**

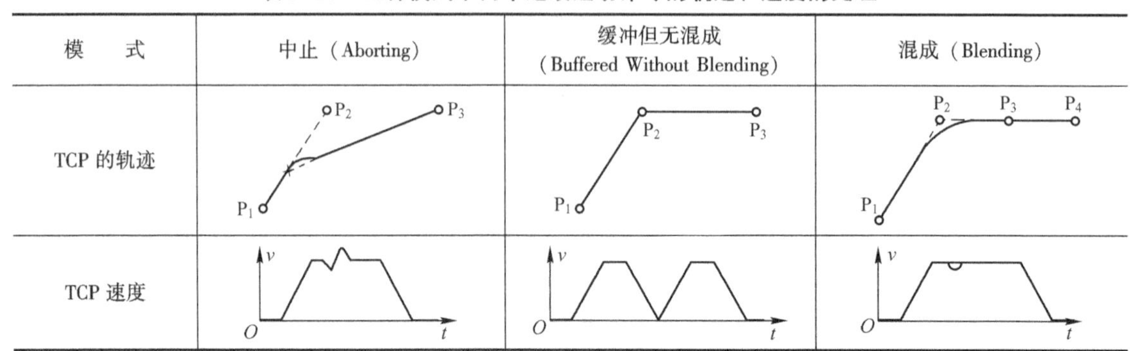

| 模　　式 | 中止（Aborting） | 缓冲但无混成<br>（Buffered Without Blending） | 混成（Blending） |
|---|---|---|---|
| TCP 的轨迹 | P1 P2 P3 | P1 P2 P3 | P1 P2 P3 P4 |
| TCP 速度 | v O t | v O t | v O t |

**3. 轴组的缓冲模式**

轴组的缓冲模式在参数 MC_BUFFER_MODE 输入，其选项见表 3-17。

**表 3-17　轴组缓冲模式的选项**

| 序号 | MC_BUFFER_MODE 选项 | 描　　述 |
|---|---|---|
| 0 | Aborting/中止 | 立刻起动功能块（约定模式） |
| 1 | Buffered/已缓冲 | 输入的命令被缓冲，当前运动结束后再起动被缓冲的命令和执行功能块的操作 |
| 2 | BlengingLow/混成低速 | 用前后两个功能块的最低速度混成 |
| 3 | BlendingPrevious/混成前一个 | 用前一个功能块的速度混成 |
| 4 | BlendingNext/融合后一个 | 用后一个功能块的速度混成 |
| 5 | BlendingHigh/融合高速 | 用前后两个功能块的最高速度混成 |

（1）中止缓冲模式 Aborting

后一功能块选中止缓冲模式，则前一功能块正在运动时，如果后一功能块激活，则它将中止正在进行的运动，并进入后一功能块定义的新的运动。

下面以两个直线插补绝对位置运动功能块串联连接说明轴组的运动。

图 3-35 是两个直线插补绝对位置运动功能块串联连接。轴组名 GAXES_1 表示一个输入输出数据，它是结构数据 AXES_GROUP_REF，由供应商规定。Pos_Array_1 是前一功能块实例 FB1 的目标位置的坐标数组，Pos_Array_2 是后一功能块实例 FB2 的目标位置的坐标数组。轴组的速度、加速度等的数值是组成轴组的各轴的速度矢量和加速度矢量等的合成矢量的数值。

示例中，前一功能块完成其任务，到达目标位置 Pos_Array_1 后，功能块输出 Done 置位，在 Test 信号为 TRUE 时可激活后一功能块，开始后一功能块的运动，并达到其目标位置 Pos_Array_2，后一功能块输出使 Finish 置位。图 3-36 显示其时序图。后一功能块的缓冲模式选 Aborting。

左面的时序图是正常情况下，即 Test 信号为 FALSE 的情况。

在 START 上升沿，实例 FB1 触发，按规定的加速度 10.0 $u/s^2$上升到速度 3000 u/s，然后匀速，并根据规定的位置，先减速（减速度 10.0 u/s²），最后当速度为零时正好达到规定位置 Pos_Array_1。这时实例 FB1 输出 Done 置位，由于 Test 为 FALSE，经 OR 函数输出直接触发后一功能块，使轴组按实例 FB2 规定的加速度、速度和减速度，达到 FB2 规定的目标位置 Pos_Array_2。完成上述任务后，FB2 的输出 Done 置位，即 Finish 置位。

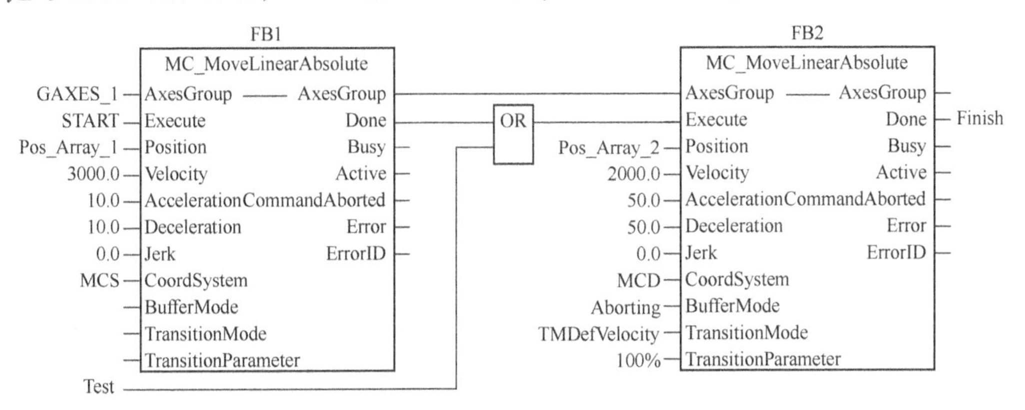


图 3-35　MC_MoveLinearAbsolute 功能块的行为

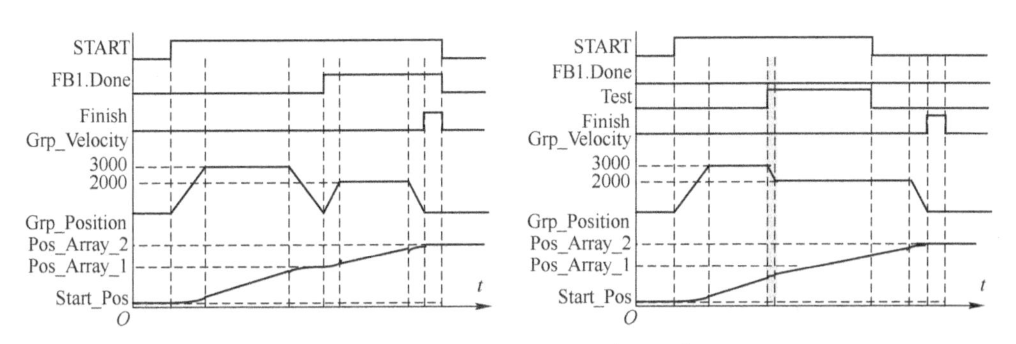


图 3-36　轴组绝对位置功能块信号时序图

右面时序图显示前一功能块还未完成其操作时，Test 信号被置位，因为后一功能块是中止缓冲模式，因此，它将中止前一功能块实例 FB1 的运动，轴组按后一功能块规定的加速度、速度和减速度运动，FB2 是直线插补绝对位置功能块，因此，其最终位置是根据后一功能块规定的绝对位置 Pos_Array_2，而其起点位置则是中止时第一功能块的位置。当达到规定绝对位置 Pos_Array_2 时，Finish 才被置位。

假设 Pos_Array_1 和 Pos_Array_2 是二维空间的点，图 3-37 显示绝对位置定位控制时实际位置的改变。

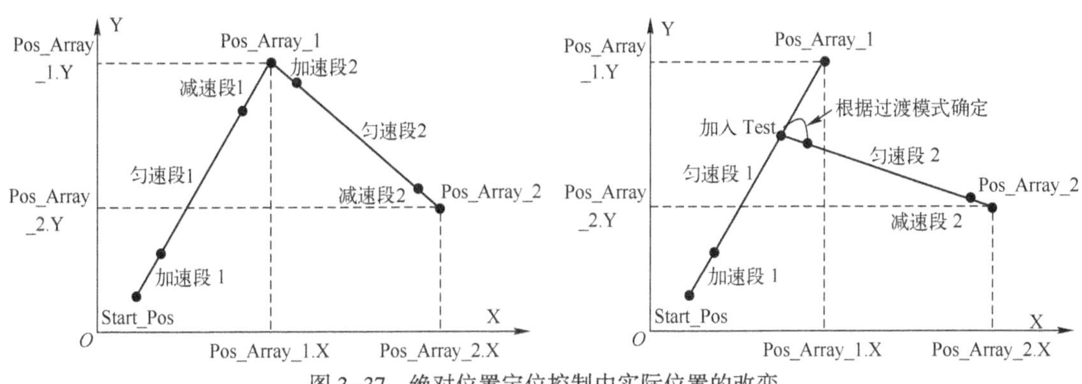


图 3-37　绝对位置定位控制中实际位置的改变

图 3-37 中，左图是正常情况下的运动轨迹，轴组从起始点位置 Start_Pos 开始，先在加速段 1 加速，然后进入匀速段 1 匀速运动，最后经减速段 1 的减速后，到达目标位置 Pos_Array_1。并开始后一功能块的运动，与单轴运动不同，后一功能块的运动方向发生改变，因此，轴组向目标位置 Pos_Array_2 运动。同样，经加速段 2、匀速段 2 和减速段 2，直到达到目标位置 Pos_Array_2。

右图是因后一功能块在中止缓冲模式，而且被 Test 触发，这时从图中可见，由于功能块实例 FB1 没有达到其目标位置 Pos_Array_1，而被 FB2 实例中止，因此，它将执行后一功能块的命令，向其目标位置运动。其过渡过程根据过渡模式确定其轨迹。然后，经匀速段 2、减速段 2 到达目标位置 Pos_Array_2。

由于选用绝对位置，因此，最终的目标位置不发生改变。图中显示由于选用直线运动，因此，在中止点，需要计算出中止点到后一功能块目标位置的方向和距离，并根据速度轮廓线确定其各段的运动时间。

如果用相对位置的功能块 MC_MoveLinearRelative，则最终位置会改变。图 3-38 显示采用相对位置的定位控制中实际位置的改变。

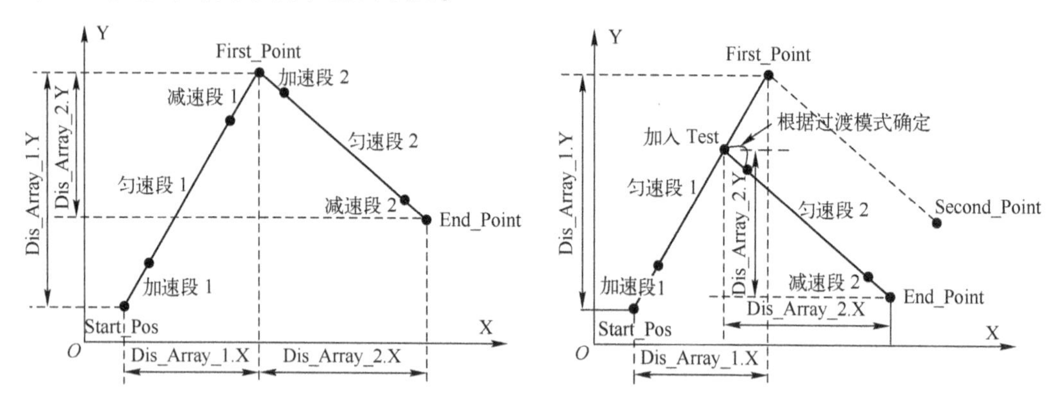


图 3-38 相对位置定位控制中实际位置改变

(2) 已缓冲模式 Buffered

当轴组运动控制功能块的输入参数 BufferMode 被选用 Buffered，则表示当后一功能块执行缓冲模式时，它将不中止前一功能块的运动，直到前一功能块完成其运动后，才能进行后一功能块的运动。

这种缓冲模式表示没有前后功能块的混成，后一功能块要等前一功能块达到其目标位置后才开始后一功能块的运动。

(3) 混成模式 Blending

这表示后一功能块将根据缓冲模式的设置，选用对应的速度。例如，混成前后两功能块的低速 BlendingLow，混成前一功能块速度 BlendingPrevious，混成后一个功能块速度 BlendingNext，混成前后两功能块的高速 BlendingHigh。读者可参考单轴的混成模式理解。

表 3-18 显示轴组的缓冲模式。

**表 3-18 轴组的缓冲模式**

| 模式类型 | 中止 mcAborting | 缓冲 mcBuffered | 混成低速 mcBlendingLow | 混成前块速度 mcBlendingPrevious | 混成后块速度 mcBlendingNext | 混成高速 mcBlendingHigh |
|---|---|---|---|---|---|---|
| 描述 | 前块运动立刻停止，并起动后块 | 前块运动结束后起动后块 | 混成后以前后块中的低速运动 | 混成后以前块的速度运动 | 混成后以后块的速度运动 | 混成后以前后块中的高速运动 |

（续）

| 模式类型 | 中止 mcAborting | 缓冲 mcBuffered | 混成低速 mcBlendingLow | 混成前块速度 mcBlendingPrevious | 混成后块速度 mcBlendingNext | 混成高速 mcBlendingHigh |
|---|---|---|---|---|---|---|
| 轮廓线 | E2 FB2执行 S1 E1 E1'/S2 | E2 FB2执行 S1 E1/S2 | 假设前块设置速度高于后块速度<br>E2 FB2执行 S2' S1 E1/S2 E1' | | | |
| 速度曲线 | v FB2执行 O t | v FB2执行 O t | v FB2执行 S2' E1' O t | v E1' S2' FB2执行 O t | v FB2执行 S2' E1' O t | v E1' S2' FB2执行 O t |
| 说明 | FB2 中止，使 FB1 停止到轮廓线 S1-E1 的某点 E1'/S2，然后开始 FB2 的运动 | FB2 缓冲，FB1 将执行完其运动，到 E1，然后开始 FB2 的运动 | 混成后的速度是 FB1 和 FB2 中的低速。以该速达到 FB1 期望位置 | 混成后的速度是前块的速度，并以该速度达到 FB1 期望位置 | 混成后的速度是后块的速度，并以该速度达到 FB1 期望位置 | 混成后的速度是 FB1 和 FB2 中的高速。以该速达到 FB1 期望位置 |

### 3.4.3 轴组的过渡模式和协调运动

**1. 过渡模式**

只有轴组才有过渡模式，它用于表示在缓冲模式中，轴组的过渡过程轨线。

（1）过渡过程的定义

图 3-39 显示两个功能块运动的轨线及之间的过渡轮廓线。

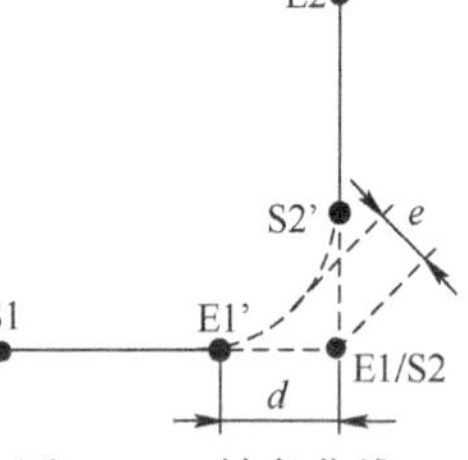

图 3-39　转角曲线

- 转角曲线（Contour curve）。轴组运动过渡过程的轮廓线。它是插入的曲线，图中用 E1'-S2'表示。用于修改原始路径（E1'-E1/S2-S2'）。轮廓线起点是前一功能块的中止点，轮廓线终点 S2'是中止发生后，后一功能块的起点。
- 前运动块（Pre-block）。轮廓线前一运动控制功能块（S1-E1 块）。
- 后运动块（Post-block）：在轮廓线后一运动控制功能块（S2-E2 块）。
- 转角距离（Corner distance）：轮廓线开始点（E1'）到编程目标点（E1）的距离 $d$。
- 转角偏差（Corner deviation）：编程角点（E1/S2）与轮廓线之间的最短距离 $e$。

S 表示起点，E 表示终点。1 表示前一功能块，2 表示后一功能块。上标'表示过渡过程的点。

（2）过渡模式

轴组的过渡模式由枚举数据类型 MC_TRANSITION_MODE 确定。供应商规定过渡模式中的参数。表 3-19 是过渡模式的 PLCopen 可扩展的可选项和供应商可规定的可选项。

**表 3-19　轴组过渡模式的选项**

| 序　号 | 过渡模式名 | 描　述 |
|---|---|---|
| 0 | TMNone | 不插入过渡的轮廓线（约定模式） |
| 1 | TMStartVelocity | 用给定的起始速度过渡 |
| 2 | TMConstantVelocity | 用给定的恒速过渡 |
| 3 | TMCornerDistance | 用给定的转角距离过渡 |
| 4 | TMMaxCornerDeviation | 用给定的最大转角偏差过渡 |
| 5~9 | PLCopen 保留 | |
| 10 | 供应商规定的模式 | |

过渡模式和缓冲模式结合，用于规定混成模式下前一功能块的运动如何过渡到后一功能块的运动。即过渡的轮廓线是如何过渡的。例如，被插入过渡轮廓线，过渡轮廓线的速度曲线是什么形状等。

表 3-20 是可用过渡模式的矩阵。对不同缓冲模式，该矩阵显示可用的过渡模式。经供应商所支持的过渡模式文件可使用该矩阵。

过渡模式和过渡参数结合，用于确定过渡过程轮廓线的形状和其动态特性。

**表 3-20　可用过渡模式的矩阵**

| 过渡模式（Transition Mode） | 缓冲模式（Buffered Mode） | | | | | |
|---|---|---|---|---|---|---|
| | 中止 mcAborting | 已缓冲 mcBuffered | 混成低速 mcBlengingLow | 混成前块 mcBlending Previous | 混成后块 mcBlendingNext | 混成高速 mcBlendingHigh |
| mcTMNone | A | A | N | N | N | N |
| mcTMMaxVelocity | D | D | D | D | D | D |
| mcTMdefineVelocity | A | N | A | A | A | A |
| mcTMCornerDistance | N | N | A | A | A | A |
| mcTMMaxCornerDiviation | N | N | A | A | A | A |

注：A—可用；N—不可用；D—混成模式可有可无。

- TMNone（不插入过渡曲线模式）。这是系统约定的模式，也是缓冲模式 Buffered 仅有的可能的过渡模式。混成缓冲模式如果采用不插入过渡曲线的过渡模式，其结果与缓冲模式 Buffered 的过渡模式的运行结果一样。

不插入过渡曲线的轮廓线和速度曲线与表 3-16 中缓冲模式的曲线相同。如果用其他缓冲模式，例如中止模式，则其过渡曲线的轮廓线和速度曲线与表 3-16 的中止缓冲模式的曲线相同。

- TMStartVelocity（用给定的初始速度过渡）。见表 3-21，采用本过渡模式，其轮廓线转角距离 $d$ 由轮廓线开始时前块的已编程速度规定的最大百分数表示。例如，TPStartVelocity = 50%，表示达到编程速度的 50%时起动减速。因此，这种过渡模式不需要评估其缓冲模式。
- TMConstantVelocity（用给定恒速过渡）。见表 3-21，采用本过渡模式，轮廓线以给定的过渡速度 TPVelocity 的恒定百分数值进行过渡，并导致后块缓冲模式的输出结果。
- TMCornerDistance（用给定的转角距离过渡）。见表 3-21，采用本过渡模式，轮廓线以给定的转角距离过渡。
- TMMaxCornerDeviation（用给定的最大角偏差过渡）。见表 3-21，采用本过渡模式，轮廓线的角偏差 $e$ 不超过给定的最大角偏差过渡。

表 3-21 显示 4 种过渡模式的性能比较。

**表 3-21　4 种过渡模式的性能比较**

| 过渡模式 | TMStartVelocity | TMConstantVelocity | TMCornerDistance | TMMaxCornerDeviation |
|---|---|---|---|---|
| 轮廓线 | E2<br>$v$=TPStartVelocity S2'<br>S1 E1' E1/S2 | E2<br>$v$=TPVelocity*$f$ S2'<br>S1 E1' E1/S2 | E2<br>S2' $d$<br>S1 E1'<br>$d$ E1/S2 | E2<br>S2' $e$<br>S1 E1'<br>E1/S2 |

（续）

| 过渡模式 | TMStartVelocity | TMConstantVelocity | TMCornerDistance | TMMaxCornerDeviation |
| --- | --- | --- | --- | --- |
| 速度线 | 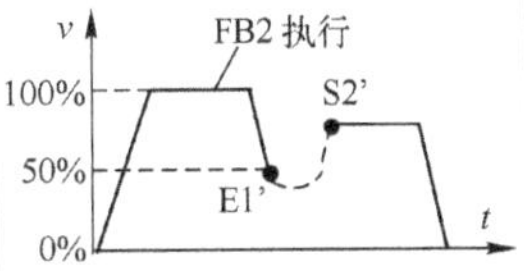 v FB2 执行 100% S2’ 50% E1’ 0% t | 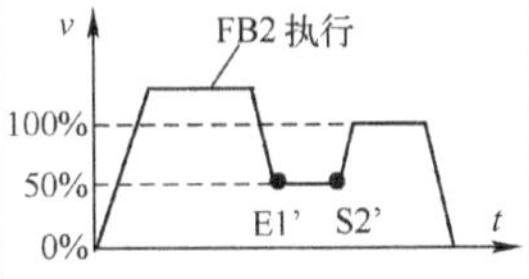 v FB2 执行 100% 50% E1’ S2’ 0% t | 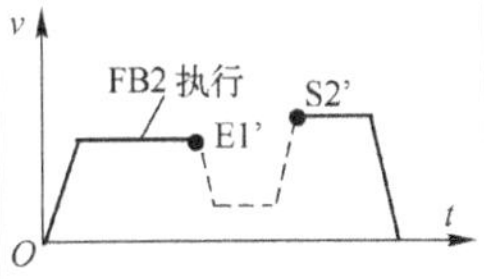 v FB2 执行 S2’ E1’ O t | 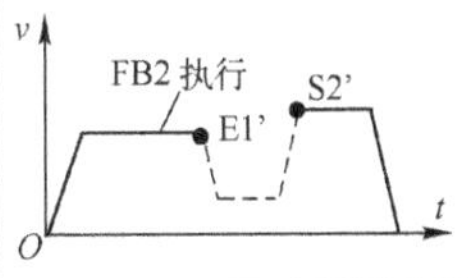 v FB2 执行 S2’ E1’ O t |
| 说明 | 假设 TPStartVelocity = 50%，当后块执行时，前块运动停止，过渡轮廓线的角距离曲线开始于前块的编程速度 TPStartVelocity 规定的最大百分数（图示为 50%），等达到前块的设定位置后，按后块的编程数据进行运动 | 假设后块的过渡恒定速 TPVelocity = 50%，它是后块最大速度的百分数。<br>当后块执行时，前块要将速度改变到后块的 TPVelocity，然后过渡到后块运动，这时，前块达到期望的设定位置，然后，后块以它的期望位置运动 | 如果原始轮廓线保留的位置已知，则可规定前后块角距离，使前后块之间过渡时间缩短。<br>过渡速度由 BufferMode 定义。不过因轮廓线和轴设定的最大加速度的曲率，可能不能达到所需的速度 | 从几何的形式，缩短前后块的运动的角距离 e，自动地以不超出给定角偏差的方式确定。<br>过渡速度由 BufferMode 定义。不过因轮廓线和轴设定的最大加速度的曲率，可能不能达到所需的速度 |
| 过渡参数 | TPStartVelocity：= 百分数来设置前块的给定最大速度 | TPVelocity：= 百分数来设置过渡时给定的常数速度<br>f 是缓冲模式，它是逻辑值，当中止模式时，其值为 0 | TPCornerDistance 设置角偏差和从原始轮廓线返回点的角距离 *d* | TPCornerDeviation 设置角偏差 *e*，缩短编程角点和轮廓线之间的距离 |

**2. 协调运动**

单轴和轴组之间的主/从关系和协调系统中单轴和轴组之间的主/从关系可分下列两大类：同步和跟踪。同步运动分 6 类。

- 单轴同步于轴组，线性同步。
- 单轴同步于轴组，非线性同步（采用 MC_CamIn）。
- 轴组同步于单轴，线性同步。
- 轴组同步于单轴，非线性同步（采用 MC_CamIn）。
- 轴组同步于轴组，线性同步。
- 轴组同步于轴组，非线性同步（采用 MC_CamIn）。

同步运动关系可分为下列 3 种情况：

- 同步运动的各轴设置为相同的速度，这也称为狭义同步运动或简单的同步控制。
- 同步运动各轴的速度按一定的比例关系。这种比例关系可根据系统实际工况进行调整。在运动控制功能块中用 RatioNumerator 和 RatioDenominator 表示，这被称为广义同步运动。
- 各轴速度之间保持一定的速度差。它也作为同步运动的特例。

表 3-22 是轴和轴组的 6 种同步关系，它是图 3-8 的细化。

**表 3-22　轴和轴组的同步关系**

| 同步关系 | 单轴同步于轴组，线性同步 | 轴组同步于单轴，线性同步 | 轴组同步于轴组，线性同步 |
| --- | --- | --- | --- |
| 图形描述 | 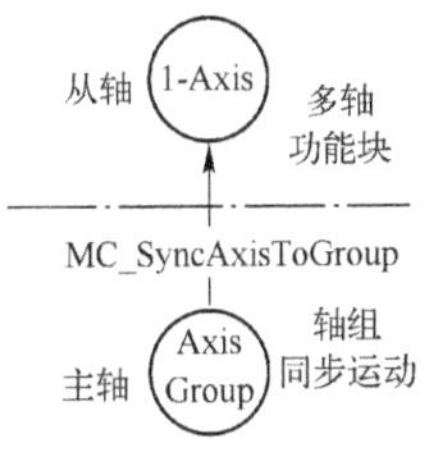 从轴 1-Axis 多轴功能块<br>MC_SyncAxisToGroup<br>主轴 Axis Group 轴组同步运动 | 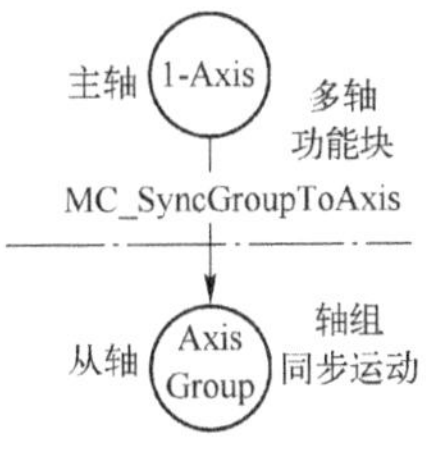 主轴 1-Axis 多轴功能块<br>MC_SyncGroupToAxis<br>从轴 Axis Group 轴组同步运动 | 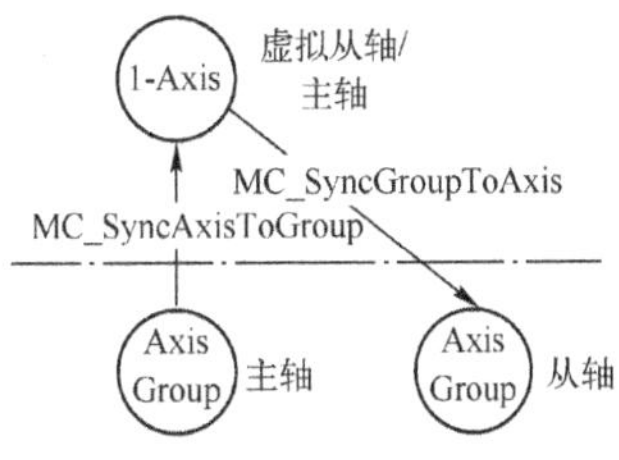 1-Axis 虚拟从轴/主轴<br>MC_SyncGroupToAxis<br>MC_SyncAxisToGroup<br>Axis Group 主轴　Axis Group 从轴 |

（续）

| 同步关系 | 单轴同步于轴组，非线性同步 | 轴组同步于单轴，非线性同步 | 轴组同步于轴组，非线性同步 |
|---|---|---|---|
| 图形描述 | 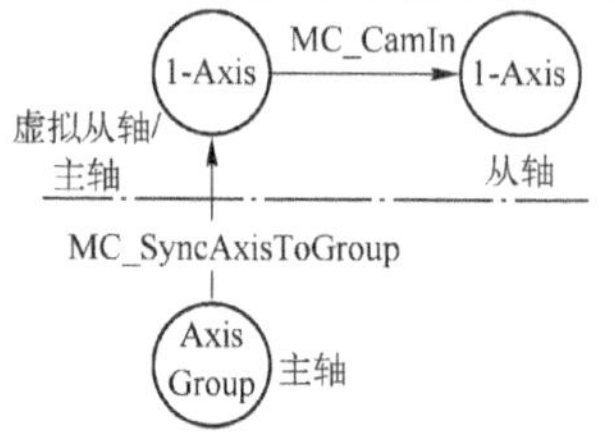 1-Axis MC_CamIn 1-Axis<br>虚拟从轴/主轴 从轴<br>MC_SyncAxisToGroup<br>Axis Group 主轴 | 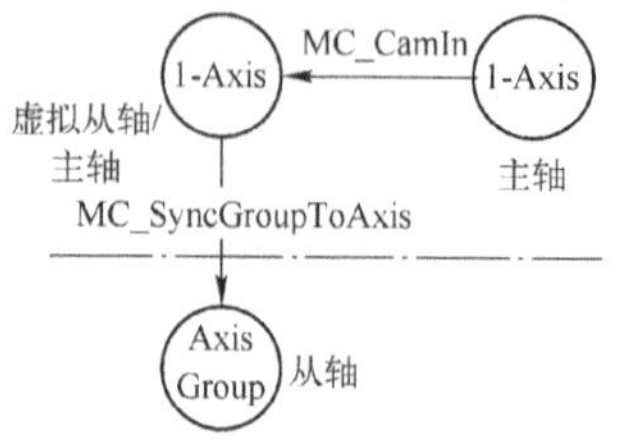 1-Axis MC_CamIn 1-Axis<br>虚拟从轴/主轴 主轴<br>MC_SyncGroupToAxis<br>Axis Group 从轴 | 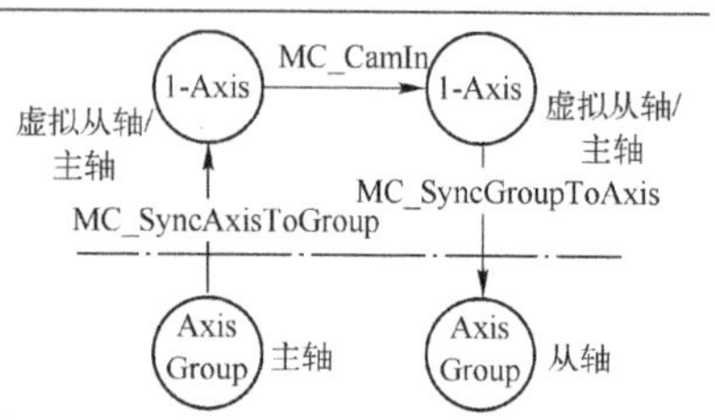 1-Axis MC_CamIn 1-Axis<br>虚拟从轴/主轴 虚拟从轴/主轴<br>MC_SyncAxisToGroup MC_SyncGroupToAxis<br>Axis Group 主轴 Axis Group 从轴 |

跟踪（Tracking）是指一个轴组（A）的运动跟随一个单轴或另一个轴组（B）。在协调运动的跟踪模式，轴组 A 执行的运动是相对于轴组 B 的运动。所跟踪的数据是一个多维的数据源，它包括位置和方向。解决方案可包括一个移动的坐标系或一个多维齿轮变速功能。

虽然跟踪的两个运动是独立的，但仍可将跟踪认为是两个运动的叠加。首先，它是产品坐标系 PCS 的运动。其次，如果产品在准备状态，其位置已经被 PCS 定义，则它描述 TCP 将被执行的路径。PCS 的位置，也是 PCS 相对于 MCS 的运动，可以被描述为 MCS 到 PCS 的坐标变换。在运动控制功能块中，可采用 MC_SetDynCoordTransform 作为一般的跟踪应用，采用 MC_TrackConveyorBelt 和 MC_TrackRotaryTable 作为特殊跟踪应用。

### 3.4.4 电子凸轮和电子齿轮

#### 1. 概述

电子凸轮是模拟机械凸轮的一种智能控制器。它通过位置传感器（例如，编码器或旋转变压器）检测位置信号，并送 CPU，经 CPU 的解码、运算，按要求的位置将电平信号输出。

电子凸轮属于多轴同步运动，其运动是基于主轴和一个或多个从轴系统，主轴可以是物理轴，也可以是虚拟轴。

电子凸轮的优点是可方便地确定加工轨迹，不需要烦琐地更换机械凸轮；加工机械凸轮的成本高，难度大，而电子凸轮只需要改变凸轮表数据即可；机械凸轮有机械噪声，并因磨损而降低加工精度，电子凸轮没有机械噪声，加工精度可保证。电子凸轮在机械凸轮的淬火加工、异型玻璃切割和全电机驱动弹簧等领域有良好的应用。

电子凸轮的实现方式分三部分：设定主轴和从轴、设定电子凸轮的轮廓线和实现电子凸轮的运动。

（1）电子凸轮精度、绝对编码器分辨率的关系

电子凸轮精度 $\Delta$ 是电子凸轮可识别的最小角度单位，例如，1°、0.5°和 0.1°等。对应地，电子凸轮的有效状态 $N=360°/\Delta$。例如，$\Delta=0.5°$，则电子凸轮的有效状态 $N=720$。

绝对编码器分辨率 $M$ 与采用的编码器中 BCD 输出位数 $p$ 有关，$M=360°/2^p$。例如，输出 10 位 BCD 码的绝对编码器分辨率 $M=360°/2^{10}=0.35°$。

（2）电子凸轮数据文件

电子凸轮的数据文件是凸轮转角与位移的关系文件。与位置、速度、加速度和力矩配置文件类似，但位置、速度、加速度和力矩配置文件建立的是位置、速度、加速度和力矩与时间的关系文件。电子凸轮数据文件示例如图 3-40 所示。即电子凸轮功能可以通过编程改变凸轮形状，无须修磨机械凸轮，因此，极大简化了加工工艺。电子凸轮在机械凸轮的淬火加工、异型玻璃切割和全电动机驱动弹簧等领域有广泛应用。

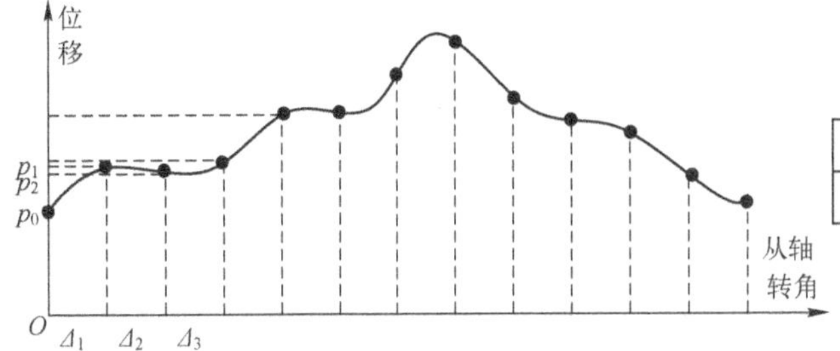


| 转角 | 0 | $\Delta_1$ | $\Delta_2$ | $\Delta_3$ | … |
|---|---|---|---|---|---|
| 位移 | $p_0$ | $p_1$ | $p_2$ | $p_3$ | … |

图 3-40　电子凸轮数据表

(3) 电子凸轮运动的实现

电子凸轮的运动有两种运动模式。

- 周期模式：不管数据文件是否与模板匹配，都以连续方式重复执行 Cam 文件。例如，一个模板轴有 360°转角，而 Cam 数据文件对应 90°转角，则在一个周期中，该 Cam 文件被执行 4 次。当模板反转时，Cam 文件也反向执行。
- 非周期模式（单次运行）：Cam 数据文件只执行一次。如果主轴位置位于 Cam 数据文件外，则从轴保持同步运动，并保持在最终的位置。当模板反转时，在达到 EndOfProfile 位置后，Cam 文件将不执行。上述的 90°转角示例也只能执行一次。

Cam 文件可用一个或两个表表示，用于表示主轴和从轴的位置关系。表格是严格单调上升或单调下降表示的。对主轴而言，从轴位置可以表示为正或反的方向。表格中的数据可以在线修改。用 MC_CamIn 功能块将数据传送至电子凸轮。

(4) 电子凸轮曲线的选择

选择原则如下：

- 加速度和速度曲线必须连续。
- 高速轻载时，尽量选用最大加速度和最大加加速度（加速度变化率）较小的曲线；低速重载时，尽量选用最大速度和最大速度与加速度之积较小的曲线。
- 对运动中有停留的凸轮，为提高停留精度和没有残留振动，应选加速范围小而减速范围大的非对称曲线。
- 如果没有限制，可选用修正的正弦曲线。

(5) 电子齿轮

电子齿轮类似于机械齿轮，用于实现主动轴与从动轴以一定的齿轮速度比旋转。它将主动轴假设有 $D$ 个齿，假设从动轴有 $N$ 个齿，则输入 $D$ 作为分母，输入 $N$ 作为分子，根据主动轴的转速 $M$ 就可确定从动轴的转速 $S$，即 $S=M*N/D$。由于可灵活设置分子和分母的值，因此，调整转速十分方便，此外，也没有机械齿轮的齿轮磨损和间隙造成的误差等问题。

电子齿轮可以实现多个运动轴按设定的齿轮比同步运动，因此，在定长剪切和无轴转动的套色印刷的控制中获得广泛应用。

此外，电子齿轮功能可以实现一个运动轴以设定的齿轮比跟随一个函数，而这个函数由其他的几个运动轴的运动决定；一个轴也可以以设定的比例跟随其他两个轴的合成速度。

**2. 电子凸轮和电子齿轮的特点**

(1) 电子凸轮的特点

电子凸轮与传统机械凸轮的比较见表 3-23。

**表 3-23　电子凸轮和机械凸轮的比较**

| 性　　能 | 机 械 凸 轮 | 电 子 凸 轮 |
| --- | --- | --- |
| 凸轮结构 | 凸轮旋转一周，回到原来的起点位置 | 旋转一周后，可以不回到原来位置，例如，可以呈现螺旋形 |
| 凸轮平滑度 | 根据机械加工精度确定 | 两点之间通过插补算法计算 |
| 位置准确性 | 准确 | 命令准确，位置准确 |
| 使用方便性 | 制造和修改凸轮曲线困难，更换不方便 | 只需要改变轮廓曲线的数据 |
| 输出功率 | 由于存在较大接触应力，因此不能传递大功率 | 没有接触应力，可传递大的输出功率 |
| 维护性 | 有机械磨损，必须保养，机械修复一般较多 | 数据输入正确，可保证长期应用，不需要保养，电子系统的修复少 |
| 使用空间 | 占用空间大 | 空间节省，没有可动部件 |
| 长行程特点 | 从轴行程越长，凸轮越大。因此行程不能很大 | 没有空间限制，行程不受影响 |
| 加速度限制 | 机械元件物理特性确定，一般都应限制加速度，防止冲击 | 伺服系统和电动机能力确定。一般都应限制加速度，防止冲击 |
| 缩放功能 | 通过齿轮比改变，因此不同齿轮比要用不同的齿轮 | 只需要改变齿轮比的分子和分母数值就可方便在线修改齿轮比 |
| 能源要求 | 耗能，机械噪声大 | 节能环保，没有机械噪声 |
| 安全性 | 安全性较差，事故容易被扩大 | 保护机制完善，软件检测速度快，一般事故的影响小 |
| 主轴要求 | 必须要有主轴驱动 | 主轴的等速运动可计算产生，可采用虚拟轴 |

(2) 电子齿轮比

电子凸轮的齿轮比不仅可改变主轴和从轴的速度比，而且齿轮比可设置为负值，即轮廓线翻转。电子凸轮的齿轮比可在线修改，下载或在线改变其齿轮比，因此，调整方便。

假设 PLC 计数脉冲额定频率为 $f$(Hz)；编码器周反馈脉冲数（解析度）为 $r$；要求伺服电动机的速度是 $s$(r/s)。则电子齿轮比 $n=sr/f$。例如，某系统 PLC 的计数脉冲额定频率 $f=25$ kHz；编码器周反馈脉冲数（解析度）$r=10000$；要求伺服电动机的速度 $s=2.5$ r/s（150 r/m）。则电子齿轮比 $n=2.5\times10000/25000=1$。

为实现主轴和从轴的同步运动，可采用相位差补偿技术。

(3) 定长剪切

电子凸轮可以应用在诸如汽车制造、冶金、机械加工、纺织、印刷、食品包装以及水利水电等各个领域。电子凸轮在机械加工行业的主要应用是材料的定长剪切，例如，定长切断钢管、木材，对钢卷及铝带等金属带材进行定长裁剪等。电子凸轮应用中的飞剪、旋切、追剪、停剪及排料等称为轮切或横切。它是指在物料运送方向上对物料进行垂直切割。

- 旋切。辊筒上安装一把或多把剪切刀，运动中辊筒带动剪切刀旋转，旋转一周对材料剪切一次。
- 飞剪。类似旋切，但采用偏心安装方式，使剪切刀绕固定刀座作回转运动。
- 追剪。在设定同步区，牵引剪切部件的速度和送料速度一致，因此，在同步区完成剪切运动。不同的剪切长度是通过调节非同步区的速度进行补偿。追剪是往复运动，旋切和飞剪是旋转运动。
- 停剪。停剪控制送料轴，在剪切刀切断抬起时间内迅速送料，并停下来剪断。因此停剪是间歇送料，工作效率最低。

# 第4章 运动控制功能块

## 4.1 单轴运动控制的管理类功能块

运动控制功能块按是否使轴运动，可分为管理和运动两类；按轴的数量，可分为单轴和多轴两类。管理类运动控制功能块是用于管理的功能块，因此，它不会引起轴的运动。表4-1是单轴的管理类运动控制功能块（大多数是使能类功能块）的功能说明。

**表4-1 单轴的管理类运动控制功能块**

| 功 能 块 | 名 称 | 类 型 | 功能说明 |
|---|---|---|---|
| MC_Power | 上电功能块 | Enable | 控制供电电源的状态。一个轴只需要一个 MC_Power 控制供电 |
| MC_ReadStatus | 读取轴状态信息功能块 | Enable | 读轴状态的信息，对应的单轴状态输出被置位 |
| MC_ReadAxisError | 读取轴故障信息功能块 | Enable | 读轴故障识别标志 AxisErrorID |
| MC_ReadParameter | 读取轴参数功能块 | Enable | 根据轴参数编号（ParameterNuber）读取该参数的值（Value） |
| MC_ReadBoolParameter | 读取轴布尔参数功能块 | Enable | 根据轴参数编号（ParameterNuber）读取该参数的值（布尔数据类型） |
| MC_WriteParameter | 写入轴的参数功能块 | Enable | 根据轴参数编号（ParameterNuber）写入参数 |
| MC_WriteBoolParameter | 写入轴布尔参数功能块 | Enable | 根据轴参数编号（ParameterNuber）写入布尔数据 |
| MC_ReadDigitalInput | 读取数字输入功能块 | Enable | 根据输入号（InputNumber）读取数字输入信号的值 |
| MC_ReadDigitalOutput | 读取数字输出功能块 | Enable | 根据输出号（OutputNumber）读取数字输出信号的值 |
| MC_WriteDigitalOutput | 写入数字输出功能块 | Execute | 根据输出号（OutputNumber）将该输出号确定的值写入轴的输出 |
| MC_ReadActualPosition | 读取轴实际位置功能块 | Enable | 连续读取轴的实际绝对位置（在 Position 输出） |
| MC_ReadActualVelocity | 读取轴实际速度功能块 | Enable | 连续读取轴的实际速度（在 Velocity 输出），可正或负 |
| MC_ReadActualTorque | 读取轴实际转矩功能块 | Enable | 连续读取轴的实际转矩（在 Torque 输出），可正或负 |
| MC_ReadMotionState | 读取运动轴状态功能块 | Enable | 读取轴的恒速度，速度的绝对增量、减量和位置增加和减少的信号 |
| MC_ReadAxisInfo | 读取轴信息功能块 | Enable | 读取轴的信号，例如，轴模式、网络通信、驱动器供电及绝对原点等 |
| MC_Reset | 复位功能块 | Enable | 刷新轴的有关故障，将轴状态从 ErrorStop 过渡到 StandStill 或 Disabled |
| MC_DigitalCamSwitch | 电子凸轮开关功能块 | Enable | 也称为可编程限位开关功能块。设置连接到轴上的被控电子凸轮 |
| MC_TouchProbe | 触发探针功能块 | Execute | 记录轴被触发时的开始和停止的位置 |
| MC_AbortTrigger | 中止触发探针功能块 | Execute | 中止连接到触发事件的 MC_TouchProbe 运行 |
| MC_SetPosition | 设置位置功能块 | Execute | 输入参数 Position，Relative 设置轴坐标所要移动到的绝对或相对位置 |

（续）

| 功能块 | 名称 | 类型 | 功能说明 |
|---|---|---|---|
| MC_SetOverride | 设置倍率功能块 | Enable | 用设置的倍率覆盖轴的所有值，例如，速度、加速度等（不能应用于从轴） |
| MC_HaltSuperimposed | 暂停所有叠加运动功能块 | Execute | 类似 MC_Halt，暂停轴上的所有叠加运动，底层运动不受影响 |
| MC_LimitLoad | 限制负载功能块 | Enable | 激活轴提供的负载限制。负载指力、转矩、压力或差压。负载控制和运动控制的切换由轴的外部负载条件确定 |
| MC_LimitMotion | 运动限值功能块 | Enable | 激活轴的运动限值，运动限值可以是位置、速度、加速度、减速度和加加速度。运动负载和运动控制的切换取决于轴的外部负载条件 |

大多数管理类运动控制功能块是电平控制功能块。

## 4.1.1 MC_Power

**1. 图形描述**

图 4-1 是 MC_Power 功能块的图形描述。图 4-1a 是 PLCopen 运动控制规范第 1 部分第 1 版，图 4-1b 是第 1 和第 2 部分合并后的第 2 版。

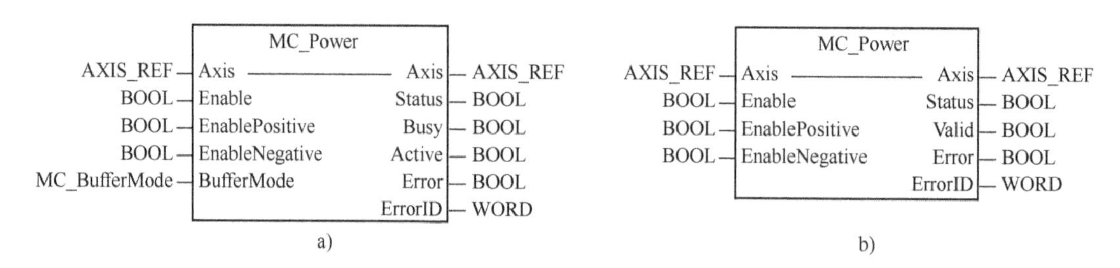


图 4-1　MC_Power 图形描述

AXIS_REF 是输入输出变量，其结构数据类型由制造商规定。MC_BufferMode 是输入变量，用于选择功能块的缓冲模式，是枚举数据类型，见第 3 章。

**2. 功能**

该功能块是运动控制系统的上电软件开关。如果一个轴要参与运动，该功能块必须使能。功能如下：

1）Enable 输入为 TRUE，驱动器的电源启用，而不是功能块本身的电源启用。

2）Enable 输入为 TRUE 时调用本功能块，如果轴的状态正好在关闭（Disable）状态，则该轴的状态转换到保持静止（StandStill）状态，等待对该轴进行运动控制。

3）如果 Enable 输入为 TRUE 时，有故障发生，则可由一个定时器功能块和一个与逻辑函数使其轴的状态保持在 FALSE（用反相的状态输入）。它表示在硬件层级有一个故障。

4）如果在运动过程中，PLC 供电发生故障，则轴的状态转换到故障停止 ErrorStop 状态。

5）输入信号 EnablePositive 和 EnableNegative 都是电平控制的。它们分别在 TRUE 时，允许轴运动在正方向和负方向。可以同时将该两个输入信号置位，表示允许运动方向既可为正，也可为负。

6）每个轴只能有一个 MC_Power 功能块用于该轴的上电。如果有多个 MC_Power 控制同一个轴，则最后一个功能块有效。

7）Status 输出信号表示驱动器电源的状态，1 表示已经上电；0 表示未上电。如果轴驱动器是仿真轴，则它也不是仿真的值。Busy 是功能块操作状态，1 表示正忙；0 表示空闲。Active 是功能块是否已控制轴，1 表示已经控制轴；0 表示未控制。Valid 表示功能块输出信号是否有效，1 表示输出信号有效；0 表示无效。Error 表示功能块是否有故障，1 表示有故障；0 表示没有故障。ErrorID 是故障代码，当发生功能块故障时，有 16 位数字表示故障的信息。

8）功能块接口的有关时序图见第 3.3 节。下同。

### 4.1.2 MC_ReadStatus 和 MC_ReadMotionState

**1. 图形描述**

读取轴状态信息功能块 MC_ReadStatus 和读取轴运动状态功能块 MC_ReadMotionState 图形描述如图 4-2 所示。

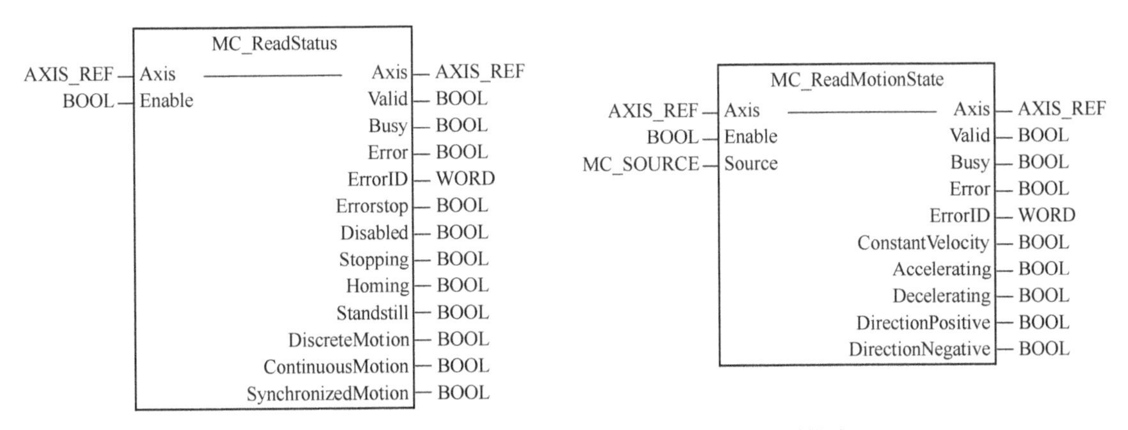


图 4-2 MC_ReadStatus 和 MC_ReadMotionState 图形描述

第 1 版只有 MC_ReadStatus 功能块，其输出参数还有 Accelerating、Decelerating 及 ConstantVelocity 等项，第 2 版未列出这些参数，但将这些参数列在 MC_ReadMotionState，这是第 2 版增加的功能块。

这些功能块被激活后，被控制的轴的状态及运动状态在相应的输出被置位。因此，可使用这些功能块了解轴的实际状态和运动的实际状态，并进行有关处理。例如，可连接有关程序到一些输出端，实现一些处理功能。

**2. 功能**

MC_ReadStatus 功能块用于读取被控轴的状态，见 3.2 节状态图，分别对应单轴的同步运动（Synchronized Motion）、连续运动（Continuous Motion）、断续运动（Discrete Motion）、减速停止（Stopping）、故障停止（Errorstop）、回原点（Homing）、保持静止（Standstill）和关闭（Disabled）。

MC_ReadMotionState 功能块用于读取被控轴的运动状态，包括恒速、加速、减速和正方向和负方向。

当 MC_ReadStatus 功能块输入 Enable 为 TRUE 时，周期更新轴的状态。当 MC_ReadMotionStatus 功能块输入 Enable 为 TRUE 时，周期更新轴的运动状态。

一些制造商还包括轴在转矩控制状态的输出，应根据具体制造商的说明书确定其输出的状态。

### 4.1.3 MC_ReadAxisError 和 MC_ReadAxisInfo

**1. 图形描述**

图 4-3 是 MC_ReadAxisError 的图形描述，图 4-4 是 MC_ReadAxisInfo 的图形描述。第 1 版没有 MC_ReadAxisInfo 功能块。

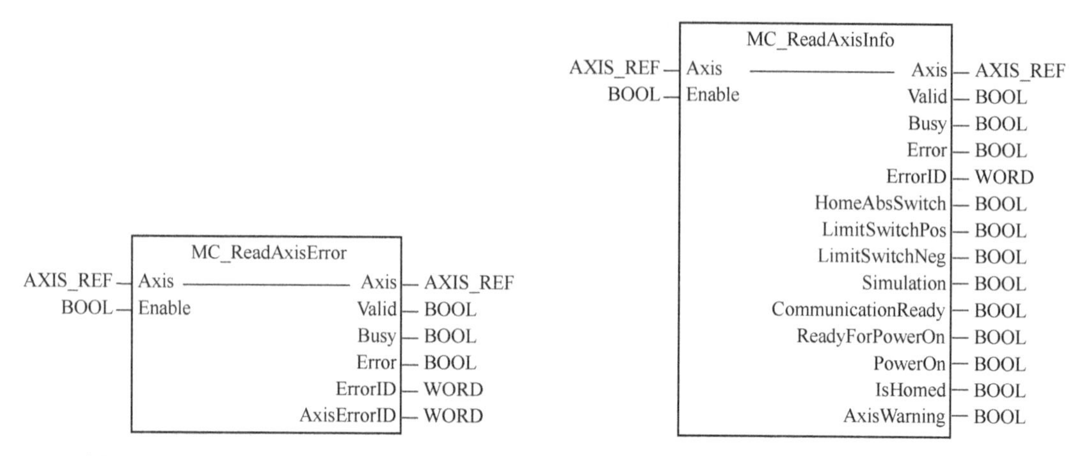


图 4-3 MC_ReadAxisError 图形描述　　图 4-4 MC_ReadAxisInfo 图形描述

**2. 功能**

MC_ReadAxisError 功能块提供该轴的故障信息。通常可将 MC_ReadStatus 功能块的轴状态 ErrorStop 输出连接到 MC_ReadAxisError 功能块的 Enable 输入端，这样可以从 AxisErrorID 获得轴的故障代码，该值由供应商规定。也可从 ErrorID 获得轴故障代码。

MC_ReadAxisInfo 功能块用于提供轴的信息，包括回原点的绝对位置开关、正和负限位开关的状态信息、功能块上电开关以及轴是否有警告等信息。通常，可用 MC_ReadAxisInfo 功能块的输出 PowerOn 作为运动控制功能块的执行输入。例如，上电开关 MC_Power 的 Enable 如果与 MC_MoveAbsolute 功能块共用，则由于 MC_MoveAbsolute 功能块是边沿触发功能块，而 MC_Power 功能块的执行需要一定时间，实际 MC_Power 的输出只有在 PowerOn 置位时才表示已经上电，因此，常用 MC_ReadAxisInfo 功能块的输出 PowerOn 连接到 MC_MoveAbsolute 功能块的 Execute 端，才能保证 MC_MoveAbsolute 功能块的边沿触发。而 MC_ReadAxisInfo 功能块的 Enable 可与 MC_Power 功能块共用一个输入信号。

### 4.1.4 MC_ReadParameter 和 MC_ReadBoolParameter

**1. 图形描述**

图 4-5 是 MC_ReadParameter 和 MC_ReadBoolParameter 功能块的图形描述。

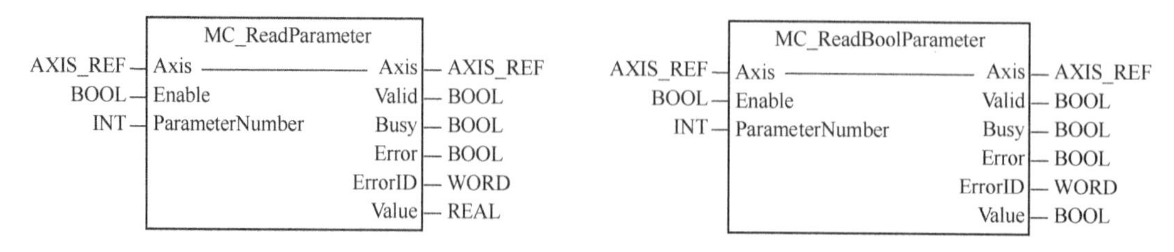


图 4-5 MC_ReadParameter 和 MC_ReadBoolParameter 图形描述

功能块中的 ParameterNumber（PN）是参数编号。如果供应商提供这些参数，则应使用这些参数。它在初始化时写入（与供应商有关）。表 4-2 是读参数和读布尔参数功能块中的参数。

**表 4-2　读参数和读布尔参数功能块中的参数**

| 参数编号 PN | 参　数　名 | 数据类型 | B/E | 读 R/写 W | 注　　释 |
|---|---|---|---|---|---|
| 1 | CommandedPosition/指令位置 | REAL | B | R | 命令位置 |
| 2 | SWLimitPos/正方向开关限位位置 | REAL | E | R/W | 正方向软件限位开关的位置 |
| 3 | SWLimitNeg/反方向开关限位位置 | REAL | E | R/W | 反方向软件限位开关的位置 |
| 4 | EnableLimitPos/允许正方向开关限位 | BOOL | E | R/W | 允许正方向软件限位开关 |
| 5 | EnableLimitNeg/允许反方向开关限位 | BOOL | E | R/W | 允许反方向软件限位开关 |
| 6 | EnablePosLagMonitoring/允许位置偏差监视 | BOOL | E | R/W | 允许监视位置偏差 |
| 7 | MaxPositionLag/最大位置偏差 | REAL | E | R/W | 最大位置偏差 |
| 8 | MaxVelocitySystem/最大系统速度 | REAL | E | R | 运动系统中允许的轴最大速度 |
| 9 | MaxVelocityAppl/最大应用速度 | REAL | B | R/W | 在应用中允许的轴最大速度 |
| 10 | ActualVelocity/实际速度 | REAL | B | R | 实际速度 |
| 11 | CommandedVelocity/所命令的速度 | REAL | B | R | 所命令的速度 |
| 12 | MaxAccelerationSystem/最大系统加速度 | REAL | E | R | 运动系统中允许的轴最大加速度 |
| 13 | MaxAccelerationAppl/最大应用加速度 | REAL | E | R/W | 在应用中允许的轴最大加速度 |
| 14 | MaxDecelerationSystem/最大系统减速度 | REAL | E | R | 运动系统中允许的最大轴减速度 |
| 15 | MaxDecelerationAppl/最大应用减速度 | REAL | E | R/W | 在应用中允许的最大轴减速度 |
| 16 | MaxJerkSystem/最大系统加加速度 | REAL | E | R | 运动系统允许的轴最大加加速度 |
| 17 | MaxJerkAppl/最大应用加加速度 | REAL | E | R/W | 应用系统允许的轴最大加加速度 |

注：B：基本，即输入输出变量是强制的；E：扩展，即输入输出变量是可选的；R：可读；W：可写。

这些参数是轴参数 AXIS_REF 的内容，通过调用本功能块，可将其值经 Value 输出用于应用程序，如可显示在操作员面板等。例如，在 MC_ReadParameter 功能块的 ParameterNumber 输入 10，则其 Value 输出端输出被控轴的实际速度。

**2. 功能**

根据参数的数据类型，选用 MC_ReadParameter 和 MC_ReadBoolParameter 功能块，用输入的参数编号调用轴参数 AXIS_REF 中的有关轴参数。

供应商可根据参数数据类型，使用其规定的数据类型，PLCopen 规范规定用 INT 表示 ParameterNumber，因此，0~999 是标准规定可使用的整数，大于 999 是供应商可扩展规定的参数。一些供应商规定其数据类型是 STRING，则输入的数据也被认为是 STRING。

### 4.1.5 MC_WriteParameter 和 MC_WriteBoolParameter

**1. 图形描述**

图 4-6 是 MC_WriteParameter 和 MC_WriteBoolParameter 功能块的图形描述。

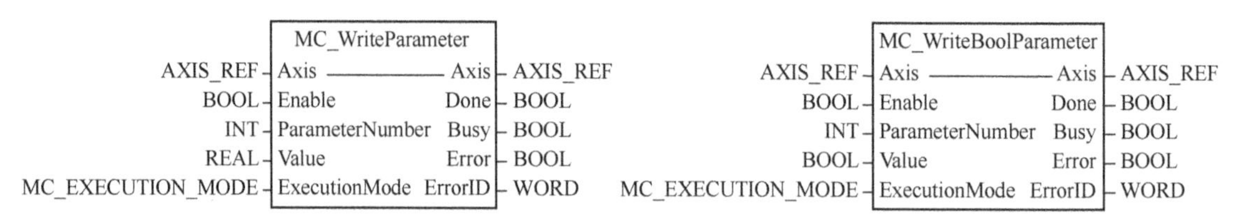


图 4-6 MC_WriteParameter 和 MC_WriteBoolParameter 图形描述

ParameterNumber 是参数编号，见表 4-2。Value 是需要写入的值，根据数据类型，选用对应的功能块。

ExecutionMode 参数的输入数据是枚举数据类型 MC_EXECUTION_MODE，用于定义功能块执行的时间顺序。其数据类型表示如下：

```
TYPE
   MC_EXECUTION_MODE（mcImmediately、mcDelayed、mcQueued）
END_TYPE
```

选项 mcImmediately 表示写入功能块数据的操作立刻执行，因此，写入的参数值可影响正在进行的运动，但不影响其轴的状态；选项 mcDelayed 表示写入功能块数据的操作延迟执行（在上述两个功能块中没有此选项）；选项 mcQueued 表示写入功能块数据的操作按缓冲模式执行。

**2. 功能**

MC_WriteParameter 和 MC_WriteBoolParameter 功能块用于写入参数的值。通常分为 3 步：

1）写参数值到工作列表。

2）激活工作列表。

3）存储工作列表，并返回原始列表。

MC_WriteParameter 功能块写入参数的数据类型是实数；MC_WriteBoolParameter 功能块写入参数的数据类型是布尔数据。一些制造商将实数数据类型扩展为长实数数据类型。

### 4.1.6 MC_ReadDigitalInput

**1. 图形描述**

MC_ReadDigitalInput 功能块是第 2 版增加的功能块。图 4-7 是该功能块的图形描述。

Input 参数是输入输出变量，其数据类型是供应商规定的 MC_INPUT_REF，用于表示引用的输入信号源。其结构数据类型见 3.3 节，可以是用户的虚拟数据。InputNumber 是需要读取的输入信号源中参数的编号，见表 4-2。读取的参数值在 Enable 输入信号置位时被送到输出参数 Value 中。

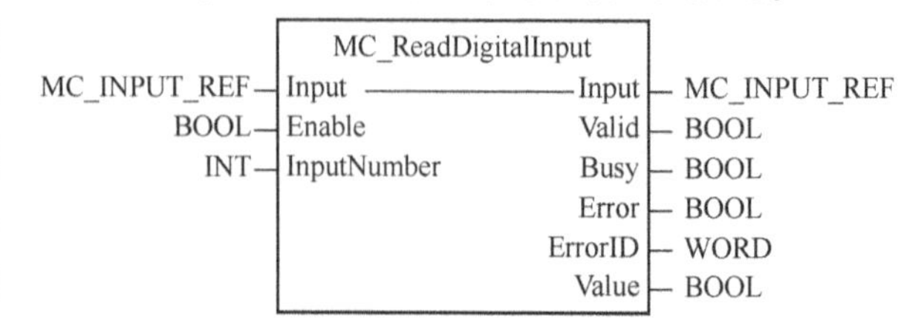


图 4-7 MC_ReadDigitalInput 图形描述

**2. 功能**

本功能块读取 MC_INPUT_REF 中的数字输入信号的值。

### 4.1.7 MC_ReadDigitalOutput 和 MC_WriteDigitalOutput

**1. 图形描述**

图 4-8 是 MC_ReadDigitalOutput 和 MC_WriteDigitalOutput 图形描述。参数 Output 连接输入输出数据类型 MC_OUTPUT_REF，其结构数据类型见 3.3 节，它是与物理输出有关的结构体。参数 OutputNumber 是 MC_OUTPUT_REF 中需要读取的数字输出参数的编号。其值在 Enable 置位时送输出 Value。

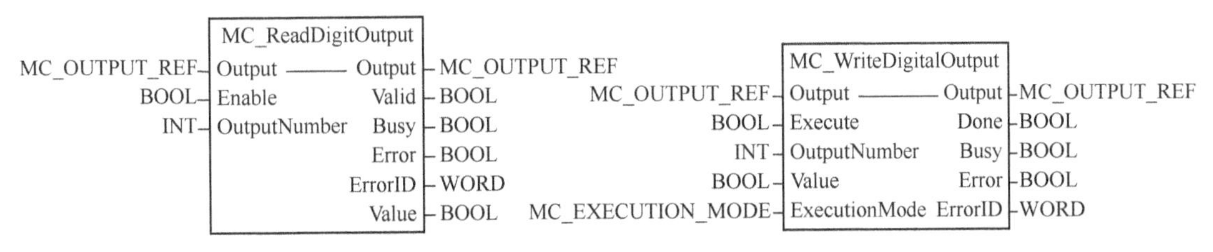


图 4-8 MC_ReadDigitalOutput 和 MC_WriteDigitalOutput 图形描述

MC_WriteDigitalOutput 功能块用于写入 MC_OUTPUT_REF 数据类型中 OutputNumber 规定的参数编号的值，其值从 Value 输入。ExecutionMode 用于确定写入数据的执行时间。与 MC_WriteParameter 和 MC_WriteBoolParameter 功能块相同，MC_WriteDigitalOutput 功能块也有立刻执行和缓冲执行两个选项。

**2. 功能**

MC_ReadDigitalOutput 功能块用于读取 MC_OUTPUT_REF 输入输出数据中规定参数编号的值，送到输出端 Value。MC_WriteDigitalOutput 功能块用于将输入端输入的 Value 值写入 MC_OUTPUT_REF 输入输出数据中规定参数编号的参数中。在功能块的 Enable 置位时进行读取或写入的操作。

需注意，MC_WriteDigitalOutput 功能块是写入数字数据，因此，只在功能块的输入 Execute 信号的上升沿时才执行。

### 4.1.8 MC_ReadActualPosition、MC_ReadActualVelocity 和 MC_ReadActualTorque

**1. 图形描述**

图 4-9 是 MC_ReadActualPosition 和 MC_ReadActualVelocity 功能块的图形描述；图 4-10 是 MC_ReadActualTorque 功能块的图形描述。三种功能块具有相似的参数和功能。第 1 版只提供 MC_ReadActualPosition 功能块。

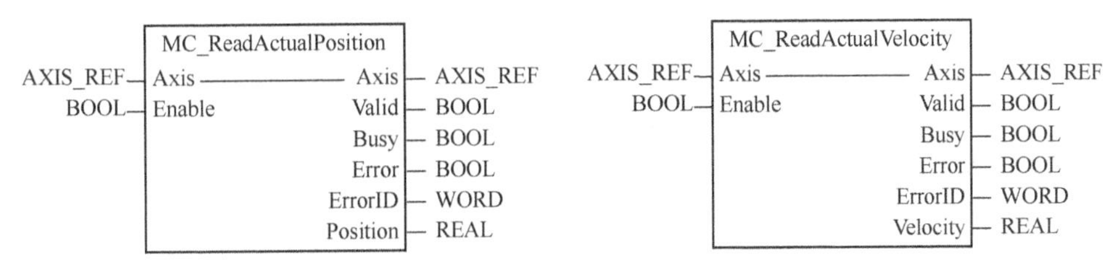


图 4-9 MC_ReadActualPosition 和 MC_ReadActualVelocity 图形描述

**2. 功能**

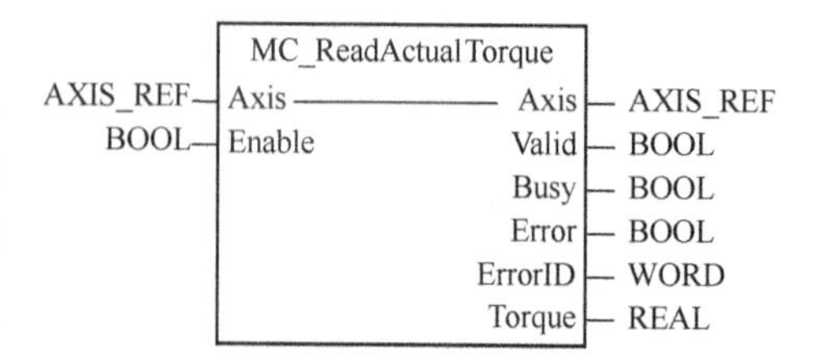


图 4-10 MC_ReadActualTorque 图形描述

当功能块的 Enable 置位，则 MC_ReadActual-Position 功能块的 Position 输出返回该被控单轴的实际绝对位置。MC_ReadActualVelocity 功能块的 Velocity 输出返回被控单轴的实际速度。MC_ReadActualTorque 功能块的 Torque 输出返回被控单轴的实际转矩或力。

实际的值有规定的技术单位。例如，系统规定技术单位是 mm，则 Position 输出 10000 表示实际位置是 10000 mm。

当功能块的 Enable 复位时，输出的值（Position、Velocity 或 Torque）丢失其有效性，Valid 输出复位。

### 4.1.9 MC_SetPosition 和 MC_SetOverride

**1. 图形描述**

MC_SetPosition 和 MC_SetOverride 功能块是第 2 版增加的管理类功能块。图 4-11 是 MC_SetPosition 和 MC_SetOverride 功能块的图形描述。

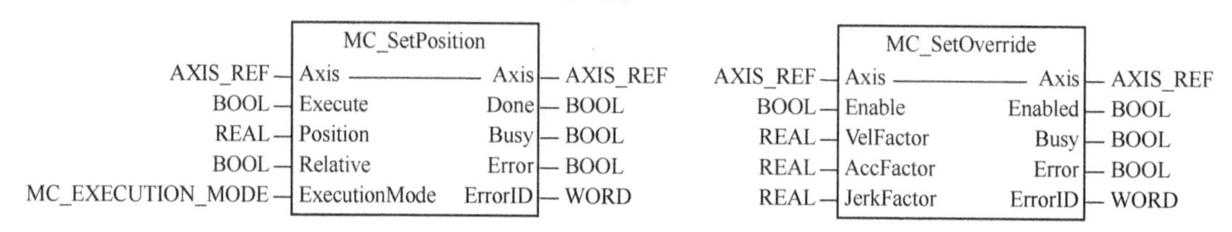


图 4-11 MC_SetPosition 和 MC_SetOverride 图形描述

**2. 功能**

MC_SetPosition 功能块用于设置被控轴的位置（绝对位置或相对位置）。它通过移动坐标系的坐标系统来控制轴的设定位置和实际位置，使它们有相同的数值，而不引起运动的发生，通过重新校准以获得相同的跟踪误差。本功能块可用于进行参照情况下的实例。此外，在运动过程中本功能块也用于不改变所命令位置，而通过移动的坐标系统进行定位。本功能块是边沿触发功能块，只在 Execute 输入信号上升沿时执行有关的定位操作。Position 参数是位置值，当 Relative 的值是 0 时，表示绝对位置；当 Relative 的值是 1 时，表示相对位置，即与初始位置之间的距离。同样，执行模式 ExecutionMode 参数由枚举数据类型 MC_EXECUTION_MODE 确定，有两个选项：立刻执行和缓冲执行。

MC_SetOverride 功能块用于设置被控轴的速度、加速度和加加速度的重写因子，重写因子也称为权重因子。当功能块的输入 Enable 置位时，输入的速度重写因子 VelFactor、加速度重写因子 AccFactor 和加加速度重写因子 JerkFactor 将周期地被分别乘以设定速度、设定加速度和设定加加速度作为新的设定值用于运动。本功能块只对主轴有效，从轴的速度、加速度和加加速度不能用本功能块设置。

当功能块的 Enable 从 TRUE 复位到 FALSE，则被应用的重写因子被保留在该时刻速度、加速度和加加速度等各参数的输入值。

本功能块不影响处于同步运动状态的轴。

重写因子值的范围是 0.0~1.0。约定值是 1.0。不允许设置重写因子的值小于 0.0，但设置值大于 1.0 的行为由供应商规定。对加速度重写因子 AccFactor 和加加速度重写因子

JerkFactor 的值不允许设置为 0.0，一旦设置为 0.0，则功能块的 Error 被置位，而 Enabled 复位。

速度重写因子设置为 0.0 表示轴的速度为 0，轴状态不被转换到 StandStill。本功能块不影响轴状态。

当轴状态在 Discrete Motion，则减小 AccFactor 和/或 JerkFactor，会造成被控轴位置的过冲，并造成轴的损坏，实际使用时应注意避免。

### 4.1.10　MC_TouchProbe 和 MC_AbortTrigger

#### 1. 图形描述

图 4-12 显示 MC_TouchProbe 和 MC_AbortTrigger 功能块的图形描述，它们是第 2 版增加的边沿触发功能块。

MC_TouchProbe 功能块是触碰式探针功能块，用于记录触发事件时被控轴的精确位置。这是边沿触发功能块，因此，用 Execute 输入触发功能块进行操作。用窗口来接收触碰事件。

MC_AbortTrigger 功能块是中止触碰探针功能块，用于中止连接到触碰探针的功能块，例如，MC_TouchProbe 功能块。

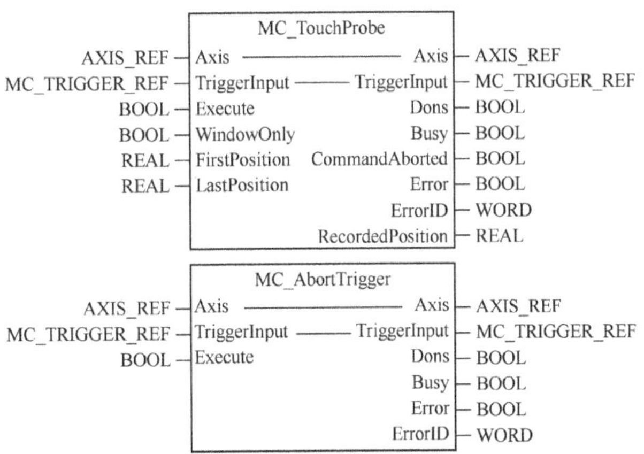

图 4-12　MC_TouchProbe 和 MC_AbortTrigger 图形描述

#### 2. 功能

这两个功能块用快速输入方法检测轴的位置，获得非常精确的驱动器位置。为此，它必须比通常的 PLC 更快，可达微秒级。许多情况下，它是独立于 PLC 扫描周期，而采用事件触发方式工作。

轴的位置需要进行测量，以实现精确定位。因此，设置位置的独立探针或位置控制时钟的检测是必要的。控制系统中，这只能用额外的硬件来实现位置的闭锁，例如，使用坐标测量机中的触碰探针。运动控制系统中用 MC_TouchProbe 和 MC_AbortTrigger 功能块来完成。

MC_TRIGGER_REF 输入输出数据是结构数据类型。下面给出某供应商规定的数据结构：

```
TYPE
    MC_TRIGGER_REF : STRUCT
        bFastLatching: BOOL: =TRUE;    // 1 表示经驱动接口的快速闭锁，0 表示根据 PLC 周期闭锁
        iTriggerNumber: INT ;          // bFastLatching 为 1 时表示触碰事件数量，取决于驱动接口
        bInput: BOOL;                  // bFastLatching 为 1 时表示输入信号，1 表示闭锁；0 表
                                       //示不闭锁
        bActive : BOOL;                //内部激活变量
        bSignal : BOOL;                // 触碰信号
        …
    END_STRUCT;
END_TYPE
```

它是触碰探针输入的信号源，可由 AXIS_REF 数据类型规定。FirstPosition 和 LastPosition 是触碰探针被接收的开始位置和终止位置。窗口用于接收触碰事件。当 WindowOnly 输入信号为 1 时，表示用窗口接收触碰事件。在接收窗口期间，该功能块快速检测位置，比常规的 PLC

扫描要快，因此，提高了位置检测精度。接收窗口过大，则系统花费在探针检测的时间长，浪费资源；接收窗口过小，可能发生被检测位置已经超出，造成不能检测到的故障。因此，接收窗口的大小应选择合适。

FirstPosition 位置开始接收，沿窗口的顺时针方向转到 LastPosition 位置，这个时间段称为接收窗口。图 4-13 显示接收窗口与 FirstPosition 和 LastPosition 之间的关系。

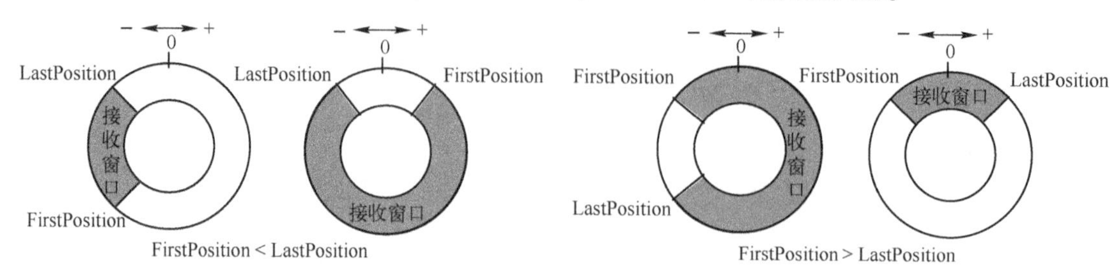


图 4-13　接收窗口与 FirstPosition 和 LastPosition 的关系

MC_AbortTrigger 功能块用于中止 MC_TouchProbe 功能块的检测功能。

图 4-14 显示 MC_TouchProbe 功能块和 MC_AbortTrigger 功能块对探针测量通道的关系。

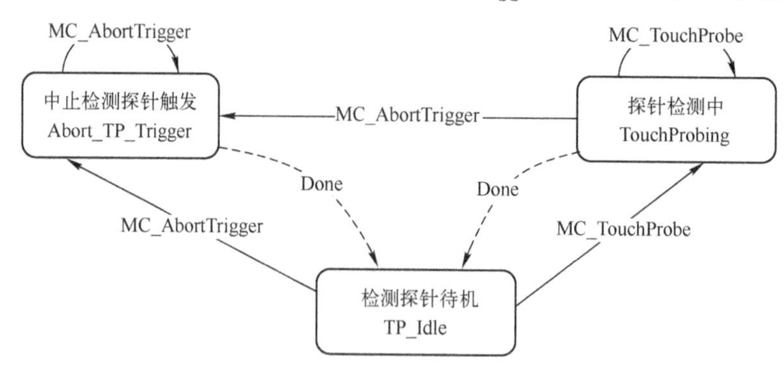


图 4-14　测量通道的状态图

与运动命令相反，上述两个功能块的再触发不会覆盖前面的命令，而是被功能块丢弃，因此，没有新的命令被发送。

被重新触发的功能块实例表示一个功能块的特定出错，并保持 Active 输出。

AXIS_REF 或 MC_TRIGGER_REF 如果改变，则功能块出错，命令被拒绝。出错输出 Error 和出错代码 ErrorID 在重新触发功能块的一个周期内被检测。

## 4.1.11　MC_DigitalCamSwitch

### 1. 图形描述

MC_DigitalCamSwitch 功能块是数字电子凸轮开关功能块。它是第 2 版增加的功能块。

图 4-15 是 MC_DigitalCamSwitch 功能块图形描述。

参数 Switches、Output、TrackOptions 的输入输出数据类型结构见 3.3 节。由供应商规定其结构参数和数据类型。

输入参数 EnableMask 是使能标志，用于不同的跟踪的使能，由 32 位布尔量组成。其值为 1 表示对应的跟踪 TrackNumber 数据是使能，即允许跟踪。ValueSource 参数用于定义轴（位置）值的来源。设置为 mcSetValue 表示跟踪设定值，mcActualValue 表示跟踪实际值。

输出参数 InOperation 表示该功能块正在操作中，即跟踪命令使能。

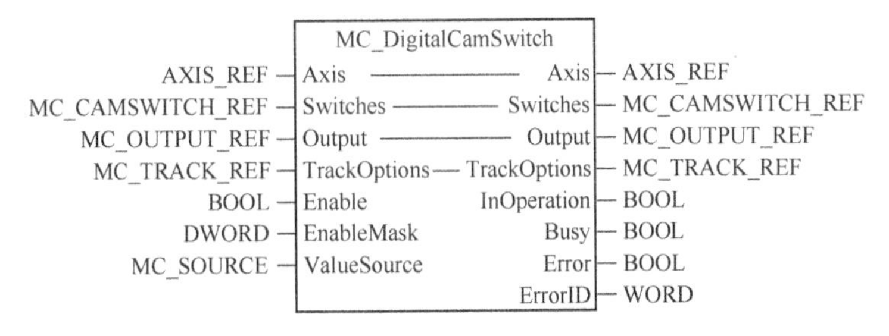


图 4-15　MC_DigitalCamSwitch 图形描述

**2. 功能**

本功能块用于设置电子凸轮的数字开关，包括开关开始位置 FirstOnPosition、终止位置 LastOnPosition、轴方向 AxisDirection、电子凸轮开关的开关模式 CamSwitchMode 和开关的持续时间 Duration 等。

本功能块也包括设置跟踪性能，例如，在补偿 OnCompensation、不在补偿 OffCompensation 和补偿死区 Hysteresis 等，分别表示跟踪开关在关闭和断开时、跟踪的延时或提前的补偿时间和死区的数据。

### 4.1.12　MC_Reset

**1. 图形描述**

MC_Reset 功能块是一个边沿触发功能块。图 4-16 是其图形描述。

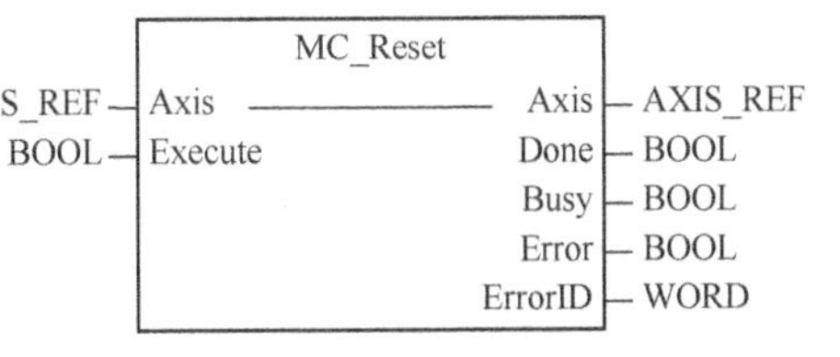


图 4-16　MC_Reset 图形描述

**2. 功能**

当 Execute 输入信号上升沿时，该功能块用于对被控轴的故障进行清除处理。这些故障包括轴故障和驱动器侧故障。对驱动器本身故障，则应先行进行驱动器故障的复位处理。这些故障处理不引起被控轴的运动。

### 4.1.13　MC_HaltSuperimposed

**1. 图形描述**

图 4-17 是 MC_HaltSuperimposed 功能块的图形描述。该功能块是第 2 版增加的功能块。它是一个边沿触发功能块。

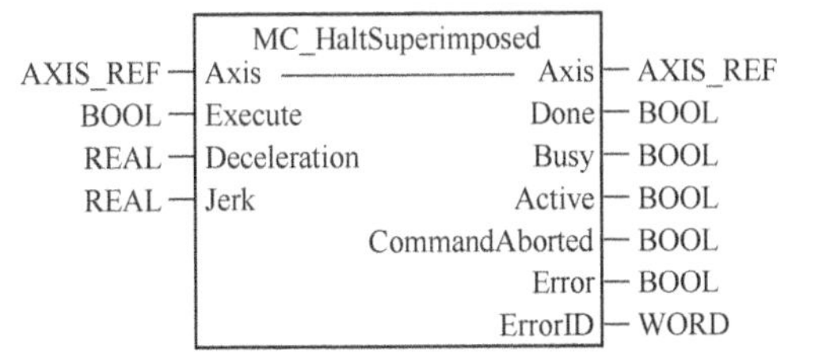


图 4-17　MC_HaltSuperimposed 图形描述

**2. 功能**

本功能块用于在 Execute 信号的上升沿时命令停止所有的叠加到被控轴的运动，但底层的运动不被中断。

作为管理类运动控制功能块，它不会造成被控轴的运行。

### 4.1.14　MC_LimitLoad 和 MC_LimitMotion

**1. 图形描述**

MC_LimitLoad 和 MC_LimitMotion 功能块是 PLCopen 运动控制规范第 6 部分规定的功能块，是管理液压控制的运动控制功能块。图 4-18 是它们的图形描述。

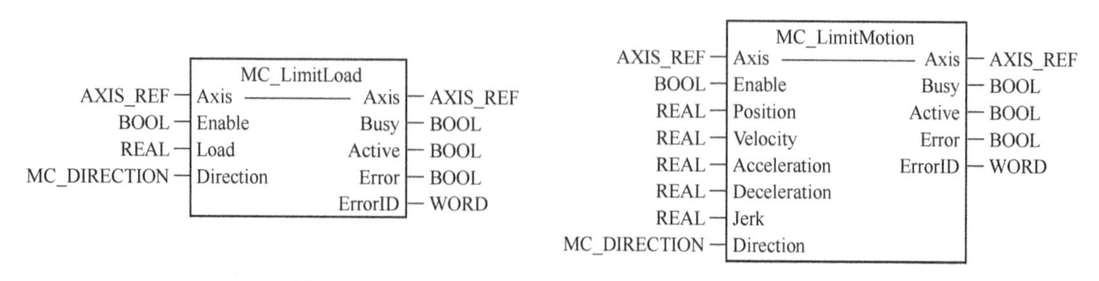


图 4-18　MC_LimitLoad 和 MC_LimitMotion 图形描述

输入参数 Load 是轴上可用负载（转矩、力或压力）的最大值。

**2. 功能**

MC_LimitLoad 功能块用于提供被控轴负载的限制值，它可以是被控轴的转矩、力或压力差。保持限值的措施是在负载和与轴的外部负载条件有关的运动控制之间进行切换。对轴测量限值处于待机状态时 Busy 输出置位。当轴测量限值激活时，Active 输出置位。该功能块不会造成轴的运动，但它与运动命令并行执行。

MC_LimitLoad 功能块用于轴上负载超过限值时的过载保护，例如，注塑机模具的保护。当负载过载时，测量到的实际负载超过设定的限值，这时，运动控制功能块的 Active 输出被置位，该输出信号被连接到 MC_LimitLoad 功能块的使能 Enable 端，即转换到由 PLCopen 定义的 Active 输出对轴的路径进行控制。

MC_LimitMotion 功能块激活轴的运动值的限制，这些限制的值包括位置、速度、加速度、减速度和加加速度。对限值的测量由供应商规定。

例如，将 MC_LoadControl 功能块输出 Active 连接到 MC_LimitMotion 功能块的输入 Enable，当负载控制功能块超过规定限值时，其输出就使 MC_LimitMotion 功能块激活，从而使对轴的控制由后一功能块进行控制（由 MC_LimitMotion 提供有关的位置、速度、加速度、减速度和加加速度的值）。

## 4.2　单轴运动控制的运动类功能块

单轴运动控制的运动类功能块是用于单轴运动的功能块。表 4-3 是单轴的运动类运动控制功能块（大多数是边沿触发功能块）的功能说明。

**表 4-3　单轴运动控制的运动类功能块**

| 功　能　块 | 名　　称 | 类　　型 | 功 能 说 明 |
| --- | --- | --- | --- |
| MC_Home | 回原点功能块 | Execute | 回复到原点的运动 |
| MC_Stop | 停止功能块 | Execute | 被控轴减速并停止轴的运动 |
| MC_Halt | 暂停功能块 | Execute | 正常操作条件下，停止被控轴的运动，可触发运动功能块，使轴再次运动 |
| MC_MoveAbsolute | 绝对运动功能块 | Execute | 以原点为基准的，以绝对位置为目标位置的运动，需要回原点功能块为前提 |
| MC_MoveRelative | 相对运动功能块 | Execute | 以运动点位置为基准，以相对距离为目标的轴的运动 |
| MC_MoveAdditive | 运动增量功能块 | Execute | 与 MC_MoveRelative 类似，但中止时能保证相对距离和中止前运动位置之和 |
| MC_MoveSupperimposed | 叠加运动功能块 | Execute | 在原有运动基础上叠加规定的运动 |

（续）

| 功 能 块 | 名 称 | 类 型 | 功能说明 |
| --- | --- | --- | --- |
| MC_MoveVelocity | 速度运动功能块 | Execute | 对未终止的运动进行规定的速度的运动 |
| MC_MoveContiAbsolute | 连续绝对运动功能块 | Execute | 被控轴达到规定速度后以该速度运动到规定的绝对位置 |
| MC_MoveContiRelative | 连续相对运动功能块 | Execute | 被控轴达到规定速度后以该速度运动到规定的相对位置 |
| MC_TorqueControl | 转矩控制功能块 | Execute | 对被控轴施加规定的转矩或力，达到该值后以该值恒定施加 |
| MC_PositionProfile | 位置时间配置文件功能块 | Execute | 设置被控轴位置和时间关系的配置文件 |
| MC_VelocityProfile | 速度时间配置文件功能块 | Execute | 设置被控轴速度和时间关系的配置文件 |
| MC_AccelerationProfile | 加速度时间配置文件功能块 | Execute | 设置被控轴加速度和时间关系的配置文件 |
| MC_LoadControl | 负载控制功能块 | Execute | 对被控轴施加规定的负载或压力，达到该值后以该值恒定施加 |
| MC_LoadSuperImposed | 叠加负载功能块 | Execute | 叠加附加相对负载到已存在的负载上，现有负载控制的操作不停止 |
| MC_LoadProfile | 负载控制配置文件功能块 | Execute | 设置被控轴负载和时间关系的配置文件 |

## 4.2.1 MC_Home

### 1. 图形描述

PLCopen 运动控制规范第 1 部分第 1.1 版有 HomingMode 输入参数，第 2 版取消了该参数。因为，规范第 5 部分将回原点模式进行分类，并有对应的功能块可选用，详见 4.6 节。

图 4-19 是第 2 版提供的回原点功能块的图形描述。Position 参数是目标位置，是绝对坐标位置。

### 2. 功能

通过检测回原点的有关限位开关、绝对位置原点开关或发送的序列脉冲信号等，确定被控轴是否回到其原点。MC_Home 是一般的功能块，执行规定的回原位顺序，它受到第 5 部分回原点定位程序规定的 StepHoming 功能块的约束。

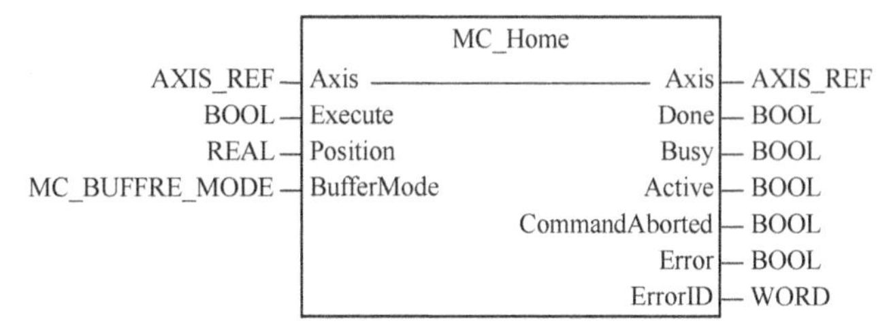


图 4-19 MC_Home 图形描述

对精确定位的运动控制系统，上电功能块执行后，被控轴处于保持静止 StandStill 状态，需要调用本功能块，使被控轴回原点，被控轴的状态转换到回原点状态。

## 4.2.2 MC_Stop 和 MC_Halt

### 1. 图形描述

MC_Stop 和 MC_Halt 功能块都使被控轴停止。图 4-20 是 MC_Stop 和 MC_Halt 功能块的图形描述。

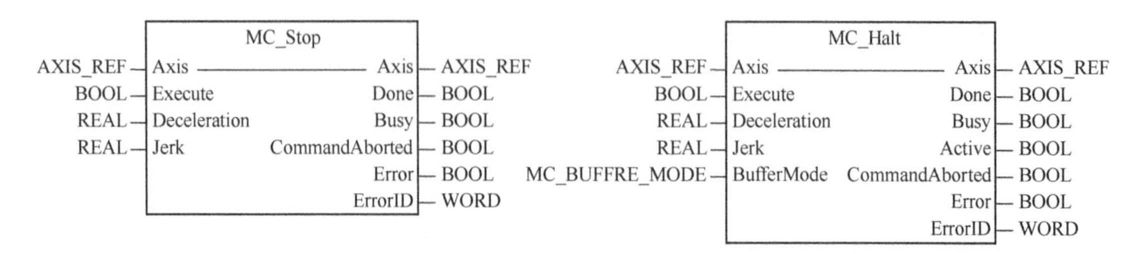

图 4-20　MC_Stop 和 MC_Halt 图形描述

MC_Stop 功能块在第 1.1 版有输入参数 BufferMode，用于缓冲模式设置。第 2 版删除了该输入，它表示不能通过设置该功能块的缓冲模式来中止前一功能块的运动或缓冲存储本功能块的命令。

规范中，MC_Halt 功能块是第 2 版增加的。与 MC_Stop 功能块相同，它没有缓冲模式。

**2. 功能**

MC_Stop 功能块使被控轴的状态转换到减速停止 Stopping 状态。即当输入 Execute 信号上升沿时触发功能块，使被控轴以输入的 Deceleration 值减速，并停止轴的运动。

如果被控轴在连续运动状态，则 MC_Halt 功能块输入 Execute 信号上升沿触发功能块激活，使被控轴的状态转换到断续运动状态。同样，如果被控轴在断续运动状态或同步运动状态，MC_Halt 功能块的激活，都使被控轴保持在断续运动状态。因此，MC_Halt 功能块常用于正常操作条件下停止被控轴的运动。

当 MC_Halt 功能块在非缓冲模式时，则被控轴减速期间可以设置另一运动命令，来中止 MC_Halt 功能块，并立刻执行。如果 MC_Halt 功能块激活，则可发出下一个功能块命令。例如，无人驾驶车辆检测到一个障碍，需要停车，如果 MC_Halt 功能块在轴状态达到 StandStill 状态前障碍物已经被移走，运动将继续由另一个运动命令来设置，这就表明无人驾驶车辆没有停止。

### 4.2.3　MC _ MoveAbsolute、MC _ MoveRelative、MC _ MoveAdditive 和 MC _MoveSupperimposed

**1. 图形描述**

这是最常用的运动控制功能块。图 4-21 和图 4-22 分别是 MC_MoveAbsolute 和 MC_MoveRelative、MC_MoveAdditive 和 MC_MoveSupperimposed 功能块的图形描述。

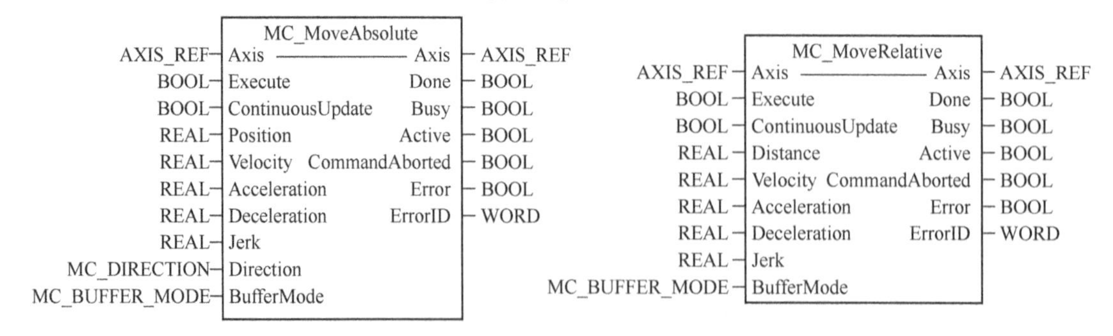

图 4-21　MC_MoveAbsolute 和 MC_MoveRelative 图形描述

第 2 版增加了 ContinuousUpdate 参数，它使 Execute 上升沿触发后可以周期地对输入参数值进行更新。

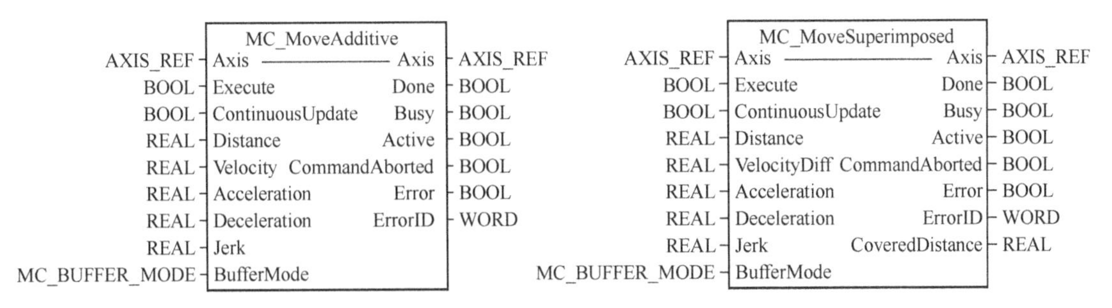


图 4-22 MC_MoveAdditive 和 MC_MoveSupperimposed 图形描述

MC _ MoveAbsolute 功能块增加 Direction 输入参数并采用参数 Position，MC _ MoveSupperimposed 功能块除用 VelocityDiff 代替 Velocity 外，其他输入和输出参数是相类似的。Position 参数是绝对位置，Distance 是距离，因此，用相对位置表示。Velocity 是速度，VelocityDiff 是速度差。Acceleration、Deceleration 和 Jerk 分别是加速度、减速度和加加速度。

MC_MoveAbsolute 功能块 Direction 的输入数据类型是枚举数据类型，可选项有正方向、最短路径、反方向和当前方向（mcPositiveDirection、mcShortestWay、mcNegativeDirection 和 mcCurrentDirection）4 项。对线性系统，由于没有方向选项，可以忽略该项。运动结束的标志是运动速度降到零。

**2. 功能**

MC_MoveAbsolute 功能块以设定的输入参数（速度、加速度、减速度、加加速度和规定的运动方向）控制被控轴到达设定的绝对位置 Position。

MC_MoveRelative 功能块以当前的位置为运动起点，以设定的输入参数（速度、加速度、减速度和加加速度）控制被控轴到达设定的相对位置 Distance。即以运动起点加 Distance 作为终点的运动控制。

MC_MoveAdditive 功能块用于在现有运动的基础上添加由本功能块规定输入参数（速度、加速度、减速度和加加速度）使达到规定的距离 Distance，即添加距离。

MC_MoveSupperimposed 功能块是运动的叠加，即在当前运动的速度基础上，增加输入 VelocityDiff 的速度差，相应地，输入的加速度、减速度和加加速度，也是在原来运动的相应数值上增加，即增加速度，并使被控轴运动到规定的（相对）距离 Distance。因此，它执行时，前面原先的功能块应先执行。

**3. 示例**

（1）MC_ReadAxisInfo、MC_Power、MC_Home 和 MC_MoveAbsolute 组成的简单运动程序

**【例 4-1】** 对一个简单的单轴，可用上述的 4 个运动控制功能块实现启动和运动。

1）MC_Power 功能块用于对被控轴驱动器上电。

2）MC_Home 功能块用于定义回原点的位置，对于绝对位置的运动，这是必需的。

3）MC_MoveAbsolute 功能块用于对被控轴实现运动，并最终定位在规定的绝对位置。

4）MC_ReadAxisInfo 功能块用于自动管理被控轴的运行，发送有关信号到所需功能块。

图 4-23 是被控轴简单绝对位置的运动功能块图程序。程序中，被控轴名为 AXIS1，4 个功能块实例名分别是 AXIS1_Power、AXIS1_Home、AXIS1_MoveAbs 和 AXIS1_Info。因此，它们的 Axis 都连接到输入输出变量 AXIS1。图中，AXIS1_Power 和 AXIS1_MoveAbs 功能块实例采用直接连接，功能块实例 AXIS1_Info 和 AXIS1_Home 采用 AXIS1 连接。

用 Power_On 信号作为被控轴驱动的上电信号。当其值为 1 时，AXIS1_Info 实例激活，其

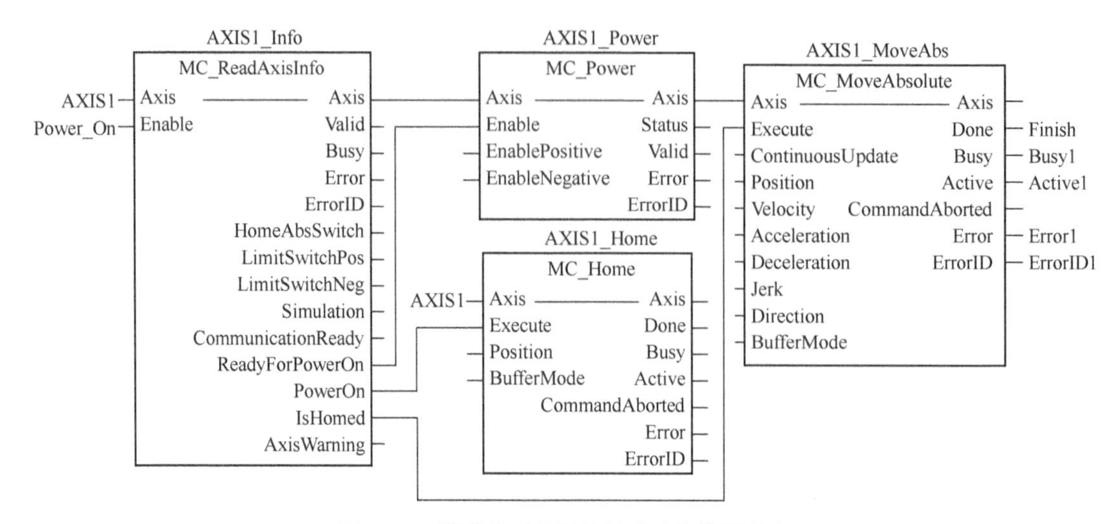

图 4-23　简单绝对位置的运动功能块图程序

输出 ReadyForPowerOn 变为 TRUE 时，表示已经准备好可以上电。因此，用该信号连接 AXIS1_Power 实例的 Enable，并激活 AXIS1_Power 实例，完成被控轴驱动的上电。当功能块实例 AXIS1_Info 的输出 PowerOn 变为 TRUE 时，表示被控轴驱动的上电完成。因此，用 AXIS1_Info 的输出 PowerOn 连接到 AXIS1_Home 回原点功能块实例的输入 Execute，用其上升沿触发该功能块执行回原点的操作。当被控轴已经回到原点，功能块实例 AXIS1_Info 的输出 IsHomed 变为 TRUE，该信号连接到 AXIS1_MoveAbs 功能块实例的输入 Execute，触发该实例完成绝对位置的运动。

图中程序没有列出运动参数，例如，Position、Velocity 等。此外，程序中只显示了整个程序完成后的输出 Finish 等变量，其他功能块中的输出信号没有列出，用户可根据要求连接有关变量。

（2）MC_ReadStatus、MC_MoveRelative 和 MC_Halt 功能块组成的缓慢移动程序

**【例 4-2】** 当需要对被控轴缓慢移动时，需设置移动距离的限制，并在正和反方向运动信号下可只移动限定的距离，采用 MC_MoveRelative 功能块。为使正和反方向运动信号停止，即按钮释放时，轴停止运动，采用 MC_Halt 功能块。

1）MC_MoveRelative 功能块用于移动限制的距离。采用两个 MC_MoveRelative 功能块实例完成正和反两个方向的相对位置的移动，为达到缓慢移动，对功能块的 Distance 设置限值。

2）MC_Halt 功能块用于中止运动。

图 4-24 是缓慢移动被控轴的功能块图程序。

程序用 MC_ReadStatus 功能块实例 AXIS2_Status 读取被控轴 AXIS2 的状态，当 Start 置位时，轴应在 StandStill 状态，该功能块激活后，其输出 Valid 置位，经 AND 函数的输出 Ready2 置位，表示可读取被控轴状态。

当按下正向移动按钮 RunPos 时，经 AND 函数，触发 MC_MoveRelative 功能块实例 AXIS2_Pos，被控轴根据输入的轴运动参数（Dis2、Vel2 等）向正方向移动相对距离 Dis2。

正向移动按钮释放时，其下降沿信号触发 F_TRIG 功能块实例 AXIS2_FTrig，其输出触发 MC_Halt 功能块实例 AXIS2_Halt，使被控轴中止运动并停止。

按下反向移动按钮 RunNeg 时，触发 MC_MoveRelative 功能块实例 AXIS2_Neg，使被控轴向反方向移动相对距离-Dis2。程序中该值用 MUL 的输入-1 与 Dis2 相乘获得，这样便于修改缓慢移动距离 Dis2 时，此处的值也同时改变，而不需要多处修改。

同样，释放反向移动按钮时，触发 MC_Halt 功能块实例 AXIS2_Halt，使被控轴中止

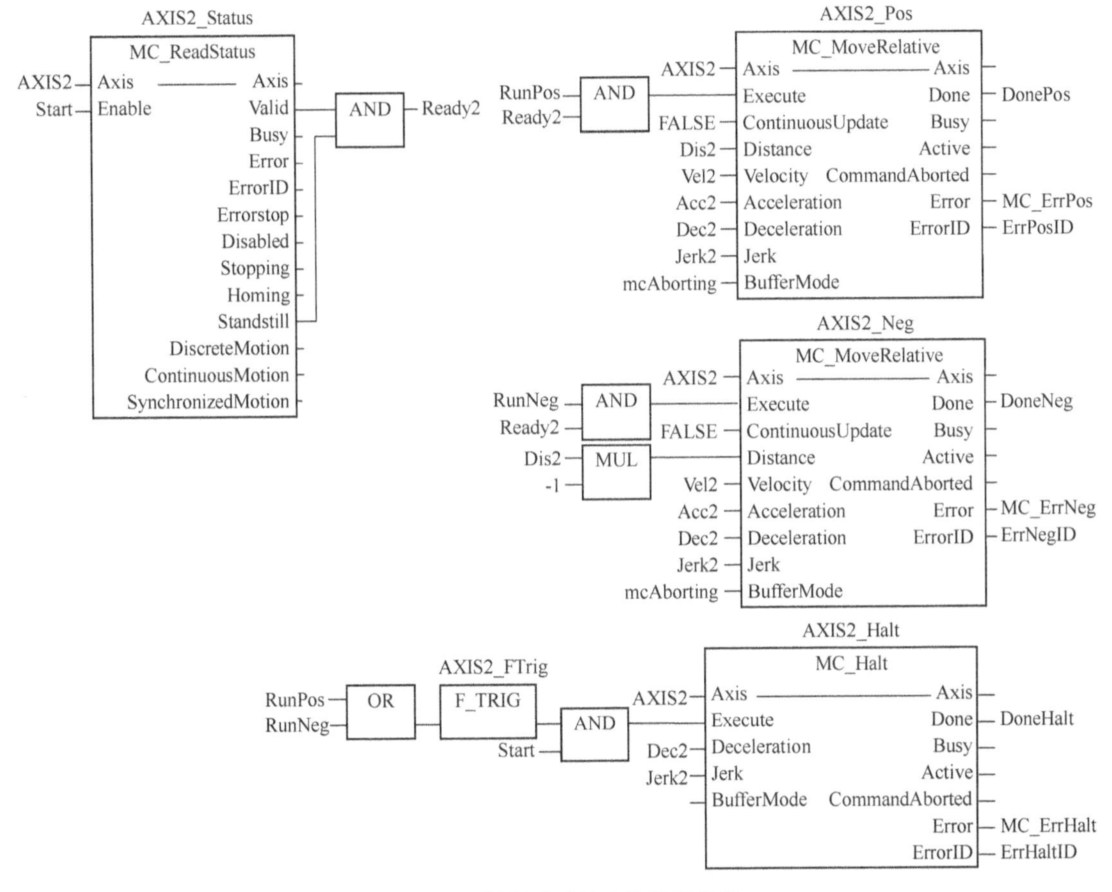


图 4-24　缓慢移动的功能块图程序

运动并停止。

程序中可引出一些输出信号，用于显示运动状态和出错状态。例如，DonePos 表示正向移动完成；MC_ErrNeg 表示在反向移动时，功能块有出错等。

(3) MC_MoveRelative 和 MC_MoveSupperimposed 功能块组合的程序

MC_MoveSupperimposed 功能块用于在原有的运动的基础上叠加运动，因此，常用于主从轴之间的同步调整。原有的运动不被中断，这种修正可使原有运动的速度获得补偿。

**【例 4-3】** MC_MoveRelative 和 MC_MoveSupperimposed 功能块组合实现对原有速度的补偿。

图 4-25 是 MC_MoveRelative 功能块实例 FB1 和 MC_MoveSupperimposed 功能块实例 FB2 串联连接组成的程序。图 4-26 显示其时序图。

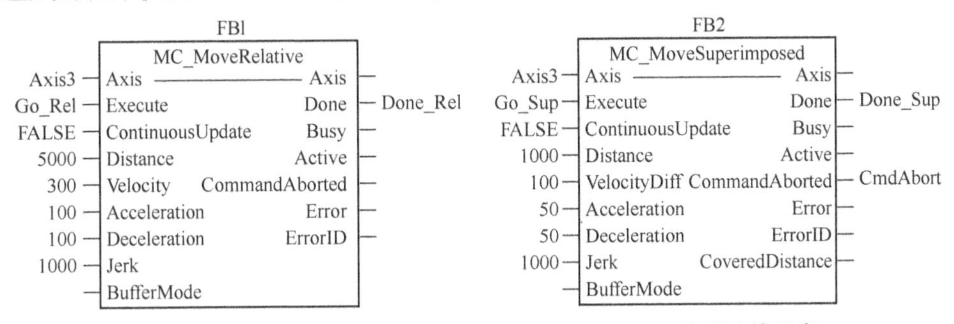


图 4-25　MC_MoveRelative 和 MC_MoveSupperimposed 串联连接程序

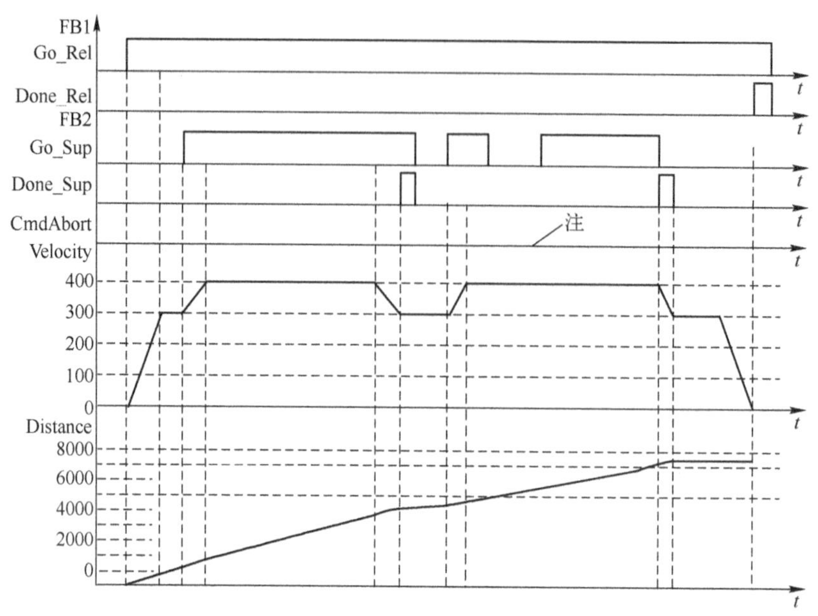

图 4-26　MC_MoveRelative 和 MC_MoveSupperimposed 实例的时序图

注：该点的 CommandAborted 不可见，因为新命令工作在同一实例。

从时序图可见，当 FB1. Go_Rel 上升沿时，FB1 激活，轴以加速度变化率 1000. 0 u/s$^3$，将轴加速到 100. 0 u/s$^2$，用时 0. 1s。并在加速度 100. 0 u/s$^2$下，经约 3 s 达到匀速要求 300. 0 u/s，并开始匀速运动，但因这时 FB2 的输入 Go_Sup 上升沿触发 FB2，使其激活，从而中断了 FB1 的动作，转而加速到 400. 0 u/s（即增加的速度是根据 FB2. VelocityDiff 确定，在匀速运动和减速后，运动到规定的相对位置 1000. 0 u 处）。

第二次 FB2. Go_Sup 上升沿触发时，轴将速度再次提高到 400. 0 u/s，由于时间不够，轴还没有移动到相对位置 1000. 0 u 处就结束了 FB2，因此，FB2. Done 没有被置 1，但轴仍在运动。当第三次 FB2. Go_Sup 上升沿触发时，轴已经在速度 400. 0 u/s，并根据触发时间开始运行，相对位置为 1000. 0 u 处时，结束 FB2 的动作，但因 FB1 的 Go_Rel 仍在 TRUE，因此，该功能块将完成相对位置为 5000. 0 u 的运动，因此，最终的相对位置应在 7000. 0 u 以上、8000. 0 u 以下（取决于中断点的时间）。一旦相对位置 5000. 0 u 达到，FB1 的 Done 置 1，并结束 FB1 的动作。

为了解叠加后的实际位置、速度，也可接入 MC _ ReadActualPosition、MC _ ReadActualVelocity 功能块。

**【例 4-4】** MC_MoveAdditive 和 MC_MoveAdditive 功能块组合实现位置的叠加。

图 4-27 是两个 MC_MoveAdditive 功能块实例 Axis4_Add 和 Axis5_Add 串联连接组成的程序。

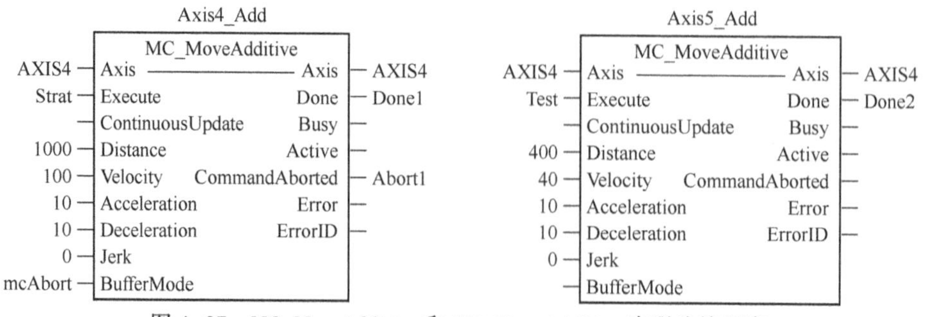

图 4-27　MC_MoveAdditive 和 MC_MoveAdditive 串联连接程序

图 4-28 是其时序图。

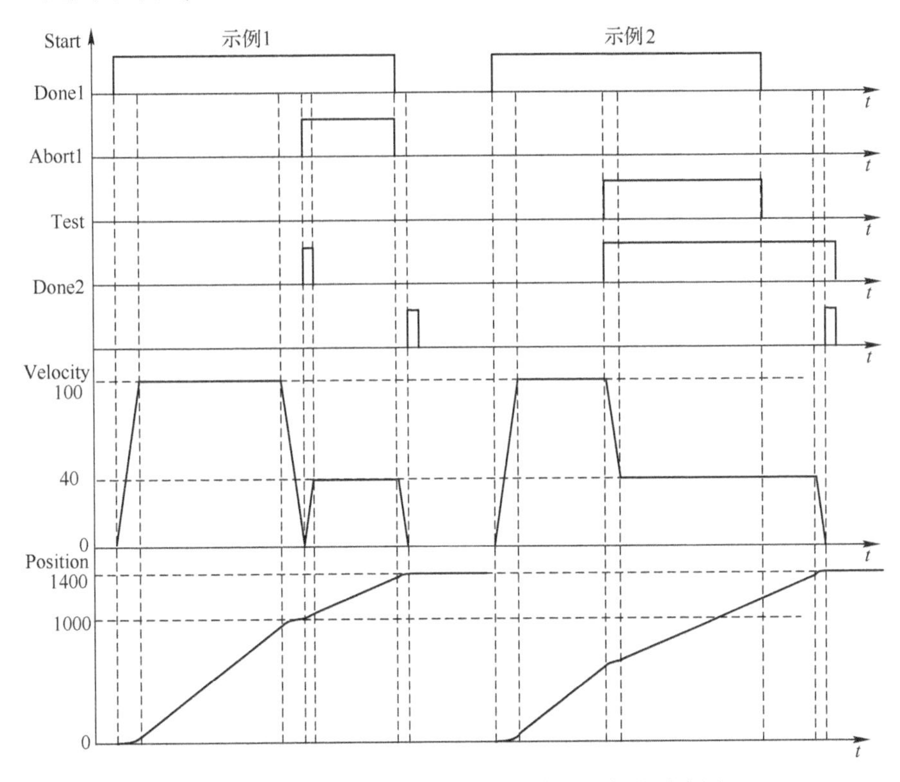


图 4-28　MC_MoveAdditive 功能块应用示例的时序图

图中，示例 1 的 Start 上升沿触发 MC_MoveAdditive 功能块实例 Axis4_Add，使运动部件轴 AXIS4 以加速度 10 u/s²开始加速，当速度达到 100 u/s 时，恒速运动，然后减速，当速度为零时，运动部件达到规定的距离 1000 u。

然后，Done1 输出置位，如果这时功能块实例 Axis5_Add 的输入 Test 被置位，则轴 AXIS4 将根据第二个功能块 MC_MoveAdditive 的参数运动，即以加速度 10 u/s²开始加速，当速度达到 40 u/s 时，恒速运动，然后减速，当速度为零时，运动部件达到规定的相对距离 400 u，因此，轴运动的总距离是 1400 u。

示例 2 的 Start 上升沿触发 MC_MoveAdditive 功能块实例 Axis4_Add，使运动部件轴 AXIS4 以加速度 10 u/s²开始加速，当速度达到 100 u/s 时，恒速运动。但这时第二功能块实例的输入 Test 被置位，因此，它将中断第一功能块的运动，并以第二功能块的参数运动。它先将轴的运动速度下降到规定的 40 u/s，然后以该速度运动，再减速，由于其规定距离是 400 u，加上第一功能块没有完成的距离，最终轴仍停止于所需的 1400 u。

示例说明，使用 MC_MoveAdditive 功能块能够补偿因第一功能块被中断造成的距离不足，即它能够使最终的距离仍保证在两个功能块所规定的相对距离之和。

## 4.2.4　MC_MoveContiAbsolute 和 MC_MoveContiRelative

### 1. 图形描述

MC_MoveContiAbsolute 和 MC_MoveContiRelative 功能块的图形描述如图 4-29 所示。

PLCopen 运动控制规范第 2 部分原规定是 MC_MoveContinuous，第 1 部分第 2 版合并后，将该功能块分为绝对位置和相对位置两个功能块。

| 输入类型 | MC_MoveContinuousAbsolute | | 输出类型 |
|---|---|---|---|
| AXIS_REF | Axis | Axis | AXIS_REF |
| BOOL | Execute | InEndVelocity | BOOL |
| BOOL | ContinuousUpdate | Busy | BOOL |
| REAL | Position | Active | BOOL |
| REAL | EndVelocity | CommandAborted | BOOL |
| REAL | Velocity | Error | BOOL |
| REAL | Acceleration | ErrorID | WORD |
| REAL | Deceleration | | |
| REAL | Jerk | | |
| MC_BUFFER_MODE | BufferMode | | |

| 输入类型 | MC_MoveContinuousRelative | | 输出类型 |
|---|---|---|---|
| AXIS_REF | Axis | Axis | AXIS_REF |
| BOOL | Execute | InEndVelocity | BOOL |
| BOOL | ContinuousUpdate | Busy | BOOL |
| REAL | Distance | Active | BOOL |
| REAL | EndVelocity | CommandAborted | BOOL |
| REAL | Velocity | Error | BOOL |
| REAL | Acceleration | ErrorID | WORD |
| REAL | Deceleration | | |
| REAL | Jerk | | |
| MC_BUFFER_MODE | BufferMode | | |

图 4-29　MC_MoveContiAbsolute 和 MC_MoveContiRelative 图形描述

比较 MC_MoveContiAbsolute 功能块和 MC_MoveAbsolute 功能块可以发现，MC_MoveContiAbsolute 功能块增加了输入参数 EndVelocity。比较 MC_MoveContiRelative 功能块和 MC_MoveRelative 功能块可以发现，MC_MoveContiRelative 功能块也增加了 EndVelocity。

因此，MC_MoveContiAbsolute 和 MC_MoveContiRelative 功能块相应地都增加了输出参数 InEndVelocity。

**2. 功能**

MC_MoveContiAbsolute 和 MC_MoveContiRelative 功能块的功能是按功能块规定的运动参数运动，当达到规定的绝对或相对位置后，如果没有新的命令，它将以规定的终速继续运动。

在线性切割过程中，线性激光切割刀必须以固定速度运动，而不允许有加速和减速的阶段，而一般的 MC_MoveAbsolute 和 MC_MoveRelative 功能块都存在加速和减速过程，为此，必须用达到规定位置后以固定终速运动的 MC_MoveContiAbsolute 和 MC_MoveContiRelative 功能块。它先根据功能块规定的运动参数运动到规定的位置，然后以固定的终速运动，这就保证了线性激光切割刀能够在规定的开始位置进行恒定速度的切割。

**3. 示例**

（1）MC_MoveContiAbsolute 功能块应用实例

【例 4-5】线性切割刀的应用示例。控制要求如下：

1）线性激光切割刀移动到准备位置 IrStartCut，移动时关闭激光刀 Laser1，并翻向。

2）移动到达准备位置 CutStart 时，速度达到 EndVelocity，激光刀打开，并以该固定终速移动。

3）到达终点位置 IrEndCut，关闭激光，最后快速移动到待机位置 IrHome。

图 4-30 是激光切割刀的位置关系。图 4-31 是该控制系统的功能块图程序。

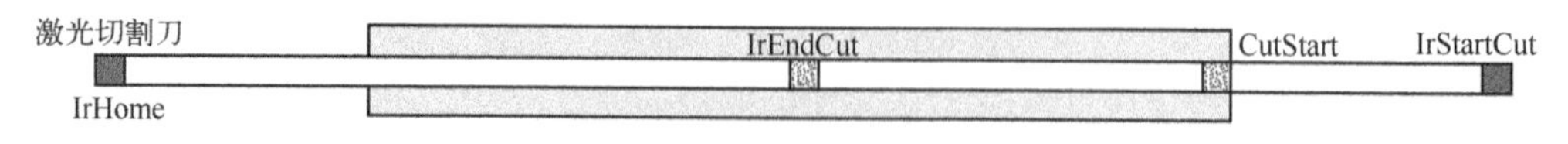


图 4-30　激光切割刀的运动控制程序

程序中，切割刀驱动上电功能块实例 Ir_Power 用 TRUE 直接上电。MC_ReadActualPosition 功能块实例 Ir_Pos 用于实时监测切割刀位置。Ir_Start 实例移动激光刀到 IrStartCut 位置，Ir_Neg 实例将刀具反向。

Start 信号上升沿触发 Ir_Move 实例，使其反向移动，达到规定位置 CutStart，及实际速度达到规定终速，则 InEndVelocity 置位，触发 LASER_1，打开激光刀；当恒定速度移动到 IrEndCut 位置，经 Ir_Pos 输出 Position 的值小于 IrEndCut，使 LASER_1 复位，关闭激光刀。

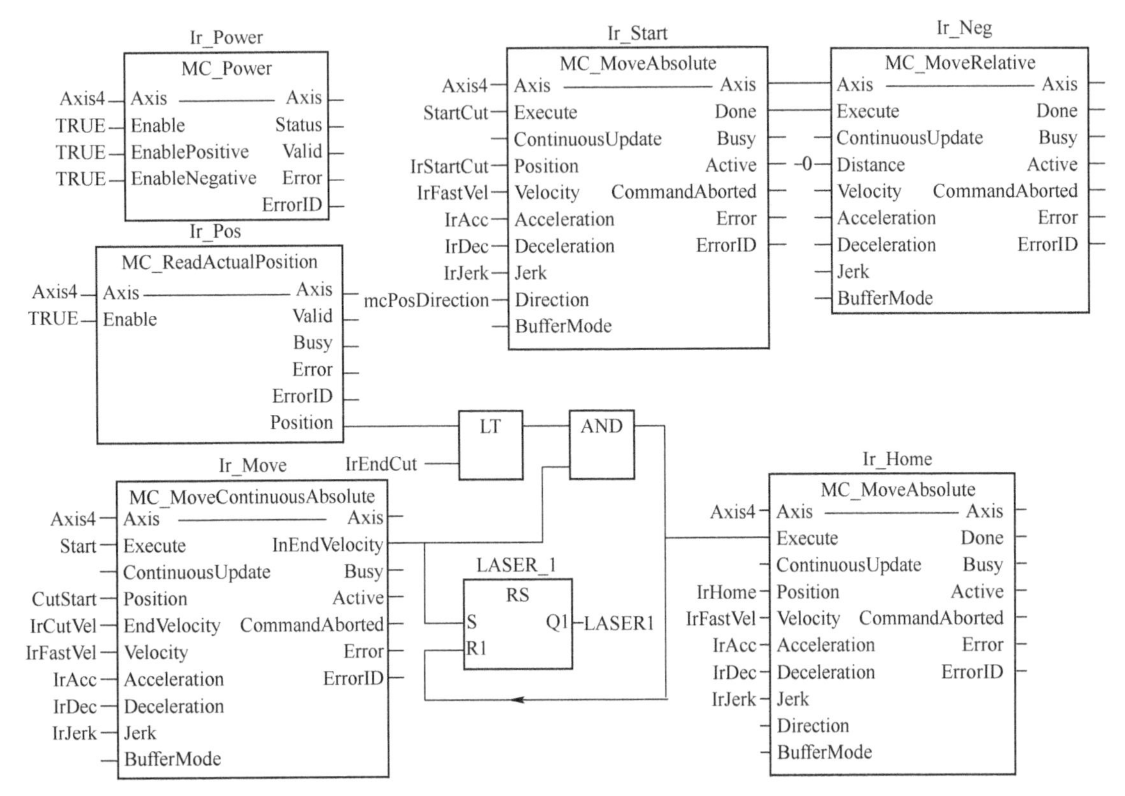

图 4-31　激光切割刀的功能块图程序

同时，它触发实例 Ir_Home 激活，Ir_Home 实例按规定运动参数将已经关闭的激光切割刀移动到 IrHome 位置，等待下次切割。有的供应商可提供终速方向参数，定义终速时轴的运动方向，则程序可简化。

（2）MC_MoveContiRelative 功能块示例

**【例 4-6】** MC_MoveContiRelative 功能块串联连接的示例。

图 4-32 显示两个 MC_MoveContiRelative 功能块实例和 MC_MoveRelative 功能块实例串联连接。

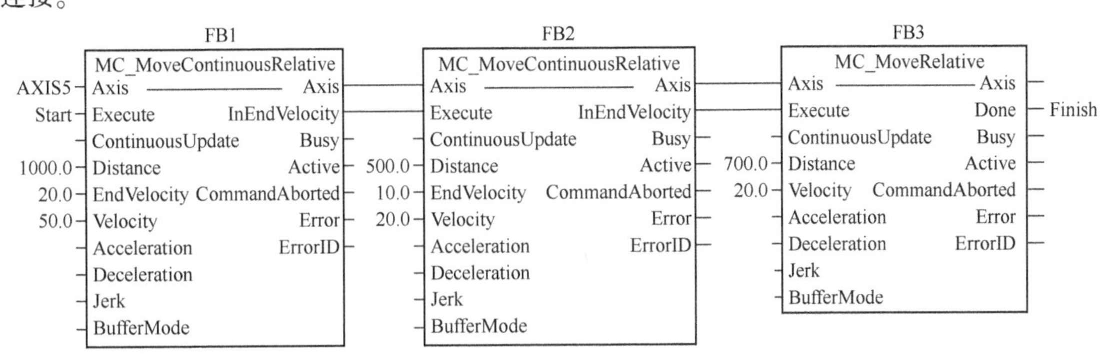

图 4-32　MC_MoveContiRelative 功能块串联连接示例程序

图 4-33 是示例的时序图。图中，当实例 FB1 被 Start 触发后，将以规定的速度 50 u/s 移动到规定位置 1000 u。然后降速到终速 20 u/s，并继续移动。

降速到 20 u/s 的同时，FB1 实例输出 InEndVelocity 触发 FB2 实例，其激活后以 20 u/s 继续运动，到相对距离 500 u 时，功能块实例 FB2 降速到 10 u/s，并触发 FB3 实例。

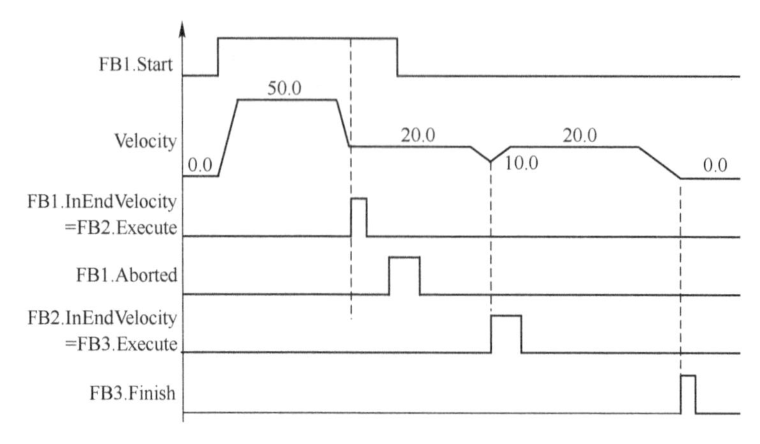


图 4-33　MC_MoveContiRelative 示例程序的时序图

FB3 实例激活后，按速度 20 u/s 运动，当达到相对距离 700 u 时，其输出 Done 被置位，完成整个运动。

## 4.2.5　MC_MoveVelocity

### 1. 图形描述

MC_MoveVelocity 功能块的图形描述如图 4-34 所示。

该功能块没有位置或距离的输入参数，增加了输出参数 InVelocity，用于表示该功能块控制的轴的速度已经达到输入参数 Velocity 的设定值。

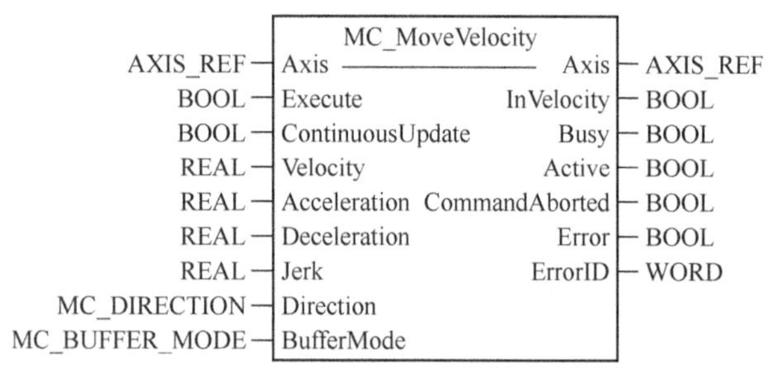


图 4-34　MC_MoveVelocity 图形描述

### 2. 功能

MC_MoveVelocity 功能块用于继续前一功能块的运动，并根据功能块规定的速度运动。输入的加速度、减速度和加加速度等数值是监测被控轴的相应数值是否在输入数值范围内。

由于没有位置或距离的输入信号，因此，该功能块将一直运动，直到其他功能块发送新的命令来中止该功能块的运动。

当被控轴的速度达到输入参数 Velocity 设定值时，输出参数 InVelocity 置位。一旦输入 Execute 信号检测到下降沿或其他功能块使本功能块中止，则输出参数 InVelocity 复位。

MC_MoveVelocity 功能块应在被控轴处于 StandStill 或 Continuous Motion 或 Discrete Motion 或 Synchronized Motion 状态时，才能够触发并执行，见 3.2 节。该功能块触发后，被控轴转换到连续运动 Continuous Motion 状态。如果被控轴不在上述状态，则该功能块不被执行，其 Error 输出置位。

MC_MoveVelocity 功能块可多次重复触发。

### 3. 示例

**【例 4-7】** 图 4-35 显示 MC_MoveVelocity 功能块与 MC_Stop 功能块串联的程序。

图 4-36 是该程序的时序图。

图中，在 FB1 实例输入 Execute 信号 Start1 上升沿，FB1 被激活，被控轴在加速度 10 u/$s^2$

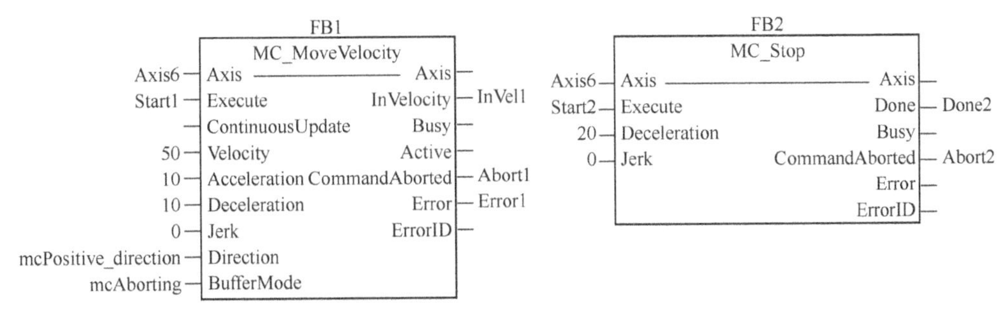


图 4-35　MC_MoveVelocity 示例程序

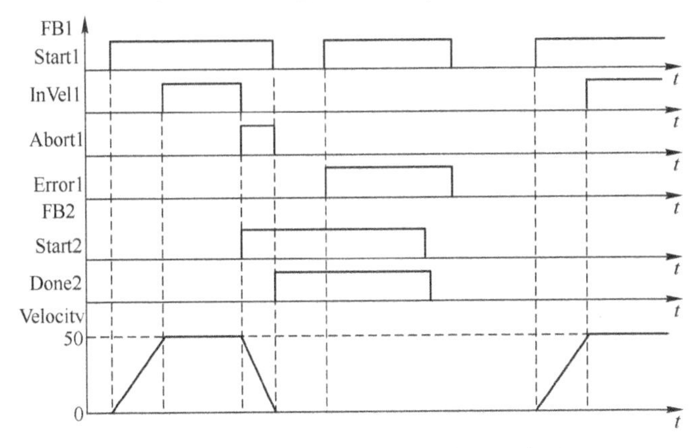


图 4-36　MC_MoveVelocity 示例的时序图

下加速运动，其速度达到 50 u/s 时，进入匀速运动，由于没有目标位置，因此，它将一直运动。如果这时 Start2 闭合，则 FB1 实例中止其运动，其输出 Abort1 置位。被控轴在 FB2 实例控制下以减速度 20 u/s$^2$从 50 u/s 下降到 0 u/s，并使 FB2 输出 Done2 置位。此外，随 FB1 实例输入 Start1 的下降沿，其输出 Abort1 也复位。

MC_MoveVelocity 功能块可以多次触发。当第 2 次触发时，由于 FB2 实例的 Start2 仍在高电平，其输出 Done2 仍置位，因此，不能触发，功能块出错，其输出 Error1 置位。

当第 3 次触发 FB1 实例时，由于 FB2 实例已经完成其操作。因此，又可开始新的运动，即加速过程和匀速过程等。

### 4.2.6　MC_TorqueControl 和 MC_LoadControl

**1. 图形描述**

MC_TorqueControl 和 MC_LoadControl 功能块的图形描述如图 4-37 所示。

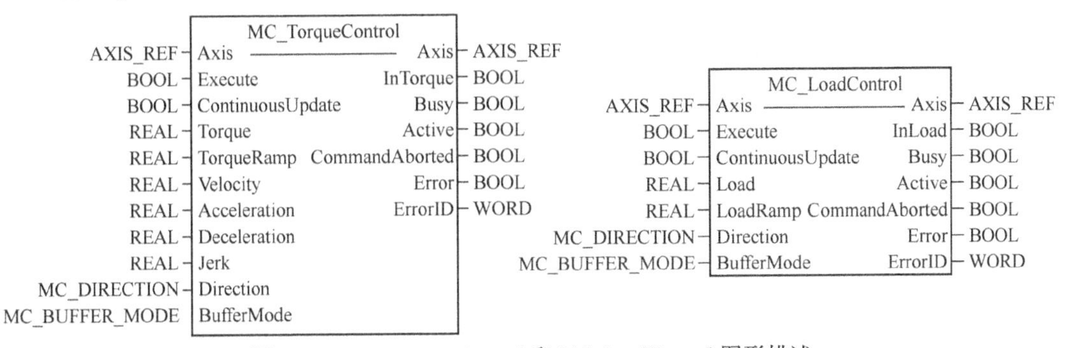


图 4-37　MC_TorqueControl 和 MC_LoadControl 图形描述

PLCopen 运动规范第 2 部分第 1 版定义转矩功能块。第 1 部分第 2 版将该内容并入。第 6 部分定义负载控制功能块。

转矩控制功能块 MC_TorqueControl 输入参数 Torque 是实数数据类型，用于表示功能块规定的转矩或力，即目标转矩或力。输入参数 TorqueRamp 是实数数据类型，用于表示转矩或力设定值的最大时间微分，即转矩或力的时间变化率。目标转矩与转矩变化率可用图 4-38 说明。Direction 参数表示转矩的方向。

转矩和转矩变化率都是有符号的，正方向指轴的前进方向，负方向指轴的后退方向。转矩随时间增加而增加，其转矩变化率为正；转矩随时间增加而减小，则转矩变化率为负。

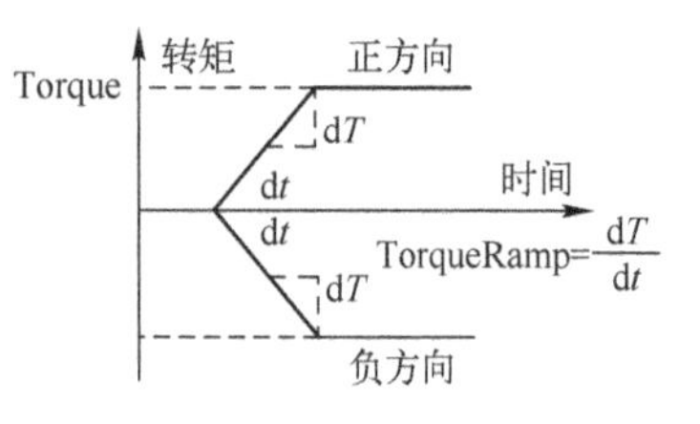

图 4-38　转矩和转矩变化率

转矩功能块 MC_TorqueControl 输出参数 InTorque 是布尔数据类型。它表示转矩或力设定值已经第一时间达到目标转矩或力。

负载控制功能块 MC_LoadControl 有类似的输入参数，但由于是负载控制，因此，不需要输入速度、加速度、减速度和加加速度等参数。MC_LoadControl 的参数 Load 和 LoadRamp 的定义与 MC_TorqueControl 的参数 Torque 和 TorqueRamp 的定义类似，分别表示目标负载和最大负载变化率。

同样，当负载达到设置的目标负载 Load 时，InLoad 输出被置位。

**2. 功能**

MC_TorqueControl 功能块利用伺服驱动器转矩模式，实现转矩或力的控制。MC_LoadControl 用于负载控制模式。其功能与 MC_MoveVelocity 的功能类似，分别在达到规定值后，以该恒定值运动。

功能块规定的转矩变化率是允许的最大值，实际转矩变化率应小于规定的 TorqueRamp 值。规定的负载变化率是允许的最大值，实际负载变化率应小于规定的 LoadRamp 值。

在机件的螺栓连接和印刷机等应用中，要控制转矩和负载，使螺栓的轴向预紧力控制在合适范围，使轴提供的负载能够满足应用负载的要求。

**3. 示例**

**【例 4-8】** MC_LoadControl 功能块的控制示例。

图 4-39 是两个 MC_LoadControl 功能块实例串联连接的程序。

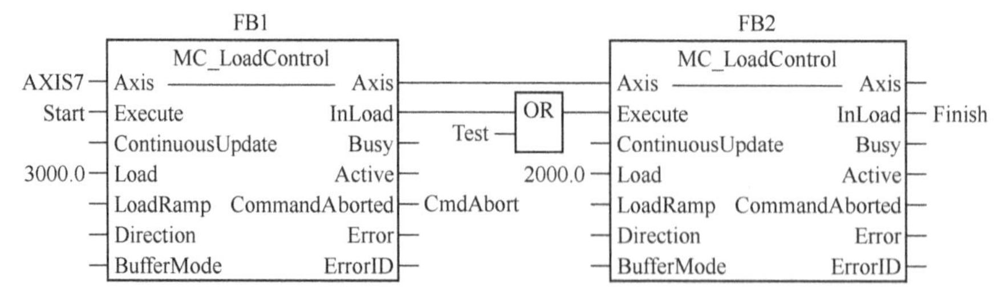

图 4-39　MC_LoadControl 功能块应用示例

图 4-40 是该程序的时序图。

图中，当 Start 置位时，FB1 实例被触发激活，它以规定的负载变化率（图中未列出）增加负载（力），当达到设定值 3000 u（例如，3000 N · m）时，功能块实例输出 InLoad 置位，被控轴保持该负载。当 FB1 被中止时，它的 CmdAbort 被置位，触发 FB2，被控轴降低负载，直到达到 FB2 规定的负载 2000 u。

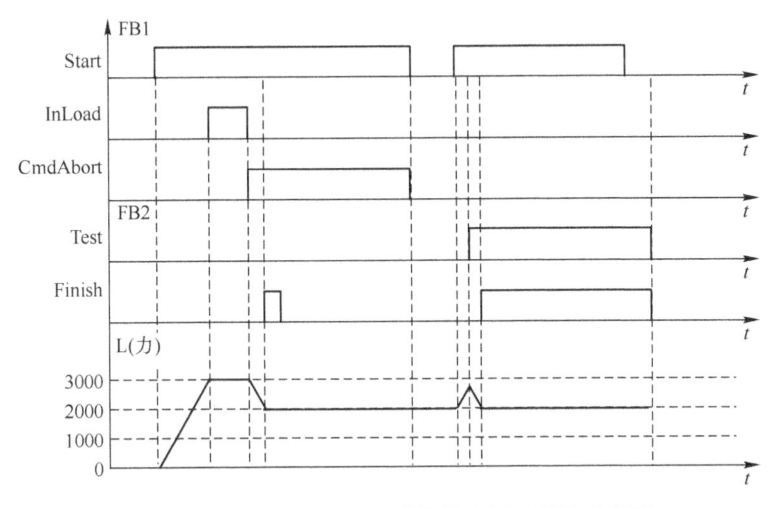


图 4-40　MC_LoadControl 功能块应用示例的时序图

由于 Start 信号复位，造成 CmdAbort 信号复位。这时，再使 Start 置位时，被控轴从被保持的负载 2000 u 开始，增加负载，即 FB1 工作。当负载还没有增加到 3000 u 时，如果 Test 信号被置位，它将控制被控轴的负载，将负载降到 2000 u，当负载降到 2000 u 时，后块的输出 InLoad 置位，Finish 输出变量变 1。

可以看到，由于 Test 没有复位，因此，负载仍保持在原来的数值，即 2000 u。

## 4.2.7　MC_PositionProfile、MC_VelocityProfile、MC_AccelerationProfile 和 MC_LoadProfile

### 1. 图形描述

MC_PositionProfile、MC_VelocityProfile、MC_AccelerationProfile 和 MC_LoadProfile 功能块是位置、速度、加速度和转矩轮廓线的配置文件。图 4-41 和图 4-42 分别是它们的图形描述。

MC_PositionProfile

| | | | |
|---|---|---|---|
| AXIS_REF | Axis | Axis | AXIS_REF |
| MC_TP_REF | TimePosition | TimePosition | MC_TP_REF |
| BOOL | Execute | Done | BOOL |
| BOOL | ContinuousUpdate | Busy | BOOL |
| REAL | TimeScale | Active | BOOL |
| REAL | PositionScale | CommandAborted | BOOL |
| REAL | Offset | Error | BOOL |
| MC_BUFFER_MODE | BufferMode | ErrorID | WORD |

MC_VelocityProfile

| | | | |
|---|---|---|---|
| AXIS_REF | Axis | Axis | AXIS_REF |
| MC_TV_REF | TimeVelocity | TimeVelocity | MC_TV_REF |
| BOOL | Execute | Done | BOOL |
| BOOL | ContinuousUpdate | Busy | BOOL |
| REAL | TimeScale | Active | BOOL |
| REAL | VelocityScale | CommandAborted | BOOL |
| REAL | Offset | Error | BOOL |
| MC_BUFFER_MODE | BufferMode | ErrorID | WORD |

图 4-41　MC_PositionProfile 和 MC_VelocityProfile 图形描述

MC_AccelerationProfile

| | | | |
|---|---|---|---|
| AXIS_REF | Axis | Axis | AXIS_REF |
| MC_TA_REF | TimeAcceleration | TimeAcceleration | MC_TA_REF |
| BOOL | Execute | Done | BOOL |
| BOOL | ContinuousUpdate | Busy | BOOL |
| REAL | TimeScale | Active | BOOL |
| REAL | AccelerationScale | CommandAborted | BOOL |
| REAL | Offset | Error | BOOL |
| MC_BUFFER_MODE | BufferMode | ErrorID | WORD |

MC_LoadProfile

| | | | |
|---|---|---|---|
| AXIS_REF | Axis | Axis | AXIS_REF |
| MC_TL_REF | TimeLoad | TimeLoad | MC_TL_REF |
| BOOL | Execute | Done | BOOL |
| BOOL | ContinuousUpdate | Busy | BOOL |
| REAL | TimeScale | Active | BOOL |
| REAL | LoadScale | CommandAborted | BOOL |
| REAL | Offset | Error | BOOL |
| MC_BUFFER_MODE | BufferMode | ErrorID | WORD |

图 4-42　MC_AccelerationProfile 和 MC_LoadProfile 图形描述

除了 MC_LoadProfile 功能块在 PLCopen 运动控制规范第 6 部分定义外，其他 3 个功能块都在第 1 部分定义，其中，第 2 版增加了 ContinuousUpdate 参数。

功能块中，TimeScale 输入参数设置整个配置文件的时间刻度因子。对应时间刻度因子的分别是位置刻度因子 PositionScale、速度刻度因子 VelocityScale、加速度刻度因子 Acceleration-Scale 和负载刻度因子 LoadScale。各配置文件由各自的 MC_TP_REF、MC_TV_REF、MC_TA_REF 和 MC_TL_REF 提供，见 3.3 节。Offset 是各自的偏置值 $B$；刻度因子即放大倍数 $K$；因此，经配置文件后的输出与输入之间有

$$y(t_i)=Kx(t_i)+B \tag{4-1}$$

**2. 功能**

这 4 个功能块分别为位置、速度、加速度和负载与时间的配置关系提供数据对。

位置和时间配置文件的图形在第 2 章图 2-13 已经描述，可参考。为了使运动平稳，常需要轮廓曲线没有拐点。因此，一些供应商也提供用 5 次多项式表示输入时间与输出位置之间的关系，即

$$s(t)=k_5t^5+k_4t^4+k_3t^3+k_2t^2+k_1t+k_0 \tag{4-2}$$

式中，各项系数由用户输入。

对加速度配置文件，可通过采用合适的恒加速度区段方法组成配置文件，以简化底层的伺服功能。图 4-43 是一个加速度配置文件示例的图形。图 2-13 给出了位置和时间配置文件的轮廓线。

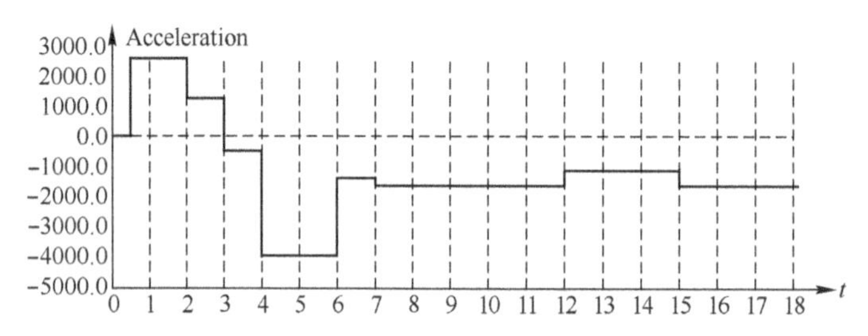


图 4-43 MC_AccelerationProfile 配置文件图形描述

各种配置文件都是被控轴状态在连续运动状态时才可实现。

**3. 示例**

**【例 4-9】** 两个 MC_PositionProfile 功能块串联连接组成新的位置文件。

图 4-44 是两个 MC_PositionProfile 功能块串联连接的示例。

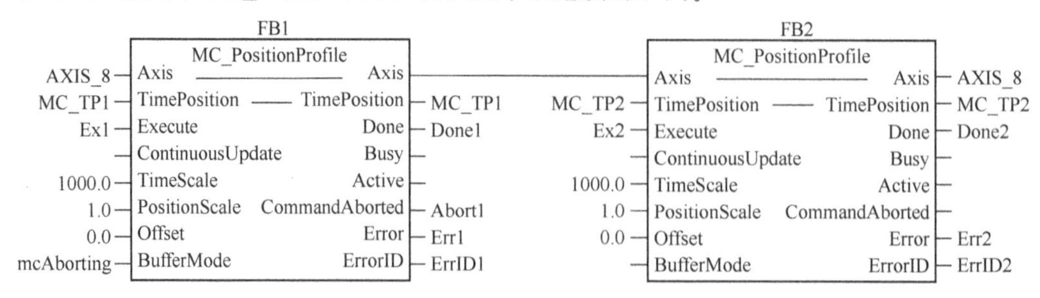


图 4-44 MC_PositionProfile 串联连接示例

功能块实例 FB1 采用位置配置文件 MC_TP1，功能块实例 FB2 采用位置配置文件 MC_TP2，它们都用于轴 AXIS_8 的控制。根据轴的位置轨迹，可反算出对应的速度和加速度等，实现路径控制。

图 4-45 是其时序图。图中，左面是正常运动的情况，Ex1 输入后，轴 AXIS_8 按安装位置配置文件 MC_TP1 规定的位置运动。当 FB1 功能块实例完成规定的位置配置文件后，FB2 实例的输入 Ex2 才触发，使轴按位置配置文件 MC_TP2 规定的轨迹运动，直到完成其任务。

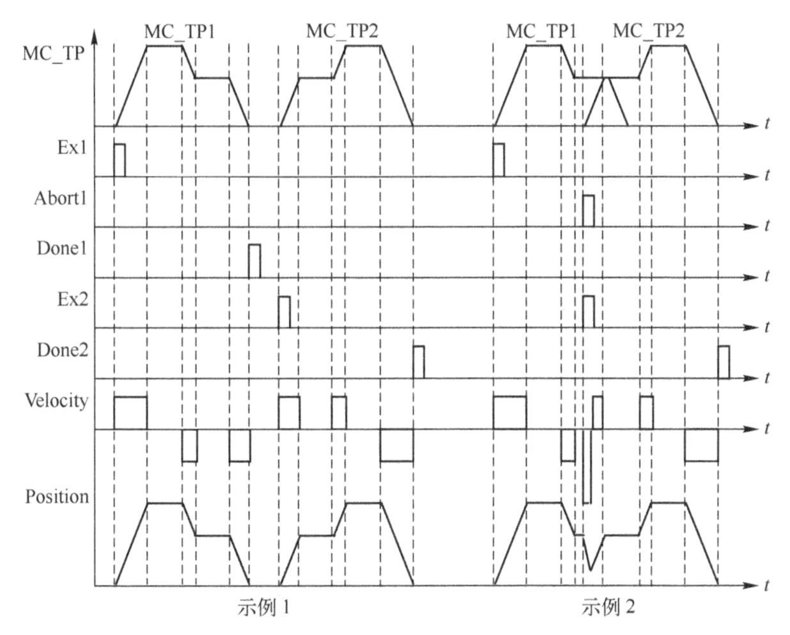


图 4-45 MC_PositionProfile 串联连接示例的时序图

示例 1 中，轴的速度如图中所示。

示例 2 显示当第一个功能块实例 FB1 还没有完成，即输出 Done1 还未为 TRUE 时，第 2 个功能块示例 FB2 的输入 Ex2 信号触发，从而中断第一个功能块实例的运动。轴的速度应根据第 2 个功能块的位置配置文件要求，将速度下降，一旦发现位置配置文件的位置不是零时，就反向迅速运动，并按第 2 个功能块实例 FB2 的位置配置文件的要求运动，直到运动完成，输出 Done2 被置位。

类似地，对速度配置文件、加速度配置文件和负载配置文件也有类似的结果。

## 4.2.8 MC_LoadSuperImposed

**1. 图形描述**

除了 MC_MoveSuperImposed 外，负载也可以叠加到已有运动的负载上，这可用 MC_Load-SuperImposed 实现。图 4-46 是 MC_LoadSuperImposed 功能块的图形描述。该功能块在运动控制规范第 6 部分描述。

该功能块输入参数 Load 是叠加的负载，技术单位为 u。LoadRampIncrease 和 LoadRampDecrease 分别是负载斜坡的增加值和减小值，技术单位为 u/s。它们不是绝对值，因此，分为增加值和减小值。

输出参数 InLoad 表示功能块执行过程中，其叠加的负载已经达到。

运动类功能块中，本运动控制功能块是唯一的电平控制功能块。

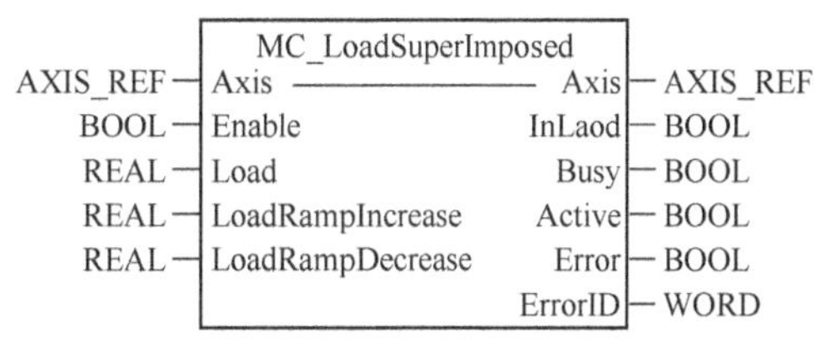


图 4-46 MC_LoadSuperImposed 图形描述

**2. 功能**

该功能块常被用于连续负载的操作过程中，用于对已有负载进行叠加负载，以满足应用对负载的要求。例如，液压缸驱动塑料注塑机的压制。

MC_LoadSuperImposed 不能跟随一个缓冲命令，因此，如果有一个潜在的运动和叠加运动，它不能确定那个运动，从而给出随后的缓冲命令的开始条件。

**3. 示例**

【**例 4-10**】MC_LoadSuperImposed 功能块应用示例。图 4-47 是示例的程序。

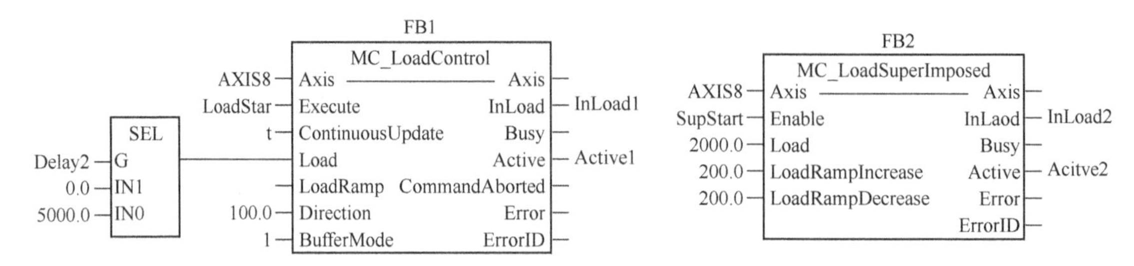


图 4-47 MC_LoadControl 和 MC_LoadSuperImposed 结合应用示例

程序中，开始时，某设备被施加负载 5000 u（技术单位 u 是压力 kPa）。当负载达到后，手动按下 SupStart 按钮，因为 FB1 的 BufferMode 没有设置，因此，采用系统约定模式，即中止模式，它停止 FB1 的运动，并将 FB2 实例激活，FB2 将叠加负载 2000 u（即 2000kPa）到已有的负载 5000 u 上，使实际负载达到 7000 u。在叠加的负载作用下，完成整个压制操作。

当 SupStart 释放时，负载恢复到 5000 u。FB2 实例输出 InLoad 置位后，经延时，触发 SEL 函数，使其输出，即 FB1 的 Load 变成 0. 0 u，经 LoadStart 再次触发，将施加在设备上的负载下降到零。

## 4.3 多轴运动控制功能块

许多运动控制的应用是多维运动，它涉及多个轴的运动。例如，电子凸轮中主/从轴的运动等。本节叙述具有主轴/从轴结构的多轴运动。

多轴功能块中，两个或多个轴之间存在同步关系。同步可以与时间或与位置同步有关。通常，这种关系是在主轴与一个或多个从动轴之间。一个主动轴可以是一个虚拟轴。

从状态图观点看，与电子凸轮有关多轴功能块和传动装置可锁定主轴在一个状态（例如，MC_MoveContinuous），而从动轴是在规定的称为同步运动（见 3. 2 节）的同步状态。

### 4.3.1 多轴运动控制的管理类功能块 MC_CamTableSelect

**1. 图形描述**

图 4-48 是 MC_CamTableSelect 功能块的图形描述。它是边沿触发功能块。作为电子凸轮，有主动轴 Master 和从动轴 Slave，它们具有轴的属性，用 AXIS_REF 输入输出数据描述。主轴和从轴间关系用 MC_CAM_REF 输入输出数据描述。

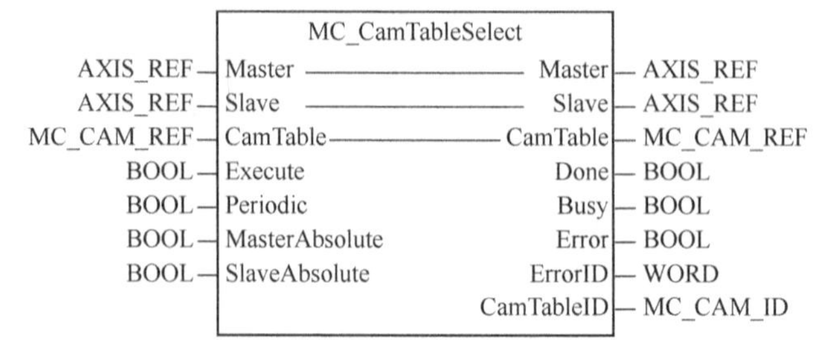


图 4-48 MC_CamTableSelect 图形描述

电子凸轮有两种工作模式，即周期和非周期模式，因此，在设置 Periodic 参数时，其值为 1 表示周期模式，为 0 表示非周期模式。主轴和从轴的位置可分为绝对位置或相对位置，因此，用 MasterAbsolute 和 SlaveAbsolute 分别设置其位置属性，其值为 1 表示绝对位置，为 0 表示相对位置。

输出参数 CamTableID 是所用的电子凸轮表的标识号，由供应商规定其数据类型。

需指出，电子凸轮表描述主轴和从轴之间的位置关系，应严格单调增或单调减排列。凸轮表中数值表示可以有下列方式：

1）绝对值。

2）相对开始位置的值。

3）相对步（与上一步位置的差）。

4）等距和非等距的值。

5）多项式的格式（凸轮表被完全描述为从属表，主轴表为零）。

**2. 功能**

MC_CamTableSelect 功能块用于凸轮表、主动、从动轴的轴和属性的设置。

### 4.3.2 多轴运动控制的运动类功能块

多轴运动控制的运动类功能块见表 4-4。

**表 4-4 多轴运动控制的运动类功能块**

| 功能块 | 名称 | 类型 | 功能说明 |
|---|---|---|---|
| MC_CamIn | 启动电子凸轮功能块 | Execute | 启动沿电子凸轮规定的曲线运动 |
| MC_CamOut | 从轴脱离主轴功能块 | Execute | 将从轴到主轴的电子凸轮的耦合脱离，从轴速度被保持 |
| MC_GearIn | 启动电子齿轮操作功能块 | Execute | 定义规定的从轴和主轴之间的速度比，启动从轴到主轴的耦合 |
| MC_GearOut | 脱离电子齿轮操作功能块 | Execute | 将从轴到主轴的齿速比的耦合脱离，从轴速度被保持 |
| MC_GearInPos | 齿轮比设定功能块 | Execute | 实现主从轴之间的同步运动 |
| MC_PhasingAbsolute | 绝对相移功能块 | Execute | 实现从轴对主轴的绝对偏移的运动 |
| MC_PhasingRelative | 相对相移功能块 | Execute | 实现从轴对主轴的相对偏移的运动 |
| MC_CombineAxes | 组合轴到第三轴功能块 | Execute | 用规定的组合方式将两个轴的运动组合到第三轴，用于产生同步运动 |

**1. MC_CamIn 和 MC_CamOut**

（1）图形描述

图 4-49 是 MC_CamIn 和 MC_CamOut 功能块的图形描述。

MC_CamIn 功能块用于启动电子凸轮，因此，要设置主轴 Master 和从轴 Slave 输入输出参数，输入参数包括电子凸轮表的偏置（主轴偏置 MasterOffset 和从轴偏置 SlaveOffset）、主从轴的标度因子（MasterScaling 和 SlaveScaling）、主轴开始距离 MasterStartDistance、主轴同步位置 MasterSyncPosition、开始模式 StartMode、主轴同步源 MasterValueSource 以及所使用的电子凸轮表标识 CamTableID 等。输出参数增加 InSync，表示已经同步。EndOfProfile 表示电子凸轮表结束信号。

主轴位置 x = MasterScaling * MasterPosition + MasterOffset;

从轴位置 y = SlaveScaling * CamTable(x) + SlaveOffset;

MC_CamOut 功能块表示从轴脱离主轴，因此，只需要设置从轴 Slave。

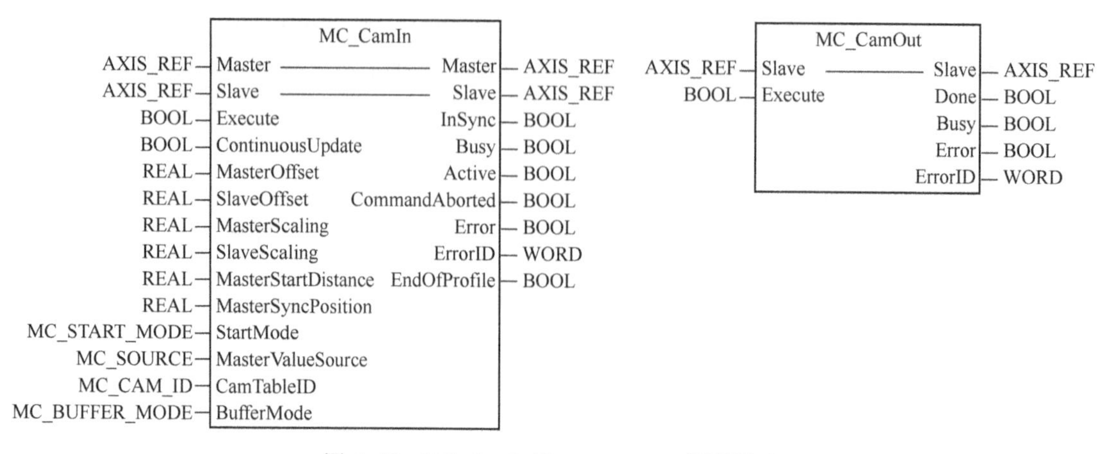


图 4-49 MC_CamIn 和 MC_CamOut 图形描述

(2) 功能

MC_CamIn 功能块根据所使用的电子凸轮表标识 CamTableID 获得主轴和从轴之间的位置关系，在设置的主、从轴偏置和标度因子下对该关系进行修正，并根据设置的主轴开始位置和同步位置，将从轴运动到与主轴之间具有电子凸轮表规定的位置。一旦实现了主轴和从轴同步的凸轮关系，输出 InSync 被置位。整个凸轮运动结束时，输出 EndOfProfile 被置位。

通过 MC_CamIn 功能块的执行，使从轴从连续运动、断续运动、同步运动或保持静止状态转换到同步运动状态。

MC_CamOut 功能块将规定的从轴从电子凸轮规定的位置关系脱离。执行 MC_CamOut 功能块使从轴从同步状态转换到连续运动状态。当前从轴的速度被保持。

如果从轴被置在同步状态，则执行 MC_CamOut 功能块会出错，出错 ErrorID 显示出错时从轴的状态代码。由于该功能块是可重复触发的，因此，当出错处理后，一旦从轴已经在同步状态，则重新执行该功能块，使从轴脱离主轴，并保持脱离瞬间的速度继续运动。

**2. MC_GearIn 和 MC_GearOut**

(1) 图形描述

图 4-50 是 MC_GearIn 和 MC_GearOut 功能块的图形描述。

除了用电子凸轮表描述主轴和从轴的关系外，主轴和从轴的关系也可用齿轮速度比描述。

MC_GearIn 功能块用于描述主轴和从轴之间的电子齿轮关系。它除了设置主轴 Master 和从轴 Slave 外，还需要设置齿轮速度之比的分子 RatioNumerator 和分母 RatioDenominator、主轴同步源 MasterValueSource 和同步所需的加速度 Acceleration 以及减速度 Deceleration 和加加速度 Jerk。

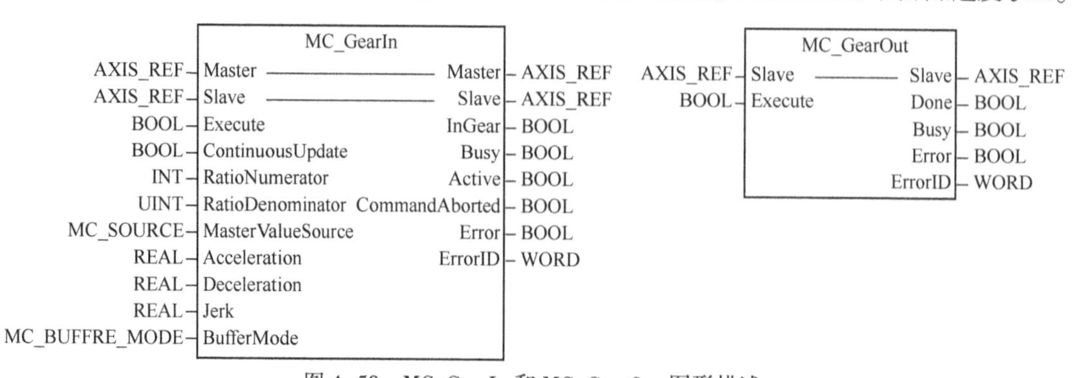


图 4-50 MC_GearIn 和 MC_GearOut 图形描述

与 MC_CamIn 功能块类似，当从轴与主轴的速度比达到规定的设置值时，输出 InGear 被置位。

MC_GearOut 功能块与 MC_CamOut 功能块类似，用于将从轴从齿速比的关系中脱离。类似地，从轴在脱离时刻的速度被保持。它也可以重复执行。

（2）功能

如上述，MC_GearIn 功能块用于建立主轴和从轴之间的速度比的同步。而 MC_GearOut 功能块则将从轴脱离与主轴之间规定的速度比，并保持其脱离时刻的速度继续运动。

MC_GearIn 功能块执行时，从轴的状态必须是在连续运动、断续运动、同步运动或保持静止状态，执行该功能块后从轴状态转换到同步运动状态。MC_GearOut 功能块将从轴状态从同步运动状态转换到连续运动状态。如果不在规定的状态，则执行功能块的结果将出错。

**3. MC_GearInPos**

（1）图形描述

图 4-51 是 MC_GearInPos 功能块的图形描述。它的输入参数是 MC_GearIn 和 MC_CamIn 功能块参数的结合。

输入输出参数是主轴 Master 和从轴 Slave，输入参数包括齿轮比的分子 RatioNumerator 和分母 RatioDenominator、主轴同步源 MasterValueSource、主轴同步位置 MasterSyncPosition、从轴同步位置 SlaveSyncPosition、同步模式 SyncMode、主轴开始距离 MasterStartDistance、在 StartSync 和 InSync 之间存在时间差时的最大速度设定值 Velocity、最大加速度设定值 Acceleration、最大减速度设定 Deceleration 和最大加加速度设定 Jerk 等。

输出参数有开始同步标识 StartSync 和已同步标识 InSync 等。

（2）功能

本功能块用于在特定位置处使从轴与主轴之间实现规定速度比。同步模式由 SyncMode 规定，由枚举数据类型 MC_SYNC_MODE 确定。它有 mcShortest、mcCatchUp 和 mcSlowDown 三种选项。mcCatchUp 所需能量比 mcSlowDown 更多些。mcShortest 则是以最短路径实现同步。

图 4-52 显示同步模式的差别。当初始的从轴速度大于主轴速度时，mcCatchUp 同步模式由于有较大能量，因此，同步时从轴速度会有过调，然后同步跟踪主轴速度（按规定的齿速比）。因此，图中的从轴速度表示齿速比为 1 的情况。mcSlowDown 同步模式表示从轴速度缓慢地跟踪主轴（虚线），直到达到同步。

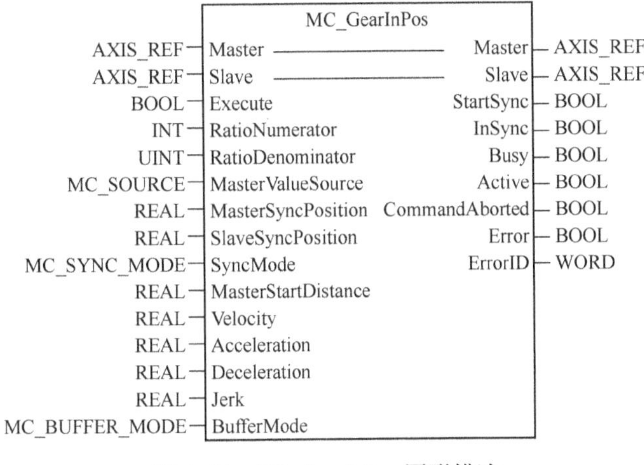


图 4-51　MC_GearInPos 图形描述

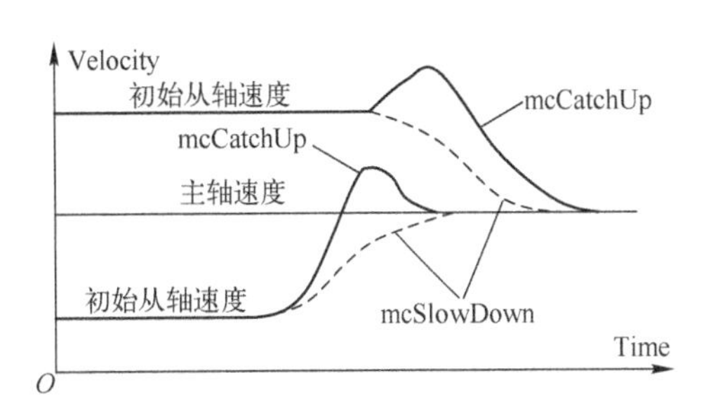


图 4-52　MC_GearInPos 的同步模式

类似地，当初始的从轴速度小于主轴速度时，mcCatchUp 同步模式由于有较大能量，因此，同步时从轴速度会有过调，然后同步跟踪主轴速度（按规定的齿速比）。mcSlowDown 同步模式表示从轴速度缓慢地跟踪主轴（虚线），直到达到同步。

图 4-53 显示从轴速度在同方向和反方向跟踪主轴速度实现同步的情况。

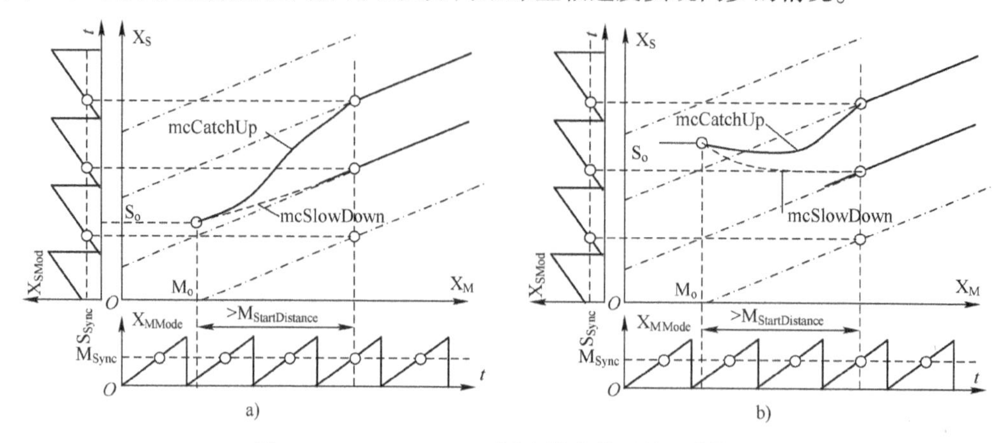


图 4-53 MC_GearInPos 同步模式的两种跟踪情况

图 4-53 显示在从轴同步速度相同方向和相反方向两种情况下，从轴同步模式不同时，从轴速度是如何跟踪主轴速度，实现规定的速度比的。$X_M$、$X_S$分别是主、从轴的速度，$X_{MMode}$、$X_{SMode}$分别是主、从轴的模式。图示为锯齿波周期变化。$S_o$和 $M_o$分别是从轴开始同步时的从轴和主轴的速度。

图中一系列斜线表示齿轮速度之比，$M_{Sync}$、$S_{Sync}$分别表示主轴和从轴的同步点，如果两个同步点对应的速度正好在表示速度比的斜线上，则表示从轴实现了与主轴的同步。

图 4-53a 是从轴开始同步速度是增加，即同方向；图 4-53b 是从轴速度开始同步速度是减小，即反方向。

从开始同步 StartSync 到实现同步 InSync 的距离应大于主轴的开始同步距离 MasterStartDistance。

图 4-54 显示 MC_GearInPos 功能块同步的有关时序。图中，Execute 置位时，从轴速度并没有到达 StartSync 的设定位置，因此，从轴速度增加，到达 C 点时，StartSync 置位，表示从轴开始同步，直到到达 SlaveSyncPosition（D 点）时，表示从轴已经与主轴同步。从主轴看，在 A 点，从轴刚开始速度增加，经 MasterStartDistance 的距离，进入 B 点，这时，从轴才真正与主轴同步。因此，B 点是主轴的同步位置。

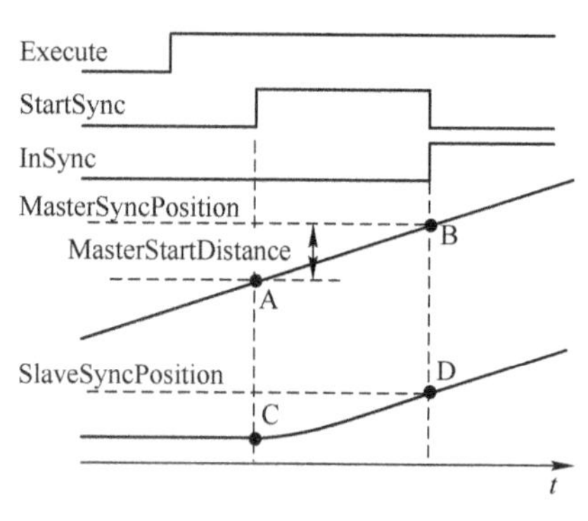


图 4-54 同步的时序关系

**4. MC_PhasingAbsolute 和 MC_PhasingRelative**

（1）图形描述

图 4-55 是 MC_PhasingAbsolute 和 MC_PhasingRelative 功能块的图形描述。

| 输入类型 | MC_PhasingAbsolute |  | 输出类型 |
|---|---|---|---|
| AXIS_REF | Master | Master | AXIS_REF |
| AXIS_REF | Slave | Slave | AXIS_REF |
| BOOL | Execute | Done | BOOL |
| REAL | PhaseShift | Busy | BOOL |
| REAL | Velocity | Active | BOOL |
| REAL | Acceleration | CommandAborted | BOOL |
| REAL | Deceleration | Error | BOOL |
| REAL | Jerk | ErrorID | WORD |
| MC_BUFFRE_MODE | BufferMode | AbsolutePhaseShift | REAL |

| 输入类型 | MC_PhasingRelative |  | 输出类型 |
|---|---|---|---|
| AXIS_REF | Master | Master | AXIS_REF |
| AXIS_REF | Slave | Slave | AXIS_REF |
| BOOL | Execute | Done | BOOL |
| REAL | PhaseShift | Busy | BOOL |
| REAL | Velocity | Active | BOOL |
| REAL | Acceleration | CommandAborted | BOOL |
| REAL | Deceleration | Error | BOOL |
| REAL | Jerk | ErrorID | WORD |
| MC_BUFFRE_MODE | BufferMode | CoveredPhaseShift | REAL |

图 4-55 MC_PhasingAbsolute 和 MC_PhasingRelative 图形描述

PLCopen 运动控制规范第 1 部分第 1 版定义的相移功能块，在第 2 版中扩展为 MC_PhasingAbsolute 和 MC_PhasingRelative 功能块，也扩展了输出参数 AbsolutePhaseShift 和 CoveredPhaseShift。

相移功能块用于实现从轴相对于主轴的相位偏移。从主轴的位置看从轴，从轴必须加速或减速来消除该偏移。它既适用于电子凸轮，也适用于电子齿轮。用于电子凸轮时，从从轴位置看，功能块用于改变主轴的位置。用于电子齿轮时，功能块相当于 MC_MoveSuperImposed 功能块，它叠加一个运动以产生相位的偏移。

输入输出参数 Master 和 Slave 用于设定主轴和从轴。输入参数 PhaseShift 是站在从轴的位置看到的从轴与主轴之间的相位偏移，该相位偏移被传送到从轴，以获得主轴的位置。运动参数 Velocity、Acceleration、Deceleration 和 Jerk 是发生相位偏移时允许的最大值，实际应用时不必达到。BufferMode 是缓冲模式选项。

输出参数 AbsolutePhaseShift 用于 MC_PhasingAbsolute 功能块，它连续显示绝对相位偏移。输出参数 CoveredPhaseShift 用于 MC_PhasingRelative 功能块，它连续显示被覆盖的相位偏移。

(2) 功能

MC_PhasingAbsolute 和 MC_PhasingRelative 功能块用于实现对主轴相位偏移的补偿。如果主轴发出指令的当前位置和反馈的当前位置不同，则表示主从轴位置进行补偿的值的相对量是主轴的相位移。绝对相位移是对主轴的绝对位置而言的。

(3) 示例

**【例 4-11】** 电子凸轮中从轴跟踪主轴进行相位偏移补偿的示例。

图 4-56 是 MC_PhasingRelative 功能块用于补偿相位偏移的示例。

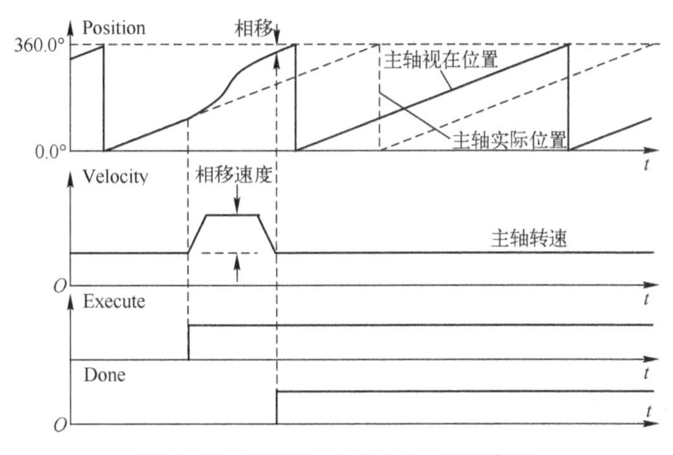


图 4-56 MC_PhasingRelative 的时序图

图中，在从轴看到的主轴位置称为主轴视在位置，主轴实际位置与从从轴看到的视在位置之间存在相移。因此，要通过对从轴的速度调整进行相位补偿。图中主轴速度不变，从轴速度经加速、匀速和减速，从而使从轴实现与主轴的同步。一旦功能块执行完成，Done 被置位。

图 4-57 是主轴位置和从轴位置、速度曲线。可以看到，从轴的位置是正弦变化的，由于检测到相位偏移，因此，相当于从轴速度叠加了相移速度。由于从轴的速度叠加了相移速度，使从轴位置超前原来未补偿的从轴位置曲线，实现了相移补偿。可以通过多次重复本功能块的执行，使主从轴之间的相移为零。

可根据输出 AbsolutePhaseShift 或 CoveredPhaseShift 来检验是否已经实现相移的补偿。

相移速度可正可负，因此，可使从轴位置超前或滞后原来所设定的从轴位置。

**5. MC_CombineAxes**

（1）图形描述

图 4-58 是 MC_CombineAxes 功能块的图形描述。

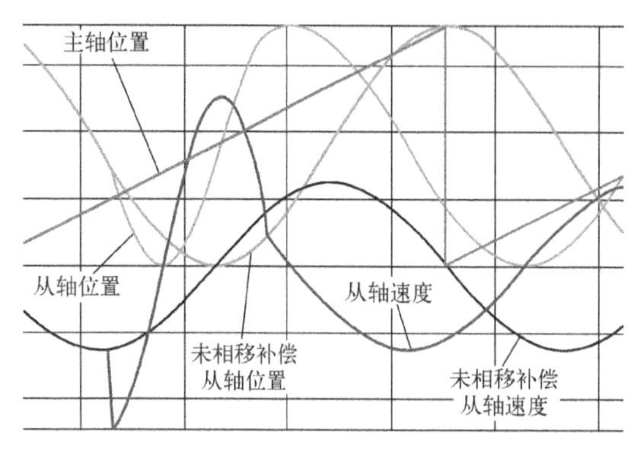


图 4-57　主、从轴的位置和速度曲线

| MC_CombineAxes | | | |
|---|---|---|---|
| AXIS_REF | Master1 | Master1 | AXIS_REF |
| AXIS_REF | Master2 | Master2 | AXIS_REF |
| AXIS_REF | Slave | Slave | AXIS_REF |
| BOOL | Execute | InSync | BOOL |
| BOOL | ContinuousUpdate | Busy | BOOL |
| MC_COMBINE_MODE | CombineMode | Active | BOOL |
| INT | GearRatioNumeratorM1 | CommandAborted | BOOL |
| INT | GearRatioDenominatorM1 | Error | BOOL |
| INT | GearRatioNumeratorM2 | ErrorID | WORD |
| INT | GearRatioDenominatorM2 | | |
| MC_SOURCE | mcMasterValueSourceM1 | | |
| MC_SOURCE | mcMasterValueSourceM2 | | |
| MC_BUFFER_MODE | BufferMode | | |

图 4-58　MC_CombineAxes 图形描述

从轴与主轴的同步可通过上述的 MC_GearInPos 功能块、MC_PhasingAbsolute 和 MC_PhasingRelative 功能块实现。也可以增加一个虚拟主轴，用 MC_CombineAxes 功能块将主轴和虚拟主轴组合（加或减），并与从轴实现同步。

与 MC_GearInPos 功能块比较，增加辅助主轴后，输入输出参数增加 Master2。从轴速度与两个主轴的速度比由 4 个参数组成，它们是 GearRatioNumeratorM1、GearRatioDenominatorM1 和 GearRatioNumeratorM2、GearRatioDenominatorM2。分别定义两个主轴的同步源，即 MasterValueSourceM1 和 MasterValueSourceM2。其他参数可简化。

输出参数 InSync 是达到同步时置位的标志。

（2）功能

MC_CombineAxes 功能块通过设置虚拟主轴和相应的齿速比的调整，实现从轴与主轴的同步。由于虚拟轴的参数可设置和调整，因此，可方便地实现同步功能。但它只能用于被控从轴处于同步运动状态。

## 4.4　协调运动控制功能块

PLCopen 运动控制规范第 4 部分定义了轴组运动控制功能块。轴组运动控制不仅涉及单轴的运动，还与组成轴组内各轴的协调运动有关。

协调管理类运动控制功能块见表 4-5。协调运动类运动控制功能块见表 4-6。

**表 4-5　协调管理类运动控制功能块**

| | | | |
|---|---|---|---|
| MC_AddAxisToGroup | MC_SetKinTransform | MC_GroupSetPosition | MC_GroupReset |
| MC_RemoveAxisFromGroup | MC_SetCartesianTransform | MC_GroupReadActualPosition | MC_PathSelect |
| MC_UngroupAllAxes | MC_SetCoordinateTransform | MC_GroupReadActualVelocity | MC_GroupSetOverride |
| MC_GroupReadConfiguration | MC_ReadKinTransform | MC_GroupReadActualAcceleration | MC_SetDynCoordTransform |
| MC_GroupEnable | MC_ReadCartesianTransform | MC_GroupReadStatus | |
| MC_GroupDisable | MC_ReadCoordinateTransform | MC_GroupReadError | |

**表 4-6　协调运动类运动控制功能块**

| | | | |
|---|---|---|---|
| MC_GroupHome | MC_GroupInterrupt | MC_MoveLinearRelative | MC_MoveDirectAbsolute |
| MC_GroupStop | MC_GroupContinue | MC_MoveCircularAbsolute | MC_MoveDirectRelative |
| MC_GroupHalt | MC_MoveLinearAbsolute | MC_MoveCircularRelative | MC_MovePath |

## 4.4.1 协调管理类运动控制功能块

### 1. 概述

表 4-7 是协调管理类运动控制功能块。

**表 4-7 协调管理类运动控制功能块**

| 功能块名称和功能 | 图形描述 | 说明 |
| --- | --- | --- |
| MC_AddAxisToGroup<br>添加轴到轴组功能块 | 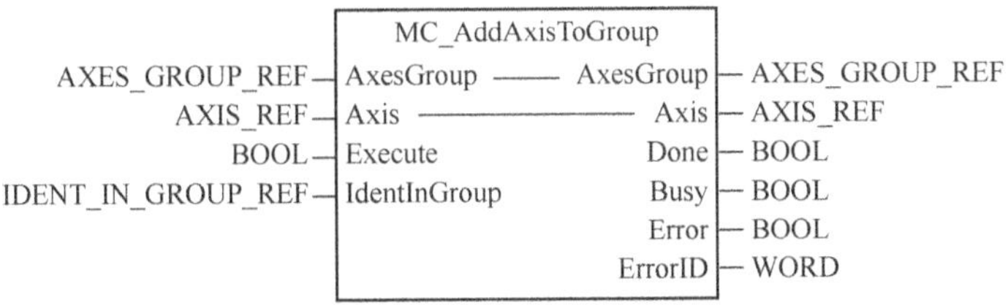 MC_AddAxisToGroup<br>AXES_GROUP_REF — AxesGroup —— AxesGroup — AXES_GROUP_REF<br>AXIS_REF — Axis —— Axis — AXIS_REF<br>BOOL — Execute　Done — BOOL<br>IDENT_IN_GROUP_REF — IdentInGroup　Busy — BOOL<br>Error — BOOL<br>ErrorID — WORD | Execute 上升沿，将轴 Axis 加到轴组 AxesGroup。命令不被缓冲。轴不发生运动<br>IdentInGroup 是轴组中添加轴顺序的标识。经 REF 来完成，它可连接到运动模型的名称，例如，foot 等 |
| MC_RemoveAxisFromGroup<br>轴组中删除轴功能块 | 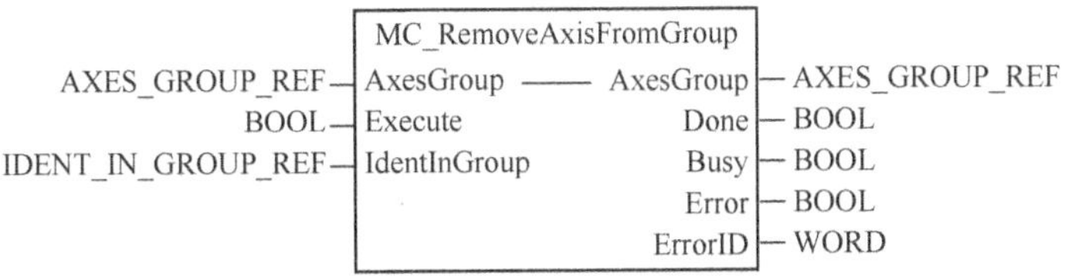 MC_RemoveAxisFromGroup<br>AXES_GROUP_REF — AxesGroup —— AxesGroup — AXES_GROUP_REF<br>BOOL — Execute　Done — BOOL<br>IDENT_IN_GROUP_REF — IdentInGroup　Busy — BOOL<br>Error — BOOL<br>ErrorID — WORD | 从轴组 AxesGroup 删除由 IdentInGroup 标志顺序号的轴。不被缓冲和不发生运动。<br>如果轴组中没有轴可删，则轴组状态为 GroupDisabled<br>如果轴组不在 GroupDisabled、GroupStandby 或 GroupErrorStop 状态时发布，则出错，功能块将不执行 |
| MC_UngroupAllAxes<br>删除轴组所有轴功能块 | 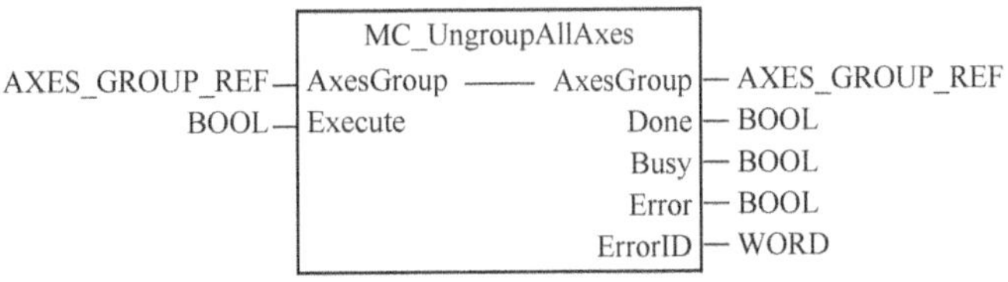 MC_UngroupAllAxes<br>AXES_GROUP_REF — AxesGroup —— AxesGroup — AXES_GROUP_REF<br>BOOL — Execute　Done — BOOL<br>Busy — BOOL<br>Error — BOOL<br>ErrorID — WORD | 从轴组 AxesGroup 删除所有轴，不被缓冲和不发生运动；轴组状态为 GroupDisabled<br>如果轴组不在 GroupDisabled、GroupStandby 或 GroupErrorStop 状态时发布，则出错，功能块将不执行 |
| MC_GroupReadConfiguration<br>读取当前轴组状态功能块 | 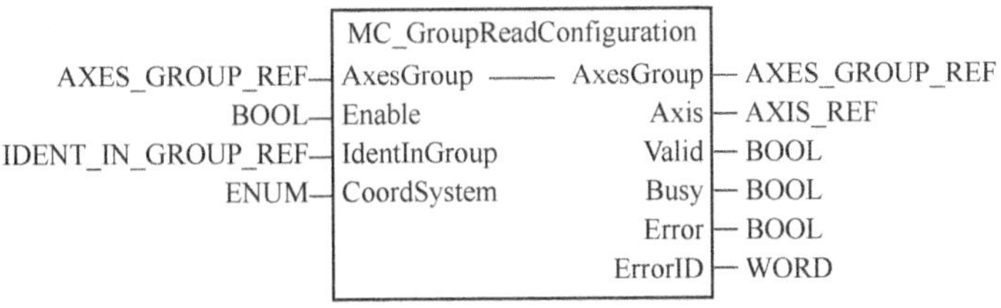 MC_GroupReadConfiguration<br>AXES_GROUP_REF — AxesGroup —— AxesGroup — AXES_GROUP_REF<br>BOOL — Enable　Axis — AXIS_REF<br>IDENT_IN_GROUP_REF — IdentInGroup　Valid — BOOL<br>ENUM — CoordSystem　Busy — BOOL<br>Error — BOOL<br>ErrorID — WORD | 根据给定的 IdentInGroup，读取轴的参考，CoordSystem 参数如果输入 ACS，获得常规轴；如果输入 PCS 或 MCS，获得虚拟轴（根据过渡激活） |
| MC_GroupEnable<br>轴组使能功能块 | 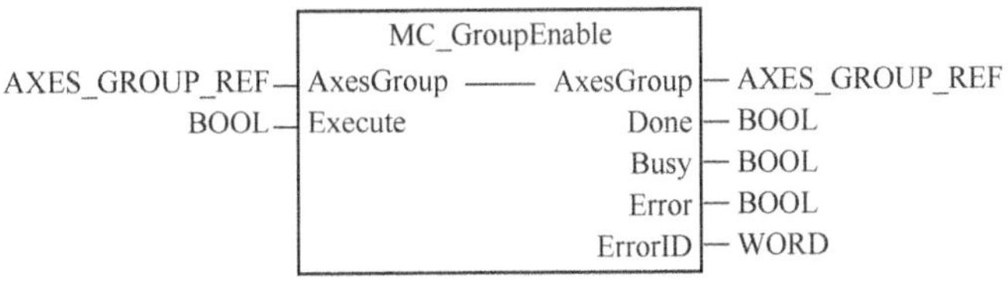 MC_GroupEnable<br>AXES_GROUP_REF — AxesGroup —— AxesGroup — AXES_GROUP_REF<br>BOOL — Execute　Done — BOOL<br>Busy — BOOL<br>Error — BOOL<br>ErrorID — WORD | 在 Execute 上升沿，功能块使轴组状态从 GroupDisabled 到 GroupStandby<br>功能块不影响轴组中任何一个轴的供电状态 |

（续）

| 功能块名称和功能 | 图 形 描 述 | 说 明 |
|---|---|---|
| MC _ GroupDisable<br>轴组禁止功能块 | MC_GroupDisable<br>AXES_GROUP_REF — AxesGroup —— AxesGroup — AXES_GROUP_REF<br>BOOL — Execute　Done — BOOL<br>Busy — BOOL<br>Error — BOOL<br>ErrorID — WORD | 在 Execute 上升沿，功能块使轴组状态到 GroupDisabled<br>功能块不影响轴组中任何一个轴的供电状态 |
| MC_SetKinTransform<br>ACS 到 MCS 的变换功能块 | MC_SetKinTransform<br>AXES_GROUP_REF — AxesGroup —— AxesGroup — AXES_GROUP_REF<br>BOOL — Execute　Done — BOOL<br>MC_KIN_REF — KinTransform　Busy — BOOL<br>MC_EXECUTION_MODE — ExecutionMode　Active — BOOL<br>CommandAborted — BOOL<br>Error — BOOL<br>ErrorID　WORD | 本功能块实现 ACS 到 MCS 的运动变换<br>KinTransform 指包括参数的运动模型。运动模型和参数的细节超出 PLCopen 的范围<br>功能块通常在预定义的 AxesGroup 激活 |
| MC _ SetCartesianTransform<br>MCS 到 PCS 间的直角坐标变换功能块 | MC_SetCartesianTransform<br>AXES_GROUP_REF — AxesGroup —— AxesGroup — AXES_GROUP_REF<br>BOOL — Execute　Done — BOOL<br>REAL — TransX　Busy — BOOL<br>REAL — TransY　Active — BOOL<br>REAL — TransZ　CommandAborted — BOOL<br>REAL — RotAngle1　Error — BOOL<br>REAL — RotAngle2　ErrorID — WORD<br>REAL — RotAngle3<br>MC_EXECUTION_MODE — ExecutionMode | 本功能块实现 PCS 到 MCS 的直角坐标变换<br>TransX、Y、Z 分别是各坐标轴的移动分量；RotAngle1、2、3 分别是旋转角分量（弧度）<br>可同时对同一轴组的轴进行多于一个的直角坐标变换 |
| MC _ SetCoordinateTransform<br>MCS 到 PCS 间的坐标变换功能块 | MC_SetCoordinateTransform<br>AXES_GROUP_REF — AxesGroup —— AxesGroup — AXES_GROUP_REF<br>BOOL — Execute　Done — BOOL<br>MC_COORD_REF — CoordTransform　Busy — BOOL<br>MC_EXECUTION_MODE — ExecutionMode　Active — BOOL<br>CommandAborted — BOOL<br>Error — BOOL<br>ErrorID　WORD | 本功能块实现 PCS 到 MCS 的坐标变换<br>当 PCS 是动态（PCS 相对移动到 MCS 的这个意义上），可用 MC_SetDynCoordTransform |
| MC _ ReadKinTransform<br>读取 ACS 到 MCS 之间已激活的运动变换参数的功能块 | MC_ReadKinTransform<br>AXES_GROUP_REF — AxesGroup —— AxesGroup — AXES_GROUP_REF<br>BOOL — Enable　Valid — BOOL<br>Busy — BOOL<br>KinTransform — MC_KIN_REF<br>Error — BOOL<br>ErrorID — WORD | 当功能块在 Enable = TRUE 时，连续读取经变换后的轴组参数的实际运动变换参数 |
| MC _ ReadCoordinateTransform<br>读取 MCS 到 PCS 之间已激活的坐标变换参数的功能块 | MC_ReadCoordinateTransform<br>AXES_GROUP_REF — AxesGroup —— AxesGroup — AXES_GROUP_REF<br>BOOL — Enable　Valid — BOOL<br>Busy — BOOL<br>CoordTransform — MC_COORD_REF<br>Error — BOOL<br>ErrorID — WORD | 当功能块在 Enable = TRUE 时，连续读取轴组参数的实际坐标变换的参数 |

（续）

| 功能块名称和功能 | 图形描述 | 说明 |
| --- | --- | --- |
| MC_ReadCartesianTransform<br>读取 MCS 到 PCS 之间已激活的直角坐标变换参数的功能块 | 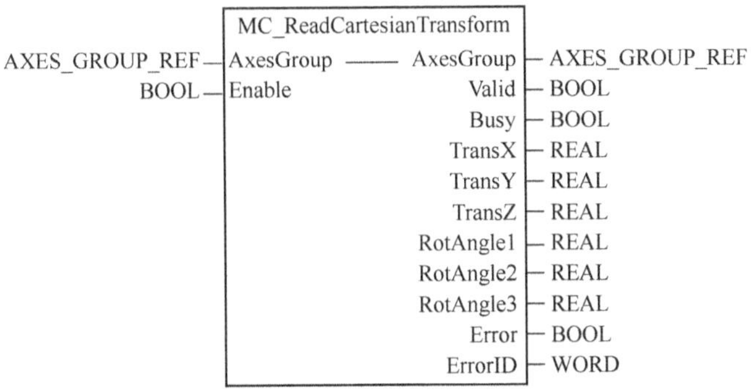 MC_ReadCartesianTransform<br>AXES_GROUP_REF — AxesGroup —— AxesGroup — AXES_GROUP_REF<br>BOOL — Enable　Valid — BOOL<br>Busy — BOOL<br>TransX — REAL<br>TransY — REAL<br>TransZ — REAL<br>RotAngle1 — REAL<br>RotAngle2 — REAL<br>RotAngle3 — REAL<br>Error — BOOL<br>ErrorID — WORD | 当功能块在 Enable = TRUE 时，连续读取轴组参数的实际直角坐标变换的参数 |
| MC_GroupSetPosition<br>设置轴组的轴位置功能块 | 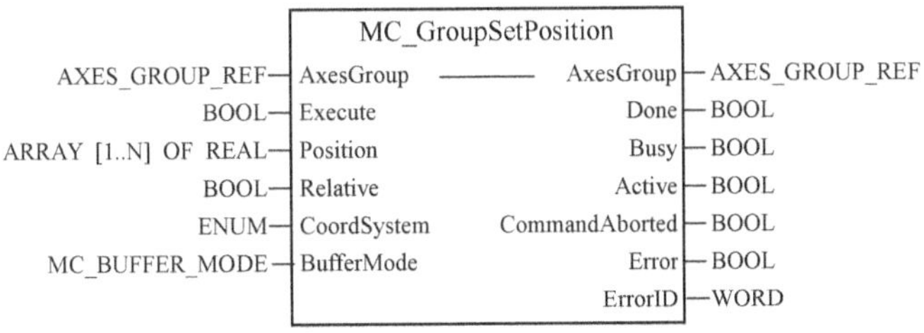 MC_GroupSetPosition<br>AXES_GROUP_REF — AxesGroup —— AxesGroup — AXES_GROUP_REF<br>BOOL — Execute　Done — BOOL<br>ARRAY [1..N] OF REAL — Position　Busy — BOOL<br>BOOL — Relative　Active — BOOL<br>ENUM — CoordSystem　CommandAborted — BOOL<br>MC_BUFFER_MODE — BufferMode　Error — BOOL<br>ErrorID — WORD | 为轴组的各轴设置由 Position 输入的位置；它移动寻址坐标系统的位置，并影响 PCS、MCS 和 ACS<br>CoordSystem 用于设置所用坐标系统是 ACS、MCS 或 PCS<br>N 是轴组中轴的个数 |
| MC_GroupReadActualPosition<br>读取轴组各轴实际位置的功能块 | 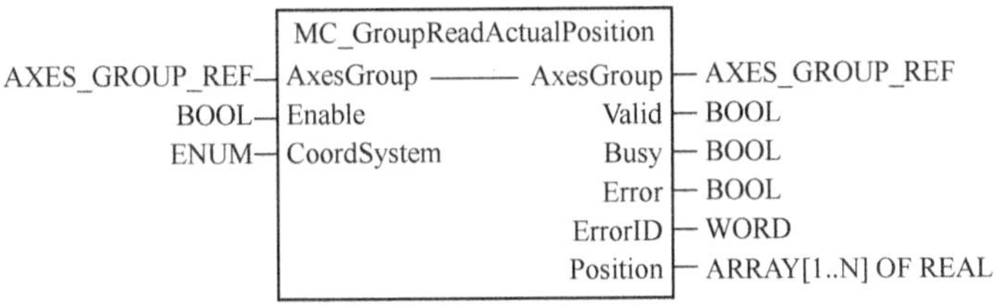 MC_GroupReadActualPosition<br>AXES_GROUP_REF — AxesGroup —— AxesGroup — AXES_GROUP_REF<br>BOOL — Enable　Valid — BOOL<br>ENUM — CoordSystem　Busy — BOOL<br>Error — BOOL<br>ErrorID — WORD<br>Position — ARRAY[1..N] OF REAL | 返回被选轴组在被选坐标系统中各轴的位置<br>N 是轴组中轴的个数 |
| MC_GroupReadActualVelocity<br>读取轴组各轴实际速度的功能块 | 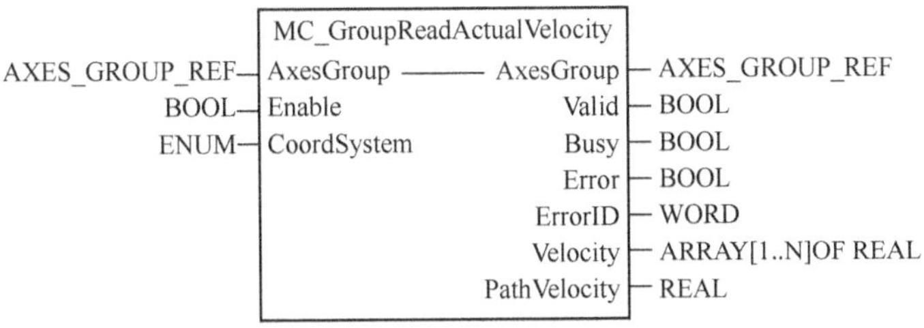 MC_GroupReadActualVelocity<br>AXES_GROUP_REF — AxesGroup —— AxesGroup — AXES_GROUP_REF<br>BOOL — Enable　Valid — BOOL<br>ENUM — CoordSystem　Busy — BOOL<br>Error — BOOL<br>ErrorID — WORD<br>Velocity — ARRAY[1..N]OF REAL<br>PathVelocity — REAL | 返回被选轴组在被选坐标系统中各轴的速度和当前 TCP 的路径速度（组合速度的结果） |
| MC_GroupReadActualAcceleration<br>读取轴组各轴实际加速度的功能块 | 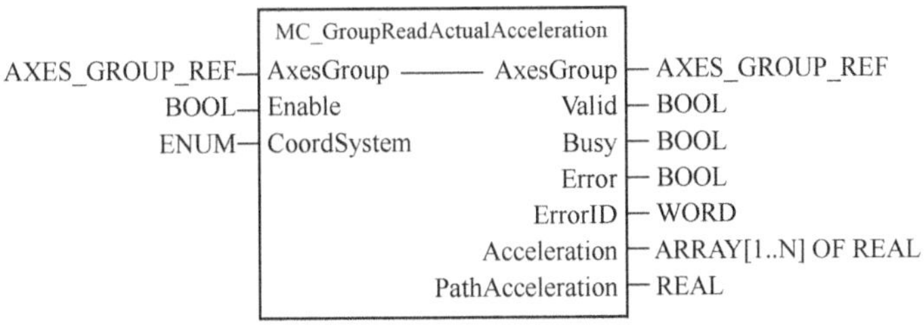 MC_GroupReadActualAcceleration<br>AXES_GROUP_REF — AxesGroup —— AxesGroup — AXES_GROUP_REF<br>BOOL — Enable　Valid — BOOL<br>ENUM — CoordSystem　Busy — BOOL<br>Error — BOOL<br>ErrorID — WORD<br>Acceleration — ARRAY[1..N] OF REAL<br>PathAcceleration — REAL | 返回被选轴组在被选坐标系统中各轴的加速度和当前 TCP 的路径加速度（组合加速度的结果） |

（续）

| 功能块名称和功能 | 图形描述 | 说明 |
| --- | --- | --- |
| MC_Group-ReadStatus<br>读取当前已激活轴组状态的功能块 | 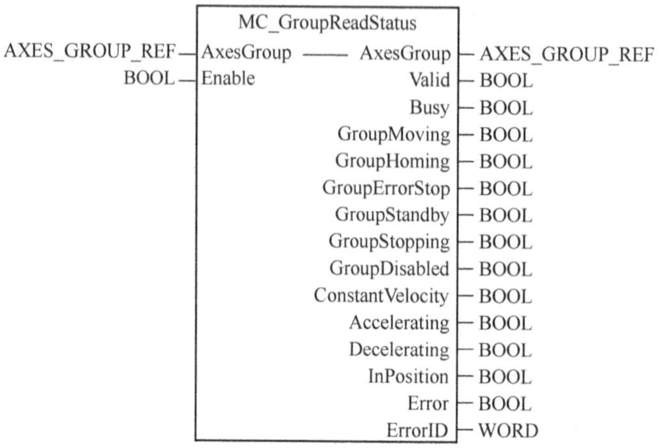 MC_GroupReadStatus<br>AXES_GROUP_REF — AxesGroup —— AxesGroup — AXES_GROUP_REF<br>BOOL — Enable　Valid — BOOL<br>Busy — BOOL<br>GroupMoving — BOOL<br>GroupHoming — BOOL<br>GroupErrorStop — BOOL<br>GroupStandby — BOOL<br>GroupStopping — BOOL<br>GroupDisabled — BOOL<br>ConstantVelocity — BOOL<br>Accelerating — BOOL<br>Decelerating — BOOL<br>InPosition — BOOL<br>Error — BOOL<br>ErrorID — WORD | 返回已经激活轴组的状态。其状态由输出的该项置位标记<br>ConstantVelocity 是命令路径上恒定速度移动时被置位；Accelerating 和 Decelerating 是命令路径上速度增加或减少时被置位<br>InPosition 表示当已经达到目标位置时被置位 |
| MC_GroupRead-Error<br>轴组出错功能块 | 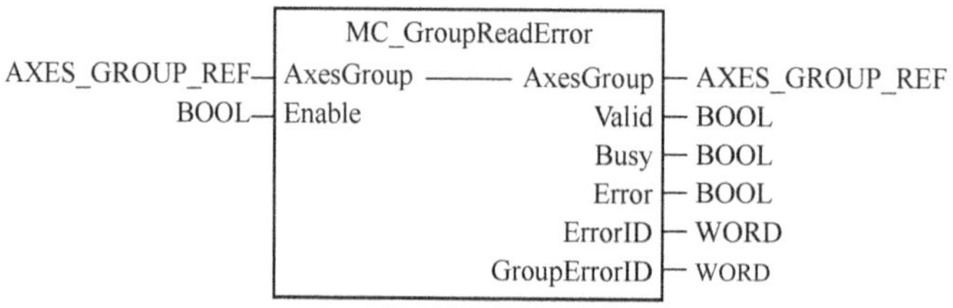 MC_GroupReadError<br>AXES_GROUP_REF — AxesGroup —— AxesGroup — AXES_GROUP_REF<br>BOOL — Enable　Valid — BOOL<br>Busy — BOOL<br>Error — BOOL<br>ErrorID — WORD<br>GroupErrorID — WORD | 本功能块表示轴组出错，例如，软件限位开关超出或 GroupStandby 状态时单轴出错等，而不是功能块出错 |
| MC_GroupReset<br>轴组复位功能块 | 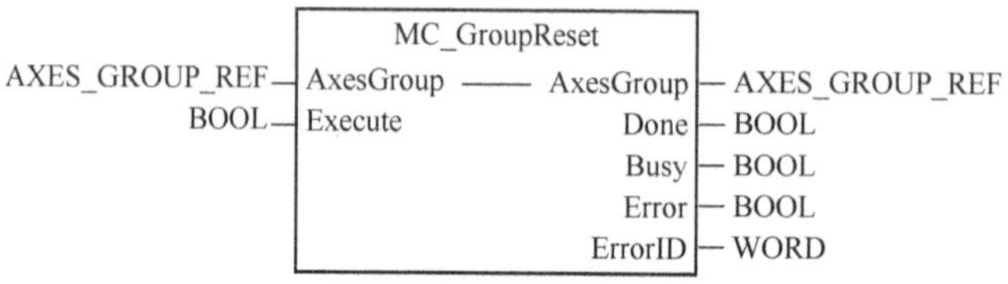 MC_GroupReset<br>AXES_GROUP_REF — AxesGroup —— AxesGroup — AXES_GROUP_REF<br>BOOL — Execute　Done — BOOL<br>Busy — BOOL<br>Error — BOOL<br>ErrorID — WORD | 功能块将轴组状态从 GroupErrorStop 切换到 GroupStandby。用重新设置内部轴组的有关参数实现<br>与 MC_Reset 复位单轴的功能类似 |
| MC_PathSelect<br>设置路径参数功能块 | 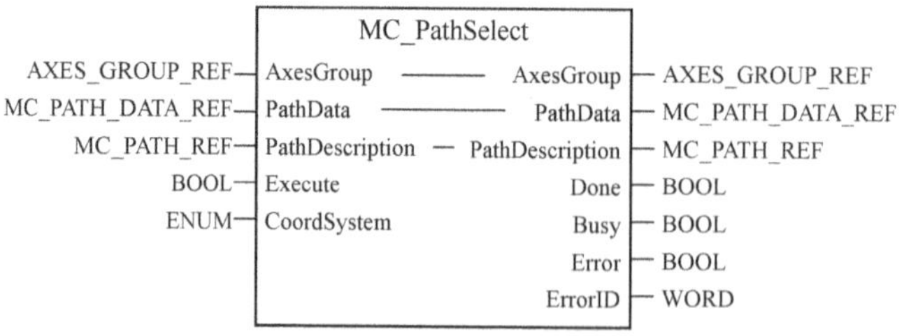 MC_PathSelect<br>AXES_GROUP_REF — AxesGroup —— AxesGroup — AXES_GROUP_REF<br>MC_PATH_DATA_REF — PathData —— PathData — MC_PATH_DATA_REF<br>MC_PATH_REF — PathDescription — PathDescription — MC_PATH_REF<br>BOOL — Execute　Done — BOOL<br>ENUM — CoordSystem　Busy — BOOL<br>Error — BOOL<br>ErrorID — WORD | 功能块用于将路径参数 PathData 和描述 PathDescription 输出。包括路径文件下载起点 |
| MC_GroupSet-Override<br>设置轴组协调运动权重参数的功能块 | 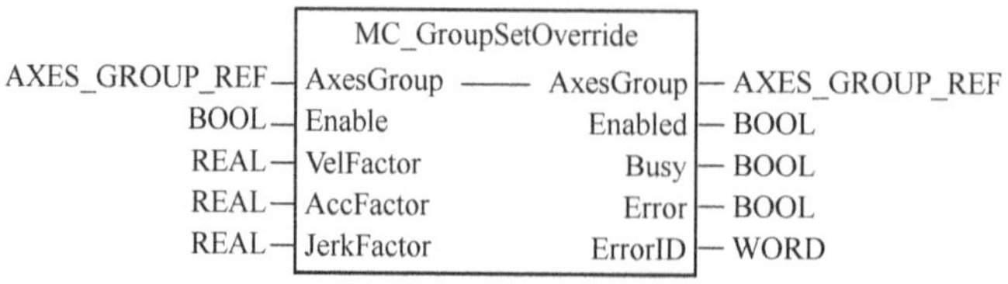 MC_GroupSetOverride<br>AXES_GROUP_REF — AxesGroup —— AxesGroup — AXES_GROUP_REF<br>BOOL — Enable　Enabled — BOOL<br>REAL — VelFactor　Busy — BOOL<br>REAL — AccFactor　Error — BOOL<br>REAL — JerkFactor　ErrorID — WORD | 权重参数用于乘轴组功能块命令的速度（VelFactor）、加/减速度（AccFactor）和加加速度（JerkFactor）。不能用于主、从轴组的同步运动 |

（续）

| 功能块名称和功能 | 图形描述 | 说明 |
| --- | --- | --- |
| MC_SetDynCoordTransform 动态坐标变换功能块 | MC_SetDynCoordTransform<br>AXES_GROUP_REF — AxesGroup ——— AxesGroup — AXES_GROUP_REF<br>AXES_GROUP_REF — MasterAxesGroup — MasterAxesGroup — AXES_GROUP_REF<br>MC_COORD_REF — CoordTransform Done — BOOL<br>BOOL — Execute Busy — BOOL<br>ENUM — CoordSystem Active — BOOL<br>MC_GROUP_BUFFER_MODE — BufferMode CommandAborted — BOOL<br>Error — BOOL<br>ErrorID — WORD | 用一个动态坐标来耦合两个轴组，坐标变换输入MasterAxesGroup，结果被映射到AxesGroup。这表示AxesGroup坐标系统通过作为链接的变换动态跟随MasterAxesGroup<br>PCS属于AxesGroup，它随MasterAxesGroup运动，两者的关系由CoordTransform规定 |

**2. 输入输出参数说明**

协调运动控制主要解决单轴和轴组之间的协调，也解决坐标变换等。

（1）AxesGroup和MasterAxesGroup

它们是轴组变量和主轴组变量。用于定义轴组的结构数据。由供应商规定其结构和变量。数据都由AXES_GROUP_REF提供。

（2）PathData和PathDescription

它们都是输入输出数据类型。MC_PathSelect功能块中参数PathData用于设置路径参数，用MC_PATH_DATA_REF定义。与MC_TP_REF等配置文件的定义类似。可进行如下定义。

先定义数据对MC_PATH_TABLE的结构：

```
TYPE
    MC_PATH_TABLE : STRUCT
        Delta: REAL;
        Path: REAL ;
        …
    END_STRUCT;
END_TYPE
```

再定义MC_PATH_DATA_REF的结构：

```
TYPE
    MC_PATH_DATA_REF : STRUCT
        NumberOfPairs : WORD;
        MC_PATH_Array : ARRAY [1..N] OF MC_PATH_TABLE;
    END_STRUCT;
END_TYPE
```

参数PathDescription是路径描述。可如下定义其结构：

```
TYPE
    MC_PATH_REF : STRUCT
        PathName: STRING(30);
        PathLength: REAL ;
        …
    END_STRUCT;
END_TYPE
```

**3. 输入参数说明**

（1）IdentInGroup

它是轴组中添加轴序号的标识。采用 IDENT_IN_GROUP_REF 来完成，它可连接到运动模型的名称，例如，foot 等。它由供应商规定，是输入参数。数据由 IDENT_IN_GROUP_REF 结构变量提供。例如，ISG 规定的数据结构如下：

```
TYPE
    IDENT_IN_GROUP_REF : STRUCT
        ChAxIdx : UINT;
        Name : MCV_STR_AX_NAME;
    END_STRUCT;
END_TYPE
```

（2）CoordSystem

CoordSystem 定义坐标系。PLCopen 运动控制规范第 4 部分规定了 3 类坐标系：ACS、MCS 和 PCS。

（3）KinTransForm

KinTransForm 定义坐标变换。由 MC_KIN_REF 定义数据。它由供应商规定，其类型如下：

```
TYPE
    MC_KIN_REF : STRUCT
        XPosition: REAL;
        YPosition: REAL ;
        ZPosition: REAL;
        …
    END_STRUCT;
END_TYPE
```

（4）ExecutionMode

ExecutionMode 定义功能块变换的执行模式。它是枚举数据类型，有 3 个选项，用于提供运动控制管理功能块行为的信息。其数据类型的声明如下：

```
TYPE
    MC_EXECUTION_MODE( Immediately,Delayed,Queued);
END_TYPE
```

1）Immediately（立刻）。其功能立刻生效，它可能会影响正在运行的轴的运动，但不影响其状态。

2）Delayed（延迟）。当正在运行的运动命令设置下列输出参数：Done、Aborted 或 Error 之一时，其功能立刻生效。它也暗示输出参数 Busy 被设置到 FALSE（复位）。

3）Queued（排队）。当所有前面的运动命令设置下列输出参数：Done、Aborted 或 Error 之一时，该新功能生效。它也暗示输出参数 Busy 被设置到 FALSE（复位）。

单轴的执行模式只有 Immediately 和 Queued 选项。

（5）TransX、TransY、TransZ、RotAngle1、RotAngle2、RotAngle3

它们是坐标变换中各坐标轴的移动距离和旋转角度，即坐标变换矢量的坐标分量和旋转角分量。

（6）CoordTransForm

它是供应商规定的坐标变换引用，由 MC_COORD_REF 定义。数据类型定义如下：

```
TYPE
```

```
    MC_COORD_REF : STRUCT
        RotAngle1: REAL;
        RotAngle2: REAL ;
        RotAngle3: REAL;
        TransX: REAL;
        TransY: REAL;
        TransZ: REAL;
    END_STRUCT;
END_TYPE
```

(7) Position

协调运动中的位置是 $N$ 维的数组，由 ARRAY [1..N] OF REAL 定义。单轴运动中 Position 是一维的实数数据类型。

**4. 输出参数说明**

(1) KinTransForm

MC_ReadKinTransform 功能块中用于读取 ACS 到 MCS 坐标变换的输出。该变量在 MC_SetKinTransform 功能块中作为输入变量，在 MC_ReadKinTransform 功能块中作为输出变量。

(2) TransX、TransY、TransZ、RotAngle1、RotAngle2、RotAngle3

类似地，在 MC_SetCartesianTransform 功能块中，上述变量是输入变量。在 MC_ReadCartesianTransform 功能块中，上述变量是输出变量。

(3) CoordTransForm

类似地，在 MC_SetCoordinateTransform 功能块中，该变量是输入变量。在 MC_ReadCoordinateTransform 功能块中，该变量是输出变量。

(4) PathVelocity 和 PathAcceleration

它们用于读取轴组的实际速度和加速度。组成轴组的各轴的速度和加速度用 Velocity 和 Acceleration 输出，是 $N$ 维数组 ARRAY [1..N] OF REAL。

(5) GroupMoving、GroupHoming、GroupErrorStop、GroupStandby、GroupStopping、GroupDisabled

它们是轴组状态的标识。其值为 1 表示轴组在其对应状态。例如，GroupHoming=1 表示轴组在回原点状态。

(6) ConstantVelocity、Accelerating、Decelerating、InPosition

它们是轴组在匀速、加速、减速和到达设定目标位置的标识。

(7) GroupErrorID

它是 MC_GroupReadError 功能块中显示轴组出错代码标识。例如，软件限位开关超出或轴组待机时单轴出错等。

**5. 示例**

(1) MC_AddAxisToGroup 的应用

**【例 4-12】** 组成轴组的示例。

图 4-59 是两个单轴组成轴组的示例程序。

两个单轴 Axis_1 和 Axis_2 组成轴组 AG1。图中，先将两个单轴驱动器上电，用 MC_ReadAxisInfo 功能块实例检测，当单轴驱动器上电后，启动回原点功能块实例，完成两个单轴的回原点运动。然后，用 MC_AddAxisToGroup 功能块实例将各轴添加到轴组。示例采用单轴回原点方式，启动后再组成轴组。也可各单轴组成轴组后，再用轴组回原点功能块实现回原点。组成轴组并回原点后，再用 MC_GroupEnable 功能块使轴组使能。

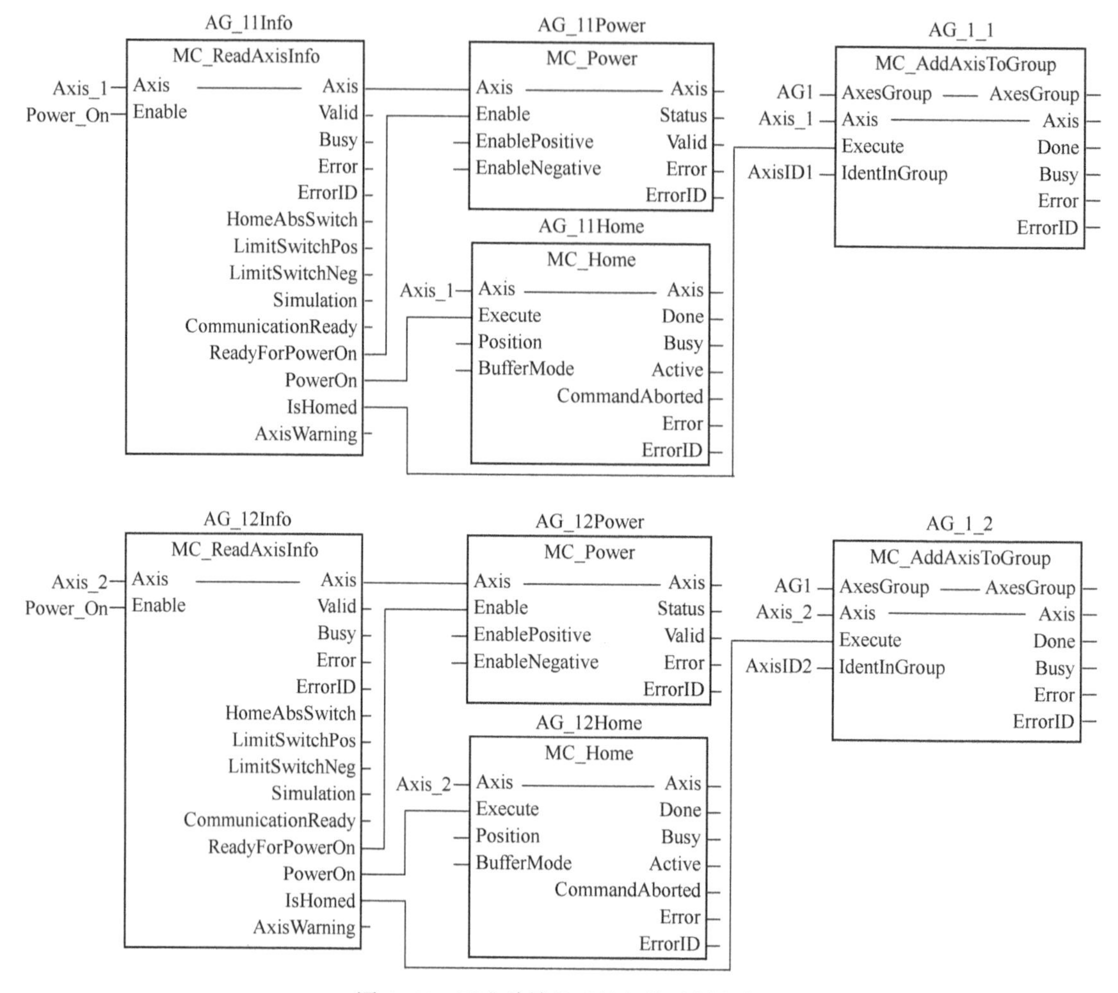


图 4-59　两个单轴组成轴组的示例程序

（2）MC_GroupReadConfiguration 功能块

**【例 4-13】** 图 4-60 显示单轴运动在轴组中如何实现。

图中，左侧用于单轴的运动，单轴的数据从 Axis_1 输入 MC_MoveVelocity，其他参数根据速度控制要求设置，图中未列出。右侧有两个功能块 FB2 和 FB3 实例。FB2 的 AxesGroup 输入 AG1 是包含 Axis_1（其标识号为 AxisID1）轴的轴组，因此，该功能块实例 FB2 的输出 Axis 就是单轴 Axis_1，FB3 以该单轴实现速度控制的运动。MCS 系统中的轴是虚拟轴，同样可用上述编程实现，只需将 MCS 代替 ACS。

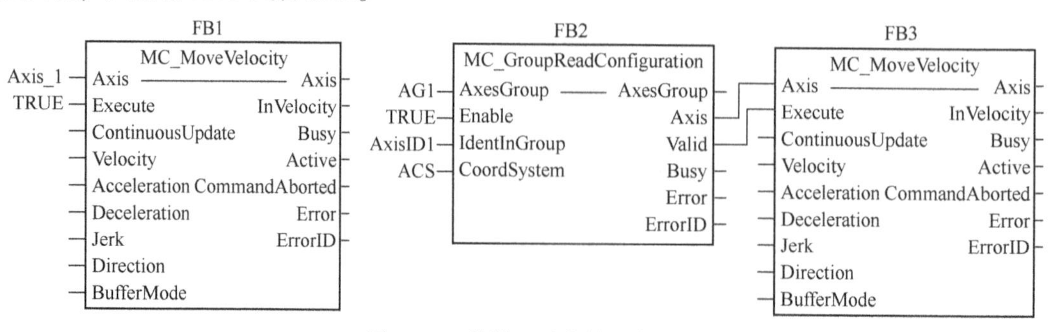


图 4-60　单轴运动在轴组实现

（3）MC_SetCartesianTransform 功能块

该功能块用于将 MCS 坐标系统的点转换到 PCS 坐标系统。

**【例 4-14】** 图 4-61 显示两个坐标系统的关系。

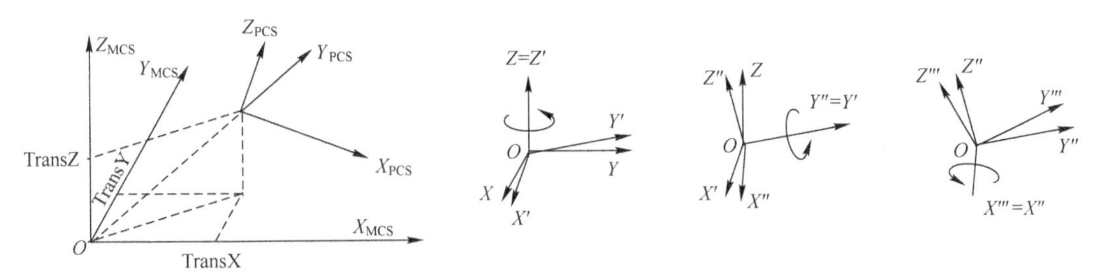


图 4-61　坐标变换的定义

坐标原点的位置关系直接用 TransX、TransY 和 TransZ 表示。各坐标轴的旋转分别是 RotAngle1、RotAngle2 和 RotAngle3，分别表示 *X*、*Y* 和 *Z* 轴的旋转角度。

图 4-62 是两维平面上坐标移动和旋转的示例。图中，原点移动到新的位置，它在原坐标系统中的位置是（137，72），同时，新坐标系统逆时针旋转 30°，即 RotAngle3 = 30°。该角度表示弧度时，用实数 0.5236 表示。因此，采用 MC_SetCartesianTransform 功能块时，输入信号为 TransX = 137.0、TransY = 72.0、TransZ = 0.0；RotAngle1 = 0.0、RotAngle2 = 0.0 和 RotAngle3 = 0.5236。

（4）MC_GroupSetOverride 功能块

该功能块与 MC_SetOverride 功能块类似，用于设置轴组的速度、加（减）速度和加加速度的倍率。图 4-63 说明速度、加（减）速度倍率的改变。

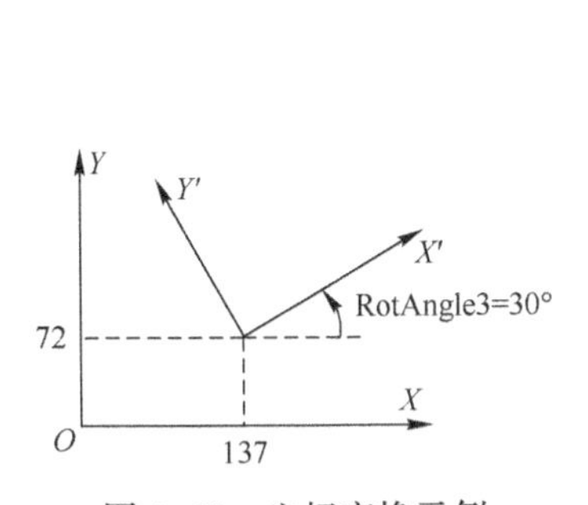


图 4-62　坐标变换示例

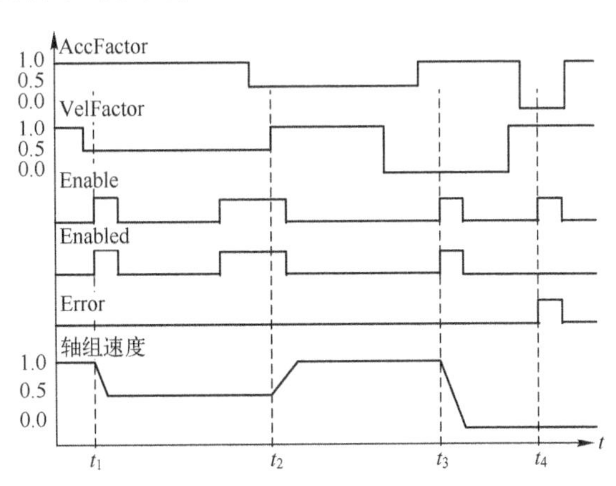


图 4-63　轴组速度、加（减）速度倍率的改变

图中，开始时，AccFactor = 1，VelFactor = 1，因此，轴组速度为 1。

$t_1$时刻，功能块的 Enable 被置位，该时刻，AccFactor = 1，VelFactor = 0.5，因此，轴组速度以减速度 1 u/s$^2$下降到轴组速度为 0.5 u/s，并保持。

$t_2$时刻，功能块的 Enable 被置位，该时刻，AccFactor = 0.5，VelFactor = 1，因此，轴组速度以加速度 0.5 u/s$^2$上升，轴组速度达 1 u/s，并保持。

$t_3$时刻，功能块的 Enable 被置位，该时刻，AccFactor = 1，VelFactor = 0，因此，轴组速度以减速度 1 u/s$^2$下降，轴组速度达 0 u/s，并保持。

$t_4$时刻，功能块的 Enable 被置位，但因 AccFactor = 0 是不允许的，即功能块出错。因此，功能块不执行，Enabled 输出仍为零。

需注意，应根据 Enable 置位时的速度和目标速度确定是加速度还是减速度。同样，应根据 Enable 置位时的加速度和目标加速度确定加加速度的方向。AccFactor 和 JerkFactor 不允许为 0。此外，从轴的重写因子不被激活。功能块的执行不影响轴组状态图；VelFactor 可在运动的任何时间改变和直接激活；降低 AccFactor 和/或 JerkFactor 会导致位置过调，造成设备损坏。

## 4.4.2 协调运动类运动控制功能块

### 1. 概述

表 4-8 是协调运动类运动控制功能块。

**表 4-8 协调运动类运动控制功能块**

| 功能块名称和功能 | 图形描述 | 说明 |
|---|---|---|
| MC_Group-Home<br>轴组回原位功能块 | 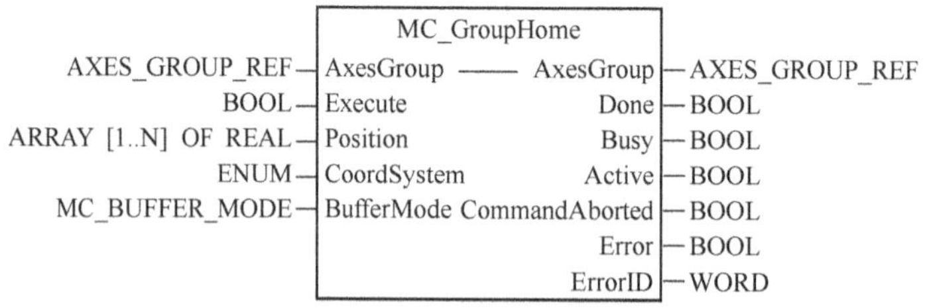 MC_GroupHome<br>AXES_GROUP_REF — AxesGroup —— AxesGroup — AXES_GROUP_REF<br>BOOL — Execute　Done — BOOL<br>ARRAY [1..N] OF REAL — Position　Busy — BOOL<br>ENUM — CoordSystem　Active — BOOL<br>MC_BUFFER_MODE — BufferMode　CommandAborted — BOOL<br>Error — BOOL<br>ErrorID — WORD | Execute 上升沿执行搜索回原位程序<br>Position 输入轴组参考信号被检测到时的绝对位置和方位。CoordSystem 是引用的协调系统，即 ACS、MCS 或 PCS<br>功能块执行后轴组状态为 GroupStandby |
| MC _ Group-Stop<br>轴组停止功能块 | 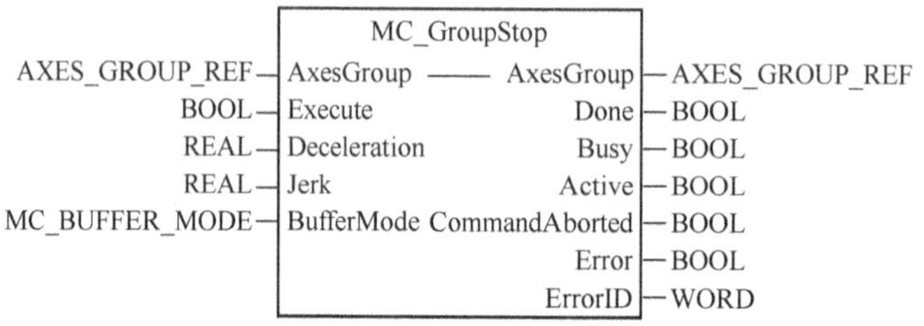 MC_GroupStop<br>AXES_GROUP_REF — AxesGroup —— AxesGroup — AXES_GROUP_REF<br>BOOL — Execute　Done — BOOL<br>REAL — Deceleration　Busy — BOOL<br>REAL — Jerk　Active — BOOL<br>MC_BUFFER_MODE — BufferMode　CommandAborted — BOOL<br>Error — BOOL<br>ErrorID — WORD | 功能块使轴组减速停止，中止任何正在执行的功能块，Execute = TRUE，使轴组状态为 GroupStopping。轴组速度为零，Done 被置位。如果 Execute 为 FALSE，则状态转为 GroupStandby<br>只能用 MC_GroupDisable 中止轴组 |
| MC_Group-Halt<br>轴组暂停功能块 | 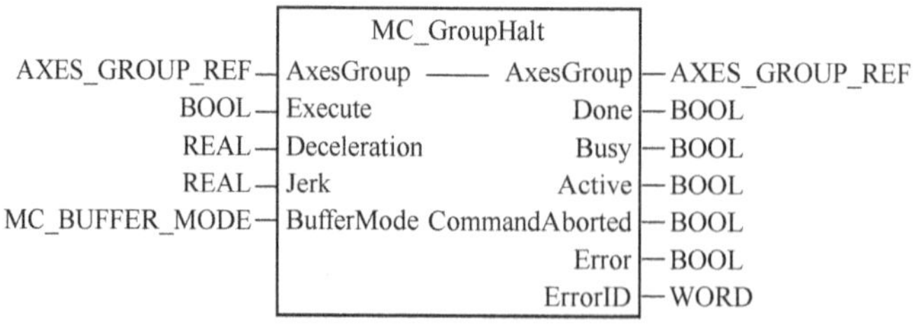 MC_GroupHalt<br>AXES_GROUP_REF — AxesGroup —— AxesGroup — AXES_GROUP_REF<br>BOOL — Execute　Done — BOOL<br>REAL — Deceleration　Busy — BOOL<br>REAL — Jerk　Active — BOOL<br>MC_BUFFER_MODE — BufferMode　CommandAborted — BOOL<br>Error — BOOL<br>ErrorID — WORD | 功能块使正在运动的功能块中止，轴组状态进入 GroupMoving，当轴组速度达 0 时，Done 输出置位，状态才进入 GroupStandby<br>非缓冲模式：轴组减速期间，它可能去设置其他运动命令。这些命令将中止本功能块和被立刻执行 |
| MC_GroupIn-terrupt<br>轴组中断功能块 | 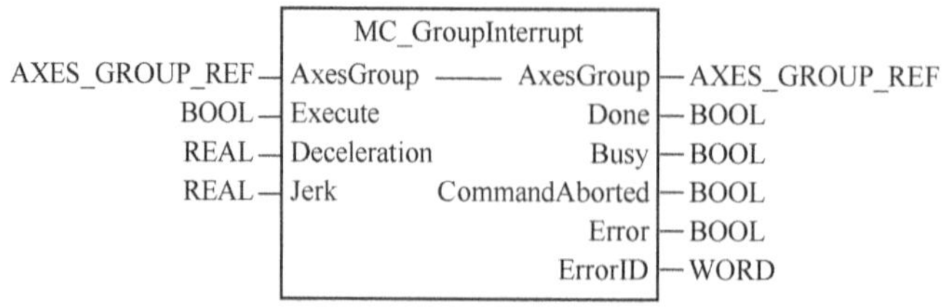 MC_GroupInterrupt<br>AXES_GROUP_REF — AxesGroup —— AxesGroup — AXES_GROUP_REF<br>BOOL — Execute　Done — BOOL<br>REAL — Deceleration　Busy — BOOL<br>REAL — Jerk　CommandAborted — BOOL<br>Error — BOOL<br>ErrorID — WORD | 该功能块只停止该轴组的运动，但不中止已经中断的运动，即本功能块 Execute 上升沿，输出 CommandAborted 不被置位，Busy 仍为 1，但 Active 被复位。中断时，所有路径信息和轨迹信息被存储，轴组仍停留在原来状态 |

（续）

| 功能块名称和功能 | 图形描述 | 说明 |
|---|---|---|
| MC _ GroupContinue<br>中断返回功能块 | 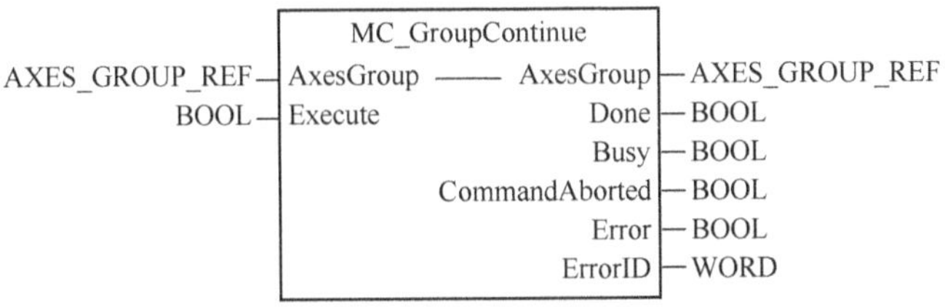 MC_GroupContinue<br>AXES_GROUP_REF — AxesGroup —— AxesGroup — AXES_GROUP_REF<br>BOOL — Execute Done — BOOL<br>Busy — BOOL<br>CommandAborted — BOOL<br>Error — BOOL<br>ErrorID — WORD | 该功能块用于将程序从中断返回。采用中断时存储的数据。轴组的被中断的功能块恢复其运动。原中断的功能块输出 Busy 仍为 1，而 Active 被激活 |
| MC _ MoveLinearAbsolute<br>轴组直线插补绝对位置运动功能块 | 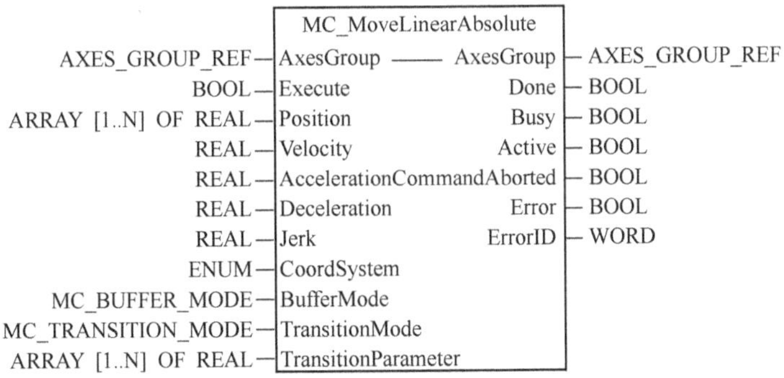 MC_MoveLinearAbsolute<br>AXES_GROUP_REF — AxesGroup —— AxesGroup — AXES_GROUP_REF<br>BOOL — Execute Done — BOOL<br>ARRAY [1..N] OF REAL — Position Busy — BOOL<br>REAL — Velocity Active — BOOL<br>REAL — Acceleration CommandAborted — BOOL<br>REAL — Deceleration Error — BOOL<br>REAL — Jerk ErrorID — WORD<br>ENUM — CoordSystem<br>MC_BUFFER_MODE — BufferMode<br>MC_TRANSITION_MODE — TransitionMode<br>ARRAY [1..N] OF REAL — TransitionParameter | 功能块执行直线插补运动，将 TCP 实际位置移动到特定 CoordSystem 规定的绝对位置<br>Position 是数组，N 由供应商规定，是绝对位置。Velocity 是路径最大速度，同样，Acceleration、Deceleration 和 Jerk 是最大加、减速度和加加速度<br>过渡模式 TransitionMode 见上述，过渡参数是过渡模式的附加参数 |
| MC _ MoveLinearRelative<br>轴组直线插补相对位置运动功能块 | 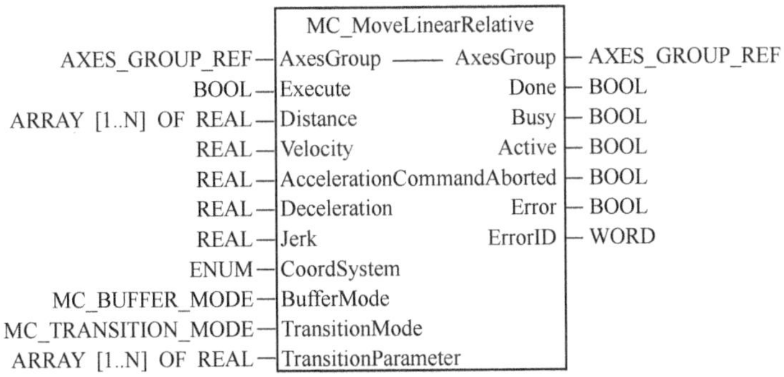 MC_MoveLinearRelative<br>AXES_GROUP_REF — AxesGroup —— AxesGroup — AXES_GROUP_REF<br>BOOL — Execute Done — BOOL<br>ARRAY [1..N] OF REAL — Distance Busy — BOOL<br>REAL — Velocity Active — BOOL<br>REAL — Acceleration CommandAborted — BOOL<br>REAL — Deceleration Error — BOOL<br>REAL — Jerk ErrorID — WORD<br>ENUM — CoordSystem<br>MC_BUFFER_MODE — BufferMode<br>MC_TRANSITION_MODE — TransitionMode<br>ARRAY [1..N] OF REAL — TransitionParameter | 功能块执行直线插补运动，将 TCP 实际位置移动到特定 CoordSystem 规定的相对位置<br>Distance 是数组，N 由供应商规定，是激活时开始的相对位置。Velocity 是路径最大速度，Acceleration、Deceleration 和 Jerk 是最大加、减速度和加加速度<br>过渡模式见上述，过渡参数是过渡模式的附加参数 |
| MC_MoveCircularAbsolute<br>轴组圆弧插补绝对位置运动功能块 | 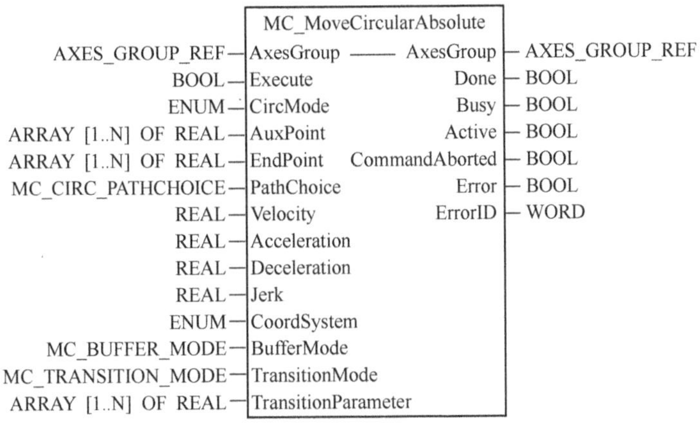 MC_MoveCircularAbsolute<br>AXES_GROUP_REF — AxesGroup —— AxesGroup — AXES_GROUP_REF<br>BOOL — Execute Done — BOOL<br>ENUM — CircMode Busy — BOOL<br>ARRAY [1..N] OF REAL — AuxPoint Active — BOOL<br>ARRAY [1..N] OF REAL — EndPoint CommandAborted — BOOL<br>MC_CIRC_PATHCHOICE — PathChoice Error — BOOL<br>REAL — Velocity ErrorID — WORD<br>REAL — Acceleration<br>REAL — Deceleration<br>REAL — Jerk<br>ENUM — CoordSystem<br>MC_BUFFER_MODE — BufferMode<br>MC_TRANSITION_MODE — TransitionMode<br>ARRAY [1..N] OF REAL — TransitionParameter | 根据 AuxPoint、EndPoint 和 CircMode 规定的圆弧进行插补，轴组按该圆弧运动到绝对位置 EndPoint。圆弧运动方向由 PathChoice 确定<br>过渡模式见上述，过渡参数是过渡模式的附加参数<br>AuxPoint、EndPoint 是根据 CoordSystem 规定的坐标系统中的绝对位置 |

（续）

| 功能块名称和功能 | 图形描述 | 说明 |
|---|---|---|
| MC_MoveCircularRelative<br>轴组圆弧插补相对位置运动功能块 | MC_MoveCircularRelative<br>AXES_GROUP_REF—AxesGroup —— AxesGroup—AXES_GROUP_REF<br>BOOL—Execute Done—BOOL<br>ENUM—CircMode Busy—BOOL<br>ARRAY [1..N] OF REAL—AuxPoint Active—BOOL<br>ARRAY [1..N] OF REAL—EndPoint CommandAborted—BOOL<br>MC_CIRC_PATHCHOICE—PathChoice Error—BOOL<br>REAL—Velocity ErrorID—WORD<br>REAL—Acceleration<br>REAL—Deceleration<br>REAL—Jerk<br>ENUM—CoordSystem<br>MC_BUFFER_MODE—BufferMode<br>MC_TRANSITION_MODE—TransitionMode<br>ARRAY [1..N] OF REAL—TransitionParameter | 根据AuxPoint、EndPoint和CircMode规定的圆弧进行插补，轴组按该圆弧运动到相对位置EndPoint。圆弧运动方向由PathChoice确定。<br>过渡模式见上述，过渡参数是过渡模式的附加参数。<br>AuxPoint、EndPoint是根据CoordSystem规定的从该功能块被激活开始的位置到坐标系统中的相对位置 |
| MC_MoveDirectAbsolute<br>轴组直接移动到绝对位置功能块 | MC_MoveDirectAbsolute<br>AXES_GROUP_REF—AxesGroup —— AxesGroup—AXES_GROUP_REF<br>BOOL—Execute Done—BOOL<br>ARRAY [1..N] OF REAL—Position Busy—BOOL<br>ENUM—CoordSystem Active—BOOL<br>MC_BUFFER_MODE—BufferMode CommandAborted—BOOL<br>MC_TRANSITON_MODE—TransitionMode Error—BOOL<br>ARRAY [1..N] OF REAL—TransitionParameter ErrorID—WORD | 将轴组移动到特定坐标系统规定的绝对位置，而不关心是如何达到目标位置<br>该轴组中的每个轴的性能，例如，速度、加速度、减速度、加加速度在移动时不发生改变 |
| MC_MoveDirectRelative<br>轴组直接移动到相对位置功能块 | MC_MoveDirectRelative<br>AXES_GROUP_REF—AxesGroup —— AxesGroup—AXES_GROUP_REF<br>BOOL—Execute Done—BOOL<br>ARRAY [1..N] OF REAL—Distance Busy—BOOL<br>ENUM—CoordSystem Active—BOOL<br>MC_BUFFER_MODE—BufferMode CommandAborted—BOOL<br>MC_TRANSITON_MODE—TransitionMode Error—BOOL<br>ARRAY [1..N] OF REAL—TransitionParameter ErrorID—WORD | 将轴组移动到特定坐标系统中规定的相对位置，而不关心是如何达到目标位置。其运动起点是TCP的实际位置<br>该轴组中的每个轴的性能在移动时不发生改变 |
| MC_MovePath<br>按规定路径移动轴组功能块 | MC_MovePath<br>AXES_GROUP_REF—AxesGroup —— AxesGroup—AXES_GROUP_REF<br>MC_PATH_DATA_REF—PathData —— PathData—MC_PATH_DATA_REF<br>BOOL—Execute Done—BOOL<br>ENUM—CoordSystem Busy—BOOL<br>MC_BUFFER_MODE—BufferMode Active—BOOL<br>MC_TRANSITON_MODE—TransitionMode CommandAborted—BOOL<br>ARRAY [1..N] OF REAL—TransitionParameter Error—BOOL<br>ErrorID—WORD | 将轴组按PathData规定的路径移动 |

**2. 参数说明**

除了协调管理类运动控制功能块有关参数外，用于协调运动类运动控制功能块的其他输入参数说明如下。

(1) TransitionMode

过渡模式由枚举数据类型MC_TRANSITION_MODE确定。数据类型的声明如下：

```
TYPE
MC_TRANSITION_MODE( TMNone, TMStartVelocity, TMConstantVelocity, TMCornerDistance, TMCorner-
Deviation,
```

TMMaxCornerDeviation);
END_TYPE

过渡模式详见3.4.3节。不同缓冲模式时可使用的过渡模式见表4-9。

**表4-9 可使用的过渡模式**

| 过渡模式（Transition Mode） | 缓冲模式（Buffered Mode） | | | | | |
|---|---|---|---|---|---|---|
| | mcAborting | mcBuffered/ | mcBlengingLow/ | mcBlendingPrevious | mcBlendingNext | mcBlendingHigh |
| TMNone | 可用 | 可用 | 不可用 | 不可用 | 不可用 | 不可用 |
| TMMaxVelocity | 混成模式非必要 | 混成模式非必要 | 混成模式非必要 | 混成模式非必要 | 混成模式非必要 | 混成模式非必要 |
| TMdefineVelocity | 可用 | 不可用 | 可用 | 可用 | 可用 | 可用 |
| TMCornerDistance | 不可用 | 不可用 | 可用 | 可用 | 可用 | 可用 |
| TMMaxCornerDiviation | 不可用 | 不可用 | 可用 | 可用 | 可用 | 可用 |

(2) TransitionParameter

过渡参数是过渡模式下的附加参数，是 $N$ 维数组。

(3) PathChoice

PathChoice 用于路径选择。在圆弧插补时，与 CircMode 一起确定圆弧路径的方向。有顺时针和逆时针两种选项。

(4) CircMode

与 AuxPoint、EndPoint 等参数一起确定圆弧插补的圆弧位置。见下述。

(5) AuxPoint、EndPoint

即辅助点和终点。它与插补开始点及 CircMode 等参数确定圆弧插补的圆弧位置。见下述。

(6) Distance

与协调运动中的 Position 参数类似，用于表示相对距离，是 $N$ 维数组。

**3. 示例**

(1) MC_GroupStop 功能块中 Execute 对轴组状态的影响

**【例4-15】** MC_GroupStop 功能块时序图。

图4-64是该功能块时序图。左侧是正常情况下，当 Execute 上升沿触发，功能块被激活时，轴组的速度开始以 Deceleration 规定的减速度下降（图中，Jerk=0），当速度下降到零时，Done 输出被置位。在功能块 Execute 上升沿触发时，轴组的状态切换到 GroupStopping。当 Execute 复位时，轴组状态从 GroupStopping 转换到 GroupStandby。

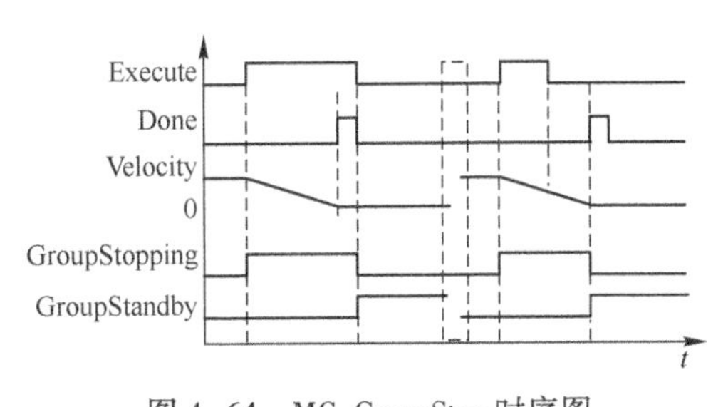


图4-64 MC_GroupStop 时序图

右侧显示如果轴组速度还未下降到零时，功能块 Execute 复位，则轴组速度仍要下降到零，才能使输出 Done 置位，而轴组状态也从 GroupStopping 切换到 GroupStandby。

本示例说明，功能块的输入 Execute 只要触发该功能块激活，就会按规定的减速度使轴组停止，而不会因为 Execute 的复位而对轴组的停止有影响。

**【例4-16】** MC_GroupStop 功能块对 MC_MoveLinearRelative 的影响。

图4-65是 MC_MoveLinearRelative 与 MC_GroupStop 功能块串联连接。

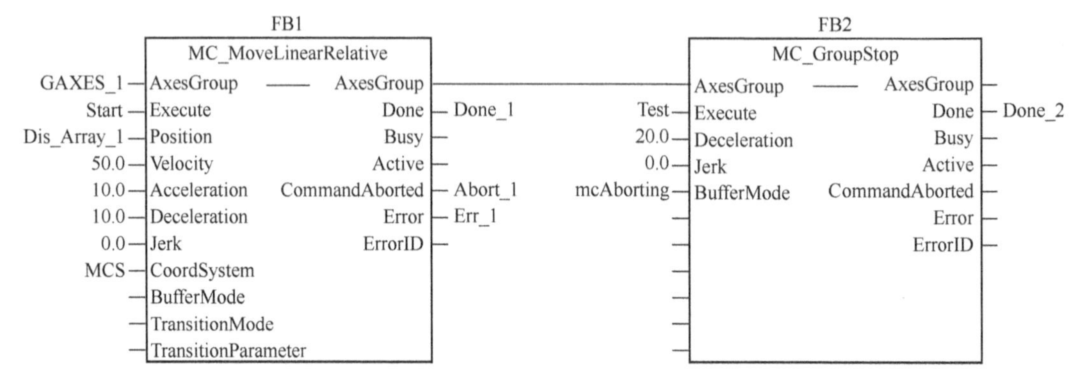

图 4-65　MC_GroupStop 功能块的应用

轴组 GAXES_1 连接到一个 MC_MoveLinearRelative 功能块和一个 MC_GroupStop 功能块。当 Start 上升沿时，触发功能块 FB1，轴组以直线插补方式向规定的相对位置 Dis_Array_1 运动。如果运动期间，FB2 的 Test 被置位，则它中止轴组的运动，这时 FB1. Abort_1 和 FB1. Err_1 被置位，表示轴组在中止模式，并出错。轴组以减速度 20.0 u/s²降低其速度，当速度达到零时，轴组状态进入 GroupStopping。由于轴组是功能块出错造成停止，因此，轴组不进入 GroupErrorStop 状态。图 4-66 显示其信号时序图。

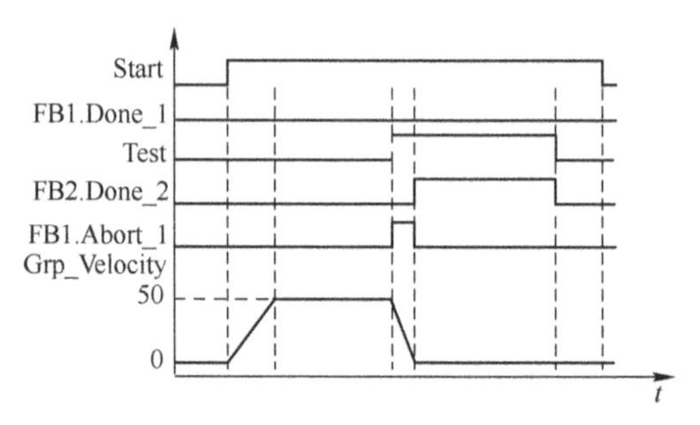

图 4-66　MC_GroupStop 功能块信号时序图

（2）两个 MC_MoveLinearRelative 功能块串联连接，采用过渡模式的示例

**【例 4-17】**两个 MC_MoveLinearRelative 功能块串联连接，采用过渡模式。3.4.2 节中讨论两个 MC_MoveLinearRelative 功能块串联连接，采用中止模式的情况。本示例讨论采用过渡模式的情况。

图 4-67 是两个 MC_MoveLinearRelative 功能块串联连接，采用缓冲和过渡模式的程序。

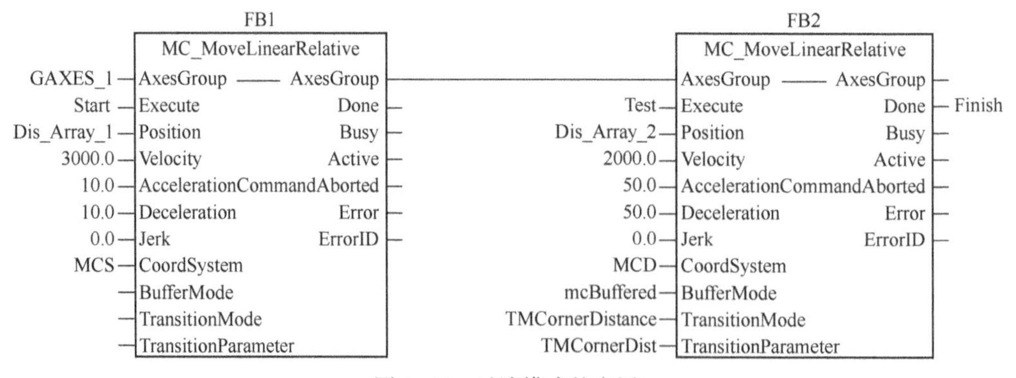

图 4-67　过渡模式的应用

图中，因 FB2 采用 mcBuffered 的缓冲模式，因此，在 Test 加入时，虽然第一功能块实例没有运动到其规定的相对位置 Dis_Array_1，但它会将该命令延迟，即先将速度达到规定的轴组速度，即 3000 u/s，然后匀速和减速，直到达到相对位置 Dis_Array_1 后，它才开始执行 FB2 的运动。这时，相对位置虽然未达到 Dis_Array_1，但根据过渡模式，用角距离的方法，将轴组速度下降到 2000 u/s，最后根据直线插补运动到相对位置。注意，FB2 的相对位置的起点坐标是 FB1 的终点位置，而不是中止点位置。而终点位置是 Dis_Array_1+Dis_Array_2。图 4-68

说明中止时，FB2 需要延迟等待 FB1 运动，直到轴组速度回零时，其输出 Finish 才置位。

图 4-69 显示实际位置的改变。当 FB1 实例达到设置的位置 Dis_Array_1 时，根据过渡模式，参考前后块的角距离，使前后块之间的过渡时间缩短。运动进入 B12 点，使被控轴组的速度达到 2000 u/s，并以匀速和减速方式，最终在相对位置 Dis_Array_2，使速度等于零。

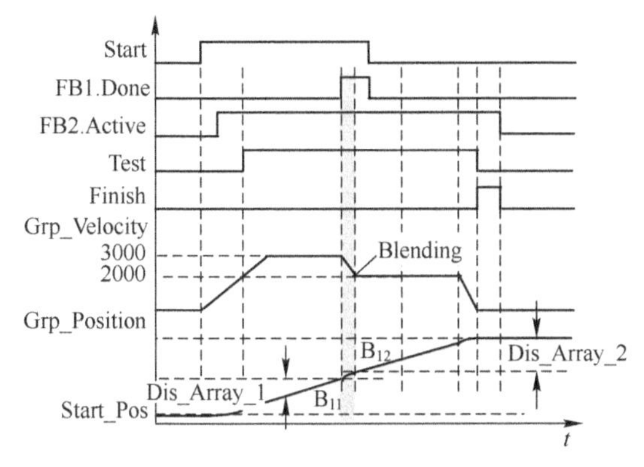


图 4-68 轴组相对位置功能块的缓冲模式

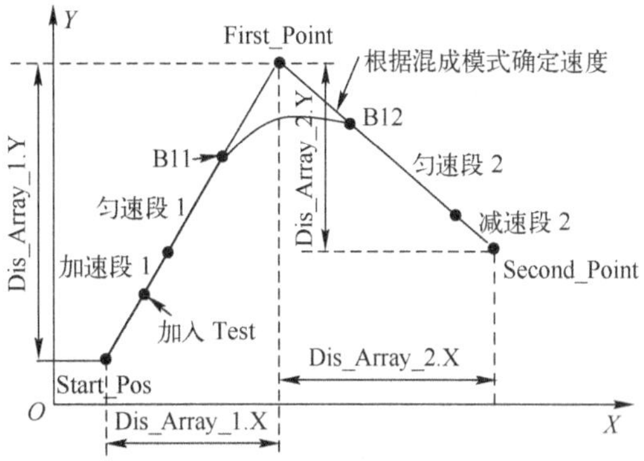

图 4-69 缓冲模式时实际位置改变

图中显示在 B11 到 B12 之间的运动轨迹是角距离过渡模式 TMCornerDistance 造成的。

（3）MC_MoveCircularAbsolute 功能块的示例

**【例 4-18】** 两个 MC_MoveCircularAbsolute 功能块串联实现圆弧插补。

1）圆弧插补。圆弧插补中，从起始点到终止点之间可增加辅助点（AuxPoint）。辅助点和终止点（EndPoint）用数组定义。它们表示在协调系统中点的绝对位置。

辅助点的定义不同，组成圆弧运动轨线的圆弧不同，因此，设置两个参数。圆方向（CircDirection）参数是枚举数据类型 MC_CIRC_PATHCHOICE 表示的参数，用于设置插补圆弧的方向。圆模式（CircMode）参数也是枚举数据类型，有 Border、Center 和 Radius 三种选项，用于设置运动的轨迹。

起始点、辅助点和终止点的圆位置有 Border、Center 和 Radius 三种选项。不同圆弧插补模式的设置组成的轨迹圆不同。表 4-10 是三种圆弧插补模式。原点处画圈表示不进行圆弧插补。

**表 4-10 三种圆弧插补模式**

| 模式 | 边界（CircMode=Border） | 圆心（CircMode=Center） | 半径（CircMode=Radius） |
|---|---|---|---|
| 功能 | 它把辅助点、起始点和终止点组成的圆作为运动的轨迹圆 | 它把辅助点定义为运动轨迹圆的圆心，因此，辅助点应在起始点和终止点连线的中垂线上 | 根据右手法则，定义终止点和与圆平面垂直的矢量，矢量的长度对应于圆半径。矢量的矢箭点是绝对坐标表示的辅助点的位置，即参照协调系统规定的坐标系的原点。根据右手发展，半径为正，用短圆弧；半径为负，用长圆弧 |
| 说明 | 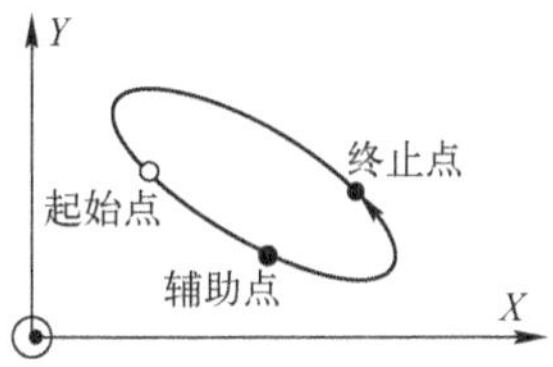 Y 起始点 终止点 辅助点 X | 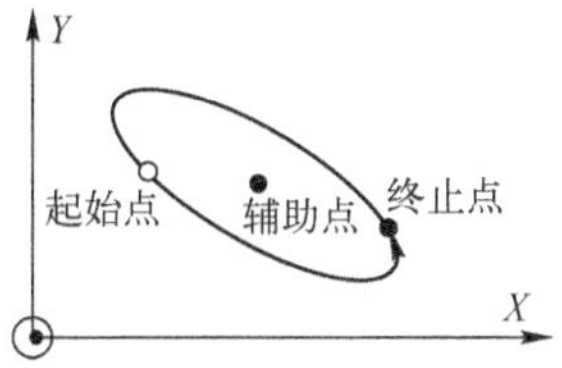 Y 起始点 辅助点 终止点 X | 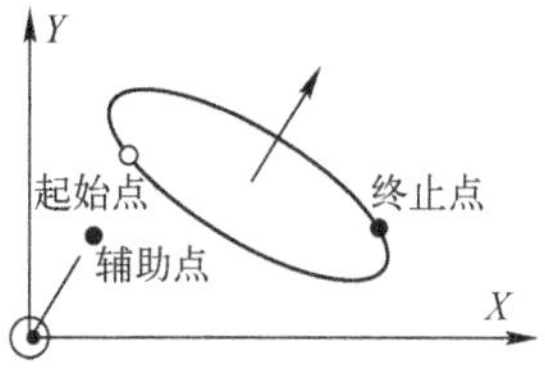 Y 起始点 终止点 辅助点 X |
| 特点 | • 单命令时限制其角度<2π | • 单命令时限制其角度<2π<br>• 圆方程的多元确定<br>• 由于障碍造成冲突，不能达到圆心 | • 单命令时限制其角度<2π<br>• 圆方程的多元确定<br>• 必须计算垂直圆平面的矢量 |

圆模式选用圆心时，可能出现圆心与起点、终点的距离不等的情况，这时，不能画出轨迹圆。为此，将辅助点与起点、终点的距离取平均值，并确定新的辅助点，以该平均值为半径，做轨迹圆。

2）两个 MC_MoveCircularAbsolute 功能块串联实现圆弧插补。两维空间的圆弧插补。

图 4-70 是功能块图程序。图中，功能块实例 FB1 从起点开始进行圆弧插补，根据 Border 模式，用起点、辅助点 1（绝对位置由 AuxPointArray_1 给出的 $X_{11}$和 $Y_{11}$确定）和终点 1（绝对位置由 EndPointArray_1 给出的 $X_{12}$和 $Y_{12}$确定）组成的圆，并根据路径选择为 mcCounterClockwise，即逆时针方向运动。因此，轴组从起点 1 开始，先加速（100 u/s²），再匀速（5000 u/s）和减速（100 u/s²），直到速度为零时正好到达终点 1，完成 FB1 的操作。

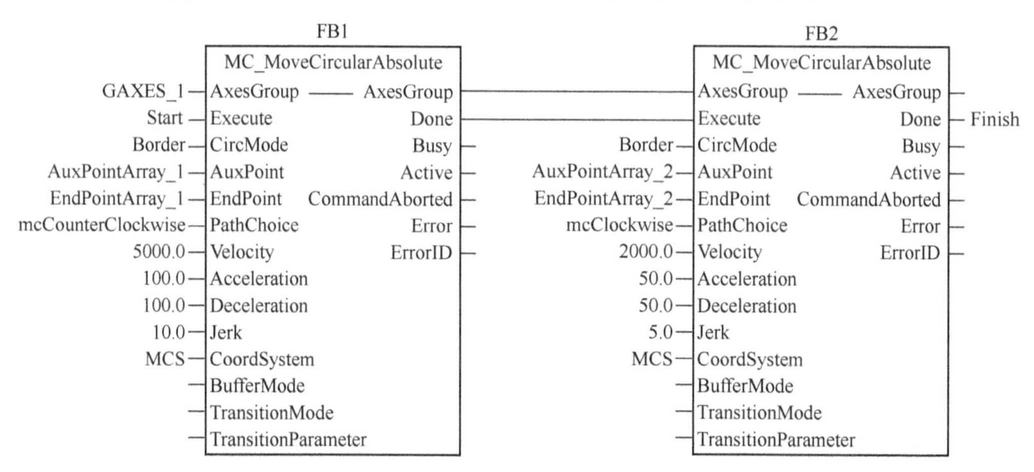


图 4-70　MC_MoveCircularAbsolute 圆弧插补功能块图程序

这时，FB1. Done 置位，并使 FB2 激活，FB2 开始操作。它以 FB1 的终点 1 作为其起点 2，根据起点 2、辅助点 2（绝对位置由 AuxPointArray_2 给出的 $X_{21}$和 $Y_{21}$确定）和终止点 2（绝对位置由 EndPointArray_2 给出的 $X_{22}$和 $Y_{22}$确定）组成的圆，并根据路径选择为 mcClockwise，即顺时针方向运动。轴组从起点 2 开始，先加速（50 u/s²），再匀速（2000 u/s）和减速（50 u/s²），直到速度为零时正好到达终点 2。

图 4-71 说明本程序执行时的位置改变。图 4-72 是功能块信号的时序图。

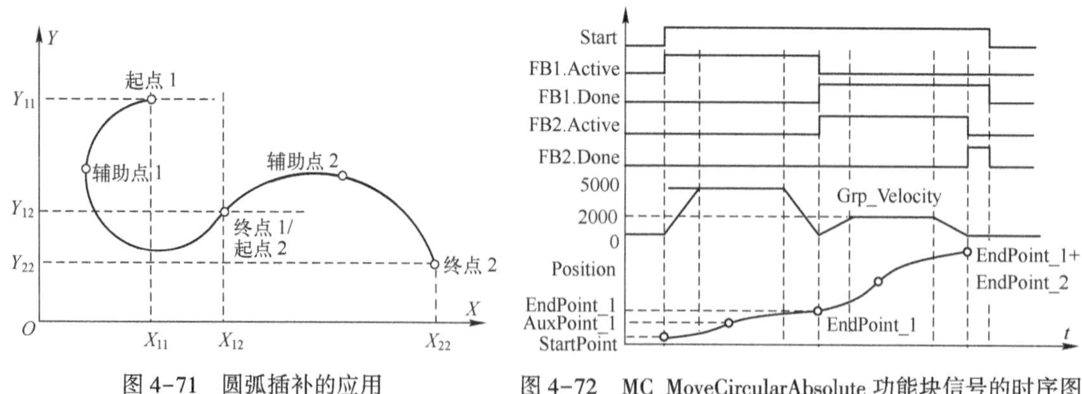


图 4-71　圆弧插补的应用　　图 4-72　MC_MoveCircularAbsolute 功能块信号的时序图

相对位置的圆弧插补功能块与绝对位置圆弧插补功能块类似，但辅助点、终点的位置是相对位置。

## 4.5 同步运动控制功能块

轴和轴组的协调运动概述见 3.4.3 节。轴和轴组的同步有两个功能块，另两个功能块是专门用于传送带和旋转平台的同步运动控制功能块。

### 4.5.1 MC_SyncAxisToGroup

**1. 图形描述**

图 4-73 是 MC_SyncAxisToGroup 功能块图形描述。

功能块设置齿轮速度比的分子和分母，其分子可表示为单轴（从轴）的速度，分母表示为轴组的速度。

输出参数 InSync 与多轴同步时的参数类似，它表示从轴已经与轴组速度同步。

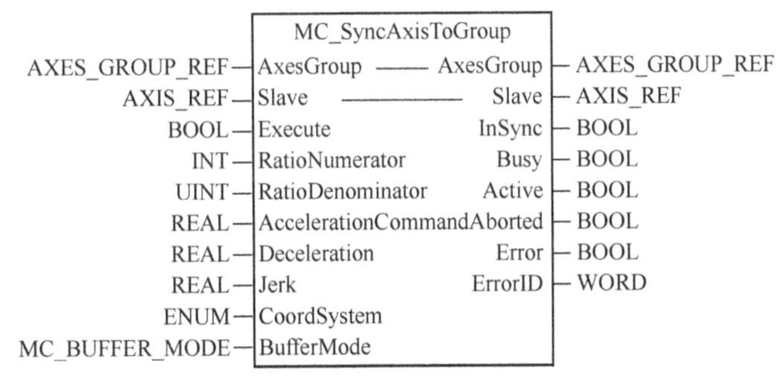


图 4-73　MC_SyncAxisToGroup 图形描述

**2. 功能**

本功能块用于在一个应用坐标系中将一个单轴（从轴）映射到轴组，单轴的输出表示轴组路径的进展，该功能块具有实现从轴与轴组间齿速比的同步。

它相当于汽车的里程表，通过从轴来显示汽车的里程。从轴以斜坡形式改变速度，直到达到与轴组对应速度比的速度，当达到该速度时，从轴就锁定在该位置。

连续调用本功能块，可以通过改变其速度比的分子和分母数值，使从轴同步到轴组速度比规定的值。

一旦达到规定的速度比，则输出 InSync 置位。一旦 InSync 置位，从轴被锁定在该速度还是该位置由供应商规定。

本功能块常用于单轴同步于轴组，轴组同步于轴组。

### 4.5.2 MC_SyncGroupToAxis

**1. 图形描述**

图 4-74 是 MC_SyncGroupToAxis 功能块图形描述。

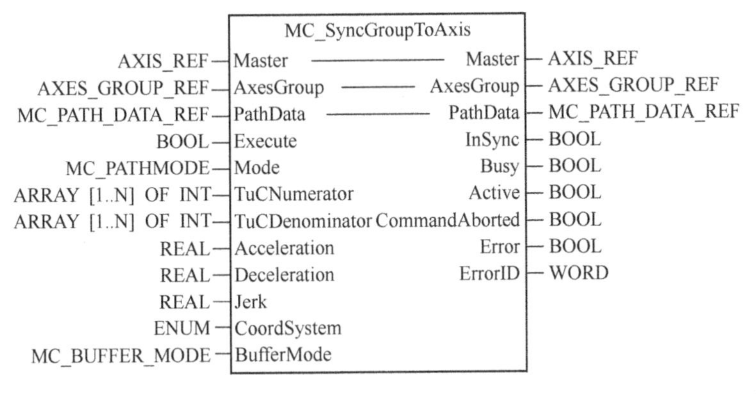


图 4-74　MC_SyncGroupToAxis 图形描述

当轴组要同步于主轴时，需要提供运动轨迹。因此，输入输出参数需要提供 PathData，其结构见 4.4.1 节。功能块的 Mode 是运行模式，有周期和非周期等选项。MC_PathMode 是枚举数据类型。

TuCNumerator 和 TuCDenominator 是轴组中每个轴的技术单位转换时的分子和分母项。转换到轴组中各从轴的技术单位。TuC 是 Technical unit Conversion 的缩写。

**2. 功能**

本功能块用于将指定的坐标系（ACS、MCS 或 PCS）中的轴组同步于主轴。

同步的轨迹由 MC_PATH_DATA_REF 结构数据提供。

TuCNumerator 和 TuCDenominator 数组中的 $N$ 是轴组中从轴的个数。

加速度、减速度和加加速度是上限值，同步过程中不允许超过这些数值。

**3. 示例**

**【例 4-19】** MC_SyncGroupToAxis 功能块示例

图 4-75 是 MC_SyncGroupToAxis 功能块示例程序。

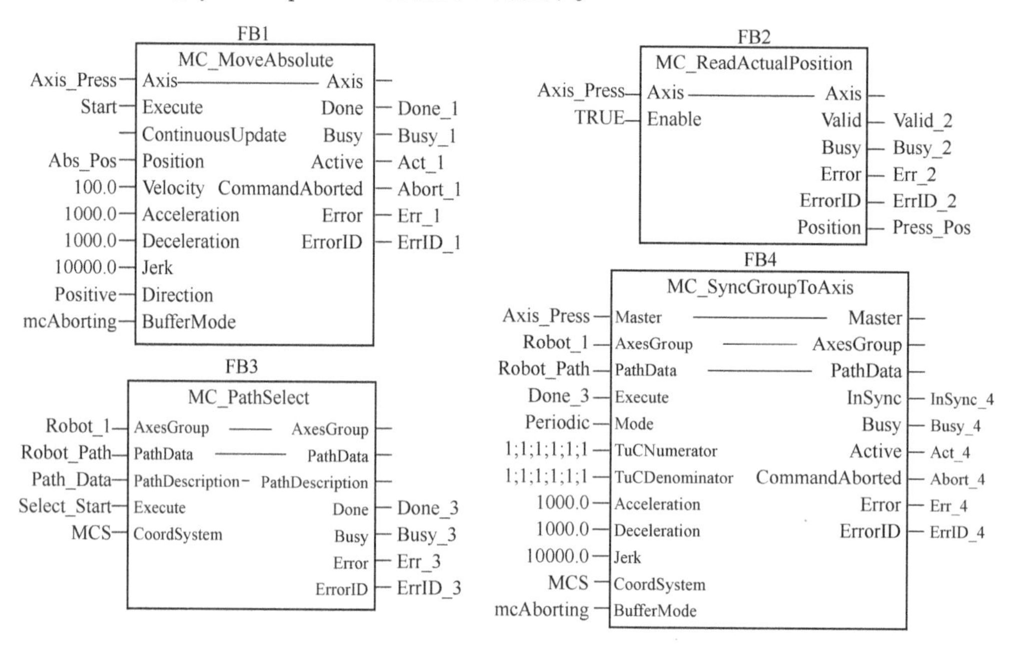


图 4-75　MC_SyncGroupToAxis 示例程序

本程序由 4 个功能块组成，即 MC_MoveAbsolute 实例 FB1、MC_ReadActualPosition 实例 FB2、MC_PathSelect 实例 FB3 和 MC_SyncAxisToGroup 实例 FB4。

主轴是压机的驱动轴，用 Axis_Press 命名。机器人的轴组有 6 维，即 6 轴，用 Robot_1 命名。

按下压机的 Start 按钮，上升沿触发 FB1 实例，使压机主轴按功能块规定的运动参数运动，直到达到功能块规定的绝对位置 Abs_Pos。

用 FB2 显示主轴的实际位置，它在 Press_Pos 变量输出，可在显示屏读取。

图 4-76 显示示例程序执行时的时序图。

按下 Select_Start，其信号的上升沿触发 FB3 实例，实现轴组的路径选择，将 Path_Data 数据读入。执行完成后，FB3 输出 Done_3 置位，它触发 FB4 实例，实现机器人轴组同步于主轴，即压机驱动轴。同步完成时，FB4 实例输出 InSync_4 变量置位，它可连接到显示屏显示已经实现轴组同步于主轴。

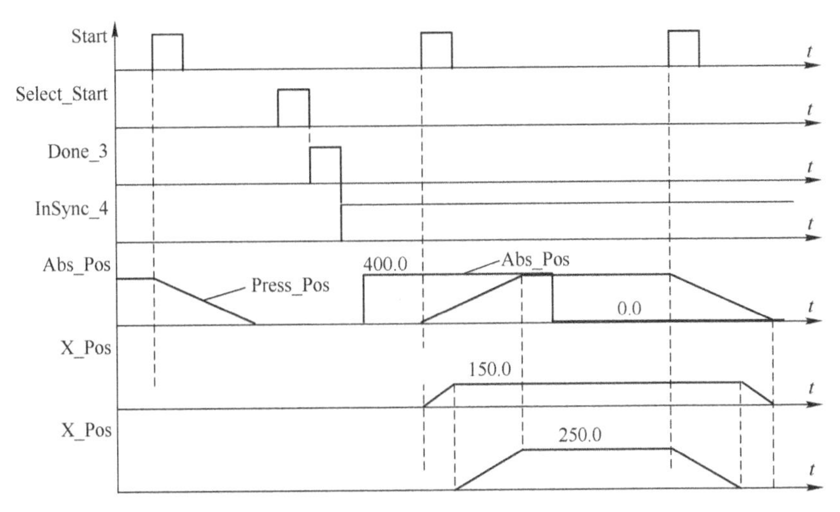

图 4-76　MC_MoveAbsolute 和 MC_SyncGroupToAxis 组合应用时序图

这时，假设将 FB1 实例的输入 Abs_Pos 改变到 400. 0 u，并再次按下 Start，由于 MC_MoveAbsolute 功能块可以多次触发，因此，该功能块将再次触发，将主轴的绝对位置修改到 400. 0 u。

主轴将根据其功能块规定的运动参数运动，并到达规定的绝对位置 400. 0 u。由于轴组已经同步于主轴，因此，在这期间，轴组的其他从轴根据 TuCNumerator 和 TuCDenominator 的有关速度比，进行轴组的各从轴的速度调整，直到达到各从轴符合规定的速度比。

如果再次修改主轴的位置 Abs_Pos，由于轴组同步于主轴的关系，各从轴将随之改变其速度。

## 4. 5. 3　MC_TrackConveyorBelt

### 1. 图形描述

图 4-77 是 MC_TrackConveyorBelt 功能块图形描述。

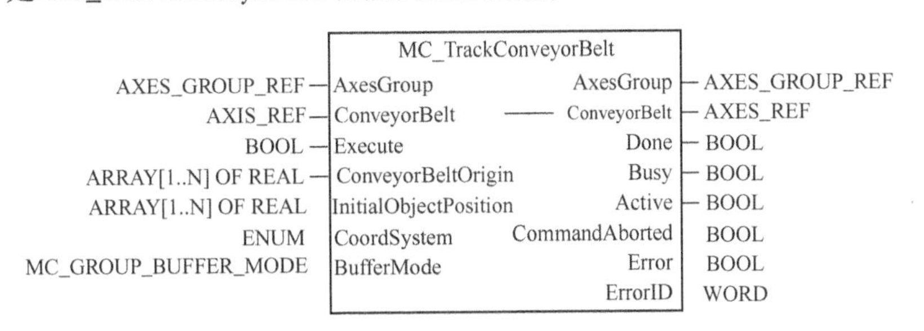

图 4-77　MC_TrackConveyorBelt 图形描述

它是专门用于传送带皮带的功能块，用于跟踪在空间的直线上移动的对象，同时还进行 MCS 坐标系到被选轴组的 PCS 坐标系的动态计算。

输入输出参数 ConveyorBelt 是传送带皮带的驱动轴，因此，用 AXIS_REF 描述。ConveyorBeltOrigin 是规定传送带皮带相对于 MCS 坐标系的原点，用 $N$ 维数组描述。InitialObjectPosition 是传送带上移动对象相对于传送带的初始位置，用 $N$ 维数组描述。CoordSystem 是坐标系统，可以是 MCS 或 PCS。轴组支持多坐标系统时，约定坐标系统是 PCS。

**2. 功能**

它是为传送带驱动专门设置的功能块。使用该功能块可方便地控制传送带上移动对象的运动轨迹。传送带的移动方向规定是坐标系统的 $X$ 轴方向。它不启动运动，但完成坐标变换的计算。

**3. 示例**

**【例 4-20】**某传送带系统的示例

图 4-78 是 MC_TrackConveyorBelt 功能块应用示例。图 4-78a 显示传送皮带速度 $V_{CB}$，摄像机 Camera 用于检测传送带上的工件。工件的坐标系是 PCS，传送带的坐标系是 MCS。先将 MCS 坐标系移动到皮带坐标系 CB，用 Trans MCS_CB 平移变换，再用 Rot MCS_CB 实现旋转坐标变换。再将 CB 坐标系转换到 PCS 坐标系，它是先进行平移坐标变换（用 Trans CB_PCS），再进行旋转变换（用 Rot CB_PCS）。这些变换是在功能块 MC_TrackConveyorBelt 实例 CB_1 实现的。

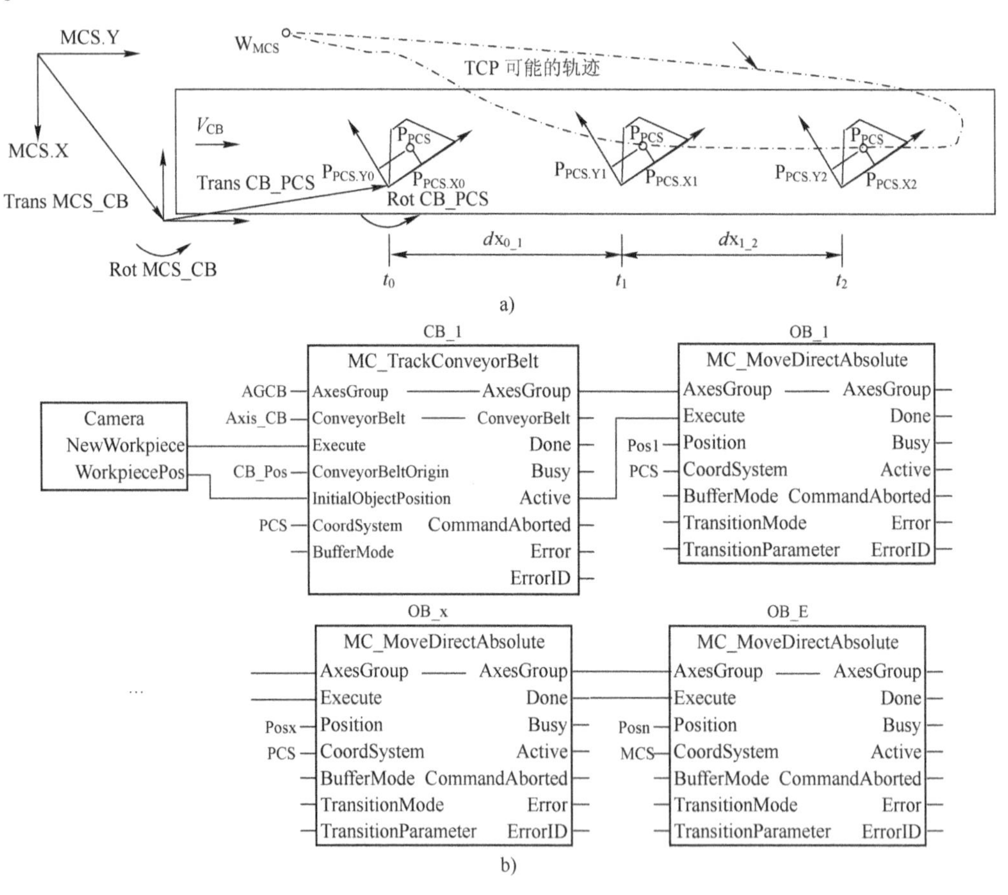


图 4-78　MC_TrackConveyorBelt 应用示例

在 $t_0$点，工件被摄像机检测到，因此，Camera 输出 NewWorkpiece 发出信号，触发 CB_1 实例执行，实现从 MCS 到 PCS 的上述坐标变换。同时轴组从等待位置 $W_{MCS}$ 向目标位置 $P_{PCS}$ 移动。

在 $t_1$点，轴组位置达到目标位置 $P_{PCS}$，传送带移动了 $dx_{0_1}$距离。整个过程开始于该点。以后，$W_{MCS}$都检测到 $P_{PCS}$，直到达到 $t_2$点，表示检测过程结束。轴组回到它的原始等待位置。图中显示 TCP 可能的轨迹线。

图 4-78b 显示功能块图程序。当 Camera 发送检测到工件的信号到 CB_1 实例时，触发其执行有关的坐标变换。其初始位置由 Camera 输出 WorkpiecePos 提供。OB_1 实例是将轴组向 $P_{PCS}$移动。其目标位置是 PCS 坐标系中工件的位置。传送带上其他工件的位置也从有关功能块实例提供。当 OB_E 实例触发时，坐标系已回到 MCS 及相应的 $W_{MCS}$位置。

跟踪时间从实例 OB_1 输出 Done 被置位开始，到实例 OB_E 的输入 Execute 上升沿为止，即 $t_1$到 $t_2$。实例 OB_E 的输出 Done 置位时，轴组已经回到原始位置，即图中的 $W_{MCS}$位置。

### 4.5.4 MC_TrackRotaryTable

**1. 图形描述**

图 4-79 是 MC_TrackRotaryTable 功能块图形描述。它将旋转平台驱动轴作为主轴，轴组同步主轴。因此，它的主轴用 RotaryTable 作为单轴的输入输出。

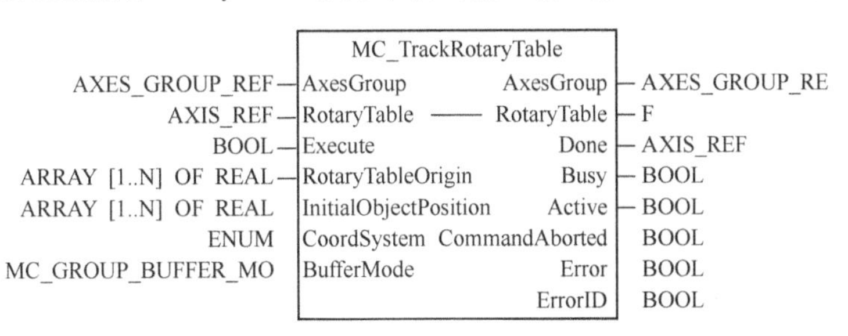


图 4-79　MC_TrackRotaryTable 图形描述

相对于旋转平台的姿态由功能块声明的输入给出。RotaryTableOrigin 输入参数用于设置旋转平台的初始位置，它是相对于 MCS 的姿态。InitialObjectPosition 输入参数设置旋转平台上被控对象的位置，它是相对于旋转平台的位置。因此，两者的参照坐标系不同。

与 MC_TrackConveyorBelt 功能块被控对象是直线移动的传送带类似，MC_TrackRotaryTable 功能块被控对象是旋转平台。同样，它也计算从 MCS 到被选轴组坐标的坐标系统的坐标变换。

**2. 功能**

它是为旋转平台驱动专门设置的功能块。使用该功能块，可方便地控制旋转平台上移动对象的运动轨迹。它不启动运动，但完成坐标变换的计算。

## 4.6 原点定位运动控制功能块

对绝对位置的运动，需要回原点运动控制功能块。原点定位是运动机构在运动开始前建立原点的操作。

为实现伺服机构回原点，常采用一些硬件提供原点位置，常用的有绝对位置开关、限位开关、硬件止挡块以及编码器参考脉冲等。本部分是对原点定位功能块的细化，是运动控制规范第 5 部分的内容。

进行精确运动控制前，需要设置运动坐标系的原点。运动平台都设置原点传感器（称为原点开关)，寻找原点开关位置并将其设置为平台坐标原点的过程称为回原点运动，即原点的定位。

**1. 原点定位步功能块**

下列 5 种功能块与回原点程序结合，可实现被控轴状态转换到回原点状态，也称为主动回原点，或主动原点定位。

(1) MC_StepAbsoluteSwitch

它是一个带限位开关的绝对开关实现原点定位的步功能块。

(2) MC_StepLimitSwitch

它是一个带限位开关实现原点定位的步功能块。

(3) MC_StepBlock

它是带硬件止挡块实现原点定位的步功能块。

(4) MC_StepReferencePulse

它是使用编码器的参考脉冲回原点标识实现原点定位的步功能块。

(5) MC_StepDistanceCoded

它是用一组距离代码的参考标志实现原点定位的步功能块。

一些原点定位程序需要多个上述功能块组合完成。采用这种方式，任何组合的顺序都是可能的，而不需要预先定义数百个原点定位方法。这些步功能块的方法对转矩限、时间限和距离限的单独调整提供了顺序出错条件的控制。因此，原点定位过程是 PLC 的软件系统确认该点是运动控制原点的过程。

原点定位时通常以快速移动，到某一限位开关、绝对原点开关或机械挡块，作为其原点，再以爬行速度运动搜索，有时需要根据上升或下降沿确定是否要反向搜索，直到确定高精度位置的原点。

表 4-11 是原点定位步功能块实现原点定位的程序步。

**表 4-11　原点定位步功能块实现原点定位的程序步**

| 典型的两步原点定位过程：物理传感器和参考脉冲编码器 | 简单的止挡硬件部件运动实现轴的原点定位 | 两步原点定位：搜索轴模块，然后搜索参考脉冲 | 特定用户原点定位过程：先搜索限位开关，再搜索止挡块和搜索编码器的参考脉冲 |
|---|---|---|---|
| MC_StepAbsoluteSwitch<br>搜索传感器<br>快进慢退<br>找到传感器<br>MC_StepReferencePluse<br>搜索参考脉冲<br>慢进<br>找到参考脉冲 | MC_StepBlock<br>搜索轴模块<br>慢退<br>轴已模块化 | MC_StepBlock<br>搜索轴模块<br>慢退<br>轴已模块化<br>MC_StepReferencePluse<br>搜索参考脉冲<br>慢进<br>找到参考脉冲 | MC_StepLimitSwitch<br>搜索限位开关<br>慢退<br>找到限位开关<br>MC_StepBlock<br>搜索轴止挡块<br>慢退<br>轴已模块化<br>MC_StepReferencePluse<br>搜索参考脉冲<br>慢进<br>找到参考脉冲 |

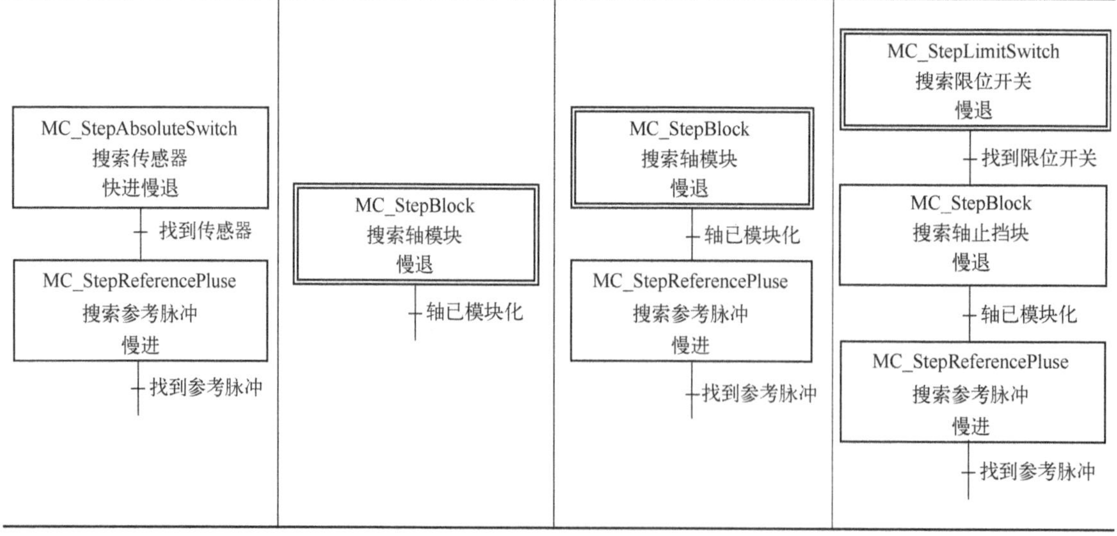

**2. 完成回原点过程和离开回原点状态**

下列 3 种功能块用于轴从初始状态（回原点 Homing）自动转换到保持静止 StandStill 状态，轴不发生运动，这些功能块用于强制将有关参考点位置设置为原点位置。

(1) MC_HomeDirect

该功能块强制将用户参考位置作为原点。

（2） MC_HomeAbsolute

该功能块强制将绝对编码器位置作为原点。

（3） MC_FinishHoming

该功能块可能在操作区域做相对运动来完成原点定位。

被控轴如果在其他状态，则这些功能块与其称为原点定位，不如称为驱动器强制复位（用手动方法将被控轴回复到正确位置）。

**3. 快速原点定位**

原点定位需要伺服机构处在运行状态，同时没有在回原点状态。因此，快速原点定位也称为被动原点定位。下列功能块不影响被控轴的状态。类似于管理类功能块，它可在被控轴处于任何运动状态时被调用，轴不发生运动。这 3 个功能块用于在轴运动过程中对原点的被动定位。

（1） MC_StepReferenceFlyingSwitch

该功能块强制将运动过程中的参考开关位置作为原点。

（2） MC_StepReferenceFlyingRefPulse

该功能块强制将运动过程中的编码器参考脉冲位置作为原点。

（3） MC_AbortPassiveHoming

该功能块强制将运动过程中中止的位置作为原点。

## 4.6.1 MC_StepAbsoluteSwitch

**1. 图形描述**

图 4-80 是 MC_StepAbsoluteSwitch 功能块图形描述。它与实际存在于绝对位置的回原点开关一起实现回原点的定位功能。

功能块中，Direction 是搜索原点的不同方向选项，有 mcPositionDirection、mcNegationDirection、mcSwitchPos 以及 mcSwitchNeg 这 4 个选项。

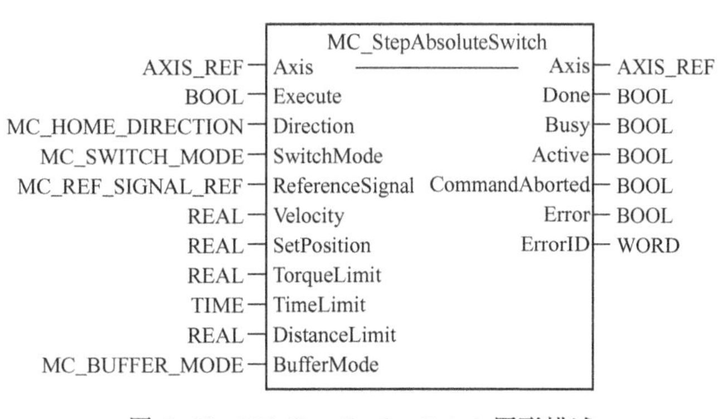


图 4-80　MC_StepAbsoluteSwitch 图形描述

运动部件在原点的规定范围内设置硬件开关，例如，接近开关等。当运动部件到达该规定范围内时，触发开关激活，输出回原点信号。

图 4-81 显示绝对位置开关和运动部件运动方向的关系。图中，运动部件在电动机驱动下运动。右图中的小方块表示运动部件的初始位置。箭头表示其运动方向。第一种方案表示运动部件向左移动进入原点区域；第二种方案表示运动部件在绝对位置区域，它向正方向移动，当移出原点区域时，检测到绝对开关从 ON 到 OFF，因此，反向搜索，直到触发绝对开关，使其停止；第三种方案表示运动部件在绝对开关位置左面，它先向负方向搜索，接触到负向限位开关后，从 OFF 到 ON，表示搜索方向不对，因此转向，并超过绝对开关后再转向回到原点区域。这里，附加限位开关是为了系统的安全性考虑。例如，运动部件已经在绝对开关的左侧，用正方向搜索就可经负限位开关使其转向。

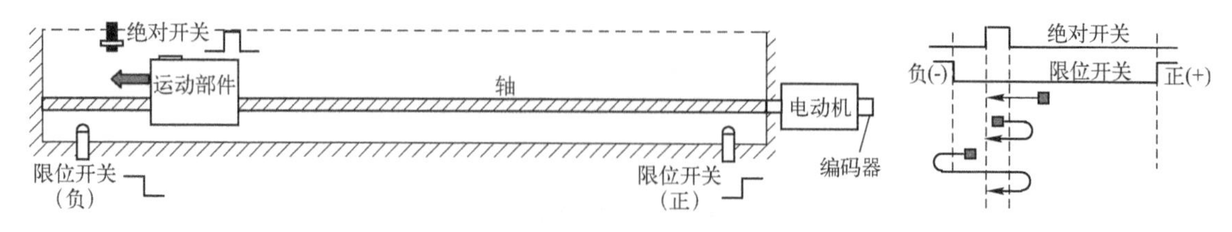


图 4-81　回原点绝对开关搜索和轨迹图

（1）Direction 选项

该选项用于功能块设置 4 种初始运动方向，即正方向 mcPositionDirection、反方向 mcNegationDirection、开关的正方向 mcSwitchPos 和开关的反方向 mcSwitchNeg。

1）mcPositionDirection：通常在正方向开始搜索。正方向搜索的正限位开关。

2）mcNegationDirection：通常在反方向开始搜索。反方向搜索的负限位开关。

3）mcSwitchPositive：取决于开关在 Execute 上升沿边沿时的状态。如果开关在 OFF，方向 Direction 为正；如果开关在 ON，方向 Direction 为反。

4）mcSwitchNegative：取决于开关在 Execute 上升沿边沿时的状态。与上述正好相反。

（2）SwitchMode（开关模式）选项

该选项描述完成绝对位置开关搜索时传感器（绝对位置开关）的状态。

1）mcOn：当传感器为 ON 时。

2）mcOff：当传感器为 OFF 时。

3）mcRisingEdge：当传感器从 OFF 转换到 ON 时，即上升沿触发。

4）mcFallingEdge：当传感器从 ON 转换到 OFF 时，即下降沿触发。图 4-81 表示下降沿发生的位置即认为是运动系统的原点。

5）mcEdgeSwitchPositive：取决于运动方向，边沿检测在运动正方向。

6）mcEdgeSwitchNegative：取决于运动方向，边沿检测在运动的反方向。

（3）ReferenceSignal

该参数为供应商规定的结构数据。例如，可见 3.3.1 节的定义。它包含相关数据引用开关的引用。结构类似于用于 MC_TouchProbe 功能块的 MC_TRIGGER_REF。

（4）其他输入参数

SetPosition 是搜索条件满足时轴的位置，用于作为原点位置的设置，通常应设置为 0.0，作为原点。TorqueLimit、TimeLimit、DistanceLimit 分别是转矩限、时间限和距离限。数值为 0.0 或 0 表示被设置限值为 0。在限值范围内，如果仍没有搜索到传感器（开关），则功能块发送出错信号。

**2. 功能**

MC_StepAbsoluteSwitch 功能块从不同方向搜索绝对位置开关，并将该位置定为原点。为安全起见，可增设两个限位开关，当一个方向不能搜索到绝对位置开关时，如果搜索到限位开关，则可执行下列操作。

1）轴状态被设置到回原点 Homing 状态。

2）传感器能够被找到的可能方向，执行命令转向并搜索，执行回原点的命令。

3）速度由输入参数定义。例如，减小搜索速度。

4）转矩被限制。

5）如果时间限或距离限超出，则发送出错信号 Error。

6）限位开关被搜索到时，在相反方向进行搜索。绝对位置开关被搜索到，并切换到 OFF

（或取决于 SwitchMode 设置）。

7）如果 SwitchMode 设置为 mcEdgeSwitchPositive 或 mcEdgeSwitchNegative，则特定搜索过程仍在相反方向开始，取决于 Execute 触发时开关的状态。

8）如果输入 SetPosition 未连接，则功能块不修改实际原点位置。如果输入 SetPosition 连接，则回原点搜索条件满足时，将修改实际位置到 SetPosition 设置的位置。即将该设置位置定为原点。

**3. 示例**

绝对位置开关 AbsSwitch 是接近开关时，只有当运动部件在接近开关的一定范围内，其输出才置位。限位开关 LimitSwitch 是 ON-OFF 开关。它在移动方向接通 ON 后，则再在该移动方向移动时开关保持其接通 ON 状态，反之，在移动方向断开 OFF 后，则再在该移动方向移动时开关保持其断开 OFF 状态。

**【例 4-21】** 不同 SwitchMode 模式和不同移动方向对原点定位的影响。

**表 4-12　不同 SwitchMode 模式和不同移动方向对原点定位的影响**

| 开关模式 | mcRisingEdge | mcFallingEdge | ON | OFF |
|---|---|---|---|---|
| 搜索方向和原点定位 | (-) ON (+)<br>OFF OFF AbsSwitch<br>ON ON<br>OFF LimitSwitch | (-) ON (+)<br>OFF OFF AbsSwitch<br>ON ON<br>OFF LimitSwitch | (-) ON (+)<br>OFF AbsSwitch<br>ON ON<br>OFF LimitSwitch | (-) ON (+)<br>OFF AbsSwitch<br>ON ON<br>OFF LimitSwitch |
| 说　明 | 1）反方向移动，当绝对位置开关上升沿触发时定为原点<br>2）正向移动，绝对位置开关下降沿触发反向移动，当其上升沿时定为原点<br>3）正向移动，触发限位开关 ON 时反向移动，再触发绝对位置开关，上升沿触发后反向，绝对位置开关下降沿的位置定为原点 | 1）反向移动，绝对位置开关下降沿触发，定为原点<br>2）正向移动，绝对位置开关下降沿触发反向移动，在绝对位置开关再次下降沿时定为原点<br>3）反向移动，触发限位开关 ON 时反向移动，绝对位置开关下降沿触发反向，当绝对位置开关下降沿触发定为原点 | 1）反向移动，绝对位置 ON 时触发定为原点<br>2）正向移动，绝对位置 OFF 时触发反向移动，当绝对位置开关 ON 时触发定为原点 | 1）反向移动，绝对位置 ON 时反向移动，绝对位置开关 OFF 时触发定为原点<br>2）正向移动，绝对位置 OFF 时触发定为原点 |

## 4.6.2 MC_StepLimitSwitch

**1. 图形描述**

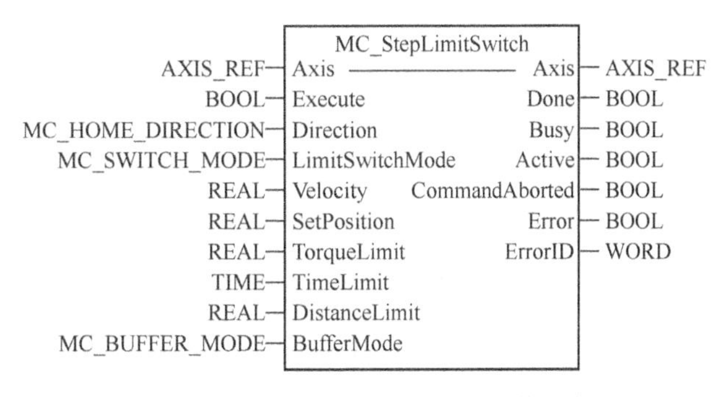


图 4-82　MC_StepLimitSwitch 图形描述

图 4-82 是 MC_StepLimitSwitch 功能块的图形描述。

MC_StepLimitSwitch 功能块与一个限位开关结合，用于实现回原点的搜索。

图 4-83 显示运动部件（图中用小方块表示）如何移动来搜索限位开关的。图中显示两种搜索的方案。一种方案是直接从限位开关的右侧，向左运动直到限位开关动作；另一种方案是从限位开关的左侧向右移动，到发现超过限位开关位置从 ON 切换到 OFF 时再返回搜索，直到限位开关动作。因此，图中将限位开关从 OFF 到 ON 时的位置定为运动控制系统的原点。

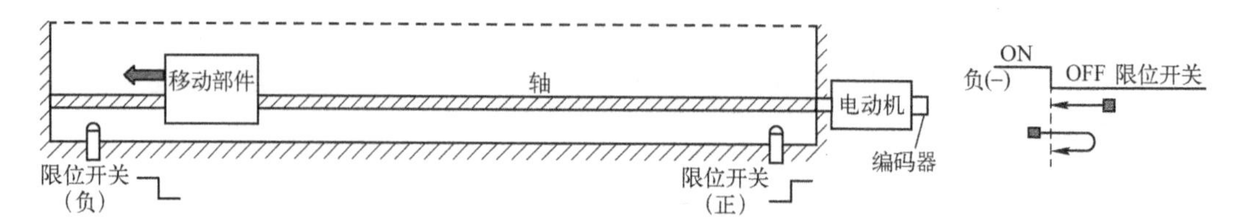


图 4-83　回原点限位开关搜索和轨迹图

（1）Direction 选项

参数 Direction 规定运动部件的搜索方向。该功能块有两个选项。

1）mcPositionDirection：正方向搜索正限位开关。

2）mcNegationDirection：反方向搜索负限位开关。

（2）LimitSwitchMode 选项

该功能块有 4 个选项。

1）mcOn：当传感器限位开关为 ON 时。

2）mcOff：当传感器限位开关为 OFF 时。

3）mcRisingEdge：当传感器限位开关从 OFF 转换到 ON 时。

4）mcFallingEdge：当传感器限位开关从 ON 转换到 OFF 时。

（3）其他参数

与 MC_StepAbsoluteSwitch 功能块类似。

**2. 功能**

在 Execute 信号上升沿，根据设置的限位开关模式和方向搜索限位开关，如果搜索到限位开关，则在该特定方向的相反方向开始搜索过程。如果限位开关在 Execute 信号下降沿被搜索到（取决于设置的模式），则重新开始在原方向的搜索过程。它常与 MC_StepBlock 等功能块结合实现原点定位功能。

1）轴状态被设置到回原点 Homing。

2）传感器能够被找到的可能方向，执行命令转向并搜索，执行回原点的命令。

3）速度由输入参数定义。例如，减小搜索速度。

4）转矩被限制。

5）如果时间限或距离限超出，则发送出错信号 Error。

6）如果输入 SetPosition 未连接，则功能块不修改实际原点位置。如果输入 SetPosition 连接，则回原点搜索条件满足时，将修改实际位置到 SetPosition 设置的位置。即将该设置位置定为原点。

**3. 示例**

**【例 4-22】** 表 4-13 显示设置不同 LimitSwitchMode 时的搜索方向和原点定位的位置。不同搜索方法获得的原点位置会有一定差别。

**表 4-13　设置不同 LimitSwitchMode 时的搜索方向和原点定位的位置**

| LimitSwitchMode | mcRisingEdge（上升沿触发） | mcFallingEdge（下降沿触发） |
| --- | --- | --- |
| 搜索方向和原点定位 | (–) ON 限位开关 (–) OFF (+) | (–) ON 限位开关 (–) OFF (+) |

（续）

| LimitSwitchMode | mcRisingEdge（上升沿触发） | mcFallingEdge（下降沿触发） |
|---|---|---|
| 说　明 | 1）反向移动，触发限位开关从 OFF 到 ON 的位置定为原点<br>2）正向移动，触发限位开关从 ON 到 OFF，再反向搜索，直到触发限位开关从 OFF 到 ON 时的该位置定为原点 | 1）反向移动，触发限位开关从 OFF 到 ON，再正向搜索，直到触发限位开关从 ON 到 OFF 时的该位置定为原点<br>2）正向移动，触发限位开关从 ON 到 OFF 的位置定为原点 |

## 4.6.3 MC_StepBlock

### 1. 图形描述

图 4-84 是 MC_StepBlock 功能块图形描述。

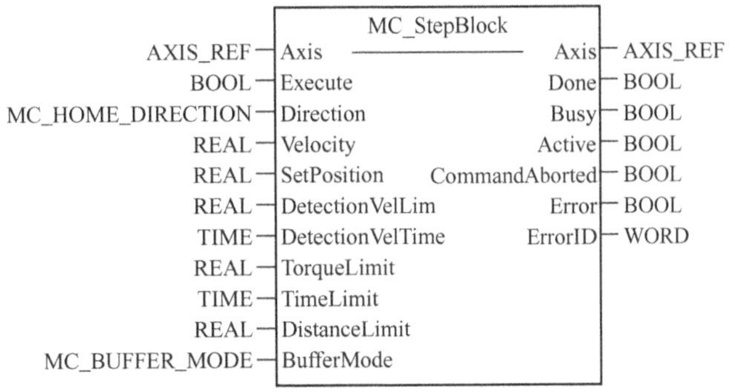

该功能块采用物理的机械挡块阻止运动部件的移动。因此，不需要设置限位开关和参考脉冲。但从安全考虑，通常需要设置有关硬件，用于防止回原点操作时保护运动部件，不致造成损坏。

| MC_StepBlock | | | |
|---|---|---|---|
| AXIS_REF | Axis | Axis | AXIS_REF |
| BOOL | Execute | Done | BOOL |
| MC_HOME_DIRECTION | Direction | Busy | BOOL |
| REAL | Velocity | Active | BOOL |
| REAL | SetPosition | CommandAborted | BOOL |
| REAL | DetectionVelLim | Error | BOOL |
| TIME | DetectionVelTime | ErrorID | WORD |
| REAL | TorqueLimit | | |
| TIME | TimeLimit | | |
| REAL | DistanceLimit | | |
| MC_BUFFER_MODE | BufferMode | | |

图 4-84　MC_StepBlock 图形描述

参数 Direction 规定运动部件的搜索方向。选项 mcPositionDirection 是正方向搜索机械挡块。选项 mcNegationDirection 表示反方向搜索机械挡块。

输入参数 DetectionVelLim 是达到转矩限时的速度限值。DetectionVelTime 是达到转矩限和速度限时的最小允许时间，0.0 表示第一转矩和达到的速度可以接受。TorqueLimit 是最大转矩或力，为使运动部件的转矩不超过该值造成机械阻塞，应设置该参数。TimeLimit 是时间限，在不超过该时间限的时间内运动部件应可检测到机械挡块，如果仍未检测到机械挡块，则功能块发送出错信号。DistanceLimit 是距离限，如果运动的距离超过该限值，仍未检测到机械挡块，则功能块发送出错信号。

### 2. 功能

当功能块运行时，检测到机械挡块，则该位置表示被控轴的原点。机械挡块检测条件是转矩限达到和至少在检测速度限时间内实际轴速度已经下降到检测速度限值以下。

## 4.6.4 MC_StepReferencePulse

### 1. 图形描述

图 4-85 是 MC_StepReferencePulse 功能块图形描述。这是搜索参考脉冲实现回原点的一种方法。

本功能块对参考脉冲进行检测，根据脉冲信号确定移动方向，直到回到原点。

（1）Direction 选项

参数 Direction 规定运动部件的搜索方向。该功能块有两个选项。

1）mcPositionDirection：正方向搜索脉冲。

2）mcNegationDirection：反方向搜索脉冲。

（2）ReferenceSignal

该参数是参考脉冲信号。

图 4-86 是参考脉冲信号与原点的关系。由于参考脉冲之间的时间宽度很小，因此，该功能块可高精度检测到原点的位置。

**2. 功能**

旋转编码器每转一周发送一个参考脉冲（也称为标志脉冲、零相脉冲或 Z 脉冲），回原点程序搜索该脉冲信号，并根据脉冲信号确定移动方向，直到回到原点。

图 4-86 中显示了三种方案。左面方案直接从限位开关（负）移动到第一个搜索到的参考脉冲；中间方案是从中间某位置向右移动直到检测到参考脉冲；右面方案是从正限位开关向左移动，到超过该脉冲时再返回搜索，直到搜索到参考脉冲。与传统光学、机械或磁传感器比较，采用参考脉冲的搜索方案可提高检测精度。

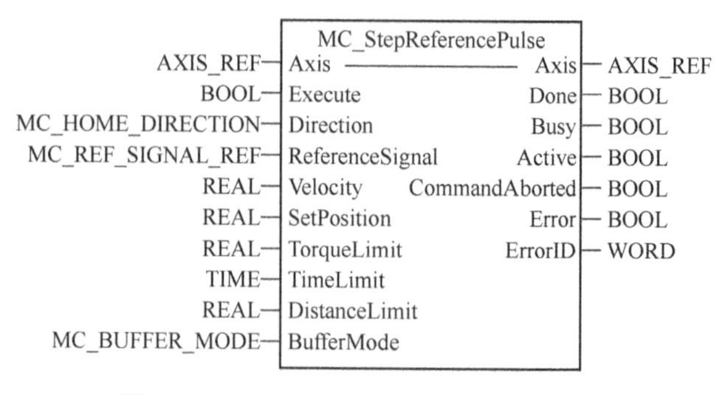


图 4-85　MC_StepReferencePulse 图形描述

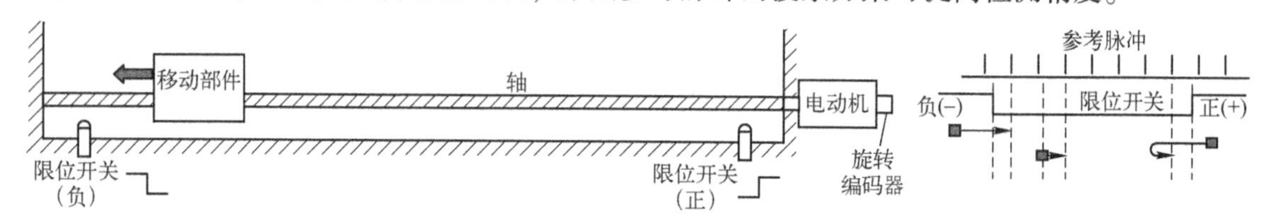


图 4-86　回原点参考脉冲搜索和轨迹图

参考脉冲信号可包括一个输入信号（BOOL）和附加的信息，例如，时间标签或差分的位置。输入信号指用于连接到参考开关的信号。参考开关可以是简单开关或快速数字输入输出（带时间标签）或任何位置传感器的参考标记，或其他输入。

为实现高精度位置检测，该功能块通常与 MC_StepAbsoluteSwitch 功能块或 MC_StepLimit-Switch 功能块结合，在这些功能块搜索到原点附近后再用参考脉冲搜索，实现高精度定位。

## 4.6.5　MC_StepDistanceCoded

**1. 图形描述**

图 4-87 是 MC_StepDistanceCoded 功能块图形描述。

其参数的定义与上述原点定位功能块参数类似。Direction 有正方向 mc-PositionDirection 和反方向 mcNegativeDi-rection 两个选项。

**2. 功能**

回原点距离编码功能块也搜索一系列参考脉冲，用于确定原点位置。它通过两个相邻脉冲之间的距离确定原点位置。

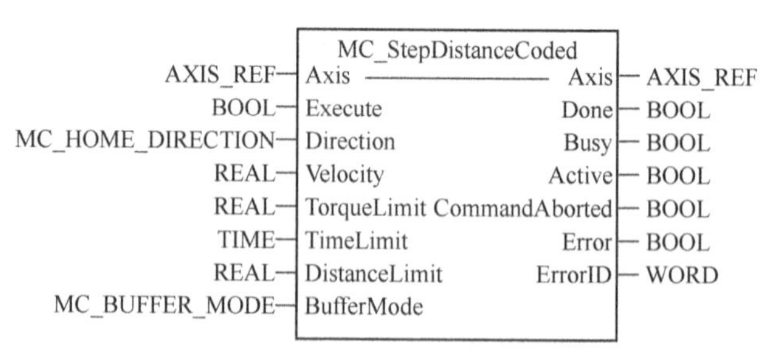


图 4-87　MC_StepDistanceCoded 图形描述

图 4-88 显示回原点距离编码功能块 MC_StepDistanceCoded 的工作原理和搜索方向。

对线性编码器，该原点定位程序搜索一系列参考脉冲用于执行原点定位操作。它先在一个预定方向低速运动进行搜索，并搜索到第一个脉冲 $P_1$，如果发现挡块或限位开关，它不停止搜索，而尝试在相反方向重新搜索。当搜索到第二个脉冲 $P_2$后，它仍不停止搜索，而尝试在相反方向重新搜索。然后，计算两个脉冲信号之间的绝对距离。整个搜索过程中如果发现挡块和限位开关，则发送出错信号。

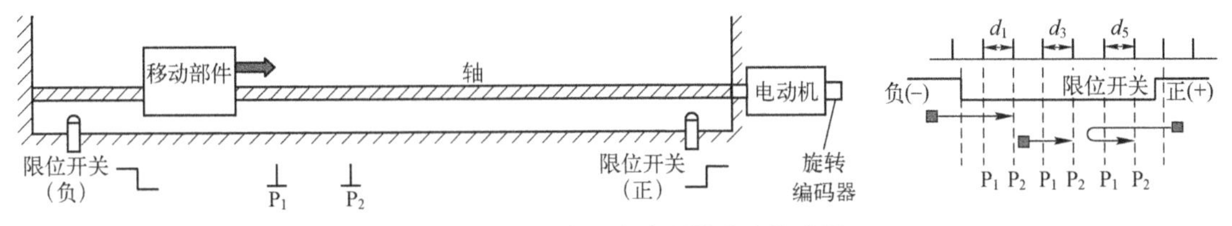


图 4-88　回原点距离编码搜索和轨迹图

通常，用该功能块将第二个脉冲信号作为原点位置，它也提供参考脉冲之间的距离信息，作为原点位置的搜索范围。本功能块常与其他功能块组合实现原点的精确定位。

## 4.6.6　MC_HomeDirect

### 1. 图形描述

图 4-89 是 MC_HomeDirect 功能块图形描述。

本功能块不对被控轴执行运动操作，因此是静态回原点功能块。直接回原点是指该功能块直接将被控轴当前位置作为原点定位的基础。这里与原点的绝对位置由 SetPosition 输入。

| 输入类型 | MC_HomeDirect | | 输出类型 |
| --- | --- | --- | --- |
| AXIS_REF | Axis | Axis | AXIS_REF |
| BOOL | Execute | Done | BOOL |
| REAL | SetPosition | Busy | BOOL |
| MC_BUFFER_MODE | BufferMode | Active | BOOL |
| | | CommandAborted | BOOL |
| | | Error | BOOL |
| | | ErrorID | WORD |

图 4-89　MC_HomeDirect 图形描述

### 2. 功能

该功能块与位于原点初位的轴调用 MC_SetPosition 功能块等效。它强制将当前轴的位置设置为原点与输入 SetPosition 之和，同时，也使被控轴状态从 Homing 转换到 StandStill。

## 4.6.7　MC_HomeAbsolute

### 1. 图形描述

图 4-90 是 MC_HomeAbsolute 功能块图形描述。

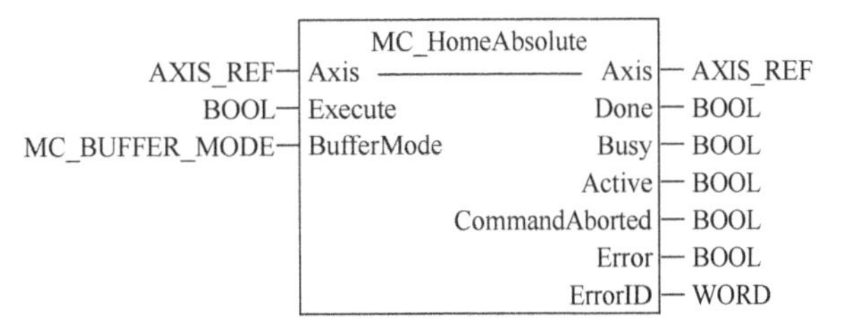


图 4-90　MC_HomeAbsolute 图形描述

本功能块用于强制设置被控轴的原点。原点位置是根据绝对编码器检测到的位置，然后，将被控轴实际位置作为原点位置送该绝对编码器的原点位置存储。它与位于原点初位的轴调用 MC_SetPosition 功能块等效，但从绝对编码器获得位置信息。

### 2. 功能

与 MC_HomeDirect 功能块类似，它将当前实际位置作为原点位置，送绝对编码器作为机械运动部件的原点，并将被控轴状态从 Homing 转换到 StandStill。

## 4.6.8　MC_FinishHoming

### 1. 图形描述

图 4-91 是 MC_FinishHoming 功能块图形描述。

输入参数 Distance 是功能块在原点区间内对被控轴进行微动搜索的距离。Velocity、Acceleration、Deceleration 和 Jerk 是允许微动的速度、加速度、减速度和加加速度。它将被控轴状态从 Homing 转换到 StandStill。

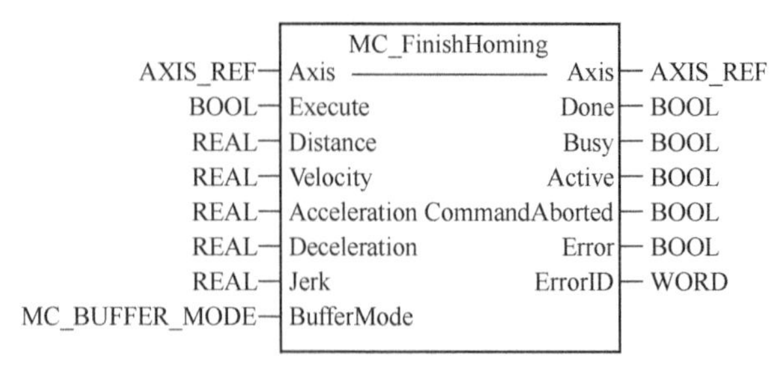


图 4-91　MC_FinishHoming 图形描述

**2. 功能**

当接近原点时，例如，搜索过程中离开了原点位置，则本功能块可以在允许的范围内进行相对搜索，使被控轴回复到原点范围内。

## 4.6.9　MC_StepRefFlySwitch

**1. 图形描述**

图 4-92 是 MC_StepRefFlySwitch 功能块图形描述，是 MC_StepReferenceFlyingSwitch 功能块的缩写。它是在运动过程中对原点的定位。即被控轴不在原点 Homing 状态的原点定位，它不影响轴的状态图，也不引起运动，因此，类似于管理类运动控制功能块。

在运动过程中，对运动部件不允许单独进行原点定位，因此，必须在运动期间用本功能块对参考脉冲搜索，当满足搜索条件时，通过设置的位置 SetPosition 数值来确定原点位置。

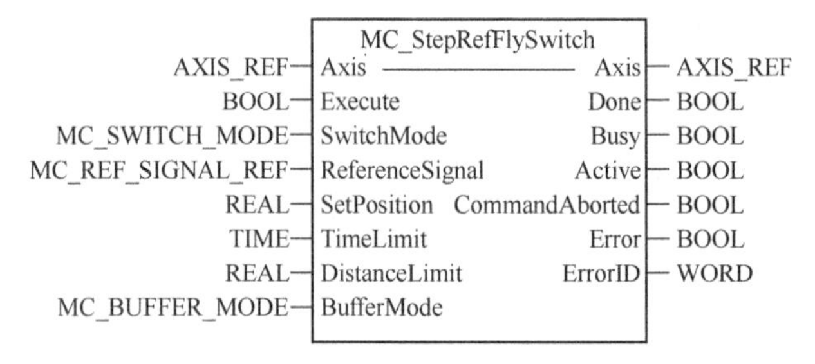


图 4-92　MC_StepRefFlySwitch 图形描述

**2. 功能**

所谓的飞行模式是指在运动过程中运动部件如何确定原点的一种方法。标准规定两种飞行模式，即 MC_StepRefFlySwitch 功能块和 MC_StepRefFlyRefPulse 功能块。当运动部件在运动过程中，不允许用分离的回原点程序，回原点的定位必须在运动过程中完成。因此，它们是快速的原点定位方法。这些方法也适用于非刚性的传输，即允许来自控制器的反馈信号造成实际位置不可控地滑动，例如，基于轮子的或扁平皮带传送时出现的滑移。

在执行该功能块时，飞行模式不影响实际运动的状态和命令。功能块中的输入参数 TimeLimit 和 DistanceLimit 限制功能块的执行时间和滑动距离，一旦超出输入参数规定的值，则发送出错信号。

一旦滑动到参考开关的条件满足，则该位置就作为输入参数 SetPosition 的值所对应的原点位置。需要注意运动部件移动的方向。

**3. 示例**

**【例 4-23】** 运动部件移动方向对快速定位的影响。图 4-93 是 MC_StepRefFlySwitch 功能块的示例。

图 4-93a 中功能块参数表示被控轴从初始位置 50.0 移动到 150.0。移动过程中，触发参考开关动作，即从 OFF 切换到 ON，由于 MC_StepRefFlySwitch 功能块参数 SwitchMode 被设置为 mcEdgeSwitchPositive，因此，检测到参考开关的上升沿边沿的位置就作为原点的基础，该功能块的 SetPosition 参数值是 100.0，这表示在参考开关边沿检测点的位置是运动控制系统的 100.0。

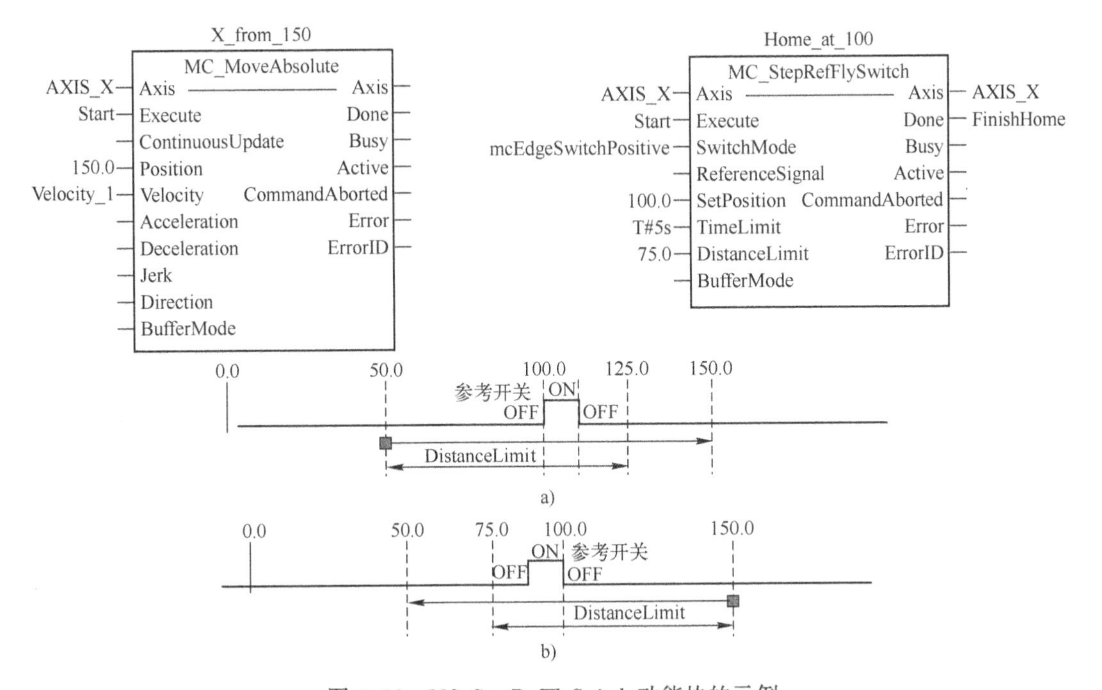


图 4-93　MC_StepRefFlySwitch 功能块的示例

a）从 50.0 运动到 150.0 时，原点的定位　b）从 150.0 运动到 50.0 时，原点的定位

图 4-93b 的功能块参数未画出，它是被控轴从初始位置 150.0 移动到 50.0。图中小方块表示初始位置。移动过程中，触发参考开关动作，由于从右向左运动，因此，上升沿位置靠近 150.0 的初始位置，根据 SetPosition 参数值，该触发点的位置是运动控制系统的绝对位置 100.0。

功能块中的 DistanceLimit 指与初始位置的距离，图中，分别表示不同运动方向对距离限的影响。TimeLimit 是时间限，即从该功能块执行开始，应在该限值时间内能够触发参考开关。

选用不同的 SwitchMode，对原点的定位有影响。因此，选用时要注意。

## 4.6.10　MC_StepRefFlyRefPulse

图 4-94 是 MC_StepRefFlyRefPulse 功能块的图形描述。与 MC_StepRefFlySwitch 功能块类似，它也用于在运动过程中确定原点位置。其区别是参考信号来自编码器的参考脉冲信号，而不是参考开关的信号。因此，不需要 SwitchMode 参数。通常，该功能块用于旋转轴在运动过程中的原点定位。

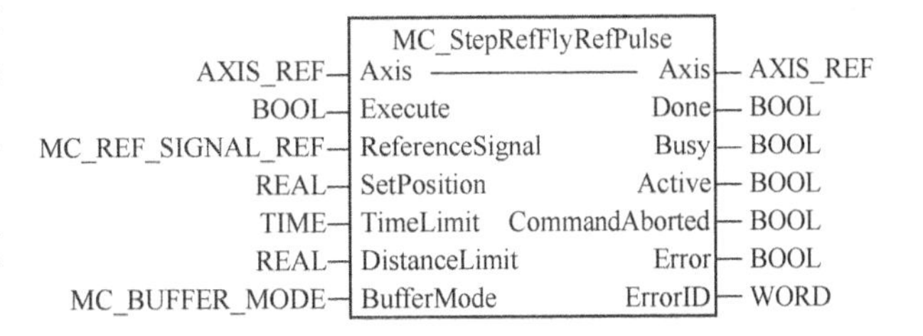


图 4-94　MC_StepRefFlyRefPulse 图形描述

为了搜索参考脉冲，该功能块常常被作为 MC_TouchProbe 功能块的一种类型。它等待参考脉冲的到来，一旦检测到参考脉冲，就可像 MC_StepRefFlySwitch 功能块一样，将 SetPosition 输入的值作为运动控制系统的绝对位置点。

## 4.6.11　MC_AbortPsHoming

图 4-95 是 MC_AbortPsHoming（MC_AbortPassiveHoming 缩写）功能块的图形描述。该功能

块用于在运动过程期间中止被动回原点模式。该功能块既不执行任何运动，也不使被控轴状态发生改变。

本功能块将运动中止时被控轴位置作为运动控制系统的原点。

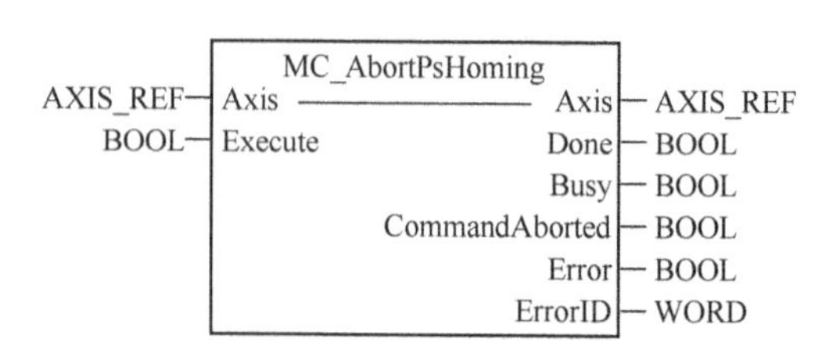


图 4-95　MC_AbortPsHoming 图形描述

### 4.6.12　实际应用的原点定位模式

不同制造商将上述各种方案分别列出，设置各种原点定位模式。

施耐德的原点定位模式见表 4-14。原点位置是原点初位加功能块设置 SetPosition 之和。

**表 4-14　施耐德 LXM23A 在 CANMotion 模式下的原点定位模式**

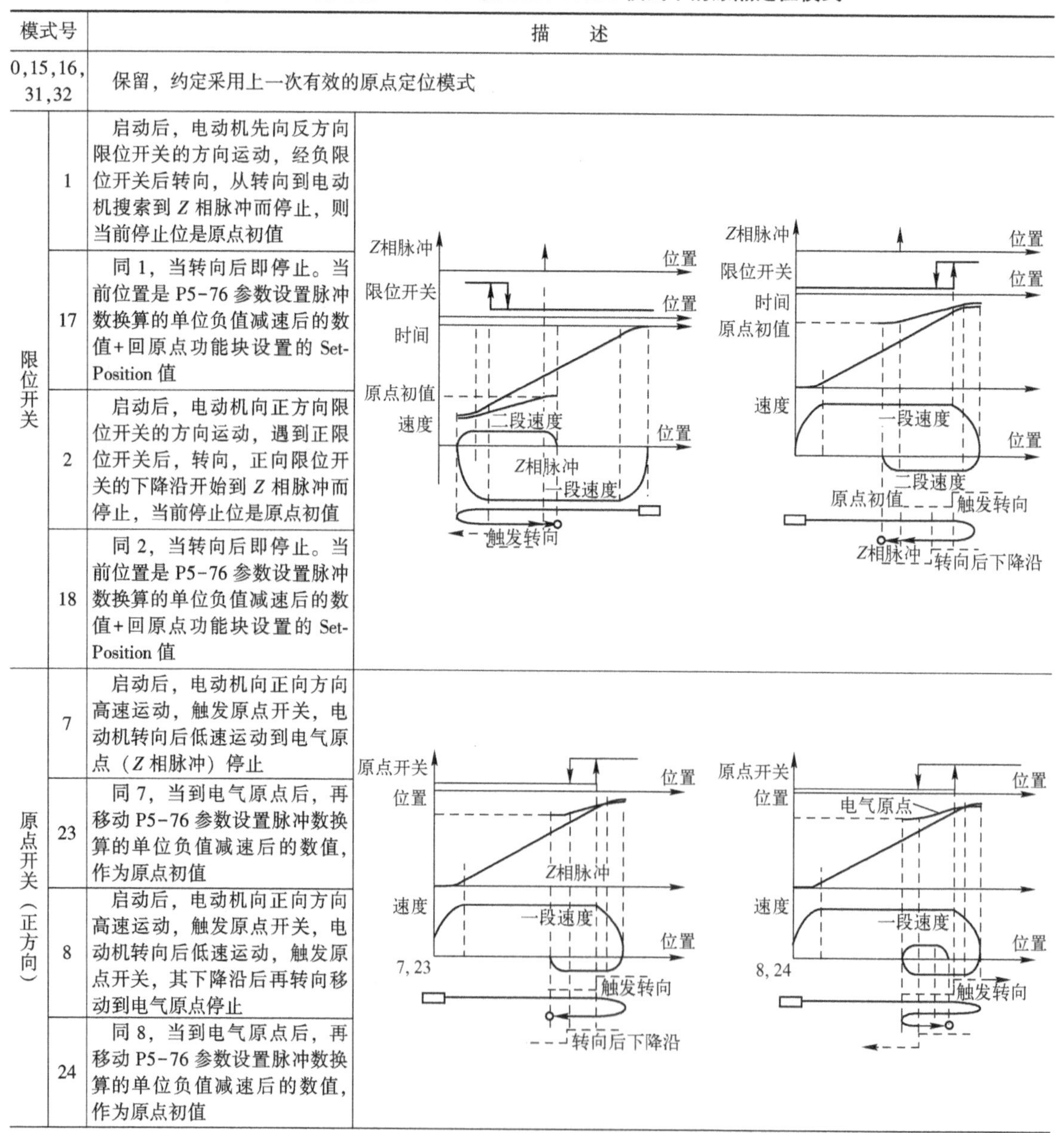


| 模式号 | | 描述 |
|---|---|---|
| 0,15,16,31,32 | | 保留，约定采用上一次有效的原点定位模式 |
| 限位开关 | 1 | 启动后，电动机先向反方向限位开关的方向运动，经负限位开关后转向，从转向到电动机搜索到 *Z* 相脉冲而停止，则当前停止位是原点初值 |
| | 17 | 同 1，当转向后即停止。当前位置是 P5-76 参数设置脉冲数换算的单位负值减速后的数值+回原点功能块设置的 SetPosition 值 |
| | 2 | 启动后，电动机向正方向限位开关的方向运动，遇到正限位开关后，转向，正向限位开关的下降沿开始到 *Z* 相脉冲而停止，当前停止位是原点初值 |
| | 18 | 同 2，当转向后即停止。当前位置是 P5-76 参数设置脉冲数换算的单位负值减速后的数值+回原点功能块设置的 SetPosition 值 |
| 原点开关（正方向） | 7 | 启动后，电动机向正向方向高速运动，触发原点开关，电动机转向后低速运动到电气原点（*Z* 相脉冲）停止 |
| | 23 | 同 7，当到电气原点后，再移动 P5-76 参数设置脉冲数换算的单位负值减速后的数值，作为原点初值 |
| | 8 | 启动后，电动机向正向方向高速运动，触发原点开关，电动机转向后低速运动，触发原点开关，其下降沿后再转向移动到电气原点停止 |
| | 24 | 同 8，当到电气原点后，再移动 P5-76 参数设置脉冲数换算的单位负值减速后的数值，作为原点初值 |

（续）

| 模式号 | | 描　　述 |
|---|---|---|
| 接近开关（正方向） | 9 | 启动时，电动机以高速向正方向运动，在接近开关上升沿触发后仍在正方向但以低速运动，直到检测到接近开关的下降沿才转向，在电气原点停止 |
| | 25 | 同 9，当检测到电气原点后仍移动 P5-76 参数设置脉冲数换算的单位负值减速后的数值 |
| | 10 | 启动时，电动机以高速向正方向运动，在接近开关上升沿触发后仍在正方向但以低速运动，检测到接近开关的下降沿不转向，运动到电气原点停止 |
| | 26 | 同 10，当检测到电气原点后仍移动 P5-76 参数设置脉冲数换算的单位负值减速后的数值 |
| 原点开关（负方向） | 11 | 启动后，电动机向反向方向高速运动，触发原点开关，电动机转向后低速运动到电气原点停止 |
| | 27 | 同 11，当到电气原点后，再移动 P5-76 参数设置脉冲数换算的单位负值减速后的数值，作为原点初值 |
| | 12 | 启动后，电动机向反向方向高速运动，触发原点开关，电动机转向后低速运动，触发原点开关，其下降沿后再转向移动到电气原点停止 |
| | 28 | 同 12，当到电气原点后，再移动 P5-76 参数设置脉冲数换算的单位负值减速后的数值，作为原点初值 |
| 接近开关（负方向） | 13 | 启动后电动机反向高速运动，当触发接近开关的上升沿后，仍在反方向运动但降低到低速，触发接近开关的下降沿时，反转并触发电气原点减速停止 |
| | 29 | 同 13，但当到电气原点后，再移动 P5-76 参数设置脉冲数换算的单位负值减速后的数值，作为原点初值 |
| | 14 | 启动后电动机反向高速运动，当触发接近开关的上升沿后，仍在反方向运动但降低到低速，触发接近开关的下降沿时，不反转触发电气原点减速停止 |
| | 30 | 同 14，当到电气原点后，再移动 P5-76 参数设置脉冲数换算的单位负值减速后的数值，作为原点初值 |

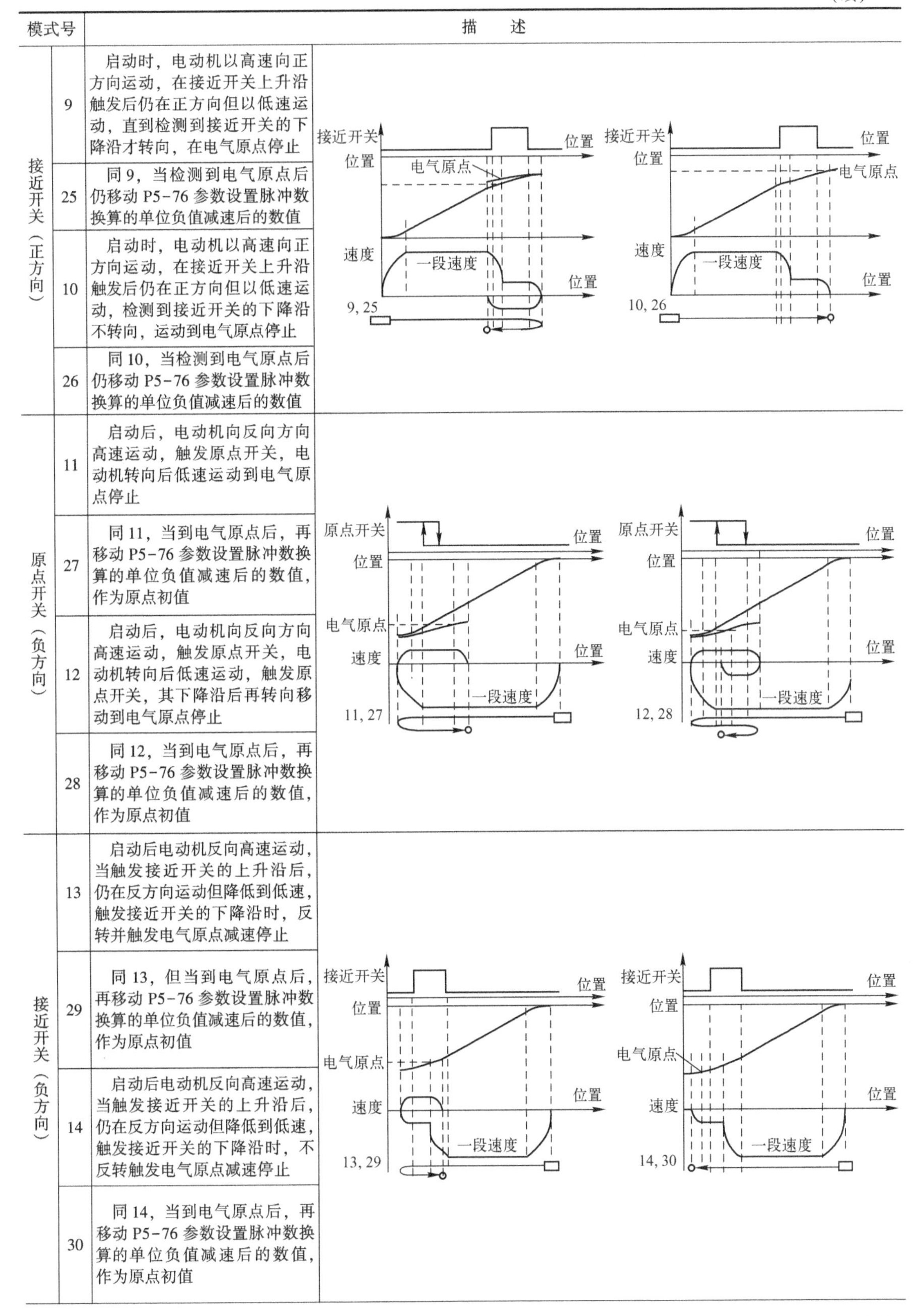

（续）

<table>
<tr><th colspan="2">模式号</th><th colspan="2">描　　述</th></tr>
<tr><td rowspan="4">限位开关</td><td>3</td><td rowspan="4">设置原点 ORGP，相应逻辑输入参数设置为 124，例如，原点开关输入接 DI4，则 P2-13 设为 124。再将伺服断电再上电使设置生效</td><td>操作方法同 7，原点开关换成正限位开关<br>高速移动触发正限位开关，并转向，以低速移动，触发 Z 相脉冲停止，停止点即原点初位</td></tr>
<tr><td>4</td><td>操作方法同 8，原点开关换成正限位开关<br>高速移动触发正限位开关，不转向，以低速移动，触发 Z 相脉冲停止，停止点即原点初位</td></tr>
<tr><td>5</td><td>操作方法同 7，原点开关换成负限位开关<br>高速移动触发负限位开关，并转向，以低速移动，触发 Z 相脉冲停止，停止点即原点初位</td></tr>
<tr><td>6</td><td>操作方法同 8，原点开关换成负限位开关<br>高速移动触发负限位开关，不转向，以低速移动，触发 Z 相脉冲停止，停止点即原点初位</td></tr>
<tr><td colspan="3">19，20，21，22</td><td>与 3~6 操作方法相同，但不触发 Z 相脉冲，而是再移动 P2-75 设置的距离</td></tr>
<tr><td colspan="3">33</td><td>启动后向负限位开关移动，触发 Z 相脉冲停止</td></tr>
<tr><td colspan="3">34</td><td>启动后向正限位开关移动，触发 Z 相脉冲停止</td></tr>
<tr><td colspan="3">35</td><td>以当前位置作为原点</td></tr>
</table>

注：矩形块表示初始点，小圆圈表示原点初位。

## 4.7　安全运动

PLCopen 国际组织在 2017 年 7 月正式发布的技术规范《安全运动》中明确指出，此规范中所谓安全运动的目标是，保证在具有运动部件的机械装置中进行操作的人员的安全。这就是说，尽管这些驱动设备在外观上是静止不动的，但其运行状态必须受到监控和维护，保证在机械装备中各种电动机及其驱动设备必须以安全的方式运动。

在许多情况下监控和维护都是通过在 IEC 61800-5-2 国际标准中所定义的安全运动监控功能性（Safe Motion Monitoring Functionalities，SMMF）进行的。监控可由外部设备或者由集成在驱动设备中的监控功能实施。安全运动监控可以通过监测速度，因而可以对潜在的危险运动进行安全检测，并可及时地启动适当措施予以实现。

图 4-96 中给出了安全运动定义和范围的描述。安全这个术语在这里是指在 IEC 61508、IEC 62061 和 ISO 13849-1 这些相关国际标准中所定义的功能安全。图中把安全驱动和安全运动控制（或称安全运动监控）分为两个部分。所谓安全驱动就是在驱动装置中的安全运动监控

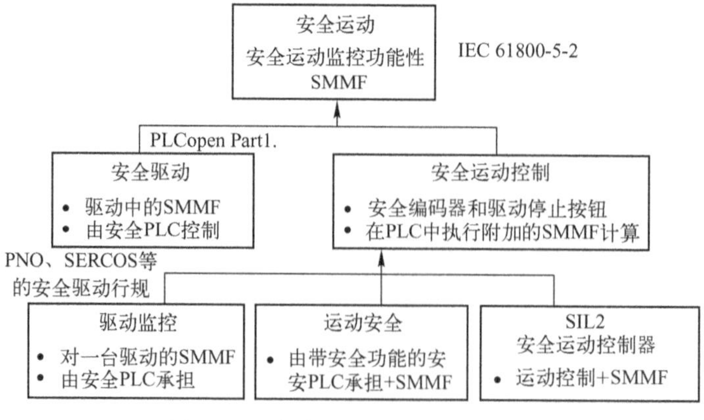


图 4-96　安全运动定义和范围总貌

SMMF，即驱动装置内含安全功能，驱动装置可运行两种不同的模式：有 SMMF 和无 SMMF。在安全模式中提供不同的安全功能。安全功能的转移通常由驱动装置内部的状态机和可能向下延伸的不同的优先级及驱动参数进行处理。而安全运动控制又包括驱动监控、运动安全和具有安全等级 SIL 2 的安全运动控制器。驱动监控由安全 PLC 执行，且分别对个别的驱动进行 SMMF。运动安全由安全 PLC 对运动控制系统中所有的驱动进行 SMMF 监控。安全运动控制器既执行运动控制的功能，又执行对所有运动部件的 SMMF 监控。

### 4.7.1 安全运动监视功能概述

**1. 具有安全功能性的运动控制系统方案**

实现安全功能性的运动控制系统有多种不同的方案。

1）硬接线的安全功能性运动控制方案。图 4-97a 为硬接线的安全功能性的实现，紧急停车按钮直接控制驱动装置。图 4-97b 是由 PLC 通过自己的网络控制多个驱动及其电动机实现运动控制和相关的逻辑控制，由安全控制器通过专用的安全网络实施多个驱动及其电动机的安全功能性，紧停按钮接在安全网络上。

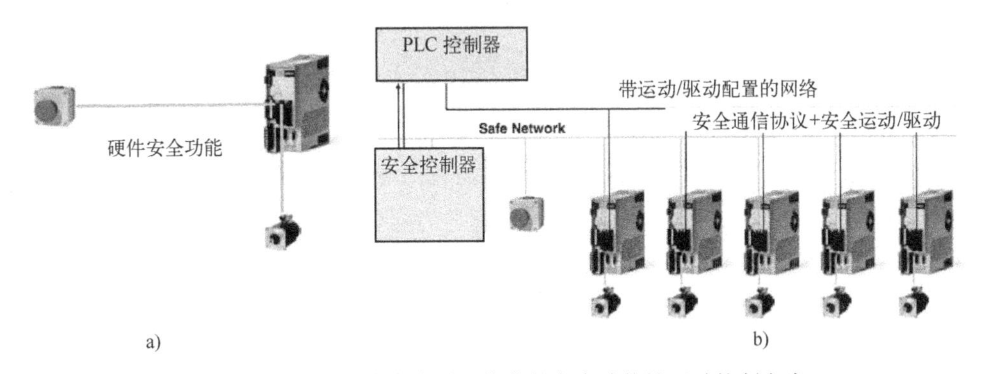


图 4-97　由硬接线安全到网络化的安全功能性运动控制方案

2）PLC 执行非安全的运动控制和逻辑控制，安全控制器执行运动控制系统的安全功能性。图 4-98 的方案是 PLC 执行非安全的运动控制和逻辑控制，安全控制器执行运动控制系统的安全功能性，但 PLC 和安全控制器合用一个网络。即安全的数据和运动的数据及逻辑数据都在一个标准的网络中传输。这是目前市场广泛运用的具有安全功能性的运动控制系统的典型方案。

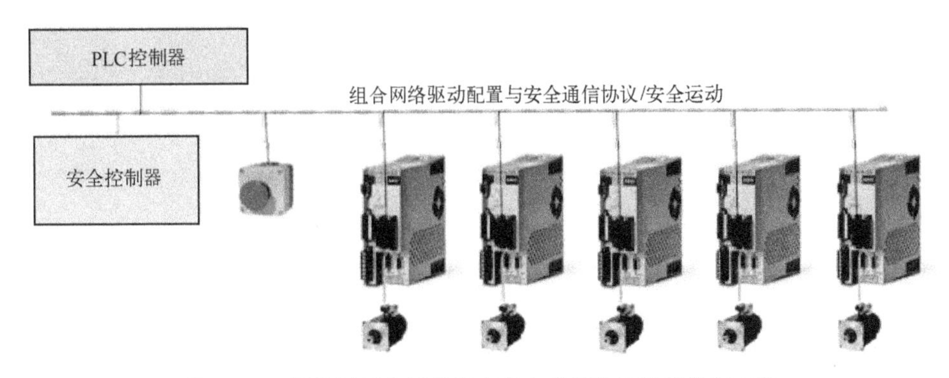


图 4-98　目前运用广泛的具有安全功能性的运动控制方案

3）在安全PLC中执行安全运动监控（SMMF）的方案，如图4-99所示。所谓安全PLC是指既能执行运动控制和逻辑控制，又能执行安全功能性的PLC控制器。其特点是PLC的控制功能和安全控制功能开发是在一个平台上完成，且安全数据与控制数据共用一个网络。为了保证操作人员的安全，在网络上还接了安全光幕，用于探测机械运动区域是否有人进入。

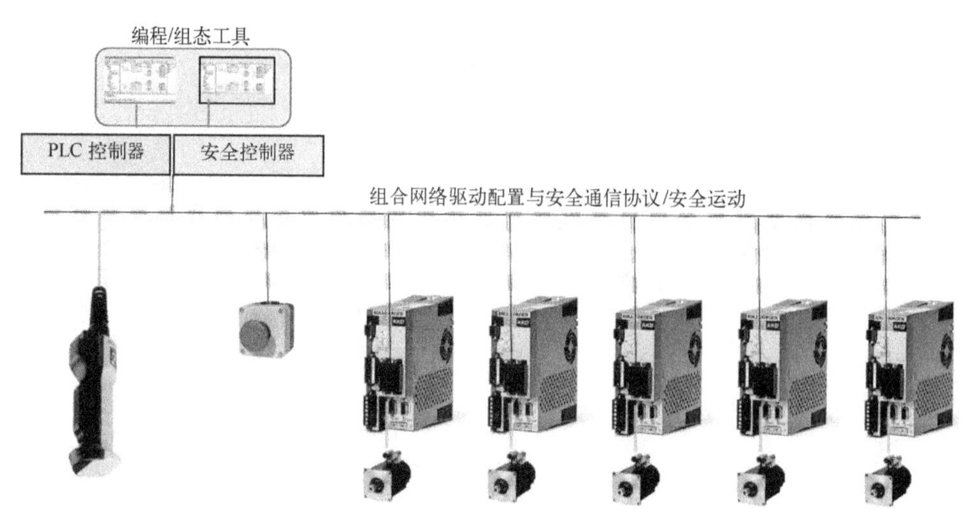


图4-99　驱动装置中的安全运动监控

图4-100给出的方案同样是在安全PLC执行运动控制和逻辑控制的同时，执行安全功能性，但与图4-98的方案不同的是，驱动及其电动机的安全监控不是在各自的驱动中实施，而是由安全PLC集中进行安全监控。为此在网络中除了加装紧停按钮、安全光幕而外，还专门设置供安全监控用的编码器。

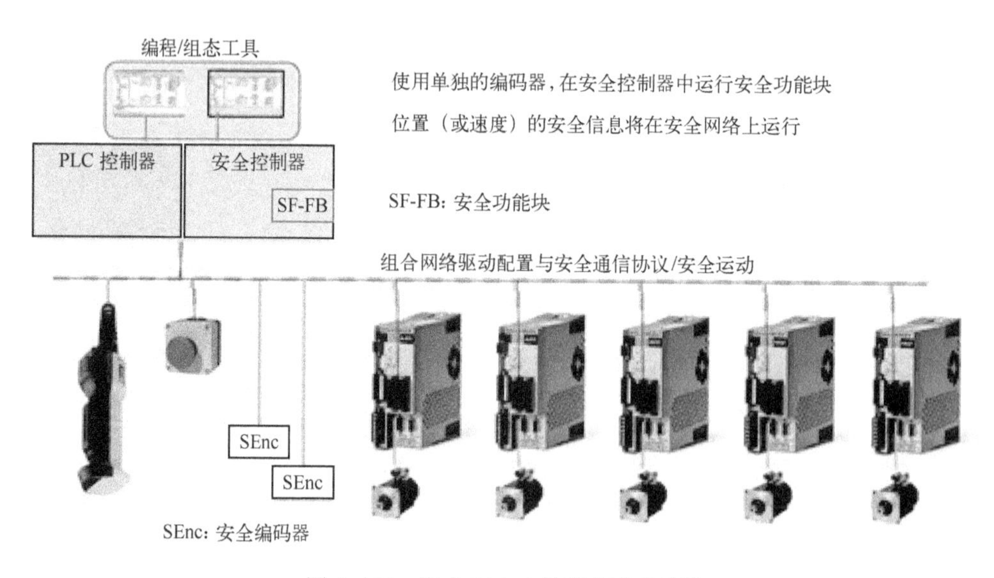


图4-100　安全PLC中的安全运动监控

**2. 公共安全功能性概述**

表4-15所示的安全功能符合当今的相关安全国际标准IEC 61800-5-2。

表 4-15　符合安全国际标准 IEC 61800-5-2 的安全功能

| 功　能 | 名　称 | 图　标 | 说　明 |
|---|---|---|---|
| STO<br>Safe Torque Off | 安全转矩切除 | 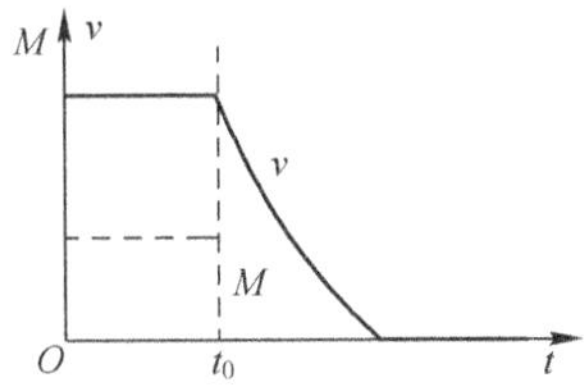  | 停止供电，致使电动机没有任何运动 |
| SS1<br>Safe Stop 1 | 安全停车 1 | 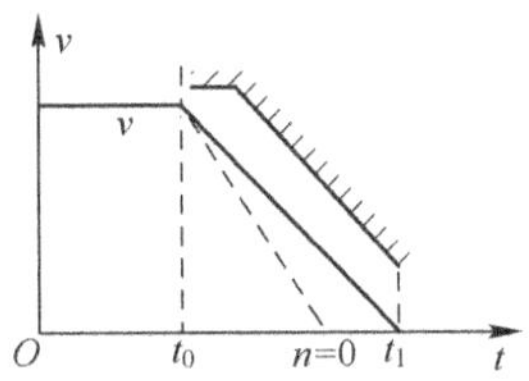  | 电动机减速<br>在减速后去除转矩 STO D |
| SS2<br>Safe Stop 2 | 安全停车 2 | 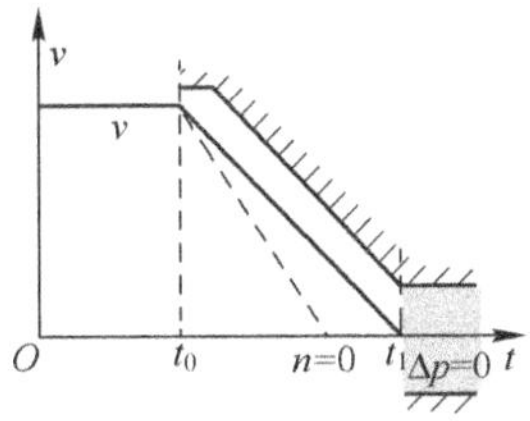  | 电动机减速，减速后安全操作停车 SOS |
| SOS<br>Safe Operating Stop | 停止正在进行的安全操作 | 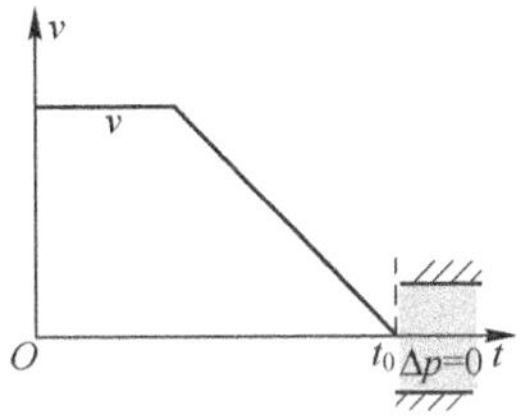  | 防止电动机从已经停止的位置再偏离所规定的距离 |
| SLA<br>Safe Limited Acceleration | 保证安全的限制加速 | 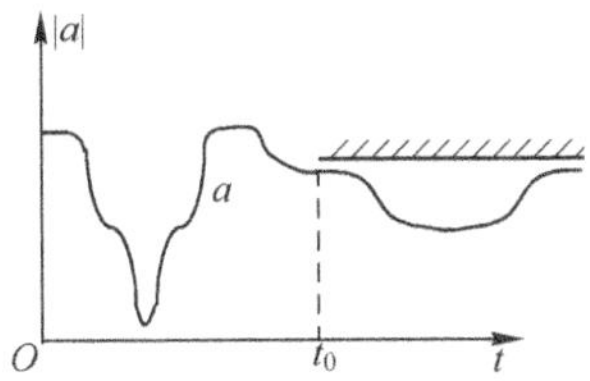  | 防止电动机超出加速限制 |
| SAR<br>Safe Acceleration Range | 在范围内安全加速 | 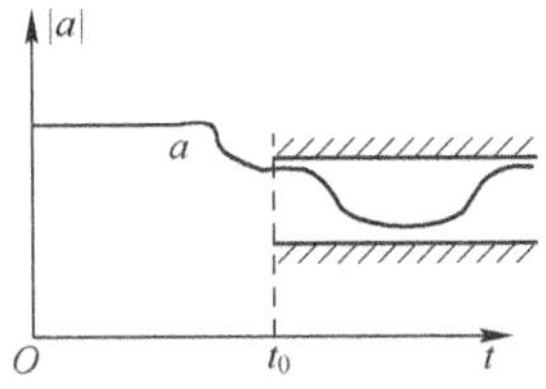  | 保持电动机在指定的限值内加速/减速 |
| SLS<br>Safe Limited Speed | 保证安全的限制速度 | 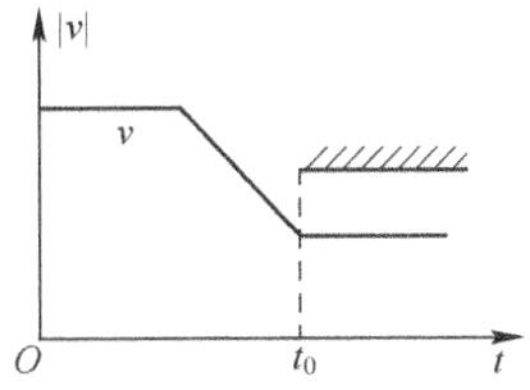  | 防止电动机超出指定的速度限制值 |

（续）

| 功　　能 | 名　　称 | 图　　标 | 说　　明 |
| --- | --- | --- | --- |
| SSR<br>Safe Speed Range | 安全速度范围 | \|v\|, v, O, $t_0$, t | 保持电动机在指定的速度限制值 |
| SLT<br>Safety-Limited Torque | 安全限制转矩 | \|M\|, M, O, $t_0$, t | 防止电动机超出指定的转矩/力 |
| STR<br>Safe Torque Range | 安全转矩范围 | \|M\|, M, O, $t_0$, t | 保持电动机在指定的转矩限制值 |
| SLP<br>Safety-Limited Position | 安全限制位置 | P, O, $t_0$, t | 防止电动机轴超出指定的位置限制 |
| SLI<br>Safety-Limited Increment | 安全限制增量 | P, S, S, O, $t_0$, $t_1$, $t_2$, t | 防止电动机轴超出指定的位置增量限制 |
| SDI<br>Safe Direction | 安全方向 | v, O, $t_0$, $t_1$, t | 防止电动机轴在未加限制的方向运动 |
| SMT<br>Safe Motor Temperature | 安全电动机温度 | T, O, $t_0$, t | 防止电动机温度超出指定的上限 |

（续）

| 功　　能 | 名　　称 | 图　　标 | 说　　明 |
|---|---|---|---|
| SBC<br>Safe Brake Control | 安全制动控制 | 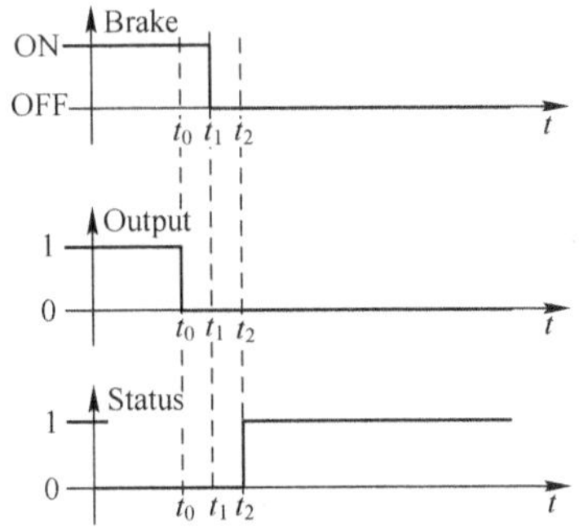 Brake ON OFF $t_0$ $t_1$ $t_2$ $t$ Output 1 0 $t_0$ $t_1$ $t_2$ $t$ Status 1 0 $t_0$ $t_1$ $t_2$ $t$ | 防止安全输出信号控制外加制动<br>［注：安全制动控制通常限制安全测试 SBT 的，但在本规范中以后的功能性不能被覆盖］ |
| SCA<br>Safe Cam | 安全凸轮 | 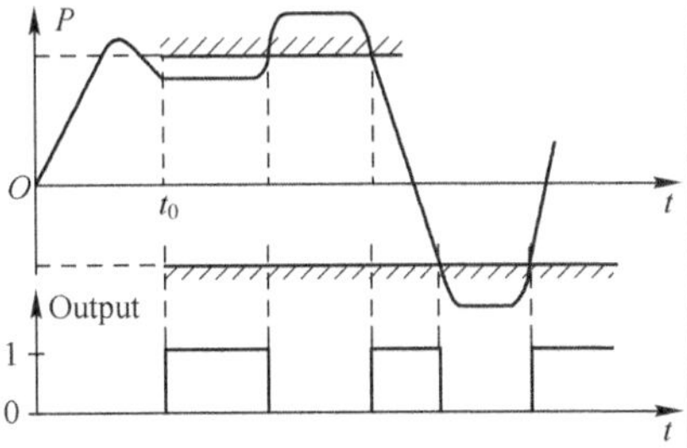 $P$ $O$ $t_0$ $t$ Output 1 0 $t$ | 安全输出信号指示电动机轴在指定的范围内 |
| SSM<br>Safe Speed Monitor | 安全速度监控 | 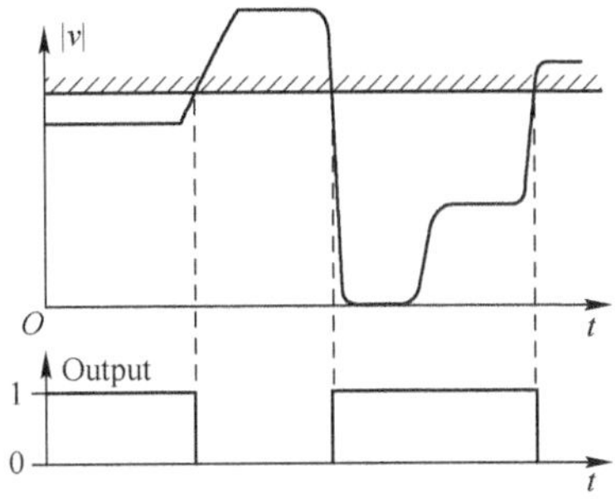 $\|v\|$ $O$ $t$ Output 1 0 $t$ | 安全输出信号指示电动机速度是否低于所指定的限值 |

注：图中的缩略语表示为 $v$：速度；$n$：转速；$a$：加速度；$M$：转矩，力；$p$：位置；$T$：温度。

此外，这些功能可分组，见表 4-16。

**表 4-16　安全功能的分组概貌**

| 功　　能 | | 功能的组合 |
|---|---|---|
| STO<br>SS1<br>SOS<br>SS2<br>SBC | 安全转矩切除<br>安全停车 1<br>安全操作停止<br>安全停车 2<br>安全制动控制 | 安全停车并制动功能 |
| SLS<br>SS1<br>SS2<br>SLP | 安全限制速度<br>安全停车 1<br>安全停车 2<br>安全限制位置 | 安全运动基本功能 |

（续）

| 功　能 | | 功能的组合 |
|---|---|---|
| SLA | 安全限制加速 | 安全运动高级功能 |
| SAR | 安全加速范围 | |
| SSR | 安全速度范围 | |
| SLT | 安全限制转矩 | |
| STR | 安全转矩范围 | |
| SLI | 安全限制增量 | |
| SDI | 安全方向 | |
| SCA | 安全凸轮 | |
| SSM | 安全限制监控 | |
| SMT | 安全电动机温度 | |

**3. 监视功能的参数设置**

安全监控不仅要求安全运动检测，而且要求有机会给定安全的限制值。具体达到的方法与机械装置内的动态变化水平以及灵活性有关。表4-17是监控功能设置的参数。

**表4-17　安全监控功能设置的参数**

| 限　制　值 | 说　　明 | 动　　态 |
|---|---|---|
| Constant 常量 | 在调试期间设定，且不能在运行期间修改 | - |
| Selectable 可选 | 在运行期间可能由一组设定好的限制值中选择或做适当修改 | 0 |
| Dynamic 动态 | 在运行期间，计算出限制值，并做调整 | + |

机器人可作为一个动态限制值的例子：机器人的安全速度可以降低，这与操作者与危险区的距离有关。操作者与危险区越近，机器人移动的速度就应该越慢。这里还包括安全逻辑和软件中的计算。通常把安全控制器看作一个分开的独立装置。安全逻辑可以是安全控制器的一部分，也可以在安全驱动器中。

表4-18是安全网络的安全功能行规中控制字节的概貌。

**表4-18　安全网络的安全功能行规中控制字节的概貌**

| 位 | OMAC | ProfiSafe | EtherCAT | OpenSafety | CIP/Sercos | CC-Link IE | MECHATROLINK |
|---|---|---|---|---|---|---|---|
| 0 | STO | STO | STO | Reset | Mode | STO | STO |
| 1 | SS1 | SS1 | SS1 | Activate | Emergency Stop | SS1 | SS1 |
| 2 | SS2 | SS2 | SS2 | STO | Enabling | SS2 | SS2 |
| 3 | SOS | SOS | SOS | SBC | SMM1 | SOS | SOS |
| 4 | SLS | SLS | SSR | SS1 | SMM2 | SSR | SSR |
| 5 | UserD | SLT | SDIp | Reserved | SMM3 | SDIp | SDIp |
| 6 | UserD | SLP | SDIn | Vendor | SMM4 | SDIn | SDIn |
| 7 | Error Ack | Internal | Error Ack | Vendor | SMM5 | Error Ack | Error Ack |

注：Error Ack：出错确认；Vendor：供应商用；Reserved：保留；Emergency Stop：紧停；Enabling：使能；Mode：模式。

为了在安全网络中使用安全功能，必须将其在网络中用控制字节予以反映。表4-18给出的概貌仅仅是一种不完全的表达，如要在开发中应用，应该参照相关的安全网络的标准。目前这些网络在通信中基本上用两个字节或一个字（双字节）来表达安全命令和状态。

**4. 安全驱动建议**

（1）激活和监控驱动安全请求的 SF_SafetyRequest

在 PLCopen 安全的第 1 部分，定义了如图 4-101 所示的功能块 SF_SafetyRequest。

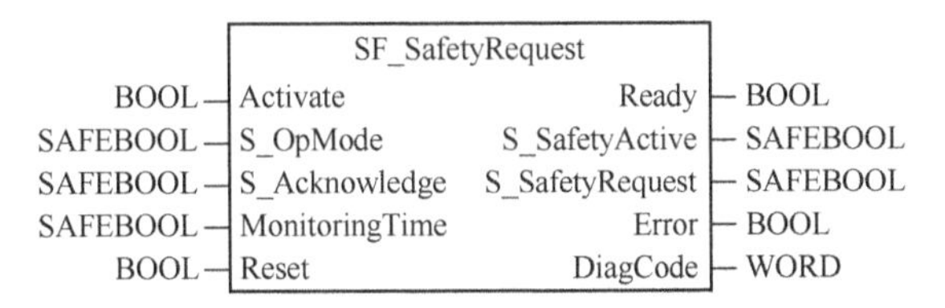


图 4-101　SF_SafetyRequest 图形描述

相关的输入和输出示于图 4-102。图中表示 SF_SafetyRequest 功能块的描述，其输入和输出给出最基本的仅描述其功能性的表达。

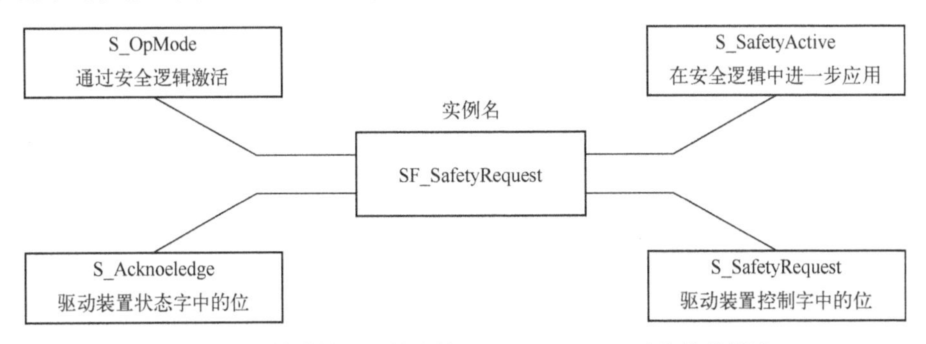


图 4-102　精减输入和输出的 SF_SafetyRequest 功能块的描述

SF_SafetyRequest 功能块的主要输入和输出如下。

1）左上（通过安全逻辑激活）：输入 S_OpMode 是与是否确定需要在输入 MonitoringTime（图中未标出）所指定的时间内激活安全驱动功能（如安全转矩限制）的逻辑相联系的。S_OpMode 可与一个监控某个设备（如 SF_ESPE 监控一个光帘，或 SF_ModeSelector 监控一个模式选择器）的功能块的输出值相连接，或者与若干组合条件相连接。

2）右上（在安全逻辑中进一步使用）：输出 S_SafetyActive 提供安全驱动功能是否在所指定的监控时间内已经激活的反馈，这用于确认输入 S_OpMode 已经起作用。如果这一输出激活，就可用于激活下一步，如操作一个门栅。

3）左下（驱动装置状态字中的位）：输入 S_Acknowledge 反映被功能块请求的该驱动装置与安全驱动功能相关的状态（例如，当前转矩限制是否被激活），以及反映该驱动的过程输入映像。

4）右下（驱动装置控制字中的位）：输出 S_SafetyRequested 表示驱动进入安全控制字中某个位所激活的功能。注意控制字可以是字节。

若左上输入为 FALSE，功能块未被激活，右上输出也为 FALSE。但是如果有安全请求，且左上输入为 TRUE，则右上输出反映驱动装置的状态，或者已超出了监控时间。右下的位反映由设置控制字相关的位操作进行的安全激活，同时在安全驱动中对此确认之后，左下输入表示这一变化（由 FALSE 变为 TRUE）。

SF_SafetyRequest 的功能性可以用于宽泛的安全意义（包括安全运动功能性）。例如，为了将这个功能块用于安全限制转矩 SLT（Safely Limited Torque），把输入 Axis2SLT_noNeed 和 Axis2SLT_fdbk 组合生成相关的安全输出 Axis2SLT_activ 和 Axis2SLT_ctrl，如图 4-103 所示。SF_SafetyRequest 的多个实例可以用于覆盖所有的安全驱动功能（国际标准 IEC 61800，行规，供应商专用）。

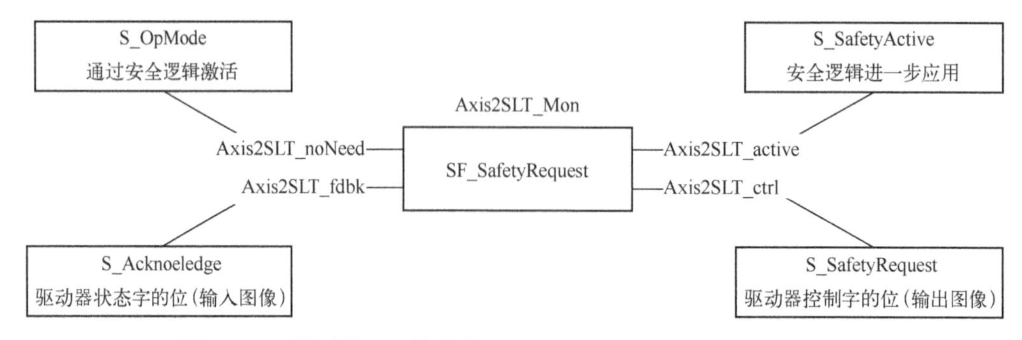


图 4-103 精减输入和输出的 SF_SafetyRequest 功能块的扩展描述

大多数的安全驱动功能性都可以用此方法方便地加以变换。

(2) 用于多轴的一个实例

同样的 SF_SafetyRequest 实例也可以用于多轴的安全驱动，且对所有相关的轴都提供相同的安全功能性。图 4-104 给出了一个实现多轴的 SOS 功能性的实例，不同的轴都与相同的输出 S_SafetyRequest 相连接，同时把相对应的反馈信号用 AND 与逻辑编组连到 S_Acknowledge，构成安全的闭环回路。如果轴组中有一个驱动在指定的监控时间内没有确认处于正确的状态，功能块将把其他的轴驱动也设置为同样的安全模式。运用此原理，对轴组中所有的轴驱动具有相同的安全运动功能性的编程，程序简洁，且一目了然。

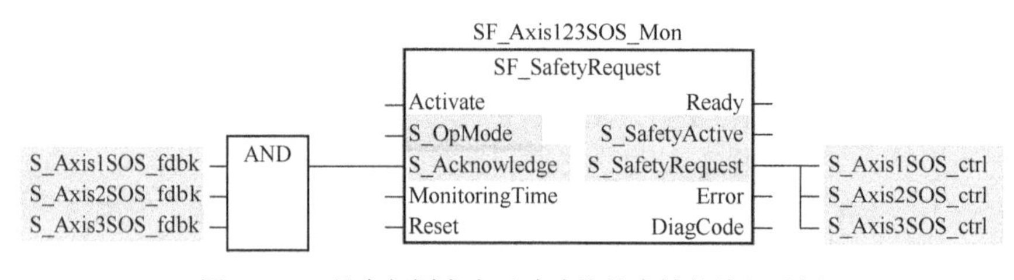


图 4-104 具有相同安全运动功能的多轴的编程示例

一个安全驱动可以包括多种安全运动模式，而且这些模式可以在操作运行中加以切换，也就是模式的切换使用软件实现，而非硬接线。在有多功能请求的情况下，必须按照表 4-19 设置优先级，数字小的功能具有高的优先级。

**表 4-19 安全运动功能的优先级**

| 优 先 级 | 1 | 2 | 3 | 4 |
|---|---|---|---|---|
| 功能 | STO | SS1 | SS2 | SLS，SOS，SDI，SLI |

(3) 安全停车和安全限速的实例

PLCopen 安全软件规范的第 1 部分规定了有 3 个与运动相关的功能块具有隐藏的与驱动的系统级接口，按照命名的规则，它们都可以被 SF_SafetyRequest 所替代。

1) 替代 SF_SafeStop1。按照第一停车类，SF_SafeStop1 对电驱动装置启动一个可控的停车，在停车的过程中对机械传动施加制动，一旦停车即去除制动。下面介绍用功能块 SF_SafetyRequest 替代。

图 4-105 是功能块 SF_SafeStop1 的一个实例，用以实施第一类停车。图 4-106 是用 SF_SafetyRequest 替代 SF_SafeStop1 的一个实例。

驱动行规并不提供一个指定的状态位来表示安全停车 1 成功完成。当已经到达安全停车 1 的目标状态“安全转矩切除”，请求成功完成。因此，功能块 SF_SafetyRequest 必须与 STO 的状态位连接。例如，在 Profisafe 中有一个 SS1_Active 状态，但这是指示安全停车开始进行，并不表示安全停车成功完成。

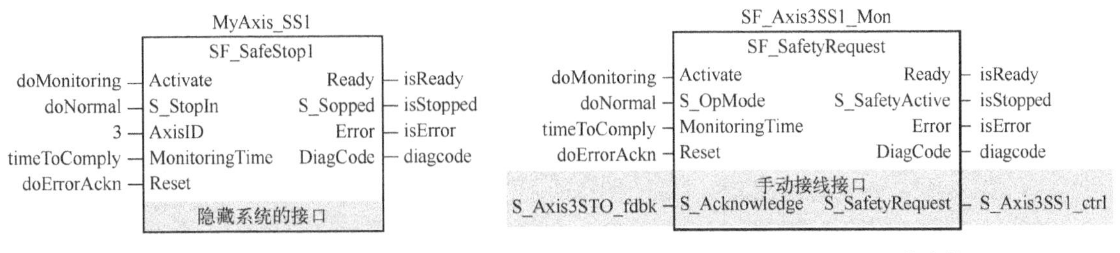


图 4-105　SF_SafeStop1 的一个实例　　　　图 4-106　SF_SafeStop1 的变换

2）替代 SF_SafeStop2。SF_SafeStop2 与 SF_SafeStop1 不同之处在于目标状态。当“安全操作停车”状态已经到达，SF_SafeStop2 的请求已经成功完成。Profisafe 有一个 SS2_Active 状态，但这仅仅表示安全停车开始进行，并不表示安全停车已经成功完成。因而 SF_SafeStop2 的安全输出被称为“安全暂停 S_Standstill”，而不是“安全停车 S_Stopped”。

图 4-107 是 SF_SafetyRequest 替代 SF_SafeStop2 的实例。

3）替代 SF_SafelyLimitedSpeed。SF_SafelyLimitedSpeed 作为应用程序和系统环境之间的接口。这一轴安全功能实现的供应商细节处在系统级，而对应用程序的编写人员却是隐藏的。

图 4-108 是替代 SF_SafelyLimitedSpeed 的应用程序，由于它在一个功能块中组合了两个驱动功能，所以比较复杂。通常该功能块激活安全限速功能（S_Enabled = TRUE），但当 S_Enabled = FALSE，它激活安全操作停车功能（等效于限速为 0）。因此替代实例 SF_SafetyLimitedSpeed 要求在两个状态和控制位手动连线：一个为驱动的安全限速功能，另一个为安全操作停车功能，如图 4-109 所示。

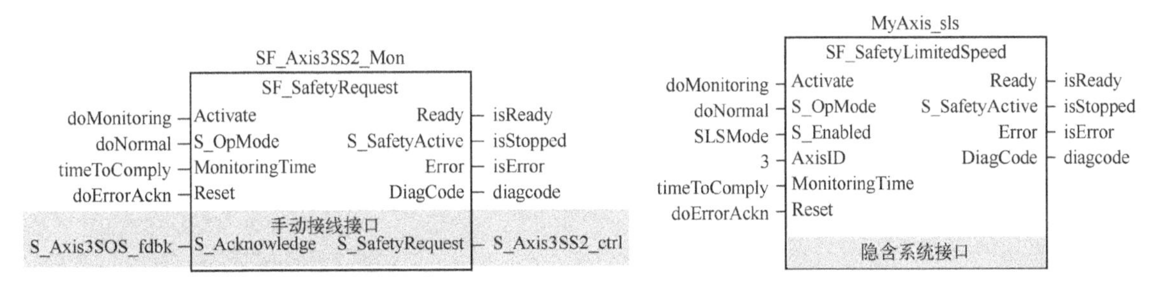


图 4-107　SF_SafeStop2 的变换　　　　图 4-108　SF_SafelyLimitedSpeed 的变换

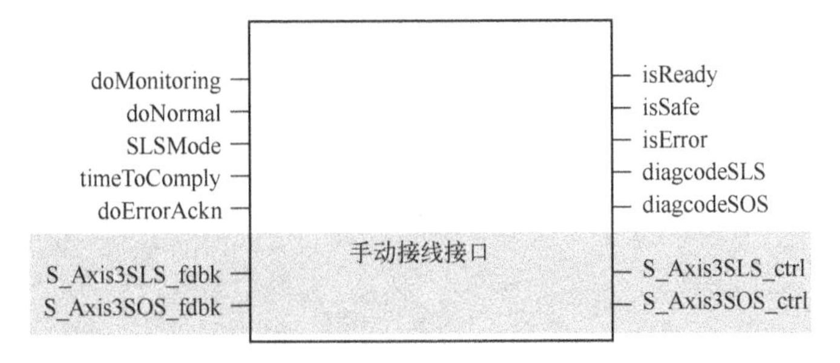


图 4-109　添加两个手动接线接口

同时实现 SF_SafelyLimitedSpeed 的功能性要求两个 SF_SafetyRequest 的实例，而且用输入和输出信号将它们连接，详见图 4-110。

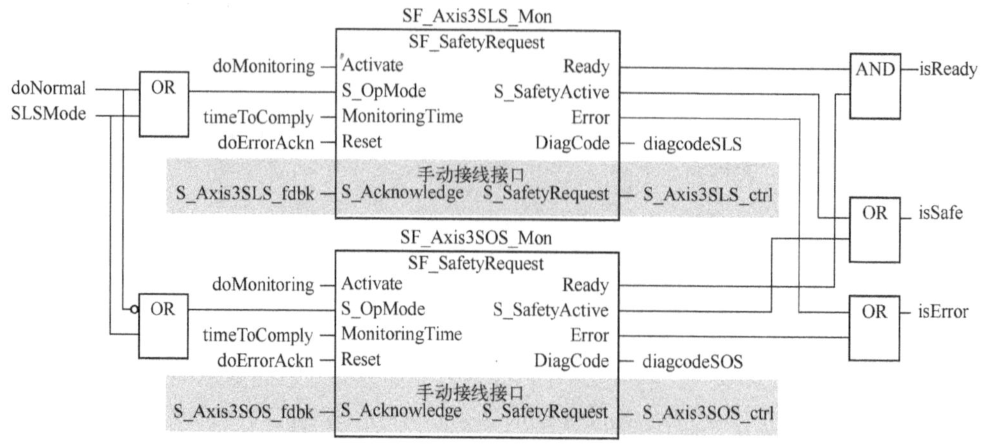

图 4-110　SF_SafetyLimitedSpeed 的实现

## 4.7.2　安全运动监控功能的示例

### 1. 变换为 OMAC 的安全监控功能

符号 I/O 的命名规则可以通过别名变换到不同的协议。举例而言，如果采用 OMAC（美国 ISA 学会下属机械自动化和控制组织 The Organization for Machine Automation and Control）的控制和状态字节，可对上例（图 4-107）按下述方式进行：

SF_SafetyLimitedSpeed 中的 Enabled AND OpMode 允许执行安全功能性，所以输出参数 S_Axis1SOS_ctrl 位与控制字节中的第 3 位相连接，这样第一个驱动（即 Drive1）变换为 Drive1. SOS，或变换为别名轴 Axis1. SOS。

表 4-20 是 OMAC 的控制字节和状态字节。

**表 4-20　OMAC 的控制字节和状态字节**

| 安全控制字节 | | | | 安全状态字节 | | |
|---|---|---|---|---|---|---|
| 位 | 名　称 | 英文名称 | 描　述 | 位 | 名　称 | 描　述 |
| 0 | STO | Safe Torque Off | 0：激活<br>1：未激活 | 0 | STO | 0：在未激活状态<br>1：在激活状态 |
| 1 | SS1 | Safe Stop 1 | 0：激活<br>1：未激活 | 1 | - | 位 SS1 不是安全状态字节的部分，减速期间机器仍运动，状态 SS1 可以是标准状态信息的部分，最终 STO 结束反映在位 0 |
| 2 | SS2 | Safe Stop 2 | 0：激活<br>1：未激活 | 2 | - | 位 SS2 不是安全状态字节的部分，减速期间机器仍运动，状态 SS2 可以是标准状态信息的部分，最终 SOS 结束反映在位 3 |
| 3 | SOS | Safe Operating Stop | 0：激活<br>1：未激活 | 3 | SOS 激活 | 0：在未激活状态<br>1：在激活状态 |
| 4 | SLS | Safely-Limited Speed | 0：激活<br>1：未激活 | 4 | SLS | 0：在未激活状态<br>1：激活状态，驱动装置速度在安全速度范围内 |
| 5 | 安全功能 1 | Machine Specific Safety Function | 0：激活<br>1：未激活 | 5 | 安全功能 1 激活 | 0：在未激活状态<br>1：在激活状态 |
| 6 | 安全功能 2 | Machine Specific Safety Function | 0：激活<br>1：未激活 | 6 | 安全功能 2 激活 | 0：在未激活状态<br>1：在激活状态 |
| 7 | Error Ack | Error Acknowledge | 0：激活<br>1：未激活 | 7 | Error 指示 | 0：无出错<br>1：至少一个安全相关出错已经发生 |

注：机器特定的安全功能，例如，SLA、SAR、SLT、SLP 和 SDI。

从表 4-20 可知，如果要对安全转矩切除的功能性进行变换，应该选取安全控制字节和安全状态字节的第 1 位。如果选择 Axis2（轴 2）作为例子，则 SF_SafetyRequest 的变换如图 4-111 所示。

图 4-111　把 SF_SafetyRequest 变换为 OMAC 控制字节和状态字节

图中，Axis2STO_ctrl 要变换为 OMAC 规约中控制字节的第 1 位。用此方法也可以用 OMAC 状态字节的第 1 位建立反馈。

**2. SF_SafetyRequest 变换为现有的功能性**

将 SF_SafetyRequest 变换为现有的安全运动有关的功能性与上述的 OMAC 的变换基本相似。图 4-112 给出以下安全功能块的基本描述。它们是紧急停车功能块 SF_EmergencyStop、控制一个安全输出和监控一个执行器的功能块 SF_EDM、双手控制模块功能块 SF_TwoHandControlType Ⅱ 及 Ⅲ。图中上半部分是安全逻辑，下半部分是输入输出配置（输入模块 1、输入模块 2、输出模块）。

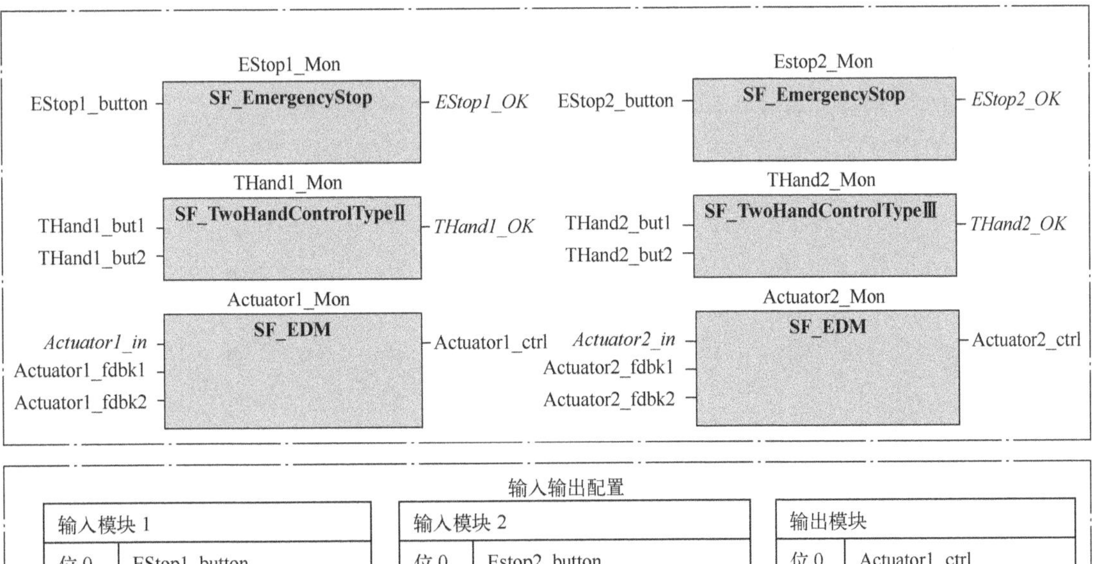


| 输入模块 1 | |
|---|---|
| 位 0 | EStop1_button |
| 位 1 | THand1_but1 |
| 位 2 | THand1_but2 |
| 位 3 | Actuator1_fdbk1 |
| 位 4 | Actuator1_fdbk2 |

| 输入模块 2 | |
|---|---|
| 位 0 | Estop2_button |
| 位 1 | THand2_but1 |
| 位 2 | THand2_but2 |
| 位 3 | Actuator2_fdbk1 |
| 位 4 | Actuator2_fdbk2 |

| 输出模块 | |
|---|---|
| 位 0 | Actuator1_ctrl |
| 位 1 | |
| 位 2 | Actuator2_ctrl |
| 位 3 | |
| 位 4 | |

图 4-112　若干安全功能块的基本描述

在图 4-113 中用命名的方法对驱动（驱动 1 和驱动 2）和安全功能性以 SF_SafetyRequest 的若干个实例来表达。图中上半部分是安全逻辑，分别通过功能块 SF_SafetyRequest 的变换来实现 SOS、SSR1、SSR2、SLS 和 SLT；下半部分是 I/O 配置（轴 1 是用 EtherCAT 的安全驱动行规，轴 2 用 ProfiDrive on ProfiSafe）。

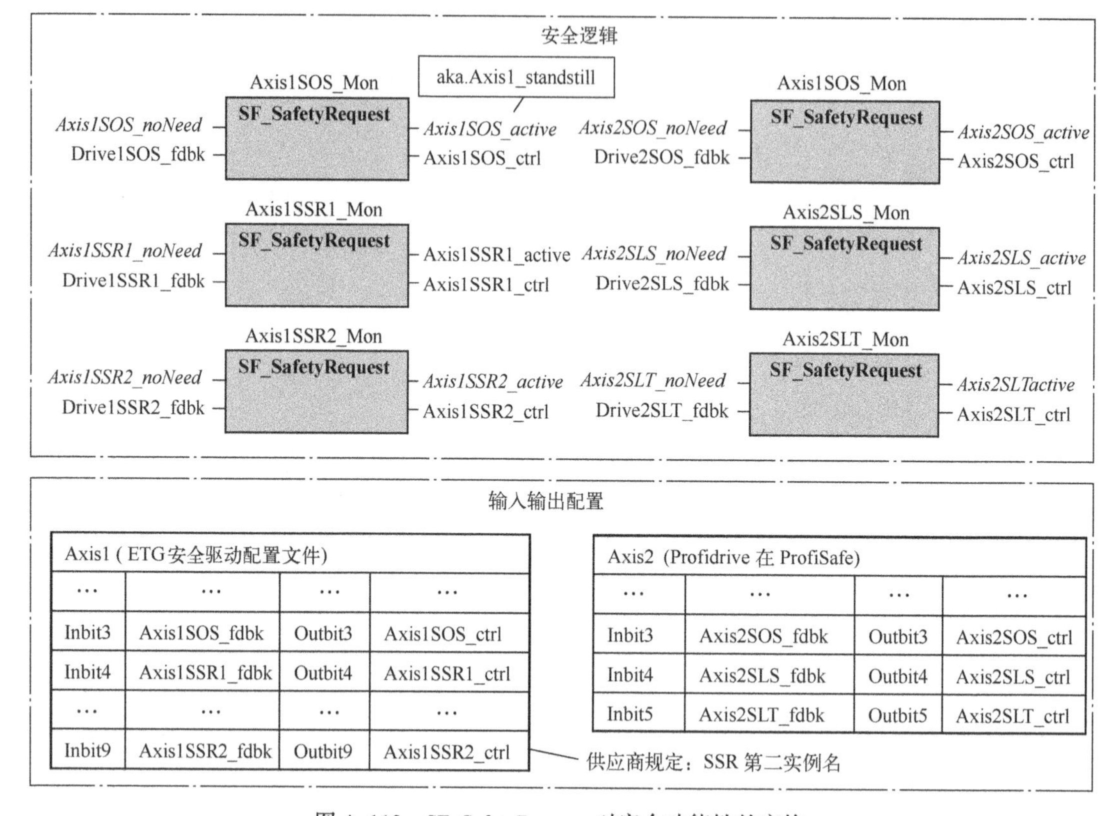


| Axis1（ETG安全驱动配置文件） | | | |
|---|---|---|---|
| … | … | … | … |
| Inbit3 | Axis1SOS_fdbk | Outbit3 | Axis1SOS_ctrl |
| Inbit4 | Axis1SSR1_fdbk | Outbit4 | Axis1SSR1_ctrl |
| … | … | … | … |
| Inbit9 | Axis1SSR2_fdbk | Outbit9 | Axis1SSR2_ctrl |

| Axis2 (Profidrive 在 ProfiSafe) | | | |
|---|---|---|---|
| … | … | … | … |
| Inbit3 | Axis2SOS_fdbk | Outbit3 | Axis2SOS_ctrl |
| Inbit4 | Axis2SLS_fdbk | Outbit4 | Axis2SLS_ctrl |
| Inbit5 | Axis2SLT_fdbk | Outbit5 | Axis2SLT_ctrl |

图 4-113　SF_SafetyRequest 对安全功能性的变换

# 第 5 章　运动控制的数据通信

## 5.1　运动控制实时数据通信的基本概念

工业通信泛指在工业制造过程中所有类型的通信，当今的主流是数字通信。根据应用的场合不同，又可以区分为现场通信、监控通信、生产制造调度管理执行通信及生产计划管理通信等。鉴于现场控制对象运行的机制和对时间的敏感程度差异很大，对通信的要求自然有很大的不同。对于像化工、石化以及发电等流程控制对象而言，通信的首要要求是保证控制任务的完成，即在规定的时间间隔采集刷新的参数，并在完成运算后将执行值送到终端执行器进行调节控制，这就是所谓的 Mission Critical Control；对于生产节拍极快的若干离散制造过程，通信的首要要求则是要保证硬实时性，即在毫秒级的时间内完成被控对象的 I/O 扫描采集和程序运算，这就是所谓的 Time Critical Control；对于像机器人、CNC 这样的多轴协调运动控制，或者生产节拍极快的运动控制系统（如超速饮料灌装、快速套色彩印等），对通信的要求除了硬实时外，还对通信传输具有确定性的要求且限制时间的抖动至少小于 1 μs。

流程控制、离散制造控制和运动控制除了对时间敏感的程度有很大差异而外，通信传输的距离和空间往往也存在很大差异。这在一定程度上也会影响工业通信的协议，因而影响通信的网络结构、电缆敷设等。对于若干处于易爆、易燃等场合的流程控制，通信还有本质安全的特殊要求。

自 20 世纪 70 年代开始发展数字式的现场总线以来，到 90 年代以太网的迅速兴起，形成了工业以太网的广泛应用，所有的通信技术基本上是针对上述不同的通信要求而开发的，没有一种通信总线可以一揽子解决所有应用场合的通信问题。图 5-1 所示为由现场到企业管理的网络架构。

图中，现场控制包括将 PLC、HMI、I/O、驱动等联网，相当于 ISA95 企业信息集成架构的第二级（Level 2），即所谓 OT（Operation Technology）的范围。在第三级（Level 3）制造调度管理区和第四、第五级（Level 4，5）企业计划管理区之间，为了保证信息安全，还特别设置了隔离区（De-militarized Zone，DMZ）。再延伸就进入云端。这些都属于 IT 的范畴。

随着 IT 的不断发展，当智能制造、工业物联网、云计算和 IT/OT 融合等不断地推进，开始出现了采用时间敏感联网 TSN 的以太网成套协议的趋势，试图建立一种统一的通信系统，真正一揽子地解决从现场控制到生产调度执行控制，再到企业生产计划规划，乃至直达云端的大规模的通信任务。尽管这一进程尚处在积极发展推进之中，但其方向已经明确，共识已经形成，技术基础也日臻成熟。

现有的自动化技术所采用的基于以太网的实时系统，通常都是建立在运用市场可提供的、缺乏实时性能的以太网技术的基础上。取决于所关注的特定应用场合，开发的目标存在一定差异，最终的解决方案也相当分散。从图 5-2 可以看出，如今活跃在工业以太网领域的就有 ProfiNet、EtherNet/IP、EtherCAT、PowerLink、Sercos 以及 Modbus 等互不兼容的协议，即使在物理层，更多地在数据链路层，也表现出很多的差别。多轴的机器人控制要求在空间很小的网段内极快的循环时间（<100 μs）。而在生产线上毫秒级的循环时间是足够的，但生产线的空间尺度是相当大的。过程控制对时间的要求相对低些，不过它可能会延伸非常长的距离。技术方面的实现往往还伴随着商业的考虑。一些技术的解决方案偏离了可供使用的标准，原因是开发成本、实现成本和维护成本较高。由于成本的原因，专用标准的进一步开发又面临着困难。一

个明显的例子是 IEEE 802.3ab（1 Gbit/s）在 1999 年就被采用了，但是直到今天所有领先的基于以太网的自动化系统仍然最多采用 100 Mbit/s。扩展到 1 Gbit/s，在技术上可行，但要求修改相应的规范以及专用的硬件，因此受到了商业利益的制约。

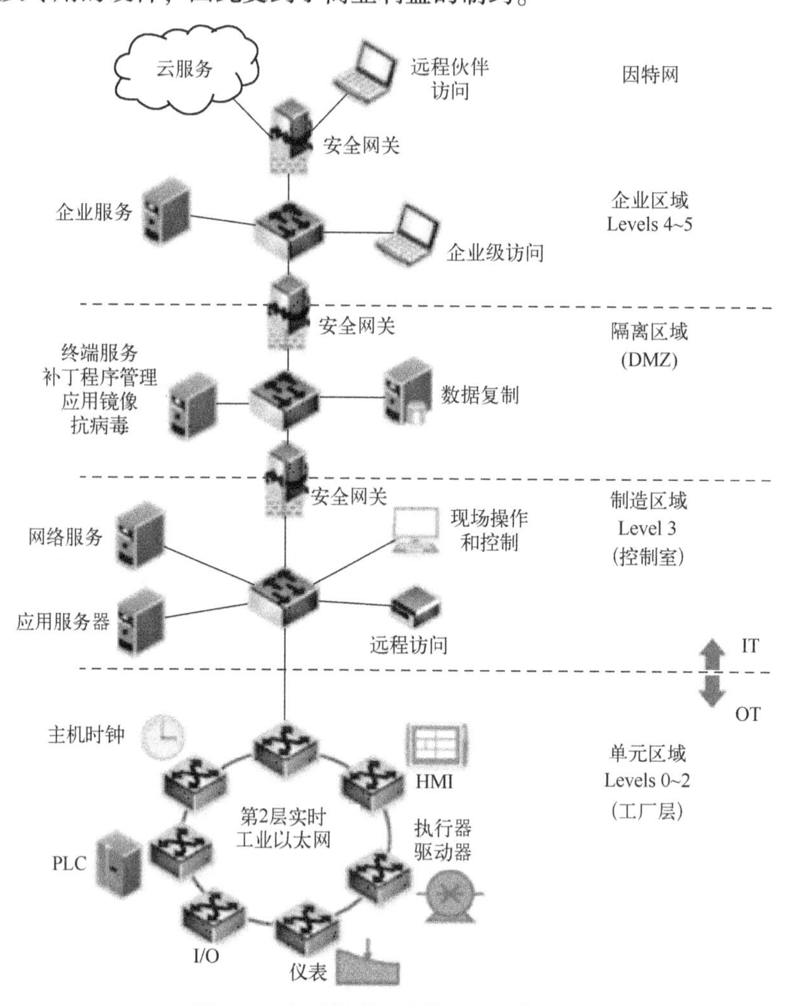


图 5-1　由现场到企业管理的网络架构

图 5-2　采用 TSN 将会使工业以太网的数据链路层统一起来

近些年来，由 IEEE 开发的 IEEE 801.1 时间敏感联网（Time Sensitive Networking，TSN），从技术上讲可为以太网提供对应于开放系统互联 OSI 7 层模型的物理层和数据链路层的统一（见图 5-2）。这恰恰是由硬件实现的，因而为通信的芯片制造商提供了极好的机会，也为大规模的推广应用提供了成本的优势。可以预计未来一二十年后，也许众多的工业以太网协议只是在应用层上的区别，实现不同的协议共用一根以太网电缆，即以太网的共存性的基本问题将会迎刃而解。

### 5.1.1 确定性联网的基本概念

什么是确定性联网？确定性联网除了具有与常规的联网一样的特性以外，还具备下列关键的特性：

1）数据流要保证网络节点和主站的时间同步优于 1 μs。

2）通过配置、管理和/或协议行动来确定关键数据流（网络节点中的缓冲区和调度程序和链接时的带宽）的资源预定。

3）确定性联网通过软件和硬件保证超常低的数据包丢失率（$10^{-6}$ ~ $10^{-10}$），甚至更优。因而可保证预定的数据流端到端的延迟。

4）在一个单一的网络上，即使关键数据流占 75%的带宽，仍可汇聚关键数据流的特性和其他服务质量 QoS 的特性。

5）本质上易于使用，配置的工作量最小化，每一数据流的配置是通过协议而不是通过人来进行，即对用户来说，使用参数（带宽和延迟）由协议配置。

为什么需要这么低的数据丢失率呢？以一个大型的汽车工厂为例，假定有 1000 个网络，每个网络每秒钟要传输 1000 个数据包，每天工作时间 100000 s，相当于每天产生 $10^{11}$个数据包（实际上按每天工作 24 h 计算，共计 86 400 s。上面按 100 000 s 计算，约多了 16%的余量）。丢失 2 个顺序相接的数据包会产生机械安全事故。如果随机丢失率为 $10^{-5}$，$10^{-10}$就会产生 2 个顺序相接的数据包丢失。每天有 $10^{11}$数据包传输，如果有 $10^{-10}$概率的顺序相接的数据包丢失，即每天会产生 10 次生产线的故障停顿。在某些情况下丢包可能会导致设备损坏或造成人身事故。显然，从安全生产和生产效率的角度考虑，对确定性联网通信的要求是不言而喻的。

与音频/视频传输所产生的数据流数量比较少，而每个数据流的数据率非常长不同的是，工业控制会产生大量的数据流，但每个数据流的数据率很低。满足控制回路的刷新频率要求是其确定延迟数量级的关键。

### 5.1.2 运动控制对实时通信的要求

#### 1. 现场总线分类

按应用要求划分，与运动控制有关的现场总线和工业以太网类型，可大致划分为 3 类。

（1）通用型

通用型现场总线指实时通信除满足运动控制的要求外，还要满足一般的自动化要求。在进行单轴或多轴运动控制时，其“寻找位置”的特征是：

1）轴与轴之间的运动动作无紧密相关。

2）在一特定时间仅一个轴在运动。因此可通过网络来顺序定位，而对网络并无时序、迟延以及轴间同步的确定性等特殊要求。如定长切割就属于这种运动控制的类型。

即使是被控的轴数达 20 个以上、I/O 点达数百点的较为复杂的机械装置（如自动取料并放置位置不断有规则变化的机械、连续进给的印刷机等），除了对轴的运动时序要求具有确定性以外，仍没有其他特殊的运动控制要求。

(2) 纯粹型（或称为纯运动总线）

纯粹型运动控制总线要求提供很高的周期刷新率（≥3 kHz）。如 300 个轴的运动数据以 1 kHz 的速率刷新，即在 1 ms 内刷新 300 个轴的数据或以 10 kHz 的速率刷新 30 个轴。

考虑到惯性的变化，不能采用定位环或速度环，而要采用转矩模式来进行运动控制。各轴间的协调变换或各轴之间要通过算法软件来耦合，需要刷新率很高，并采用实时性强的专用运动控制现场总线。

(3) 混合型

混合型现场总线指既有通用型的应用要求，又有纯粹型的应用要求。

采用一种通信总线在解决常规的自动化功能（如电磁阀、限位开关、指示面板、HMI 以及机器视觉等）的同时，还需要提供一定的各轴间运动的协调控制。因此，要求多轴的数据刷新要达到相当高的速率。例如，确保 100 个轴的能在 1 ms 之内周期刷新，才可能保证运用网络通信来实现各轴间的联动，而不是通过硬接线以确定性的时序来实现任一运动控制的功能性。

图 5-3 给出了目前运动控制使用的主要的工业以太网和现场总线的分类，EtherNet/IP、Modbus TCP 和 ProfiNet 适用于通用型场合，EtherCAT、PowerLink 和 Sercos Ⅲ适用于混合型和纯粹型运动控制的应用场合，而 CIP Motion 和 ProfiNet IRT 适用于混合型。只有 SynqNet 是专为纯粹型运动控制系统开发设计的。

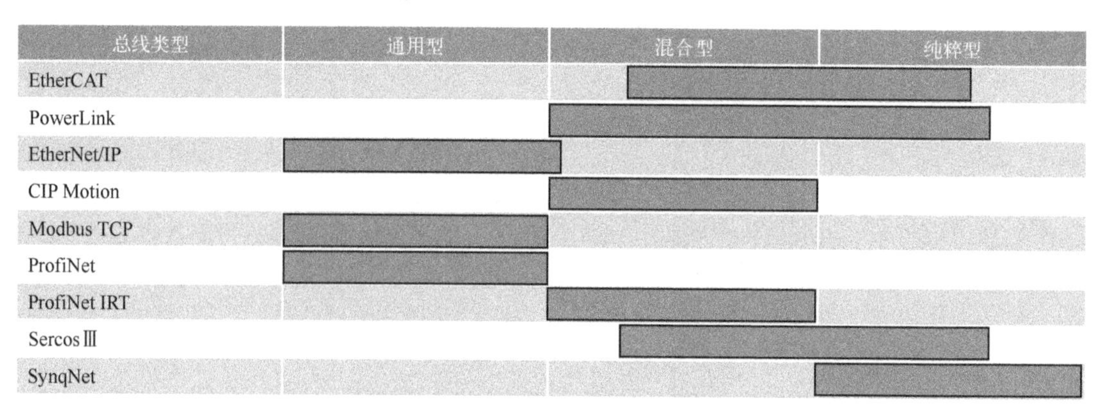


图 5-3　运动控制用总线的分类表

图 5-4 给出了三种运动控制总线的技术要求。纯粹性运动控制总线除了不要求在非调度时间发送消息而外，还要求：周期发送消息、以确定性的方式发送消息、具有分布式时钟、通过网络支持闭环回路、网络刷新率要大于或等于 3 kHz，以及与运动相关的 I/O 采用直接与芯片引脚相连以减少延迟。通用型总线除了要求周期发送消息和在非调度时间发送消息之外，对网络没有其他严酷的时间要求。混合型总线则没有通过网络支持闭环回路，网络刷新率要大于或等于 3 kHz，以及与运动相关的 I/O 采用直接与芯片引脚相连以减少延迟这 3 项要求；但必须具有周期发送消息、以确定性的方式发送消息、具有分布式时钟和在非调度时间发送消息这 4 项要求。

**2. 选择运动控制类通信总线的基本原则**

由于制造业和流程行业的需要，智能制造和绿色制造得到发展，它强化了对分布式运动控制和适宜于运动控制的工业通信网络的技术进展，并由此发展和开发了许多可供选择的网络总线。

归根结底，运动型机械设备的物理配置和结构体系将决定对这类网络的选择。不过，仍有可能从有效的灵活性和显著的降低成本等因素出发，作为选择考虑的重要判据。

| 技术指标 | 通用型现场总线 | 混合型网络 | 纯粹型运动总线 |
|---|---|---|---|
| 在非周期时间发送消息 | ● | ● | × |
| 周期发送消息 | ● | ● | ● |
| 以确定性方式发送消息 | × | × | ● |
| 分布式时钟 | × | ● | ● |
| 通过网络支持回路闭合 | × | × | ● |
| 网络刷新率高（≥3kHz） | × | × | ● |
| 与运动相关的I/O采用直接与芯片引脚连接 | × | × | ● |

注：●表示允许；×表示不允许。

图 5-4　三种类型的运动控制总线的技术要求

### 3. 选择运动控制相关的工业通信总线参考因素

选择运动控制相关的工业通信总线的参考因素如下：

1）运动型机械设备的物理配置和结构体系。

2）通用型、纯粹型还是混合型。

3）灵活性，如网络拓扑的种类、网络可扩。

4）成本因素，如成本显著地降低。

5）网络设备，如不同供应商产品的互操作性。

6）驱动设备类型及其额定功率，如伺服系统、步进电动机系统、变频调速器。

7）技术支持。

8）发展潜质，如升级至千兆以太网的方便性。

## 5.1.3　现场总线和工业以太网实时性问题

实时性的问题是与应用紧密相关的。所谓实时泛指计算机系统或其他系统对某个应用过程具备足够快的响应时间来满足用户的要求。显而易见，衡量实时这个关键指标是否满足要求，首先要区别应用的领域和场合。图 5-5 给出了 IAONA 关于实时性要求按高性能同步运动控制、机器人和数控机床高速过程、一般自动化系统以及楼宇自动化和仓储系统等应用领域的划分。其中可以发现对于高性能同步运动控制有着最高的实时性要求企业，即响应时间最快要优于 1 μs，而抖动（即系统要求的确定时刻的变化）要优于几十到几百纳秒。

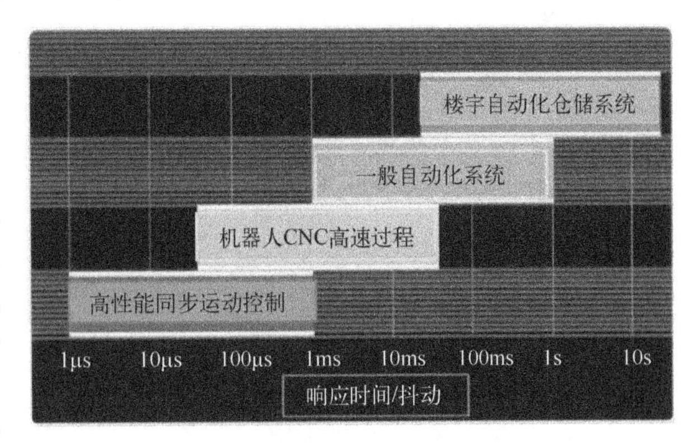


图 5-5　按应用领域划分实时要求

图 5-6 进一步示出运动控制的各种不同应用对通信循环时间的要求。譬如工业机器人和数控机床要求的通信循环时间为 200~40 μs，仓储和物流设备在 10 ms 至几百 μs 之间，而用在生产线上运动控制则在十几 ms 至 1 ms 之间，高速包装机械要求通信循环时间在几 ms 至几百 μs 之间。

将标准以太网用于工业通信存在的主要问题有：由于 CSMA/CD 的抢先式通信机制难以保证通信的确定性；硬件/软件对通信协议处理的时间延迟，难以确保通信的实时性；运行时间（Runtime）受网络拓扑和器件等运行性能的影响，不可避免地使实时时间波动，并影响节点间的同步性能。另外，由于与应用层（第7层）的接口存在问题，使可互操作性难以保证。由于上述原因，开发了许多在一定程度上能克服标准以太网实时性不足的工业实时以太网。此外，由于工业生产节拍和工作节拍的加快，对联网的实时性、同步性等性能又提出了更高的要求。

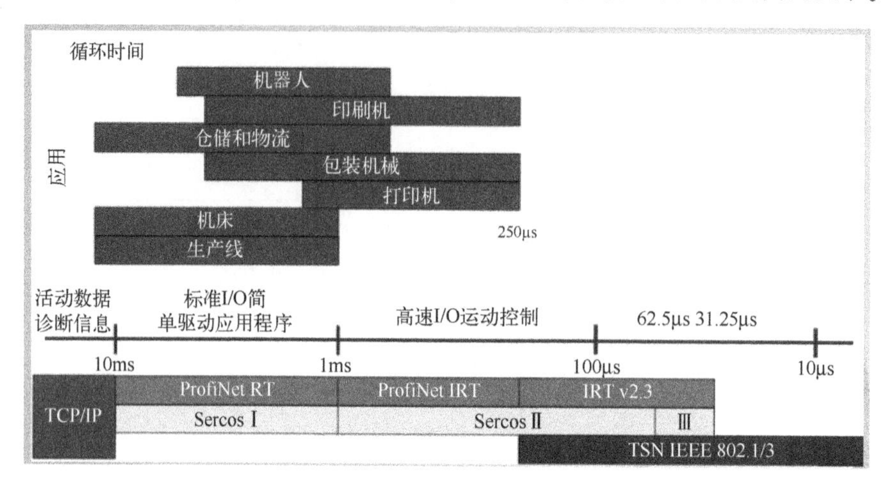

图5-6　各种运动控制应用对通信循环时间的要求及若干种工业以太网的性能比较

主要的几种工业实时以太网如 ProfiNet IRT、PowerLink、Sercos Ⅲ、EtherCAT 和 EtherNet/IP（CIP Motion），它们的循环时间都可以达到 100 μs，但抖动的指标只有 ProfiNet IRT 和 EtherCAT 可达 20 ns，PowerLink 和 Sercos Ⅲ为 50 ns，而 EtherNet/IP（CIP Motion）仅为 100 ns。

## 5.1.4　与运动控制相关的工业以太网性能比较

本节讨论以下5种主要的工业实时以太网，即 ProfiNet IRT、PowerLink、Sercos Ⅲ、EtherCAT 和 EtherNet/IP（CIP Motion）。

ProfiNet 工业以太网技术是由西门子公司和 Profibus 用户组织的成员公司共同开发的。在全球特别是欧洲有很多的应用，是工业以太网诸协议中市场占有率最高的。ProfiNet 是包括多种工业以太网协议的总称。根据工业通信不同的确定性要求，ProfiNet 采用了不同的实现方法。如果其后没有加注其他字母，ProfiNet 常用于软实时或对实时性没有很高要求的应用场合；而 ProfiNet IRT 则专门针对硬实时的应用要求。为了覆盖不同性能等级的应用，ProfiNet 下属的协议和服务都采用信息产生方/使用方（Producer/Consumer）的通信机制。

EtherNet/IP 是由罗克韦尔自动化公司和 ODVA 组织共同开发的工业以太网协议，在美国市场上得到了很好的应用。EtherNet/IP 在标准的以太网硬件上运行，并同时使用 TCP/IP 和 UDP/IP 进行数据传输。在应用层上它与 ControlNet 和 DeviceNet 现场总线共同支持 CIP（通用工业协议），它们都遵循信息产生方/使用方（Producer/Consumer）的通信机制。

PowerLink 是一个完全免专利（即开放源代码）的工业以太网通信技术，完全独立于供应商；由奥地利的贝加莱公司开发，并由 EPSG（Ethernet PowerLink 用户组织）承担该技术的进一步发展。它采用软件方式的协议，仍然可以得到硬实时的特性。它集成了完整的 CANopen 的机制，并充分满足了 IEEE 802.3 以太网标准，具有所有标准以太网的功能特点（包括交叉通信和热插拔），允许网络采用任意拓扑结构。PowerLink 使用时间槽和轮询混合机制实现数据的同步传输。

EtherCAT 是德国倍福自动化公司开发、ETG（EtherCAT 技术协会）负责推广应用的工业以太网协议。采用集总帧方法进行数据传输是其独特之处。EtherCAT 由主站向网络的所有从站节点发送数据时，全部数据集中在一个传输帧内，该帧按顺序通过网络中的所有节点，对每个节点仅存取与该节点相关的数据，即读出与该节点有关的数据，并将响应数据插入集总帧中。由于采用了这种高效的传输机制，所以特别适合应用于高速运动控制的场合。为了支持 100 Mbit/s 的波特率，必须在物理层使用专用 ASIC 芯片或基于 FPGA 的硬件进行高速数据处理。EtherCAT 网络拓扑总是构成一个逻辑环。

Sercos Ⅲ是面向数字化驱动接口的实时工业以太网通信标准。它不仅有特定的物理层连接的硬件架构，而且其协议架构和应用规范的定义也是特定的。Sercos Ⅲ是为驱动系统而专门设计的通信协议 Sercos 的第三代，遵循标准的 IEEE 802.3 的以太网传输协议。其在主站和从站中采用特别设计的硬件，大大减轻了主站的通信任务，并确保了快速的实时数据处理和基于硬件的时钟同步。Sercos Ⅲ同样也采用集总帧的传输机制。Sercos 国际用户组织可向采用 FPGA 的硬件开发者无偿提供 Sercos Ⅲ的 IP Core。

图 5-7 和图 5-8 分别给出了两种工业实时以太网的实现实时性的解决方案。对应于经典的 OSI 7 层模型，比较不同的解决方案可以清晰地看出，Modbus TCP 和 EtherNet/IP 处理实时协议是在第 5 层（会话层）和第 6 层（表示层），这样的安排更接近标准的以太网，但实时性相对就差了。PowerLink 和 ProfiNet RT 是在第 3 层（网络层）、第 4 层（传输层）、第 5 层和第 6 层之间设置了实时通信协议，起到了在使用标准以太网协议的同时获得了足够的实时性能。Sercos Ⅲ和 ProfiNet IRT 是在第 2 层（数据链路层）的逻辑链路子层到第 6 层之间安排了实时通信协议，实时性能取得不错的解决，不过其物理层和介质存取控制子层 MAC 需要专用的 ASIC 芯片。通信的循环时间依次为 Sercos Ⅲ和 ProfiNet IRT 最快，PowerLink 和 ProfiNet RT 次之，Modbus TCP 和 EtherNet/IP 最慢；协议处理效率则是 Sercos Ⅲ和 ProfiNet IRT 最高，PowerLink 和 ProfiNet RT 次之，Modbus TCP 和 EtherNet/IP 更低。EtherCAT 的实时通信协议安排在第 2 层（数据链路层）的逻辑链路子层到第 6 层之间，再加上将多目标 IP 广播数据包封装成单目标 IP 数据包（隧道封装），获得了很好的实时性能。但它同样需要专用的 ASIC 解决其物理层和介质存取控制子层 MAC（参见图 5-8）。

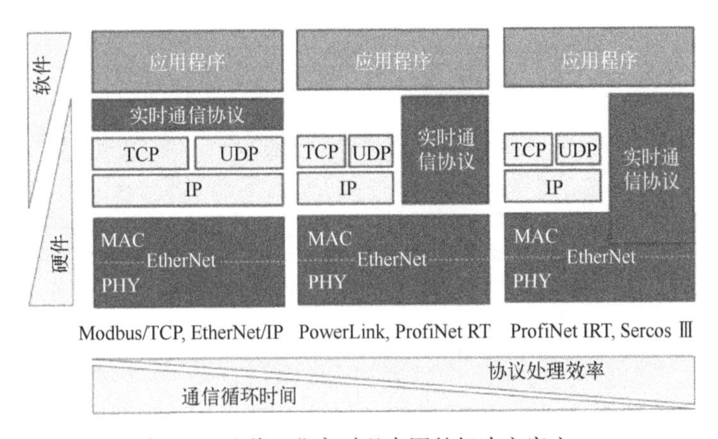


图 5-7　几种工业实时以太网的解决方案之一

信息产生方/使用方（或称生产方/消费方，Producer/Consumer，P/C 结构）是与发布方/预订方（P/S 结构）十分类似的通信机制。在 P/S 结构中，预订接收同样数据组的节点被归类为一组，这些节点的地址由该数据组的发布方所存储和维护。每一个要接收该数据组的节点，只要向该发布方发一个请求，表示它愿意成为接收这组数据的新成员，发布方便把这个新预订方加入其预订方表，接着它就会按周期向所有的预订方发送数据。这一过程如图 5-9a 所示。

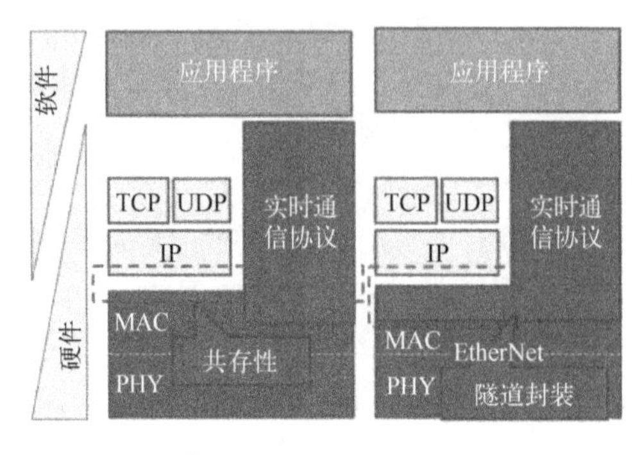


图 5-8　几种工业实时以太网的解决方案之二

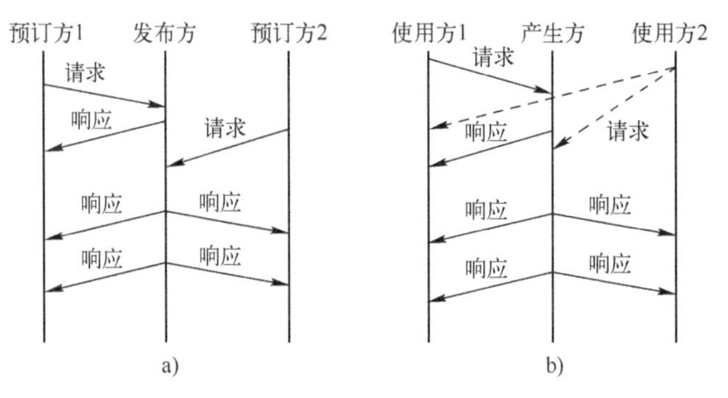


图 5-9　发布方/预订方和信息产生方/使用方机制

在信息产生方/使用方（P/C）结构中，数据组同样是通过多播消息传输的。与 P/S 不同的是，请求相同数据组的节点（使用方）的地址并不由某一个节点（该数据组的产生方）予以保存，而是用一个特殊的通信标识符来表示请求同一个数据组的节点的编组。当第一个使用方节点向产生方发出请求时，双方交换多播地址以及通信标识符，接着产生方向已确定的多播地址发送数据。若另一个节点也请求该数据，它可向产生方或已加入该组的消费方节点请求多播地址和标识符。接下去便可从传输多播消息组中选出它所要的数据。其机制如图 5-9b 所示。

如上所述可得到以下结论：发布方/预订方机制是现代通信模式中最适宜用在包括现场总线和工业以太网的工业网络实现实时通信的通信模式。还有被称为信息产生方/使用方的通信机制，与发布方/预订方机制相比除了在某些细节略有不同外，实际上是完全一样的通信模式。它们大大减少了通信系统的负载。与传统的主/从模式（或称源/目的地模式）相比，它可以以更高的数据传输效率完成点对多点、广播和轮询等通信要求。环顾现有的现场总线和工业以太网所采用的通信服务模式，可以看到采用主/从模式的现场总线有 Profibus、Interbus、Modbus、Modbus Plus、Lonworks 以及 CC-Link 等；采用发布方/预订方（或信息产生方/使用方）模式的有 FF、HSE、ControlNet、DeviceNet、EtherNet/IP 和 Profibus-DP V2。

有趣的是，近年来 OPC UA 为了将其可覆盖的通信范围延伸到现场实现 M2M，也开发了发布方/预订方的通信机制。这也说明采用这种机制的实用性得到了业界的共识，可以说确实是相当经典的方法。

## 5.2 PLC的通信

### 5.2.1 网络拓扑结构

**1. 计算机网络**

计算机网络是一个互连的自主的计算机集合。将地理位置不同的具有独立功能的若干计算机系统，通过通信设备和线路将其连接起来，由功能完善的网络软件（网络协议、信息交换程序和网络操作系统）实现网络资源共享的系统称为计算机网络。计算机网络由计算机系统、通信链路和网络节点组成。

网络节点是双重作用的节点，它用于负责管理和收发本地主机来的信息，并为远程节点送来的信息选择一条合适的链路转发出去。它还与网络其他功能一起，避免网络的拥挤和有效使用网络资源。

通信设备是计算机和通信介质或通信媒体之间按一定通信协议传输数据的设备。例如，可以是专用计算机，也可以是通信接口板等。通信设备也称为网络的节点（Node）或站（Station）。通信介质或通信媒体是连接通信设备和计算机的物理实体。

从用户角度看，计算机网络定义为：存在着一个能为用户自动管理的网络操作系统。由它调用完成用户所调用的资源，而整个网络像一个大的计算机系统一样，对用户是透明的。

从逻辑功能看，计算机网络是以传输信息为基础目的，用通信链路将多个计算机连接起来的计算机系统的集合，一个计算机网络组成包括通信传输介质和通信设备。

从整体结构看，计算机网络是把分布在不同地理区域的计算机与专门的外部设备用通信线路互联成一个规模大、功能强的系统，从而使众多计算机可以方便地互相传递信息，共享硬件、软件和数据信息等资源。简言之，计算机网络就是用通信链路互相连接的许多自主工作的计算机构成的集合体。

**2. 网络拓扑结构**

网络拓扑（Network Topology）结构是网络中各节点之间互连方式的几何抽象，网络拓扑包括物理拓扑和逻辑拓扑。物理拓扑描述组成网络的各组成部分的图形结构；逻辑拓扑则描述通信时网络中端点之间是如何进行连接的。

计算机网络拓扑通过网络上节点、通信线路之间几何关系反映网络中实体之间的结构体系，而不是它们实际物理位置的关系。

通信子网中，常见的网络拓扑有星形、环形、总线型及树形、混合形等结构。

(1) 星形拓扑

星形拓扑网络如图5-10所示，它是一种最古老的网络连接方式。它将多个终端节点通过集线器（HUB）连接在一起，各节点通过集线器进行通信，节点的接入和断开十分方便，网络扩展容易实现，但当集线器故障时，整个系统瘫痪。电话交换机是星形网络拓扑结构的典型实例。

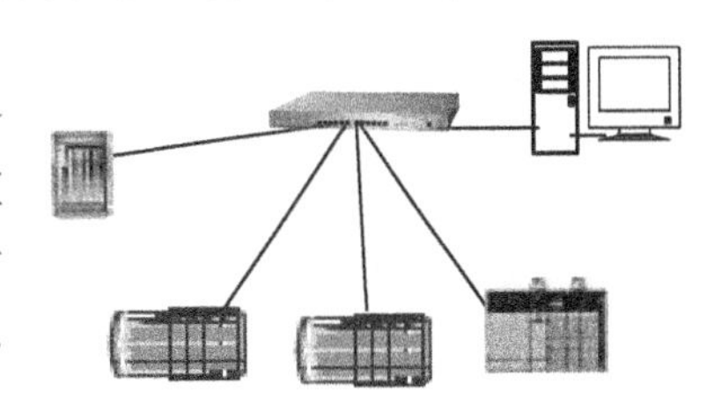

图5-10 星形网络拓扑结构

星形拓扑网络特点如下：

1）中心节点控制全网的通信。

2）任意两个节点（从站）之间的通信必须通过中心节点（主站）存储和转发。

3）全网的可靠性主要由中心节点决定，如果某一链路失效不影响其他链路的通信，因此，具有鲁棒性。

4）采用广播信息传送方式，整个网络中的节点都可以收到任何一个节点发送的信息，因此，在网络安全方面存在一定隐患。

5）故障诊断和隔离容易。由于各信息节点都直接连到中央节点，因此，故障容易检测和隔离，并可方便地将故障节点从网络中删除。

6）每个终端节点要连接到中心节点，所需电缆较多，安装工作量较大。

7）中央节点的负担较重，容易由此形成瓶颈。

8）网络结构简单，接入和断开方便，网络扩展容易，也便于管理。

9）各节点分布处理能力较低。

（2）环形拓扑

环形拓扑网络如图 5-11 所示，分为物理环网和总线环网。物理环形网络内的每个节点只与它的两侧节点有专用的电缆连接，组成环网。信号在环内单向传输，直到达到目的节点。环内节点将信号接收并经重发器转发。总线环网在逻辑上把各节点组成环形，物理连接是总线型，因此，与总线型网络拓扑的结构相似。

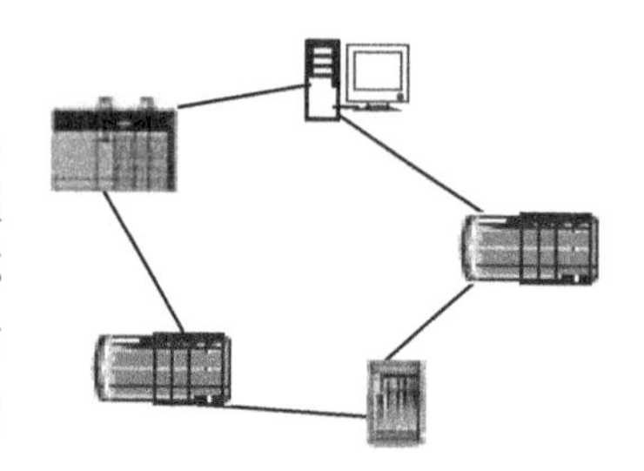

图 5-11　环形网络拓扑结构

环形拓扑网络特点如下：

1）容易安装和重新配置，接入和断开一个节点只需要改动两条连接，可减少初期建网投资。

2）每个节点都与两个相邻的节点相连，因而存在着点到点链路，但总以单向方式操作，因此，便有一个上游端用户和一个下游端用户，简化了路径选择的控制。

3）每个节点只有一个下游节点，因此，不需要路由选择，但一旦某一节点失效，整个系统瘫痪。

4）整体可靠性和容错性较高，不存在星形网的瓶颈现象。

5）所有节点能够公平访问网络的其他部分，容易实现在各通信节点之间动态分配通信资源。

6）所用电缆长度短，只需将各节点逐次连接。

7）采用令牌传递方式，负载很轻时信道利用率相对较低。

8）可使用光缆，传输速率很高，适合环形拓扑网络的单向传输。

9）增删节点受地域、设备的限制，增删过程复杂。

（3）总线型拓扑

总线型拓扑网络如图 5-12 所示。所有节点经网络适配器直接挂接到总线上，共享一条传输链路。网络中所有节点通过相应的硬件接口和电缆直接连接到这根共享的总线上。

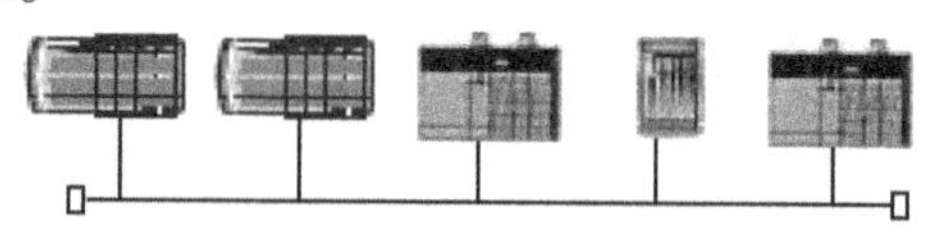

图 5-12　总线型网络拓扑结构

总线型拓扑网络特点如下：

1）灵活性强。可连接多种不同传输速度、不同数据类型的通信设备，也容易获得较宽的传输带宽。

2）结构简单，增添和拆除总线的设备容易，应用较广。

3）设备少、造价低，安装和使用方便。

4）具有较高可靠性，单个节点的故障会影响到整个网络。

5）数据传输采用广播式，任意一个站发送的信号到达适配器后沿总线的两个相反方向传输，接收站从总线获得数据后，挑检出目的地址为本站的正确数据，因此，可实现点对多点的传输。

6）每个设备在发送数据前需要侦听总线线路是否空闲，只有总线空闲时，才能发送数据。当多个设备在侦听到总线空闲时，可能发生冲突，而检测到发生冲突后就会停止发送数据，并等待随机时间后重发。因此，竞争机制使通信的带宽利用率降低。

7）总线传输距离有限，通信范围受限。

8）故障诊断和隔离较困难。当节点发生故障时，隔离比较容易，但一旦传输介质故障，只能将整个总线切断。

9）分布式协议不能保证信息及时传送，不具有实时功能，节点必须具有介质访问控制功能，增加节点的硬件和软件开销。

## 5.2.2 典型可编程逻辑控制器网络系统

**1. PLC 通信模型**

IEC 61131 的通信模型由 IEC 61131-5 提供。PLC 通信模型如图 5-13 所示。

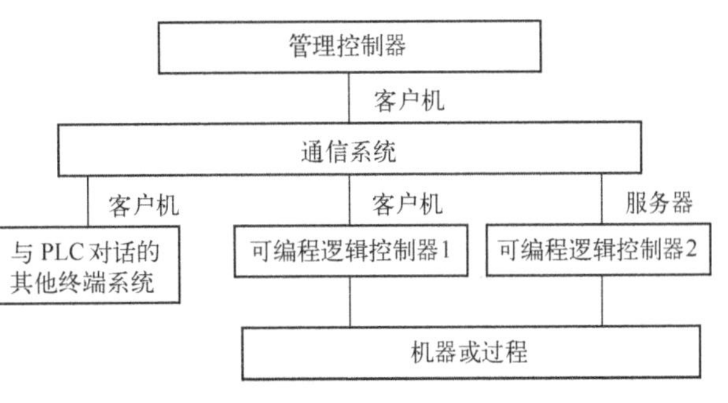


图 5-13 PLC 通信模型

图中，对 PLC 通信服务器而言，管理控制器、与 PLC 对话的其他终端系统具有相同的行为特性，它们都向可编程逻辑控制器 2 提出请求。

PLC 通信有 3 种方式。

（1）同一程序内变量的通信

程序之间直接用一个程序元素的输出连接到另一个程序元素输入的通信。图 5-14 显示程序 A 中功能块 1 和功能块 2 之间的通信。功能块 1 中的变量 a 直接连接到功能块 2 的变量 b，以实现数据通信。

**【例 5-1】** 同一程序内变量之间的通信。

图 5-15 是同一程序内变量的通信示例。图中，XOR 函数的输入变量来自功能块 TON_1 实例的输出 Q，而 XOR 的另一个输入信号来自其返回值 LAMP，这是反馈变量。该程序用于产生方波信号。

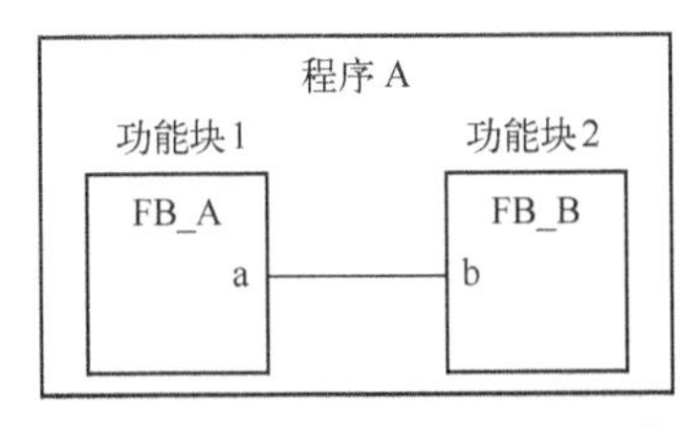


图 5-14 变量直接连接实现通信

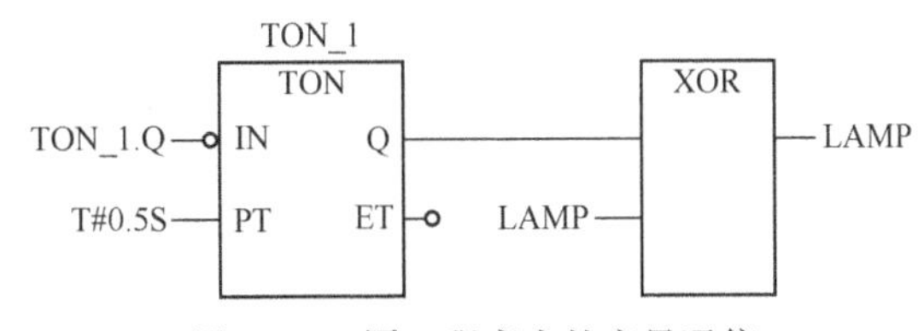


图 5-15 同一程序内的变量通信

（2）同一配置下变量的通信

变量的值在同一配置下不同程序之间的通信可通过该配置下的全局变量实现。图 5-16 显示变量 a 是经过配置中的全局变量 x，将变量的值传送到另一程序的变量 b。

**【例 5-2】** 同一资源内变量之间的通信。

在同一资源下建立两个任务，分别编写下列程序。

Tx2 中的程序如图 5-17a 所示，Tx21 中的程序如图 5-17b 所示。变量声明时，在资源中，X 变量是全局变量 GLOBAL 类型，而两个程序中的变量 X 是外部变量 EXTERNAL 类型。

与例 5-1 的不同点是，本例的两个程序在不同的任务下，在 Tx2 程序中增加一个 START 启动开关，当 START 闭合时，通过全局变量 X 的通信，在 Tx21 程序中的输出灯 LAMP 会闪烁点亮。

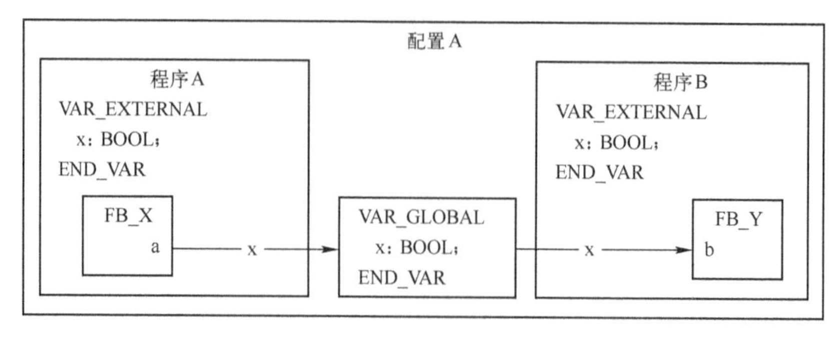


图 5-16　通过全局变量实现通信

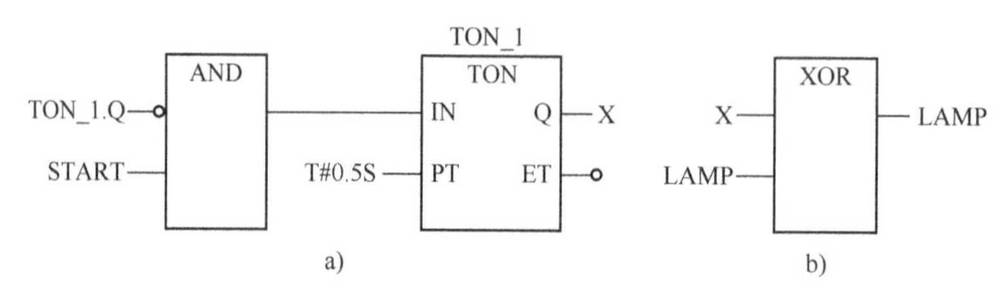


图 5-17　同一资源下两个程序中变量的通信
a）Tx2 中的程序　b）Tx21 中的程序

（3）不同配置下变量的通信

为实现不同配置下变量的通信可采用两种方法，即通过通信功能块和通过存取路径的方法。

**【例 5-3】**不同配置下变量的通信。

图 5-18 所示通信方法是通过通信功能块的方法，图 5-19 所示的通信方式是通过存取路径的方法。

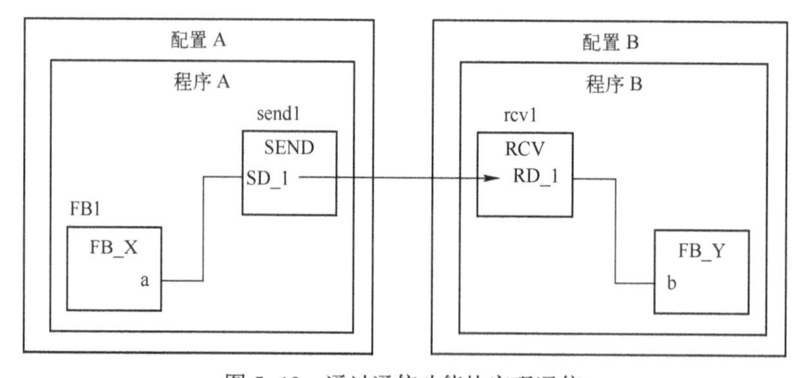


图 5-18　通过通信功能块实现通信

IEC61131-5 定义了通信功能块系列，可以通过选用合适的通信功能块实现不同配置下变量的通信。

通过存取路径实现通信是另一种不同配置下变量的通信方法。

通过通信功能块可以读写远程配置中的存取路径 ACCESS 变量。

有关通信模型和通信方式和状态传送的细节参见 IEC 61131-5 标准。

**2. PLC 通信功能块**

通信功能块详见 IEC 61131-5 定义。这些功能块提供 PLC 的通信功能，诸如远程变量寻址、设备检验、轮询数据的采集、编程数据采集、参数控制、互锁控制、编程报警报告及连接管理和保护等。需注意，除远程寻址函数外，其余都是功能块。

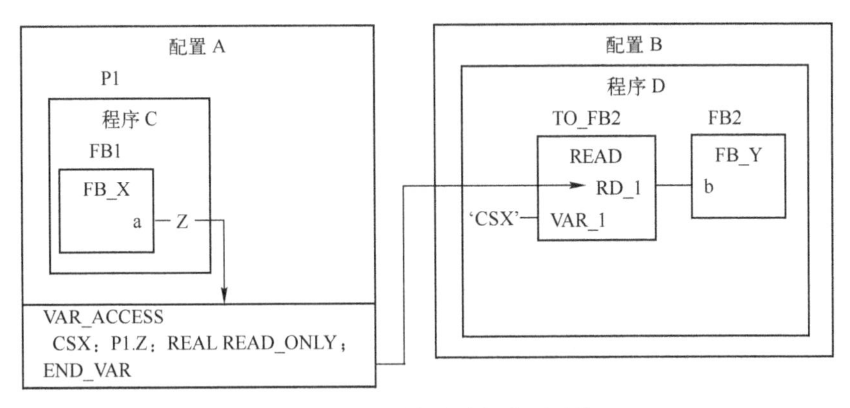

图 5-19　通过存取路径实现通信

PLC 利用通信子系统提供给控制系统的功能见表 5-1。

**表 5-1　通过通信子系统提供给控制系统的功能**

| PLC 通信功能 | PLC 作为请求方 | PLC 作为响应方 | 功能块可用 |
|---|---|---|---|
| 设备检验 | 是 | 是 | 是 |
| 数据采集 | 是 | 是 | 是 |
| 参数和互锁控制 | 是 | 是 | 是 |
| 用户应用程序间的同步 | 是 | 是 | 是 |
| 报警报告 | 是 | 否 | 是 |
| 程序执行和 I/O 控制 | 否 | 是 | 否 |
| 应用程序传送 | 否 | 是 | 否 |
| 连接管理 | 是 | 是 | 是 |

**3. 网络互连**

实现实时以太网的 3 种方法如下：

1）基于 TCP/IP。协议采用基于 TCP/IP 层级，并在其顶层实时的机制，例如，ProfiNet、EtherNet/IP、TCP/IP 等。这类方法常受到性能范围的限制。例如，EtherNet/IP 采用 CIP Sync 同步分发 IEEE 1588 兼容的时钟信息给整个网络。

2）标准以太网。协议在标准以太网顶层实现。例如，PowerLink、ProfiNet RT 等。这类方法的优点是无须额外投资。例如，PowerLink 中，主站授权每个节点独立发送数据。

3）修改以太网。它采用修改的以太网。例如，EtherCAT、Sercos Ⅲ和 ProfiNet IRT 等。这类方法先考虑性能，然后考虑与标准的兼容性。EtherCAT 和 Sercos Ⅲ采用集束帧的报文传输跟随主站的时钟。

（1）TCP/IP

传输控制协议（TCP）/网际互连协议（IP）指一系列协议，它定义如何通过互联网（Internet）进行传输交换。TCP/IP 是根据其中两个最常用的协议命名的。

IP（Internetworking Protocol，网际互连协议）是 TCP/IP 协议栈的传输层协议，用于定义通过包交换网络实现无连接传输的机制。它是不可靠的无连接的数据报协议，由于不提供差错检验和对差错的跟踪，因此，它仅以最大努力使传输能到达目的站，而不考虑传输过程前物理层引入的噪声影响、路由拥塞造成传输超时而终止等情况。

在传输层，TCP/IP 的协议有 UDP 和 TCP。UDP 是用户数据报协议，它比 TCP 传输控制协议简单，是无连接的不可靠的端到端传输层协议。它为上层数据提供端口地址、校验和差错控制及长度等信息，所完成的包称为用户数据报。

传输控制协议（TCP）为应用程序提供面向连接的用户（端）到用户（端）的字节流传输服务。它不仅在两个站点之间建立整个传输过程中有效的（可靠的）逻辑连接（虚电路），而且提供字节流的面向连接的传输。在 TCP 协议中，字节流称为 TCP 段。与 IP 和 UDP 协议不同，TCP 协议通过提供差错控制和重传机制保证可靠传输。所有 TCP 段只有被确认传输正确后，虚电路才被拆除。

TCP/IP 的应用层相当于 OSI 模型的会话层、表示层和应用层的集合，常用的有 SMTP、FTP、TELNET 和 EtherNet/IP 等。

网络中不同计算机设备之间的程序通信涉及 C/S（客户/服务器）模型。即客户/服务器模型涉及在不同位置、不同计算机上运行的两个不同程序。用户在本地运行用户程序，因此，称为客户，运行的程序称为客户程序。服务器对来自客户的程序请求作出响应，并提供服务，这种分布式的系统称为客户/服务器系统。

（2）EtherNet/IP

工业以太网协会 IEA（Industrial Ethernet Association）和开放设备供应商协会 ODVA（Open Device Vendor Association）在 2000 年 3 月提出的 EtherNet/IP 协议是基于商用以太网协议的支持 TCP/IP 协议和控制与信息协议 CIP 的通信协议。

CIP（Control & Information Protocol）协议是一种专门为工业控制设计的基于对象的应用层协议，已经用于 EtherNet/IP、ControlNet 及 DeviceNet 等网络系统。CIP 将会话层、表示层和应用层结合起来，作为 TCP/IP 的高层。它包括 CIP 应用层（提供应用对象库）、CIP 数据管理服务层（提供报文服务）、CIP 报文路径（提供链接管理服务）等。它将应用层的 CIP 报文压缩，封装后作为 TCP 或 UDP 的帧格式，并通过交换以太网发送。

CIP 采用面向对象的设计方法，将对象分为预定义对象和自定义对象。预定义对象是规范规定的对象，例如，链接对象、报文路由对象等，它们描述所有节点必须具备的共同特点和服务。自定义对象是应用对象，由制造商规定，它们描述每个设备的特定功能。

EtherNet/IP 建立在以太网和 TCP/IP 协议的基础上，因此，它具有高传输速率和大传输数据量的优点，例如，传输速率可达 10 Mbit/s 或 100 Mbit/s，传输报文长度达 1500 B。

针对不同的数据，EtherNet/IP 将报文分为输入输出报文、信息报文和网络维护报文。图 5-20 是 EtherNet/IP 通信协议的 OSI 模型。

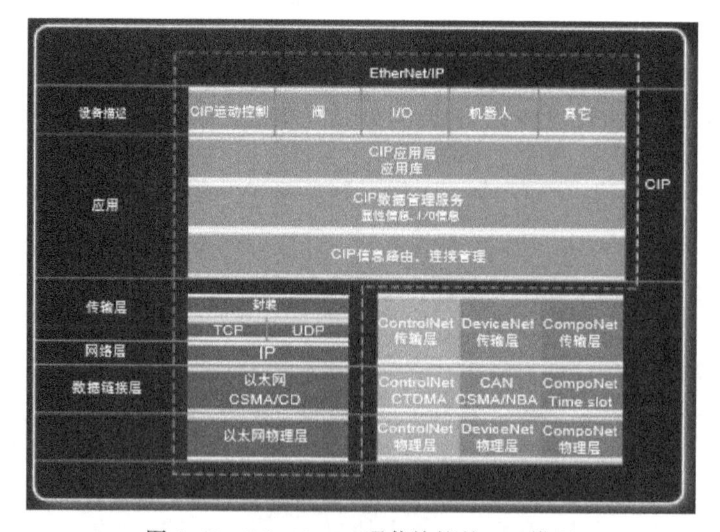


图 5-20　EtherNet/IP 通信协议的 OSI 模型

EtherNet/IP 采用产生方/使用方通信方式，允许网络上不同节点同时存取同一源的数据。根据数据不同标识，不同节点可接收同一发送者数据，数据传输经济，通信效率高。

EtherNet/IP 解决了以太网上设备间的互操作性和互换性。它通过开放的应用层不一致性检测保证不同厂商设备间的互操作性和互换性，因此，可提供与 ControlNet 和 DeviceNet 应用层的无缝连接。

（3）ProfiNet 和 ProfiNet IRT

ProfiNet 是基于工业以太网的工业自动化应用的开放标准，是 IEC 61158 的类型 10。分散控制现场设备通过 ProfiNet IO 集成。ProfiNet IO 描述的设备模型以 Profibus DP 的关键特性为基础，由槽和通道组成。现场设备特性用基于 XML 的 GSD 文件来描述。

ProfiNet 描述对象和部件模型、运行期通信、代理服务器（Proxy）概念和工程设计等，它满足了综合自动化技术的各种要求。

ProfiNet 的优点是其可缩放的和标准化的通信，它确保直至企业管理层的一致性和自动化过程中的快速响应时间。ProfiNet 提供两种集成现场总线系统的方法。

1）通过代理服务器的现场总线设备集成。在此情况下，代理服务器代表以太网上较低层的现场设备。采用代理服务器方案，ProfiNet 提供从现有设备到新安装设备之间的全透明转换。

2）整个现场总线应用的集成。一个现场总线段代表一个自包含的 ProfiNet 组件，它代表在较低层现场总线（例如，Profibus DP）的 ProfiNet 设备。由此，较低层现场总线的所有功能能够以组件的形式保存在代理服务器内。因此，这些功能可在以太网上供使用。

ProfiNet RT 用于软实时或没有实时性要求的应用。对于基于 TCP/IP 的工业以太网技术来说，使用标准通信栈来处理过程数据包，需要很可观的时间，为此，ProfiNet 提供了一个优化的、基于以太网第二层（Layer 2）的实时通信通道，通过 ProfiNet RT 实时通道，极大地减少了数据在通信栈中的处理时间。

ProfiNet IRT 针对有硬实时需求的应用，例如，运动控制的应用。

ProfiNet IRT 是等时同步实时，主要用于有苛刻时间同步要求的场合，例如，运动控制、电子齿轮等，也称为硬实时。ProfiNet RT 是用于没有时间同步要求的工厂自动化等应用，也称为软实时。

ProfiNet IRT 采用的时间同步协议是基于改进的 IEEE 1558。它定义了一种精确时间协议 PTP（Precision Time Protocol），用于对标准以太网或其他采用多播技术的分布式总线系统中的传感器、执行器以及其他终端设备中的时钟进行亚微秒级同步。IEEE 1588 将整个网络内的时钟分为普通时钟 OC（Ordinary Clock）和边界时钟 BC（Boundary Clock），只有一个 PTP 通信端口的时钟是普通时钟，有一个以上 PTP 通信端口的时钟是边界时钟。ProfiNet IRT 对 IEEE 1588 进行了修正，修正为旁路时钟 BpC（Bypass Clock）。它通过对 PTP 报文进行必要的操纵和处理来对时延进行补偿。因此，ProfiNet IRT 极大改善了自动化技术发展过程中的通信瓶颈，有效减少了数据时延。

（4）EtherNet PowerLink

EtherNet PowerLink 是由贝加莱公司（B&R）开发的与网络标准和自动化标准相一致的开放协议。它基于快速以太网，与 TCP/IP 等协议兼容，可实现过程级与设备级的设备之间透明的数据通信。

EtherNet PowerLink 采用标准芯片，缩短了第三方开发时间。它还可集成到 CANopen 协议中，为工业应用提供从简单传感器、高速驱动系统到以太网的完全一致性。

EtherNet PowerLink 利用 100 Mbit/s 带宽的快速以太网，实时数据可在预留时间片内同步传输，一些诊断等非实时数据也可被传输。用户可根据应用要求，决定时间间隔，来传输实时数据。当使用电子耦合驱动时，线性轴定位数据比从轴定位数据的传输还要快。网络根据应用要求进行自适应。此外，交叉通信技术加速了通信速度，这时数据不需要经过控制器，可直接在节点间交换。

EtherNet PowerLink 的物理层是快速以太网，数据链路层扩展了附加的总线调度机制，在任何一个给定时刻，仅有一个站可以执行总线仲裁功能。

PowerLink 使用时隙和轮询混合方式实现数据的同步传输，指定 PLC 或工业 PC 作为管理节点（MN），所有其他设备作为受控节点（CN）。每个同步周期的第一阶段，MN 以固定时间序列逐次向 CN 发送“轮询请求帧 PReq”。周期同步数据交换是在第二阶段发生，采用多路复用以优化网络带宽。第三阶段的标志是异步启动信号 SoA，用于传输大容量、非时间苛刻的数据包，例如，传输用户数据或 TCP/IP 帧。

EtherNet PowerLink 分实时和非实时域。异步阶段的数据传输支持标准的 IP 帧，它通过路由器隔离实时域和非实时域，确保数据安全。因此，EtherNet PowerLink 非常适合各种自动化应用，例如，运动控制、机器人任务、I/O 及 PLC 之间的通信等。

EtherNet PowerLink 可集成到 CANopen 协议中，提供网络管理、对象字典和设备模型、出错标记、过程数据对象（PDO）、服务数据对象（SDO）和设备行规。

图 5-21 是 CANopen 和 PowerLink 的 OSI 模型。

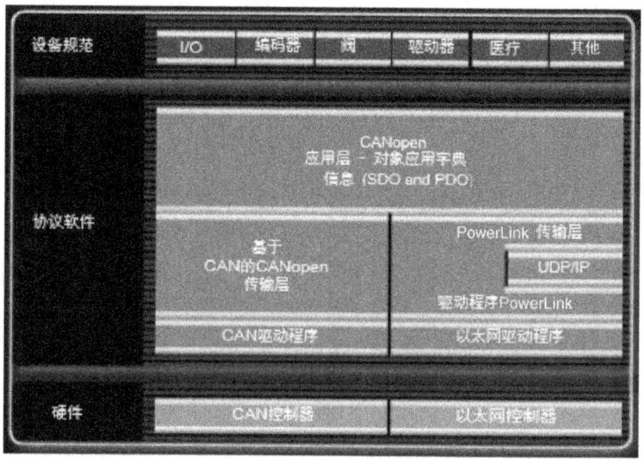

网络管理提供运行和启动时的网络控制和监视功能。对象字典和设备模型为确定的设备提供设备类型、参数数据和功能。出错标记用于提供出错的处理机制。过程数据对象是允许用户特定设备数据，在不同设备间进行数据交换。服务数据对象为大量数据，例如，组态数据提供传输的机制。设备行规用于对特定设备类型，例如，输入输出设备、编码器、可编程控制器等定义数据、参数和功能。

图 5-21　CANopen 和 PowerLink OSI 模型

（5）Sercos Ⅲ

SERCOS（Serial Real Time Communication Specification）是串行实时通信协议，是一种用于数字伺服和传动系统的现场总线接口和数据交换协议，能够实现工业控制计算机与数字伺服系统、传感器和可编程控制器 I/O 口之间的实时数据通信，是目前用于数字伺服和传动系统数据通信的唯一国际标准。Sercos Ⅲ是 Sercos 的第三代。

Sercos Ⅲ用户组织为基于 FPGA 的 Sercos Ⅲ硬件开发者提供 Sercos Ⅲ的 IP Core。它采用特定的硬件，减轻了主 CPU 的通信任务，确保快速实时的数据处理和基于硬件的同步。从站需要特殊硬件，主站采用基于软件的方案。

Sercos Ⅲ采用集束帧方式来传输，网络节点必须采用菊花链或封闭的环形拓扑。由于以太网具有全双工能力，菊花链实际上已经构成一个独立的环，因此对于一个环形拓扑实际上相当于提供一个双环，使得它允许冗余数据传输。

直接交叉通信能力在每个节点上的两个端口实现。在菊花链和环形网络，实时报文在它们向前和向后时经过每个节点，因此，节点在每个通信周期中可相互通信两次，而无须通过主站及由主站对数据进行路由，使通信速度大大加速。

除了实时通道，它也使用时间槽方式进行无碰撞的数据传输，Sercos Ⅲ也提供可选的非实时通道来传递异步数据。节点通过硬件层进行同步，在通信循环的第一个报文初期，主站同步报文 MST 被嵌入第一个报文来达到这个目的，确保在 100 ns 以下的高精度时钟同步偏移。基于硬件的过程补偿了运行延迟和以太网硬件所造成的偏差，不同的网段使用不同的循环时钟仍然可实现所有的同步运行。

图 5-22 显示 Sercos 在实时和非实时通信的模型。

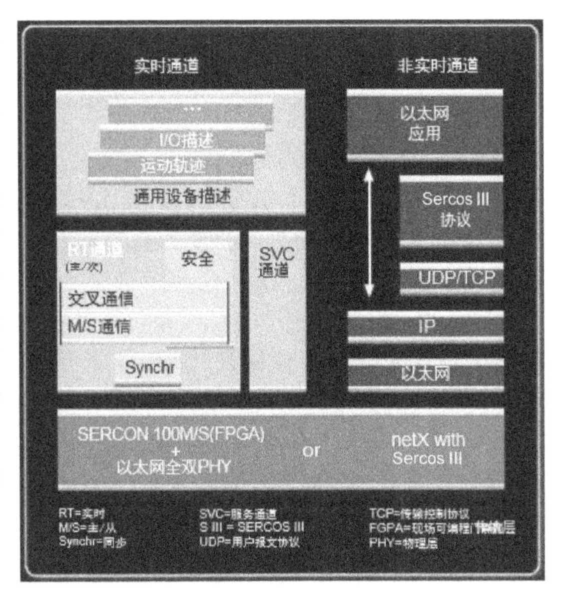

图 5-22　Sercos 的实时和非实时通信模型

## 5.2.3　OPC UA 实现数据通信

OPC UA 是 OPC（Object Linking and Embedding (OLE) for Process Control）基金会开发的新一代技术，它提供安全、可靠和独立于厂商的，实现原始数据和预处理的信息从制造层级到生产计划或 ERP 层级的传输。通过 OPC UA，所有需要的信息在任何时间、任何地点对每个授权的应用，每个授权人员都可用。这种功能独立于制造厂商的原始应用、编程语言和操作系统。OPC UA 是目前已经使用的 OPC 工业标准的升级和补充，它提供的一些重要特性，包括如平台独立性、扩展性、高可靠性和连接互联网的能力，获得了工业界的广泛支持和应用。OPC UA 不再依靠 DCOM，而是基于面向服务的架构（SOA），赋予 OPC UA 的使用更简便。现在，由于 OPC UA 已经是独立于微软 Windows、UNIX 或其他的操作系统，因而在企业层和嵌入式自动组件之间建立起了直接的通信桥梁。

随着 OPC UA 规范的最新扩展，发布/订阅的通信模式正被引入成熟、标准化的 OPC UA 通信协议中。传统的客户端/服务器通信模式应用在基于发布/订阅的数据通信模式中相互解耦，并且不再需要彼此“认识”。发布方在这种情况下简单地将其数据作为 UDP 多播发送到多播组，这样，订阅方通过订阅多播组而不是实际设备来接收数据。

OPC UA 代表 OEM 设备制造商为开发下一代自动化解决方案迈出了重要一步，开发人员能安全地交换丰富的数据，实现更高层次的互操作性，同时提供新的价值和性能水平。OPC UA 的优点是与平台无关，并扩展了标准 OPC 的功能，同时解决了 OPC 的安全性、平台 DCOM 依赖性的问题。OPC UA 可以轻松实现所有既定的规范如 OPC DA、OPC HDA 和 OPC A&E，不需要依赖微软的 DCOM 技术。这是一个开放的、集成了完整的安全机制的协议，并增加工业物联网友好的信息模型。即使采用不同的操作系统，OPC UA 的复合数据结构和多层次使它能轻松地模型化，并和其他系统连接。

OPC UA 安全概念是基于当前互联网标准的，包括用户身份验证、签名消息和加密用户数据。OPC UA 支持一个基于 TCP 互联网数据交换专门开发的 OPC UA 二进制协议，并有效地通过防火墙，任何消息都可以通过 HTTP 或任何其他端口转发。OPC UA 支持可配置超时、自动错误检测和恢复机制，用于防止数据丢失。

OPC 技术规范已经成为 IEC 62541 系列标准，共包含 13 个标准，分为 3 部分：核心规范、访问类型规范和应用规范。核心规范规定实现 OPC UA 的基础技术内容，包括标准中的 1~7 个部分。访问类型规范规定如何通过 OPC UA 进行不同类型数据访问（DA、A&E、HDA 等），包括标准中的 8~11 个部分。应用规范规定 OPC UA 在实际应用中如何解决一些具体技术问题。

**1. OPC UA 的主要特点**

OPC UA 的主要特点如下：

1）访问的统一性。OPC UA 有效地将现有的 OPC 规范（DA、A&E、HDA、命令、复杂数据和对象类型）集成和扩展，成为新的 OPC UA 规范。OPC UA 提供了一致、完整的地址空间和服务模型，解决了过去不能以统一方式访问同一系统内信息的问题。

2）可靠性、冗余性。OPC UA 具有高度可靠性和冗余性。可调试的超时设置、错误监测和自动纠正等新特征，使得符合 OPC UA 规范的软件产品可以很方便地处理通信错误和失败。OPC UA 的标准冗余模型确保来自不同厂商的软件应用可同时运行，并彼此兼容。

3）标准安全模型。OPC UA 是基于 Internet 的 Web Service 服务架构（SOA）和非常灵活的数据交换系统，OPC UA 的发展不仅立足于现在，更是面向未来。它也为未来的先进系统做好准备，与保留系统继续兼容。

4）通信性能。OPC UA 规范可以经任何单一端口（经管理员开放后）进行通信。OPC UA 消息的编码格式可以是 XML 文本格式或二进制格式，也可以使用多种传输协议进行传输，例如，TCP 和通过 HTTP 的网络服务等。因此，OPC UA 提高了通信传输性能。

5）与平台无关。OPC UA 软件的开发不依靠和局限于任何特定的操作平台。它将过去只局限于 Windows 平台的 OPC 技术拓展到 Linux、Unix 及 Mac 等各种其他平台。这种与平台的非依赖性大大扩展了它的应用领域。

6）维护和配置方便，为用户提供基于服务的技术。例如，它增加可见性，使用户可方便地了解系统结构，便于系统维护和配置。

**2. OPC UA 服务器体系结构**

OPC UA 服务器体系结构中主要包括真实对象、OPC UA 服务器应用程序、地址空间、公布/预定实体、服务器服务 API 和通信栈，其中真实对象包括物理对象和软件对象。

图 5-23 是 OPC UA 服务器体系结构。

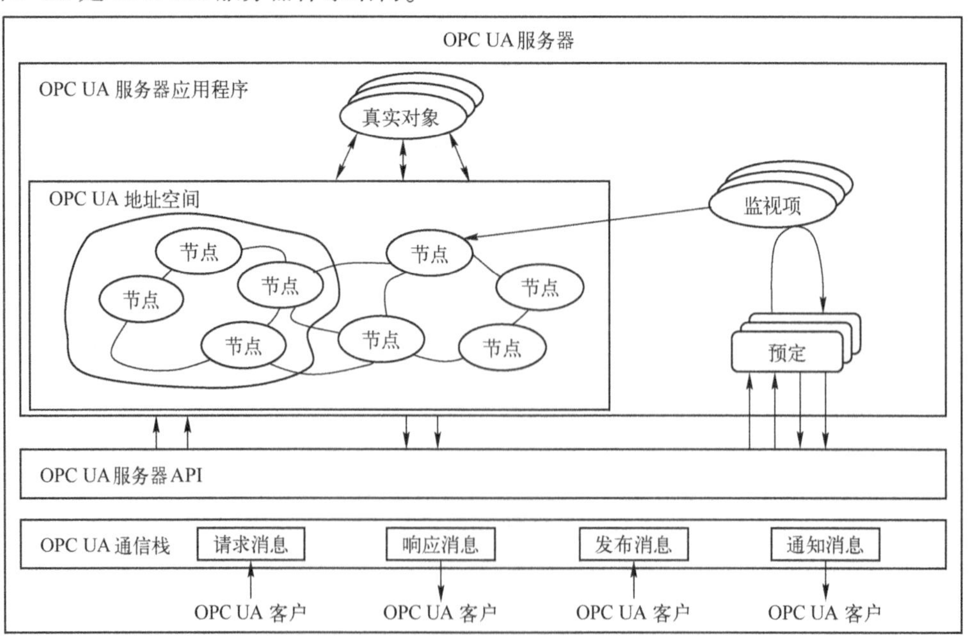


图 5-23　OPC UA 服务器体系结构

### 3. OPC UA 应用结构

OPC UA 并不限定为一种层次结构，可按不同的可剪裁的层次结构表示数据，客户端能按偏好方式浏览数据。这种灵活性结合对类型定义的支持，使 OPC UA 能够适用于更广泛的应用领域。图 5-24 是 OPC UA 应用结构。

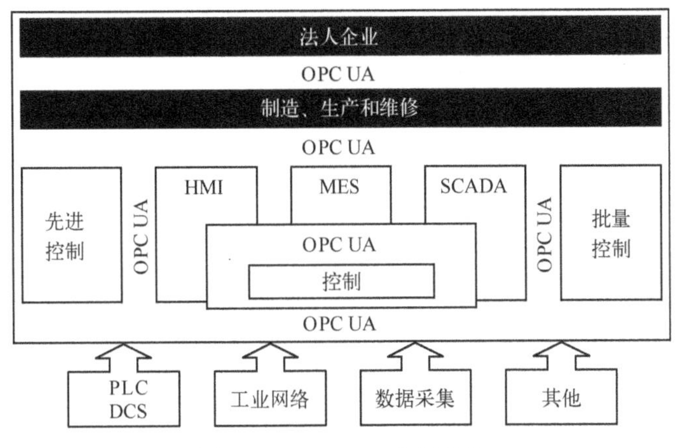


图 5-24　OPC UA 应用结构

OPC UA 的设计目标不仅应用于底层数据的 SCADA、PLC 和 DCS 接口，还可在更高层次功能之间提供重要的互操作方法。例如，企业级上层管理与生产过程管理的数据集成和共享。

OPC UA 允许其他技术组织或开发团体在其定义的信息模型基础上构建自己的模型，例如，IEC 开始制定 FDI（现场设备集成）标准。FDI 合并 EDDL 和 FDT，并兼容 OPC UA 规范。

### 4. OPC UA 地址空间模型

OPC UA 服务器中对客户端可见的信息集合称为地址空间。信息集合包含对象集和相关信息。OPC UA 对象模型定义对象包含的变量和方法，对变量进行读/写的操作，对方法进行调用。变量用于表示值。变量有值特性、质量特性和时间戳特性。值特性表示变量的值，质量特性表示生成的变量值的可信度，时间戳特性表示变量值的生成时间。对象模型中的方法与基于面向对象编程中的方法类似，方法被客户端调用，在服务器上完成，并将返回结果到客户端。方法是被客户调用执行的操作。它分为状态的和无状态的。无状态是指方法一旦被调用，必须执行到结束；而状态指方法在调用后可以暂停、重新执行或者中止。对象模型的定义通过对其他对象的引用，表达与其他对象的关系。

地址空间中模型的元素称为节点。对象及其组件在地址空间中表示为节点集合，每个节点分配节点类，并且每个节点类表示对象模型的不同元素。节点由属性描述，并用引用互连。地址空间的节点根据其用途和含义分类。节点类为 OPC UA 定义元数据。基本节点类定义所有节点的通用属性，允许标识、分类和命名。每个节点类继承这些属性，并可以定义属于自己的属性。

节点类定义包含属性和引用。当在地址空间定义节点时，节点类应实例化。属性是节点类的基本组件，描述节点的数据元素。客户端可通过读、写、询问和订阅/监视项服务来访问属性值。引用表示相关节点之间的关系，与属性一样，这些引用被定义为节点的基本组件。

为提高客户端和服务器的互操作性，OPC UA 地址空间按层次划分，其顶层对所有服务是相同的。尽管在地址空间的节点可通过层次结构进行访问，节点之间也可以相互引用，实现地址空间被节点互连的网络。OPC UA 服务器将地址空间划分为子集-视图，以简化客户端的访问。

OPC UA 地址空间将生产数据、报警、事件和历史数据统一到单一 OPC UA 服务器中，OPC UA 地址空间架构采用分层结构，不仅包括实例，还包括类型，且都能够通过标准接口进行导航。

**5. OPC UA 安全模型**

OPC UA 安全架构是在传输层、通信层和应用层上构建的，如图 5-25 所示。

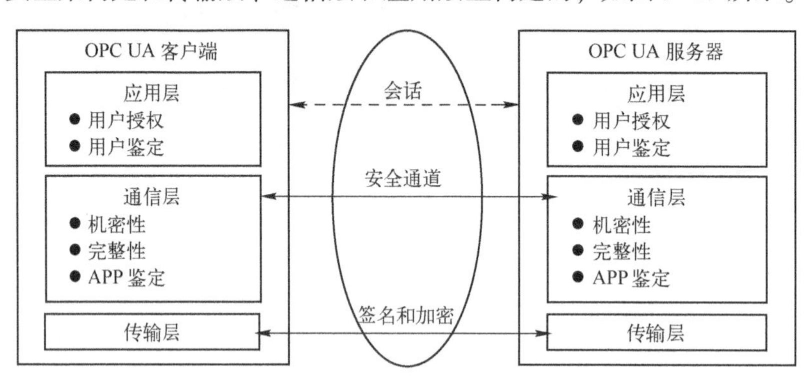


图 5-25　OPC UA 的安全架构

OPC UA 安全模型有 3 层。每一层有各自特定的安全相关的责任。最上层是应用层，其次是通信层，最下层是传输层。

客户端应用和服务器传输工厂信息、设置和命令等日常工作是由应用层的会话完成的。应用层通过用户鉴定和用户授权来管理安全目标。应用层的会话在安全通道上通信，并依靠安全通道实现安全通信，安全通道由该通信层产生，所有会话数据传输给通信层做进一步处理。

通信层提供安全机制，实现作为安全目标的机密性、完整性和应用鉴别。满足上述安全目标的关键机制是建立安全通道。安全通道用于保障客户端和服务器之间的通信安全。安全通道提供加密，以维护机密性；提供消息签名，以维护完整性；提供数字证书，为来自应用层的数据提供应用鉴别，并向传输层传递“安全”的数据。通信层管理的安全机制由 OPC UA 规定的安全通道服务提供。安全通道服务提供的安全机制由实现选择的协议栈提供。

传输层处理发送、接收和传输通信层提供的数据。为恢复已断开的传输层连接，例如，TCP 连接，通信层实现负责重新建立传输层连接，而不中断逻辑安全通道。在传输层定义了签名和加密等安全机制。

确保 OPC UA 进行安全工业通信的措施如下：

1）安全模式。设置其安全模式为“Sign and Encrypt”，以确保在应用程序级的身份验证是被强制性的。

2）加密算法的选择。由于 SHA-1 算法不再安全，因此，选择安全策略“Basic256Sha256”，使任何现有客户端服务器可以安全交互。

3）用户身份验证。对“匿名”标识符的权限进行适当限制，使其只能用于访问非关键 UA 服务器资源。

4）证书和私钥存储。将私钥和相应证书的文件存储在操作系统的专用证书存储区，并使用操作系统功能设置其访问权限。这些文件不存储在未加密的文件系统中。

5）使用证书。未提供可信证书的连接不被接受。即需要一个证书颁发机构 CA 颁发的证书，它是自签名的或由 CA 签署的。

6）管理和维护证书。使用证书信任列表和证书撤销列表来管理有效证书。只有受信任的用户和进程才被允许写进这些列表，并且这些列表定期更新。

**6. OPC UA 实现架构**

为实现机器与机器（M2M）、机器与商业系统（M2B）以及商业系统间（B2B）的协同，OPC UA 是最佳的通道，图 5-26 是 OPC UA 实现架构。

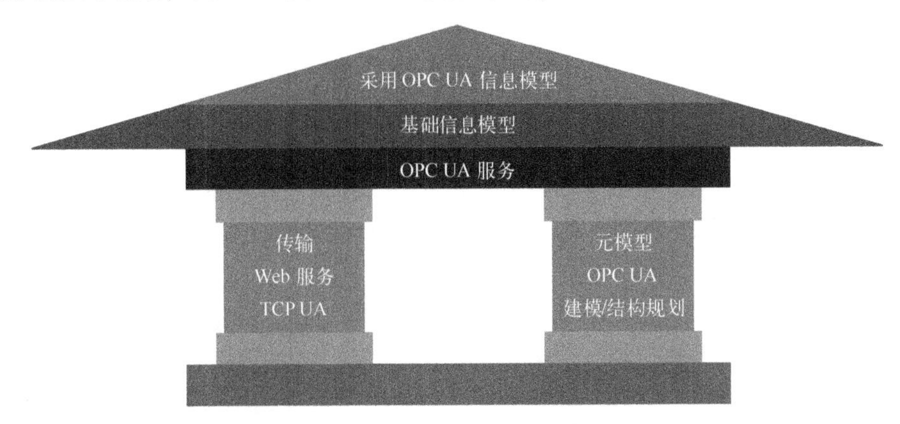


图 5-26 OPC UA 实现架构

首先，OPC UA 解决了在水平集成与垂直的信息集成两个维度的“语义互操作”问题。在水平方向采用统一的标准定义语义信息，并与 IT 系统进行语义的统一，使得在水平和垂直两个方向均实现统一的语义信息互操作。

其次，OPC UA 提供了基础信息模型，它包括底层总线传输的语义，可以参考统一标准进行定义，而垂直行业的信息模型也同样可以进行协同。

此外，OPC UA 本身是面向服务的架构设计（SoA），OPC UA 中的方法对数据进行了预处理，使得可以被直接访问并应用于分析。OPC UA 服务器使应用程序可实现关注点分离 SoC 的设计，使 HMI 与应用程序分离，让数据与应用分离、数据与应用人员分离，对显示程序、应用程序模块化、人员操作均可实现分离，从而使软件的模块化设计变得简单，也降低了应用成本。

**7. OPC UA TSN 技术**

TSN（Time Sensitive Network）是时间敏感网络。当大数据和云计算进入工业控制领域，要求两化融合时，不仅要保证大数据的传输，还需要保证数据传输的实时性和确定性，因此，对工业互联网的时间敏感型数据制定了低延迟数据传输标准，该标准称为时间敏感网络。其工作原理是传输过程中将关键数据包优先处理，即这些关键数据不必等待所有非关键数据完成传送后才开始传送，从而确保更快速的数据传输。

因此，TSN 是一种企图使以太网具有实时性和确定性的新标准。

（1）带宽

带宽指单位时间内能通过链路的数据量，即每秒传输的数据位数，用 bit/s 表示。大多数情况下，网络链路由多个设备共享，所有发送端没有基于时间的流量控制，因此，不同设备的数据流会在发送时间上产生重叠，即冲突。根据服务质量 QoS 优先机制，一些数据包会在数据流重叠和冲突过程中丢失。

通常，当某交换机的带宽占用率超过 40%时，就说明网络带宽不能满足应用要求，需要扩容。

（2）安全性

目前使用的大部分底层现场总线通过控制时间和隐藏的方法来实现安全性。TSN 对重要控制网络进行保护，并集成最重要的 IT 安全规定。分段、性能保护和时间可组合性为安全框架增加多层保护。

（3）TSN 技术

首先，TSN 定义的带宽是现有工业以太网带宽的 10 倍，达 1 Gbit/s。其次，TSN 技术包括一系列标准。例如，对关键数据包，再如，对运动控制中的关键指令，采用优先处理，达到即时传输和有效控制。它将不同数据流进行通信流量整形（Traffic Shaping），提高可靠交付的目的。因为未经通信流量整形的数据极易发生数据重叠，经流量整形后，每个数据流所占带宽会在同一时间节点，而所有非实时数据流被见缝插针地安排在链路通信不繁忙的时间，从而提高对带宽的占用率。

TSN 的核心技术包括网络带宽预留、精确时钟同步与通信流量整形，从而保证了网络低时延、高可靠性的需求等。缩短延时的同步的主要措施如下：

1）必须采用基于 MAC 地址的传输方式，即二层传输或者基于 IP 地址 UDP 的传输方式，从而减小数据包的开销以及降低传输延时。

2）必须依靠 QoS 机制，来“尽可能”保障可靠信息交付。

3）所有数据包必须有时间戳，数据抵达后根据数据包头的时间戳进行回放。各个网络终端设备必须进行“时钟同步”。

4）数据包被转发时需采用队列协议按序转发，从而尽可能做到低延时。

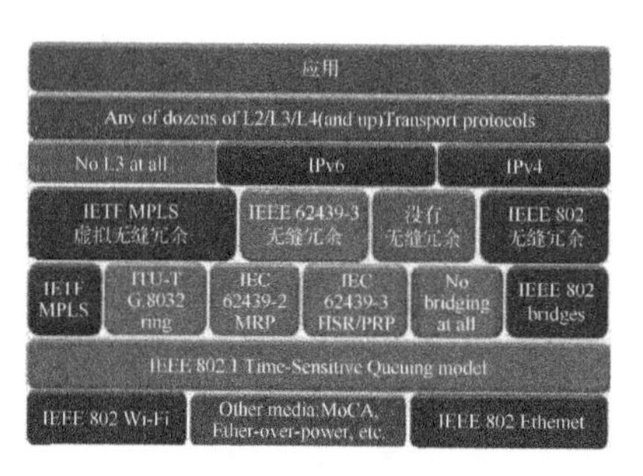


图 5-27　TSN 通信模型

图 5-27 是 TSN 的通信模型。表 5-2 是 TSN 支持的规范。

**表 5-2　TSN 支持的规范**

| 序号 | TSN Features Supported | 支持的 TSN 功能 | IEEE Specification |
|---|---|---|---|
| 1 | Path control and reservation | 路径控制与预留 | IEEE 802. 1Qca |
| 2 | Time aware shape | 时序增加时间感知队列排空 | IEEE 802. 1Qbv |
| 3 | Frame preemption | 帧优先 | IEEE 802. 1Qbu / IEEE802. 3br |
| 4 | Cyclic queuing and forwarding (peristaltic shaper) | 循环队列入列和转发 | IEEE 802. 1Qch |
| 5 | Timing and synchronization, PTP | 时效性应用的时序和同步 | IEEE 802. 1AS-Rev，IEEE 1588 v2 |
| 6 | Stream reservation protocol enhancement | 增强的流预留通信协议 | IEEE 802. 1Qcc |
| 7 | Time based ingress policer | 逐一串行过滤与管理 | IEEE 802. 1Qci |
| 8 | Frame replication and elimination for reliability | 提升可靠性的帧复制和消除 | IEEE 802. 1CB |
| 9 | Time sensitive networking for fronthaul | 用于回程的 TSN 建网 | IEEE 802. 1CM |

为了确保可靠地提供符合严格时间要求的通信，TSN 提供了自动化配置来实现高可靠性的数据路径，通过复制和合并数据包来提供无损路径冗余。

通过使用标准的以太网组件，TSN 可将现有棕色地带（Brownfield）应用和标准的 IT 网络无缝集成，以此来提高易用性。

TSN 继承现有以太网的许多特性。例如，HTTP 接口和 Web 服务，实现了 IIoT 工业物联网系统所需的远程诊断、可视化和修复功能。

此外，TSN 利用标准以太网芯片集就可以利用批量生产的商业硅芯片，从而降低了组件的成本，相比使用产量较小且基于 ASIC 的芯片的专用以太网协议，TSN 优势尤为明显。

(4) OPC UA TSN 实时通信

OPC UA TSN 在技术上打通了 IT 与 OT 的互联。TSN 给 OPC UA 赋予实时能力。

IT 与 OT 融合存在的难点如下：

1) 周期性和非周期性数据的传输问题。由于 OT 传输周期性数据与 IT 传输非周期性数据，因此，它们采用不同的传输机制。

传统 OT 采用诸如轮询机制，包括集总单帧技术，是为了实现周期性数据的传输问题，因为各种控制如温度闭环、运动控制及机器人等都是周期性的数据采集，用于实现同步关系。IT 数据是非周期性，常采用 IEEE 802.3 网络，即冲突监测，防止碰撞的机制。例如，视频信息、Word 文档及 JPG 图片等数据，它需要较大数据容量的网络。

2) 实时性问题。例如，对运动控制的 OT，其实时性要求达微秒级，因此，必须降低抖动和延时。而 IT 则对实时性要求较低，但对数据量的要求较高。

3) 总线的复杂性问题。总线复杂性不仅给 OT 端带来障碍，且给 IT 信息采集与指令下行带来障碍，由于每种总线都有不同的物理接口、传输机制和对象字典，即使是采用以太网对各类总线进行标准化，仍会在互操作层出现问题，这使一些 IT 的应用，例如，大数据分析、订单排产计划、能源优化等在应用时遇到障碍，无法实施基本的应用数据标准。为此，制造厂商需要根据不同的底层设备编写各种不同的接口、采用不同的应用层配置工具，带来了极大的复杂性。

OPC UA TSN 为在一个网络内解决 OT 周期性数据与 IT 非周期性数据在通信的时序调度，以及 OT 实时性要求高，而 IT 数据容量大、节点多等相互矛盾的问题，提供了统一的解决方案。IT 与 OT 网络系统架构截然不同，对于应用的模式与要求的效能也十分不一样，以传统的工厂网路结构来说，OT 的前端仪器与设备皆不相容于 IT 网路，形成各自为政的封闭式网路架构。

标准工业以太网存在着许多不相容的通信协议，导致设备之间的互通困难，TSN 可整合所有网路通信协议，可在不去除底层协议规范的前提下，仅须传输层上加上 TSN 协议。

通过 OPC UA，所有需要的数据信息在任何时间、任何地点、对每个授权的应用、每个授权的人员都可使用。这种功能独立于制造厂商的原始应用、编程语言和操作系统等软硬件属性。它为各类现场总线之间的传输提供了坚实基础。

基于 IEEE 802.1AS-Rev 提供的时钟同步机制，IEEE 802.1Qbv 和 Qba 提供了包含预留通道和最大努力的队列报文传输机制，及 IEEE 802.1Qcc 的用户与网络配置标准和 IEEE 802.1QCB 的冗余数据传输机制，OPC 基金会和 IIC、Avnu 联盟等共同在推动着 TSN 技术的发展。

OPC UA 与 TSN 的融合，解决了 IT 与 OT 在传输机制的统一，同时也解决了语义互操作标准与规范的统一，使得 IT 与 OT 的融合得到了真正的实现，使周期性数据与非周期性数据在同一网络中得到传输。

OPC UA TSN 将系统融合，取消在水平集成、垂直集成所非必需的硬件、软件，简化了系统架构、流程，使得整体成本节省。其降低硬件开销的同时，软件复杂性带来的开发、配置时间也将是巨大的。

同时，分享大数据、移动互联网、人工智能等领域的软件资源、应用数据、模型与方法，也使制造业的整体成本降低。

# 第6章　运动控制应用

## 6.1　贴标机的应用

贴标机是将成卷的不干胶纸标签（纸质或金属箔）粘贴在PCB、产品或规定包装上的设备。根据不同需贴标产品的形状和贴标的要求，有不同的贴标机产品。下面介绍两个示例。

### 6.1.1　平面贴标机

**1. 控制要求**

图6-1是平面贴标机示意图。平面贴标机适用于食品、日化、医药及其他轻工行业中的各种扁形、方形类产品的双侧面和圆瓶圆周的自动贴标。

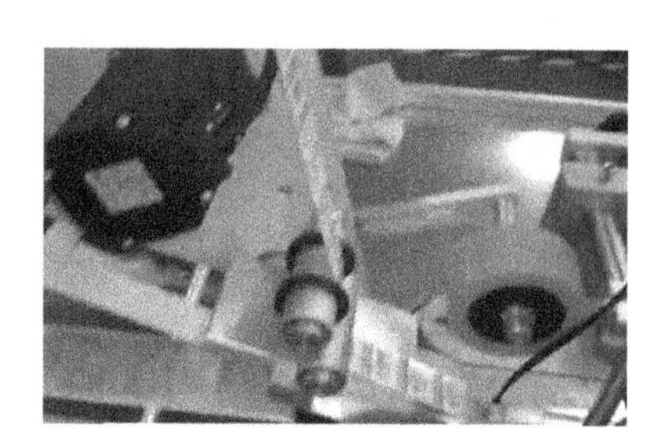

图6-1　平面贴标机示意图

整个运动控制系统由两个驱动轴组成：一个轴带动产品传送带，用于传送产品；另一个轴带动标签皮带，用于传送标签。产品传送带以恒定速度向贴标机进给需贴标的产品，机械装置将产品隔开一定的距离。标签皮带装置由一个贴标带驱动轮、一个贴标轮和一个卷轴组成。贴标带驱动轮间歇运转，贴标带从卷轴被拉出。贴标压轮定时下压，将标签压在产品上。图6-2是平面贴标机工作原理图。

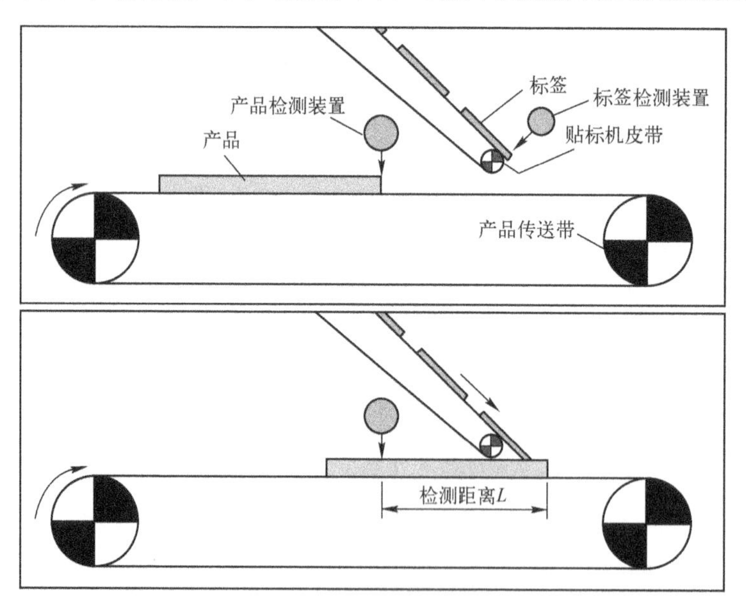


图6-2　平面贴标机操作原理

贴标签的过程由产品检测装置触发，产品与标签之间存在检测距离的延迟，它取决于传送带的传送速度、检测传感装置安装位置和产品粘贴标签的位置。

标签检测装置检测到标签后，停止标签皮带机的运转。当产品检测装置检测到产品后，根据检测距离$L$和皮带的线速度，计算出延时时间。当延时时间到，就起动标签皮带机运转，使标签正好贴到产品的规定位置。同时，贴标压轮压下（图中未画出），该压轮是海绵材料制成的，用于将标签压紧到产品上。当下一标签到达检测位置时，标签皮带停转，重复上述过程。

开始时，按下起动按钮 Start，整个过程由操作人员按下 Stop 按钮结束。

**2. 程序编写**

（1）变量说明

本程序设置起动/停止按钮、产品检测和标签检测开关、产品输送带速度以及检测距离等输入信号，压轮压下、产品输送带和标签带运转信号标记和出错标志等输出信号及产品输送带和标签带驱动轴等两个输入输出信号。内部变量有一个定时器功能块、两个 RS 双稳触发器功能块。运动控制功能块选用 MC_Power、MC_MoveRelative、MC_MoveVelocity 等功能块。

（2）变量声明

程序的变量声明段如下：

```
VAR_INPUT
    Start, Stop,Product_detection, Label_detection :bool;
    Velocity,Sensor_distance : real;
END_VAR
VAR
    RS_1,RS_2 :RS;
    TON_1 :TON;
    Label_Power, Conveyor_Power : MC_Power;
    MC_MoveRel_1 : MC_MoveRelative;
    MC_MoveVel_1 : MC_MoveVelocity;
END_VAR;
VAR_IN_OUT
    AXIS_Label, AXIS_Conveyor :AXIS_REF;
END_VAR;
VAR_OUTPUT
    Error_1,Error_2,PressRoller :bool;
    Run,Run_label :bool;
END_VAR
```

（3）程序段

平面贴标机的程序如图 6-3 所示。

Start 和 Stop 按钮经 RS 实例 RS_1 产生 RUN 信号，用于对 Label_Power 和 Conveyor_Power 上电。Start 同时控制 Run_Label 使其激励。同时，压轮 PressRoller 被压下，使标签紧贴产品。下一标签到位，即标签检测装置检测到标签后，Run_Label 失励，停止贴标机皮带的运转，同时，压轮上移。

产品检测装置检测到产品后，根据皮带线速度 Velocity 和检测距离 Sensor_distance，计算延时时间，作为产品移动的时间，使产品到达所需位置时重新起动贴标机皮带运转，将标签贴到产品上。

需注意，检测距离 Sensor_distance 除以线速度 Velocity 的结果是实数，因此，用 REAL_TO_TIME 函数实现数据类型的转换。此外，一些 PLC 厂商提供的定时器设定时间数据是毫秒，则程序中需要串接 MUL 函数，其另一输入的乘数是 1000.0，用于将计算结果的秒转换至毫秒，图中未画出。

产品和标签同步移动，实现粘贴操作。该过程结束后，贴标机仍转动到标签检测位置到达处，才停止标签机的运转，而产品皮带一直运转，直到产品检测装置检测到产品到达，并开始延时。

本程序中，压轮与标签带同步操作，也可根据应用要求进行延时压下和提前上移。

当需要停止整个过程时，操作人员按下 Stop 按钮，Label_Power 和 Conveyor_Power 断电，同时，经 RS_1，使 Run、Run_Label 和 PressRoller 失励，从而停止 MC_MoveRel_1 和 MC_MoveVel_1。

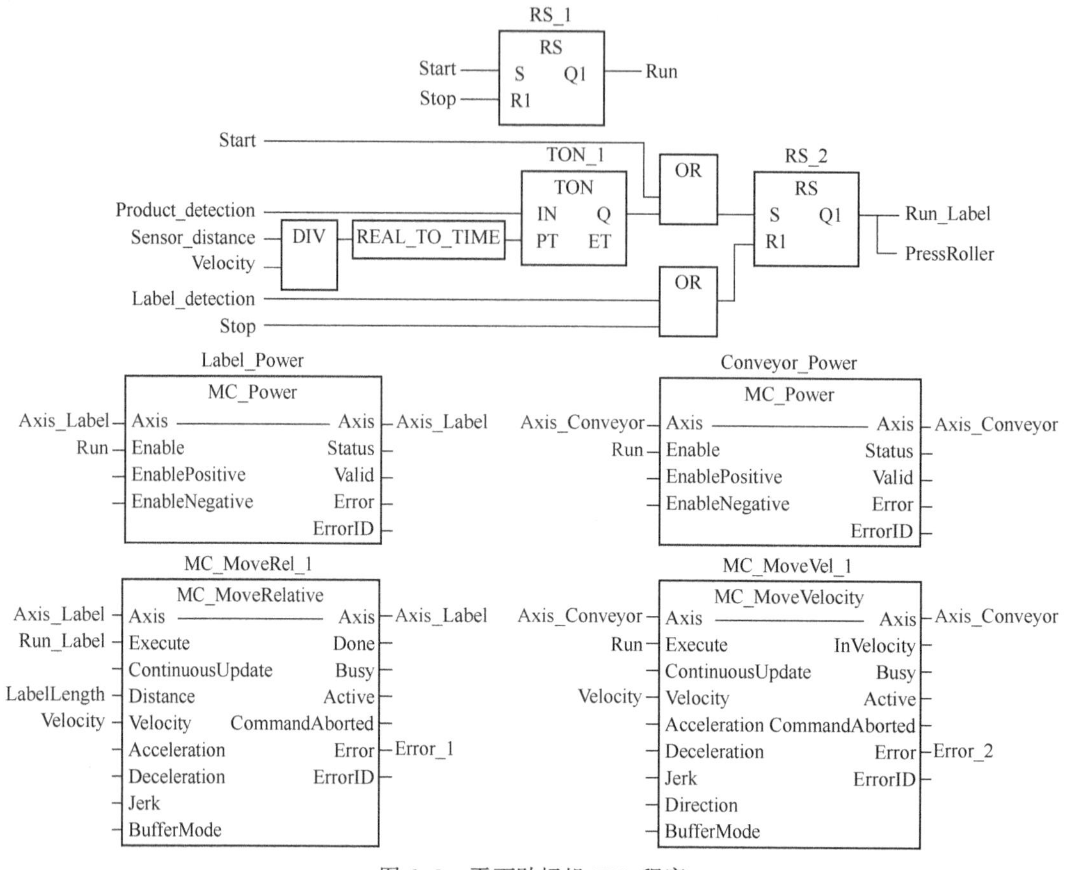


图 6-3　平面贴标机 FBD 程序

当 Label_Power 或 Conveyor_Power 功能块出错时，相应的 Error_1 和 Error_2 输出，可用于报警。

### 6.1.2　卧式贴标机

#### 1. 控制要求

对圆形瓶或圆形产品的圆柱状物品的贴标，可采用卧式贴标机。卧式贴标机是一种回转式贴标机。

图 6-4 是卧式贴标机的外形图。分料仓将圆形瓶分送到产品传送链。产品被护栏分隔在不同的工位。每个圆形瓶被工位下面的传送带驱动轮带动，做顺时针旋转。

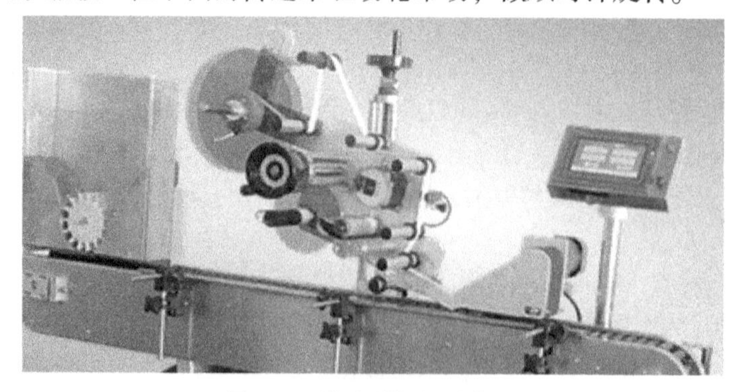

图 6-4　卧式贴标机示意图

整个链条采用步进方式，每次移动一个工位。

标签带从放卷机构送出，经导标滚筒、纠偏机构等牵引和调整，到剥标机构进行标签的剥离。

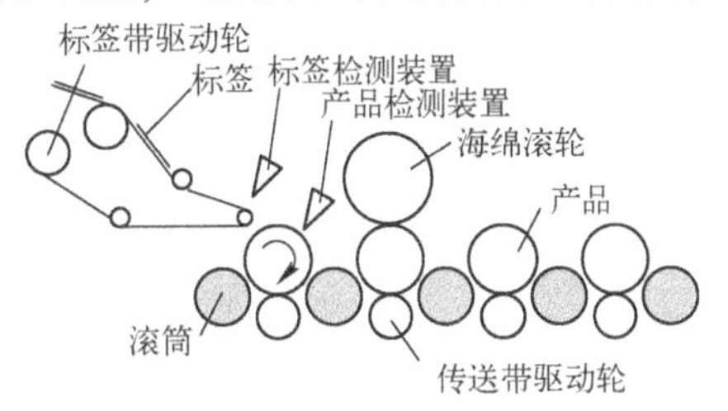

图 6-5　卧式贴标机工作原理图

标签检测装置检出标签已经到位后，停止贴标带的运转。传送带移动一个工位后，产品检测装置检测到有产品，则贴标带驱动轮运转，标签从标签带被引导到圆形产品上。它随传送带下面驱动轮的旋转，标签被旋转粘贴到圆形产品上。传送带步进移动到下一工位，覆标机构上的海绵压轮下移。在传送带驱动轮的带动下，将已经贴在产品上的标签紧压到产品上。图 6-5 是该贴标机的工作原理。

**2. 程序编写**

（1）变量说明

输出变量：传送带驱动用 Axis_Conveyer、标签带驱动用 Axis_Label、链条轮驱动用 Axis_Chain、出错标志 Error_1 ~ Error_3 用于表示上述驱动轴的出错信号、海绵滚轮移动信号 Roller。

输入变量：起动按钮 Start 和停止按钮 Stop、标签检测装置 Label_detect 和产品检测装置 Product_detect、两滚筒中心距 Distance、各轴的转速 Velocity1 和 Velocity2。

（2）变量声明

程度的变量声明段如下：

```
VAR_INPUT
    Start, Stop,Product_detect, Label_detect :bool;
    Distance : real;
    Velocity1,Velocity2 : real;
END_VAR
VAR
    Label_Power, Conveyor_Power, Chain_Power : MC_Power;
    MC_MoveRel_1 : MC_MoveRelative;
    MC_MoveVel_1, MC_MoveVel_2 : MC_MoveVelocity;
    RS_1, RS_2 : RS;
END_VAR;
VAR_IN_OUT
    Axis_Label, Axis_Conveyor, Axis_Chain :AXIS_REF;
END_VAR;
VAR_OUTPUT
    Error_1, Error_2, Error_3 :bool;
    Run,Run_Label, Run_Conveyer, Run_Chain :bool;
END_VAR
```

（3）程序段

卧式贴标机的程序如图 6-6 所示。

程序中，RS_1 实例用于确定整个系统的运行状态。当按下 Start 按钮，整个系统处于 Run 状态，按下 Stop 按钮，整个系统停转。

用 Run 信号对三个转轴 Axis_Conveyor、Axis_Label 和 Axis_Chain 上电。在 Run 信号触发下，Axis_Chain 链条轮运转，因此，相应的滚筒也通过摩擦一起转动。

开始时，Axis_Conveyor 传送带驱动轮因产品检测装置未检测到产品，因此，它移动 Distance 距离，即一个工位，直到检测到产品为止。这时，通过 RS_2 实例，使标签带驱动轴 Axis_Label 开始运转，将标签引导到产品上，并因滚筒的转动，将标签粘贴到产品上。当下一

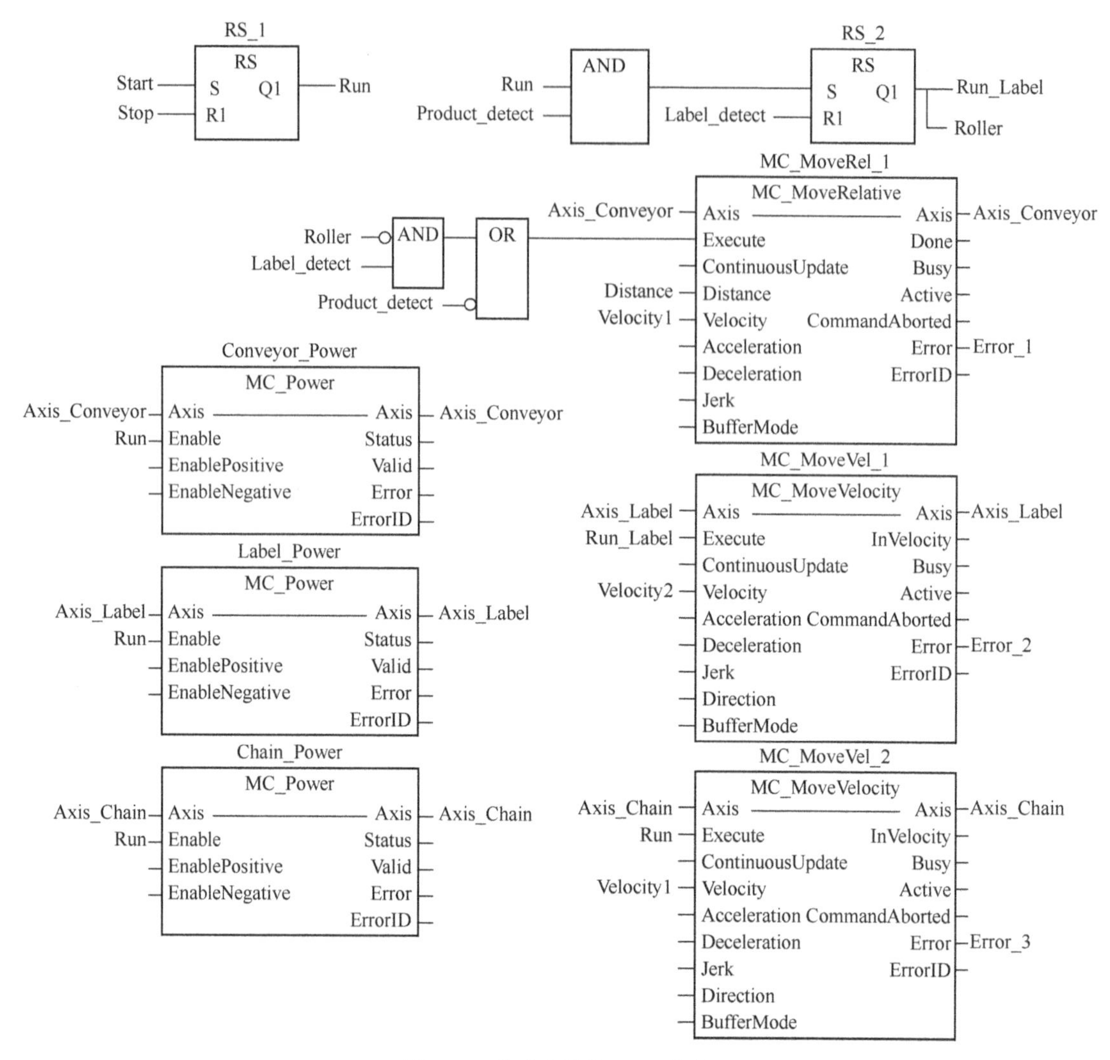


图 6-6　卧式贴标机 FBD 程序

标签到位时，检测装置 Label_detect 被置位，停止标签带的运转。与此运转的同时，Roller 置位，海绵轮在电磁阀驱动下压到工位上的产品，以便将标签压紧到产品上。

标签检测装置检测到下一标签后，标签带驱动轮停转，同时，海绵轮上移，驱动 Axis_Conveyor 转动到下一工位。这时，下一工位的产品被检测到，Product_detect 置位，开始下一次的贴标过程。

## 6.2　仓储系统的应用

仓储系统是物流系统的子系统，作为供应和消费的中间环节，它能起到缓冲和平衡供需矛盾的作用。仓储系统的作业一般包括收货、存货、取货和发货等环节。

自动化仓储系统是由高层立体货架、堆垛机、各种类型的叉车、出入库系统、无人搬运车、控制系统及周边设备组成的自动化系统。本节介绍根据货物存放的三个坐标位置，堆垛机叉车自动取下货物托盘的运动控制。图 6-7 是某型堆垛机叉车的外形图。

图 6-7　堆垛机叉车外形

### 6.2.1 控制要求

本示例用于将已经在规定坐标位置的货物和托盘取下，移到规定的坐标位置。堆垛机叉车有三个驱动轴，$X$ 轴沿地面移动；$Y$ 轴沿所需的高度移动；$Z$ 轴用于移动叉头进入货架，用于取出或放下托盘。

根据货物存放的坐标位置（$x,y,z$），控制系统应顺序移动 $X$ 轴和 $Y$ 轴到所需的位置，一旦两个轴到达所设定的位置，移动 $Z$ 轴进入托盘，然后驱动 $Y$ 轴提升托盘到规定的距离，举起托盘，并移动 $Z$ 轴，最后，叉头退出到其原点，将 $X$ 轴和 $Y$ 轴移动到各自原点或规定的位置。

### 6.2.2 简单方法的实现

简单方法不采用协调运动控制功能块，即只需要使用运动控制规范第 1 部分规定的运动控制功能块来实现。

（1）变量说明

本示例程序有起动按钮 Start 及停止按钮 Stop，输入的其他信号：坐标位置 Pos_X、Pos_Y 和 Pos_Z，托盘要上移的距离 Pos_Y3，各轴的移动速度 Velocity_X1、Velocity_Y1 和 Velocity_Z1，托盘上移时的速度 Velocity_Y3，托盘移出货架的 $Z$ 轴速度 Velocity_Z2，将托盘和货物下移到原点时，$X$ 轴和 $Y$ 轴的移动速度 Velocity_X2、Velocity_Y2。当任务完成后，发出完成任务的输出信号 Finish。

（2）变量声明

本示例的变量声明如下：

```
VAR_INPUT
    Start,Stop :bool;
    Pos_X, Pos_Y , Pos_Z, Pos_Y3: real;
    Velocity_X1, Velocity_Y1, Velocity_Z1, Velocity_Y3, Velocity_Z2, Velocity_X2, Velocity_Y2 :
real;
END_VAR
VAR
    X_Power, Y_Power, Z_Power : MC_Power;
    MOVE_TO_X, MOVE_TO_Y, QUIT_Z, X_TO_ORIGN, Y_TO_ORIGN : MC_MoveAbsolute;
    MOVE_TO_Z, LIFT_Y : MC_MoveRelative;
    RS_1: RS;
END_VAR;
VAR_IN_OUT
    Axis_X, Axis_Y, Axis_Z :AXIS_REF;
END_VAR;
VAR_OUTPUT
    Finish :bool;
END_VAR
```

（3）程序编写

程序用 FBD 编程语言编写。如图 6-8 所示。

图中，Axis_X、Axis_Y 和 Axis_Z 分别是三个轴的参数，整个程序只使用 MC_Power、MC_MoveAbsolute 和 MC_MoveRelative 等三种运动控制功能块，与其他运动控制的编程语言比较，其程序变得极其简单，十分有利于应用人员的培训和学习。图 6-9 是程序中各信号的时序图。

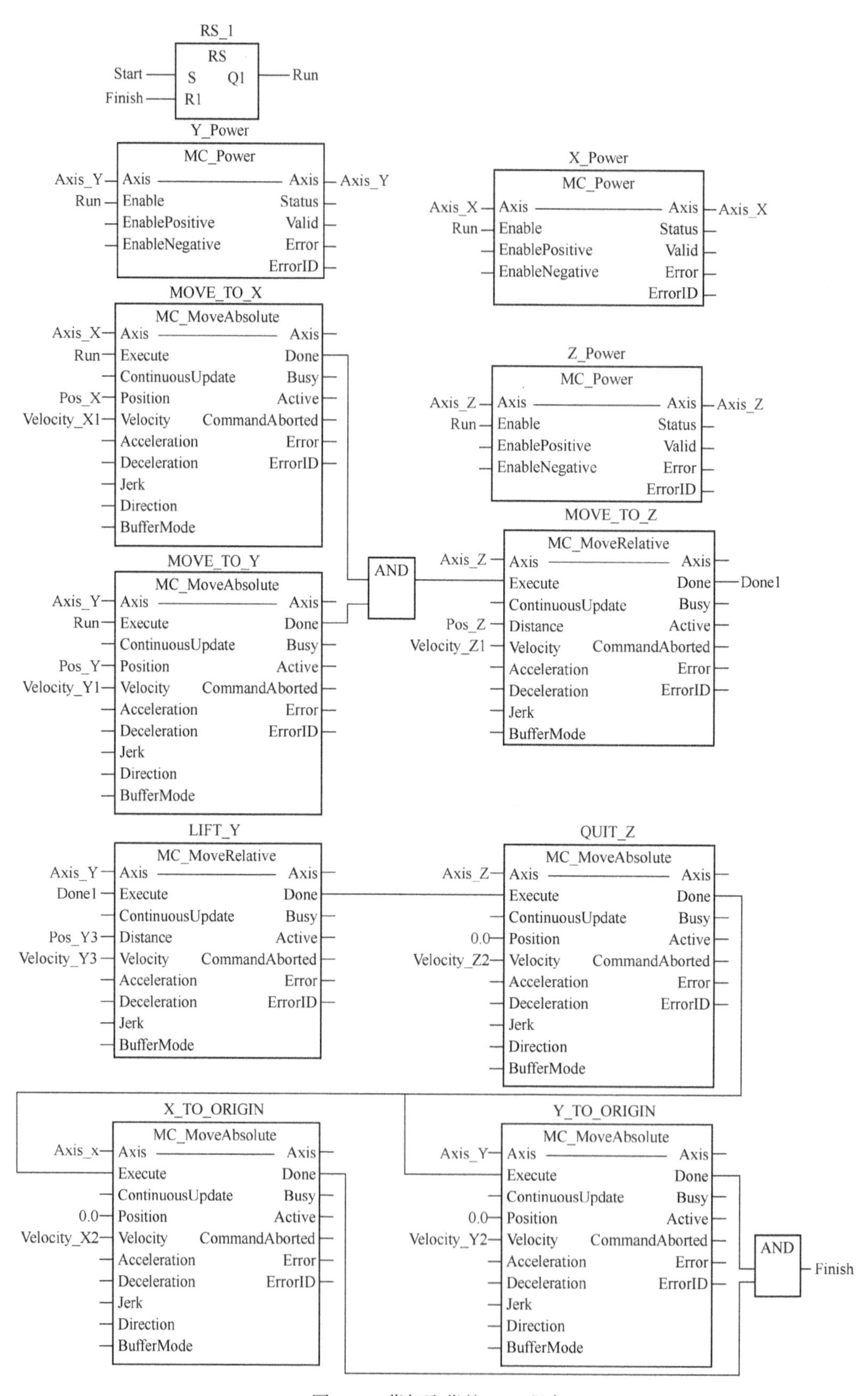


图 6-8　货架取货的 FBD 程序

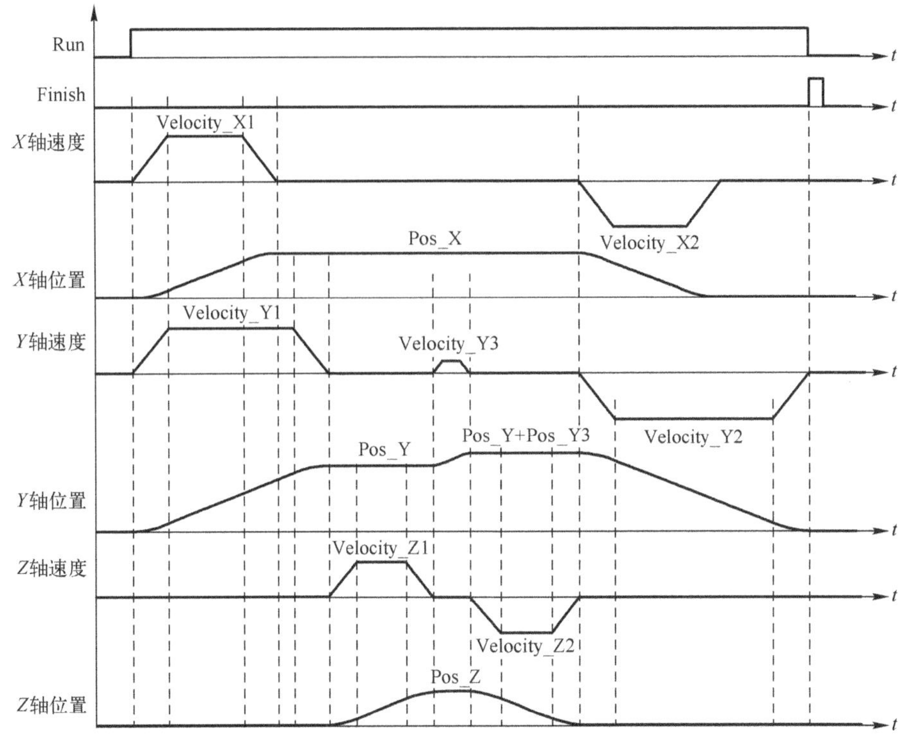


图 6-9　简单方法的信号时序图

当 Run 信号为真时，功能块实例 MOVE_TO_X 和 MOVE_TO_Y 分别以 Velocity_X1 和 Velocity_Y1 移动货叉到所需的位置 Pos_X 和 Pos_Y，达到规定位置后，各自的 Done 输出为 1，经与逻辑运算，使 MOVE_TO_Z 实例执行货叉插入托盘的操作。达到其相对位置 Pos_Z 后，用 LIFT_Y 功能块实例将托盘提升规定的相对距离 Pos_Y3。然后，经 QUIT_Z 功能块实例的执行，将载有货物的托盘退出，使 *Z* 轴达到其绝对位置（原点）0.0。最后，同时启动 X_TO_ORIGIN 和 Y_TO_ORIGIN 功能块实例，使货叉带着载有货物的托盘回复到各自的原点。如果需要到其他规定的绝对位置，只需要设置各自对应的 Position 即可。图中，加、减速度是恒定值，加加速度是零，程序中未列出，下同。

实际应用中，Velocity_X1 和 Velocity_Y1 可用最大速度，当货叉上有货物时，Velocity_X2 和 Velocity_Y2 可选较小的速度，以保持稳定。由于 Pos_Z 距离较小，因此，Velocity_Z1 和 Velocity_Z2 的值可较小。Pos_Y3 是相对距离，应根据托盘下部高度和货叉插入位置等确定，例如，可取 100.0 mm。

### 6.2.3　协调运动方法的实现

本示例也可将三个驱动轴组成轴组，用协调运动控制的功能块实现。

协调运动控制是将 *X*、*Y* 和 *Z* 轴组成一个轴组 XYZGroup，同时，可在 *X*、*Y* 轴还未到达规定位置时就起动 *Z* 轴的运动，这可采用协调运动的过渡模式 TMCornerDistance，并假设货叉与货架之间的距离是 Distance_1，并用前面的功能块触发缓冲移动的使能端 Execute。变量声明等与上述类似，不另列出。

图 6-10 是其 FBD 程序。图中，未画出上电的运动控制功能块 MC_Power（可参考图 6-8）和添加轴到轴组功能块 MC_AddAxisToGroup 等（可参考图 4-59）。

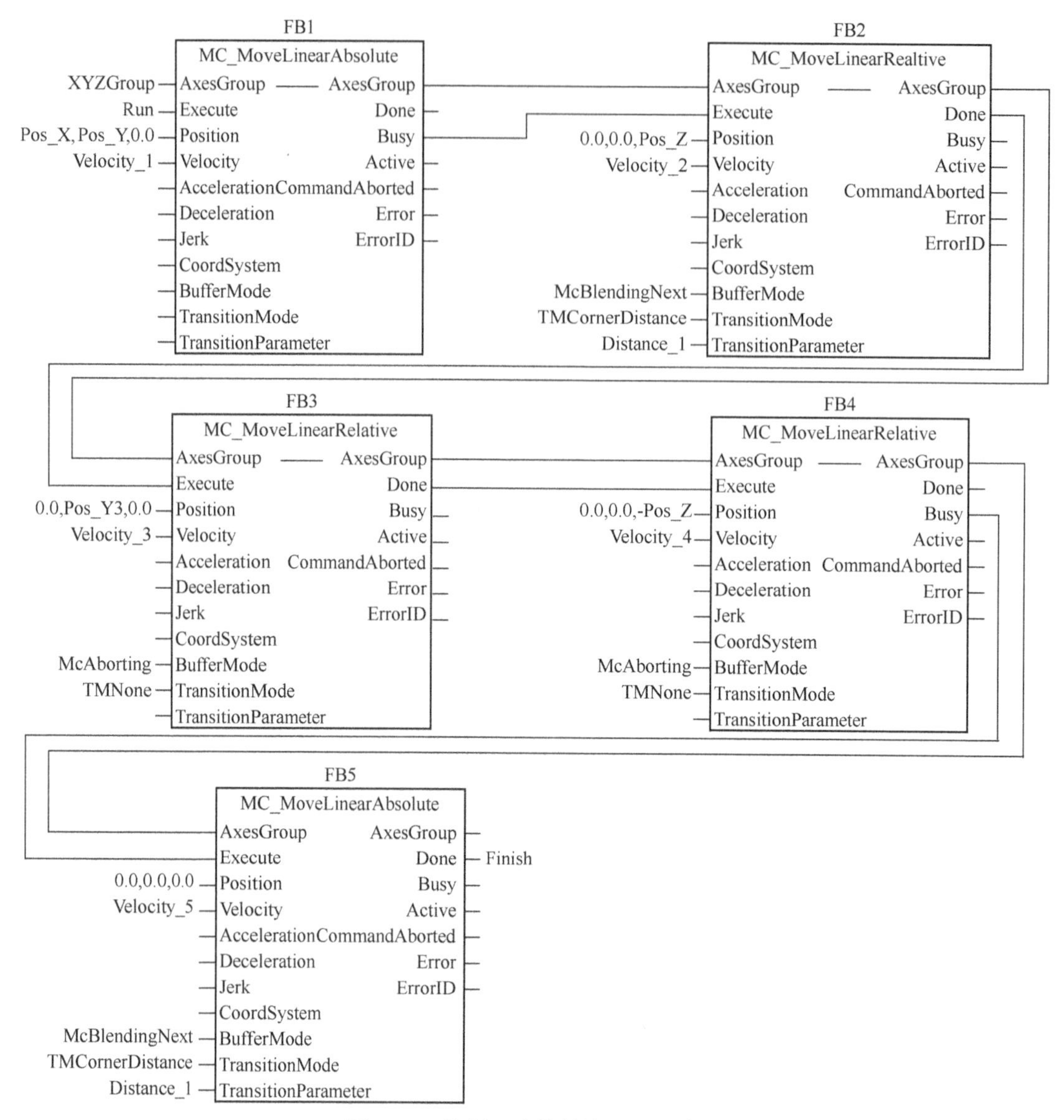


图 6-10 协调运动控制的 FBD 程序

## 6.3 点位运动控制

### 6.3.1 控制要求

点位运动控制系统是一类位置伺服控制系统。点位控制在机电一体化领域和机器人行业都有着极其广泛的应用。例如，数控机床对零件轮廓的跟踪控制、工业机器人的指端轨迹控制和行走机器人的路径跟踪等都是点位运动控制系统的典型应用。

作为位置伺服控制系统，对点位运动控制系统要求是运动的稳定性、快速无超调、跟随误差小、调速范围宽、高精度和高动态特性。

因此，在运动控制中，控制要求是进行微调时，要有规定的位置信息，要有调整方法的信息（如正转或反转），还需要规定运动的速度等信息，使微调过程能够快速和准确地完成。

按是否有反馈信号，点位控制系统可分为开环、半闭环和闭环控制。

### 6.3.2 点位控制功能块的编程

**1. 使运动轴达到规定速度运转**

当被控轴上电后，应控制被控轴达到规定的转速，可用 MC_MoveVelocity 功能块实现。如图 6-11 所示。

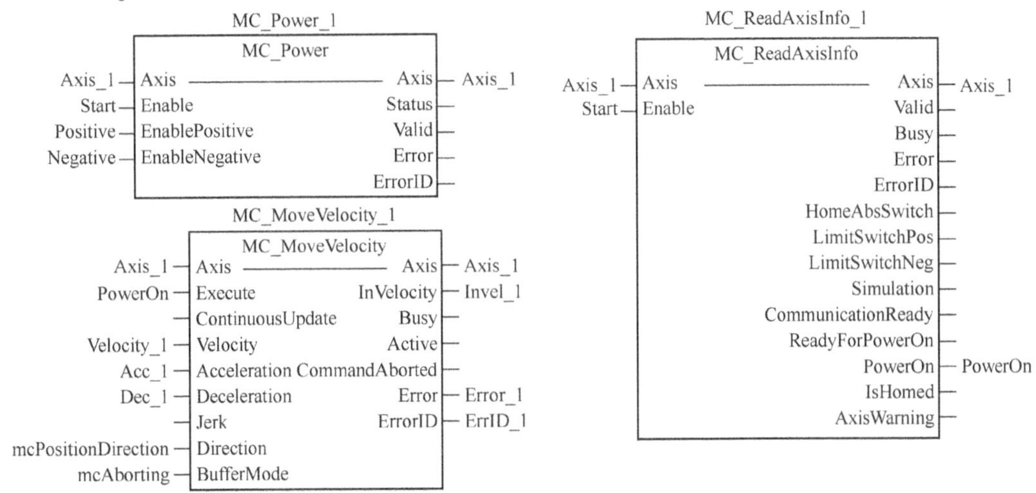


图 6-11 运动轴达到规定的速度下运转

图中，MC_Power 功能块实例 MC_Power_1 在 Start 触发下激活，正、反转由输入信号 Positive 和 Negative 确定。当被控轴上电后，MC_ReadAxisInfo 功能块实例 MC_ReadAxisInfo_1 输出 PowerOn 置位，触发功能块 MC_MoveVelocity 的实例 MC_MoveVelocity_1 以规定的加速度 Acc_1 加速，达到规定的速度 Velocity_1 后，其输出 InVel_1 置位，并保持该速度运转。

**2. 计算现在被控轴所在的位置，并减速和停转**

为实现按规定的减速度缓慢到达规定的位置，减速段移动距离的计算公式见式（2-33）。

根据已经达到的速度 $v_1$，规定的减速度 $d$，可计算出该减速过程所需的距离为

$$s_f - s_2 = \frac{1}{2} dt_2^2 = \frac{1}{2} \frac{v_1^2}{d} \tag{6-1}$$

（1）设置被控轴的位置

通过移动坐标系的坐标系统来控制轴的设定位置和实际位置，使它们有相同的数值且不引起运动的发生。图 6-12 是用于设定被控位置允许范围的程序。

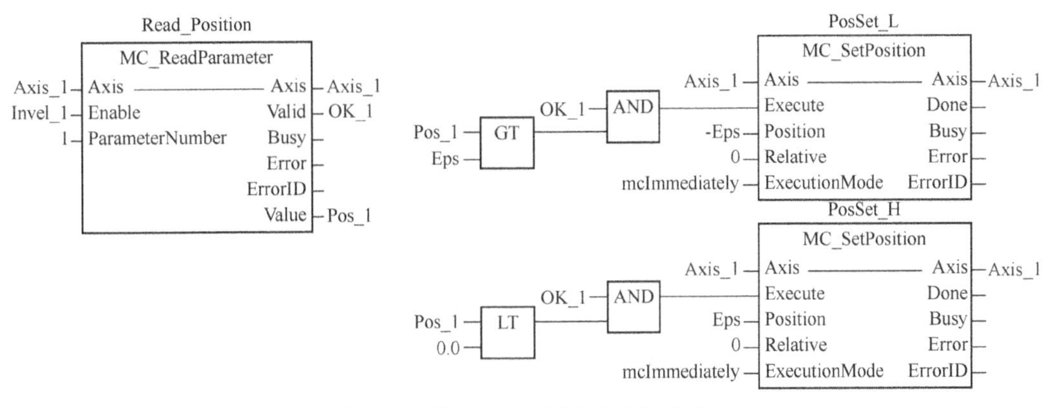


图 6-12 设置被控位置允许范围的程序

图中，MC_ReadParameter 功能块实例 Read_Position 输入参数 ParameterNumber 设置为 1，表示读取被控轴的位置 Pos_1，其值有效时，经 Value 输出，并用于确定是否在限定范围内，当大于误差限 Eps，将位置值减 Eps；当小于 0 时，将位置值加 Eps。

（2）减速过程

根据当时的速度和设置的减速度，计算所需绝对距离。用图 6-13 所示程序实现减速并在规定的距离时停止。

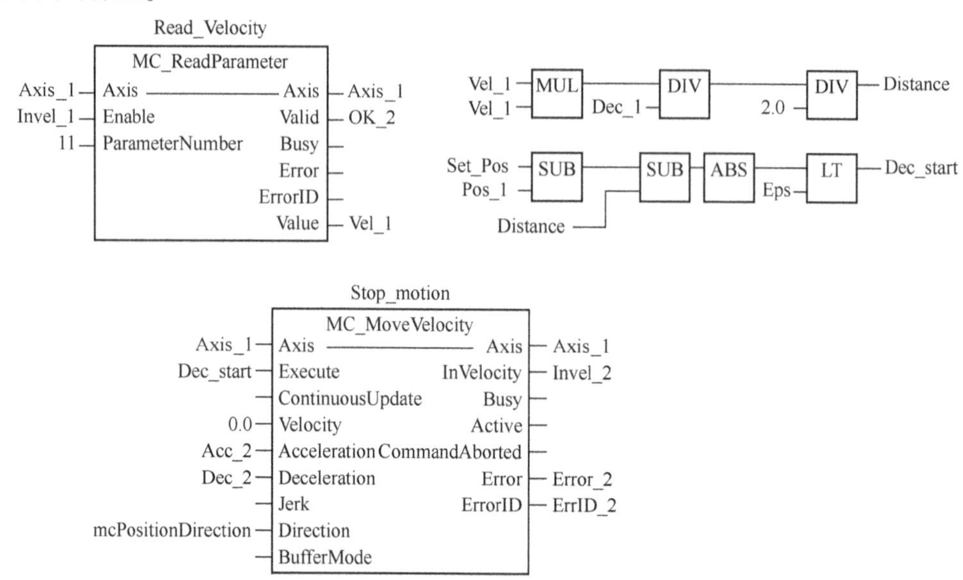


图 6-13　减速并再达到规定位置停止的程序

图中，Read_Velocity 实例的输入参数 ParameterNumber 设置为 11，表示读取被控轴的速度 Vel_1。当其值有效时，根据式（6-1）可计算所需距离 Distance，然后，根据点位规定的位置 Set_Pos 和当前的位置 Pos_1，确定是否进入减速停止过程，当规定位置与当前位置之间的距离小于误差加减速所需距离时，中断原来的恒速过程，进入减速过程，用 MC_MoveVelocity 功能块的实例 Stop_motion 实现减速。

**3. 时序图**

图 6-14 是点位控制系统时序图。

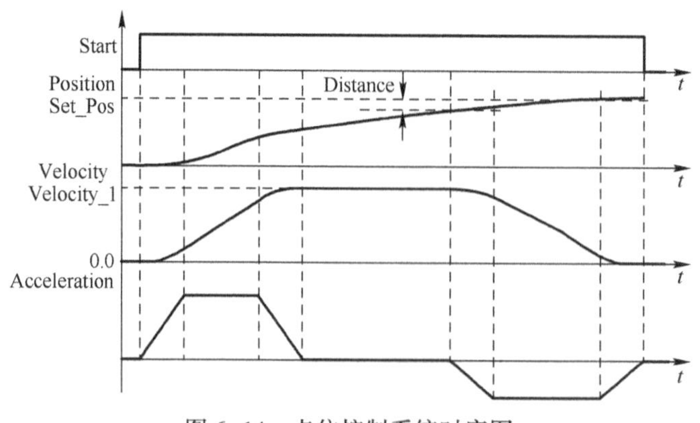


图 6-14　点位控制系统时序图

点位控制系统有多种不同的运行方式。本示例中，被控轴在 Start 信号触发下，先以规定的速度和加、减速度达到规定的速度 Velocity_1（在 Read_Velocity 实例中的值 Value 输出变量是 Vel_1），这时，InVel_1 置位，然后检测被控轴的位置，并计算在被检测时刻轴的速度 Vel_1 下所需减速的距离 Distance，确定何时中断 MC_MoveVelocity_1 实例的运行，一旦条件满足，则启动 Stop_motion 实例，使被控轴减速，并在速度为零时正好到达规定的位置（在规定的误差 Eps 范围内）。

## 6.4 飞剪过程的控制

飞剪机是快速切断板材、线材等的加工设备。它用于横向剪切运行中的板材、带材或线材。因此，它是轧钢、造纸等行业的一种关键性设备。在连续轧制生产线中，飞剪机用于横向剪切轧件的头、尾或将其剪切成一定的定尺长度。

### 6.4.1 控制要求

剪切机有两种类型。一种是采用离合器起动和制动器制动的称为“连续-起停”制的剪切机。另一种是电动机直接起停的称为“起-停”制的剪切机。

“起-停”制剪切机采用整机直接起动、剪切和制动，完成剪切的三个基本动作。开始时，剪切机处于静止等待状态，剪切时，电动机直接拖动传动装置和剪切装置迅速起动和剪切，并立即制动停止。由于这种剪切机结构简单、剪切精度高、控制方便，因此，其有着更广阔的发展空间。

图 6-15 是某钢板定长剪切机系统的原理图。

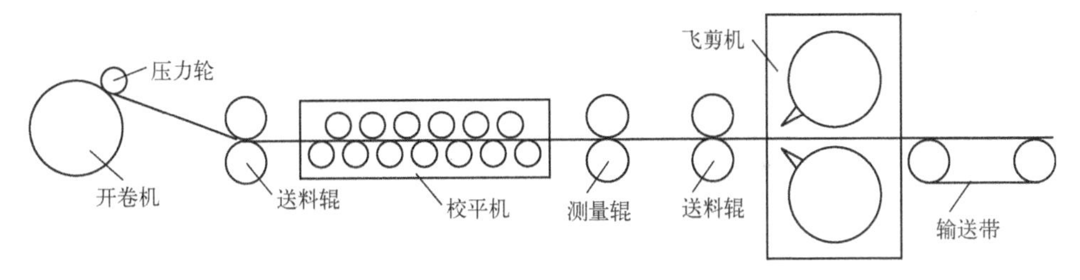


图 6-15 定长剪切机系统原理图

成卷的钢带在液压作用下固定在开卷机轴上，开卷机两侧用位置固定装置以防止钢带横向滑动。在压力轮作用下压紧卷材，防止其自动展开和延伸。校平机用于消除卷材的内应力，使平直成为带材，常用上 9 下 10 的滚轮，用调整滚轮之间的间隙使带材校平。

测量辊上安装增量式光电编码器用于测量板材的进给线速度以及板材的定尺长度。调整上下轮之间的间隙使板材与测量辊之间无相对滑动。送料辊用于调整进给速度，使板材进给线速度均匀。

滚筒式飞剪机由上下两个剪刃组成，上下剪刃在水平方向的线速度需要与板材进给速度同步。如果小于板材进给速度，则板材将变形、弯曲，并影响剪切精度；如果大于板材进给速度，则出现拉钢现象，使带材与送料辊之间产生相对滑动，影响定尺长度和剪切精度。

飞剪机的剪切过程可分为起动、加速、同步和减速回原点 4 步。上下剪刃采用同步斜齿轮传动。剪切精度采用主副齿轮错齿传动动力来消除齿轮传动间隙。

图 6-16 显示飞剪机的上剪刃剪切时的速度分配。

如图示，剪切起动时剪刃在 S 位置，经 $t_1$时间加速到达板材的进给速度 $v_s$，即旋转到 $S_1$位置时与板材进给速度同步。对应 $S_2$剪切点剪断板材，然后减速，剪刃速度回零，并回到原点 S，等待下一次剪切。

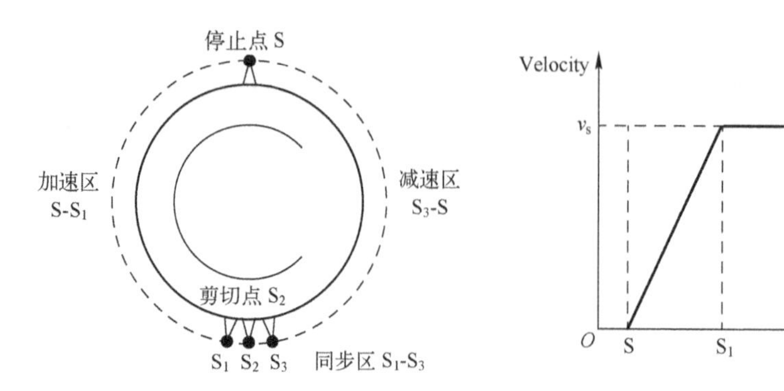

图 6-16　剪刃剪切的速度分配

## 6.4.2　控制程序

### 1. 变量说明

送料的进给速度由主轴提供，剪切机剪刃的速度由从轴提供。本示例程序主要用于说明主、从轴的同步过程程序的编写。变量声明段如下：

```
VAR_INPUT:
    Enable: BOOL; Start: BOOL;
    MasterStartDis, MasterSyncPos: REAL;
    MasterVel, MasterAcc, MastetDec,MasterJerk: REAL;
    SlaveSyncPos, SlaveEndPos: REAL;
    SlaveWaitPos, SlaveVel: REAL;
    SlaveAcc, SlaveDec: REAL;
    SlaveJerk: REAL;
END_VAR;
VAR_IN_OUT:
    Axis_Master, Axis_Slave: AXIS_REF;
END_VAR;
VAR_OUTPUT:
    InGear: BOOL; Done: BOOL;
END_VAR;
VAR
    MoveAbsSlave: MC_MoveAbsolute;
    GearInPosSlave: MC_GearInPos;
    ReadSlavePos: MC_ReadActualPosition;
    SlavePower, MasterPower : MC_Power;
    Master_Info: MC_ReadAxisInfo;
    Master_Velocity: MC_MoveVelocity;
    SlavePos: REAL;
    Err_Mas_P, ErrMas_Vel, Err_Sync, Err_Slv, Err:BOOL ;
END_VAR;
```

### 2. 编写顺序功能表图

图 6-17 是顺序功能表图。

(1) 各转换条件编程

1) T001：由于带材输送机已经运转，因此，T001 表示从轴可以上电的条件。即：

```
IF Start == TRUE   THEN   T001:=TRUE;   END_IF;
```

2) T002：

```
MoveAbsSlave(Axis:=Axis_Slave, Execute := TRUE, Position := SlaveWaitPos);
```

```
ReadSlavePos(Axis:=Axis_Slave, Position =>SlavePos);
IF SlavePos > SlaveWaitPos THEN T002:= TRUE; END_IF;
```

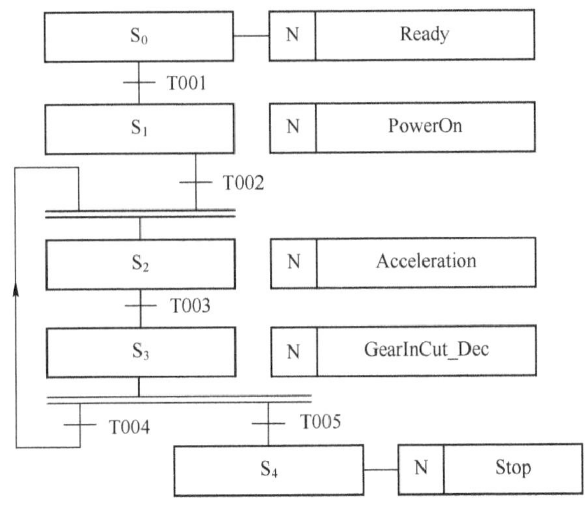


图 6-17 飞剪过程的 SFC 图程序

3）T003:

```
IF SlavePos== SlaveSyncPos THEN T003:=TRUE; END_IF;
```

4）T004:

```
IF SlaveVel ==0.0 AND Enable==TRUE THEN T004:=TRUE; END_IF;
```

5）T005:

```
Err:= Err_Mas_P OR ErrMas_Vel OR Err_Sync OR Err_Slv;
IF Enable == FALSE OR Err THEN Enable :=FALSE; Start:=FALSE; END_IF;
```

出错信息进行处理：实际应用是根据出错位置直接转到 Stop 动作控制功能块。

（2）各动作工艺动作控制功能块的编程

对动作或动作控制功能块的编程时，可设置有关变量，并对动作或动作控制功能块进行编程，编程语言可采用 LD、ST、IL 或 FBD 等编程语言。

1）Ready：准备阶段的工作是完成主轴的运转。用功能块图程序编写如图 6-18 所示。

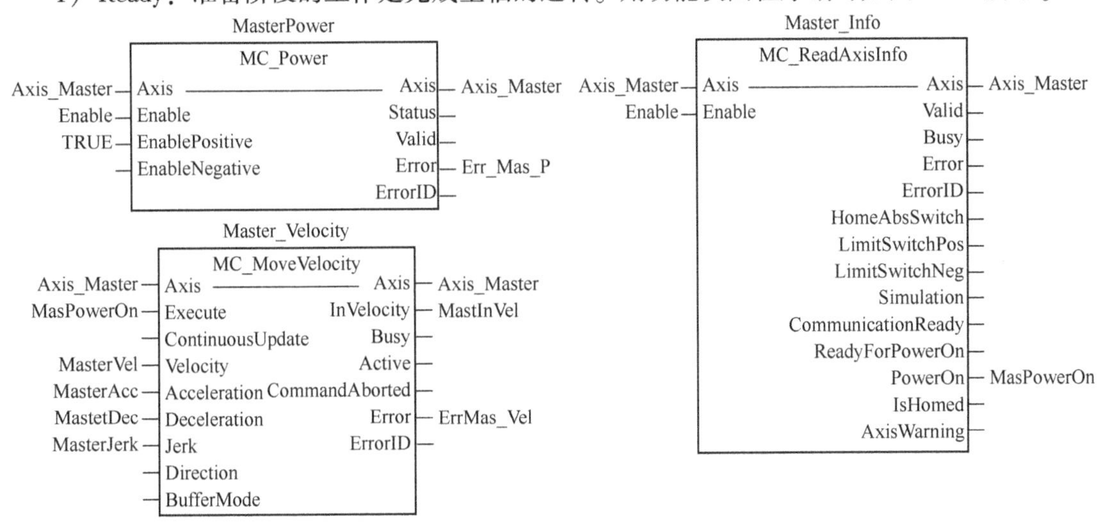


图 6-18 主轴上电和运行程序

2）PowerOn：从轴上电程序。用 ST 编程语言编写如下：

```
SlavePower(Axis:= Axis_Slave, Execute := Start; EnablePositive:= TRUE);
```

3）Acceleration：从轴加速的程序包括主从轴的齿轮比设置、从轴同步到主轴的程序，如图 6-19 所示。

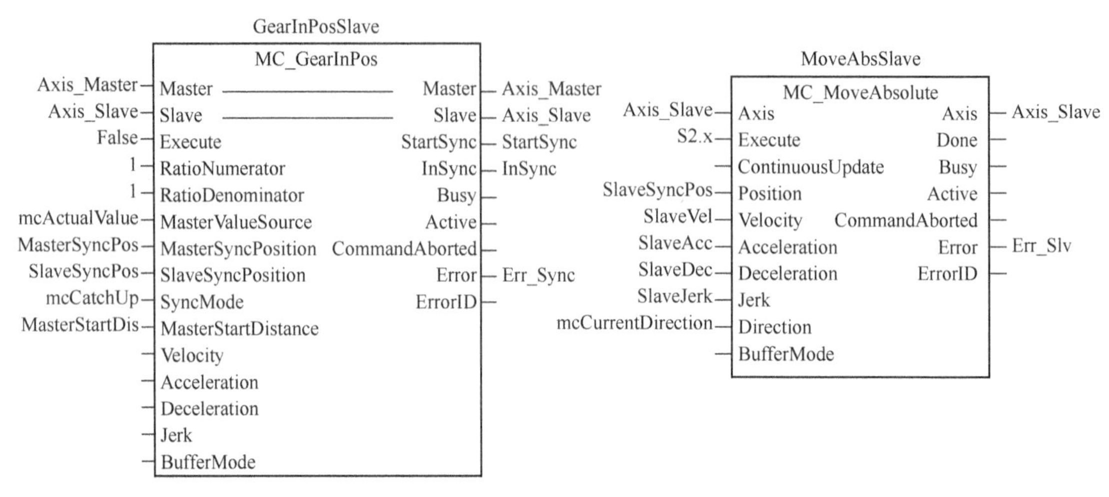


图 6-19　从轴启动同步程序

在本动作控制功能块程序中，经 GearInPosSlave 实例对齿轮比进行初始化，但未进行同步。同步过程在 GearInCut_Dec 动作控制功能块程序进行。该实例中的最大速度、加速度、减速度和加加速度应根据应用允许的值设置，在程序中未列出有关变量名。

4）GearInCut_Dec：包括剪切和减速程序。程序如图 6-20 所示。

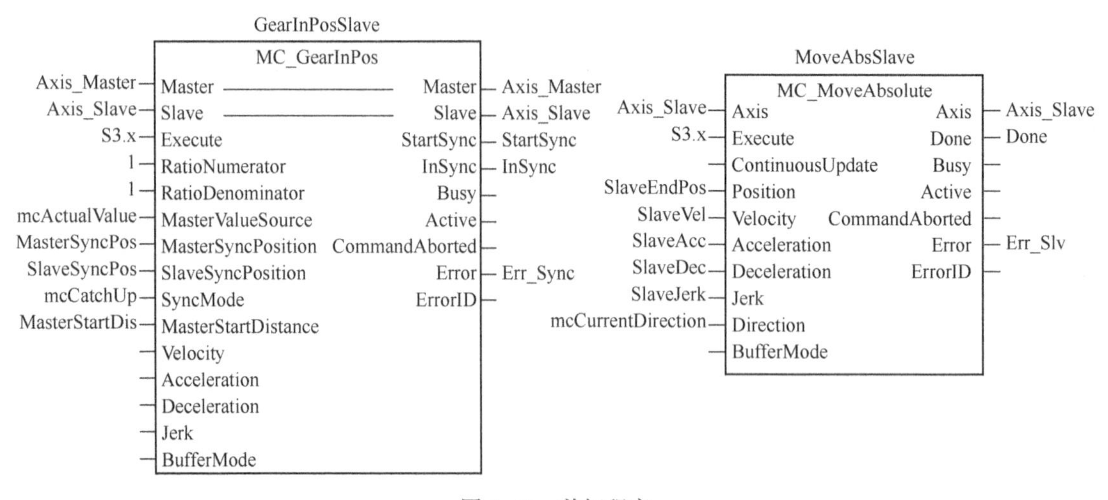


图 6-20　剪切程序

选用 mcCatchUp 选项，可快速同步，但可能有超调。

5）Stop：停止主、从轴的运转。用 ST 编程语言编写。

```
Enable:= FALSE; Start:= FALSE;
```

**3. 时序图**

图 6-21 所示是剪切过程的时序图。

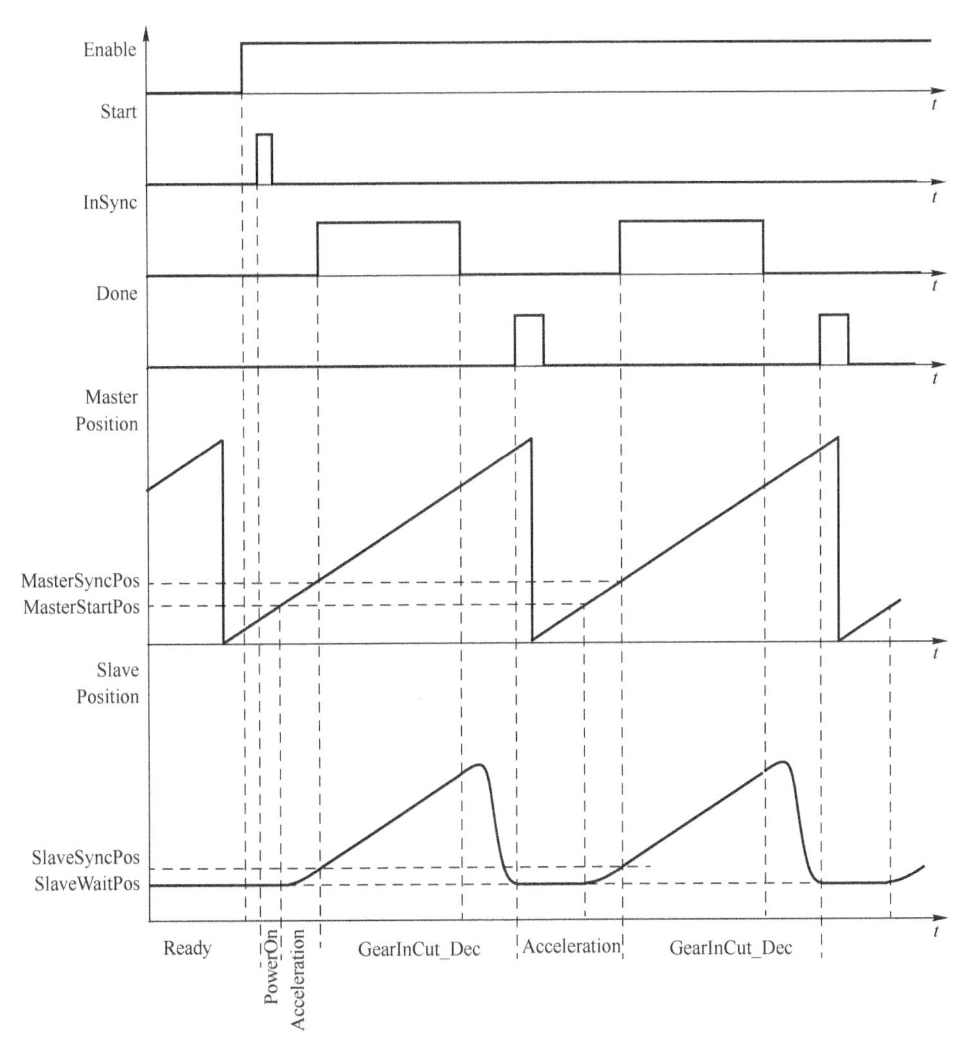


图 6-21　剪切过程的时序图

## 6.5　包装机械的控制

产品包装是工业发展的重要组成部分，是国民经济中不可缺少的新兴行业。高度自动化、智能化已经成为包装机械未来发展的主要趋势。包装机械既具有一般自动化机械的共性，也具有自身的特性，主要特点如下：

1）大多数包装机械结构复杂，运动速度快，动作精度高。为满足性能要求，对零部件的刚度和表面质量等都具有较高的要求。

2）用于食品和药品的包装机械要便于清洗，与食品和药品接触的部位要用不锈钢或经过化学处理的无毒材料制成。

3）进行包装时作用力一般都较小，所以包装机械的电动机功率较小。

4）包装机械一般都采用无级变速装置，以便灵活调整包装速度、调节包装机的生产能力。因影响包装质量因素多，为便于机器的调整，满足质量和生产能力的需要，往往把包装机设计成无级调速的，即采用无级变速装置。

5）包装机械是特殊类型的专业机械，种类繁多，生产数量有限。在各种包装机的设计中应注意标准化、通用性及多功能性。

### 6.5.1 PackML

1994 年，由美国通用、福特和克莱斯勒三家汽车公司首次提出开放式模块结构控制器 OMAC（Open Modular Architecture Controllers）概念。1997 年 2 月，OMAC 用户组成立。OMAC 的主要目标是明确用户对于开放体系结构控制器的应用需求；开发一种满足这种需求的公共 API；为开放式控制器技术开发、实现和商品化中的各种问题提供共同的解决方案。其包装机械工作组结合 ISA 88 批量控制国际标准，提出了包装机械的工业技术标准 PackML（Packaging Machine Language）。它提供下列包装机械的性能：

1）标准定义的机械状态和操作流程。

2）整体设备的效能（OEE）数据。

3）根源分析（RCA）的数据。

4）灵活的配方方案和通用的 SCADA 或 MES 输入。

**1. 状态图**

对运动控制轴的状态图，IEC61131-3 标准有明确定义。同样，OMAC 对 PackML 定义了它的状态图。图 6-22 是不同层级功能块的映射图。它以 PLCopen 的运动控制功能块为最底层；用建立派生功能块的方法建立通用的用户派生功能块 UDFB，例如，主引擎块 MasterEngine、放卷收卷块 Wind_CSV 等；并结合包装的特点，组建用于应用的用户派生功能块类 UDFB 类，例如，切割块 Cutting、密封块 Sealing、灌装块 Filling 和旋盖块 Capping 等。实际应用时，可直接使用这些功能块实例来完成特定的应用任务。

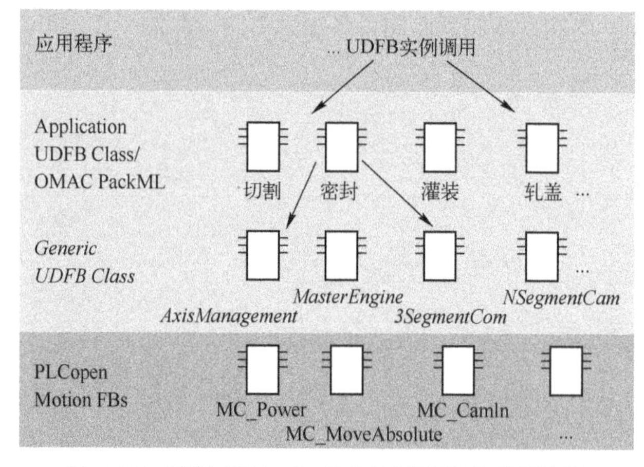


图 6-22　映射 OMAC PackML 不同层级的功能块图

对最终用户和供应商，采用 PackML 的好处如下：

1）以标准化的机器控制替代包装机制造厂的专有方案。

2）推进包装生产线控制系统的优化软件解决方案。

3）采用标准化的界面和预定义的数据标签 PackTags 等措施，极大地方便包装线控制系统的集成和投运。

4）采用以太网 OPC UA 实现与任意 HMI/MES/ERP 的集成。

5）无须专门的数据抽选，即能提供计算 OEE（整体设备效率）数据服务。

6）所有的包装机械 HMI 画面设计都贯彻即看即所得（Look and Feel）的原则，大大降低了培训成本和时间。

7）降低了包装线的投资。

**2. 主引擎 MC_MasterEngine 功能块**

为描述包装机械中的机械耦合的主轴，编写主引擎功能块。该功能块由两部分组成。第一部分产生一个连续运动，并计算停止位置（StopPosition），通常轴保持在减速（Deceleration）。第二部分专用于缓慢移动模式。

（1）变量声明

变量声明如下：

```
VAR_INPUT
    Enable, Start, InchingForw, InchingBackw : BOOL;
    StopPosition, Period,Velocity, Acceleration, Deceleration, Jerk : REAL;
    InchingStep, InchingVelocity, InchingAcceleration, InchingDeceleration, InchingJerk: REAL;
END_VAR
VAR_OUTPUT
    Active, MotionActive,Error, Stoped: BOOL;
    ActualVel : REAL ;
END_VAR;
VAR_IN_OUT
    MAxis   : AXIS_REF;
END_VAR
VAR
    MPower: MC_POWER ;
    MVel : MC_ ReadActualVelocity ;
    MHome: MC_HOME ;
    MAbs: MC_MoveAbsolute ;
    MReadS : MC_ReadStatus ;
    MRel1, MRel2 : MC_MoveRelative ;
    MHalt : MC_Halt ;
    MVelErr,MAbsErr, MRel1Err, MRel2Err, MStopErr : BOOL ;
    MVelErrID,MAbsErrID, MRel1ErrID, MRel2ErrID, MStopErrID :WORD ;
    F_TRIG_1 : F_TRIG ;
    Inching : BOOL ;
END_VAR
```

（2）程序

程序如图 6-23 所示。

该功能块用于驱动在包装机的虚拟主轴，当 Strat 启动上电后，能够根据规定的速度、加速度和减速度以及规定的加加速度移动到规定的停止位置 StopPosition，用户可以通过 Enable 按钮启动微动控制，微动方向由 InchingForword 和 InchingBackword 控制，由于 MC_MoveRelative 实例 MRel1 和 MRel2 是上升沿触发，因此，每按一次微动按钮，被控轴就微动 InchingStep 的距离。而在它们的下降沿和 Start 未按时，被控轴将由 MHalt 实例使其按 Inching-Deceleration 和 InchingJerk 规定的减速度和减加速度停止。

程序用输出 ActualVel 变量显示轴运动的实际速度。出错信息仅用输出变量 Error 显示，出错代码 ErrorID 输出程序和激活 Active 输出的程序未画出。

## 6.5.2 收卷过程的功能块

**1. 张力控制的收卷过程简介**

传统的收卷采用机械传动，机械的同轴传动往往会造成严重的机械磨损，同轴传动部分的机械平均寿命基本是一年，而且需要经常维护。

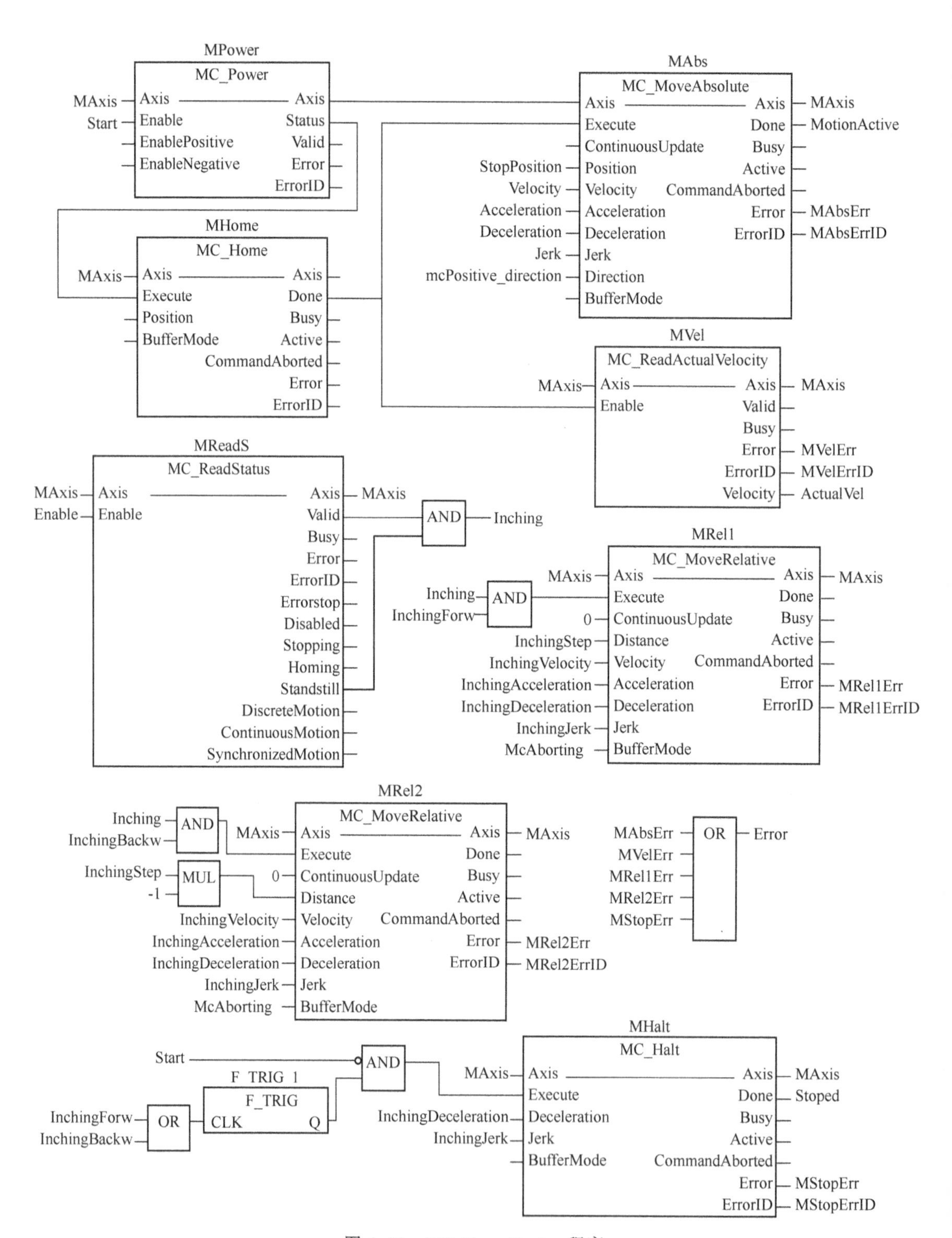

图 6-23　MC_MasterEngine 程序

张力控制收卷的最简单方法是不添加任何附加的测量输入，即根据收卷机电动机的转矩。转矩大时表示被卷材料的张力大，这时应降低电动机转速。由于收卷过程中，收卷的直径变化、材料损耗的不确定性，限制了转矩范围和精度，因而，影响这种方法的应用。图 6-24 说明了收卷过程中转矩的影响。

张力 $F$ 与张力产生的转矩 $T_F$ 的关系表示为

$$T_F = FR \tag{6-2}$$

式中，$R$ 是收卷半径，它随卷绕的进展不断变大。因此，张力产生的转矩也随之变大。

为此，一种简单的方案是增加一个称重传感器，如图 6-25 所示。

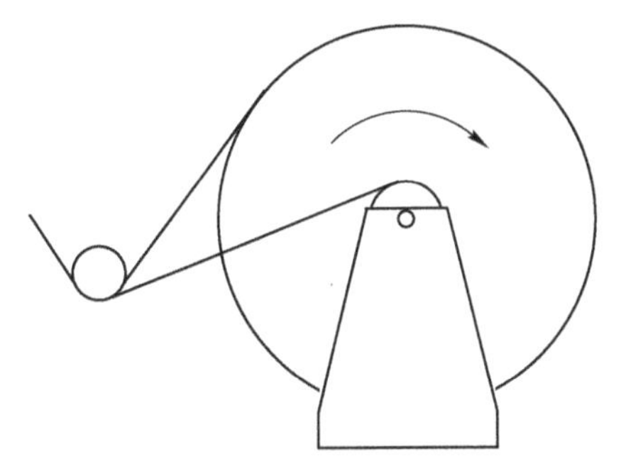

图 6-24　转矩随收卷直径的改变而改变

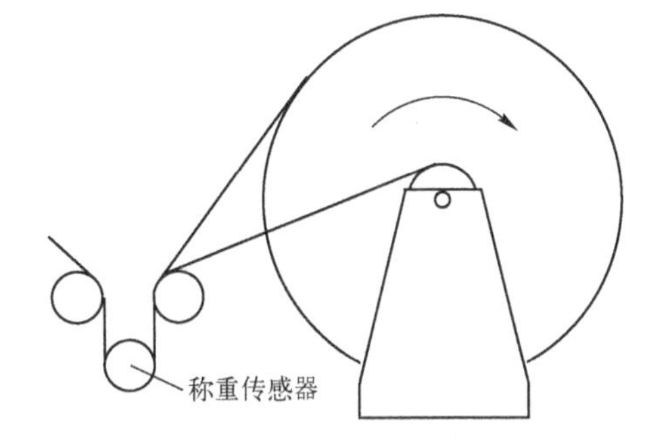


图 6-25　增加称重传感器

这种称重传感器方案建立了张力与重物重量之间的对应关系，保证了张力的恒定。它具有简单快速和精确等特点，但价格较贵。

与称重传感器方案类似的一种方案被称为摇摆器控制（Dancer Control），图 6-26 显示了该方案的示意图。

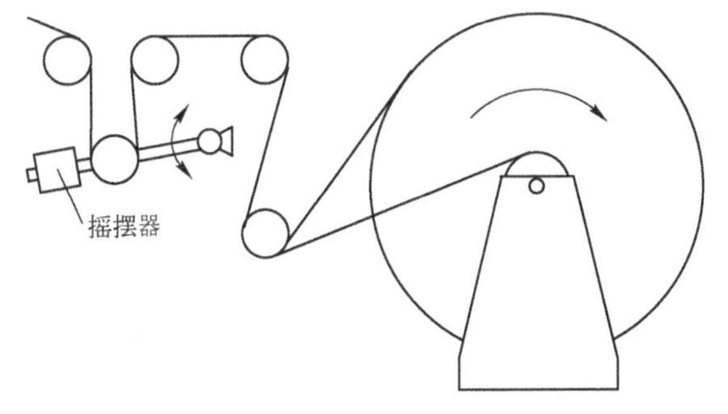


图 6-26　摇摆器控制方案

图中，摇摆器随张力改变而上下摆动，该摇摆器的轴作为摇摆器控制的主轴，将收卷轴作为从轴。

**2. 摇摆器功能块 Dancer_Control**

摇摆器功能块是一个组成闭环的多个功能块的集合，主要由一个张力控制器和一组齿轮比组成。图 6-27 是该功能块的结构图。

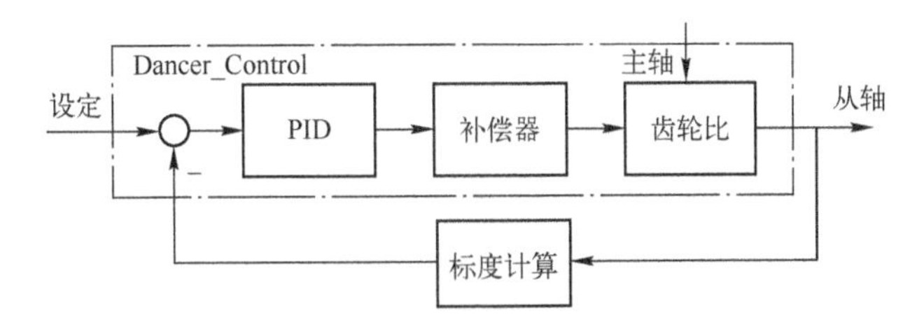


图 6-27　摇摆器功能块组成的闭环系统

图中，主轴是摇摆器轴，从轴是收卷辊电动机轴。

补偿器进行下列运算：

$$y = Kx + b \tag{6-3}$$

式中，$K$ 是放大系数，程序中用 DancerGain 描述；$b$ 是偏置，程序中用 DancerOffset 描述；$x$ 是补偿器输入，即 PID 功能块的输出；$y$ 是补偿器输出。

齿轮比用于根据主轴的转速计算从轴的转速，其依据由补偿器输出转换为齿轮比的分子和分母确定，用 RealToFraction 功能块实现。通过 MC_GearIn 功能块实现齿轮比的切入，MC_

GearOut 功能块实现齿轮比的断开。

(1) PID 功能块

一般 PLC 软件会提供 PID 功能块，也可由用户编写自己的 PID 功能块。

计算机控制系统中，采用比例积分微分控制算法。其位置算法是

$$u(k)=k_c e(k)+\frac{k_c}{T_i}\sum_{i=0}^{k}e(i)T_s+k_c T_d\frac{e(k)-e(k-1)}{T_s} \tag{6-4}$$

增量算法是

$$\Delta u(k)=k_c\Delta e(k)+\frac{k_c}{T_i}e(k)T_s+k_c T_d\frac{e(k)-2e(k-1)+e(k-2)}{T_s} \tag{6-5}$$

1) 积分控制功能块：积分控制功能块实现积分运算。用于消除控制系统的余差，改善系统静态性能。积分控制功能块的程序如下：

```
FUNCTION_BLOCK    INTEGRAL1                      (* 功能块名 INTEGRAL1 *)
    VAR_INPUT                                    (* 输入变量声明段开始 *)
        RUN : BOOL ;                             (* 积分参数,1:积分;0:保持 *)
        R1 : BOOL ;                              (* 超驰重定,1:超驰重定;0:积分或保持 *)
        XIN : REAL ;                             (* 输入,通常是偏差信号 *)
        X0 : REAL ;                              (* 积分初始值 *)
        CYCLE : TIME ;                           (* 采样周期 *)
    END_VAR                                      (* 变量声明段结束 *)
    VAR_OUTPUT                                   (* 输出变量声明段开始 *)
        Q : BOOL ;                               (* 超驰状态说明,1:非超驰;0:超驰 *)
        XOUT : REAL ;                            (* 积分功能块输出 *)
    END_VAR                                      (* 变量声明段结束 *)
    Q := NOT R1 ;                                (* 功能块本体开始, Q 等于非 R1 *)
    IF R1 THEN XOUT := X0 ;                      (* 超驰状态,功能块输出等于积分初始值 *)
    ELSIF RUN THENXOUT := XOUT + XIN * TIME_TO_REAL (CYCLE );
                                                 (* 积分状态时输出的计算公式 *)
    END_IF;                                      (* 功能块本体结束 *)
END_FUNCTION_BLOCK                               (* 功能块结束 *)
```

程序中，积分控制算法采用累加方法计算积分增量输出：

$$u_I(k)=\sum_{i=0}^{k}e(i)T_s \tag{6-6}$$

2) 微分控制功能块：微分控制功能块实现微分运算，用于消除高频噪声的影响，改善系统动态性能。微分控制功能块的程序如下：

```
FUNCTION_BLOCK    DERIVATIVE1                    (* 功能块名 DERIVATIVE1 *)
    VAR_INPUT                                    (* 输入变量声明段开始 *)
        RUN : BOOL ;                             (* 微分参数,1:加微分;0:不加微分 *)
        XIN : REAL ;                             (* 输入,通常是偏差信号 *)
        CYCLE : TIME ;                           (* 采样周期 *)
    END_VAR                                      (* 变量声明段结束 *)
    VAR_OUTPUT                                   (* 输出变量声明段开始 *)
        XOUT : REAL ;                            (* 微分功能块输出 *)
    END_VAR                                      (* 变量声明段结束 *)
    VAR                                          (* 变量段声明开始 *)
        X1, X2 : REAL;                           (* 中间变量,用于存放前两次的偏差 *)
    END_VAR                                      (* 变量段声明结束 *)
    IF RUN THEN                                  (* 功能块本体开始 *)
    XOUT:=( XIN+X1-2.0 * X2)/ TIME_TO_REAL(CYCLE);      (* 计算微分功能块输出 *)
    X2:=X1; X1:=XIN;                             (* 偏差项替换 *)
```

```
    END_IF;                                 (* 功能块本体结束 *)
END_FUNCTION_BLOCK                          (* 功能块结束 *)
```

程序中，微分控制算法采用差分方法计算其增量输出：

$$u_{\mathrm{D}}(k)=\frac{e(k)-2e(k-1)+e(k\_2)}{T_{\mathrm{s}}} \tag{6-7}$$

3）比例积分微分控制功能块：比例积分微分控制功能块实现比例积分微分运算，比例积分微分控制功能块调用积分功能块和微分功能块，其程序如下：

```
FUNCTION_BLOCK   PID1                       (* 功能块名 PID1 *)
    VAR_INPUT                               (* 输入变量声明段开始 *)
        AUTO : BOOL ;                       (* 手动/自动参数,1:自动;0:手动 *)
        PV : REAL ;                         (* 过程测量 *)
        SP : REAL ;                         (* 过程设定 *)
        X0 : REAL ;                         (* 过程输出初值 *)
        KP : REAL ;                         (* 控制器放大系数 *)
        TR : REAL ;                         (* 控制器积分时间 *)
        TD : REAL ;                         (* 控制器微分时间 *)
        CYCLE : TIME ;                      (* 采样周期 *)
    END_VAR                                 (* 变量声明段结束 *)
    VAR_OUTPUT                              (* 输出变量声明段开始 *)
        XOUT : REAL ;                       (* PID 功能块输出 *)
    END_VAR                                 (* 变量声明段结束 *)
    VAR                                     (* 变量段声明开始 *)
        XP, XI, XD : REAL;                  (* 比例、积分、微分控制输出 *)
        INT1 : INTRGRAL1 ;                  (* 积分功能块实例名 INT1 *)
        DER1 : DERIVATIVE1 ;                (* 微分功能块实例名 DER1 *)
        ERR :REAL ;                         (* 偏差 *)
    END_VAR                                 (* 变量段声明结束 *)
    ERR := PV-SP ;                          (* 计算偏差 *)
    INT1(RUN:=AUTO,R1:=NOT AUTO, XIN:=ERR,X0:=TR*(X0-ERR),CYCLE:=CYCLE);
                                            (* 调用积分功能块 *)
    DER1(RUN:=AUTO,XIN:=ERR,CYCLE:=CYCLE);     (* 调用微分功能块 *)
    XP := KP*ERR ;                          (* 计算比例控制输出 *)
    XI := KP*INT1.XOUT ;                    (* 计算积分控制输出 *)
    XD := KP*DER1.XOUT*TD ;                 (* 计算微分控制输出*)
    XOUT := XP+XI+XD ;                      (* 计算 PID 功能块输出 *)
END_FUNCTION_BLOCK                          (* 功能块结束 *)
```

（2）RealToFraction 功能块

该功能块用于将实数转换为分子和分母。本功能块规定输入的实数数据，其小数部分保留3位有效数字。程序如下：

```
FUNCTION_BLOCK   Real_To_Fraction                  (* 功能块名 Real_To_Fraction1 *)
    VAR_INPUT                                      (* 输入变量声明段开始 *)
        XIN : REAL ;                               (* 输入的实数 *)
    END_VAR                                        (* 变量声明段结束 *)
    VAR_OUTPUT                                     (* 输出变量声明段开始 *)
        XOUTNUM : INT ;                            (* 输出齿轮比的分子*)
        XOUTDEN : UINT ;                           (* 输出齿轮比的分母 *)
    END_VAR                                        (* 变量声明段结束 *)
    XOUTNUM := REAL_TO_INT(XIN *1000.0);           (* 齿轮比分子项 *)
    XOUTDEN := UINT#1000;                          (* 齿轮比分母项 *)
END_FUNCTION_BLOCK                                 (* 功能块结束 *)
```

(3) Dancer_Control 功能块

1) 结构变量 DANCER_REF：用结构变量 DANCER_REF 描述摇摆器的有关参数。编程如下：

```
TYPE  DANCER_REF
    STRUCT
        Tension_ctl   : DINT;          (* 摇摆器的目标位置 *)
        GearRatio   : REAL;            (* 被操纵的主/从轴的齿轮比 *)
        deltaGear   : REAL;            (* PID 输出的缩放因子 *)
        GearOffset   : REAL;           (* 齿轮比的偏差 *)
        Kp   : REAL;                   (* PID 比例常数 *)
        TR   : REAL;                   (* PID 积分常数 *)
        TD   : REAL;                   (* PID 微分时间常数 *)
        CYCLE   : TIME;                (* PID 采样周期时间 *)
        Accel_limit   : REAL;          (* 相对主轴速度的从轴最大加速度 *)
        (* 由摇摆器的标度算法配置   *)
        DancerGain   : REAL;           (*摇摆器实际缩放因子 *)
        DancerOffset   : REAL;         (*摇摆器实际偏差 *)
    END_STRUCT
END_TYPE
```

2) 枚举变量 Dancer_Control_State：用于描述摇摆器的状态。编程如下：

```
TYPE
    Dancer_Control_State : (IDLE, GEAR, GEAROUT, FINISH)   ;
END_TYPE
```

摇摆器共有 4 种状态，即 IDLE（闲置）、GEAR（运行）、GEAROUT（退出运行）和 FINISH（完成）。

3) Dancer_Control 功能块：摇摆器控制功能块编程如下：

```
FUNCTION_BLOCK  Dancer_Control
    VAR_IN_OUT
        Master,Slave   : AXIS_REF;
    END_VAR;
    VAR_INPUT
        Enable : BOOL;
        Tension_input   : REAL ;
        Dancer_CTL : DANCER_REF;
    END_VAR;
    VAR_OUTPUT
        Busy,  Error : BOOL;  ErrorID: WORD;
    END_VAR;
    VAR
        GearIn   : MC_GearIn; GearOut   : MC_GearOut;
        RealToFraction   : Real_To_Fraction;   PID_1 :PID1;
        PIDOut :REAL;
        State: Dancer_Control_State;
    END_VAR;
    //主程序开始
    IF Enable THEN
        State:= GEAR;          (* 如果 Enable 为 TRUE,则切换到状态 GEAR *)
    ELSIF State = GEAR THEN
        State:= GEAROUT;       (* 如果 Enable 为 FALSE,则切换到状态 GEAROUT,并退出 GEAR *)
    END_IF;
    CASE State OF              (* 根据 4 种状态,切换到对应状态并执行 *)
```

```
    IDLE:                    (* 闲置状态,不执行 *)
        GearIn(Execute := FALSE, Master := Master, Slave := Slave);  (*等待 Enable 上升沿时触发 *)
        GearOut(Execute := FALSE, Slave := Slave);    (* 等待 Enable 上升沿时触发 *)
    GEAR: (*运行状态,开始运行并继续摇摆器控制,根据摇摆器位置操纵齿轮比 *)
        PID_1 ( AUTO: = TRUE, PV: = Tension_input * Dancer_CTL.DancerGain + Dancer_CTL.DancerOffset,
            (* 实际张力控制器的张力测量信号是张力输入*摇摆器增益+摇摆器偏置 *)
            SP: = Dancer_CTL.Tension_ctl,  (*  张力设定。控制器初始输出 X0 未使用,因此,未对它赋值 *)
            KP: = Dancer_CTL.KP, TR: = Dancer_CTL.TR,  TD: = Dancer_CTL.TD,
            CYCLE: = Dancer_CTL. CYCLE,  XOUT => PIDOut ); (* 执行 PID 运算 *)
        RealToFraction ( XIN: = Dancer_CTL.deltaGear * PIDOut + Dancer_CTL.GearOffset) ;
            (* 实际齿轮比是控制器输出*缩放因子+齿轮比的偏差 *)
        GearIn( Execute: = TRUE,  (* 允许为从轴设置新齿速比 *)
            RatioNumerator: = RealToFraction.XOUTNUM , (* 新齿速比的分子 *)
            RatioDenominator: = RealToFraction. XOUTDEN, ( * 新齿速比的分母 *)
            Master: = Master,  Slave: = Slave,  (* InGear=> , 未用*)
            Busy => Busy,  Error => Error,  ErrorID => ErrorID);
    GEAROUT: (* 执行齿轮输出(当从轴在运行时,Enable 变为 FALSE) *)
        GearOut ( Execute: = TRUE, Slave: = Slave,  (* Done=> , 未用 *)
            Busy => Busy,  Error => Error, ErrorID => ErrorID);
        State: = FINISH;
    FINISH: (* 等待 MC_GearOut.Busy = FALSE, 然后切换到状态 IDLE *)
        GearOut ( Execute: = FALSE, Slave: = Slave, (* Done=> , 未用 *)
            Busy => Busy, Error => Error, ErrorID => ErrorID);
        IF GearOut.Busy = FALSE ( * 如果 GearOut 实例输出 Busy 为 FALSE,则切换到状态 IDLE *)
            THEN  State: = IDLE;
        END_IF;
    END_CASE;
END_FUNCTION_BLOCK
```

组成的 Dancer_Control 功能块如图 6-28 所示。

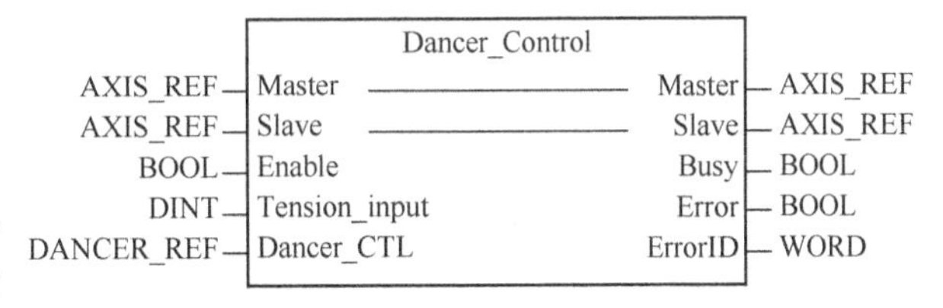


图 6-28 Dancer_Control 功能块的图形描述

**3. 收卷辊功能块**

收卷辊功能块有两类。一类是恒定卷辊的表面线速度，用 Wind_CSV 功能块实现。另一类是恒定卷辊的转矩，用 Wind_CT 功能块实现。

(1) S_TO_W 功能块

首先应根据卷辊的半径和所需的表面线速度、线加速度、线减速度和线加加速度等计算所需的旋转角速度、角加速度、角减速度和角加加速度等。其计算公式如下：

$$v_{\omega}=\frac{v_{s}}{2\pi R};\quad a_{\omega}=\frac{a_{s}}{2\pi R};\quad d_{\omega}=\frac{d_{s}}{2\pi R};\quad J_{\omega}=\frac{J_{s}}{2\pi R} \tag{6-8}$$

式中，$R$ 是卷辊半径，随卷辊的运转，其值增加；$v$、$a$、$d$ 和 $J$ 分别是速度、加速度、减速度和加加速度。下标 ω 表示旋转的，例如，$v_{\omega}$表示旋转角速度等；下标 s 表示表面的，例如，$v_{s}$表示表面线速度等。

程序如下：

```
FUNCTION_BLOCK S_TO_W
    VAR_INPUT
```

```
        VS, AS, DS, JS, WindR : REAL;
    END_VAR;
    VAR_OUTPUT
        VW, AW, DW, JW : REAL;
    END_VAR;
    PI := 3.14159265;   WindL := 2.0 * PI * WindR;
    VW := VS/WindL ; AW := AS/WindL ; DW := DS/WindL ; JW := JS/WindL ;
END_FUNCTION_BLOCK
```

（2）Wind_CSV 功能块

为保证卷辊半径在规定的范围内允许运转，对卷辊半径超出规定范围时功能块设置了停转的功能，并给出出错代码 WindErrID。需指出，因为在同一时刻各功能块的出错代码只有一个发生，不出错的代码是 0。因此，出错代码用 MAX 函数给出。整个程序如下：

```
FUNCTION_BLOCK Wind_CSV
    VAR_IN_OUT
        AXIS1 : AXIS_REF;                    (* 轴描述 *)
    END_VAR;
    VAR_INPUT
        Enable : BOOL;                       (* 功能块的使能输入 *)
        VS, AS, DS, JS, WindR : REAL;(* 线速度、线加速度、线减速度、线加加速度和卷辊半径 *)
        MaxWindR, MinWindR : REAL;           (* 允许的卷辊最大和最小半径 *)
        Direction : MC_DIRECTION;            (* 运动方向 *)
        WindErrID : WORD;                    (* 出错代码 *)
    END_VAR;
    VAR_OUTPUT
        INVEL, BUSY, ERROR: BOOL;            (* 达到规定线速度,运动中,出错输出 *)
        ERRORID :WORD;                       (* 用户规定的出错代码,应大于 0 *)
    END_VAR;
    VAR
        WIND_Vel : MC_MoveVelocity;  WIND_Stop : MC_Stop; R_TRIG_1: R_TRIG;
        SToW : S_TO_W;
        VW, AW, DW, JW : REAL;               (* 旋转角速度、角加速度、角减速度、角加加速度 *)
        ErrFlag : BOOL;                      (* 超出规定的上下限时的出错标记 *)
    END_VAR;
    SToW(VS:=VS, AS:=AS, DS:=DS, JS:=JS, WindR:=WindR, VW=>VW, AW=>AW, DW=>
DW, JW=>JW);
    R_TRIG_1 (CLK := Enable);
    ErrFlag := OR( GT(WindR, MaxWindR), LT(WindR, MinWindR)) ;
    WIND_Vel (AXIS:= AXIS1, Enable := R_TRIG_1.Q, Velocity:=VW, Acceleration :=AW,
        Deceleration :=DW, Jerk := JW, Direction := Direction, InVelocity =>INVEL) ;
    WIND_Stop (AXIS:= AXIS1, Execute := ErrFlag , Deceleration:= DW, Jerk := JW);
    BUSY := OR( WIND_Vel.Busy, WIND_Stop.Busy);
    ERROR := OR( WIND_Vel.Error, WIND_Stop.Error, ErrFlag);
    ERRORID := MAX(IN0:=WIND_Vel.ErrorID, IN1:=WIND_Stop.ErrorID,
        IN2:=SEL(G:= ErrFlag, IN0:=0;IN1:=WindErrID));
END_FUNCTION_BLOCK
```

图 6-29 是 Wind_CSV 功能块的图形描述。

（3）Wind_CT 功能块

本功能块需要输入张力信号 Tension，考虑到角速度需要一定的超速，因此，设置超速系数（Overspeed Factor）为 1.05。本功能块需要根据张力和半径确定其转矩。程序如下：

```
FUNCTION_BLOCK Wind_CT
    VAR_IN_OUT
```

```
        AXIS1 : AXIS_REF;                       (* 轴描述 *)
    END_VAR;
    VAR_INPUT
        Enable : BOOL;                          (* 功能块的使能输入 *)
        Tension: REAL;                          (* 张力信号输入 *)
        VS, AS, DS, JS, WindR : REAL;           (* 线速度、线加速度、线减速度、线加加速度和卷
辊半径 *)
        MaxWindR, MinWindR : REAL;              (* 允许的卷辊最大和最小半径 *)
        Direction : MC_DIRECTION;               (* 运动方向 *)
        WindErrID : WORD;                       (* 出错代码 *)
    END_VAR;
    VAR_OUTPUT
        INTor, BUSY, ERROR: BOOL;               (* 达到规定转矩,运动中,出错输出 *)
        ERRORID :WORD;                          (* 用户规定的出错代码,应大于0 *)
    END_VAR;
    VAR
        WIND_Tor : MC_TorqueControl;   WIND_Halt : MC_Halt ;
        SToW : S_TO_W;
        VW, AW, DW, JW : REAL;
        ErrFlag : BOOL;
    END_VAR;
    SToW(VS:=VS*1.05, AS:=AS, DS:=DS, JS:=JS, WindR:=WindR, VW=>VW, AW=>AW,
DW=>DW, JW=>JW);
    ErrFlag := OR( GT(WindR, MaxWindR), LT(WindR, MinWindR)) ;
    WIND_ Tor (AXIS:= AXIS1, Enable := Enable, Torque :=Tension * WindR, Velocity:=VW,
Acceleration :=AW,
        Deceleration :=DW, Jerk := JS, Direction := Direction, InTorque =>INTor) ;
    WIND_Halt (AXIS:= AXIS1, Execute := OR( NOT Enable, ErrFlag) , Deceleration:= DW, Jerk :
= JW);
    Busy := OR( WIND_Tor. Busy, WIND_Halt. Busy);
    Error := OR( WIND_Tor. Error, WIND_Halt. Error, OR( NOT Enable, ErrFlag));
    ErrorID := MAX(IN0:=WIND_Tor. ErrorID, IN1:=WIND_Halt. ErrorID,
        IN2:=SEL(G:= OR( NOT Enable, ErrFlag), IN0:=0, IN1:=WindErrID));
END_FUNCTION_BLOCK
```

图 6-30 是 Wind_CT 功能块的图形描述。

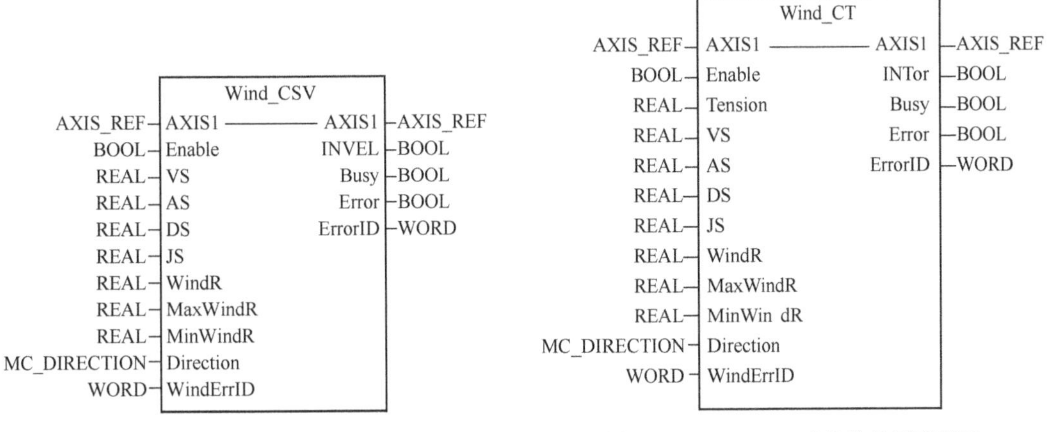


图 6-29　Wind_CSV 功能块的图形描述

图 6-30　Wind_CT 功能块的图形描述

示例也显示采用 MC_Halt 和 MC_Stop 功能块的一些区别。

# 第 7 章　PLCopen 运动控制规范的系统实现

## 7.1　ISG 的运动控制平台 ISG Kernel

ISG-Kernel 控制软件突破了传统思维。

按照传统的概念，PLC 承担逻辑控制和顺序控制的任务，机器人控制器完成实现机器人运动规划的任务，而 CNC 控制器负责数控机床的控制。智能制造装置或智能制造生产线往往需要将这三个系统集成在一起，成本较高；为了达到同步运行，不得不放慢加工速度；而且还存在开发时间长等一系列的问题。因此，突破传统思维，充分发挥 PLCopen 运动控制规范的作用，让 PLC、机器人和 CNC 技术融合在一个系统中，成为现实可用的解决方案，其基础就是基于德国斯图加特大学的 ISG 研究所的 ISG Kernel。

ISG-Kernel 是一种涵盖几乎所有的 CNC、机器人和运动控制的机械装置的控制软件解决方案。它具有独立于硬件的特性，模块化的结构，可以扩展，也可以组态。它可以嵌入到基于 IEC 61131-3 的 PLC 编程平台中；也可以作为一种独立的具有高端功能性的控制软件包。它集成了机器人控制、数控机床控制、通用运动控制和基于 IEC 61131-3 国际工控编程语言的 PLC 控制（如图 7-1 所示）。该软件平台针对以下各种机加工工艺的软件实现，也是其区别于一般控制软件的特色。这些工艺有：5 轴联动机加工、高速切削机加工、木材精密加工、等离子体和激光切割、高压水切割、车、钻、磨、铣等机加工、电火花加工、弯板、开磨具、包装控制以及纺机控制等。

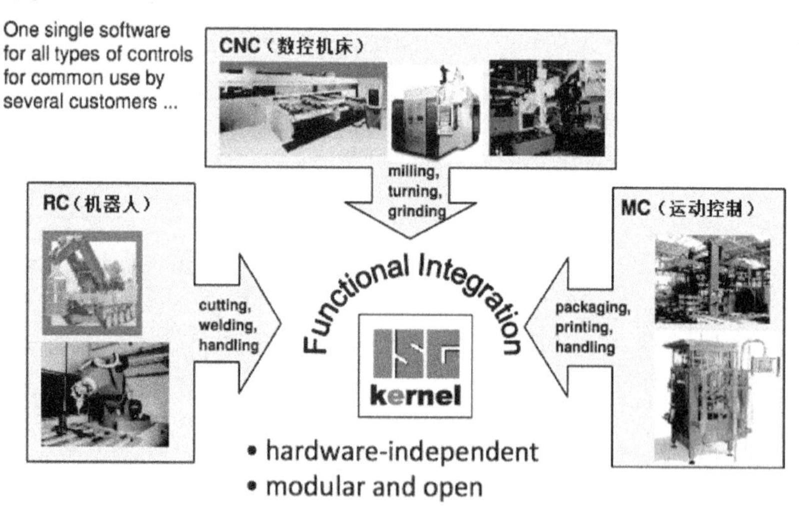


图 7-1　集成机器人、CNC 和通用运动控制的软件平台 ISG-Kernel

ISG-Kernel 控制软件的用户有：工业控制制造厂、机械制造厂、装备制造厂以及传动装置制造厂。几乎欧洲著名的自动化公司，包括 Siemens、施耐德、ABB，机器人公司 KUKA，以及倍福、贝加莱等都是其用户。

以 ISG-Kernel 为核心集成 CAD、CAM 设计、HMI、仿真、开发及运行等各种功能，可构成智能制造的平台，满足机械装备、自动化生产流水线等从设计到开发的多方面要求（如图 7-2 所示）。

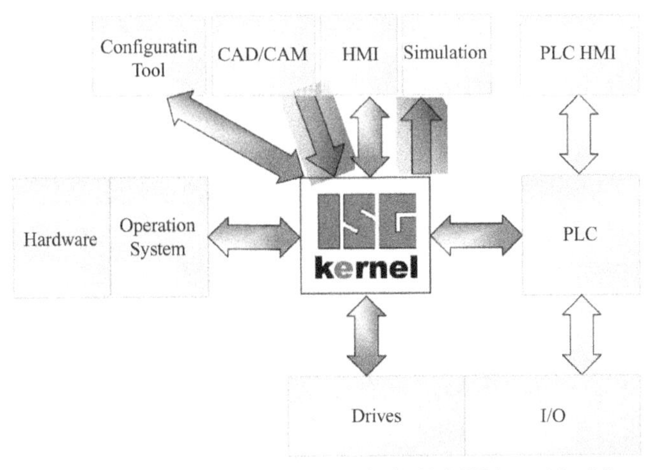


图 7-2　以 ISG-Kernel 为核心的智能制造设计、开发平台

ISG-Kernel 的结构模型符合工业 4.0 的诸多要求。首先，ISG-Kernel 建立了集成轴交换的概念（如图 7-3 所示），通过轴对象来实现通道之间的自由可编程的轴交换，可预见的轴交换

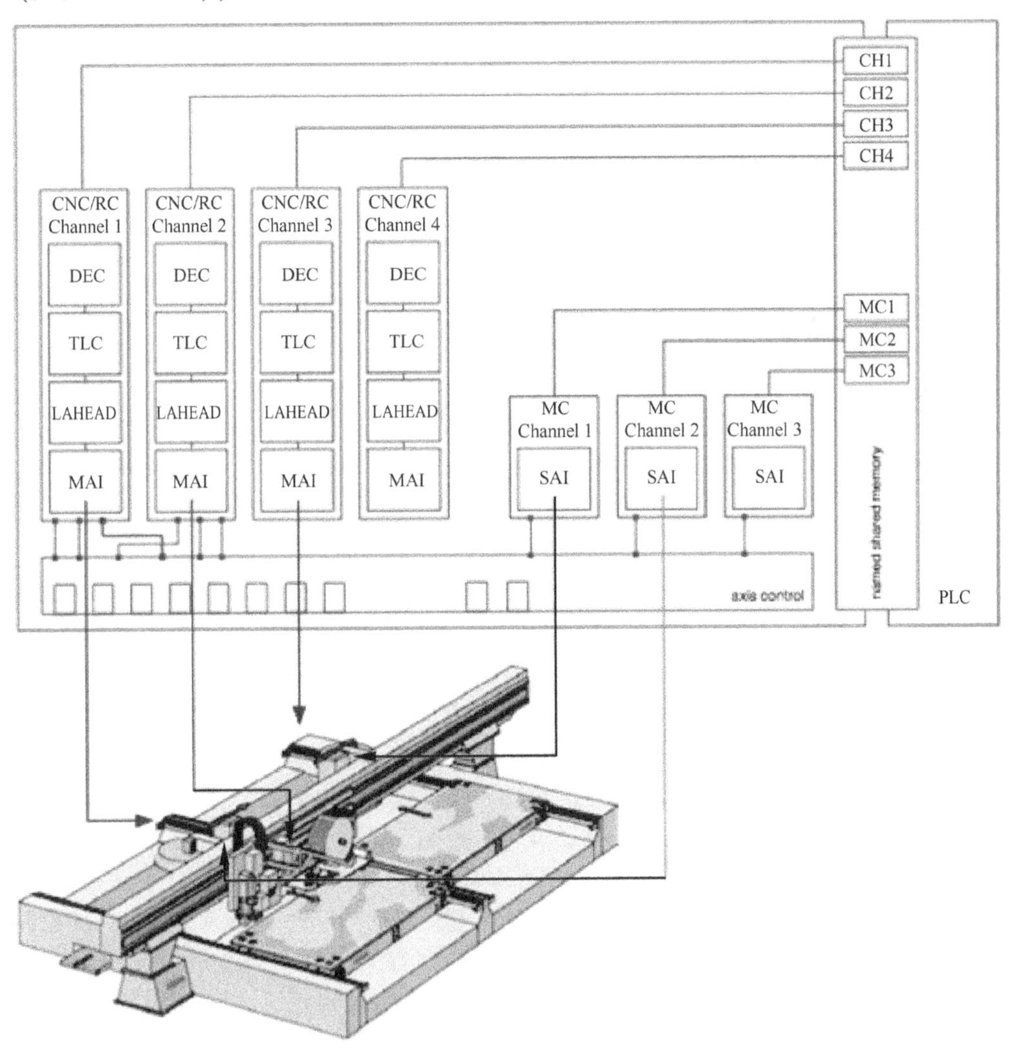


图 7-3　ISG Kernel 集成轴交换的概念

和内部轴间的同步。其次，实现工业 4.0 的概念得益于在多核系统中非集中式分布的控制模型。可进行动态组态的软件模型（对多核 CPU）可持续扩展新的技术和功能。在机床控制、机器人控制和基于 PLCopen 规范的控制之间实现了无断点的一致性融合。

ISG-Kernel 在生成运动方面具有快速、准确且很好的抗机械冲击的特点：可选择线性插补、圆形插补、螺旋插补及样条函数插补；运动控制柔和，无突变，冲击受限；机械特性优化适应的参数化柔性控制；符合 ISO 230 的体积补偿；考虑轴和机械容差的补偿而取得高准确度。

ISG-Kernel 软件解决方案在开放性、灵活性和安全性方面表现突出：独立于操作系统，在各种工业控制计算机中均可运行，可按需要选择驱动电动机类型和用户界面；与驱动总线系统的集成简单方便；可与各种 PLC 接口，没有变量的限制；为方便实现用户的各种应用其数据接口足够大；可进行适当的用户接口的变换和补偿，在实现无限制的客制化的同时保护技术诀窍不致失密。

ISG-Kernel 具备各种数控功能，可满足机器人、数控机床和通用运动控制的控制要求（如图 7-4 所示），集各种应用的控制要求于一身。例如通用运动控制中的飞剪切割、电子齿轮、电子凸轮及定位等；数控机床中的 5 轴机械联动、坐标系变换、圆柱面加工、精整作业、弯曲、刀具工具配送、变向、电火花加工、复杂零件的分段冲裁、焊接、磨削、铣削、研磨；以及机器人控制中的 5 轴机械联动、焊接机器人、缝纫机器人、机械切削机器人和弯板机器人等。

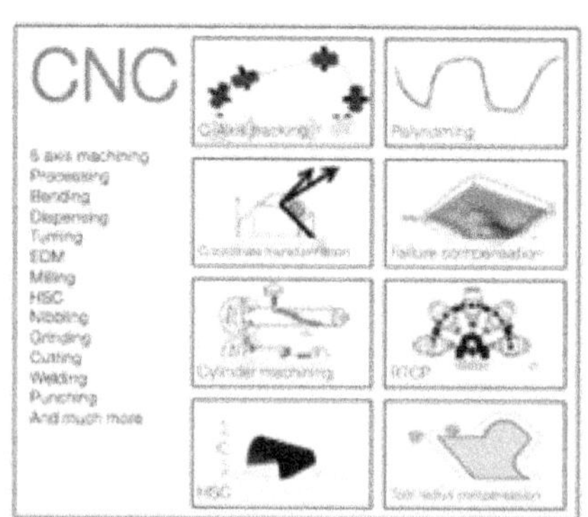

ONE control kernel for all applications

图 7-4　适应数控机床、机器人和通用运动控制要求的各种功能

### 7.1.1　运动控制平台 ISG-MCP

ISG-MCP 是一个基于 IEC 61131-3 的 PLC 软件库。在符合 IEC 61131 国际标准的 PLC 中，PLC 应用编程人员运用这个软件库可以完成符合 PLCopen 运动控制规范的运动控制任务的编程。所有在其内部生成运动的功能（譬如插补、位置控制及驱动接口的操作员控制等）都包含在软件库中，可直接供 PLC 应用编程工程师使用。ISG-MCP 所提供的功能块、数据结构和状态图严格符合 PLCopen 国际组织所制定的运动控制规范。

如图 7-5 所示，ISG-MCP 由 PLC 部分和运动控制 MC 部分（ISG 运动控制引擎）构成。PLC 部分包括 ISG 运动控制平台和 PLC 应用程序。ISG 运动控制平台中的运动库内存放 PLCopen 运动控制的各类功能块：单轴和多轴（轴组）运动功能块、管理功能块；其数据格式遵从 IEC 61131-3 标准规定；运动控制平台内还有 HLI 抽象层，是与 ISG 运动控制引擎的接口。实际上，PLC 应用程序是根据控制要求编制功能块的执行顺序。

应该说明的是 ISG 运动控制平台中存放的功能块，既可以是 PLCopen 运动控制规范中规定的基本运动控制功能块（以 MC_加后缀表示，如 MC_AbstrcMove），也可以是由运动控制软件厂商扩展的运动扩展功能块（以 MCV_加后缀表示，如 MCV_PlatformBase）。

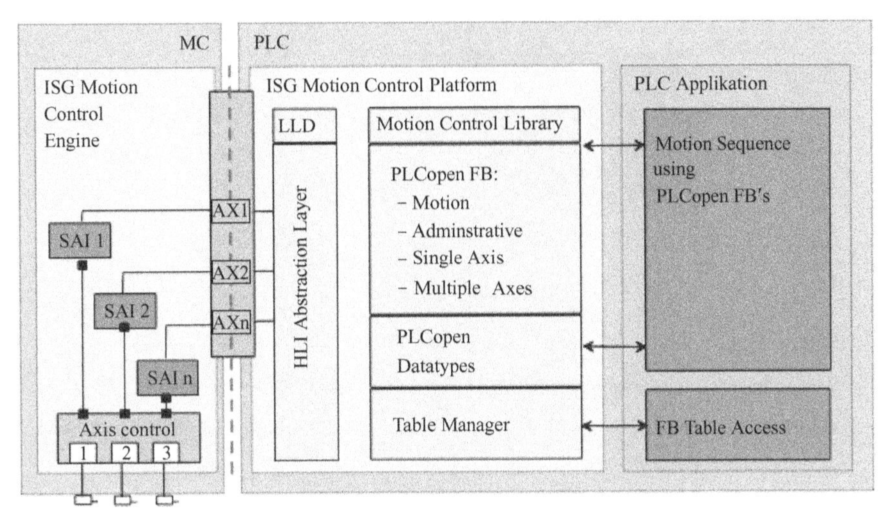


图 7-5　ISG 运动控制平台 MCP 的构成部分

HLI 库是与 ISG 运动控制引擎（ISG-MCE）的存储接口，包含了 HLI 与 ISG-MCE 的存储接口定义。通过这一接口 PLCopen 运动控制功能块向与其已设定的相关轴发送运动命令，并接收 ISG-MCE 有关该轴的信息。HLI 库包括不同客户公司存储接口库，例如为 3S 公司的基于 IEC 61131-3 的编程平台 CoDeSys 提供的 HLI 用户库为 hli. lib，为 KW 公司的 Multiprog 提供的 HLI 用户库为 hli_lib. zwt。它们都是 ISG-MCP 的组成单元。

在 Multiprog 的 PLC 环境中，为了对 HLI 进行存取，全局变量 hli 作为 %M3. xxx 变量在 ISG-MCP 中建立。在 CoDeSys 环境中，PLC 应用程序必须先调用 MCV_Hli 接口的一个实例，以初始化 HLI 存取的全局指针。在成功初始化以后，所述的用户库的程序和功能块才可被使用。

**1. 平台库**

用户库 McpBase. lib（CoDeSys）或 McpBase. zwt（Multiprog）包含在 PLCopen 运动控制规范意义下执行运动控制任务相关的数据结构。

在 CoDeSys 的环境中，该用户库内参考的变量定义为全局变量。而在 Multiprog 环境中，必须在 PLC 应用程序中将这些参考变量定义为全局变量。

功能块 MCV_PlatformBase 是这个库的另外的重要部分，必须在每一个 PLC 应用程序中运用它，才能提供基于 PLCopen 运动控制规范的功能块的运动控制任务。该功能块的作用是对参考结构进行初始化，并且在 PLC 侧的 HLI 和在 MCE 侧的 HLI 进行一致性检查，直到该功能块将其输出“Done”设为 TRUE，运动命令才能成功传输到 MC 部分，使用运动库中的功能块。

**2. 运动库**

运动库包括 PLCopen 运动控制规范 Part1 的功能块以及 ISG 扩展的附加功能块 MCV_。不同的 PLC 环境所提供的运动库的内容有所不同。例如 3S 公司的 CoDeSys 的用户运动库为 Mcp-PLCopenP1. lib，KW 公司 Multiprog 的用户运动库为 McpPLCopenP1. zwt。

如图 7-6 所示 CoDeSys 中的 McpPLCopenP1. lib 运动库包括以下基本部分：在根目录 MCP_P1 下有 MCV_FBs、MCV Functions、MCV Util FBs、PLCopen FBs、Tabel Manager 和 MCV_P1_Platform FB。而在 PLCopen FBs 下，再细分为 Multiple Axis、Probing、Single Axis 以及 MCV_Axis。

图 7-7 所示为 KW 软件公司的编程平台 Multiprog 中的 McpPLCopenP1. zwt 运动库的概貌，其具体分类与上述 3S 公司的完全一样。

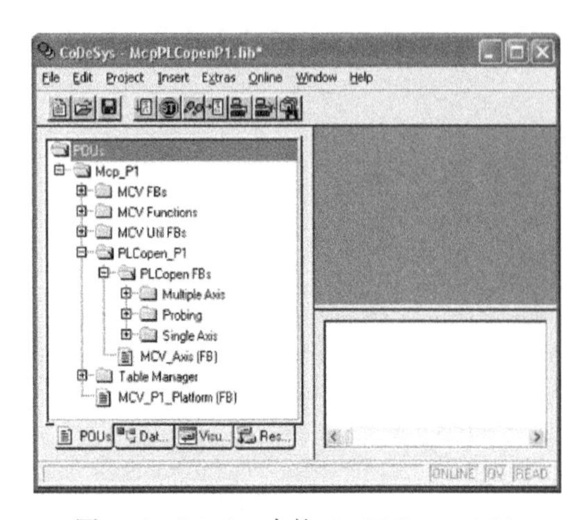


图 7-6　CoDeSys 中的 McpPLCopenP1. lib 运动库概貌

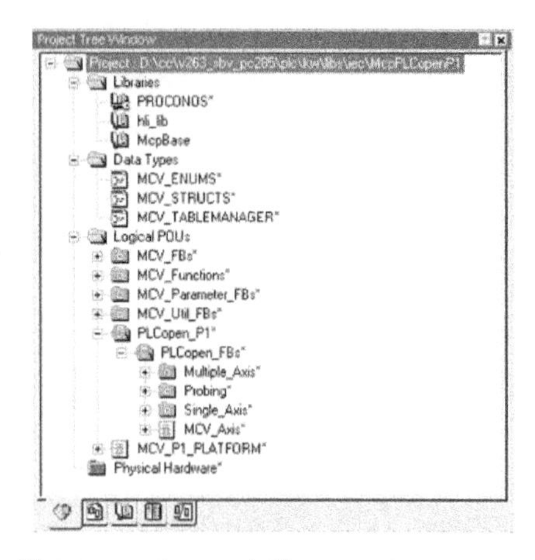


图 7-7　Multiprog 中的 McpPLCopenP1. zwt 运动库概貌

PLCopen 运动控制规范 Part1 所规范的运动控制功能块，都是按主轴/从轴结构的运动控制功能块分为两大类，即单轴类和多轴类。而每一类又按其功能性分为管理功能块和运动功能块。详见本书第四章。

（1）功能块 MCV_Axis

功能块 MCV_Axis 将功能块 AXIS_REF 数据修改为输入/输出变量，结构保持不变。功能块还执行下列任务：

1）通过 HLI 将一个轴登录到 MCE，在轴专用 HLI 区设定"plc_present_w"标志。

2）通过 HLI 在 PLC 登录，使 PLC 能向 MCE 发命令，让指定的轴执行主轴复位、控制器使能、进给使能和启动驱动。

3）在初始化期间，通过检验版本标识和 HLI 的存储容量对 HLI 作一致性检查。

4）接收 MCE 对每个 PLC 应用程序的每个轴的出错信息报告。

在 PLC 的应用程序中，使用 ISG-MCP 的 PLCopen 功能块的功能性，对每一个所用的轴必须建立一个实例，而 AXIS_REF 数据结构必须赋予它 VAR_IN_OUT 参数（以 g_array_axis_ref[$i$]. 格式）。为确保这一点，ISG-MCP 包含了 MCV_P1_PLATFORM 程序，它必须在 PLC 应用程序的任务中实例化。这样就保证了在每一 PLC 的周期中对一个轴的工作区予以刷新。图 7-8 给出了这一过程的图解。

（2）功能块 MCV_P1_PLATFORM

它为实例化和调用 PLCopen 的功能块定义了下列 4 点：

1）PLCopen 通用的“MCV_Axes”在 ISG-MCP 中被实例化和调用，在 MCV_P1_PLATFORM 功能块中实现 le1 相关的代码。

2）每一个使用 PLCopen 运动控制规范 Part1 和 2 的功能块的 PLC 应用程序，必须在该工程项目中调用功能块之前，仅调用一次 MCV_P1_PLATFORM 功能块的实例。这将确保在每一个 PLC 的循环计算时对每一个轴都会计算通用 MCV_Axes 的实例。

3）应用程序的编程人员必须确保在一个应用程序中对某个应用任务（如运动顺序）进行编程时，对所有的 PLCopen 功能块加以实例化和调用。

4）在第一次调用运动控制功能块以前，必须使 HLI（对 MC 的接口）初始化，而且必须注意在 PLC 工程项目中仅进行一次 MCV_PlatformBase 实例化，成功完成 MCP 的初始化。

在对 MCV_P1_PLATFORM 实例化时，完成对每一个轴赋予 AXIS_REF 的数据结构使用全局定义的数组 g_array_axis_ref。

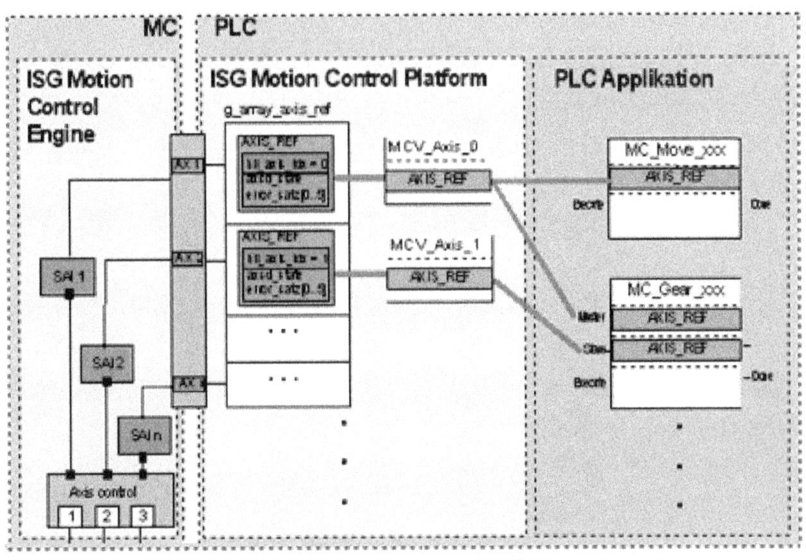


图 7-8　通过功能块“MCV_Axis”提供 AXIS_REF

**3. 轴组运动控制库-PLCopen 运动控制规范 Part4**

轴组的用户库包含了 PLCopen 运动控制规范 Part4 中的功能块，以及必须用于构建正在运行的应用程序的附加功能性。例如，3S 公司 CoDeSys 中的 McpPLCopenP4. lib 或 KW 公司 Multiprog 中的 McpPLCopenP4. zwt。因此，它们也称为轴组库。不同 PLC 编程平台的轴组库内容有所不同。

图 7-9 和图 7-10 分别给出 Multiprog 和 CoDeSys 的轴组运动库的组织构成。库的基本组成部分在后面描述。

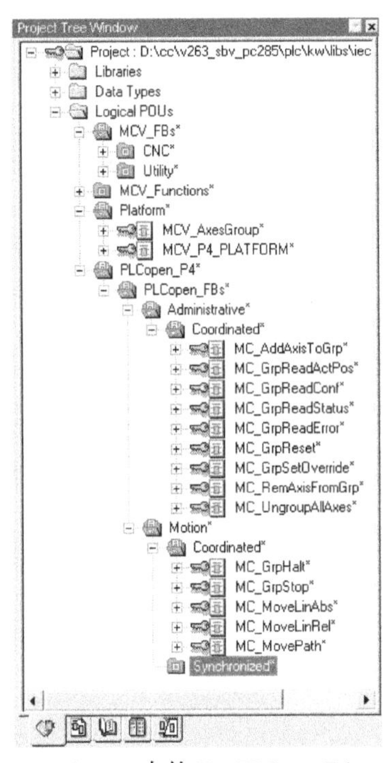


图 7-9　Multiprog 中的 McpPLCopenP4. zwt 概貌

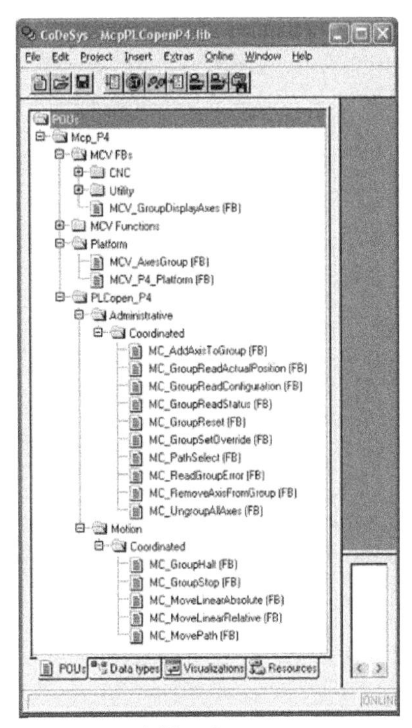


图 7-10　CoDeSys 中轴组库 McpPLCopenP4. lib 概貌

轴组运动库包括 PLCopen 运动控制规范 Part4 的功能块以及 ISG 扩展的附加功能块 MCV_。不同的 PLC 环境所提供运动库的内容有所不同。

如图 7-10 所示，轴组运动库包括以下基本部分：在根目录 Logical POUs 下有 MCV_FBs（其子目录分别为 CNC 和 Utility）、MCV Functions、Platform（其子目录分别是 MCV_AxesGroup 和 MCV_P4_Platform）及 PLCopen_P4（其下子目录分别为 Administrative 和 Motion）。

（1）功能块 MCV_AxesGroup

功能块 MCV_AxesGroup 修改 AXES_GROUP_REF 的数据结构。因而具有 IN/OUT 变量的数据类型。

1）通过 HLI 在 MCE 中登录一个轴组，在轴组专用的 HLI 区设置标识 plc_present_w 即完成登录。

2）初始化期间功能块检查轴是否配置给轴组，这些轴加至 PLC 内部轴组，无须发送功能块命令 MC_AddAxisToGroup。

3）在轴组专用的 HLI 区可以看到所接收的出错信息。

对每个轴组必须建立一个本功能块的实例，这可通过 PLC 应用程序实现。此外，还必须用数组 gAxesGroupRef[$i$]. 中的一个元素赋予该轴组的引用参照。为确保满足该要求，ISG-MCP 提供 MCV_P4_PLATFORM 功能块，在 PLC 应用程序中必须调用该功能块。这样就可保证在每个 PLC 的扫描周期内，轴组的数据得到刷新。

（2）功能块 MCV_P4_PLATFORM

为实例化和调用 PLCopen 的功能块，定义以下 4 点：

1）PLCopen 通用的“MCV_AxesGroup”在 ISG-MCP 中实例化和调用，在功能块 MCV_P4_PLATFORM 中实现相关的代码。

2）每一个使用 PLCopen 运动控制规范 Part4 功能块的 PLC 应用程序，必须在该工程项目中于调用运动控制功能块之前，仅调用一次功能块 MCV_P1_PLATFORM 的实例。这将确保在每一个 PLC 的循环计算时对每一个轴都会计算通用 MCV_AxesGroup 的实例。

3）应用程序的编程人员必须确保在一个应用程序中对某个应用任务（如运动顺序）进行编程时，对所有的 PLCopen 功能块加以实例化和调用。

4）在第一次调用运动控制功能块以前，必须使 HLI（对 MC 的接口）初始化，而且必须注意在 PLC 工程项目中仅进行一次 MCV_PlatformBase 实例化，成功完成 MCP 的初始化。

在对 MCV_P4_PLATFORM 实例化时，完成对每一个轴组赋予 AXIS_GROUP_REF 的数据结构使用全局定义的数组 gAxesGroupRef。

**4. PLCopen 功能块**

PLCopen 运动控制规范 Part4 按照功能块的使用分为管理功能块和运动功能块。在运动功能块中又分为轴组（在轴组内实现多轴协调运动控制）以及与轴组同步，即与轴组外的其他轴（或轴组）实现另外的相互作用的功能性。详细的功能块分类和描述请见第四章中的 4.3 节~4.5 节。

（1）全局变量

在编制 PLC 应用程序时，取决于所用的 PLC 开发环境，或许有必要定义全局变量，这需要在用户库中加以说明。下面以 KW 软件公司的 Multiprog 编程平台为例。在运用 ISG-MCP 时，必须在 PLC 项目中为“资源 resource”定义全局变量（如图 7-11 所示）。

（2）PLC 的平台库“McpBase”

PLC 的平台库如 CoDeSys 的 McpBase. lib，或者 Multiprog 的 McpBase. zwt，都包含 PLCopen 规范所定义的数据结构。大多数情况下这些数据结构都是参照包括在解决运动控制任务的目标来定的。在 CoDeSys 版本的平台库中，这些参照都定义为全局变量；而在 Multiprog 的环境中，必须在 PLC 应用程序中定义为全局变量。

| Name | Type | Usage | D | Address | Init |
|---|---|---|---|---|---|
| ⊟ ISG MCP | | | | | |
| MAX_RESET_RETRIALS | UDINT | VAR_GLOBAL | | | 50000 |
| MAX_RESET_WAIT_CYCLES | UDINT | VAR_GLOBAL | | | 1000000 |
| MAX_RETRIALS | UDINT | VAR_GLOBAL | | | 0 |
| g_order_id | UDINT | VAR_GLOBAL | | | 1 |
| g_axis_idx_offset | INT | VAR_GLOBAL | !.. | | 0 |
| g_array_axis_ref | ARRAY_AXIS_REF | VAR_GLOBAL | | | |
| gAxesGroupRef | ARRAY_AXES_GROUP_REF | VAR_GLOBAL | | | |
| hli | HIGH_LEVEL_INTERFACE | VAR_GLOBAL | | %MB3.0 | |
| MAX_USED_INSTANCES | INT | VAR_GLOBAL | | | 3 |
| NR_CYCLES_CHK_MC_RUNS | UINT | VAR_GLOBAL | | | 10 |
| NR_MAX_PLC_CYCLES_CHK_MC_RUNS | UINT | VAR_GLOBAL | | | 1000 |
| ⊟ System Variables | | | | | |
| PLCMODE_ON | BOOL | VAR_GLOBAL | | %MX 1.0.0 | |
| PLCMODE_RUN | BOOL | VAR_GLOBAL | | %MX 1.0.1 | |
| PLCMODE_STOP | BOOL | VAR_GLOBAL | | %MX 1.0.2 | |
| PLCMODE_HALT | BOOL | VAR_GLOBAL | | %MX 1.0.3 | |
| PLCDEBUG_BPSET | BOOL | VAR_GLOBAL | | %MX 1.1.4 | |
| PLCDEBUG_FORCE | BOOL | VAR_GLOBAL | | %MX 1.2.0 | |
| PLCDEBUG_POWERFLOW | BOOL | VAR_GLOBAL | | %MX 1.2.3 | |
| PLC_TICKS_PER_SEC | INT | VAR_GLOBAL | | %MW 1.44 | |
| PLC_SYS_TICK_CNT | DINT | VAR_GLOBAL | | %MD 1.52 | |

图 7-11　在运用 ISG-MCP（multiprog）时必须定义全局变量

## 7.1.2　PLCopen 运动控制功能块库 McpPLCopenBase

### 1. PLCopen 定义的数据结构概述

（1）数据结构 AXIS_REF

PLCopen Part1 要求提供命名为 AXIS_REF 的数据结构，由它向每一个功能块传递参数 VAR_IN_OUT，以识别某一个轴。在该规范中规定 AXIS_REF 数据结构的内容由每一个制造商进行定义。在 ISG 实现的版本中 AXIS_REF 包含一个为识别轴指针的变量 hli_axis_idx，用这个变量可在 HLI 中的轴专用区寻址。该轴指针在每一个 PLC 项目中通过调用功能块 MCV_PlatformBase 被赋值一次。AXIS_REF 数据结构还包含在每个 PLC 终端中每个轴必须保持的工作数据。这包括按照 PLCopen 规范的轴状态图（AXSD）的当前状态、由 MCE（运动控制引擎）已报告的每一个轴最新的 6 个出错信息组成的数组以及其他不多的几个工作数据。

在应用程序被允许对 HLI 轴专用区进行存取前，数据结构 AXIS_REF 必须先存入轴状态“axis_state” >0。这样能确保运动库已执行所有必要的与安全相关的初始化过程。

AXIS_REF 数据结构类型的字段。对每个轴都必须存在数据结构 AXIS_REF，而且必须在所有有关 PLC 项目的任务程序中都可以利用。为确保这一点，所有的 AXIS_REF 数据结构都在指定为 g_array_axis_ref 的字段加以管理，该字段在资源（resource）中进行全局性的建立。

若在 CoDeSys 环境下开发应用程序，数组 g_array_axis_ref 是库 McpBase. lib. 的一个单元。若在 MultiProg 环境下开发应用程序，数组 g_array_axis_ref 必须在应用程序的资源内作为全局变量来定义。

（2）数据结构 AXES_GROUP_REF

PLCopen Part4 规范定义了一个名为 AXES_GROUP_REF 的数据结构。每一个能向轴组发命令的功能块都具有 VAR_IN_OUT 参数，使之能确定所命令的那个轴组。PLCopen Part4 不规定 AXES_GROUP 结构的内容，而是由实现者自己规定。ISG 实现的这个数据结构包含一个变量 HliIfcIdx，用来在 HLI 中存取一个轴组的专用区。该指针的值在启动 PLC 应用程序时通过调用功能块 MCV_PlatformBase 进行初始化。此外还包含由 MCE（运动控制引擎）已报告的每一个轴组最新的 6 个出错信息组成的数组。

数据结构 AXES_GROUP_REF 在 “McpBase” 中定义，不在 “McpPLCopenP4” 库中定义。

AXES_GROUP_REF 数据结构类型的字段。在 PLC 应用程序所有程序的所有任务中，每一个轴组都有其对应的数据结构 AXES_GROUP_REF 可被利用。为确保这一点，所有的 AXES_GROUP_REF 数据结构都在指定为 gAxesGroupRef 的字段加以管理。

对于基于 CoDeSys（3S）环境开发的应用程序，其数组 gAxesGroupRef 由 McpBase. lib 库作为全局变量提供。对于用 MultiProg（KW-Software）环境开发的 PLC 应用程序，需要在 PLC 应用程序的资源中将该数组作为全局变量予以定义。

（3）其他数据结构。以下对 PLCopen 运动控制规范中定义的数据结构做进一步的定义。介绍的数据结构也在 PLCopen 运动控制规范中描述，而且与前面一样，这些数据结构的内容都是由实现者自己规定的。

在 CoDeSys 的环境下，所有数据结构都无全局变量的定义，而是由 PLC 库提供的；在 Multiprog 环境下，必须在 PLC 应用程序的资源中将这些数据结构毫无例外的定义为全局变量。

仅在使用功能块的实例时才定义这些类型的变量，它们是这些类型中的输入或输出，而其数值必须在 PLC 应用程序中处理。

1）数据结构 MC_CAM_ID。此数据结构包含一个用来识别凸轮表的数。因此该数据结构与一个功能块的输入相连接，使之对凸轮表进行存取读写。

2）数据结构 MC_CAM_REF。此数据结构用作凸轮表的参照。它与功能块 MC_CamTableSelect 组合使用，而且包含一个目录路径和凸轮表的识别数。

3）数据结构 IDENT_IN_GROUP_REF。使用数据结构 IDENT_IN_GROUP_REF 识别轴组内的一个轴。如果一个轴与轴组之间的关系发生改变，或者轴与轴组两者之间的关系均发生改变，这个数据结构总是必要的。

4）数据结构 MC_KIN_REF。此数据结构识别基于识别数的运动学模型。这一参照用于在与 PLCopen 运动控制规范 Part4 的功能块组合时激活运动学模型或获取运动学模型的信息。

5）数据结构 MC_PATH_DATA_REF。该数据结构是映射到运动轴组可编程路径的数据的一个轴时的参照。其内容由制造商规定，在 ISG 实现的情形中，不论是绝对的目录路径或者仅仅是文件名，均是字符串，指向一个包含 G 代码的文件。这一数据结构用于准备和执行一个可编程路径。

**2. 功能块 MCV_PlatformBase**

ISG 的 PLC - Library “McpBase” 库定义功能块 MCV_PlatformBase。在每个运用基于 PLCopen 运动控制规范的功能块和 ISG 的 MCP，来实现运动控制任务的 PLC 应用程序中，都必须包含和计算功能块 MCV_PlatformBase 的一个实例。该功能块的功能是：初始化轴和轴组参照，以及检查在 MC 侧和 PLC 侧两者间的接口 HLI 的一致性。仅在该功能块的输出 “Done” 显示 TRUE，运动命令就将带有轴或轴组输入的功能块传递给 MC，与 PLCopen 运动控制规范 Part1 的运动库所规定的相同。图 7-12 为功能块的方块图。

该功能块的输出有：Done、Error 和 Error ID。Done 为布尔数，当它为真 TRUE，定义 PLC 的接口在 PLC 的 HLI 库内指向 MC，以匹配 MC 侧该接口的定义。对每个在 MC 配置内已配置的轴和轴组，在 HLI 中存在一个对应的区。Error 是布尔数，指示有错误发生。Error ID 的数据类型是字，用于识别出错类型。

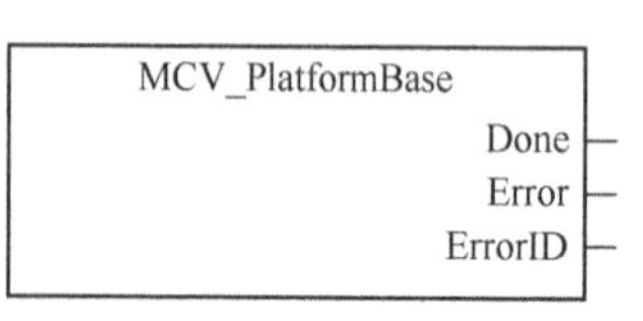

图 7-12 MCV_PlatformBase 功能块的方块图

该功能块在调用循环中至少有一次调用，直到输出：“Done” 或 “Error” 中有一个为 TRUE。

### 7.1.3　运动控制系统的实现示例

本示例用 Multiprog 编程，第一个轴相对当前位置运动，并显示轴附加的当前位置。

**1. 插入所需要的库**

需要插入下列库（如图 7-13 所示）：

1）hli_lib. mwt：在 PLC 和 MC 之间的存储器接口。

2）McpBase. mwt：提供 MC、数据结构和基本功能块的连接。

3）McpPLCopenBase. mwt：PLCopen 规范第一部分和第二部分的功能块。

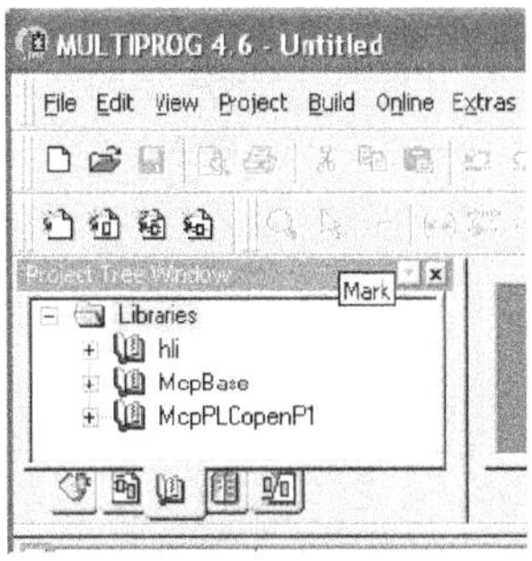

图 7-13　插入功能块库

**2. 创建 PLC 程序**

程序名 Test，用功能块图编程语言编写。主程序名 Main，用结构化文本编程语言编写。如图 7-14 所示。

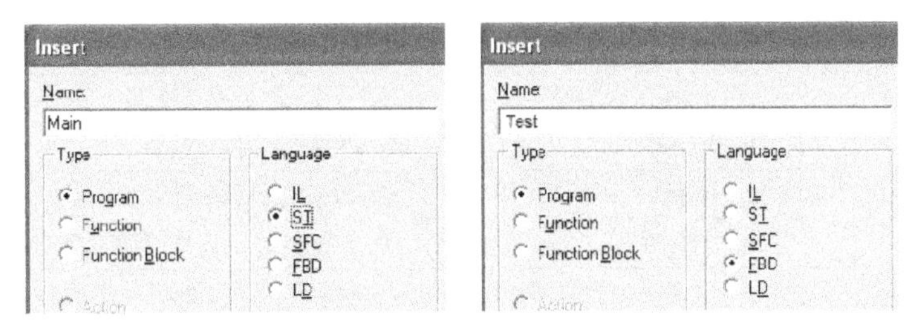


图 7-14　设置程序名和编程语言类型

创建程序后，在项目树窗口的 LogicalPOUs 可看到图 7-15 所示窗口。

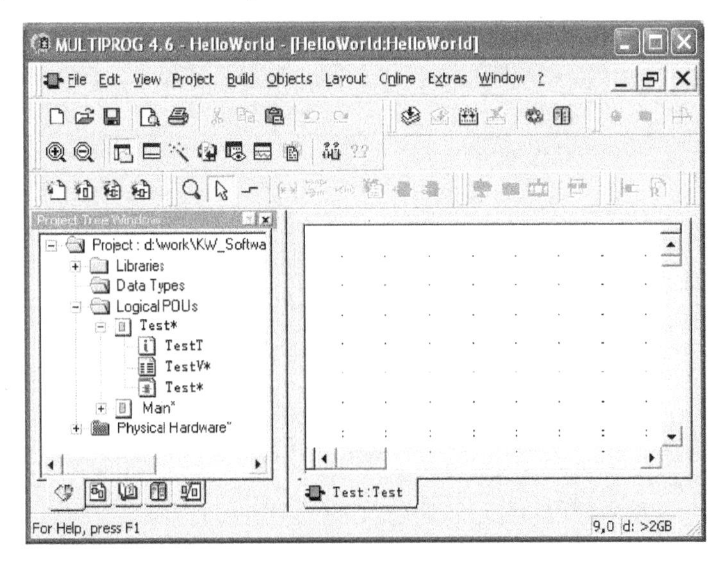


图 7-15　项目树窗口

**3. Main 程序的实现**

使用 PLCopen 运动控制规范第一部分的功能块，必须周期地从 MCE 平台调用 MCV_PlatformBase 功能块和从运动平台调用功能块 MCV_P1_PLATFORM。

为此，在 Main 程序中，每个功能块都必须实例化。见表 7-1。

**表 7-1　功能块的实例化**

| 功能块类型 | 实　例　名 | 备　　注 |
| --- | --- | --- |
| MCV_PlatformBase | MCV_PlatformBase_1 | 连接到 MC |
| MCV_P1_PLATFORM | MCV_P1_PLATFORM_1 | 周期地更新轴的引用 |

即在结构化文本编程语言中至少可用下列代码实现。

```
MCV_PlatformBase_1( );
IF MCV_PlatformBase_1. Done = TRUE THEN
  MCV_PlatformBase_1( );
END_IF;
InternalTickCounter    : = InternalTickCounter + Udint#1;
CycleCounter           : = hli. platform. nc_cycle_counter_r;
ControlDelta           : = CycleCounter - InternalTickCounter;
```

**4. Test 程序**

设置 PLCopen 运动控制功能块的实例名，见表 7-2。示例只用三个运动控制功能块。

**表 7-2　设置 PLCopen 运动控制功能块实例名**

| PLCopen 功能块类型 | 实　例　名 | 备　　注 |
| --- | --- | --- |
| MC_Power | MC_Power_1 | 设置控制器和进给使能 |
| MC_ReadActualPosition | MC_ReadActualPosition_1 | 显示轴的位置在输出变量 Position |
| MC_MoveRelative | MC_MoveRelative_1 | 用 IN 变量 Distance 的值相对于当前位置移动轴 |

示例中，运动系统的第一个轴被移动，它的位置被显示，这是为什么所有 PLCopen 功能块采用同样的轴引用 g_array_axis_ref[0]的原因。

内部变量表见表 7-3。全局变量表见表 7-4。

**表 7-3　内部变量表**

| 变　量　名 | 数 据 类 型 | 初　始　值 | 用　　法 |
| --- | --- | --- | --- |
| MC_Power_1 | MC_Power | | VAR |
| MC_MoveRelative_1 | MC_MoveRelative | | VAR |
| MC_ReadActualPosition_1 | MC_ReadActualPosition | | VAR |
| g_array_axis_ref[0] | ARRAY_AXIS_REF | | VAR_EXTERNAL |
| EnablePower | BOOL | FALSE | VAR |
| EnablePositiv | BOOL | FALSE | VAR |
| EnableNegative | BOOL | FALSE | VAR |
| EnableReadActPos | BOOL | TRUE | VAR |
| Position | REAL | | VAR |
| StartMotion | BOOL | FALSE | VAR |
| Distance | REAL | 100000. 0 | VAR |
| Velocity | REAL | 10000. 0 | VAR |
| Acceleration | REAL | 2000. 0 | VAR |
| Deceleration | REAL | 2000. 0 | VAR |
| Jerk | REAL | 2000. 0 | VAR |
| Done | BOOL | | VAR |

注：g_array_axis_ref[0]是全局变量，在示例程序中需作为外部变量

表 7-4　全局变量表

| 变 量 名 | 数 据 类 型 | 初 始 值 | 用 法 |
|---|---|---|---|
| MAX_RESET_RETRIALS | UDINT | 50000 | VAR_GLOBAL |
| MAX_RESET_WAIT_CYCLES | UDINT | 1000000 | VAR_GLOBAL |
| g_use_dynamics_data | BOOL | FALSE | VAR_GLOBAL |
| g_order_Id | UDINT | 1 | VAR_GLOBAL |
| MAX_RETRIALS | UDINT | 0 | VAR_GLOBAL |
| g_axis_idx_offset | INT | 0 | VAR_GLOBAL |
| g_array_axis_ref | ARRAY_AXIS_REF | | VAR_GLOBAL |
| gAxesGroupRef | ARRAY_AXIS_GROUP_REF | | VAR_GLOBAL |
| hli | HIGH_LEVEL_INTERFACE | | VAR_GLOBAL 地址%MB3.00000 |
| Table_mgr | MCV_TABLE_MANAGER | | VAR_GLOBAL 地址%MB3.650000 |
| MAX_USED_AXES | INT | 16 | VAR_GLOBAL |
| NR_CYCLES_CHK_MC_RUNS | UINT | 10 | VAR_GLOBAL |

**5. 应用程序**

应用程序如图 7-16 所示。

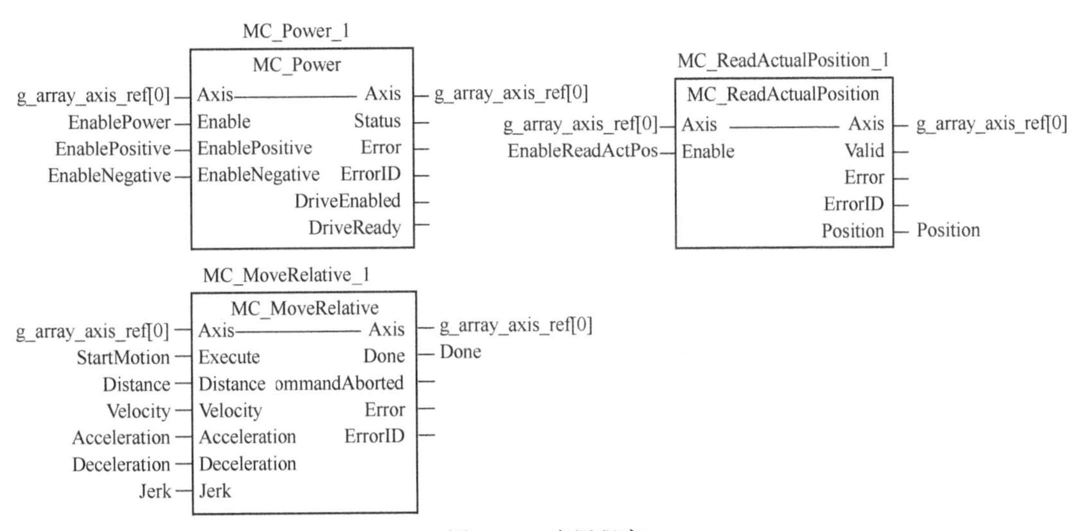


图 7-16　应用程序

程序中，g_array_axis_ref 是轴参数，输入输出变量。

**6. 将程序与任务关联**

将程序 Test 和 Main 与任务关联，如图 7-17 所示。注意程序 MAIN 在任何程序执行前被执行，因为，MCE 必须完成初始化。

**7. 发送项目和冷启动**

将项目编辑，并下载到 PLC，然后进行冷启动。

**8. 使轴运动起来**

程序下载后，先对程序进行诊断。在 Debug 模式下，控制器和进给使能应先发布到轴的驱动器，即 EnablePower、EnablePositive 及 EnableNegative 都设置为 TRUE，如图 7-18 所示。然后，诊断输入/输出变量信号。

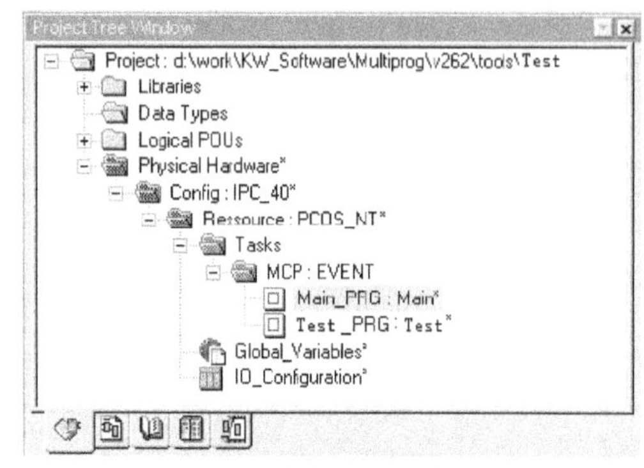


图 7-17　将任务与程序关联

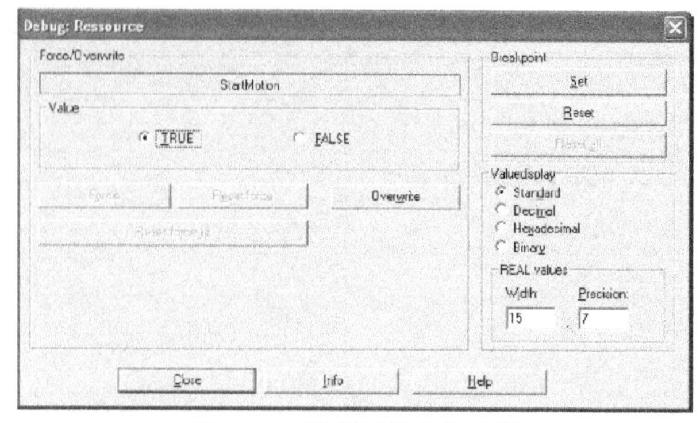


图 7-18　强制设置有关变量

当 EnablePower 输入信号被强制使能后，触发功能块 MC_Power 实例 MC_Power_1 上电。

当 StartMotion 信号被强制使能后，触发功能块 MC_MoveRelative 实例 MC_MoveRelative_1 从当前位置开始运动，它的速度、加速度和减速度等数据已经在功能块实例初始化时被设置。

当移动距离达到 Distance 时停止，这时，输出 Done 被置位。

运动期间，如果 EnableReadActPos 输入信号被强制使能，则功能块 MC_ReadActualPosition 实例 MC_ReadActualPosition_1 的输出 Position 将显示运动的实际位置。

## 7.2　施耐德 SoMachine 系统

### 7.2.1　系统简介

**1. 软件系统概述**

SoMachine 系统是施耐德电气公司开发的基于 3S 公司的 CoDeSys 软件系统第 3 版开发的专业软件系统。它具有与 CoDeSys 的一般功能和通用应用模式。该系统将开发、组态和调试集成在同一操作平台，包括逻辑控制、运动控制、人机界面和相应的网络通信功能等。

SoMachine 系统具有下列标准的 PLC 编程功能，由于它基于 CoDeSys 系统软件，因此，它符合 IEC 61131-3 编程语言规定的性能，即该系统可以用梯形图、功能块图、指令表、结构化文本和顺序功能表图编程，也可用于连续功能表图的编程。CoDeSys 系统软件有关运动控制的功能块库是由德国 ISG 开发的。目前，该功能块库符合 PLCopen 运动控制规范的第一部分第一版和第四部分。

SoMachine 系统支持下列服务：

1）种类繁多的控制器服务。支持多任务（Mast，Fast 和 Event）；支持函数和功能块；支持数据类型；支持在线下载；支持监视窗口和变量的图形化监控；支持断点执行和单步执行；支持仿真服务。

2）基于 HMI 的服务。包括图形库（4000 个左右的二维或三维对象）；简单画图对象（如点、线等）；预组态对象（如按钮、图形条等）；配方；动作表；报警；打印；Java 脚本；支持多媒体文件（如 wav、png、jpg 等文件）；变量趋势图。

3）运动服务。嵌入设备的组态和调试；CAM 轮廓图的编辑；采样应用程序的追踪；运动和传动功能库；可视化界面。

4）全局服务。例如，用户权限分配；项目文件打印；项目比较；基于发布/订阅机制的变量共享；库版本的管理。

5）各种专业库。例如，用于 PLCopen 的运动控制功能块库；用于包装行业的功能块库；

用于起重行业的功能块库；用于输送系统的功能块库。

6）网络服务。提供与 Modbus 串行、Modbus TCP 控制网络的访问，与 CANopen、CANmotion 和 AS-Interface 的现场总线通信，与 Profibus-DP、Ethernet IP 的通信等。

SoMachine 系统的控制平台由一个软件包、一个项目文件、一个电缆连接和一个下载操作方式组成。SoMachine 具有下列特点：

1）集成功能。该控制平台将现场总线组态工具、专家级的诊断和调试功能以及可视化的屏幕操作功能等集成在一个操作平台上。还可提供测试、验证及归档的 AFB 应用功能块库，例如，用于包装行业的专用功能块库、用于传送系统的传输专用功能块库等。它将逻辑控制、运动控制、过程控制、传动控制和安全控制等多种自动化控制任务集成在统一的平台，既节省了硬件的投资成本，也缩短了设计、编程的时间和费用。在不需要 HMI 的应用场合，可采用软件系统的 Vijeo-Designer 高效进行开发，并减小安装触摸屏软件所需的硬盘容量。

2）多种操作语言。该系统有英文、中文、法文、德文、西班牙文和意大利文六种界面操作语言。并可在操作时从主页方便、随意、灵活地切换操作语言。

3）内置多个例程。该控制平台为用户提供“学习中心”，通过它，用户可以学习 SoMachine 控制平台的功能。包括快速概览、培训手册和 E-Learning 视频学习等，学习中心还包括应用实例、通信例程、控制例程、伺服和驱动器例程、系统例程和程序编写例程等。

此外，控制平台还提供其他资料，例如，“培训手册”可为用户提供交互式的培训内容，包括硬件组态、软件编程等，通过交互式电子教学，使用户能够快速掌握控制平台的操作和熟悉其主要功能等。

内置的“示例”子任务为用户提供应用项目的示例及记录这些项目的 PDF 文件。“快速概览”子任务提供 2 min 视频，介绍用户界面和主要功能。该视频不占用用户的空间，也不需要安装额外软件。

4）软件内置 200 多个功能块。控制平台的“库管理器”用于管理有关系统功能块库和用户编写的功能块库。用户可根据应用需要，将库内存储的有关功能块导入到系统中。这些功能块极大地方便了用户编程并减少了调试的工作量，也提高编程的正确率和程序编制的效率。

5）轻松下载全部应用程序。SoMachine 控制平台可方便地通过同一根电缆下载 PLC、HMI、Motion 和 Driver 的程序，一次完成下载，并实现监控、调试远程 CANopen/Modbus 站点的功能。

6）无限制的嵌套。为提高程序的可读性、优化用户程序结构，SoMachine 系统的控制平台可无限制嵌套，使编程更容易更简单。

7）用颜色标记网络连接的类型。SoMachine 系统的控制平台中，“配置”任务用于对设备进行配置。其网络连接线的颜色分别表示所连接的不同网络类型。例如，黑色表示连接到 Modbus，蓝色表示连接到以太网，而紫色表示连接到 CANopen。

8）专用 OEM 应用程序库（AFB 库）。可方便地导入经测试验证的专用 OEM 应用程序库，通过简单设置，用户就可直接使用这些库提供的功能块，极大地提高用户编程、调试、安装和故障排查等进度。

9）FDT 工具。FDT 对所有现场设备和主机系统之间的通信和组态接口进行标准化。它提供访问设备的通用环境，使用户可使用这些设备的高级性能。任何设备，无论其供应商是谁、设备之间使用什么通信协议，它们之间都可以通过标准化的用户接口进行组态、操作和维护。FDT 的作用类似于 USB 接口，它使不同厂商、不同设备之间可以用一个标准的通信和组态接口进行数据交换和访问控制设备。

- FDT 接口（集成化标准）。FDT 接口描述了设备与控制系统开发工具或资产管理工具之间进行标准化数据交换的技术规范。

- DTM 设备驱动软件。DTM 为访问设备参数、组态和操作设备与诊断故障提供一种统一的构架。DTM 具备强大的设备访问功能。可通过简单的 GUI 设置设备参数，也可诊断和维护为目的实现复杂实时运算和高级应用。
- FDT 框架应用程序（主机系统）。用于运行与现场设备组态部分相关联的 DriveDTM 和与软件通信相关联的 CommDTM 的软件程序。FDT 框架应用程序提供通用环境、用户管理、DTM 管理、数据管理和网络组态等。

SoMachine 控制平台内置 FDT 用于管理 SoMachine 或非 SoMachine 设备。每个设备有唯一的一个 DTM 文件，它类似于 CANopen 的 EDS 文件。DTM 文件调试时可被任意 FDT 使用，因此，SoMachine 内置的 FDT 可以直接调试不同协议的远程设备。

**2. 编程基础**

(1) 启动软件系统

驱动 SoMachine 系统出现如图 7-19 所示画面。

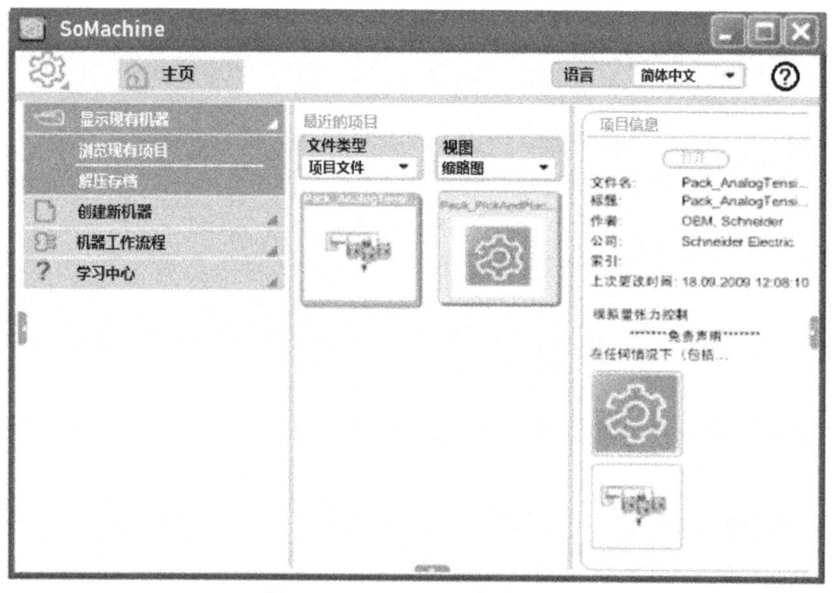


图 7-19　SoMachine 启动画面

画面中，显示三个区域。点击左上角的图标可以访问常规功能菜单。点击鼠标左键可看到下拉式菜单。左侧的任务区域显示主页屏幕提供的任务，点击左侧箭头可隐藏该区域。类似地，点击右侧箭头可隐藏右侧的显示内容。中间区域不能隐藏。通过它可访问最近打开过的文件。点击下侧和右侧的箭头用于隐藏右侧的区域。右侧显示区域显示当前工作区选定的项目详细信息，包括用于打开选定项目的打开按钮。

文件类型用于显示所有文件、项目文件、库文件或 CoDeSys 项目文件以及 CoDeSys 库文件。视图用于列出项目的缩略图，或详细的列表视图。

SoMachine 允许用多种语言显示用户界面。例如，用简体中文，也可用英文等。

主页屏幕提供的任务有四项任务，分别是：显示现有机器、创建新机器、机器工作流程和学习中心。

【显示现有机器】用于打开已经存在的 SoMachine 项目，并用于打开项目的存档文件。其中，“浏览现有项目”是打开现有 SoMachine 项目；“解压存档”是打开现有 SoMachine 项目的存档文件。

【创建新机器】用于创建新的 SoMachine 项目文件或库文件。“使用空项目启动”用于创建没有任何预配置设备或设置的全新项目。单击保存可将项目保存到所选文件夹。“使用标准项目启动”用于选择控制器或 HMI 创建新项目。“使用 TVD 架构启动”可以基于经过测试、验证和归档的架构创建新项目。“使用应用程序启动”是基于专用应用程序（例如，控制器模板、输送、起吊和包装等）的示例项目来创建新项目。“使用现有项目启动”是基于已存在的项目创建新的项目。

【机器工作流程】专门用于试运行机器，因此，该文件夹不提供试运行任务以外的命令。

【学习中心】提供对 SoMachine 的信息学习资料。“快速概览”用于快速了解 SoMachine 的信息。“培训手册”提供完善的培训资料。“E-Learning”用于网上资料的学习。“示例”提供有关应用示例。

(2) 操作画面

创建项目或打开现有项目后，SoMachine 系统显示如图 7-20 所示的画面。

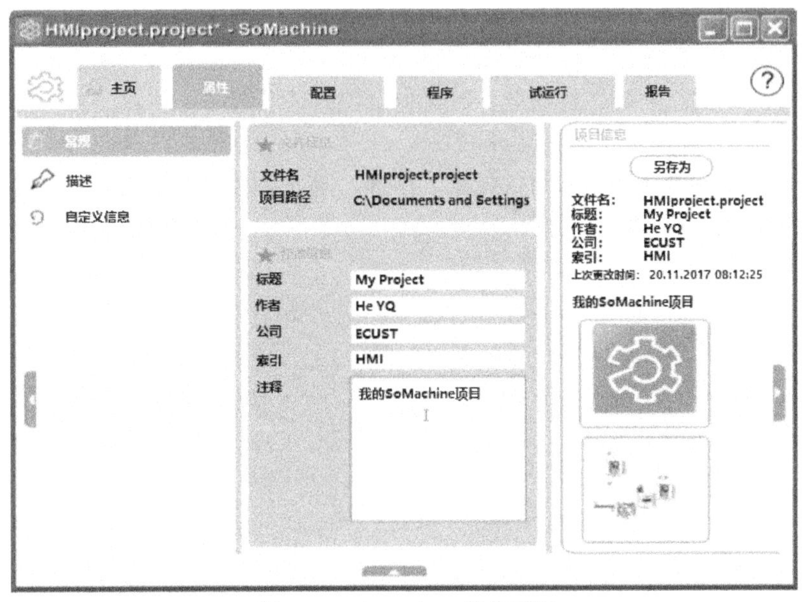


图 7-20　SoMachine 操作画面

1) 主页。点击“主页”，可从其弹出的下拉菜单选：主页、保存、另存为、保存/发送存档、首选项、帮助、关于和退出的命令。各有关命令见表 7-5。

**表 7-5　常规功能菜单的命令**

| 命　　令 | 功 能 描 述 |
| --- | --- |
| 主页 | 执行该命令，可返回主页选项，即 SoMachine 的主要选择屏幕 |
| 保存 | 用于保存当前打开项目文件 |
| 另存为 | 将当前打开的项目/库保存到用户输入的新的其他位置或其他名称下 |
| 保存/发送存档 | 用于创建当前打开的 SoMachine 项目存档文件，及用保存按钮保存存档文件在连接的驱动器；可用发送按钮将临时存档文件创建到新的 SoMachine 电子邮件 |
| 首选项 | 用于配置首选路径，便于打开和保存 SoMachine 项目。配置在线轮询间隔。配置路由步宽度和路由超时，及停止高速公路并退出 |
| 帮助 | 用于打开 SoMachine 的在线求助 |
| 关于 | 提供当前安装的 SoMachine 版本、许可证和技术等信息 |
| 退出 | 关闭 SoMachine |

2）属性。用于输入附加的项目信息。右侧区域显示常规、描述和自定义信息等三个任务选项。

选用“常规”任务时，中间工作区域显示输入的信息，如图中的文件信息和作者信息等。左侧项目信息显示工作区输入的信息，用“另存为”按钮可将项目保存在其他位置，也可用其他项目名称保存。

选用“描述”任务时，中间区域显示“客户图像”，可将客户有关的图像、配置视图或标准的 SoMachine 图标输入。其中，客户图像具有高优先级，标准图标的优先级最低。“配置视图”是在“配置”选项中设置相对应的项目配置。

选用“自定义信息“任务时，中间区域显示自定义信息字段的内容，包括自定义字段、值和信息（用勾选）。还显示附加的文，用于添加文档到项目文件。

3）配置。当 SoMachine 完成工程的配置后，点击“配置“，进入配置画面。同样，分左、中和右三个区域。左侧显示五个选项：Drive Controller、Logic Controller、Motion Controller、其他和搜索。

当选用某类控制器后，可从弹出菜单选用有关的 PLC。例如，选中 Motion Controller，可选 LMC058、LMC078 或 PacDrive 等类型的运动控制器等。

然后，在中间区域显示有关控制器，并进行其他组件的选用。例如，输入输出模块、通信模块等。这些模块的信息都在右侧区域显示。

有关模块的参数需要在选用后进行设置。例如，通信模块的端口号、通信传输速率等。详见有关手册。

中间区域显示如图 7-21 所示配置画面。

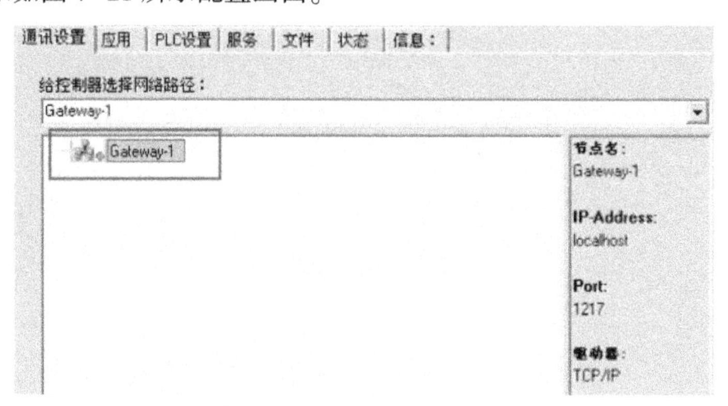


图 7-21　SoMachine 配置画面

- 通信设置。用于设置网络的通信参数。例如，节点名、节点地址、端口号及目标 ID 等。通常，系统会自动配置有关参数。
- 应用。用于了解有关界面中已经存在的应用程序。通过“删除”按钮可删除被选中的应用程序。它的详细信息可通过点击“详细信息”看到，例如，创建时间等信息。
- PLC 设置。其中，“I/O 处理应用”用于选择处理 I/O 的应用程序，系统约定为 Application。“PLC 设置”用于设备停止时是否对 I/O 进行更新处理，是否更新所有设备的所有变量等，总线周期选项用于将程序中的任务设置为总线周期任务，否则选用 MAST 任务。
- 服务。用于实时时钟 RTC 的配置，包括当前设备的时间、当地日期和时间，此外，还可选是否与当地日期/时间同步等。
- 文件。显示有关文件。
- 状态。显示总线的状态，是否存在故障等。
- 信息。显示选用的控制器基本信息及缩略图。

4）程序。程序选项用于编程等。图 7-22 所示是程序的界面。

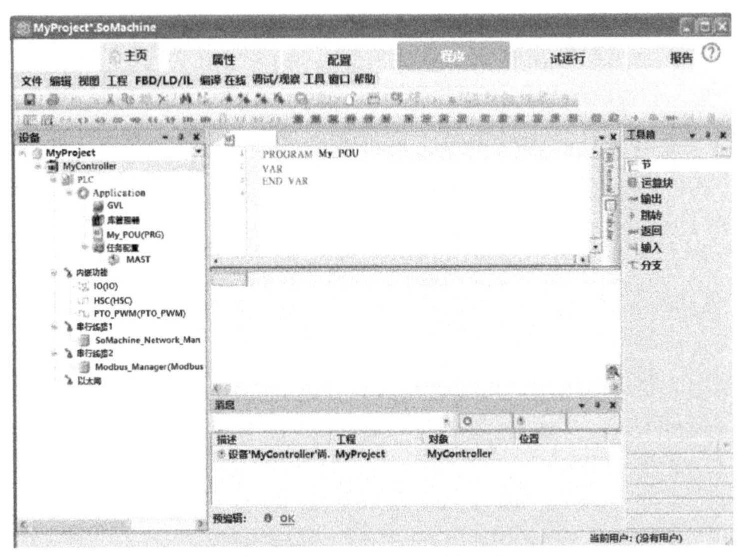

图 7-22　SoMachine 程序画面

图的左侧是设备区，它用树的形式显示设备的所有功能，可点击有关设备进行设置和修改。图的中间部分从上到下分别用于声明变量、编写程序和显示消息区域。图的右侧是工具箱。提供编写程序所需的基本组件，例如函数、功能块等，不同编程语言的工具箱内容不同，图标也不同。

在 Application 菜单下，GVL 用于编辑全局变量。库管理器用于添加和编辑库。My_POU (PRG)是用户现在编辑的程序组织单元，POU 的名称是 My_POU。可有多个 POU 在同一 PLC 的配置中。任务配置和下级的 MAST 是定义程序执行的任务类型，例如，循环执行、周期执行以及事件触发执行等。图 7-23 所示是任务配置画面。

内嵌功能用于设置内部输入输出（IO）、高速计数器（HSC）及脉冲宽度调制（PTO_PWM）。串行线路 1 和串行线路 2 等用于内置的串行接口的组态。例如，图示是连接 SoMachine_Network_Manager 和 Modbus_Manager。

点击 Application，可从弹出的菜单选择“添加对象”，再点击，可选择“POU”和“Add POU”，添加程序组织单元。并可在弹出菜单中设置 POU 名称、编程语言等。图 7-24 是添加 POU 的显示画面。

图 7-23　任务的配置画面

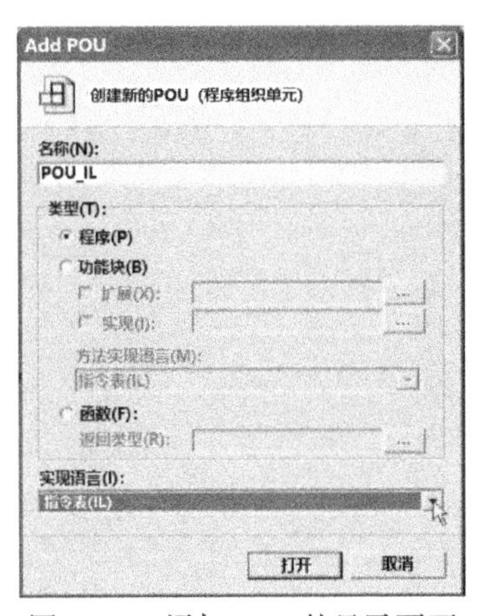

图 7-24　添加 POU 的显示画面

在添加 POU 界面中，可方便地添加程序、功能块或函数。对函数需要指定其返回值的数据类型。使用类函数（method）时要声明其实现的语言。

编写程序、功能块及函数采用的编程语言在最下面的选项栏选用。

完成设置后，点击“打开”按钮，在中间区域的程序部分就可以进行程序的编写。

1）试运行。SoMachine 提供强大编程工具，支持 IEC 61131-3 全部编程语言，满足不同用户编程习惯和需求，内嵌各种函数和功能块库，用户仅需简单调用，无须编制大量复杂调试程序。仿真、单步执行、断点执行及跟踪等调试工具可供用户调试时使用。

此外，在线诊断方式可为用户监视项目的状态，及时发现运行中出现的故障和错误。

2）报告。它为用户提供有关项目的文件。包括页面设置、打印预览和打印的三个选项。也可由用户自定义有关参数。

SoMachine 系统有六种编程语言：梯形图 LD、功能块图 FBD、指令表 IL、结构化文本 ST、顺序功能图 SFC 和连续功能图 CFC。详细信息见 IEC 61131-3 编程语言或有关资料。在此不展开。

（3）程序的选项说明

程序选项下有：文件、编辑、视图、工程、FBD/LD/IL、编译、在线、调试/观察、工具、窗口和帮助等选项。其下拉式菜单如图 7-25～图 7-35 所示。

图 7-25　文件的下拉菜单

图 7-26　编辑的下拉菜单

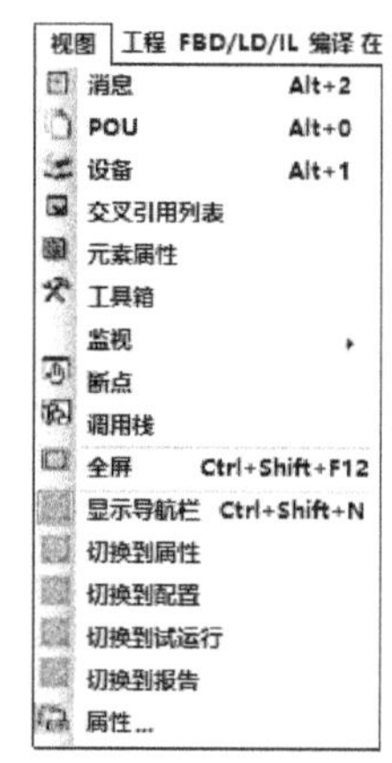


图 7-27　视图的下拉菜单

图 7-28　工程的下拉菜单

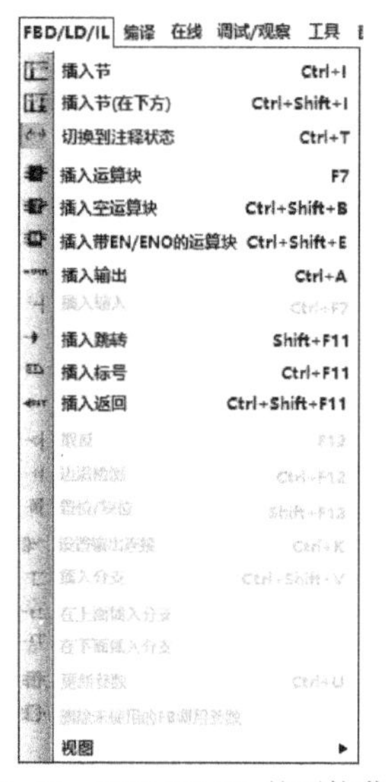


图 7-29　FBD/LD/IL 的下拉菜单

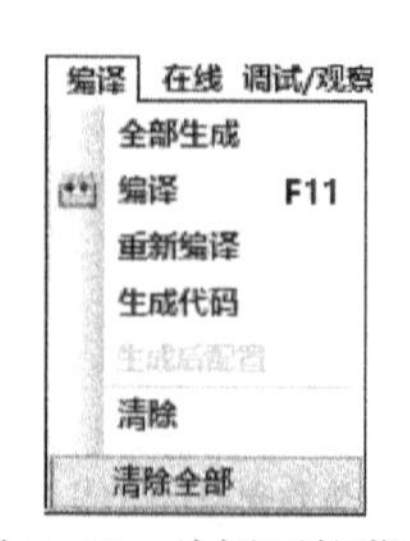


图 7-30　编译下拉菜单

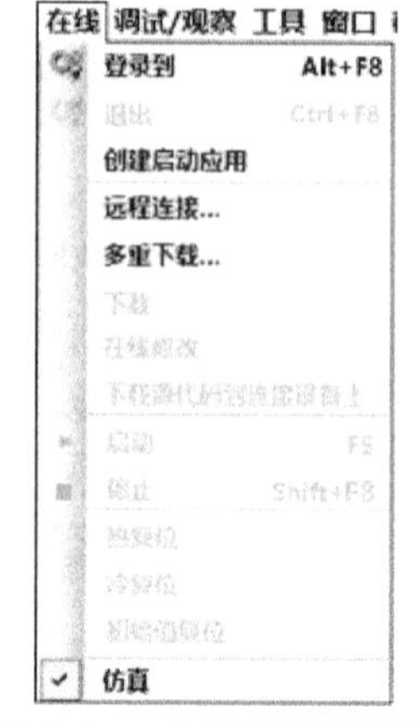


图 7-31　在线的下拉菜单

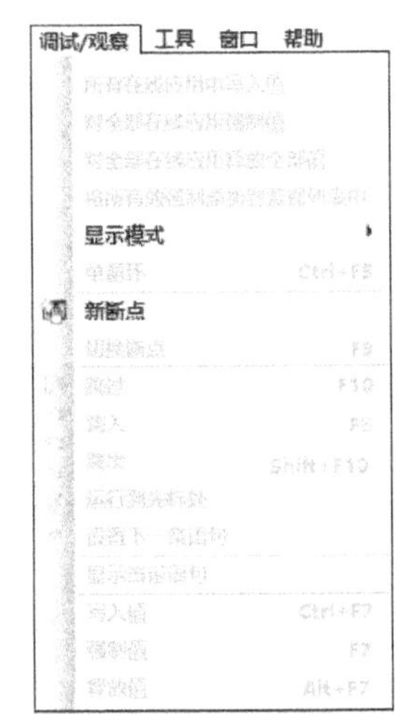


图 7-32　调试/观察的下拉菜单

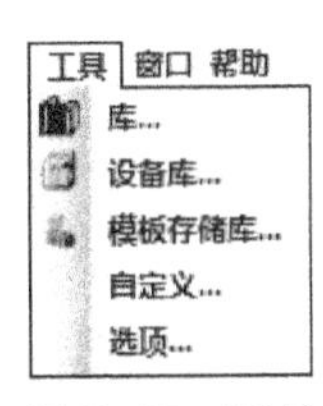


图 7-33　工具下拉菜单

图 7-34　窗口的下拉菜单

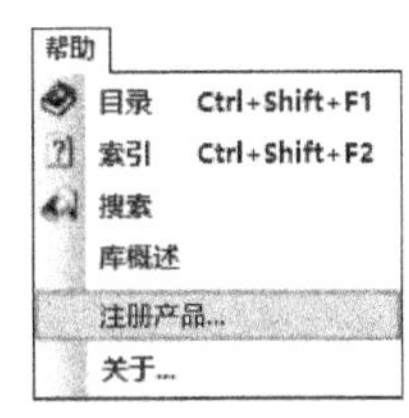


图 7-35　帮助的下拉菜单

各下拉菜单中的选项和有关功能可参见有关说明书，在此不赘述。

(4) 库

SoMachine 的库是一种编辑器。用于管理 SoMachine 控制平台中安装的库。使用“库管理器”对项目中的库进行管理。

库分为自动化库和系统库。自动化库是用户在自动化应用程序中使用的库。系统库是 SoMachine 控制平台的内部库，它与自动化库无关。专用库是专门根据硬件产品环境配置的自动化库。

库的信息类别如下：

1) 应用程序：自动化应用程序中使用的库。

2) 通信：用于特定通信功能的库。

3) 控制器：专用于 SoMachine 控制器的库。

4) 设备：专用于分布式设备管理的库，例如，TeSys、Altivar 和 Lexium 库。

5) 内部：SoMachine 内部使用和控制器运行时使用的系统库。

6) 解决方案：专用于应用的解决方案的库。例如，输送、包装和起吊库。

7) 系统：SoMachine 内部使用和控制器运行时使用的系统库。

8) 目标：特定平台的库。

9) 用例：用户可选择插入属于一个用例的所有库的库。

10) Util：提供其他实用应用程序函数的库。

11) 杂项：未在上述分类的库。

点击“库管理器”，从弹出菜单选择“添加库”，则可选用所需的库。表 7-6 是 SoMachine 可提供的 Electric 库的有关信息。该库的空间命名以 SE 作为前缀。

**表 7-6　SoMachine 提供 Electric 库的有关信息**

| 库的命名空间 | | 库　名　称 | 主 要 功 能 |
|---|---|---|---|
| SEDL | | DataLogging 库 | 支持文件管理操作的 PLC 控制器的数据记录管理 |
| ATV IMC 类别库 | SEC_HSC ATV IMC | ATV IMC HSC 库 | 高速计数管理 |
| | SEC ATV IMC | ATV IMC PLC 系统库 | 系统功能和变量管理 |
| | SEC_SL23 | ATV IMC SysLib V2.3 库 | 与内含控制器应用程序兼容的功能和功能块 |
| | SEC_USER | ATV IMC UserLib 库 | ATV IMC ATV71 主机接口管理 |

（续）

| 库的命名空间 | | 库 名 称 | 主 要 功 能 |
|---|---|---|---|
| LMC058类别库 | SEC_EXP | LMC058 专用 I/O 库 | LMC058 专用 I/O 管理 |
| | SEC_MC | LMC058 运动库 | 获取立即运动轴值和复位检测到错误的功能 |
| | SEC LMC058 | LMC058 PLC 系统库 | 用于系统功能和变量 |
| | SEC_RELOC | LMC058 重新定位表库 | 重新定位表，仅特定系统或管理功能中应用 |
| 通信类别库 | SEN_ASI | IoDrvASI 库 | AS-i 总线管理 |
| | SEN_DIO | IoDrvDistributedIo 库 | CANopen 总线是的分布 I/O 的总线管理 |
| | SEN_MODBUS | IoDrvModbusSerial 库 | Modbus_IOScanner 管理器的 Modbus 设备的 I/O 扫描管理 |
| | SEN_COM | M2xxx 通信库 | 用于 M238、M258 和 LMC58 控制器上串行线路端口配置的获取和设置 |
| | SEN_MOD | 调制解调器库 | 用于 M238、M258 和 LMC58 控制器上调制解调器配置 |
| | SEN | PLC 通信库 | 经 Modbus 或 ASCII 协议对控制器与设备之间进行显式数据交换的管理 |
| M238控制器类别库 | SEC_ASCIITF | M238 AS-i 接口库 | AS-i 总线管理 |
| | SEC_HSC | M238 HSC 库 | M238 高速计数管理 |
| | SEC | M238 PLC 系统库 | M238 系统功能和管理 |
| | SEC_PTOPWM | M238 PTOPWM 库 | M238 的 PTO 和 PWM 的管理 |
| | SEC_RELOC | M238 重新定位表库 | 重新定位表，仅特定系统或管理功能中应用 |
| M258 库 | SEC_EXP M258 | M258 专用 IO 库 | 专用 I/O 的管理 |
| | SEC | M258 PLC 系统库 | M258 系统功能和管理 |
| | SEC_RELOC | M258 重新定位表库 | 重新定位表，仅特定系统或管理功能中应用 |
| XBTGC HMI 库 | SEC | XBT PLC 系统库 | XBT 系统的功能和变量 |
| | SEC_HSC | XBTGC HSC 库 | XBTGC 高速计数管理 |
| | SEC | XBTGC PLC 系统库 | XBTGC 系统功能和变量 |
| | SEC_PTOPWM | XBTGC PTOPWM 库 | XBTGC 的 PTO 和 PWM 的管理 |
| 设备类别库 | SE_ATV | Altivar 库 | ATV 变速驱动的控制，并符合 IEC 61131-3 标准的功能块 |
| | SEM_LXM_SM | CANmotion Lexium 库 | SM_Servo_Startup 和 SM_Stepper_Startup 及关联的可视化组件，便于运动驱动器试运行 |
| | SE_ILX | 集成 Lexium 库 | Lexium 集成驱动器的控制，并符合 IEC 61131-3 标准的功能块 |
| | SE_LXM | Lexium 库 | CANopen 现场总线上 Lexium32、Lexium05 和 Lexium SD3 驱动器控制，并符合 IEC 61131-3 标准的功能块 |
| | SE_TESYS | TeSys 库 | TeSys U 电动机启动器-控制器和 TeSys T 电动机管理系统的控制 |
| 杂项库 | | FeatureNotSupported 库 | 系统使用的虚拟空库，仅特定系统或管理功能中应用 |
| 解决方案库 | SE_CONV | 输送库 | 输送应用程序功能块 |
| | SE_HOIST | 起吊库 | 起吊应用程序功能块 |
| | SE_PACK | 包装库 | 包装应用程序功能块 |
| Util 库 | SE_TBX | 工具箱库 | 设置作为自动声明的标准和 Util |
| | SE_TBX_ADV | Toolbox_Advance 库 | 获取和设置循环任务间隔的功能 |

（2）配置库文件。在程序画面，点击“工具”，其下拉菜单有“库…”、“设备库…”、“模板存储库…”、“自定义…”和“选项…”选项。点击“库…”选项，可看到已安装的库和供

应商。施耐德公司提供的库包括应用类别、通信类别、控制器类、设备类、内部资源类、解决方案类、系统类、杂项和 Util 库等。通过“安装”可以添加新的库或更新库文件版本。

（3）专用库。例如，为 LM238 配置的 M238 库。为 LMC058 运动控制器配置的运动控制 PLCopen。根据 PLCopen 网站提供资料，施耐德电子 Lexium32i、Lexium28 及 PLCopen 现场总线设备已经支持 PLCopen 运动控制规范的第一部分 V2.0。表 7-7 是 Lexium28 的功能块一致性表格（2014 年 10 月 30 日发布）。

**表 7-7　施耐德电子 Lexium28 功能块一致性表格**

| 支持版本 | 功能块 | | | | |
|---|---|---|---|---|---|
| V2.0 | MC_Power | MC_Home | MC_Stop | MC_Halt | MC_MoveAbsolute |
| | MC_MoveRelative | MC_MoveAdditive | MC_MoveVelocity | MC_TorqueControl | MC_SetPosition |
| | MC_ReadParameter | MC_WriteParameter | MC_ReadDigitalInput | MC_ReadDigitalOutput | MC_WriteDigitalOutput |
| | MC_ReadActualPosition | MC_ReadActualVelocity | MC_ReadActualTorque | MC_ReadStatus | MC_ReadMotionState |
| | MC_ReadAxisInfo | MC_ReadAxisError | MC_Reset | MC_TouchProbe | MC_AbortTrigger |
| 不支持 | MC_MoveSuperimposed | MC_HaltSuperimposed | MC_MoveContiAbsolute | MC_MoveContiRelative | MC_PositionProfile |
| | MC_VelocityProfile | MC_AccelerationProfile | MC_SetOverride | MC_ReadBoolParameter | MC_WriteBoolParameter |
| | MC_DigitalCamSwitch | MC_CamTableSelect | MC_CamIn | MC_CamOut | MC_GearIn |
| | MC_GearOut | MC_GearInPos | MC_PhasingAbsolute | MC_PhasingRelative | MC_CombineAxes |

支持功能块中参数的一致性表格见有关资料，在此不多述。

由于 SoMachine 控制平台是基于 3S 公司的 CoDeSys 软件系统，因此，该平台支持多轴功能块。这是为什么在 SoMachine 的库画面可见到多轴功能块的原因。

（4）库文件中功能块的应用。点击“库管理器”；双击添加库文件；点击以安装的库文件；打开库文件，选用库文件下的功能块。

## 7.2.2　应用示例

### 1. 次品检出系统示例

（1）工艺过程简介

如图 7-36 所示，该生产线用于将次品从流水线中分离。产品在流水线输送带上前移，次品检出器检出到次品后，其信号送施耐德 M241PLC，配置自动开关 Q1 作为电源隔离短路保护开关。

由于传送带的传送速度固定，次品检出器与推送器的位置固定，因此，次品检出后，移动相对固定的距离（次数）后，到达推送器前，这时，PLC 根据次品检出器的检出信号，经延时后，正好发送信号给推送器电磁阀，带动推送器推杆移出，将次品推入次品箱，次品推入次品箱时，光电开关检出到次品送入信号，并送 PLC 完成计数。

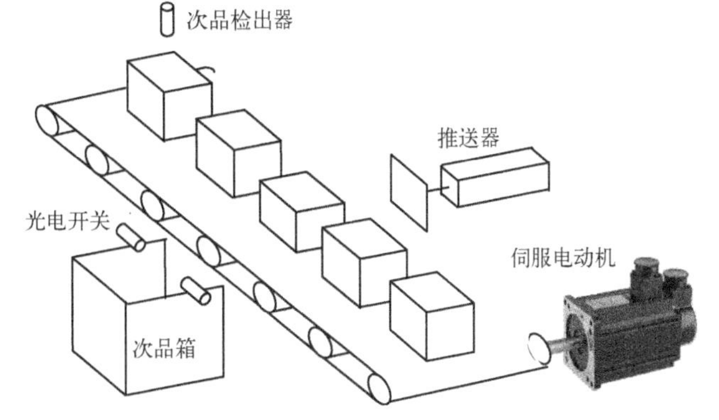

图 7-36　次品检出生产线的工艺过程

（2）接线

示例选用 TMC241C24R 高速脉冲接口实现开环位置控制。用脉冲输出方式控制伺服控制器 Lexium23D。其接线图如图 7-37 所示。

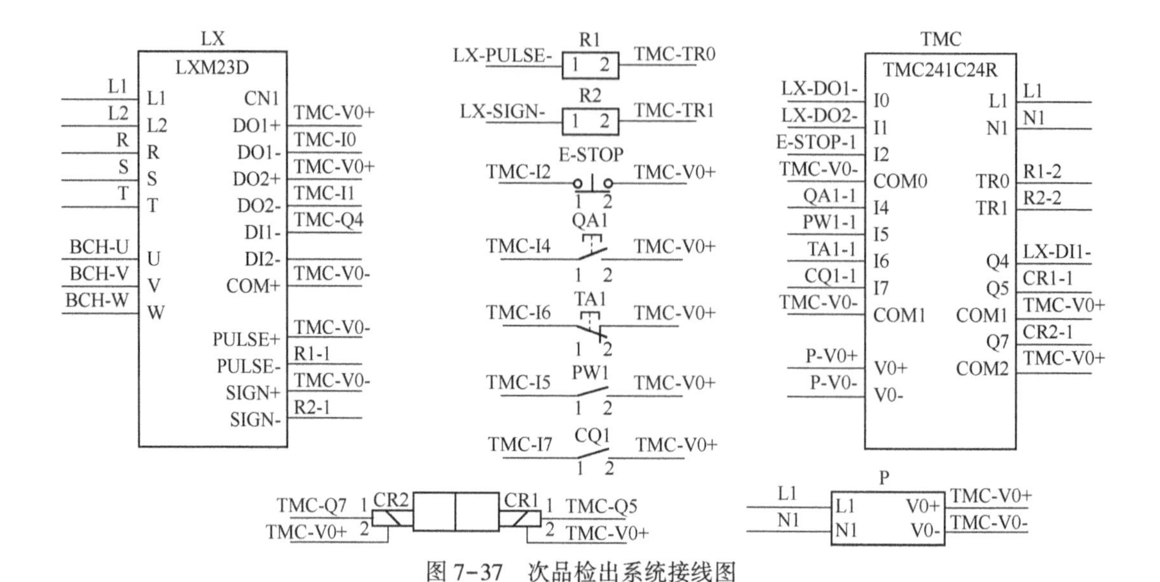

图 7-37　次品检出系统接线图

图中，P 是直流稳压电源，提供 24 V 直流电源。CR1 和 CR2 是推送器的双电控电磁阀线圈。R1 和 R2 是外接的 1 kΩ 电阻。BCH 是伺服电动机。QA1 和 TA1 分别是启动和停止按钮，E-STOP 是紧停按钮。CQ1 是次品检出信号，PW1 是次品检出光电开关信号。

（3）参数设置

示例用脉冲输出方式控制伺服控制器。PTO-0 配置如下：加速度、减速度工程单位：ms；其值都被设置为 20 ms。

伺服驱动器参数设置见表 7-8。

**表 7-8　伺服驱动器参数设置**

| 参　　数 | 名　　称 | 功　　能 | 设　置　值 |
|---|---|---|---|
| P1-01 | CTL | 控制模式和输出方向 | 0：位置控制 |
| P1-44 | GR1 | 电子齿轮比（第 1 分子） | 128. |
| P1-45 | GR2 | 电子齿轮比（分母） | 5 |
| P2-10 | DI1 | 数字输入第 1 通道 | 0x0101 |
| P2-11 | DI2 | 数字输入第 2 通道 | 0x0102 |
| P2-18 | DO1 | 数字输出第 1 通道 | 0x0101 |
| P2-19 | DO2 | 数字输出第 2 通道 | 0x0107：伺服故障 |

（4）变量声明

输入输出的变量声明如下。

```
VAR_INPUT
    Servo_Ready   AT  %IX0.0  :BOOL;    // 伺服已准备好，伺服输出 DO1
    Servo_Stop    AT  %IX0.1  :BOOL;    // 伺服已停止，伺服输出 DO2
    E_STOP        AT  %IX0.2  :BOOL;    // 紧停按钮
    CQ1           AT  %IX0.3  :BOOL;    // 次品被推出
    QA1           AT  %IX0.4  :BOOL;    // 启动按钮
    PW1           AT  %IX0.5  :BOOL;    // 光电开关 PW1
    TA1           AT  %IX0.6  :BOOL;    // 停止按钮
    Defect_Find   AT  %IX0.7  :BOOL;    // 次品检出传感器
    RA1           AT  %IX1.0  :BOOL;    // 复位按钮
END_VAR
```

```
VAR_OUTPUT
    Pluse_Out      AT  %QX0.0  :BOOL;    // 脉冲输出
    Derection_Out  AT  %QX0.1  :BOOL;    // 方向输出
    Servo_Enable   AT  %QX0.3  :BOOL;    // 伺服使能
    CR1            AT  %QX0.5  :BOOL;    //推送电磁阀
    CR2            AT  %QX0.7  :BOOL;    //推送电磁阀
END_VAR
```

(5) 程序

程序如图 7-38 所示。

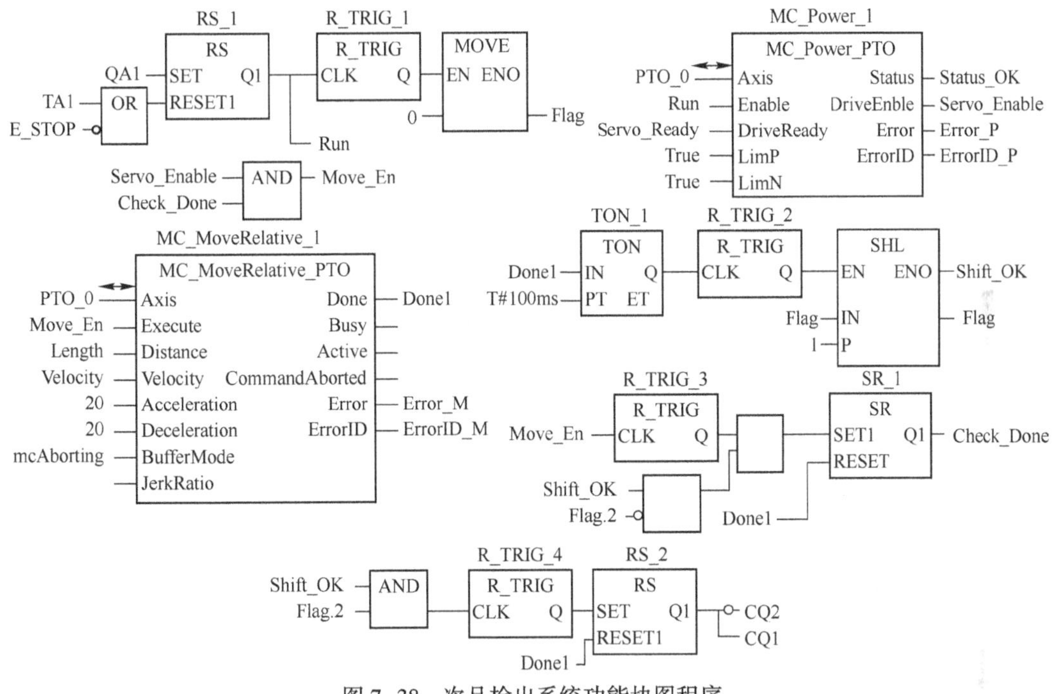

图 7-38 次品检出系统功能块图程序

程序中使用施耐德公司运动控制功能块，是基于脉冲输出的，因此，运动控制功能块的后缀是_PTO。一些参数也是该公司所规定。例如，MC_Power_PTO 中的 DriveReady、LimP、LimN 等。示例用检出到次品后移动两个固定位置以推送次品，因此，用移位函数 SHL 对 Flag 进行移位。

**2. 电子齿轮比的示例**

(1) 主从轴的齿轮比编程

假设主轴为 Axis_Mast，从轴为 Axis_Slave。程序如图 7-39 所示。

经比较，可以发现图中提供的运动控制功能块是来自施耐德的 SM3_Basic 应用库。其功能块的输入输出参数与 PLCopen 提供的标准运动控制功能块的有关参数有所不同。但其基本功能是一致的。施耐德公司的运动控制功能块中，输入输出变量用在输入变量描述连接线的上面用双向箭头表示。一些参数的数据类型用参数前第一字母表示，例如，b 表示 BOOL 数据类型，i 表示整数数据类型等。

当 Start 按钮按下时，其上升沿将触发 MC_GearIn_1 功能块实例，完成齿轮比的设置。当按下 Stop 按钮时，取消主从轴的齿轮比设置。

(2) 位置捕捉的编程

要精确确定位置时，常用捕捉功能块。

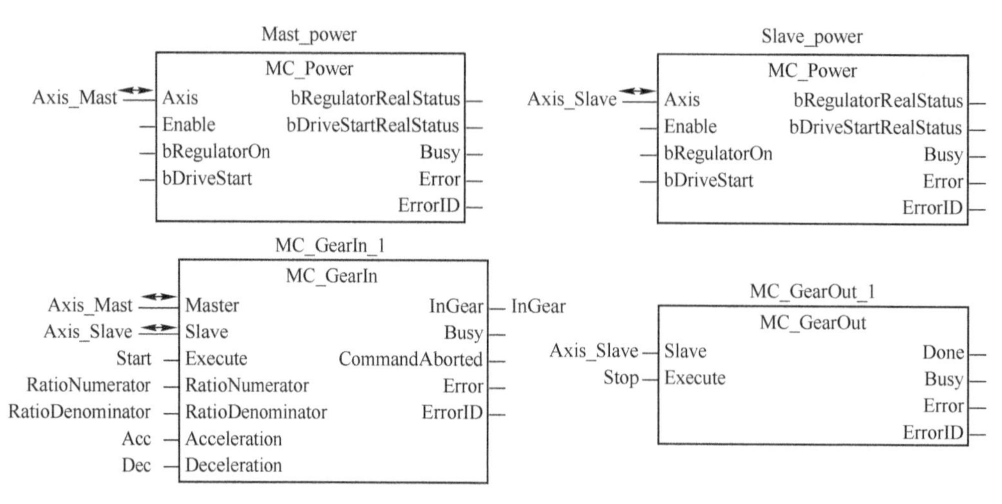


图 7-39　主从轴的齿轮比设置程序

施耐德公司提供的 MC_TouchProbe 触碰式探针功能块如图 7-40a 所示。提供的 MC_Abort-Trigger 中止触碰功能块也在图 7-40b 中显示。

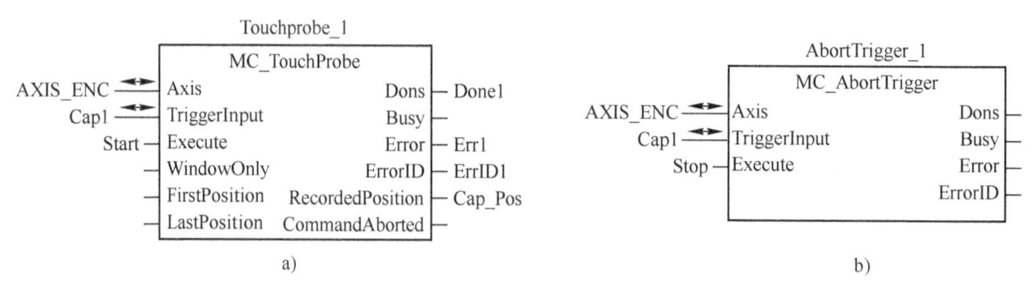


图 7-40　MC_ TouchProbe 和 MC_ AbortTrigger 的编程

图示程序中，被检测位置的轴是编码器，用 AXIS_ENC 表示。Cap1 是单点的捕捉位置，开始和终止位置需要输入有关转角位置或脉冲数字。除了采用双向箭头表示输入输出变量外，其他参数与 PLCopen 中对应的运动控制功能块标准一致。Start 按钮用于启动位置的捕捉，Stop 按钮用于中止捕捉。

## 7.3　欧姆龙 Sysmac Studio 系统

### 7.3.1　系统简介

**1. 软件系统概述**

欧姆龙 NJ 系列自动化控制器使用的编程软件是 Sysmac Studio 系统。该软件系统是依据 IEC 61131-3 开发的一套编程软件。它提供集成的开发环境，用于设置、编程、调试、维护 NJ 系列自动化控制器和其他机器自动化控制器及 EtherCAT 从站。

Sysmac Studio 系统的特点如下：

1）完全符合开放的国际标准 IEC 61131-3。它提供基于 IEC 61131-3 标准的编程语言。

2）将运动控制、顺序逻辑控制、伺服驱动控制和视觉传感集成在一个操作平台。便于操作，易于理解，减少了数据重复输入等成本。开发环境整合参数设置、编程、调试和维护及其他机器自动化控制器和 EtherCAT 从站。表 7-9 列出了 Sysmac Studio 系统的主要功能。

**表 7-9　Sysmac Studio 系统的主要功能**

| 项　　目 | | 功　　能 |
|---|---|---|
| 设置参数 | EtherCAT 配置和设置参数 | 连接到 NJ 系列 CPU 单元的内置 EtherCAT 端口的 EtherCAT 从站，在 Sysmac Studio 中创建配置，然后为 EtherCAT 主站和从站设置参数 |
| | EtherCAT 从站端子配置和设置参数 | 可在 Sysmac Studio 上建立任何连接到 EtherCAT 网络上的从站端子的配置，并在该配置中设定编排从站端子的 NX 单元 |
| | EtherCAT 扩展装置配置和设置参数 | 可在安装在 NJ 系列 CPU 装置、扩展装置和高功能单元上的 Sysmac Studio 中创建设置。可通过将单元从工具箱窗格中显示的设备列表中拖到要安装到的位置来构建机架 |
| | 控制器的参数设定 | 控制器设定用于更改与控制器操作相关的设置。控制器设定包含 PLC 功能模块操作设置 和内置 EtherNet/IP 功能模块端口设置 |
| | 运动控制设置 | 运动控制设置用于在运动控制指令中创建轴，将这些轴分配给伺服驱动器和编码器，并设置轴参数 |
| | 电子凸轮设置 | 凸轮数据设定用于生成电子凸轮数据。构建控制器项目时会以凸轮数据设定为基础，生成电子凸轮表 |
| | 轴组设置 | 可以设置轴来以轴组形式执行内插运动 |
| | 任务设置 | 在 NJ 系列 CPU 单元中，程序在任务中执行。“任务设置”定义执行周期、执行时间、任务所执行的程序、任务所执行的 I/O 刷新以及在任务之间共享哪些变量 |
| | I/O 映射设置 | 显示对应于注册的 EtherCAT 从站与 CPU 装置和扩展装置上登录单元的 I/O 端口。编辑 I/O 映射以将变量分配给 I/O 端口。在用户程序中使用这些变量 |
| | 视觉传感器设置 | 可以设置和校准视觉传感器 |
| | 位移传感器设置 | 可以设置和校准位移传感器 |
| | DB 连接功能的设置 | 可以设置和传送 DB 连接功能 |
| 编程 | 指令列表（工具箱） | 在工具箱中显示用户可以使用的指令的层次结构。用户可以在梯形图编辑器中将所需指令拖动到某个程序以插入该指令 |
| | 梯形图编程语言编程 | 梯形图编程涉及使用连接线来连接梯级组件以构建算法。在梯形图编辑器中输入梯级组件和连接线 |
| | 结构化文本编程语言编程 | 可以将不同的 ST 语句合并以构建算法 |
| | 变量管理器 | 在独立的画面显示全局变量表和局部变量表中登记的变量一览。可以在显示其他编辑画面的同时进行变量使用状况的显示、显示的整理和过滤、变量的编辑和删除及变量的移动等 |
| | 更改变量注释和数据类型注释 | 将变量注释和数据型注释的显示一次同时切换成其他注释。在供其他国家用户使用时还可变换成其他语言的注释 |
| | 搜索和替换 | 可以在项目数据中搜索并替换字符串 |
| | 折回搜索 | 如果所选变量用作程序输出或作为函数或功能块的输出参数，则用户可以搜索程序输入和使用所选变量的函数或功能块的输入参数。而且，如果所选变量用作程序输入或作为函数或功能块的输入参数，则用户可以搜索程序输出和使用所选变量的函数或功能块的输出参数 |
| | 跳转 | 可以跳转至程序中指定的梯级号或行号 |
| | 构建程序 | 将项目中的程序转换为在 NJ 系列 CPU 单元中可执行的格式；使用重新构建来构建已经构建的项目程序；可以中止构建操作 |
| 库 | | 用户可以在库文件中创建函数、函数块定义、程序 * 4 和数据类型以在其他项目中将其用作对象 |
| 文件操作 | 文件操作 | 创建、打开、保存、不同名称保存项目文件、项目更新履历管理、导入导出项目文件、导入 ST 项目文件、脱机比较 |
| | 剪切、复制和粘贴 | 可以剪切、复制或粘贴多视图管理器或任何编辑器中选择的项目 |
| | 同步 | 将计算机中项目文件与在线 NJ 系列 CPU 单元中的数据相比较，然后显示任何差异。用户可以指定任何类型数据的传送方向，然后传送所有数据 |
| | 打印 | 可以打印各种数据。用户可以选择要打印的项目 |
| | 清除所有存储 | 清除所有存储菜单命令用于从 Sysmac Studio 将用户程序、控制器配置和设置以及 CPU 单元中的变量初始化到默认值 |
| | SD 存储卡 | 用于为 NJ 系列 CPU 单元安装的 SD 存储卡执行文件操作以及在 SD 存储卡与计算 机之间复制文件。 |

（续）

| 项目 | | 功能 |
|---|---|---|
| 调试 | 监控 | 梯形图程序执行期间监控变量。您可以监控输入和输出的 TRUE/FALSE 状态以及 NJ 系列 CPU 单元中变量的当前值。您可以监控梯形图编辑器、ST 编辑器，观察标签页或 I/O 映射上的操作 |
| | 微分监控 | 检测出指定 BOOL 型变量或成员变换成 TRUE 或 FALSE 的次数，在微分监控画面显示。可以确认接点的接通或切断的有无和次数 |
| | 更改当前值和 TRUE/FALSE | 更改用户程序中所用变量的值并设置为所需的任何值，也可将程序的输入和输出更改为 TRUE 或 FALSE。这使您可以检查用户程序和设置的运行 |
| | 更改变量的当前值 | 根据需要更改用户定义变量、系统定义变量以及设备变量的当前值。您可以在梯形图编辑器、ST 编辑器、观察标签页或 I/O 映射上执行此操作 |
| | 强制刷新 | 强制刷新允许用户使用自己在 Sysmac Studio 指定的值强制刷新外部的输入和输出 |
| | 在线编辑 | 只能对当前编辑系统正运行的 POU 和全局变量进行编辑 |
| | 交叉引用标签页 | 查看所用程序和程序元素（变量、数据类型、I/O 端口、功能或功能块）的位置 |
| | 数据追踪 | 可采样指定变量并将变量的值存储在追踪存储器中，而无须任何编程。两个连续跟踪方法之间选择：触发追踪（根据设置触发条件，并在满足该条件之前和之后保存数据），或者连续追踪（不使用任何触发器而执行连续采样，并将结果存储在用户计算机上的文件中） |
| | 调试视觉传感器 | 脱机调试视觉传感器 |
| | 调试位移传感器 | 脱机调试位移传感器 |
| 仿真 | 调试程序 | 创建程序来调试，这些程序只用于执行模拟并指定模拟的虚拟输入 |
| | 执行仿真 | 选择要模拟的程序、设置断点、控制模拟执行进行仿真（更改速度、任务周期等） |
| | 设置虚拟设备 | 创建 3D 设备模型、进行运动追踪、3D 显示中的投影显示 |
| 监控 | 显示单元生产信息 | 显示控制器和高功能单元的生产信息，包括单元型号和单元版本 |
| | 监控任务执行时间 | 在 NJ 系列 CPU 单元或模拟器上执行用户程序时，您可以监控每个任务的执行时间 |
| | 故障处理 | 使用故障诊断来检查控制器中发生的错误，显示错误的纠正措施并清除错误 |
| | 监控用户内存使用 | 显示您在 Sysmac Studio 中编辑的用户程序所用空间相对于控制器内存大小的数量 |
| | 设置时针信息 | 读取和设置 NJ 系列 CPU 单元的时钟，并显示计算机的时钟信息 |
| | DB 连接功能 | 监测 DB 连接功能的信息 |
| 通信 | 使用控制器联机 | 使用控制器来建立在线连接。不必创建新项目或打开已有的项目，也可以用简单操作将项目从所连接的控制器传送给计算机 |
| | 检查强制刷新 | 脱机时，将清除任何强制刷新 |
| 维护 | 更改控制器的操作模式 | NJ 系列控制器有两种操作模式，RUN 模式和 PROGRAM 模式，取决于控制程序是否执行 |
| | 复位控制器 | 在 PROGRAM 模式下，将模拟重新启动控制器的电源时的操作和状态 |
| | 备份功能 | 以 CPU 单元等硬件的交换和装置的数据复原为目的，对 NJ 系列控制器的用户程序和数据等进行备份、恢复和确认 |
| 安全 | 防止连接错误 | 在建立在线连接时，如果项目和 NJ 系列 CPU 单元中间的名称或串行 ID 不同，将显示一个确认对话框。 |
| | 防止操作错误 | 包括操作权限验证、控制器写保护 |
| | 防止资产被盗 | 包括用户程序执行用 ID 认证、未恢复信息的用户程序传送、项目文件密码保护、数据保护 |
| 在线帮助 | Sysmac Studio 帮助系统 | 访问 Sysmac Studio 操作过程 |
| | 指令参考 | 提供有关如何使用 NJ 系列 CPU 单元所支持的指令的信息 |
| | 系统定义变量参考 | 显示系统定义变量的描述列表，用户可以在 Sysmac Studio 上使用这些变量 |
| | 键盘映射参考 | 显示便捷的快捷键列表，用户可以在 Sysmac Studio 上使用这些快捷键 |

3）以丰富的指令集支持梯形图编程语言、结构化文本编程语言和功能块图编程语言。

4）提供电子凸轮编辑器，用户可方便地通过编程实现复杂的凸轮配置文件。

5）提供仿真工具，可完成3D环境下的顺序逻辑控制和运动控制的模拟。

6）提供32位安全密码的高级安全功能。

Sysmac Studio的库文件见表7-10。

**表7-10　欧姆龙Sysmac Studio库**

| 序　号 | 名　称 | 说　明 |
|---|---|---|
| SYSMAC-XR001 | MC测试运行库 | 使用手动脉冲发生器（MPG：Manual Pulse Generator），提供驱动运动控制功能模块轴的处理 |
| SYSMAC-XR002 | MC命令表库 | 用于根据存储器设定，连续执行使用运动控制功能模块的定位动作 |
| SYSMAC-XR003 | MC工具箱 | 用于安装电动机控制程序的场合，提供PID处理及滤波处理等 |
| SYSMAC-XR004 | EtherCAT G5系列库 | 通过NJ/NX系列的用户程序进行欧姆龙G5系列EtherCAT通信内置型伺服驱动器的绝对值编码器初始化设定、参数的备份（读取））/恢复（写入） |
| SYSMAC-XR005 | EtherCAT N智能系列库 | 对欧姆龙制传感器产品N-Smart系列的传感器通信单元E3NW-ECT（EtherCAT型）及分散单元E3NW-DS连接的传感器放大器进行参数的备份（读取）/恢复（写入） |
| SYSMAC-XR006 | 振动抑制控制库 | 通过抑制高速搬运时的振动及搬运后的残留振动，防止摇晃、偏移和溢出，大幅缩短间歇时间 |
| SYSMAC-XR007 | 温度控制库 | 抑制炉内表面及空间的温度偏差（均温控制）或分布不同的温度（温度梯度控制） |
| SYSMAC-XR008 | 设备操作监视器库 | 用于对电动气缸及传感器、电动机等设备的动作进行监视 |
| SYSMAC-XR009 | Adept机器人控制程序库 | 可使用控制器+EtherCAT+Sysmac Library，实现多种运动控制，对于并联、SCARA、垂直多关节等各种类型的机器人，均可使用相同指令、相同编程方法通过PLC直接控制机器人 |
| SYSMAC-XR0010 | 计量控制库 | 利用NX系列负载传感器输入单元NX-RS1201对工业产品的原料等进行计量控制时使用。此外，也具有测量值的显示及补偿等相关的功能 |
| SYSMAC-XR0011 | EtherCAT 1S系列库 | 欧姆龙1S系列EtherCAT通信内置型伺服驱动器的绝对值编码器初始化设定、参数备份/恢复 |
| SYSMAC-XR0012 | 包装机库 | 使用NJ/NX系列CPU单元及NY系列工业用PC控制各种包装机 |
| SYSMAC-XR0013 | 伺服冲床程序库 | 使用NJ/NX系列CPU单元及NY系列工业用PC执行伺服冲床用驱动器的动作指令生成及动作监视 |
| SYSMAC-XR0014 | 尺寸测量库 | 通过EtherCAT通信连接NJ/NX系列CPU单元及NY系列工业用PC与光纤同轴位移传感器ZW-7000/5000、智能接触传感器E9NC-TA0的系统测量各种尺寸 |
| SYSMAC-XR0015 | 安全系统监视库 | 准确管理运行中的安全系统的信息 |

### 2. 运动控制参数和变量

（1）轴参数

运动控制系统中的轴是一个通过EtherCAT连接的实际的伺服驱动器或编码器，或MC功能块中虚拟的伺服驱动器或编码器。

欧姆龙的运动控制功能模块支持的轴类型见表7-11。

**表7-11　轴的类型**

| 轴类型 | 英　文 | 描　述 |
|---|---|---|
| 伺服轴 | Servo axis | EtherCAT从伺服驱动器和NX系列位置接口单元使用。被分配到实际伺服驱动器或其他设备。如果使用位置接口单元，则可将多个设备分配到同一个轴 |
| 虚拟伺服轴 | Virtual servo axis | 虚拟轴仅存在于MC功能模块，实际伺服驱动器不使用它。例如，在同步控制时被作为主轴使用 |

（续）

| 轴 类 型 | 英　　文 | 描　　述 |
| --- | --- | --- |
| 编码器轴 | Encoder axis | EtherCAT 从编码器输入终端和 NX 系列位置接口单元使用。被分配给实际编码器输入终端或其他设备。如一个编码器输入端包含两个编码器输入，则单个编码器输入作为一个轴处理 |
| 虚拟编码器轴 | Virtual encoder axis | 实际这类轴用于编码器的操作。在没有实际编码器时，虚拟编码器轴可临时作为编码器轴使用 |

欧姆龙的 NJ/NX 系列运动控制系统的轴参数见表 7-12。

**表 7-12　轴参数**

| 分类 | 参 数 名 | 设　　置 |
| --- | --- | --- |
| 基本设置 | 轴号 | 根据轴添加的顺序设置的号码。如，_MC_AX[0]，_MC_AX[1]，…，_MC_AX[255]，不同 PLC 的轴数不同 |
| | 运动控制 | 选择主周期任务或优先级 5 的周期任务。1：主周期任务；2：优先级 5 的周期任务。约定值 1 |
| | 轴使用 | 被使用的轴。0：未定义的轴；1：未使用的轴；2：使用的轴。约定值 0 |
| | 轴类型 | 被选的伺服轴类型。0：伺服轴；1：编码器轴；2：虚拟伺服轴；3：虚拟编码器轴。约定值 2 |
| | 控制功能 | 选择控制轴的功能。0：所有轴；1：仅单轴的位置控制。约定值 0 |
| | 输入/输出设备 | 分配给轴的特定的 EtherCAT 从站设备的节点地址。如果是虚拟轴，不设置节点地址参数。0~65535 |
| 单位换算设置 | 显示单位 | 轴位置的单位 u。0：pulse；1：mm；2：μm；3：nm；4：degree；5：inch。约定值 0 |
| | 电动机每转的命令脉冲计数 | 根据编码器分辨率设置电动机每转的脉冲数，或根据电子齿轮比转换为脉冲数。1~4294967295。约定值 10 000.0 |
| | 电动机每转的工作行程距离 | 根据命令位置设置电动机每转的工作行程距离。0.000 000 001~4294967295。约定值 10 000.0 |
| | 缩减使用 | 规定是否使用缩减设置。True：使用；False：不使用，约定值 False |
| | 每转的工作行程距离 | 设置电动机每转的工作行程距离。正的长实数，约定值 10 000.0 |
| | 工作齿轮比 | 工作行程的齿轮比。1~4294967295，约定值 1 |
| | 电动机齿轮比 | 电动机的齿轮比。1~4294967295，约定值 1 |
| 操作设置 | 最大速度 | 设置每个轴的最大允许速度，不能超出所用电动机的最大转速。正的长实数，u/s，约定值 400 000 000.0 |
| | 启动速度 | 设置每个轴的启动速度，不能超出所用电动机的最大转速。正的长实数，u/s，约定值 0.0 |
| | 最大点动速度 | 设置每个轴的最大点动速度，不能超出所用电动机的最大转速。正的长实数，u/s，约定值 1 000 000.0 |
| | 最大加速度 | 设置每个轴的最大允许加速度。0 表示对加速度无限制。非负的长实数，$u/s^2$，约定值 0.0 |
| | 最大减速度 | 设置每个轴的最大允许减速度。0 表示对减速度无限制。非负的长实数，$u/s^2$，约定值 0.0 |
| | 加速度/减速度超出 | 加速/减速期间，当轴加速/减速度超过该值时，设置该操作。0：使用快速加速/减速；1：次要故障停止 |
| | 换向操作选择 | 对多次指令执行、指令的重新执行和中断进给规定换向的操作。0：减速停止；1：立即停止。约定值 0 |
| | 速度警告值 | 设置最大速度的百分数，超过时警告。0 表示没有速度警告。0~100，%。约定值 0.0 |

（续）

| 分类 | 参数名 | 设置 |
| --- | --- | --- |
| 操作设置 | 加速度警告值 | 设置最大加速度的百分数，超过时警告。0表示没有加速度警告。0~100，%。约定值0.0 |
| | 减速度警告值 | 设置最大减速度的百分数，超过时警告。0表示没有减速度警告。0~100，%。约定值0.0 |
| | 正扭矩警告值 | 超过该值输出正扭矩警告。0表示没有正扭矩警告。0~1000，%。约定值0 |
| | 负扭矩警告值 | 超过该值输出负扭矩警告。0表示没有负扭矩警告。0~1000，%。约定值0 |
| | 实际速度滤波时间常数 | 为计算实际速度的平均行程设置的时间周期，ms。0表示不计算平均行程。0~100。约定值0.0 |
| | 定位范围 | 设置定位的宽度。非负的长实数。约定值10，u。工程单位根据显示单位。 |
| | 定位检查时间 | 定位检查时间设置。0表示在回原点期间检查定位范围，其他时间不检查定位。0~10000 ms。约定值0 |
| | 原点位置范围 | 设置原点位置检测宽度。工程单位根据显示单位。非负的长实数，u。约定值10。 |
| 其他操作设置 | 立即停止输入的停止方法 | MC功能模块中设置立即停止输入使能时的停止方法。0：立即停止；2：立即停止和出错复位；3：立即停止和伺服器OFF。约定值0 |
| | 限位输入的停止方法 | 正或负限位使能时，设置MC功能模块的停止方法。0：立即停止；1：减速停止；2：立即停止和出错复位；3：立即停止和伺服器OFF。约定值0 |
| | 驱动器出错复位的监视时间 | 设置驱动器出错复位的监视时间。监视时间到，监视过程终止而不管驱动器出错还未复位。1~1000 ms。约定值200 ms |
| | 正扭矩最大限制值 | 正扭矩限制值设置。百分数表示。0.0~1000.0。约定值300.0 |
| | 负扭矩最大限制值 | 负扭矩限制值设置。百分数表示。0.0~1000.0。约定值300.0 |
| | 立即停止输入逻辑反相 | 是否对立即停止输入信号的逻辑进行反相。False：不反相；True：反相。约定值False |
| | 正限位输入逻辑反相 | 是否对正限位输入信号的逻辑进行反相。False：不反相；True：反相。约定值False |
| | 负限位输入逻辑反相 | 是否对负限位输入信号的逻辑进行反相。False：不反相；True：反相。约定值False |
| | 原点接近开关逻辑反相 | 是否对原点接近开关输入信号的逻辑进行反相。False：不反相；True：反相。约定值False |
| 限值设置 | 软件限位 | 软件限位功能选择。0：禁止；1：命令位置的减速停止；2：命令位置的立即停止；3：实际位置的减速停止；4：实际位置的立即停止。约定值0 |
| | 正软件限位 | 软件限制设置为正方向。长实数，u。约定值2 147 483 647 |
| | 负软件限位 | 软件限制设置为负方向。长实数，u。约定值-2 147 483 648 |
| | 位置偏移超出值 | 设置超出位置偏移的检查值。0表示不检查，u。非负长实数。约定值0 |
| | 位置偏移警告值 | 设置位置偏移警告的检查值。0表示不检查，u。非负长实数。约定值0 |
| 位置计数设置 | 计数模式 | 设置位置计数模式。0：直线模式（有限长度）；1：回转模式（无限长度）。约定值0 |
| | 模轴最大位置设置值 | 当计数模式是回转模式时，设置模轴的最大位置。u。长实数。约定值2 147 483 647 |
| | 模轴最小位置设置值 | 当计数模式是回转模式时，设置模轴的最小位置。u。长实数。约定值-2 147 483 648 |
| | 编码器类型 | 编码器类型设置。0：增量编码器；1：绝对编码器。约定值0 |
| 伺服驱动设置 | 模轴最大位置设置值 | 设置伺服驱动器或编码器输入端上的模轴最大位置（脉冲个数）。$-2^{63}\sim2^{63}-1$。约定值2 147 483 647 |
| | 模轴最小位置设置值 | 设置伺服驱动器或编码器输入端上的模轴最大位置（脉冲个数）。$-2^{63}\sim2^{63}-1$。约定值-2 147 483 648 |
| | PDS状态控制方法 | 设置MC_Power功能块关闭伺服时，PDS状态更改的状态。0：伺服关闭时切换到OFF；1：伺服关闭时准备切换到On。约定值0 |

（续）

| 分类 | 参数名 | 设置 |
| --- | --- | --- |
| 回原点设置 | 回原点方法 | 设置回原点操作的方法。0：接近反转/原点接近开关 OFF；1：接近反转/原点接近开关 ON；4：原点接近开关 OFF；5：原点接近开关 ON；8：限位开关 OFF；9：接近反转/原点标志距离；11：仅限位开关；12：接近反转/保持时间；13：无回原点接近开关/保持回原点输入；14：零位预设。约定值 14 |
| | 回原点输入信号 | 设置用于回原点输入的输入信号。0：用零相脉冲信号；1：用外部原点信号。约定值 0 |
| | 回原点启动方向 | 设回原点开始的启动方向。0：正方向；2：反方向。约定值 0 |
| | 回原点输入检测方向 | 为回原点，设置原点输入的检测方向。0：正方向；2：反方向。约定值 0 |
| | 正限位开关输入的操作选择 | 设置回原点定位时，当正限位开关输入 ON 时的停止方法。0：不反转/轻微故障停止（根据限位停止方法的参数停止）；1：反转/立即停止；2：反转/减速停止；约定值 1 |
| | 负限位开关输入的操作选择 | 设置回原点定位时，当负限位开关输入 ON 时的停止方法。0：不反转/轻微故障停止（根据限位停止方法的参数停止）；1：反转/立即停止；2：反转/减速停止；约定值 1 |
| | 回原点的速度 | 设置回原点的速度，u。正长实数。约定值 10 000.0 |
| | 回原点接近速度 | 设置回原点接近开关 ON 时的速度，u。正长实数。约定值 1 000.0 |
| | 回原点加速度 | 设置回原点的加速度，$u/s^2$。该值为 0 表示回原点的速度或其他目标速度被使用，没有加速度。非负长实数。约定值 0.0 |
| | 回原点减速度 | 设置回原点的减速度，$u/s^2$。该值为 0 表示回原点的速度或其他目标速度被使用，没有减速度。非负长实数。约定值 0.0 |
| | 回原点加加速度 | 设置回原点的加加速度，$u/s^3$。0 表示没有加加速度。非负长实数。约定值 0.0 |
| | 回原点输入标志距离 | 当设置回原点操作模式为接近反转/原点标志距离时，设置原点标志距离，u。非负长实数。约定值 10 000.0 |
| | 回原点偏移量 | 回原点后预设的实际位置。长实数。约定值 0.0 |
| | 回原点保持时间 | 设置回原点操作模式是接近反转/保持时间时，所设置的保持时间，ms。0~10 000。约定值 100.0 |
| | 回原点补偿值 | 定义原点后设置的回原点补偿值。长实数。约定值 0.0 |
| | 回原点补偿速度 | 为原点补偿设置的补偿速度。u/s。正长实数。约定值 1 000.0 |

（2）轴组参数

多个轴协调运动时可采用轴组。轴组由多个轴组成。Sysmac Studio 系统采用轴组来定义组成的各单轴。MC 功能模块用于处理多达 64 个轴的轴组。轴组元素由轴组参数、轴组变量和用户程序中规定的轴组三部分组成。表 7-13 是轴组参数。不同 CPU 含有的参数可能不同。

**表 7-13 轴组参数**

| 分类 | | 描述 |
| --- | --- | --- |
| 轴组基本设置 | 轴组号 | 设置轴组的逻辑号。规定为_MC_GRP[0..63]，_MC1_GRP[0..63]，_MC2_GRP[0..63]。每个轴组可含多达 64 个轴 |
| | 运动控制 | 选择主周期任务或优先级 5 的周期任务。1：主周期任务；2：优先级 5 的周期任务。约定值 1 |
| | 轴组使用 | 被使用的轴组。0：未定义的轴组；1：未使用的轴组；2：使用的轴组。约定值 0 |
| | 组成 | 轴组的组成。0：2 个轴；1：3 个轴；2：4 个轴。约定值 0 |
| | 组成的轴组 | 分配到轴组的轴的数量，用 Sysmac Studio 设置轴的变量名为 A0~A3 轴，约定值 0 |

（续）

| 分　　类 | | 描　　述 |
|---|---|---|
| 轴组操作设置 | 最大插补速度 | 为路径控制设置最大插补速度。0 表示不设插补速度限。如果目标速度超出最大插补速度，轴速被限制在最大插补速度，u/s。非负长实数。约定值 800 000 00 |
| | 最大插补加速度 | 为路径控制设置最大插补加速度。0 表示不设插补加速度限，$u/s^2$。非负长实数。约定值 0.0 |
| | 最大插补减速度 | 为路径控制设置最大插补减速度。0 表示不设插补减速度限，$u/s^2$。非负长实数。约定值 0.0 |
| | 插补加/减速度超出 | 当超出最大插补加速度/减速度时，设置轴组操作方法。0：使用快速加速/减速（混成被改变为缓冲）；1：使用快速加速/减速；3：轻微故障停止。约定值 0 |
| | 插补速度警告值 | 最大插补速度的百分数表示插补速度警告值，超速时发出警告输出。0 表示没有插补速度警告。%，0~100，约定值 0 |
| | 插补加速度警告值 | 最大插补加速度的百分数表示插补加速度警告值，超加速时发出警告输出。0 表示没有插补加速度警告。%，0~100，约定值 0 |
| | 插补减速度警告值 | 最大插补减速度的百分数表示插补减速度警告值，超减速时发出警告输出。0 表示没有插补减速度警告。%，0~100，约定值 0 |
| | 轴组停止方法 | 当出错发生强制多轴协调运动的轴立即停止时，对未出错的轴设置停止操作的方法。0：立即停止；1：声明轴以该轴的最大减速度停止；3：立即停止和伺服 OFF。约定值 0 |
| | 修正允许的比率 | 使用规定圆心的圆弧插补时，起点与圆心距离不等于终点与圆心的距离，用该值进行修正。它是圆半径的百分数。9 表示不修正。设置允许的修正范围。0~100 之间的单精度浮点数。约定值 0 |

轴组变量是 Sysmac Studio 系统定义的变量。它是结构变量。用_MC_GRP[0..63]描述。

MC 功能模块中每个轴组变量有两个变量名。一个是系统定义的轴组变量名，例如，_MC_GRP[0]等，另一个是 Sysmac Studio 系统在添加轴组时分配到变量名，例如，MC_GRP000 等。用户程序可使用两个变量名的任何一个。

（3）轴变量

为运动控制定义的变量有运动控制的公用变量、轴变量等。

1）运动控制公用变量。运动控制公用变量名_MC_COM，数据类型_sCOMMON_REF，由制造商定义。表 7-14 是运动控制公用变量。

**表 7-14　运动控制公用变量**

| 变 量 名 | 数 据 类 型 | 含　　义 | 功　　能 |
|---|---|---|---|
| Status | _sCOMMON_REF_STA | MC 公用状态 | |
| RunMode | BOOL | MC 运行 | MC 功能模块操作时该值为 TRUE |
| TestMode | BOOL | MC 测试运行 | Sysmac Studio 进行测试操作时该值为 TRUE |
| CamTableBusy | BOOL | 电子凸轮表文件保存繁忙 | 电子凸轮表正存储或待机时，该值为 TRUE |
| GenerateCamBusy | BOOL | 生成电子凸轮表 | 电子凸轮表正生成时，该值为 TRUE |
| PFaultLv1 | _sMC_REF_EVENT | MC 公用部分故障 | |
| Active | BOOL | 发生 MC 公用部分故障 | 当 MC 公用部分故障发生时，该值为 TRUE |
| Code | WORD | MC 公用部分故障代码 | MC 公用部分故障代码。与事件代码的前四位代码相同 |
| MFaultLv1 | _sMC_REF_EVENT | MC 常见小故障 | |
| Active | BOOL | 发生 MC 常见小故障 | 当 MC 常见小故障发生时，该值为 TRUE |
| Code | WORD | MC 常见小故障代码 | MC 常见小故障代码。与事件代码的前四位代码相同 |

（续）

| 变　量　名 | 数 据 类 型 | 含　　义 | 功　　能 |
|---|---|---|---|
| Obsr | _sMC_REF_EVENT | MC 公用观察 | |
| Active | BOOL | 发生 MC 公用观察 | 当 MC 公用观察发生时，该值为 TRUE |
| Code | WORD | MC 公用观察代码 | MC 公用观察代码。与事件代码的前四位代码相同 |

2）轴变量。系统定义的轴变量名是_MC_AX[0..255]，_MC1_AX[0..255]和_MC2_AX[0..255]。数据类型_sAXIS_REF，是结构变量。表 7-15 是轴变量。

**表 7-15　轴变量**

| 变　量　名 | 数 据 类 型 | 含　　义 | 功　　能 |
|---|---|---|---|
| Status | _sAXIS_REF_STA | 轴状态 | |
| Ready | BOOL | 轴待机去执行 | 轴执行的准备完成及轴停止时，该值为 TRUE。它与已停止的_MC_AX[ * ].Status.Standstill 是 TRUE 有相同状态 |
| Disabled | BOOL | 轴关闭 | 伺服轴关闭时，该值为 TRUE。以下状态是排他性的。同一时刻只能有一个为 TRUE：Disabled、Standstill、Discrete、Continuous、Synchronized、Homing、Stopping、ErrorStop 或 Coordinated |
| Standstill | BOOL | 轴保持静止 | 伺服轴为 ON 时，该值为 TRUE |
| Discrete | BOOL | 轴断续运动 | 位置控制执行到目标位置时，该值为 TRUE。包括断续运动时，因超驰因子被置 0 造成的速度为零的情况 |
| Continuous | BOOL | 轴连续运动 | 无目标位置的连续运动期间，该值为 TRUE。在速度和转矩控制中有该状态。它包括因目标速度被置 0 而使速度为 0，以及因超驰因子被置为 0 造成速度为 0 的情况。 |
| Synchronized | BOOL | 轴同步运动 | 执行同步控制时，该值为 TRUE。包括在改变到同步控制指令后同步的等待 |
| Homing | BOOL | 轴回原点 | 用 MC_Home 或 MC_HomeWithParameter 实现回原点时，该值为 TRUE |
| Stopping | BOOL | 轴减速停止 | 因 MC_Stop 或 MC_TouchProbe 执行使轴停止后，该值才为 TRUE。包括因 MC_Stop 使轴停止后，Execute 仍为 TRUE 的情况。减速停止时不执行运动的指令（中止命令已为 TRUE） |
| ErrorStop | BOOL | 轴故障减速停止 | 轴停止或因执行 MC_ImmdediateStop 或小故障的激活状态为 TRUE 时，该值为 TRUE。该状态时，轴的运动命令不执行 |
| Coordinated | BOOL | 轴协调运动 | 当由多轴协调控制指令使轴组使能时，该值为 TRUE |
| Details | _sAXIS_REF_DET | 轴控制状态 | |
| Idle | BOOL | 空闲 | 命令值未被当前执行时，该值为 TRUE。除非为定位而在等待期间。空闲和 InPosWaiting 是互相排斥的，不能同时为 TRUE |
| InPosWaiting | BOOL | 定位等待 | 等待定位状态时，该值为 TRUE |
| Homed | BOOL | 已定义原点 | 原点已定义后，该值为 TRUE |

（续）

| 变量名 | 数据类型 | 含义 | 功能 |
|---|---|---|---|
| InHome | BOOL | 在原点位置 | 轴在原点的范围内时，该值为 TRUE 它是下列条件的与：已经定义原点；当前实际位置位于原点为中心的零位范围内。<br>当命令状态，轴正移动通过零为位置，该值也为 TRUE |
| VelLimit | BOOL | 命令速度饱和 | 同步控制时，命令的速度被限制到最大速度时，该值为 TRUE |
| Dir | _sAXIS_REF_DIR | 命令的方向 | |
| Posi | BOOL | 正方向 | 命令在正方向时，该值为 TRUE |
| Nega | BOOL | 负方向 | 命令在负方向时，该值为 TRUE |
| DrvStatus | _sAXIS_REF_STA_DRV | 伺服驱动状态 | |
| ServoOn | BOOL | 伺服 ON | 伺服电动机上电时，该值为 TRUE |
| Ready | BOOL | 伺服待机 | 伺服电动机在待机时，该值为 TRUE |
| MainPower | BOOL | 总供电 | 伺服驱动总供电 ON 时，该值为 TRUE |
| P_OT | BOOL | 正限位开关输入 | 正限位开关使能时，该值为 TRUE |
| N_OT | BOOL | 负限位开关输入 | 负限位开关使能时，该值为 TRUE |
| HomeSW | BOOL | 原点接近开关 | 原点接近开关使能时，该值为 TRUE |
| Home | BOOL | 原点开关 | 原点开关使能时，该值为 TRUE |
| ImdStop | BOOL | 立即停止的输入 | 立即停止输入使能时，该值为 TRUE |
| Latch1 | BOOL | 外部锁存器输入 1 | 外部锁存器输入 1 使能时，该值为 TRUE |
| Latch2 | BOOL | 外部锁存器输入 2 | 外部锁存器输入 2 使能时，该值为 TRUE |
| DrvAlarm | BOOL | 驱动故障 | 伺服驱动故障时，该值为 TRUE |
| DrvWarming | BOOL | 驱动警告 | 伺服驱动警告时，该值为 TRUE |
| ILA | BOOL | 驱动内部限制 | 伺服驱动限制功能实际限制轴时，该值为 TRUE |
| CSP | BOOL | 循环同步位置控制模式 | 伺服驱动的伺服 ON 和在 CSP 模式，该值为 TRUE |
| CSV | BOOL | 循环同步速度控制模式 | 伺服驱动的伺服 ON 和在 CSV 模式，该值为 TRUE |
| CST | BOOL | 循环同步扭矩控制模式 | 伺服驱动的伺服 ON 和在 CST 模式，该值为 TRUE |
| Cmd | _sAXIS_REF_CMD_DATA | 轴的命令位置 | |
| Pos | LREAL | 当前命令位置 | 命令位置的当前值。u。当伺服 OFF 即不是位置控制模式时，变量显示实际当前位置 |
| Vel | LREAL | 当前命令速度 | 命令速度的当前值。u/s。正方向移动时速度符号为+，负方向移动时速度符号为-。速度根据当前位置差计算获得。伺服 OFF 和不是位置控制模式时，速度的计算是根据当前实际位置确定的 |
| AccDec | LREAL | 当前命令的加/减速度 | 命令的加/减速度的当前值。$u/s^2$。根据当前速度差计算。+表示加速，-表示减速。当正执行的命令的加/减速度为 0 时，其值为 0 |
| Jerk | LREAL | 当前的命令的加加速度 | 命令的加加速度的当前值。$u/s^3$。加/减速度的绝对值增加时用+，减小时用-。正执行的命令加/减速率和命令的加加速度为 0 时，其值为 0 |
| Trq | LREAL | 当前命令的扭矩 | 命令的扭矩当前值。%。正方向行程用+，负方向行程用-。除扭矩控制模式外，它也包含一个与实际当前扭矩相同的值 |

（续）

| 变　量　名 | 数 据 类 型 | 含　　义 | 功　　能 |
| --- | --- | --- | --- |
| Act | _sAXIS_REF_ACT_DATA | 轴的当前值 | |
| Pos | LREAL | 当前实际位置 | 当前实际位置。u。 |
| Vel | LREAL | 当前实际速度 | 当前实际速度。u/s。正方向行程符号为+，负方向行程为- |
| Trq | LREAL | 当前实际扭矩 | 当前实际扭矩。%。正方向行程符号为+，负方向行程为- |
| TimeStamp | ULINT | 时间标志 | 轴更新到当前位置的时间。轴的时间标志打开时有效。ns |
| MFaultLv1 | _sMC_REF_EVENT | 轴的小故障 | |
| Active | BOOL | 轴小故障发生 | 当有一个轴小故障时，该值为 TRUE |
| Code | WORD | 轴小故障代码 | 轴小故障的代码。与事件代码的前四位数字有相同的值 |
| Obsr | _sMC_REF_EVENT | 轴的观察 | |
| Active | BOOL | 轴观察发生 | 有轴观察时，该值为 TRUE |
| Code | WORD | 轴观察代码 | 一个轴观察的代码。与事件代码的前四位数字有相同的值 |
| Cfg | _sAXIS_REF_CFG | 轴的基本设置 | 提供轴的基本设置参数 |
| AxNo | UINT | 轴号 | 轴的逻辑编号 |
| AxEnable | _eMC_AXIS_USE | 轴使用 | 轴使能或禁止。0：_mcNoneAxis（未定义的轴）；1：_mcUnusedAxis（未使用的轴）；2：_mcUsedAxis（已用的轴） |
| AxType | _eMC_AXIS_TYPE | 轴类型 | 轴类型。对虚拟轴不需要 I/O 接线。0：_mcServo（伺服轴）；1：_mcEncdr（编码器轴）；2：_mcVirServo（虚拟伺服轴）；3：_mcVirEncdr（虚拟编码器轴） |
| NodeAddress | UINT | 节点地址 | EtherCAT 从站地址。16#FFFF 表示无节点地址 |
| ExecID | UINT | 执行标识号 | 任务执行标识号。0：未分配给任务（未定义的轴）；1：分配给主要周期任务；2：分配给优先级 5 的周期任务 |
| Scale | _sAXIS_REF_SCALE | 单位转换设置 | 提供电子齿轮比的设置 |
| Num | UDINT | 电动机每转的命令脉冲计数 | 命令位置的电动机每转的脉冲数。命令值根据电子齿轮比转换为等效的脉冲数 |
| Den | LREAL | 电动机每转的工作行程距离 | 命令位置的电动机每转的工作行程距离 |
| Unit | _eMC_UNITS | 显示单位 | 命令位置的显示单位。0：_mcPls（pulse）；1：_mcMm(mm)；2：_mcUm(μm)；3：_mcNm(nm)；4：_mcDeg(degree)；5：_mcInch(inch) |
| CountMode | _eMC_COUNT_MODE | 计数模式 | 计数模式。0：_mcCountModeLinear（直线）；1：_mcCountModeRotary（回转） |
| MaxPos | LREAL | 当前最大位置 | 当前位置指示的最大值 |
| MinPos | LREAL | 当前最小位置 | 当前位置指示的最小值 |

（4）轴组变量

系统定义的轴组变量名是_MC_GRP[0..63]，_MC1_ GRP[0..63]和_MC2_ GRP[0..63]。

数据类型_sGROUP_REF，是结构变量。表 7-16 是轴组变量。

**表 7-16　轴组变量**

| 变　量　名 | 数 据 类 型 | 含　　义 | 功　　能 |
|---|---|---|---|
| Status | _sGROUP_REF_STA | 轴组状态 | |
| Ready | BOOL | 轴组待机去执行 | 轴组被停止及准备执行时，该值为 TRUE。准备条件是下列条件的与逻辑结果：<br>任何组合轴，未执行 MC_Stop；<br>_MC_GRP[ * ]. Status. Standby 为 TRUE；<br>组合轴的伺服 ON；<br>_MC_AX[ * ]. Details. Homed 为 TRUE |
| Disabled | BOOL | 轴组关闭 | 轴组关闭和停止时，该值为 TRUE。下列轴组状态是排他性的，它们不能同时为 TRUE：Disabled、Standby、Moving、Stopping 或 ErrorStop |
| Standby | BOOL | 轴组保持静止 | 轴组运动指令被停止时，该值为 TRUE。与轴组中组合轴的伺服开关状态无关 |
| Moving | BOOL | 轴组运动 | 轴组到目标位置的运动指令被执行时，该值为 TRUE，它包括定位等待和超驰时的速度为 0 |
| Stopping | BOOL | 轴组减速停止 | 对 MC_GroupStop 指令，直到轴组停止，该值都为 TRUE。它包括轴因 MC_GroupStop 而停止后的 Execute 为 TRUE。轴组运动指令在该状态不被执行（CommandAborted 为 TRUE） |
| ErrorStop | BOOL | 轴组故障减速停止 | 轴组停止或因执行 MC_GroupImmediateStop 或小故障的激活状态为 TRUE 时，该值为 TRUE。该状态时，轴组的运动命令不执行 |
| Details | _sGROUP_REF_DET | 轴组控制状态 | 提供指令的控制状态 |
| Idle | BOOL | 空闲 | 命令值未被当前执行时，该值为 TRUE。除非为定位而在等待期间。空闲和 InPosWaiting 是互相排斥的，不能同时为 TRUE |
| InPosWaiting | BOOL | 定位等待 | 等待定位状态时，该值为 TRUE |
| Cmd | _sGROUP_REF_CMD_DATA | 轴组的命令位置 | |
| Vel | LREAL | 命令插补速度 | 命令插补速度的当前值。u/s。插补速度根据当前插补位置之间的差计算。正方向行程符号为+，负方向行程为-。轴组禁止时，该值为 0 |
| AccDec | LREAL | 命令插补的加/减速度 | 命令插补的加/减速度的当前值。$u/s^2$。根据当前插补速度差计算。+表示加速，-表示减速。当轴组禁止或正执行的命令的加/减速度为 0 时，其值为 0 |
| MFaultLv1 | _sMC_REF_EVENT | 轴组的小故障 | |
| Active | BOOL | 轴组小故障发生 | 当有一个轴组小故障时，该值为 TRUE |
| Code | WORD | 轴组小故障代码 | 轴组小故障的代码。与事件代码的前四位数字有相同的值 |
| Obsr | _sMC_REF_EVENT | 轴组的观察 | |
| Active | BOOL | 轴组观察发生 | 有轴组观察时，该值为 TRUE |
| Code | WORD | 轴组观察代码 | 一个轴组观察的代码。与事件代码的前四位数字有相同的值 |
| Cfg | _sGROUP_REF_CFG | 轴组的基本设置 | 提供轴组的基本设置参数的设置 |
| GrpNo | UINT | 轴组号 | 轴组的逻辑编号 |
| GrpEnable | _eMC_GROUP_USE | 轴组使用 | 轴组使能或禁止。0：_mcNoneGroup（未定义的轴组）；<br>1：_mcUnusedGroup（未使用的轴组）；<br>2：_mcUsedGroup（已用的轴组） |

（续）

| 变量名 | 数据类型 | 含义 | 功能 |
| --- | --- | --- | --- |
| ExecID | UINT | 执行标识号 | 任务执行标识号。1：分配给主要周期任务；2：分配给优先级5的周期任务 |
| Kinematics | _sGROUP_REF_KIM | 运动学变换设置 | 轴组运动学变换的定义 |
| GrpType | _eMC_TYPE | 构成 | 提供多轴协调控制的轴的构成。0：_mcXY（两轴）；1：_mcXYZ（三轴）；2：_mcXYZU（四轴）； |
| Axis [0] | UINT | A0 轴的组合轴 | 分配给 A0 轴的轴号 |
| Axis [1] | UINT | A1 轴的组合轴 | 分配给 A1 轴的轴号 |
| Axis [2] | UINT | A2 轴的组合轴 | 分配给 A2 轴的轴号 |
| Axis [3] | UINT | A3 轴的组合轴 | 分配给 A3 轴的轴号 |

## 7.3.2 应用示例

### 1. 支持 PLCopen 标准的运动控制功能块和数据类型

根据 PLCopen 2011 年 7 月发布的资料，欧姆龙 Sysmac Studio 系统提供的与 PLCopen 标准运动控制功能块一致的功能块见表 7-17。

**表 7-17 欧姆龙 Sysmac Studio 与 PLCopen 标准一致的运动控制功能块**

| 支持版本 | | | | | |
| --- | --- | --- | --- | --- | --- |
| V1.1（Part1） | MC_Power | MC_Home | MC_Stop | MC_MoveAbsolute | MC_MoveRelative |
| | MC_MoveVelocity | MC_Reset | | | |
| | MC_CamIn | MC_CamOut | MC_GearIn | MC_GearOut | MC_PhasingAbsolute |
| V1.0（Part2） | MC_TorqueControl | MC_SetPosition | MC_SetOverride | MC_TouchProbe | MC_AbortTrigger |
| | MC_GearInPos | | | | |
| 不支持 Part1 和 Part2 | MC_Halt | MC_MoveAdditive | MC_MoveSuperimposed | MC_HaltSuperimposed | MC_MoveContiAbsolute |
| | MC_MoveContiRelative | MC_PositionProfile | MC_VelocityProfile | MC_AccelerationProfile | MC_ReadParameter |
| | MC_ReadBoolParameter | MC_WriteParameter | MC_WriteBoolParameter | MC_ReadDigitalInput | MC_ReadDigitalOutput |
| | MC_WriteDigitalOutput | MC_ReadActualPosition | MC_ReadActualVelocity | MC_ReadActualTorque | MC_ReadStatus |
| | MC_ReadMotionState | MC_ReadAxisInfo | MC_ReadAxisError | MC_DigitalCamSwitch | MC_PhasingRelative |
| Part4 | MC_GroupEnable | MC_GroupDisable | MC_GroupStop | MC_GroupReset | |
| | MC_MoveLinearAbsolute | MC_MoveLinearRelative | MC_GroupSetOverride | | |
| 不支持 Part4 | MC_AddAxisToGroup | MC_RemoveAxisFromGroup | MC_UngroupAllAxes | MC_GroupReadConfiguration | |
| | MC_GroupHome | MC_SetKinTransform | MC_SetCartesianTransform | MC_SetCoordinateTransform | |
| | MC_ReadKinTransform | MC_ReadCartesianTransform | MC_ReadCoordinateTransform | MC_GroupSetPosition | |
| | MC_GroupReadActualPosition | MC_GroupReadActualVelocity | MC_GroupReadActualAcceleration | MC_GroupHalt | |
| | MC_GroupInterrupt | MC_GroupContinue | MC_GroupReadStatus | MC_GroupReadError | |
| | MC_MoveCircularAbsolute | MC_MoveCircularRelative | MC_MoveDirectAbsolute | MC_MoveDirectRelative | |
| | MC_PathSelect | MC_SyncAxisToGroup | MC_SyncGroupToAxis | MC_SetDynCoordTransform | |
| | MC_TrackConveyorBelt | MC_TrackRotaryTable | | | |

注：读参数用 EC_CoESDORead；写参数用 EC_CoESDOWrite。电子凸轮表选择用 MC_CAMIn。MC_MoveCircular2D 用于替代圆弧插补功能块

除支持 BOOL、INT、WORD、REAL、ENUM 和 UINT 外，其他支持的数据类型见表 7-18。

**表 7-18　支持的数据类型**

| 派生数据类型 | 用于什么功能块 | 支持否 | 采用的数据类型结构 |
|---|---|---|---|
| AXIS_REF | 几乎所有功能块 | 是 | _sAXIS_REF |
| MC_DIRECTION | MC_MoveAbsolute、MC_MoveVelocity、MC_TorqueControl、MC_MoveContiAbsolute | 是 | _eMC_DIRECTION(_mcPositiveDirection, _mcShortestWay, _mcNegtiveDirection, _mcCurrentDirection, _mcNoDirection) |
| MC_TP_REF | MC_PositionProfile | 否 | |
| MC_TV_REF | MC_VelocityProfile | 否 | |
| MC_TA_REF | MC_AccelerationProfile | 否 | |
| MC_CAM_REF | MC_CamIn、~~MC_CamTableSelect~~ | 是 | ARRAY [0..Max] OF _sMC_CAM_REF<br>TYPE_sMC_CAM_REF :<br>STRUCT<br>Phase : REAL; Distance : REAL;<br>END_STRUCT;<br>END_TYPE |
| MC_CAM_ID | ~~MC_CamTableSelect~~、MC_CamIn | 否 | 用_sMC_CAM_REF 替代 |
| MC_START_MODE | MC_CamIn、~~MC_CamTableSelect~~ | 是 | _eMC_START_MODE( _mcAbsolutePosition, _mcRelativePosition) |
| MC_BUFFER_MODE | 需要缓冲的功能块 | 是 | _eMC_BUFFER_MODE( _mcAborting, _mcBuffered, _mcBlendingHigh, _mcBlendingLow, _mcBlendingNext, _mcBlendingPrevious) |
| MC_EXECUTION_MODE | MC_SetPosition、MC_WriteParameter、~~MC_WriteBoolParameter~~、~~MC_WriteDigitalOutput~~、~~MC_CamTableSelect~~ | 是 | _eMC_EXECUTION_MODE(_mcImmediately,) |
| MC_SOURCE | ~~MC_ReadMotionState~~、MC_CamIn、MC_GearIn、MC_GearInPos、MC_CombineAxes、MC_DigitalCamSwitch | 否 | 用_eMC_REFERENCE_TYPE 替代 |
| MC_SYNC_MODE | MC_GearInPos | 否 | |
| MC_COMBINE_MODE | MC_CombineAxes | 是 | _eMC_COMBINE_MODE( _mcAddAxes, _mcSubAxes) |
| MC_TRIGGER_REF | MC_TouchProbe、MC_AbortTrigger | 是 | TYPE_sTRIGGER_REF :<br>STRUCT<br>Mode : ENUM; LatchID : ENUM; InputDrive:<br>ENUM;<br>END_STRUCT;<br>END_TYPE |
| MC_INPUT_REF | MC_ReadDigitalInput | 否 | 在 AXIS_REF 直接存取 |
| MC_OUTPUT_REF | MC_DigitalCamSwitch、MC_ReadDigitalOutput、MC_WriteDigitalOutput | 否 | |
| MC_CAMSWITCH_REF | MC_DigitalCamSwitch | 否 | 用 MC_ZoneSwitch 替代 |
| MC_TRACK_REF | MC_DigitalCamSwitch | 否 | |
| AXES_GROUP_REF | 几乎所有功能块 | 是 | _sGROUP_REF |
| IDENT_IN_GROUP_REF | MC_AddAxisToGroup、MC_RemoveAxisFromGroup | 否 | |

（续）

| 派生数据类型 | 用于什么功能块 | 支持否 | 采用的数据类型结构 |
|---|---|---|---|
| MC_BUFFER_MODE | 需要缓冲的功能块 | 是 | _eMC_BUFFER_MODE（_mcAborting，_mcBuffered，<br>_mcBlendingHigh，_mcBlendingLow，_mcBlendingNext，<br>_mcBlendingPrevious） |
| MC_KIN_REF | MC_SetKinTransform、<br>MC_ReadKinTransform | 否 | |
| MC_EXECUTION_MODE | MC_SetKinTransform | 否 | |
| MC_COORD_REF | MC_SetCoordinateTransformation | 否 | |
| MC_GROUP_BUFFER_MODE | MC_MoveLinearAbsolute、<br>MC_MoveCircularAbsolute | 否 | |
| MC_TRANSITION_MODE | MC_MoveLinearAbsolute、<br>MC_MoveLinearRelative、<br>~~MC_MoveCircularAbsolute~~、<br>~~MC_MoveCircularRelative~~、<br>MC_MoveCircular2D | 是 | _eMC_TRANSITION_MODE（_mcTMNone，<br>_mcTMCornerSuperimposed）<br>前项是标准规定的过渡模式，后项是制造商规定的过渡模式 |
| MC_CIRC_PATHCHOICE | ~~MC_MoveCircularAbsolute~~、<br>~~MC_MoveCircularRelative~~、<br>MC_MoveCircular2D | 是 | _eMC_CIRC_PATHCHOICE（_mcCW，_mcCCW） |
| MC_PATH_DATA_REF | MC_PathSelect、MC_MovePath | 否 | |
| MC_PATH_REF | MC_PathSelect、MC_MovePath | 否 | |

注：删除线是一致性表所列

**2. 点胶机应用示例**

（1）工艺简介

点胶机是将胶液点滴、涂覆在产品表面或产品内部的一类机械设备。用于产品工艺中胶水、油漆及其他液体的精确点滴、涂覆到产品所需位置，可实现打点、画线、圆形或弧形运动。

点胶机主要应用于电声（喇叭、音响及耳机等）、电感（小型变压器、贴片变压器、电感、继电器和小型线圈电动机等）、通信（手机按键、对讲机、电话机及传真机等）、电气产品（计算机、电视机、数码相机、电子玩具及机壳粘贴等）、开关（连接器、插头连接等）、电子产品（电子元器件、集成电路、线路板点锡膏及电子元器件固定等）、光学（光学镜头、磁头等）和其他行业。

本示例将点胶机用于液晶面板的点胶。采用5个伺服轴，用于控制液晶面板的X轴、Y轴和转角θ的三个伺服轴以及点胶头垂直方向移动的伺服轴，另有一个伺服轴用于视觉控制液晶面板的位置。

对不同规格的液晶面板，需要点胶的位置和运动轨迹不同。

运动控制的主要内容是控制液晶面板的位置，使其精确定位。点胶头只做垂直移动，用于对准需点胶的位置。视觉控制用于前面三个伺服轴的精确定位。因此，运动控制是根据所需要点胶位置，快速调整X、Y和θ轴，是以点胶头位置作为设定值的闭环控制。点胶头设定的位置用视觉控制进行补偿。

为此，将五个单轴组成轴组，并用直线插补和圆弧插补的方法实现位置闭环控制。

（2）编程

本示例选用OMRON的NJ系列控制器，NS系列显示屏和G5系列伺服系统。程序中采用结构数据变量 Product 作为产品结构体。其变量声明段如下：

```
TYPE
    Product : STRUCT
        Product_Id   : UINT;   // 产品标识号
        V1_Length, V2_Length, V3_Length,  Track_R_Length  : LREAL; //X、Y 和转角的运动距离
        V1_Speed, V2_ Speed, V3_ Speed,  Track_R_ Speed  : LREAL;  //X、Y 和转角的运动速度
        Mark_Pos_Right, Mark_Pos_Left :  ARRAY [0..3] OF LREAL;视觉系统三维坐标
        Dispense_Begin_Pos  : ARRAY [0..3] OF LREAL;          //点胶头开始位置的三维坐标
        Dispense_High , Sensor_High  : LREAL;                 //点胶机和传感器高度
        Dispense_Lap_Length, Dispense_Begin_Delay, Dispense_End_Delay: LREAL;
        //点胶头移动范围,开始和结束移动的延迟
        ...
    END_STRUCT
END_TYPE
```

程序中，为防止插补过程切换时出现速度的突变，运动控制功能块的 BufferMode 参数设置为_mcBlendingHigh，即切换时选择前后功能块的高速，它可避免切换时出现速度的突变，如图 7-41 所示。

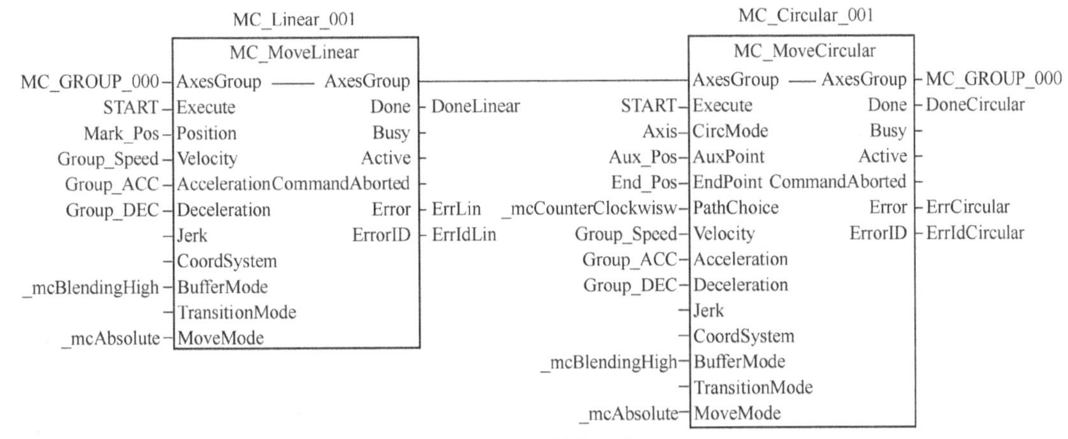


图 7-41 插补程序

与标准运动控制功能块比较，可以发现，OMRON 的直线插补和圆弧插补没有区分绝对位置和相对位置，其区分是用输入参数 MoveMode 实现，其值为_mcAbsolute 表示是绝对位置插补，其值为_mcRelative 表示是相对位置插补。OMRON 的过渡模式中没有输入参数 Transition-Parameter。

组成的轴组 MC_GROUP_000 在 START 信号上升沿开始进行直线插补，其目标位置是绝对位置，由数组 Mark_Pos 提供。由于其缓冲模式选为_mcBlendingHigh，因此，混合时，切换到前后两个功能块设置的高速运动，实践表明可避免速度的突变。图 7-42 是插补切换过程的速度曲线。

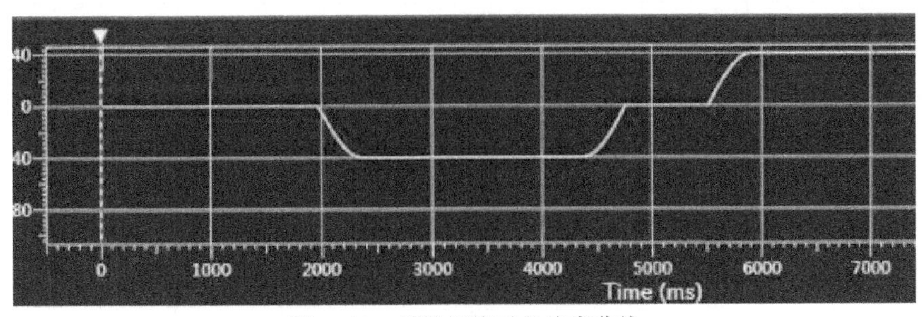


图 7-42 插补切换时的速度曲线

# 第8章　西门子运动控制系统

## 8.1　系统简介

### 8.1.1　概述

根据运动控制系统的基本结构，西门子运动控制系统由下列部分组成。

**1. 运动控制器**

符合 PLCopen 运动控制规范的西门子运动控制系统的运动控制器可选用表 8-1 所列产品。

**表 8-1　西门子运动控制系统的运动控制器产品**

| 版　本 | 产品型号 | 运动控制功能块注 |
|---|---|---|
| 第1部分 V1.0 | Easy Motion Control | MC_MoveAbsolute, MC_MoveRelative, MC_Home, MC_GearIn |
| | SIMATIC CPU 317T | MC_MoveAbsolute, MC_MoveRelative, MC_MoveAdditive, MC_MoveSuperimposed, MC_MoveVelocity, MC_Home, MC_Stop, MC_Power, MC_Reset, MC_WriteParameter, MC_CamIn, MC_CamOut, MC_GearIn, MC_GearOut, MC_Phasing |
| 第1部分 V1.1 | SIMOTION | 除上述 CPU317T 可用的功能块外，增加：MC_ReadStatus, MC_ReadAxisError, MC_ReadParameter, MC_ReadBoolParameter, MC_WriteBoolParameter, MC_ReadActualPosition, MC_PositionProfile, MC_VelocityProfile |
| | S7-1200 | MC_MoveAbsolute, MC_MoveRelative, MC_MoveVelocity, MC_Home, MC_Power, MC_Reset, MC_Halt |
| 第1部分 V2.0 | SIMATIC S7-1500 | MC_Power, MC_Home, MC_Halt, MC_MoveAbsolute, MC_MoveRelative, MC_MoveSuperimposed, MC_MoveVelocity, MC_Reset, MC_GearIn |
| | SIMATIC S7-1500 T-CPU | 除上述 SS7-1500 可用的功能块外，增加：MC_CamIn, MC_GearIn, MC_GearInPos, MC_PhasingAbsolute, MC_PhasingRelative |
| 第4部分 V1.0 | SIMATIC S7-1500 T-CPU | MC_GroupStop, MC_GroupInterrupt, MC_GroupContinue, MC_MoveLinearAbsolute, MC_MoveLinearRelative, MC_MoveCircularAbsolute, MC_MoveCircularRelative |

注：对读写轴的参数等功能块采用轴变量变通，另一些功能块用供应商规定的功能块实现，部分产品采用前缀_。部分功能块被包含在另一功能块的功能中，详见西门子公司有关产品的说明书

**2. 驱动装置和执行器**

表 8-2 是西门子公司的变频器产品一览表。

**表 8-2　西门子公司的变频器产品**

| 产品型号 | 说　明 |
|---|---|
| MICROMASTER | MM4 系列通用变频器是控制三相交流电动机速度和转矩的变频器 |
| SIMODRIVER 611 | 用于机床就地安装的驱动系统，用于进给电动机、主轴电动机的驱动控制 |
| SIMATIC ET200 | 包含 ET200S、ET200M、ET200pro、ET200eco 和 ET200isp 五种硬件与软件的系列控制驱动器 |
| LOHER DYNAVERT | 针对苛刻应用的专用型变频器。可用于 1 类和 2 类爆炸危险场所 |
| SIMOVERT MASTERDRIVES | 超紧凑设计的工程型变频器。兼具矢量控制和运动控制特点 |
| SINAMICS V | 基本性能变频器，有 V20；V90 系列 |
| SINAMICS G | 通用性能变频器，有 G120；G110；ET 200pro FC-2；G130；G150；G180；S110 系列 |
| SINAMICS S | 高性能变频器，有 S210；S120；S120M；S150 系列 |
| SINAMICS DCM | 直流调速器，包括标准调速器控制装置 CUD 和高级调速器控制装置 CUD |
| SINAMICS GH，GM，GL | 高性能中高压变频器，有 SINAMICS GH150/180；GM150；SM150；GL150；SL150；SM120CM |

**3. 执行器**

运动控制系统的执行器是各种伺服电动机。表 8-3 是西门子公司运动控制用的伺服电动机一览表。

**表 8-3　西门子公司运动控制用的伺服电动机**

| 类　型 | 应　用 | 型　号 |
|---|---|---|
| 永磁同步伺服电动机 | 简单应用 | 1FL6（LI）低惯量型；1FL6（HI）高惯量型 |
| | 标准应用 | 1FK7（CT）紧凑型；1FK7（HD））高动态型；1FK7（HI）大惯量型 |
| | 高性能应用 | 1FT7（CT）紧凑型；1FT7（HD））高动态型；1PH8（同步）水冷型；1PH8（同步）强迫风冷型 |
| 模块化感应异步伺服电动机 | 高性能应用 | 1PH8（异步）水冷型；1PH8（异步）强迫风冷型 |
| 带减速箱的永磁同步伺服电动机 | 低速大转矩 | 1FG1 伺服减速型；1FK7+减速箱；1FK7 紧凑型+行星减速箱；1FK7/1FT7+行星减速箱 |
| 直驱电动机 | 高精度应用 | 1FN3 瞬态型；1FN3 连续型；1FW3 力矩电动机；1FW6 力矩电动机 |

## 8.1.2　硬件简介

**1. S7-1500 可编程控制器**

本节介绍西门子公司的 S7-1500 和 S120 等组成的运动控制系统。

(1) CPU

- 紧凑型 CPU。S7-1500 紧凑型系统有表 8-4 所示的两种 CPU。

**表 8-4　S7-1500 紧凑型 CPU 规格**

| 特　性 | CPU 1511C-1 PN | CPU 1512C-1 PN |
|---|---|---|
| 程序用/数据用工作存储器/存储卡 | 175 kB/1 MB/插入式存储卡 | 250 kB/1.5 MB/插入式存储卡 |
| 显示器（对角线长度） | 3.45 cm | |
| 命令执行时间（位/字/定点/浮点）/μs | 0.06/0.072/0.096/0.384 | 0.048/0.058/0.077/0.307 |
| 位存储器/S7 定时器/S7 计数器/IEC 定时器/IEC 计数器 | 16 kB/2048/2048/任意/任意[1] | 16 kB/2048/2048/任意/任意[1] |
| I/O 地址范围 | 32kB/32Kb（存储在过程映像中） | 32kB/32Kb（存储在过程映像中） |
| 运动控制（典型位置轴数/最大位置轴数） | 5/10 | -/- |
| DI/DO/AI/AO | 16/32/5(4U/I,1RTD)/2 | 16/32/5(4U/I,1RTD)/2 |
| 通信：PIP/ProfiNet/ProfiNet IO IRT/Profibus/Web | 经 CM/经 CM/1×PN IO IRT/经 CM/Yes | 经 CM/经 CM/1×PN IO IRT/经 CM/Yes |
| 最大通信卡（CM/CP）扩展能力 | 4 | 6 |
| 最大分布式 IO 系统数量（包括 PN，PB 及 AS-I） | 32 | 32 |
| 最大分布式 IO 站数量 | 256 | 512 |
| 最大 ProfiNet（经 CM）/ Profibus（经 CM/CP）接口数量 | 4/4 | 6/6 |
| 高速计数/脉冲/周期测量 | 6（最大 100 kHz）/6（最大 100 kHz）/6 通道 | 6（最大 100 kHz）/6（最大 100 kHz）/6 通道 |

此外，还有开放式 S7-1500 CPU 1511-1PN、CPU 1513-1PN、CPU 1510SP-1PN、CPU 1512SP-1PN 及 PU 1515SP 等类型和软控制器 CPU 1505 S、CPU 1507 S 等类型，不详述。

1) 标准型 CPU。运动控制应用的 S7-1500 标准型系统有表 8-5 所示的四种 CPU。

**表 8-5 S7-1500 标准型 CPU 规格**

| 特　　性 | CPU 1516-3 PN/DP | CPU 1517-3 PN/DP | CPU 1518-4 PN/DP | CPU 1518-4 PN/DP ODK |
|---|---|---|---|---|
| 程序用/数据用工作存储器/存储卡/MB | 1/5/插入式存储卡 5 | 2/8/插入式存储卡 8 | 4/20/插入式存储卡 20 | 4/20/插入式存储卡 20 |
| 显示器（对角线长度） | 6.1 cm | | | |
| 命令执行时间（位/字/定点/浮点）/ns | 10/12/16/64 | 2/3/3/12 | 1/2/2/6 | 1/2/2/6 |
| I/O 地址范围 | 32 KB/32 KB（存储在过程映像中） | | | |
| 运动控制 | 速度轴 40；位置轴 80；同步轴 120；外部编码器 80；输出凸轮 20；凸轮轨迹 160；测量输入 40 | | | |
| 最大 IO 数量 | 8192 | 16384 | | |
| 运动资源总量 | 2400 | 10240 | 10240 | 10240 |
| 最大通信卡（CM/CP）扩展能力 | 8 | 8 | 8 | 8 |
| 最大分布式 IO 系统数量（包括 PN，PB 及 AS-I） | 64 | 64 | 128 | 128 |
| 最大分布式 IO 站数量 | 1000 | 1000 | 1000 | 1000 |
| 最大 ProfiNet（经 CM）/ Profibus（经 CM/CP）接口数量 | 8/8 | 8/8 | 8/8 | 8/8 |

2）高防护等级型 CPU。S7-1500 高防护等级型 CPU 符合防护等级 IP65/67。表 8-6 是 S7-1500 高防护等级型 CPU 规格。此外，有故障安全型 CPU。例如，1500F 系列 CPU 等，此处不详细列出。

**表 8-6 S7-1500 高防护等级型 CPU 规格**

| 特　　性 | CPU 1516pro-2 PN | CPU 1516pro F-2 PN |
|---|---|---|
| 防护等级 | IP65/67 | IP65/67 |
| 工作/数据存储/装载存储器/MB | 1/5/插入式存储卡 32000 | 1.5/5/- |
| 命令执行时间（位/字/定点/浮点）ns | 10/12/16/64 | 10/12/16/64 |
| 位存储器/S7 定时器/S7 计数器/IEC 定时器/IEC 计数器 | 16kB/2048/2048/任意/任意[1] | 16kB/2048/2048/任意/任意[注] |

注：其他参数可参考 CPU 1516-3 PN/DP

3）工艺型 CPU。为与中高级 PLC 产品线无缝对接，发布 S7-1500 T 工艺型 CPU。其规格见表 8-7。

**表 8-7 S7-1500 T 工艺型 CPU 规格**

| 特　　性 | CPU 1511T-1 PN | CPU 1511TF-1 PN | CPU 1515T-2 PN | CPU 1515TF-2 PN | CPU 1517T-3 PN/DP | CPU 1517TF-3 PN/DP |
|---|---|---|---|---|---|---|
| 程序用/数据用工作存储器/存储卡 | 225 kB/1 MB/插入式存储卡 32 GB | | 750 MB/3 MB/插入式存储卡 32 GB | | 3 MB/8 MB/插入式存储卡 32 GB | |
| 命令执行时间（位/字/定点/浮点）ns | 60/72/96/384 | 60/72/96/384 | 30/36/48/192 | 30/36/48/192 | 2/3/3/12 | 2/3/3/12 |
| 安全等级 | - | SIL3/PL e | - | SIL3/PL e | - | SIL3/PL e |
| 最大 IO 数量 | 1024 | 1024 | 8192 | 8192 | 16384 | 16384 |
| /运动资源总量/凸轮曲线总量 | 800/20 | 800/20 | 2400/60 | 2400/60 | 10240/128 | 10240/128 |
| 运动控制 | 速度轴 40；位置轴 80；同步轴 160；外部编码器 80；输出凸轮 20；凸轮轨迹 160；测量输入 40 | | | | | |

表 8-8 是部分 CPU 支持的最大轴数量。

**表 8-8　部分 CPU 支持的最大轴数量**

| CPU 型号 | 1511 | 1513 | 1515 | 1516 | 1517 | 1518 | 1510 | 1512 |
|---|---|---|---|---|---|---|---|---|
| 位运算/ns | 60 | 40 | 30 | 10 | 2 | 1 | 72 | 48 |
| 速度轴 | 6 | 6 | 30 | 30 | 96 | 128 | 6 | 6 |
| 定位轴 | 6 | 6 | 30 | 30 | 96 | 128 | 6 | 6 |
| 同步轴 | 3 | 3 | 15 | 15 | 48 | 64 | 3 | 3 |
| 外部编码器 | 6 | 6 | 30 | 30 | 96 | 128 | 6 | 6 |

注：CPU1510 和 CPU1512 属于 ET200SP 的 CPU

(2) S7-1500 I/O 模块

1) 数字量 I/O 模块。部分规格见表 8-9~表 8-11。

**表 8-9　S7-1500 DI 型模块规格**

| 型　　号 | 高性能型 16DI，DC 24 V | 基本型 16DI，DC 24 V | 基本型 16DI，AC 230 V | 基本型 16DI，DC 24 V SRC |
|---|---|---|---|---|
| 输入通道/类型 | 16/漏型输入 | 16/漏型输入 | 16/漏型输入 | 16/源型输入 |
| 计数器通道/计数频率 | 2/1 kHz | - | - | - |
| 输入额定电压 | DC 24 V | DC 24 V | AC 230 V | DC 24 V |
| 通道间电气隔离 | 16 | 16 | 4 | 16 |

| 型号 | 高性能型 32DI，DC 24 V | 基本型 32DI，DC 24 V | 高性能型 16DI，UC 24~125 V |
|---|---|---|---|
| 输入通道/类型 | 32/漏型输入 | 32/漏型输入 | 32/漏型/源型输入 |
| 计数器通道/计数频率 | 2/1kHz | - | - |
| 输入额定电压 | DC 24V | DC 24V | AC/DC 24 V，48 V，125 V |
| 通道间电气隔离 | 16 | 16 | 1 |

**表 8-10　S7-1500 DO 型模块规格**

| 型　　号 | 标准型 8DO，AC 230 V/2 A | 高性能型 8DO，DC 24 V/2 A | 标准型 8RO，AC 230 V/5 A | 标准型 16DO，UC 24. 48 V/DC125 V/0. 5 A |
|---|---|---|---|---|
| 输出通道/类型 | 8/可控硅 | 8/晶体管源型输出 | 8/继电器输出 | 16/源型输出 |
| 输出额定电压 | AC 120/230 V/2 A | DC 24 V/2 A | DC 24 V-AC230 V/5 A | AC/DC 24 V，48 V，DC 125 V/0. 5 A |
| 通道间电气隔离 | 16 | 16 | 4 | 16 |

| 型号 | 标准型 16DO，DC24 V/0. 5 A | 基本型 16DO，DC24 V/0. 5 A | 标准型 16DO，AC230 V/1 A | 标准型 16DO，AC230 V/2 A | 标准型 32DO，DC24 V/0. 5 A |
|---|---|---|---|---|---|
| 输出通道/类型 | 16/晶体管源型输出 | 16/晶体管源型输出 | 16/可控硅 | 16 | 32/晶体管源型输出 |
| 输出额定电压 | DC24 V/0. 5 A | DC24 V/0. 5 A | AC120/230 V/1 A | DC24 V-AC230 V/2 A | DC24 V/0. 5 A |
| 通道间电气隔离 | 8（带模块级诊断） | 8（带线连接器） | 2 | 2 | 8 |

**表 8-11　S7-1500 DI/DO 混合型模块规格**

| 型　　号 | 基本型 16DI，DC 24 V/基本型 16DO，DC 24 V/0. 5 A |
|---|---|
| 输入通道/类型//输出通道/类型 | 16/漏型输入/16/源型输出 |
| 输入额定电压//输出通道额定电压 | DC 24 V//DC 24 V/0. 5 A |
| 通道间电气隔离 | 8 |

2）模拟量 I/O 模块。部分规格见表 8-12~表 8-14。

**表 8-12　S7-1500AI 型模块规格**

| 型　　号 | 标准型 4AI U/I/RTD/TC | 标准型 8AI U/I/RTD/TC | 高速型 8AI U/I |
|---|---|---|---|
| 输入通道/类型 | 4（RTD 只有 2）/U/I/RTD/TC/电阻 | 8/U/I/RTD/TC/电阻 | 8/U/I |
| 分辨率（包括符号位） | 16 位 | 16 位 | 16 位 |
| 每通道转换时间 | 9/23/27/107 ms | 9/23/27/107 ms | 所有通道 62.5 μs |
| 通道间电气隔离 | 4 | 8 | 8 |

**表 8-13　S7-1500AO 型模块规格**

| 型　　号 | 标准型 2AO U/I | 标准型 4AO U/I | 高速型 8AO U/I |
|---|---|---|---|
| 输出通道/类型 | 2/U/I | 4/U/I | 8/ U/I |
| 分辨率（包括符号位） | 16 位 | 16 位 | 16 位 |
| 每通道转换时间 | 0.5 ms | 0.5 ms | 所有通道 50 μs |
| 通道间电气隔离 | 2 | 4 | 8 |

**表 8-14　S7-1500AI/AO 混合型模块规格**

| 型　　号 | 标准型 4AI U/I/RTD/TC　2AO U/I |
|---|---|
| 输入通道/类型//输出通道/类型 | 4（RTD 只有 2）/U/I/RTD/TC/电阻//2/U/I |
| 输入/输出分辨率（包括符号位） | 16 位/16 位 |
| AI//AO 每通道转换时间 | 9/23/27/107 ms //0.5 ms |
| AI//AO 通道间电气隔离 | 4//2 |

（3）S7-1500 通信模块

表 8-15 是 S7-1500 部分通信模块的规格。

**表 8-15　S7-1500 通信模块规格**

| 型　　号 | 基本型 CM PtP RS422/485 | 高性能型 CM PtP RS422/485 | 基本型 CM PtP RS232 | 高性能型 CM PtP RS232 |
|---|---|---|---|---|
| 接口 | 1/RS422/RS485 | 1/RS422/RS485 | 1/RS232 | 1/RS232 |
| 通信协议 | 自由口/3964(R) | 自由口/3964(R)/ Modbus RTU 主/从 | 自由口 | 自由口/3964(R)/ Modbus RTU 主/从 |
| 最大报文长度 | 1k 字节 | 4k 字节 | 1k 字节 | 4k 字节 |
| 通信速率 | 19.2 kbit/s | 115.2 kbit/s | 19.2 kbit/s | 115.2 kbit/s |
| 最大传输距离 | 1200 m | 1200 m | 15 m | 15 m |
| 型号 | CM 1542-5 | CP 1542-5 | CP 1543-1 | CM 1542-1 |
| 接口 | 1/RS485 母 | 1/RS485 母 | 1/RJ45 | 2/RJ45 |
| 通信协议 | DPV1 主/从/S7 通信 PG/OP 通信 | | 注 1 | 注 2 |
| 最大从站数 | 125 | 32 | - | 128 |
| 通信速率 | 9.6 kbit/s~12 Mbit/s | 9.6 kbit/s~12 Mbit/s | 10/100/1000 Mbit/s | 10/100 Mbit/s |
| VPN | 否 | 否 | 是 | 否 |

注 1：开放式通信（ISO 传输、TCP、ISO-on-TCP、UDP、基于 UDP 连接组播）、S7 通信、IT 功能（FTP、SMTP、Webserver、NTP、SNMP）

注 2：Profinet IO（RT、IRT、MRP、设备更换无需可交换存储介质、IO 控制器、等时实时）、开放式通信（ISO 传输、TCP、ISO-on-TCP、UDP、基于 UDP 连接组播）、S7 通信、其他如 NTP \ SNMP 代理、Webserver

（4）S7-1500 扩展接口模块

表 8-16 是 S7-1500 部分扩展接口模块的规格。

**表 8-16　S7-1500 扩展接口模块规格**

| 型　号 | 标准型 IM 155-5 PN | 高性能型 IM 155-5 PN | 标准型 IM 155-5 DP |
| --- | --- | --- | --- |
| 通信方式 | Profinet IO | Profinet IO | Profibus DP |
| 接口类型 | 2×RJ45 | 2×RJ45 | RS485. DP 接头 |
| 扩展 IO 模块数 | 30 | 30 | 12 |
| Profinet IO 通信服务 | 等时同步，IRT，MRP，优先化启动，共享设备（2 个） | 等时同步，IRT，MRP，MRPD，优先化启动，共享设备（4 个） | |
| 开放式 IE 通信 | TCP/IP，SNMP，LLDP | TCP/IP，SNMP，LLDP | |

（5）S7-1500 工艺模块

S7-1500 工艺模块用于快速信号预处理。例如，高速计数和测量等。表 8-17 是 S7-1500 部分工艺模块规格。

**表 8-17　S7-1500 工艺模块规格**

| 特　性 | TM Count 2×24 V | TM PosInput |
| --- | --- | --- |
| 连接编码器数 | 2 | 2 |
| 编码器类型 | 带和不带信号 N 的 24 V 增量编码器、具有方向和不具有方向信号的 24 V 脉冲编码器、向上和向下计数脉冲的 24 V 脉冲编码器 | 带和不带信号 N 的 RS422/TTL 增量编码器、具有方向和不具有方向信号的 RS422/TTL 脉冲编码器、向上和向下计数脉冲的 RS422/TTL 脉冲编码器 |
| 最大计数频率 | 200 kHz，800 kHz（4 倍脉冲评估） | 1 MHz，4 MHz（4 倍脉冲评估） |
| 性能 | 2 计数器，测量频率、周期、速度、绝对位置和相对位置 | 2 计数器，测量频率、周期、速度、绝对位置和相对位置 |
| 输入通道/类型 | 6/每个计数通道 3 个 | 4/每个计数通道 2 个 |
| 输出通道/类型 | 4/每个计数通道 2 个 | 4/每个计数通道 2 个 |

此外，还有检测边沿信号的工艺模块，可用于数字量输入信号的快速计数、过采样；数字量输出的占空比控制、脉宽调制等，运动控制中可用于电子凸轮、长度检测和脉宽调制等。

（6）S7-1500 电源模块

表 8-18 是 S7-1500PS 电源模块规格。表 8-19 是 S7-1500PM 电源模块规格。

**表 8-18　S7-1500PS 电源模块规格**

| 型号 | PS 25W 24VDC | PS 60W 24/48/60 V DC | PS 60W 120/230 V AC/DC |
| --- | --- | --- | --- |
| 额定输入电压/DC | 静态 19. 2~28. 8 V<br>动态 18. 5~30. 2 V | 静态 19. 2~72 V<br>动态 18. 5~75. 5 V | 88~300 V |
| 额定输入电压/AC | - | - | 85~264 V |
| 额定输入电流 | 24VDC/1. 3 A | DC：24 V/3 A；48 V/1. 5 aA；60 V/1. 2 A | 120VDC/AC/0. 6 A；230 VAC/0. 34 A；230 VDC/0. 3 A |
| 输入电压反极性保护 | 是 | 是 | - |
| 短路保护 | 是 | 是 | 是 |
| 馈电功率 | 25 W | 60 W | 60 W |

**表 8-19　S7-1500PM 电源模块规格**

| 型　号 | PM1507 24 V/3 A | PM1507　24 V/8 A |
| --- | --- | --- |
| 额定输入电压/AC | 120 V/230 V AC/50/60 Hz 自适应 | 120 V/230 V AC /50/60 Hz 自适应 |
| 额定输出电压/电流 | 24 V/3 A | 24 V/8 A |

（续）

| 型　　号 | PM1507 24 V/3 A | PM1507　24 V/8 A |
|---|---|---|
| 瞬时过载电流/时间 | 12 A/70 ms；1.5 倍大功率输出，5 s/min 可顺利启动感性或容性负载，保持输出稳定 | 35 A/70 ms；1.5 倍大功率输出，5 s/min 可顺利启动感性或容性负载，保持输出稳定 |
| 输出过载保护 | <28.8 V，可防止其他设备因过压而损坏，过载限流 3.15~3.6 A | <28.8 V，可防止其他设备因过压而损坏，过载限流 8.4~9.6 A |
| 安全认证标准 | EN 60950-1，EN50178，EN61131-2，CE，UL，CB，ATEX | |
| EMC 认证标准 | EN 55022 Class B，EN 61000-3-2，EN 61000-6-2 | |

**2. SINAMICS S120 系统**

图 8-1 是 SINAMICS S120 系统概貌。

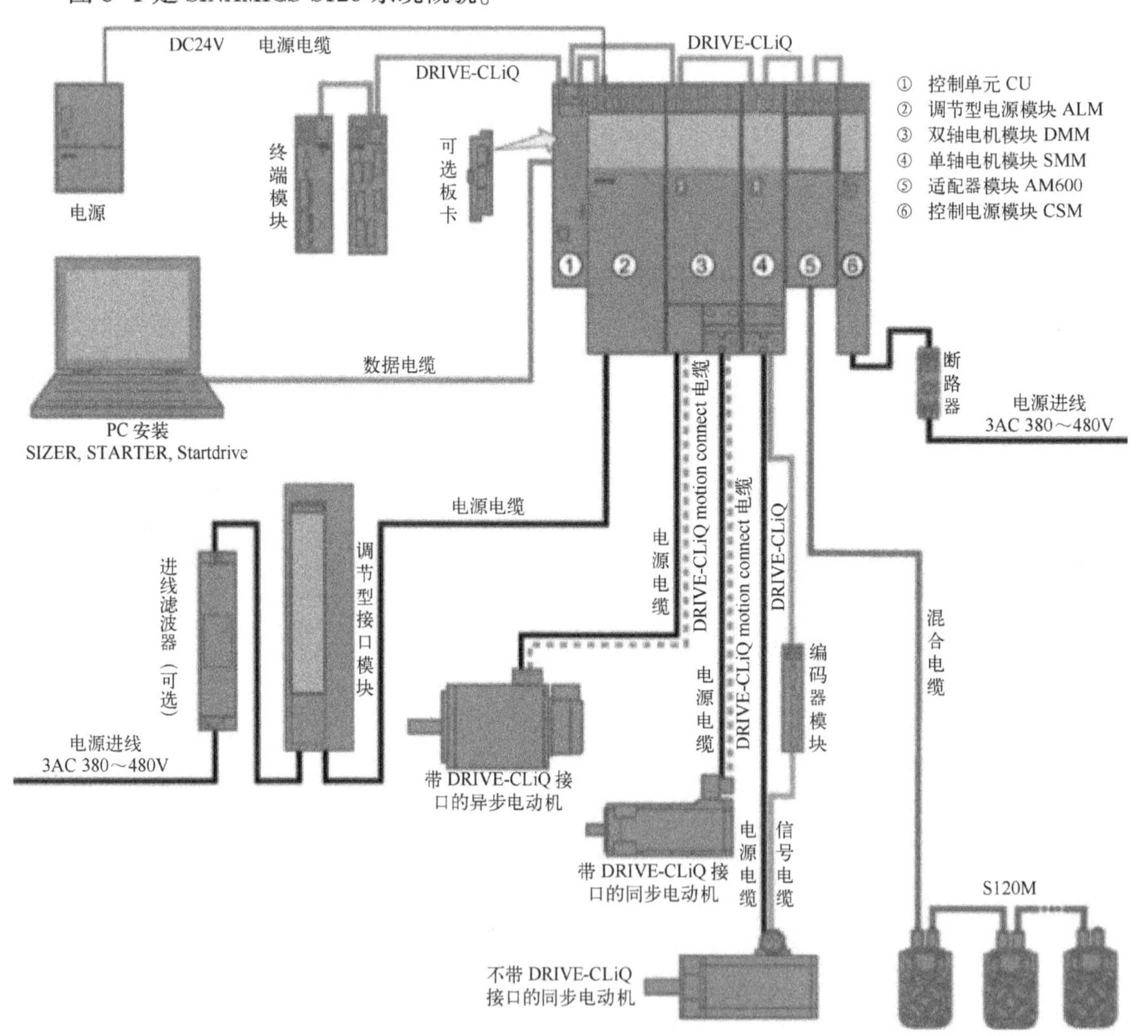


图 8-1　SINAMICS S120 系统概貌

SINAMICS 系列产品是用于驱动任务的一系列产品。包括 SINAMICS S 系统、SINAMICS G 系统和 SINAMICS V 系统。SINAMICS V 系统用于使用基本驱动功能的应用场合，具有高性价比和操作简单等特点。SINAMICS G 系统用于异步电动机的标准应用，它对电动机转速的动态性能要求较低。SINAMICS S 系统用于有苛刻要求的同步和异步电动机的驱动，可提供高动态响应和高准确度控制要求，其驱动控制器集成了广泛的工艺功能。

SINAMICS S120 系统组件包括：控制单元和扩展系统组件、进线侧组件、馈电模块、电动机模块、电源模块、直流母线组件、分布式组件、电动机侧组件、各类驱动电动机和编码器、电缆以及适配器等附件。

SINAMICS S120 系统主要应用场合是泵和风机类应用（如单螺杆泵、除鳞机和液压机等）、移动类应用（如升降机、集装箱起重机、矿井提升机、货架存取设备、工业机器人、贴面机、旋转分度台、横切机及分离装置等）、处理类应用（如挤出机、卷取机、包装机、折叠机、研光机、压机主驱动、印刷机、多轴运动控制的定位、电子凸轮和插补等）、加工类应用（如作为主驱动用于钻削、锯削、车削、铣削、切齿磨削、激光加工、步冲和冲孔等）等有高准确度和动态响应要求的应用场合。

（1）控制单元和扩展系统组件

控制单元可用于多个驱动器的运行。执行驱动轴的通用驱动功能和工艺功能。根据通信协议，分为 CU320-2PN（Profinet）和 CU320-2DP（Profibus DP）两类。表 8-20 是 S120 控制单元的规格（CU310-2 未列出）。

**表 8-20　SINAMICS S120 系统控制单元规格**

| 型　　号 | 电位隔离 DI | 非电位隔离 DI/DO | DRIVE-CLiQ | 现场总线接口 | LAN 接口 | 串行接口 | 选件插槽 | 测量端子 |
|---|---|---|---|---|---|---|---|---|
| CU320-2 PN | 12 | 8 | 4 | PN×2 | 1 | 1 | 1 | 3 |
| CU320-2 DP | 12 | 8 | 4 | DP×1 | 1 | 1 | 1 | 3 |

根据安装分类，可分为书本型、紧凑书本型、模块型和装机装柜型。书本型组件适用于多轴驱动应用。各组件贴近安装，共用直流母线。冷却结构可分为内部风冷、外部风冷、冷却板和液冷等四种。紧凑书本型体积更紧凑，用于安装空间更小的场合，分为内部风冷和冷却板两种。

扩展系统组件有控制单元适配器 CUA、基本操作员面板 BOP、终端模块 TM（数字和模拟 IO）、可选板卡、集线器模块 DMC 和 DME 及编码器模块 SM 等。

编码器模块 SM。编码器分机柜安装式编码器模块 SMC 和外部编码器模块 SME 两大类。SMC 编码器模块接收编码器的信号，将转速、位置实际值、转子位置和可能存在的电动机温度等信息经 DRIVE-CLiQ 发送给控制单元。SME 编码器模块仅将编码器提供的信号转换为 DRIVE-CLiQ，它不保存任何电动机数据或编码器数据。表 8-21 是 S120 系统可接入的编码器系统。

**表 8-21　S120 系统可接入的编码器系统**

| 编码器系统 | | SMC | | | | SME | | | |
|---|---|---|---|---|---|---|---|---|---|
| | | SMC10 | SMC20 | SMC30 | SMC40 | SME20 | SME25 | SME120 | SME125 |
| 旋转变压器 | | 支持 | - | - | - | - | - | - | - |
| 增量编码 | sin/cos1$V_{pp}$ 带/不带参考信号 | - | 支持 | - | - | 支持 | - | 支持 | - |
| | TTL/HTL | - | - | 支持 | - | - | - | - | - |
| 绝对编码 | EnDat2. 1① | | 支持 | - | - | - | 支持 | - | 支持 |
| | EnDat2. 2② | - | - | - | 支持 | - | - | - | - |
| | SSI | - | 支持③ | 支持④ | - | - | 支持③ | - | 支持③ |
| 温度信号转换 | | 支持 | 支持 | 支持 | - | 支持 | - | 支持⑤ | 支持⑤ |

① 产品编号 02 的绝对编码器 EnDat2. 2 同样可连接；EnDat 是数字式、全双工同步串行的数据传输协议接口

② 产品编号 02 的绝对编码器 EnDat2. 2 不可连接；产品编号 22 的绝对编码器 EnDat2. 2 可连接

③ 只适用于 SSI 编码器，带 5 V 电源。SSI 是全双工串行的数据传输协议接口

④ 针对 5 V 或 24 V 电源的 SSI 编码器

⑤ 安全电气隔离

增量编码器断电时，位置信号不存储在控制器，因此，断电后必须返回参考点。绝对值编码器在断电时存储位置等设备信息，在上电启动时能返回断电前的实际位置。

（2）功率模块

功率模块由一个电源整流器、一个电源源直流母线和一个为电动机供电的逆变器集成。功能模块用于单轴驱动，不能将能量回馈到电网，其能量经制动电阻转化为热能。

（3）电源模块

用于从进线电压生成直流电压，供电给各电机模块等。电源模块有基本型电源模块 BLM、调节型电源模块 ALM 和非调节型电源模块 SLM。进线电压 3AC，380~480 V±10%，47~63 Hz。可在 TN、TT 和 IT 电网运行。

（4）电动机模块

电动机模块是一个逆变器，分单轴和双轴型两类，用于连接各类电动机。单轴型电机模块额定电流 3~30 A、45~200 A；双轴型电动机模块额定电流 2×1.7~2×18 A。有电子铭牌用于自动设别设备。SINAMICS 系列的每个组件都有各自的电子铭牌，它包含相应组件的全部重要技术数据和物流数据。例如，电动机模块的电子铭牌有产品编号、设别码、电动机等效电路以及电动机集成编码器参数等。电动机模块有四种冷却方式：内部风冷、外部风冷、冷却板和液冷。电动机模块具有抗短路能力和接地能力，采用集成的直流母线排和电子电流母线排，有集成的安全抱闸控制功能，能够经 LED 显示工作状态和故障信息。经 DRIVE-CLiQ 接口可与其他组件，例如，控制单元和其他组件进行通信等。

（5）直流母线组件

包括制动模块、制动电阻、制动单元、电容器模块和控制电源模块等。

- 制动模块。制动模块和外接制动电阻用于电源掉电时使驱动器能够可控停机，或在短时间的发电模式，限制直流母线的电压。制动模块包括必需的功率电子装置和控制装置。制动时反馈到直流母线的能量经外部制动电阻消耗。
- 电容器模块。用于提高直流母线电容，以跨越暂时的主电源失电。电容器模块经集成的直流母线排并联连接到直流母线电源。
- 控制电源模块。提供 DC 24~48 V 电源，可调节输出电压。内部有一个单独的适用断路器或一个熔断器，以保护该模块。内部包括一个电源滤波器和用于设备内部直流母线的预充电断路，以生成隔离的 24 V 电压。

（6）电源侧和电动机侧组件

电源侧组件包括电源电抗器、电源主开关、电源熔断器、断路器、漏电保护器、电源接触器、进线滤波器、电源滤波器、进线电抗器、电源电抗器以及调节性接口模块等。电动机侧组件包括电动机电抗器、电压保护模块和电源滤波器等。

（7）DRIVE-CLiQ 电缆

用于连接带 DRIVE-CLiQ 接口的组件。分为带 RJ45、无 24 V 芯线的信号电缆；带 RJ45 的 DRIVE-CLiQ 连接器的运动连接的信号电缆和带 DRIVE-CLiQ 连接器及柜式转接 M12 插口的运动连接的信号电缆等类型。

**3. SIMOTICS 驱动系统**

（1）固件功能

SIMOTICS 系列驱动电机包括适应于电网和变频器运行的低压电动机（例如，通用型 GP、重载型 SD、防爆型 XP、自由周期型 FD、专用型 DP、高转矩型 HT 及非标准应用型 TN 等）、直流电动机（如直流型 DC）、高压电动机（如高压型 HV）和适用于运动控制的电动机（如 S

系列伺服电动机、M 系列主电动机、L 系列直线电动机和 T 系列力矩电动机等)。

SIMOTICS 驱动系统主要功能由软件实现。其固件的功能如下:

1) 基本驱动功能 (Basic Drive Function)。包括下列子功能:

➢ 闭环控制。包括开环 V/F 控制、闭环矢量控制和闭环伺服控制等,根据被控变量可分为电流、位置、转速、转矩和工艺过程参数,例如,温度、压力、流量和液位等的控制。表 8-22 是主要的开环和闭环控制功能。

**表 8-22 SINAMICS S120 的开环和闭环控制功能**

| 控制类型 | 闭环控制 | 开环控制 | 书本型/装机装柜型主要功能 | 注释 |
|---|---|---|---|---|
| 馈电控制 | 书本型:<br>电流控制; $U_{DC}$控制<br>装机装柜型:<br>电流控制; $U_{DC}$控制 | 书本型/装机装柜型:<br>基础模式: 仅整流<br>智能模式: 整流和再生回馈 | 电网识别<br>控制器优化<br>谐波滤波器<br>自动重启 | 电流指进线侧三相电流 |
| 矢量控制 | 异步电动机: 转矩控制; 转速控制<br>转矩电动机: 转矩控制; 转速控制<br>异步电动机, 力矩电动机: 位置控制<br>磁阻电动机: 转矩控制; 转速控制 | 线性/抛物线特性曲线<br>固定频率特性曲线 (纺织)<br>独立的电压设定输入 | 数据组切换; 扩展的设定值; 电动机识别; 电流和转速控制器优化; 工艺控制器; 基本定位器; 自动重启; 捕捉再启动; 动能缓冲; 同步; 软化; 制动控制 | 可与 V/I 控制模式混合运行。对磁阻电动机不能操作 V/I。<br>伺服和矢量模式下都可选择位置控制器作为功率模块。<br>同步电动机和直线电动机只能伺服模式下运行 |
| 伺服控制 | 异步电动机: 转矩控制; 转速控制<br>同步电动机、直线电动机和力矩电动机: 转矩控制; 转速控制<br>所有电动机类型: 位置控制 | 线性/抛物线特性曲线<br>固定频率特性曲线 (纺织)<br>独立的电压设定输入 | 数据组切换; 扩展的设定值; 电动机识别; 衰减应用; 工艺控制器; 基本定位器; 制动控制 | 可与 V/I 控制模式混合运行。<br>伺服和矢量模式下都可选择位置控制器作为功率模块 |

➢ 可用性。可用性是某单一设备故障时造成整个生产工程停产的失效率。为此,常用的措施是:并联运行、自动重启、捕捉再启动、带动态缓冲的直流电压控制和冗余运行等。

➢ 设置设定值和指令值。可设置调整方向、跳转频率、斜坡升/降等设定值数据,并可完全独立地对指令和设定值进行组合配置。

➢ 限制器、定时器和监控。用于限制输入、输出量,使适应被连接的设备性能。定时器/运行时间计数器用于获取信息或确定流程的时间特性曲线,记录制造商应用信息、用户使用时间、对间隔时间进行监控和特定间隔时间触发动作 (例如维护动作)。监控用于提前发现危险状态,便于采取适宜措施,保护有关设备。

➢ 诊断。诊断流程和运行中机械的问题。包括故障和报警的缓存、诊断缓存、信号丢失的中断操作列表、信号特性曲线的时间分配跟踪记录、IO 模拟、报文内容诊断和端子状态诊断等。

➢ 保护。防止对变频器和/或电动机的损害。包括对访问的写保护、专有技术的保护和复制保护等。

2) 标准工艺功能 (Standard Technology Function)。包括下列功能。

➢ 在驱动中的二进制/模拟信号互联 BICO (Binector and Connector Technology) 技术。用于在定义的干预电中断和重新互联或互联不同的变量。Binector 是逻辑信号,Connector 是数值,如转速实际值等。

➢ 自由功能块 (Free Function Block)。可添加和预定义用于二进制和模拟信号的功能块。但数量有限制。

➢ 基本定位 Epos（Easy Basic Positioner）功能。用于方便地触发驱动内各种定位（绝对和相对定位）任务，实现位置闭环控制、反向间隙补偿、模态偏差补偿等，可校准原点和对绝对编码器校准等。

➢ 工艺控制器（Technology Controller）。可方便地用于过程参数的控制和实现牵引力控制、负载补偿等。

3）高级工艺功能（Advanced Technology Function）。仅 S120 系统具有该功能。它包括 DCC（驱动控制图）和工艺扩展（TEC）。DCC 由功能块库、驱动控制块 DCB（标准库和扩展库）和 DCC 编辑器组成。用于实现算术、逻辑和控制等复杂应用的编辑，创建用户的复杂工艺功能。TEC 是针对用户应用的特殊要求，配置功能/工艺模块，用于扩展固件的功能。例如，消除振动、伺服耦合、设定值生成、折线拟合等。

4）安全集成功能（Safety Integrated Function）。根据有关安全标准（例如，EN ISO 12100、IEC 61508、EN 62061、EN 60204、EN 61800、EN ISO 13849-1 等）提供相关的安全集成功能。包括安全转矩关闭 STO、安全停止 1SS1、安全停止 2SS2、安全运行停止 SOS、安全制动控制 SBC、安全制动测试 SBT、安全限速 SLS、安全速度监视 SSM、安全运行方向 SDI、安全限位 SLP 以及位置值安全传输 SP 等功能。其中，基本功能是 STO、SBC 和 SS1。其他安全功能是扩展的安全功能。根据具体应用和负载特性曲线，利用 SINAMICS 变频器的智能节能功能降低能耗。具体措施有：使用 ProfiEnergy、ECO 模式、旁路模式、多轴驱动的能量平衡、调节型电源模块的无功功率补偿、多轴驱动动能缓冲和电力能量缓冲、优化脉冲模式和再生回馈等。

5）通信功能（Communication Function）。可方便地连接到各种重要的现场总线系统。提供的通信接口包括 Profinet RT、Profinet IRT（等时和非等时同步）、Profinet 冗余（MRP、MRPD、S2）、Profisafe、ProfiEnergy、Profidrive 和 Profibus DP、及 Ethernet IP、Modbus TCP、CANopen、USS 等。

6）能效功能（Energy Efficiency Function）。从下列五方面实现能效控制：产品设计、生产计划、生产配置、生产实施和服务。

7）通用配置功能（Common Engineering）。

8）应用及行业专用技术。是根据应用的具体工艺需要采用的技术。例如，级联控制、旁路控制、多区域控制，电网的供电功能（馈电变压器、动态电网支持等）等技术。

（2）电动机

有同步电动机、异步电动机、主电动机、直线电动机和力矩电动机等。表 8-23 是各类电动机的基本性能。

**表 8-23 适用于运动控制应用的电动机性能**

| 类 型 | S 系列伺服电动机 | S 系列伺服减速电动机 | M 系列主电动机 | L 系列直线电动机 | T 系列力矩电动机 |
|---|---|---|---|---|---|
| 型号 | IFK7，1FT7 | 1FG1 | 1PH8，1FE1，1FE2 | 1FN3 | 1FW3，1FW6 |
| 功率/kW | 0.03~34.2 | 0.5~7 | 2.8~1340 | 1.7~81.9 | 1.7~380 |
| 扭矩/Nm | 0.08~170 | 14~8100 | 13~12435 | 150~10375 | 10~7000 |
| 转速/rpm | <10000 | <1300 | <40000 | <836 | <1200 |
| 应用场合 | 动力和精度有高要求或极高要求的应用。例如，机器人和机器臂系统、木材、玻璃、陶瓷和石材加工、包装机、塑料加工机械和纺织机械及机床应用 | 托盘堆垛机、货架存取设备（配备升降驱动、行驶驱动和货叉驱动）、计量泵和伺服传动装置的应用 | 高旋转精度、高动态旋转轴的应用，例如，压力机、印刷机内的主驱动、薄膜包装机和其他转化应用中的压辊驱动和存取机、机床内主轴驱动 | 线性运动的动力和精度要求较高的应用。例如，加工中心、车削、磨削、激光加工、搬运及机床应用 | 精度和力度要求较高的旋转轴应用。例如，挤出机、卷取机、轧辊驱动、机床旋转轴、旋转分度台和刀库的应用 |

1) SIMOTICS S 系列同步伺服电动机。表 8-24 是 SIMOTICS S 系列永磁同步伺服电动机分类和规格。S-1FT7 型同步电动机常用于高性能要求的机床，对动态响应和准确度要求严苛的机械，例如，包装机、拉膜机、印刷机和搬运设备。根据连接的编码器、安装的轴高、额定转速、冷却方式等参数确定电动机型号。S-1FK7 型电动机常用于机床、机器人和机械手系统、木材、玻璃、陶瓷和石材加工、包装机械、塑料机械和纺织机械、印刷机和作为辅助轴的应用场合。其变速箱采用 SP+、LP+系列行星齿轮箱

**表 8-24　SIMOTICS S 系列永磁同步伺服电动机分类和规格**

| 类　型 | 紧凑型 S-1FT7 | 高动态型 S-1FT7 | 紧凑型 S-1FK7 | 高动态型 S-1FK7 | 高惯量型 S-1FK7 |
|---|---|---|---|---|---|
| 特性 | 极高的功率密度 | 极低的转子转动惯量 | 极高的功率密度 | 极低的转子转动惯量 | 高转动惯量或可变负载转动惯量 |
| 防护等级 | IP64（可选 IP65、IP67） | | IP64（可选 IP65） | | |
| 冷却方式 | 自然冷却，强制风冷，水冷 | 强制风冷，水冷 | 自然冷却 | 自然冷却 | 自然冷却 |

注：IP64：防止灰尘侵入和任何方向的飞溅水；IP65：防止灰尘侵入和任何方向的喷射水；IP67：防止灰尘侵入和规定压力和时间条件下浸没水中

2）SIMOTICS M 系列主电动机。表 8-25 是 SIMOTICS M 系列主电动机分类和规格。主电动机常用于作为机床的主轴电动机。在包装、印刷等行业被称为高速输出主电动机。M-1PH8 型主电动机是新一代通用型电动机，适应于运动控制的应用。可在集中式机器驱动场合作为主电动机。例如，压机和挤出机的主驱动、纸品、胶片、薄膜等材料加工、起重设备的主轴、印刷行业、机床的主轴驱动、造纸和印刷行业的旋转轴等。可与其他组件配合，转速调节范围大，轴承寿命长，控制精度高，能满足极端严苛的负载循环、短暂的调控时间和高精度的要求。M-1FE 内装式电动机省去电动机开关电枢、皮带传动、齿轮箱及主轴编码器等机械组件，实现紧凑设计。采用水冷获得高的功率密度，最大转速可达 40000 rpm，转矩达 1530 Nm（S1 模式）。转矩比高，使加速和制动时间缩短。省去传动柔性部件，即使在极低转速下，仍可有极高加工精度。分为高转速（M-1FE1）高转矩（M-1FE2）两种型号。常用于加工精度、运行稳定性要求极高，加速时间极短的应用领域。

**表 8-25　SIMOTICS M 系列主电动机分类和规格**

| 类　型 | M-1PH8 型异步笼型电动机 | M-1PH8 永磁同步电动机 | M-1FE1/1FE2 同步内装式电动机 |
|---|---|---|---|
| 特性 | 结构体积小，功率密度高 | 性能卓越，结构体积小，功率密度极高 | 永磁同步电动机 |
| 防护等级 | IP55，IP23，IP55/IP65 | IP55，IP55/IP65 | IP00 |
| 冷却方式 | 强制风冷，强制风冷，水冷 | 强制风冷，水冷 | 水冷 |

注：IP23：防止手指接触，可防止直径大于 12.5 mm 固体异物进入和防止与垂直的夹角小于 60°的垂直方向的喷洒水；IP55：防止外物及灰尘，可防止有害灰尘堆积和防止任何方向的喷射水；IP65：见表 8-24 注；IP00：对外界的人和物无特殊的防护，对水和空气无特殊的防护

3）SIMOTICS L 系列直线电动机和 T 系列力矩电动机。表 8-26 是 SIMOTICS L 系列直线电动机和 T 系列力矩电动机分类和规格。L 系列直线电动机可提供经优化调整的直线型直接驱动，其动态响应优越，运行速度非常快，精确性极高，安装简单，驱动力的传输不发生接触，因此，驱动组件不会磨损。用于高精度、动态效应快和灵活的机床结构、激光加工、凸轮或曲轴加工、无重量补偿的 Z 轴和套筒加工、搬运系统及直角坐标系的机器人和机械手系统等。T

-1FW6 型力矩电动机转矩大，结构紧凑，体积小，有较小惯性矩，传动链无弹性效应。常用于圆转台多工位机床、原转台与分度头、回转轴（如 5 轴加工机床的 A、B、C 轴）、刀具主轴、轧辊驱动和气缸驱动、进给轴和操作轴、压片机和测量机等。T-1FW3 型力矩电机有三种转轴，空心轴、连接轴和实心轴。具有最高刚度、高转速、功率范围大、径向圆跳动误差小、动态响应好、可实现创新机械方案等特点。适用于能量减小解决方案的电动机。常用于挤压机主驱动、压铸机螺杆传动、辊筒驱动、卷取机、交叉铺网机、拉膜机牵引辊传动、松紧辊、研光辊、压延辊和冷却辊的驱动、动态定位加工、造纸机滚子驱动、连续货物传送带上的横切驱动、拉丝机等。

**表 8-26　SIMOTICS L 系列直线电动机和 T 系列力矩电动机分类和规格**

| 类型 | L-1FN3 型永磁同步直线电机 | T-1FW6 型永磁内装式力矩电机 | T-1FW3 型整套力矩电机 |
| --- | --- | --- | --- |
| 特性 | 避免弹性效应、齿隙效应、磨损效应及自然共振，有较高动态响应和准确度，可达到纳米级定位准确度 | 空心轴，独立组件 | |
| 防护等级 | IP65 | IP23 | IP54，IP55，IP65 |
| 冷却方式 | 水冷 | 自然冷却，水冷 | 水冷 |
| IP54：防止外物及灰尘的侵入，可防止各方向喷嘴射出的水侵入造成损坏 | | | |

### 8.1.3　软件简介

#### 1. TIA Portal 软件

TIA（Totally Integrated Automation）博途（Portal）软件包括 TIA 博途软件 SIMATIC STEP 7 和 SIMATIC WinCC 两部分。作为全集成自动化的软件，其集成的内容是指该软件将工程组态、通信、诊断、故障安全和安全性、可靠性等集成在同一平台。其应用领域包括制造执行系统、过程控制系统及运动控制系统等整个控制系统领域，它的可视化功能为人机界面提供良好的用户与过程之间的接口，它的通信功能使分散的 I/O 与上位机之间、各设备之间的数据交换变得容易。由于整个系统的通信协议、编程语言等符合国际规范和国际标准，因此，为开放系统的互连和互操作提供坚实基础。

博途软件将逻辑控制、顺序控制、运动控制和过程控制、安全运行及组态编程等操作集成在同一操作平台，实现了信息共享，大大方便了用户的组态、编程和操作。过程中的变量只需要一次输入就可在整个系统中应用，既缩短组态和编程的操作时间，降低成本。也缩短测试和调试时间，提高效率。

全集成自动化的特点如下：

（1）组态设计

在机器或工厂的整个生命周期（包括规划与设计、组态与编辑，直到调试、运行和升级等各阶段），集成的组态设计环境可提供全方位的支持，例如，集成的能力和统一的接口、数据的一致性等。博途软件采用全新的组态设计环境，将 SIMATIC STEP 7、SIMATIC WinCC 和 SINAMICS STARTER 等软件集成在一个开发环境，既方便用户组态设计，也有利于维护人员的维护和安全运行。

（2）通信

由于软件基于成熟的国际规范和标准，因此，具有最高的数据透明性，可以实现所有级别（现场级、控制级、运行管理级到企业管理级）的最大程度的透明性。SIMATIC 采用符合国际标准的通信协议，例如，Profibus 和 Profinet 作为其通信协议。

（3）诊断

所有 SIMATIC 产品具有集成的诊断功能，能够可靠地识别任何故障，并排除故障，极大地提高了系统可用性，由于高效的诊断设计，使停机时间最小。而诊断功能也为维护提供统一的视图，可方便地对故障定位，获得故障信息，从而缩短维护时间。

（4）故障安全系统

SIMATIC 安全集成功能是获得国际安全认证机构 TÜV 认证的产品，它符合一系列国际安全标准，例如，IEC 62061、EN ISO 13849.1 及 EN54-1 等，安全完整性等级不低于 SIL3。在标准技术中集成的安全技术，使一个控制器、一个 I/O、一次组态设计和 一个总线系统即可满足工程需求。因此，SIMATIC 系统不仅可应用于一般的系统，它也同样适用于故障安全的应用。

（5）安全性

系统的安全性已经被越来越重视，为使工业以太网在现场级的应用更安全，SIMATIC 采用大量不同的措施，这些措施包括 PC 和控制系统保护的有关公司组织和有关的安全准则，对网络分段等，用于保护组成系统的各自动化单元设备的安全性。对单元设备的安全保护包括对功能模块、安全模拟的保护。

（6）可靠性

SIMATIC 标准产品具有最佳质量保证和良好的耐用性，能够适应工业环境，对产品的专门的系统测试可确保产品的质量达到设计的要求，因此，具有高可靠性。此外，符合国际标准，具有相关认证，也是 SIMATIC 产品的质量保证。例如，对产品的耐温性、抗冲击性、抗震性和电磁兼容性等指标都符合相关国际标准的要求。对极苛刻的工况，SIMATIC 也提供有关专门的产品，提升有关保护等级，例如，适用于高温、高湿和高压等苛刻条件的产品。

SIMATIC 系统还具有技术的先进性和高可用性等附加的优点。技术的先进性表现为灵活性更强、复杂性更低以及具有更丰富的集成技术功能等。例如，在计数与测量、凸轮控制、闭环控制和运动控制中，系统无须切换就可简单、可靠、方便地以不同程度的复杂性将技术任务整合为大量各种不同的组合。参数的赋值和编程等工作可通过 STEP 7 完成。

高可用性表现为 SIMATIC 提供完善的高可用性设计方案，保证整个工厂具有极高的可用性。涵盖从现场级、控制级到运行管理级和企业管理级。例如，通过带自动事件同步的可靠切换，可对控制器进行现场测试，保证其高可用性。

图 8-2 显示 STEP 7 和 WinCC 的性能对比。

**2. SIMATICS STEP 7 工程组态软件**

SIMATIC STEP 7 软件是博途软件的工程组态系统软件。它是 STEP 7 的延伸和扩展。主要功能如下。

（1）网络和设备组态

该软件采用简单、易操作的图形化编辑器，实现对整个工厂有关设备的组态和参数设置，完成网络配置和互连。该编辑器有三个视图：

1）网络视图。用图形化方式创建设备之间的连接，实现网络中各节点（站）的通信链路组态。在该视图可查看全部网络资源和网络组件、对网络中的各站进行组态、显示项目中的全部组件、完成通信接口的连接，实现资源的网络连接、对单个项目的组件（例如，控制器、HMI 设备、SCADA 站和 PC 站）进行组态、处理与 Profinet 或 Profibus 系统的 AS_i 设备的集成、对页面进行导航和缩放、复制和插入等。

2）设备视图。设备视图用于完成对网络中有关设备的组态和参数设置。在该视图可缓存硬件模块和在另一控制器中复用已完成组态的硬件模块、可自动读取可用硬件、显示和放大各 I/O 及其名称和地址、支持硬件目录的全文搜索、采用过滤功能用于只显示当前可用模块、显

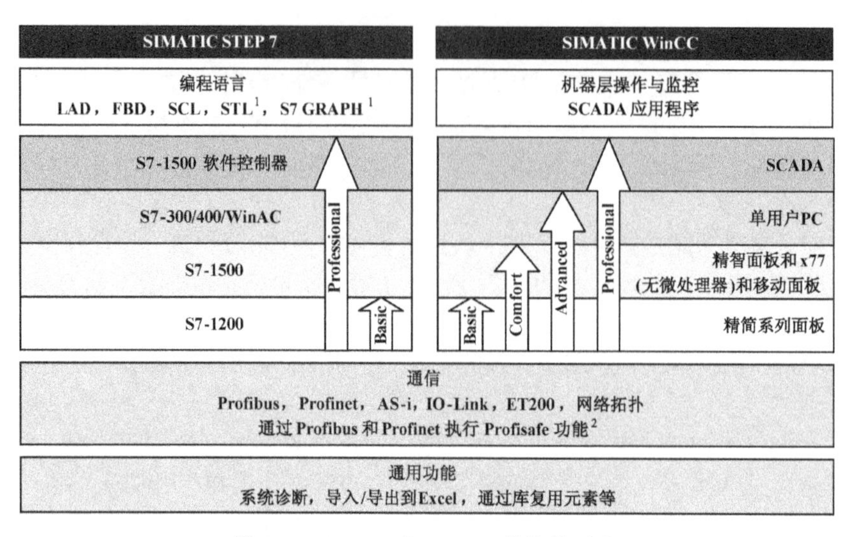


图 8-2　STEP 7 和 WinCC 的性能对比

注：1. STL 和 S7 GRAPH 编程语言适用于 S7-300/400/WinAC 和 S7-1500 的 STEP 7 Professional。
2. 已经安装 STEP 7 Safety Advanced 可选包时具有该功能。

示有关模块的参数和组态数据等。

3）拓扑视图。用于显示 Profinet 设备的实际互连情况。在网络视图中显示 Profinet 上分布式 I/O 的组态。拓扑视图用于启动控制器及给这些控制器的分布式 I/O 进行地址分配，例如，实际连接的端口和相互通信的端口。通过检测，可显示正在通信的端口，监控 Profinet I/O 上设备之间的物理连接。

（2）IEC 编程语言

SIMATIC STEP 7 具有强大的程序编辑器，进行控制器的编程。对所有控制器，可使用标准 IEC 61131-3 规定的编程语言，它们是结构化文本编程语言（SCL）、梯形图编程语言（LAD）和功能块图编程语言（FBD）。对 S7-300、S7-400 和 WinAC 系列控制器，还允许采用语句表编程语言（STL）和顺序功能表图编程语言（S7 GRAPH）。

结构化文本编程语言（SCL）符合 PLCopen 规定的基本级和可重复使用级的要求。适用于快速编制复杂算法和数据处理。SCL 与高级编程语言类似，其编程代码相对简单，容易理解，便于实现和处理。

图形化编程语言有梯形图和功能块图两类。图形化编辑的用户界面友好，具有结构清晰、连接方便以及可直接修改参数等特点。还添加了全新的计算框，可用于输入计算公式等功能。

（3）符号

变量表是用于系统全局变量和常量的公用编辑器。采用 Microsoft Excel 实现变量表，可大大方便用户对变量的创建。它为公用数据的管理提供了便捷的处理手段。

用户可以创建自己的符号，可以用 Microsoft 的拖放功能方便地复制和移动符号，实现链接关系和设定硬件和符号之间的分配关系。符号提供了方便的诊断、查找等功能。一次性的数据输入和自动数据的一致性极大地方便用户的变量名等组态数据的输入。

（4）在线功能

可在线快速获得当前程序的运行状态。系统软件可方便地比较在线的数据和离线的数据，高亮显示两者的差异，便于用户诊断。比较的等级可从模块级直达参数级和指令级。

（5）集成式库的设计方案

集成式库设计方案支持所有自动化组件。完成常用项目组建的重复使用和简便的自动化。借助全局库，可在不同项目之间互换元素。对 Windows 文件系统，库可建立在任何一个文件夹内，用户既可压缩该文件夹并将它存储在服务器，也可用电子邮件等方式发送至全球任何地方。局部库与自动化项目保存在一起，用户可将需要重复使用的对象保存在项目内。

可创建、存储和重复使用的组件包括程序块、变量、HMI 画面、HMI 中的图形对象、已组态的模块和完整的站等。SIMATIC 拥有大量已经组态设计的库对象。

（6）附加功能

系统诊断功能是集成自动化的有机组成部分。因此，不需要额外的许可证。系统诊断功能可为用户提供与系统内故障有关的所有相关信息，这些信息被封装在消息内。消息由模块、消息文本和消息状态组成。采用这种方式，可减小优化的编程开销，获得更快的速度和更好的经济效益，减少出错率。此外，更改硬件组态时，可自动更新系统的诊断功能。在设备视图中可启用系统诊断功能。

除了系统诊断功能外，系统还提供其他附加的功能。系统支持集成式的撤销功能。它采用列表框显示各编辑器中可撤销的操作步骤；可自动打开已关闭的编辑器，并保护项目的一致性。

该软件系统支持多种编程语言，除英文和德文外，还支持法文、西班牙文、意大利文和简体中文。语言可随时切换，不需重新启动。除编程语言外，注释文字也可使用多种语言，并可与项目一起下载到控制器。

系统采用集成式的教程。它集成多级帮助系统，在编辑或编程时可为用户准确地提供相关的帮助信息。帮助系统的第一级用于提供工具和提供与字段、符号和模块等有关的关键字信息；第二级在短暂延时后，提供简短说明的提示工具；第三级提供在线帮助相关页面的直接链接和更详细的信息。通过在线帮助，可从 Internet 网站获取更多深入的和全面的信息，例如，常见问题、应用示例等。

已有项目的硬件组态和用户程序可方便地移植到新的项目中，这种重复使用保证了长期投资的安全性和后期扩展的资源共享。

S7-1500 支持轴的定位控制和运动，它支持运动控制规范第一部分。S7-1500T CPU 除支持运动控制规范第一部分外，还支持运动控制规范第四部分。

**3. WinCC**

WinCC（TIA Portal）是使用 WinCC Runtime Advanced 或 SCADA 系统 WinCC Runtime Professional 可视化软件组态 SIMATIC 面板、SIMATIC 工业 PC 以及标准 PC 的工程组态软件。

根据应用不同，WinCC 有四个版本。

1）WinCC Basic（基本版），用于组态精简系列面板。WinCC Basic 包含在每款 STEP 7 Basic 和 STEP 7 Professional 产品中。

2）WinCC Comfort（精智版），用于组态由 WinCC（TIA Portal）组态的所有面板（Basic Panels、Comfort Panels、Mobile Panels、x77 Panels 和 Multi Panels）。

3）WinCC Advanced（高级版），用于通过 WinCC Runtime Advanced 可视化软件组态所有面板和 PC。WinCC Runtime Advanced 是一个基于 PC 单站系统的可视化软件。

4）WinCC Professional（专业版），用于使用 WinCC Runtime Advanced 或 SCADA 系统 WinCC Runtime Professional 组态面板和 PC。WinCC Runtime Professional 是一种用于构建组态范围从单站系统到多站系统（包括标准客户端或 Web 客户端）的 SCADA 系统。

**4. STARTER 调试软件**

该软件系统用于调试、优化和诊断 SINAMICS 传动系统。可以在单独的 PC 使用，也可集成到兼容的 SIMATIC STEP7 系统中，或集成到 SCOUT 工程系统（早期的用于 SIMOTION 系统的工程系统软件）。

调试功能由向导程序引导，完成驱动中所有基本参数的设置。设置参数可在图形化设置界面完成。设置参数还包括如何使用端子、设置总线接口、设定值通道、转速闭环控制、二进制/模拟信号的互连和诊断等。软件用向导的对话框方式简化调试工程，由于系统设置了约定的系统参数值，因此，用户只需简单设置少量参数就可成功使电动机运转。调试功能还包括动态特性的调试。

优化功能包括控制器设置的自动优化、创建和分析跟踪记录数据。

诊断功能的内容包括显示控制字/状态字、参数状态、允许条件和通信状态等。

软件系统与传动装置的通信是通过 Profibus DP、Profinet、以太网或串行接口进行的。调试和维修时，PG（编程器）/PC（个人计算机）经 Profibus 连接到控制单元，PG/PC 与控制单元之间也可经以太网实现数据交换，以太网的 X127 接口仅用于调试和维修时的数据通信。当然，用 RS232 接口也可与 SIMATICS S7 可编程控制器进行通信。

对不带 DRIVE-CLiQ 接口的电动机，可进行离线配置传动装置。带 DRIVE-CLiQ 接口的电动机可直接在线配置传动装置。

## 8.2 工艺包和工艺对象

### 8.2.1 工艺包和工艺对象

**1. 概述**

根据 IEC 61131-3 第三版的规定，将原来面向程序的程序编程语言转为面向对象的程序编程语言。面向对象是对现实世界的理解和抽象的方法。它将现实世界抽象为对象，并对其进行研究和数学建模，从而可将复杂的系统分解，并用于分析、设计和编程。西门子公司就采用了面向对象的编程概念，将被研究的现实实体统一抽象为工艺对象（Technology Object），例如，轴、凸轮、齿轮或编码器等都称为工艺对象。简写为 TO。图 8-3 是工艺对象的图标。

图 8-3　工艺对象的图标

用户在用户程序中，经调用运动控制功能块可调用工艺对象的功能。工艺对象可对运动实体的运动进行开环或闭环的控制，并可将工艺对象的状态，例如，位置、速度等信息提供给用户。

工艺包 TP（Technology Package）是包含各种工艺对象的集合。

常用的工艺包有：凸轮（Cam）、路径（Path）、温度控制（TControl）及扩展凸轮（Cam-ext）等。

(1) 凸轮工艺包

凸轮工艺包的内容是轴对象。它是基本工艺对象。表 8-27 是 SIMOTION 凸轮包工艺对象的图形符号和说明。S7-1500T CPU 结合运动控制规范第四部分，增加了凸轮工艺对象和运动系统工艺对象。

**表 8-27　凸轮包工艺对象的图形符号和说明**

| 符　　号 | 工艺对象名称 | 中 文 名 称 | 说　　明 |
|---|---|---|---|
|  | TO_SpeedAxis | 速度轴工艺对象 | 速度轴工艺对象用于设置轴驱动器的速度，并输出到驱动装置。用运动控制指令对轴的运动进行编程 |

（续）

| 符　号 | 工艺对象名称 | 中文名称 | 说　明 |
| --- | --- | --- | --- |
|   | TO_PositioningAxis | 定位轴工艺对象 | 对具有闭环位置控制功能的驱动器进行定位。通过用户程序中的运动控制指令为轴发布定位操作。将速度控制设定值输出到驱动装置 |
|   | TO_SynchronousAxis | 同步轴工艺对象 | 除了具有定位轴的功能外，还能够跟随主轴的运动实现位置的同步操作 |
|   | TO_ExternalEncoder | 外部编码器工艺对象 | 外部编码器工艺对象用于位置检测，并将检测结果送控制器，用于用户程序中对检测位置进行评估。通过对机械特性、编码器设置和回原点过程进行参数分配，创建编码器值和规定位置之间的关系 |
|   | TO_MeasuringInput | 测量输入工艺对象（快速测量输入） | 通过测量输入工艺对象，用于快速、精确地检测实际位置及触发事件 |
|   | TO_OutputCam | 输出工艺对象（快速输出） | 根据轴或外部的编码器检测的位置生成开关信号，在用户程序中对开关信号进行评估，或送到数字输出 |
|   | TO_CamTrack | 凸轮轨迹工艺对象（快速输出序列） | 凸轮轨迹工艺对象根据轴或外部编码器的位置生成开关信号序列，最多可叠加 32 个凸轮，开关信号作为轨迹输出。可对开关信号进行评估，或作为数字输出信号 |
|   | TO_Cam | 凸轮工艺对象 | 通过插补点和/或段定义函数 $f(x)$，实现对缺失的函数范围进行内插 |
|  | TO_Kinematics | 运动系统工艺对象 | 将定位轴与运动系统互连。组态运动系统工艺对象时，可根据组态的运动系统类型互连各轴 |

（2）路径工艺包

路径工艺包用于运动组件的路径控制。包括直线插补、圆弧插补、多项式插补和多种机械的运动模型。

（3）凸轮扩展工艺包

提供扩展的工艺包。

1）叠加对象。用该工艺对象可叠加多达 4 个输入矢量和一个输出矢量。

2）公式对象。用数学函数计算运动矢量。

3）控制器对象。实现 PID 控制运算，计算控制器输出。

4）传感器。可对模拟量信号进行采集、记录和处理。

5）固定齿轮。不需要建立同步关系，直接设置齿轮比，建立轴与轴之间的固定齿轮比。

（4）温度控制工艺包。针对不同的温度被控对象，提供各种有效的温度控制方案。

**2. 工艺对象实例化和互连**

工艺对象提供工艺和运动控制，包括工艺系统的功能和隐藏的硬件连接。工艺对象的接口包括与输入输出连接的传感器和执行器、提供外界的报警和警告、显示实际参数值和状态、操作员发送的指令、工程师的编程和组态等。

工艺对象的实例化是创建工艺对象的过程。即在工艺对象实例化过程中完成工艺对象的属性、类型、接口及功能等设置。

工艺对象的互连指工艺对象之间的连接，它可以是并行关系的互连，也可以是主从关系的互连。既可以是同一 SIMOTION 设备的工艺对象互连，也可以是不同 SIMOTION 设备的工艺对象的互连。工艺对象的互连不是通过编程实现，而是用图形化方法实现，即工艺对象完成组态配置后，在“Interconnections”画面选择有关工艺对象实现。

**3. 轴工艺对象**

（1）轴类型

轴工艺对象用于电气驱动轴、液压轴或虚拟轴。表 8-28 列出轴的控制类型和功能。

**表 8-28 轴的控制类型和功能**

| 功　能 | | 速度轴 Speed-controlled axis | 定位轴 Positioning axis | 同步轴或随动轴 Following axis | 路径轴（凸轮） Path axis |
|---|---|---|---|---|---|
| 基本功能 | 给定速度 | • | • | • | • |
| | 运行转矩限幅 | • | • | • | • |
| | 按指定 MotionIn 接口运行 | • | • | • | • |
| | 位置方式运行 | — | • | • | • |
| | 运行于 Travel to fixed endstop | — | • | • | • |
| | 回原点 | — | • | • | • |
| 高级功能 | 快速测量输入 | — | • | • | • |
| | 快速输出 | — | • | • | • |
| | 快速输出序列 | — | • | • | • |
| | 电子齿轮同步 | — | — | • | • |
| | 电子凸轮同步 | — | — | • | • |
| | 路径插补 | — | — | — | • |

根据轴的运动类型，轴可分为直线轴和旋转轴。直线轴或旋转轴可定义为模态轴（Module axis），其模态范围用起始值和模态长度定义，其位置以模态长度重复运行。根据所使用的驱动类型，轴可分为电气轴、液压轴和虚拟轴。

（2）属性

轴的操作模式如下。

1）设定模式。它是轴的正常操作模式。其运动命令被接受和执行。

2）同步模式。在同步模式下，设定值被修改到实际值。实际位置和实际速度被更新。如果外部引起实际值改变，则轴的参数能够移动并跟踪。这时，运动命令不被接受和执行。

3）仿真模式。在仿真模式时，轴和位置控制器被激活。仿真模式用于测试程序和不同轴之间的相互影响，但它不移动轴。有两种仿真方法：程序仿真和轴仿真。程序仿真的设定值是根据程序计算获得的，但不发送到位置控制器。即位置控制器的设定值保持在切换到仿真前的值。与程序仿真不同，轴仿真对实际轴仿真，位置控制器保持在激活状态，只对驱动轴进行仿真。

位置轴控制模式分为：标准（Standard）、标准+压力（Standard+Pressure）和标准+力（Standard+Force）。标准控制模式即位置控制模式；因此，标准+压力模式即是位置控制和压力控制（限制）；标准+力控制是位置控制和力控制（限制）。

液压轴有三种闭环控制模式，与位置轴相同。液压轴可配置的阀类型见表 8-29。

**表 8-29 液压轴的阀类型**

| 阀类型 | Q-阀 | P 阀 | Q 阀+P 阀 |
|---|---|---|---|
| 描述 | 带 Q 阀的轴（体积流量控制） | 带 P 阀的轴（力或压力控制） | 带 Q 阀+P 阀的轴（压力和流量控制） |

轴类型 TypeOfAxis 的组态数据见表 8-30。

**表 8-30 轴 TypeOfAxis 组态数据**

| TypeOfAxis | 轴类型 | | | | | 闭环控制 | | | 阀类型[4] | | |
|---|---|---|---|---|---|---|---|---|---|---|---|
| | 直线[3] | 旋转 | 电气 | 液压 | 虚拟 | 标准 | 标准+力 | 标准+压力 | P 阀 | Q 阀 | P+Q 阀 |
| 虚拟轴 | • | | | | • | | | | | | |
| | | • | | | • | | | | | | |
| 旋转轴 | • | | • | | | • | | | | | |
| | | • | • | | | • | | | | | |
| 带信号输出的实轴 | • | | | | | | | | | | |
| | | • | • | | | | | | | | |
| 带力控制的实轴[1] | • | | • | | | | • | | | | |
| | | • | • | | | | • | | | | |
| | • | | • | | | | | • | | | |
| | | • | • | | | | | • | | | |
| QF 实轴 | • | | | • | | • | | | | • | |
| | | • | | • | | • | | | | • | |
| 带开环力控制的 QF 实轴 | • | | | • | | | • | | | | • |
| | | • | | • | | | • | | | | • |
| | • | | | • | | | | • | | | • |
| | | • | | • | | | | • | | | • |
| 带闭环控制的 QF 实轴 | • | | | • | | | • | | | • | |
| | | • | | • | | | • | | | • | |
| | • | | | • | | | | • | | • | |
| | | • | | • | | | | • | | • | |
| 只带开环力控制的 QF 实轴[2] | | | | • | | | | | • | | |
| | | | | • | | | | | • | | |

注 1：不能用于速度轴；2：只能用于速度轴；3：不能用于速度轴；4：只用液压功能

（3）创建轴和设置轴参数

1）工艺对象支持的运动控制功能块。表 8-31 是工艺对象支持的运动控制功能块。

**表 8-31 工艺对象支持的运动控制功能块**

| 运动控制功能块 | 速度轴 | 定位轴 | 同步轴 | 凸轮[2] | 外部编码器 | 测量输入 | 输出凸轮 | 凸轮轨迹 |
|---|---|---|---|---|---|---|---|---|
| MC_Power | • | • | • | — | • | — | — | — |
| MC_Home | — | • | • | — | • | — | — | — |
| MC_MoveVelocity | • | • | • | — | — | — | — | — |
| MC_MoveAbsolute | — | • | • | — | — | — | — | — |
| MC_MoveRelative | — | • | • | — | — | — | — | — |
| MC_MoveSuperimposed | — | • | • | — | — | — | — | — |
| MC_GearIn | — | — | • | — | — | — | — | — |
| MC_Halt | • | • | • | — | — | — | — | — |

（续）

| 运动控制功能块 | 速度轴 | 定位轴 | 同步轴 | 凸轮[2] | 外部编码器 | 测量输入 | 输出凸轮 | 凸轮轨迹 |
|---|---|---|---|---|---|---|---|---|
| MC_Reset | • | • | • | — | • | • | • | • |
| MC_MoveJog | • | • | • | — | — | — | — | — |
| MC_TorqueLimiting | • | • | • | — | — | — | — | — |
| MC_SetSensor[1] | — | • | • | — | — | — | — | — |
| MC_GearInPos[1] | — | — | • | — | — | — | — | — |
| MC_PhasingAbsolute[1] | — | — | • | — | — | — | — | — |
| MC_PhasingRelative[1] | — | — | • | — | — | — | — | — |
| MC_CamIn[1] | — | — | • | — | — | — | — | — |
| MC_InterPolateCam[1] | — | — | — | • | — | — | — | — |
| MC_GetCamFollowingValue[1] | — | — | — | • | — | — | — | — |
| MC_GetCamLeadingValue[1] | — | — | — | • | — | — | — | — |
| MC_SynchronizedMotionSimulation[1] | — | — | • | — | — | — | — | — |
| MC_MeasuringInput | — | — | — | — | — | • | — | — |
| MC_MeasuringInputCyclic | — | — | — | — | — | • | — | — |
| MC_AbortMeasuringInput | — | — | — | — | — | • | — | — |
| MC_OutPutCam | — | — | — | — | — | — | • | — |
| MC_CamTrack | — | — | — | — | — | — | — | • |
| 使用的运动控制资源 | 40 | 80 | 160 | 不使用 | 80 | 40 | 20 | 160 |
| 注 1：仅 S7-1500T CPU 具有附加的运动控制功能。注 2：凸轮工艺对象仅 S7-1500T CPU 具有，它不使用运动控制资源 | | | | | | | | |

2）传送参数的 PROFIdrive 报文。PROFIdrive 报文用于在控制器和驱动器或编码器之间传送设定值、实际值、控制字、状态字及其他参数。表 8-32 是 PROFIdrive 报文的类型和适用的工艺对象。表 8-33 是 PROFIdrive 报文的说明。

PROFIdrive 报文中的实际值可以是相对实际值、绝对实际值。相对实际值是经回原点后以增量形式显示的实际值，它在 CPU 停止（STOP）模式下更新。绝对实际值是一个绝对量，CPU 运行（RUN）模式下更新其绝对实际值。绝对实际值分非周期和周期循环两类。轴的实际位置应在实际编码器测量范围内，这时，绝对实际值取自编码器实际值，这是非周期的。当测量范围小于行进范围时，轴运行将超出编码器的测量范围，关闭控制器使轴位置偏离实际值。这是周期循环的。由于旋转编码器在超过范围后显示值是周期循环的，因此，要用回原点的操作调整实际值。因此，编码器类型有 0（增量）、1（绝对非周期）和 2（绝对周期循环）三类。

**表 8-32　PROFIdrive 报文和适用的工艺对象**

| 适用的工艺对象 | PROFIdrive 报文类型 |
|---|---|
| 速度轴 | • 1，2<br>• 3，4，5，6，102，103，105，106（未对实际编码器值进行评估） |

（续）

| 适用的工艺对象 | | | PROFIdrive 报文类型 |
|---|---|---|---|
| 定位/同步轴 | 一个驱动器的报文中的设定值和实际编码器值 | | 3，4，5，6，102，103，105，106 |
| | 单独的设定值和实际编码器值 | 驱动器报文中的设定值 | 1，2，3，4，5，6，102，103，105，106 |
| | | 报文中的实际值 | 81，83 |
| 外部编码器 | | | 81，83 |
| 测量输入（使用 SINAMICS 驱动装置测量输入时） | | | 391，392，393 |

**表 8-33　PROFIdrive 报文的说明**

| 报文 | 说　　明 |
|---|---|
| 1[1] | 控制字 STW1，状态字 ZSW1；速度设定值 16 位（NSET），实际速度值 16 位（NACT） |
| 2 | 控制字 STW1 和 STW2，状态字 ZSW1 和 ZSW2；速度设定值 32 位（NSET），实际速度值 32 位（NACT） |
| 3 | 控制字 STW1 和 STW2，状态字 ZSW1 和 ZSW2；速度设定值 32 位（NSET），实际速度值 32 位（NACT）；实际编码器值 1（G1_XIST1、G1_XIST2） |
| 4 | 控制字 STW1 和 STW2，状态字 ZSW1 和 ZSW2；速度设定值 32 位（NSET），实际速度值 32 位（NACT）；实际编码器值 1（G1_XIST1、G1_XIST2）；实际编码器值 2（G2_XIST1、G2_XIST2） |
| 5 | 控制字 STW1 和 STW2，状态字 ZSW1 和 ZSW2；速度设定值 32 位（NSET），实际速度值 32 位（NACT）；实际编码器值 1（G1_XIST1、G1_XIST2）（电动机编码器）；动态伺服控制（DSC）[2] |
| 6 | 控制字 STW1 和 STW2，状态字 ZSW1 和 ZSW2；速度设定值 32 位（NSET），实际速度值 32 位（NACT）；实际编码器值 1（G1_XIST1、G1_XIST2）（电动机编码器）；实际编码器值 2（G2_XIST1、G2_XIST2）；动态伺服控制（DSC）[2] |
| 102 | 控制字 STW1 和 STW2，状态字 ZSW1 和 ZSW2；速度设定值 32 位（NSET），实际速度值 32 位（NACT）；实际编码器值 1（G1_XIST1、G1_XIST2）；力矩限制 |
| 103 | 控制字 STW1 和 STW2，状态字 ZSW1 和 ZSW2；速度设定值 32 位（NSET），实际速度值 32 位（NACT）；实际编码器值 1（G1_XIST1、G1_XIST2）；实际编码器值 2（G2_XIST1、G2_XIST2）；力矩限制 |
| 105 | 控制字 STW1 和 STW2，状态字 ZSW1 和 ZSW2；速度设定值 32 位（NSET），实际速度值 32 位（NACT）；实际编码器值 1（G1_XIST1、G1_XIST2）；动态伺服控制（DSC）[2]；力矩限制 |
| 106 | 控制字 STW1 和 STW2，状态字 ZSW1 和 ZSW2；速度设定值 32 位（NSET），实际速度值 32 位（NACT）；实际编码器值 1（G1_XIST1、G1_XIST2）；实际编码器值 2（G2_XIST1、G2_XIST2）；动态伺服控制（DSC）[2]；力矩限制 |
| 81 | 控制字 STW2_ENC，状态字 ZSW2_ENC；实际编码器值 1（G1_XIST1、G1_XIST2） |
| 83 | 控制字 STW2_ENC，状态字 ZSW2_ENC；时间速度值 32 位（NACT）实际编码器值 1（G1_XIST1、G1_XIST2） |
| 391[3] | 控制字 STW1，状态字 ZSW1；测量输入控制器（MT_STW），测量输入状态字（MT_ZSW）；下降沿（MT1...2_2_ZS_F）或上升沿（MT1…2_ZS_S）的测量输入时间戳；数字量输出 16 位，数字量输入 16 位 |
| 392[3] | 控制字 STW1，状态字 ZSW1；测量输入控制器（MT_STW），测量输入状态字（MT_ZSW）；下降沿（MT1...2_6_ZS_F）或上升沿（MT1…6_ZS_S）的测量输入时间戳；数字量输出 16 位，数字量输入 16 位 |
| 393[3] | 控制字 STW1，状态字 ZSW1；测量输入控制器（MT_STW），测量输入状态字（MT_ZSW）；下降沿（MT1...2_8_ZS_F）或上升沿（MT1…8_ZS_S）的测量输入时间戳；数字量输出 16 位，数字量输入 16 位；模拟量输入 16 位 |
| 750[4] | 附加转矩设定值，转矩上限和下限值，转矩实际值 |

注 1：不支持等时同步模式
注 2：要使用动态伺服控制 DSC，必须将驱动器的电机编码器（报文中的第以编码器）作为工艺对象的第一编码器
注 3：用于使用 SINAMICS 驱动装置，并使用其测量输入进行测量
注 4：附加报文 750 也可用于报文 1、2、3、4、5、6、102、103、105、106

（4）驱动器

驱动器参数和工艺对象数据块中控制器变量之间的对应关系见表 8-34。

**表 8-34　驱动器参数和工艺对象数据块中控制器变量之间的对应关系**

| 博途软件中的设置 | | 工艺对象数据块中控制器变量 | 驱动装置的参数 | 自动传送 |
|---|---|---|---|---|
| 编码器 | 报文编号（输入和输出） | <TO>. Sensor [n] . Interface. AddressIn<br><TO>. Sensor [n] . Interface. AddressOut | P922 | — |
| | 编码器类型 | <TO>. Sensor [n] . Type<br>0：增量；1：非周期绝对；2：周期绝对 | P979 [5]：编码器 1；<br>p979 [15]：编码器 2 | — |
| | 测量系统 | <TO>. Sensor [n] . System<br>0：线性轴；1：旋转轴 | P979 [1] 第 0 位：编码器 1；<br>p979 [11] 第 0 位：编码器 2 | • |
| | 准确度（线性编码器） | <TO>. Sensor [n] . Parameter. Resolution | P979 [2]：编码器 1；<br>p979 [12]：编码器 2 | • |
| | 步数/转（旋转编码器） | <TO>. Sensor [n] . Parameter. StepPer. Revolution | P979 [2]：编码器 1；<br>p979 [12]：编码器 2 | • |
| | 高准确度的位数 XIST1（周期实际编码器） | <TO>. Sensor [n] . Parameter. FineResolutionXist1 | P979 [3]：编码器 1；<br>p979 [13]：编码器 2 | • |
| | 高准确度的位数 XIST2（编码器绝对值） | <TO>. Sensor [n] . Parameter. FineResolutionXist2 | P979 [4]：编码器 1；<br>p979 [14]：编码器 2 | • |
| | 多转式绝对编码器的差动转数 | <TO>. Sensor [n] . Parameter. Determinable. Revolutions | P979 [5]：编码器 1；<br>p979 [15]：编码器 2 | • |
| 驱动装置 | 报文编号（输入和输出） | <TO>. Actor. Interface. AddressIn<br><TO>. Actor. Interface. AddressOut | P922 | — |
| | 参考速度 [1/min] | <TO>. Actor. DriveParameter. ReferenceSpeed | SINAMICS 驱动装置 p2000 | • |
| | 电动机最大速度 [1/min] | <TO>. Actor. DriveParameter. MaxSpeed | SINAMICS 驱动装置 p1082 | • |
| | 参考转矩 [Nm] | <TO>. Actor. DriveParameter. ReferencTorque | S　INAMICS 驱动装置 p2003 | • |
| 仿真模式 | | <TO>. Simulation. Mode<br>0：无仿真，正常运行；1：仿真运行 | | |
| 虚拟轴 | | <TO>. VirtualAxis. Mode | | |

注：XIST1：周期绝对编码器实际值，线性和旋转编码器实际值；XIST2：非周期绝对编码器绝对值，线性和旋转编码器实际值

（5）变量

西门子公司没有采用输入输出变量表示轴参数，它采用有关工艺参数描述。见表 8-35。

**表 8-35　轴工艺对象的有关参数**

| 变　量 | 数据类型 | | | | 更改 | 说　明 |
|---|---|---|---|---|---|---|
| 实际值和设定值　<TO>. | | | | | | |
| <TO>. Position | LREAL | | • | | 只读 | 位置设定 |
| <TO>. Velocity | LREAL | • | • | • | 只读 | 速度设定 |
| <TO>. ActualPosition | LREAL | | • | • | 只读 | 实际位置 |
| <TO>. ActualVelocity | LREAL | | • | | 只读 | 实际速度 |
| <TO>. ActualSpeed | LREAL | • | • | | 只读 | 电机实际速度 |
| <TO>. Acceleration | LREAL | • | • | | 只读 | 加速度设定 |
| <TO>. ActualAcceleration | LREAL | | • | • | 只读 | 实际加速度 |
| <TO>. OpertiveSensor | UDINT | | • | | 只读 | 运转的编码器 |
| 变量仿真　<TO>. Simulation. | | | | | | |
| <TO>. Simulation. Mode | UDINT | • | • | | 重启 | 0：无仿真；1：仿真模式 |

（续）

| 变　　量 | 数据类型 | | | | 更改 | 说　　明 |
|---|---|---|---|---|---|---|
| 虚拟轴变量　　<TO>. VirtualAxis. | | | | | | |
| <TO>. VirtualAxis. Mode | UDINT | • | • | | 只读 | 0：无虚轴；1：仅作为虚轴 |
| 驱动装置变量　　<TO>. Actor. | | | | | | |
| <TO>. Actor. Type | DINT | • | • | | 只读 | 驱动装置接口。0：模拟输出；1：PROFIdrive 报文 |
| <TO>. Actor. InverseDirection | BOOL | • | • | | 重启 | 设定取反 |
| <TO>. Actor. DataAdaption | DINT | • | • | | 重启 | 自动传送。0：手动传送；1：自动传送到工艺对象的组态中 |
| <TO>. Actor. Efficiency　　0.0~1.0 | LREAL | • | • | | 重启 | 齿轮效率 |
| <TO>. Actor. Interface | 驱动接口（结构变量） | | | | | |
| <TO>. Actor. Interface. AddressIn　0~65535 | VREF | • | • | | 只读 | PROFIdrive 报文入口地址 |
| <TO>. Actor. Interface. AddressOut 0~65535 | VREF | • | • | | 只读 | PROFIdrive 报文或模拟设定的输出地址 |
| <TO>. Actor. Interface. EnableDriveOut | BOOL | • | • | | 重启 | 模拟驱动的使能输出 |
| <TO>. Actor. Interface. EnableDriveOutAddress | VREF | • | • | | 只读 | 模拟驱动的使能输出地址 |
| <TO>. Actor. Interface. DriveReadyInput | BOOL | • | • | | 重启 | 模拟驱动的输入就绪 |
| <TO>. Actor. Interface. DriveReadyInputAddress | VREF | • | • | | 只读 | 模拟驱动的输入就绪地址 |
| <TO>. Actor. Interface. EnableTorqueData | BOOL | • | • | | 重启 | 转矩数据使能 |
| <TO>. Actor. Interface. TorqueDataAddressIn | VREF | • | • | | 只读 | PROFIdrive 报文 750 输入地址 |
| <TO>. Actor. Interface. TorqueDataAddressOut | VREF | • | • | | 只读 | PROFIdrive 报文 750 输出地址 |
| <TO>. Actor. DriveParameter. | 驱动参数（结构变量） | | | | | |
| <TO>. Actor. DriveParameter. ReferenceSpeed | LREAL | • | • | | 重启 | 驱动装置速度设定 NSET 的百分数 |
| <TO>. Actor. DriveParameter. MaxSpeed | LREAL | • | • | | 重启 | 驱动装置速度设定最大值① |
| <TO>. Actor. DriveParameter. ReferenceTorque | LREAL | • | • | | 重启 | 驱动装置的基准转矩 p2003 |
| 力矩限值变量　　<TO>. TorqueLimiting. | | | | | | |
| <TO>. TorqueLimiting. LimitBase | DINT | • | • | | 重启 | 力矩限值。0：电机侧；1：负载侧 |
| <TO>. TorqueLimiting. PositionBased Monitorings | DINT | • | • | | 重启 | 定位和随动误差监视激活/禁止 |
| <TO>. TorqueLimiting. LimitDefaults | 限值约定值（结构变量） | | | | | |
| <TO>. TorqueLimiting. LimitDefaults. Torque | LREAL | • | • | | 调用 | 限制力矩 |
| <TO>. TorqueLimiting. LimitDefaults. Force | LREAL | • | • | | 调用 | 限制力 |
| 嵌位变量　　<TO>. Clamping. | | | | | | |
| <TO>. Clamping. FollowingError Deviation | LREAL | | • | | 直接 | 随动误差（检测到固定档块开始） |
| <TO>. Clamping. PositionTolerance | LREAL | | • | | 直接 | 嵌位监视的位置允差 |
| 传感器变量　　<TO>. Sensor[n].　数组变量　ARRAY [1..4] | | | | | | |
| <TO>. Sensor[n]. Existent | BOOL | | • | | 只读 | 显示创建的编码器 |
| <TO>. Sensor[n]. Type | DINT | | • | • | 只读 | 编码器类型。0：增量式，1：绝对；2：绝对循环 |
| <TO>. Sensor[n]. InverseDirection | BOOL | | • | • | 重启 | 实际值取反，反向 |

（续）

| 变　量 | 数据类型 | | | | 更改 | 说　明 |
|---|---|---|---|---|---|---|
| <TO>. Sensor[n]. System | DINT | | • | • | 重启 | 编码器系统；0：线性；1：旋转 |
| <TO>. Sensor[n]. MountingMode | DINT | | • | • | 重启 | 安装模式；0：电动机轴；1：负载侧；2：外部测量系统 |
| <TO>. Sensor[n]. DataAdaption | DINT | | • | • | 重启 | 数据自动传送；0：未自动传送；1：自动转速基准速度、最大速度和基准转矩 |
| <TO>. Sensor[n]. Interface. | 接口（结构变量） | | | | | |
| <TO>. Sensor[n]. Interface. AddressIn | VREF | | • | • | 只读 | PROFIdrive 报文输入地址 |
| <TO>. Sensor[n]. Interface. AddressOut | VREF | | • | • | 只读 | PROFIdrive 报文输出地址 |
| <TO>. Sensor[n]. Interface. Number | UDINT | | • | • | 只读 | 报文中编码器数 |
| <TO>. Sensor[n]. Parameter. | 参数变量（结构变量） | | | | | |
| <TO>. Sensor[n]. Parameter. Resolution | LREAL | | • | • | 重启 | 线性编码精度（两编码器脉冲之间的偏移量） |
| <TO>. Sensor[n]. Parameter. StepsPerRevolution | UDINT | | • | • | 重启 | 旋转编码器每转增量数 |
| <TO>. Sensor[n]. Parameter. FineResolution Xist1 | UDINT | | • | • | 重启 | 高精度位数 Gx_XIST1 |
| <TO>. Sensor[n]. Parameter. FineResolution Xist2 | UDINT | | • | • | 重启 | 高精度位数 Gx_XIST2 |
| <TO>. Sensor[n]. Parameter. Determinable-Revolutions | UDINT | | • | • | 重启 | 多转绝对编码器差动转数<br>0：增量编码器；1：单转绝对编码器； |
| <TO>. Sensor[n]. Parameter. Distance-PerRevolution | LREAL | | • | • | 重启 | 外部安装编码器每转的加载距离 |
| <TO>. Sensor[n]. ActiveHoming. | 主动回原点变量（结构变量） | | | | | |
| <TO>. Sensor[n]. ActiveHoming. Mode | DINT | | • | | 重启 | 主动回原点模式。0：基于PROFIdrive 报文的零位标记；1：基于PROFIdrive 报文和参考凸轮的零位标记；2：基于数组量输入的回原点标记 |
| <TO>. Sensor[n]. ActiveHoming. SideInput | BOOL | | • | | 调用 | 主动回原点的数组输入侧；TRUE：正方向；FALSE：负方向 |
| <TO>. Sensor[n]. ActiveHoming. Direction | DINT | | • | | 调用 | 主动回原点方向/标记的接近方向；0：正向回原点；1：负向回原点 |
| <TO>. Sensor[n]. ActiveHoming. Digital-InputAddress | VREF | | • | | 只读 | 数字输入的地址 |
| <TO>. Sensor[n]. ActiveHoming. Home-Position-Offset | LREAL | | • | | 调用 | 回原点位置偏移量 |
| <TO>. Sensor[n]. ActiveHoming. SwitchLevel | BOOL | | • | | 重启 | 接近或原点标记时数字端存在的信号电平；TRUE 高级编程；FALSE：低电平 |
| <TO>. Sensor[n]. PassiveHoming. | 被动回原点变量（结构变量） | | | | | |
| <TO>. Sensor[n]. PassiveHoming. Mode | DINT | | • | • | 重启 | 被动回原点模式。0：基于PROFIdrive 报文的零位标记；1：基于 PROFIdrive 报文和参考凸轮的零位标记；2：基于数组量输入的回原点标记 |

(续)

| 变　　量 | 数据类型 |  |  |  | 更改 | 说　　明 |
|---|---|---|---|---|---|---|
| <TO>. Sensor[n]. PassiveHoming. SideInput | BOOL |  | • | • | 调用 | 被动回原点的数组输入侧；TRUE：正方向；FALSE：负方向； |
| <TO>. Sensor[n]. PassiveHoming. Direction | DINT |  | • | • | 调用 | 被动回原点方向/标记的接近方向；0：正向回原点；1：负向回原点；2：当前方向 |
| <TO>. Sensor[n]. PassiveHoming. DigitalIn-putAddress | VREF |  | • | • | 只读 | 数字输入的地址 |
| <TO>. Sensor[n]. PassiveHoming. SwitchLevel | BOOL |  | • | • | 重启 | 接近或原点标记时数字端存在的信号电平；TRUE 高级编程；FALSE：低电平 |
| 外推变量　　<TO>. Extrapolation. |  |  |  |  |  |  |
| <TO>. Extrapolation. LeadingAxis. DependentTime | LREAL |  | • | • | 只读 | 主轴导致的外推时间分量；根据主轴实际采样时间；Ipo 周期；主轴实际位置滤波时间 T1+T2 |
| <TO>. Extrapolation. FollowingAxis. DependentTime | LREAL |  | • | • | 直接 | 从轴导致的外推时间分量[2] |
| <TO>. Extrapolation. Position. Filter. | 外推位置滤波器变量　（结构变量） |  |  |  |  |  |
| <TO>. Extrapolation. Position. Filter. T1 | LREAL |  | • | • | 直接 | 位置滤波器时间常数 T1 |
| <TO>. Extrapolation. Position. Filter. T2 | LREAL |  | • | • | 直接 | 位置滤波器时间常数 T2 |
| <TO>. Extrapolation. VelocityFilter. | 外推速度滤波器变量　（结构变量） |  |  |  |  |  |
| <TO>. Extrapolation. VelocityFilter. T1 | LREAL |  | • | • | 直接 | 速度滤波器时间常数 T1 |
| <TO>. Extrapolation. VelocityTolerance. | 速度允许的误差变量　（结构变量） |  |  |  |  |  |
| <TO>. Extrapolation. VelocityTolerance. Range | LREAL |  | • | • | 直接 | 速度容许误差 |
| <TO>. Extrapolation. Hysteresis. | 时滞值变量　（结构变量） |  |  |  |  |  |
| <TO>. Extrapolation. Hysteresis. Value | LREAL |  | • | • | 直接 | 时滞值 |
| 负载齿轮变量　　<TO>. LoadGear. |  |  |  |  |  |  |
| <TO>. LoadGear. Numerator | UDINT | • | • | • | 重启 | 负载齿轮传动比分子项 |
| <TO>. LoadGear. Denominator | UDINT | • | • | • | 重启 | 负载齿轮传动比分母项 |
| 性能变量　　<TO>. Properties. |  |  |  |  |  |  |
| <TO>. Properties. MotionType | DINT |  | • | • | 只读 | 轴运动类型；0：线性，1：旋转 |
| 单位变量　　<TO>. Units　见注 3 |  |  |  |  |  |  |
| <TO>. Units. LengthUnit | UDINT |  | • | • | 只读 | 位置单位 |
| <TO>. Units. VelocityUnit | UDINT | • | • | • | 只读 | 速度单位 |
| <TO>. Units. TimeUnit | UDINT | • | • | • | 只读 | 时间单位 |
| <TO>. Units. TorqueUnit | UDINT | • | • |  | 只读 | 力矩单位 |
| <TO>. Units. ForceUnit | UDINT | • | • |  | 只读 | 力单位 |
| 机械变量　　<TO>. Mechanics. |  |  |  |  |  |  |
| <TO>. Mechanics. LeadScrew | LREAL |  | • | • | 重启 | 丝杠螺距 |
| 模数变量　　<TO>. Modulo. |  |  |  |  |  |  |
| <TO>. Modulo. Enable | BOOL |  | • | • | 重启 | 模数转换使能 |

（续）

| 变　　量 | 数据类型 | | | | 更改 | 说　　明 |
|---|---|---|---|---|---|---|
| <TO>. Modulo. Length | LREAL | | • | • | 重启 | 模数长度 |
| <TO>. Modulo. StartValue | LREAL | | • | • | 重启 | 模数开始值 |
| 动态限制变量　　<TO>. DynamicLimits. | | | | | | |
| <TO>. DynamicLimits. MaxVelocity | LREAL | • | • | | 重启 | 轴最大允许速度 |
| <TO>. DynamicLimits. Velocity | LREAL | | • | | 直接 | 轴当前最大速度 |
| <TO>. DynamicLimits. MaxAcceleration | LREAL | • | • | | 直接 | 轴最大允许加速度 |
| <TO>. DynamicLimits. MaxDeceleration | LREAL | • | • | | 直接 | 轴最大允许减速度 |
| <TO>. DynamicLimits. MaxJerk | LREAL | • | • | | 直接 | 轴最大允许加加速度 |
| 动态约定变量　　<TO>. DynamicDefaults. | | | | | | |
| <TO>. DynamicDefaults. Velocity | LREAL | • | • | | 调用 | 约定动态速度 |
| <TO>. DynamicDefaults. Acceleration | LREAL | • | • | | 调用 | 约定动态加速度 |
| <TO>. DynamicDefaults. Deceleration | LREAL | • | • | | 调用 | 约定动态减速度 |
| <TO>. DynamicDefaults. Jerk | LREAL | • | • | | 调用 | 约定动态加加速度 |
| <TO>. DynamicDefaults. EmergencyDeceleration | LREAL | • | • | | 直接 | 约定紧停减速度 |
| 位置软件限位开关变量　　<TO>. PositionLimits_SW. | | | | | | |
| <TO>. PositionLimits_SW. Active | BOOL | | • | | 直接 | 位置软件限位开关激活监视 |
| <TO>. PositionLimits_SW. MinPosition | LREAL | | • | | 直接 | 负向软件限位开关位置 |
| <TO>. PositionLimits_SW. MaxPosition | LREAL | | • | | 直接 | 正向软件限位开关位置 |
| 位置硬件限位开关变量　　<TO>. PositionLimits_HW. | | | | | | |
| <TO>. PositionLimits_HW. Active | BOOL | | • | | 重启 | 硬件限位开关监视激活 |
| <TO>. PositionLimits_HW. MinSwitchLevel | BOOL | | • | | 重启 | 激活负向硬件限位开关；TRUE：高电平；FALSE：低电平 |
| <TO>. PositionLimits_HW. MinSwitchAddress | VREF | | • | | 只读 | 负向硬件限制开关位置 |
| <TO>. PositionLimits_HW. MaxSwitchLevel | BOOL | | • | | 重启 | 激活正向硬件限位开关；TRUE：高电平；FALSE：低电平 |
| <TO>. PositionLimits_HW. MaxSwitchAddress | VREF | | • | | 只读 | 负向硬件限位开关位置 |
| 回原点变量　　<TO>. Homing. | | | | | | |
| <TO>. Homing. AutoReversal | BOOL | | • | | 重启 | 自动在硬件限位开关处反向 |
| <TO>. Homing. ApproachDirection | BOOL | | • | | 调用 | 接近原点位置开关的方向；TRUE：正方向；FALSE：负方向 |
| <TO>. Homing. ApproachVelocity | LREAL | | • | | 调用 | 主动回原点时的接近速度 |
| <TO>. Homing. ReferencingVelocity | LREAL | | • | | 调用 | 回原点参考速度 |
| <TO>. Homing. HomePosition | LREAL | | • | • | 调用 | 回原点开始位置 |
| 超驰变量　　<TO>. Override. | | | | | | |
| <TO>. Override. Velocity | LREAL | • | • | | 直接 | 速度超驰，以百分数形式表示 |
| 位置控制器变量　　<TO>. PositionControl | | | | | | |
| <TO>. PositionControl. Kv | LREAL | | • | | 直接 | 闭环位置控制增益（>0.0） |
| <TO>. PositionControl. Kpc | LREAL | | • | | 直接 | 位置控制的速度预控制 |

（续）

| 变　　量 | 数据类型 |  |  |  | 更改 | 说　　明 |
|---|---|---|---|---|---|---|
| <TO>. PositionControl. EnableDSC | BOOL |  | • |  | 重启 | 激活动态伺服控制 DSC |
| <TO>. PositionControl. SmoothingTimeByChange-Difference | LREAL |  | • |  | 直接 | 平滑斜坡时间[4] |
| <TO>. PositionControl. InitialOperativeSensor | UDINT |  | • |  | 重启 | 初始化后激活的编码器 |
| <TO>. PositionControl. ControlDifferenceQuantization | 控制差的量化变量　（结构变量） |  |  |  |  |  |
| <TO>. PositionControl. ControlDifference-Quantization. Mode | DINT |  | • |  | 重启 | 量化类型 |
| <TO>. PositionControl. ControlDifference-Quantization. Value | LREAL |  | • |  | 重启 | 量化。量化直接值的值 |
| 动态轴模变量（平衡滤波器）　<TO>. DynamicAxisModel. |  |  |  |  |  |  |
| <TO>. DynamicAxisModel. VelocityTimeConstant | LREAL |  | • |  | 直接 | 速度控制回路时间常数 |
| <TO>. DynamicAxisModel. AdditionalPosition-TimeConstant | LREAL |  | • |  | 直接 | 附加位置控制时间常数 |
| 随动误差变量　<TO>. FollowingError. |  |  |  |  |  |  |
| <TO>. FollowingError. EnableMonitoring | BOOL |  | • |  | 重启 | 随动误差监视使能 |
| <TO>. FollowingError. MinValue | LREAL |  | • |  | 直接 | 小于 MinVelocity 的速度下允许的随动误差 |
| <TO>. FollowingError. MaxValue | LREAL |  | • |  | 直接 | 最大速度下可达到的最大允许随动误差 |
| <TO>. FollowingError. MinVelocity | LREAL |  | • |  | 直接 | MinValue 小于该速度时保持速度恒定 |
| <TO>. FollowingError. WarningLevel | LREAL |  | • |  | 直接 | 警告等级，相对于最大有效随动误差的百分数 |
| 位置监视变量　<TO>. PositioningMonitoring. |  |  |  |  |  |  |
| <TO>. PositioningMonitoring. ToleranceTime | LREAL |  | • |  | 直接 | 容许误差的时间 |
| <TO>. PositioningMonitoring. MinDwellTime | LREAL |  | • |  | 直接 | 定位窗口的最短停留时间 |
| <TO>. PositioningMonitoring. Window | LREAL |  | • |  | 直接 | 定位窗口 |
| 停止信号变量　<TO>. StandstillSignal. |  |  |  |  |  |  |
| <TO>. StandstillSignal. VelocityThreshold | LREAL |  | • |  | 直接 | 速度阈值，低于该值，最短停留时间开始 |
| <TO>. StandstillSignal. MinDwellTime | LREAL |  | • |  | 直接 | 最短停留时间[5] |
| 状态定位信号变量　<TO>. StatusPositioning. |  |  |  |  |  |  |
| <TO>. StatusPositioning. Distance | LREAL |  | • |  | 只读 | 到目标位置的距离 |
| <TO>. StatusPositioning. TargetPosition | LREAL |  | • |  | 只读 | 目标位置 |
| <TO>. StatusPositioning. FollowingError | LREAL |  | • |  | 只读 | 当前随动误差 |
| <TO>. StatusPositioning. SetpointExecutionTime | LREAL |  | • |  | 只读 | 轴执行时间设定值 |
| 驱动器状态变量　<TO>. StatusDrive. |  |  |  |  |  |  |
| <TO>. StatusDrive. InOperation | BOOL | • | • |  | 只读 | 驱动装置运行状态 |
| <TO>. StatusDrive. CommunicationOK | BOOL | • | • |  | 只读 | 控制器与驱动的周期总线通信 |
| <TO>. StatusDrive. Error | BOOL | • | • |  | 只读 | 驱动出错 |

（续）

| 变　　量 | 数据类型 | | | | 更改 | 说　　明 |
|---|---|---|---|---|---|---|
| <TO>. StatusDrive. AdaptionState | LREAL | • | • | | 只读 | 驱动参数自动传送；0：未传送；1：正传送；2：已完成传送；3：无法传送；4：传送时出错 |
| 伺服状态变量（平衡滤波器）　　<TO>. StatusServo. | | | | | | |
| <TO>. StatusServo. BalancedPosition | LREAL | | • | | 只读 | 平衡滤波器后的位置 |
| <TO>. StatusServo. ControlDifference | LREAL | | • | | 只读 | 控制差 |
| 传感器状态变量　　<TO>. StatusSensor[n]. | | | | | | |
| <TO>. StatusSensor[n]. State | DINT | | • | • | 只读 | 实际编码器状态；0：无效；1：等待有效；2：有效 |
| <TO>. StatusSensor[n]. CommunicationOK | BOOL | | • | • | 只读 | 建立控制器与编码器之间通信 |
| <TO>. StatusSensor[n]. Error | BOOL | | • | • | 只读 | 测量系统出错 |
| <TO>. StatusSensor[n]. AbsEncoderOffset | LREAL | | • | • | 只读 | 绝对编码器起点偏移 |
| <TO>. StatusSensor[n]. Control | BOOL | | • | • | 只读 | 编码器控制激活 |
| <TO>. StatusSensor[n]. Position | LREAL | | • | • | 只读 | 编码器位置 |
| <TO>. StatusSensor[n]. Velocity | LREAL | | • | • | 只读 | 编码器速度 |
| <TO>. StatusSensor[n]. AdaptionState | DINT | | • | • | 只读 | 自动传送；0：未传送；1 正传送；2：已完成传送；3：无法传送；4 传送数据出错 |
| 外推状态变量　　<TO>. StatusExtrapolation. | | | | | | |
| <TO>. StatusExtrapolation. FilteredPosition | LREAL | | • | • | 只读 | 位置滤波器后的位置 |
| <TO>. StatusExtrapolation. FilteredVelocity | LREAL | | • | • | 只读 | 基于容差区间的速度 |
| <TO>. StatusExtrapolation. ExtrapolatedPosition | LREAL | | • | • | 只读 | 外推位置 |
| <TO>. StatusExtrapolation. ExtrapolatedVelocity | LREAL | | • | • | 只读 | 外推速度 |
| 同步运动状态变量　　<TO>. StatusSynchronizedMotion. | | | | | | |
| <TO>. StatusSynchronizedMotion. FunctionState | DINT | | • | | 只读 | 激活的同步操作功能⑥ |
| <TO>. StatusSynchronizedMotion. PhaseShift | LREAL | | • | | 只读 | 当前绝对主轴偏移 |
| <TO>. StatusSynchronizedMotion. ActualMaster | DB_ANY | | • | | 只读 | 实际齿轮传送主轴数据块 |
| <TO>. StatusSynchronizedMotion. ActualCam | DB_ANY | | • | | 只读 | 实际凸轮传送主轴传送块 |
| <TO>. StatusSynchronizedMotion. MasterOffset | LREAL | | • | | 只读 | 主轴范围的当前偏移 |
| <TO>. StatusSynchronizedMotion. MasterScaling | LREAL | | • | | 只读 | 主轴范围的增益 |
| <TO>. StatusSynchronizedMotion. SlaveOffset | LREAL | | • | | 只读 | 从轴范围的当前偏移 |
| <TO>. StatusSynchronizedMotion. SlaveScaling | LREAL | | • | | 只读 | 从轴范围的增益 |
| <TO>. StatusSynchronizedMotion. StatusWord.　　状态字变量　（结构变量） | | | | | | |
| <TO>. StatusSynchronizedMotion. StatusWord. Bit0 (MaxVelocityExceeded) | BOOL | | • | | 只读 | 超出同步最大允许速度 |
| <TO>. StatusSynchronizedMotion. StatusWord. Bit1 (MaxAccelerationExceeded) | BOOL | | • | | 只读 | 超出同步最大允许加速度 |
| <TO>. StatusSynchronizedMotion. StatusWord. Bit2 (MaxDecelerationExceeded) | BOOL | | • | | 只读 | 超出同步最大允许减速度 |

（续）

| 变　量 | 数据类型 |  |  |  | 更改 | 说　明 |
|---|---|---|---|---|---|---|
| <TO>. StatusSynchronizedMotion. StatusWord. Bit3 (InSimulation) | BOOL |  | • |  | 只读 | 未对同步操作进行仿真 |
| <TO>. StatusSynchronizedMotion. StatusWord. Bit4~31 | BOOL |  | • |  | 只读 | 保留 |
| <TO>. StatusKinematicsMotion. | 工艺对象运动学状态变量（只读） |  |  |  |  |  |
| <TO>. StatusKinematicsMotion. Bit0 (MaxVelocityExceeded) |  |  | • |  |  | 超最大设定速度 |
| <TO>. StatusKinematicsMotion. Bit1 (MaxAccelerationExceeded) |  |  | • |  |  | 超最大设定加速度 |
| <TO>. StatusKinematicsMotion. Bit2 (MaxDecelerationExceeded) |  |  | • |  |  | 超最大设定减速度 |
| 转矩状态变量　<TO>. StatusTorqueData. |  |  |  |  |  |  |
| <TO>. StatusTorqueData. CommandAdditiveTorqueActive | DINT | • | • |  | 只读 | 附加转矩设定值参数激活 |
| <TO>. StatusTorqueData. CommandTorqueRangeActive | DINT | • | • |  | 只读 | 转矩范围超出上限和下限 |
| <TO>. StatusTorqueData. ActualTorque | LREAL | • | • |  | 只读 | 转矩工艺对象的轴实际转矩 |
| 运动输入状态变量　<TO>. StatusMotionIn. |  |  |  |  |  |  |
| <TO>. StatusMotionIn. FunctionState | DINT | • | • |  | 只读 | 功能状态；0：未激活；1：已激活 MotionInVelocity；2：已激活 MotionInPosition |
| <TO>. StatusWord. | DWORD |  |  |  | 只读 | 状态字变量 |
| <TO>. StatusWord. Bit0 (Enable) |  | • | • | • |  | 使能状态 |
| <TO>. StatusWord. Bit1 (Error) |  | • | • | • |  | 出错状态 |
| <TO>. StatusWord. Bit2 (RestartActive) |  | • | • | • |  | 重启动激活状态 |
| <TO>. StatusWord. Bit3 (OnlineStartValuesChanged) |  | • | • | • |  | 在线启动值改变状态 |
| <TO>. StatusWord. Bit4 (ControlPanelActiv) |  | • | • |  |  | 控制面板激活 |
| <TO>. StatusWord. Bit5, 7, 8, 11, 15~24, 28~31 |  | • | • |  |  | 预留 |
| <TO>. StatusWord. Bit5 (HomingDone) |  |  | • | • |  | 已回原点状态 |
| <TO>. StatusWord. Bit6 (Done) |  | • | • | • |  | 未完成运动状态 |
| <TO>. StatusWord. Bit7 (Standstill) |  |  | • |  |  | 停止状态 |
| <TO>. StatusWord. Bit8 (PositioningCommand) |  |  | • |  |  | 定位命令正进行 |
| <TO>. StatusWord. Bit9 (JogCommand) |  | • | • |  |  | MC_MoveJog 运动状态 |
| <TO>. StatusWord. Bit10 (VelocityCommand) |  | • | • |  |  | MC_MoveVelocity 运动状态 |
| <TO>. StatusWord. Bit11 (HomingCommand) |  |  | • | • |  | MC_Home 状态 |
| <TO>. StatusWord. Bit12 (ConstantVelocity) |  | • | • |  |  | 达到速度设定并恒速运行 |
| <TO>. StatusWord. Bit13 (Accelerating) |  | • | • |  |  | 加速运行状态 |
| <TO>. StatusWord. Bit14 (Decelerating) |  | • | • |  |  | 减速运行状态 |

（续）

| 变　量 | 数据类型 |  |  |  | 更改 | 说　明 |
|---|---|---|---|---|---|---|
| <TO>. StatusWord. Bit15（SWLimitMinActive） |  |  | • |  |  | SWLimitMinActive 负软限开关激活 |
| <TO>. StatusWord. Bit16（SWLimitMaxActive） |  |  | • |  |  | SWLimitMaxActive 正软限开关激活 |
| <TO>. StatusWord. Bit17（HWLimitMinActive） |  |  | • |  |  | HWLimitMinActive 负硬限开关激活 |
| <TO>. StatusWord. Bit18（HWLimitMaxActive） |  |  | • |  |  | HWLimitMaxActive 正硬限开关激活 |
| <TO>. StatusWord. Bit21（Synchronizing） |  |  | • |  |  | 定位轴预留；同步轴 1：正同步；0：未同步 |
| <TO>. StatusWord. Bit22（Synchronous） |  |  | • |  |  | 定位轴预留；同步轴 1：已同步；0：异步 |
| <TO>. StatusWord. Bit23（SuperimposedMotionCommand） |  |  | • |  |  | 重叠移动。0：未激活；1：未运行 |
| <TO>. StatusWord. Bit24（PhasingCommand） |  |  | • |  |  | 定位轴预留；同步轴 1：已激活；0：未运行 |
| <TO>. StatusWord. Bit25（AxisSimulation） |  | • | • |  |  | 轴仿真激活 |
| <TO>. StatusWord. Bit26（TorqueLimitingCommand） |  | • | • |  |  | MC_TorqueLimiting 运动状态 |
| <TO>. StatusWord. Bit27（InLimitation） |  | • | • |  |  | 力矩限制 InLimitation 运动状态 |
| <TO>. StatusWord. Bit28（NonPositionControlled） |  |  | • |  |  | 未处于位置控制模式 |
| <TO>. StatusWord. Bit29（KinematicsMotionCommand） |  |  | • |  |  | 轴已经用于运动系统 |
| <TO>. StatusWord. Bit30（InClamping） |  |  | • |  |  | 轴被嵌位在固定挡块 |
| <TO>. StatusWord. Bit31（MotionInCommand） |  |  | • |  |  | 运动输入函数 MotionIn 状态；0：未激活；1：正运行 MotionInVelocity；2：正运行 MotionInPosition |
| <TO>. ErrorWord. | DWORD |  |  |  | 只读 | 出错字变量 |
| <TO>. ErrorWord. | DWORD |  |  |  | 只读 |  |
| <TO>. ErrorWord. Bit0（SystemFault） |  | • | • | • |  | 系统出错 |
| <TO>. ErrorWord. Bit1（ConfigFault） |  | • | • | • |  | 组态出错 |
| <TO>. ErrorWord. Bit2（UserFault） |  | • | • | • |  | 用户程序出错 |
| <TO>. ErrorWord. Bit3（CommandNotAccepted） |  | • | • | • |  | 指令无法执行 |
| <TO>. ErrorWord. Bit4（DriveFault） |  | • | • |  |  | 驱动装置出错 |
| <TO>. ErrorWord. Bit5（SensorFault） |  |  | • | • |  | 编码器出错 |
| <TO>. ErrorWord. Bit5，8~12，14，16~31 |  | • | • |  |  | 预留 |
| <TO>. ErrorWord. Bit6（DynamicError） |  | • | • |  |  | 动态值出错 |
| <TO>. ErrorWord. Bit7（CommunicationFault） |  | • | • | • |  | 通信出错 |
| <TO>. ErrorWord. Bit8（SWLimit） |  |  | • |  |  | 达到或超过软限开关 |
| <TO>. ErrorWord. Bit9（HWLimit） |  |  | • |  |  | 达到或超过硬限开关 |
| <TO>. ErrorWord. Bit10（HomingError） |  |  | • | • |  | 回原点操作出错 |
| <TO>. ErrorWord. Bit11（FollowingErrorFault） |  |  | • |  |  | 超出随动误差的出错 |
| <TO>. ErrorWord. Bit12（PositioningFault） |  |  | • |  |  | 访问逻辑地址出错 |

（续）

| 变　　量 | 数据类型 | | | | 更改 | 说　　明 |
|---|---|---|---|---|---|---|
| <TO>. ErrorWord. Bit13 （PeripheralError） | | • | • | • | | 并行通信逻辑地址出错 |
| <TO>. ErrorWord. Bit14 （SynchronousError） | | | • | | | 同步轴同步操作出错 |
| <TO>. ErrorWord. Bit15 （AdaptionError） | | • | • | | | 传送数据出错 |
| 出错细节变量　　<TO>. ErrorDetail. | | | | | | |
| <TO>. ErrorDetail. Number | UDINT | • | • | • | 只读 | 报警编号 |
| <TO>. ErrorDetail. Reaction | DINT | • | • | • | 只读 | 有效报警[7] |
| <TO>. WarningWord. | DWORD | | | | 只读 | 警告字变量 |
| <TO>. WarningWord. Bit0 （SystemWarning） | | • | • | • | | 系统出错警告 |
| <TO>. WarningWord. Bit1 （ConfigWarning） | | • | • | • | | 组态出错警告 |
| <TO>. WarningWord. Bit2 （UserWarning） | | • | • | • | | 用户程序出错警告 |
| <TO>. WarningWord. Bit3 （CommandNotAccepted） | | • | • | • | | 指令无法执行警告 |
| <TO>. WarningWord. Bit4 （DriveWarning） | | • | • | | | 驱动装置出错警告 |
| <TO>. WarningWord. Bit5，8～12，14，16～31 | | • | • | | | 预留 |
| <TO>. WarningWord. Bit5 （SensorWarning） | | | • | • | | 编码器系统出错警告 |
| <TO>. WarningWord. Bit6 （DynamicError） | | • | • | | | 动态值出错警告 |
| <TO>. WarningWord. Bit7 （CommunicationWarning） | | • | • | • | | 通信出错警告 |
| <TO>. WarningWord. Bit8 （SWLimitMin） | | | • | | | 负软限开关警告 |
| <TO>. WarningWord. Bit9 （SWLimitMax） | | | • | | | 正软限开关警告 |
| <TO>. WarningWord. Bit10 （HomingWarning） | | | • | • | | 回原点操作警告 |
| <TO>. WarningWord. Bit11 （FollowingErrorWarning） | | | • | | | 随动误差监视警告 |
| <TO>. WarningWord. Bit12 （PositioningWarning） | | | • | | | 定位误差警告 |
| <TO>. WarningWord. Bit13 （PeripheralWarning） | | • | • | | | 并行通信逻辑地址出错警告 |
| <TO>. WarningWord. Bit14 （SynchronousWarning） | | | • | | | 同步轴同步操作警告 |
| <TO>. WarningWord. Bit15 （AdaptionWarning） | | • | • | | | 传送数据出错警告 |
| 控制面板变量　　<TO>. ControlPanel. | | | | | | |
| <TO>. ControlPanel. Input | 控制面板输入变量（结构变量） | | | | | |
| <TO>. ControlPanel. Input. TimeOut | LREAL | • | | | 直接 | 时间超出 |
| <TO>. ControlPanel. Input. EsLifeSign | UDINT | • | | | 直接 | |
| <TO>. ControlPanel. Input. Command | 控制面板命令输入变量（数组变量 ARRAY[1..2]） | | | | | |
| <TO>. ControlPanel. Input. Command. ReqCounter | UDINT | • | | | 直接 | 输入命令请求计数 |
| <TO>. ControlPanel. Input. Command. Type | UDINT | • | | | 直接 | 输入命令类型 |
| <TO>. ControlPanel. Input. Command. Position | LREAL | • | | | 直接 | 输入命令位置 |

（续）

| 变　量 | 数据类型 | | | | 更改 | 说　明 |
|---|---|---|---|---|---|---|
| <TO>. ControlPanel. Input. Command. Velocity | LREAL | • | | | 直接 | 输入命令速度 |
| <TO>. ControlPanel. Input. Command. Acceleration | LREAL | • | | | 直接 | 输入命令加速度 |
| <TO>. ControlPanel. Input. Command. Deceleration | LREAL | • | | | 直接 | 输入命令减速度 |
| <TO>. ControlPanel. Input. Command Jerk | LREAL | • | | | 直接 | 输入命令加加速度 |
| <TO>. ControlPanel. Input. Command. Param | LREAL | • | | | 直接 | 命令参数 |
| <TO>. ControlPanel. Output. | 控制面板输出变量（结构变量） | | | | | |
| <TO>. ControlPanel. Output. RTLifeSign | UDINT | • | | | 只读 | |
| <TO>. ControlPanel. Input. Command. | ARRAY[1..2]命令输入变量（数组变量） | | | | | |
| <TO>. ControlPanel. Input. Command. AckCounter | UDINT | • | | | 只读 | 确认计数 |
| <TO>. ControlPanel. Input. Command. Error | BOOL | • | | | 只读 | 输入命令出错 |
| <TO>. ControlPanel. Input. Command. ErrorID | UDINT | • | | | 只读 | 输入命令出错代码 |
| <TO>. ControlPanel. Input. Command. Done | BOOL | • | | | 只读 | 输入命令完成 |
| <TO>. ControlPanel. Input. Command. Aborted | BOOL | • | | | 只读 | 输入命令中止 |
| 内部跟踪变量　<TO>. InternalToTrace.　数组变量 ARRAY[1..4] 仅内部应用的变量 | | | | | | |
| <TO>. InternalToTrace. Id | DINT | • | | • | 直接 | 内部跟踪标记 |
| <TO>. InternalToTrace. Value | LREAL | • | | • | 直接 | 内部跟踪值 |

① 驱动装置速度设定最大值：≤2.0×ReferenceSpeed（报文）；≤1.7×ReferenceSpeed（模拟）

② 从轴导致的外推时间分量根据：1：带设定速度预控制的同步轴的通信周期；Ipo 周期；同步轴速度回路替代时间；同步轴设定输出时间；2：不带速度预控制的同步轴的通信周期；Ipo 周期；位置控制回路等效时间（<TO>. PositionControl. Kv 的倒数）；同步轴设定输出时间

③ 位置单位：p1010：m；p1013：mm；p1011：km；p1014：μm；p1015：nm；p1019：in；p1018：ft；p1021：mi；p1004：rad；p1005：°

速度单位：速度轴：p1082：1/s；p1083：1/min；p1528：1/h

速度单位：定位或同步轴：p1521：°/s；p1522：°/min；p1086：rad/s；p1523：rad/min；p1062：mm/s；p1061：m/s；p1524：mm/min；p1525：m/min；p1526：mm/h；p1063：m/h；p1527：km/min；p1064：km/h；p1066：in/s；p1069：in/min；p1067：ft/s；p1070：ft/min；p1075：mi/h

时间单位：p1054：s

力矩单位：p1126：Nm；p1128：kNm；p1529：lbf in；p1530：lbf ft；p1531：ozf in；p1532：ozf ft；p1533：pdl in；p1534：pdl ft

力单位：p1120：N；p1122：kN；p1094：lbf；p1093：ozf；p1535：pdl

④ 平滑斜坡时间指因编码器切换导致控制器偏差发生阶跃变化的斜坡滤波时间

⑤ 实际速度值低于速度阈值，并在最短停留时间内不超过该阈值，则将设置停止信号 <TO>. StatusWord. X7（Standstill）

⑥ 同步操作功能：0：同步操作未激活；1：齿轮传送（GearIn）；2：带特定同步位置的齿轮传动（GearInPos）；3：凸轮传动（CamIn）

⑦ 有效报警。0：无响应；1：经当前动态值停止；2：经最大动态值停止；3：经紧停功能停止；取消启用；5：凸轮轨迹完成

从表可见，西门子公司采用变量实现了对工艺对象的属性描述。说明如下：

1）采用变量实现了 PLCopen 运动控制规范中大部分的管理类运动控制功能块的功能。

2）采用 DINT 或 UDINT 数据类型实现运动控制规范中的枚举数据类型的描述，但降低可读性。

3）不同工艺对象具有不同的变量。例如，定位轴和同步轴工艺对象具有同步有关属性的变量和闭环控制的有关变量。编码器工艺对象具有传感器有关属性的变量等。

4）可根据变量的数据类型确定其允许的数据范围，但部分变量是子范围数据类型，表中未列出。

5）可根据应用要求，设置合适的单位。例如，位置单位有十个选项、速度单位有三个选项等。

6）测量输入、输出凸轮、凸轮轨迹、凸轮和运动系统工艺对象的有关变量见有关资料。

7）工艺对象的变量与其他变量的关系可参考有关资料。例如，表 8-36 是工艺对象的变量与机械装置设置有关变量的对应关系。表 8-37 是工艺对象的变量与运动控制有关变量的对应关系。

**表 8-36　工艺对象变量与机械装置设置有关变量的对应关系**

| 参　数 | 变 量 描 述 |
| --- | --- |
| 运动类型 | <TO>. Properties. MotionType　　0：直线运动；1：旋转运动 |
| 负载齿轮传动比分子 | <TO>. LoadGear. Numerator |
| 负载齿轮传动比分母 | <TO>. LoadGear. Denominator |
| 丝杠螺距 | <TO>. Mechanics. LeadScrew |
| 编码器安装方式 | <TO>. Sensor[n]. MountingMode |
| 外部安装编码器的每转负载距离 | <TO>. Sensor[n]. Parameter. DistancePerRevolution |
| 将驱动装置设定值方向取反 | <TO>. Actor. InverseDirection |
| 丝杠螺距效率 | <TO>. Actor. Efficiency |
| 编码器实际值反向 | <TO>. Sensor[n]. InverseDirection |
| 启用模数 | <TO>. Modulo. Enable |
| 模数长度 | <TO>. Modulo. Length |
| 模数启动值 | <TO>. Modulo. StartValue |

**表 8-37　工艺对象变量与运动控制部分变量的对应关系**

| 参　数 | 变 量 描 述 | 参　数 | 变 量 描 述 |
| --- | --- | --- | --- |
| 转矩限制 | <TO>. TorqueLimiting. LimitDefaults. Torque | 位置设定值 | <TO>. Position |
| 力限制 | <TO>. TorqueLimiting. LimitDefaults. Force | 速度设定值 | <TO>. Velocity |
| 电动机的实际速度 | <TO>. ActualSpeed（仅 PROFIdrive 驱动器类型） | 加速度设定值 | <TO>. Acceleration |
| 活定位和跟随误差监控 | <TO>. TorqueLimiting. Position BasedMonitorings | 实际位置 | <TO>. ActualPosition |
| 激活运动的状态指示 | <TO>. StatusWord | 实际速度 | <TO>. ActualVelocity |
| 速度的最大动态限值（机械限值） | <TO>. DynamicLimits. MaxVelocity | 速度超驰 | <TO>. Override. Velocity |
| 速度的最大动态限值（编程限值） | <TO>. DynamicLimits. Velocity | 实际加速度 | <TO>. ActualAcceleration |
| 加速度的最大动态限值 | <TO>. DynamicLimits. MaxAcceleration | 系统约定速度 | <TO>. DynamicDefaults. Velocity |
| 减速度的最大动态限值 | <TO>. DynamicLimits. MaxDeceleration | 系统约定加速度 | <TO>. DynamicDefaults. Acceleration |
| 加加速度的最大动态限值 | <TO>. DynamicLimits. MaxJerk | 系统约定减速度 | <TO>. DynamicDefaults. Deceleration |
| 电动机或驱动器侧的力矩限制 | <TO>. TorqueLimiting. LimitBase | 系统约定加加速度 | <TO>. DynamicDefaults. Jerk |

#### 4. 工艺对象的基本原理

(1) 轴工艺对象

表 8-38 是速度轴和定位轴工艺对象的基本原理。表 8-39 是同步轴工艺对象的基本原理。

**表 8-38　速度轴和定位轴工艺对象的基本原理**

| 工艺对象 | 速度轴工艺对象 | 定位轴工艺对象 |
|---|---|---|
| 基本原理图 | 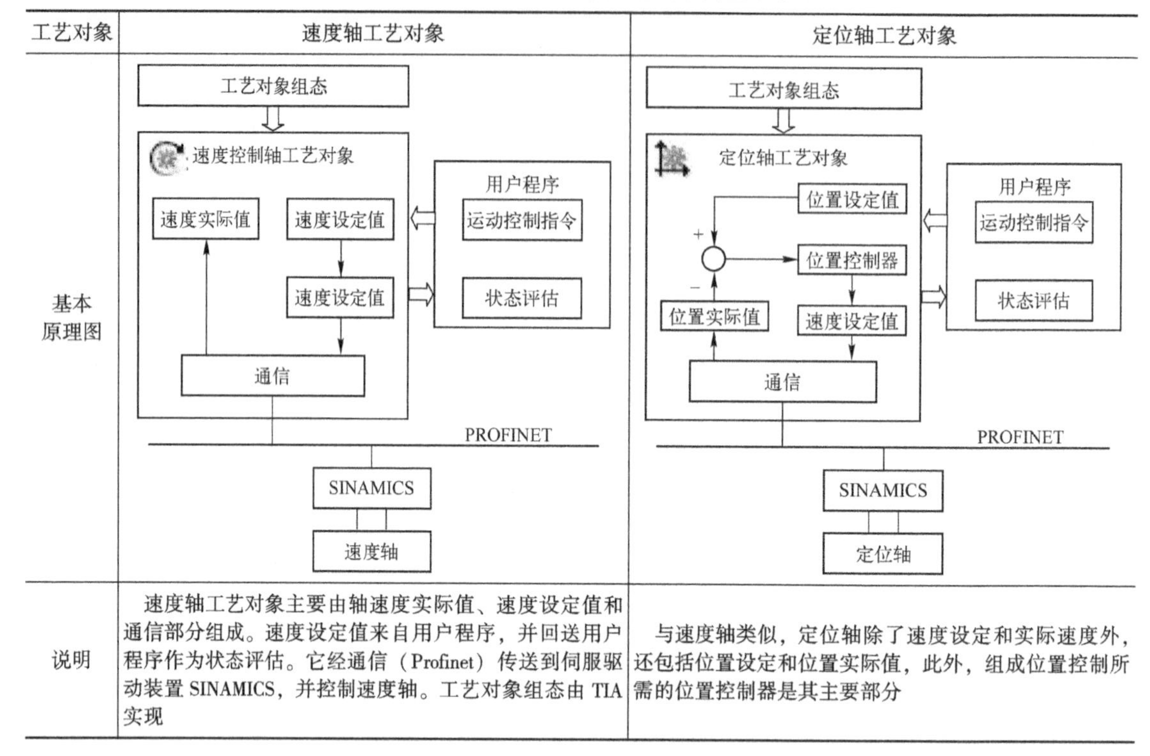 | |
| 说明 | 速度轴工艺对象主要由轴速度实际值、速度设定值和通信部分组成。速度设定值来自用户程序，并回送用户程序作为状态评估。它经通信（Profinet）传送到伺服驱动装置 SINAMICS，并控制速度轴。工艺对象组态由 TIA 实现 | 与速度轴类似，定位轴除了速度设定和实际速度外，还包括位置设定和位置实际值，此外，组成位置控制所需的位置控制器是其主要部分 |

**表 8-39　同步轴工艺对象的基本原理**

| 工艺对象 | 同步轴工艺对象 |
|---|---|
| 基本原理图 | 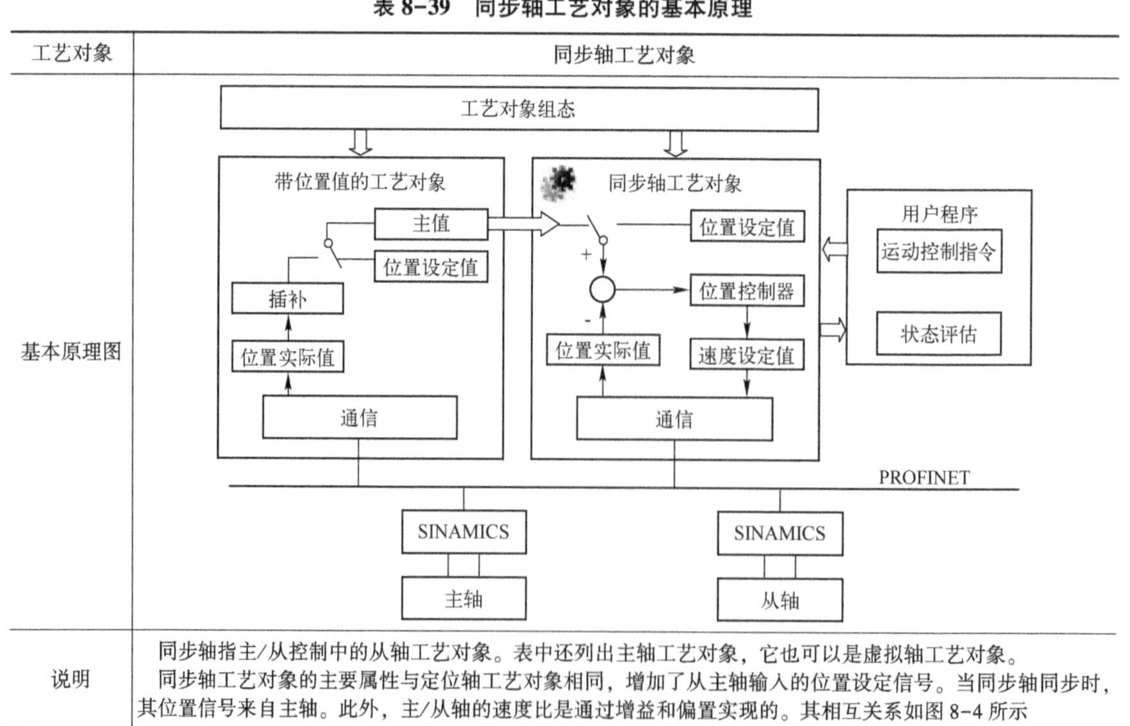 |
| 说明 | 同步轴指主/从控制中的从轴工艺对象。表中还列出主轴工艺对象，它也可以是虚拟轴工艺对象。<br>同步轴工艺对象的主要属性与定位轴工艺对象相同，增加了从主轴输入的位置设定信号。当同步轴同步时，其位置信号来自主轴。此外，主/从轴的速度比是通过增益和偏置实现的。其相互关系如图 8-4 所示 |

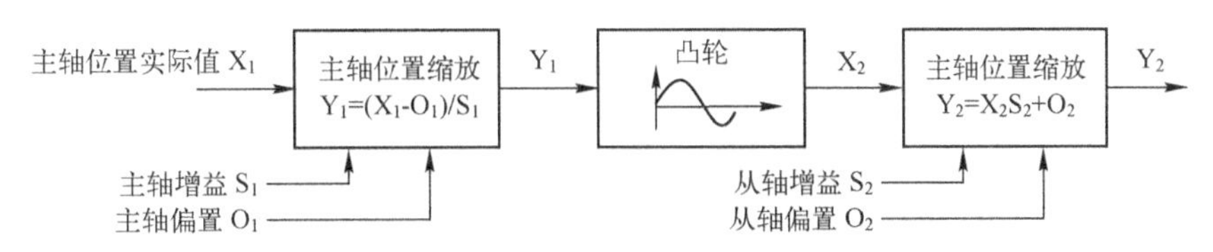


图 8-4　主/从轴的缩放关系和偏置关系

表 8-40 是用于主/从轴控制的有关状态变量。

**表 8-40　用于主/从轴控制的有关状态变量**

| 同步状态变量 | 说　明 | 状 态 变 量 | 说　明 |
|---|---|---|---|
| <TO>. StatusSynchronizedMotion. FunctionState | 同步运动功能状态 | <TO>. StatusWord. X21（Synchronizing） | 同步轴与主轴正同步 |
| <TO>. StatusSynchronizedMotion. CurrentCam | 同步运动当前凸轮 | <TO>. StatusWord. X22（Synchronous） | 同步轴与主轴已经同步 |
| <TO>. StatusSynchronizedMotion. MasterOffset | 主轴偏置 O1 | <TO>. ErrorWord. X14（SynchronousError） | 同步过程中出错 |
| <TO>. StatusSynchronizedMotion. MasterScaling | 主轴增益 S1 | <TO>. StatusSynchronizedMotion. StatusWord. X0 | 同步超出同步轴组最大速度 |
| <TO>. StatusSynchronizedMotion. SlaveOffset | 从轴偏置 O2 | <TO>. StatusSynchronizedMotion. StatusWord. X1 | 同步超出同步轴组最大加速度 |
| <TO>. StatusSynchronizedMotion. SlaveScaling | 从轴增益 S2 | <TO>. StatusSynchronizedMotion. StatusWord. X2 | 同步超出同步轴组最大减速度 |
| <TO>. StatusSynchronizedMotion. ActualMaster | 主轴激活同步 | <TO>. StatusSynchronizedMotion. PhaseShift | 同步过程当前主轴位移 |

（2）外部编码器工艺对象

表 8-41 是外部编码器工艺对象基本原理。

**表 8-41　外部编码器工艺对象的基本原理**

| 工艺对象 | 外部编码器工艺对象 |
|---|---|
| 基本原理图 | 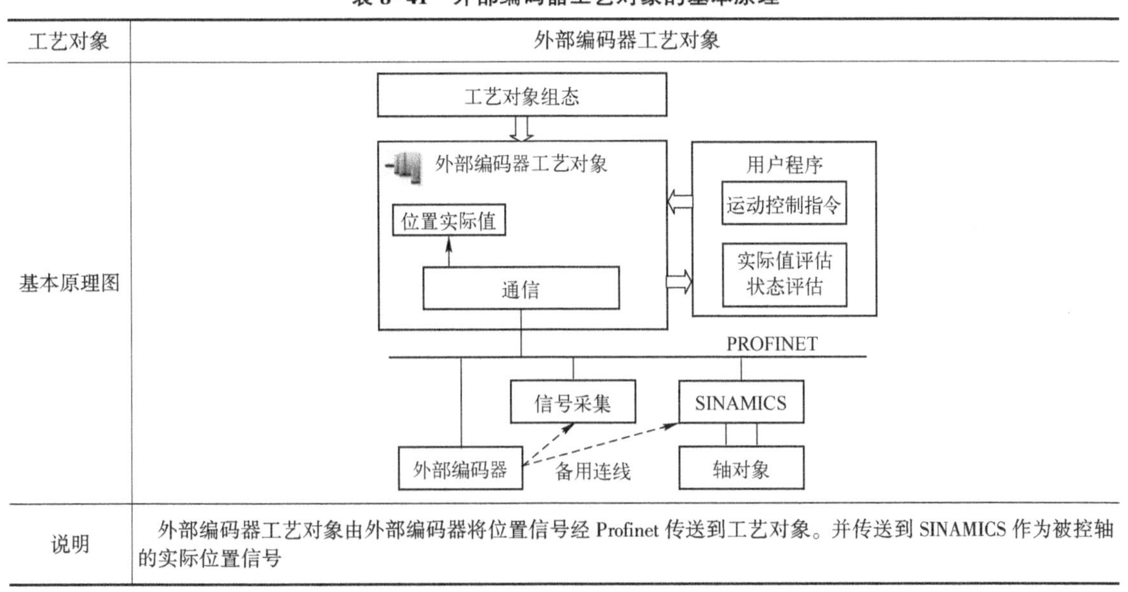 |
| 说明 | 外部编码器工艺对象由外部编码器将位置信号经 Profinet 传送到工艺对象。并传送到 SINAMICS 作为被控轴的实际位置信号 |



（3）测量输入工艺对象

表 8-42 是测量输入工艺对象基本原理。

**表 8-42　测量输入工艺对象的基本原理**

| 工艺对象 | 测量输入工艺对象 |
| --- | --- |
| 基本原理图 | 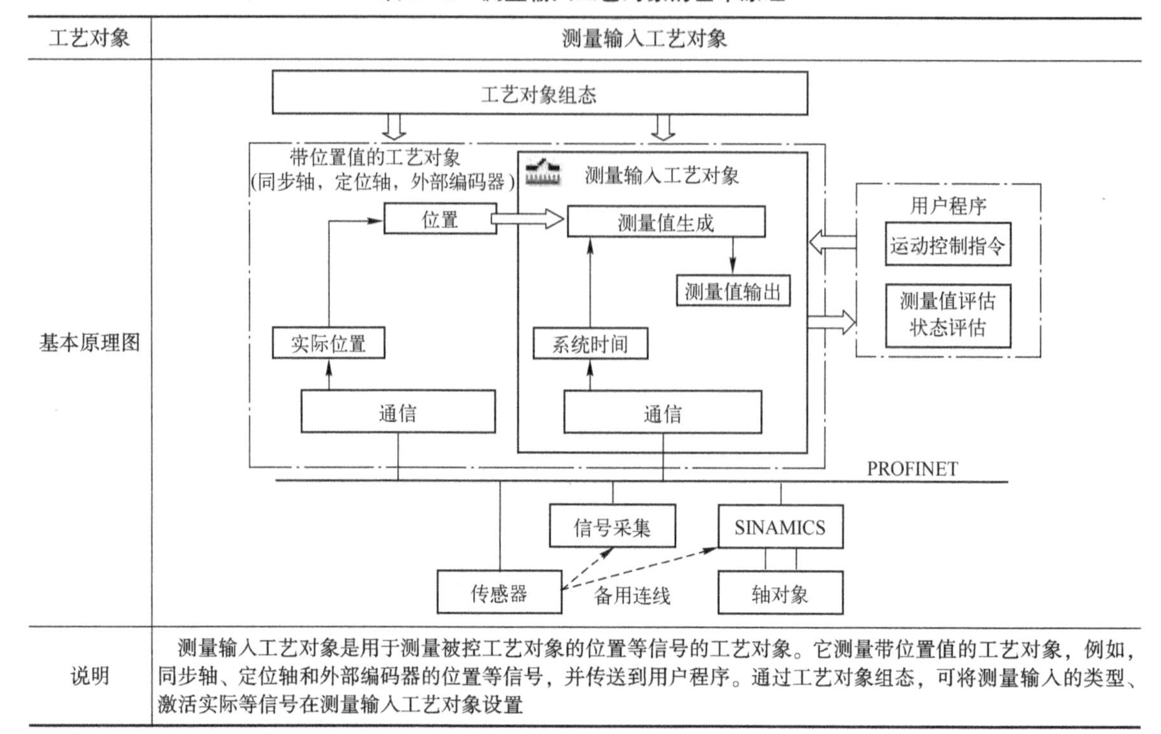 |
| 说明 | 测量输入工艺对象是用于测量被控工艺对象的位置等信号的工艺对象。它测量带位置值的工艺对象，例如，同步轴、定位轴和外部编码器的位置等信号，并传送到用户程序。通过工艺对象组态，可将测量输入的类型、激活实际等信号在测量输入工艺对象设置 |



有关测量输入工艺对象的变量见表 8-43。

**表 8-43　测量输入工艺对象的有关变量**

| 变　　量 | 说　　明 |
| --- | --- |
| <TO>. Status | 测量输入功能的状态。0：未激活；1：测量输入正等待；2：测量输入已经采集测量值；3：测量期间出错 |
| <TO>. InputState | 测量输入的输入状态 |
| <TO>. Parameter. MeasuringInputType | 测量输入类型 |
| <TO>. Parameter. PROFI driveProbeNumber | 用 PROFIdrive 报文进行测量的测量输入数量 |
| <TO>. Parameter. MeasuringRangeActivationTime | 系统定义的激活时间分配［ms］ |
| <TO>. Parameter. MeasuringRangeAdditionalActivationTime | 其他用户自定义的激活时间分配［ms］ |
| <TO>. Parameter. CorrectionTime | 用户自定义的测量结果校正时间［ms］ |
| <TO>. Interface. Address | 数字量测量输入的 I/O 地址 |
| <TO>. Units. LengthUnit | 长度数据的单位 |
| <TO>. Units. TimeUnit | 时间数据的单位 |
| <TO>. MeasuredValues. MeasuredValue1 | 第一测量值 |
| <TO>. MeasuredValues. MeasuredValue2 | 第二测量值（在一个位置控制周期内测量到两个或更多信号沿时） |
| <TO>. MeasuredValues. MeasuredValue1Counter | 第一测量值的计数值 |
| <TO>. MeasuredValues. MeasuredValue2Counter | 第二测量值的计数值 |
| <TO>. MeasuredValues. LostEdgeCounter1 | 第一测量值采集时钟周期内丢失信号沿的数量（单次测量时为零） |
| <TO>. MeasuredValues. LostEdgeCounter2 | 第二测量值采集时钟周期内丢失信号沿的数量（单次测量时为零） |

（续）

| 变　　量 | 说　　明 |
|---|---|
| <TO>. StatusWord. X0 | 工艺对象处于运行状态（Control） |
| <TO>. StatusWord. X1 | 工艺对象处于出错状态（Error） |
| <TO>. StatusWord. X2 | 工艺对象重启动初始化，工艺数据块未激活重启更新（RestartActive） |
| <TO>. StatusWord. X3 | 重启相关的数据已更新，重启工艺对象后才能够应用更新的值（OnlineStartValuesChanged） |
| <TO>. StatusWord. X5 | 测量输入与测量模块同步，可使用该输入（CommunicationOk） |
| <TO>. ErrorWord. X0 | 系统出错（SystemFault） |
| <TO>. ErrorWord. X1 | 组态出错（ConfigFault） |
| <TO>. ErrorWord. X2 | 用户程序出错（如运动指令错，执行指令错）（UserFault） |
| <TO>. ErrorWord. X3 | 指令无法执行（CommandNotAccepted） |
| <TO>. ErrorWord. X13 | 访问逻辑地址出错（PeripheralError） |
| <TO>. ErrorDetail. Number | 报警编号 |
| <TO>. ErrorDetail. Reaction | 有效报警响应。0：无响应；6：结束测量输入处理过程 |

（4）输出凸轮工艺对象

表 8-44 是输出凸轮工艺对象基本原理。

**表 8-44　输出凸轮工艺对象的基本原理**

| 工艺对象 | 输出凸轮工艺对象 |
|---|---|
| 基本原理图 | 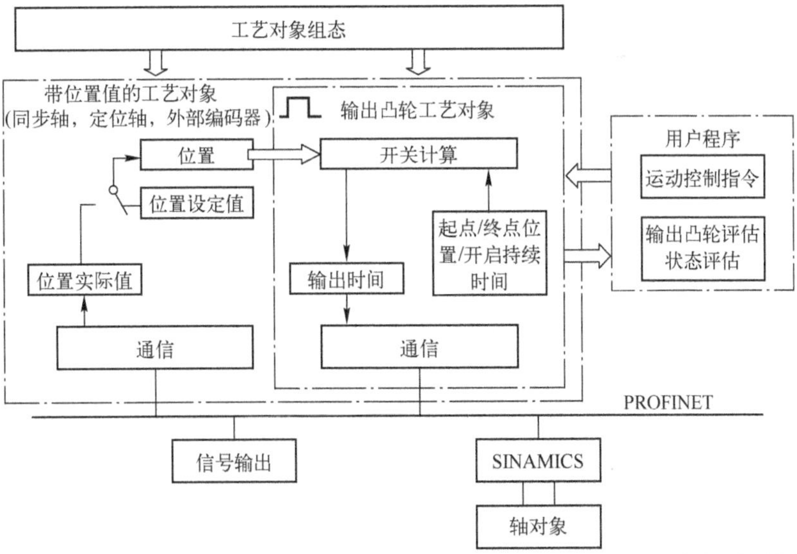 工艺对象组态<br>带位置值的工艺对象(同步轴，定位轴，外部编码器)<br>位置<br>位置设定值<br>位置实际值<br>通信<br>输出凸轮工艺对象<br>开关计算<br>起点/终点位置/开启持续时间<br>输出时间<br>通信<br>用户程序<br>运动控制指令<br>输出凸轮评估状态评估<br>PROFINET<br>信号输出<br>SINAMICS<br>轴对象 |
| 说明 | 输出凸轮工艺对象用于带位置值的工艺对象，根据位置信号或时间信号，它转换为相应的开关输出。因此，分位置输出和时间输出 |

表 8-45 是输出凸轮工艺对象的有关变量。

**表 8-45　输出凸轮工艺对象的有关变量**

| 变　　量 | 说　　明 |
|---|---|
| <TO>. CamOutput | 输出凸轮已经进行开关操作的状态变量 |

（续）

| 变　　量 | 说　　明 |
| --- | --- |
| <TO>. Parameter. OutputCamType | 输出凸轮类型 0：距离输出；1：时基输出 |
| <TO>. Parameter. PositionType | 位置基准 0：位置设定；1：实际位置 |
| <TO>. ParameterOnCompensation | 激活时间（导通信号沿的前导时间） |
| <TO>. Parameter. OffCompensation | 取消激活时间（关闭信号沿的前导时间） |
| <TO>. Parameter. Hysteresis | 迟滞值 |
| <TO>. Interface. EnableOutput | 激活输出凸轮的输出 |
| <TO>. Interface. Address | 输出凸轮的 I/O 地址 |
| <TO>. Interface. LogicOperation | 输出端输出凸轮信号的逻辑运算。0：OR 运算；1：AND 运算 |
| <TO>. Units. LengthUnit | 长度数据的单位 |
| <TO>. Units. TimeUnit | 时间数据的单位 |
| <TO>. StatusWord. X0 ~ <TO>. StatusWord. X3 | 与测量输入工艺对象的相应变量相同 |
| <TO>. StatusWord. X4 | 输出凸轮的输出反相（OutputInverted） |
| <TO>. StatusWord. X5 | 输出凸轮与输出模块同步，可使用该输出（CommunicationOk） |
| <TO>. ErrorWord. X0 ~ <TO>. ErrorWord. X13 | 与测量输入工艺对象的相应变量相同 |
| <TO>. ErrorDetail. Number | 报警编号 |
| <TO>. ErrorDetail. Reaction | 有效报警响应。0：无响应；6：结束输出凸轮处理过程 |

（5）凸轮轨迹工艺对象

表 8-46 是凸轮轨迹工艺对象基本原理。

**表 8-46　凸轮轨迹工艺对象的基本原理**

| 工艺对象 | 凸轮轨迹工艺对象 |
| --- | --- |
| 基本原理图 | 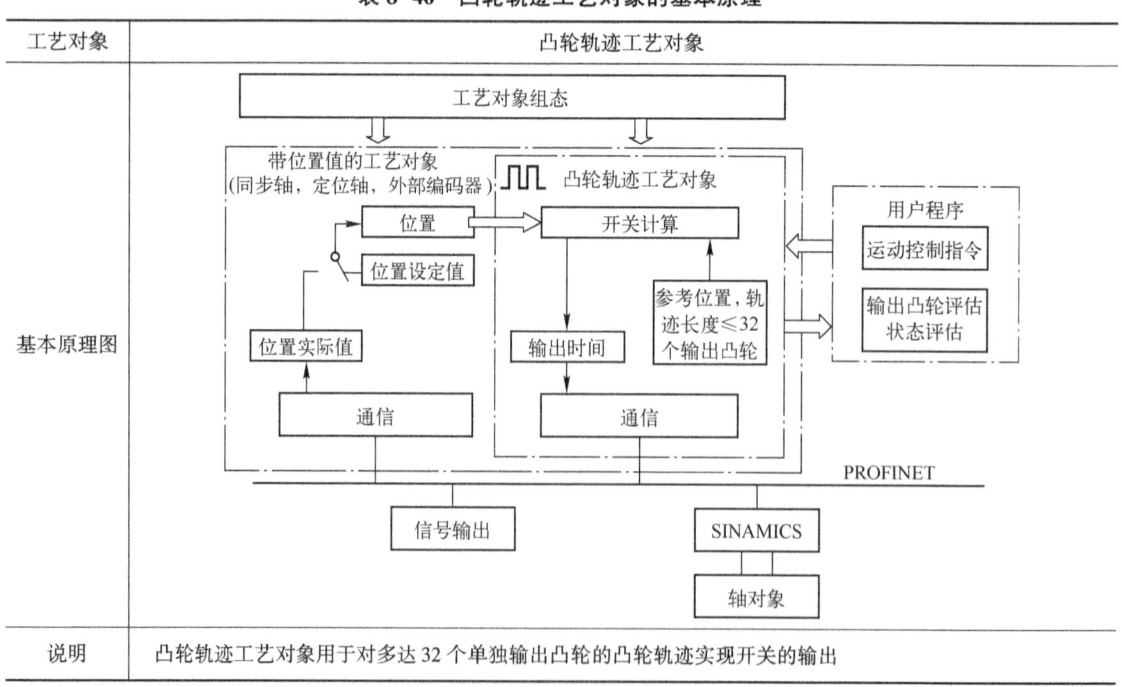 |
| 说明 | 凸轮轨迹工艺对象用于对多达 32 个单独输出凸轮的凸轮轨迹实现开关的输出 |

与凸轮轨迹工艺对象有关的变量见表 8-47。

**表 8-47　凸轮轨迹工艺对象的有关变量**

| 变　量 | 说　明 |
|---|---|
| <TO>. Status | 凸轮轨迹已经激活 0：未激活；1：激活；2：保持激活并等待下一个凸轮轨迹 |
| <TO>. TrackOutput | 切换凸轮的凸轮轨迹 |
| <TO>. SingleCamState | 开启输出凸轮（位屏蔽） |
| <TO>. TrackPosition | 显示凸轮轨迹的当前位置（与参考位置的距离） |
| <TO>. MatchPosition | 当前凸轮轨迹的参考位置 |
| <TO>. Parameter. CamTrackType | 输出凸轮类型 0：距离输出；1：时基输出 |
| <TO>. Parameter. PositionType | 位置基准 0：位置设定；1：实际位置 |
| <TO>. Parameter. ReferencePosition | 参考位置 |
| <TO>. Parameter. CamTrackLength | 轨迹长度 |
| <TO>. Parameter. CamMasking | 各个输出凸轮的位屏蔽 |
| <TO>. ParameterOnCompensation | 激活时间（导通信号沿的前导时间） |
| <TO>. Parameter. OffCompensation | 取消激活时间（关闭信号沿的前导时间） |
| <TO>. Parameter. Hysteresis | 迟滞值 |
| <TO>. Parameter. Cam [1 … 32]. OnPosition | 起始位置（距离输出凸轮和时基输出凸轮） |
| <TO>. Parameter. Cam [1 … 32]. OffPosition | 结束位置（距离输出凸轮） |
| <TO>. Parameter. Cam [1 … 32]. Duration | 开启持续时间（时基输出凸轮） |
| <TO>. Parameter. Cam [1 … 32] . Existent | 输出凸轮有效性。FALSE：未使用输出凸轮；TRUE：已使用 |
| <TO>. Interface. EnableOutput | 指定位的输出凸轮的输出 |
| <TO>. Interface. Address | 输出凸轮的 I/O 地址 |
| <TO>. Units. LengthUnit | 长度数据的单位 |
| <TO>. Units. TimeUnit | 时间数据的单位 |
| 凸轮轨迹工艺对象的状态字、出错字和报警变量与输出凸轮工艺对象的相同，除了增加状态字 X6 如下外，其他不另列出。<br>凸轮轨迹工艺对象的有效报警位是：0：无响应；5：已完成凸轮轨迹的处理过程 | |
| <TO>. StatusWord. X6 | 输出凸轮数据已改变，尚未经 MC_CamTrack 使其生效（CamDataChanged） |

(6) 凸轮工艺对象

S7-1500T CPU 增加凸轮工艺对象，用于实现主/从轴之间的电子凸轮或电子齿轮的耦合关系。表 8-48 是凸轮工艺对象基本原理。

**表 8-48　凸轮工艺对象的基本原理**

| 工艺对象 | 凸轮工艺对象 |
| --- | --- |
| 基本原理图 | 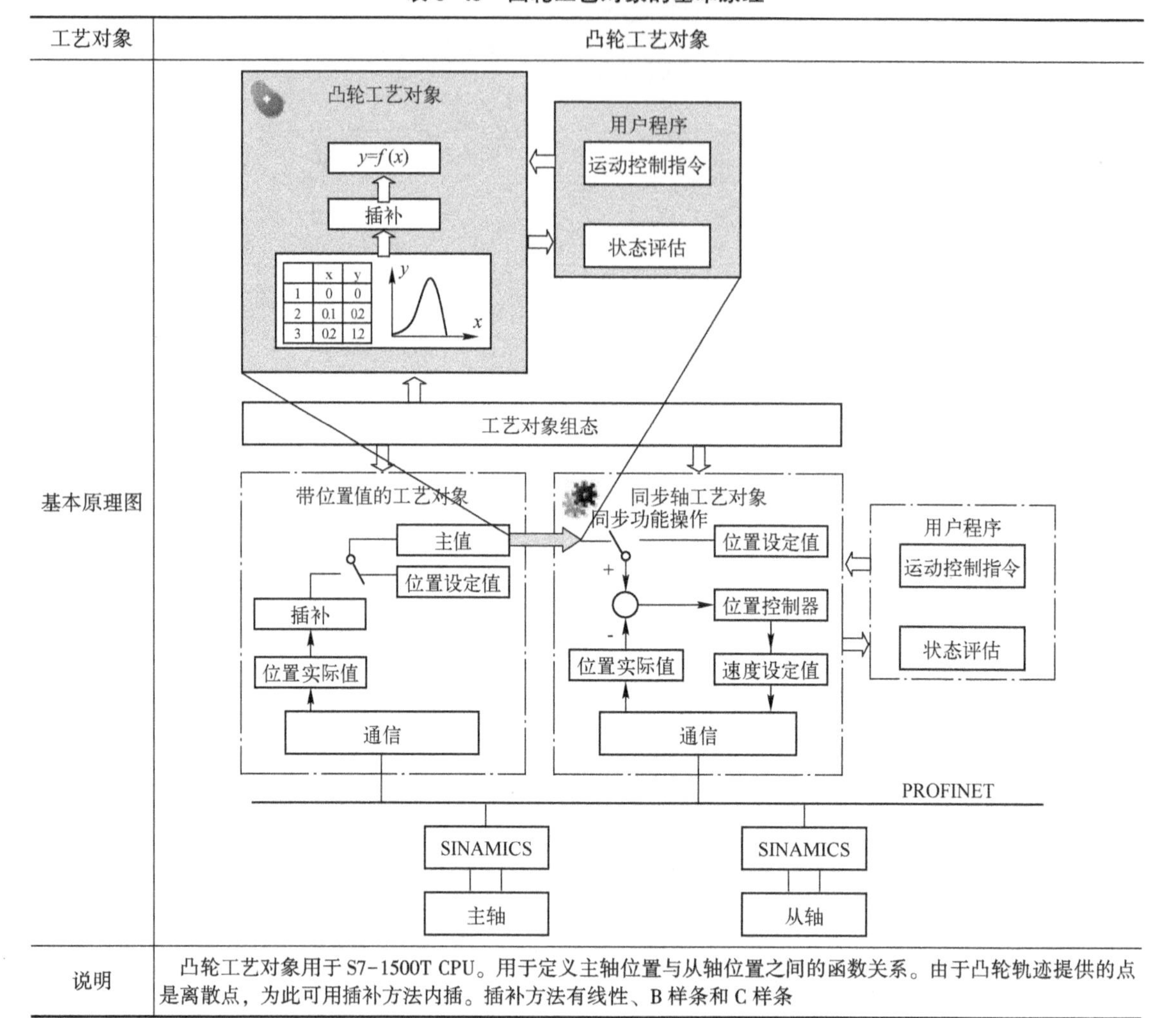 |
| 说明 | 凸轮工艺对象用于 S7-1500T CPU。用于定义主轴位置与从轴位置之间的函数关系。由于凸轮轨迹提供的点是离散点，为此可用插补方法内插。插补方法有线性、B 样条和 C 样条 |



## 8.2.2　运动控制功能块

西门子公司不同版本和不同 CPU 的运动控制功能块有所不同，应用时需注意。这里介绍用于 S7-1500 和 S7-1500T CPU 的 V3 版本的运动控制功能块，并与 PLCopen 运动控制规范的相关部分比较。

1）一些制造商不采用输入输出变量来描述轴对象，西门子公司的运动控制功能块只采用输入变量描述轴对象。对不同轴对象，其输入变量的属性不同（见表 8-28）。

2）轴工艺对象的参数，例如，实际速度、速度设定等值没有采用规范中的管理类运动控制功能块，它采用工艺对象的有关变量读取。如上述。

3）对枚举数据类型的参数，西门子公司采用 DINT 或 UDINT 数据类型，并用有关整数值表示不同的选项。

4）根据西门子公司伺服驱动装置的特点，设置有关参数，用于与其伺服驱动装置实现数据共享。

**1. S7-1500 运动控制功能块**

西门子公司 S7-1500 产品与标准规范运动控制功能块同名的运动控制功能块如下：

(1) MC_Power

图 8-5 是上电运动控制功能块 MC_Power 的图形描述。

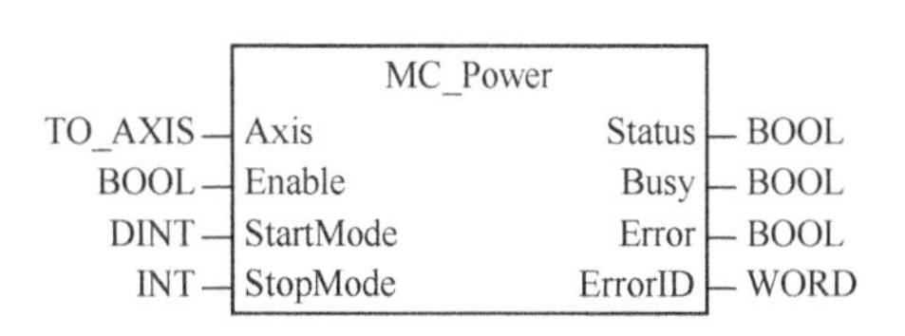

图 8-5　MC_Power 功能块的图形描述

首先，西门子公司的运动控制功能块没有输入输出变量，因此，只有输入变量 Axis 用于描述被控轴工艺对象。该功能块用于速度轴、定位轴、同步轴和外部编码器工艺对象的启用和禁止。

这是电平控制功能块，因此，当输入 Enable 置位时，表示对应的轴工艺对象启用，反之，如果 Enable 复位，则被控的轴工艺对象禁止。功能块采用 StartMode 和 StopMode 输入参数来设置被控轴的类型。当 StartMode 为 1 表示被控轴是受控的定位轴或同步轴，其值为 0 表示被控轴是位置不受控的。对速度轴和外部编码器工艺对象，该参数无效。StopMode 用于确定被控轴工艺对象禁止时的方式。其值为 0 表示紧急停止，即用表 8-35 的动态约定变量<TO>. DynamicDefaults. EmergencyDeceleration 设置的约定紧停减速度停止该被控轴。其值为 1 表示采用伺服驱动装置组态的制动方式立即停止。伺服驱动装置组态的制动方式见下述。其值为 2 表示用表 8-35 的动态限制变量设置的<TO>. DynamicLimits. MaxDeceleration 轴最大允许减速度和<TO>. DynamicLimits. MaxJerk 轴最大允许加加速度停止。

输出信号 Status、Busy、Error 和 ErrorID 与运动控制规范的规定相同。分别表示被控轴驱动器电源状态、功能模块操作状态、出错状态和出错代码。

(2) MC_Reset

复位功能块 MC_Reset 的图形描述如图 8-6 所示。是边沿触发功能块，因此，在 Execute 信号上升沿执行复位操作。

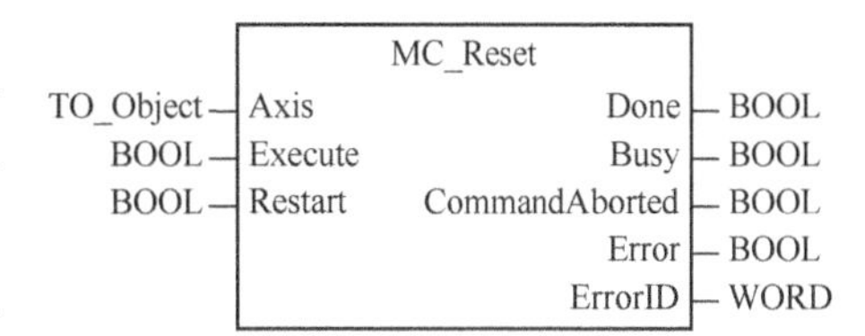

图 8-6　MC_Reset 功能块的图形描述

该功能块的轴对象是 TO_Object，表示它可用于其他工艺对象的复位。增加的输入参数 Restart 用于重新对工艺对象初始化和对未确认的报警进行确认。即当 Restart 为 TRUE 时，被连接的工艺对象根据组态初始值重新启动。当其值为 FALSE 时表示仅对报警确认，包括工艺数据块的出错 Error 和警告 Warning 的复位。

(3) MC_Home

回原点功能块 MC_Home 的图形描述如图 8-7 所示。是边沿触发功能块，因此，在 Execute 信号上升沿执行回原点的操作。

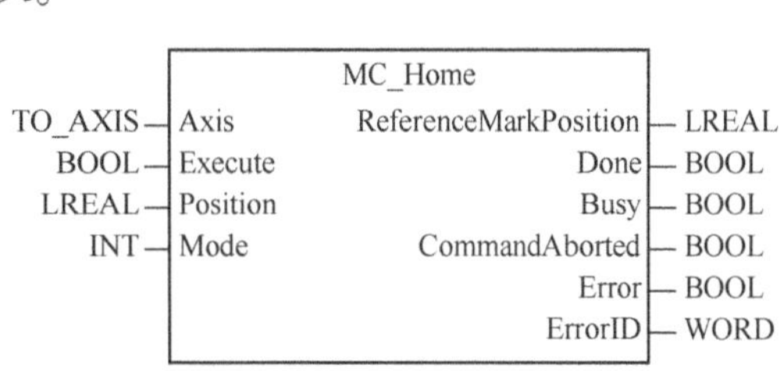

图 8-7　MC_Home 功能块的图形描述

本功能块用于定位轴、同步轴和外部编码器工艺对象的回原点操作。

西门子公司的回原点操作有四种模式，表 8-49 是 Mode 参数和回原点操作的关系。

**表 8-49　回原点功能块的 Mode 参数和回原点操作的关系**

| Mode 的值 | 回原点操作 |
| --- | --- |
| 0 | 绝对式直接回原点。工艺对象的当前位置设置为 参数“Position”的值 |
| 1 | 相对式直接回原点。工艺对象的当前位置因参数“Position”中的值而出现位移 |
| 2 | 被动回原点，与 Mode=8 类似，但回原点后状态不复位 |

（续）

| Mode 的值 | 回原点操作 |
|---|---|
| 3 | 主动回原点。对定位轴/同步轴，根据组态执行回原点运动，最终，轴被定位在参数＂Position＂的值指定的位置 |
| 5 | 主动回原点（带组态的起始位置）。对定位轴/同步轴，根据组态执行回原点运动，最终，轴被定位在 Technology object → Configuration → Extended parameters → Homing → Active homing 设置的位置 <TO>. Homing. HomePosition（见表 8-32 回原点变量的回原点开始位置） |
| 6 | 绝对编码器调节（相对）。以“Position”参数值对当前位置进行位移。计算出的绝对值偏移值保存在 CPU 内<TO>. StatusSensor[n]. AbsEncoderOffset 变量（见表 8-32 的状态传感器变量中的绝对编码器起点偏移） |
| 7 | 绝对编码器调节（绝对）。当前位置设为“Position”参数值。计算出的绝对值偏移值保存在 CPU 内<TO>. StatusSensor[n]. AbsEncoderOffset 变量（见表 8-32 的状态传感器变量中的绝对编码器起点偏移） |
| 8 | 被动回原点。检测到回原点标记之后，将实际值设置为“Position”参数的值 |
| 9 | 中止被动回原点。中止被动回原点的主动作业 |
| 10 | 被动回原点（带组态的起始位置）。检测到回原点标记之后，实际值将被置位在 Technology object→Configuration→Extended parameters →Homing→Passive homing 设置的回原点位置<TO>. Homing. HomePosition（见表 8-32 回原点变量的回原点开始位置） |

S7-1500T CPU 增加回原点模式 10。

1）位置速度曲线。在回原点过程中常常用到位置速度曲线。即位置为横坐标，速度为纵坐标的曲线。图 8-8 显示加加速度为零时，回原点过程中加速段和减速段的位置速度曲线。

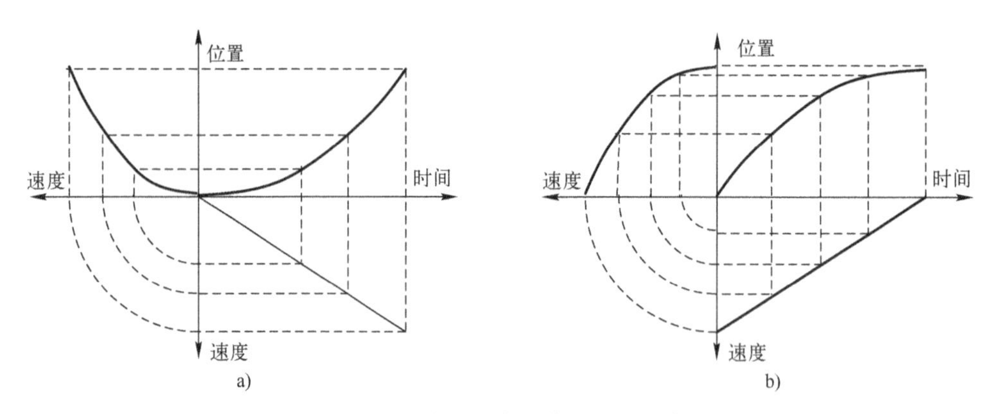


图 8-8　回原点过程中的位置和速度曲线

a）加速段　b）减速段

图中加速段，第一象限是时间与位置的关系曲线，根据 2. 2. 3 节，可知该曲线是一条抛物线。而第四象限是时间速度曲线，由于是恒加速度，因此，当 Jerk 为零时，该曲线是一条直线，加加速度不为零的常数时，可根据第 2. 2. 3 节有关计算公式确定位置和速度的关系曲线。

2）西门子主动回原点操作示例。主动回原点操作过程是根据原点标记和用户程序中设置的位置偏置值，确定机械原点的过程。原点标记可以是限位开关、编码器的 Z 脉冲或参考凸轮的原点标记等。

图 8-9 是西门子主动回原点的示例（当 Jerk=0 时）。

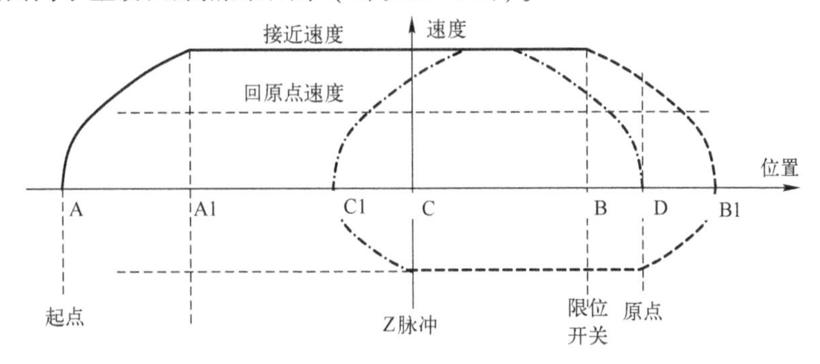


图 8-9 主动回原点过程中的位置和速度曲线

图中，起点是回原点功能块的 Execute 输入信号上升沿时被控轴的位置。功能块被触发后，即以规定加速度（表 8-32 <TO>. DynamicDefaults. Acceleration）加速运动，速度（<TO>. DynamicDefaults. Velocity）达到后匀速运动，在接触硬件限位开关的 B 点时，其上升沿触发，使被控轴以规定的减速度减速，因为，<TO>. Homing. AutoReversal 置位，因此，在速度达零速时被控轴反向。图中，反向速度用负值表示，反向速度是接近速度（<TO>. Homing. ApproachVelocity），当搜索到编码器的 Z 脉冲时，减速到零。这时的位置 C1 是输入 Position 的位置，即离开原点的位置。

如果采用参考凸轮触发，则使用参考速度（<TO>. Homing. ReferenceVelocity）回原点。

西门子公司采用真正的回原点措施，因此，在 C1 点按规定的速度完成 Position 规定的距离运动，即被控轴移动到真正的原点 D。

西门子的回原点功能块增加输出参数 ReferenceMarkPosition，用于 Done=TRUE 时，显示工艺对象回原点的位置。

（4）MC_Halt

中止功能块用于将轴制动到停止状态。制动的动态行为由减速度、加加速度确定。图 8-10 是 MC_Halt 功能块的图形描述。

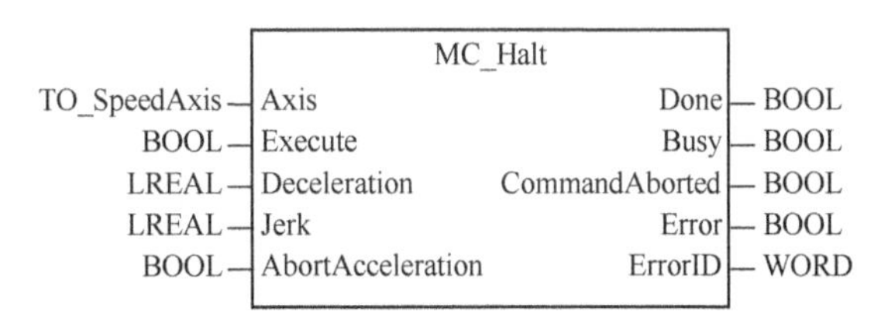


图 8-10 MC_Halt 功能块的图形描述

该功能块用于中止速度轴、定位轴和同步轴工艺对象的运动。如果要禁止运动则可将 MC_Power 的 Enable 复位。

输入参数 Axis 连接 TO_SpeedAxis 工艺对象（包括速度轴、定位轴和同步轴）的数据类型。需要指出，这里的减速度 Deceleration 用负值时，在 Technology object → Configuration → Extended parameters → Dynamic default values 动态减速度的变量 <TO>. DynamicDefaults. Deceleration 设置（见表 8-35，下同）。类似地，加加速度用负值时，也在 Technology object → Configuration → Extended parameters →Dynamic default values 的变量<TO>. DynamicDefaults. Jerk 设置。使用正值，即用约定的减速度和加加速度。不允许减速度值为 0.0，加加速度值为 0.0 表示梯形速度曲线。

输入参数 AbortAcceleration 是布尔数据类型，表示中止加速度。其值为 TRUE，表示功能块执行开始的加速度为 0.0，减速度立刻增大。其值为 FALSE，表示使用设置的加加速度，减小开始执行时的当前加速度，而后，减速度增大。约定值为 FALSE。

轴停止的状态显示在 Technology object →Diagnostics → Status and error bits → Motion status

→ Standstill 的变量<TO>. StatusWord. X7（Standstill）。

对力/力矩限制的制动轴，先要激活该轴工艺对象，用 MC_MoveVelocity 功能模块，并设置 MC_ MoveVelocity. Velocity = 0. 0 及 MC_MoveVelocity. PositionControlled = FALSE。然后，调用 MC_Halt。

图 8-11 显示了轴的中止和超驰作业特性。

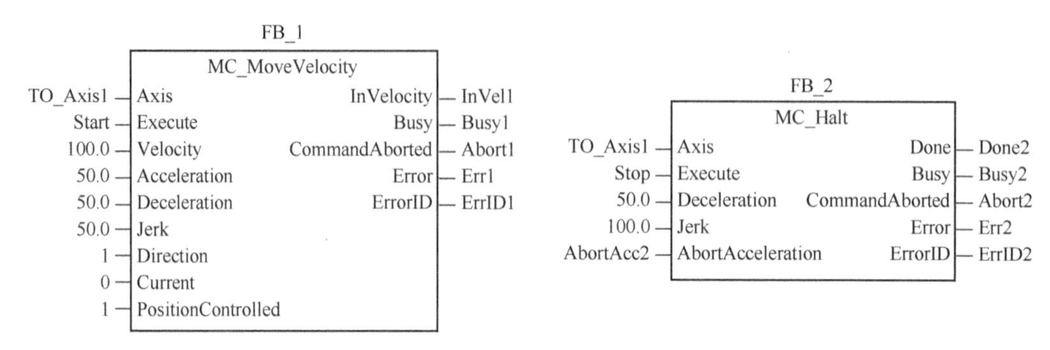

图 8-11　轴的中止和超驰特性

图中示例由两个功能块实例组成。FB_1 是功能块 MC_MoveVelocity 实例，FB_2 是 MC_Halt 实例。示例 1 中，当 MC_Velocity 实例 FB_1 输入端 Execute 的信号 FB_1. Start 上升沿时被触发，被控轴 TO_Axis1 以 Jerk = 100 $u/s^3$ 加速运动，到加速度为 50 $u/s^2$，然后，均加速运动。

如果此时，功能块 MC_Halt 实例的输入 Stop 信号被置位，则功能块实例 FB_1 中止其任务，按 FB_2 实例规定的减速度（50 $u/s^2$）使被控轴减速，其加加速度是 100 $u/s^3$，减速到零。

图 8-12 显示了其信号的时序图。

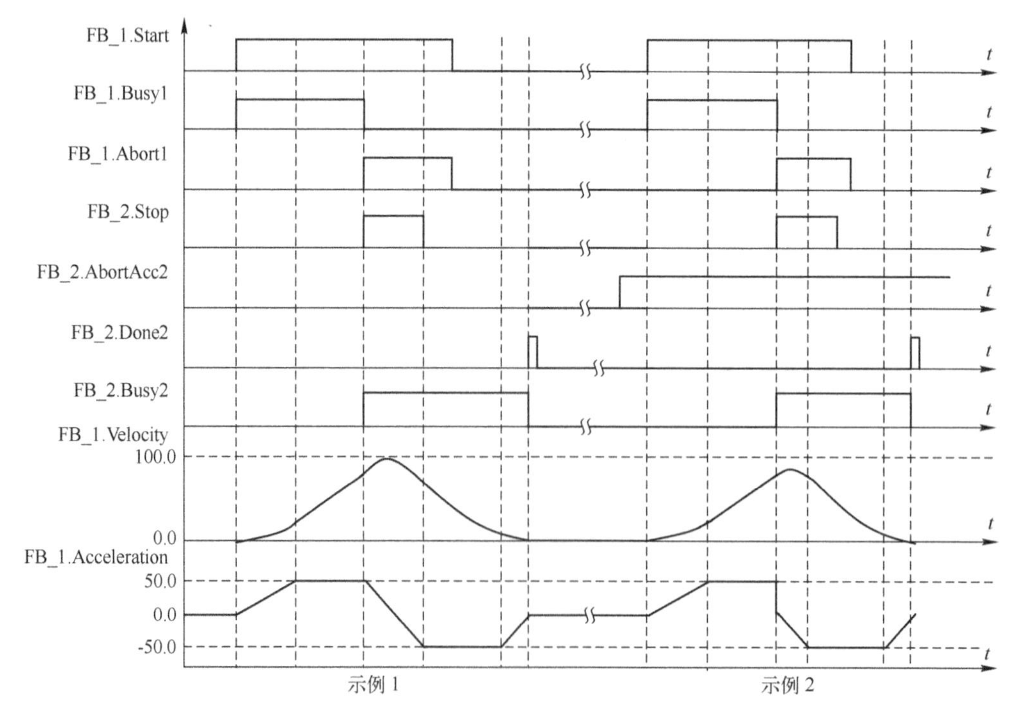

图 8-12　MC_Halt 功能块应用示例的时序图

图中左面显示的时序图用于说明示例 1 的信号时序。该图的右面显示当 FB2 的 AbortAcc2 被置位时的情况。这时，当第二功能块实例 FB_2 中止第一功能块实例 FB_1 时，被控轴实现中止操作，因此，它直接将当前加速度减到零。并将减速度减小到 $-50\ u/s^2$。然后，制动到速度为零。

(5) MC_MoveAbsolute

该功能块与标准规范的绝对运动功能块类似，但输入参数 Direction 用整数数据类型，不用枚举数据类型，其值为 1 表示正方向，2 表示负（反）方向，3 表示最短路径。标准规范仅增加当前方向的选项。图 8-13 是 MC_MoveAbsolute 功能块的图形描述。

该功能块的被控轴工艺对象是定位轴和同步轴。运动的目标是 Position 提供的绝对位置。

(6) MC_MoveRelative

类似标准规范规范的 MC_MoveRelative 功能块。图 8-14 是 MC_MoveRelative 功能块的图形描述。

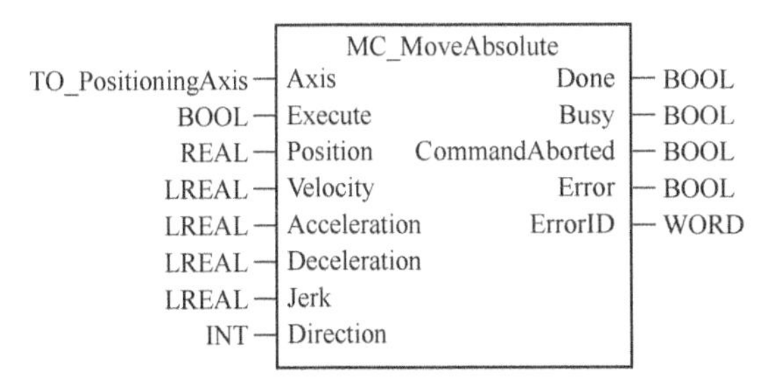


图 8-13　MC_MoveAbsolute 功能块的图形描述

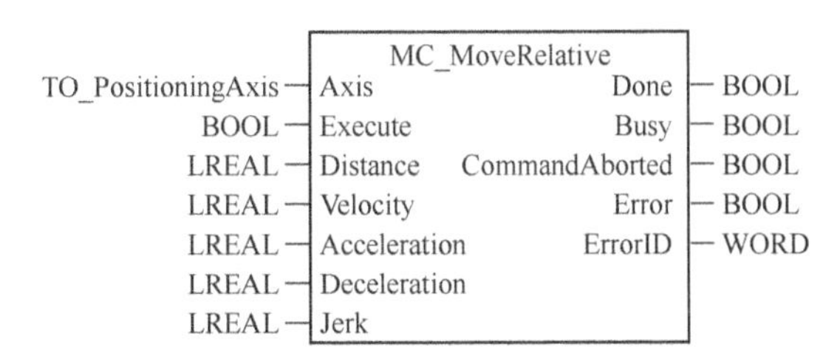


图 8-14　MC_MoveRelative 功能块的图形描述

(7) MC_MoveVelocity

图 8-15 是 MC_MoveVelocity 功能块的图形描述。该功能块用于速度、定位和同步轴的速度控制。

与 MC_MoveAbsolute 和 MC_MoveRelative 功能块类似，MC_MoveVelocity 的输入参数 Direction 也用整数数据类型，不用枚举数据类型，其值为 0 表示轴运动方向在 Velocity 中说明速度的方向。即 1 表示正方向，2 表示负方向。Current 参数是布尔变量，False 表示禁用当前速度，True 表示保持当前速度，即功能块执行时将保持当前速度和运动方向，并且 InVelocity 输出被置位。PositionControlled 参数是布尔变量，用于设置是否采用位置控制模式。True 表示采用位置控制模式，False 表示非位置控制模式。因为速度轴没有位置控制回路，这时，该参数没有实际意义。

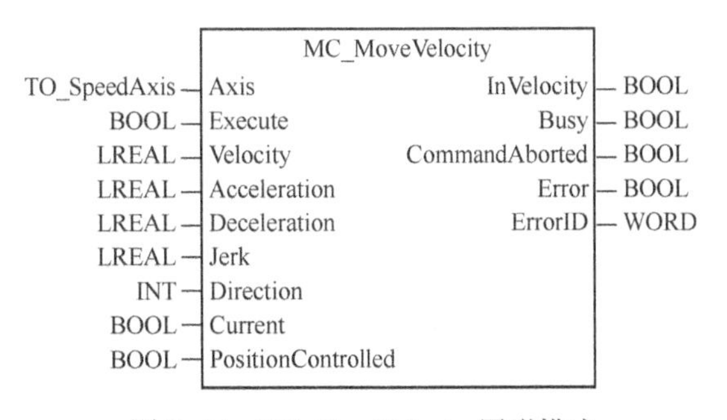


图 8-15　MC_MoveVelocity 图形描述

图 8-16 是两个 MC_MoveVelocity 功能块实例的示例，用于改变被控轴的速度。当按下 Change 按钮时，被控轴 TO_1 的速度从 60.0 u/s 改变到 30.0 u/s。

图中，将 Jerk 输入设置为-1.0，表示其值将从表 8-35 的约定加加速度变量<TO>.DynamicDefaults.Jerk 读取。同样，速度、加速度的输入值如小于零，表示从约定动态变量读取。

图 8-17 是该示例的信号时序图。

图中，FB_1 实例的输入 Start 信号上升沿触发该功能块，使被控轴 TO_1 以 $100.0\ u/s^2$ 的加速度加速，当达到规定的速度 60.0 u/s 时，其输出 InVel1 被置位。被控轴将以该速度保持运动。

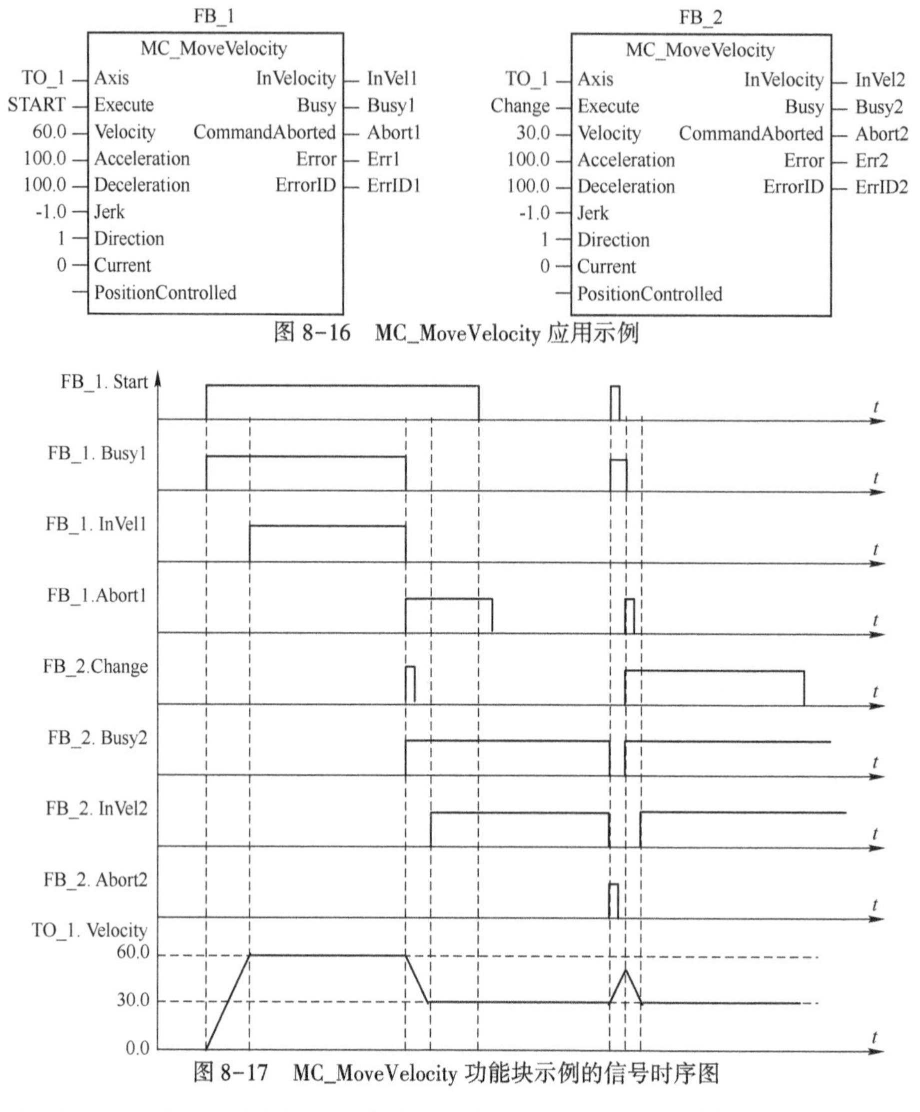


图 8-16　MC_MoveVelocity 应用示例

图 8-17　MC_MoveVelocity 功能块示例的信号时序图

一旦按下 Change 按钮，实例 FB_2 将中止实例 FB_1 的运动，并使 FB_1 的输出 Abort1 置位，而 FB_2 实例的目标速度（即输入速度 Velocity）是 30.0 u/s。因此，该功能块实例将以减速度 100.0 u/s$^2$减速，当被控轴速度达到 30.0 u/s 时，FB_2 的输出 InVel2 置位。被控轴将以该速度保持运动。

如果，为使被控轴返回到原来的速度，可以按下 Start 按钮，它使 FB_2 实例的运动停止，并且被控轴按 FB_1 实例要求的目标速度开始加速，但是由于操作员立刻又按下 Change 按钮，因此，被控轴的速度并未达到所需的 60.0 u/s，而直接被中止。操作结果是被控轴的控制权又被 FB_2 所掌握，即被控轴立刻减速，直到达到 30.0 u/s，并保持该速度运动。

西门子公司在 S7-1500 产品中增加的运动控制功能块如下：

（1）MC_MoveJog

PLCopen 运动控制规范没有规定该功能模块，这是西门子公司定义的用于点动控制的功能块。图 8-18 是该功能块的图形描述。

功能块用 JogForward 和 JogBackward 两个输入信号作为正向和反向的点动信号。

适用于速度轴、定位轴和同步轴的点动控制。点动的速度、加、减速度和加加速度由功能模块输入参数设置。当同时按下 JogForward 和 JogBackward 按钮，造成出错，功能块将按设置的减速度制动被控轴。运动过程中，改变 Velocity 的值将影响点动的目标速度。

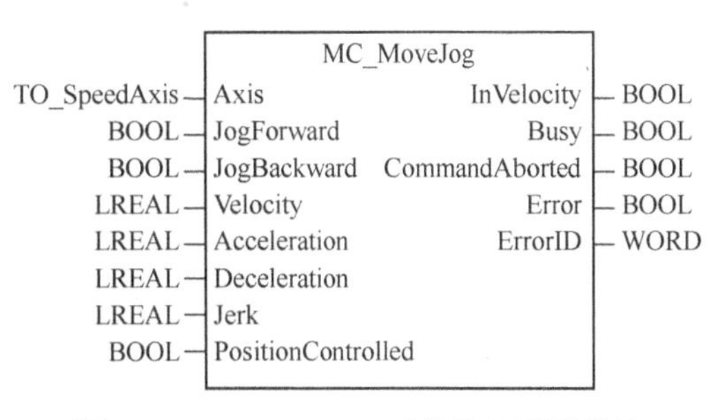


图 8-18　MC_MoveJog 功能块的图形描述

输入 PositionControlled 是布尔变量。其值为 True，表示位置控制模式；其值为 False，表示非位置控制模式。由于速度轴没有位置控制回路，因此，对速度轴工艺对象，该参数无意义。

输出参数 InVelocity 在点动速度达到输入的规定速度时被置位。其他输出参数的功能与上述功能块的输出参数功能类似。

图 8-19 是 MC_MoveJog 功能块在输入速度改变时系统响应的示例。

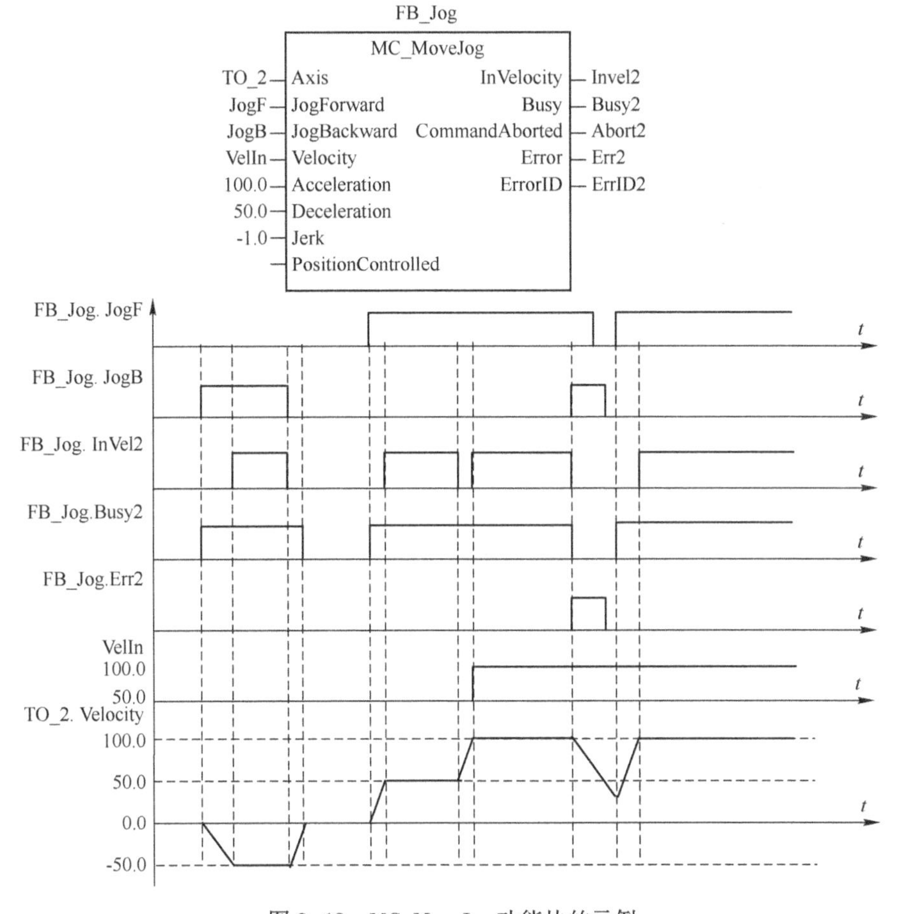


图 8-19　MC_MoveJog 功能块的示例

可以看到，由于设置的加速度和减速度不同，因此，速度曲线的上升和下降的斜率也不同。按一次正向点动按钮，被控轴增加被控轴的速度到 Velocity 输入的速度，反之，按一次反向点动按钮，被控轴减小被控轴的速度到 Velocity 输入的速度。速度的保持时间与按下按钮的时间一致。

图中，被控轴速度为 0.0 u/s 时，按下反向点动按钮 JogB，被控轴 TO_2 按规定的减速度 50.0 u/$s^2$减速，达到 VelIn 的规定速度 50.0 u/s，实例 FB_Jog 输出 InVel2 置位，当释放该按钮时，被控轴速度以加速度 100.0 u/$s^2$回复到零。

这时，按下 JogF 按钮，被控轴 TO_2 被加速到 50.0 u/s，达到该速度时，InVel2 再次置位。

由于输入的速度值 VelIn 从 50.0 u/s 改变到 100.0 u/s，使 InVel2 复位，并等待被控轴提速，当速度达到 100.0 u/s，InVel2 输出被第三次置位。

由于在按下 JogF 按钮时，又按下 JogB 按钮，因此，系统出错。Err2 输出被置位，同时，被控轴速度下降。因此，释放 JogF 和 JogB 按钮，出错信号将保持。

当再次按下按钮时，被控轴将根据指令要求加速，当速度达到 VelIn 的输入值 100.0 u/s 时，InVel2 第四次被置位。

**2. S7-1500T CPU 基本运动控制功能块**

S7-1500T CPU 增加部分符合标准规范的运动控制功能块。由于西门子公司没有读写被控轴参数的功能块等，因此，定义下述功能块。西门子公司自定义的功能块如下。

（1）MC_SetSensor

MC_SetSensor 功能块用于将定位轴或同步轴的备用编码器转为有效编码器。图 8-20 是 MC_SetSensor 功能块的图形描述。

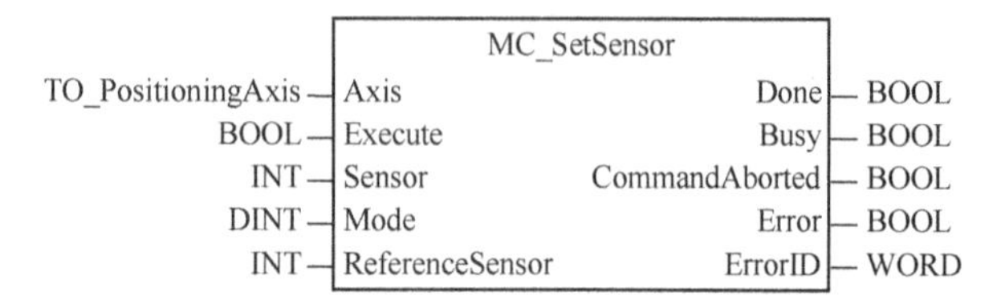


图 8-20　MC_SetSensor 功能块的图形描述

输入参数 Sensor 用于设置需转换为有效编码器的编号。共有 4 个编号（1～4）可选。

Mode 用于设置备用编码器与原用编码器位置的对齐方式。0 表示将原编码器当前位置传送到新编码器，这样，切换编码器时不会造成定位控制的阶跃变化，实现无扰动编码器的切换。1 表示不对齐位置下的切换，闭环位置控制处于激活状态时，两个编码器的附加差值用作附加控制偏差，并触发补偿运动。2 表示传送当前实际值到 Sensor 参数指定的编码器。3 表示传送 ReferenceSensor 实际位置值到 Sensor 参数指定的编码器。

ReferenceSensor 是参考（引用）编码器编号。闭环位置控制时，可选用 4 个编码器中的一个，用本功能模块进行编码器切换，使被选编码器激活后用于位置测量。

（2）MC_TorqueLimiting

MC_TorqueLimiting 功能块用于激活和取消激活力矩/转矩限值或固定挡块检测。图 8-21 是该功能块的图形描述。

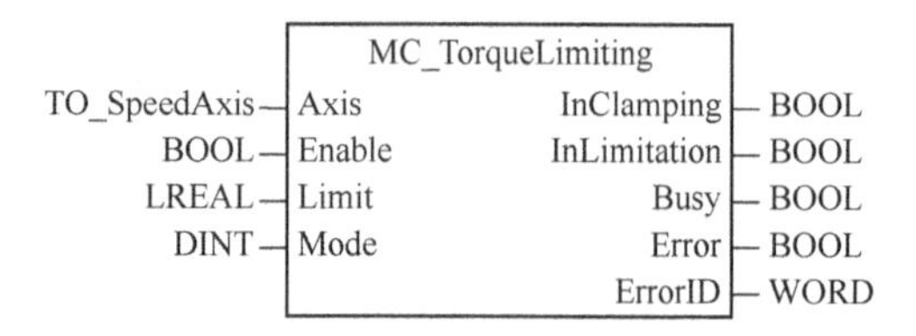


图 8-21　MC_TorqueLimiting 功能块的图形描述

该功能块是电平控制功能块。Enable 参数用于激活该功能模块相应的功能。Limit 是力/力矩的限值，测量单位由组态确定。该值大于 0.0，则使用该值作为限值。如果该值小于零，则采用<TO>. TorqueLimiting. LimitDefaults. Torque 确定的力矩限值，采用<TO>. TorqueLimiting. LimitDefaults. Force 确定的力限值（见表 8-35）。只要 Enable 仍为 TRUE，输入的参数改变将影响其模式和限值。

Mode 参数类似枚举数据类型。其值为 0 表示该功能模块用于力/力矩的限制，它适用于速度轴、定位轴和同步轴的力/力矩的限制，此外，只有带 10x 的 PROFIdrive 报文的驱动装置可用该功能模块；其值是 1 表示该功能模块用于固定挡块检测。固定挡块检测只适用于位置控制的定位轴和同步轴。如果驱动装置和报文支持力/力矩限制，则该部分适用。

Limit 输入参数用于设置力/转矩限值。如果驱动装置和报文不支持力/力矩限制，则输入的值不具备相关性。其值不允许为零。其值如果大于零，表示被控轴使用该输入的限制值，如果其值小于零，则采用<TO>. TorqueLimiting. LimitDefaults. Torque（转矩限值）或<TO>. TorqueLimiting. LimitDefaults. Force（力限值）。

InClamping 输出用于表示驱动装置已经嵌位。当 Mode=1 时，被控轴到达限值被嵌位时，即保持在该固定档块的位置，则输出置位。

InLimitation 输出用于表示力/力矩限值已经达到，即 Mode=0 时，被控轴到达限值时，该输出被置位。

Busy 输出置位表示该功能模块正在执行。一旦功能模块出错，其输出 Error 被自动置位，对应的出错代码从 ErrorID 输出。

（3）MC_MeasuringInput

MC_MeasuringInput 功能块用于测量有效编码器提供的位置信息。图 8-22 是 MC_MeasuringInput 功能块的图形描述。

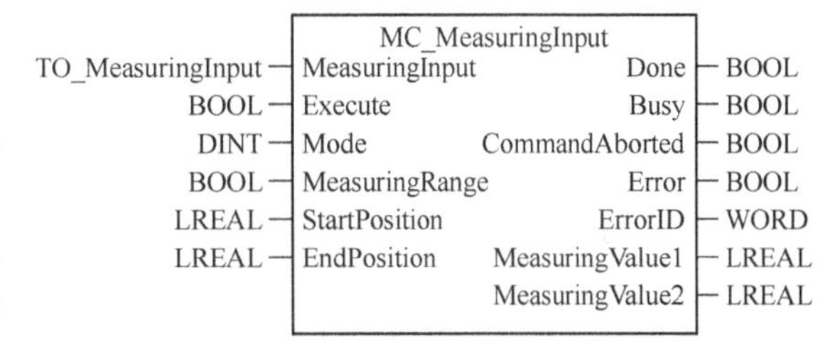


图 8-22　MC_MeasuringInput 功能块的图形描述

输入参数 MeasuringInput 连接到 TO_MeasuringInput，即测量输入工艺对象，是输入结构数据。在输入信号 Execute 信号的上升沿触发该功能模块，执行测量编码器位置的任务。

Mode 参数用于定义测量模式，由于可以测量编码器位置信号的上升沿和下降沿，因此，Mode 参数用于定义其测量类型。其值为 0 表示对下一个上升沿测量；1 表示对下一个下降沿测量；2 表示对下两个边沿测量，可以是上升沿或下降沿；3 表示对两个边沿测量，从上升沿开始，上升沿测量值在 MeasuringValue1 输出，下降沿测量值在 MeasuringValue2 输出；4 表示对两个边沿测量，从下降沿开始，下降沿测量值在 MeasuringValue1 输出，上升沿测量值在 MeasuringValue2 输出。

MeasuringRange 参数是表示测量信号是否在测量范围内，因此是布尔变量。其值为 TRUE 表示只采集测量范围内的测量值，FALSE 表示也采集测量范围外的测量值，即不间断地采集测量值。

StartPosition 和 EndPosition 是测量范围的起点和终点位置。

MeasuringValue1 输出是第一个测量值。测量模式是两个边沿测量时，第二个测量值在 MeasuringValue2 输出。

本功能模块与标准运动控制功能模块 MC_TouchProbe 类似。标准功能块的 TriggerInput 相当于本功能模块的 MeasuringInput；WindowOnly 相当于 MeasuringRange；FirstPosition 和 LastPosition 相当于 StartPosition 和 EndPosition；但标准功能块只提供一个记录的位置 RecordedPosition，没有提供第二个测量位置。

（4）MC_MeasuringInputCyclic

MC_MeasuringInputCyclic 功能块与 MC_MeasuringInput 功能模块的区别是本功能模块进行周期的循环测量。最大的测量边沿仍是两个。需指出，只有使用 TM Timer DIDQ 时才能用本功能模块进行周期测量。图 8-23 是 MC_MeasuringInputCyclic 功能块的图形描述。

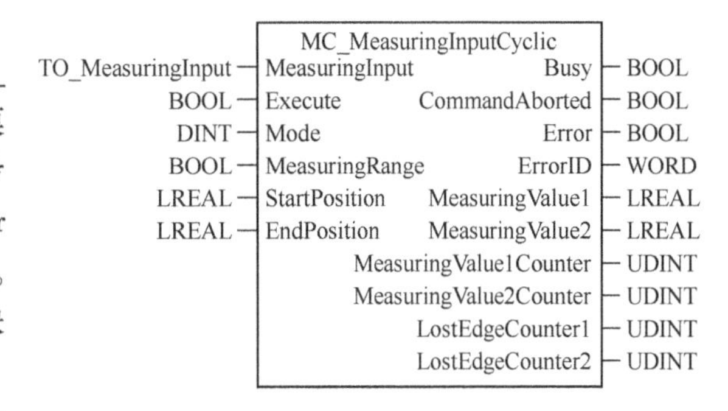


图 8-23　MC_MeasuringInputCyclic 功能块的图形描述

输入参数的定义与 MC_MeasuringInput 功能模块相同。输出参数增加 MeasuringValue1Counter 和 MeasuringValue2Counter 两个计数值，用于对循环测量的第一和第二测量值进行计数。还增加了 LostEdgeCounter1 和 LostEdgeCounter2 两个计数值，它们是在采集的周期时钟内，第一和第二测量值缺失边沿的测量计数值。缺失边沿指当一个循环周期内，除了检测到第一和第二测量值外，还检测到其他边沿测量信号，则根据前后次序将在 LostEdgeCounter1 和 LostEdgeCounter2 两个计数器中计数。

采用不同名称的西门子公司的运动控制功能块如下：

(1) MC_AbortMeasuringInput

MC_AbortMeasuringInput 功能模块与标准规范的运动控制功能模块 MC_AbortTrigger 类似。图 8-24 是该功能块的图形描述。

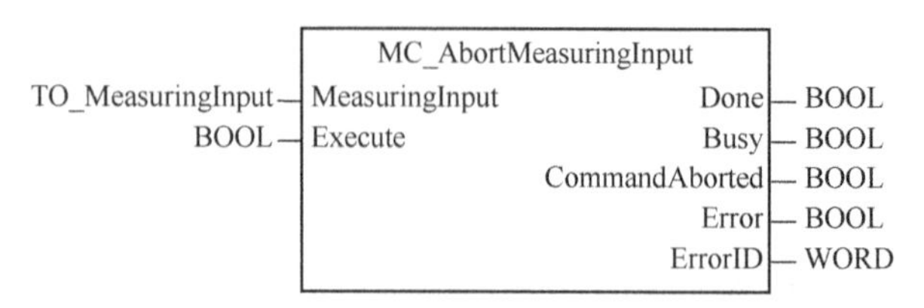


图 8-24　MC_AbortMeasuringInput 功能块的图形描述

其测量信号 MeasuringInput 相当于标准规范功能模块的 TriggerInput；其他信号与标准规范功能块的信号相当。本功能模块的功能是用于中止 MC_MeasuringInput 功能块和 MC_MeasuringInputCyclic 功能块的执行。

(2) MC_OutputCam

MC_OutputCam 功能块是标准规范的数字电子凸轮开关功能模块的简化版。图 8-25 是该功能块的图像描述。

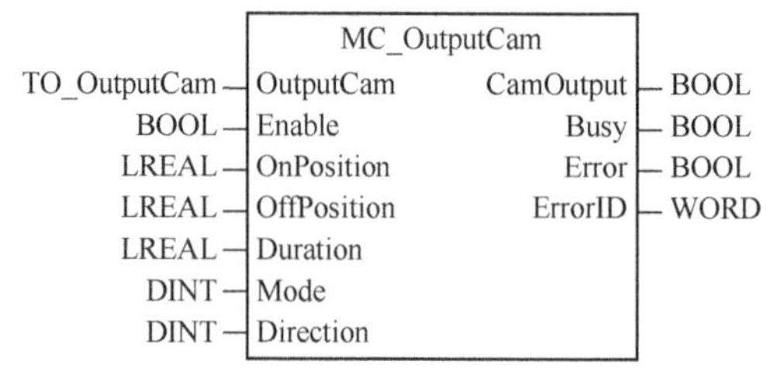


图 8-25　MC_OutputCam 功能块的图形描述

标准规范功能模块 MC_DigitalCamSwitch 的输入参数 Switches 采用 MC_CAMSWITCH_REF 数据类型，其中 FirstOnPosition 和 LastOnPosition 相当于本功能模块的 OnPosition 和 OffPosition；Duration 相当于本功能模块的 Duration；AxisDirection 相当于本功能模块的 Direction。

MC_OutputCam 功能块与 MC_DigitalCamSwitch 标准规范功能模块的功能类似，用于根据位置凸轮或时间凸轮的类型，输出开关信号。

由于凸轮分为基于位置的位置凸轮和基于时间的时间凸轮两类。因此，标准规范功能模块采用 CamSwitchMode 参数定义。本功能模块对位置凸轮用 OnPosition 和 OffPosition 表示开始和结束的位置；对时间凸轮用 OnPosition 和 Duration 表示开始位置和持续时间（ms），见下面示例。

图 8-26 是基于位置的位置凸轮和基于时间的时间凸轮的应用示例。可以看到，采用不同凸轮类型对结果的影响。

这是两个实例，采用同一类型的 MC_OutputCam 功能块。输入参数时，注意到位置凸轮用 OnPosition 和 OffPosition 表示开始和结束的位置；时间凸轮用 OnPosition 和 Duration 表示开始位置和持续时间。

图 8-26a）显示位置凸轮的时序图。Start 信号闭合时，功能模块使能，执行凸轮输出功能。当凸轮位置达到 OnPosition（即 60.0u）时，功能模块输出 Output 置位。当凸轮位置达到 OffPosition（即 90.0u）时，功能模块输出 Output 复位。图中，在功能模块使能期间，凸轮位置下降然后再次上升，当达到 OnPosition（即 60.0u）时，功能模块输出 Output 置位。由于凸轮位置没有达到 OffPosition（即 90.0u）时，凸轮改变运动方向，因此，在改变方向时，同样使功能模块输出 Output 置位。它的输出触发置位条件是凸轮位置达到 OnPosition。输出复位条件是达到 OffPosition 的设置位置或凸轮改变方向。

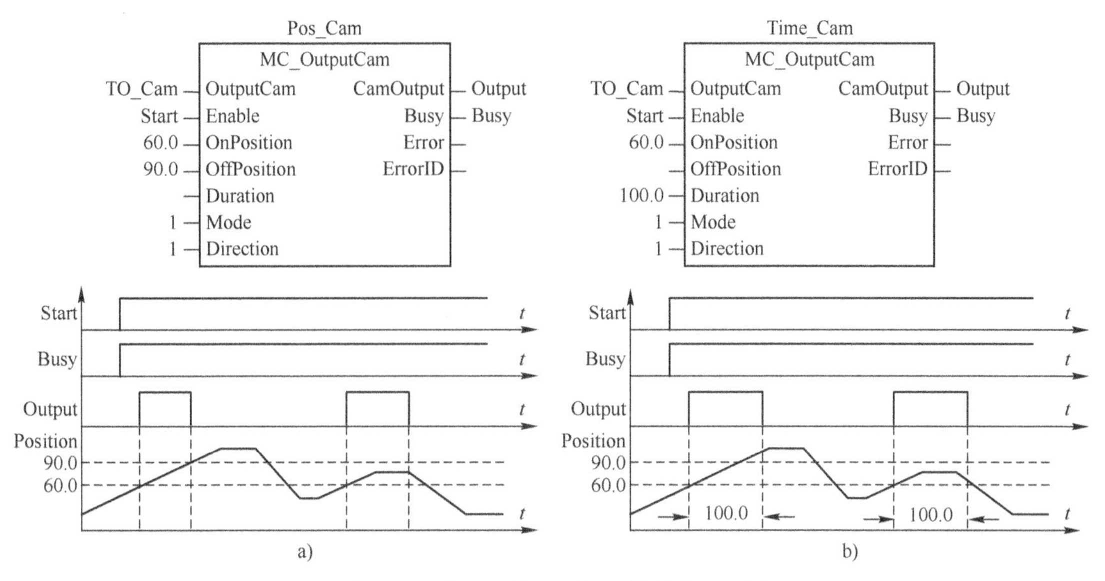


图 8-26　位置凸轮和时间凸轮的应用示例
a）位置凸轮　b）时间凸轮

图 8-26b）显示时间凸轮的时序图。Start 信号闭合时，功能模块使能，执行凸轮输出功能。当凸轮位置达到 OnPosition（即 60.0 u）时，功能模块输出 Output 置位，同时开始计时。当时间间隔等于 Duration 设置的时间 100.0 ms 时，功能模块输出 Output 复位。它的输出触发置位条件是凸轮位置达到 OnPosition。输出复位条件是持续时间达到 Duration 设置的时间。与 Off-Position 的设置位置及凸轮是否改变方向没有关系。

（3）MC_CamTrack

MC_CamTrack 激活/取消激活凸轮轨迹功能模块用于启动和停止凸轮轨迹工艺对象 TO_CamTrack。图 8-27 是 MC_CamTrack 功能模块的图形描述。

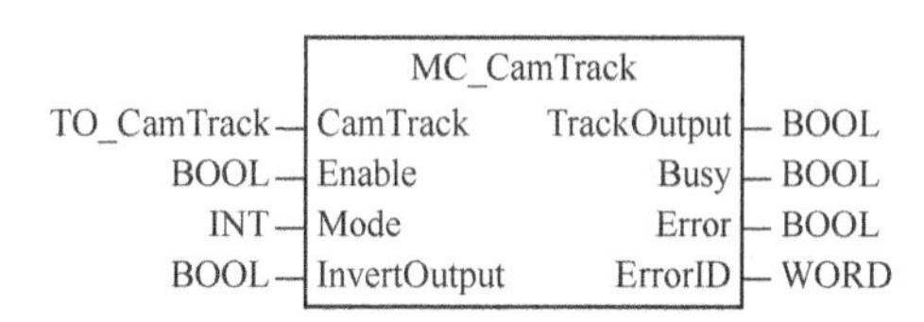


图 8-27　MC_CamTrack 功能块的图形描述

用户程序中只允许一个凸轮轨迹工艺对象处于激活状态。

TO_CamTrack 数据类型对应于凸轮轨迹工艺对象。Enable 输入表示该功能模块是电平控制功能模块。当其值为 TRUE 时，凸轮轨迹工艺对象被处理；其值为 FALSE 时，禁止使用凸轮轨迹工艺对象。

Mode 是激活凸轮轨迹工艺对象的模式。表 8-50 是激活凸轮轨迹工艺对象的模式选项和功能。

**表 8-50　激活凸轮轨迹工艺对象的模式选项和功能**

| Mode | Enable | 功　　能 |
|---|---|---|
| 0 | TRUE | 立即激活凸轮轨迹处理过程。凸轮轨迹数据立即生效。如果凸轮数据更改使未设置轨迹信号，则以前激活的凸轮中止。 |
| | FALSE | 立即停止凸轮轨迹处理过程。凸轮轨迹的输出凸轮中止 |
| 1 | TRUE | 在下一轨迹周期立即激活。首次激活的凸轮立即生效，输出当前凸轮轨迹直到凸轮轨迹结束，随后新凸轮数据生效。 |
| | FALSE | 凸轮轨迹结束时，结束凸轮轨迹的处理过程 |
| 2 | TRUE | 凸轮轨迹输出立即启动并保持开启状态。 |
| | FALSE | 凸轮轨迹输出立即关闭 |

输入信号 InvertOutput 用于设置凸轮轨迹输出是否反向。其值为 TRUE 表示反向输出，其值为 FALSE 表示不反向输出。TrackOutput 输出信号表示凸轮轨迹的输出开关状态。

(4) MC_SynchronousMotionSimulation

MC_SynchronousMotionSimulation 同步运动仿真功能块用于对同步轴（从轴）上活动的同步操作进行仿真。这表示从轴的 MC_Power. Enable = FALSE（使轴上电禁止）时，从轴的同步运动仍在激活状态（<TO>. StatusWord. X22 =TRUE）。图 8-28 是该功能块的图形描述。

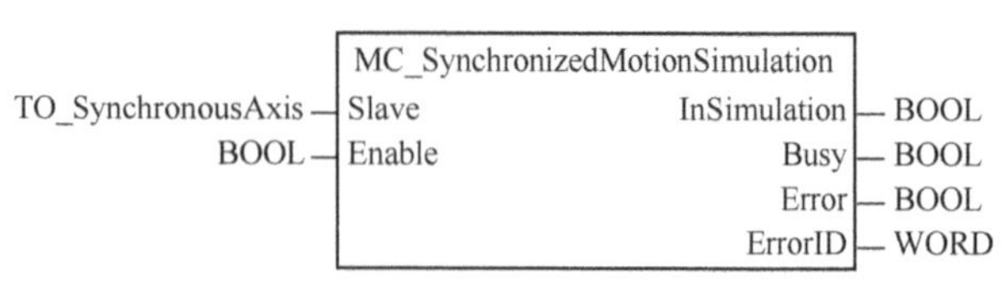


图 8-28 MC_ SynchronousMotionSimulation 功能块的图形描述

仿真时，先将从轴状态切换到静止状态（例如，用 MC_Halt 功能块），然后，将本功能块的 Enable 置位就可实现对从轴同步的仿真。

当再次使 MC _ SynchronizedMotion-Simulation. Enable = FALSE，就可使从轴同步的仿真操作停止，而从轴也不需要再进行同步的操作。

同步运动仿真功能模块在重启动时，将停止仿真，并中止同步运动。

MC_SynchronizedMotionSimulation. Enable=TRUE 时将启动同步的仿真操作。

同步运动仿真功能模块属于电平控制功能模块。Slave 参数连接同步轴工艺对象的数据类型。输出参数 InSimulation 表示正在仿真同步操作。

采用与标准规范相同名称的西门子公司的运动控制功能块如下：

(1) MC_GearIn

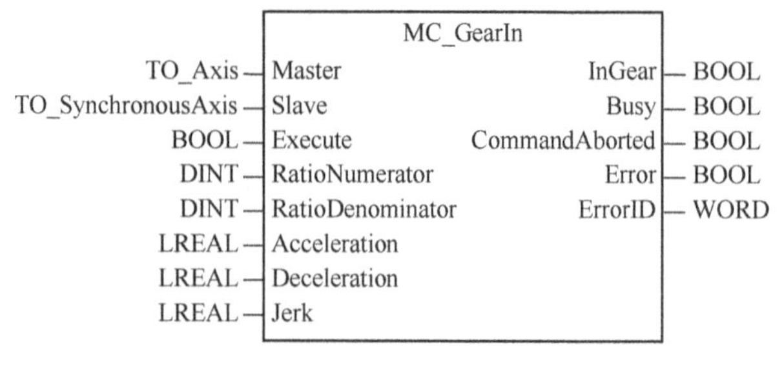


图 8-29 MC_GearIn 功能块的图形描述

MC_GearIn 功能模块与标准规范的 MC_GearIn 功能模块基本一致。用于从轴按规定的齿轮比同步跟随主轴。图 8-29 是该功能块的图形描述。

标准规范功能模块的齿轮比中，规定分子是整数数据类型，即可为正或负整数，分母是无符号整数，即正整数。因此，齿轮比为负值表示从轴与主轴的转动方向相反，为正值表示从轴与主轴的转动方向相同。本功能模块都选用 DINT 双整数数据类型。分子允许范围是-2147483648～2147483648，不包括 0。分母允许范围是 1～2147483648。

主轴工艺对象是定位轴、同步轴或外部编码器。从轴工艺对象是同步轴。

加速度、减速度和加加速度的值，与西门子公司其他运动控制功能模块的设置类似，当其值大于 0 时，直接采用该值，如果小于 0，则采用对应组态时的动态约定值。例如，加速度用 Technology object → Configuration → Extended parameters → Dynamic defaults 的变量 <TO>. DynamicDefaults. Acceleration 等。

图 8-30 是一个从轴跟踪两个主轴的运动示例。

图中，从轴为 TO_Slave，主轴分别是 Master1 和 Master2。Start1 按钮用于从轴跟踪主轴 Master1，Start2 按钮用于从轴跟踪主轴 Master2。

当 Start1 闭合时，它的上升沿触发功能模块 MC_GearIn 实例 Gear1 执行同步操作。即从轴工艺对象 TO_Slave 先同步主轴工艺对象 Master1。当从轴速度以 1∶1 齿轮比同步主轴 Master1 的速度后，输出 InGear1 置位，这时，TO_Slave. Velocity = Master1. Velocity。

同样，当 Start2 闭合时，它将功能块实例 Gaer1 中止，因此，输出 Abort1 置位，同时，它

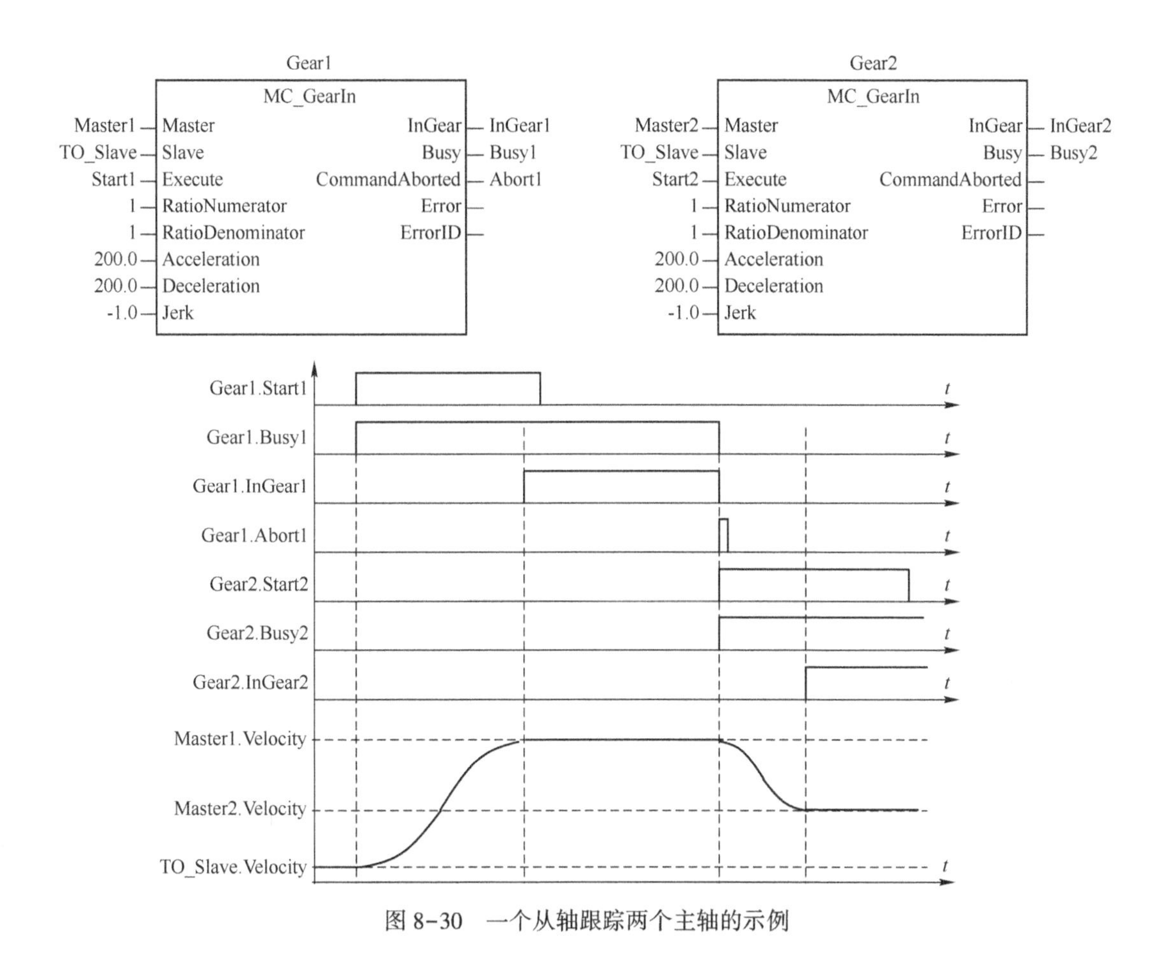


图 8-30 一个从轴跟踪两个主轴的示例

使功能块 MC_GearIn 实例 Gear2 执行同步操作。从轴工艺对象 TO_Slave 的同步目标改变为 Master2。由于 Master2 的速度比 Master1 的速度小，因此，从轴的速度也缓慢减小，直到同步到主轴 Master2 的速度，这时，输出 InGear2 置位，同时，TO_Slave. Velocity=Master2. Velocity。

（2） MC_GearInPos。MC_GearInPos 功能块用于在特定同步位置启动齿轮传动。该功能块与标准规范 MC_GearInPos 功能块的功能和参数基本一致。图 8-31 是该功能块的图形描述。

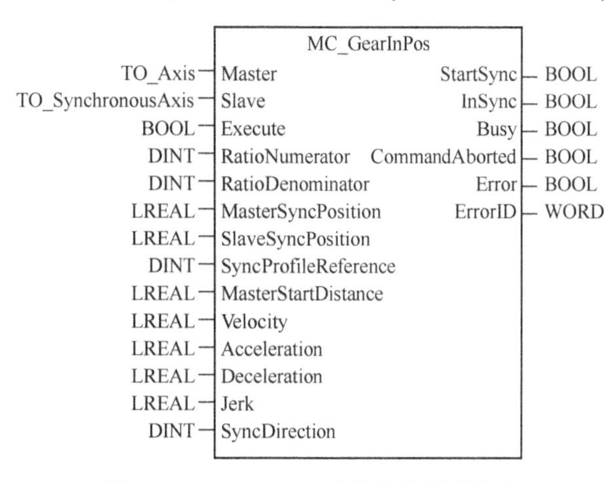


图 8-31 MC_GearIn 功能块的图形描述

主轴工艺对象用输入数据类型 TO_Axis 表示定位轴、同步轴或外部编码器。从轴工艺对象用输入数据类型 TO_SynchronousAxis 表示同步轴。

RatioNumerator 和 RatioDenominator 分别是齿轮比的分子和分母，但采用 DINT 数据类型，数据允许范围与西门子公司的 MC_GearIn 功能模块相同。

MasterSyncPosition 和 SlaveSyncPosition 分别是主轴和从轴的同步位置。

标准规范功能模块采用 SyncMode 表示同步操作模式，它是枚举数据类型。本功能模块采用（SPR）SyncProfileReference 表示同步操作模式，采用 DINT 数据类型。其值为 0 表示使用动态参数同步；1 表示使用主轴距离进行同步。MasterStartDistance 是主轴距离的输入值，SyncProfileReference = 1 时采用该数值进行同步。

SyncProfileReference = 1 时，同步操作用的动态参数，即其速度、加速度、减速度和加加速度由对应的 Velocity 等参数设置。即设置的数值小于零时，使用动态约定的变量值，例如，速度动态约定值从 Technology object →Configuration → Extended parameters → Dynamic defaults 的变量<TO>. DynamicDefaults. Velocity 确定。

SyncDirection 参数表示同步跟踪时从轴的运动方向。与标准规范功能模块采用 SyncMode 设置的方法有所不同。西门子公司规定用正方向、负方向和最短路径方法实现同步。

图 8-32 是 MC_GearInPos 功能块的示例，用于说明从轴如何同步主轴，及 SPR 的影响。

采用齿轮比 1∶1，主轴同步位置为 300. 0 u，从轴同步位置为 200. 0 u，SPR 信号是同步配置的引用变量。主轴开始距离是 100. 0 u。

图 8-33 显示 SPR = 0 和 SPR = 1 时的信号时序图。

图 8-33a）中，SPR 输入为 0，表示同步采用动态参数，例如，速度小于零，表示根据 Technology object→Configuration→Extended parameters → Dynamic defaults 的变量 < TO > . DynamicDefaults. Velocity 确定，类似地，加速度小于零，即根据 Technology object→Configuration →Extended parameters→Dynamic defaults 的变量<TO>. DynamicDefaults. Acceleration 确定。

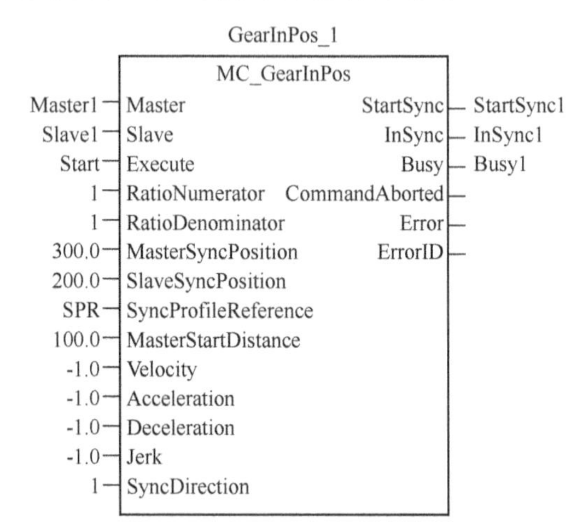

图 8-32　MC_GearInPos 功能块的示例

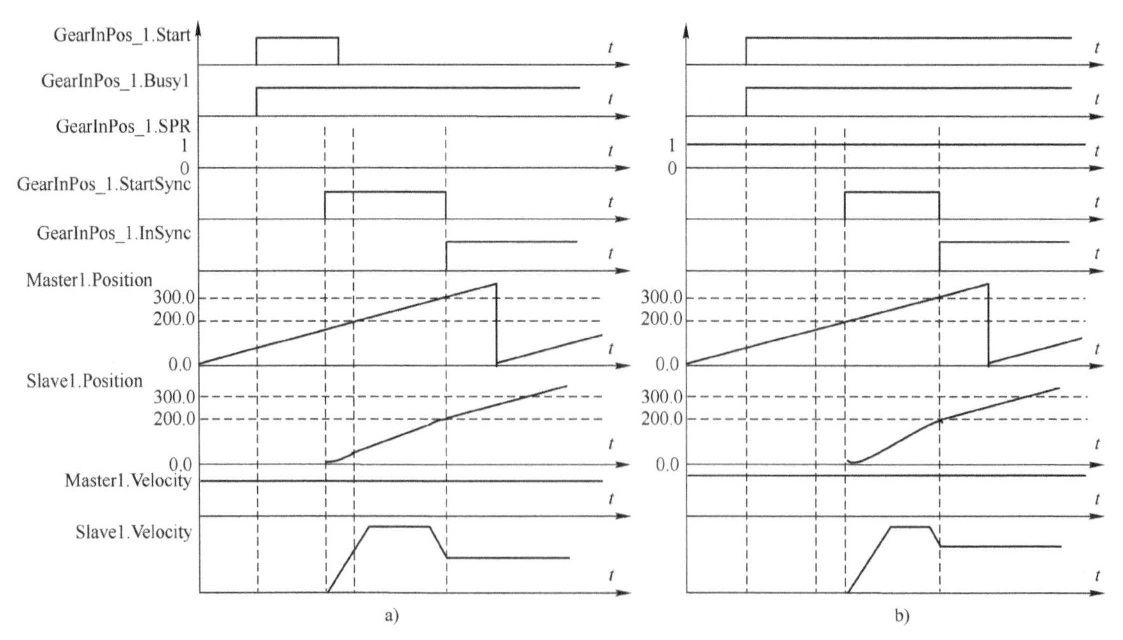

图 8-33　MC_GearInPos 在 SPR 不同值时的时序图

a）SPR = 0　b）SPR = 1

功能模块实例根据动态参数确定的加加速度、加速度、减速度和速度，计算出加速、匀速和减速时间，以保证从轴能够在主轴同步位置时正好在从轴同步位置符合输入的要求。本示例中主轴同步位置是 300.0u，从轴同步位置在 200.0u，因此，从图可以看到，当 Master1. Position 在 300.0u 时刻，从轴位置 Slave1. Position 正好在 200.0u，并从该时刻开始，从轴速度 Slave1. Velocity 等于主轴速度 Master1. Velocity（因为齿轮比被设置为 1:1）。

图 8-33b）中，SPR 输入为 1，表示同步操作根据主轴位置，本示例主轴开始位置是 100.0，因此，表示从轴同步开始位置应在主轴同步位置减去该主轴开始位置，即 300.0-100.0=200.0u 处开始同步。由于输入的速度、加速度、减速度和加加速度的值都是负值，因此，根据规定，需要用动态值，即同样从 Technology object →Configuration→Extended parameters →Dynamic defaults 变量<TO>. DynamicDefaults. Velocity 确定其速度等。

同步开始的输出信号 InSync 被置位表示同步操作开始。

（3）MC_MoveSuperimposed

图 8-34 是 MC_MoveSuperimposed 功能块的图形描述。除了用输入数据代替轴输入输出数据外，它与 PLCopen 运动控制规范的标准一致。适用于定位轴和同步轴。用于将输入参数规定的 VelocityDiff、Jerk、Acceleration 和 Deceleration 叠加到被控轴。

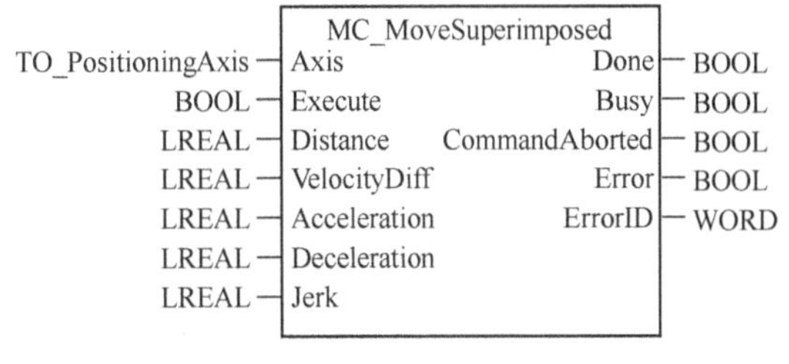


图 8-34　MC_MoveSuperImposed 功能块的图形描述

对定位轴，叠加运动的最大动态值是原有运动当前动态值与动态限值之差。因此，整个运动受动态限值的影响。

对同步轴，同样也受到动态限值的影响，但从轴的同步运动不受从轴动态限值的影响。

主轴的 MC_MoveSuperimposed 不仅影响主轴，也影响从轴。

（4）MC_PhasingAbsolute 和 MC_PhasingRelative

MC_PhasingAbsolute 功能块是同步轴上主轴的绝对偏移功能块，MC_PhasingRelative 功能块是同步轴上主轴的相对偏移功能块。图 8-35 是它们的图形描述。

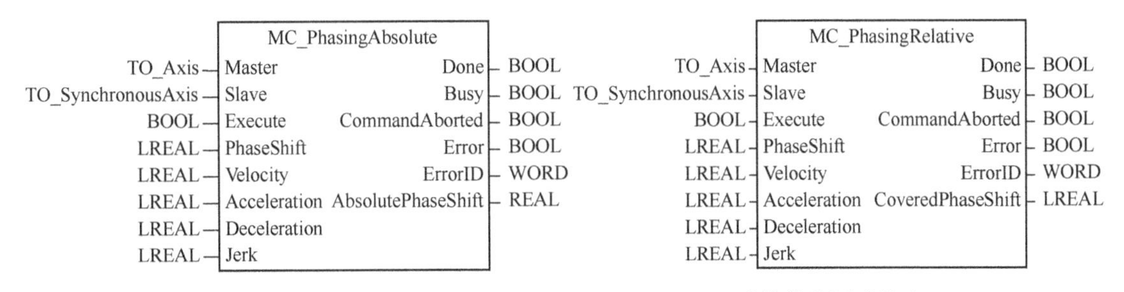


图 8-35　MC_PhasingAbsolute 和 MC_PhasingRelative 功能块的图形描述

图 8-36 和图 8-37 是 MC_PhasingAbsolute 和 MC_GearInPos_1 功能块比较的示例。

图 8-36 中，开始时，从轴和主轴已经同步，因此，GearInPos_1. InSync 显示为 TRUE。

在 MC_PhasingAbsolute 功能模块实例 PhAbs 的输入信号 Exe 上升沿，触发该功能模块，该功能块输出 Busy1 置位，同时调整从轴速度，使从轴位置与主轴的偏移达到该功能块输入的 PhaseShift（50.0u，示例中的位置单位是°）。

从 AbsolutePhaseShift 的曲线可以看到，偏移的量达到后，其值被保持，直到 Exe 输入信号断开。由于这里采用绝对偏移，因此，当第二次实例 PhAbs 的输入信号 Exe 上升沿时，虽然触发该功能模块执行主轴偏移，但是，由于第一次已经将同步轴的主轴偏移了 50.0u，因此，下

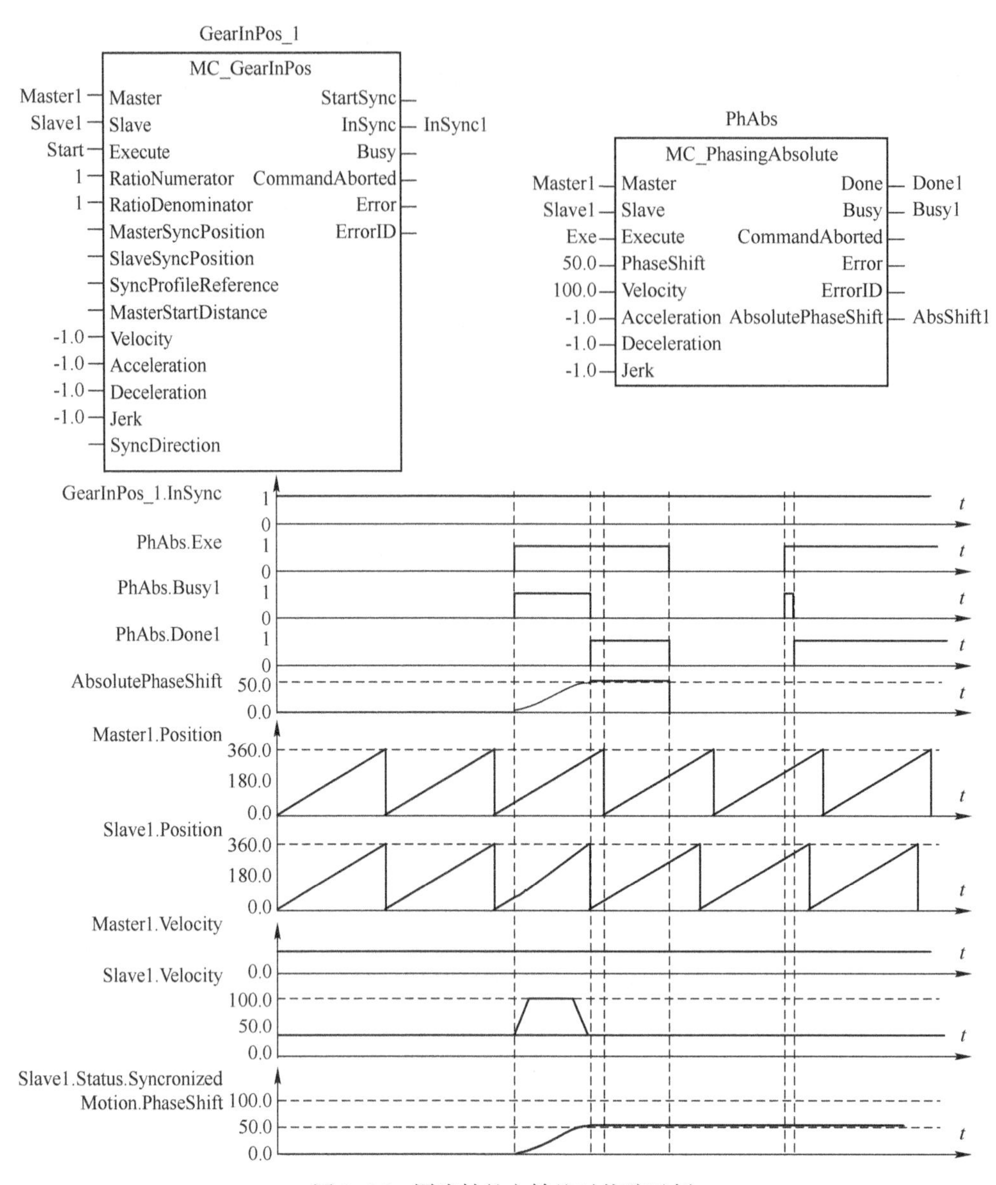


图 8-36　同步轴的主轴绝对偏移示例

一周期 Done1 就被置位，说明已经实现主轴偏移。

工艺对象的变量<TO>. StatusSynchronizedMotion. PhaseShift 也显示该偏移量。

与图 8-36 的程序类似，在图 8-37 中，采用 MC_PhasingRelative 功能块（未画出），仍处于同样的实例名 PhAbs。图 8-37 显示与图 8-36 显示的最大区别是图 8-36 的主轴偏移量是相对位置。因此，如上述示例，在第二次 Exe 上升沿触发时，从轴的主轴偏移还会执行一次，反映在工艺对象的变量<TO>. StatusSynchronizedMotion. PhaseShift 的改变是其值增加到 100. 0。这表示当 MC_PhasingRelative 功能块每次执行后，都会发生从轴对主轴的相对偏移。而绝对偏移则不会发生这种情况。

因此，输出参数 AbsolutePhaseShift 用于 MC_PhasingAbsolute 功能块，它连续显示绝对相位偏移。输出参数 CoveredPhaseShift 用于 MC_PhasingRelative 功能块。它连续显示被覆盖的相位偏移。

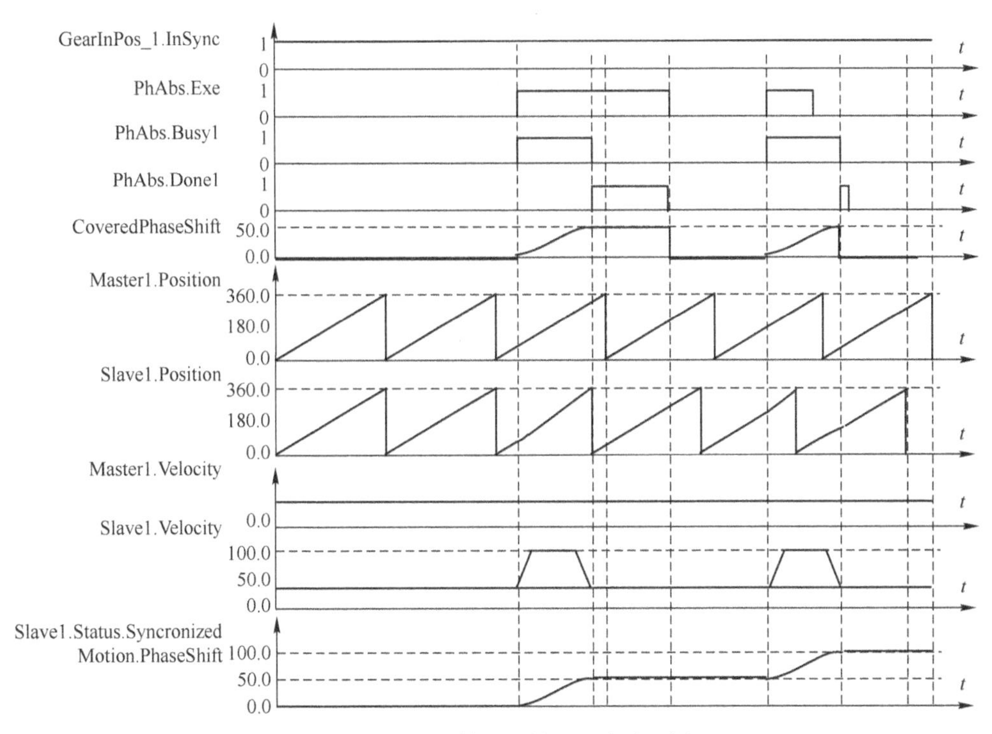


图 8-37　同步轴的主轴相对偏移示例

（5）MC_CamIn

MC_CamIn 功能块是启动凸轮功能块。与标准规范的同名功能块基本一致。图 8-38 是该功能块的图形描述。

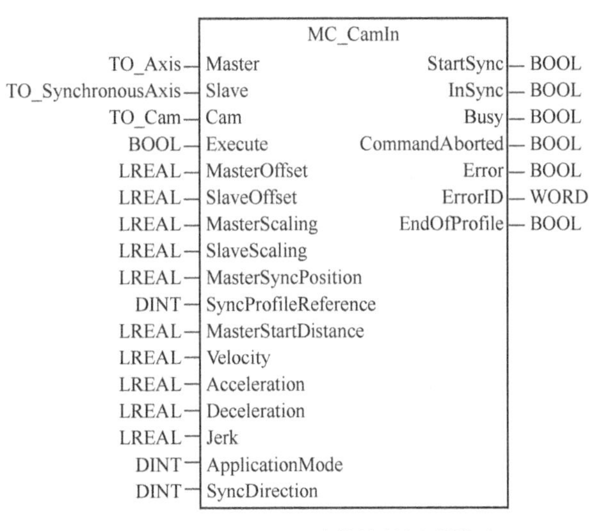


图 8-38　MC_CamIn 功能块的图形描述

同步操作是主轴指定同步位置前进行了同步。主轴和从轴同时移动的位置是主轴的开始同步位置。是由凸轮开始位置和主轴同步位置、主轴偏置参数确定的。

与标准规范的功能块比较，本功能块还增加了 Velocity、Acceleration 等同步运动的有关参数。

MasterOffset 和 SlaveOffset 分别是 SyncProfileReference = 0 或 1 时，凸轮的主轴和从轴的偏移值。

SyncProfileReference 是同步配置的引用值，0 表示使用动态参数进行同步；1 表示使用凸轮主轴位置进行同步；2 表示直接同步。MasterScaling 和 SlaveScaling 是凸轮的主轴和从轴的放大系数（标度因子）。MasterSyncPosition 是主轴相对于凸轮开始位置的同步操作的完成位置，当到达同步位置时，同步操作完成。如果要运行完整的凸轮，需将 MasterSyncPosition 设在 0.0（约定值）。这样才能使整个凸轮都能够操作到。

MasterStartDistance 是 SyncProfileReference = 1 时凸轮主轴的开始位置。Velocity、Acceleration、Deceleration 和 Jerk 分别是 SyncProfileReference = 0 时同步的速度、加速度、减速度和加加速度。其值大于零，则采用输入的该值，如果输入的值小于零，则分别用 Technology object → Configuration → Extended parameters → Dynamic defaults 中相应的动态变量值。例如，速度用变量<TO>. DynamicDefaults. Velocity，加速度用变量<TO>. DynamicDefaults. Acceleration 等。输入的值不允许为零。否则出错。

ApplicationMode 是凸轮应用模式。0 表示只用一次，即非周期性应用；1 表示周期应用，即从轴侧的绝对应用；2 表示周期附加应用，它指从轴侧的连续附加应用。

SyncDirection 表示同步方向，用于已激活模数设置的轴。0 表示正方向，即从轴只能沿正向进行同步；1 表示负方向，即从轴只能沿负向进行同步；2 表示最短路径，即从轴沿最短路径方向进行同步。

输出 StartSync 表示从轴将开始同步主轴。而 InSync 输出表示从轴已经同步主轴。Busy 等输出信号与其他功能模块相同定义。EndOfProfile 输出表示同步已经达到凸轮的末端，这是在 ApplicationMode=0 时才使用的，因为，周期循环的模式没有凸轮的末端。

**3. S7-1500T CPU 增加的协调运动控制功能块**

针对西门子公司的凸轮工艺对象，增加的协调运动控制功能块如下。

（1）MC_InterpolateCam

MC_InterpolateCam 功能块用于对凸轮轨迹上的点之间的插补。有直线插补、C 样条插补和 B 样条插补。图 8-39 是该功能块的图形描述。TO_Cam 是凸轮工艺对象的数据类型。

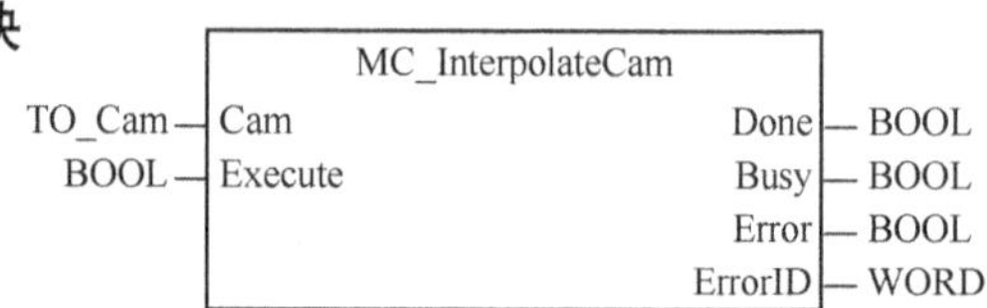


图 8-39　MC_InterpolateCam 功能块的图形描述

插补功能块是边沿触发功能块。因此，插补凸轮功能块既不会被其他运动控制功能模块中止，也不会中止其他运动控制功能模块的运动。

（2）MC_GetCamFollowingValue

西门子公司没有读取轴组有关参数的功能块，但定义相应的功能块用于读取从轴的速度、加速度等参数。本功能块就是这样的一个功能块。它用于读取已经插补的凸轮的从轴位置值及其一阶和二阶导数（速度和加速度）的值。图 8-40 是该功能块的图形描述。

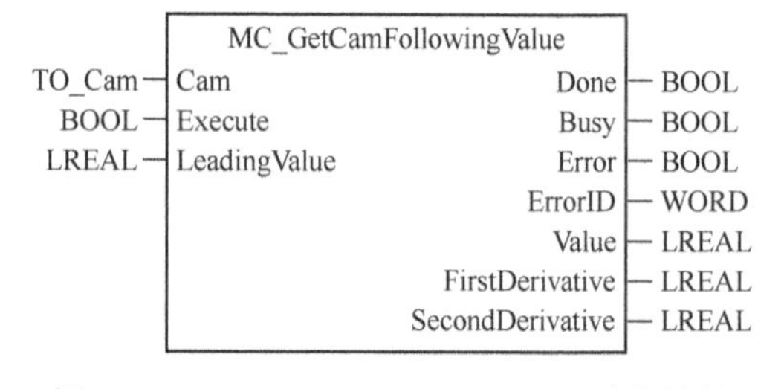


图 8-40　MC_GetCamFollowingValue 功能块的图形描述

当 MC_GetCamFollowingValue. Execute=TRUE 上升沿，该功能模块触发当功能块的 Done 输出为 TRUE 时，读取由 LeadingValue 指定的主轴值对应的从轴位置（在输出 Value 显示）、从轴速度（一阶导数，在输出 FirstDerivative 显示）和从轴加速度（二阶导数，在输出 SecondDerivative 显示）。

（3）MC_GetCamLeadingValue

MC_GetCamLeadingValue 功能块用于读取凸轮主轴位置值。图 8-41 是该功能块的图形描述。

该功能模块根据从轴的位置 FollowingValue，读取对应的主轴位置 Value 输出。

输入参数 ApproachLeadingValue 是主轴位置的近似值，因为从轴位置可能在凸轮中多次出现，用该参数可限制其搜索的范围。

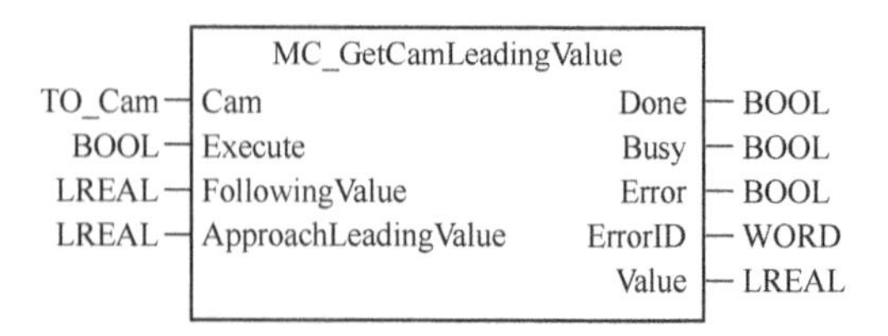


图 8-41　MC_GetCamLeadingValue 功能块的图形描述

（4）MC_MotionInVelocity

MC_MotionInVelocity 功能块用于写入（设

置）指定轴（速度轴，定位轴和同步轴）的运动速度、加速度的设定值。图 8-42 是该功能块的图形描述。

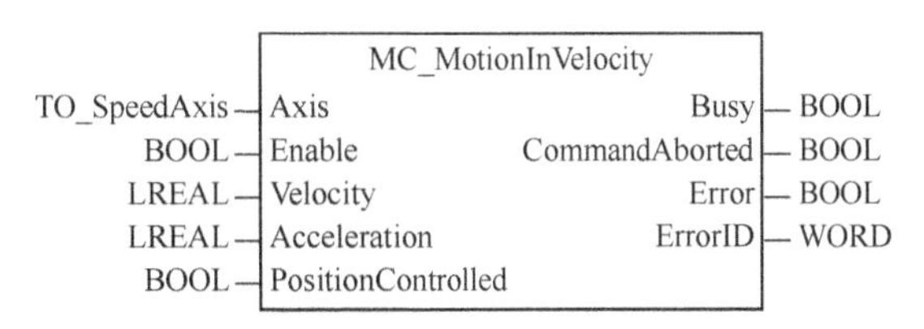


图 8-42　MC_MotionInVelocity 功能块的图形描述

当 Enable 输入为 TRUE 时，如果 PositionControlled 为 FALSE（表示设定值受本功能模块输入的设定值控制），则该功能模块使被控轴采用输入的 Velocity 和 Acceleration 设定值。如果 PositionControlled 为 TRUE，则被控轴是位置控制模式。被控轴的速度、加速度不随输入的 Velocity 和 Acceleration 设定值改变。

当 Enable 输入为 FALSE，则该功能模块的输入速度和加速度设定值不影响被控轴。

图 8-43 是 MC_MotionInVelocity 功能块应用示例。图中，当输入信号 Enable 被置位后，功能模块 MC_MotionInVel 的实例 MC_Vel1 激活。输入的速度和加速度作为被控轴 TO_Axis1 的设定值，因此，在轴变量 TO_Axis1. Velocity 和 TO_Axis1. Acceleration 的数值与输入的 Vel1 和 Acc1 同时改变。

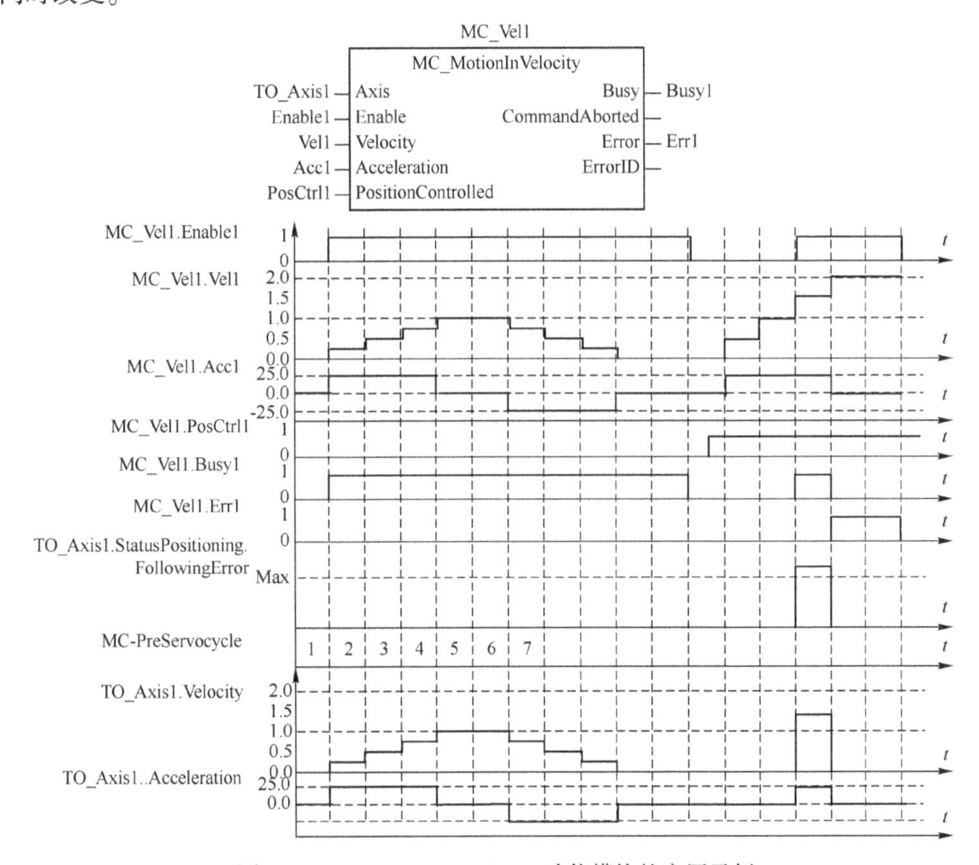


图 8-43　MC_MotionInVelocity 功能模块的应用示例

当 Enable 复位时，该实例的输出同时被复位。这时，如果将输入位置控制模式改变为位置控制模式，其输入的速度和加速度就不再影响被控轴。

当 Enable 再次被置位时，由于输入的速度值已经超过规定，反映在位置随动误差超过其最大 Max 值，因此，出错信号立即发出，即 Err1 被置位，同时，停止该功能模块实例的执行，其输出 Busy1 被复位。当 Enable 复位时，该出错信号页被复位。

(5) MC_MotionInPosition

MC_MotionInPosition 功能块用于设置指定轴（定位轴和同步轴）的位置、速度和加速度的设定值。图 8-44 是该功能块的图形描述。

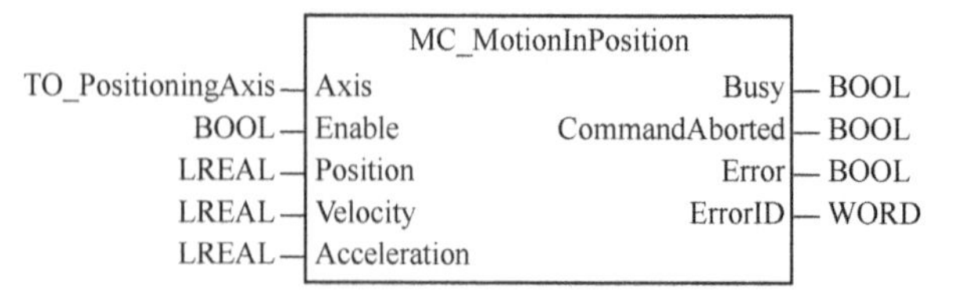


图 8-44 MC_MotionInPosition 功能块的图形描述

与 MC_MotionInVelocity 功能模块类似，MC_MotionInPosition 功能模块在 Enable 信号为 TRUE 时才能将输入的位置、速度和加速度作为被控轴的位置、速度和加速度的设定值。

(6) MC_TorqueAddtive

MC_TorqueAddtive 功能块用于为驱动装置添加一个附加转矩。图 8-45 是该功能块的图形描述。

Enable 输入为 TRUE，则输入参数 Value 的值作为驱动装置的附加转矩，被加到当前的转矩上。Enable 输入为 FALSE 时，附加的转矩切换到零。

(7) MC_TorqueRange

MC_TorqueRange 功能块设置驱动装置的转矩上限 UpperLimit 和下限 LowerLimit。图 8-46 是该功能块的图形描述。

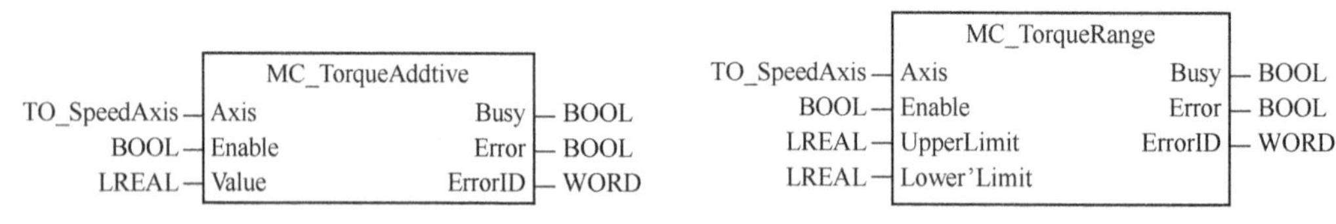


图 8-45 MC_TorqueAddtive 功能块的图形描述 图 8-46 MC_TorqueRange 功能块的图形描述

当 Enbale 为 TRUE 时，将输入的转矩上限 UpperLimit 和下限 LowerLimit 送驱动装置。PROFIdrive 报文编号是 750。

在 Technology object→Configuration→Extended parameters→Limits→Torque limit 选择 Leave position-related monitoring enabled 选项，虽然可使定位随动误差的监视停止，但监视功能仍有效。

**4. 运动控制的覆盖（超驰）效应**

新激活的运动命令对正在运动的被控工艺对象的影响见表 8-51。

**表 8-51 新激活的运动命令对正在运动的被控工艺对象的影响**

| 正运动中功能模块 / 新激活功能模块 | MC_Home (Mode=2, 8, 10) | MC_Home (Mode=3, 5) | MC_Halt<br>MC_MoveAbsolute<br>MC_MoveRelative<br>MC_MoveVelocity<br>MC_MoveJog | MC_Move-Superimposed | MC_MotionInVelocity<br>MC_Motion InPosition |
|---|---|---|---|---|---|
| MC_Home(Mode=3,5) | • | • | • | • | • |
| MC_Home(Mode=9) | • | × | × | × | × |
| MC_Halt<br>MC_MoveAbsolute<br>MC_MoveRelative<br>MC_MoveVelocity<br>MC_MoveJog<br>MC_MotionInVelocity<br>MC_MotionInPosition | × | • | • | • | • |

（续）

| 新激活功能模块 \ 正运动中功能模块 | MC_Home（Mode=2，8，10） | MC_Home（Mode=3，5） | MC_Halt MC_MoveAbsolute MC_MoveRelative MC_MoveVelocity MC_MoveJog | MC_Move-Superimposed | MC_MotionInVelocity MC_Motion InPosition |
|---|---|---|---|---|---|
| MC_MoveSuperimposed | × | × | × | • | × |
| MC_GearIn | × | • | • | • | × |
| MC_GearInPos 待处理① | × | × | × | × | × |
| MC_GearInPos 激活② | × | • | • | • | × |
| MC_CamIn 待处理① | × | × | × | × | × |
| MC_CamIn 激活② | × | • | • | • | × |

① 待处理指：“Busy” =TRUE，“StartSync” =FALSE，“InSync” =FALSE。
② 激活指：“Busy” =TRUE，“StartSync” 或 “InSync” =TRUE。
•：当前运动的功能模块被 CommandAborted=TRUE 中止。×：正在运动的功能模块仍继续运行。

新激活的运动命令对正在运动的同步操作的被控轴的影响见表 8-52。

**表 8-52　新激活的运动命令对正在运动的同步操作的被控轴的影响**

| 新激活功能模块 \ 正运动功能模块 | MC_GearIn | MC_GearIn Pos | | MC_PhasingAbsolute MC_Phasing Relative | MC_CamIn | |
|---|---|---|---|---|---|---|
| | | 待处理① | 激活② | | 待处理1 | 激活2 |
| MC_Home(Mode=3，5) | • | × | × | × | × | × |
| MC_Halt | • | × | • | • | × | • |
| MC_MoveAbsolute MC_MoveRelative MC_MoveVelocity MC_MoveJog | • | × | • | • | × | • |
| MC_MotionInVelocity MC_MotionInPosition | • | • | • | × | • | • |
| MC_MoveSuperimposed | × | × | × | × | × | × |
| MC_GearIn | • | • | • | • | • | • |
| MC_GearInPos 待处理① | × | • | × | × | • | × |
| MC_GearInPos 激活② | • | • | • | • | • | • |
| MC_PhasingAbsolute MC_PhasingRelative | × | × | × | • | × | × |
| MC_CamIn 待处理① | × | • | × | × | • | × |
| MC_CamIn 激活② | • | • | • | • | • | • |

① 待处理指：“Busy” =TRUE，“StartSync” =FALSE，“InSync” =FALSE；不会取消激活的命令。待处理同步操作只能由相同同步轴上的另一个同步操作作业超驰。可以通过 “MC_Power” 取消。
② 激活指：“Busy” =TRUE，“StartSync” 或 “InSync” =TRUE。
•：当前运动的功能模块被 CommandAborted=TRUE 中止。×：正在运动的功能模块仍继续运行。

新激活的测量输入对正进行的测量输入的运动的影响见表 8-53。

表 8-53　新激活的测量输入对正进行的测量输入的运动的影响

| 新激活的测量输入 \ 正进行的测量输入 | MC_MeasuringInput | MC_MeasuringInputCyclic |
|---|---|---|
| MC_Home(Mode=2,3,5,8,9,10) | ● | ● |
| MC_Home(Mode=0,1,6,7) | × | × |
| MC_MeasuringInput<br>MC_MeasuringInputCyclic MC_AbortMeasuringInput | ● | ● |
| ●：当前运动的功能模块被 CommandAborted=TRUE 中止。×：正在运动的功能模块仍继续运行 | | |

# 8.3　位置控制和伺服驱动

## 8.3.1　位置控制

**1. 控制系统**

(1) 控制系统基本组成

图 8-47 是控制系统组成。

表 8-54 是控制系统常用术语。

表 8-54　控制系统常用术语

| 中文名称 | 说　明 |
|---|---|
| 被控变量 | 被控对象中需要控制的过程变量 |
| 操纵变量 | 由执行器控制的某一工艺量，又称为操作变量 |
| 设定值 | 工艺希望被控变量达到的期望值，又称参比变量 |
| 扰动变量 | 使被控变量偏离设定值的其他变量 |
| 控制通道 | 操纵变量到被控变量之间的通道 |
| 扰动通道 | 扰动变量到被控变量之间的通道 |
| 反馈 | 输出的全部或部分返回到输入端 |
| 开环 | 没有反馈通路的控制系统，组成开环控制系统 |
| 闭环 | 检测变送信号被反馈到控制器时，组成闭环控制系统 |

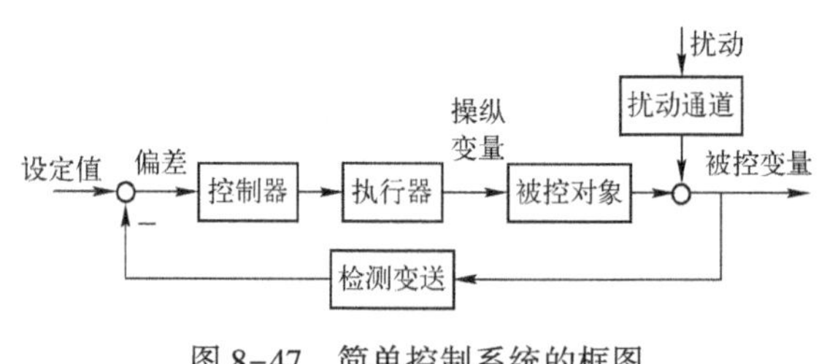

图 8-47　简单控制系统的框图

简单控制系统由被控对象、检测变送环节、控制器和执行器等组成。需要控制的变量称为被控变量。使被控变量改变的变量有两类，一类是扰动变量（使被控变量偏离所需要的设定值）；另一类变量是操纵变量，当扰动使被控变量偏离设定值时，通过改变操纵变量，使被控变量回到设定值。这类控制系统称为定值控制系统，即要求被控变量保持在所需的设定值。另一类控制系统是设定值在不断地改变，控制系统要求被控变量跟随设定值的改变而改变，保持被控变量与设定值之间的偏差最小。这类控制系统称为随动控制系统，也称为伺服控制系统。

1) 被控对象。需要控制的设备或生产过程，例如，速度轴、定位轴等。

2) 检测变送环节。检测被控变量，并将检测到的信号转换为标准信号输出。例如，编码器、光栅等。

3) 控制器。将检测变送单元的输出与设定值比较，按一定的控制规律对其偏差信号进行运算，运算结果输出到执行器。

4) 执行器。接收控制器的输出信号，改变执行器的速度、加速度等的装置。例如，变频器和伺服电动机等。

（2） 被控对象的特性

运动控制系统中，被控对象动态特性指其输入是阶跃信号时被控对象的输出特性。被控对象可分为自衡、非自衡的和具有或不具有时滞三类。图 8-48 是它们的输出响应曲线。

自衡被控对象分为下列三种类型：

1） 比例。被控对象的输出几乎立刻随输入成比例改变。例如，分压器等。如图 8-48b 1 所示。

2） 一阶惯性。被控对象的输出开始随输入成比例，但随后其变化变得缓慢，直到达到最终值。例如，RC 元件的充电，蒸汽加热的储槽。如图 8-48b 2 所示。

3） 二阶惯性。被控对象的输出开始不随输入变化，之后，输出加快跟踪，最终再缓慢减小，直到达到最终值。例如，工业过程中的压力、流量和温度控制。如图 8-48b 3 所示。

非自衡被控对象的输出具有积分特性。其输出会趋于不断增加或不断减小，直到系统的最大或最小。例如，定量泵输出的储槽液位在进料量阶跃改变时液位输出就呈现积分特性。如图 8-48c 所示。

时滞被控对象的输出与输入之间有时间的延迟。例如，传送带输入端的物料量阶跃改变后，传送带输出端的物料要延迟一段时间后才能改变。如图 8-48d 所示。

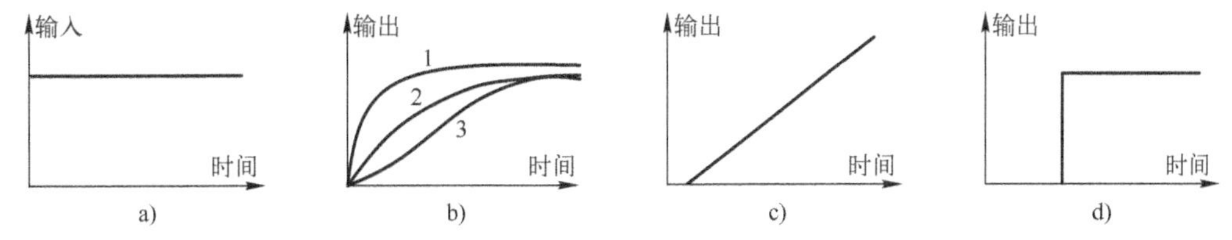


图 8-48 被控对象的输入和输出的特性

大多数被控对象可用惯性加时滞特性描述。其传递函数描述为

$$G(s)=\frac{K}{Ts+1}e^{-s\tau};G(s)=\frac{K}{(T_1s+1)(T_2s+1)}e^{-s\tau} \tag{8-1}$$

式中，$T$、$T_1$ 和 $T_2$ 是被控对象的时间常数，$K$ 是增益，$\tau$ 是时滞。

常见被控对象的时间常数和时滞见表 8-55。

**表 8-55 常见被控对象的时间常数和时滞**

| 物理量 | 被 控 对 象 | 时间常数/min | 时滞/min | 物理量 | 被 控 对 象 | 时间常数/s | 时滞 |
|---|---|---|---|---|---|---|---|
| 温度 | 小型电热炉 | 5~15 | 0.5~1 | 流量 | 气体 | 0.2~10 | 0~5 s |
| 温度 | 大型电热退火炉 | 10~20 | 1~5 | 流量 | 液体 | 无 | 无 |
| 温度 | 大型燃气加热退火炉 | 3~30 | 0.2~5 | 压力 | 气体管道 | 0.1 | 无 |
| 温度 | 精馏塔 | 40~60 | 1~7 | 压力 | 燃煤锅炉 | 150 | 无 |
| 温度 | 高压锅 | 200~300 | 12~15 | 液位 | 锅炉锅筒 | 未指定 | 0.6~1 min |
| 温度 | 注塑机 | 3~30 | 0.5~3 | 速度 | 大型电动机 | 5~40 | 无 |
| 温度 | 挤压机 | 5~60 | 1~6 | 速度 | 小型电动机 | 0.2~10 | 无 |
| 温度 | 包装机 | 3~40 | 0.5~4 | 电压 | 小型生成器 | 1~5 | 无 |
| 温度 | 蒸汽过热器 | 1~4 | 0.5~2.5 | 电压 | 大型生成器 | 5~10 | 无 |

**2. 控制规律**

（1）位式控制

最简单的位式控制示例是电热炉的温度控制。控制规律是到达设定温度时关闭电源，低于设定温度时接通电源。

另一种位式控制将控制器输出分为三段。例如，加热、静止和冷却三位。当温度高于规定上限时，起动冷却回路；当温度低于上限，但高于下限时，加热和冷却回路都关闭；当温度低于下限时，起动加热回路。为了更好地获得控制效果，也可将位式控制分得更细，组成多段的位式控制。

（2）PID 控制

PID 控制指控制器输出与输入之间的关系具有比例（P）、积分（I）和微分（D）控制关系。其控制规律见第 1. 3. 3 节。西门子公司提供的 PID 控制器称为 CONC_C 功能块。

图 8-49 是该功能块的结构简图。图中，SP_INT 是软件控制器 CONC_C 的内部设定值，用实数表示的百分数，-100. 0%～100. 0%表示。PV_IN 是测量值，也用实数百分数-100. 0%～100. 0%表示。

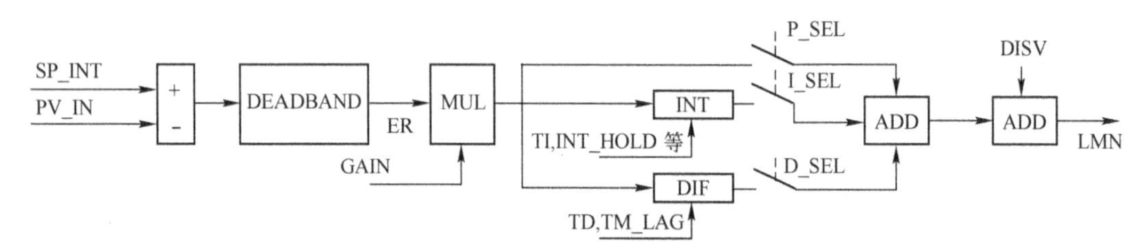


图 8-49　CONC_C 控制模式原理简图

DEADBAND 是死区带，当输入在死区带内时，其输出为零。偏差 ER 是设定与测量之差，MUL 是乘法器，GAIN 是软件控制器的增益。INT 是积分器，DIF 是微分器。除了 ER * GAIN 输入外，积分器输入还有积分时间 TI，积分保持 INT_HOLD 等参数；微分器输入还有微分时间 TD，微分时间常数 TM_LAG 等。

比例控制作用输出直接从乘法器输出，积分控制作用和微分控制作用输出经积分器 INT 和微分器 DIF 输出，它们经各自的使能选择开关 P_SEL、I_SEL 和 D_SEL 后在加法器 ADD 中实现代数和运算，完成 PID 控制算法。

DISV 是前馈信号输入，也用实数百分数表示。LMN 是以实数百分数表示的控制器输出。

该控制器提供 P、I、D 各自的输出 LMN_P、LMN_I 和 LMN_D 以及偏差 ER 等信息。详见有关资料。图中，未画出对输出信号的限幅和对输出的放大及偏置、手动输出等功能。

对步进电动机等具有积分功能的执行器，其输出是脉冲信号，可采用 CONC_S 控制模式。

（3）PWM 脉宽调制

在运动控制中，采用变频方法实现调速。PWM 脉宽调制是最广泛应用的控制方式。西门子公司的 PWM 脉宽调制采用 PULSEGEN 模式实现。

PULSEGEN 功能块与 CONC_C 连接，将 CONC_C 的连续输出转换为对应的脉冲输出。脉宽调制指输出脉冲的宽度与连续输出的值成比例。连续输出大，则输出脉冲成比例地也增大。脉冲总周期用 PER_TM 表示。例如，连续输出为 30. 0%，则在一个 PER_TM 中，脉冲输出 QPOS_P 中有 30%输出为 TRUE，70%输出为 FALSE。

计算机采用采样方式工作。CONC_C 的采样周期与 PULSEGEN 的采样周期可以不相等。将两者之比称为采样比。如果 CONC_C 的采样一次，PULSEGEN 采样 10 次。则采样比为 1∶10。

对上例。QPOS_P 脉冲序列中就有 3 个是 TRUE，7 个是 FALSE。为提高控制准确度，可提高采样比的分母值。将连续输出信号转换为脉冲序列的功能块称为脉冲整形器。

脉冲整形器可工作在不同模式，并转换为不同的开关信号输出。表 8-56 是工作模式与输出之间的关系。

**表 8-56　工作模式与输出之间的关系**

| 工作模式 | 三位控制 | 具有双极的两步控制 | 具有单极的两步控制 | 手动控制 |
|---|---|---|---|---|
| MAN_ON | FALSE | FALSE | FALSE | TURE |
| STEP3_ON | TURE | FALSE | FALSE | 任意 |
| ST2BI_ON | 任意 | TURE | FALSE | 任意 |

注：单极指输入范围从 0%～100%；双极指输入范围从-100%～100%。三位指输出分别在负、零和正。其中，非对称三位控制的负与正值的数值不等

PULSEGEN 功能块脉冲输出有 QPOS_P 和 QNEG_P 两种。QPOS_P 和 QNEG_P 相互互补。即 QNEG_P 是 QPOS_P 的反转。例如，QPOS_P 为 TRUE，则 QNEG_P 为 FALSE。

在伺服驱动装置也有 PWM 控制，例如，在 S120 中。当只有步进电动机不采用伺服驱动装置时，可采用 S7-1500 提供的 PULSEGEN 功能块实现脉冲输出。

（4）其他控制算法

针对不同的被控对象，还可设置其他控制算法或组成其他控制系统。

常用的控制系统是组成反馈回路的闭环控制系统。

（5）控制器参数整定

设被控对象的阶跃输出响应曲线如图 8-50 所示。图中显示时滞 $\tau$、时间常数 $T$ 和输出效应曲线的上升率 $v_{max}=\Delta y/\Delta x$。

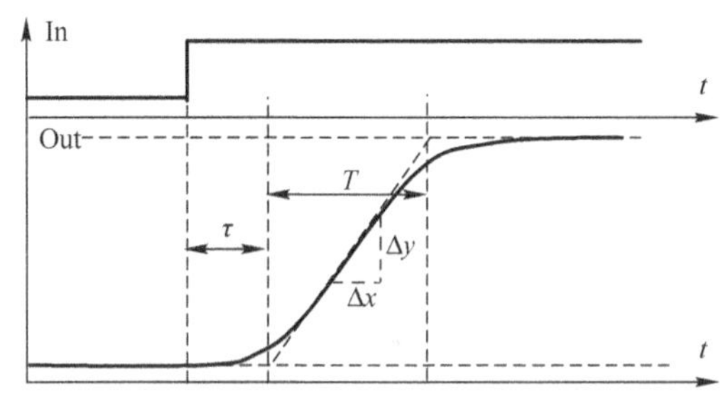

图 8-50　被控对象的阶跃输出响应曲线

可根据被控对象的特性，设置 PID 控制器的参数，见表 8-57。当 $\tau/T>0.3$ 时，需对参数进行适当调整。

**表 8-57　PID 控制器的参数**

| 控制作用 | P | PI | PD | PID | PD/PID |
|---|---|---|---|---|---|
| GAIN | $v_{max}\times\tau$ | $1.2\times v_{max}\times\tau$ | $0.83\times v_{max}\times\tau$ | $0.83\times v_{max}\times\tau$ | $0.4\times v_{max}\times\tau$ |
| TI | — | $4\times\tau$ | — | $2\times\tau$ | $2\times\tau$ |
| TD | — | — | $0.25\times v_{max}\times\tau$ | $0.4\times\tau$ | $0.4\times\tau$ |
| TM_LAG | — | — | $0.125\times v_{max}\times\tau$ | $0.2\times\tau$ | $0.2\times\tau$ |

**3. 位置控制**

位置控制系统是被控变量是运动部件位置的控制系统。常用速度作为内环，用位置作为外环组成双环的闭环控制系统。也可增加电流环作为最内部的闭环。图 8-51 是位置控制系统框图。

位置控制系统是随位置指令而改变伺服电动机进给量，使之达到所需位置的控制系统，也称为随动控制系统。

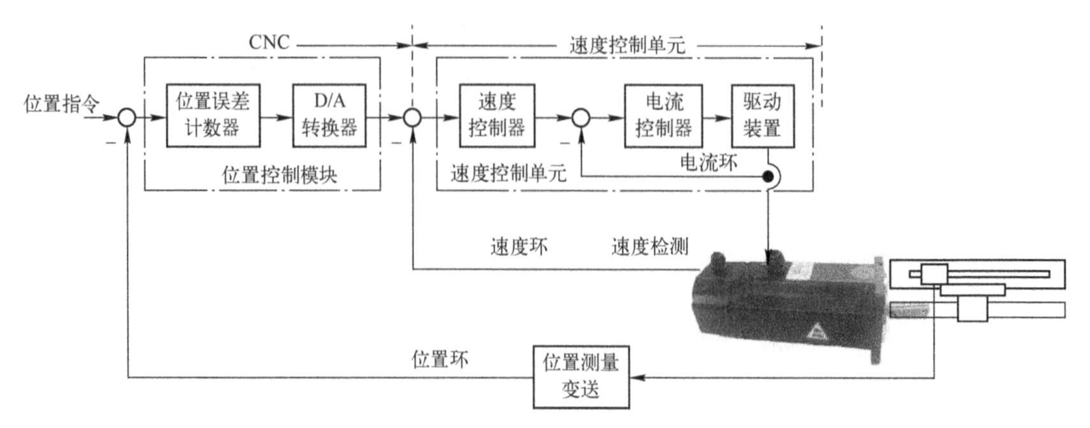


图 8-51 位置控制系统框图

(1) 控制方式

常用的伺服控制方式有速度控制方式、转矩控制方式和位置控制方式。

1) 速度控制方式。通过模拟量输入或脉冲频率计数来实现转速的控制。当外环控制时，可用速度控制方式实现定位。但必须将电动机的位置信号或直接负荷的位置信号作为反馈信号，提供给外环控制器。例如，采用安装在电动机轴端的编码器检测电动机转速，从而间接获得位置信号。这种控制方式用于定位控制要求不高的应用场合。

2) 转矩控制方式。通过外部的模拟量输入或直接地址的赋值来设定电动机轴对外的输出转矩值。例如，输入 10 V 对应转矩 5 N·m，则外部模拟设定值为 5 V 时，如果电动机轴负荷小于 2.5 N·m，电动机就正转，以提高输出转矩。如果，电动机轴负荷大于 2.5 N·m，电动机就反转，在重力负荷下就会降低输出转矩。这种控制方式常用于对材质的受力有严格要求的应用场合，例如，绕线装置，拉光纤设备等。

3) 位置控制方式。通过外部输入的脉冲频率来确定电动机转速的大小，通过对脉冲计数确定转到的角度，或经通信方式直接对速度和位置赋值。由于位置控制方式对速度和位置都有严格要求，因此，对定位准确度要求高的应用场合常采用这种控制方式。例如，数控机床、印刷机械等。

从伺服驱动器响应速度看，转矩控制方式的运算量最小，驱动器对控制信号的响应也最快。位置控制方式的运算量最大，驱动器对控制信号的响应最慢。速度控制方式介于两者之间。

(2) 级联控制

将两个或两个以上的设备以某种方式连接，称为级联。级联控制是将两个或两个以上的控制器，以外环的控制器输出作为内环控制器设定的方式连接的控制系统，这种控制系统也称为串级控制系统（Casecade control system）。

级联控制系统广泛应用于工业生产过程中。例如，换热器出口温度和载热体流量之间组成级联控制系统。伺服控制系统中，常组成三环的级联控制系统，其中，最内环被控变量是电流，中环被控变量是速度，外环被控变量是位置。

级联控制系统具有下列特点。

1) 内环所包含的非线性特性经级联控制系统后，其非线性特性被弱化，即非线性特性减弱。

2) 通过补充内环的控制回路，可缩短延迟时间。

3) 在内环进行预控制可补偿级联控制系统的波动和时滞性。

4）由于内环和外环控制的同时控制作用，使级联控制系统的自适应能力增强。

### 8.3.2 伺服控制

**1. 概述**

（1）伺服控制系统的分类

伺服（Servo）指系统跟随外部指令进行人们所期望的运动，运动要素包括位置、速度和转矩。伺服控制系统（Servo control system）是一类随动控制系统。通常，指能够精确地跟随或复现某个设定要求的反馈控制系统。例如，在制造行业，为实现被控位置、速度、加速度或转矩的控制要求，常采用伺服控制系统。从控制系统结构看，伺服控制系统与常规的反馈控制系统没有本质的区别。

通常，伺服控制系统是专门表示被控制量是机械位移（位置）或速度、加速度和转矩的反馈控制系统。按驱动元件类型，伺服控制系统可分为下列四类。

1）液压伺服控制系统。液压伺服控制系统是以电动机提供动力基础，使用液压泵将机械能转化为压力，推动液压油。通过控制各种阀门改变液压油的流向，从而推动液压缸做出不同行程、不同方向的动作，完成各种设备不同的动作需要。液压伺服控制系统按照偏差信号获得和传递方式的不同分为机-液、电-液、气-液等。应用较多的是机-液和电-液伺服控制系统。

2）交流伺服控制系统。交流伺服控制系统指基于异步电动机的交流伺服系统和基于同步电动机的交流伺服系统两大类。交流伺服系统中，电动机类型有永磁同步交流伺服电动机（PMSM）和感应异步交流伺服电动机（IM），其中，永磁同步电动机具备十分优良的低速性能、可以实现弱磁高速控制，调速范围宽广、动态特性和效率都很高，已经成为伺服控制系统的主流选项。异步伺服电动机虽然结构坚固、制造简单、价格低廉，但在特性上和效率上存在差距，因此，主要用于大功率应用场合。

数控机床中使用永磁无刷伺服电动机代替步进电动机作进给已经成为标准，部分高端产品开始采用永磁交流直线伺服系统。机器人领域中无刷永磁伺服系统得到大量应用。国际上工业机器人如安川、松下和 ABB 等采用的伺服系统属专用系统，多轴合一，模块化，特殊的散热结构，特殊的控制方式，对可靠性要求极高。

无轴传动是用多个单独的伺服电动机取代传统的机械传动链的传动方式，伺服驱动器之间依靠高速现场总线通信，通过软件保证各伺服轴对内部的虚拟数字电子轴保持严格同步。无轴（电子轴）传动技术已在卷筒纸印刷机、柔印机、上光机、烫金机及模切机等各类印刷设备中获得了广泛应用。

针对包装设备，一些国外公司已经设计开发了数字伺服和运动控制解决方案。采用数字伺服技术的电子齿轮和电子凸轮代替传统机械部件。此外，电梯曳引机采用永磁同步伺服电动机进行无齿轮直接驱动，取代变频异步驱动，具有更高控制准确度、动态特性、高效率以及低噪声等特点，已经成为国际和国内主要电梯厂的热点产品。

3）直流伺服控制系统。直流伺服控制系统是以直流电控制的伺服电动机作为执行元件的伺服控制系统。直流伺服电动机按励磁方式分为电磁式和永磁式。由于它具有宽调速、机械特性弱和响应速度快等特点，早期被广泛应用于数控机床等设备。但因其维护麻烦、机械换向困难、单机容量和转速等受到限制以及成本高等缺点使它被交流伺服控制系统所替代。

4）电液伺服控制系统。电液伺服控制系统是以电信号处理和控制液压系统实现伺服控制目的的控制系统。常见的有电液位置伺服系统、电液速度控制系统和电液力（或转矩）

控制系统。电液伺服控制系统的最大特点是功率-质量比大、力矩惯性比大、液压马达调速范围广、响应快、系统刚度大和控制精度高等，可方便地实现大功率直线伺服驱动的应用场合。广泛应用在冶金、机床、航天、军事装备、汽车、船舶、重型机械以及起重机械等工业领域。

（2）控制要求

伺服控制系统的主要性能是稳、快和准。要求如下。

1）稳定性。伺服控制系统的稳定性指动态过程的振荡倾向和系统重新恢复平衡工作状态的能力。即当作用在系统上的干扰消失以后，系统能够恢复到原来稳定状态的能力。或者当给系统一个新的输入指令后，系统达到新的稳定运行状态的能力。

2）动态特性。伺服控制系统的动态特性指输出量跟随输入指令变化的响应速度。响应速度与许多因素有关，如控制系统的计算机运行速度、运动系统的阻尼、质量和工作频率等。

3）稳态特性。伺服控制系统的稳态特性指系统的控制精度。例如，稳态时，实际位置与定位点的偏离程度。

**2. 西门子的伺服控制系统**

（1）西门子伺服电动机系列

西门子公司伺服电动机具有下列特点。

1）起动转矩大。它可使临界转差率大于1，这样不仅使转矩特性（机械特性）更接近于线性，而且具有较大的起动转矩。因此，起动快、灵敏度高。

2）运行范围较广。交流伺服电动机的输出功率一般是0.1~100 W。当电源频率为50 Hz，电压有36 V、110 V、220 V及380 V；当电源频率为400 Hz，电压有20 V、26 V、36 V及115 V等多种。

3）无自转现象。伺服电动机失去控制电压后，由于它处于单相运行状态，其转子电阻大，定子中两个相反方向旋转的旋转磁场与转子作用所产生的两个转矩特性以其合成转矩特性为零，因此，不会发生自转现象。

表8-58列出了西门子公司在伺服控制系统中常用伺服电动机的性能。

**表8-58　常用伺服电动机的性能**

<table>
<tr><th colspan="3" rowspan="2">类　型</th><th colspan="3">主 要 性 能</th><th rowspan="2">特　点</th><th rowspan="2">应用场合</th></tr>
<tr><th>轴高/mm</th><th>额定功率/kW</th><th>额定转矩/N·m</th></tr>
<tr><td rowspan="5">1FK7永磁同步电动机</td><td rowspan="2">紧凑型</td><td>3相</td><td>48、63、80、100</td><td>0.05~8.2</td><td>0.18~48</td><td rowspan="2">功率密度高，节省安装控件，用途广泛，型号齐全</td><td rowspan="5">应用场合包括机床、机器人和机器手、木材、玻璃、陶瓷和石器加工、包装、塑料和纺织机器及作为辅助轴。大惯量型适应于大惯量负荷</td></tr>
<tr><td>单相</td><td>20，28，36，48</td><td>0.05~0.8</td><td>0.08~2.6</td></tr>
<tr><td rowspan="2">高动态</td><td>3相</td><td>36，48，63，80</td><td>0.6~3.8</td><td>0.9~18</td><td rowspan="2">极低转子质量，极高动态响应</td></tr>
<tr><td>单相</td><td>36，48</td><td>0.4~0.9</td><td>1.2~3</td></tr>
<tr><td>大惯量</td><td>3相</td><td>48，63，80</td><td>0.9~3.1</td><td>1.5~15</td><td>极高运行平稳性</td></tr>
<tr><td rowspan="5">1FT7永磁同步电动机</td><td rowspan="3">紧凑型</td><td>自冷</td><td>36、48、63、80、100</td><td>0.85~10.5</td><td>1.4~50</td><td rowspan="5">很高的轴和法兰精度；较低转矩脉动；高动态性能；很强的过载能力；非常紧凑的设计；采用抗震性能高的编码器安装技术；替换操作简单；采用横向剖面技术，可快速安装；可旋转电缆插头；新法兰设计</td><td rowspan="5">高性能机床；对动态响应和精度有严格要求的机器，例如，包装机、薄膜牵引系统，印刷机及机器手等</td></tr>
<tr><td>强风</td><td>80，100</td><td>5~18.8</td><td>21~73</td></tr>
<tr><td>水冷</td><td>63、80、100</td><td>3.1~34.2</td><td>10~125</td></tr>
<tr><td rowspan="2">高动态</td><td>强风</td><td>63、80</td><td>3.8~10.8</td><td>11~33</td></tr>
<tr><td>水冷</td><td>63、80</td><td>5.7~16</td><td>16.5~46</td></tr>
</table>

（续）

| 类型 | | 主要性能 | | | 特点 | 应用场合 |
|---|---|---|---|---|---|---|
| | | 轴高/mm | 额定功率/kW | 额定转矩/N·m | | |
| 1PH8感应异步伺服电动机 | 强风三相480V/IP55 | 80，100，132，160，180，225，280，355 | 2.8~590 | 13~5904 | 高功率密度，结构紧凑，体积小；可控速度范围宽；采用同步或异步设计、强制风冷或水冷及机械结构设计的灵活性使电机具有高灵活性；长寿命轴承；高旋转精度；最大热负荷利用率覆盖全速度范围；低噪声；可与S120驱动系统配合实现优化控制 | 几乎运动控制的各个领域。例如，挤压机和挤出机的主轴，连续物料加工应用；造纸和印刷工业的旋转轴；起重机械等<br>应用场合的环境可根据保护等级确定<br>常用于作为主轴电机 |
| | 强风三相690 V/IP55 | 280，355 | 61~590 | 1184~5904 | | |
| | 强风三相480 V/IP23 | 180，225，280，355 | 24.5~1230 | 372~11619 | | |
| | 强风三相690 V/IP23 | 280，355 | 162~1100 | 1955~11634 | | |
| | 水冷三相480V/IP65 | 80，100，132，160 | 3.5~72 | 20~333 | | |
| | 水冷三相480V/IP55 | 180，225，280 | 17~403 | 336~2610 | | |
| 一体化力矩电动机 | 1FW3 水冷三相400 V | 150，200，280 | 3.1~380.1 | 100~7000 | 动态响应好，高移动速度；控制准确度高；安装方便；驱动部件无磨损 | 磨床；非圆加工；无重力补偿的Z轴运动；搬运和堆垛机械，激光设备，机器人等 |
| | 1FW3 水冷三相480 V | 150，200，280 | 3.5~401.6 | 100~7000 | | |
| 类型 | | 额定/最大推力/N | 最大速度/m/min* | 额定电流/A | 特点 | 应用场合 |
| 内置式力矩电动机 | 1FW6 水冷 | 179~2130/109~1030 | 8.7~330/78~650 | 5.6~41 | 传动链无弹性；无齿轮组件，无磨损；大转矩；紧凑设计，体积小；低惯量；可经法兰直接与设备连接 | 回转分度头；转台；回转轴；旋转轴；回转刀库；车床主轴；圆筒驱动；进给和搬运轴 |
| | 1FW6 水冷 | 716 ~2860/314~1750 | 29~330/60~610 | 16~120 | | |
| | 1FW6 水冷 | 990~3960/509~2570 | 14~250/38~450 | 17~120 | | |
| 直线直驱电动机 | 1FN3 水冷/间歇式 | 200~8100/490~20700 | 26~383/112~836 | 2.4~73.5 | 良好动态响应性能和高移动速度；高控制精度；驱动推力非接触传递，因此，驱动部件无磨损，避免机械弹性、弯曲、摩擦的影响和自激振荡，定位精度达纳米级 | 磨床；高动态和柔性加工机床和生产机械；非圆加工；激光设备；无重力补偿的Z轴应用；搬运、堆垛机器人等 |
| | 1FN3 水冷/连续式 | 150~10375/260~17610 | 70~170/129~307 | 2.8~56.7 | | |
| | 1FN6 自然冷却 | 66.3~3000/157~8080 | 32.4~572/93.9~1280 | 1.61~23.1 | | |
| | 1FN6 水冷 | 119~1430/157~1890 | 32.4~572/57.5~852 | 3.2~21 | | |

（2）轴参数设置

轴参数由p（表示是可调整的参数，即读/写参数）或r（显示参数，即只能读的参数）与参数号和索引或位数组（可选）组成。例如，p0918是可调整的参数。r0944是显示参数，r0945[2][3]是显示参数，驱动对象3的索引2，p0795.4是可调整参数795的第4位等。

可调整的参数是出厂时的参数值是工厂设置的，其后随的方括号内的值min和max是允许调整的范围。如果可调整的参数更改后影响其他参数，则用链接参数化。例如，执行宏的参数p0015，p0700，p1500；设置PROFIBUS报文的参数P0022；设置组件列表的参数p0230、p0300、p0301和p0400；自动计算和预赋值的参数p0112、p0340、p0578和p3000；恢复出厂设置的参数p0970等。

显示参数的min和max用连字符连接，出厂设置用方括号表示。例如，r[ ]。

西门子公司采用BICO技术。BI表示参数用于选择数字信号源，它也被称为DI；BO表示该参数可用于作为其他参数互连的数字信号，它也被称为DO；CI表示参数用于选择模拟字信号源，它也被称为 AI；CO 表示该参数可用于作为其他参数互连的模拟信号，它也被称为 AO；CO/BO 表示该参数可用于作为其他参数互连的数字或模拟信号。

参数列表为每个参数规定其关联的驱动对象和功能模块。例如，p1070 是主设定，仅用于带扩展设定通道功能模块的 SERVO 驱动对象关联；或与矢量 VECTOR 驱动对象关联，而与激活的功能模块无关。

一个参数可以只属于一个驱动对象和功能模块，也可以是多个或全部驱动对象和功能模块。

参数可以被更改，用“-”号表明该参数可以改变，而且，更改立即生效。信息“C1(x)，C2(x)，T，U”表示参数只能在规定的驱动单元状态下更改，直到单元状态切换到另一状态时才发生改变，这个状态可以是单一状态，也可以是多个状态。其中，(x)是可选项。

其中，C1 表示调试 1，即设备调试。当参数 p0009>0，即可对所有参数调试。C1(x)表示只在参数 p0009=x 时，才能够更改。在 p0009=0 设备调试退出前，更改后的数值不会生效。p0009 是 CU 控制单元特定的参数。

C2 表示调试 2，即驱动对象调试。当参数 p0009=0 及 p0010>0，才进行驱动对象的调试，即可对所有参数调试。C2(x)表示只在参数 p0010=x 时，才能够更改。在 p0010=0 驱动调试退出前，更改后的数值不会生效。p0010 是驱动特定的参数。单个驱动对象的操作状态在参数 r0002 显示。

T 表示准备运行。这时，状态 C1(x)，C2(x)未激活，脉冲未启动。

U 表示运行。即脉冲已使用。

一些参数可以自动受到另一些参数计算的影响。例如，p0340 自动计算的有关参数，p0340.0=1 影响参数 p2000..p2003 的引用值等；p0340.1=1 影响参数 p0350..p0354，p1475，p1570..p1572，p1700，p1830，p1831，p3998 的回路增益和自然频率等。

访问等级规定当显示和改变相应参数时参数的最低访问等级。在参数 p0003 设置该访问等级。访问等级分为：标准（Standard）、扩展（Extended）、专家（Expert）和服务（Service）四种。

参数具有数据类型。数据类型由参数的数据类型/被连接的信号源（仅对 BI/CI）的数据类型组成。参数可以具有的数据类型有：8 位整数 I8、16 位整数 I16、32 位整数 I32、无符号位 8 位整数 U8、无符号位 16 位整数 U16、无符号位 32 位整数 U32 和 32 位浮点数 Float。

根据信号 BICO 输入（信号接收）和 BICO 输出（信号源）参数的数据类型，可由表 8-59 所示的 BICO 互连时组合。

**表 8-59　BICO 参数数据类型的组合**

| BICO 输出参数 | | 模拟量输入参数 CI | | | 数字量输入参数 BI |
|---|---|---|---|---|---|
| | | U32/I16 | U32/I32 | U32/Float | U32/二进制 |
| CO | 无符号位 8 位整数 U8 | ● | ● | / | / |
| | 无符号位 16 位整数 U16 | ● | ● | / | / |
| | 16 位整数 I16 | ● | ● | r2050，r8850 | / |
| | 无符号位 32 位整数 U32 | ● | ● | / | / |
| | 32 位整数 I32 | ● | ● | r2060，r8860 | / |
| | 32 位浮点数 Float | ● | ● | ● | / |

（续）

| BICO 输出参数 | | 模拟量输入参数 CI | | | 数字量输入参数 BI |
|---|---|---|---|---|---|
| | | U32/I16 | U32/I32 | U32/Float | U32/二进制 |
| BO | 8 位整数 U8 | / | / | / | ● |
| | 无符号位 16 位整数 U16 | / | / | / | ● |
| | 16 位整数 I16 | / | / | / | ● |
| | 无符号位 32 位整数 U32 | / | / | / | ● |
| | 32 位整数 I32 | / | / | / | ● |
| | 32 位浮点数 Float | / | / | / | / |

注：●—允许 BICO 互连；/—不允许 BICO 互连；rxxxx：表示 BICO 互连只允许指定的参数 rxxxx

参数的单位在表示参数范围最小、最大和工厂设置后面的方括号描述。对单位可以选择的参数，单位组和单位选择用于确定该参数所属的单位组和单位可更改的单位参数。例如，单位组 7_1，单位选择参数 p0505 表示该参数属于单位组 7_1（扭矩），单位选择使用参数 p0505。其值为 1 表示 Nm，其值为 2 表示%，其值为 3 表示 lbf · ft 等。单位组和单位选择在参数 p0100、p0505、p0349 和 p0595 设置。p0505 值用于设置单位制，=1 表示用 SI 单位制，=3 表示用 US 单位制。

表 8-60 是 SINAMICS 驱动参数的参数编号和对应的功能说明。

**表 8-60　SINAMICS 驱动参数的参数编号和功能说明**

| 参 数 号 | 功 能 描 述 | 参 数 号 | 功 能 描 述 |
|---|---|---|---|
| 0000~0099 | 显示和操作 | 3820~3849 | 摩擦特性 |
| 0100~0199 | 试运行，试车 | 3850~3899 | 功能（例如，制动模块，长定子） |
| 0200~0299 | 电源，功率组件 | 3900~3999 | 管理功能（例如，快速调试，最终显示） |
| 0300~0399 | 电动机 | 4000~4599 | 终端板，终端模块（例如，TB30，TM31） |
| 0400~0499 | 编码器 | 4600~4699 | 传感器检测模块（例如，电动机温度传感器，模拟信号传感器） |
| 0500~0599 | 技术应用和单位，电动机特定数据，探针 | 4700~4799 | 跟踪 |
| 0600~0699 | 热检测，最大电流，工作实际，电动机数据，中心探针 | 4800~4849 | 信号（函数）发生器 |
| 0700~0799 | 控制单元端子，测量插座 | 4950~4999 | OA 应用（例如，TEC 工艺扩展） |
| 0800~0839 | CDS，DDS 数据集，电动机切换 | 5000~5169 | 主轴诊断 |
| 0840~0879 | 顺序控制（例如，ON/OFF1 信号源） | 5200~5230 | 信号滤波器 |
| 0880~0899 | ESR，停车，控制和状态字 | 5400~5499 | 系统下垂控制（例如，轴传动发电机） |
| 0900~0999 | PROFIBUS/PROFIdrive | 5500~5599 | 动态网格支持（太阳能） |
| 1000~1199 | 设定通道（例如，速度设定、斜坡信号发生器） | 5600~5614 | ProfiEnergy |
| 1200~1299 | 功能（例如，电动机制动器） | 5900~6999 | SINAMICS GM/SM/GL/SL |
| 1300~1399 | 电压/频率控制 | 7000~7499 | 动力单元的并联连接 |
| 1400~1799 | 闭环控制（例如，速度控制） | 7500~7599 | SINAMICS SM120 |
| 1800~1899 | 控制组，门控单元（例如，操纵变量滤波） | 7600~7689 | 外部信息 |
| 1900~1999 | 功率单元及电机设别 | 7770~7789 | 非易失性随机访问存储器 NVRAM，系统参数 |

（续）

| 参数号 | 功能描述 | 参数号 | 功能描述 |
| --- | --- | --- | --- |
| 2000~2009 | 引用值，参考 | 7800~7839 | 电可擦可编程只读存储器 EEPROM，读/写参数 |
| 2010~2099 | 通信（现场总线） | 7840~8399 | 内部系统参数 |
| 2100~2139 | 故障与报警 | 8400~8499 | 实时时钟（RTC） |
| 2140~2199 | 信号与监视 | 8500~8599 | 数据和宏管理 |
| 2200~2359 | 工艺控制器 | 8600~8799 | CAN 总线 |
| 2360~2399 | 分期，休眠 | 8800~8899 | 通信板 Ethernet（CBE），PROFIdrive |
| 2500~2699 | 位置控制（LR）和基本定位（EPOS） | 8900~8999 | 工业以太网，PROFInet，PROFIsafe，CBE2x |
| 2700~2719 | 引用值显示 | 9000~9299 | 拓扑结构 |
| 2720~2729 | 负载减速箱 | 9300~9399 | 安全集成运动 |
| 2800~2819 | 逻辑运算 | 9400~9499 | 参数一致性和存储 |
| 2900~2930 | 固定值（例如，百分比，扭矩） | 9500~9899 | 安全集成运动 |
| 3000~3099 | 电动机标识结果 | 9900~9949 | 拓扑结构 |
| 3100~3109 | 实时时钟（RTC） | 9950~9999 | 内部诊断 |
| 3110~3199 | 故障与报警 | 10000~10199 | 安全集成运动 |
| 3200~3299 | 信号与监视 | 11000~11299 | 用户的工艺控制器 0，1，2 |
| 3400~3659 | 进给闭环控制 | 20000~20999 | 用户的功能块 |
| 3660~3699 | 电压传感模块（VSM），制动模块内部 | 21000~26999 | 驱动控制图 DCC |
| 3700~3779 | 先进位置控制（APC） | 50000~53999 | SINAMICS DC MASTER（闭环 DC 电流控制） |
| 3780~3819 | 同步 | 61000~61001 | PROFINET |

（3）数据集

西门子公司为运动控制系统设置了 5 类数据集。它们是命令数据集 CDS、驱动数据集 DDS、编码器数据集 EDS、电动机数据集 MDS 和功率单元数据集 PDS。

具有写保护（WRITE Protection）和诀窍保护（Know-How Protection）的参数可分为三类。它们是具有“WRITE_NO_LOCK”功能的参数（即不受写保护影响的参数）、具有“KHP_WRITE_NO_LOCK”功能的参数（即不受诀窍保护影响的参数）和具有“KHP_ACTIVE_READ”功能的参数（即 激活诀窍保护就可读的参数）等。

例如，具有“WRITE_NO_LOCK”功能的参数有 p0972（驱动单元复位）、p0976（所有参数复位和加载）、p0977（存储所有参数）、p3981（驱动对象故障确认）及 p7761（写保护）等。具有“KHP_WRITE_NO_LOCK”功能的参数有 p0972（驱动单元复位）、p0976（所有参数复位和加载）和 p0977（存储所有参数）等。具有“KHP_ACTIVE_READ”功能的参数有 p0015（宏驱动对象）、p0140（编码器数据集的数量）、p0180（驱动数据集的数量）、p0505（单位选择）、p0100（单位组）、p2000（引用速度）、p2001（引用压力）、p2002（引用电流）、p2003（引用扭矩）、p2005（引用转角）、p2006（引用温度度）和 p2007（引用加速度）等。

表 8-61 列出了用于 SINAMICS S120/S150 命令数据集 CDS 的参数列表。表 8-62 列出了电动机数据集 MDS 的参数列表。其他三类数据集的参数列表可参见有关资料。

**表 8-61　用于 SINAMICS S120/S150 命令数据集 CDS 的参数列表**

| 参　数 | 缩　写 | 说　明 | 参　数 | 缩　写 | 说　明 |
|---|---|---|---|---|---|
| p0641[0..n] | I_lim scal s_src | CI：限流标度信号源 | p1478[0...n] | v_ctr integ_setVal | CI：速度控制器积分器的设定值 |
| p0700[0...n] | Macro BI | 宏数字量连接器输入 | p1479[0...n] | n_ctrl I_val scal | CI：速度控制器积分器的设定值标度 |
| p0820[0...n] | DDS select，位 0～ | BI：驱动数据集 DDS 的第 0 位到第 4 位 | p1486[0...n] | Droop M_comp | CI：下垂补偿扭矩 |
| p0824[0...n] | DDS select，位 4 | | p1492[0...n] | Droop enable | BI：下垂反馈使能 |
| p0828[0...n] | Mot_chng fdbk sig | BI：电动机换向反馈信号 | p1495[0...n] | a_prectrl | CI：加速度预控制 |
| p0840[0...n] | ON/OFF（OFF1） | BI：ON/OFF（OFF1） | p1497[0...n] | M_inert scal s_src | CI：惯量标度信号源 |
| p0844[0...n] | OFF2 S_src 1 | BI：无滑行/滑行（OFF2）信号源 1 | p1497[0...n] | Mass scal s_src | CI：质量标度信号源 |
| p0845[0...n] | OFF2 S_src 2 | BI：无滑行/滑行（OFF2）信号源 2 | p1500[0...n] | Macro CI M/F_set | 用于转矩/力设定值的宏连接器输入 CI |
| p0848[0...n] | OFF3 S_src 1 | 无快速停止/快速停止（OFF3）信号源 1 | p1501[0...n] | Changeov n/M/F_ctrl | BI：变速扭矩/力控制 |
| p0849[0...n] | OFF3 S_src 2 | 无快速停止/快速停止（OFF3）信号源 2 | p1502[0...n] | J_estim freeze | BI：冻结惯性矩估计器 |
| p0852[0...n] | Enable operation | BI：使能/禁止操作 | p1503[0...n] | M_set | CI：扭矩设定值 |
| p0854[0...n] | Master ctrl by PLC | BI：PLC 控制/PLC 不控制 | p1511[0...n] | F_set | CI：力设定值 |
| p0855[0...n] | Uncond open brake | BI：无条件打开制动闸 | p1511[0...n] | M/F _suppl 1 | CI：辅助扭矩/力 1 |
| p0856[0...n] | n/v_ctrl enable | BI：启用速度（speed/velocity）控制器 | p1512[0...n] | F_set scal | CI：力的设定值标度 |
| p0858[0...n] | Uncond close brake | BI：无条件关闭制动闸 | p1512[0...n] | M/F _suppl 1 scal | CI：辅助扭矩/力 1 的标度 |
| p1000[0...n] | Macro CI n/v_set | 宏 CI：速度设定的宏连接器输入 | p1513[0...n] | M/F _suppl 2 | CI：辅助扭矩/力 2 |
| p1020[0...n] | n/v_set_fixed Bit 0～ | BI：固定速度设定点选择的第 0 位 | p1522[0...n] | M/F_max upper/mot | CI：扭矩/力上限/监视器 |
| p1023[0...n] | n/v_set_fixed Bit 3 | 到固定速度设定点选择的第 3 位 | p1522[0...n] | M_max upper | CI：扭矩上限 |
| p1035[0...n] | Mop raise | BI：电动机电位器设定点升 | p1523[0...n] | M/F _max lower/regen | CI：扭矩/力下限/再生 |
| p1036[0...n] | Mop lower | BI：电动机电位器设定点降 | p1528[0...n] | M/F _ max up/mot scal | CI：扭矩/力上限/监视器标度 |
| p1039[0...n] | MotP inv | BI：电动机电位器反向 | p1529[0...n] | M/F _ max low/gen scal | CI：扭矩/力下限/发生器标度 |
| p1041[0...n] | Mop manual/auto | BI：电动机电位器手动/自动 | p1540[0...n] | M_max n-ctr upScal | CI：扭矩限速度控制器上标度 |
| p1042[0...n] | Mop auto setpoint | CI：电动机电位器自动时设定值 | p1541[0...n] | M_max nctr lowScal | CI：扭矩限速度控制器下标度 |
| p1043[0...n] | MotP acc set val | BI：电动机电位器接收设定值 | p1542[0...n] | TfS M/F_red | CI：到固定停止扭矩/力减少的运动 |
| p1044[0...n] | Mop set val | CI：电动机电位器设定值 | p1545[0...n] | TfS activation | BI：到固定停止的运动激活 |
| p1051[0...n] | n/v_limit RFG pos | CI：RFG 正向速度限 | p1550[0...n] | Accept act torque/force | BI：实际扭矩/力作为扭矩/力的偏移量 |

（续）

| 参　数 | 缩　写 | 说　明 | 参　数 | 缩　写 | 说　明 |
|---|---|---|---|---|---|
| p1052[0...n] | n/v_limit RFG neg | CI：RFG 负向速度限 | p1551[0...n] | M/F_lim var/fixS_src | BI：扭矩/力限制变量/固定信号源 |
| p1055[0...n] | Jog bit 0 | BI：点动第 0 位 | p1552[0...n] | M/F _max up w/o offs | CI：无偏移量扭矩/力上限标度 |
| p1056[0...n] | Jog bit 1 | BI：点动第 1 位 | p1554[0...n] | M/F _max low w/o offs | CI：无偏移量扭矩/力的下限 |
| p1070[0...n] | Main setpoint | CI：主设定值 | p1555[0...n] | P_max | CI：功率限制值 |
| p1071[0...n] | Main setp scal | CI：主设定值标度 | p1569[0...n] | M/F_suppl 3 | CI：辅助扭矩/力 3 |
| p1075[0...n] | Suppl setp | CI：补充设定值 | p1571[0...n] | Suppl flux setp | CI：辅助通量设定值 |
| p1076[0...n] | Suppl setp scal | CI：补充设定值标度 | p1640[0...n] | I_exc_ActVal S_src | CI：励磁电流实际值信号源 |
| p1085[0...n] | n/v_limit pos | CI：正向速度限值 | p2103[0...n] | 1st acknowledge | BI：第一次确认 |
| p1088[0...n] | n/v_limit neg | CI：负向速度限值 | p2105[0...n] | 3rd acknowledge | BI：第三次确认 |
| p1098[0...n] | n/v_skip scal | CI：跳速标度 | p2106[0...n] | External fault 1 | BI：外部故障 1 |
| p1106[0...n] | n/v_min s_src | CI：最小速度信号源 | p2108[0...n] | External fault 3 | BI：外部故障 3 |
| p1110[0...n] | Inhib neg dir | BI：禁止负向 | p2112[0...n] | External alarm 1 | BI：外部报警 1 |
| p1111[0...n] | Inhib pos dir | BI：禁止正向 | p2116[0...n] | External alarm 2 | BI：外部报警 2 |
| p1113[0...n] | Setp inv | BI：设定反相 | p2117[0...n] | External alarm 3 | BI：外部报警 3 |
| p1122[0...n] | Bypass RFG | BI：旁路斜坡函数发生器（RFG） | p2144[0...n] | Mot stall enab neg | BI：电动机失速监视启用（未通过） |
| p1138[0...n] | RFG t_RU scal | CI：斜坡函数发生器斜坡爬升时间标度 | p2148[0...n] | RFG active | BI：斜坡信号发生器激活 |
| p1139[0...n] | RFG t_RD scal | CI：斜坡函数发生器斜坡下降时间标度 | p2151[0...n] | n/v_set for msg | CI：消息/信号的速度设定值 |
| p1140[0...n] | Enable RFG | BI：启动/禁止斜坡函数发生器 | p2154[0...n] | n/v _set 2 | CI：速度设定值 |
| p1141[0...n] | Continue RFG | BI：继续斜坡函数发生器 | p2200[0...n] | Tec_ctrl enable | BI：工艺控制器启动 |
| p1142[0...n] | Setpoint enable | BI：启动/禁止设定点 | p2220[0...n] | Tec_ctrl sel bit 0 | BI：工艺控制器固定值选择第 0 位到第 3 位 |
| p1143[0...n] | RFG accept set v | BI：斜坡函数发生器接收设定设定值 | p2223[0...n] | Tec_ctrl sel bit | |
| p1144[0...n] | RFG setting value | CI：斜坡函数发生器设定值 | p2235[0...n] | Tec_ctrl mop raise | BI：工艺控制器电动机电位器升设定值 |
| p1155[0...n] | n/v _ctrl n_set 1 | CI：速度控制器速度设定值 1 | p2236[0...n] | Tec_ctrl mop lower | BI：工艺控制器电动机电位器降设定值 |
| p1160[0...n] | n/v _ctrl n_set 2 | CI：速度控制器速度设定值 2 | p2253[0...n] | Tec_ctrl setp 1 | CI：工艺控制器设定值 1 |
| p1201[0...n] | x_off valid | CI：位置偏移量/绝对有效 | p2254[0...n] | Tec_ctrl setp 2 | CI：工艺控制器设定值 2 |
| p1201[0...n] | Fly_res enab S_src | BI：飞剪重启的启动信号源 | p2264[0...n] | Tec_ctrl act val | CI：工艺控制器实际值 |
| p1230[0...n] | ASC/DCBRK act | BI：电枢短路/直流制动激活 | p2286[0...n] | Tec_ctr integ hold | BI：工艺控制器积分器保持 |

（续）

| 参　　数 | 缩　　写 | 说　　明 | 参　　数 | 缩　　写 | 说　　明 |
| --- | --- | --- | --- | --- | --- |
| p1235[0...n] | ASC ext feedback | BI：外部电枢短路反馈信号 | p2289[0...n] | Tec_ctr prectr_sig | CI：工艺控制器预控制信号 |
| p1330[0...n] | Uf U_set independ | CI：U/f 控制的独立电压设定值 | p2296[0...n] | Tec_ctrl outp scal | CI：工艺控制器输出标度 |
| p1356[0...n] | Uf ang setpoint | CI：U/f 控制的角度设定值 | p2297[0...n] | Tec_ctrMaxLimS_src | CI：工艺控制器最小限值信号源 |
| p1430[0...n] | n/v_prectrl | CI：速度预控制 | p2298[0...n] | Tec_ctrl min_l s_s | CI：工艺控制器最小限值信号源 |
| p1437[0...n] | n_ctrRefMod I_comp | CI：速度控制器参考模型 I 组件输入 | p2299[0...n] | Tech_ctrl lim offs | CI：工艺控制器偏移的限制值 |
| p1440[0...n] | n_ctrl n_act | CI：速度控制器实际速度值输入 | p3111[0...n] | Ext fault 3 enab | BI：外部故障 3 启动 |
| p1455[0...n] | n/v _ctr adapt_sig Kp | CI：速度控制器增益自适应信号 | p3112[0...n] | Ext flt 3 enab neg | BI：外部故障 3 启动否定 |
| p1466[0...n] | n/v _ctrl Kp scal | CI：速度控制器增益标度 | p3240[0...n] | I2t in_value s_src | CI：I2t 输入值的信号源 |
| p1475[0...n] | n_ctrl M_sv MHB | CI：速度控制器电机制动扭矩设定值 | p3749[0...n] | APC v_act ext inp | CI：APC 速度实际值的外部输入 |
| p1476[0...n] | n/v_ctrl integ stop | BI：速度控制器保持积分器 | p3750[0...n] | APC accel input | CI：APC 加速度传感器输入 |
| p1477[0...n] | n/v_ctrl integ set | BI：速度控制器设定的积分值 | p3802[0...n] | Sync enable | BI：同步线驱动器启动 |

**表 8-62　用于 SINAMICS S120/S150 电动机数据集 MDS 的参数列表**

| 参　　数 | 缩　　写 | 说　　明 | 参　　数 | 缩　　写 | 说　　明 |
| --- | --- | --- | --- | --- | --- |
| p0131[0...n] | Mot comp_no | 电动机组件号 | p0542[0...n] | Load grbx n_max | 加载变速箱最大速度 |
| p0133[0...n] | Motor config | 电动机组态 | p0544[0...n] | Load grbx ratio N | 加载变速箱总速比分子 |
| p0300[0...n] | Mot type sel | 电动机类型选择 | p0545[0...n] | Load grbx ratio D | 加载变速箱总速比分母 |
| r0302[0...n] | Mot code mot w/DQ | 带 DRIVE-CLiQ 电动机的电动机代码号 | p0546[0...n] | Load grbx dir inv | 加载变速箱旋转翻转方向 |
| r0303[0...n] | Motor w DQ ZSW | 带 DRIVE-CLiQ 状态字的电动机 | p0547[0...n] | Load gbx M_inertia | 加载变速箱惯性矩 |
| p0304[0...n] | Mot U_rated | 电动机额定电压 | p0550[0...n] | Brake version | 制动类型 |
| p0305[0...n] | Mot I_rated | 电动机额定电流 | p0551[0...n] | Brake code no | 制动代码号 |
| p0306[0...n] | Motor qty | 并行连接电动机的个数 | p0552[0...n] | Brake n_max | 最大制动速度 |
| p0307[0...n] | Mot P_rated | 电动机额定功率 | p0553[0...n] | Brake M_hold | 制动保持扭矩 |
| p0308[0...n] | Mot cos phi rated | 电动机额定功率因数 | p0554[0...n] | Brake M_inertia | 制动惯性矩 |
| p0309[0...n] | Mot eta_rated | 电动机额定效率 | p0600[0...n] | Mot temp_sensor | 电动机温度传感器监视 |
| p0310[0...n] | Cyl piston diam | 气缸活塞直径 | p0601[0...n] | Mot_temp_sens type | 电动机温度传感器类型 |

（续）

| 参　　数 | 缩　　写 | 说　　明 | 参　　数 | 缩　　写 | 说　　明 |
|---|---|---|---|---|---|
| p0310[0...n] | Mot f_rated | 电动机额定频率 | p0604[0...n] | Mod 2：sens A_thr | 电动机温度模式 2：传感器报警阈值 |
| p0311[0...n] | Cyl PistRodDiam A | 气缸 A 侧活塞杆直径 | p0605[0...n] | Mod 1/2 sens thr_T | 电动机温度模式 1/2：传感器阈值和温度值 |
| p0311[0...n] | Mot n/v_rated | 电动机额定速度 | p0606[0...n] | Mod 2：sens timer | 电动机温度模式 2：传感器定时器 |
| p0312[0...n] | Cyl rod diam B | 气缸 B 侧活塞杆直径 | p0607[0...n] | Sensor fault time | 温度传感器故障定时器 |
| p0312[0...n] | Mot M/F_rated | 电动机额定扭矩/力 | p0610[0...n] | Mot temp response | 电动机过温响应 |
| p0313[0...n] | Cyl pist stroke | 气缸活塞行程 | p0611[0...n] | I2t mot_mod T | I2t 电动机模型热时间常数 |
| r0313[0...n] | Mot PolePairNo act | 电动机极对数（实际或计算） | p0612[0...n] | Mot_temp_mod act | 电动机温度模式激活 |
| p0314[0...n] | Cyl_dead vol A | 气缸 A 侧死溶积 | p0613[0...n] | Mod 1/3 amb_temp | 电动机温度模式 1/3 温度环境温度 |
| p0314[0...n] | Mot pole pair No. x | 电动机极对数 | p0614[0...n] | Therm R_adapt red | 热电阻适应性降低因子 |
| p0315[0...n] | Cyl_dead vol B | 气缸 B 侧死溶积 | p0615[0...n] | I2t F thresh | 电动机温度模式 1（I2t）故障阈值 |
| p0315[0...n] | MotPolePair width | 电动机极对数宽度 | p0616[0...n] | Mot temp alarm 1 | 电动机过温报警阈值 1 |
| p0316[0...n] | Mot kT | 电动机扭矩/力常数 | p0617[0...n] | Stat therm iron | 定子热相关铁元件 |
| p0317[0...n] | Mot kE | 电动机电压常数 | p0618[0...n] | Stat therm copper | 定子热相关铜元件 |
| p0318[0...n] | Mot I_standstill | 电动机失速电流 | p0619[0...n] | Rotor therm weight | 转子热相关重量 |
| p0319[0...n] | Mot M/F_standstill | 电动机失速扭矩/力 | p0620[0...n] | Mot therm_adapt R | 热适应，定子和转子电阻 |
| p0320[0...n] | Mot I_mag_rated | 电动机额定励磁电流/短路电流 | p0621[0...n] | Rst_ident Restart | 再启动后定子电阻的识别 |
| p0322[0...n] | Mot n/v_max | 电动机最大转速 | p0622[0...n] | t_excit Rs_id | 再次切入后电阻识别的电动机励磁时间 |
| p0323[0...n] | Mot I_max | 最大电机电流 | p0624[0...n] | Mot T_offset PT100 | 电动机温度偏移 pt100 |
| p0324[0...n] | Winding n/v_max | 绕组最大速度 | p0625[0...n] | Mot T_ambient | 调试期间电动机的环境温度 |
| p0325[0...n] | Mot PolID I 1st ph | 电动机磁极位置第一组识别电流 | p0626[0...n] | Mot T_over core | 电动机过温，定子铁芯 |
| p0326[0...n] | Mot M/F_stall_corr | 电动机失速扭矩/力校正系数 | p0627[0...n] | Mot T_over stator | 电动机过温，定子绕组 |
| p0327[0...n] | Mot phi_load opt | 最佳电机负载角 | p0628[0...n] | Mot T_over rotor | 电动机过温，转子 |
| p0328[0...n] | Mot kT_reluctance | 磁阻电机扭矩/力常数 | p0629[0...n] | R_stator ref | 定子参考电阻 |
| p0329[0...n] | Mot PolID current | 电动机磁极位置标识电流 | r0630[0...n] | Mod T_ambient | 电动机温度模式，环境温度 |
| r0330[0...n] | Mot slip_rated | 额定电动机打滑 | r0631[0...n] | Mod T_stator | 电动机温度模式，定子铁芯温度 |

（续）

| 参　数 | 缩　写 | 说　明 | 参　数 | 缩　写 | 说　明 |
|---|---|---|---|---|---|
| r0331[0...n] | Mot I_mag_rtd act | 实际电动机磁化电流/短路电流 | r0632[0...n] | Mod T_winding | 电动机温度模式，定子绕组温度 |
| r0332[0...n] | Mot cos phi rated | 额定电动机功率因数 | r0633[0...n] | Mod rotor temp | 电动机温度模式，转子温度 |
| r0333[0...n] | Mot M_rated | 额定电动机扭矩 | p0634[0...n] | PSIQ KPSI UNSAT | 非饱和 Q 通量的通量常数 |
| r0334[0...n] | Mot kT act | 实际电动机扭矩/力常数 | p0635[0...n] | PSIQ KIQ UNSAT | 非饱和 Q 通量的正交轴电流常数 |
| p0335[0...n] | Mot cool type | 电动机冷却方式 | p0636[0...n] | PSIQ KID UNSAT | 非饱和 Q 通量的直接轴电流常数 |
| r0336[0...n] | Mot f_rated act | 实际额定电动机频率 | p0637[0...n] | PSIQ Grad SAT | 饱和 Q 通量的通量梯度 |
| r0337[0...n] | Mot EMF_rated | 额定电动机 EMF | p0643[0...n] | Overvolt_protect | 同步登记的过压保护 |
| p0338[0...n] | Mot I_limit | 电动机限制电流 | p0645[0...n] | Mot kT char kT1 | 电动机 KT 特征 KT1，3，5 |
| r0339[0...n] | Mot U_rated | 电动机额定电压 | p0648[0...n] | Mot kT char Kt7 | 电动机 KT 特征 KT7 |
| p0341[0...n] | Cyl weight | 气缸重量 | p0650[0...n] | Mot t_oper act | 实际电动机工作时数 |
| p0341[0...n] | Mot M_mom of inert | 电动机转动惯量 | p0651[0...n] | Mot t_op maint | 电动机维护期间工作时数 |
| p0341[0...n] | Mot weight | 电动机重量 | p0652[0...n] | Mot R_stator scal | 电动机定子电阻标度 |
| p0342[0...n] | Mot MomInert Ratio | 总转动惯量与电动机转动惯量之比 | p0653[0...n] | Mot L_S_leak scal | 电动机定子漏电感标度 |
| p0343[0...n] | Valve/cyl config | 气阀/气缸组态 | p0655[0...n] | Mot L_m d sat scal | 电动机 d 轴饱和磁化电感标度 |
| p0343[0...n] | Mot I_rated ident | 额定电动机标识电流 | p0656[0...n] | Mot L_m q sat scal | 电动机 q 轴饱和磁化电感标度 |
| p0344[0...n] | Cyl mount pos A | 气缸安装位 A 侧 | p0657[0...n] | Mot L_damp d scal | 电动机 d 轴阻尼电感标度 |
| p0344[0...n] | Mot weight th mod | 电动机重量（用于热电动机模型） | p0658[0...n] | Mot L_damp q scal | 电动机 q 轴阻尼电感标度 |
| r0345[0...n] | Mot t_start_rated | 公称电动机起动时间 | p0659[0...n] | Mot R_damp d scal | 电动机 d 轴阻尼电阻标度 |
| p0346[0...n] | Line length A | 线长度 A 侧 | p0660[0...n] | Mot R_damp q scal | 电动机 q 轴阻尼电阻标度 |
| p0346[0...n] | Mot t_excitation | 电动机励磁建立时间 | p0690[0...n] | BLE I_rated | 无刷励磁额定电流 |
| p0347[0...n] | Line length B | 线长度 B 侧 | p0693[0...n] | BLE L_d sat | 无刷 d 轴饱和励磁电感 |
| p0347[0...n] | Mot t_de-excitat | 电动机灭磁时间 | p0696[0...n] | BLE ratio | 无刷励磁比 |
| p0348[0...n] | Line_inner diam | 线内径 | p0697[0...n] | BLE PolePairNo | 无刷励磁极对数 |
| p0348[0...n] | n/v_strt field weak | 600VDC 磁场开始减弱速度 | p0698[0...n] | BLE exc_resist | 无刷励磁的励磁电阻 |
| p0350[0...n] | Mot R_stator cold | 电动机定子冷却电阻 | p0826[0...n] | Mot_chng mot No. | 电动机转换电机号 |
| p0352[0...n] | R_cable | 电缆电阻 | p0827[0...n] | Mot_chg ZSW bitNo | 电动机转换状态字的位号 |

（续）

| 参　　数 | 缩　　写 | 说　　明 | 参　　数 | 缩　　写 | 说　　明 |
|---|---|---|---|---|---|
| p0353[0...n] | Mot L_series | 电动机串联电感 | p1231[0...n] | ASC/DCBRK config | 电枢短路电流/直流制动组态 |
| p0354[0...n] | Mot R_r cold/R_D d | 电动机转子冷却电阻/d轴阻尼电阻 | p1232[0...n] | DCBRK I_brake | 直流制动的制动电流 |
| p0355[0...n] | Mot R_damp q | 电动机q轴阻尼电阻 | p1233[0...n] | DCBRK time | 直流制动时间 |
| p0356[0...n] | Mot L_stator leak | 电动机定子漏电感 | p1234[0...n] | DCBRK n/v_start | 直流制动开始速度 |
| p0357[0...n] | Mot L_stator d | 电动机定子d轴阻尼电阻 | p1236[0...n] | ASC ext t_monit | 扩展电枢短路电流接触器反馈信号监视时间 |
| p0358[0...n] | Mot L_r leak / LDd | 电动机转子漏电感/d轴阻尼电感 | p1237[0...n] | ASC ext t_wait | 操作时扩展电枢短路电流延时时间 |
| p0359[0...n] | Mot L_damp q | 电动机q轴阻尼电感 | p1710[0...n] | Id_adapt pt Kp | 电流控制器自适应在线轴起动点增益 |
| p0360[0...n] | Mot Lh/Lh d sat | 电动机磁化电感/d轴饱和磁感应强度 | p1711[0...n] | Id_adap pt Kp adap | 电流控制器自适应在线轴起动点增益已自适应 |
| p0361[0...n] | Mot L_magn q sat | 电动机q轴饱和磁化电感 | p1712[0...n] | Id_adapt Kp adapt | 电流控制器自适应在线轴起动点增益自适应 |
| p0362[0...n] | Mot saturat. flux 1 | 电动机饱和特征通量1 | p1909[0...n] | MotID STW | 电动机数据标识控制字 |
| p0365[0...n] | Mot saturat. flux 4 | 电动机饱和特征通量4 | p1958[0...n] | Rot meas t_r up/dn | 旋转测量爬升/下降时间 |
| p0366[0...n] | Mot sat. I_mag 1 | 电动机饱和特征励磁电流1 | p1958[0...n] | Mov meas t_r up/dn | 移动测量爬升/下降时间 |
| p0369[0...n] | Mot sat. I_mag 4 | 电动机饱和特征励磁电流4 | p1959[0...n] | Rot meas config | 旋转测量组态 |
| r0370[0...n] | Mot R_stator cold | 电动机定子冷却电阻 | p1959[0...n] | Mov meas config | 移动测量组态 |
| r0372[0...n] | PU cable R tot | 总功率单元电缆电阻 | p1980[0...n] | PolID technique | PolID技术 |
| r0373[0...n] | Mot R_stator rated | 电动机额定定子电阻 | p1981[0...n] | PolID distance max | PolID最大距离 |
| r0374[0...n] | Mot R_r cold/R_D d | 电动机转子冷却电阻/d轴阻尼电阻 | p1982[0...n] | PolID selection | PolID选择 |
| r0375[0...n] | Mot R_damp q | 电动机q轴阻尼电阻 | p1991[0...n] | Ang_com corr | 电动机转换角转换校正 |
| r0376[0...n] | Mot rated R_rotor | 电动机转子额定电阻 | p1993[0...n] | PolID I mot_bas | PolID基于运动的电流 |
| r0377[0...n] | Mot L_leak total | 电动机总漏电感 | p1994[0...n] | PolID T mot_bas | PolID基于运动的上升时间 |
| r0378[0...n] | Mot L_stator d | 电动机定子d轴电感 | p1995[0...n] | PolID kp mot_bas | PolID基于运动的增益 |
| r0380[0...n] | Mot L_damp d | 电动机d轴阻尼电感 | p1996[0...n] | PolID Tn mot_bas | PolID基于运动的积分时间 |
| r0381[0...n] | Mot L_damp q | 电动机q轴阻尼电感 | p1997[0...n] | PolID t_sm mot_bas | PolID基于运动的的平滑时间 |
| r0382[0...n] | Mot L_m tr/Lhd sat | 电动机转换磁化电感/Lh d轴饱和 | p1999[0...n] | Com_ang_offs scal | 角转换偏移校验和PolID标度 |
| r0383[0...n] | Mot L_magn q sat | 电动机磁化q轴饱和电感 | p3049[0...n] | ident | 磁场削弱标识的开始电机标识号速度 |

（续）

| 参　数 | 缩　写 | 说　明 | 参　数 | 缩　写 | 说　明 |
|---|---|---|---|---|---|
| r0384[0...n] | Mot T_rotor/T_Dd | 电动机转子时间常数/d轴阻尼时间常数 | p3049[0...n] | v_Fieldweak ident | 磁场削弱标识的开始电机标识号速度 |
| r0385[0...n] | Mot L_damping q | 电动机q轴阻尼时间常数 | p3050[0...n] | R_stator ident | 电动机标识号定子电阻标识 |
| r0386[0...n] | Mot T_stator leak | 电动机定子漏时间常数 | p3054[0...n] | R_rotor ident | 电动机标识号转子电阻标识 |
| r0387[0...n] | Mot T_Sleak /T_Sq | 电动机q轴漏时间常数 | p3056[0...n] | L_stator leak | 电动机标识号定子漏电感标识 |
| p0388[0...n] | Mot M_stallCorrNew | P1402.61时电动机失速校正系数 | p3058[0...n] | L_rotor leak | 电动机标识号转子漏电感标识 |
| p0389[0...n] | Exc I_noload_rated | 励磁额定空载电流 | p3060[0...n] | MotId Lh ident | 电动机标识号磁化电感标识 |
| p0390[0...n] | Exc I_rated | 额定励磁电流 | p3090[0...n] | PolID el config | PolID基于弹性的组态 |
| p0391[0...n] | I_adapt pt Kp | 电流控制器自适应起动点Kp | p3091[0...n] | PolID el t_ramp | PolID基于弹性的爬升时间 |
| p0392[0...n] | I_adapt pt Kp adap | 电流控制器自适应起动点自适应Kp | p3092[0...n] | PolID el t_wait | PolID基于弹性的等待时间 |
| p0393[0...n] | I_adapt Kp adapt | 电流控制器自适应P增益自适应 | p3093[0...n] | PolID el meas | PolID基于弹性的测量号 |
| p0393[0...n] | I_adapt Kp scal | 电流控制器自适应P增益标度 | p3094[0...n] | PolID el defl exp | PolID基于弹性的预期偏离 |
| r0395[0...n] | R_stator act | 实际定子电阻 | p3095[0...n] | PolID el defl exp | PolID基于弹性的允许偏离 |
| r0396[0...n] | R_rotor act | 实际转子电阻 | p3096[0...n] | PolID el curr | PolID基于弹性的电流 |
| p0397[0...n] | Magn decpl max_ang | 角磁解耦最大角 | p4610[0...n] | Temp sens1 typ MDS | 电动机温度传感器1传感器类型MDS |
| p0398[0...n] | Magn decoupl C1 | 角磁解耦（交互饱和）系数1 | p4613[0...n] | Temp sens4 typ MDS | 电动机温度传感器4传感器类型MDS |
| p0399[0...n] | Magn decoupl C3 | 角磁解耦（交互饱和）系数3 | p5350[0...n] | Standst boost_fact | 停止时电动机温度模式1/3升高系数 |
| p0530[0...n] | Bearing vers sel | 轴承选择 | p5390[0...n] | A thresh | 电动机温度模式1/3报警阈值 |
| p0531[0...n] | Bearing codeNo sel | 轴承代码号选择 | p5391[0...n] | F thresh | 电动机温度模式1/3故障阈值 |
| p0532[0...n] | Bearing n/v_max | 轴承最大速度 | r5398[0...n] | A thr image p5390 | 电动机温度模式3报警阈值图像p5390 |
| p0541[0...n] | Load grbx CodeNo | 加载变速箱代码号 | r5399[0...n] | F thr image p5391 | 电动机温度模式3报警阈值图像p5391 |
| p0543[0...n] | Load grbx M_max | 加载变速箱最大扭矩 | | | |

用户可方便地键入有关参数读取或输入需更新的数值。为方便用户的应用，一些操作画面也提供了下拉式菜单，由用户选出所需参数，并提供对应的数值。

（4）功能图

功能图用于描述参数功能的结构和它与其他参数之间的关系。例如，输入信号和输出信号之间的关系，输入信号、输出信号与功能图之间的关系等。表 8-63 列出部分功能图符号。

**表 8-63　部分功能图符号**

| 符　号 | | 说　明 |
|---|---|---|
| 监视参数 | 参数名称[单位] | 使用索引［x］监视该参数，x 可以是索引号或索引的范围 |
| 设置参数 | 参数名称[单位] | 设置参数，如果参数多次出现，则指定图表引用。x 可以是索引号或索引的范围 |
| 模拟输入信号连接器 | [aaaa.b]<br>参数名<br>pxxxx<br>(xxxx) | xxxx 表示连接输入 CI，xxxx[y]表示连接输入 CI 带索引 y<br>xxxx[y..z]表示连接输入 CI 带索引范围从 y 到 z<br>（xxxx）表示连接到 xxxx，CI 表示模拟量<br>［aaaa.b］表示引用参数关系图，aaaa 是功能图号，b 是信号路径 |
| 模拟输出信号连接器 | [aaaa.b]<br>参数名[单位]<br>rxxxx[y] | CO 表示模拟量输出，rxxxx[y] 表示连接器输出 CO[单位] 和索引 y。rxxxx[y..z] 表示连接器输出 CO［单位］和索引范围 y 到 z<br>［aaaa.b］表示引用参数关系图，aaaa 是功能图号，b 是信号路径<br>［y..z］表示索引范围 y 到 z |
| 开关输入信号连接器 | 参数名<br>pxxxx<br>(Def) | pxxxx 表示数字输入连接器 BI 带工厂设置(Def)。<br>pxxxx[y]表示数字输入连接器 BI 带索引和工厂设置（Def)。<br>pxxxx[y..z]表示数字输入连接器 BI 带索引范围和工厂设置（Def)<br>Def. w 表示以位号作为前缀的工厂设置 |
| 开关输出信号连接器 | 参数名<br>(rxxxx) | BO 表示数字连接器输出。<br>rxxxx[y]表示连接器输出 BO 和索引 y。rxxxx 表示连接器输出 BO |
| 数据集 | pxxxx(C) | C：命令数据集 CDS；D：驱动数据集 DDS；E：编码器数据集 EDS；M：电动机数据集 MDS；P：功率单元数据集 PDS； |
| 采样时间 | pxxxx[y](zzz.zzμs)<br>p0115[y](DO) | 设置参数从工厂设置值到被选择的时间片<br>时间片的设置取决于驱动对象 DO 的预设置 p0112.[y]规定应用的索引 |
| 连接器 | 参数名<br>rxxxx<br>rxxxx | 模拟连接器/数字连接器输出 CO/BO |
| 交互引用 | pxxxx<br>[aaaa.b] | pxxxx：信号原始参数<br>aaaa：信号源来自源图 aaaa<br>b：信号来自信号路径 b |
| 逻辑运算 | &<br>≥1<br>1<br>=1 | 与逻辑运算（AND)<br>或逻辑运算（OR)<br>非逻辑运算（NOT)<br>异或逻辑运算（XOR) |
| 绝对值 | x　y | 输出是输入的绝对值 |
| 乘法器 | $x_1$　$x_2$　×　y | 输出是两个输入的乘积 |
| 除法器 | $x_1$　$x_2$　÷　y | 输出是两个输入相除的结果 |

（续）

| 符　　号 | | 说　　明 |
|---|---|---|
| 比较器 | x >0 y | 比较器符号中可选用=，<0 或>0 作为比较条件<br>输出根据比较条件，如果条件满足则输出为 1，反之，为 0 |
| 微分器 | x dx/dt y | 输出是输入对时间的微分 |
| 监视器 | monitoring | 监视器 |
| RS<br>触发器 | R $\overline{Q}$ S Q | R 端为 1，则复位，S 端为 1，则置位，同时为 1，则复位优先<br>R 是复位输入，S 是置位输入，Q 是输出，$\overline{Q}$是反相输出。 |
| 阈值开关 1/0 | x 1 0 y | 随 x 增加，y 从 1 变到 0 的阈值开关<br>切换点 S，当 x<S，输出 y 为 1 |
| 阈值开关<br>0/1 | x 1 0 y | 随 x 增加，y 从 1 变到 0 的阈值开关<br>切换点 S，当 x>S，输出 y 为 1 |
| 阈值开关<br>1/0 带死区 | S x 1 0 y H | 切换点 S，当 x<S，输出 y 为 1<br>当 x≥S+H，输出 y 返回 0 |
| 阈值开关<br>0/1 带<br>死区 | S x 1 0 y H | 切换点 S，当 x>S，输出 y 为 1<br>当 x≤S−H，输出 y 返回 0 |
| 限幅器 | LU x LL MLU y MLL | 或表示为<br>LU：上限幅值输入；MLU：x>LU 时，输出 MLU 为 1；<br>LL：下限幅值输入；MLL：x<LL 时，输出 MLL 为 1<br>LL≤x≤LU 时，则 y=x；x>LU 时，y=LU；x<LL 时，y=LL； |
| 采样保持 | SET x S&H y | 如果输入 SET 为 1，则采样输入 x 并输出 y 和保持 y=x<br>电源掉电时，不保留保存 |
| 接通延时 | x T 0 y pxxxx | 输入 x 有值 1，输出需要等 T 时间后才能输出 1<br>在 T 时间内如果输入变为 0，则输出在 T 时间后不会输出 1<br>输入 x 变为 0，则输出 y 回复到 0 |
| 断开延时 | x 0 T y pxxxx | 输入 x 为 1，则输出 y 为 1，输入从 1 变到 0 后，需要延时 T 时间后，输出才从 1 变到 0<br>如果在延时期间，输入 x 回到 1，则输出保持在 1. |
| 延时通断 | x $T_1$ $T_2$ y pxxxx pxxxx | 输入 x 为 1 后，延时 $T_1$时间输出 y 才为 1，输入变为 0 后，延时 $T_2$时间输出 y 才变为 0 |
| 一阶滤波 | pxxxx y t | 一阶惯性环节<br>pxxxx 是滤波器时间常数 |

（续）

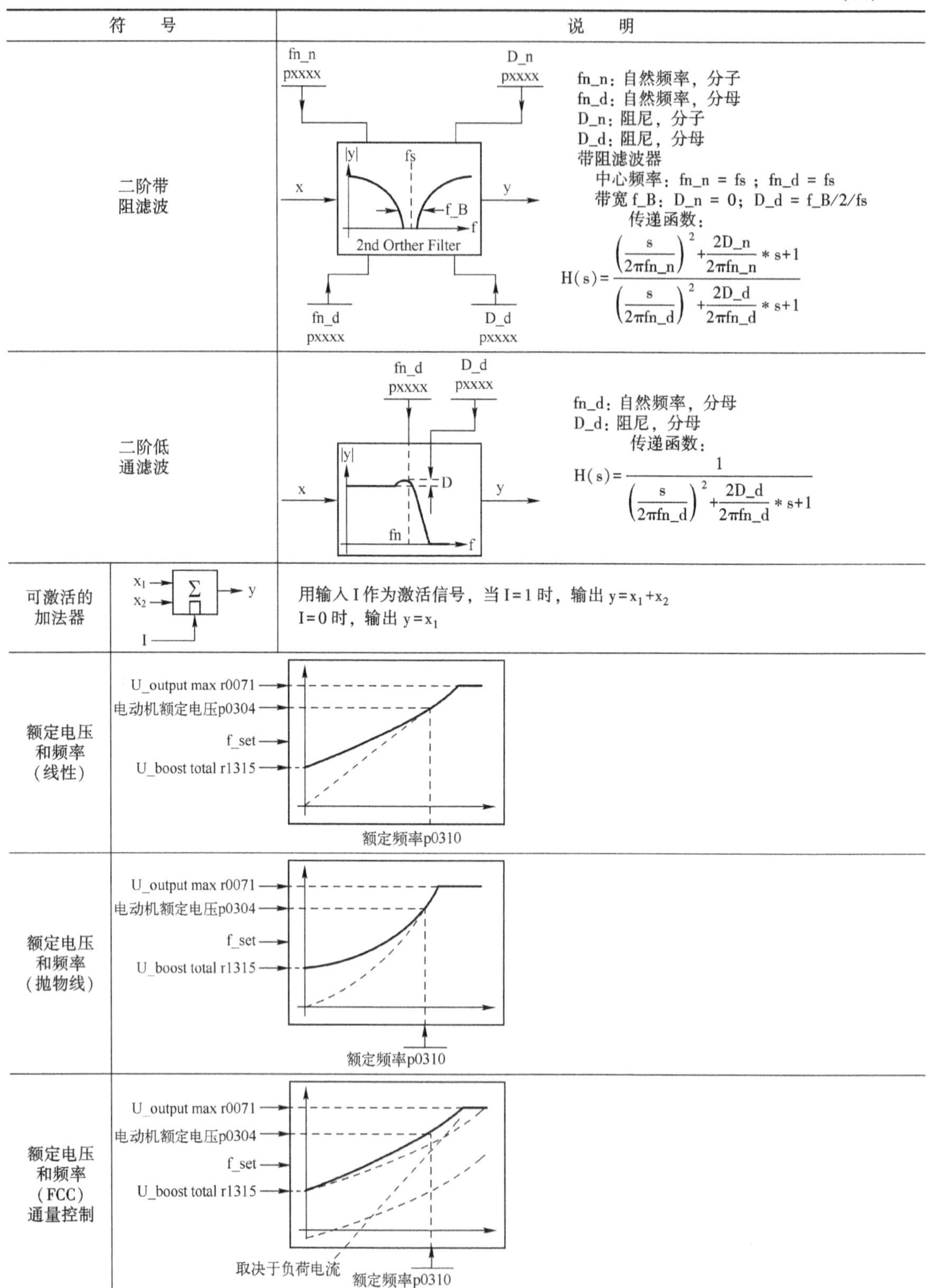

| 符　　号 | 说　　明 |
|---|---|
| 二阶带阻滤波 | fn_n：自然频率，分子<br>fn_d：自然频率，分母<br>D_n：阻尼，分子<br>D_d：阻尼，分母<br>带阻滤波器<br>中心频率：fn_n = fs ; fn_d = fs<br>带宽 f_B：D_n = 0；D_d = f_B/2/fs<br>传递函数：<br>$H(s)=\dfrac{\left(\dfrac{s}{2\pi fn\_n}\right)^2+\dfrac{2D\_n}{2\pi fn\_n}*s+1}{\left(\dfrac{s}{2\pi fn\_d}\right)^2+\dfrac{2D\_d}{2\pi fn\_d}*s+1}$ |
| 二阶低通滤波 | fn_d：自然频率，分母<br>D_d：阻尼，分母<br>传递函数：<br>$H(s)=\dfrac{1}{\left(\dfrac{s}{2\pi fn\_d}\right)^2+\dfrac{2D\_d}{2\pi fn\_d}*s+1}$ |
| 可激活的加法器 | 用输入 I 作为激活信号，当 I=1 时，输出 $y=x_1+x_2$<br>I=0 时，输出 $y=x_1$ |
| 额定电压和频率（线性） | |
| 额定电压和频率（抛物线） | |
| 额定电压和频率（FCC）通量控制 | |



图 8-52 是 CU320-2 的控制图。

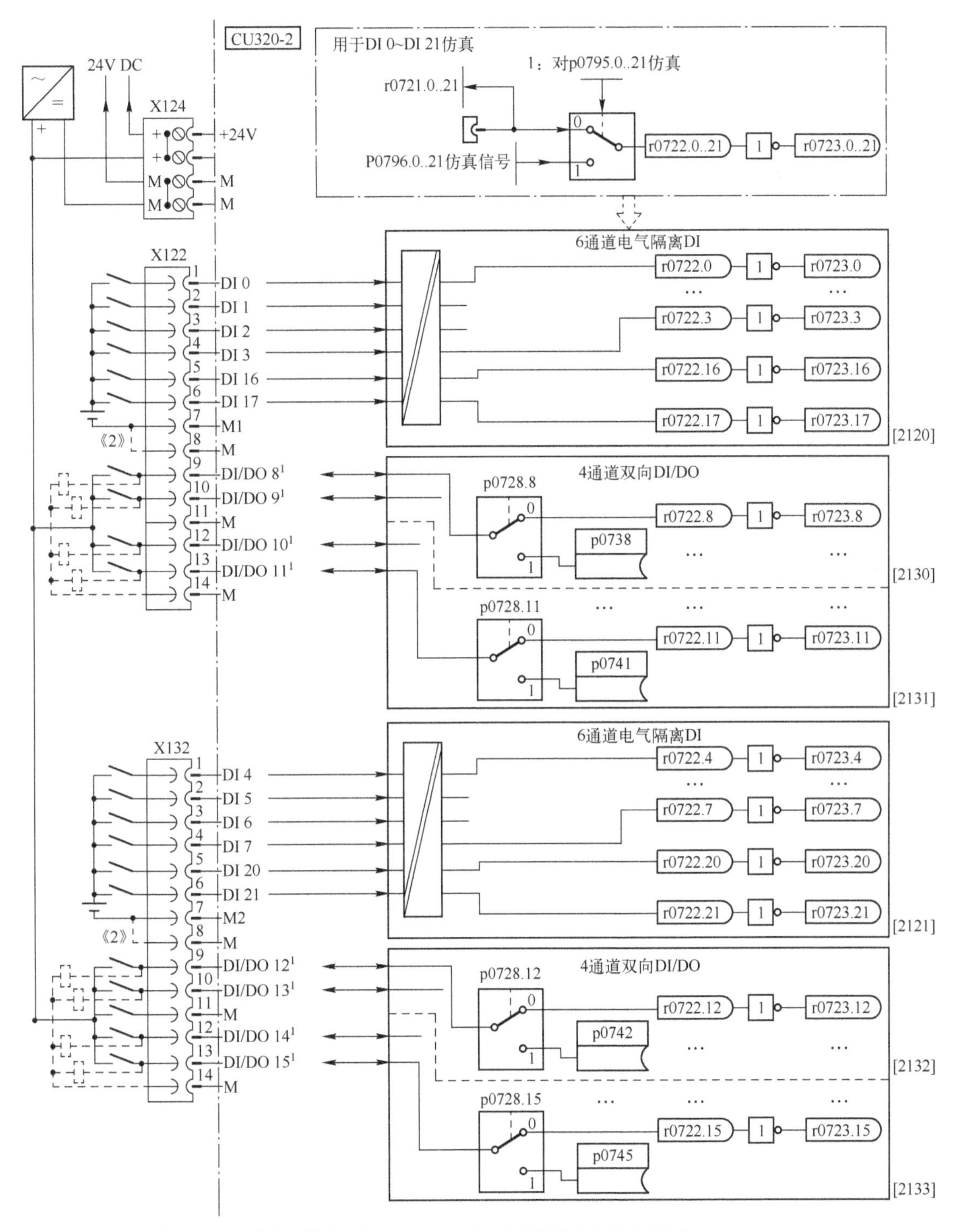


注1：对于伺服控制模式和矢量控制模式，除了G120/G150外，这些端子可用于作为测量输入。

注2：对DI 0~DI 7，DI 16，DI 17，DI 20，DI 21，输入信号，该短接线断开表示输入信号是电气隔离的

图 8-52　CU320-2 输入输出端子的功能图

图中，CU320-2 的外部接线端子排分别用 X124、X122 和 X132 表示。如果参数 p0795.0..21 被设置为 1，表示该通道用于仿真。否则从外部端子输入或输出。实际信号是输入信号还是输出信号的选择是通过参数 p0728.8..15 设置的。其值为 0 表示输入信号，其值为 1 表示分别从 p0738~p0745 参数输出。

输入信号直接存放在参数 r0722.0..21，它取反后的信号则存放在参数 r0723.0..21。

通过软件设置的参数值来改变硬件的特性，例如，图中的 p0728.8 设置为 1 就可使该数字输入通道 DI8 改变为数字输出通道 DO 8，这种方法称为软件定义硬件。伺服控制和速度控制等控制图可见有关资料。

为了理解控制系统的工作原理，学习和分析控制图和参数是很有必要的。

（5）状态字和控制字

为描述轴的状态和控制情况，用状态字和控制字中的不同位表示其不同的含义。表 8-64 是 ZSW 速度控制时的速度控制状态字 r1407 的含义。

**表 8-64 速度控制状态字 r1407 及意义（ZSW 速度控制）**

| 来自 | 位 | 意　义 | 参数显示 | Servo | Vector |
|---|---|---|---|---|---|
| | 0 | 1：U/f 控制激活 | r1407.0 | ● | ● |
| 5060.5 | 1 | 1：激活无传感器操作 | r1407.1 送速度实际值和极位置检测，电动机编码器 1，4710.4，4715.4 | ● | ● |
| r1406.12 与 2520.7 取反 | 2 | 1：激活闭环扭矩控制 | r1407.2 送速度设定，下垂 6030.5，送扭矩设定 6060.3 | ● | ● |
| 2610.4 | 3 | 1：激活闭环速度控制 | r1407.3 | — | ● |
| 多项与逻辑结果 | 4 | 1：来自 DSC 的速度设定 | r1407.4 送速度设定滤波器 5020.1 送引用模式 5030.3 | ● | — |
| 速度控制器 5210.8，5040.7，6040.7 | 5 | 1：速度控制器，电流组件保持 | r1407.5 | ● | ● |
| 速度控制器 5210.8，5040.7，6040.7 | 6 | 1：速度控制器，电流组件设置 | r1407.6 斜坡信号发生器跟踪 3060.1 | ● | ● |
| 扭矩限 5610.4，扭矩设定 6060.7 | 7 | 1：扭矩限达到 | r1407.7 速度控制器 5040.7，5042.5，6040.4 | ● | ● |
| 扭矩限 5610.4，扭矩设定 6060.7 | 8 | 1：扭矩上限激活 | r1407.8 电动机锁/失速 | ● | ● |
| 扭矩限 5610.4，扭矩设定 6060.7 | 9 | 1：扭矩下限激活 | r1407.9 | ● | ● |
| 速度设定，下垂 6030.3 | 10 | 1：下垂使能 | r1407.10 | — | ● |
| 设定，速度控制 5030.8，5210.3 下垂速度设定，6030.4，6030.5 | 11 | 1：速度设定已限制 | r1407.11 | ● | ● |
| | 12 | 1：斜坡信号发生器设置 | r1407.12 | — | ● |
| | 13 | 1：由于故障的无传感器操作 | r1407.13 | ● | ● |
| | 14 | 1：I/f 控制激活 | r1407.14 | — | ● |
| | 15 | 1：扭矩限已达到（没有预控制） | r1407.15 | — | ● |
| | 16 | 保留 | | — | — |
| 速度限 6640.8 | 17 | 1：速度限激活 | r1407.17 | — | ● |

（续）

| 来自 | 位 | 意　义 | 参数显示 | Servo | Vector |
|---|---|---|---|---|---|
| | 18 | 保留 | | — | — |
| | 19 | 1：DSC 位置控制器已限制 | r1407.19 | ● | — |
| | 20 | 1：带样条的 DSC | r1407.20 | ● | — |
| | 21 | 1：用于 DSC 的带样条的速度预控制 | r1407.21 | ● | — |
| | 22 | 1：用于 DSC 的带样条的扭矩预控制 | r1407.22 | ● | — |
| | 23 | 1：加速度模型已激活 | r1407.23 | ● | ● |
| | 24 | 1：惯性矩估计器激活 | r1407.24 | ● | ● |
| | 25 | 1：载荷估计器激活 | r1407.25 | ● | ● |
| | 26 | 1：惯性矩估计器已稳定 | r1407.26 | ● | ● |
| | 27 | 1：惯性矩估计器快速激活 | r1407.27 | — | ● |
| | 28、32 | 保留 | | — | — |

表 8-65 是 STW 速度控制时顺序控制的控制字 r1406 的含义。

**表 8-65　顺序控制控制字 r1406 及意义（STW 速度控制）**

| 来　自 | 位 | 意　义 | 参数显示 |
|---|---|---|---|
| | 0 | 保留 | |
| | 1 | 保留 | |
| | 2 | 保留 | |
| | 3 | 保留 | |
| p1476[0]速度控制保持积分器 | 4 | 1：禁止正方向 | r1406.4，送速度控制器 6040.4 |
| p1477[0]速度控制设定的积分值 | 5 | 1：禁止负方向 | r1406.5，送速度控制器 6040.4 |
| | 6 | 保留 | |
| | 7 | 保留 | |
| p1545[0]到固定停止的运动激活 | 8 | 1：激活到固定的停止 | r1406.8，送扭矩信号，电动机锁定 8012.5 |
| | 9 | 保留 | |
| | 10 | 保留 | |
| p1492[0]下垂反馈使能 | 11 | 1：下垂反馈使能 | r1406.11，送速度设定，下垂 030.1 |
| p1501[0]变速扭矩/力控制 | 12 | 1：激活闭环扭矩/力控制 | r1406.12，送闭环速度控制 5060.1，6060.1 |
| | 13 | 保留 | |
| | 14 | 保留 | |
| | 15 | 设置速度自适应控制器电流组件 | r1406.15 |

（6）伺服控制系统的定位监控和随动轴的随动误差监控

定位监控功能用于在设定值计算结束时对实际位置的状态进行监控。定位监控的变量主要有：最大允许时间、最短停留时间和定位窗口等。最大允许时间（ToleranceTime）指速度设定达到零值开始，实际位置值应在定位窗口内所允许的最大时间。最短停留时间（MinDwellTime）指定位运动结束时，达到实际位置并在最短停留时间内不超过定位窗口规定的限值。图 8-53 显示定位窗口、最大允许时间和最短停留时间的关系。定位窗口（Window）是设定速度为零时，实际速度允许的变化范围。

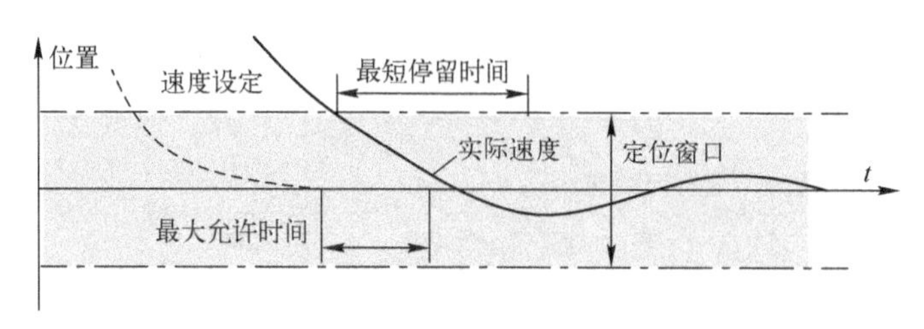


图 8-53 定位监控功能的参数

表 8-66 列出了定位监控功能的有关参数。

**表 8-66 定位监控功能的参数**

| 参数 | | 变量描述 | 说明 |
|---|---|---|---|
| 定位监控状态指示 | 在允许范围内定位，并保持不超出 | <TO>. StatusWord. X7（Standstill） | 定位轴/同步轴实际速度到达定位窗口内，并保持，则该状态值为 TRUE |
| | 在允许范围内定位，并保持不超出 | <TO>StatusWord. X6（Done） | 定位轴/同步轴实际速度到达定位窗口内，并保持，则该状态值为 TRUE<br>速度轴在运动结束后，速度设定为零时，该状态值为 TRUE |
| | 定位出错 | < TO > ErrorWord. X12 （Positioning-Fault） | 定位出错该状态值为 TRUE |
| 位置和时间 | 最大允许时间 | <TO>. PositioningMonitoring. Tolerance-Time | 速度设定达到零值开始，实际位置值应在定位窗口内所允许的最大时间 |
| | 最短停留时间 | <TO>. PositioningMonitoring. MinDwell-Time | 定位运动结束时，达到实际位置并在最短停留时间内不超过定位窗口规定的限值 |
| | 定位窗口 | <TO>. PositioningMonitoring. Window | 设定速度为零时，实际速度允许的变化范围 |
| 停滞信号阈值和最短停留时间 | 停滞信号的速度阀值 | <TO>. StandstillSignal. VelocityThreshold | 速度受阻时的速度最低的限值 |
| | 低于速度阀值的最短停留时间 | <TO>. StandstillSignal. MinDwellTime | 当速度低于速度限值时，允许的最短停留时间 |

对定位轴/同步轴工艺对象，根据与速度相关的随动误差限值对随动误差进行监控。随动误差是位置设定值与实际位置值之间的差。应考虑剔除设定值到驱动器的传输时间、实际位置值到控制器的传输时间的影响。当速度小于一个可调整的速度下限时，将允许随动误差指定为常数；当大于速度下限值时，允许随动误差则随速度设定值按比例增加。

表 8-67 列出了与随动轴的随动误差有关的变量。

**表 8-67 与随动轴的随动误差有关的变量**

| 参数 | | 变量描述 |
|---|---|---|
| 随动误差监控状态指示 | 当前的跟随误差 | <TO>. StatusPositioning. FollowingError |
| | 随动误差过大出错 | <TO>. ErrorWord. X11(FollowingErrorFault) |
| | 已达最大随动误差限值 | <TO>. WarningWord. X11(FollowingErrorWarning) |

（续）

| 参　　数 | | 变量描述 |
|---|---|---|
| 控制位 | 随动误差监控的控制 | <TO>. FollowingError. EnableMonitoring |
| 限值 | 最大随动误差曲线的速度下限设定 | <TO>. FollowingError. MinVelocity |
| | 低于速度下限时的允许随动误差 | <TO>. FollowingError. MinValue |
| | 最大轴速时的最大允许的随动误差 | <TO>. FollowingError. MaxValue |
| | 工具最大允许随动误差百分数表示的警告值 | <TO>. FollowingError. WarningLevel |

（7）运动控制系统示例

S7-1500T 可用于凸轮工艺对象等协调控制系统。本示例以该控制器为例说明。

1）新建项目。打开 TIA 博途软件，显示图 8-54 所示的画面。图中粗框表示需点击的位置，下同。

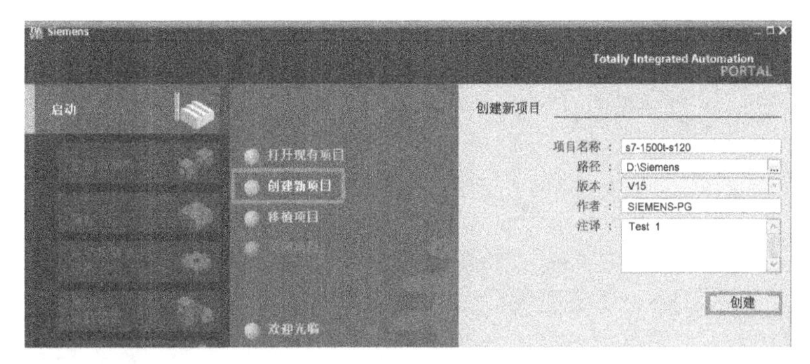


图 8-54　创建新项目画面

键入项目名称及存储路径等内容，然后，点击“创建”。

2）添加新设备。从画面左下角，点击“项目视图”，点击“添加新设备”。显示图 8-55 所示画面。

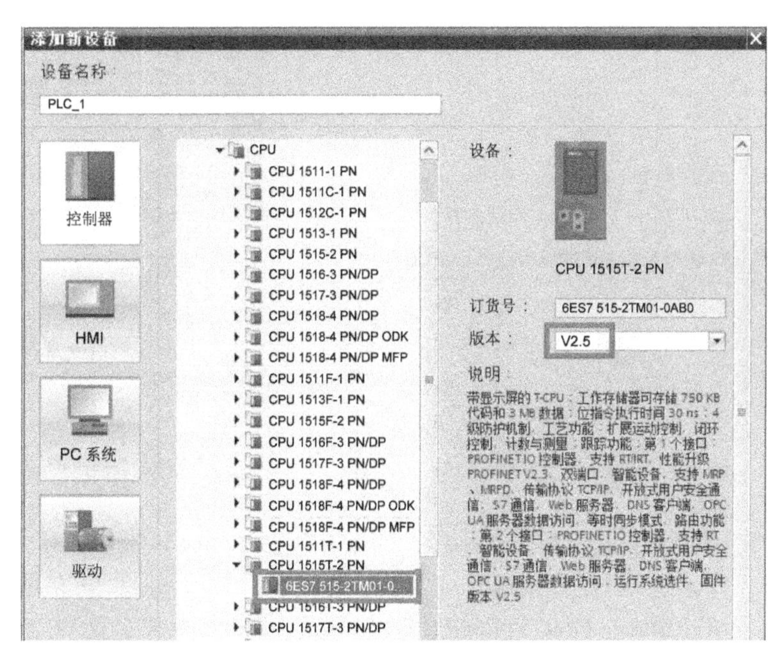


图 8-55　添加新设备画面

双击项目树中的 设备和网络，在图 8-56 和图 8-57 所示硬件目录和信息下找到设备 S120 PN 4.8。

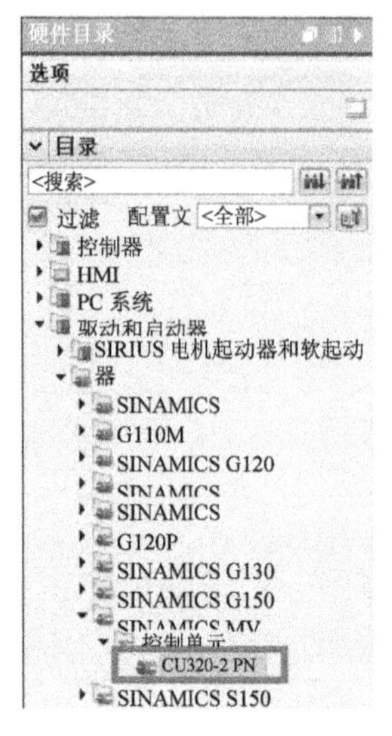


图 8-56 硬件目录画面

图 8-57 选择设备和版本的画面

● 设置驱动。双击添加驱动单元。如图 8-58 所示，进入设备视图。

在控制单元上点击右键"设备配置检测"，如图 8-59 所示。

图 8-58 网络视图画面

图 8-59 设备配置检测画面

从图 8-60 所示的弹出设备配置检测画面，选择高动态（伺服）类型，并在前面的圆中选中，然后，可点击下面的"创建"按键。

对于驱动 2，没有 DRIVE-CLiQ 连接的 IFK7 电动机，因此，需单独配置。

CU320-2 PN 可连接两个驱动轴。为此，在图 8-60 中，点击在"驱动轴_2"选项下的

"电动机_1"，弹出图 8-61 所示的驱动轴_2 的电动机_1 选择画面。

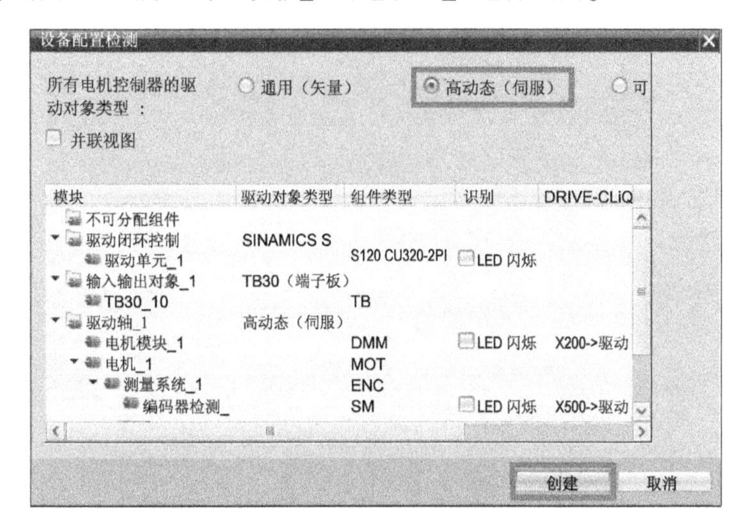


图 8-60　设备配置检测的画面

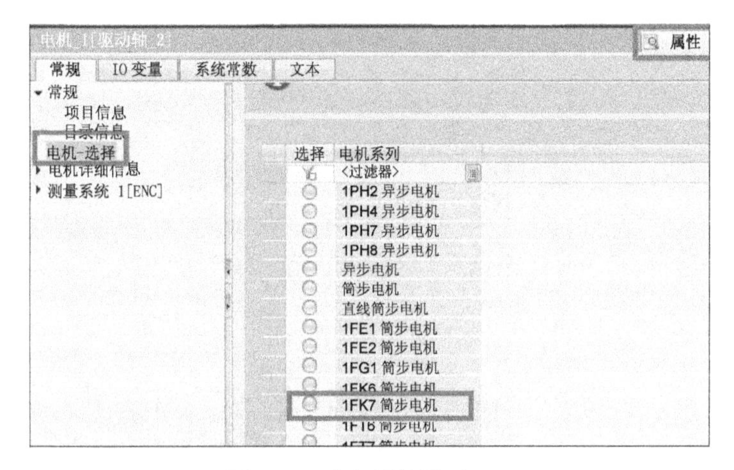


图 8-61　电机属性设置画面

点击属性，用户根据实际使用的电动机类型进行选择。

设置整流单元运行信号，它可根据整流模块的参数 r863.0 的数值，也可直接设置为 1。务必保证整流模块已经启动后，再启动电动机模块。

3）设置 PROFIdrive 报文。图 8-62 显示选择 CU 的画面。

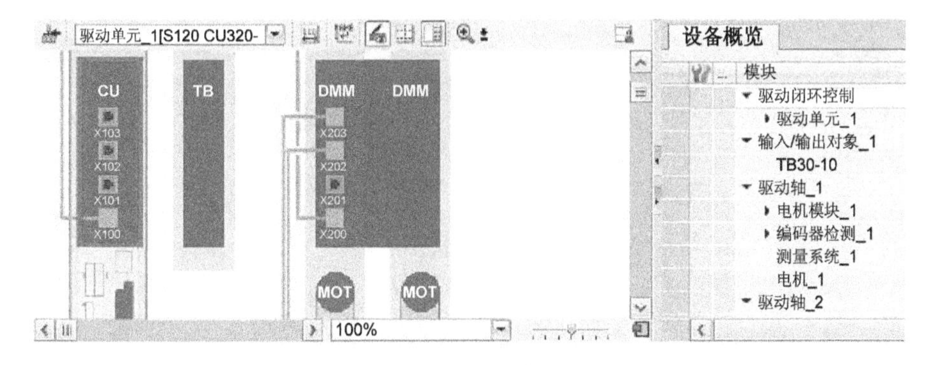


图 8-62　选择所需连接 CU 的画面

从弹出的驱动闭环控制画面，选择 PROFINET 接口，并点击“报文配置”，显示图 8-63 所示报文选择画面。

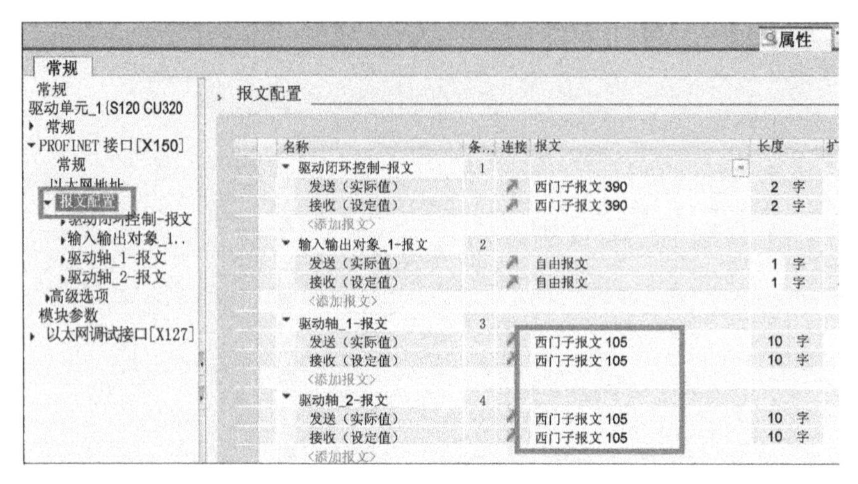


图 8-63　报文设置画面

4）下载驱动参数，并用调试面板对电动机运行进行调试，如图 8-64 所示。

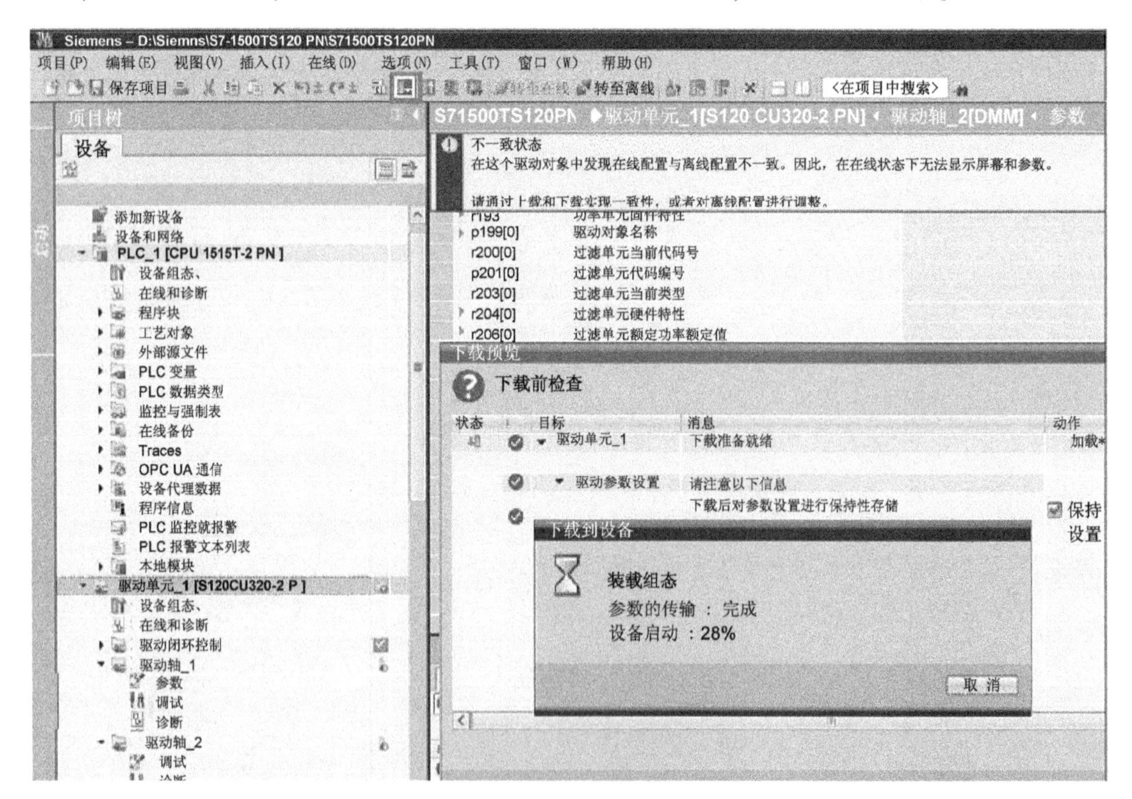


图 8-64　驱动单元调试电机运行的画面

调试时，可以修改驱动系统的有关参数和功能。例如，点击“驱动轴_1”下的参数，就可弹出参数画面，对参数值进行设置或修改等。

5）存储。将当前的驱动参数等存储到存储卡，它可在在线设备后方使用。点击组态画面右上角的“参数视图”，可显示所有的驱动参数。系统默认视图是功能视图，常用的操作和功能都采用图标形式显示。

6）创建 S7-1500T 与 S120 的网络连接。在设备和网络画面（见图 8-58），点击驱动单元_1 未分配选项，从弹出的选项中选择 PLC_1 PROFINET 接口_1，则显示由未分配改为显示 PLC_1。然后，连接驱动单元_1 和 S7-1515T 模块，如图 8-65 所示。

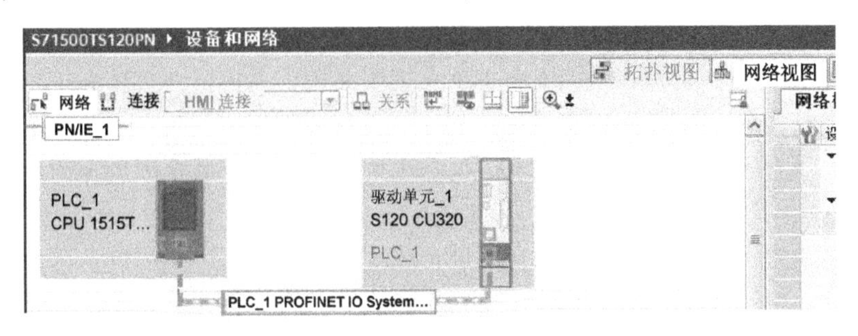


图 8-65　网络连接画面

单击 PLC_1 模块，设置 PLC_1 CPU 1515T 的 IP 地址，如图 8-66 所示。同样，点击 S120 CU320 模块，对 S120 设置 IP 地址，如图 8-67 所示。

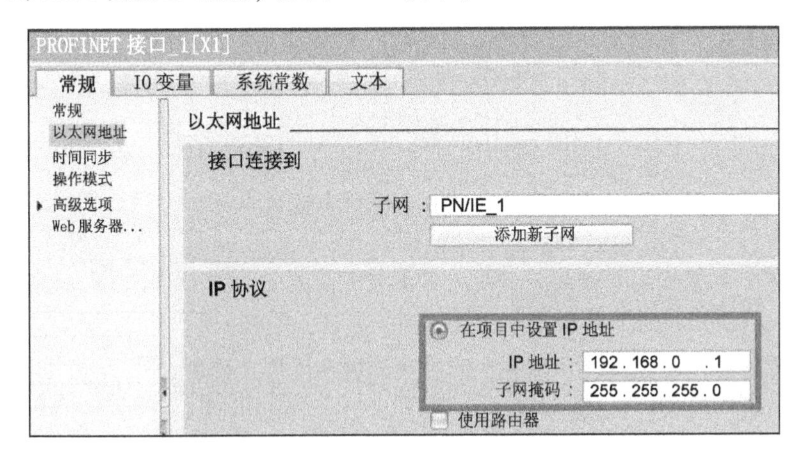


图 8-66　设置 PROFINET 接口的 IP 地址画面

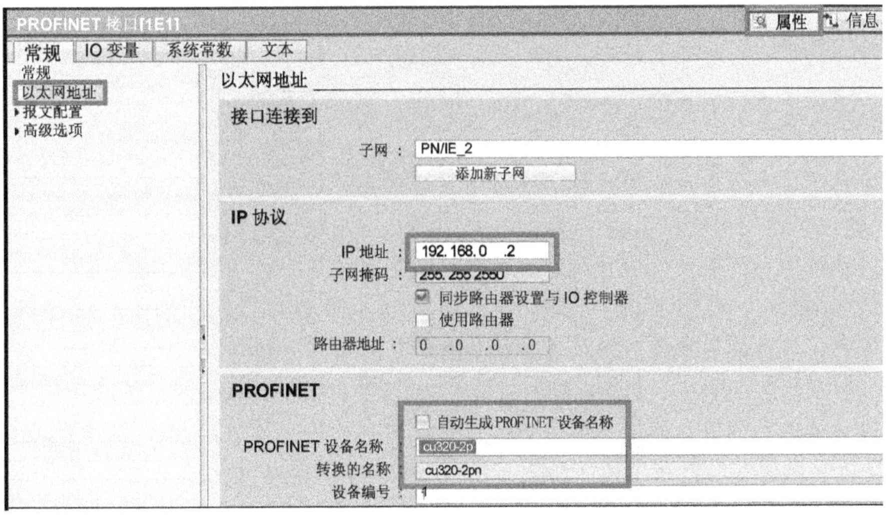

图 8-67　设置 S120 的 IP 地址画面

需注意，只有组态的设备名称与实际设备名称一致时，才能进行 PROFINET 的数据通信。可通过右键菜单对 S120 设备名称命名（点击“分配设备名称。”选项）。

在网络拓扑连接的“拓扑视图”上也可配置连接。但注意要与实际物理连线、接口的顺序一致。

7）设置同步模式。可在网络视图上设置同步域。可在图 8-65 中点击 PLC_1 PROFINET IO System，使成为 PN/IE_1，再点击打开网络同步的画面，如图 8-68 所示。即设置 S7-1515T 是同步主站，而 S120 的 CU320-2 PN 为同步从站，并可在该视图画面修改通信的发送时钟。

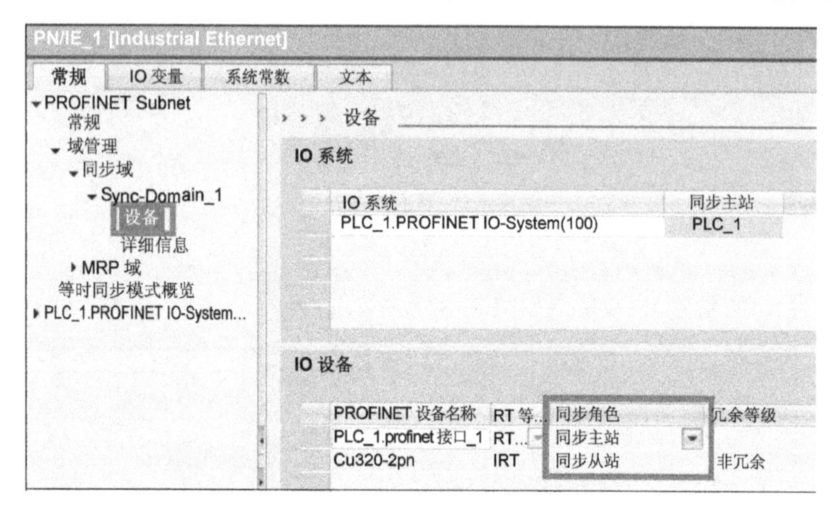


图 8-68　设置同步域的画面

在图 8-63 中，对 S120 的 Profinet 接口_1 的工作模式进行选择，如图 8-69 所示。选择等时同步模式（RT）。

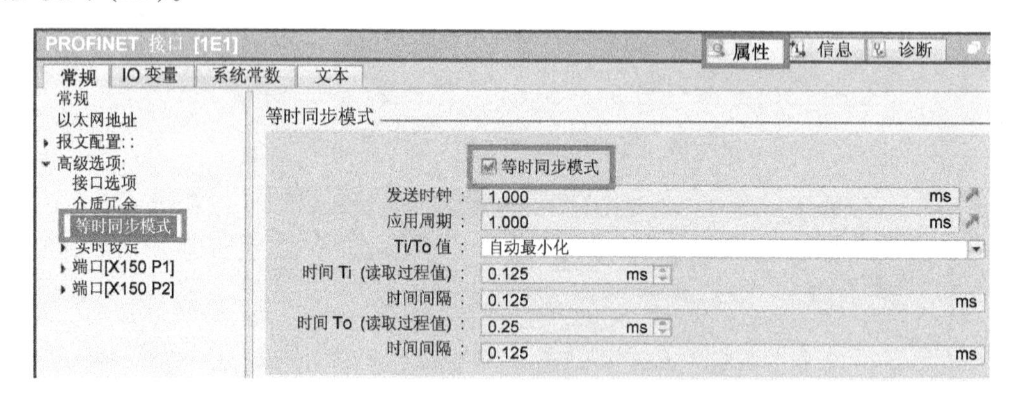


图 8-69　PROFINET 接口的通信模式选择画面

8）插入位置轴，并建立与驱动轴的关联。图 8-70 是新增对象的画面。选择位置轴对象，并键入轴的名称，勾选“自动”建立，最后“确定”。

在 S71500TS120PN 目录下，点击 PLC_1［CPU 1515T-2 PN］，并从“工艺对象”选项中选择位置轴 PositioningAxis_1，显示如图 8-71 所示关联图，用于将位置轴与驱动轴建立关联。

在“与驱动装置进行数据交换”和“与编码器进行数据交换”选项中，选用“运行时自动应用驱动器（在线）”和“运行时自动应用编码器”的选项。

9）设置循环时间。在 PLC 程序块中，右键点击选择 OB091 组织块，用于设置循环时间。

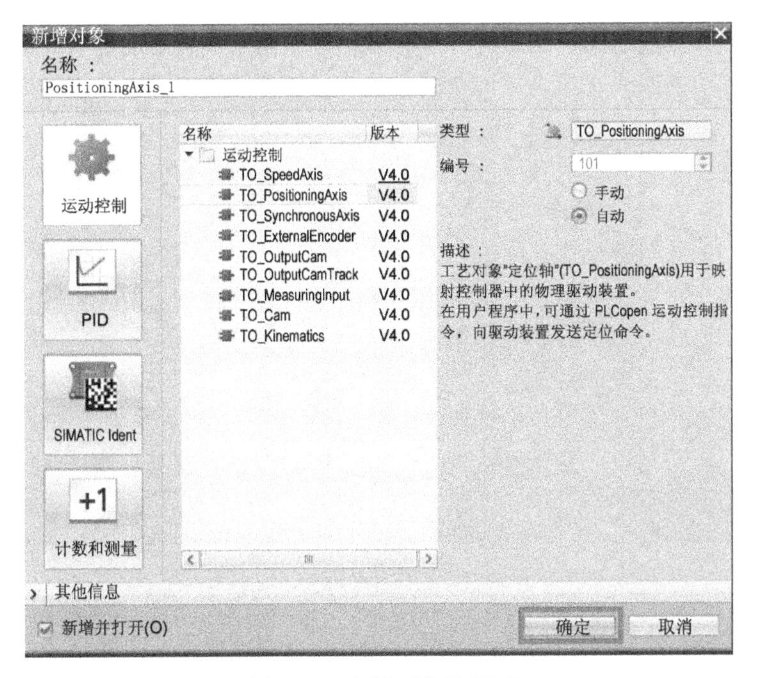


图 8-70　新增对象的画面

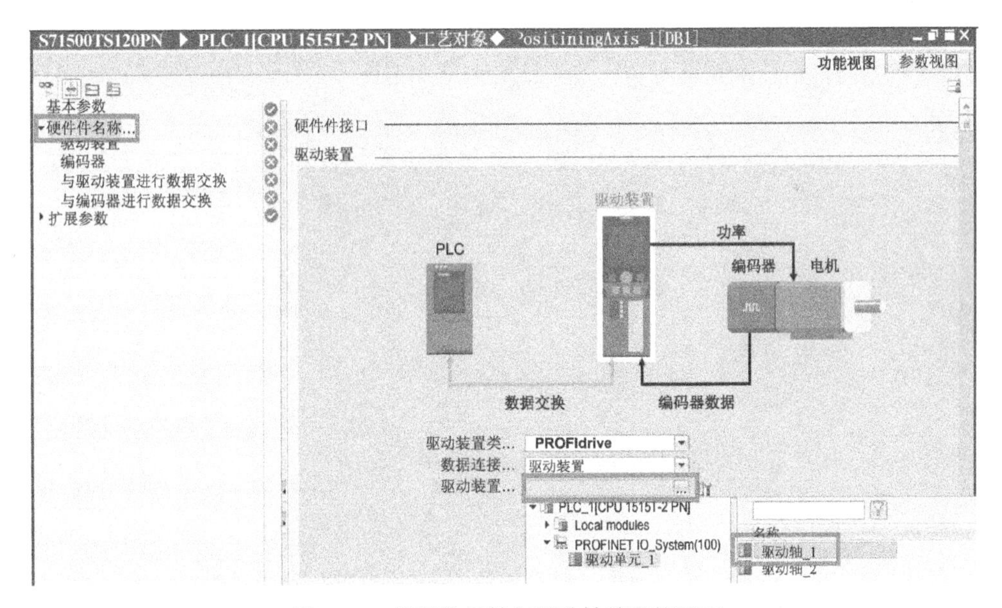


图 8-71　设置位置轴与驱动轴关联的画面

图 8-72 是设置循环时间的操作画面。图中选用同步到总线，并选用 PROFINET IO-System (100) 网络。

图中的因子用于调整系统负荷。当轴数较多，CPU 的负荷较大时，可增大因子的数值。

10）编译和下载。当上述任务完成后，可进行编译，并在编译合格后将程序和设置等信息下载到 PLC。在使用控制面板测试轴的运行时如果没有问题，就可进行运动控制程序的编写。S7-1500 系列 PLC 可采用 IEC 61131-3 标准规定的梯形图、功能块图、结构化文本和指令表编程语言，它也允许采用图形化编程语言编程，详见有关资料。

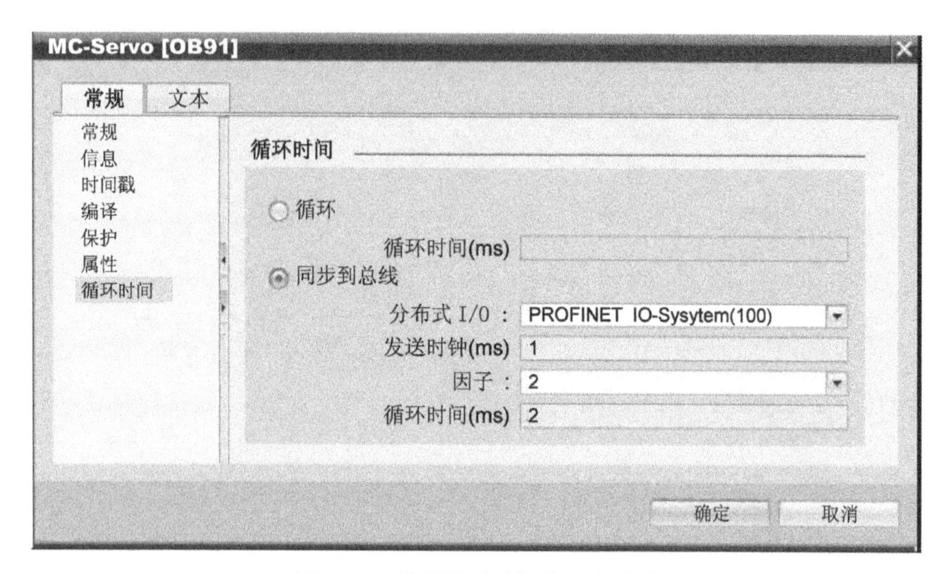


图 8-72 设置循环时间的显示画面

采用 STARTER 软件的操作方法与上述方法类似，不多述。

# 参考文献


[1] 阮毅，陈维钧．运动控制系统［M］．北京：清华大学出版社，2006.

[2] 郑魁敬，高建设．运动控制技术及工程实践［M］．北京：中国电力出版社，2009.

[3] 曾毅．现代运动控制系统工程［M］．北京：机械工业出版社，2006.

[4] 王淑华．MEMS 传感器现状及应用［J］．微纳电子技术，2011（48）：516-521.

[5] 彭瑜，何衍庆．IEC 61131-3 编程语言及应用基础［M］．北京：机械工业出版社，2009.

[6] 彭瑜，何衍庆．智能制造工业控制软件规范及其应用［M］．北京：机械工业出版社，2018.

[7] 何衍庆，何乙平，王朋．PLC 实用手册［M］．北京：电子工业出版社，2008.

[8] 王兆宇．一步一步学 PLC 编程（施耐德 SoMachine）［M］．北京：中国电力出版社，2013.

[9] 王兆宇．施耐德 SoMachine PLC 变频器 触摸屏综合应用案例精讲［M］．北京：中国电力出版社，2016.

[10] 李幼涵．施耐德 SoMachine 控制器应用及编程指南［M］．北京：机械工业出版社，2014.

[11] 徐世许，等．机器自动化控制器原理与应用［M］．北京：机械工业出版社，2013.